教育部高等学校电子信息类专业教学指导委员会规划教材
高等学校电子信息类专业系列教材 · 新形态教材

电磁场与电磁波学习指导与典型题解

梅中磊　曹斌照　牛调明　编著

清华大学出版社
北京

内 容 简 介

本书是高等院校电子信息类专业主干基础课程“电磁场与电磁波”配套的教辅图书，是教育部一流本科课程“电磁场与电磁波”建设的配套图书。作者在清华大学出版社出版了《电磁场与电磁波》《MATLAB电磁场与微波技术仿真》，从而构建了以主教材、虚拟仿真辅助教材、习题集为一体的立体化教材体系。在编写体例上，本书每章都包括思维导图、知识点归纳、主要内容及公式、重点与难点分析、典型例题分析、课后习题详解、核心 MATLAB 代码、科技前沿知识以及考研真题分析等。

本书适合作为高等院校电子信息、通信工程和电气信息类等专业“电磁场与电磁波”课程的配套教材，也可供从事相关工作的工程技术人员参考。

图书在版编目(CIP)数据

电磁场与电磁波学习指导与典型题解/梅中磊，曹斌照，牛调明编著. —北京：清华大学出版社，2022.6
高等学校电子信息类专业系列教材 · 新形态教材
ISBN 978-7-302-60861-5

Ⅰ. ①电… Ⅱ. ①梅… ②曹… ③牛… Ⅲ. ①电磁场－高等学校－教学参考资料 ②电磁波－高等学校－教学参考资料 Ⅳ. ①O441.4

中国版本图书馆 CIP 数据核字(2022)第 082737 号

策划编辑：盛东亮
责任编辑：钟志芳
封面设计：李召霞
责任校对：时翠兰
责任印制：朱雨萌

出版发行：清华大学出版社
网　　址：http://www.tup.com.cn，http://www.wqbook.com
地　　址：北京清华大学学研大厦 A 座　　**邮　　编**：100084
社 总 机：010-83470000　　**邮　　购**：010-62786544
投稿与读者服务：010-62776969，c-service@tup.tsinghua.edu.cn
质量反馈：010-62772015，zhiliang@tup.tsinghua.edu.cn
课件下载：http://www.tup.com.cn，010-83470236
印 装 者：三河市金元印装有限公司
经　　销：全国新华书店
开　　本：185mm×260mm　　**印　　张**：29　　**字　　数**：703 千字
版　　次：2022 年 8 月第 1 版　　**印　　次**：2022 年 8 月第1次印刷
印　　数：1～1500
定　　价：85.00 元

产品编号：092985-01

序

FOREWORD

我国电子信息产业销售收入总规模在2013年已经突破12万亿元，行业收入占工业总体比重已经超过9%。电子信息产业在工业经济中的支撑作用凸显，更加促进了信息化和工业化的高层次深度融合。随着移动互联网、云计算、物联网、大数据和石墨烯等新兴产业的爆发式增长，电子信息产业的发展呈现了新的特点，电子信息产业的人才培养面临着新的挑战。

(1) 随着控制、通信、人机交互和网络互联等新兴电子信息技术的不断发展，传统工业设备融合了大量最新的电子信息技术，它们一起构成了庞大而复杂的系统，派生出大量新兴的电子信息技术应用需求。这些"系统级"的应用需求，迫切要求具有系统级设计能力的电子信息技术人才。

(2) 电子信息系统设备的功能越来越复杂，系统的集成度越来越高。因此，要求未来的设计者应该具备更扎实的理论基础知识和更宽广的专业视野。未来电子信息系统的设计越来越要求软件和硬件的协同规划、协同设计和协同调试。

(3) 新兴电子信息技术的发展依赖于半导体产业的不断推动，半导体厂商为设计者提供了越来越丰富的生态资源，系统集成厂商的全方位配合又加速了这种生态资源的进一步完善。半导体厂商和系统集成厂商所建立的这种生态系统，为未来的设计者提供了更加便捷却又必须依赖的设计资源。

教育部2012年颁布了新版《高等学校本科专业目录》，将电子信息类专业进行了整合，为各高校建立系统化的人才培养体系，培养具有扎实理论基础和宽广专业技能的、兼顾"基础"和"系统"的高层次电子信息人才给出了指引。

传统的电子信息学科专业课程体系呈现"自底向上"的特点，这种课程体系偏重对底层元器件的分析与设计，较少涉及系统级的集成与设计。近年来，国内很多高校对电子信息类专业课程体系进行了大力度的改革，这些改革顺应时代潮流，从系统集成的角度，更加科学合理地构建了课程体系。

为了进一步提高普通高校电子信息类专业教育与教学质量，贯彻落实《国家中长期教育改革和发展规划纲要(2010—2020年)》和《教育部关于全面提高高等教育质量若干意见》(教高〔2012〕4号)的精神，教育部高等学校电子信息类专业教学指导委员会开展了"高等学校电子信息类专业课程体系"的立项研究工作，并于2014年5月启动了"高等学校电子信息类专业系列教材"(教育部高等学校电子信息类专业教学指导委员会规划教材)的建设工作。其目的是为推进高等教育内涵式发展，提高教学水平，满足高等学校对电子信息类专业人才培养、教学改革与课程改革的需要。

本系列教材定位于高等学校电子信息类专业的专业课程，适用于电子信息类的电子信息工程、电子科学与技术、通信工程、微电子科学与工程、光电信息科学与工程、信息工程及其相近专业。经过编审委员会与众多高校多次沟通，初步拟定分批次(2014—2017 年)建设约 100 门课程教材。本系列教材将力求在保证基础的前提下，突出技术的先进性和科学的前沿性，体现创新教学和工程实践教学；将重视系统集成思想在教学中的体现，鼓励推陈出新，采用“自顶向下”的方法编写教材；将注重反映优秀的教学改革成果，推广优秀的教学经验与理念。

为了保证本系列教材的科学性、系统性及编写质量，本系列教材设立顾问委员会及编审委员会。顾问委员会由教指委高级顾问、特约高级顾问和国家级教学名师担任，编审委员会由教育部高等学校电子信息类专业教学指导委员会委员和一线教学名师组成。同时，清华大学出版社为本系列教材配置优秀的编辑团队，力求高水准出版。本系列教材的建设，不仅有众多高校教师参与，也有大量知名的电子信息类企业支持。在此，谨向参与本系列教材策划、组织、编写与出版的广大教师、企业代表及出版人员致以诚挚的感谢，并殷切希望本系列教材在我国高等学校电子信息类专业人才培养与课程体系建设中发挥切实的作用。

吕志伟 教授

前言

PREFACE

“电磁场与电磁波”是电子信息类专业本科生的专业基础课程。学生通过该课程的学习，可以掌握电磁场与电磁波的基本概念、性质、规律和分析计算方法；能够利用相关理论解释实际应用中和生活中的电磁现象和电磁问题；初步学会利用科学计算工具辅助求解电磁问题；了解电磁领域科技前沿和各种常用电磁仿真软件，从而为今后学习其他课程以及研究与解决各类工程电磁问题奠定理论基础。与此同时，培养了他们的合作意识和团队精神并使其了解电磁工程项目等对社会、环境的影响及其应该承担的责任。

从内容上讲，“电磁场与电磁波”涉及大量的矢量分析和场论方面的数学知识；覆盖内容较广，且要求有一定的深度；相对于应用型课程，课程理论分析内容较多，概念抽象，难度较大。电磁场与电磁波课程实验是一个难点，设备投资大、占地面积大、使用效率低(同时做实验的人数少)，造成教学“一条腿短”的困境。这些问题在国内外都没有得到很好的解决，从而造成学生的学习积极性不太高，学习效果不理想，因此对后续课程也有不良影响。

当前，无线通信技术的发展日新月异，我国以5G技术为核心的高科技领域占据了全球领先地位。通信产业的发展对高科技人才的需求越来越迫切，因此对高等学校人才培养也提出了越来越高的要求。如何培养德才兼备、知行合一的高素质通信人才，是广大电子信息类教育工作者面临的一个重要课题。因此，对“电磁场与电磁波”的教学进行新工科改造具有重要的理论价值和实践意义。

2018年，梅中磊教授倡导并联合太原理工大学曹斌照教授、兰州大学李月娥副教授以及马阿宁讲师，共同编著了《电磁场与电磁波》一书，并在清华大学出版社出版。相比其他教材，该教材具有以下特色：

(1) 延续传统，更新内容。本教材注重反映该领域的最新研究成果和发展方向，教材中将最新科研进展紧密联系教学内容，以提高学生的学习兴趣，真正使教材能够达到培养人才的目的。同时，书中列举了生活中的实例，使教材真正“接地气”，贴近实际。

(2) 精选具有代表性的例题和习题，力求达到举一反三的效果。有些例题紧密结合科技前沿内容，如电磁隐形衣、无线输电、人工电磁表面的分析等。同时，课后习题数量大、种类多、覆盖面广，全部习题提供答案，对于本领域的深入学习，具有重要的支撑作用。

(3) 融合实践教学，培养科研素养。教材中设置了实践环节，部分内容配有核心MATLAB程序代码，方便学生在学习中动手操作，给他们的科研和就业打下基础。

(4) 语言朴实，通俗易懂，采取比喻、举例的方式讲述，恰如其分。比如：通过切“土豆丁”的例子，阐述高斯定理；运用“试管刷”“蒲公英”的例子，描述电力线形状；用“渔网”的例子，讲解斯托克斯定理。另外，编写顺口溜(如现觅领队、山区植被)加深同学们对圆柱坐标系下拉普拉斯方程分离变量的理解。

(5) 结合电磁场教学中的重点、难点和容易出错的地方，书中增加了类似“难点点拨”“重点提醒”“答疑解惑”和“延伸思考”等环节，对相关问题进行介绍和强调，适时帮助读者解决阅读和学习中的困惑。

更加难能可贵的是，书中增加的“科技前沿”等内容，紧密结合教学，做到水乳交融。因此，教材出版后，深受同学和同行的欢迎，已经多次印刷，并于 2021 年修订了第 2 版。

在此基础之上，梅中磊教授、李月娥副教授以及马阿宁讲师于 2020 年出版《MATLAB 电磁场与微波技术仿真》，用于辅助主教材开展虚拟仿真实验。该辅助教材也收到了很好的反响，目前已经印刷多次。

与此同时，有同行老师反映，主教材中部分课后习题难度稍大，计算繁杂，希望能够提供全部习题的解题过程，以方便读者学习和使用。众所周知，在掌握了《电磁场与电磁波》的基本概念和理论之后，大量的练习既能够加深理解，又能够扩大知识面，拓展思路，增强应用。退一步讲，即使不亲自动手解题，通过学习别人的解题过程，本身也是理解课程内容的一个重要环节。在这样的情形下，清华大学出版社盛东亮主任向作者提出了建议，即编写一本与教材配套的习题指导书，同时可以摘录一些重点高校往年的考研题，从而帮助广大学子学好课程。事实上，我们在兰州大学许福永教授(梅中磊和曹斌照共同的博士生导师)负责“电磁场与电磁波”教学之时，就有编写《电磁场与电磁波解题指导》的计划，当时还建议安排一题多解的环节，以帮助学生学习。只是当初因为种种客观原因，未能如愿。

基于此，梅中磊教授与太原理工大学曹斌照教授商量，两人一拍即合。同时，适逢牛调明博士从澳大利亚毕业归来，加入兰州大学教学团队，并在“电磁场与微波技术”课程群从事相关教学工作，因此动员牛调明老师也加入撰写工作，一来人多力量大，二来对她本人深入掌握专业知识，进而提高教学质量，也大有裨益。

全书共 7 章，内容包括矢量分析、静电场、稳恒电场与磁场、静态场边值问题的解法、时变电磁场、电磁波的传播、电磁波的辐射。每一章由思维导图、主要内容及公式、重点与难点解析、典型例题分析、课后习题详解、科技前沿知识、核心 MATLAB 代码以及考研真题等组成。本书的特点有：

(1) 每章绘制思维导图，提纲挈领，便于读者从宏观上把握各章全局，便于预习和复习。众所周知，每个人绘制的思维导图都反映了个人对章节内容的理解，是个人知识结构的一个反映，不同的人对同一内容所绘制的思维导图不同。为此，曹斌照教授和梅中磊教授都从个人的角度绘制了各自的导图。前者分散放置在每章的第一部分，后者集中放置在本书的附录部分，可以作为读者预习和复习时的参考。

(2) 特别设置重点与难点讲解环节，结合作者的教学经验和体会，对解题过程中的难点、“陷阱”和同学们特容易提问的地方，做重点讲解。从而给读者吃“提神药”，打“预防针”，“堵住他们的嘴”。比如：计算电荷面密度时容易出现的正负号错误，计算静电势时的正负问题，以及计算感应电动势时的正负号确定等。

(3) 提供《电磁场与电磁波》教材课后所有题目的详细求解过程，部分题目提供一题多解，方便同学们学习。书中提供的习题数量达 206 个。

(4) 密切联系科技前沿。本书结合各个章节的内容，有意识地引入与之密切相关的科技前沿的案例，从而做到“熊掌与鱼兼得”。同学们在学习课程知识的同时，也学到了科研领域的重要内容，事半功倍，一箭双雕。本书适合大学生科研。

(5) 各章遴选了一定数量的典型例题。对于例题讲解，有分析，有方法指导，部分题目还有一题多解，方便同学们学习，加深对知识点的理解。作者有意识地从国外教材或者实际应用中选择具有新颖性和实用性的例题，以提升学生的学习动力。比如：尖端放电的例子、太阳能电池的相关能量计算等。书中共整理了各类例题 74 个。

(6) 各章设置考研真题进行讲解。书中收集知名高校的考研题目共计 56 个，并根据具体内容将其归纳整理到相关章节讲解。

(7) 各章都提供核心 MATLAB 代码，方便同学们在学习的过程中"手脑并举"，开展动手实践。

《电磁场与电磁波》(第 2 版)、《MATLAB 电磁场与微波技术仿真》及《电磁场与电磁波学习指导与典型题解》这三本书构建了以主教材、虚拟仿真辅助教材、习题集为一体的立体化教材体系，必将方便广大同学和同行的学习与教学。

本书由梅中磊、曹斌照、牛调明编著。作者都毕业于兰州大学信息科学与工程学院，均获得无线电物理专业的硕士、博士学位(牛调明获阿德莱德大学博士学位)，长期从事电磁场与微波技术领域的研究，并(曾)在兰州大学讲授相关课程。梅中磊负责第 1 章、第 2 章、第 4 章、第 5 章的编写和全书统稿；曹斌照编写了第 3 章、第 6 章和第 7 章；牛调明搜集和整理相关题目，编写了全部的考研真题求解。在教材编写过程中，兰州大学博士生导师许福永教授给予了极大的帮助和鼓励，并提出了很多宝贵建议，进一步提升了本教材的质量；兰州大学信息学院博士、硕士研究生陈文琼、祁部雄、陈望飞、刘寅秋、张义凡、冯俊朗、史红娟等在书中部分插图绘制、公式录入和校稿方面提供了很大帮助；兰州大学教务处对教材的编写给予了资金支持(兰州大学教材建设基金资助)。在此对他们表示衷心的感谢!

由于受水平、时间、篇幅所限，在编写过程中难免存在一些疏漏或欠妥之处，恳请广大读者批评指正。我们将对这套教材不断更新，以保持教材的先进性和适用性。热忱欢迎全国同行以及关注电子信息技术领域教育及发展前景的广大有识之士对我们的工作提出宝贵意见和建议。

编　者

2022 年 6 月

目录

CONTENTS

第 1 章 矢量分析

CHAPTER 1

矢量分析是学习电磁场与电磁波的数学基础。以麦克斯韦方程为核心的众多电磁理论、公式和结论等，大都是通过矢量的形式呈现出来的，这一环节如果掌握不好，势必影响后面的学习效果。因此，同学们务必在矢量分析的学习上多下功夫。同时，在学习中要善于应用“普遍联系”的方法，及时将所学内容与高等数学中的相关内容建立联系，从而使得所学知识能够融会贯通。本章主要包括矢量和标量的定义、表示法及其代数运算，矢量场、标量场及其微分运算，即散度、旋度、梯度和拉普拉斯运算，三种重要且常见的坐标系及其转换，三种常用坐标系下的场量运算，高斯定理和斯托克斯定理，以及格林定理等。要求同学们必须掌握各种计算，理解各种运算的意义。在章节具体安排上，首先归纳总结了本章的主要知识点、重点与难点，详细求解了一些典型例题，然后对主教材课后习题进行了详解，列举有代表性的往年考研试题并进行了详解，最后给出相关的 MATLAB 编程代码以及所涉及的科技前沿知识。

1.1 矢量分析思维导图

利用思维导图勾勒出矢量分析各部分内容之间的逻辑关系，如图 1-1 所示。同学们可以

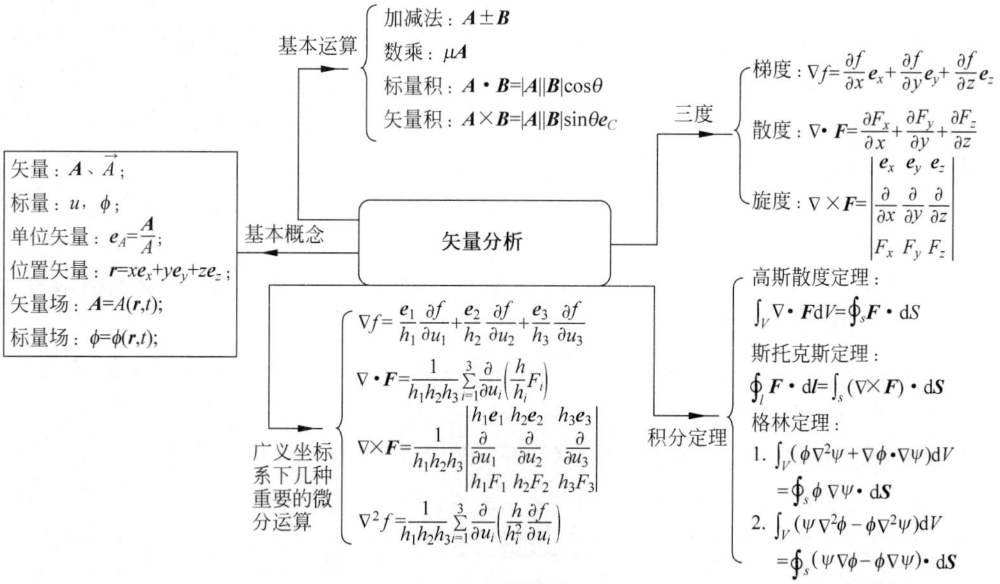

图 1-1 矢量分析思维导图

在学习之后，基于自己的理解绘制思维导图，从而通过提纲挈领的形式将知识点串联起来，达到纲举目张的效果。首先，介绍了矢量（场）、标量（场）的基本概念及其代数运算；然后，引入场论的内容，即标量场的梯度、矢量场的散度和旋度，以及二者的拉普拉斯运算，同时介绍了积分定理及其应用；最后，对常用的坐标系及其转换，各坐标系下的梯度、散度、旋度和拉普拉斯运算等进行了解释。本章内容是电磁场与电磁波的数学基础，具有重要的基础作用。

1.2 知识点归纳

矢量分析部分所涉及的知识点有：

矢量和标量的定义、表示方法、物理意义及代数运算，代数恒等式及其证明；矢量场和标量场的定义、物理意义及其在不同坐标系下的表示方法。

梯度、散度和旋度的定义、物理意义及其计算方法；矢量偏微分算符的引入及其意义；梯度、散度和旋度等的混合运算、性质及其证明；梯度与方向导数之间的关系。

圆柱坐标系、球坐标系及其与直角坐标系的关系，场的不同坐标系下表达方式的转换；圆柱坐标系、球坐标系下的线元、面元、体元；圆柱坐标系、球坐标系下的梯度、散度、旋度、拉普拉斯等的计算。

高斯散度定理和斯托克斯定理的正向、逆向运用；亥姆霍兹定理及其意义；格林定理及其推证。

1.3 主要内容及公式

基于思维导图和知识点归纳，下面将对本章主要内容及公式进行具体分析。

1.3.1 矢量的代数运算

矢量的代数运算可以看作是定义在空间任意一点的矢量或标量之间的运算。对于矢量的代数运算，从两个方面来理解和掌握：几何意义是什么？数学上如何计算？熟练掌握矢量的代数运算为利用助记符形式计算梯度、散度、旋度和拉普拉斯运算等提供了支持。

1. 矢量和标量

标量：只有大小、没有方向的物理量；可以用一个数值来表示；标量一般用一个不加黑的字母表示，如标量 T。

矢量：既有大小、又有方向的物理量；一般需要用三个数值来表示；矢量的表示方法有几何表示法、代数表示法。

若用几何图形表示，矢量 $\mathbf{A}$ 可以看作一条有向线段，线段的长度表示矢量 $\mathbf{A}$ 的大小，线段对应的箭头指向表示 $\mathbf{A}$ 的方向。

矢量也可用它的三个坐标分量表示，例如矢量 $\mathbf{A}$ 在直角坐标系内写为

$$\mathbf{A}=A_x\boldsymbol{e}_x+A_y\boldsymbol{e}_y+A_z\boldsymbol{e}_z \tag{1-1}$$

其中，$\boldsymbol{e}_x$、$\boldsymbol{e}_y$ 和 $\boldsymbol{e}_z$ 分别为 x 轴、y 轴、z 轴的正向单位矢量，A_x、A_y 和 A_z 为三个分量。

单位矢量定义为

$$\boldsymbol{e}_A=\frac{\boldsymbol{A}}{|\boldsymbol{A}|}=\frac{\boldsymbol{A}}{A}=\frac{A_x\boldsymbol{e}_x+A_y\boldsymbol{e}_y+A_z\boldsymbol{e}_z}{\sqrt{\boldsymbol{A}_x^2+\boldsymbol{A}_y^2+\boldsymbol{A}_z^2}} \tag{1-2}$$

矢量的和与差为

$$\boldsymbol{A}\pm\boldsymbol{B}=(A_x\pm B_x)\boldsymbol{e}_x+(A_y\pm B_y)\boldsymbol{e}_y+(A_z\pm B_z)\boldsymbol{e}_z \tag{1-3}$$

数乘运算定义为

$$\mu\boldsymbol{A}=\mu A_x\boldsymbol{e}_x+\mu A_y\boldsymbol{e}_y+\mu A_z\boldsymbol{e}_z \tag{1-4}$$

在电磁理论中，有几个矢量非常重要，它们经常出现在各种矢量公式中，如图 1-2 所示。

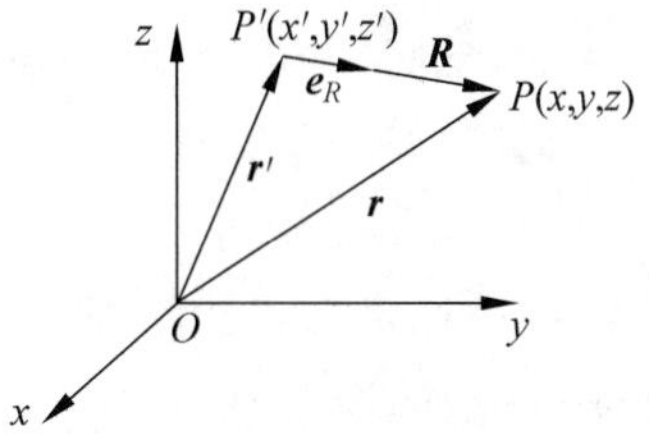

图 1-2 直角坐标系中的距离变量

它们分别是空间任意两点 P 和 P' 所对应的位置矢量 $\boldsymbol{r}=x\boldsymbol{e}_x+y\boldsymbol{e}_y+z\boldsymbol{e}_z$，$\boldsymbol{r}'=x'\boldsymbol{e}_x+y'\boldsymbol{e}_y+z'\boldsymbol{e}_z$；点 P 和 P' 所对应的距离矢量为

$$\boldsymbol{R}=\boldsymbol{r}-\boldsymbol{r}'=(x-x')\boldsymbol{e}_x+(y-y')\boldsymbol{e}_y+(z-z')\boldsymbol{e}_z$$

以及距离矢量 $\boldsymbol{R}$ 所对应的单位距离矢量 $\boldsymbol{e}_R$ 为

$$\boldsymbol{e}_R=\frac{\boldsymbol{R}}{R}=\frac{\boldsymbol{R}}{|\boldsymbol{R}|}=\frac{(x-x')\boldsymbol{e}_x+(y-y')\boldsymbol{e}_y+(z-z')\boldsymbol{e}_z}{\sqrt{(x-x')^2+(y-y')^2+(z-z')^2}}$$

2. 标量积与矢量积

标量积或者内积(点乘、点积)的定义为

$$\boldsymbol{A}\cdot\boldsymbol{B}=\boldsymbol{B}\cdot\boldsymbol{A}=|\boldsymbol{A}||\boldsymbol{B}|\cos\theta=A_xB_x+A_yB_y+A_zB_z \tag{1-5}$$

从几何上看，$\boldsymbol{A}\cdot\boldsymbol{B}$ 就是将矢量 $\boldsymbol{A}$ 投影在 $\boldsymbol{B}$ 的方向上($|\boldsymbol{A}|\cos\theta$)，再与 $\boldsymbol{B}$ 的大小($|\boldsymbol{B}|$)做乘积。因此，两个矢量正交时，其内积为零。

矢量积或者叉乘的定义为

$$\boldsymbol{A}\times\boldsymbol{B}=-\boldsymbol{B}\times\boldsymbol{A}=|\boldsymbol{A}||\boldsymbol{B}|\sin\theta\boldsymbol{n}=\begin{vmatrix}\boldsymbol{e}_x & \boldsymbol{e}_y & \boldsymbol{e}_z\\ A_x & A_y & A_z\\ B_x & B_y & B_z\end{vmatrix} \tag{1-6}$$

从几何上看，$\boldsymbol{A}\times\boldsymbol{B}$ 的方向是从矢量 $\boldsymbol{A}$ 右手螺旋到 $\boldsymbol{B}$ 的方向，大小就是矢量 $\boldsymbol{A}$ 和 $\boldsymbol{B}$ 所张成的平行四边形的面积。

3. 矢量的混合积

$$\begin{aligned}\boldsymbol{A}\cdot(\boldsymbol{B}\times\boldsymbol{C})&=\boldsymbol{B}\cdot(\boldsymbol{C}\times\boldsymbol{A})=\boldsymbol{C}\cdot(\boldsymbol{A}\times\boldsymbol{B})\\&=(\boldsymbol{B}\times\boldsymbol{C})\cdot\boldsymbol{A}=(\boldsymbol{C}\times\boldsymbol{A})\cdot\boldsymbol{B}=(\boldsymbol{A}\times\boldsymbol{B})\cdot\boldsymbol{C}\\&=-\boldsymbol{A}\cdot(\boldsymbol{C}\times\boldsymbol{B})=-\boldsymbol{B}\cdot(\boldsymbol{A}\times\boldsymbol{C})=-\boldsymbol{C}\cdot(\boldsymbol{B}\times\boldsymbol{A})\\&=\cdots\cdots=\begin{vmatrix}A_x & A_y & A_z\\ B_x & B_y & B_z\\ C_x & C_y & C_z\end{vmatrix}\end{aligned} \tag{1-7}$$

矢量的混合积在几何上表示为矢量 $\boldsymbol{A}$、$\boldsymbol{B}$ 和 $\boldsymbol{C}$ 所生成的平行六面体的体积。当三个矢量为右手螺旋关系时，体积取正；反之，体积取负值。

在直角坐标系中的任意一点都可以定义本地坐标系（将三个基矢平移而来），从而构建在此点的向量空间。标量、矢量都可以看作定义在该点的一个物理量；在此向量空间，可以进行矢量的各种代数运算，所得结果依然在相应的向量空间。

1.3.2 标量场的梯度、矢量场的散度与旋度等运算

对于场论涉及的各种微分运算，同学们一方面要会计算，另一方面要掌握其物理含义。在直角坐标系下，同学们要善于利用矢量偏微分算符开展计算。

1. 标量场和矢量场

如果在空间任意一点都定义有一个标量形式的物理量，则构成了一个标量场，在数学上就是三维（多维）空间的标量点函数。比如，温度场 $T(x,y,z)$ 就是表征温度在空间分布的一个三元标量点函数。

同样，如果在空间任意一点都有一个矢量形式的物理量与之对应，则就构成了一个矢量场，它在数学上就是一个矢量点函数。比如

$$\boldsymbol{F}(x,y,z)=F_x(x,y,z)\boldsymbol{e}_x+F_y(x,y,z)\boldsymbol{e}_y+F_z(x,y,z)\boldsymbol{e}_z \tag{1-8}$$

如果用箭头表示矢量，用小黑点表示标量，那么矢量场就是“遍地是箭头”；标量场就是“处处是黑点”。

2. 标量场的梯度

对于标量场 $f(x,y,z)$，其梯度为

$$\nabla f=\mathrm{grad} f=\frac{\partial f}{\partial x}\boldsymbol{e}_x+\frac{\partial f}{\partial y}\boldsymbol{e}_y+\frac{\partial f}{\partial z}\boldsymbol{e}_z \tag{1-9}$$

其形式上是矢量偏微分算符与标量函数的数乘运算。

标量场的梯度既反映了标量场在空间某一点对应的最大空间变化率的大小，也反映了在该点对应的最大变化率的方向。

3. 矢量场的散度

对于矢量场 $\boldsymbol{F}(x,y,z)$，其散度为

$$\begin{aligned}\nabla\cdot\boldsymbol{F}&=\left(\boldsymbol{e}_x\frac{\partial}{\partial x}+\boldsymbol{e}_y\frac{\partial}{\partial y}+\boldsymbol{e}_z\frac{\partial}{\partial z}\right)\cdot(F_x\boldsymbol{e}_x+F_y\boldsymbol{e}_y+F_z\boldsymbol{e}_z)\\&=\frac{\partial F_x}{\partial x}+\frac{\partial F_y}{\partial y}+\frac{\partial F_z}{\partial z}\end{aligned} \tag{1-10}$$

其形式上是矢量偏微分算符与矢量函数的点乘运算。

矢量场的散度可以理解为矢量场的通量体密度。它反映了矢量场在该点是有“源”（散度大于零），还是有“汇”（散度小于零），还是无源（散度等于零）。

4. 矢量场的旋度

对于矢量场 $\boldsymbol{F}(x,y,z)$，其旋度为

$$\nabla\times\boldsymbol{F}=\begin{vmatrix}\boldsymbol{e}_x & \boldsymbol{e}_y & \boldsymbol{e}_z\\ \dfrac{\partial}{\partial x} & \dfrac{\partial}{\partial y} & \dfrac{\partial}{\partial z}\\ F_x & F_y & F_z\end{vmatrix}=\left(\frac{\partial F_z}{\partial y}-\frac{\partial F_y}{\partial z}\right)\boldsymbol{e}_x+\left(\frac{\partial F_x}{\partial z}-\frac{\partial F_z}{\partial x}\right)\boldsymbol{e}_y+\left(\frac{\partial F_y}{\partial x}-\frac{\partial F_x}{\partial y}\right)\boldsymbol{e}_z \tag{1-11}$$

其形式上是矢量偏微分算符与矢量函数的叉乘运算。

矢量场的旋度可以理解为矢量场的环流面密度。它反映了该矢量场在空间一点是否存在旋涡，它的方向表示的是最大环流面密度所对应的环面法线方向。

5. 标量场的拉普拉斯运算

对于标量场 $f(x,y,z)$，其拉普拉斯运算为

$$\nabla^2 f=\frac{\partial^2 f}{\partial x^2}+\frac{\partial^2 f}{\partial y^2}+\frac{\partial^2 f}{\partial z^2} \tag{1-12}$$

标量的拉普拉斯运算可以看作是标量梯度运算和散度运算的复合运算结果。

6. 矢量场的拉普拉斯运算

对于矢量场 $\boldsymbol{F}(x,y,z)$，其在直角坐标系下的拉普拉斯运算为

$$\nabla^2\boldsymbol{F}=\boldsymbol{e}_x\nabla^2F_x+\boldsymbol{e}_y\nabla^2F_y+\boldsymbol{e}_z\nabla^2F_z \tag{1-13}$$

1.3.3 矢量积分定理

高斯散度定理

$$\int_V\nabla\cdot\boldsymbol{F}\mathrm{d}V=\oint_S\boldsymbol{F}\cdot\mathrm{d}\boldsymbol{S} \tag{1-14}$$

斯托克斯定理

$$\int_S(\nabla\times\boldsymbol{F})\cdot\mathrm{d}\boldsymbol{S}=\oint_l\boldsymbol{F}\cdot\mathrm{d}\boldsymbol{l} \tag{1-15}$$

格林定理

$$\Psi\int_V(\phi\,\nabla^2\psi+\nabla\phi\cdot\nabla\psi)\mathrm{d}V=\oint_S\phi\nabla\psi\cdot\mathrm{d}\boldsymbol{S}\quad\text{（第一公式）} \tag{1-16}$$

$$\int_V(\psi\,\nabla^2\phi-\phi\nabla^2\psi)\mathrm{d}V=\oint_S\left(\psi\frac{\partial\phi}{\partial n}-\phi\frac{\partial\psi}{\partial n}\right)\mathrm{d}S\quad\text{（第二公式）} \tag{1-17}$$

1.3.4 三种常用坐标系

1. 坐标变量和基本单位矢量

表 1-1 给出了三种常用坐标系下的坐标变量与基本单位矢量(基矢)。

表 1-1 三种常用坐标系下的坐标变量与基本单位矢量

坐 标 系	坐 标 变 量	基本单位矢量
直角坐标系	x,y,z	$\boldsymbol{e}_x,\boldsymbol{e}_y,\boldsymbol{e}_z$
圆柱坐标系	$r(\rho),\varphi,z$	$\boldsymbol{e}_r(\boldsymbol{e}_\rho),\boldsymbol{e}_\varphi,\boldsymbol{e}_z$
球 坐 标 系	r,θ,φ	$\boldsymbol{e}_r,\boldsymbol{e}_\theta,\boldsymbol{e}_\varphi$

注：圆柱坐标系中平面矢径有时用 r，但本节中平面矢径的坐标变量用 ρ，以防和球坐标系混淆。

需要注意的是：直角坐标系下的基矢，不管 $\boldsymbol{e}_x,\boldsymbol{e}_y,\boldsymbol{e}_z$ 也好，还是 $\boldsymbol{i},\boldsymbol{j},\boldsymbol{k}$ 也好，它们都是常矢量，即与空间位置无关，$\boldsymbol{i}(x,y,z)=\boldsymbol{i}(x',y',z')$。但是对于球坐标系和圆柱坐标系，其基矢一般不是常矢量（$\boldsymbol{e}_z$ 除外），因此，都应该看作是空间坐标的函数，即 $\boldsymbol{e}_r(\rho,\varphi,z)$，$\boldsymbol{e}_\varphi(\rho,\varphi,z)$，$\boldsymbol{e}_z(\rho,\varphi,z)$，$\boldsymbol{e}_r(r,\theta,\varphi)$，$\boldsymbol{e}_\theta(r,\theta,\varphi)$，$\boldsymbol{e}_\varphi(r,\theta,\varphi)$。只不过为了简洁起见，一般书写省略后面的括号，但一定要按照上述意义来理解。这也就是我们所讲的"本地坐标系"的含义。

2. 坐标变量之间的关系

直角坐标系与圆柱坐标系中各坐标变量之间的关系为

$$\begin{cases} x=\rho\cos\varphi, & \rho=\sqrt{x^2+y^2} \\ y=\rho\sin\varphi, & \tan\varphi=\dfrac{y}{x} \\ z=z, & z=z \end{cases} \tag{1-18}$$

圆柱坐标系与球坐标系中各坐标变量之间的关系为

$$\begin{cases} \rho=r\sin\theta, & r=\sqrt{\rho^2+z^2} \\ \varphi=\varphi, & \tan\theta=\dfrac{\rho}{z} \\ z=r\cos\theta, & \varphi=\varphi \end{cases} \tag{1-19}$$

直角坐标系与球坐标系中各坐标变量之间的关系为

$$\begin{cases} x=r\sin\theta\cos\varphi, & r=\sqrt{x^2+y^2+z^2} \\ y=r\sin\theta\sin\varphi, & \tan\theta=\dfrac{\sqrt{x^2+y^2}}{z} \\ z=r\cos\theta, & \tan\varphi=\dfrac{y}{x} \end{cases} \tag{1-20}$$

3. 基本单位矢量之间的关系

直角坐标系与圆柱坐标系中各基本单位矢量之间的关系为

$$\begin{bmatrix} \boldsymbol{e}_x \\ \boldsymbol{e}_y \\ \boldsymbol{e}_z \end{bmatrix}=\begin{bmatrix} \cos\varphi & -\sin\varphi & 0 \\ \sin\varphi & \cos\varphi & 0 \\ 0 & 0 & 1 \end{bmatrix}\begin{bmatrix} \boldsymbol{e}_\rho \\ \boldsymbol{e}_\varphi \\ \boldsymbol{e}_z \end{bmatrix} \tag{1-21}$$

$$\begin{bmatrix} \boldsymbol{e}_\rho \\ \boldsymbol{e}_\varphi \\ \boldsymbol{e}_z \end{bmatrix}=\begin{bmatrix} \cos\varphi & \sin\varphi & 0 \\ -\sin\varphi & \cos\varphi & 0 \\ 0 & 0 & 1 \end{bmatrix}\begin{bmatrix} \boldsymbol{e}_x \\ \boldsymbol{e}_y \\ \boldsymbol{e}_z \end{bmatrix} \tag{1-22}$$

圆柱坐标系与球坐标系中各基本单位矢量之间的关系为

$$\begin{bmatrix} \boldsymbol{e}_\rho \\ \boldsymbol{e}_\varphi \\ \boldsymbol{e}_z \end{bmatrix}=\begin{bmatrix} \sin\theta & \cos\theta & 0 \\ 0 & 0 & 1 \\ \cos\theta & -\sin\theta & 0 \end{bmatrix}\begin{bmatrix} \boldsymbol{e}_r \\ \boldsymbol{e}_\theta \\ \boldsymbol{e}_\varphi \end{bmatrix} \tag{1-23}$$

$$\begin{bmatrix} \boldsymbol{e}_r \\ \boldsymbol{e}_\theta \\ \boldsymbol{e}_\varphi \end{bmatrix}=\begin{bmatrix} \sin\theta & 0 & \cos\theta \\ \cos\theta & 0 & -\sin\theta \\ 0 & 1 & 0 \end{bmatrix}\begin{bmatrix} \boldsymbol{e}_\rho \\ \boldsymbol{e}_\varphi \\ \boldsymbol{e}_z \end{bmatrix} \tag{1-24}$$

球坐标系和直角坐标系中基矢之间的变换关系

$$\begin{bmatrix} \boldsymbol{e}_x \\ \boldsymbol{e}_y \\ \boldsymbol{e}_z \end{bmatrix} = \begin{bmatrix} \sin\theta\cos\varphi & \cos\theta\cos\varphi & -\sin\varphi \\ \sin\theta\sin\varphi & \cos\theta\sin\varphi & \cos\varphi \\ \cos\theta & -\sin\theta & 0 \end{bmatrix} \begin{bmatrix} \boldsymbol{e}_r \\ \boldsymbol{e}_\theta \\ \boldsymbol{e}_\varphi \end{bmatrix} \tag{1-25}$$

$$\begin{bmatrix} \boldsymbol{e}_r \\ \boldsymbol{e}_\theta \\ \boldsymbol{e}_\varphi \end{bmatrix} = \begin{bmatrix} \sin\theta\cos\varphi & \sin\theta\sin\varphi & \cos\theta \\ \cos\theta\cos\varphi & \cos\theta\sin\varphi & -\sin\theta \\ -\sin\varphi & \cos\varphi & 0 \end{bmatrix} \begin{bmatrix} \boldsymbol{e}_x \\ \boldsymbol{e}_y \\ \boldsymbol{e}_z \end{bmatrix} \tag{1-26}$$

当在空间建立了多种正交坐标系时，对于空间任意一点，都有两个以上的属于该点的坐标框架存在，相对于其中的一个坐标框架(原始坐标系)，另外一个坐标框架可以看作是原坐标框架旋转得到的(新坐标系)。采用向量空间的说法，对于该点的向量空间而言，存在两组标准、归一化的正交基，都可以表示该点的矢量，它们之间的转换关系就是我们讲到的基矢之间的关系，也就是线性代数中经常提到的过渡矩阵，这个矩阵必然是正交矩阵。观察上述三组情况，同学们自然可以得到上述结论。因此，得到了每组中的一个矩阵，将其求转置，就可以得到相应的逆矩阵。

4. 三种常用坐标系中的线元、面元和体元

直角坐标系中

$$\mathrm{d}\boldsymbol{l} = \mathrm{d}x\boldsymbol{e}_x + \mathrm{d}y\boldsymbol{e}_y + \mathrm{d}z\boldsymbol{e}_z \tag{1-27}$$

$$\mathrm{d}\boldsymbol{S} = \mathrm{d}y\mathrm{d}z\boldsymbol{e}_x + \mathrm{d}z\mathrm{d}x\boldsymbol{e}_y + \mathrm{d}x\mathrm{d}y\boldsymbol{e}_z \tag{1-28}$$

$$\mathrm{d}V = \mathrm{d}x\mathrm{d}y\mathrm{d}z \tag{1-29}$$

圆柱坐标系中

$$\mathrm{d}\boldsymbol{l} = \mathrm{d}\rho\boldsymbol{e}_\rho + \rho\mathrm{d}\varphi\boldsymbol{e}_\varphi + \mathrm{d}z\boldsymbol{e}_z \tag{1-30}$$

$$\mathrm{d}\boldsymbol{S} = \rho\mathrm{d}\varphi\mathrm{d}z\boldsymbol{e}_\rho + \mathrm{d}z\mathrm{d}\rho\boldsymbol{e}_\varphi + \rho\mathrm{d}\rho\mathrm{d}\varphi\boldsymbol{e}_z \tag{1-31}$$

$$\mathrm{d}V = \mathrm{d}l_1\mathrm{d}l_2\mathrm{d}l_3 = \rho\mathrm{d}\rho\mathrm{d}\varphi\mathrm{d}z \tag{1-32}$$

球坐标系中

$$\mathrm{d}\boldsymbol{l} = \mathrm{d}r\boldsymbol{e}_r + r\mathrm{d}\theta\boldsymbol{e}_\theta + r\sin\theta\mathrm{d}\varphi\boldsymbol{e}_\varphi \tag{1-33}$$

$$\mathrm{d}\boldsymbol{S} = r^2\sin\theta\mathrm{d}\theta\mathrm{d}\varphi\boldsymbol{e}_r + r\sin\theta\mathrm{d}\varphi\mathrm{d}r\boldsymbol{e}_\theta + r\mathrm{d}r\mathrm{d}\theta\boldsymbol{e}_\varphi \tag{1-34}$$

$$\mathrm{d}V = r^2\sin\theta\mathrm{d}r\mathrm{d}\theta\mathrm{d}\varphi \tag{1-35}$$

5. 三种常用坐标系中矢量的代数运算

如前所述，矢量是定义在空间某一确定点的“箭头”，是该点所属向量空间中的一个向量。因此，在任意正交坐标系来看，这个向量空间不变，其差异不过是采用了不同的基向量或者基矢而已。所以，无论采用哪种坐标系，矢量的代数运算形式不变。

圆柱坐标系下，矢量 $\boldsymbol{A}$ 的表示为

$$\boldsymbol{A} = A_\rho\boldsymbol{e}_\rho + A_\varphi\boldsymbol{e}_\varphi + A_z\boldsymbol{e}_z \tag{1-36}$$

球坐标系下，矢量 $\boldsymbol{A}$ 的表示为

$$\boldsymbol{A} = A_r\boldsymbol{e}_r + A_\theta\boldsymbol{e}_\theta + A_\varphi\boldsymbol{e}_\varphi \tag{1-37}$$

因此，前述直角坐标系下矢量的代数运算形式完全一致，只需要将对应的 x,y,z 用 ρ,φ,z 或者 r,θ,φ 替换即可。

6. 三种坐标系中的梯度、散度、旋度及拉普拉斯运算表达式

圆柱坐标系下，矢量场 $\boldsymbol{F}$ 可以表示为

$$\boldsymbol{F}(\rho,\varphi,z)=F_\rho(\rho,\varphi,z)\boldsymbol{e}_\rho+F_\varphi(\rho,\varphi,z)\boldsymbol{e}_\varphi+F_z(\rho,\varphi,z)\boldsymbol{e}_z \tag{1-38}$$

标量场可以表示为

$$f(\rho,\varphi,z)$$

球坐标系下，矢量 $\boldsymbol{F}$ 可以表示为

$$\boldsymbol{F}(r,\theta,\varphi)=F_r(r,\theta,\varphi)\boldsymbol{e}_r+F_\theta(r,\theta,\varphi)\boldsymbol{e}_\theta+F_\varphi(r,\theta,\varphi)\boldsymbol{e}_\varphi \tag{1-39}$$

标量场可以表示为

$$f(r,\theta,\varphi)$$

在一般的正交坐标系下，万万不可类比代数运算的形式，通过简单的变量替换，得到相应的梯度、散度、旋度和拉普拉斯运算的表达结果。这是因为，上述计算的定义都是以直角坐标系为基础定义的，因此需要采用链式求导规则，才可以得到相应的表达形式。后面1.4.6节中，给出了一个具体的例子。

直角坐标系中

$$\nabla f=\frac{\partial f}{\partial x}\boldsymbol{e}_x+\frac{\partial f}{\partial y}\boldsymbol{e}_y+\frac{\partial f}{\partial z}\boldsymbol{e}_z \tag{1-40}$$

$$\nabla\cdot\boldsymbol{F}=\frac{\partial F_x}{\partial x}+\frac{\partial F_y}{\partial y}+\frac{\partial F_z}{\partial z} \tag{1-41}$$

$$\nabla\times\boldsymbol{F}=\begin{vmatrix}\boldsymbol{e}_x & \boldsymbol{e}_y & \boldsymbol{e}_z\\ \dfrac{\partial}{\partial x} & \dfrac{\partial}{\partial y} & \dfrac{\partial}{\partial z}\\ F_x & F_y & F_z\end{vmatrix}=\left(\frac{\partial F_z}{\partial y}-\frac{\partial F_y}{\partial z}\right)\boldsymbol{e}_x+\left(\frac{\partial F_x}{\partial z}-\frac{\partial F_z}{\partial x}\right)\boldsymbol{e}_y+\left(\frac{\partial F_y}{\partial x}-\frac{\partial F_x}{\partial y}\right)\boldsymbol{e}_z \tag{1-42}$$

$$\nabla^2 f=\Delta f=\nabla\cdot\nabla f=\frac{\partial^2 f}{\partial x^2}+\frac{\partial^2 f}{\partial y^2}+\frac{\partial^2 f}{\partial z^2} \tag{1-43}$$

圆柱坐标系中

$$\nabla f=\boldsymbol{e}_\rho\frac{\partial f}{\partial\rho}+\boldsymbol{e}_\varphi\frac{1}{\rho}\frac{\partial f}{\partial\varphi}+\boldsymbol{e}_z\frac{\partial f}{\partial z} \tag{1-44}$$

$$\nabla\cdot\boldsymbol{F}=\frac{1}{\rho}\left[\frac{\partial}{\partial\rho}(\rho F_\rho)+\frac{\partial F_\varphi}{\partial\varphi}+\rho\frac{\partial F_z}{\partial z}\right] \tag{1-45}$$

$$\nabla\times\boldsymbol{F}=\begin{vmatrix}\dfrac{\boldsymbol{e}_r}{\rho} & \boldsymbol{e}_\varphi & \dfrac{\boldsymbol{e}_z}{\rho}\\ \dfrac{\partial}{\partial\rho} & \dfrac{\partial}{\partial\varphi} & \dfrac{\partial}{\partial z}\\ F_\rho & \rho F_\varphi & F_z\end{vmatrix}=\frac{\boldsymbol{e}_\rho}{\rho}\left[\frac{\partial F_z}{\partial\varphi}-\rho\frac{\partial F_\varphi}{\partial z}\right]+\boldsymbol{e}_\varphi\left[\frac{\partial F_\rho}{\partial z}-\frac{\partial F_z}{\partial\rho}\right]+\frac{\boldsymbol{e}_z}{\rho}\left[\frac{\partial(\rho F_\varphi)}{\partial\rho}-\frac{\partial F_\rho}{\partial\varphi}\right] \tag{1-46}$$

$$\nabla^2 f=\frac{1}{\rho}\left[\frac{\partial}{\partial\rho}\left(\rho\frac{\partial f}{\partial\rho}\right)+\frac{1}{\rho}\frac{\partial^2 f}{\partial\varphi^2}+\rho\frac{\partial^2 f}{\partial z^2}\right] \tag{1-47}$$

球坐标系中

$$\nabla f=\boldsymbol{e}_r\frac{\partial f}{\partial r}+\frac{\boldsymbol{e}_\theta}{r}\frac{\partial f}{\partial\theta}+\frac{\boldsymbol{e}_\varphi}{r\sin\theta}\frac{\partial f}{\partial\varphi} \tag{1-48}$$

$$\nabla\cdot \boldsymbol{F}=\frac{1}{r^2\sin\theta}\left[\sin\theta\frac{\partial}{\partial r}(r^2F_r)+r\frac{\partial}{\partial\theta}(\sin\theta F_\theta)+r\frac{\partial F_\varphi}{\partial\varphi}\right] \tag{1-49}$$

$$\nabla\times \boldsymbol{F}=\begin{vmatrix}\dfrac{\boldsymbol{e}_r}{r^2\sin\theta} & \dfrac{\boldsymbol{e}_\theta}{r\sin\theta} & \dfrac{\boldsymbol{e}_\varphi}{r}\\ \dfrac{\partial}{\partial r} & \dfrac{\partial}{\partial\theta} & \dfrac{\partial}{\partial\varphi}\\ F_r & rF_\theta & r\sin\theta F_\varphi\end{vmatrix}=\frac{\boldsymbol{e}_r}{r^2\sin\theta}\left[r\frac{\partial(\sin\theta F_\varphi)}{\partial\theta}-r\frac{\partial F_\theta}{\partial\varphi}\right]+$$
$$\frac{\boldsymbol{e}_\theta}{r\sin\theta}\left[\frac{\partial F_r}{\partial\varphi}-\sin\theta\frac{\partial(rF_\varphi)}{\partial r}\right]+\frac{\boldsymbol{e}_\varphi}{r}\left[\frac{\partial(rF_\theta)}{\partial r}-\frac{\partial F_r}{\partial\theta}\right] \tag{1-50}$$

$$\nabla^2 f=\frac{1}{r^2\sin\theta}\left[\sin\theta\frac{\partial}{\partial r}\left(r^2\frac{\partial f}{\partial r}\right)+\frac{\partial}{\partial\theta}\left(\sin\theta\frac{\partial f}{\partial\theta}\right)+\frac{1}{\sin\theta}\frac{\partial^2 f}{\partial\varphi^2}\right] \tag{1-51}$$

1.4 重点与难点分析

结合思维导图与知识点归纳，下面将对本章重点与难点进行着重分析。

1.4.1 矢量代数恒等式的证明方法

在很多情况下，题目给出矢量的代数恒等式，并要求进行证明。本书主教材的附录部分也给出了大量的代数恒等式。此时，只需要根据题意设出相关矢量（或者标量）在直角坐标系下的表达形式（当然也可以采取其他正交坐标系），然后利用矢量的代数运算法则，对恒等式两侧分别进行计算，最终对比左右两侧，即可得到等式成立的结论。当代数运算比较复杂的时候，可以采用 MATLAB 的符号计算功能进行辅助计算。

1.4.2 矢量场、标量场的定义及物理意义

标量场可以看作是三维（或者四维，包含时间维度）空间中的点函数，可以形象地想象为“处处是黑点”。在直角坐标系、圆柱坐标系和球坐标系下，标量场可以分别表示为 $f(x,y,z)$，$f(\rho,\varphi,z)$ 和 $f(r,\theta,\varphi)$。

矢量场可以看作是三维（四维）空间中的矢量点函数，可以形象地理解为“处处是箭头”。在直角坐标系、圆柱坐标系和球坐标系下，矢量场可以分别表示为

$$\boldsymbol{F}(x,y,z)=F_x(x,y,z)\boldsymbol{e}_x+F_y(x,y,z)\boldsymbol{e}_y+F_z(x,y,z)\boldsymbol{e}_z \tag{1-52}$$

$$\boldsymbol{F}(\rho,\varphi,z)=F_\rho(\rho,\varphi,z)\boldsymbol{e}_\rho+F_\varphi(\rho,\varphi,z)\boldsymbol{e}_\varphi+F_z(\rho,\varphi,z)\boldsymbol{e}_z \tag{1-53}$$

$$\boldsymbol{F}(r,\theta,\varphi)=F_r(r,\theta,\varphi)\boldsymbol{e}_r+F_\theta(r,\theta,\varphi)\boldsymbol{e}_\theta+F_\varphi(r,\theta,\varphi)\boldsymbol{e}_\varphi \tag{1-54}$$

事实上，给定空间任意一点的坐标（直角坐标、圆柱坐标或者球坐标）之后，就可以在空间唯一确定一点；同时，也就确定了定义在该点的本地坐标框架（可以想象为红、绿、蓝三个两两正交的小箭头）。根据上式，矢量场的三个分量也是确知的（即由三个分量函数确定），于是可以在该点绘制一个小箭头来，这就是矢量场在当地的取值和方向。由上面的描述可知，在一般情况下，空间任意一点处的坐标框架都是不同的，也就是说，基矢也是坐标变量的函数，比如 $\boldsymbol{e}_\rho(\rho,\varphi,z)$，$\boldsymbol{e}_\theta(r,\theta,\varphi)$ 等。这个结论与直角坐标系有着显著的不同，同学们在使用中务必重视。

1.4.3 矢量偏微分算符的引入及其作用

在矢量分析中，引入了一个重要的算符(或称为算子)，即哈密顿(Hamilton)算符“∇”。它是一阶矢量微分算符，在直角坐标系中定义为

$$\nabla=\boldsymbol{e}_x\frac{\partial}{\partial x}+\boldsymbol{e}_y\frac{\partial}{\partial y}+\boldsymbol{e}_z\frac{\partial}{\partial z} \tag{1-55}$$

哈密顿算符形式上既是一个矢量，又对其后面的物理量进行微分运算。在具体计算时，先按矢量乘法规则展开，再做微分运算。哈密顿算符有时也称为倒三角算符、那勃勒算符或楔形算符。

在直角坐标系中，标量场的梯度场为

$$\nabla f=\mathrm{grad}f=\frac{\partial f}{\partial x}\boldsymbol{e}_x+\frac{\partial f}{\partial y}\boldsymbol{e}_y+\frac{\partial f}{\partial z}\boldsymbol{e}_z \tag{1-56}$$

从梯度的运算公式[式(1-56)]上看，标量场的梯度在形式上可以看作是矢量与标量数乘的结果，即用标量场 f 与哈密顿算子的每一项都相乘，结果就是梯度矢量。

同样，一个矢量场的散度和旋度场分别表示为

$$\begin{aligned}\nabla\cdot\boldsymbol{F}&=\left(\boldsymbol{e}_x\frac{\partial}{\partial x}+\boldsymbol{e}_y\frac{\partial}{\partial y}+\boldsymbol{e}_z\frac{\partial}{\partial z}\right)\cdot(F_x\boldsymbol{e}_x+F_y\boldsymbol{e}_y+F_z\boldsymbol{e}_z)\\&=\frac{\partial F_x}{\partial x}+\frac{\partial F_y}{\partial y}+\frac{\partial F_z}{\partial z}\end{aligned} \tag{1-57}$$

$$\nabla\times\boldsymbol{F}=\begin{vmatrix}\boldsymbol{e}_x & \boldsymbol{e}_y & \boldsymbol{e}_z\\ \dfrac{\partial}{\partial x} & \dfrac{\partial}{\partial y} & \dfrac{\partial}{\partial z}\\ F_x & F_y & F_z\end{vmatrix}=\left(\frac{\partial F_z}{\partial y}-\frac{\partial F_y}{\partial z}\right)\boldsymbol{e}_x+\left(\frac{\partial F_x}{\partial z}-\frac{\partial F_z}{\partial x}\right)\boldsymbol{e}_y+\left(\frac{\partial F_y}{\partial x}-\frac{\partial F_x}{\partial y}\right)\boldsymbol{e}_z \tag{1-58}$$

从形式上看，矢量场 $\boldsymbol{F}$ 的散度就是哈密顿算符与 $\boldsymbol{F}$ 点乘的结果，而矢量场 $\boldsymbol{F}$ 的旋度就是哈密顿算符与 $\boldsymbol{F}$ 的叉乘。

再考虑一个标量场的拉普拉斯运算，即

$$\nabla\cdot(\nabla f)=\nabla\cdot\nabla f=\nabla^2 f=\frac{\partial^2 f}{\partial x^2}+\frac{\partial^2 f}{\partial y^2}+\frac{\partial^2 f}{\partial z^2} \tag{1-59}$$

式(1-59)中，哈密顿算符的内积在形式上是其模的平方，即$\nabla^2=\dfrac{\partial^2}{\partial x^2}+\dfrac{\partial^2}{\partial y^2}+\dfrac{\partial^2}{\partial z^2}$，与标量函数相乘，正好就是该标量函数拉普拉斯运算的表达形式。当然，也可以通过先计算梯度再计算散度的方式，同样得到完全相同的结果。

从以上对比可以看出，哈密顿算符不仅可以简化数学运算的表示形式，而且具有重要的“助记符”的作用：只要掌握矢量的代数运算法则，就可以对比数乘、点积、叉乘等运算，得到梯度、散度、旋度和拉普拉斯运算的表示形式。

1.4.4 混合微分运算及其证明

掌握了梯度、散度、旋度以及拉普拉斯运算之后，还可以进行混合微分运算，比如计算一个标量场的梯度场，再计算对应矢量场(梯度场)的旋度场，或者计算一个矢量场的旋度场，再计算结果对应矢量场(旋度场)的散度场等。与代数恒等式类似，混合微分运算也有一系列的恒等式。对上述混合微分恒等式的证明，过程非常简单。同学们首先根据题目要求，设

出标量场或者矢量场在直角坐标系下的一般表示形式；再按照梯度、散度、旋度或者拉普拉斯运算的规则，对恒等式的两边分别进行计算；最后，对比等式两端的计算结果，即可得出恒等式成立的结论。在复杂的情况下，可以借助MATLAB的符号工具箱，进行辅助证明。常用的微分恒等公式有

$$\nabla\times\nabla\phi=0;\ \nabla\cdot\nabla\phi=\nabla^2\phi;\ \nabla\cdot\nabla\times\boldsymbol{A}=0;\ \nabla\times\nabla\times\boldsymbol{A}=\nabla(\nabla\cdot\boldsymbol{A})-\nabla^2\boldsymbol{A}$$

1.4.5 场的不同坐标系下的表达方式及其互相转换

由于具体问题的复杂性，人们在研究同一问题时，可能采用不同的坐标系表示形式。比如，在研究天线时，往往采用球坐标系，且发射天线放在坐标系的原点位置。但在研究线天线时，天线一般按 z 轴放置，利用直角坐标系得到交变电流的矢量势比较方便。因此，很多情况下，需要开展场量在不同坐标系下的转换。

对于标量场，坐标系下的转换，仅涉及坐标变量的转换；对于矢量场，既涉及坐标变量的转换，也涉及基矢的转换。一般情况下，先利用公式完成基矢的转换，再根据坐标变量之间的关系完成变量转换。

不同坐标系下的转换，一定要注意转换完全，即全部物理量都用目标坐标系下的基矢和坐标变量表示，不要出现混合坐标系的结果。

1.4.6 不同坐标系下的梯度、散度、旋度和拉普拉斯运算

在矢量分析部分，无论是标量场的梯度、拉普拉斯运算还是矢量场的旋度和散度运算，都是以直角坐标系为基础定义的。因此，当使用不同的坐标系时，必须根据两种坐标系之间的关系，采用链式求导法则，得到新的坐标系下的场量表达式。这里以梯度为例说明推导过程。后面习题部分给出了拉普拉斯算符在圆柱坐标系下的推证过程。

在直角坐标系中，标量函数 f 的梯度写为

$$\nabla f=\frac{\partial f}{\partial x}\boldsymbol{e}_x+\frac{\partial f}{\partial y}\boldsymbol{e}_y+\frac{\partial f}{\partial z}\boldsymbol{e}_z=\begin{pmatrix}\frac{\partial f}{\partial x} & \frac{\partial f}{\partial y} & \frac{\partial f}{\partial z}\end{pmatrix}\begin{bmatrix}\boldsymbol{e}_x\\ \boldsymbol{e}_y\\ \boldsymbol{e}_z\end{bmatrix} \tag{1-60}$$

考虑式(1-18)，并运用复合函数求导规则，有

$$\begin{cases}\dfrac{\partial f}{\partial x}=\dfrac{\partial f}{\partial \rho}\dfrac{1}{\cos\varphi}-\dfrac{\partial f}{\partial \varphi}\dfrac{1}{\rho\sin\varphi}\\ \dfrac{\partial f}{\partial y}=\dfrac{\partial f}{\partial \rho}\dfrac{1}{\sin\varphi}+\dfrac{\partial f}{\partial \varphi}\dfrac{1}{\rho\cos\varphi}\\ \dfrac{\partial f}{\partial z}=\dfrac{\partial f}{\partial z}\end{cases} \tag{1-61}$$

将式(1-61)及基矢关系式[式(1-21)]代入式(1-60)，有

$$\nabla f=\left(\frac{\partial f}{\partial \rho}\frac{1}{\cos\varphi}-\frac{\partial f}{\partial \varphi}\frac{1}{\rho\sin\varphi},\frac{\partial f}{\partial \rho}\frac{1}{\sin\varphi}+\frac{\partial f}{\partial \varphi}\frac{1}{\rho\cos\varphi},\frac{\partial f}{\partial z}\right)\begin{bmatrix}\cos\varphi & -\sin\varphi & 0\\ \sin\varphi & \cos\varphi & 0\\ 0 & 0 & 1\end{bmatrix}\begin{bmatrix}\boldsymbol{e}_\rho\\ \boldsymbol{e}_\varphi\\ \boldsymbol{e}_z\end{bmatrix}$$

$$=\begin{bmatrix}\frac{\partial f}{\partial \rho} & \frac{1}{\rho}\frac{\partial f}{\partial \varphi} & \frac{\partial f}{\partial z}\end{bmatrix}\begin{bmatrix}\boldsymbol{e}_\rho\\ \boldsymbol{e}_\varphi\\ \boldsymbol{e}_z\end{bmatrix}=\frac{\partial f}{\partial \rho}\boldsymbol{e}_\rho+\frac{1}{\rho}\frac{\partial f}{\partial \varphi}\boldsymbol{e}_\varphi+\frac{\partial f}{\partial z}\boldsymbol{e}_z$$

此结果即为式(1-44)。同理，根据复合函数求导规则及式(1-20)，也可以得到球坐标系中的梯度表达式。

事实上，对于其他微分运算，如散度、旋度和拉普拉斯运算等，其核心也是场分量的偏微分运算，因此也可以采用类似的方法得到相应的表达式，只不过这个过程相对复杂而已。更加简单的方法是直接从散度或者旋度的定义出发，直接求解其他坐标系下的场论计算公式，在此不做赘述。

1.4.7 梯度和方向导数的关系

假设在空间有一个标量场 $f(x,y,z)$，过空间任意一点(x,y,z)任取一个方向，不妨设其单位矢量为

$$\boldsymbol{e}_l=\cos\alpha\boldsymbol{e}_x+\cos\beta\boldsymbol{e}_y+\cos\gamma\boldsymbol{e}_z$$

其中，$\cos\alpha$、$\cos\beta$、$\cos\gamma$ 表示该方向的方向余弦。考虑函数沿此方向有 Δl 的变化，则在此方向的变化率为

$$\begin{aligned}f_l&=\frac{\partial f}{\partial l}=\lim_{\Delta l\to 0}\frac{\Delta f}{\Delta l}=\frac{f(x+\Delta l\cos\alpha,y+\Delta l\cos\beta,z+\Delta l\cos\gamma)-f(x,y,z)}{\Delta l}\\&=\lim_{\Delta l\to 0}\frac{f_x\Delta l\cos\alpha+f_y\Delta l\cos\beta+f_z\Delta l\cos\gamma}{\Delta l}+o(\Delta l)\\&=f_x\cos\alpha+f_y\cos\beta+f_z\cos\gamma\\&=\nabla f\cdot\boldsymbol{e}_l\end{aligned}$$

可以看出，函数在 $\boldsymbol{e}_l$ 方向上的变化率，等于函数在该点的梯度在 $\boldsymbol{e}_l$ 方向上的投影。

后面我们将会学习到电场强度和电势之间满足负梯度的关系，即 $\boldsymbol{E}=-\nabla\phi$。因此，

$$\nabla\phi\cdot\boldsymbol{n}=-(-\nabla\phi\cdot\boldsymbol{n})=\frac{\partial\phi}{\partial n}=-E_n,\quad E_t=-\nabla\phi\cdot\boldsymbol{t}=-\frac{\partial\phi}{\partial t}$$

上述公式中的 $\boldsymbol{n}$，$\boldsymbol{t}$ 分别表示空间(某个曲面的)法线和切线方向，是单位矢量。一般情况下，当坐标系选定时，二者与坐标系的某两个基矢重叠。

1.4.8 通量和散度

散度表示的是矢量场在某一点附近通量的体密度，高斯散度定理可以用散度的定义来直观理解。如图 1-3 所示，假设矢量场所在空间有一个土豆，土豆皮就是我们选择的积分面，土豆瓤自然就是其所包围的体积。可以想象将此土豆在空间切分成许多土豆丁，但保持土豆形状不变。取其中一个土豆丁来看，我们做此处散度的体积分，即$\nabla\cdot\boldsymbol{F}\mathrm{d}V$，则根据定义，该数值即为土豆丁表面的通量(散度表示的是单位体积的通量)。如果将所有土豆丁做求和运算，则会得到各个土豆丁表面通量之和。我们发现：任意相邻两个土豆丁的公共面，即肉色的那些面元，通量要计算两次，因为其法线方向相反，所以这个公共面上的通量和为零(二者互相抵消)。最终，只有褐色土豆皮上的通量被保留下来，而这正好是式(1-14)的右侧部分。

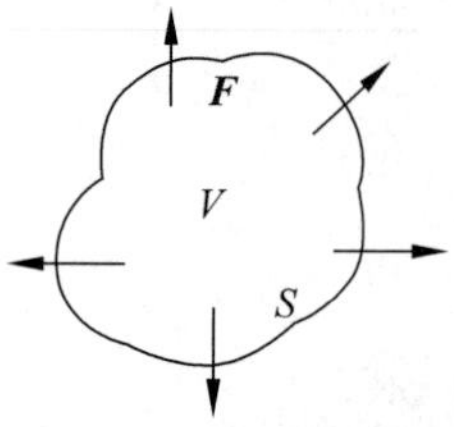

图 1-3 高斯散度定理

因此，高斯散度定理用一句话来表示：通量等于散度的体积分。

对于高斯散度定理，除了正向使用之外，还要善于逆向使用这

两个公式。如已知矢量场的散度$\nabla \cdot \boldsymbol{F}=\rho$，则两边同时做体积分，有

$$\int_V \nabla\cdot \boldsymbol{F}\mathrm{d}V=\int_V \rho \mathrm{d}V$$

逆用高斯定理，则有$\oint_S \boldsymbol{F}\cdot \mathrm{d}\boldsymbol{S}=\int_V \rho \mathrm{d}V$。

由此可知，$\nabla\cdot \boldsymbol{F}=\rho$ 和$\oint_S \boldsymbol{F}\cdot \mathrm{d}\boldsymbol{S}=\int_V \rho \mathrm{d}V$ 是等价的，它们分别称作微分表达式和积分表达式。

高斯定理所涉及的曲面积分是闭合曲面积分，一般选择曲面的外法线方向为正方向，从而流出的通量为正，流入的通量为负。

1.4.9 环流和旋度

斯托克斯定理也可以用旋度的定义加以直观理解。如图 1-4 所示，$\boldsymbol{l}$ 是空间一个闭合回路，$\boldsymbol{S}$ 是 $\boldsymbol{l}$ 所支撑的任意一个曲面。这好比是钓鱼者使用的渔网，$\boldsymbol{l}$ 是铁丝圈，$\boldsymbol{S}$ 是套在铁丝圈上面的网兜。按照右手螺旋的规则选定环路和曲面的正方向，如图 1-4 所示。观察可知，所有网眼上的环路积分，都可以用$(\nabla\times\boldsymbol{F})\cdot \mathrm{d}\boldsymbol{S}$ 计算。这是因为旋度表示的是最大环流方向上单位面积的环流。由于网眼所在平面不一定具有最大环流，所以要通过旋度的投影(点积)做折合，以得到此面元上的真实环流值。如果我们将所有网眼上的环流相加，同时考虑到相邻网眼公共边上的积分值等量异号，那么最终就可以得到铁丝圈上的环流值。这就是斯托克斯公式的右面部分。从上述过程还可以看出，只要积分路径确定，曲面是可以任意选择的。它们都可以得到相同的值。

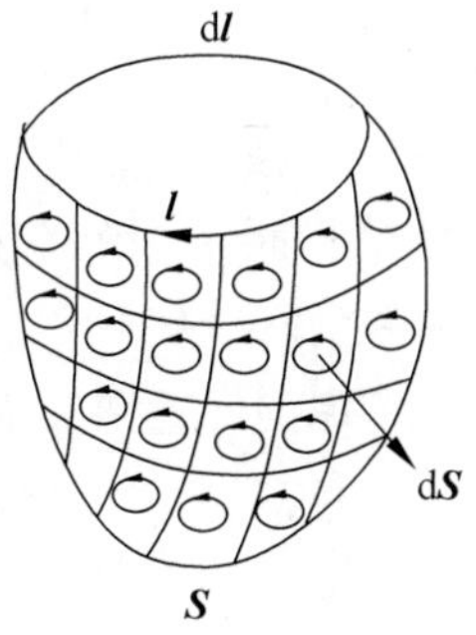

图 1-4 斯托克斯定理示意图

斯托克斯定理也可以用一句话来描述：环流等于旋度的通量。

对于斯托克斯定理，除了正向使用之外，要善于逆向使用。如果已知矢量场的旋度$\nabla\times\boldsymbol{F}=\boldsymbol{J}$，则两边做某一开放曲面的通量，有$\int_S \nabla\times \boldsymbol{F}\cdot \mathrm{d}\boldsymbol{S}=\int_S \boldsymbol{J}\cdot \mathrm{d}\boldsymbol{S}$，逆向使用斯托克斯定理，则$\oint_l \boldsymbol{F}\cdot \mathrm{d}\boldsymbol{l}=\int_S \boldsymbol{J}\cdot \mathrm{d}\boldsymbol{S}$。同样的道理，$\nabla\times \boldsymbol{F}=\boldsymbol{J}$ 和$\oint_l \boldsymbol{F}\cdot \mathrm{d}\boldsymbol{l}=\int_S \boldsymbol{J}\cdot \mathrm{d}\boldsymbol{S}$ 可以分别称为微分表达式和积分表达式。

斯托克斯定理所涉及的曲面积分是开放曲面的积分，一般选择曲面的法线方向和其边界环路的正向满足右手螺旋规则，在应用中一定要注意。

1.4.10 亥姆霍兹定理及其意义

亥姆霍兹定理是矢量场的一个很重要的定理。它表明，在封闭曲面 S 所包围的区域 V 内，若矢量场处处单值且其导数连续有界，则该矢量场由其散度、旋度和它在边界上的场值唯一地确定。其中，散度反映该矢量场是否有源或“汇”，旋度反映该矢量场是否有旋涡。

根据矢量场散度和旋度的不同，可以将场分为以下四类。

(1) 无散无旋场。即在所研究区域内场的散度和旋度都等于零，如没有电荷区域的电场，或没有电流分布区域的磁场，都属于这种类型。

(2) 有散无旋场。即在所研究区域内场的散度不为零，但旋度等于零，如静电场就是典

型的这种类型的场。

(3) 无散有旋场。即在所研究区域内场的散度为零,但旋度不等于零,如静磁场就是典型的这种类型的场。

(4) 有散有旋场。即在所研究区域内场的散度和旋度都不为零。一般情况下,大多数矢量场属于这种类型的场。

在大多数情况下,矢量场的散度和旋度都不为零,即第四类型的场。比如,可以设$\nabla\cdot\boldsymbol{F}=\rho$,$\nabla\times\boldsymbol{F}=\boldsymbol{J}$,则该矢量场一定可以表示为两个场的叠加形式,即

$$\boldsymbol{F}=\boldsymbol{F}_{\mathrm{i}}+\boldsymbol{F}_{\mathrm{s}}$$

其中

$$\nabla\times\boldsymbol{F}_{\mathrm{i}}=0,\quad \nabla\cdot\boldsymbol{F}_{\mathrm{i}}=\rho\quad(\text{是第二类型的场})$$

$$\nabla\cdot\boldsymbol{F}_{\mathrm{s}}=0,\quad \nabla\times\boldsymbol{F}_{\mathrm{s}}=\boldsymbol{J}\quad(\text{是第三类型的场})$$

于是

$$\nabla\cdot\boldsymbol{F}=\nabla\cdot(\boldsymbol{F}_{\mathrm{i}}+\boldsymbol{F}_{\mathrm{s}})=\nabla\cdot\boldsymbol{F}_{\mathrm{i}}=\rho \tag{1-62}$$

和

$$\nabla\times\boldsymbol{F}=\nabla\times(\boldsymbol{F}_{\mathrm{i}}+\boldsymbol{F}_{\mathrm{s}})=\nabla\times\boldsymbol{F}_{\mathrm{s}}=\boldsymbol{J} \tag{1-63}$$

在上面公式中,下标 i 表示 irrotational,代表无旋场;下标 s 表示 solenoidal,表示无散场或者"管量场"。

考虑到标量和矢量场的特性,式(1-63)可以进一步表示为

$$\nabla\times\boldsymbol{F}_{\mathrm{i}}=0\Rightarrow\boldsymbol{F}_{\mathrm{i}}=-\nabla\phi;\qquad \nabla\cdot\boldsymbol{F}_{\mathrm{s}}=0\Rightarrow\boldsymbol{F}_{\mathrm{s}}=\nabla\times\boldsymbol{A}$$

所以

$$\boldsymbol{F}=\boldsymbol{F}_{\mathrm{i}}+\boldsymbol{F}_{\mathrm{s}}=-\nabla\phi+\nabla\times\boldsymbol{A}$$

因此,有

$$\nabla^2\phi=-\rho,\quad \nabla\times\nabla\times\boldsymbol{A}=\boldsymbol{J}。$$

求得了标量函数 ϕ 和矢量函数 $\boldsymbol{A}$,即可得到矢量场 $\boldsymbol{F}$。这在实际中具有重要的应用价值。

1.5 典型例题分析

例 1.1 试利用梯度计算球面 $x^2+y^2+z^2=14$ 在点(1,2,3)处的单位法线矢量、法线方程和切平面方程。

解 本题目属于空间解析几何的内容,但是在电磁场与电磁波的一些题目中,尤其是涉及两种介质的分界面问题等,也会有所涉及。因此,作为数学基础,放在此处示例。将球面方程变换为 $\phi=x^2+y^2+z^2-14=0$,则其可以看作电势值为 0 的一个等势面。根据梯度和等势面之间的垂直关系,则有

$$\nabla\phi=2x\boldsymbol{e}_x+2y\boldsymbol{e}_y+2z\boldsymbol{e}_z$$

于是,在点(1,2,3)处,有

$$\nabla\phi\,|_{(1,2,3)}=2\boldsymbol{e}_x+4\boldsymbol{e}_y+6\boldsymbol{e}_z$$

单位法线矢量为

$$\boldsymbol{n}=\pm\left(\frac{2\boldsymbol{e}_x+4\boldsymbol{e}_y+6\boldsymbol{e}_z}{\sqrt{2^2+4^2+6^2}}\right)=\pm\left(\frac{1\boldsymbol{e}_x+2\boldsymbol{e}_y+3\boldsymbol{e}_z}{\sqrt{14}}\right)$$

对应的法线方程为

$$\frac{x-1}{2}=\frac{y-2}{4}=\frac{z-3}{6}$$

即

$$x=\frac{y}{2}=\frac{z}{3}$$

根据定义,则对应的切平面方程为

$$2(x-1)+4(y-2)+6(z-3)=0$$

即

$$x+2y+3z-14=0$$

例 1.2 已知标量场 $u=x^2z^2+2y^2z$,试计算该标量场在点(2,0,−1)处沿 $\boldsymbol{l}=2x\boldsymbol{e}_x-xy\boldsymbol{e}_y+3z^2\boldsymbol{e}_z$ 的方向导数。

解 此题目重点考查的是梯度的定义以及它与方向导数的关系,核心是计算标量场的梯度。在点(2,0,−1)处,$\boldsymbol{l}=2x\boldsymbol{e}_x-xy\boldsymbol{e}_y+3z^2\boldsymbol{e}_z=4\boldsymbol{e}_x+3\boldsymbol{e}_z$,其单位矢量为

$$\boldsymbol{e}_l=\frac{4\boldsymbol{e}_x+3\boldsymbol{e}_z}{\sqrt{4^2+3^2}}=\frac{4\boldsymbol{e}_x+3\boldsymbol{e}_z}{5}$$

标量场的梯度为

$$\nabla u=2xz^2\boldsymbol{e}_x+4yz\boldsymbol{e}_y+(2x^2z+2y^2)\boldsymbol{e}_z$$

$$\nabla u\mid_{(2,0,-1)}=4\boldsymbol{e}_x-8\boldsymbol{e}_z$$

因此,在(2,0,−1)处的方向导数为

$$\frac{\partial u}{\partial l}=\nabla u\cdot\boldsymbol{e}_l=(4\boldsymbol{e}_x-8\boldsymbol{e}_z)\cdot\frac{4\boldsymbol{e}_x+3\boldsymbol{e}_z}{5}=-1.6$$

例 1.3 已知矢量场 $\boldsymbol{F}=(y^2+2xz^2)\boldsymbol{e}_x+(2xy-z)\boldsymbol{e}_y+(2x^2z-y+2z)\boldsymbol{e}_z$。试问该矢量场有标势吗?其标势函数是多少?

解 此题目重点考查的是矢量的无旋性。当一个矢量场无旋的时候,根据斯托克斯定理,其环路积分为零,即曲线积分与路径无关。由此可知,该矢量场一定是有势场。

$$\nabla\times\boldsymbol{F}=\left(\frac{\partial F_z}{\partial y}-\frac{\partial F_y}{\partial z}\right)\boldsymbol{e}_x+\left(\frac{\partial F_x}{\partial z}-\frac{\partial F_z}{\partial x}\right)\boldsymbol{e}_y+\left(\frac{\partial F_y}{\partial x}-\frac{\partial F_x}{\partial y}\right)\boldsymbol{e}_z$$

有

$$\frac{\partial F_z}{\partial y}-\frac{\partial F_y}{\partial z}=\frac{\partial F_x}{\partial z}-\frac{\partial F_z}{\partial x}=\frac{\partial F_y}{\partial x}-\frac{\partial F_x}{\partial y}=0$$

即 $\nabla\times\boldsymbol{F}=0$,因此该矢量场有标势。

当矢量场为有势场时,可以选择空间任意一点为零参考点,固定该点,并计算该点到任意位置(x,y,z)处的曲线积分,即可得到势函数。在此过程中,可以任意选择最为简单的积分路径(因为积分与路径无关),即

$$\begin{aligned}u(x,y,z)&=\int_0^x 0\mathrm{d}x+\int_0^y 2xy\mathrm{d}y+\int_0^z(2x^2z-y+2z)\mathrm{d}z\\&=xy^2+x^2z^2-yz+z^2\end{aligned}$$

根据惯例,标量势函数为

$$v=-u=-xy^2-x^2z^2+yz-z^2$$

因为任意势函数都和 v 相差一个常数，所以势函数一般写作

$$v=-u=-xy^2-x^2z^2+yz-z^2+C,\quad C\text{ 为常数}$$

可以参与第 2 章关于电势函数的讲解，进一步加深对此题目的理解。

例 1.4 已知矢量场 $\boldsymbol{A}=\{x^2-y^2,2xy\}$，计算环量 $\oint_l \boldsymbol{A}\cdot\mathrm{d}\boldsymbol{r}$，其中 l 是由 $x=0,x=a,y=0,y=b$ 所构成的矩形回路，示意图如图 1-5 所示。

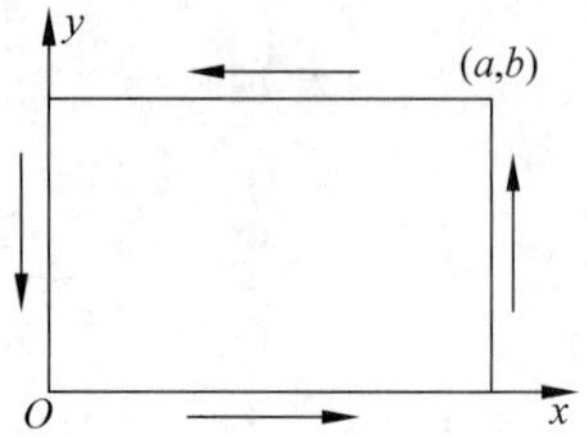

图 1-5 例 1.4 示意图

解 方法 1：由于积分路径规则，所以可以直接积分

$$\begin{aligned}\oint_l \boldsymbol{A}\cdot\mathrm{d}\boldsymbol{r}&=\oint_l(A_x\cdot\mathrm{d}x+A_y\cdot\mathrm{d}y+A_z\cdot\mathrm{d}z)\\&=\int_0^a x^2\mathrm{d}x+\int_0^b 2ay\,\mathrm{d}y+\int_a^0(x^2-b^2)\mathrm{d}x+\int_b^0 0\mathrm{d}y\\&=2ab^2\end{aligned}$$

方法 2：利用斯托克斯公式，则

$$\begin{aligned}\oint_l \boldsymbol{F}\cdot\mathrm{d}\boldsymbol{l}&=\int_S(\nabla\times\boldsymbol{F})\cdot\mathrm{d}\boldsymbol{S}=\int_0^b\int_0^a \boldsymbol{e}_z(4y)\cdot(\mathrm{d}x\mathrm{d}y\boldsymbol{e}_z)\\&=\int_0^b\int_0^a 4y\,\mathrm{d}x\,\mathrm{d}y=2ab^2\end{aligned}$$

例 1.5 设矢量场 $\boldsymbol{A}=x^3\boldsymbol{i}+y^3\boldsymbol{j}+z^3\boldsymbol{k}$。$S$ 为球面 $x^2+y^2+z^2=a^2$，求矢量场从内穿出 S 的通量 Φ。

解 方法 1：利用高斯定理，将闭合球面上的通量计算，转换为矢量场散度的体积分，则

$$\mathrm{div}\boldsymbol{A}=\nabla\cdot\boldsymbol{A}=\frac{\partial A_x}{\partial x}+\frac{\partial A_y}{\partial y}+\frac{\partial A_z}{\partial z}=3(x^2+y^2+z^2)$$

由高斯散度定理

$$\begin{aligned}\Phi&=\oint_S\boldsymbol{A}\cdot\mathrm{d}\boldsymbol{S}=\int_V\nabla\cdot\boldsymbol{A}\mathrm{d}V=\iiint_V 3(x^2+y^2+z^2)\mathrm{d}x\,\mathrm{d}y\,\mathrm{d}z\\&=3\iiint_V(x^2+y^2+z^2)\mathrm{d}x\,\mathrm{d}y\,\mathrm{d}z=3\iiint_V(r^2)r^2\sin\theta\mathrm{d}r\,\mathrm{d}\theta\mathrm{d}\varphi=\frac{12}{5}\pi a^5\end{aligned}$$

方法 2：直接在球面上积分，则

$$\begin{aligned}\Phi&=\iint_S\boldsymbol{A}\cdot\mathrm{d}\boldsymbol{S}=\oiint_S(x^3,y^3,z^3)\cdot\frac{(x,y,z)}{a}a^2\sin\theta\mathrm{d}\theta\mathrm{d}\varphi\\&=\int_0^{2\pi}\int_0^{\pi}(x^4+y^4+z^4)a\sin\theta\mathrm{d}\theta\mathrm{d}\varphi\\&=a\int_0^{2\pi}\int_0^{\pi}(a^4-2a^4\sin^4\theta\sin^2\varphi\cos^2\varphi-2a^4\sin^2\theta\cos^2\theta)\sin\theta\mathrm{d}\theta\mathrm{d}\varphi\\&=a^5\int_0^{2\pi}\int_0^{\pi}(\sin\theta-2\sin^5\theta\sin^2\varphi\cos^2\varphi-2\sin^3\theta\cos^2\theta)\mathrm{d}\theta\mathrm{d}\varphi\\&=a^5\left(4\pi-\frac{8\pi}{15}-\frac{16\pi}{15}\right)=\frac{12\pi a^5}{5}\end{aligned}$$

例 1.6 证明 $\nabla\times\nabla\times\boldsymbol{A}=\nabla(\nabla\cdot\boldsymbol{A})-\nabla^2\boldsymbol{A}$。

证 取矢量场在直角坐标系下的表达式，然后再利用公式分别计算等式两侧的微分运算，证明二者相等即可。设 $\boldsymbol{A}=A_x\boldsymbol{e}_x+A_y\boldsymbol{e}_y+A_z\boldsymbol{e}_z$，则

$$\nabla\times\boldsymbol{A}=\begin{vmatrix}\boldsymbol{e}_x & \boldsymbol{e}_y & \boldsymbol{e}_z\\ \dfrac{\partial}{\partial x} & \dfrac{\partial}{\partial y} & \dfrac{\partial}{\partial z}\\ A_x & A_y & A_z\end{vmatrix}=\left(\frac{\partial A_z}{\partial y}-\frac{\partial A_y}{\partial z}\right)\boldsymbol{e}_x+\left(\frac{\partial A_x}{\partial z}-\frac{\partial A_z}{\partial x}\right)\boldsymbol{e}_y+\left(\frac{\partial A_y}{\partial x}-\frac{\partial A_x}{\partial y}\right)\boldsymbol{e}_z$$

同理

$$\begin{aligned}\nabla\times\nabla\times\boldsymbol{A}=&\boldsymbol{e}_x(A_{y,xy}-A_{x,yy}-A_{x,zz}+A_{z,xz})+\\&\boldsymbol{e}_y(A_{z,yz}-A_{y,zz}-A_{y,xx}+A_{x,yx})+\boldsymbol{e}_z(A_{x,zx}-A_{z,xx}-A_{z,yy}+A_{y,zy})\end{aligned}$$

其中，$A_{y,xy}=\dfrac{\partial^2 A_y}{\partial x\partial y}$，其余表示式含义相类似。同时，根据散度的定义，有

$$\nabla\cdot\boldsymbol{A}=A_{x,x}+A_{y,y}+A_{z,z}$$

则

$$\begin{aligned}\nabla(\nabla\cdot\boldsymbol{A})=&\boldsymbol{e}_x(A_{x,xx}+A_{y,yx}+A_{z,zx})+\\&\boldsymbol{e}_y(A_{x,xy}+A_{y,yy}+A_{z,zy})+\boldsymbol{e}_z(A_{x,xz}+A_{y,yz}+A_{z,zz})\end{aligned}$$

计算$\nabla(\nabla\cdot\boldsymbol{A})-\nabla\times\nabla\times\boldsymbol{A}$，得到

$$\begin{aligned}\nabla(\nabla\cdot\boldsymbol{A})-\nabla\times\nabla\times\boldsymbol{A}=&\boldsymbol{e}_x(A_{x,xx}+A_{x,yy}+A_{x,zz})+\\&\boldsymbol{e}_y(A_{y,yy}+A_{y,zz}+A_{y,xx})+\boldsymbol{e}_z(A_{z,xx}+A_{z,yy}+A_{z,zz})\\=&\boldsymbol{e}_x\nabla^2A_x+\boldsymbol{e}_y\nabla^2A_y+\boldsymbol{e}_z\nabla^2A_z=\nabla^2\boldsymbol{A}\end{aligned}$$

所以，上述等式成立。

事实上，我们就是利用直角坐标系下$\nabla^2\boldsymbol{A}=\nabla(\nabla\cdot\boldsymbol{A})-\nabla\times\nabla\times\boldsymbol{A}$，直接定义了任意坐标系下矢量场拉普拉斯运算的含义。

例 1.7 计算两点间距离 R 及其倒数的梯度∇R、$\nabla\dfrac{1}{R}$，以及常矢量 $\boldsymbol{k}=k_x\boldsymbol{e}_x+k_y\boldsymbol{e}_y+k_z\boldsymbol{e}_z$ 与空间矢径 $\boldsymbol{r}$ 的标量积及其指数函数的梯度$\nabla(\boldsymbol{k}\cdot\boldsymbol{r})$和$\nabla\mathrm{e}^{-\mathrm{j}(\boldsymbol{k}\cdot\boldsymbol{r})}$。

解 与例 1.6 相似，只需将场量在直角坐标系下表示出来，再利用公式进行计算即可。因为两点间的距离可写为

$$R=\sqrt{(x-x')^2+(y-y')^2+(z-z')^2}$$

于是可得

$$\nabla R=\frac{\partial R}{\partial x}\boldsymbol{e}_x+\frac{\partial R}{\partial y}\boldsymbol{e}_y+\frac{\partial R}{\partial z}\boldsymbol{e}_z=\frac{(x-x')\boldsymbol{e}_x+(y-y')\boldsymbol{e}_y+(z-z')\boldsymbol{e}_z}{R}=\frac{\boldsymbol{R}}{R}=\boldsymbol{e}_R$$

即距离 R 的梯度为此距离上的单位矢量 $\boldsymbol{e}_R$。利用上式可得

$$\nabla\frac{1}{R}=\nabla R^{-1}=-R^{-2}\nabla R=-\frac{\boldsymbol{e}_R}{R^2}$$

同理，有$\nabla r=\dfrac{\boldsymbol{r}}{r}=\boldsymbol{e}_r$ 和 $\nabla\dfrac{1}{r}=-\dfrac{\boldsymbol{e}_r}{r^2}$。

由于 $\boldsymbol{k}\cdot\boldsymbol{r}=k_xx+k_yy+k_zz$，则其梯度为

$$\nabla(\boldsymbol{k}\cdot\boldsymbol{r})=k_x\boldsymbol{e}_x+k_y\boldsymbol{e}_y+k_z\boldsymbol{e}_z=\boldsymbol{k}$$

可见，任一常矢量与空间矢径 $\boldsymbol{r}$ 的标量积的梯度等于该常矢量。由此可得

$$\nabla\mathrm{e}^{-\mathrm{j}\boldsymbol{k}\cdot\boldsymbol{r}}=-\mathrm{j}\mathrm{e}^{-\mathrm{j}\boldsymbol{k}\cdot\boldsymbol{r}}\nabla(\boldsymbol{k}\cdot\boldsymbol{r})=-\mathrm{j}\mathrm{e}^{-\mathrm{j}\boldsymbol{k}\cdot\boldsymbol{r}}\boldsymbol{k}$$

例 1.8 已知常矢量 $\boldsymbol{A}$，构建矢量场 $\boldsymbol{F}=\boldsymbol{A}\mathrm{e}^{-\mathrm{j}(\boldsymbol{k}\cdot\boldsymbol{r})}$，其中各物理量的含义如例 1.7 所示。计算该矢量场的散度 $\nabla\cdot\boldsymbol{A}\mathrm{e}^{-\mathrm{j}(\boldsymbol{k}\cdot\boldsymbol{r})}$ 和旋度 $\nabla\times\boldsymbol{A}\mathrm{e}^{-\mathrm{j}(\boldsymbol{k}\cdot\boldsymbol{r})}$。

解 假设 $\boldsymbol{A}=A_{x0}\boldsymbol{e}_x+A_{y0}\boldsymbol{e}_y+A_{z0}\boldsymbol{e}_z$，则矢量场

$$\boldsymbol{F}=\boldsymbol{A}\mathrm{e}^{-\mathrm{j}(\boldsymbol{k}\cdot\boldsymbol{r})}=A_{x0}\mathrm{e}^{-\mathrm{j}(\boldsymbol{k}\cdot\boldsymbol{r})}\boldsymbol{e}_x+A_{y0}\mathrm{e}^{-\mathrm{j}(\boldsymbol{k}\cdot\boldsymbol{r})}\boldsymbol{e}_y+A_{z0}\mathrm{e}^{-\mathrm{j}(\boldsymbol{k}\cdot\boldsymbol{r})}\boldsymbol{e}_z$$

$$\begin{aligned}\nabla\cdot\boldsymbol{F}&=\frac{\partial F_x}{\partial x}+\frac{\partial F_y}{\partial y}+\frac{\partial F_z}{\partial z}=-\mathrm{j}k_xA_{x0}\mathrm{e}^{-\mathrm{j}(\boldsymbol{k}\cdot\boldsymbol{r})}-\mathrm{j}k_yA_{y0}\mathrm{e}^{-\mathrm{j}(\boldsymbol{k}\cdot\boldsymbol{r})}-\mathrm{j}k_zA_{z0}\mathrm{e}^{-\mathrm{j}(\boldsymbol{k}\cdot\boldsymbol{r})}\\&=-\mathrm{j}\boldsymbol{k}\cdot\boldsymbol{F}\end{aligned}$$

$$\begin{aligned}\nabla\times\boldsymbol{F}&=\begin{vmatrix}\boldsymbol{e}_x&\boldsymbol{e}_y&\boldsymbol{e}_z\\\frac{\partial}{\partial x}&\frac{\partial}{\partial y}&\frac{\partial}{\partial z}\\F_x&F_y&F_z\end{vmatrix}=\left(\frac{\partial F_z}{\partial y}-\frac{\partial F_y}{\partial z}\right)\boldsymbol{e}_x+\left(\frac{\partial F_x}{\partial z}-\frac{\partial F_z}{\partial x}\right)\boldsymbol{e}_y+\left(\frac{\partial F_y}{\partial x}-\frac{\partial F_x}{\partial y}\right)\boldsymbol{e}_z\\&=\begin{vmatrix}\boldsymbol{e}_x&\boldsymbol{e}_y&\boldsymbol{e}_z\\\frac{\partial}{\partial x}&\frac{\partial}{\partial y}&\frac{\partial}{\partial z}\\A_{x0}\mathrm{e}^{-\mathrm{j}(\boldsymbol{k}\cdot\boldsymbol{r})}&A_{y0}\mathrm{e}^{-\mathrm{j}(\boldsymbol{k}\cdot\boldsymbol{r})}&A_{z0}\mathrm{e}^{-\mathrm{j}(\boldsymbol{k}\cdot\boldsymbol{r})}\end{vmatrix}\\&=[(-\mathrm{j}k_y)F_z-(-\mathrm{j}k_z)F_y]\boldsymbol{e}_x+[(-\mathrm{j}k_z)F_x-(-\mathrm{j}k_x)F_z]\boldsymbol{e}_y+\\&\quad[(-\mathrm{j}k_x)F_y-(-\mathrm{j}k_y)F_x]\boldsymbol{e}_z\\&=\begin{vmatrix}\boldsymbol{e}_x&\boldsymbol{e}_y&\boldsymbol{e}_z\\-\mathrm{j}k_x&-\mathrm{j}k_y&-\mathrm{j}k_z\\F_x&F_y&F_z\end{vmatrix}=-\mathrm{j}\boldsymbol{k}\times\boldsymbol{F}\end{aligned}$$

上面的结果具有重要的应用。学习了第 6 章就会知道，$\boldsymbol{F}=\boldsymbol{A}\mathrm{e}^{-\mathrm{j}(\boldsymbol{k}\cdot\boldsymbol{r})}$ 实际上表示的就是均匀平面波。对均匀平面波取旋度和散度，就可以直接使用上面的结论，会大大节省时间。

例 1.9 已知空间中某矢量 $\boldsymbol{B}$ 的散度为零，即 $\nabla\cdot\boldsymbol{B}=0$，矢量 $\boldsymbol{E}$ 的旋度为零，即 $\nabla\times\boldsymbol{E}=0$，试问可以得到什么积分表达式？

解 本题目重点考查大家对积分定理的应用。选定空间中任意体积 V，对式 $\nabla\cdot\boldsymbol{B}=0$ 两边进行体积分，可得 $\int_V\nabla\cdot\boldsymbol{B}\mathrm{d}V=0$，假设 $\boldsymbol{S}$ 为包围体积 V 的闭合面，逆向使用高斯散度定理，有 $\oint_S\boldsymbol{B}\cdot\mathrm{d}\boldsymbol{S}=0$。

上述结果表明，对于矢量场 $\boldsymbol{B}$ 而言，其对任意闭合曲面的通量都等于零。所以这个场是无源场（管量场）。如果绘制力线，则 $\boldsymbol{B}$ 对应的力线一定是连续的，不能在空间某一点终止（否则，围绕这个点进去和出来的力线根数不同，通量不为零）。磁场就是这样一种类型的场。所以磁力线无始无终，无头无尾。

同样的道理，选定空间中任意曲面 S，对式 $\nabla\times\boldsymbol{E}=0$ 两边求穿过该曲面的通量，可得 $\int_S\nabla\times\boldsymbol{E}\cdot\mathrm{d}\boldsymbol{S}=0$，假设 $\boldsymbol{l}$ 为包围曲面 S 的闭合环路，逆向使用斯托克斯定理有 $\oint_l\boldsymbol{E}\cdot\mathrm{d}\boldsymbol{l}=0$。

$\boldsymbol{E}$ 场沿任意闭合环路的积分为零，间接说明它的曲线积分是与路径无关的，因此，也称作保守场、有势场，可以定义势函数。静电场就是典型的无旋场。大家可以再复习一下例 1.3 从而加深理解。

例 1.10 有一磁感应强度矢量在直角坐标系中的表示式为

$$\boldsymbol{B}=B_0\left\{-\left[\frac{y-h}{x^2+(y-h)^2}+\frac{y+h}{x^2+(y+h)^2}\right]\boldsymbol{e}_x+\left[\frac{x}{x^2+(y-h)^2}+\frac{x}{x^2+(y+h)^2}\right]\boldsymbol{e}_y\right\}$$

其中，B_0 是常数。试求该磁感应强度矢量在圆柱坐标系中的表示式。

解 本题目重点考查矢量场在不同坐标系下的转换。需要基矢转换和坐标变量的转换两个步骤。将坐标变量的变换关系 $x=r\cos\varphi$，$y=r\sin\varphi$ 以及基矢间的变换式 $\boldsymbol{e}_x=\cos\varphi\boldsymbol{e}_r-\sin\varphi\boldsymbol{e}_\varphi$，$\boldsymbol{e}_y=\sin\varphi\boldsymbol{e}_r+\cos\varphi\boldsymbol{e}_\varphi$ 直接代入直角坐标系的表示式中，整理得

$$\begin{aligned}\boldsymbol{B}&=B_0\left[-\left(\frac{r\sin\varphi-h}{r^2+h^2-2rh\sin\varphi}+\frac{r\sin\varphi+h}{r^2+h^2+2rh\sin\varphi}\right)(\cos\varphi\boldsymbol{e}_r-\sin\varphi\boldsymbol{e}_\varphi)+\right.\\&\left.\quad\left(\frac{r\cos\varphi}{r^2+h^2-2rh\sin\varphi}+\frac{r\cos\varphi}{r^2+h^2+2rh\sin\varphi}\right)(\sin\varphi\boldsymbol{e}_r+\cos\varphi\boldsymbol{e}_\varphi)\right]\\&=B_0\left[\left(\frac{h\cos\varphi}{r^2+h^2-2rh\sin\varphi}-\frac{h\cos\varphi}{r^2+h^2+2rh\sin\varphi}\right)\boldsymbol{e}_r+\right.\\&\left.\quad\left(\frac{r-h\sin\varphi}{r^2+h^2-2rh\sin\varphi}+\frac{r+h\sin\varphi}{r^2+h^2+2rh\sin\varphi}\right)\boldsymbol{e}_\varphi\right]\end{aligned}$$

1.6 课后习题详解

习题 1.1 已知 $\boldsymbol{A}=\boldsymbol{e}_x+4\boldsymbol{e}_y+8\boldsymbol{e}_z$，$\boldsymbol{B}=4\boldsymbol{e}_x+b\boldsymbol{e}_y+c\boldsymbol{e}_z$，并且 $\boldsymbol{B}$ 的模 $B=9$，试求 b 与 c 各为何值时才能使 $\boldsymbol{A}\perp\boldsymbol{B}$。

解 由题意可得

$$\begin{cases}16+b^2+c^2=81\\4+4b+8c=0\end{cases}$$

解得，当 $c_1=-4$ 时，$b_1=7$；

当 $c_2=\dfrac{16}{5}$ 时，$b_2=-\dfrac{37}{5}$。

习题 1.2 一个三角形的边长分别为 a、b、c，其中 a、b 边之间的夹角为 θ。试用矢量运算证明余弦定理 $c=\sqrt{a^2+b^2-2ab\cos\theta}$ 成立。

证明 记直角坐标系下 $\boldsymbol{a}(a_1,a_2)$，$\boldsymbol{b}(b_1,b_2)$，$\boldsymbol{c}=\boldsymbol{b}-\boldsymbol{a}$

则有

$$|\boldsymbol{c}|=\sqrt{(b_1-a_1)^2+(b_2-a_2)^2}=\sqrt{(a_1^2+a_2^2)+(b_1^2+b_2^2)-2(a_1b_1+a_2b_2)}$$

其中

$$a_1^2+a_2^2=|\boldsymbol{a}|,\quad b_1^2+b_2^2=|\boldsymbol{b}|$$

$$a_1b_1+a_2b_2=\boldsymbol{a}\cdot\boldsymbol{b}=ab\cos\theta$$

代入上式得

$$|\boldsymbol{c}|=c=\sqrt{a^2+b^2-2ab\cos\theta}$$

习题 1.3 试证明三个矢量 $\boldsymbol{A}=11\boldsymbol{e}_x+\boldsymbol{e}_y+2\boldsymbol{e}_z$，$\boldsymbol{B}=17\boldsymbol{e}_x+2\boldsymbol{e}_y+3\boldsymbol{e}_z$，$\boldsymbol{C}=5\boldsymbol{e}_x+\boldsymbol{e}_z$ 在同一平面上。

证明 方法 1：将 $\boldsymbol{A}$，$\boldsymbol{B}$，$\boldsymbol{C}$ 在直角坐标系下的坐标作为列向量，构成一个 3×3 的矩阵 $\boldsymbol{D}$

$$\boldsymbol{D}=\begin{bmatrix}11 & 17 & 5\\ 1 & 2 & 0\\ 2 & 3 & 1\end{bmatrix}$$

化简后得到

$$\boldsymbol{D}'=\begin{bmatrix}1 & 0 & 2\\ 0 & 1 & -1\\ 0 & 0 & 0\end{bmatrix}$$

矩阵不满秩，因此三个向量线性相关，即共面。

方法 2：当$(\boldsymbol{A}\times\boldsymbol{B})\cdot\boldsymbol{C}=0$时，即可证明三个矢量共面。

由于$(\boldsymbol{A}\times\boldsymbol{B})\cdot\boldsymbol{C}=\begin{vmatrix}A_x & A_y & A_z\\ B_x & B_y & B_z\\ C_x & C_y & C_z\end{vmatrix}=\begin{vmatrix}11 & 1 & 2\\ 17 & 2 & 3\\ 5 & 0 & 1\end{vmatrix}=0$，因此三个向量共面。

习题 1.4 若矢量 $\boldsymbol{A},\boldsymbol{B},\boldsymbol{C}$ 为常矢量，试证明

$$\boldsymbol{A}\times(\boldsymbol{B}\times\boldsymbol{C})=(\boldsymbol{A}\cdot\boldsymbol{C})\boldsymbol{B}-(\boldsymbol{A}\cdot\boldsymbol{B})\boldsymbol{C}。$$

证明 设在直角坐标系下，有 $\boldsymbol{A}=(a_1,a_2,a_3)$，$\boldsymbol{B}=(b_1,b_2,b_3)$，$\boldsymbol{C}=(c_1,c_2,c_3)$，则

$$\boldsymbol{B}\times\boldsymbol{C}=\boldsymbol{e}_x(b_2c_3-c_2b_3)+\boldsymbol{e}_y(b_3c_1-c_3b_1)+\boldsymbol{e}_z(b_1c_2-c_1b_2) \tag{1-64}$$

所以

$$\begin{aligned}&\boldsymbol{A}\times\boldsymbol{B}\times\boldsymbol{C}\\ =&\boldsymbol{e}_x(a_2b_1c_2-a_2b_2c_1-a_3b_3c_1+a_3b_1c_3)+\boldsymbol{e}_y(a_3b_2c_3-a_3b_3c_2-a_1b_1c_2+a_1b_2c_1)+\\ &\boldsymbol{e}_z(a_1b_3c_1-a_1b_1c_3-a_2b_2c_3+a_2b_3c_2)\end{aligned} \tag{1-65}$$

同理

$$(\boldsymbol{A}\cdot\boldsymbol{C})\boldsymbol{B}=(a_1c_1+a_2c_2+a_3c_3)(b_1\boldsymbol{e}_x+b_2\boldsymbol{e}_y+b_3\boldsymbol{e}_z) \tag{1-66}$$

$$(\boldsymbol{A}\cdot\boldsymbol{B})\boldsymbol{C}=(a_1b_1+a_2b_2+a_3b_3)(c_1\boldsymbol{e}_x+c_2\boldsymbol{e}_y+c_3\boldsymbol{e}_z) \tag{1-67}$$

为方便起见，仅证明 $\boldsymbol{e}_x$ 分量满足题目要求。

将式(1-66)减去式(1-67)，则 x 分量对应的项可以表示为

$$(a_1b_1c_1+a_2b_1c_2+a_3b_1c_3-a_1b_1c_1-a_2b_2c_1-a_3b_3c_1)\boldsymbol{e}_x$$

即$(a_2b_1c_2+a_3b_1c_3-a_2b_2c_1-a_3b_3c_1)\boldsymbol{e}_x$。该 $\boldsymbol{e}_x$ 分量与 $\boldsymbol{A}\times(\boldsymbol{B}\times\boldsymbol{C})$ 中的 $\boldsymbol{e}_x$ 分量一致，如式(1-65)所示，其余同理可证。

习题 1.5 已知矢量 $\boldsymbol{D}=\dfrac{Q\boldsymbol{e}_r}{4\pi r^2}$，其中 Q 为常量，$\boldsymbol{r}=x\boldsymbol{e}_x+y\boldsymbol{e}_y+z\boldsymbol{e}_z$，$r=|\boldsymbol{r}|$，$\boldsymbol{e}_r=\dfrac{\boldsymbol{r}}{r}$，计算 $\boldsymbol{D}$ 的散度。

解 方法 1：依题意，有

$$\boldsymbol{D}=\frac{Q}{4\pi r^3}(x\boldsymbol{e}_x+y\boldsymbol{e}_y+z\boldsymbol{e}_z)$$

根据散度的定义，则有

$$\nabla\cdot\boldsymbol{D}=\frac{\partial D_x}{\partial x}+\frac{\partial D_y}{\partial y}+\frac{\partial D_z}{\partial z}$$

$$\frac{\partial D_x}{\partial x}=\frac{Q}{4\pi}\cdot\frac{(x^2+y^2+z^2)^{\frac{3}{2}}-x\cdot\frac{3}{2}\cdot 2x\cdot(x^2+y^2+z^2)^{\frac{1}{2}}}{(x^2+y^2+z^2)^3}$$
$$=\frac{Q}{4\pi}\cdot\frac{r^2-3x^2}{r^5}$$

根据对称性可知

$$\frac{\partial D_y}{\partial y}=\frac{Q}{4\pi}\cdot\frac{r^2-3y^2}{r^5}$$
$$\frac{\partial D_z}{\partial z}=\frac{Q}{4\pi}\cdot\frac{r^2-3z^2}{r^5}$$

所以，三者相加有

$$\nabla\cdot\boldsymbol{D}=\frac{Q}{4\pi}\left[\frac{3r^2-3(x^2+y^2+z^2)}{r^5}\right]$$
$$=\begin{cases}0, & r\neq 0\\ \infty, & r=0\end{cases}$$

方法2：上式是使用直角坐标系下的散度公式进行计算的结果。考虑到该场量是用球坐标系的形式表示，所以采用球坐标系下的公式会更加简单，计算如下：

由于

$$\nabla\cdot\boldsymbol{F}=\frac{1}{r^2\sin\theta}\left[\sin\theta\frac{\partial}{\partial r}(r^2F_r)+r\frac{\partial}{\partial\theta}(\sin\theta F_\theta)+r\frac{\partial F_\varphi}{\partial\varphi}\right]$$

则

$$\nabla\cdot\boldsymbol{D}=\frac{1}{r^2}\frac{\partial}{\partial r}(r^2D_r)=\frac{1}{r^2}\frac{\partial}{\partial r}\left(r^2\frac{Q}{4\pi r^2}\right)=\begin{cases}0, & r\neq 0\\ \infty, & r=0\end{cases}$$

球坐标系下的结果与上面直角坐标系下的结果完全一致。

可见，在除了原点以外的地方，该矢量场的散度为零；在原点处，其散度为无穷大。这一性质与冲激函数（狄拉克函数）非常相似。如果该矢量场的散度在原点处的（体）积分为有限值，则该有限值就是对应冲激函数的幅度。为此，在原点附近半径 $r=\delta$ 的小球内做积分，并利用高斯定理将其转换为球面积分，具体如下：

$$\iiint\nabla\cdot\boldsymbol{D}\,\mathrm{d}V=\iint_{r=\delta}\boldsymbol{D}\cdot\mathrm{d}\boldsymbol{S}=\frac{Q}{4\pi r^2}4\pi r^2=Q$$

可见，该矢量场散度在原点附近的积分为有限值 Q。综上考虑，则有

$$\nabla\cdot\boldsymbol{D}=Q\delta(\boldsymbol{r})$$

其中，$\delta(\boldsymbol{r})=\begin{cases}0, & r\neq 0\\ \infty, & r=0\end{cases}$，称为三维空间的冲激函数。

事实上，当大家学习了第2章静电场之后就会发现，题目中给出的是一个放置在原点处的、带电量为 Q 的点电荷所产生的电位移矢量场。根据静电场的性质，电位移矢量的散度即电荷密度函数，$\nabla\cdot\boldsymbol{D}=\rho=Q\delta(\boldsymbol{r})$。而冲激函数正好对应了点电荷的密度函数。

习题 1.6 试证明：

(1) $\nabla\cdot\dfrac{\boldsymbol{R}}{R^3}=-\nabla'\cdot\dfrac{\boldsymbol{R}}{R^3}=0$；(2) $\nabla\dfrac{1}{r}=-\dfrac{\boldsymbol{e}_r}{r^2}$；(3) $\nabla\times\boldsymbol{r}=0$；

(4) $\nabla\times\dfrac{\boldsymbol{r}}{r}=0$；(5)$\nabla\times[f(r)\boldsymbol{e}_r]=0$；(6) $\nabla^2\dfrac{1}{R}=0(R\neq0)$。

其中，$R=\sqrt{(x-x')^2+(y-y')^2+(z-z')^2}\neq0$，$\nabla$和$\nabla'$分别是对场点与源点的矢量微分算符；$\boldsymbol{r}=x\boldsymbol{e}_x+y\boldsymbol{e}_y+z\boldsymbol{e}_z$ 是空间矢径，$\boldsymbol{e}_r=\dfrac{\boldsymbol{r}}{r}$；$f(r)$是 r 的函数。

证明 (1)

$$\boldsymbol{R}=(x-x')\boldsymbol{e}_x+(y-y')\boldsymbol{e}_y+(z-z')\boldsymbol{e}_z$$

$$R_x=x-x';\ R_y=y-y';\ R_z=z-z';$$

$$\begin{aligned}\nabla\cdot\frac{\boldsymbol{R}}{R^3}&=\frac{\partial}{\partial x}\left(\frac{x-x'}{R^3}\right)+\frac{\partial}{\partial y}\left(\frac{y-y'}{R^3}\right)+\frac{\partial}{\partial z}\left(\frac{z-z'}{R^3}\right)\\&=\frac{R^2-3(x-x')^2}{R^5}+\frac{R^2-3(y-y')^2}{R^5}+\frac{R^2-3(z-z')^2}{R^5}\\&=\frac{3R^2-3[(x-x')^2+(y-y')^2+(z-z')^2]}{R^5}\\&=\frac{3R^2-3R^2}{R^5}\\&=0\end{aligned}$$

同理

$$\begin{aligned}\nabla'\cdot\frac{\boldsymbol{R}}{R^3}&=\frac{\partial\left(\dfrac{x-x'}{R^3}\right)}{\partial x'}+\frac{\partial\left(\dfrac{y-y'}{R^3}\right)}{\partial y'}+\frac{\partial\left(\dfrac{z-z'}{R^3}\right)}{\partial z'}\\&=-\frac{R^2-3(x-x')^2}{R^5}-\frac{R^2-3(y-y')^2}{R^5}-\frac{R^2-3(z-z')^2}{R^5}\\&=-\frac{3R^2-3R^2}{R^5}\\&=0\end{aligned}$$

即

$$\nabla\cdot\frac{\boldsymbol{R}}{R^3}=-\nabla'\cdot\frac{\boldsymbol{R}}{R^3}=0$$

(2) $r=\sqrt{x^2+y^2+z^2}$，$\dfrac{1}{r}=\dfrac{1}{\sqrt{x^2+y^2+z^2}}$

$$\begin{aligned}\nabla\frac{1}{r}&=\frac{\partial\left(\dfrac{1}{r}\right)}{\partial x}\boldsymbol{e}_x+\frac{\partial\left(\dfrac{1}{r}\right)}{\partial y}\boldsymbol{e}_y+\frac{\partial\left(\dfrac{1}{r}\right)}{\partial z}\boldsymbol{e}_z\\&=-\left(\frac{x}{r^3}\boldsymbol{e}_x+\frac{y}{r^3}\boldsymbol{e}_y+\frac{z}{r^3}\boldsymbol{e}_z\right)\end{aligned}$$

$$=-\frac{\boldsymbol{r}}{r^3}=-\frac{\boldsymbol{e}_r}{r^2}$$

即
$$\nabla\frac{1}{r}=-\frac{\boldsymbol{e}_r}{r^2}$$

(3) $\boldsymbol{r}=x\boldsymbol{e}_x+y\boldsymbol{e}_y+z\boldsymbol{e}_z$ $\quad \nabla\times\boldsymbol{r}=\begin{vmatrix}\boldsymbol{e}_x & \boldsymbol{e}_y & \boldsymbol{e}_z\\ \dfrac{\partial}{\partial x} & \dfrac{\partial}{\partial y} & \dfrac{\partial}{\partial z}\\ x & y & z\end{vmatrix}=0$

即
$$\nabla\times\boldsymbol{r}=0$$

(4)

$$\nabla\times\frac{\boldsymbol{r}}{r}=\begin{vmatrix}\boldsymbol{e}_x & \boldsymbol{e}_y & \boldsymbol{e}_z\\ \dfrac{\partial}{\partial x} & \dfrac{\partial}{\partial y} & \dfrac{\partial}{\partial z}\\ \dfrac{x}{r} & \dfrac{y}{r} & \dfrac{z}{r}\end{vmatrix}$$
$$=\left(-\frac{yz}{r^3}+\frac{yz}{r^3}\right)\boldsymbol{e}_x+\left(-\frac{xz}{r^3}+\frac{xz}{r^3}\right)\boldsymbol{e}_y+\left(-\frac{xy}{r^3}+\frac{xy}{r^3}\right)\boldsymbol{e}_z$$
$$=0$$

即
$$\nabla\times\frac{\boldsymbol{r}}{r}=0$$

(5)

$$\nabla\times[f(r)\boldsymbol{e}_r]=\begin{vmatrix}\boldsymbol{e}_x & \boldsymbol{e}_y & \boldsymbol{e}_z\\ \dfrac{\partial}{\partial x} & \dfrac{\partial}{\partial y} & \dfrac{\partial}{\partial z}\\ f(r)\cdot\dfrac{x}{r} & f(r)\cdot\dfrac{y}{r} & f(r)\cdot\dfrac{z}{r}\end{vmatrix}$$
$$=\left(f'(r)\frac{yz}{r^2}-f(r)\frac{yz}{r^3}-f'(r)\frac{yz}{r^2}+f(r)\frac{yz}{r^3}\right)\boldsymbol{e}_x+$$
$$\left(f'(r)\frac{xz}{r^2}-f(r)\frac{xz}{r^3}-f'(r)\frac{xz}{r^2}+f(r)\frac{xz}{r^3}\right)\boldsymbol{e}_y+$$
$$\left(f'(r)\frac{xy}{r^2}-f(r)\frac{xy}{r^3}-f'(r)\frac{xy}{r^2}+f(r)\frac{xy}{r^3}\right)\boldsymbol{e}_z$$
$$=0$$

即
$$\nabla\times[f(r)\boldsymbol{e}_r]=0$$

(6)

$$\nabla^2\frac{1}{R}=\frac{\partial^2\left(\frac{1}{R}\right)}{\partial x^2}+\frac{\partial^2\left(\frac{1}{R}\right)}{\partial y^2}+\frac{\partial^2\left(\frac{1}{R}\right)}{\partial z^2}$$
$$=-R^{-3}+3R^{-5}(x-x')^2+3R^{-5}(y-y')^2-$$
$$R^{-3}+3R^{-5}(z-z')^2-R^{-3}$$

$$=3R^{-5}[(x-x')^2+(y-y')^2+(z-z')^2]-3R^{-3}$$
$$=0$$

即

$$\nabla^2\frac{1}{R}=0$$

习题 1.7 已知 C 为一常数，ϕ，$\boldsymbol{A}$ 分别为标量函数和矢量函数，试证明：

(1) $\nabla\times(C\boldsymbol{A})=C\nabla\times\boldsymbol{A}$；(2) $\nabla\times(\phi\boldsymbol{A})=\phi\nabla\times\boldsymbol{A}+\nabla\phi\times\boldsymbol{A}$。

解 (1)

$$\boldsymbol{A}=A_x\boldsymbol{e}_x+A_y\boldsymbol{e}_y+A_z\boldsymbol{e}_z$$

$$\nabla\times C\boldsymbol{A}=\begin{vmatrix}\boldsymbol{e}_x & \boldsymbol{e}_y & \boldsymbol{e}_z\\ \dfrac{\partial}{\partial x} & \dfrac{\partial}{\partial y} & \dfrac{\partial}{\partial z}\\ CA_x & CA_y & CA_z\end{vmatrix}=C\begin{vmatrix}\boldsymbol{e}_x & \boldsymbol{e}_y & \boldsymbol{e}_z\\ \dfrac{\partial}{\partial x} & \dfrac{\partial}{\partial y} & \dfrac{\partial}{\partial z}\\ A_x & A_y & A_z\end{vmatrix}=C\nabla\times\boldsymbol{A}$$

(2)

$$\nabla\times(\phi\boldsymbol{A})=\begin{vmatrix}\boldsymbol{e}_x & \boldsymbol{e}_y & \boldsymbol{e}_z\\ \dfrac{\partial}{\partial x} & \dfrac{\partial}{\partial y} & \dfrac{\partial}{\partial z}\\ \phi A_x & \phi A_y & \phi A_z\end{vmatrix}$$

$$=\left(\frac{\partial\phi A_z}{\partial y}-\frac{\partial\phi A_y}{\partial z}\right)\boldsymbol{e}_x+\left(\frac{\partial\phi A_x}{\partial z}-\frac{\partial\phi A_z}{\partial x}\right)\boldsymbol{e}_y+\left(\frac{\partial\phi A_y}{\partial x}-\frac{\partial\phi A_x}{\partial y}\right)\boldsymbol{e}_z$$

$$\nabla\phi\times\boldsymbol{A}=\begin{vmatrix}\boldsymbol{e}_x & \boldsymbol{e}_y & \boldsymbol{e}_z\\ \dfrac{\partial\phi}{\partial x} & \dfrac{\partial\phi}{\partial y} & \dfrac{\partial\phi}{\partial z}\\ A_x & A_y & A_z\end{vmatrix}$$

$$=\left(\frac{\partial\phi}{\partial y}A_z-\frac{\partial\phi}{\partial z}A_y\right)\boldsymbol{e}_x+\left(\frac{\partial\phi}{\partial z}A_x-\frac{\partial\phi}{\partial x}A_z\right)\boldsymbol{e}_y+\left(\frac{\partial\phi}{\partial x}A_y-\frac{\partial\phi}{\partial y}A_x\right)\boldsymbol{e}_z$$

$$\phi\nabla\times\boldsymbol{A}=\phi\begin{vmatrix}\boldsymbol{e}_x & \boldsymbol{e}_y & \boldsymbol{e}_z\\ \dfrac{\partial}{\partial x} & \dfrac{\partial}{\partial y} & \dfrac{\partial}{\partial z}\\ A_x & A_y & A_z\end{vmatrix}$$

$$=\phi\left(\frac{\partial A_z}{\partial y}-\frac{\partial A_y}{\partial z}\right)\boldsymbol{e}_x+\phi\left(\frac{\partial A_x}{\partial z}-\frac{\partial A_z}{\partial x}\right)\boldsymbol{e}_y+\phi\left(\frac{\partial A_y}{\partial x}-\frac{\partial A_x}{\partial y}\right)\boldsymbol{e}_z$$

对比系数易知

$$\nabla\times(\phi\boldsymbol{A})=\phi\nabla\times\boldsymbol{A}+\nabla\phi\times\boldsymbol{A}$$

习题 1.8 已知标量函数 $\phi=3x^2y$，矢量函数 $\boldsymbol{A}=x^3yz\boldsymbol{e}_y+3xy^3\boldsymbol{e}_z$，试求 $\nabla\times(\phi\boldsymbol{A})$ 的值。

解

$$\phi\boldsymbol{A}=3x^2y(x^3yz\boldsymbol{e}_y+3xy^3\boldsymbol{e}_z)=3x^5y^2z\boldsymbol{e}_y+9x^3y^4\boldsymbol{e}_z$$

$$\nabla\times(\phi\boldsymbol{A})=\begin{vmatrix}\boldsymbol{e}_x & \boldsymbol{e}_y & \boldsymbol{e}_z\\ \dfrac{\partial}{\partial x} & \dfrac{\partial}{\partial y} & \dfrac{\partial}{\partial z}\\ 0 & 3x^5y^2z & 9x^3y^4\end{vmatrix}=(36x^3y^3-3x^5y^2)\boldsymbol{e}_x-27x^2y^4\boldsymbol{e}_y+15x^4y^2z\boldsymbol{e}_z$$

习题 1.9 已知 u、v 都是标量函数，试证明$\nabla^2(uv)=u\nabla^2 v+v\nabla^2 u+2\nabla u\cdot\nabla v$ 成立。

证明

$$\begin{aligned}\nabla^2 uv&=\nabla\cdot[\nabla(uv)]=\nabla u\cdot\nabla v+u\nabla^2 v+\nabla v\cdot\nabla u+v\nabla^2 u\\&=u\nabla^2 v+v\nabla^2 u+2\nabla u\cdot\nabla v\end{aligned}$$

习题 1.10 已知矢量函数 $\boldsymbol{F}=xy\boldsymbol{e}_x-2x\boldsymbol{e}_y$，试计算由 $x^2+y^2=9$，$x=0$ 和 $y=0$ 所构成的闭合曲线的线积分，并验证斯托克斯定理成立。

解 设 D 为曲线 l 围成的区域，其中，

$$L:\begin{cases}x=3\cos\theta\\ y=3\sin\theta\end{cases},\quad \theta:0\to\frac{\pi}{2}$$

$$I=\oint_l \boldsymbol{F}\cdot\mathrm{d}\boldsymbol{l}=\oint_L \boldsymbol{F}\cdot\mathrm{d}\boldsymbol{l}=\int_0^{\frac{\pi}{2}}(-27\sin^2\theta\cos\theta-18\cos^2\theta)\,\mathrm{d}\theta=-\frac{9\pi}{2}-9$$

接下来验证斯托克斯公式成立：

设 Σ 为曲面 $x^2+y^2+z^2=9$，$x=0$，$y=0$ 在第一象限构成的曲面，方向向外，D 为 Σ 在 xoy 面上的投影。

由斯托克斯公式得

$$I=\oint_l \boldsymbol{F}\cdot\mathrm{d}\boldsymbol{l}=\iint_D \nabla\times\boldsymbol{F}\cdot\mathrm{d}\boldsymbol{S}=\iint_D(-2-x)\,\mathrm{d}x\,\mathrm{d}y=-\frac{9\pi}{2}-9$$

结果相等，斯托克斯公式成立。

习题 1.11 已知空间任意点位置矢量为 $\boldsymbol{r}=x\boldsymbol{e}_x+y\boldsymbol{e}_y+z\boldsymbol{e}_z$，求$\nabla\cdot\boldsymbol{r}$，并运用高斯散度定理求积分 $I=\oint_S\boldsymbol{r}\cdot\mathrm{d}\boldsymbol{S}$。其中，$S$ 为以原点为球心、半径为 a 的球面。

解

$$\nabla\cdot\boldsymbol{r}=\frac{\partial x}{\partial x}+\frac{\partial y}{\partial y}+\frac{\partial z}{\partial z}=3$$

设 V 为以原点为球心、半径为 a 的球体，则由高斯散度定理，有

$$I=\oiint\boldsymbol{r}\cdot\mathrm{d}\boldsymbol{S}=\iiint_V\nabla\cdot\boldsymbol{r}\,\mathrm{d}V=\iiint_V 3\,\mathrm{d}V=4\pi a^3$$

习题 1.12 已知圆柱坐标系中标量函数 $f=\left(Ar+\dfrac{B}{r}\right)\cos\varphi$，求$\nabla f$。

解

$$\begin{aligned}\nabla f&=\boldsymbol{e}_r\frac{\partial f}{\partial r}+\boldsymbol{e}_\varphi\frac{1}{r}\frac{\partial f}{\partial\varphi}+\boldsymbol{e}_z\frac{\partial f}{\partial z}\\&=\boldsymbol{e}_r\left(A-\frac{B}{r^2}\right)\cos\varphi-\boldsymbol{e}_\varphi\left(A+\frac{B}{r^2}\right)\sin\varphi\end{aligned}$$

习题 1.13 已知圆柱坐标系中的点$\left(3\sqrt{3},\dfrac{2\pi}{3},3\right)$，试求：

(1) 该点在直角坐标系中的坐标；(2) 该点在球坐标系中的坐标。

解 (1) 设坐标为(x,y,z)，考虑直角坐标系和圆柱坐标系的关系，则

$$x=3\sqrt{3}\cos\frac{2\pi}{3}=-\frac{3\sqrt{3}}{2},\quad y=3\sqrt{3}\sin\frac{2\pi}{3}=\frac{9}{2},\quad z=3,$$

所以该点的坐标为$\left(-\frac{3\sqrt{3}}{2},\frac{9}{2},3\right)$。

(2) 设其坐标为(r,θ,φ)，由上可知$\varphi=\frac{2\pi}{3}$，$r=\sqrt{(3\sqrt{3})^2+3^2}=6$，又因为$\cos\theta=\frac{1}{2}$，所以$\theta=\frac{\pi}{3}$，即该点的坐标为$\left(6,\frac{\pi}{3},\frac{2\pi}{3}\right)$。

习题 1.14 在球坐标系中试证明电场强度$\boldsymbol{E}=\frac{1}{r^2}\boldsymbol{e}_r$是无旋场，并求出与其对应的标量电势函数$\phi$。

证明 要证明球坐标系中的电场强度$\boldsymbol{E}=\frac{1}{r^2}\boldsymbol{e}_r$是无旋场，则证明$\boldsymbol{E}$的旋度为0。而在球坐标系中$\boldsymbol{E}$的旋度表达式为

$$\nabla\times\boldsymbol{E}=\frac{1}{r^2\sin\theta}\begin{vmatrix}\boldsymbol{e}_r & r\boldsymbol{e}_\theta & r\sin\theta\boldsymbol{e}_\varphi\\ \frac{\partial}{\partial r} & \frac{\partial}{\partial\theta} & \frac{\partial}{\partial\varphi}\\ E_r & rE_\theta & r\sin\theta E_\varphi\end{vmatrix}$$

$$=\begin{vmatrix}\boldsymbol{e}_r & r\boldsymbol{e}_\theta & r\sin\theta\boldsymbol{e}_\varphi\\ \frac{\partial}{\partial r} & \frac{\partial}{\partial\theta} & \frac{\partial}{\partial\varphi}\\ \frac{1}{r^2} & 0 & 0\end{vmatrix}$$

$$=0$$

即可得电场强度$\boldsymbol{E}$为无旋场。

由于$\boldsymbol{E}=-\nabla\phi$，且在球坐标系中，

$$\boldsymbol{E}=-\boldsymbol{e}_r\frac{\partial\phi}{\partial r}-\boldsymbol{e}_\theta\frac{1}{r}\frac{\partial\phi}{\partial\theta}-\boldsymbol{e}_\varphi\frac{1}{r\sin\theta}\frac{\partial\phi}{\partial\varphi},\quad \boldsymbol{E}=\frac{1}{r^2}\boldsymbol{e}_r$$

即$\frac{\partial\phi}{\partial r}=-\frac{1}{r^2}$，可以得到$\phi=\frac{1}{r}+C$（$C$为任意常数）。

习题 1.15 试由直角坐标系中的线元矢量表达式及直角坐标系与球坐标系下坐标变量之间的关系，推导球坐标系中的线元矢量表达式。

解 在球坐标系中，任意方向的线元矢量可表示为$\mathrm{d}\boldsymbol{l}=\mathrm{d}l_1\boldsymbol{e}_r+\mathrm{d}l_2\boldsymbol{e}_\theta+\mathrm{d}l_3\boldsymbol{e}_\varphi$，其中$\mathrm{d}l_1,\mathrm{d}l_2,\mathrm{d}l_3$分别为线元矢量$\mathrm{d}\boldsymbol{l}$沿三个单位矢量方向的分量。

若线元矢量$\mathrm{d}\boldsymbol{l}$只沿$\boldsymbol{e}_r$方向，则$\mathrm{d}\boldsymbol{l}=\mathrm{d}l_1\boldsymbol{e}_r$，且$\mathrm{d}r\neq0,\mathrm{d}\theta=0,\mathrm{d}\varphi=0$。根据直角坐标系与球坐标系中坐标变量之间的关系，即

$$\begin{cases} x = r\sin\theta\cos\varphi & r = \sqrt{x^2+y^2+z^2} \\ y = r\sin\theta\sin\varphi & \theta = \arctan\dfrac{\sqrt{x^2+y^2}}{z} \\ z = r\cos\theta & \varphi = \arctan\dfrac{y}{x} \end{cases}$$

得

$$\mathrm{d}x = \frac{\partial(r\sin\theta\cos\varphi)}{\partial r}\mathrm{d}r = \sin\theta\cos\varphi\,\mathrm{d}r$$

$$\mathrm{d}y = \frac{\partial(r\sin\theta\sin\varphi)}{\partial r}\mathrm{d}r = \sin\theta\sin\varphi\,\mathrm{d}r$$

$$\mathrm{d}z = \frac{\partial(r\cos\theta)}{\partial r}\mathrm{d}r = \cos\theta\,\mathrm{d}r$$

从而可得

$$\begin{aligned} \mathrm{d}l &= \mathrm{d}l_1 = |\mathrm{d}\boldsymbol{l}| = \sqrt{\mathrm{d}x^2+\mathrm{d}y^2+\mathrm{d}z^2} \\ &= \sqrt{(\sin\theta\cos\varphi\,\mathrm{d}r)^2+(\sin\theta\sin\varphi\,\mathrm{d}r)^2+(\cos\theta\,\mathrm{d}r)^2} \\ &= \mathrm{d}r \end{aligned}$$

同理,假设线元矢量 $\mathrm{d}\boldsymbol{l}$ 分别只沿 $\boldsymbol{e}_\theta$ 和 $\boldsymbol{e}_\varphi$ 的方向,可以得到球坐标系中的另外两个线元分量为

$$\mathrm{d}l_2 = r\,\mathrm{d}\theta$$

$$\mathrm{d}l_3 = r\sin\theta\,\mathrm{d}\varphi$$

则球坐标系中线元矢量

$$\begin{aligned} \mathrm{d}\boldsymbol{l} &= \mathrm{d}l_1\boldsymbol{e}_r + \mathrm{d}l_2\boldsymbol{e}_\theta + \mathrm{d}l_3\boldsymbol{e}_\varphi \\ &= \mathrm{d}r\boldsymbol{e}_r + r\,\mathrm{d}\theta\boldsymbol{e}_\theta + r\sin\theta\,\mathrm{d}\varphi\boldsymbol{e}_\varphi \end{aligned}$$

习题 1.16 已知 x、y 和 r、φ 分别是直角坐标系和极坐标系内的坐标变量,试证明算符等式 $\dfrac{\partial^2}{\partial x^2}+\dfrac{\partial^2}{\partial y^2}=\dfrac{1}{r}\dfrac{\partial}{\partial r}\left(r\dfrac{\partial}{\partial r}\right)+\dfrac{1}{r^2}\dfrac{\partial^2}{\partial\varphi^2}$ 成立。

证明 本题目事实上就是要证明圆柱坐标系下二维拉普拉斯算符的表达式。考虑到直角坐标系和圆柱坐标系下 z 坐标完全一致,因此,将上述等式两边同加上 $\dfrac{\partial^2}{\partial z^2}$,就可以得到圆柱坐标系下三维拉普拉斯算符的具体表达式。

直角坐标系与极坐标系的关系为 $x=r\cos\varphi$,$y=r\sin\varphi$,则

$$\frac{\partial}{\partial r} = \frac{\partial x}{\partial r}\frac{\partial}{\partial x} + \frac{\partial y}{\partial r}\frac{\partial}{\partial y} = \cos\varphi\frac{\partial}{\partial x} + \sin\varphi\frac{\partial}{\partial y}$$

$$r\frac{\partial}{\partial r} = r\left(\cos\varphi\frac{\partial}{\partial x} + \sin\varphi\frac{\partial}{\partial y}\right)$$

$$\begin{aligned} \frac{\partial}{\partial r}\left(r\frac{\partial}{\partial r}\right) = &\left(\cos\varphi\frac{\partial}{\partial x} + \sin\varphi\frac{\partial}{\partial y}\right) + \\ &r\left(\frac{\partial x}{\partial r}\cos\varphi\frac{\partial^2}{\partial x^2} + \frac{\partial y}{\partial r}\cos\varphi\frac{\partial^2}{\partial x\partial y} + \frac{\partial y}{\partial r}\sin\varphi\frac{\partial^2}{\partial y^2} + \frac{\partial x}{\partial r}\sin\varphi\frac{\partial^2}{\partial x\partial y}\right) \end{aligned}$$

$$=\cos\varphi\frac{\partial}{\partial x}+\sin\varphi\frac{\partial}{\partial y}+r\cos^2\varphi\frac{\partial^2}{\partial x^2}+r\sin^2\varphi\frac{\partial^2}{\partial y^2}+2r\sin\varphi\cos\varphi\frac{\partial^2}{\partial x\partial y}$$

$$\frac{1}{r}\frac{\partial}{\partial r}\left(r\frac{\partial}{\partial r}\right)=\frac{1}{r}\cos\varphi\frac{\partial}{\partial x}+\frac{1}{r}\sin\varphi\frac{\partial}{\partial y}+\cos^2\varphi\frac{\partial^2}{\partial x^2}+\sin^2\varphi\frac{\partial^2}{\partial y^2}+2\sin\varphi\cos\varphi\frac{\partial^2}{\partial x\partial y} \tag{1-68}$$

$$\frac{\partial}{\partial\varphi}=\frac{\partial x}{\partial\varphi}\frac{\partial}{\partial x}+\frac{\partial y}{\partial\varphi}\frac{\partial}{\partial y}=-r\sin\varphi\frac{\partial}{\partial x}+r\cos\varphi\frac{\partial}{\partial y}$$

$$\frac{1}{r^2}\frac{\partial^2}{\partial\varphi^2}=\frac{1}{r^2}\begin{pmatrix}-r\cos\varphi\dfrac{\partial}{\partial x}-r\sin\varphi\dfrac{\partial x}{\partial\varphi}\dfrac{\partial^2}{\partial x^2}-r\sin\varphi\dfrac{\partial y}{\partial\varphi}\dfrac{\partial^2}{\partial x\partial y}\\-r\sin\varphi\dfrac{\partial}{\partial y}+r\cos\varphi\dfrac{\partial y}{\partial\varphi}\dfrac{\partial^2}{\partial y^2}+r\cos\varphi\dfrac{\partial x}{\partial\varphi}\dfrac{\partial^2}{\partial y\partial x}\end{pmatrix}$$

$$=\sin^2\varphi\frac{\partial^2}{\partial x^2}+\cos^2\varphi\frac{\partial^2}{\partial y^2}-\frac{1}{r}\cos\varphi\frac{\partial}{\partial x}-\frac{1}{r}\sin\varphi\frac{\partial}{\partial y}-2\sin\varphi\cos\varphi\frac{\partial^2}{\partial x\partial y} \tag{1-69}$$

将式(1-68)和式(1-69)相加，则有

$$\frac{1}{r}\frac{\partial}{\partial r}\left(r\frac{\partial}{\partial r}\right)+\frac{1}{r^2}\frac{\partial^2}{\partial\varphi^2}=\frac{\partial^2}{\partial x^2}+\frac{\partial^2}{\partial y^2}$$

等式成立。

通过本题目的证明过程，大家务必掌握如下要点：不同坐标系下拉普拉斯算符的表达式，都是根据直角坐标系下的表达式$\frac{\partial^2}{\partial x^2}+\frac{\partial^2}{\partial y^2}+\frac{\partial^2}{\partial z^2}\equiv\Delta\equiv\nabla\cdot\nabla$来进行定义的。因此，可以利用数学上的链式求导法则得到其具体表示形式。那种直接根据形式“猜”出来的表示式，如$\frac{\partial^2}{\partial r^2}+\frac{\partial^2}{\partial\varphi^2}+\frac{\partial^2}{\partial z^2}$，或者$\frac{\partial^2}{\partial r^2}+\frac{\partial^2}{\partial\theta^2}+\frac{\partial^2}{\partial\varphi^2}$，都是毫无根据的“瞎猜”，且注定是错误的。

习题 1.17 试在直角坐标系下证明标量场 f 梯度的旋度为零，矢量场 $\boldsymbol{F}$ 旋度的散度为零。

证明 (1) 标量场 f 梯度的旋度$\nabla\times(\nabla f)$

$$\nabla\times(\nabla f)=\begin{vmatrix}\boldsymbol{e}_x & \boldsymbol{e}_y & \boldsymbol{e}_z\\ \dfrac{\partial}{\partial x} & \dfrac{\partial}{\partial y} & \dfrac{\partial}{\partial z}\\ \dfrac{\partial f}{\partial x} & \dfrac{\partial f}{\partial y} & \dfrac{\partial f}{\partial z}\end{vmatrix}$$

$$=\boldsymbol{e}_x\left(\frac{\partial^2 f}{\partial y\partial z}-\frac{\partial^2 f}{\partial z\partial y}\right)+\boldsymbol{e}_y\left(\frac{\partial^2 f}{\partial z\partial x}-\frac{\partial^2 f}{\partial x\partial z}\right)+\boldsymbol{e}_z\left(\frac{\partial^2 f}{\partial x\partial y}-\frac{\partial^2 f}{\partial y\partial x}\right)$$

$$=0$$

即标量场 f 梯度的旋度为 0。

(2) 矢量场旋度 $\boldsymbol{F}$ 的散度$\nabla\cdot(\nabla\times\boldsymbol{F})$

$$\nabla\times\boldsymbol{F}=\boldsymbol{e}_x\left(\frac{\partial F_z}{\partial y}-\frac{\partial F_y}{\partial z}\right)+\boldsymbol{e}_y\left(\frac{\partial F_x}{\partial z}-\frac{\partial F_z}{\partial x}\right)+\boldsymbol{e}_z\left(\frac{\partial F_y}{\partial x}-\frac{\partial F_x}{\partial y}\right)$$

$$\nabla\cdot(\nabla\times\boldsymbol{F})=\frac{\partial^2 F_z}{\partial y\partial x}-\frac{\partial^2 F_y}{\partial z\partial x}+\frac{\partial^2 F_x}{\partial z\partial y}-\frac{\partial^2 F_z}{\partial x\partial y}+\frac{\partial^2 F_y}{\partial x\partial z}-\frac{\partial^2 F_x}{\partial y\partial z}$$
$$=0$$

即矢量场 $\boldsymbol{F}$ 旋度的散度为 0。

1.7　核心 MATLAB 代码

学习矢量分析最大的难点就在于内容比较抽象，不易理解。如果能够用图形的方式展现矢量场、标量场以及其梯度、散度、旋度甚至拉普拉斯运算的结果，将会对学习大有裨益。

MATLAB是一个功能强大的软件，也是科研工作者的重要工具。该软件集成了梯度(gradient)、散度(divergence)和旋度(curl)等函数，可以进行数值微分计算；软件中也包含了等值面(isosurface)、等值线(contour，contour3)和曲面(surface)等绘图函数，可以直接或者间接绘制标量函数；尤其值得注意的是，MATLAB 中专门设置有针对矢量函数的相关代码，可以完成矢量场的直观表现，如箭头图(quiver，quiver3)、流线图(streamline)和角锥图(coneplot)等。

同时，MATLAB 是脚本语言，因此使用起来简单、方便，基本上可以做到见名知意。因此，如果大家在学习的过程中，能够结合 MATLAB 的强大功能，对所学内容进行深入研究，不仅可以提高学习效率，还可以掌握科研工具，对今后学习、深造都有好处。

在此，我们以二维的标量和矢量函数为例，给大家介绍几个相关函数，让大家体会一下 MATLAB 的强大功能，希望起到抛砖引玉的作用。我们在例子中使用的标量函数，其数学表达式为

$$z=y\mathrm{e}^{-(x^2+y^2)}$$

1. 二维标量函数及其等值线

对于二维标量函数，可以用空间中的曲面来表示。用不同高度的水平平面截这个曲面，就可以得到三维空间中的等值线(等高线)。通过 surface 函数和 contour3 函数，就可以全面展现函数的全貌。主要代码如下：

```
[X,Y] = meshgrid([-2:.25:2]);
% 创建直角坐标网格,以原点为中心,边长为 4 的正方形区域,网格间隔为 0.25
Z = Y.*exp(-X.^2-Y.^2);                                          %计算函数值
surface(X,Y,Z,'EdgeColor',[.8 .8 .8],'FaceColor','none');        %绘制函数对应的曲面
contour3(X,Y,Z,30);                                              %绘制三维空间中的等值线
```

绘制的曲线如图 1-6(a)所示。

2. 二维标量函数的梯度及其箭头图

对于二维标量函数，可以用 gradient 函数取梯度，从而得到一个矢量函数；此矢量函数可以用 quiver 函数绘制箭头图；如果用 contour 函数再绘制该标量函数的等值线，还可以发现梯度和等值线是正交的。主要代码如下：

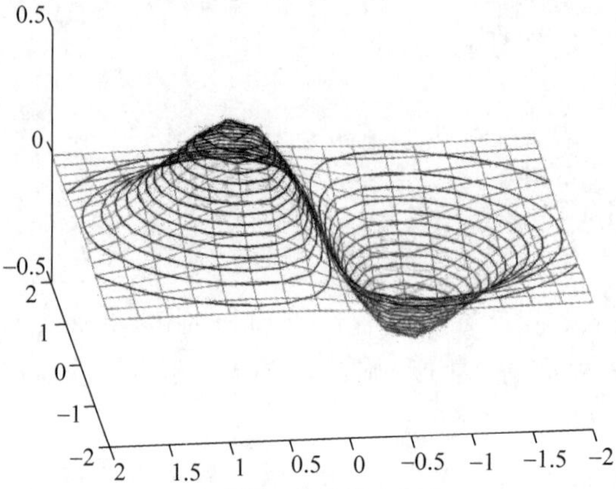

(a) 标量函数及其等值线

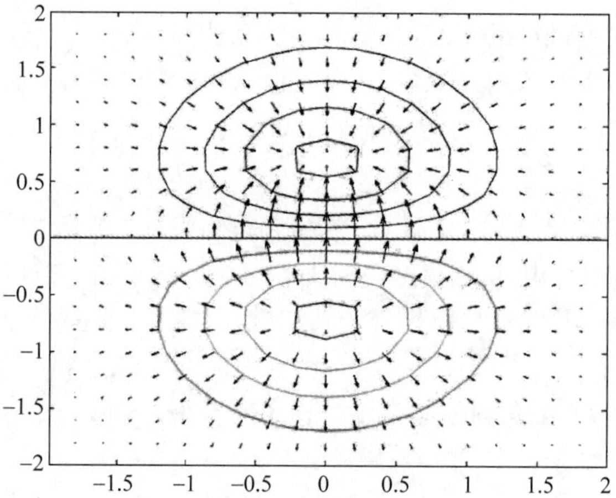

(b) 梯度及其箭头图

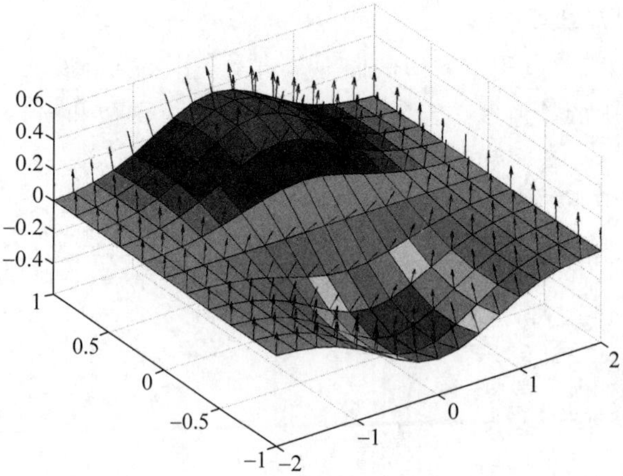

(c) 曲面法向矢量及其箭头图

图 1-6　用 MATLAB 绘制标量和矢量函数

```
[X,Y] = meshgrid(-2:.2:2);
%创建直角坐标网格,以原点为中心,边长为 4 的正方形区域,网格间隔为 0.2
Z = Y.*exp(-X.^2 - Y.^2);           %计算函数值
[DX,DY] = gradient(Z,.2,.2);        %数值计算函数的梯度
contour(X,Y,Z);                     %绘制二维等高线,即将所有等高线重叠画在一个平面内
hold on;                            %告诉 MATLAB 还要继续绘制曲线
quiver(X,Y,DX,DY);                  %绘制梯度函数
```

最终结果如图 1-6(b)所示。

3. 曲面的法向矢量及其箭头图

对于二维标量函数对应的曲面,可以用 surfnorm 来计算得到其法向矢量,继而用 quiver3 函数在空间展现出来。主要代码如下:

```
[X,Y] = meshgrid(-2:0.25:2,-1:0.2:1);
%创建网格,以原点为中心,长为 4,宽度为 2 长方形区域,网格间隔为 0.25 和 0.2
Z = Y.*exp(-X.^2 - Y.^2);           %计算函数值
[U,V,W] = surfnorm(X,Y,Z);          %计算其法向矢量
quiver3(X,Y,Z,U,V,W,0.5);           %绘制箭头图
hold on;                            %告诉 MATLAB 还要继续绘制曲线
surf(X,Y,Z);                        %绘制函数对应的曲面
```

最终绘制结果如图 1-6(c)所示。

从上述结果可以看出,利用 MATLAB 配合学习矢量分析,形象、直观、生动,大家可以边学边用,以应用带动学习,从而起到一箭双雕的效果。在后续章节中,我们也会适时结合讲授内容补充相关代码,供大家使用。

1.8 科技前沿中的典型矢量分析问题求解

与物理学科类似,坐标系在电磁场与电磁波问题的分析中,具有举足轻重的地位。根据所研究对象的具体情况,合理选择不同的坐标系,是"万里长征"的第一步。由于实际问题的复杂性,除了学习常用的坐标系之外,学习广义正交曲线坐标系也具有非常重要的意义。因此,我们在此介绍广义曲线正交坐标系,并根据定义,推导出广义坐标系下梯度、散度、旋度和拉普拉斯运算的具体形式。

1.8.1 广义正交曲线坐标系中的线元矢量和拉梅系数

直角坐标系是最常用的正交坐标系,欲弄清广义正交曲线坐标系中各量的关系,可将其与直角坐标系联系起来,先在直角坐标系中分析后再推广。这就是利用熟悉的旧知识获得新知识的一种方式。

如图 1-7 所示,图中 P 点是空间任意一点,该点在广义正交曲线坐标系中的坐标变量为 u_1,u_2,u_3,其对应的直角坐标为(x,y,z)。在 P 点附近,一般情况下,当坐标变量 u_1 发生变化时,其对应在空间划过一条曲线;该曲线的切向方向即为基矢 $\boldsymbol{e}_1$ 的方向;同理,可以定义 $\boldsymbol{e}_2,\boldsymbol{e}_3$ 的方向。所谓正交坐标系,是指该坐标系中,基本单位矢量 $\boldsymbol{e}_1,\boldsymbol{e}_2,\boldsymbol{e}_3$ 在空间各点

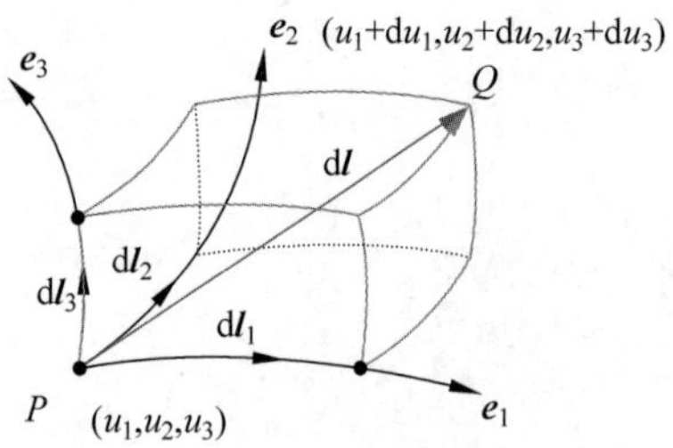

图 1-7 广义正交曲线坐标系

都是正交的。球坐标系和圆柱坐标系是比较典型和最常见的正交坐标系。而广义正交曲线坐标系，是指除了它们之外的其他的正交坐标系。直角坐标系也是正交坐标系的一个特例。

图 1-7 给出了当 u_1,u_2,u_3 分别独立发生改变时，所对应的空间点的轨迹。当坐标变量的改变量很小时，可以如图 1-7 所示绘制出一个典型的"长方体盒子"，它对于后面的分析具有重要的作用。

广义正交曲线坐标系中各坐标变量与直角坐标系中坐标变量的关系可表示为

$$\begin{cases} u_1 = u_1(x,y,z) \\ u_2 = u_2(x,y,z) \\ u_3 = u_3(x,y,z) \end{cases} \tag{1-70}$$

联解式(1-70)，得

$$\begin{cases} x = x(u_1,u_2,u_3) \\ y = y(u_1,u_2,u_3) \\ z = z(u_1,u_2,u_3) \end{cases} \tag{1-71}$$

在直角坐标系中，线元矢量可表示为

$$\mathrm{d}\boldsymbol{l} = \mathrm{d}x\boldsymbol{e}_x + \mathrm{d}y\boldsymbol{e}_y + \mathrm{d}z\boldsymbol{e}_z \tag{1-72}$$

在直角坐标系中，线元矢量的长度(或模)为

$$\mathrm{d}l = |\mathrm{d}\boldsymbol{l}| = \sqrt{\mathrm{d}x^2 + \mathrm{d}y^2 + \mathrm{d}z^2} \tag{1-73}$$

在广义正交曲线坐标系中，任意方向的线元矢量同样可表示为

$$\mathrm{d}\boldsymbol{l} = \mathrm{d}l_1\boldsymbol{e}_1 + \mathrm{d}l_2\boldsymbol{e}_2 + \mathrm{d}l_3\boldsymbol{e}_3 \tag{1-74}$$

若线元矢量 $\mathrm{d}\boldsymbol{l}$ 只沿 $\mathrm{d}u_1$ 的方向，即基矢 $\boldsymbol{e}_1$ 的方向，u_2,u_3 为常量，则有

$$\mathrm{d}x = \frac{\partial x}{\partial u_1}\mathrm{d}u_1,\quad \mathrm{d}y = \frac{\partial y}{\partial u_1}\mathrm{d}u_1,\quad \mathrm{d}z = \frac{\partial z}{\partial u_1}\mathrm{d}u_1$$

$$\mathrm{d}l_1 = \sqrt{\left(\frac{\partial x}{\partial u_1}\right)^2 + \left(\frac{\partial y}{\partial u_1}\right)^2 + \left(\frac{\partial z}{\partial u_1}\right)^2}\,\mathrm{d}u_1 = h_1\mathrm{d}u_1$$

再使线元矢量 $\mathrm{d}\boldsymbol{l}$ 分别只沿 $\mathrm{d}u_2$ 和 $\mathrm{d}u_3$ 的方向，即分别沿基矢 $\boldsymbol{e}_2$ 和 $\boldsymbol{e}_3$ 的方向，同时分别改变坐标变量 u 的下标，即将 u 的下标 1→2，1→3，代入上式，由此可得广义正交曲线坐标系中的线元分量分别为

$$\mathrm{d}l_2 = \sqrt{\left(\frac{\partial x}{\partial u_2}\right)^2 + \left(\frac{\partial y}{\partial u_2}\right)^2 + \left(\frac{\partial z}{\partial u_2}\right)^2}\,\mathrm{d}u_2 = h_2\mathrm{d}u_2$$

$$\mathrm{d}l_3 = \sqrt{\left(\frac{\partial x}{\partial u_3}\right)^2 + \left(\frac{\partial y}{\partial u_3}\right)^2 + \left(\frac{\partial z}{\partial u_3}\right)^2}\,\mathrm{d}u_3 = h_3\mathrm{d}u_3$$

式中，$h_i(i=1,2,3)$称为拉梅(Lame)系数，或度规(度量)因子，可视为从直角坐标系转换到广义坐标系中线元分量的换算系数。初学者极易出现的错误就是将坐标变量的改变量 $\mathrm{d}u_1,\mathrm{d}u_2,\mathrm{d}u_3$ 想当然地与对应的弧长画等号，即 $\mathrm{d}l_i=\mathrm{d}u_i(i=1,2,3)$，这个是要尽力避免的。可以通过仔细观察，并结合球坐标系和圆柱坐标系的例子掌握这个知识点。

广义正交曲线坐标系中的三个拉梅系数可表示为一般形式

$$h_i=\sqrt{\left(\frac{\partial x}{\partial u_i}\right)^2+\left(\frac{\partial y}{\partial u_i}\right)^2+\left(\frac{\partial z}{\partial u_i}\right)^2},\quad i=1,2,3 \tag{1-75}$$

于是，广义正交曲线坐标系中的线元矢量可表示为

$$d\boldsymbol{l}=dl_1\boldsymbol{e}_1+dl_2\boldsymbol{e}_2+dl_3\boldsymbol{e}_3=h_1du_1\boldsymbol{e}_1+h_2du_2\boldsymbol{e}_2+h_3du_3\boldsymbol{e}_3=\sum_{i=1}^{3}h_idu_i\boldsymbol{e}_i \tag{1-76}$$

广义正交曲线坐标系中的线元矢量的长度，即线元为

$$dl=|d\boldsymbol{l}|=\sqrt{(h_1du_1)^2+(h_2du_2)^2+(h_3du_3)^2}=\sqrt{\sum_i(h_idu_i)^2} \tag{1-77}$$

广义正交曲线坐标系中的面元矢量可表示为

$$\begin{aligned}d\boldsymbol{S}&=dS_1\boldsymbol{e}_1+dS_2\boldsymbol{e}_2+dS_3\boldsymbol{e}_3=dl_2dl_3\boldsymbol{e}_1+dl_3dl_1\boldsymbol{e}_2+dl_1dl_2\boldsymbol{e}_3\\&=h_2h_3du_2du_3\boldsymbol{e}_1+h_3h_1du_3du_1\boldsymbol{e}_2+h_1h_2du_1du_2\boldsymbol{e}_3\end{aligned} \tag{1-78}$$

广义正交曲线坐标系中的体积元可表示为

$$dV=dl_1dl_2dl_3=h_1h_2h_3du_1du_2du_3=\prod_{i=1}^{3}h_idu_i=h\prod_{i=1}^{3}du_i \tag{1-79}$$

其中，$h=h_1h_2h_3=\prod_{i=1}^{3}h_i$。

在直角坐标系中，由于 $u_1=x,u_2=y,u_3=z$，并注意到 $\frac{\partial x_j}{\partial u_i}=\delta_{ij}$，其中，$\delta_{ij}=\begin{cases}1, & i=j\\0, & i\neq j\end{cases}$，并且取 $x_1=x,x_2=y,x_3=z$。由此可以求得直角坐标系中的拉梅系数为 $h_1=h_2=h_3=1$。再如，在球坐标系中的坐标变量为 $u_1=r,u_2=\theta,u_3=\varphi$，直角坐标系与球坐标系中坐标变量的关系为 $x=r\sin\theta\cos\varphi,y=r\sin\theta\sin\varphi,z=r\cos\theta$，由此可求得球坐标系中的拉梅系数为

$$h_1=\sqrt{\left(\frac{\partial x}{\partial r}\right)^2+\left(\frac{\partial y}{\partial r}\right)^2+\left(\frac{\partial z}{\partial r}\right)^2}=\sqrt{\sin^2\theta(\cos^2\varphi+\sin^2\varphi)+\cos^2\theta}=1$$

$$h_2=\sqrt{\left(\frac{\partial x}{\partial \theta}\right)^2+\left(\frac{\partial y}{\partial \theta}\right)^2+\left(\frac{\partial z}{\partial \theta}\right)^2}=\sqrt{r^2\cos^2\theta(\cos^2\varphi+\sin^2\varphi)+r^2\sin^2\theta}=r$$

$$h_3=\sqrt{\left(\frac{\partial x}{\partial \varphi}\right)^2+\left(\frac{\partial y}{\partial \varphi}\right)^2+\left(\frac{\partial z}{\partial \varphi}\right)^2}=\sqrt{r^2\sin^2\theta(\sin^2\varphi+\cos^2\varphi)}=r\sin\theta$$

同理，可以求得圆柱坐标系下的拉梅系数。三种常用坐标系中的拉梅系数列于表 1-2 中。

表 1-2　三种常用坐标系中的拉梅系数

坐　标　系	拉 梅 系 数		
	h_1	h_2	h_3
直角坐标系	1	1	1
圆柱坐标系	1	r	1
球坐标系	1	r	$r\sin\theta$

1.8.2 广义正交曲线坐标系中梯度、散度和旋度及拉普拉斯运算的表达式

1. 梯度

在正交坐标系下，空间任意一点(u_1, u_2, u_3)，从该点出发，任取一个方向，不妨设其单位矢量为

$$\boldsymbol{e}_l = \cos\alpha \boldsymbol{e}_1 + \cos\beta \boldsymbol{e}_2 + \cos\gamma \boldsymbol{e}_3$$

如图 1-8 所示。

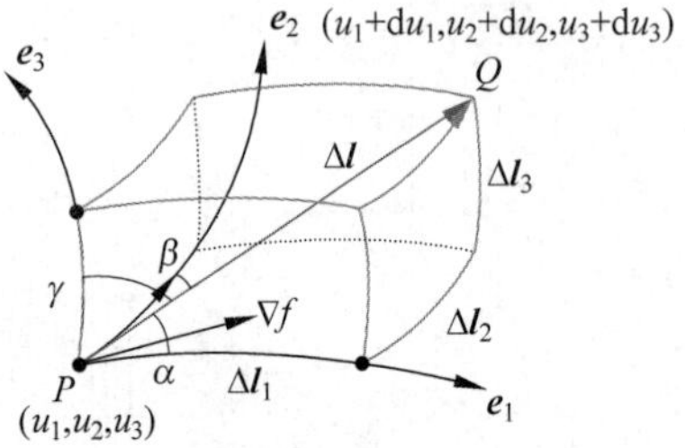

图 1-8 正交曲线坐标系下梯度的推导示意图

其中，$\cos\alpha$，$\cos\beta$，$\cos\gamma$ 表示该方向的方向余弦。考虑函数在 P 点沿此方向变化 Δl 到 Q 点，对应的函数值变化为 Δf，则

$$\begin{aligned}\Delta f &\approx \frac{\partial f}{\partial u_1}\Delta u_1 + \frac{\partial f}{\partial u_2}\Delta u_2 + \frac{\partial f}{\partial u_3}\Delta u_3 \\ &= \frac{\partial f}{\partial u_1}\frac{h_1 \Delta u_1}{h_1} + \frac{\partial f}{\partial u_2}\frac{h_2 \Delta u_2}{h_2} + \frac{\partial f}{\partial u_3}\frac{h_3 \Delta u_3}{h_3} \\ &= \frac{\partial f}{\partial u_1}\frac{\Delta l_1}{h_1} + \frac{\partial f}{\partial u_2}\frac{\Delta l_2}{h_2} + \frac{\partial f}{\partial u_3}\frac{\Delta l_3}{h_3}\end{aligned}$$

则在此方向的变化率为

$$\begin{aligned}f_l &= \lim_{\Delta l \to 0}\frac{\Delta f}{\Delta l} = \lim_{\Delta l \to 0}\left(\frac{\partial f}{\partial u_1}\frac{\Delta l_1}{h_1 \Delta l} + \frac{\partial f}{\partial u_2}\frac{\Delta l_2}{h_2 \Delta l} + \frac{\partial f}{\partial u_3}\frac{\Delta l_3}{h_3 \Delta l}\right) \\ &= \frac{\partial f}{h_1 \partial u_1}\cos\alpha + \frac{\partial f}{h_2 \partial u_2}\cos\beta + \frac{\partial f}{h_3 \partial u_3}\cos\gamma + o(\Delta l) \\ &= \frac{\partial f}{h_1 \partial u_1}\cos\alpha + \frac{\partial f}{h_2 \partial u_2}\cos\beta + \frac{\partial f}{h_3 \partial u_3}\cos\gamma \\ &= \left(\frac{\partial f}{h_1 \partial u_1}\boldsymbol{e}_1 + \frac{\partial f}{h_2 \partial u_2}\boldsymbol{e}_2 + \frac{\partial f}{h_3 \partial u_3}\boldsymbol{e}_3\right) \cdot (\cos\alpha \boldsymbol{e}_1 + \cos\beta \boldsymbol{e}_2 + \cos\gamma \boldsymbol{e}_3) \\ &= \nabla f \cdot \boldsymbol{e}_l\end{aligned}$$

由方向导数的推证过程可以看出，函数 $f(u_1, u_2, u_3)$在 $\boldsymbol{e}_l$ 方向上的变化率等于定义在该点的某矢量函数$\left(\frac{\partial f}{h_1 \partial u_1}, \frac{\partial f}{h_2 \partial u_2}, \frac{\partial f}{h_3 \partial u_3}\right)$在 $\boldsymbol{e}_l$ 方向上的投影。换句话说，该矢量函数一定是该点处空间最大的变化率及其方向，其他方向的变化率都比它小。据此，根据梯度的定义，在广义正交曲线坐标系中，标量场 $f(u_1, u_2, u_3)$的梯度可表示为

$$\nabla f=\frac{\boldsymbol{e}_1}{h_1}\frac{\partial f}{\partial u_1}+\frac{\boldsymbol{e}_2}{h_2}\frac{\partial f}{\partial u_2}+\frac{\boldsymbol{e}_3}{h_3}\frac{\partial f}{\partial u_3}=\sum_{i=1}^{3}\frac{\boldsymbol{e}_i}{h_i}\frac{\partial f}{\partial u_i} \tag{1-80}$$

2. 散度

在正交坐标系下，空间任意一点 $P(u_1,u_2,u_3)$处，由三个坐标变量独立变化所产生的“长方体盒子”如图 1-9 所示。

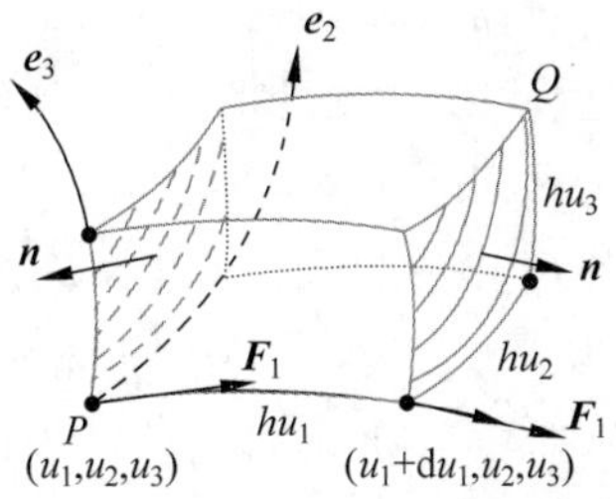

图 1-9 正交坐标系下散度的推导示意图

假设空间中存在一个矢量场 $\boldsymbol{F}(u_1,u_2,u_3)=F_1\boldsymbol{e}_1+F_2\boldsymbol{e}_2+F_3\boldsymbol{e}_3$，根据散度的定义，该位置处的散度可以用单位体积内的矢量场的通量(的极限)计算。为此，考虑图中长方体盒子，并考虑图中阴影所示的两个曲面，其他四个曲面推导类似，则

$$\psi_1=(-h_2\mathrm{d}u_2h_3\mathrm{d}u_3F_1)\big|_{u_1}+(h_2\mathrm{d}u_2h_3\mathrm{d}u_3F_1)\big|_{u_1+\mathrm{d}u_1}$$

由于闭合曲面的通量往往选择外法线方向为正方向，因此对于左侧阴影曲面，其法线方向与矢量场的正向相反；而右侧曲面，二者方向相同。这也就是上述公式中出现正负号的原因。

同理

$$\psi_2=(-h_1\mathrm{d}u_1h_3\mathrm{d}u_3F_2)\big|_{u_2}+(h_1\mathrm{d}u_1h_3\mathrm{d}u_3F_2)\big|_{u_2+\mathrm{d}u_2}$$

$$\psi_3=(-h_2\mathrm{d}u_2h_1\mathrm{d}u_1F_3)\big|_{u_3}+(h_2\mathrm{d}u_2h_1\mathrm{d}u_1F_3)\big|_{u_3+\mathrm{d}u_3}$$

因此，根据定义，则

$$\begin{aligned}\nabla\cdot\boldsymbol{F}&=\lim_{\Delta V\to 0}\frac{\psi}{\Delta V}=\lim_{\Delta V\to 0}\frac{\psi_1+\psi_2+\psi_3}{\Delta V}\\&=\lim_{\substack{\mathrm{d}u_1\to 0\\ \mathrm{d}u_2\to 0\\ \mathrm{d}u_3\to 0}}\left[\frac{\mathrm{d}u_2\mathrm{d}u_3(-h_2h_3F_1)\Big|_{u_1}+\mathrm{d}u_2\mathrm{d}u_3(h_2h_3F_1)\Big|_{u_1+\mathrm{d}u_1}}{h_1h_2h_3\mathrm{d}u_1\mathrm{d}u_2\mathrm{d}u_3}+\right.\\&\quad\frac{\mathrm{d}u_1\mathrm{d}u_3(-h_1h_3F_2)\Big|_{u_2}+\mathrm{d}u_1\mathrm{d}u_3(h_1h_3F_2)\Big|_{u_2+\mathrm{d}u_2}}{h_1h_2h_3\mathrm{d}u_1\mathrm{d}u_2\mathrm{d}u_3}+\\&\quad\left.\frac{\mathrm{d}u_1\mathrm{d}u_2(-h_2h_1F_3)\Big|_{u_3}+\mathrm{d}u_1\mathrm{d}u_2(h_2h_1F_3)\Big|_{u_3+\mathrm{d}u_3}}{h_1h_2h_3\mathrm{d}u_1\mathrm{d}u_2\mathrm{d}u_3}\right]\\&=\frac{1}{h_1h_2h_3}\left[\frac{\partial}{\partial u_1}(h_2h_3F_1)+\frac{\partial}{\partial u_2}(h_3h_1F_2)+\frac{\partial}{\partial u_3}(h_1h_2F_3)\right]\end{aligned} \tag{1-81}$$

于是，广义坐标系中，矢量场 $\boldsymbol{F}(u_1,u_2,u_3)=F_1\boldsymbol{e}_1+F_2\boldsymbol{e}_2+F_3\boldsymbol{e}_3$ 的散度可表示为

$$\nabla\cdot\boldsymbol{F}=\frac{1}{h_1h_2h_3}\left[\frac{\partial}{\partial u_1}(h_2h_3F_1)+\frac{\partial}{\partial u_2}(h_3h_1F_2)+\frac{\partial}{\partial u_3}(h_1h_2F_3)\right]$$

3. 旋度

同理，可以利用定义计算正交坐标系下矢量场的旋度。假设在正交坐标系下，空间任意一点 $P(u_1,u_2,u_3)$ 处，由三个坐标变量独立变化所产生的"长方体盒子"如图 1-9 所示。

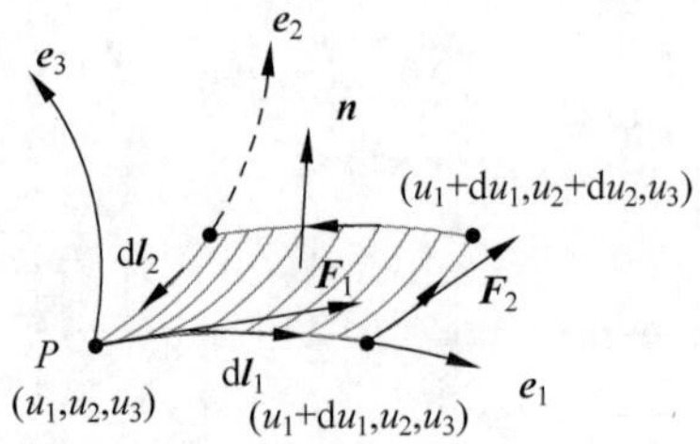

图 1-10 正交坐标系下旋度的推导示意图

假设空间中存在一个矢量场 $\boldsymbol{F}(u_1,u_2,u_3)=F_1\boldsymbol{e}_1+F_2\boldsymbol{e}_2+F_3\boldsymbol{e}_3$，根据旋度的定义和性质，该位置处的旋度为一个矢量，沿三个基矢方向对应有三个分量，每个分量都可以用单位面积内的矢量场的环流（的极限）来计算。为此，首先考虑图中基矢 $\boldsymbol{e}_3$ 方向的旋度，也就是旋度的第三分量$[(\nabla\times\boldsymbol{F})\cdot\boldsymbol{e}_3]$，即矢量场围绕阴影部分的单位面积的环流，如图 1-10 所示。其他两个方向的推导类似，则

$$\phi_3=(h_1du_1F_1)|_{(u_1,u_2,u_3)}+(h_2du_2F_2)|_{(u_1+du_1,u_2,u_3)}-(h_1du_1F_1)|_{(u_1+du_1,u_2+du_2,u_3)}-(h_2du_2F_2)|_{(u_1,u_2+du_2,u_3)}$$

基矢 $\boldsymbol{e}_3$ 方向对应的旋度为

$$\begin{aligned}(\nabla\times\boldsymbol{F})\cdot\boldsymbol{e}_3&=\lim_{\Delta S\to0}\frac{\phi_3}{\Delta S}\\&=\lim_{\Delta S\to0}\frac{(h_1du_1F_1)|_{(u_1,u_2,u_3)}+(h_2du_2F_2)|_{(u_1+du_1,u_2,u_3)}-(h_1du_1F_1)|_{(u_1+du_1,u_2+du_2,u_3)}-(h_2du_2F_2)|_{(u_1,u_2+du_2,u_3)}}{h_1du_1h_2du_2}\\&=\frac{1}{h_1h_2}\left[\frac{\partial}{\partial u_1}(h_2F_2)-\frac{\partial}{\partial u_2}(h_1F_1)\right]=\frac{h_3}{h_1h_2h_3}\left[\frac{\partial}{\partial u_1}(h_2F_2)-\frac{\partial}{\partial u_2}(h_1F_1)\right]\end{aligned}$$

同理，在 $\boldsymbol{e}_1$ 和 $\boldsymbol{e}_2$ 方向，有

$$\phi_1=(h_2du_2F_2)|_{(u_1,u_2,u_3)}+(h_3du_3F_3)|_{(u_1,u_2+du_2,u_3)}-(h_2du_2F_2)|_{(u_1,u_2+du_2,u_3+du_3)}-(h_3du_3F_3)|_{(u_1,u_2,u_3+du_3)}$$

$$\phi_2=(h_3du_3F_3)|_{(u_1,u_2,u_3)}+(h_1du_1F_1)|_{(u_1,u_2,u_3+du_3)}-(h_3du_3F_3)|_{(u_1+du_1,u_2,u_3+du_3)}-(h_1du_1F_1)|_{(u_1+du_1,u_2,u_3)}$$

于是，

$$\begin{aligned}(\nabla\times\boldsymbol{F})\cdot\boldsymbol{e}_1&=\lim_{\Delta S\to0}\frac{\phi_1}{\Delta S}\\&=\lim_{\substack{du_2\to0\\du_3\to0}}\frac{(h_2du_2F_2)|_{(u_1,u_2,u_3)}+(h_3du_3F_3)|_{(u_1,u_2+du_2,u_3)}-(h_2du_2F_2)|_{(u_1,u_2+du_2,u_3+du_3)}-(h_3du_3F_3)|_{(u_1,u_2,u_3+du_3)}}{h_2du_2h_3du_3}\\&=\frac{1}{h_2h_3}\left[\frac{\partial}{\partial u_2}(h_3F_3)-\frac{\partial}{\partial u_3}(h_2F_2)\right]=\frac{h_1}{h_1h_2h_3}\left[\frac{\partial}{\partial u_2}(h_3F_3)-\frac{\partial}{\partial u_3}(h_2F_2)\right]\end{aligned}$$

$$\begin{aligned}(\nabla\times\boldsymbol{F})\cdot\boldsymbol{e}_2&=\lim_{\Delta S\to0}\frac{\phi_2}{\Delta S}\\&=\lim_{\substack{du_1\to0\\du_3\to0}}\frac{(h_3du_3F_3)|_{(u_1,u_2,u_3)}+(h_1du_1F_1)|_{(u_1,u_2,u_3+du_3)}-(h_3du_3F_3)|_{(u_1+du_1,u_2,u_3+du_3)}-(h_1du_1F_1)|_{(u_1+du_1,u_2,u_3)}}{h_1du_1h_3du_3}\\&=\frac{1}{h_1h_3}\left[\frac{\partial}{\partial u_3}(h_1F_1)-\frac{\partial}{\partial u_1}(h_3F_3)\right]=\frac{h_2}{h_1h_2h_3}\left[\frac{\partial}{\partial u_3}(h_1F_1)-\frac{\partial}{\partial u_1}(h_3F_3)\right]\end{aligned}$$

总结上面三个旋度的分量表达式，可以归结为

$$\nabla\times\boldsymbol{F}=\frac{1}{h_1h_2h_3}\begin{vmatrix}h_1\boldsymbol{e}_1 & h_2\boldsymbol{e}_2 & h_3\boldsymbol{e}_3\\ \dfrac{\partial}{\partial u_1} & \dfrac{\partial}{\partial u_2} & \dfrac{\partial}{\partial u_3}\\ h_1F_1 & h_2F_2 & h_3F_3\end{vmatrix} \tag{1-82}$$

式(1-82)既考虑了大小,又考虑了旋度的方向。通过将右式展开并与三个分量做对比即可得到上述结论。

4. 拉普拉斯运算

在前面梯度和散度计算的基础之上,如果令矢量场 $\boldsymbol{F}=\nabla f$,其中 $f(u_1,u_2,u_3)$ 为任意标量场,$\nabla\cdot\boldsymbol{F}=\nabla\cdot\nabla f=\nabla^2 f$,则由式(1-80)和式(1-81)可得拉普拉斯运算在正交曲线坐标系下的表示式,即

$$\nabla^2 f=\frac{1}{h_1h_2h_3}\left[\frac{\partial}{\partial u_1}\left(\frac{h_2h_3}{h_1}\frac{\partial f}{\partial u_1}\right)+\frac{\partial}{\partial u_2}\left(\frac{h_3h_1}{h_2}\frac{\partial f}{\partial u_2}\right)+\frac{\partial}{\partial u_3}\left(\frac{h_1h_2}{h_3}\frac{\partial f}{\partial u_3}\right)\right] \tag{1-83}$$

1.9 著名大学考研真题分析

【考研题 1】 (重庆邮电大学 2018 年)已知空间某电场强度为 $\boldsymbol{E}=[\boldsymbol{e}_x(2xyz-y^2)+\boldsymbol{e}_y(x^2z-2xy)+\boldsymbol{e}_z x^2 y]$,则在点 $P(-3,1,4)$ 的旋度 $\nabla\times\boldsymbol{E}=$________。

解 根据定义及场的具体表达式,有

$$\begin{aligned}\nabla\times\boldsymbol{E}&=\boldsymbol{e}_x\left(\frac{\partial E_z}{\partial y}-\frac{\partial E_y}{\partial z}\right)+\boldsymbol{e}_y\left(\frac{\partial E_x}{\partial z}-\frac{\partial E_z}{\partial x}\right)+\boldsymbol{e}_z\left(\frac{\partial E_y}{\partial x}-\frac{\partial E_x}{\partial y}\right)\\&=\boldsymbol{e}_x(x^2-x^2)+\boldsymbol{e}_y(2xy-2xy)+\boldsymbol{e}_z(2xz-2y-2xz+2y)\\&=0\end{aligned}$$

【考研题 2】 (重庆邮电大学 2018 年)已知标量函数 $V=6xyz$,则在点 $P(1,2,3)$ 的梯度为________。

解 根据定义,有

$$\nabla V=\frac{\partial V}{\partial x}\boldsymbol{e}_x+\frac{\partial V}{\partial y}\boldsymbol{e}_y+\frac{\partial V}{\partial z}\boldsymbol{e}_z=6yz\boldsymbol{e}_x+6xz\boldsymbol{e}_y+6xy\boldsymbol{e}_z$$

在点 $P(1,2,3)$ 处,$\nabla V=36\boldsymbol{e}_x+18\boldsymbol{e}_y+12\boldsymbol{e}_z$。

【考研题 3】 (扬州大学 2019 年)已知 $\phi=x^2+2y^2+3z^2+xy+3x-2y-6z$,求其在点 $P(0,0,0)$ 处的梯度。

解

$$\begin{aligned}\nabla\phi&=\frac{\partial\phi}{\partial x}\boldsymbol{e}_x+\frac{\partial\phi}{\partial y}\boldsymbol{e}_y+\frac{\partial\phi}{\partial z}\boldsymbol{e}_z\\&=(2x+y+3)\boldsymbol{e}_x+(4y+x-2)\boldsymbol{e}_y+(6z-6)\boldsymbol{e}_z\end{aligned}$$

在(0,0,0)处,

$$\nabla\phi=3\boldsymbol{e}_x-2\boldsymbol{e}_y-6\boldsymbol{e}_z$$

【考研题 4】 (空军工程大学 2017 年)已知空间某一矢量场的表达式为 $\boldsymbol{A}=2\mathrm{e}^x y^2 z^3\boldsymbol{a}_x+x^3y^2\boldsymbol{a}_y+x^3\sin y\boldsymbol{a}_z$,求 $\nabla\cdot\boldsymbol{A}=$________、$\nabla\cdot(\nabla\times\boldsymbol{A})=$________。

解 根据定义及场的具体表达式,有

$$\nabla\cdot \boldsymbol{A}=\frac{\partial A_x}{\partial x}+\frac{\partial A_y}{\partial y}+\frac{\partial A_z}{\partial z}$$

$$=\frac{\partial(2e^x y^2 z^3)}{\partial x}+\frac{\partial(x^3 y^2)}{\partial y}+\frac{\partial(x^3 \sin y)}{\partial z}$$

$$=2e^x y^2 z^3+2x^3 y$$

$$\nabla\cdot(\nabla\times\boldsymbol{A})=\frac{\partial^2 A_z}{\partial y\partial x}-\frac{\partial^2 A_y}{\partial z\partial x}+\frac{\partial^2 A_x}{\partial z\partial y}-\frac{\partial^2 A_z}{\partial x\partial y}+\frac{\partial^2 A_y}{\partial x\partial z}-\frac{\partial^2 A_x}{\partial y\partial z}=0$$

【考研题 5】 (空军工程大学 2016 年)已知空间某一矢量场的表达式为 $\boldsymbol{E}=\boldsymbol{e}_x(x^2+axz)+\boldsymbol{e}_y(xy^2+by)+\boldsymbol{e}_z(z-z^2+cxz-2xyz)$,则常数 $a=$________,$b=$________,$c=$________,使得 $\boldsymbol{E}$ 为无散场。

解 首先将矢量的散度表示出来,再令其为零,从而得到待定系数的值。

$$\nabla\cdot \boldsymbol{E}=\frac{\partial E_x}{\partial x}+\frac{\partial E_y}{\partial y}+\frac{\partial E_z}{\partial z}$$

$$=\frac{\partial(x^2+axz)}{\partial x}+\frac{\partial(xy^2+by)}{\partial y}+\frac{\partial(z-z^2+cxz-2xyz)}{\partial z}$$

$$=2x+az+2xy+b+1-2z+cx-2xy$$

$$=(2+c)x+(a-2)z+b+1=0$$

所以,$c=-2,a=2,b=-1$。

【考研题 6】 (华中科技大学 2003 年)证明$\nabla\cdot\nabla\times\boldsymbol{A}=0$。

证明 假设矢量场的表达形式为 $\boldsymbol{A}=A_x\boldsymbol{e}_x+A_y\boldsymbol{e}_y+A_z\boldsymbol{e}_z$,则

$$\nabla\times\boldsymbol{A}=\boldsymbol{e}_x\left(\frac{\partial A_z}{\partial y}-\frac{\partial A_y}{\partial z}\right)+\boldsymbol{e}_y\left(\frac{\partial A_x}{\partial z}-\frac{\partial A_z}{\partial x}\right)+\boldsymbol{e}_z\left(\frac{\partial A_y}{\partial x}-\frac{\partial A_x}{\partial y}\right)$$

$$\nabla\cdot(\nabla\times\boldsymbol{A})=\frac{\partial^2 A_z}{\partial y\partial x}-\frac{\partial^2 A_y}{\partial z\partial x}+\frac{\partial^2 A_x}{\partial z\partial y}-\frac{\partial^2 A_z}{\partial x\partial y}+\frac{\partial^2 A_y}{\partial x\partial z}-\frac{\partial^2 A_x}{\partial y\partial z}=0$$

即矢量场 $\boldsymbol{A}$ 旋度的散度为 0。

第 2 章　静　电　场

CHAPTER 2

静电场是静态电磁场的重要研究内容。静电场和静磁场的研究具有对偶的性质，是静态电磁场的“左手”和“右手”，大家在学习的时候，一定要注意用心体会。同时，静电场的学习为后面学习静磁场和时变电磁场打下了坚实基础。本章主要内容包括任意电荷分布情况下的静电场、静电场的性质、静电势和电场强度的相互计算、介质中的静电场及其性质、电容器、静电场的能量及能量密度等。要求同学们必须熟练掌握由电荷分布计算电场强度的几种方法，并能够灵活应用。在章节具体安排上，首先归纳总结了本章的主要知识点、重点与难点，详细求解了一些典型例题，然后对主教材课后习题进行了详解，列举有代表性的往年考研试题并进行详解，最后给出相关 MATLAB 编程代码以及所涉及的科技前沿知识。

2.1　静电场思维导图

利用思维导图勾勒出静电场各部分内容之间的逻辑关系，如图 2-1 所示。静电场部分的基础是真空中的情况，以库仑定律和场的叠加原理为核心。在此基础上，从简单到复杂，

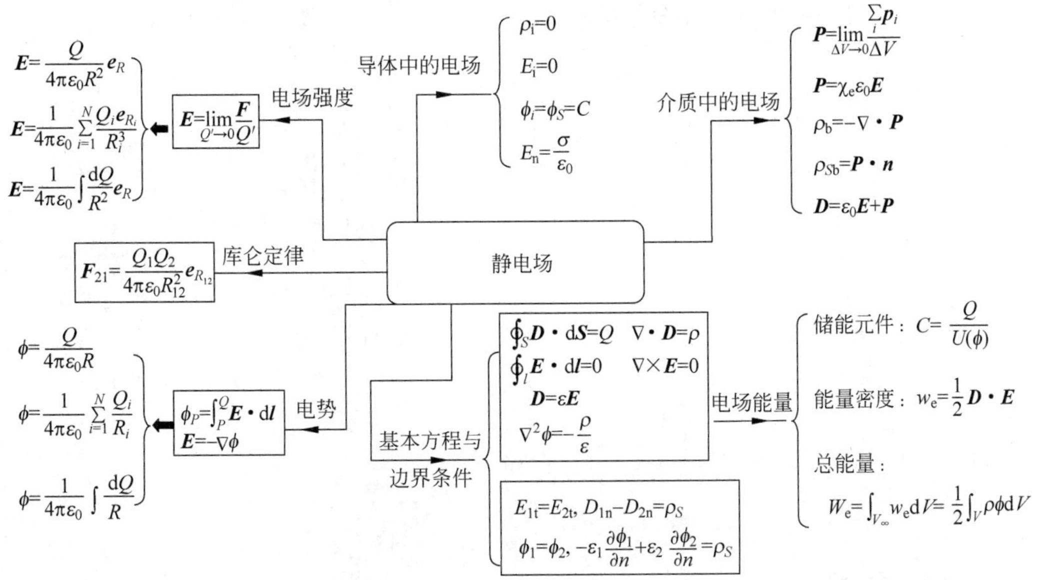

图 2-1　静电场思维导图

从离散到连续，依次得到点电荷的场、点电荷体系的场，以及任意、连续分布电荷所产生的场。通过对任意电场分布计算散度和旋度，从而得到静电场的两个性质，即有源（散）、无旋性。当电场中存在导体和介质时，二者在电场作用下有不同的响应。据此，可以分析导体的静电平衡状态和以导体为电极板所构成的各类电容器及其性质；同理，也可以分析介质的极化性质，束缚电荷的产生及计算，以及在形式上回避了束缚电荷之后所得到的电位移矢量和场方程。此外，静电场部分还包括两种媒质分界面上的场方程，即边界条件（也称为衔接条件），以及与能量、能量密度相关的概念。

2.2 知识点归纳

静电场部分所涉及的知识点有：

任意带电体所对应的电场强度、电势的计算；静电场的有源、无旋特性及其理解；关于电势的几个等价命题及其解释；静电场高斯定理及其在特定问题中的应用；电场强度、电势、电荷分布的相互关系及其互算；点电荷密度的数学表示法，冲激函数的定义、性质及应用；电偶极子的定义、电场强度及电势的近似计算、电偶极子在匀强电场中所受的力矩；介质的极化、分类及其特点，束缚电荷及其计算，电位移矢量的定义及其理解，介质中的场方程，介质的本构方程；电场中的导体、导体在静电平衡时的性质；孤立导体的电容、双导体的电容；导体球的电容计算，平行板电容器、同轴电容器、球形电容器的相关计算；静电场的能量及能量密度、电容器中的能量计算。

2.3 主要内容及公式

基于上述知识点归纳，现对本章内容及公式做详细讲解。

2.3.1 库仑定律和电场强度

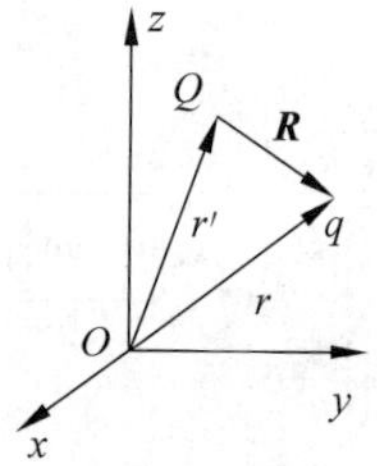

图 2-2 点电荷的电场

1. 库仑定律

如图 2-2 所示，真空中有两个静止点电荷 Q 和 q，分别位于 $\boldsymbol{r}'$ 和 $\boldsymbol{r}$ 处，则点电荷 Q 作用于 q 的库仑力可表示为

$$\boldsymbol{F}_q = \frac{Qq}{4\pi\varepsilon_0 R^2}\boldsymbol{e}_R = \frac{Qq}{4\pi\varepsilon_0 R^3}\boldsymbol{R} \tag{2-1}$$

其中，

$$\boldsymbol{R} = \boldsymbol{r} - \boldsymbol{r}' = (x - x')\boldsymbol{e}_x + (y - y')\boldsymbol{e}_y + (z - z')\boldsymbol{e}_z$$

$$R = |\boldsymbol{r} - \boldsymbol{r}'| = \sqrt{(x - x')^2 + (y - y')^2 + (z - z')^2}, \quad \boldsymbol{e}_R = \frac{\boldsymbol{R}}{R} = \frac{\boldsymbol{r} - \boldsymbol{r}'}{|\boldsymbol{r} - \boldsymbol{r}'|}$$

ε_0 是真空（自由空间）的介电常数（电容率），其值为

$$\varepsilon_0 = 8.854 \times 10^{-12} \approx \frac{1}{36\pi} \times 10^{-9}\,\mathrm{F/m}$$

2. 电场强度的定义

可以认为（试验）电荷 q 位于电荷 Q 所产生的电场中，从而受到了该电场对它的力的作

用。定义点电荷 Q 在距离它为 R 的场点处所产生的电场强度为

$$\boldsymbol{E}=\frac{Q}{4\pi\varepsilon_0 R^2}\boldsymbol{e}_R=\frac{Q}{4\pi\varepsilon_0}\frac{\boldsymbol{R}}{R^3}=\frac{Q}{4\pi\varepsilon_0}\frac{\boldsymbol{r}-\boldsymbol{r}'}{|\boldsymbol{r}-\boldsymbol{r}'|^3} \tag{2-2}$$

若已知所处位置处的电场强度，则电荷 q 所受到的电场力可以表示为

$$\boldsymbol{F}=q\boldsymbol{E} \tag{2-3}$$

3. 叠加原理

根据电场强度的定义，对于 N 个点电荷所构成的带电体系，其所产生的电场强度为

$$\begin{aligned}\boldsymbol{E}&=\boldsymbol{E}_1+\boldsymbol{E}_2+\cdots+\boldsymbol{E}_N\\&=\frac{1}{4\pi\varepsilon_0}\sum_{i=1}^{N}\frac{Q_i\boldsymbol{e}_{R_i}}{R_i^2}=\frac{1}{4\pi\varepsilon_0}\sum_{i=1}^{N}\frac{Q_i(\boldsymbol{r}-\boldsymbol{r}'_i)}{|\boldsymbol{r}-\boldsymbol{r}'_i|^3}\end{aligned} \tag{2-4}$$

式(2-4)表明，电场强度也满足矢量的叠加原理。库仑定律和电场的矢量叠加原理构成了静电场理论的最基础部分。

4. 连续带电体的电场强度

根据库仑定律和场的叠加原理，对应于不同的连续电荷分布，其电场强度可分别表示为

体分布

$$\boldsymbol{E}(x,y,z)=\frac{1}{4\pi\varepsilon_0}\int_{V'}\frac{\rho_V(x',y',z')}{R^2}\boldsymbol{e}_R\,\mathrm{d}V' \tag{2-5}$$

面分布

$$\boldsymbol{E}(x,y,z)=\frac{1}{4\pi\varepsilon_0}\int_{S'}\frac{\rho_S(x',y',z')}{R^2}\boldsymbol{e}_R\,\mathrm{d}S' \tag{2-6}$$

线分布

$$\boldsymbol{E}(x,y,z)=\frac{1}{4\pi\varepsilon_0}\int_{l'}\frac{\rho_l(x',y',z')}{R^2}\boldsymbol{e}_R\,\mathrm{d}l' \tag{2-7}$$

2.3.2 真空中静电场的性质

1. 静电场的有源性

$$\oint_S\boldsymbol{E}\cdot\mathrm{d}\boldsymbol{S}=\frac{Q}{\varepsilon_0}=\frac{1}{\varepsilon_0}\int_{V'}\rho\,\mathrm{d}V' \tag{2-8}$$

这就是静电场的高斯定理。其微分形式为

$$\nabla\cdot\boldsymbol{E}=\frac{\rho}{\varepsilon_0} \tag{2-9}$$

2. 静电场的无旋性

$$\oint_l\boldsymbol{E}\cdot\mathrm{d}\boldsymbol{l}=\int_S(\nabla\times\boldsymbol{E})\cdot\mathrm{d}\boldsymbol{S}=0 \tag{2-10}$$

由于式(2-10)对场域内的任一曲面 S 都成立，故有

$$\nabla\times\boldsymbol{E}=0 \tag{2-11}$$

2.3.3 静电势

1. 电势和电势差

由于静电场是无旋场，故电场强度 $\boldsymbol{E}$ 可用一个标量函数的梯度来表示，即

$$\boldsymbol{E} = -\nabla \phi \tag{2-12}$$

式中,标量函数 $\phi(x,y,z)$ 称为电势(静电势)或电位,$\nabla\phi$ 是电势梯度。

取电场中 Q 点为电势参考零点,则任意两点间的电势差为

$$\phi_{P_1} - \phi_{P_2} = \int_{P_1}^{Q} \boldsymbol{E} \cdot \mathrm{d}\boldsymbol{l} - \int_{P_2}^{Q} \boldsymbol{E} \cdot \mathrm{d}\boldsymbol{l} = \int_{P_1}^{Q} \boldsymbol{E} \cdot \mathrm{d}\boldsymbol{l} + \int_{Q}^{P_2} \boldsymbol{E} \cdot \mathrm{d}\boldsymbol{l} = \int_{P_1}^{P_2} \boldsymbol{E} \cdot \mathrm{d}\boldsymbol{l} \tag{2-13}$$

在理论研究上,只要电荷分布在有限区域内,选定无穷远处作为电势参考点常是很方便的,这时场点 P 处的电势可表示为

$$\phi_P = \int_P^{\infty} \boldsymbol{E} \cdot \mathrm{d}\boldsymbol{l} \tag{2-14}$$

2. 点电荷和点电荷体系对应的电势分布

真空中点电荷 Q 在场点 P 的电势为

$$\phi(x,y,z) = \frac{Q}{4\pi\varepsilon_0 R} = \frac{Q}{4\pi\varepsilon_0 |\boldsymbol{r} - \boldsymbol{r}'|} \tag{2-15}$$

如果空间有 N 个点电荷(点电荷群),则在场点的电势也满足场的叠加原理(标量叠加)。于是

$$\phi(x,y,z) = \frac{1}{4\pi\varepsilon_0} \sum_{i=1}^{N} \frac{Q_i}{R_i} = \frac{1}{4\pi\varepsilon_0} \sum_{i=1}^{N} \frac{Q_i}{|\boldsymbol{r} - \boldsymbol{r}'_i|} \tag{2-16}$$

3. 连续带电体对应的电势分布

场点的电势分别为

体分布

$$\phi(x,y,z) = \frac{1}{4\pi\varepsilon_0} \int_{V'} \frac{\rho_V(x',y',z')}{R} \mathrm{d}V' \tag{2-17}$$

面分布

$$\phi(x,y,z) = \frac{1}{4\pi\varepsilon_0} \int_{S'} \frac{\rho_S(x',y',z')}{R} \mathrm{d}S' \tag{2-18}$$

线分布

$$\phi(x,y,z) = \frac{1}{4\pi\varepsilon_0} \int_{l'} \frac{\rho_l(x',y',z')}{R} \mathrm{d}l' \tag{2-19}$$

4. 电势的微分方程

一般情况下,标量电势的微分方程为

$$\nabla^2 \phi = -\frac{\rho}{\varepsilon_0} \tag{2-20}$$

称为电势的泊松方程。在无电荷的区域,$\rho=0$,式(2-20)变为

$$\nabla^2 \phi = 0 \tag{2-21}$$

此即电势的拉普拉斯方程。

2.3.4 电偶极子及介质的极化

电偶极子的偶极矩为 $\boldsymbol{p}=Q\boldsymbol{l}$。它在远处所产生的电势和电场强度分别为

$$\phi = \frac{\boldsymbol{p} \cdot \boldsymbol{r}}{4\pi\varepsilon r^3}, \quad \boldsymbol{E} = \frac{p}{4\pi\varepsilon r^3}(2\cos\theta \boldsymbol{e}_r + \sin\theta \boldsymbol{e}_\theta) \tag{2-22}$$

电偶极子在均匀外电场中所受到的力矩为 $\boldsymbol{T}=\boldsymbol{p}\times\boldsymbol{E}$。

电介质极化后，在其内部出现束缚电荷密度 ρ_b（均匀极化时，$\rho_b=0$），在其表面上出现束缚面电荷 ρ_{Sb}，它们和极化强度 $\boldsymbol{P}$ 及自由电荷密度 ρ（或 ρ_S）的关系为

$$\rho_b=-\nabla\cdot\boldsymbol{P}=-\frac{\varepsilon_r-1}{\varepsilon_r}\rho \quad 和 \quad \rho_{Sb}=\boldsymbol{P}\cdot\boldsymbol{n}=-\frac{\varepsilon_r-1}{\varepsilon_r}\rho_S \tag{2-23}$$

而

$$\boldsymbol{P}=n\boldsymbol{p}=\varepsilon_0\chi_e\boldsymbol{E}=(\varepsilon-\varepsilon_0)\boldsymbol{E}=\boldsymbol{D}-\varepsilon_0\boldsymbol{E}=\frac{\varepsilon_r-1}{\varepsilon_r}\boldsymbol{D}$$

这就是电介质的极化规律。在介质中利用电位移矢量 $\boldsymbol{D}=\varepsilon_0\boldsymbol{E}+\boldsymbol{P}=\varepsilon\boldsymbol{E}$ 进行计算，可使问题简化。

2.3.5 静电场的边界条件

边界条件是场方程在媒质分界面上的具体体现，也称为衔接条件，如下：

两种不同媒质的分界面的边界条件	两种不同介质的分界面的边界条件	介质与导体的分界面的边界条件
$\begin{cases}D_{1n}-D_{2n}=\rho_S\\ -\varepsilon_1\dfrac{\partial\phi_1}{\partial n}+\varepsilon_2\dfrac{\partial\phi_2}{\partial n}=\rho_S\\ E_{1t}=E_{2t}\ 或\ \phi_1=\phi_2\end{cases}$	$\begin{cases}D_{1n}=D_{2n}\\ \varepsilon_1\dfrac{\partial\phi_1}{\partial n}=\varepsilon_2\dfrac{\partial\phi_2}{\partial n}\\ E_{1t}=E_{2t}\ 或\ \phi_1=\phi_2\end{cases}$	$\begin{cases}D_n=\rho_S\\ -\varepsilon\dfrac{\partial\phi}{\partial n}=\rho_S\\ E_t=0\ 或\ \phi=C\end{cases}$

2.3.6 电容和静电场的能量

电容器是储存电场能量的元件，其电容为 $C=\dfrac{Q}{U}$，它所储存的电场能量是

$$W_e=\frac{1}{2}QU=\frac{1}{2}CU^2=\frac{Q^2}{2C} \tag{2-24}$$

电荷连续分布的带电体系统的电场能量为

$$W_e=\frac{1}{2}\int_{V'}\phi\rho\,\mathrm{d}V'+\frac{1}{2}\int_{S'}\phi\rho_S\,\mathrm{d}S' \tag{2-25}$$

N 个导体系统的电场能量为

$$W_e=\frac{1}{2}\sum_{i=1}^{N}Q_i\phi_i \tag{2-26}$$

N 个点电荷系统的电场能量为

$$W_e=\frac{1}{8\pi\varepsilon}\sum_{i=1}^{N}\sum_{j=1,j\neq i}^{N}\frac{Q_iQ_j}{R_{ij}} \tag{2-27}$$

电场能量分布的能量密度在各向同性的线性介质中为

$$w_e=\frac{\mathrm{d}W_e}{\mathrm{d}V}=\frac{1}{2}\boldsymbol{D}\cdot\boldsymbol{E}=\frac{1}{2}\varepsilon E^2=\frac{D^2}{2\varepsilon} \tag{2-28}$$

电容器的电容可通过电压 $U=\int_l\boldsymbol{E}\cdot\mathrm{d}\boldsymbol{l}$ 或电荷 $Q=\int_{S'}\varepsilon E_n\mathrm{d}S'$ 或场能 $C=\dfrac{2W_e}{U^2}=\dfrac{Q^2}{2W_e}$ 计算，但无论采用哪种方法总要先求出其中的场强，故电容的计算问题仍是求解电场的

问题。

2.4 重点与难点分析

基于对上述知识的了解，下面我们将对本章重点与难点进行详细分析。

2.4.1 电场强度的矢量积分是如何完成的

前面给出了任意连续带电体所对应的电场强度计算公式，如式(2-5)，其中涉及矢量函数的积分问题，这也是初学者在学习中容易产生疑惑的地方。因此，在此做几点注解。

(1) 在上述矢量积分过程中，参与积分的变量是加撇变量(如 V')，表示源电荷的分布；不加撇变量不参与积分，表示任意选定的场点位置。由于不加撇变量的选择具有任意性，所以积分的结果也具有普适性，且仍然是关于不加撇变量的点函数。

(2) 在实际题目中，给出的电荷密度分布一般也是不加撇变量的函数，要有意识地将其修改为加撇变量；否则，积分时会出现混淆。

(3) 积分式中 R，$\boldsymbol{e}_R$ 等均是变量，绝对不可以放到积分号的外面。

(4) 上述矢量积分都包含了三个标量形式的积分，分别表示矢量的三个分量。结合前面介绍的三种坐标系可以设想，在不加撇变量确定的场点位置，放置有红、绿、蓝三个箭头，分别表示当地固定的基本矢量(可以随场点的不同而不同)；具体积分时，需要将电场强度微元 $\mathrm{d}\boldsymbol{E}$ 依次投影到这三个箭头方向上，从而得到矢量在该点三个分量的三个微元；然后再分别对红、绿、蓝三个分量进行积分，从而得到电场强度在该点的三个分量。

(5) 在积分过程中，电荷微元是变化的，但是固定的场点及其基矢对应的坐标框架不变，因此可以通过积分得到场的三个分量。

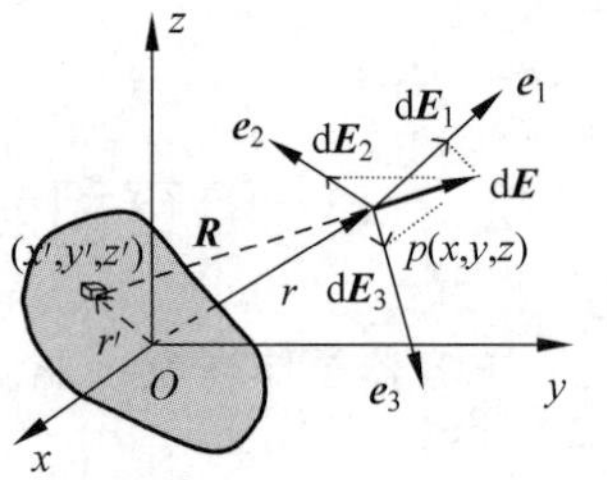

图 2-3 电场强度相关的矢量积分示意图

图 2-3 给出了上述过程的一个示意图。

2.4.2 电场强度的无旋性及关于电势的等价关系

对任意电场强度分布来讲，通过场论的数学知识，可以计算得到

$$\nabla\times\boldsymbol{E}=0 \tag{2-29}$$

对式(2-29)逆向使用斯托克斯定理，式(2-29)则为

$$\oint_l \boldsymbol{E}\cdot\mathrm{d}\boldsymbol{l}=\int_S(\nabla\times\boldsymbol{E})\cdot\mathrm{d}\boldsymbol{S}=0 \tag{2-30}$$

式(2-30)表明，电场强度沿任意闭合环路的积分为零。因此，它实际上也就表示：电场强度的曲线积分与路径无关，即 $\int_A^B\boldsymbol{E}\cdot\mathrm{d}\boldsymbol{l}$ 只取决于 A，B 两点的位置。

因此，可以在电场中选择一个固定点作参考(比如无穷远处)，则对场中的任意一点，都可以唯一确定一个标量数值，就是这两点之间的曲线积分值(与路径无关，可以任意选择)。这个标量函数(的相反数)，就是我们经常讲到的电势函数。

静电场可以定义电势函数，也说明静电场是保守场和有势场。

环路积分为零，积分与路径无关，势函数存在，这几个概念是等价的；而无旋场、保守场和有势场也是等价的几个概念。

2.4.3 介质==真空?关于极化的一个理解

众所周知，当介质放入静电场中时，由于电子极化、取向极化或者离子极化的作用，介质中单位体积内会产生"净"的电偶极矩，称为电极化强度。同时，介质内部或者表面上还可能产生不能自由运动的束缚电荷。从这个角度来看，介质也可以看作是真空，只不过它提供了额外的束缚电荷而已。而这些束缚电荷也可以看作是处于真空而非介质之中。无论是束缚电荷，还是自由电荷，它们所产生的静电场都是有散无旋场，因此

$$\nabla\cdot \boldsymbol{E}=\frac{\rho+\rho_b}{\varepsilon_0} \tag{2-31}$$

请大家注意，此处使用的是真空中的介电常数，也就是说，所有的电荷都位于真空中。由于 $\rho_b=-\nabla\cdot\boldsymbol{P}$，因此

$$\nabla\cdot(\varepsilon_0\boldsymbol{E}+\boldsymbol{P})=\rho \tag{2-32}$$

而 $\boldsymbol{D}=\varepsilon_0\boldsymbol{E}+\boldsymbol{P}$ 则定义为电位移矢量。从式(2-32)可以知道，电位移矢量的散度只与自由电荷密度相关，而与束缚电荷密度无关。

对于绝大多数电介质，在外加电场较小的情况下，理论和实验表明，极化强度和介质中的总电场之间存在着线性关系，可表示为

$$\boldsymbol{P}=\chi_e\varepsilon_0\boldsymbol{E} \tag{2-33}$$

于是

$$\boldsymbol{D}=\varepsilon\boldsymbol{E} \tag{2-34}$$

式中，

$$\varepsilon=\varepsilon_0\varepsilon_r=\varepsilon_0(1+\chi_e) \tag{2-35}$$

这时才出现了我们所熟悉的材料的介电常数的概念。了解上述"等价"关系，在求解部分题目时会更加容易。

有时处理极化问题，我们会利用束缚电荷进行计算，比如计算电场强度，而且把这些电荷看作处于真空中。但是，当计算电位移矢量时，材料区域不能利用 $\boldsymbol{D}=\varepsilon_0\boldsymbol{E}$ 进行计算，而必须基于 $\boldsymbol{D}=\varepsilon_0\boldsymbol{E}+\boldsymbol{P}$ 这个基本表达式计算。这个在解题过程中一定要注意。

2.4.4 为什么计算电荷密度时总差一个负号

在本章中，我们给出了两种媒质分界面处的边界条件。当分界面处有电荷分布时，可以根据 $D_{1n}-D_{2n}=\rho_S$ 计算得到对应的面电荷密度；如果是导体和介质的分界面，则根据 $D_n=\rho_S$ 可以得到导体表面的面电荷分布。此外，当材料发生极化时，根据 $\rho_{Sb}=\boldsymbol{P}\cdot\boldsymbol{n}$ 能够得到介质表面的束缚电荷面密度。在计算过程中，最容易出现的问题就是计算结果和标准答案差一个负号。有时根据物理概念可以判定正负，但大多数情况下直接增减负号会让人对解题过程生疑。如果采取下面科学的程序，则能一劳永逸地解决上述问题。

根据"三先原则"(先建立坐标系；先定性分析后定量分析；先小后大)，解题时一定要先建立坐标系。一般情况下，根据边界形状选择坐标系，使得一个或多个坐标平面与边界重叠。此时，利用各种方法，可以计算得到相关的场分布，一般是矢量形式，而且用选择的坐标

变量和基矢表示出来。

处理边界条件或者计算束缚面电荷时，默认的界面法线正方向是从媒质 2 指向媒质 1（或者从材料指向真空，导体指向材料）。选择坐标系后，可以用相应的基矢表示该法线方向。

当场量和法线方向都正确表示出来之后，利用式(2-36)的矢量形式表达，即可获得电荷密度分布。此时，不必再考虑负号的问题，利用式(2-36)自然可以得到正确结果。

$$\rho_S=\boldsymbol{n}\cdot(\boldsymbol{D}_1-\boldsymbol{D}_2),\quad \rho_S=\boldsymbol{n}\cdot\boldsymbol{D},\quad \rho_{Sb}=\boldsymbol{P}\cdot\boldsymbol{n} \tag{2-36}$$

2.4.5 切向电场连续的严格证明

在推导边界条件的时候，我们利用积分方程，得到了 $E_{1t}=E_{2t}$ 的关系。在介质分界面处，法线是唯一的，其正向是从介质 2 指向介质 1；但是对于切线方向，应该有无穷多个，它们都位于边界的切平面内。可以在切平面内任意选择两个相互正交的方向，比如用 $\boldsymbol{t}_1,\boldsymbol{t}_2$ 表示。当选择合适的坐标系时，可以使得法线和切线方向与坐标系的坐标轴重叠，如图 2-4 所示。

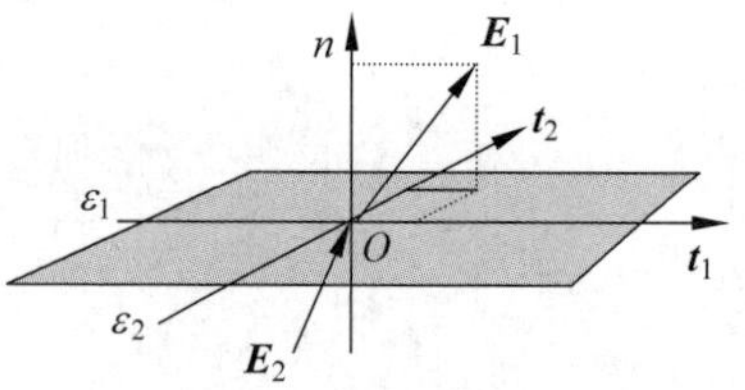

(a) 两个分界面处的坐标系

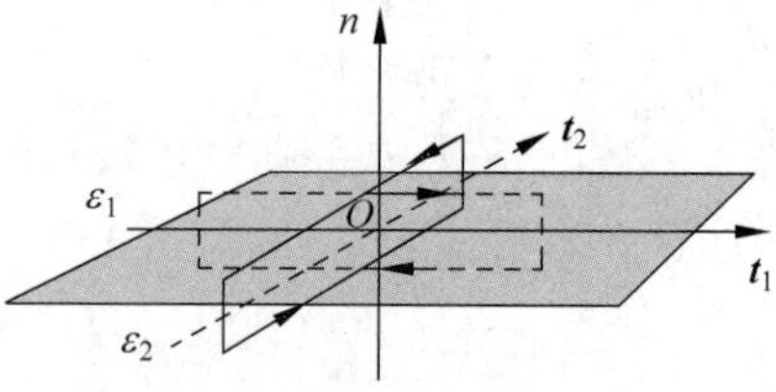

(b) 相互正交的两个矩形线框

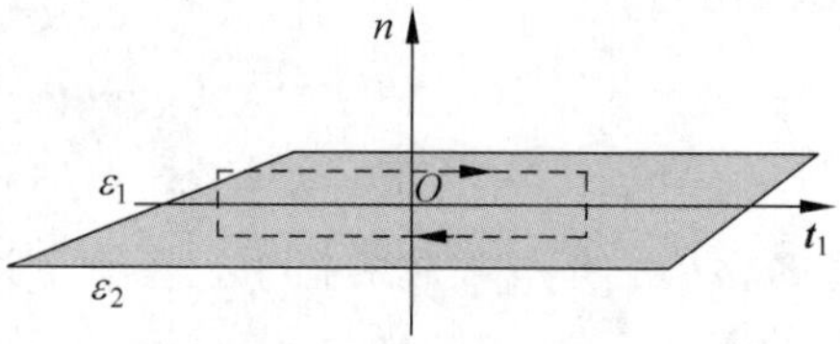

(c) 选择其中一个线框做环路积分

图 2-4　电场强度切向分量连续的证明示意图

因此，在选择高度非常小的矩形线框构造环路积分时，实际上有两个环路，分别如图 2-4(b)所示。针对其中的每个环路，都可以利用静电场的无旋性推证，比如，选择其中的一个线框做环路积分，如图 2-4(c)所示，则有

$$\oint_l \boldsymbol{E}\cdot d\boldsymbol{l}=E_{1,t1}\Delta l-E_{2,t1}\Delta l=0 \tag{2-37}$$

即

$$E_{1,t1}=E_{2,t1} \tag{2-38}$$

同理，如果考虑另外一个线框，则有

$$E_{1,t2}=E_{2,t2} \tag{2-39}$$

这说明，电场强度在 $\boldsymbol{t}_1$ 和 $\boldsymbol{t}_2$ 两个切线方向的分量都是相等的。因此，自然有

$$E_{1t}=E_{2t} \tag{2-40}$$

问题得证。

2.4.6 束缚电荷密度的另一种证明方法

材料在静电场中被极化后，在材料内部会出现束缚电荷。单位体积的材料内，出现了电偶极矩，即电极化强度 $\boldsymbol{P}$。于是，任意体积元 $\mathrm{d}V'$ 内的偶极矩可以表示为

$$\mathrm{d}\boldsymbol{p}=\boldsymbol{P}\mathrm{d}V' \tag{2-41}$$

其在远区所产生的电势为 $\mathrm{d}\phi=\dfrac{\mathrm{d}\boldsymbol{p}\cdot\boldsymbol{e}_R}{4\pi\varepsilon_0R^2}$，总的电势可以用叠加原理表示为

$$\phi=\iiint_{V'}\frac{\mathrm{d}\boldsymbol{p}\cdot\boldsymbol{R}}{4\pi\varepsilon_0R^3}\mathrm{d}V'=\iiint_{V'}\frac{\boldsymbol{P}\cdot\boldsymbol{e}_R}{4\pi\varepsilon_0R^2}\mathrm{d}V'=\frac{1}{4\pi\varepsilon_0}\iiint_{V'}\boldsymbol{P}\cdot\nabla'\frac{1}{R}\mathrm{d}V' \tag{2-42}$$

利用矢量恒等式 $\nabla\cdot(\psi\boldsymbol{A})=\boldsymbol{A}\cdot\nabla\psi+\psi\nabla\cdot\boldsymbol{A}$，式(2-42)可以变换为

$$\begin{aligned}\phi&=\frac{1}{4\pi\varepsilon_0}\iiint_{V'}\left(\nabla'\cdot\frac{\boldsymbol{P}}{R}-\frac{1}{R}\nabla'\cdot\boldsymbol{P}\right)\mathrm{d}V'\\&=\frac{1}{4\pi\varepsilon_0}\oint\!\!\!\oint_{S'}\frac{\boldsymbol{P}\cdot\mathrm{d}\boldsymbol{S}'}{R}+\frac{1}{4\pi\varepsilon_0}\iiint_{V'}\frac{-\nabla'\cdot\boldsymbol{P}}{R}\mathrm{d}V'\\&=\frac{1}{4\pi\varepsilon_0}\oint\!\!\!\oint_{S'}\frac{\boldsymbol{P}\cdot\boldsymbol{n}\mathrm{d}S'}{R}+\frac{1}{4\pi\varepsilon_0}\iiint_{V'}\frac{-\nabla'\cdot\boldsymbol{P}}{R}\mathrm{d}V'\end{aligned} \tag{2-43}$$

式(2-43)的推导过程用到了针对加撇变量的微分运算，请读者留意。仔细观察结果发现，远区电势由两部分组成：一部分对应于面电荷分布的电势；另一部分对应于体电荷分布的电势。它们分别就是我们要推证的束缚电荷的面密度和体密度，有

$$\rho_{\mathrm{b}}=-\nabla\cdot\boldsymbol{P}\quad 和\quad \rho_{S\mathrm{b}}=\boldsymbol{P}\cdot\boldsymbol{n} \tag{2-44}$$

2.4.7 电场无旋性和有散性的数学证明

关于电场无旋性和有散性的数学证明，教材中基于点电荷的电场强度表达式和叠加原理，进行了推导。事实上，直接利用矢量分析的内容，也可以运用数学方法给出严格的证明。根据库仑定律和叠加原理，任意带电体分布时对应的电场强度为

$$\boldsymbol{E}(x,y,z)=\frac{1}{4\pi\varepsilon_0}\iiint_{V'}\frac{\rho(x',y',z')}{R^2}\boldsymbol{e}_R\mathrm{d}V' \tag{2-45}$$

两边取旋度，并注意到是对非加撇变量进行微分，因此，加撇变量可以看作常数，则有

$$\begin{aligned}\nabla\times\boldsymbol{E}(x,y,z)&=\frac{1}{4\pi\varepsilon_0}\iiint_{V'}\nabla\times\frac{\rho(x',y',z')}{R^2}\boldsymbol{e}_R\mathrm{d}V'\\&=\frac{1}{4\pi\varepsilon_0}\iiint_{V'}\rho(x',y',z')\nabla\times\frac{\boldsymbol{e}_R}{R^2}\mathrm{d}V'\\&=\frac{1}{4\pi\varepsilon_0}\iiint_{V'}\rho(x',y',z')\cdot 0\mathrm{d}V'\\&=0\end{aligned} \tag{2-46}$$

同理，

$$\nabla\cdot\boldsymbol{E}(x,y,z)=\frac{1}{4\pi\varepsilon_0}\iiint_{V'}\nabla\cdot\frac{\rho(x',y',z')}{R^2}\boldsymbol{e}_R\mathrm{d}V'$$

$$=\frac{1}{4\pi\varepsilon_0}\iiint_{V'}\rho(x',y',z')\ \nabla\cdot\frac{\boldsymbol{e}_R}{R^2}\mathrm{d}V'$$

$$=\frac{1}{4\pi\varepsilon_0}\iiint_{V'}\rho(x',y',z')\cdot 4\pi\delta(\boldsymbol{r}-\boldsymbol{r}')\mathrm{d}V'$$

$$=\frac{1}{4\pi\varepsilon_0}\iiint_{V'}\rho(x',y',z')\cdot 4\pi\delta(x-x')\delta(y-y')\delta(z-z')\mathrm{d}V'$$

$$=\frac{\rho(x,y,z)}{\varepsilon_0} \tag{2-47}$$

这就运用数学方法证明了静电场的无旋性和有散性。

2.4.8 为什么进行曲线积分时会差一个负号

在计算两点之间的电势差或者空间某一点的电势时，需要计算电场强度的(第二类)曲线积分。与前述计算电荷密度一样，这个过程也经常会多或者少一个负号。后面章节如第5章在计算感应电动势时，也存在这个问题。通过采用下面的程序，可以避免出现此类错误。

根据具体情况，建立合适的坐标系，并正确计算得到电场强度(或者其他场量)的具体表达式；结合实际问题，将积分路径划分成若干段，从而将曲线积分转换为各个小段的积分之和；对于每个积分区间，调整积分路径的方向，确保积分方向与坐标轴的正向一致；如果调整了路径方向，利用曲线积分的数学性质添加负号；最后，根据实际积分方向，对各段曲线积分并求和。

由于将积分路径转换为沿坐标轴的方向，可以有效避免积分期间出现的符号问题。事实上，出现负号差异的地方，就是沿着坐标轴负向积分的那些路径。可以通过下面的例题做进一步的解释。

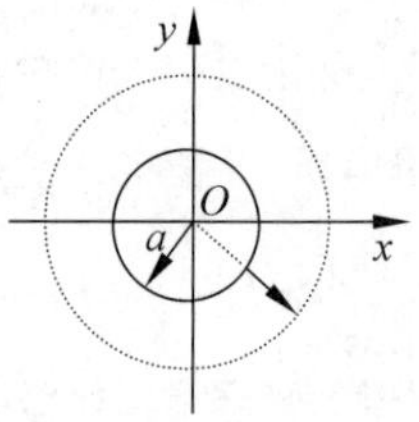

图 2-5 带电圆柱外部的电势分布

如图 2-5 所示，计算半径为 a、带电荷线密度为 ρ_l 的直导体圆柱外部的电势(取导体表面为参考面)。

采用圆柱坐标系，利用高斯定理，可以得到圆柱外部的电场强度为

$$\boldsymbol{E}=\frac{\rho_l\boldsymbol{e}_r}{2\pi\varepsilon_0 r} \tag{2-48}$$

则根据电势的定义，可以得到空间任意一点的电势为

$$\phi=\int_r^a\boldsymbol{E}\cdot\mathrm{d}\boldsymbol{l} \tag{2-49}$$

根据前述程序，可以调整上述积分的方向，则有

$$\phi=-\int_a^r\boldsymbol{E}\cdot\mathrm{d}\boldsymbol{l} \tag{2-50}$$

此时，积分方向变为 $a\to r$，与圆柱坐标系下的 $\boldsymbol{e}_r$ 方向一致，即 $\mathrm{d}\boldsymbol{l}=\mathrm{d}r\boldsymbol{e}_r$，所以

$$\phi=-\int_a^r\frac{\rho_l\boldsymbol{e}_r}{2\pi\varepsilon_0 r}\cdot\mathrm{d}r\boldsymbol{e}_r=-\int_a^r\frac{\rho_l}{2\pi\varepsilon_0 r}\mathrm{d}r=-\frac{\rho_l}{2\pi\varepsilon_0}\ln\frac{r}{a}=\frac{\rho_l}{2\pi\varepsilon_0}\ln\frac{a}{r} \tag{2-51}$$

在对式(2-49)积分过程中，当 $r\to a$ 时，$\mathrm{d}\boldsymbol{l}=-\mathrm{d}r\boldsymbol{e}_r$，所以

$$\phi=-\int_r^a\boldsymbol{E}\cdot\mathrm{d}r\boldsymbol{e}_r=-\int_r^a\frac{\rho_l}{2\pi\varepsilon_0 r}\mathrm{d}r=-\frac{\rho_l}{2\pi\varepsilon_0}\ln\frac{a}{r} \tag{2-52}$$

问题在于，将 $\mathrm{d}\boldsymbol{l}$ 表示为 $-\mathrm{d}r\boldsymbol{e}_r$ 后，积分路径方向已经默认转换为 $a \to r$。事实上，$\mathrm{d}r$ 隐含的是增加的意思，也就是从“小”的 r 变化到“大”的 $r+\mathrm{d}r$，自然要将积分的上下限同时改变（前面不再重复添加负号）。从这个角度来看，直接将积分路径的方向转换为坐标轴的方向，更容易理解且不易出错。

2.4.9　静电场的基本问题及电场强度的求解方法

静电场的基本问题是给定电荷分布求解电场的分布（分布型正向问题），涉及电荷分布、电场强度和电势这三个核心物理量，其关系如图 2-6 所示。本章介绍了四种由简单电荷分布计算电场强度的方法：①直接利用电场强度的公式计算（库仑场强法）；②用电势公式先算出 ϕ，再计算 $\boldsymbol{E}=-\nabla\phi$（电势法）；③利用高斯定理（积分形式）；④求解电势的泊松方程或拉普拉斯方程，根据边界条件确定积分常数，求得 ϕ 后再计算 $\boldsymbol{E}$。

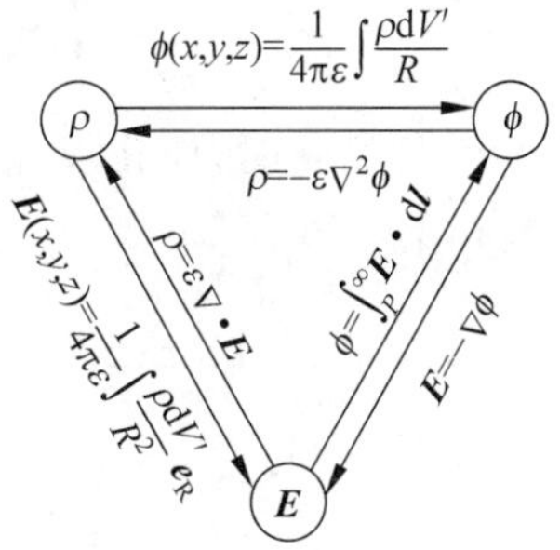

图 2-6　静电场的场量与场源之间的关系

电磁问题计算的难点在于物理图像与数学工具的结合。为便于分析计算，根据问题的性质和物理图像，忽略其次要方面（如边缘效应），抓住其主要矛盾，从而建立理想化的物理模型。分析计算时，注意掌握解决问题的“三先”原则，即先选择一个合适的坐标系、坐标轴和坐标原点；先定性分析后定量计算；先从小电荷元入手，对其所产生的场强元（电势元）进行矢量分解（电势计算忽略此项），对场强元（电势元）的分量积分后再进行矢量合成（电势计算忽略此项），从而计算出整个大的场强（电势），这可称为先小后大。

2.5　典型例题分析

例 2.1　真空中有一电荷面密度为 ρ_S 的圆环形均匀带电环，其内环半径为 a，外环半径为 b。试求圆环轴线上任一场点 P 处的电场强度。

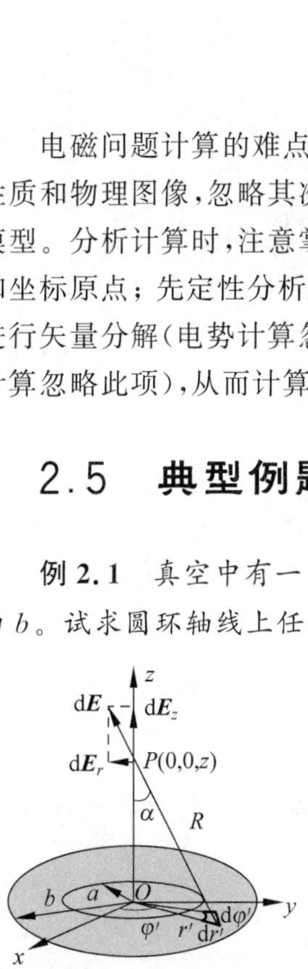

图 2-7　求带电圆环的电场

解　采用“三先原则”进行分析。观察研究对象的几何形状，考虑采用圆柱坐标系，取圆环中心为原点，并使圆环的轴线与 z 轴重合，如图 2-7 所示。

接下来进行定性分析。在这种情况下，可以看出，系统具有轴对称的特点，即计算结果与水平方位角无关（可以假想自己是个小蜜蜂，围绕 z 轴以特定高度和特定半径绕飞，则可以看到，无论飞到哪个位置，蜜蜂看到的“景象”都是相同的）。在进入计算之前，还可以做大胆预测，在环面中心位置，由于对称性的存在，电场强度为0；在 z 轴上，正负无穷远的位置，电场强度为0。因此，无论是正半轴还是负半轴，都有一个电场强度极大的位置；此外，在 z 轴上互相对称的位置，电场强度大小应该是相等的，方向是相反的，即所得结果应该是 z 的奇函数。上述定性分析，不仅可以简化计算，还可以对最终得到的结果做验证。初学者一定要仔细体会。

最后，本着先小后大的原则进行计算。在圆环上 $(r',\varphi',0)$ 处任取一面电荷元，即 $\mathrm{d}Q=\rho_S\mathrm{d}S'=\rho_S r\mathrm{d}r'\mathrm{d}\varphi'$，它在场点 $P(0,0,z)$ 处所产生的场强元为

$$\mathrm{d}\boldsymbol{E}=\frac{\mathrm{d}Q}{4\pi\varepsilon_0 R^2}\boldsymbol{e}_R$$

其中，$R=\sqrt{z^2+r'^2}$。请大家留意，对应场点，我们使用了不加撇变量，而对于源点，我们使用了加撇变量。这个习惯大家最好从一开始就培养好。由于电荷分布对称，场点 P 处场强的径向 r 分量 $\mathrm{d}E_r$ 相互抵消，故只需计算场强的 z 分量，于是

$$\mathrm{d}E_z=\mathrm{d}E\cos\alpha=\frac{\mathrm{d}Q}{4\pi\varepsilon_0 R^2}\frac{z}{R}=\frac{\rho_S r'z}{4\pi\varepsilon_0(z^2+r'^2)^{3/2}}\mathrm{d}r'\mathrm{d}\varphi'$$

在求整个带电圆环在 P 点所产生的场强时，应将场点坐标暂时视为常量，而只对源点坐标积分，但积分后场强仍是场点坐标的函数，即

$$E_z=\frac{\rho_S z}{4\pi\varepsilon_0}\int_a^b\frac{r'}{(z^2+r'^2)^{3/2}}\mathrm{d}r'\int_0^{2\pi}\mathrm{d}\varphi'=\frac{\rho_S z}{2\varepsilon_0}\frac{-1}{\sqrt{z^2+r'^2}}\Bigg|_a^b=\frac{\rho_S z}{2\varepsilon_0}\left(\frac{1}{\sqrt{z^2+a^2}}-\frac{1}{\sqrt{z^2+b^2}}\right)$$

故

$$\boldsymbol{E}=\frac{\rho_S z}{2\varepsilon_0}\left(\frac{1}{\sqrt{z^2+a^2}}-\frac{1}{\sqrt{z^2+b^2}}\right)\boldsymbol{e}_z$$

讨论：

(1) 当 $b=a+\mathrm{d}a$ 时，圆环变成一个近乎没有宽度的环线，此时

$$\frac{1}{\sqrt{z^2+a^2}}-\frac{1}{\sqrt{z^2+b^2}}\approx-\frac{\mathrm{d}}{\mathrm{d}a}\left(\frac{1}{\sqrt{z^2+a^2}}\right)\cdot\mathrm{d}a=\frac{a\,\mathrm{d}a}{(z^2+a^2)^{3/2}}$$

所以有

$$\begin{aligned}\boldsymbol{E}&=\frac{\rho_S z}{2\varepsilon_0}\frac{a\,\mathrm{d}a}{(z^2+a^2)^{3/2}}\boldsymbol{e}_z=\frac{z}{4\pi\varepsilon_0}\frac{\rho_S\cdot 2\pi a\,\mathrm{d}a}{(z^2+a^2)^{3/2}}\boldsymbol{e}_z\\&=\frac{z}{4\pi\varepsilon_0}\frac{Q}{(z^2+a^2)^{3/2}}\boldsymbol{e}_z=\frac{2\pi az}{4\pi\varepsilon_0}\frac{Q}{2\pi a(z^2+a^2)^{3/2}}\boldsymbol{e}_z\\&=\frac{az}{2\varepsilon_0}\frac{\rho_l}{(z^2+a^2)^{3/2}}\boldsymbol{e}_z\end{aligned}$$

上式考虑到了 $Q=\rho_S\cdot 2\pi a\,\mathrm{d}a$，$\rho_l=\dfrac{Q}{2\pi a}$ 两个条件。可以看出，此结果与带电圆环在轴线上的电场表达形式完全一致。

(2) 当 $a\to 0$，$b\to\infty$ 时，圆环变成一个无限大的平板，此时

$$\boldsymbol{E}=\frac{\rho_S z}{2\varepsilon_0|z|}\boldsymbol{e}_z=\begin{cases}\dfrac{\rho_S}{2\varepsilon_0}\boldsymbol{e}_z, & z>0\\ -\dfrac{\rho_S}{2\varepsilon_0}\boldsymbol{e}_z, & z<0\end{cases}$$

这正是无限大载电平板的结果。

例 2.2　求如图 2-8 所示的长为 L、均匀带电、线电荷密度为 ρ_l 的细棒中垂面上的场强分布。

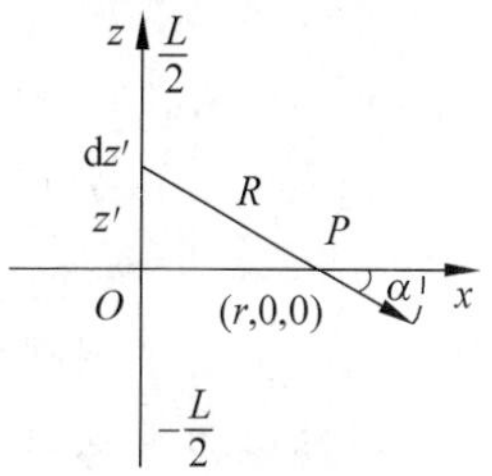

图 2-8　载电短直导线的场计算

解　题目是已知电荷分布计算电场的典型题目。依旧考虑"三先原则"。如图 2-8 所示，建立圆柱坐标系。

根据轴对称性，则

$$dE_r = dE\cos\alpha = \frac{dQ}{4\pi\varepsilon_0 R^2}\frac{r}{R} = \frac{\rho_l r\,dz'}{4\pi\varepsilon_0(z'^2+r^2)^{3/2}}$$

$$E_r = \int_{-L/2}^{L/2}\frac{\rho_l r\,dz'}{4\pi\varepsilon_0(z'^2+r^2)^{3/2}} = \frac{\rho_l r}{4\pi\varepsilon_0}\int_{-L/2}^{L/2}\frac{dz'}{(z'^2+r^2)^{3/2}} = \frac{\rho_l r}{2\pi\varepsilon_0}\int_0^{L/2}\frac{dz'}{(z'^2+r^2)^{3/2}}$$

令 $z'=r\tan\alpha$，则 $dz'=r\sec^2\alpha\,d\alpha$，代入上式，则有

$$E_r = \frac{\rho_l r}{2\pi\varepsilon_0}\int_{z'=0}^{z'=L/2}\frac{\cos\alpha\,d\alpha}{r^2} = \frac{\rho_l}{2\pi\varepsilon_0 r}\frac{L/2}{\sqrt{L^2/4+r^2}} = \frac{\rho_l}{4\pi\varepsilon_0 r}\frac{L}{\sqrt{L^2/4+r^2}}$$

所以，

$$\boldsymbol{E} = \frac{\rho_l}{4\pi\varepsilon_0 r}\frac{L}{\sqrt{\left(\frac{L}{2}\right)^2+r^2}}\boldsymbol{e}_r$$

此题也可以直接利用积分公式求解

$$\int\frac{dz'}{(z'^2+r^2)^{3/2}} = \frac{z'}{r^2\sqrt{(z'^2+r^2)}}+C$$

考虑一个特殊情况，即当 $L\to\infty$ 时，载电导线变成无限长的导体棒，对电场强度取极限，则有

$$\lim_{L\to\infty}\boldsymbol{E} = \frac{\rho_l}{2\pi\varepsilon_0 r}\boldsymbol{e}_r$$

容易看出，这个结果与直接采用高斯定理所得结果完全一致。

例 2.3　空气和介质的分界面为 $z=0$ 的平面，介质的介电常数为 40。已知边界处靠近空气一侧的电场强度为 $\boldsymbol{E}=13\boldsymbol{e}_x+40\boldsymbol{e}_y+50\boldsymbol{e}_z\,\text{V/m}$，试计算边界处靠近介质一侧的电场强度。

解　此题目考查的是静电场边界条件。关键是要识别出法线和切线方向，然后再利用已知条件计算。根据边界条件可知，两侧的切向电场分量一致，因此只需要求解法向分量，在这里也就是 z 分量。由于

$$\varepsilon_0 E_{1n} = \varepsilon E_{2n}$$

$$E_{2n} = \frac{\varepsilon_0}{\varepsilon}E_{1n} = 1.25\,\text{V/m}$$

$$E_{2t} = E_{1t} = 13\boldsymbol{e}_x + 40\boldsymbol{e}_y\,\text{V/m}$$

因此，介质一侧的电场强度为

$$\boldsymbol{E} = 13\boldsymbol{e}_x + 40\boldsymbol{e}_y + 1.25\boldsymbol{e}_z\,\text{V/m}$$

例 2.4　有一个半径为 b 的金属球，其带电量为 Q，均匀分布在球面。球面外介质的介电常数为 $\varepsilon=\varepsilon_0(1+a/r)$。试求：

(1) 空间任意一点的 $\boldsymbol{D}$，$\boldsymbol{E}$，$\boldsymbol{P}$；

(2) 束缚电荷密度；

(3) 能量密度分布、静电场的总能量；

(4) 电势分布。

解 题目要计算的内容较多，但是其核心还是已知电荷求电场。只要得到了电场强度，就可以利用其和其他变量的关系，计算得到电位移矢量、极化强度、能量密度以及电势等。由于题目具有球对称特性，因此采用高斯定理是不二选择。

(1) 以球心为原点，建立球坐标系。根据对称性，利用高斯定理，易得

$$\boldsymbol{D}=\frac{Q}{4\pi r^2}\boldsymbol{e}_r$$

于是，

$$\boldsymbol{E}=\frac{\boldsymbol{D}}{\varepsilon}=\frac{Q}{4\pi r^2}\frac{1}{\varepsilon_0\left(1+\dfrac{a}{r}\right)}\boldsymbol{e}_r$$

$$\boldsymbol{P}=(\varepsilon-\varepsilon_0)\boldsymbol{E}=\frac{Q}{4\pi r^2}\frac{a}{r+a}\boldsymbol{e}_r$$

(2) 计算束缚面电荷为

$$\rho_{\mathrm{Sb}}=\boldsymbol{P}\cdot\boldsymbol{n}=\boldsymbol{P}\cdot(-\boldsymbol{e}_r)=-\frac{Q}{4\pi b^2}\cdot\frac{a}{(b+a)}$$

此处务必注意，当从介质里面往外看时，外法线方向应该是 $-\boldsymbol{e}_r$ 方向；否则，计算结果就会少一个负号。

$$\rho_{\mathrm{b}}=-\nabla\cdot\boldsymbol{P}=\frac{Qa}{4\pi r^2(r+a)^2}$$

(3) 电场能量密度为

$$w_{\mathrm{e}}=\frac{1}{2}\varepsilon E^2=\frac{Q^2}{32\pi^2\varepsilon_0(r^4+ar^3)}$$

总的电场能量为

$$W=\iiint w_{\mathrm{e}}\mathrm{d}V=\int_b^{\infty}\frac{4\pi r^2Q^2\mathrm{d}r}{32\pi^2\varepsilon_0(r^4+ar^3)}=\frac{Q^2}{8\pi\varepsilon_0 a}\int_b^{\infty}\frac{a\,\mathrm{d}r}{r(r+a)}=\frac{Q^2}{8\pi\varepsilon_0 a}\ln\frac{b+a}{b}$$

(4) 取金属球面为零电势参考面，则空间任一点电势为

$$\phi=\int_r^b\boldsymbol{E}\cdot\mathrm{d}\boldsymbol{l}=\frac{Q}{4\pi\varepsilon_0}\int_r^b\frac{1}{r(r+a)}\mathrm{d}r=\frac{Q}{4\pi\varepsilon_0 a}\ln\frac{b(r+a)}{r(a+b)}$$

例 2.5 内、外半径分别为 a、b 的两个同心金属球壳，中间填充有介电常数分别为 ε_1、ε_2 的两种介质，如图 2-9 所示，试计算该电容器系统的电容。

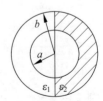

图 2-9 例 2.5 示意图

解 方法 1：此处考虑采用电容并联的方法求解。对于填充有介质的完整球形电容器，如果采用球坐标系，坐标原点在球心，则其中的电场分布为

$$\boldsymbol{E}=\frac{Q}{4\pi\varepsilon r^2}\boldsymbol{e}_r$$

两个极板之间的电势差为

$$U=\frac{Q}{4\pi\varepsilon}\int_a^b\frac{1}{r^2}\mathrm{d}r=\frac{Q}{4\pi\varepsilon}\frac{b-a}{ab}$$

所以,电容为

$$C=\frac{Q}{U}=\frac{4\pi\varepsilon ab}{b-a}$$

因此,填充介质的半个球形空腔的电容为

$$C_1=\frac{Q}{2U}=\frac{2\pi\varepsilon_1 ab}{b-a},\quad C_2=\frac{Q}{2U}=\frac{2\pi\varepsilon_2 ab}{b-a}$$

整体的电容为这两个电容器的并联,为

$$C=\frac{2\pi(\varepsilon_2+\varepsilon_1)ab}{b-a}$$

方法 2: 电容的计算本质上也是计算电场的问题,可以先假设极板上的电荷分布,然后计算得到两个极板的电势差,最后利用定义得到电容。如果直接计算,可以采用试探法,根据边界条件(介质分界面切向电场连续),假设

$$\boldsymbol{E}=\frac{A}{r^2}\boldsymbol{e}_r$$

电位移矢量则分别为

$$\boldsymbol{D}_1=\varepsilon_1\frac{A}{r^2}\boldsymbol{e}_r,\quad \boldsymbol{D}_2=\varepsilon_2\frac{A}{r^2}\boldsymbol{e}_r$$

导体表面的电荷密度为

$$\rho_{S1}=\varepsilon_1\frac{A}{a^2},\quad \rho_{S2}=\varepsilon_2\frac{A}{a^2}$$

假设金属导体球带电量为 Q,所以

$$\varepsilon_1\frac{A}{a^2}\cdot 2\pi a^2+\varepsilon_2\frac{A}{a^2}\cdot 2\pi a^2=Q$$

即 $2\pi A(\varepsilon_1+\varepsilon_2)=Q$,所以 $A=\dfrac{Q}{2\pi(\varepsilon_1+\varepsilon_2)}$。

$$\boldsymbol{E}=\frac{Q}{2\pi(\varepsilon_1+\varepsilon_2)r^2}\boldsymbol{e}_r$$

两个极板之间的电势差为

$$U=\frac{Q}{2\pi(\varepsilon_1+\varepsilon_2)}\int_a^b\frac{1}{r^2}\mathrm{d}r=\frac{Q}{2\pi(\varepsilon_1+\varepsilon_2)}\frac{b-a}{ab}$$

所以,电容器的电容为

$$C=\frac{Q}{U}=\frac{2\pi(\varepsilon_1+\varepsilon_2)ab}{b-a}$$

例 2.6 如图 2-10 所示,半径为 a 的介质柱,位于 z 轴上 $(-L/2,L/2)$ 的区域,其沿 z 轴正向均匀极化,极化强度为 $\boldsymbol{P}$。试计算由此极化强度产生的、z 轴上任意一点的电场强度、电位移矢量。

解 本题属于利用极化强度进行计算的典型题目,关键是计算得到束缚电荷的分布。如图 2-10 所示,建立坐标系,介质沿正 z 方向均匀极化,只有上下底面出现束缚电荷,问题等价为两个

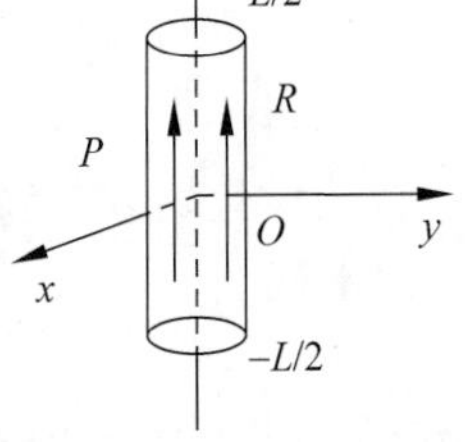

图 2-10 例 2.6 示意图

均匀带电的圆面在轴线上任一点的场强叠加。

将圆柱的轴线与 z 轴重合，上表面电荷极性为正，下表面电荷极性为负，束缚电荷为

$$\rho_{Sb_1}=\boldsymbol{P}\cdot\boldsymbol{n}=P$$

$$\rho_{Sb_2}=\boldsymbol{P}\cdot\boldsymbol{n}=-P$$

根据例 2.1 的结果，取 $a=0,b=a$，则得到均匀带电的圆盘在其轴线上产生的电场为

$$\boldsymbol{E}=\frac{\rho_S z}{2\varepsilon_0}\left(\frac{1}{\sqrt{z^2+a^2}}-\frac{1}{\sqrt{z^2+b^2}}\right)\boldsymbol{e}_z=\frac{\rho_S z}{2\varepsilon_0}\left(\frac{1}{|z|}-\frac{1}{\sqrt{z^2+a^2}}\right)\boldsymbol{e}_z$$

利用上述公式，将束缚面电荷密度代入，则上表面在轴线上任意点产生的场强为

$$\boldsymbol{E}_1=\frac{P}{2\varepsilon_0}\left(\frac{z-L/2}{|z-L/2|}-\frac{z-L/2}{\sqrt{a^2+(z-L/2)^2}}\right)\boldsymbol{e}_z$$

下表面在该点的场强为

$$\boldsymbol{E}_2=\frac{-P}{2\varepsilon_0}\left(\frac{z+L/2}{|z+L/2|}-\frac{z+L/2}{\sqrt{a^2+(z+L/2)^2}}\right)\boldsymbol{e}_z$$

两者求和即可得到场强表达式为

$$\boldsymbol{E}_\mathrm{e}=\frac{P}{2\varepsilon_0}\left(\frac{z+L/2}{\sqrt{(z+L/2)^2+a^2}}-\frac{z-L/2}{\sqrt{(z-L/2)^2+a^2}}\right)\boldsymbol{e}_z$$

同理，可以得到介质柱内部的电场强度分布为

$$\boldsymbol{E}_\mathrm{i}=\frac{P}{2\varepsilon_0}\left(-2+\frac{z+L/2}{\sqrt{(z+L/2)^2+a^2}}-\frac{z-L/2}{\sqrt{(z-L/2)^2+a^2}}\right)\boldsymbol{e}_z$$

如果计算电位移矢量，对于介质柱外部，可以看作真空，所以 $\boldsymbol{D}=\varepsilon_0\boldsymbol{E}$，即

$$\boldsymbol{D}_\mathrm{e}=\frac{P}{2}\left(\frac{z+L/2}{\sqrt{(z+L/2)^2+a^2}}-\frac{z-L/2}{\sqrt{(z-L/2)^2+a^2}}\right)\boldsymbol{e}_z$$

对于介质柱内部，因为是材料被极化，所以应该使用公式 $\boldsymbol{D}=\varepsilon_0\boldsymbol{E}+\boldsymbol{P}$，所以有

$$\boldsymbol{D}_\mathrm{i}=\frac{P}{2}\left(\frac{z+L/2}{\sqrt{(z+L/2)^2+a^2}}-\frac{z-L/2}{\sqrt{(z-L/2)^2+a^2}}\right)\boldsymbol{e}_z$$

可以看出，介质与真空的分界面处，电位移矢量是连续的，这也正好满足介质边界处的边界条件，即 $D_{1n}=D_{2n}$。

例 2.7 如图 2-11 所示，一个半径为 a 的均匀极化的介质球，极化强度为 $\boldsymbol{P}=P_0\boldsymbol{e}_z$。求束缚电荷在球内沿极化方向直径上产生的电场强度是多少，电位移矢量是多少？

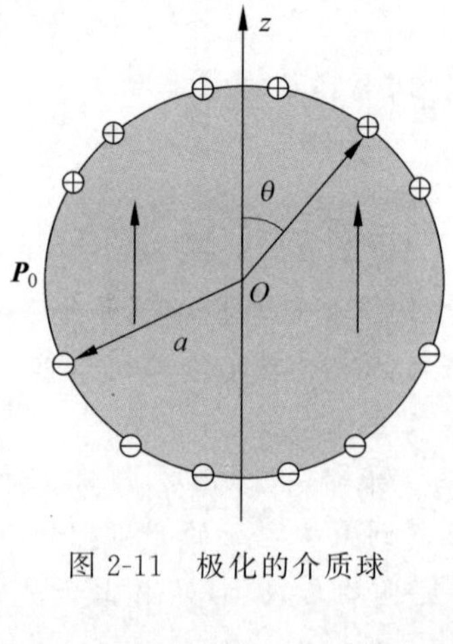

图 2-11 极化的介质球

解 由于介质球极化，所以其内部和表面会产生束缚电荷，这些束缚电荷可以看作是分布在真空中，利用束缚电荷的分布，就可以计算空间任意点的电场强度。如图 2-11 所示，建立球坐标系。

根据极化的方向和分布，在球壳的外表面上，束缚电荷面密度分布为

$$\rho_{Sb}=\boldsymbol{P}_0\cdot\boldsymbol{e}_r=P_0\cos\theta$$

介质球内部没有束缚电荷。

根据轴对称的特点，所以将介质球表面每个纬线圈看作一个带电圆环，于是可以利用例 2.1 的结论，根据叠加原理进行求解。由例 2.1 可知，半径为 a、带电量为 Q 的带电圆环在轴线上距离环心为 z 处所产生的场为

$$\boldsymbol{E}=\frac{z}{4\pi\varepsilon_0}\frac{Q}{(z^2+a^2)^{3/2}}\boldsymbol{e}_z$$

于是，在球坐标系下，$\theta=\theta'$ 的位置处，对应的带电圆环在轴线上位置 z 处所产生的场的微元为

$$\mathrm{d}E_z=\frac{z-a\cos\theta'}{4\pi\varepsilon_0}\frac{P_0\cos\theta'\cdot 2\pi a^2\sin\theta'\mathrm{d}\theta'}{[(z-a\cos\theta')^2+(a\sin\theta')^2]^{3/2}}$$

于是，

$$E_z=\int\mathrm{d}E_z=\int_0^{\pi}\frac{z-a\cos\theta'}{4\pi\varepsilon_0}\frac{P_0\cos\theta'\cdot 2\pi a^2\sin\theta'\mathrm{d}\theta'}{[(z-a\cos\theta')^2+(a\sin\theta')^2]^{3/2}}$$

$$=\frac{a^2P_0}{2\varepsilon_0}\int_0^{\pi}\frac{(z-a\cos\theta')\cos\theta'\cdot\sin\theta'\mathrm{d}\theta'}{[z^2+a^2-2za\cos\theta']^{3/2}}$$

令 $u=a^2+z^2-2az\cos\theta'$，则 $\mathrm{d}u=2az\sin\theta'\mathrm{d}\theta'$，则

$$E_z=\frac{a^2P_0}{2\varepsilon_0}\frac{1}{8a^2z^3}\int_{(a-z)^2}^{(a+z)^2}\frac{z^4-(u-a^2)^2}{u^{3/2}}\mathrm{d}u$$

$$=\frac{P_0}{16\varepsilon_0z^3}\int_{(a-z)^2}^{(a+z)^2}\left(\frac{z^4-a^4}{u^{3/2}}-u^{1/2}+\frac{2a^2}{u^{1/2}}\right)\mathrm{d}u=-\frac{P_0}{3\varepsilon_0}$$

考虑到方向，则有

$$\boldsymbol{E}=-\frac{P_0}{3\varepsilon_0}\boldsymbol{e}_z$$

如果要计算电位移矢量，千万不能使用公式 $\boldsymbol{D}=\varepsilon_0\boldsymbol{E}=-\frac{P_0}{3}\boldsymbol{e}_z$。这是因为，材料是被极化了，因此要使用 $\boldsymbol{D}=\varepsilon_0\boldsymbol{E}+\boldsymbol{P}$ 来进行计算，得到

$$\boldsymbol{D}=\frac{2P_0}{3}\boldsymbol{e}_z$$

例 2.8 一个边长为 a 的正三角形带电线圈，电荷线密度为 ρ_l，求垂直于线圈平面中心轴线上任意一点的电场强度值，并计算对应的电势值。

解 本例题是典型的已知电荷分布求电场的题目，可以直接采用积分法进行求解。通过利用题目的对称性，可以避免计算的复杂性。基于电场强度的分布，还可以得到电势分布。大家可以结合习题 2.8 学习本例题，并进行对比。在习题 2.8 中，我们是先计算电势分布，再利用负梯度得到了电场强度。

如图 2-12 所示，先建立直角坐标系。

根据对称性，只需研究一条边所产生的电势或电场强度即可。据此，在距离原点 x' 的位置，取长度为 $\mathrm{d}x'$ 的线元，则利用几何关系容易得到

$$|OP|=\sqrt{z^2+\frac{a^2}{12}}$$

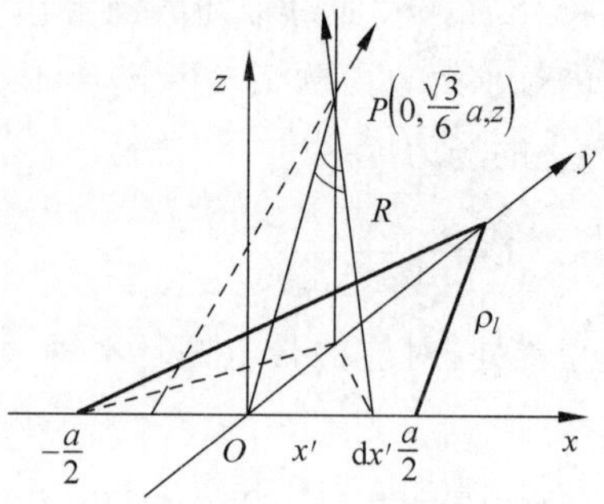

图 2-12 例 2.8 示意图

$$R=\sqrt{x'^2+z^2+a^2/12}$$

对任意一边来讲，根据对称性，$\mathrm{d}E=\dfrac{\rho_l\mathrm{d}x'}{4\pi\varepsilon_0R^2}\cdot\dfrac{|OP|}{R}$，故

$$E=\int\mathrm{d}E=\frac{\rho_l\sqrt{z^2+\frac{a^2}{12}}}{4\pi\varepsilon_0}\int_{-\frac{a}{2}}^{\frac{a}{2}}\frac{\mathrm{d}x'}{(x'^2+z^2+a^2/12)^{\frac{3}{2}}}$$

$$=\frac{a\rho_l}{4\pi\varepsilon_0\sqrt{z^2+\frac{a^2}{12}}\sqrt{z^2+\frac{a^2}{3}}}$$

方向为 $\overrightarrow{OP}$。其中用到了如下的不定积分公式

$$\int\frac{\mathrm{d}x'}{(\sqrt{x^2+a^2})^3}=\frac{x}{a^2\sqrt{x^2+a^2}}$$

故三边叠加后的电场为

$$E_t=3E\cos\theta=\frac{3a\rho_l}{4\pi\varepsilon_0\sqrt{z^2+\frac{a^2}{12}}\sqrt{z^2+\frac{a^2}{3}}}\cdot\frac{z}{\sqrt{z^2+\frac{a^2}{12}}}$$

$$=\frac{3a\rho_l z}{4\pi\varepsilon_0\left(z^2+\frac{a^2}{12}\right)\sqrt{z^2+\frac{a^2}{3}}}$$

方向为 $\boldsymbol{e}_z$。

得到电场强度之后，还可以利用积分，得到轴线上任意一点的电势，即

$$\phi=\int_z^{\infty}E_t\mathrm{d}z=\frac{3\rho_l}{2\pi\varepsilon_0}\ln\left(\frac{\frac{a}{2}+\sqrt{z^2+\frac{a^2}{3}}}{\sqrt{z^2+\frac{a^2}{12}}}\right)$$

例 2.9 一个边长为 a 的正 N 边形带电线圈，电荷线密度为 ρ_l，求垂直于线圈平面中心轴线上任意一点的电场强度值，并计算对应的电势值。

解 本例题是例 2.8、习题 2.8 和习题 2.9 的拓展。可以采用两种方法进行求解。

方法 1：如图 2-13 所示，先建立直角坐标系。

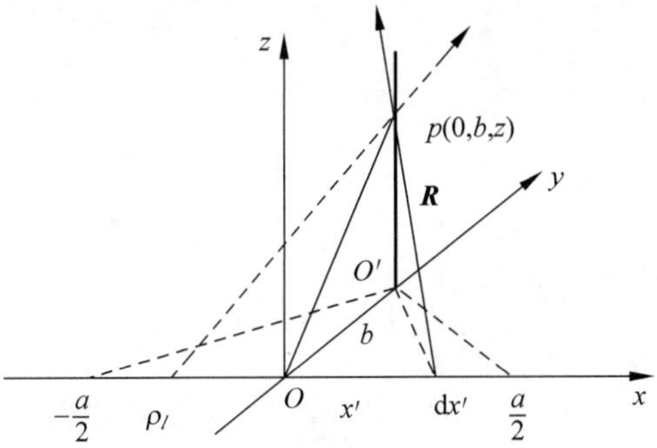

(a) 空间示意图

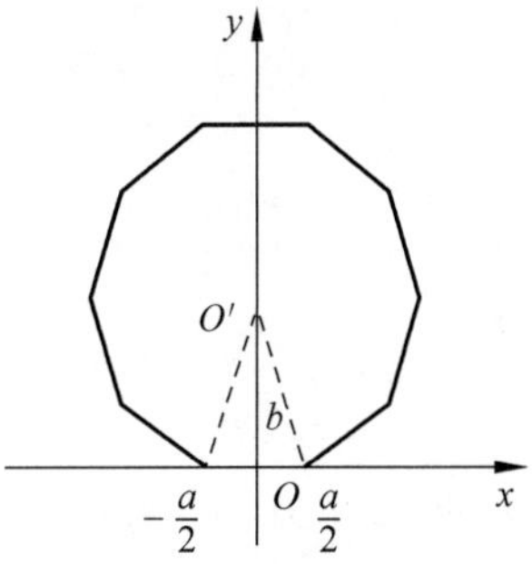

(b) 俯视图

图 2-13　例 2.9 示意图

根据对称性，只需研究一条边所产生的电势或电场强度即可。据此，在距离原点 x' 的位置，取长度为 dx' 的线元，则利用几何关系容易得到

$$|OP| = \sqrt{z^2 + b^2}$$

$$R = \sqrt{x'^2 + z^2 + b^2}$$

其中，$b = \frac{a}{2}\cot\frac{\pi}{N}$。

对任意一边来讲，根据对称性，则 $dE = \frac{\rho_l dx'}{4\pi\varepsilon_0 R^2} \cdot \frac{|OP|}{R}$，故

$$E = \int dE = \frac{\rho_l \sqrt{z^2+b^2}}{4\pi\varepsilon_0}\int_{-\frac{a}{2}}^{\frac{a}{2}} \frac{dx'}{(x'^2+z^2+b^2)^{3/2}}$$

$$= \frac{a\rho_l}{4\pi\varepsilon_0 \sqrt{z^2+b^2}\sqrt{z^2+b^2+\frac{a^2}{4}}}$$

方向为 $\overrightarrow{OP}$，故 N 边叠加后的电场为

$$E_t = NE\cos\theta = NE\frac{z}{\sqrt{z^2+b^2}} = \frac{Naz\rho_l}{4\pi\varepsilon_0 (z^2+b^2)\sqrt{z^2+b^2+\frac{a^2}{4}}}$$

方向为 $\boldsymbol{e}_z$。

得到电场强度之后，还可以利用积分，得到轴线上任意一点的电势，即

$$\phi = \int_z^{\infty} E_t dz = \frac{N\rho_l}{2\pi\varepsilon_0}\ln\left(\frac{\frac{a}{2}+\sqrt{z^2+b^2+\frac{a^2}{4}}}{\sqrt{z^2+b^2}}\right)$$

方法 2：如图 2-13 所示，单边导线所产生的电势可以计算为

$$\phi_1 = \int d\phi = \int_{-\frac{a}{2}}^{\frac{a}{2}} \frac{\rho_l dx'}{4\pi\varepsilon_0 R} = \frac{\rho_l}{2\pi\varepsilon_0}\int_0^{\frac{a}{2}} \frac{dx'}{\sqrt{x'^2+z^2+b^2}}$$

$$= \frac{\rho_l}{2\pi\varepsilon_0}\ln\left(x' + \sqrt{x'^2+z^2+b^2}\right)\Big|_0^{a/2}$$

$$=\frac{\rho_l}{2\pi\varepsilon_0}\ln\left(\frac{\frac{a}{2}+\sqrt{z^2+b^2+\frac{a^2}{4}}}{\sqrt{z^2+b^2}}\right)$$

N 边导线所产生的总电势为

$$\phi=N\phi_1=\frac{N\rho_l}{2\pi\varepsilon_0}\ln\left(\frac{\frac{a}{2}+\sqrt{z^2+b^2+\frac{a^2}{4}}}{\sqrt{z^2+b^2}}\right)$$

得到了轴线上电势表达式之后，取其对 z 的导数(相反数)，就可以得到电场强度的 z 分量。根据对称性，它也就是轴线上的电场强度的值，为

$$E=E_z=-\frac{\partial\phi}{\partial z}=-\frac{N\rho_l}{2\pi\varepsilon_0}\left(\frac{1}{\frac{a}{2}+\sqrt{z^2+b^2+\frac{a^2}{4}}}\frac{z}{\sqrt{z^2+b^2+\frac{a^2}{4}}}-\frac{z}{z^2+b^2}\right)$$

$$=-\frac{N\rho_l}{2\pi\varepsilon_0}\left(-\frac{\frac{a}{2}-\sqrt{z^2+b^2+\frac{a^2}{4}}}{z^2+b^2}\frac{z}{\sqrt{z^2+b^2+\frac{a^2}{4}}}-\frac{z}{z^2+b^2}\right)$$

$$=\frac{Na\rho_l}{4\pi\varepsilon_0}\frac{z}{z^2+b^2}\frac{1}{\sqrt{z^2+b^2+\frac{a^2}{4}}}$$

讨论：如果取 $N=4$，就可以得到习题 2.9 的结果；如果取 $N\to\infty$，$a\to0$，同时保持 N 边形的外接圆的半径不变，即 $r=\sqrt{a^2/4+b^2}$ 保持不变，则有

$$\phi\to\frac{\rho_l}{2\pi\varepsilon_0}\ln\left(1+\frac{a}{2\sqrt{z^2+r^2}}\right)^N=\frac{\rho_l}{2\pi\varepsilon_0}\ln\left(1+\frac{Na}{2N\sqrt{z^2+r^2}}\right)^N$$

$$\approx\frac{\rho_l}{2\pi\varepsilon_0}\ln\left(1+\frac{2\pi r}{2N\sqrt{z^2+r^2}}\right)^N=\frac{\rho_l}{2\pi\varepsilon_0}\ln\left(1+\frac{\pi r}{N\sqrt{z^2+r^2}}\right)^{\frac{N\sqrt{z^2+r^2}}{\pi r}\frac{\pi r}{\sqrt{z^2+r^2}}}$$

$$=\frac{\rho_l}{2\pi\varepsilon_0}\frac{\pi r}{\sqrt{z^2+r^2}}\ln\left(1+\frac{\pi r}{N\sqrt{z^2+r^2}}\right)^{\frac{N\sqrt{z^2+r^2}}{\pi r}}=\frac{\rho_l}{2\pi\varepsilon_0}\frac{\pi r}{\sqrt{z^2+r^2}}\ln e$$

$$=\frac{\rho_l}{2\pi\varepsilon_0}\frac{\pi r}{\sqrt{z^2+r^2}}=\frac{1}{4\pi\varepsilon_0}\frac{Q}{\sqrt{z^2+r^2}}$$

这就是一个带电圆环在轴线上产生的电势。同理

$$E\to\frac{2\pi r\rho_l}{4\pi\varepsilon_0}\frac{z}{z^2+r^2}\frac{1}{\sqrt{z^2+r^2}}=\frac{Q}{4\pi\varepsilon_0}\frac{z}{z^2+r^2}\frac{1}{\sqrt{z^2+r^2}}$$

这就是一个带电圆环在轴线上产生的电场强度分布。

2.6 课后习题详解

习题 2.1 如图 2-14 所示，半径为 a 的带电薄圆盘，其电荷面密度为 $\rho_S=\rho_{S0}r^2$，其中 ρ_{S0} 为常数。试求圆盘轴线上任一点的电场强度。

解 观察研究对象的几何形状，考虑采用圆柱坐标系，取圆盘中心为原点，并使圆盘的轴线与 z 轴重合，如图 2-14 所示。可以看出，系统具有轴对称的特点，即计算结果与水平方位角无关。在圆盘上任取一面电荷元，即 $\mathrm{d}Q=\rho_S\mathrm{d}S'=\rho_S r'\mathrm{d}r'\mathrm{d}\varphi'$，它在场点 P 处所产生的场强元为

$$\mathrm{d}\boldsymbol{E}=\frac{\mathrm{d}Q}{4\pi\varepsilon_0 R^2}\boldsymbol{e}_R$$

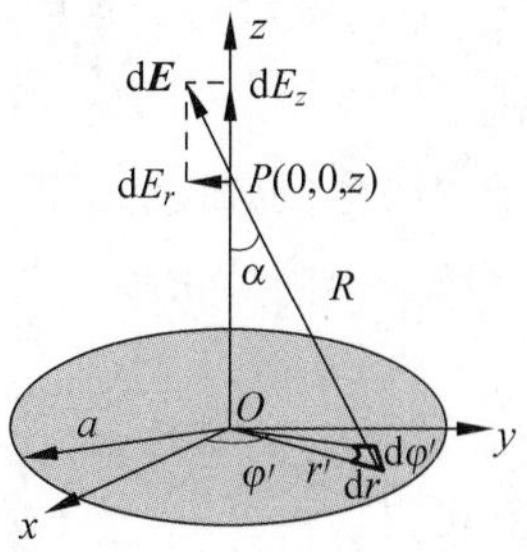

图 2-14 习题 2.1 示意图

其中，$R=\sqrt{z^2+r'^2}$。由于电荷分布对称，场点 P 处场强的径向 r 分量 $\mathrm{d}E_r$ 相互抵消，故只需计算场强的 z 分量，于是

$$\mathrm{d}E_z=\mathrm{d}E\cos\alpha=\frac{\mathrm{d}Q}{4\pi\varepsilon_0 R^2}\frac{z}{R}=\frac{\rho_S z r'\mathrm{d}r'\mathrm{d}\varphi'}{4\pi\varepsilon_0(z^2+r'^2)^{3/2}}$$

即

$$E_z=\int_0^a\int_0^{2\pi}\frac{\rho_{S0}zr'^3}{4\pi\varepsilon_0(z^2+r'^2)^{3/2}}\mathrm{d}r'\mathrm{d}\varphi'$$

$$E_z=\frac{2\pi\rho_{S0}z}{4\pi\varepsilon_0}\int_0^a\frac{r'^3}{(z^2+r'^2)^{3/2}}\mathrm{d}r'$$

故

$$E_z=\frac{\rho_{S0}z}{2\varepsilon_0}\int_0^a\frac{r'^3}{(z^2+r'^2)^{3/2}}\mathrm{d}r'=\frac{\rho_{S0}z}{2\varepsilon_0}\left[\sqrt{z^2+a^2}+\frac{z^2}{\sqrt{z^2+a^2}}-2|z|\right]$$

考虑方向，则

$$\boldsymbol{E}=\frac{\rho_{S0}z}{2\varepsilon_0}\int_0^a\frac{r'^3}{(z^2+r'^2)^{3/2}}\mathrm{d}r'\boldsymbol{e}_z=\frac{\rho_{S0}z}{2\varepsilon_0}\left[\sqrt{z^2+a^2}+\frac{z^2}{\sqrt{z^2+a^2}}-2|z|\right]\boldsymbol{e}_z$$

习题 2.2 如图 2-15 所示，真空中有两个质量均为 m 的带电小球，分别被连接于长度为 l 的绝缘细线的端部。两球上的电荷使它们分开一距离 d。已知小球 A 的带电量为 Q_0，试求小球 B 所带的电量 Q。

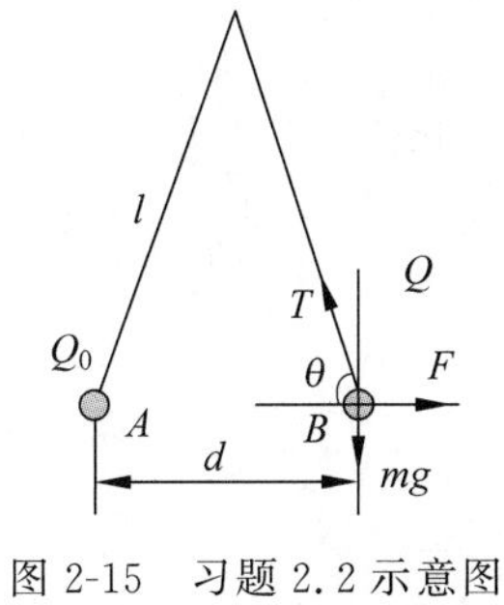

图 2-15 习题 2.2 示意图

解 对小球 B 做受力分析，水平和垂直方向分别有

$$T\cos\theta=\frac{Q_0Q}{4\pi\varepsilon_0 d^2},\quad T\sin\theta=mg$$

所以，

$$\cot\theta=\frac{Q_0Q}{4\pi\varepsilon_0 mgd^2}$$

$$Q=\frac{4\pi\varepsilon_0 mgd^2}{Q_0}\cot\theta=\frac{4\pi\varepsilon_0 mgd^2}{Q_0}\frac{d}{2\sqrt{l^2-d^2/4}}$$

故

$$Q=\frac{2\pi\varepsilon_0 mgd^3}{Q_0\sqrt{l^2-d^2/4}}=\frac{4\pi\varepsilon_0 mgd^3}{Q_0\sqrt{4l^2-d^2}}$$

习题 2.3 如图 2-16 所示，设处于基态的氢原子中电子的电荷密度为 $\rho(r)=$

$-\frac{e}{\pi a^3}e^{-\frac{2r}{a}}$，其中 a 是玻尔原子半径，e 是电子电量。若将质子电荷视为集中于原点，试求氢原子中的电场强度。

解 由高斯定理可得

$$4\pi r^2 E\varepsilon_0 = e - \int_0^r \frac{e}{\pi a^3}e^{-\frac{2r}{a}}4\pi r^2 dr = e - \frac{4e}{a^3}\int_0^r e^{-\frac{2r}{a}}r^2 dr$$

计算可得

$$4\pi r^2 E\varepsilon_0 = e - \frac{4e}{a^3}\left(-\frac{a}{2}r^2 e^{-2r/a} - \frac{a^2 r}{2}e^{-2r/a} + \frac{a^3}{4} - \frac{a^3}{4}e^{-2r/a}\right)$$
$$= e\,e^{-2r/a}\left(\frac{2r^2}{a^2} + \frac{2r}{a} + 1\right)$$

所以

$$E = \frac{e\,e^{-2r/a}}{4\pi\varepsilon_0 r^2}\left(\frac{2r^2}{a^2} + \frac{2r}{a} + 1\right)$$

考虑方向

$$\boldsymbol{E} = \frac{e\,e^{-2r/a}}{4\pi\varepsilon_0 r^2}\left(\frac{2r^2}{a^2} + \frac{2r}{a} + 1\right)\boldsymbol{e}_r$$

习题 2.4 如图 2-17 所示，一个面电荷密度为 ρ_S、半径为 a 的圆形导体片，置于 xOy 平面上，求 z 轴上任意一点的电场强度。

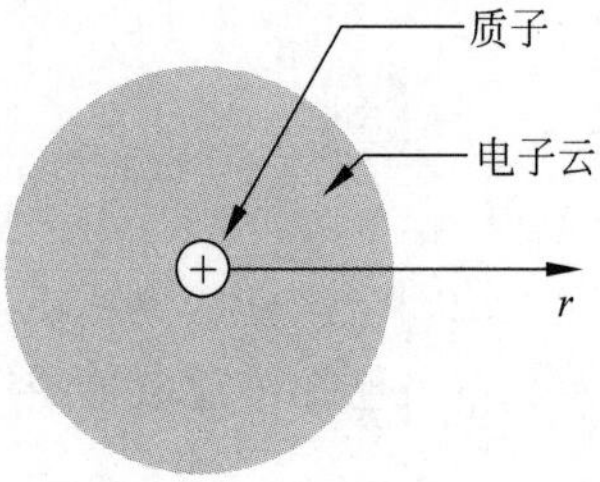

图 2-16 习题 2.3 示意图

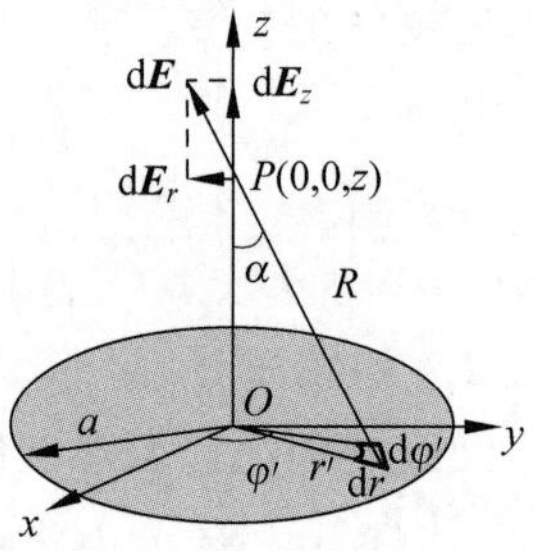

图 2-17 求带电圆环的电场

解 由对称性可知，z 轴上任意一点的电场强度只有 $\boldsymbol{E}_z$ 方向。设 z 轴上的一点 $(0,0,z)$，则

$$d\boldsymbol{E}_z = \frac{dQ}{4\pi\varepsilon_0 R^2}\cos\alpha\,\boldsymbol{e}_z, \quad dQ = \rho_S r' dr' d\varphi', \quad R = (z^2 + r'^2)^{\frac{1}{2}}, \quad \cos\alpha = \frac{z}{(z^2 + r'^2)^{\frac{1}{2}}}$$

$$dE_z = \frac{dQ}{4\pi\varepsilon_0 R^2}\frac{z}{R} = \frac{\rho_S z r' dr' d\varphi'}{4\pi\varepsilon_0 (z^2 + r'^2)^{3/2}}$$

即

$$E_z = \int_0^a\int_0^{2\pi}\frac{\rho_S z r'}{4\pi\varepsilon_0 (z^2 + r'^2)^{3/2}}dr' d\varphi'$$
$$= \frac{2\pi\rho_S z}{4\pi\varepsilon_0}\int_0^a \frac{r'}{(z^2 + r'^2)^{3/2}}dr' = \frac{\rho_S z}{2\varepsilon_0}\int_0^a \frac{r'}{(z^2 + r'^2)^{3/2}}dr'$$

则

$$\boldsymbol{E}_z=\frac{\rho_S z}{2\varepsilon_0}\left(\frac{1}{|z|}-\frac{1}{\sqrt{z^2+a^2}}\right)\boldsymbol{e}_z$$

习题 2.5 如图 2-18 所示，在 $P(a,0,0)$ 点有一点电荷 Q_P，如果要使通过 $x=0$ 平面上的圆面 $y^2+z^2\leqslant b^2$ 的 $\boldsymbol{E}$ 通量为 ψ_0，试问在 P 点放置的电荷 Q_P 多大？

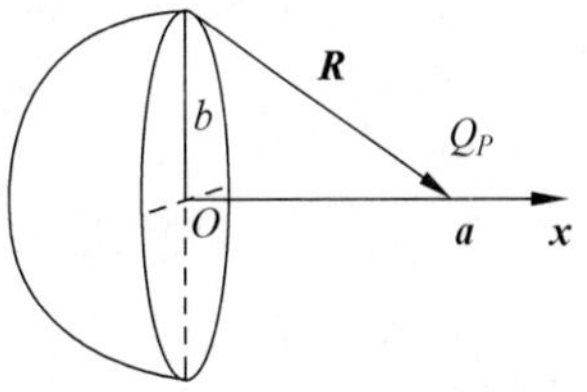

图 2-18　习题 2.5 示意图

解　球冠上的 $\boldsymbol{E}$ 通量等于圆面 $y^2+z^2\leqslant b^2$ 的 $\boldsymbol{E}$ 通量。由几何关系可知，$R=\sqrt{a^2+b^2}$，则图中球冠的面积为

$$S_{冠}=2\pi R(R-a)$$

所以

$$\psi_0=\frac{Q_P}{\varepsilon_0}\frac{2\pi R(R-a)}{4\pi R^2}=\frac{Q_P}{2\varepsilon_0}\left(1-\frac{a}{R}\right)$$

$$=\frac{Q_P}{2\varepsilon_0}\left(1-\frac{a}{\sqrt{a^2+b^2}}\right)$$

于是

$$Q_P=\frac{2\varepsilon_0\psi_0\sqrt{a^2+b^2}}{\sqrt{a^2+b^2}-a}$$

习题 2.6 在半径为 a 的无限长带电直圆柱中，电荷密度 $\rho=\rho_0\mathrm{e}^{-ar}$，其中 ρ_0，a 均为常数。试求圆柱内外的电场强度。

解　方法 1：以柱轴为 z 轴建立圆柱坐标系。观察可知题目具有轴对称的特点，电场强度只有径向的分量。

（1）由高斯定理得到

$$2\pi rE_r=\frac{\rho_0}{\varepsilon_0}\int_0^r\mathrm{e}^{-ar}2\pi r\,\mathrm{d}r=\frac{2\pi\rho_0}{\varepsilon_0}\left(-\frac{\mathrm{e}^{-ar}+\mathrm{e}^{-ar}ra}{a^2}\right)\bigg|_0^r$$

所以

$$E_r=\frac{\rho_0}{r\varepsilon_0 a^2}(1-\mathrm{e}^{-ar}-\mathrm{e}^{-ar}ra)$$

考虑方向

$$\boldsymbol{E}_{\mathrm{i}}=\frac{\rho_0}{r\varepsilon_0 a^2}(1-\mathrm{e}^{-ar}-\mathrm{e}^{-ar}ra)\boldsymbol{e}_r$$

（2）同理，有

$$2\pi rE_r=\frac{\rho_0}{\varepsilon_0}\int_0^a\mathrm{e}^{-ar}2\pi r\,\mathrm{d}r=\frac{2\pi\rho_0}{\varepsilon_0}\left(-\frac{\mathrm{e}^{-ar}+\mathrm{e}^{-ar}ra}{a^2}\right)\bigg|_0^a$$

$$E_r=\frac{\rho_0}{r\varepsilon_0 a^2}(1-\mathrm{e}^{-a^2}-\mathrm{e}^{-a^2}a^2)$$

考虑方向，则

$$\boldsymbol{E}_{\mathrm{o}}=\frac{\rho_0}{r\varepsilon_0 a^2}(1-\mathrm{e}^{-a^2}-\mathrm{e}^{-a^2}a^2)\boldsymbol{e}_r$$

方法 2：(1)圆柱内，由高斯定理微分形式

$$\nabla\cdot \boldsymbol{E}_{\mathrm{i}}=\frac{1}{r}\left[\frac{\partial}{\partial r}(rE_r)+\frac{\partial E_\varphi}{\partial \phi}+r\frac{\partial E_z}{\partial z}\right]=\frac{\rho}{\varepsilon_0}$$

由题中可得 $\boldsymbol{E}$ 与 φ,z 无关，则$\frac{1}{r}\frac{\partial}{\partial r}(rE_r)=\frac{\rho}{\varepsilon_0}$，故可以通过积分求解。

即
$$rE_r=C+\frac{\rho_0}{\varepsilon_0}\int_0^r \mathrm{e}^{-ar}r\,\mathrm{d}r$$

当 $r=0$ 时，E_r 为有限值，则上式的积分常数 $C=0$，所以

$$rE_r=\frac{\rho_0}{\varepsilon_0}\int_0^r \mathrm{e}^{-ar}r\,\mathrm{d}r=\frac{\rho_0}{\varepsilon_0}\left(-\frac{\mathrm{e}^{-ar}+\mathrm{e}^{-ar}ra}{a^2}\right)\Bigg|_0^r$$

得到

$$E_r=\frac{\rho_0}{r\varepsilon_0 a^2}(1-\mathrm{e}^{-ar}-\mathrm{e}^{-ar}ra)$$

$$\boldsymbol{E}_{\mathrm{i}}=\frac{\rho_0}{r\varepsilon_0 a^2}(1-\mathrm{e}^{-ar}-\mathrm{e}^{-ar}ra)\boldsymbol{e}_r$$

方向沿径向向外。

(2) 圆柱外，仿照方法 2 的步骤(1)可得

$$\frac{1}{r}\frac{\partial}{\partial r}(rE_r)=0$$

所以
$$rE_r=C',\quad E_r=\frac{C'}{r}$$

由于电场强度在 $r=a$ 处连续(注意介电常数没有发生变化)，所以利用(1)的结论

$$E_r\Big|_{r=a}=\frac{\rho_0}{\varepsilon_0 a^3}(1-\mathrm{e}^{-ar}-\mathrm{e}^{-ar}ra)$$

则有

$$C'=\frac{\rho_0}{\varepsilon_0 a^2}(1-\mathrm{e}^{-a^2}-\mathrm{e}^{-a^2}a^2)$$

$$E_r=\frac{\rho_0}{r\varepsilon_0 a^2}(1-\mathrm{e}^{-a^2}-\mathrm{e}^{-a^2}a^2)$$

即 $\boldsymbol{E}_{\mathrm{o}}=\frac{\rho_0}{r\varepsilon_0 a^2}(1-\mathrm{e}^{-a^2}-\mathrm{e}^{-a^2}a^2)\boldsymbol{e}_r$，方向沿径向向外。

事实上，本题还可通过求解电势的微分方程来计算，比如，对于柱体内部，即

$$\frac{1}{r}\frac{\partial}{\partial}\left(r\frac{\partial}{\partial r}\phi\right)=-\frac{\rho_0}{\varepsilon_0}\mathrm{e}^{-ar}$$

通过积分，可以直接得到电势函数；然后利用电势的负梯度得到电场强度分布。柱外的求解也是如此。

习题 2.7 已知在 $r>a$ 的区域中，电场强度矢量在球坐标系内的各分量分别为 $E_r=\frac{A\cos\theta}{r^3}$、$E_\theta=\frac{A\sin\theta}{r^3}$与 $E_\varphi=0$，其中 A 为常数。试求此区域中的电荷密度。

解 由高斯定理，可知$\nabla\cdot\boldsymbol{E}=\frac{\rho}{\varepsilon_0}$

$$\rho=\varepsilon_0\ \nabla\cdot\boldsymbol{E}=\frac{\varepsilon_0}{r^2\sin\theta}\left[\sin\theta\ \frac{\partial}{\partial r}(r^2E_r)+r\ \frac{\partial}{\partial\theta}(\sin\theta E_\theta)+r\ \frac{\partial E_\varphi}{\partial\varphi}\right]$$

$$=\frac{\varepsilon_0}{r^2\sin\theta}\left[\sin\theta\ \frac{\partial}{\partial r}\left(r^2\ \frac{A\cos\theta}{r^3}\right)+r\ \frac{\partial}{\partial\theta}\left(\frac{A\sin^2\theta}{r^3}\right)\right]$$

$$=-\frac{\varepsilon_0A\cos\theta}{r^4}+\frac{2\varepsilon_0A\cos\theta}{r^4}$$

$$=\frac{\varepsilon_0A\cos\theta}{r^4}$$

所以

$$\rho=\frac{\varepsilon_0A\cos\theta}{r^4}$$

习题 2.8 如图 2-19 所示，一个边长为 a 的正三角形带电线圈，电荷线密度为 ρ_l，求垂直于线圈平面中心轴线上任意一点的电势值。

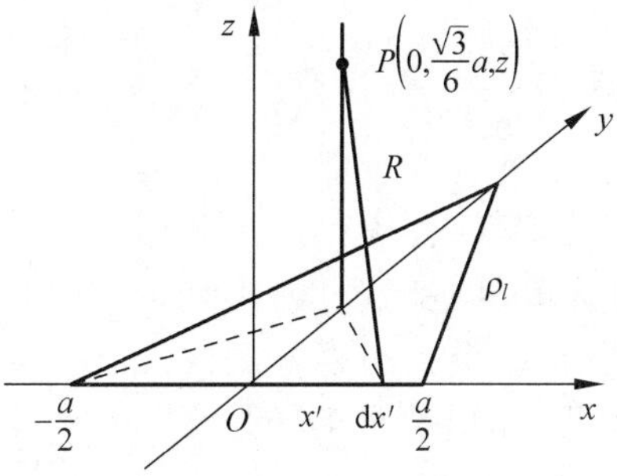

图 2-19 习题 2.8 示意图

解 令无穷远处的电势为零，假设正三角形线圈带正电。

观察可知

$$R=\sqrt{x'^2+z^2+a^2/12}$$

于是，单边导线所产生的电势可以计算为

$$\phi_1=\int\mathrm{d}\phi=\int_{-\frac{a}{2}}^{\frac{a}{2}}\frac{\rho_l\,\mathrm{d}x'}{4\pi\varepsilon_0R}=\frac{\rho_l}{4\pi\varepsilon_0}\int_{-\frac{a}{2}}^{\frac{a}{2}}\frac{\mathrm{d}x'}{\sqrt{x'^2+z^2+\frac{a^2}{12}}}$$

$$=\frac{\rho_l}{4\pi\varepsilon_0}\ln\left(x'+\sqrt{x'^2+z^2+\frac{a^2}{12}}\right)\Bigg|_{-\frac{a}{2}}^{\frac{a}{2}}$$

$$=\frac{\rho_l}{2\pi\varepsilon_0}\ln\left(x'+\sqrt{x'^2+z^2+\frac{a^2}{12}}\right)\Bigg|_{0}^{a/2}$$

$$=\frac{\rho_l}{2\pi\varepsilon_0}\ln\left(\frac{\frac{a}{2}+\sqrt{z^2+\frac{a^2}{3}}}{\sqrt{z^2+\frac{a^2}{12}}}\right)$$

总电势为

$$\phi = 3\phi_1 = \frac{3\rho_l}{2\pi\varepsilon_0}\ln\left(\frac{\frac{a}{2}+\sqrt{z^2+\frac{a^2}{3}}}{\sqrt{z^2+\frac{a^2}{12}}}\right)$$

得到了轴线上电势表达式之后，取其对 z 的导数(相反数)，就可以得到电场强度的 z 分量。根据对称性，它也就是轴线上的电场强度的值，为

$$E = E_z = -\frac{\partial\phi}{\partial z} = -\frac{3\rho_l}{2\pi\varepsilon_0}\left(\frac{1}{\frac{a}{2}+\sqrt{z^2+\frac{a^2}{3}}}\frac{z}{\sqrt{z^2+\frac{a^2}{3}}}-\frac{z}{z^2+\frac{a^2}{12}}\right)$$

$$= -\frac{3\rho_l}{2\pi\varepsilon_0}\left(-\frac{\frac{a}{2}-\sqrt{z^2+\frac{a^2}{3}}}{z^2+\frac{a^2}{12}}\frac{z}{\sqrt{z^2+\frac{a^2}{3}}}-\frac{z}{z^2+\frac{a^2}{12}}\right)$$

$$= \frac{3a\rho_l}{4\pi\varepsilon_0}\frac{z}{z^2+\frac{a^2}{12}}\frac{1}{\sqrt{z^2+\frac{a^2}{3}}}$$

大家可以把本习题与例 2.8 对照，从而加深理解。在例 2.8 中，我们是通过先计算电场强度，再计算电势进行求解的。大家可以根据个人的喜好和问题的特点加以选择。一般情况下，由电势求电场强度相对简单一些。

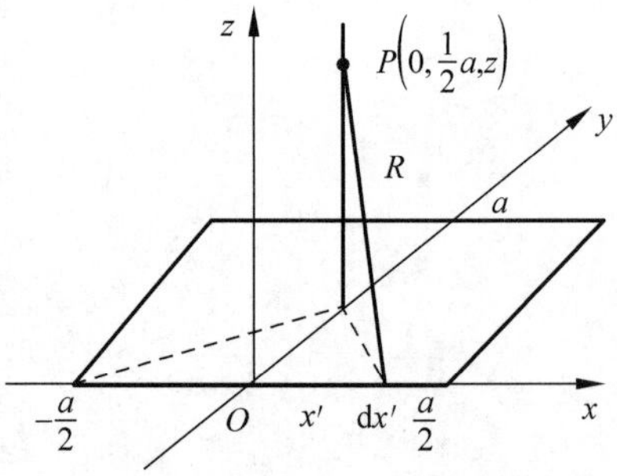

图 2-20　习题 2.9 示意图

习题 2.9　如图 2-20 所示，一个边长为 a 的正方形带电线圈，电荷线密度为 ρ_l，求其中心轴线上任意一点的电势值。

解　令无穷远电势为零，正方形线圈带正电。

$$\phi_1 = \int d\phi = \int_{-\frac{a}{2}}^{\frac{a}{2}}\frac{\rho_l dx'}{4\pi\varepsilon_0 R} = \frac{\rho_l}{4\pi\varepsilon_0}\int_{-\frac{a}{2}}^{\frac{a}{2}}\frac{dx'}{\sqrt{z^2+\frac{a^2}{4}+x'^2}}$$

$$= \frac{\rho_l}{4\pi\varepsilon_0}\ln\left(x'+\sqrt{z^2+\frac{a^2}{4}+x'^2}\right)\Big|_{-\frac{a}{2}}^{\frac{a}{2}}$$

$$= \frac{\rho_l}{2\pi\varepsilon_0}\ln\left(\frac{\frac{a}{2}+\sqrt{z^2+\frac{a^2}{2}}}{\sqrt{z^2+\frac{a^2}{4}}}\right)$$

则

$$\phi = 4\phi_1 = \frac{2\rho_l}{\pi\varepsilon_0}\ln\left(\frac{\frac{a}{2}+\sqrt{z^2+\frac{a^2}{2}}}{\sqrt{z^2+\frac{a^2}{4}}}\right)$$

与习题 2.8 类似，可以利用电势函数，计算轴线上的电场强度的值，为

$$E=E_z=-\frac{\partial\phi}{\partial z}=-\frac{2\rho_l}{\pi\varepsilon_0}\left(\frac{1}{\frac{a}{2}+\sqrt{z^2+\frac{a^2}{2}}}\frac{z}{\sqrt{z^2+\frac{a^2}{2}}}-\frac{z}{z^2+\frac{a^2}{4}}\right)$$

$$=-\frac{2\rho_l}{\pi\varepsilon_0}\left[-\frac{\frac{a}{2}-\sqrt{z^2+\frac{a^2}{2}}}{z^2+\frac{a^2}{4}}\frac{z}{\sqrt{z^2+\frac{a^2}{2}}}-\frac{z}{z^2+\frac{a^2}{4}}\right]$$

$$=\frac{a\rho_l}{\pi\varepsilon_0}\frac{z}{z^2+\frac{a^2}{4}}\frac{1}{\sqrt{z^2+\frac{a^2}{2}}}$$

习题 2.10 电场中有一半径为 a 的圆球导体，已知球内、外的电势分别为

$$\begin{cases}\phi_i=0, & r\leqslant a\\ \phi_o=E_0\left(r-\frac{a^3}{r^2}\right)\cos\theta, & r>a\end{cases}$$

(1)求圆球内、外的电场强度；(2)计算球体表面的面电荷密度。

解 (1) 当 $r>a$ 时，有

$$\boldsymbol{E}_o=-\nabla\phi_o=-\left(\boldsymbol{e}_r\frac{\partial\phi}{\partial r}+\frac{\boldsymbol{e}_\theta}{r}\frac{\partial\phi}{\partial\theta}\right)$$

$$=-\boldsymbol{e}_rE_0\cos\theta\left(1+\frac{2a^3}{r^3}\right)-\frac{\boldsymbol{e}_\theta}{r}E_0\left(r-\frac{a^3}{r^2}\right)(-\sin\theta)$$

$$=-\left(1+\frac{2a^3}{r^3}\right)E_0\cos\theta\boldsymbol{e}_r+\left(1-\frac{a^3}{r^3}\right)E_0\sin\theta\boldsymbol{e}_\theta$$

当 $r\leqslant a$ 时，有

$$\boldsymbol{E}_i=0$$

(2) 在球的外表面，$\boldsymbol{E}_o=-3E_0\cos\theta\boldsymbol{e}_r$，则 $\rho_S=-3\varepsilon_0E_0\cos\theta$。

习题 2.11 已知空间的电势分布为 $\phi=\frac{\phi_0}{4\pi\varepsilon_0 r}e^{-\alpha r}$，其中 ϕ_0，α 均为常数。试求电荷密度分布及半径为 a 的球所包围的总电量，并讨论当 $a\to\infty$时的情形。

解 $\nabla^2\phi=-\frac{\rho}{\varepsilon_0}$，将电势代入并进行计算，可以得到

$$\rho=-\varepsilon_0\nabla^2\phi=-\varepsilon_0\frac{1}{r^2}\frac{\partial}{\partial r}\left(r^2\frac{\partial}{\partial r}\phi\right)=-\frac{\phi_0\alpha^2}{4\pi r}e^{-\alpha r}$$

$$\boldsymbol{E}=-\nabla\phi=-\boldsymbol{e}_r\left(\frac{\partial}{\partial r}\phi\right)=\boldsymbol{e}_r\frac{\phi_0 e^{-\alpha r}}{4\pi\varepsilon_0}\left(\frac{1}{r^2}+\frac{\alpha}{r}\right)$$

由高斯定理得

$$Q=\oiint\varepsilon_0\boldsymbol{E}\cdot d\boldsymbol{S}=\varepsilon_0\frac{\phi_0 e^{-\alpha a}}{4\pi\varepsilon_0}\left(\frac{1}{a^2}+\frac{\alpha}{a}\right)\cdot 4\pi a^2=\phi_0 e^{-\alpha a}(1+a\alpha)$$

当 $a\to\infty$时，$Q\to 0$。

有些同学可能会考虑直接利用电量与电荷密度的关系，即

$$Q'=\iiint_V \rho \mathrm{d}V'=-\int_0^a \frac{\phi_0\alpha^2 \mathrm{e}^{-\alpha r}}{4\pi r}4\pi r^2\mathrm{d}r=\phi_0(\mathrm{e}^{-\alpha a}+a\alpha\mathrm{e}^{-\alpha a}-1)$$

这个计算结果与前面的结果明显不同。仔细观察可以发现，电荷密度 $\rho=-\frac{\phi_0\alpha^2}{4\pi r}\mathrm{e}^{-\alpha r}$ 在球心处奇异，为无限大。因此，在球心处一个体积微元内部做积分，电荷并不为零。其电荷量的大小可以利用围绕球心的小球面上的高斯定理得到，具体为

$$Q''=\oiint \varepsilon_0\boldsymbol{E}\cdot\mathrm{d}\boldsymbol{S}=\lim_{r\to 0}\left[\frac{\phi_0\mathrm{e}^{-\alpha r}}{4\pi}\left(\frac{1}{r^2}+\frac{\alpha}{r}\right)\cdot 4\pi r^2\right]=\lim_{r\to 0}\phi_0\mathrm{e}^{-\alpha r}(1+r\alpha)=\phi_0$$

因此，半径为 a 的球面所包含的电荷，分成两部分，即 Q' 和 Q''，总电荷量为

$$Q=Q'+Q''=\phi_0(\mathrm{e}^{-\alpha a}+a\alpha\mathrm{e}^{-\alpha a})$$

与前面的结果一致。当 $a\to\infty$ 时，$Q\to 0$。

习题 2.12 若将两个半径为 a 的雨滴当作导体球，当它们带电后，电势均为 ϕ_0（以无穷远为电势参考点，且不计其相互影响）。当此两雨滴合并在一起（仍为球形）后，试求其电势。

解 对于单个雨滴，有

$$\phi=\frac{Q}{4\pi\varepsilon_0 a}=\phi_0$$

所以

$$Q=4\pi\varepsilon_0 a\phi_0$$

因此，雨滴合并之后，总电量为

$$Q_t=2Q=8\pi\varepsilon_0 a\phi_0$$

总体积为

$$V_t=\frac{8}{3}\pi a^3$$

合并后的半径为

$$a_t=\sqrt[3]{2}a$$

所以，电势为

$$\phi_t=\frac{Q_t}{4\pi\varepsilon_0 a_t}=\frac{8\pi\varepsilon_0 a\phi_0}{4\pi\varepsilon_0\sqrt[3]{2}a}=\sqrt[3]{4}\phi_0$$

习题 2.13 如图 2-21 所示，半径为 a 的细圆环由两个绝缘的半环组成，分别带均匀而异号的电荷 $+Q$ 和 $-Q$。试求其轴线上的电势和电场强度。

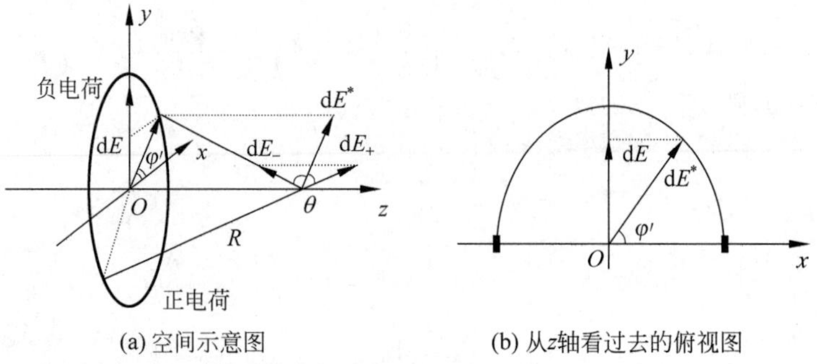

图 2-21 习题 2.13 示意图

解 由对称性可知，轴线上的电势为 $\phi=0$。现计算电场强度。

$$dE=2dE_{+}\cos\theta\sin\varphi'=2\frac{dQ}{4\pi\varepsilon_0 R^2}\frac{a}{R}\sin\varphi'=\frac{\rho_l a^2\sin\varphi'}{2\pi\varepsilon_0(z^2+a^2)^{3/2}}d\varphi'$$

于是

$$E=\int_0^{\pi}\frac{\rho_l a^2\sin\varphi'}{2\pi\varepsilon_0(z^2+a^2)^{3/2}}d\varphi'=\frac{\rho_l a^2}{2\pi\varepsilon_0(z^2+a^2)^{3/2}}\int_0^{\pi}\sin\varphi' d\varphi'=\frac{\rho_l a^2}{\pi\varepsilon_0(z^2+a^2)^{3/2}}$$

即

$$E=\frac{\rho_l\pi aa}{\pi^2\varepsilon_0(z^2+a^2)^{3/2}}=\frac{Qa}{\pi^2\varepsilon_0(z^2+a^2)^{3/2}}$$

加上方向，可得

$$\boldsymbol{E}=\frac{Qa}{\pi^2\varepsilon_0(z^2+a^2)^{3/2}}\boldsymbol{e}_y$$

习题 2.14 空气中有一无限长半径为 a 的直圆柱体，单位长的带电量为 Q_0。试分别求下列两种情况下柱体内外的电势和电场强度。

(1) 电荷均匀地分布于柱体内部；

(2) 电荷均匀地分布于柱面上。

解 (1) 做与题中圆柱同轴线的一圆柱面为高斯面，其离轴线距离为 r，高为 L。

柱体内部有
$$\oint_S \boldsymbol{E}\cdot d\boldsymbol{S}=\frac{Q}{\varepsilon_0}=\frac{\frac{Q_0}{\pi a^2}\pi r^2 L}{\varepsilon_0}$$

可得
$$E_i\cdot 2\pi rL=\frac{Q_0 r^2 L}{a^2\varepsilon_0}$$

则
$$\boldsymbol{E}_i=\frac{Q_0 r}{2\pi a^2\varepsilon_0}\boldsymbol{e}_r$$

柱体外部有
$$\oint_S \boldsymbol{E}\cdot d\boldsymbol{S}=\frac{Q}{\varepsilon_0}$$

即
$$E_o\cdot 2\pi rL=\frac{Q_0 L}{\varepsilon_0}\Rightarrow E_o=\frac{Q_0}{2\pi r\varepsilon_0}$$

也即

$$\boldsymbol{E}_o=\frac{Q_0}{2\pi\varepsilon_0 r}\boldsymbol{e}_r$$

选取 $r=a$ 处 $\phi=0$，则对于柱体内部，有

$$\phi_i=\int_r^a\frac{Q_0 r}{2\pi\varepsilon_0 a^2}dr=\frac{Q_0}{4\pi\varepsilon_0 a^2}(a^2-r^2)$$

则对于柱体外部，有

$$\phi_o=\int_a^r-\frac{Q_0}{2\pi\varepsilon_0 r}dr=\frac{Q_0}{2\pi\varepsilon_0}\ln\frac{a}{r}$$

(2) 设 $r=a$ 处的电势为 0，则显然有

柱体内部 $\boldsymbol{E}_i=0,\quad \phi_i=0$

对于柱体外部，利用高斯定理，则有

$$\oint_S \boldsymbol{E}\cdot \mathrm{d}\boldsymbol{S}=\frac{Q}{\varepsilon_0}$$

即

$$E_o\cdot 2\pi rL=\frac{Q_0 L}{\varepsilon_0}\Rightarrow E_o=\frac{Q_0}{2\pi r\varepsilon_0}$$

即

$$\boldsymbol{E}_o=\frac{Q_0}{2\pi\varepsilon_0 r}\boldsymbol{e}_r$$

则电势分布为

$$\phi_o=\int_a^r -\frac{Q_0}{2\pi\varepsilon_0 r}\mathrm{d}r=\frac{Q_0}{2\pi\varepsilon_0}\ln\frac{a}{r}$$

习题 2.15 空气中有一半径为 a 的均匀带电球，电荷密度为 ρ。试求球内外的电势和电场强度。它们的最大值各在何处？

解 根据高斯定理，则有

当 $r<a$ 时，可得 $\varepsilon_0 E_i\cdot 4\pi r^2=\rho\dfrac{4\pi r^3}{3}$，则 $\boldsymbol{E}_i=\dfrac{\rho r}{3\varepsilon_0}\boldsymbol{e}_r$

同理，当 $r>a$ 时，可得 $\varepsilon_0 E_o\cdot 4\pi r^2=\rho\dfrac{4\pi a^3}{3}$，则

$$\boldsymbol{E}_o=\frac{\rho a^3}{3\varepsilon_0 r^2}\boldsymbol{e}_r$$

可见，电场强度随着半径的增大，先增大，后减小，在 $r=a$ 时，取到最大值，即

$$\boldsymbol{E}_{\max}=\frac{\rho a}{3\varepsilon_0}\boldsymbol{e}_r$$

对于电势分布(取无穷远处的电势为零)，当 $r>a$ 时，有

$$\phi_o=\int_r^\infty \boldsymbol{E}\cdot\mathrm{d}\boldsymbol{l}=\int_r^\infty \frac{\rho a^3}{3\varepsilon_0 r^2}\mathrm{d}r=\frac{\rho a^3}{3\varepsilon_0 r}$$

当 $r<a$ 时，

$$\phi_i=\int_r^a \boldsymbol{E}\cdot\mathrm{d}\boldsymbol{l}+\int_a^\infty \boldsymbol{E}\cdot\mathrm{d}\boldsymbol{l}=\int_r^a \frac{\rho r}{3\varepsilon_0}\mathrm{d}r+\phi_o\Big|_{r=a}=\frac{\rho}{6\varepsilon_0}(a^2-r^2)+\frac{\rho a^2}{3\varepsilon_0}$$

所以

$$\phi_i=\frac{\rho a^2}{2\varepsilon_0}-\frac{\rho r^2}{6\varepsilon_0}$$

可见，随着半径的增大，电势单调递减。在 $r=0$ 时，取到最大值，即

$$\phi_{\max}=\frac{\rho a^2}{2\varepsilon_0}$$

习题 2.16 试求下列电荷分布在远处的电势和电场强度。

(1) 沿 z 轴排列的点电荷 $+Q,-2Q,+Q$，点电荷的间距均为 d(线四极子)；

(2) 四个等值的点电荷分别位于边长为 a 的正方形的四个顶点上，一对角线的两端各

为$+Q$，另一对角线的两端各为$-Q$（面四极子）。

解　（1）令无穷远处电势为零

$$\phi=\frac{Q}{4\pi\varepsilon_0}\left(\frac{-2}{r}+\frac{1}{r_1}+\frac{1}{r_2}\right)$$

式中，

$$r_1=[r^2+d^2-2rd\cos\theta]^{\frac{1}{2}}=r\left[1+\frac{d^2}{r^2}-2\frac{d}{r}\cos\theta\right]^{\frac{1}{2}}$$

$$r_2=[r^2+d^2+2rd\cos\theta]^{\frac{1}{2}}=r\left[1+\frac{d^2}{r^2}+2\frac{d}{r}\cos\theta\right]^{\frac{1}{2}}$$

由泰勒展开公式，可得

$$(1+x)^{\alpha}\approx 1+\alpha x+\frac{1}{2}\alpha(\alpha-1)x^2+\cdots$$

于是

$$\begin{aligned}\frac{1}{r_1}&=[r^2+d^2-2rd\cos\theta]^{-\frac{1}{2}}=\frac{1}{r}\left[1+\frac{d^2}{r^2}-2\frac{d}{r}\cos\theta\right]^{-\frac{1}{2}}\\&\approx\frac{1}{r}\left[1-\frac{d^2}{2r^2}+\frac{d}{r}\cos\theta+\frac{3d^2}{2r^2}\cos^2\theta\right]\\\frac{1}{r_2}&=[r^2+d^2+2rd\cos\theta]^{-\frac{1}{2}}=\frac{1}{r}\left[1+\frac{d^2}{r^2}+2\frac{d}{r}\cos\theta\right]^{-\frac{1}{2}}\\&\approx\frac{1}{r}\left[1-\frac{d^2}{2r^2}-\frac{d}{r}\cos\theta+\frac{3d^2}{2r^2}\cos^2\theta\right]\end{aligned}$$

代入上式，则在距离原点很远的地方，有

$$\phi=\frac{Qd^2}{4\pi\varepsilon_0 r^3}(3\cos^2\theta-1)$$

于是

$$\begin{aligned}\boldsymbol{E}&=-\nabla\phi=-\boldsymbol{e}_r\frac{\partial}{\partial r}\phi-\boldsymbol{e}_\theta\frac{\partial}{r\partial\theta}\phi\\&=\frac{3Qd^2}{4\pi\varepsilon_0 r^4}(3\cos^2\theta-1)\boldsymbol{e}_r+\frac{3Qd^2}{4\pi\varepsilon_0 r^4}\sin2\theta\boldsymbol{e}_\theta\\&=\frac{3Qd^2}{4\pi\varepsilon_0 r^4}[(3\cos^2\theta-1)\boldsymbol{e}_r+\sin2\theta\boldsymbol{e}_\theta]\end{aligned}$$

（2）令无穷远处电势为零

$$\phi=\frac{1}{4\pi\varepsilon_0}\sum_i\frac{Q_i}{r_i}$$

式中，

$$r_i=[r^2+\frac{a}{2}^2-\sqrt{2}ra\cos\theta_i]^{\frac{1}{2}}=r\left[1+\frac{a^2}{2r^2}-\sqrt{2}\frac{a}{r}\cos\theta_i\right]^{\frac{1}{2}}$$

$$\frac{1}{r_i}=\frac{1}{r}\left[1+\frac{a^2}{2r^2}-\sqrt{2}\frac{a}{r}\cos\theta_i\right]^{-\frac{1}{2}}$$

$$\approx \frac{1}{r}\left[1-\frac{a^2}{4r^2}+\frac{\sqrt{2}}{2}\frac{a}{r}\cos\theta_i+\frac{3}{4}\frac{a^2}{r^2}\cos^2\theta_i\right]$$

$$\cos\theta_1=\frac{\sqrt{2}}{2}(\sin\theta\cos\varphi+\sin\theta\sin\varphi),\quad \cos\theta_2=\frac{\sqrt{2}}{2}(-\sin\theta\cos\varphi+\sin\theta\sin\varphi)$$

$$\cos\theta_3=-\frac{\sqrt{2}}{2}(\sin\theta\cos\varphi+\sin\theta\sin\varphi),\quad \cos\theta_4=\frac{\sqrt{2}}{2}(\sin\theta\cos\varphi-\sin\theta\sin\varphi)$$

代入上式,整理有

$$\begin{aligned}\phi&=\frac{1}{4\pi\varepsilon_0 r}\sum_i Q_i\left[1-\frac{a^2}{4r^2}+\frac{\sqrt{2}}{2}\frac{a}{r}\cos\theta_i+\frac{3}{4}\frac{a^2}{r^2}\cos^2\theta_i\right]\\&=\frac{1}{4\pi\varepsilon_0 r}\sum_i Q_i\left[\frac{\sqrt{2}}{2}\frac{a}{r}\cos\theta_i+\frac{3}{4}\frac{a^2}{r^2}\cos^2\theta_i\right]\\&=\frac{3a^2}{16\pi\varepsilon_0 r^3}\sum_i Q_i\cos^2\theta_i\\&=\frac{3a^2Q}{8\pi\varepsilon_0 r^3}\sin^2\theta\sin2\varphi\end{aligned}$$

于是

$$\begin{aligned}\boldsymbol{E}&=-\nabla\phi=-\boldsymbol{e}_r\frac{\partial}{\partial r}\phi-\boldsymbol{e}_\theta\frac{\partial}{r\partial\theta}\phi-\boldsymbol{e}_\varphi\frac{\partial}{r\sin\theta\partial\varphi}\phi\\&=\frac{9Qa^2}{8\pi\varepsilon_0 r^4}\sin^2\theta\sin2\varphi\boldsymbol{e}_r-\frac{3a^2Q}{8\pi\varepsilon_0 r^4}\sin2\theta\sin2\varphi\boldsymbol{e}_\theta-\frac{3a^2Q}{4\pi\varepsilon_0 r^4}\sin\theta\cos2\varphi\boldsymbol{e}_\varphi\\&=\frac{3a^2Q}{8\pi\varepsilon_0 r^4}[3\sin^2\theta\sin2\varphi\boldsymbol{e}_r-\sin2\theta\sin2\varphi\boldsymbol{e}_\theta-2\sin\theta\cos2\varphi\boldsymbol{e}_\varphi]\end{aligned}$$

习题 2.17 一半径为 a 的导体球,要使它在空气中带电且不放电,试求它所带的最大电荷量及表面电势各是多少?(已知空气中最大不放电的电场强度即击穿强度为 $E_m=3\times10^6\,\text{V/m}$)

解 假设电荷量为 Q,则由高斯定理可知

$$\boldsymbol{E}=\frac{Q}{4\pi\varepsilon_0 a^2}\boldsymbol{e}_R$$

依题意

$$\frac{Q}{4\pi\varepsilon_0 a^2}<E_m$$

所以

$$Q<E_m 4\pi\varepsilon_0 a^2$$

根据带电导体球的电势公式

$$\phi=\frac{Q}{4\pi\varepsilon_0 a}=\frac{E_m 4\pi\varepsilon_0 a^2}{4\pi\varepsilon_0 a}=E_m a$$

代入数字,有

$$Q_m=E_m 4\pi\varepsilon_0 a^2=\frac{1}{3}\times10^{-3}a^2\,\text{C}$$

$$\phi_m=E_m a=3\times10^6 a\,\text{V/m}$$

习题 2.18　一个半径为 a 的均匀极化的介质球，极化强度为 $\boldsymbol{P}=P_0\boldsymbol{e}_z$。求束缚电荷在球心处所产生的电场强度是多少？（假设束缚电荷位于真空中）

解　根据题意，可知介质球表面的束缚电荷为

$$\rho_{Sb}=\boldsymbol{P}\cdot\boldsymbol{n}=P_0\cos\theta$$

根据对称性，电场强度只有 z 方向的分量，且

$$\begin{aligned}E_z&=-\int_0^{2\pi}\int_0^{\pi}\cos\theta\frac{\rho_{Sb}a^2\sin\theta}{4\pi\varepsilon_0a^2}\mathrm{d}\theta\mathrm{d}\varphi=-\int_0^{2\pi}\int_0^{\pi}\cos\theta\frac{P_0\cos\theta a^2\sin\theta}{4\pi\varepsilon_0a^2}\mathrm{d}\theta\mathrm{d}\varphi\\&=-\frac{P_0}{4\pi\varepsilon_0}\int_0^{2\pi}\int_0^{\pi}\cos^2\theta\sin\theta\mathrm{d}\theta\mathrm{d}\varphi\\&=-\frac{P_0}{2\varepsilon_0}\int_0^{\pi}\cos^2\theta\sin\theta\mathrm{d}\theta\\&=-\frac{P_0}{3\varepsilon_0}\end{aligned}$$

考虑方向，则

$$\boldsymbol{E}=-\frac{P_0}{3\varepsilon_0}\boldsymbol{e}_z$$

习题 2.19　空气中有一半径为 a 的极化介质球，其介电常数为 ε，极化强度为 $\boldsymbol{P}=\dfrac{P_0}{r}\boldsymbol{e}_r$，$P_0$ 为常数。试求介质球内外的电势与电场强度及球体内和球面上的束缚电荷分布及总的束缚电荷。

解　在球体内部，即 $r<a$，由 $\boldsymbol{P}=(\varepsilon-\varepsilon_0)\boldsymbol{E}_i$ 得

$$\boldsymbol{E}_i=\frac{\boldsymbol{P}}{\varepsilon-\varepsilon_0}=\frac{P_0}{(\varepsilon-\varepsilon_0)r}\boldsymbol{e}_r$$

介质球的电荷体密度

$$\rho=\varepsilon\ \nabla\cdot\boldsymbol{E}_i=\varepsilon\ \frac{1}{r^2}\frac{\partial}{\partial r}\left[r^2\ \frac{P_0}{(\varepsilon-\varepsilon_0)r}\right]=\frac{\varepsilon P_0}{(\varepsilon-\varepsilon_0)r^2}$$

介质球的总电荷量

$$Q=\int_V\rho\mathrm{d}V=\int_0^a\frac{\varepsilon P_0}{(\varepsilon-\varepsilon_0)r^2}\cdot4\pi r^2\mathrm{d}r=\frac{4\pi a\varepsilon P_0}{\varepsilon-\varepsilon_0}$$

在球体外部，即 $r>a$，由高斯定理得

$$\oint_S\boldsymbol{E}_o\cdot\mathrm{d}\boldsymbol{S}=E_o\cdot4\pi r^2=\frac{Q}{\varepsilon_0}$$

$$\boldsymbol{E}_o=\frac{\varepsilon aP_0}{\varepsilon_0(\varepsilon-\varepsilon_0)r^2}\boldsymbol{e}_r$$

令无穷远的电势为零，则

球体内部任意一点的电势

$$\begin{aligned}\phi_i&=\int_r^a\boldsymbol{E}_i\cdot\mathrm{d}\boldsymbol{r}+\int_a^{\infty}\boldsymbol{E}_o\cdot\mathrm{d}\boldsymbol{r}=\int_r^a\frac{P_0}{(\varepsilon-\varepsilon_0)r}\mathrm{d}r+\int_a^{\infty}\frac{\varepsilon aP_0}{\varepsilon_0(\varepsilon-\varepsilon_0)r^2}\mathrm{d}r\\&=\frac{P_0}{\varepsilon-\varepsilon_0}\left(\ln\frac{a}{r}+\frac{\varepsilon}{\varepsilon_0}\right)\end{aligned}$$

球体外部任意一点的电势

$$\phi_o=\int_r^{\infty}\boldsymbol{E}_o\cdot \mathrm{d}\boldsymbol{r}=\int_r^{\infty}\frac{\varepsilon aP_0\mathrm{d}r}{\varepsilon_0(\varepsilon-\varepsilon_0)r^2}=\frac{a\varepsilon P_0}{\varepsilon_0(\varepsilon-\varepsilon_0)r}$$

球体内部束缚电荷密度

$$\rho_b=-\nabla\cdot\boldsymbol{P}=-\left(\frac{1}{r^2}\cdot\frac{\partial}{\partial r}\left[r^2\left(\frac{P_0}{r}\right)\right]\right)=-\frac{P_0}{r^2}$$

$$Q_b=\iiint_V\rho_b\mathrm{d}V=\int_0^a 4\pi r^2\cdot\left(-\frac{P_0}{r^2}\right)\mathrm{d}r=-4\pi aP_0$$

球面上束缚电荷密度

$$\rho_{Sb}=\boldsymbol{P}\cdot\boldsymbol{n}=\frac{P_0}{r}\bigg|_{r=a}=\frac{P_0}{a}$$

$$Q_{Sb}=4\pi a^2\cdot\frac{P_0}{a}=4\pi aP_0$$

于是，总的束缚电荷为

$$Q_{bt}=Q_b+Q_{Sb}=0$$

习题 2.20 如图 2-22 所示，空气中有一半径为 a、带电荷为 Q 的导体球。球体外部套有同心的介质球壳，其内、外半径分别为 a 和 b，介电常数为 ε。试求空间任一点的电场强度、介质壳内和表面上的束缚电荷密度以及总的束缚电荷。

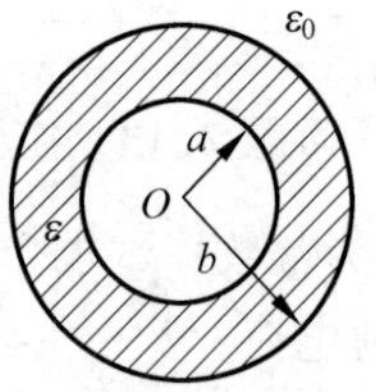

图 2-22 习题 2.20 示意图

解

当 $r<a$ 时，$\boldsymbol{E}=0$

当 $a<r<b$ 时，$\oint_S\boldsymbol{D}\cdot\mathrm{d}\boldsymbol{S}=4\pi r^2\cdot\varepsilon E=Q$，故

$$\boldsymbol{E}=\frac{Q}{4\pi\varepsilon r^2}\boldsymbol{e}_r$$

当 $b<r$ 时，

$$\oint_S\boldsymbol{D}\cdot\mathrm{d}\boldsymbol{S}=4\pi r^2\cdot\varepsilon_0 E=Q$$

$$\boldsymbol{E}=\frac{Q}{4\pi\varepsilon_0 r^2}\boldsymbol{e}_r$$

球壳内束缚电荷密度

$$\boldsymbol{P}=(\varepsilon-\varepsilon_0)\boldsymbol{E}=\frac{\varepsilon-\varepsilon_0}{\varepsilon}\cdot\frac{Q}{4\pi r^2}\boldsymbol{e}_r$$

$$\rho_b=-\nabla\cdot\boldsymbol{P}=0$$

当 $r=a$ 时，

$$\rho_{Sbi}=\boldsymbol{P}\cdot\boldsymbol{n}=-\frac{\varepsilon-\varepsilon_0}{\varepsilon}\cdot\frac{Q}{4\pi a^2}$$

当 $r=b$ 时，

$$\rho_{Sbo}=\boldsymbol{P}\cdot\boldsymbol{n}=\frac{\varepsilon-\varepsilon_0}{\varepsilon}\cdot\frac{Q}{4\pi b^2}$$

束缚电荷总量为

$$Q_b=4\pi a^2\left(-\frac{\varepsilon-\varepsilon_0}{\varepsilon}\cdot\frac{Q}{4\pi a^2}\right)+4\pi b^2\left(\frac{\varepsilon-\varepsilon_0}{\varepsilon}\cdot\frac{Q}{4\pi b^2}\right)=0$$

所以束缚电荷量为零。

习题 2.21　空气中有一内、外半径分别为 r_1 与 r_2 的带电介质球壳，介电常数为 ε，其中的电荷密度为 $\rho=\dfrac{a}{r^2}$，a 为常数。试求总电荷、各区域中的电势和电场强度，并讨论当 $r_2\to r_1$ 时的情形又如何。

解　总电荷为

$$Q=\iiint_V \rho \mathrm{d}V=\int_{r_1}^{r_2} 4\pi r^2 \cdot \left(\frac{a}{r^2}\right)\mathrm{d}r=4\pi a(r_2-r_1)$$

当 $r_2\to r_1$ 时，$Q\to 0$，无电荷分布。

各个区域的电场强度如下：

当 $r<r_1$ 时，$$\boldsymbol{E}=0$$

当 $r_2\to r_1$ 时，$$\boldsymbol{E}=0$$

当 $r_1<r<r_2$ 时，

$$\oint_S \boldsymbol{D}\cdot \mathrm{d}\boldsymbol{S}=4\pi r^2\cdot \varepsilon E=\int_{r_1}^{r} 4\pi r^2\cdot\left(\frac{a}{r^2}\right)\mathrm{d}r=4\pi a(r-r_1)$$

所以，有

$$E=\frac{a(r-r_1)}{\varepsilon r^2}$$

考虑方向，则 $$\boldsymbol{E}=\frac{a(r-r_1)}{\varepsilon r^2}\boldsymbol{e}_r$$

当 $r_2\to r_1$ 时，$r\to r_1$ 且 $r\to r_2$，所以

$$\boldsymbol{E}=0$$

当 $r>r_2$ 时，

$$\oint_S \boldsymbol{D}\cdot \mathrm{d}\boldsymbol{S}=4\pi r^2\cdot \varepsilon_0 E=\int_{r_1}^{r_2} 4\pi r^2\cdot\left(\frac{a}{r^2}\right)\mathrm{d}r=4\pi a(r_2-r_1)$$

所以，有

$$E=\frac{a(r_2-r_1)}{\varepsilon_0 r^2}$$

考虑方向，则 $$\boldsymbol{E}=\frac{a(r_2-r_1)}{\varepsilon_0 r^2}\boldsymbol{e}_r$$

当 $r_2\to r_1$ 时，$$\boldsymbol{E}=0$$

于是，各个区域的电势分布为(无穷远处电势为零)

当 $r>r_2$ 时，

$$\phi=\int_r^{\infty}\boldsymbol{E}\cdot \mathrm{d}\boldsymbol{r}=\int_r^{\infty}\frac{a(r_2-r_1)}{\varepsilon_0 r^2}\mathrm{d}r=\frac{a(r_2-r_1)}{\varepsilon_0 r}$$

当 $r_2\to r_1$ 时，$$\phi=0$$

当 $r_1<r<r_2$ 时，

$$\phi=\int_r^{r_2}\boldsymbol{E}\cdot \mathrm{d}\boldsymbol{r}+\int_{r_2}^{\infty}\boldsymbol{E}\cdot \mathrm{d}\boldsymbol{r}=\int_r^{r_2}\frac{a(r-r_1)}{\varepsilon r^2}\mathrm{d}r+\int_{r_2}^{\infty}\frac{a(r_2-r_1)}{\varepsilon_0 r^2}\mathrm{d}r$$

$$=\frac{a}{\varepsilon}\ln\frac{r_2}{r}+\frac{ar_1}{\varepsilon}\left(\frac{1}{r_2}-\frac{1}{r}\right)+\frac{a(r_2-r_1)}{\varepsilon_0 r_2}$$

当 $r_2 \to r_1$ 时，$$\phi=\frac{a}{\varepsilon}\ln\frac{r_2}{r}+\frac{ar_1}{\varepsilon}\left(\frac{1}{r_2}-\frac{1}{r}\right)$$

当 $r<r_1$ 时，

$$\phi=\int_{r_1}^{r_2}\boldsymbol{E}\cdot \mathrm{d}\boldsymbol{r}+\int_{r_2}^{\infty}\boldsymbol{E}\cdot \mathrm{d}\boldsymbol{r}=\int_{r_1}^{r_2}\frac{a(r-r_1)}{\varepsilon r^2}\mathrm{d}r+\int_{r_2}^{\infty}\frac{a(r_2-r_1)}{\varepsilon_0 r^2}\mathrm{d}r$$

$$=\frac{a}{\varepsilon}\ln\frac{r_2}{r_1}+\frac{ar_1}{\varepsilon}\left(\frac{1}{r_2}-\frac{1}{r_1}\right)+\frac{a(r_2-r_1)}{\varepsilon_0 r_2}$$

当 $r_2 \to r_1$ 时，$$\phi=0$$

事实上，当 $r_2 \to r_1$ 时，$Q\to 0$，无电荷分布。因此，各个区域的场分布为 0；电势分布为 0。

习题 2.22 半径为 a 的导体球外套一同心的导体球壳，球壳的内外半径分别为 b 与 c（$a<b<c$）。导体球带电荷 Q_1，球壳带电荷 Q_2，二者之间填满介电常数为 ε 的介质。试求各区域中的电势与电场强度。

解 利用高斯定理，取与球壳同心的球面为高斯面，则容易得到如下结果。

当 $r<a$ 时，$$\boldsymbol{E}=0$$

当 $a<r<b$ 时，$$\oint_S \boldsymbol{D}\cdot \mathrm{d}\boldsymbol{S}=4\pi r^2\cdot \varepsilon E=Q_1$$

所以，有 $$E=\frac{Q_1}{4\pi\varepsilon r^2}$$

考虑方向，为 $$\boldsymbol{E}=\frac{Q_1}{4\pi\varepsilon r^2}\boldsymbol{e}_r$$

当 $b<r<c$ 时，$$\boldsymbol{E}=0$$

当 $r>c$ 时，$$\oint_S \boldsymbol{D}\cdot \mathrm{d}\boldsymbol{S}=4\pi r^2\cdot \varepsilon_0 E=Q_1+Q_2$$

所以，有 $$E=\frac{Q_1+Q_2}{4\pi\varepsilon_0 r^2}$$

考虑方向，为 $$\boldsymbol{E}=\frac{Q_1+Q_2}{4\pi\varepsilon_0 r^2}\boldsymbol{e}_r$$

于是，各个区域的电势分布为（令无穷远处电势为零）

当 $r>c$ 时，

$$\phi=\int_r^{\infty}\boldsymbol{E}\cdot \mathrm{d}\boldsymbol{r}=\int_r^{\infty}\frac{Q_1+Q_2}{4\pi\varepsilon_0 r^2}\mathrm{d}r=\frac{Q_1+Q_2}{4\pi\varepsilon_0 r}$$

当 $b<r<c$ 时，

$$\phi=\int_r^{c}\boldsymbol{E}\cdot \mathrm{d}\boldsymbol{r}+\int_c^{\infty}\boldsymbol{E}\cdot \mathrm{d}\boldsymbol{r}=\int_r^{c}0\mathrm{d}r+\int_c^{\infty}\frac{Q_1+Q_2}{4\pi\varepsilon_0 r^2}\mathrm{d}r$$

$$=\frac{Q_1+Q_2}{4\pi\varepsilon_0 c}$$

当 $a<r<b$ 时，

$$\phi=\int_r^{b}\boldsymbol{E}\cdot \mathrm{d}\boldsymbol{r}+\int_b^{c}\boldsymbol{E}\cdot \mathrm{d}\boldsymbol{r}+\int_c^{\infty}\boldsymbol{E}\cdot \mathrm{d}\boldsymbol{r}=\int_r^{b}\frac{Q_1}{4\pi\varepsilon r^2}\mathrm{d}r+\int_b^{c}0\mathrm{d}r+\int_c^{\infty}\frac{Q_1+Q_2}{4\pi\varepsilon_0 r^2}\mathrm{d}r$$

$$=\frac{Q_1}{4\pi\varepsilon}\left(\frac{1}{r}-\frac{1}{b}\right)+\frac{Q_1+Q_2}{4\pi\varepsilon_0 c}$$

当 $r<a$ 时，

$$\phi=\int_a^b \boldsymbol{E}\cdot \mathrm{d}\boldsymbol{r}+\int_b^c \boldsymbol{E}\cdot \mathrm{d}\boldsymbol{r}+\int_c^{\infty} \boldsymbol{E}\cdot \mathrm{d}\boldsymbol{r}=\int_a^b \frac{Q_1}{4\pi\varepsilon r^2}\mathrm{d}r+\int_b^c 0\mathrm{d}r+\int_c^{\infty} \frac{Q_1+Q_2}{4\pi\varepsilon_0 r^2}\mathrm{d}r$$

$$=\frac{Q_1}{4\pi\varepsilon}\left(\frac{1}{a}-\frac{1}{b}\right)+\frac{Q_1+Q_2}{4\pi\varepsilon_0 c}$$

习题 2.23　无限长同轴线中内外导体的半径分别为 a 和 b，两导体间的电压为 U，且填满介电常数为 ε 的介质。若固定 b，试求 a 为何值时，它表面的电场强度最小。

解　设内导体的外表面上单位长度电量为 q，外导体的内表面上单位长度电量为 $-q$，取内外导体之间一个同轴的圆柱面为高斯面。

因为

$$\oint_S \boldsymbol{D}\cdot \mathrm{d}\boldsymbol{S}=D\cdot 2\pi r=q$$

故

$$D=\frac{q}{2\pi r}\quad E=\frac{q}{2\pi\varepsilon r}$$

因此，两个导体之间的电势差为

$$U=\int_a^b \boldsymbol{E}\cdot \mathrm{d}\boldsymbol{r}=\int_a^b \frac{q}{2\pi\varepsilon r}\mathrm{d}r=\frac{q}{2\pi\varepsilon}\ln\frac{b}{a}$$

故可得

$$q=\frac{2\pi\varepsilon U}{\ln\frac{b}{a}}$$

即

$$\boldsymbol{E}=\frac{U}{r\ln\frac{b}{a}}\boldsymbol{e}_r$$

表面的电场强度

$$\boldsymbol{E}=\frac{U}{a\ln\frac{b}{a}}\boldsymbol{e}_r$$

令 $\mathrm{f}(a)=a\ln\frac{b}{a}$，则 $f'(a)=\ln\frac{b}{a}-1$。当 $f'(a)=0$ 时，$a=\frac{b}{e}$。此时 $f''\left(\frac{b}{e}\right)=-\frac{e}{b}<0$，$f\left(\frac{e}{b}\right)$取最大值。

所以，电场强度最小为 $\boldsymbol{E}=\frac{eU}{b}\boldsymbol{e}_r$。

习题 2.24　球形电容器的内外半径分别为 a 与 b，其间由内至外填充两层介电常数分别为 ε_1 与 ε_2 的介质，分界面半径为 $r_d=\frac{1}{2}(a+b)$，设两球壳接地时，两介质分界面上的一点电荷 Q 在内、外球壳上感应出等量的电荷，试求$\frac{\varepsilon_1}{\varepsilon_2}$的值。

解　本题目如果不得法，计算起来颇为复杂。可以想象在分界面上有无穷多个点电荷均匀排布在内、外两个球壳上，每个都感应出等量的电荷，所以最终内、外球壳的电量相同。

如果把分界面看成两个重叠的极板，则它与内外球壳构成两个并联的电容器，且这两个电容器的电容相同。

对于球形电容器，其电容量公式为

$$C=\frac{4\pi\varepsilon r_2 r_1}{r_2-r_1}$$

则，对于电容器1，$C_1=\frac{4\pi\varepsilon_1 r_d a}{r_d-a}$；对于电容器2，$C_2=\frac{4\pi\varepsilon_2 r_d b}{b-r_d}$。

令二者相等，则有

$$\frac{4\pi\varepsilon_2 r_d b}{b-r_d}=\frac{4\pi\varepsilon_1 r_d a}{r_d-a}$$

由于 $r_d=\frac{1}{2}(a+b)$，所以有

$$\frac{\varepsilon_1}{\varepsilon_2}=\frac{b}{a}$$

习题 2.25 若平行板电容器的极板与 x 轴垂直，其中介质的介电常数为 $\varepsilon=k(x+1)$，k 为常数。$x=0$ 处和 $x=d$ 处为两个极板。试求该电容器单位面积的电容。

解 将电容器看成无数电容微元的串联，它们的倒数之和为总电容的倒数。因为平行板电容器电容为 $C=\frac{Q}{U}=\frac{\varepsilon S}{d}$（$S$ 为平行板电容器的总面积）

故
$$\frac{1}{C}=\frac{d}{\varepsilon S}$$

在位置 x 处，单位面积电容为

$$C'=\frac{C}{S}=\frac{\varepsilon}{d}=\frac{1}{d}k(x+1)$$

所以，厚度为 $\mathrm{d}x$ 电容器倒数的微元为

$$\mathrm{d}\frac{1}{C'}=\frac{\mathrm{d}x}{k(x+1)}$$

所以该平行板电容器电容 C_p 的关系式为

$$\frac{1}{C_p}=\int_0^d \frac{1}{k(x+1)}\mathrm{d}x=\frac{1}{k}\ln(d+1)$$

故

$$C_p=\frac{k}{\ln(d+1)}$$

习题 2.26 空气中有两个半径分别为 a_1 与 a_2 的导体球，两球心的间距为 d，且 d 比两球的半径大得多。若球1带电荷 Q，然后用细导线将两球相连，试求由球1流入球2的电量及该导体系统的最终电势。

解 本题示意图如图 2-23 所示。

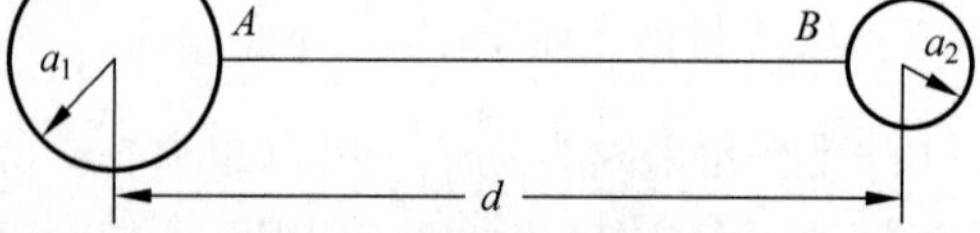

图 2-23 习题 2.26 示意图

由于导线很细，因此不考虑导线产生的场。终态时，则有 A 点电势等于 B 点电势。设终态时，各自电量分别为 Q_1, Q_2，则

$$Q_1 + Q_2 = Q \tag{2-53}$$

$$\phi_A = \frac{Q_1}{4\pi\varepsilon_0 a_1} + \frac{Q_2}{4\pi\varepsilon_0 (d - a_1)} = \phi_B = \frac{Q_2}{4\pi\varepsilon_0 a_2} + \frac{Q_1}{4\pi\varepsilon_0 (d - a_2)} \tag{2-54}$$

又因为 $d \gg a_1, d \gg a_2$，式(2-54)可化简为式(2-55)

$$\phi = \frac{Q_1}{4\pi\varepsilon_0 a_1} + \frac{Q_2}{4\pi\varepsilon_0 d} = \frac{Q_2}{4\pi\varepsilon_0 a_2} + \frac{Q_1}{4\pi\varepsilon_0 d} \tag{2-55}$$

联立式(2-53)和式(2-55)，则

$$Q_1 = Q\,\frac{a_1 d - a_1 a_2}{a_2 d + a_1 d - 2a_1 a_2}, \quad Q_2 = Q\,\frac{a_2 d - a_1 a_2}{a_2 d + a_1 d - 2a_1 a_2}$$

所以，最终系统的电势为

$$\phi = \phi_A = \phi_B = \frac{Q}{4\pi\varepsilon_0 d}\,\frac{d^2 - a_1 a_2}{a_2 d + a_1 d - 2a_1 a_2}$$

由球 1 流入球 2 的电量为 Q_2，即

$$\Delta Q = Q_2 = Q\,\frac{a_2 d - a_1 a_2}{a_2 d + a_1 d - 2a_1 a_2}$$

习题 2.27 球形电容器内、外极板的半径分别为 r_1 和 r_2，若两极板间部分填充介电常数为 ε 的介质，且介质对球心的立体角为 Ω，试求此电容器的电容。

解 参考例 2.5 中的试探法，对于该球形电容器，建立球坐标系，球心为原点。由于电场强度切向连续，所以两个区域内部电场强度大小一样。利用高斯定理，得

$$\oint_S \boldsymbol{D} \cdot \mathrm{d}\boldsymbol{S} = \Omega r^2 \varepsilon E + (4\pi - \Omega) r^2 \varepsilon_0 E = Q$$

所以，电场强度为

$$\boldsymbol{E} = \frac{Q}{[(4\pi - \Omega)\varepsilon_0 + \Omega\varepsilon] r^2}\boldsymbol{e}_r$$

电容器电压为

$$U = \int_{r_1}^{r_2} \boldsymbol{E} \cdot \mathrm{d}\boldsymbol{r} = \frac{Q}{[(4\pi - \Omega)\varepsilon_0 + \Omega\varepsilon]}\left(\frac{1}{r_1} - \frac{1}{r_2}\right)$$

电容器电容为

$$C = \frac{Q}{U} = \frac{(4\pi - \Omega)\varepsilon_0 + \Omega\varepsilon}{r_2 - r_1} r_1 r_2$$

习题 2.28 在面积为 S、间距为 d 的空气平行板电容器中，插入一厚度为 l 的介质板，其面与极板面的夹角为 α，但不与极板接触，且介质板的边缘与极板的边缘都在同一柱面上。试求这时两平行板间的电容。

解 本题示意图如图 2-24 所示。

$h = l/\cos\theta$，且在分界面上，有边界条件

$$E_A \sin\alpha = E_B \sin\theta$$

$$\varepsilon_0 E_A \cos\alpha = \varepsilon E_B \cos\theta$$

所以，$\varepsilon_r \tan\alpha = \tan\theta$。其中，$E_A, E_B$ 分别是空气和介质中的电场强度。

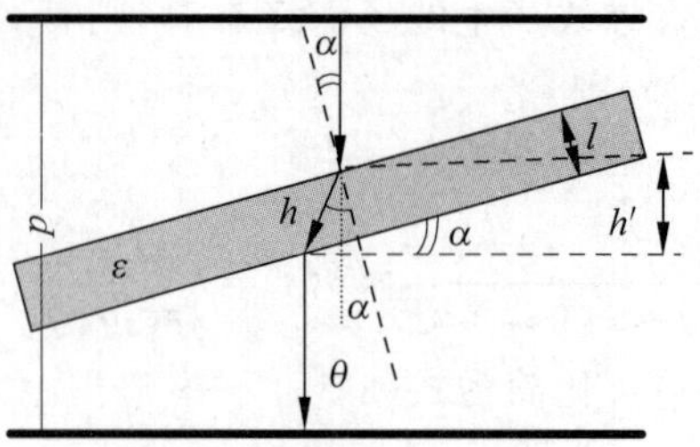

图 2-24 习题 2.28 示意图

于是 $\rho_S=\varepsilon_0 E_A$，ρ_S 为平行板的面电荷密度。

$$U=E_A(d-h')+E_B l/\cos\theta$$

$$h'=\frac{l}{\cos\theta}\cos(\theta-\alpha)=\frac{l}{\cos\theta}(\cos\theta\cos\alpha+\sin\theta\sin\alpha)=l\cos\alpha+l\tan\theta\sin\alpha$$

$$C=\frac{Q}{U}=\frac{\varepsilon_0 E_A S}{E_A(d-h')+E_B l/\cos\theta}$$

整理，得

$$C=\frac{Q}{U}=\frac{\varepsilon_0 S}{(d-h')+\dfrac{E_B}{E_A}(l/\cos\theta)}=\frac{\varepsilon_0 S}{(d-l\cos\alpha-l\tan\theta\sin\alpha)+\dfrac{\sin\alpha}{\sin\theta}(l/\cos\theta)}$$

$$=\frac{\varepsilon_0 S}{(d-l\cos\alpha-l\tan\theta\sin\alpha)+l\sin\alpha(\tan\theta+1/\tan\theta)}$$

$$=\frac{\varepsilon_0 S}{(d-l\cos\alpha)+l\sin\alpha/(\varepsilon_r\tan\alpha)}$$

$$=\frac{\varepsilon_0 S}{(d-l\cos\alpha)+\dfrac{l}{\varepsilon_r}\cos\alpha}$$

$$=\frac{\varepsilon_0 S}{d-l\cos\alpha\left(1-\dfrac{1}{\varepsilon_r}\right)}$$

习题 2.29 如图 2-25 所示，有一平行板空气电容器，极板的长、宽分别为 a 和 b，极板间的距离为 d（d 远小于长和宽）且电压为 U。在两极板间平行部分插入厚度为 t（$t<d$），长、宽分别为 x（$x<a$）与 b 的介质板，其介电常数为 ε，忽略电容器的边缘效应，试求介质板内与空气隙中的电场强度及介质表面上的束缚电荷面密度。

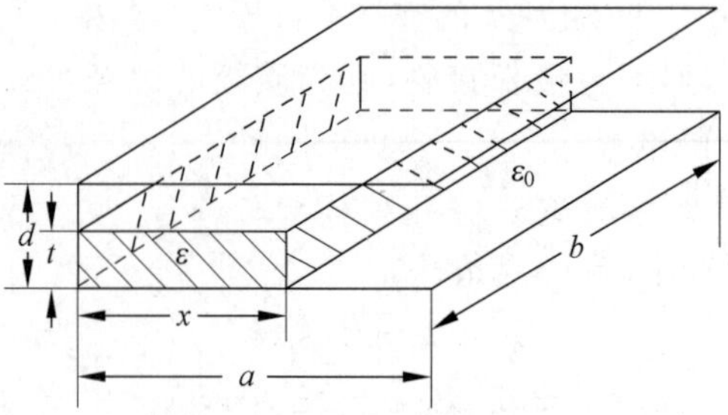

图 2-25 习题 2.29 示意图

解 图 2-25 左侧部分,电位移矢量连续,则 $D_{1n}=D_{2n}$,于是有

$$\frac{D}{\varepsilon_0}(d-t)+\frac{D}{\varepsilon}t=U$$

即

$$D\left(\frac{d-t}{\varepsilon_0}+\frac{t}{\varepsilon}\right)=U$$

所以
$$D=\frac{U\varepsilon\varepsilon_0}{(d-t)\varepsilon+\varepsilon_0 t}$$

于是,空气中的电场强度为
$$E_0=\frac{U\varepsilon}{(d-t)\varepsilon+\varepsilon_0 t}$$

介质中的电场强度为
$$E_d=\frac{\varepsilon_0 U}{\varepsilon_0 t+\varepsilon(d-t)}$$

若该平行板场强方向为从上到下,在左侧部分,介质的上、下表面分别有

$$\rho_{Sb1}=-(\varepsilon-\varepsilon_0)\frac{\varepsilon_0 U}{\varepsilon_0 t+\varepsilon(d-t)},\quad \rho_{Sb2}=(\varepsilon-\varepsilon_0)\frac{\varepsilon_0 U}{\varepsilon_0 t+\varepsilon(d-t)}$$

习题 2.30 无限长同轴线中内、外导体的半径分别为 r_1 与 r_2,单位长内、外导体的带电量分别为 $+Q$ 与 $-Q$,两导体间填满介质,其介电常数为 $\varepsilon=\frac{a}{r}$,a 为常数。试求同轴线介质中的电场强度、束缚电荷密度与介质表面上的束缚电荷面密度及单位长度上总的束缚电荷。

解 以柱轴为 z 轴建立圆柱坐标系,根据高斯定理得

$$\oint_S \boldsymbol{D}\cdot \mathrm{d}\boldsymbol{S}=D\cdot 2\pi r=\varepsilon E\cdot 2\pi r=E\cdot 2\pi a=Q$$

所以
$$\boldsymbol{E}=\frac{Q}{2\pi a}\boldsymbol{e}_r$$

$$\boldsymbol{P}=(\varepsilon-\varepsilon_0)\boldsymbol{E}=\frac{Q}{2\pi a}\left(\frac{a}{r}-\varepsilon_0\right)\boldsymbol{e}_r$$

$$\rho_b=-\nabla\cdot\boldsymbol{P}=-\frac{1}{r}\frac{\partial}{\partial r}\left(\frac{Q}{2\pi a}(a-\varepsilon_0 r)\right)=\frac{\varepsilon_0 Q}{2\pi a r}$$

$$\rho_{Sb1}\Big|_{r=r_1}=\boldsymbol{P}\cdot\boldsymbol{n}\Big|_{r=r_1}=-\frac{Q}{2\pi a}\left(\frac{a}{r_1}-\varepsilon_0\right)$$

$$\rho_{Sb2}\Big|_{r=r_2}=\boldsymbol{P}\cdot\boldsymbol{n}\Big|_{r=r_2}=\frac{Q}{2\pi a}\left(\frac{a}{r_2}-\varepsilon_0\right)$$

单位长度上束缚体电荷总量为

$$Q_b=\iiint_V \rho\,\mathrm{d}V=\int_{r_1}^{r_2}2\pi r\cdot\left(\frac{\varepsilon_0 Q}{2\pi a r}\right)\mathrm{d}r=\frac{\varepsilon_0 Q}{a}(r_2-r_1)$$

单位长度上束缚面电荷总量为

$$\begin{aligned}Q_{Sb}&=\rho_{Sb2}2\pi r_2+\rho_{Sb1}2\pi r_1\\&=\frac{Q}{2\pi a}\left(\frac{a}{r_2}-\varepsilon_0\right)\times 2\pi r_2-\frac{Q}{2\pi a}\left(\frac{a}{r_1}-\varepsilon_0\right)\times 2\pi r_1\\&=\frac{Q}{a}(a-\varepsilon_0 r_2)-\frac{Q}{a}(a-r_1\varepsilon_0)\end{aligned}$$

$$=\frac{Q\varepsilon_0}{a}(r_1-r_2)$$

单位长度上总的束缚电荷 $Q_{tb}=Q_b+Q_{Sb}=0$。

习题 2.31 空气中有一半径为 a，长为 l，介电常数为 ε 的极化介质圆柱沿 x 轴放置，其中极化强度 $\boldsymbol{P}=kx\boldsymbol{e}_x$，$k$ 为常数。试求：

(1) 圆柱内的电场强度；

(2) 介质柱内的束缚电荷密度和圆柱表面上的束缚电荷面密度及总的束缚电荷。

解 以柱轴为 x 轴，以柱的中心为原点，建立坐标系，则

(1) $\boldsymbol{E}=\dfrac{\boldsymbol{P}}{\varepsilon-\varepsilon_0}=\dfrac{kx}{\varepsilon-\varepsilon_0}\boldsymbol{e}_x$

(2) $\rho_b=-\nabla\cdot\boldsymbol{P}==-\dfrac{\partial}{\partial x}(kx)=-k$

$$\rho_{Sb1}\Big|_{x=\frac{l}{2}}=\boldsymbol{P}\cdot\boldsymbol{n}\Big|_{x=\frac{l}{2}}=\frac{kl}{2},\rho_{Sb2}\Big|_{x=-\frac{l}{2}}=\boldsymbol{P}\cdot\boldsymbol{n}\Big|_{x=-\frac{l}{2}}=\frac{kl}{2},\rho_{Sb3}\Big|_{r=a}=\boldsymbol{P}\cdot\boldsymbol{n}\Big|_{r=a}=0$$

束缚体电荷为

$$Q_b=\iiint_V\rho_b\mathrm{d}V=-k\pi a^2 l$$

束缚面电荷为

$$Q_{Sb}=\rho_{Sb2}\pi a^2+\rho_{Sb1}\pi a^2=kl\pi a^2$$

介质柱上总的束缚电荷 $Q_{tb}=Q_b+Q_{Sb}=0$。

习题 2.32 无限长同轴线中内、外导体的半径分别为 r_1 与 r_2，内外导体间填充双层介质以提高工作电压。这两种介质的介电常数分别为 ε_1 与 ε_2，其击穿强度分别为 E_{m1} 和 E_{m2}。试问两种介质的分界面半径 r_d 为多大时才能使工作电压最高。

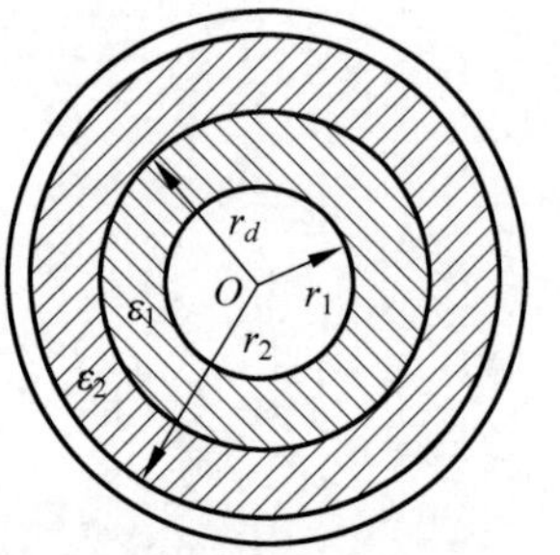

图 2-26 习题 2.32 示意图

解 设单位长度内导体柱上的电荷为 Q。如图 2-26 所示，根据高斯定理有

$$\oint_S\boldsymbol{D}\cdot\mathrm{d}\boldsymbol{S}=Q,\quad\oint_S\boldsymbol{D}\cdot\mathrm{d}\boldsymbol{S}=D\cdot2\pi r=Q$$

所以

$$D=\frac{Q}{2\pi r}$$

可以得到两种介质中的电场强度为

$$E_1=\frac{Q}{2\pi\varepsilon_1 r},\quad E_2=\frac{Q}{2\pi\varepsilon_2 r}$$

于是，内外导体之间的电压为

$$U=\int_{r_1}^{r_2}\boldsymbol{E}\cdot\mathrm{d}\boldsymbol{r}=\int_{r_1}^{r_d}\boldsymbol{E}\cdot\mathrm{d}\boldsymbol{r}+\int_{r_d}^{r_2}\boldsymbol{E}\cdot\mathrm{d}\boldsymbol{r}=\frac{Q}{2\pi\varepsilon_1}\ln\frac{r_d}{r_1}+\frac{Q}{2\pi\varepsilon_2}\ln\frac{r_2}{r_d}$$

在内导体表面，介质分界面处，有

$$E_{11}=\frac{Q}{2\pi\varepsilon_1 r_1},\quad E_{12}=\frac{Q}{2\pi\varepsilon_1 r_d},\quad E_{21}=\frac{Q}{2\pi\varepsilon_2 r_d}$$

可以看出，在两种材料里面，电场强度都是单调递减的。也就是说，如果材料被击穿，一定是在 r_1 或者 r_d 处发生。要使得耐压最高，从上式可以看出，可以先增大电量 Q，使得 $E_{11}=$

E_{m1}，达到击穿电压。此时 $E_{21}=\dfrac{Q}{2\pi\varepsilon_2 r_d}$ 有两种情况：要么大于击穿电压(此时材料 2 已经被击穿)；要么小于击穿电压。对于前者，可以增大 r_d，使 $E_{21}=E_{m2}$；对于后者，则可以减小 r_d，使得 $E_{21}=E_{m2}$。无论哪种情况，我们都有 $E_{11}=E_{m1}$，且 $E_{21}=E_{m2}$。这时对应的电压一定是最高电压。于是

$$\frac{Q}{2\pi\varepsilon_1 r_1}=E_{m1},\quad \frac{Q}{2\pi\varepsilon_2 r_d}=E_{m2}$$

可得

$$r_d=\frac{\varepsilon_1 r_1 E_{m1}}{\varepsilon_2 E_{m2}}$$

习题 2.33 试证明当两种介质的分界面上有密度为 ρ_S 的面电荷时，则有

$$\frac{\tan\theta_1}{\tan\theta_2}=\frac{\varepsilon_1}{\varepsilon_2}\left(1-\frac{\rho_S}{\varepsilon_1 E_1\cos\theta_1}\right)$$

其中，θ_1 与 θ_2 分别是介电常数为 ε_1 与 ε_2 的两种介质中的电场强度(或电位移)矢量与分界面法线之间的夹角。

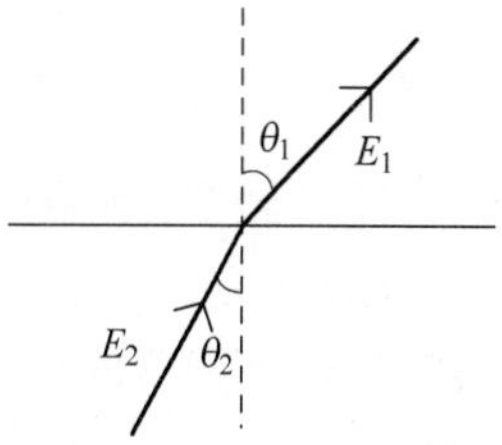

图 2-27 习题 2.33 示意图

证明 习题 2.33 示意图如图 2-27 所示。

有边界条件成立，即

$$E_1\sin\theta_1=E_2\sin\theta_2 \tag{2-56}$$

$$\varepsilon_1 E_1\cos\theta_1-\varepsilon_2 E_2\cos\theta_2=\rho_S$$

所以，有

$$1-\frac{\varepsilon_2 E_2\cos\theta_2}{\varepsilon_1 E_1\cos\theta_1}=\frac{\rho_S}{\varepsilon_1 E_1\cos\theta_1}$$

即

$$1-\frac{\rho_S}{\varepsilon_1 E_1\cos\theta_1}=\frac{\varepsilon_2 E_2\cos\theta_2}{\varepsilon_1 E_1\cos\theta_1} \tag{2-57}$$

式(2-57)除以式(2-56)，则有

$$1-\frac{\rho_S}{\varepsilon_1 E_1\cos\theta_1}=\frac{E_1\sin\theta_1}{E_2\sin\theta_2}\,\frac{\varepsilon_2 E_2\cos\theta_2}{\varepsilon_1 E_1\cos\theta_1}=\frac{\varepsilon_2\tan\theta_1}{\varepsilon_1\tan\theta_2}$$

得证。

习题 2.34 空气中有一无限长圆柱形电容器，内、外极板的半径分别为 r_1 和 r_2，其间填充介电常数为 ε 的介质。外极板接地，内极板的电势为 U。试求介质中的电势和电场强度及分界面上自由电荷与束缚电荷的分布。

解 以电容器的轴线为 z 轴，建立圆柱坐标系。令圆柱内极板上单位长度电荷量为 Q，取长度为 l 的电容器，则由高斯定理得

$$\oint_S \boldsymbol{E}\cdot d\boldsymbol{S}=E\cdot 2\pi r l=\frac{Ql}{\varepsilon}$$

电场强度 $\boldsymbol{E}$ 为

$$\boldsymbol{E}=\frac{Q}{2\pi\varepsilon r}\boldsymbol{e}_r$$

$$U=\int_{r_1}^{r_2}\boldsymbol{E}\cdot d\boldsymbol{r}=\frac{Q}{2\pi\varepsilon}\ln\frac{r_2}{r_1}$$

所以

$$\boldsymbol{E}=\frac{U}{r\ln\frac{r_2}{r_1}}\boldsymbol{e}_r$$

电容器内部的电势为

$$\phi=\int_r^{r_2}\boldsymbol{E}\cdot\mathrm{d}\boldsymbol{r}=\int_r^{r_2}\frac{U}{r\ln\frac{r_2}{r_1}}\mathrm{d}r=\frac{U}{\ln\frac{r_2}{r_1}}\ln\frac{r_2}{r}$$

在圆柱形电容器内表面，即当 $r=r_1$ 时，束缚电荷和自由电荷的分布分别为

$$\rho_{Sb1}=\boldsymbol{P}_1\cdot\boldsymbol{n}=\boldsymbol{P}_1\cdot(-\boldsymbol{e}_r)=-(\varepsilon-\varepsilon_0)\cdot E\Big|_{r=r_1}=-\frac{(\varepsilon-\varepsilon_0)U}{r_1\ln\frac{r_2}{r_1}}$$

$$\rho_{S1}=\boldsymbol{D}_1\cdot\boldsymbol{n}=\boldsymbol{D}_1\cdot\boldsymbol{e}_r=\varepsilon E\Big|_{r=r_1}=\frac{\varepsilon U}{r_1\ln\frac{r_2}{r_1}}$$

在计算电荷时，一定要注意外法线方向，是从介质或导体内表面附近向外看的方向；否则，就会出现正负号的错误。

在圆柱形电容器外表面，即当 $r=r_2$ 时，束缚电荷和自由电荷的分布分别为

$$\rho_{Sb2}=\boldsymbol{P}_2\cdot\boldsymbol{n}=\boldsymbol{P}_2\cdot\boldsymbol{e}_r=(\varepsilon-\varepsilon_0)\cdot E\Big|_{r=r_2}=\frac{(\varepsilon-\varepsilon_0)U}{r_2\ln\frac{r_2}{r_1}}$$

$$\rho_{S2}=\boldsymbol{D}_2\cdot\boldsymbol{n}=\boldsymbol{D}_2\cdot(-\boldsymbol{e}_r)=-\varepsilon E\Big|_{r=r_2}=-\frac{\varepsilon U}{r_2\ln\frac{r_2}{r_1}}$$

大家可以对比内、外表面计算电荷面密度时的法线方向，从而进一步加深理解。

习题 2.35 有一电容为 C 的空气电容器，试分别计算下列几种情况下电容器所储存的电场能量。

(1) 将电压为 U 的电源接至电容器上；

(2) 在(1)的情况下，用介电常数为 ε 的油替换电容器极板间的空气；

(3) 断开电源，将油抽出。

解 (1) 直接利用公式，$W_e=\frac{1}{2}CU^2$。

(2) 加入油之后，电容器为 $C'=\frac{\varepsilon}{\varepsilon_0}C$，于是 $W_e=\frac{1}{2}\frac{\varepsilon}{\varepsilon_0}CU^2$。

(3) 电容器极板上的电荷量为 $Q=\frac{\varepsilon}{\varepsilon_0}CU$，抽油之后，电荷量不变，但是电势差为

$$U'=\frac{Q}{C}=\frac{\varepsilon}{\varepsilon_0}U$$

所以，电场能量为 $W_e=\frac{1}{2}\frac{\varepsilon}{\varepsilon_0}C\cdot U\frac{\varepsilon}{\varepsilon_0}U=\frac{1}{2}\left(\frac{\varepsilon}{\varepsilon_0}\right)^2CU^2$。

习题 2.36 半径为 a 的导体球外套一同心的导体球壳，球壳的内、外半径分别为 b 与

$c(a<b<c)$。导体球带电荷 Q_1，球壳带电荷 Q_2，二者之间填满介电常数为 ε 的介质。求该导体系统的电场能量密度与总的储能。若将导体球与球壳用细导线连接起来，结果又如何？

解

当 $r<a$ 时，
$$\boldsymbol{E}=0,\quad w_e=0$$

当 $a<r<b$ 时，
$$\oint_S \boldsymbol{D}\cdot \mathrm{d}\boldsymbol{S}=4\pi r^2\cdot \varepsilon E=Q_1$$

所以，有
$$E=\frac{Q_1}{4\pi\varepsilon r^2}$$

考虑方向，为
$$\boldsymbol{E}=\frac{Q_1}{4\pi\varepsilon r^2}\boldsymbol{e}_r,\quad w_e=\frac{Q_1^2}{32\pi^2\varepsilon r^4}$$

当 $b<r<c$ 时，
$$\boldsymbol{E}=0,\quad w_e=0$$

当 $r>c$ 时，
$$\oint_S \boldsymbol{D}\cdot \mathrm{d}\boldsymbol{S}=4\pi r^2\cdot \varepsilon_0 E=Q_1+Q_2$$

所以，有
$$E=\frac{Q_1+Q_2}{4\pi\varepsilon_0 r^2}$$

考虑方向，为
$$\boldsymbol{E}=\frac{Q_1+Q_2}{4\pi\varepsilon_0 r^2}\boldsymbol{e}_r,\quad w_e=\frac{(Q_1+Q_2)^2}{32\pi^2\varepsilon_0 r^4}$$

$$\begin{aligned}W_e&=\int w_e\mathrm{d}V=\int_a^b\frac{Q_1^2}{32\pi^2\varepsilon r^4}4\pi r^2\mathrm{d}r+\int_c^\infty\frac{(Q_1+Q_2)^2}{32\pi^2\varepsilon_0 r^4}4\pi r^2\mathrm{d}r\\&=\frac{Q_1^2}{8\pi\varepsilon}\left(\frac{1}{a}-\frac{1}{b}\right)+\frac{(Q_1+Q_2)^2}{8\pi\varepsilon_0}\frac{1}{c}\end{aligned}$$

若将导体球与球壳用细导线连接起来，则内部导体球的电荷流动到外部导体球壳表面，此时

当 $r<c$ 时，
$$\boldsymbol{E}=0,\quad w_e=0$$

当 $r>c$ 时，
$$\oint_S \boldsymbol{D}\cdot \mathrm{d}\boldsymbol{S}=4\pi r^2\cdot \varepsilon_0 E=Q_1+Q_2$$

所以，有
$$E=\frac{Q_1+Q_2}{4\pi\varepsilon_0 r^2}$$

考虑方向，为
$$\boldsymbol{E}=\frac{Q_1+Q_2}{4\pi\varepsilon_0 r^2}\boldsymbol{e}_r,\quad w_e=\frac{(Q_1+Q_2)^2}{32\pi^2\varepsilon_0 r^4}$$

$$W_e=\int_c^\infty\frac{(Q_1+Q_2)^2}{32\pi^2\varepsilon_0 r^4}4\pi r^2\mathrm{d}r=\frac{(Q_1+Q_2)^2}{8\pi\varepsilon_0 c}$$

习题 2.37 空气中有一半径为 a、带电荷为 Q 的孤立球体。试分别求出下列两种情况下带电球的电场能量与电容。

(1) 电荷均匀分布于球面上；

(2) 电荷均匀分布于球体内。

解 (1) 当 $r>a$ 时，由高斯定理得 $\oint_S \boldsymbol{E}_o\cdot \mathrm{d}\boldsymbol{S}=E_o\cdot 4\pi r^2=\dfrac{Q}{\varepsilon_0}$

$$\boldsymbol{E}_o=\frac{Q}{4\pi\varepsilon_0 r^2}\boldsymbol{e}_r$$

同理，当 $r<a$ 时，
$$\oint_S \boldsymbol{E}_i \cdot d\boldsymbol{S} = E_i \cdot 4\pi r^2 = 0$$
$$\boldsymbol{E}_i = 0$$
此时带电球的电场能量密度
$$w_e = \frac{1}{2}\varepsilon_0 E_0^2 = \frac{Q^2}{32\pi^2\varepsilon_0 r^4}$$
带电球的电场能量
$$W_e = \int_V w_e dV = \int_a^{\infty} \frac{Q^2}{32\pi^2\varepsilon_0 r^4} \cdot 4\pi r^2 dr = \frac{Q^2}{8\pi\varepsilon_0 a}$$
带电球体的电容
$$C = \frac{Q^2}{2W_e} = 4\pi\varepsilon_0 a$$
(2) 电荷均匀分布于球体内，在球体内，半径为 r 的球体所带电荷量
$$Q(r) = \frac{r^3}{a^3}Q$$
当 $r>a$ 时，同题(1)，
$$\boldsymbol{E}_o = \frac{Q}{4\pi\varepsilon_0 r^2}\boldsymbol{e}_r$$
当 $r<a$ 时，
$$\oint_S \boldsymbol{E}_i \cdot d\boldsymbol{S} = E_i \cdot 4\pi r^2 = \frac{Q(r)}{\varepsilon_0},\quad \boldsymbol{E}_i = \frac{Qr}{4\pi\varepsilon_0 a^3}\boldsymbol{e}_r$$
此时球体内部和球体外部的电场能量密度分别为
$$w_{eo} = \frac{1}{2}\varepsilon_0 \boldsymbol{E}_o^2 = \frac{Q^2}{32\pi^2\varepsilon_0 r^4}$$
$$w_{ei} = \frac{1}{2}\varepsilon_0 \boldsymbol{E}_i^2 = \frac{Q^2 r^2}{32\pi^2\varepsilon_0 a^6}$$
带电球体的电场能量为
$$\begin{aligned} W_e &= \int_V w_e dV = \int_0^a \frac{Q^2 r^2}{32\pi^2\varepsilon_0 a^6} \cdot 4\pi r^2 dr + \int_a^{\infty} \frac{Q^2}{32\pi^2\varepsilon_0 r^4} \cdot 4\pi r^2 dr \\ &= \frac{Q^2}{8\pi\varepsilon_0 a^6}\int_0^a r^4 dr + \frac{Q^2}{8\pi\varepsilon_0}\int_a^{\infty} \frac{1}{r^2} dr \\ &= \frac{3Q^2}{20\pi\varepsilon_0 a} \end{aligned}$$
带电球体的电容为
$$C = \frac{Q^2}{2W_e} = \frac{10\pi\varepsilon_0 a}{3}$$

习题 2.38 空气中有一半径为 a、带电荷为 Q 的导体球。球外套有同心的介质球壳，其内、外半径分别为 a 和 b，介电常数为 ε，如图 2-22 所示。求系统总的电场能量。

解 当 $r<a$ 时，$\boldsymbol{E}=0$，$w_e=0$。

当 $a<r<b$ 时，$\oint_S \boldsymbol{D} \cdot d\boldsymbol{S} = 4\pi r^2 \cdot \varepsilon E = Q$，故 $\boldsymbol{E} = \dfrac{Q}{4\pi\varepsilon r^2}\boldsymbol{e}_r$，$w_e = \dfrac{Q^2}{32\pi^2\varepsilon r^4}$。

当 $b<r$ 时，$\oint_S \boldsymbol{D} \cdot d\boldsymbol{S} = 4\pi r^2 \cdot \varepsilon_0 E = Q$，所以 $\boldsymbol{E} = \dfrac{Q}{4\pi\varepsilon_0 r^2}\boldsymbol{e}_r$，$w_e = \dfrac{Q^2}{32\pi^2\varepsilon_0 r^4}$。

所以电场能量为

$$W_e=\int w_e\mathrm{d}V=\int_a^b\frac{Q^2}{32\pi^2\varepsilon r^4}4\pi r^2\mathrm{d}r+\int_b^{\infty}\frac{Q^2}{32\pi^2\varepsilon_0 r^4}4\pi r^2\mathrm{d}r$$

$$=\frac{Q^2}{8\pi\varepsilon}\left(\frac{1}{a}-\frac{1}{b}\right)+\frac{Q^2}{8\pi\varepsilon_0}\frac{1}{b}$$

习题 2.39 如图 2-28 所示，有一半径为 a、带电量为 Q 的导体球，其球心位于两种介质的分界面上，此两种介质的介电常数分别为 ε_1 和 ε_2，分界面可视为无限大平面。试求：

(1) 导体球的电容；

(2) 总的静电场能量。

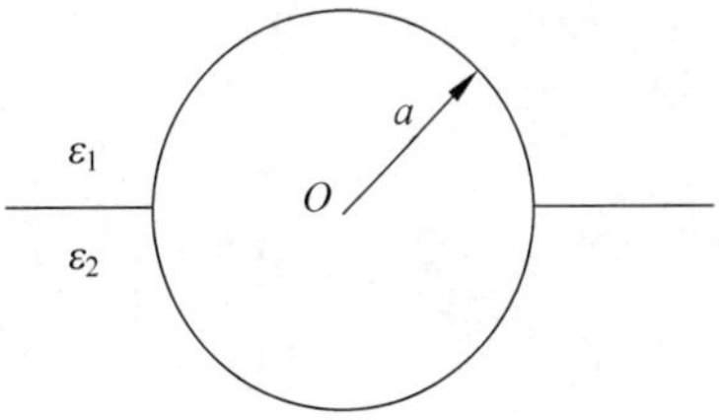

图 2-28 习题 2.39 示意图

解 (1) 参考例 2.5 的试探法，假设电场强度呈放射状分布，且分区是均匀的。根据边界条件，在两种介质的分界面上有 $E_{1t}=E_{2t}$，故有 $E=E_{1t}=E_{2t}$。由于 $D_1=\varepsilon_1E_1$，$D_2=\varepsilon_2E_2$，由高斯定理得

$$\iint\boldsymbol{D}_1\cdot\mathrm{d}\boldsymbol{S}+\iint\boldsymbol{D}_2\cdot\mathrm{d}\boldsymbol{S}=2\pi r^2\varepsilon_1E+2\pi r^2\varepsilon_2E=Q$$

所以，电场强度为

$$\boldsymbol{E}=\frac{Q}{2\pi r^2(\varepsilon_1+\varepsilon_2)}\boldsymbol{e}_r$$

导体球的电位为

$$\phi=\int_a^{\infty}\boldsymbol{E}\cdot\mathrm{d}\boldsymbol{r}=\int_a^{\infty}\frac{Q}{2\pi r^2(\varepsilon_1+\varepsilon_2)}\mathrm{d}r=\frac{Q}{2\pi a(\varepsilon_1+\varepsilon_2)}$$

所以，导体球的电容为

$$C=\frac{Q}{\phi}=2\pi a(\varepsilon_1+\varepsilon_2)$$

(2) 总的静电能量为

$$W_e=\frac{1}{2}Q\phi=\frac{Q^2}{4\pi a(\varepsilon_1+\varepsilon_2)}$$

2.7 核心 MATLAB 代码

2.7.1 基于 quiver 函数的力线绘制方法

1. 解析法绘制点电荷对的电力线

以两点电荷系统为例，场点 $P(x,y)$ 的电势(如果仅仅为了绘制电力线，可以不考虑系数 $q_1/4\pi\varepsilon$)可表示为

$$\phi=\frac{1}{\sqrt{(x+a)^2+y^2}}+\frac{Q^*}{\sqrt{(x-a)^2+y^2}}\tag{2-58}$$

其中，两个点电荷分别位于$(-a,0)$，$(a,0)$，$Q^*=q_2/q_1$，则由 $\boldsymbol{E}=-\nabla\phi$ 得到的场强 $\boldsymbol{E}$ 在 xOy 平面只有两个分量

$$E_x=-\frac{\partial\phi}{\partial x},\quad E_y=-\frac{\partial\phi}{\partial y}\tag{2-59}$$

将式(2-58)代入式(2-59),得

$$\begin{cases} E_x = \dfrac{x+a}{[(x+a)^2+y^2]^{3/2}} + Q^* \dfrac{x-a}{[(x-a)^2+y^2]^{3/2}} \\ E_y = \dfrac{y}{[(x+a)^2+y^2]^{3/2}} + Q^* \dfrac{y}{[(x-a)^2+y^2]^{3/2}} \end{cases} \tag{2-60}$$

当然,直接利用点电荷所产生的电场强度公式,并利用叠加原理,也可以得到式(2-60)的结果。

下面的程序中,设置 $a=\sqrt{2}$,两点电荷等量异号,并利用 quiver 绘制电力线。具体代码如下:

```
x = ( - 1:.125:1);
y = ( - 1:.125:1);
[X,Y] = meshgrid(x,y);                                    %设置网格区域
EX = (X - sqrt(2))./(Y.^2 + (X - sqrt(2)).^2).^(3/2) - (X + sqrt(2))./(Y.^2 + (X + sqrt(2)).^2).
^(3/2);
 %电场强度 x 分量
EY = (Y)./(Y.^2 + (X - sqrt(2)).^2).^(3/2) - (Y)./(Y.^2 + (X + sqrt(2)).^2).^(3/2);
                                                          %电场强度 y 分量
quiver(X,Y,EX,EY);                                        %绘制电力线
axis([ - 1 1 - 1 1]);                                     %设置显示范围
```

MATLAB 的显示结果如图 2-29 所示。

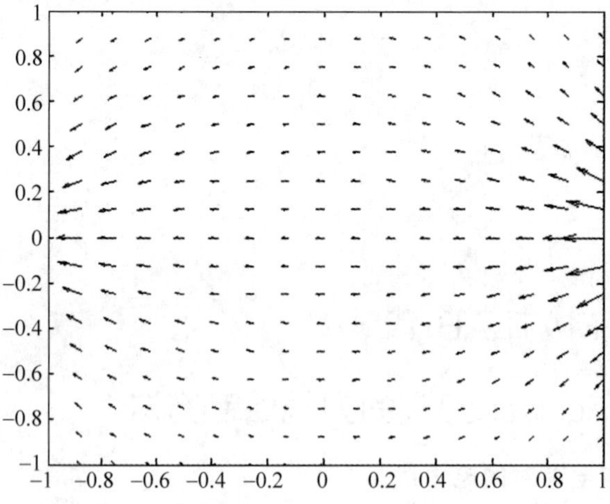

图 2-29　两个等量异号电荷对应的电力线分布

由图 2-29 可见,quiver 函数绘制的力线图,很像在磁场中通过实验绘制磁力线的形式。众所周知,可以在磁场中放置一张硬纸片,然后在纸上均匀地撒一些铁屑,轻轻地敲击纸片边沿,就可以看到铁屑会在磁场中磁化,每个铁屑都成了一个小指南针,它们在外磁场中受力偏转,而偏转方向正好就是当地的磁力线方向。于是,所有铁屑的分布就是硬纸片上的磁力线分布。利用 quiver 绘制力线,无须考虑力线的起始和终止位置,改变格点的疏密可以调整箭头的疏密,就像做实验绘制力线一样。其缺点是力线不连续,美观性较差。因此,往

往采用这种方法作为绘制电力线的基础，先观察力线的大致分布，然后再采用其他的方法，如后面要讲到的 streamline 等更加精细地描绘力线。

2. 数值方法绘制点电荷对的电力线

既然已知电势函数的分布，因此也可以利用数值方法计算梯度得到电场强度，然后再利用 quiver 函数绘制电力线。与前面的解析方法相比，编制程序时仅仅需要电势函数，所以更加简洁。程序如下所示。为了与上面的图片有差异，程序中还特地绘制了相应的 10 条等势线(具体方法参见后面章节)。

```
x = ( - 1:.125:1);
y = ( - 1:.125:1);
[X,Y] = meshgrid(x,y);                      % 创建网格
Phi = (1./sqrt(Y.^2 + (X - sqrt(2)).^2) - 1./sqrt(Y.^2 + (X + sqrt(2)).^2)); % 电势函数的表达式
[DX,DY] = gradient( - Phi);                 % 数值计算电势的负梯度，即电场强度，并存储在 DX,DY 中
contour(X,Y,Phi,10);                        % 绘制等势线，一共 10 条
hold on;                                    % 告诉 MATLAB 使用叠加绘图模式，不要覆盖前面的图像
quiver(X,Y,DX,DY);                          % 绘制电力线，并与前面的等势线叠加在一幅图中
axis([ - 1 1  - 1 1]);                      % 设置显示范围 x,y 都是 - 1～1
```

运行结果如图 2-30 所示。

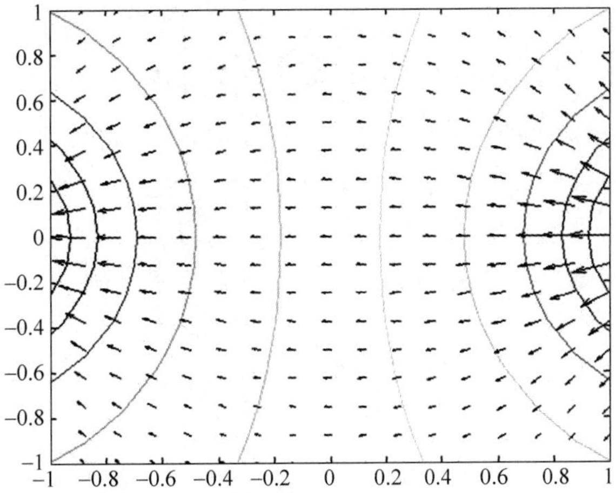

图 2-30 两个等量异号电荷对应的电力线和等势线分布

3. 无限长带电直导线的电力线和等势线分布

对于无限长的带电直导线，其对应的电势分布为

$$\phi = -\frac{\rho_l}{2\pi\varepsilon_0}\ln r + c = -\frac{1}{4\pi\varepsilon_0}\ln(x^2 + y^2) + c \tag{2-61}$$

其中，ρ_l 是线电荷密度；c 是与电势参考点相关的常数。不妨设置 $c=0$，且忽略系数 $\rho_l/(4\pi\varepsilon_0)$(该系数不影响电力线的形状和分布)，则可以用如下程序绘制得到相应的电力线分布。

```
[X,Y] = meshgrid( - 3:.4:3, - 3:.4:3);     % 设置绘制区域的网格
phi =  - log(X.^2 + Y.^2);                  % 给出电势的表达式，忽略系数
```

```
[EX,EY] = gradient( - phi,.4,.4);     % 利用数值方法求电势的负梯度,得到电场强度
contour(X,Y,phi);                     % 绘制等势线
hold on                               % 叠加绘图模式,后面绘制的图与前面的图叠加
quiver(X,Y,EX,EY);                    % 在网格中绘制电力线
axis image;                           % x,y 方向等比例显示,不做拉伸、压缩处理
```

运行结果如图 2-31 所示。

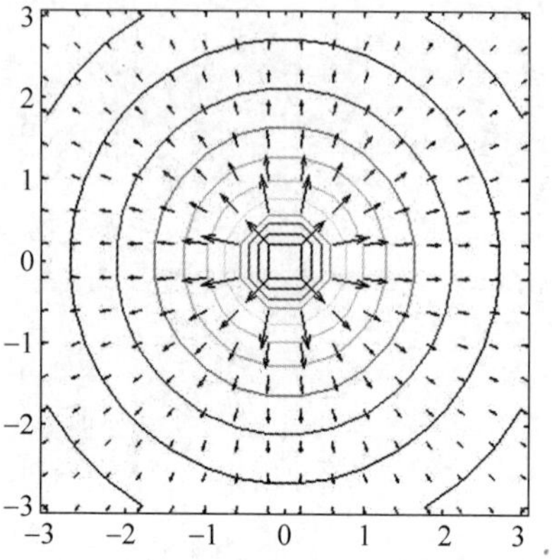

图 2-31　无限长带电直导线周围的电力线与等势线

2.7.2　利用 streamline 函数绘制电力线

使用 streamline 函数当然也可以绘制电场强度。此时,需要建立分布在二维或者三维空间中的电场强度。仍以式(2-58)、式(2-59)和式(2-60)描述的点电荷对为例,分别考虑两点电荷系统异量同号、异量异号时的电力线分布,不妨考虑 $Q^*=\pm 2$,并且假定两点电荷位于(± 1,0)。对于初始电力线位置的考虑,因电力线起于正电荷,止于负电荷,当起始点距电荷很近时,认为各起始点绕电荷均匀分布。因此,取围绕点电荷的一个小圆为参考,以某个固定角度为间隔,将圆周均分,则可以设定电力线在正、负电荷周围的起点坐标。图 2-32 给出了起始点选择的示意图。

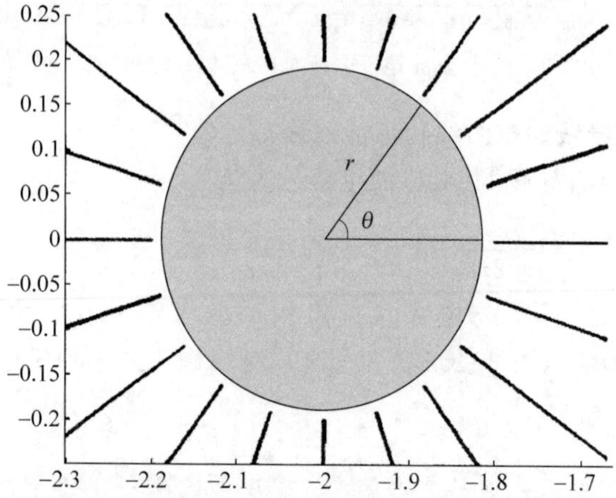

图 2-32　围绕一个点电荷所选择的起始点示意图

需要指出的是,若电力线分布在正电荷周围,从正电荷发出,则绘制流线时取场分布为[Ex,Ey];若电力线分布在负电荷周围,终止于负电荷,则绘制流线时取[-Ex,-Ey]。下面的第二个例子给出了这种情况(否则无法正常绘制流线)。

1. 两个不等量同号电荷对应的电力线分布

程序代码如下:

```
x = -4:0.02:4;y = x;                    % 生成一系列坐标 x,y
[X,Y] = meshgrid(x,y);                   % 生成网格数据
R1 = sqrt((X+1).^2 + Y.^2);              % 场点距离左侧电荷的距离
R2 = sqrt((X-1).^2 + Y.^2);              % 场点距离右侧电荷的距离
phi = 1./R1 + 2./R2;                     % 计算电势(Q* = q2/q1 = 2),忽略系数
[Ex,Ey] = gradient(-phi);                % 取梯度计算电场
hold on;                                 % 叠加绘图模式
r0 = 0.1;                                % 电场线起点所在圆半径
th = 20:20:360-20;                       % 以 20 度为间隔,均分圆周
th = th*pi/180;                          % 转换角度为弧度
xl = r0*cos(th) - 1;                     % 左侧电荷起点横坐标
yl = r0*sin(th);                         % 左侧电荷起点纵坐标
h = streamline(X,Y,Ex,Ey,xl,yl);         % 绘制左侧电荷对应的流线,即为电场线
xr = -xl;                                % 右侧电荷对应的起始点横坐标
yr = yl;                                 % 右侧电荷对应的起始点纵坐标
h = streamline(X,Y,Ex,Ey,xr,yr);         % 绘制右侧电荷对应的流线
axis image;                              % 等比例绘制图像
```

上述程序运行后,所得到的两个不等量同号点电荷所生成的电力线如图 2-33 所示。

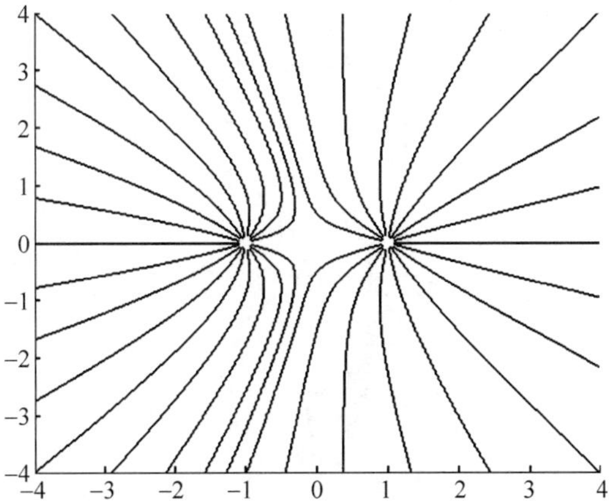

图 2-33 两个不等量同号电荷对应的电力线分布

2. 两个不等量异号电荷对应的电力线分布

程序代码如下:

```
x = -4:0.02:4;y = x;                    % 生成一系列坐标 x,y
[X,Y] = meshgrid(x,y);                   % 生成网格数据
R1 = sqrt((X+1).^2 + Y.^2);              % 场点距离左侧电荷的距离
R2 = sqrt((X-1).^2 + Y.^2);              % 场点距离右侧电荷的距离
```

```
phi = 1./R1 - 2./R2;                         % 计算电势(Q* = q2/q1 = -2),忽略系数
[Ex,Ey] = gradient(-phi);                    % 取梯度计算电场
hold on;                                     % 叠加绘图模式
r0 = 0.1;                                    % 电场线起点所在圆半径
th = 20:20:360-20;                           % 以 20 度为间隔,均分圆周
th = th*pi/180;                              % 化角度为弧度
xl = r0*cos(th) - 1;                         % 左侧电荷起点横坐标
yl = r0*sin(th);                             % 左侧电荷起点纵坐标
h = streamline(X,Y,Ex,Ey,xl,yl);             % 绘制左侧电荷对应的流线,即为电场线
xr = -xl;                                    % 右侧电荷对应的起始点横坐标
yr = yl;                                     % 右侧电荷对应的起始点纵坐标
h = streamline(X,Y,-Ex,-Ey,xr,yr);           % 绘制右侧电荷对应的流线
axis image;                                  % 等比例绘制图像
```

运行上述代码,所得到的两个不等量异号点电荷所生成的电力线如图 2-34 所示。

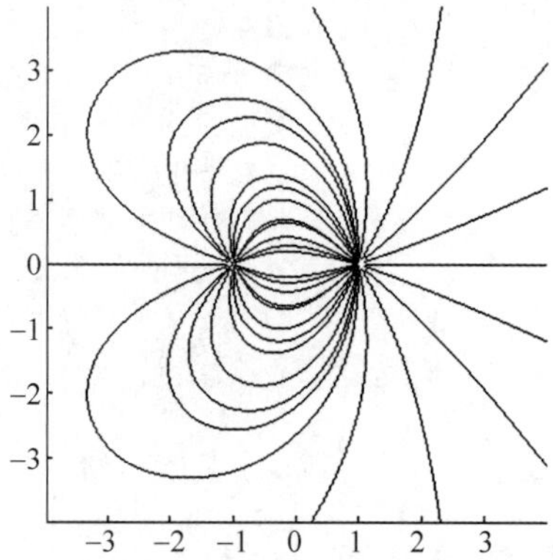

图 2-34　两个不等量异号电荷对应的电力线分布

如前所述,当使用 streamline 函数绘制异号电荷对应的电力线分布时,对于放置在右侧的负电荷,绘制流线图时,需要将计算所得的电场强度分别取反,才能够绘制出电力线。这是因为电力线是进入负电荷的,因此围绕负电荷绘制发出的流线不可能得到任何曲线。为了解决这个问题,必须人为改变电场强度的方向,使得"流入"的电力线变为"流出",才能得到正确的结果。

2.7.3 利用电力线方程绘制电力线

了解电力线的方程,并且熟悉了在 MATLAB 下 ode45 函数的应用之后,就可以利用力线方程绘制电力线。需要指出的是,利用 ode45 函数求解一次,只可以绘制一条电力线,其初始位置为$[x(0),y(0),z(0)]$,由求解方程组的初始条件确定。因此,要绘制一幅比较完美的电力线分布图,需要多次调用 ode45 函数,并且赋予不同的初始位置。

接下来,仍旧以等量同号和等量异号的双电荷系统为例,详细讲解绘制过程。这个时候,式(2-60)给出的就是电场强度的分布。和使用 quiver 函数一样,ode45 函数依旧省略了电场强度表达式中的常数。为了选择初始位置,围绕两个点电荷,各选择一个小圆,然后将圆周均分为若干份,选择圆周上的点作为初始点。图 2-32 给出了初始位置选择的示意图。

1. 等量同号电荷的力线分布

下面的代码定义了电力线方程所对应的函数。

```
function dy = dcxfun(t,y)
a = 2;                                        % 电荷的位置
% 下面语句右边给出了电场强度的表达式,参见式(2-60)
dy = [(y(1) + a)./(sqrt((y(1) + a).^2 + y(2).^2).^3) + (y(1) - a)./(sqrt((y(1) - a).^2 + y(2).
^2).^3); y(2)./(sqrt((y(1) + a).^2 + y(2).^2).^3) + y(2)./(sqrt((y(1) - a).^2 + y(2).^2).
^3)];
end
```

绘制电力线的主程序如下。

```
a = 2;                                        % 电荷位于(-a,0)和(a,0)两点
r = 0.1 * a;                                  % 起始点所在圆的半径
k = 20;                                       % 电场线条数
hold on;                                      % 叠加绘图模式,保证所有电力线都能显示
theta = linspace(0,2 * pi - 2 * pi/k,k);      % 电场线起始点对应的圆周上的角度分布
y1 = r * sin(theta);                          % 初始点的纵坐标
x1 = -a + r * cos(theta);                     % 左边圆周初始点的横坐标
x2 = a + r * cos(theta);                      % 右边圆周初始点的纵坐标
x0 = [x1 x2];                                 % 两个圆上的初始 x 坐标合并成一个向量
y0 = [y1 y1];                                 % 两个圆上的初始 y 坐标合并成一个向量
for i = 1:2 * k                               % 分别绘制每一条电力线
[t,Y] = ode15s('dcxfun',[0:0.01:10],[x0(i),y0(i)]); % 数值求解
plot(Y(:,1),Y(:,2),'k','linewidth',2);        % 绘制电力线
end
```

程序运行结果如图 2-35 所示,这是非常典型的等量同号电荷所对应的电力线分布。

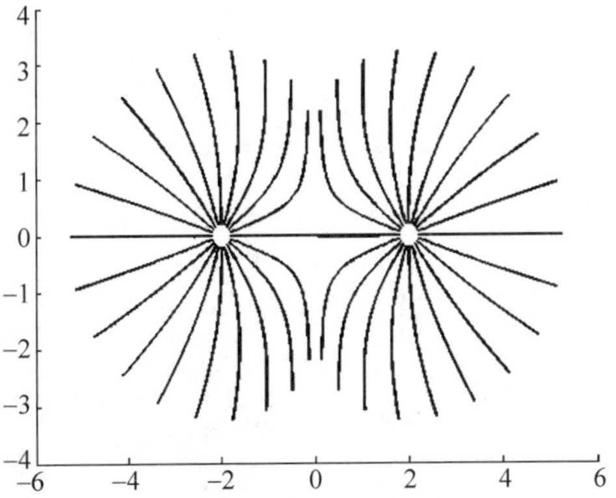

图 2-35 两个等量同号电荷的电力线分布

注意,上面使用了 ode15s 函数进行数值求解,求解区间是[0,10]。求解之后的 **Y** 矩阵里面,包含了位置函数 $x(t)$,$y(t)$的数值,因此,分别以它们的值作为横、纵坐标,即可绘制出电力线来。当然,如果读者感兴趣,也可以单独绘制出 $x(t)$或者 $y(t)$随参量 t 变化的函数形式,只不过在此不需要罢了。

2. 等量异号电荷的力线分布

同理,定义电力线的函数如下:

```
function dy = dcxfun(t,y)
a = 2;                                          %电荷的位置
%下面语句右边给出了电场强度的表达式,参见式(2-60)
dy = [(y(1) + a)./(sqrt((y(1) + a).^2 + y(2).^2).^3) - (y(1) - a)./(sqrt((y(1) - a).^2 + y(2).
^2).^3); y(2)./(sqrt((y(1) + a).^2 + y(2).^2).^3) - y(2)./(sqrt((y(1) - a).^2 + y(2).^2).
^3)];
end
```

利用类似的方法,可以绘制电力线。当绘制等量异号电荷时,对于右边电荷发出的电力线,数值求解会出现非常慢的情况,且程序给出警告性错误。此时,可以利用对称性绘制右侧的电力线。绘制电力线的主程序如下:

```
a = 2;                                           %电荷位于(-a,0)和(a,0)两点
r = 0.1 * a;                                     %起始点所在圆的半径
k = 20;                                          %电场线条数
hold on;                                         %叠加绘制模式,保证所有的电力线都显示
theta = linspace(0,2 * pi - 2 * pi/k,k);         %电场线起始点对应的圆周上的角度分布
y1 = r * sin(theta);                             %初始点的纵坐标
x1 = - a + r * cos(theta);                       %左边圆周初始点的横坐标
x2 = a + r * cos(theta);                         %右边圆周初始点的纵坐标
x0 = [x1 x2];                                    %两个圆上的初始 x 坐标合并成一个向量
y0 = [y1 y1];                                    %两个圆上的初始 y 坐标合并成一个向量
for i = 1:k                                      %分别绘制每条电力线
[t,Y] = ode15s('dcxfun',[0 12],[x0(i),y0(i)]);   %数值求解
plot(Y(:,1),Y(:,2),'k','linewidth',2);           %绘制左侧对应的 k 条电力线
plot( - Y(:,1),Y(:,2),'k','linewidth',2);        %利用对称性,绘制右侧的电力线
end
```

运行上述代码,绘制出的电力线如图 2-36 所示。

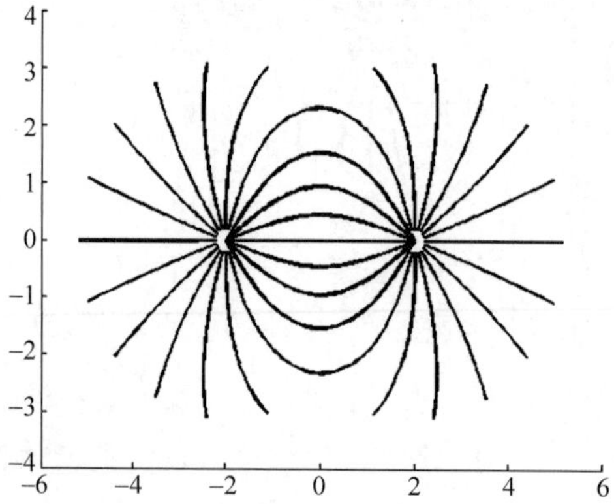

图 2-36　两个等量异号电荷的电力线分布

2.7.4 contour 命令绘制二维等势线

在 MATLAB 下，可以使用 contour 命令绘制二维的等值面，也就是等值线。其基本用法如下：

```
[c,h] = contour(X,Y,Z,v)
```

其中，Z 是关于 X，Y 的二元标量函数，v 是一个数或者向量，表示要绘制的等值线的具体数值，即该命令绘出的是 Z(X,Y)＝v 对应的等值线。X，Y 以及 Z 均是相同大小的二维矩阵。返回变量 c 中包含了等值线的数值、该等值线所包含的点数以及各个点的位置坐标，表 2-1 给出了 c 的组成结构。h 是返回句柄，用于对相应的等值线进行后期修饰。

表 2-1 contour 函数对应的返回变量 c 的组成结构

电势值 V1	X1	X2	…	电势值 V2	X1	X2	…	电势值 V3	X1	X2
包含的点数 Num1	Y1	Y2	…	包含的点数 Num2	Y1	Y2	…	包含的点数 Num3	Y1	Y2

下面的代码，就描述了如何对等量同号的点电荷系统绘制 xOy 平面内的等值线，即等势线。

```
q1 = 2;                                   % 电荷 1 的电量
q2 = 2;                                   % 电荷 2 的电量
a = 2;                                    % 两个电荷的位置,( - a,0),(a,0)
x = linspace( - 5,5,500);                 % x 轴范围,从 - 5 到 5,划分成 500 个点
y = linspace( - 5,5,500);                 % y 轴范围,从 - 5 到 5,划分成 500 个点
[X,Y] = meshgrid(x);                      % 创建 xoy 平面内的网格
r1 = sqrt((X - a).^2 + Y.^2);             % 到右边电荷的距离
r2 = sqrt((X + a).^2 + Y.^2);             % 到左边电荷的距离
Z = q1./r1 + q2./r2;                      % xoy 平面内任意一点的电势分布
v = linspace(1,3,5);                      % 绘制 1~3 的 5 条等势线: 1,1.4,1.8,2.2,2.6,3
[c,h] = contour(X,Y,Z,v);                 % 绘制等势线,并提取相应等势线的数据,存入矩阵 c
clabel(c,h);                              % 给各条等势线标注电势值
```

程序运行结果如图 2-37 所示。

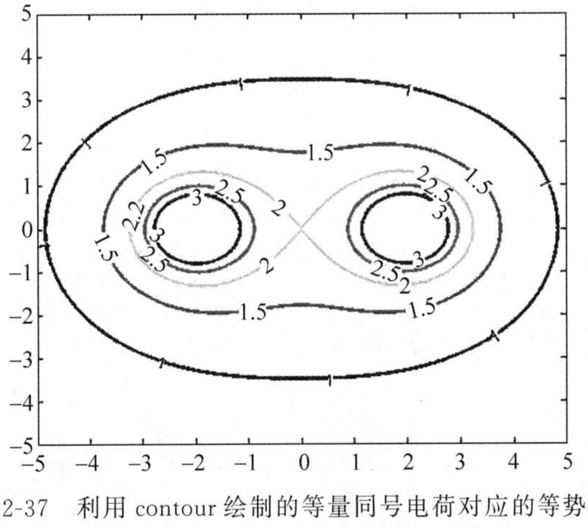

图 2-37 利用 contour 绘制的等量同号电荷对应的等势线

2.7.5 isosurface 命令绘制三维等势面

在 MATLAB 下，isosurface 命令可以绘制等值面。其基本用法如下：

```
[f,v] = isosurface(X,Y,Z,V)
```

其中，V 是定义在坐标位置 X，Y，Z 处的一个标量函数，在这里就是电势函数。X，Y，Z 和 V 是相同尺寸的三维矩阵。函数的返回值 F，V 是 MATLAB 下的一个结构变量，包含等值面所对应的面元和顶点，可以传递给 patch 命令，对所得等势面进行修饰。

例如，对于放置在（−a，0，0），（a，0，0）处的两个点电荷，其带电量均为 2，要绘制对应的等势面，可以采用如下的代码（忽略常数系数因子）。

```
q1 = 2;                                         % 电荷 1 的电量
q2 = 2;                                         % 电荷 2 的电量
a = 2;                                          % 两个电荷之间的位置,( - a,0,0),(a,0,0)
x = linspace( - 5,5,50);                        % x 轴范围,从 - 5 到 5,划分成 50 个点
[X,Y,Z] = meshgrid(x);                          % 在 xyz 坐标系内,构建一个立体网格
r1 = sqrt((X - a).^2 + Y.^2 + Z.^2);            % 计算到右边电荷(a,0,0)的距离
r2 = sqrt((X + a).^2 + Y.^2 + Z.^2);            % 计算到左边电荷( - a,0,0)的距离
U = q1./r1 + q2./r2;                            % 电势的分布
[f,v] = isosurface(X,Y,Z,U,1.6);                % 计算等势面所对应的面元和顶点
p = patch('Faces',f,'Vertices',v);              % 绘制等势面
set(p,'FaceColor','red','EdgeColor','none');    % 修饰等势面,这里面元为红色,无边沿色
view(3);                                        % 默认为三维视角
axis equal;                                     % 等比例显示
camlight;                                       % 设置光线
```

程序运行结果如图 2-38 所示。

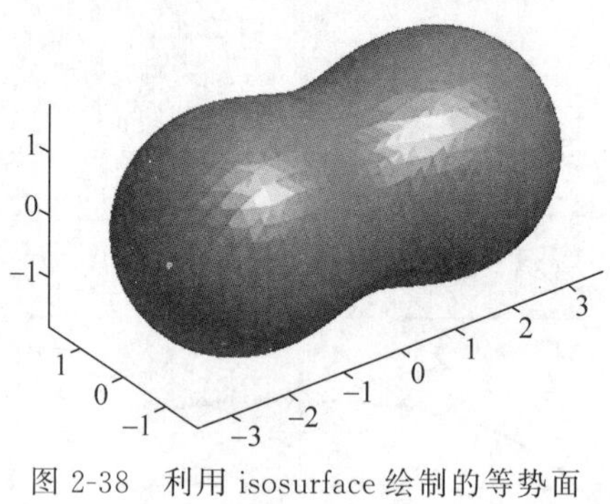

图 2-38　利用 isosurface 绘制的等势面

当有多个等势面存在时，可能会出现等势面互相包裹的情况，导致内部的等势面无法看到，如图 2-38 所示。此时，可以采用下面的方式，将外部的等势面设置为无面元颜色，而将相邻的面元边沿设置为有颜色，从而可以透视看到内部的结构，如图 2-39 所示。例如，可以在上面的 set 命令之后，再增加以下几条语句：

```
hold on;                                          % 叠加绘制模式
p = patch(isosurface(X,Y,Z,U,1.2));               % 计算等值面并绘制,返回句柄 p
set(p,'FaceColor','none','EdgeColor','black');    % 对等值面进行修饰,无面元色,边沿为黑色
```

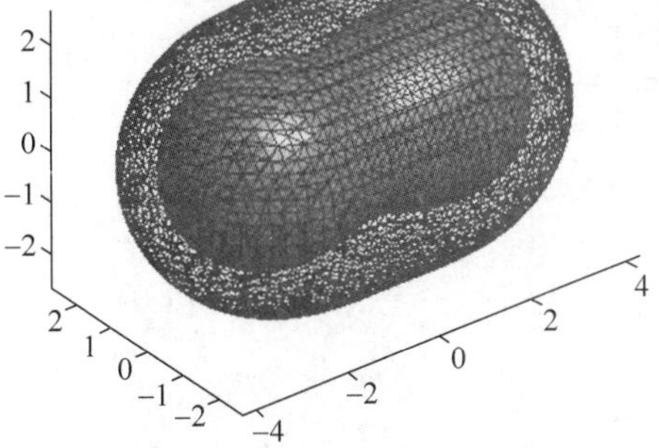

图 2-39 两个等势面的嵌套示意图

2.8 科技前沿中的典型静电场问题

近年来,电磁隐形装置成为科研领域的研究热点。这些“隐形衣”可以覆盖在特定目标上,从而避免目标被探测到。在静电场的情况下,也可以设计静电隐形衣,此时,被“隐藏”的物体不能通过静电场的形式被探测到。

如图 2-40 给出的就是一个圆柱形静电隐形装置。图中的圆柱部分,是半径为 a 的一个无限长导体柱,放置在匀强电场 $\boldsymbol{E}_0$ 中。众所周知,由于静电感应现象,该导体柱的表面会感应出电荷来,这些电荷也会产生电场,从而影响原来的匀强电场的分布,使得该外电场被扰动。因此,观察者只要观察电场是否会被干扰,就可以知道环境里面是否有金属柱存在,或者说,该金属柱有没有被隐形。为此,在金属柱外面套一个介质套层,其内半径为 a,外半径为 b。从介质的极化理论可知,该介质套层在外电场的作用下,会产生束缚电荷,同样会影响外场分布。因此,如果合理设计套层的尺寸、介电常数的大小,就有可能达到这么一个效果,即金属柱和介质套层的复合结构在外加匀强电场的作用下,对外部电场没有任何扰动(外部依旧是匀强电场);扰动只是发生在结构内部;同时,空间各个区域都满足静电场的方程和边界条件(换句话说,这个场是实际存在的,物理上可行的)。这样,我们实际上就构建了一个静电隐形衣,通过在导体柱内部挖出空洞,就可以隐藏特定目标,从而实现对静电场的隐形效果。

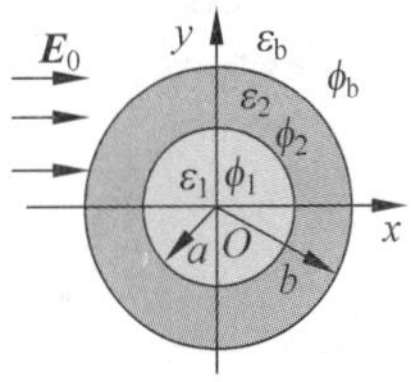

图 2-40 匀强电场中双层介质柱的情况

如图 2-40 所示,下面利用圆柱坐标系下的拉普拉斯方程求解来对上述问题进行分析。一般情况下,无限大的背景材料(ε_b)中有一匀强电场 $\boldsymbol{E}_0$,垂直于电场方向有一个半径分别为 a、b,介电常数分别为 ε_1、ε_2 的双层介质柱。后面将会让 $\varepsilon_1 \to \infty$,从而将内部介质柱转换为金属柱。根据分离变量法,设各个区域中的电势分布如下:

$$\begin{cases} \phi_1 = Ar\cos\varphi \\ \phi_2 = \left(Br + \dfrac{C}{r}\right)\cos\varphi \\ \phi_b = \left(-E_0 r + \dfrac{D}{r}\right)\cos\varphi \end{cases} \tag{2-62}$$

大家可以权且认可这个结果，具体求解电势函数的理论可以参见教材第4章。

在介质分界面上，有如下边界条件

$$当\ r=a\ 时，\phi_1=\phi_2\ 且\ \varepsilon_1\frac{\partial\phi_1}{\partial r}=\varepsilon_2\frac{\partial\phi_2}{\partial r}$$

$$当\ r=b\ 时，\phi_2=\phi_b\ 且\ \varepsilon_2\frac{\partial\phi_2}{\partial r}=\varepsilon_b\frac{\partial\phi_b}{\partial r}$$

将各个区域的电势表达式代入，则有

$$\begin{cases}Aa=Ba+C/a\\ \varepsilon_1 A=\varepsilon_2(B-C/a^2)\\ Bb+C/b=-E_0 b+D/b\\ \varepsilon_2(B-C/b^2)=\varepsilon_b(-E_0-D/b^2)\end{cases}\tag{2-63}$$

求解上述四元一次方程组，得到 D 的表达式为

$$D=E_0b^2\frac{(b^2-a^2)\varepsilon_2^2+a^2\varepsilon_1(\varepsilon_b+\varepsilon_2)+b^2\varepsilon_1(\varepsilon_2-\varepsilon_b)-(a^2+b^2)\varepsilon_b\varepsilon_2}{(b^2-a^2)\varepsilon_2^2+a^2\varepsilon_1(\varepsilon_2-\varepsilon_b)+b^2\varepsilon_1(\varepsilon_2+\varepsilon_b)+(a^2+b^2)\varepsilon_b\varepsilon_2}\tag{2-64}$$

于是，背景材料中的电势分布可以确定；利用电势求梯度，还可以得到背景材料中的电场强度。当然，我们也可以计算其他的电势系数，只不过它们与电磁隐形无关，所以不做考虑。

请大家关注一下背景材料中的电势分布，我们发现，当 $D=0$ 时，

$$\phi_b=\left(-E_0r+\frac{D}{r}\right)\cos\varphi=-E_0r\cos\varphi=-E_0x\tag{2-65}$$

对其求负梯度，可得背景中的电场强度为 $\boldsymbol{E}=E_0\boldsymbol{e}_x$，为外部的匀强场。也就是说，系数 D 反映的是该柱状结构对外部场的干扰。我们设计静电隐形装置，其核心就是令 $D=0$。

当中心圆柱为导体柱时，其结果可以用 $\varepsilon_1\to\infty$ 来获得，于是得到

$$D=E_0b^2\frac{a^2(\varepsilon_b+\varepsilon_2)+b^2(\varepsilon_2-\varepsilon_b)}{a^2(\varepsilon_2-\varepsilon_b)+b^2(\varepsilon_2+\varepsilon_b)}\tag{2-66}$$

如果存在一个设计，使得 D 恒为零，那就意味着扰动场始终为零：背景材料中，无论介质柱附近还是远处，场分布都是均匀的。换句话说，对于该金属柱来讲，对外加电场无干扰，就像整个空间全部都是背景材料，也即金属柱被隐形了。

令 $D=0$，得到

$$\varepsilon_2=\frac{b^2-a^2}{b^2+a^2}\varepsilon_b\tag{2-67}$$

或

$$b^2=a^2\frac{\varepsilon_2+\varepsilon_b}{\varepsilon_b-\varepsilon_2}\tag{2-68}$$

式(2-67)表明，对于半径为 a 的金属柱，如果用半径为 b、介电常数为 ε_2 的材料包覆时，对外加匀强电场无任何扰动，金属柱被覆盖层材料所"隐形"。式(2-68)表明，在金属柱和材料2都确定的情况下，对它们的几何尺寸做适当调整，可以使得金属柱"隐形"。由于寻找适当的材料比较困难，而改变几何尺寸相对容易，因此式(2-68)在实验中应用较广。

如果采用金属柱，因为静电场中的导体内部电场处处为零，因此可以将其挖空，从而隐藏各种特定目标，如图2-41所示。如果不采用金属柱，按照上述思路，也可以实现扰动项为

零，只不过这时仅仅是对介电常数为 ε_1、半径为 a 的介质柱实现了“隐形”。如果改变目标，则需要重新设计。相比较而言，采用金属结构则方便多了。

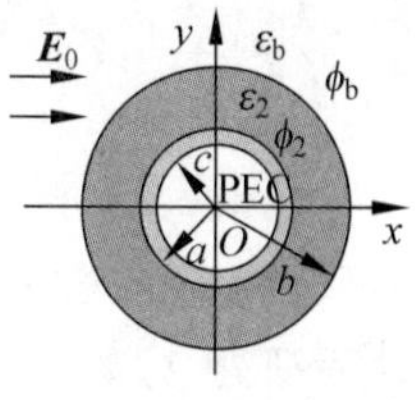

图 2-41　金属导体内部挖空后的静电隐形衣示意图

2015 年，Zhou 等在 Scientific Report 上发表论文[21]，使用的就是这个方法。他们采用的隐形装置内部的 PEC 导体柱被挖空，形成一个半径为 c 的空腔，用于容纳待“隐形”的目标。由于导体内部电场处处为零，因此这个设计与前面给出的设计无任何差异。实验结果验证了设计的正确性。图 2-42 给出了外部电场中存在金属柱时等势线分布的两种情况，即无隐形套层和有隐形套层。可以看出，当隐形套层不发挥作用时，等势线在金属柱附近发生了弯曲、变形；而当采用隐形套层时，所有变形仅发生在套层内部，外部依旧是均匀电场。这充分证明了静电隐形的功能。

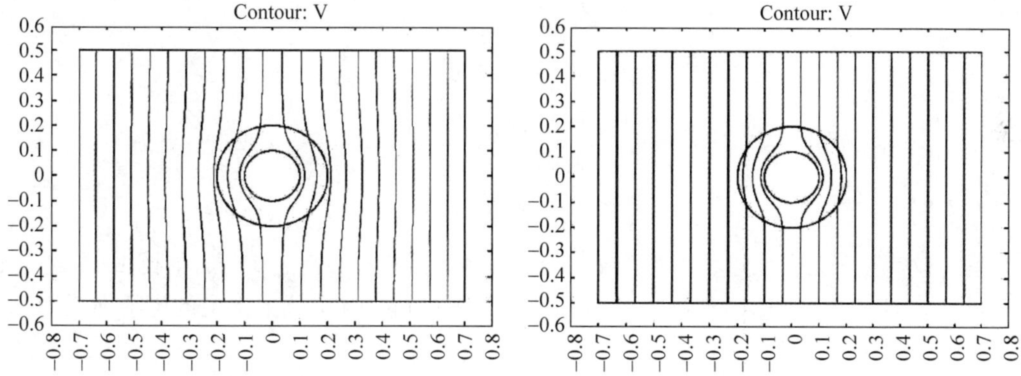

(a) 隐形套层不工作时的等势线分布　　(b) 隐形套层工作时的等势线分布

图 2-42　静电隐形示意图

2.9　著名大学考研真题分析

【考研题 1】（电子科技大学 2016 年）已知介电常数为 ε 的无限大均匀介质中存在均匀电场分布 $\boldsymbol{E}$，介质中有一个底面垂直于电场、半径为 a、高度为 d 的圆柱形空腔，如图 2-43 所示。当 $a \gg d$ 和 $a \ll d$ 时，分别求出空腔中的电场强度 $\boldsymbol{E}_0$、电位移矢量 $\boldsymbol{D}_0$ 和介质表面的极化电荷分布(边缘效应可忽略不计)。

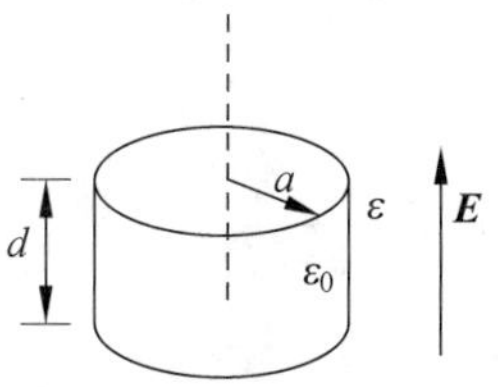

图 2-43　考研题 1 示意图

解　设介电常数为 ε 的无限大均匀介质中的电场为 $\boldsymbol{E}$，电位移矢量为 $\boldsymbol{D}$；空腔中的电场为 $\boldsymbol{E}_0$，电位移矢量为 $\boldsymbol{D}_0$。空腔圆柱的轴线及电场 $\boldsymbol{E}$ 均沿 z 轴方向。

当 $a \gg d$ 时，空腔相当于一个薄片，薄片的两个面上自由电荷密度均为 0，根据电位移矢量的边界条件 $\boldsymbol{e}_n \cdot (\boldsymbol{D}_1 - \boldsymbol{D}_2) = 0$，有

$$\boldsymbol{D}_0 = \boldsymbol{D} = \varepsilon \boldsymbol{E}, \quad \boldsymbol{E}_0 = \frac{\boldsymbol{D}_0}{\varepsilon_0} = \frac{\boldsymbol{D}}{\varepsilon_0} = \frac{\varepsilon \boldsymbol{E}}{\varepsilon_0}$$

空腔上、下面的极化电荷分别为

$$\rho_{ps1} = \boldsymbol{P} \cdot (-\boldsymbol{e}_z) = -(\varepsilon - \varepsilon_0)E, \quad \rho_{ps2} = \boldsymbol{P} \cdot \boldsymbol{e}_z = (\varepsilon - \varepsilon_0)E$$

当 $a \ll d$ 时，空腔变为一根长圆柱，对圆柱的侧面应有电场强度的边界条件 $\boldsymbol{e}_n \times (\boldsymbol{E}_1 - \boldsymbol{E}_2) = 0$，即

$$\boldsymbol{E}_0 = \boldsymbol{E}, \quad \boldsymbol{D}_0 = \varepsilon_0 \boldsymbol{E}_0 = \varepsilon_0 \boldsymbol{E}$$

圆柱侧面的法向与电场方向垂直，故圆柱侧面上的极化电荷为0。

【考研题2】（重庆邮电大学2018年）真空中，三根长度均为 L，线电荷密度分别为 $2\rho_0$、ρ_0 和 ρ_0 的均匀线电荷构成等边三角形（参见图2-44），则三角形中心的电场强度大小为________。

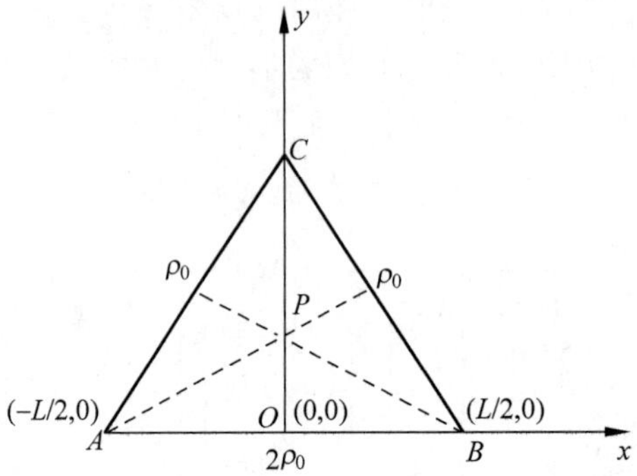

图2-44 考研题2示意图

解 设等边三角形线电荷 ABC 放在 xOy 平面内，其中心点为 P 点，如图2-44建立坐标系。由本书中例2.2的结论可知，AC 边所在的线电荷在其中线上产生的电场强度为

$$\boldsymbol{E}_{AC} = \frac{\rho_0}{4\pi\varepsilon_0 r} \frac{L}{\sqrt{\left(\frac{L}{2}\right)^2 + r^2}} \boldsymbol{e}_{PB}$$

在 P 点，$r = \frac{L}{2}\tan 30° = \frac{\sqrt{3}}{6}L$，则

$$\boldsymbol{E}_{AC} = \frac{\rho_0}{4\pi\varepsilon_0 \frac{\sqrt{3}}{6}L} \frac{L}{\sqrt{\left(\frac{L}{2}\right)^2 + \frac{1}{12}L^2}} \boldsymbol{e}_{PB} = \frac{3\rho_0}{2\pi\varepsilon_0 L} \boldsymbol{e}_{PB}。$$

同理可得，BC 和 AB 边在 P 点产生的电场分别为

$$\boldsymbol{E}_{BC} = \frac{3\rho_0}{2\pi\varepsilon_0 L} \boldsymbol{e}_{PA}, \quad \boldsymbol{E}_{AB} = \frac{3\rho_0}{\pi\varepsilon_0 L} \boldsymbol{e}_{PC} = \frac{3\rho_0}{\pi\varepsilon_0 L} \boldsymbol{e}_y$$

根据矢量叠加原理，等边三角形线电荷在 P 点产生的总电场强度为

$$\boldsymbol{E} = \boldsymbol{E}_{AC} + \boldsymbol{E}_{BC} + \boldsymbol{E}_{AB} = (-\cos 60° E_{AC} - \cos 60° E_{BC} + E_{AB}) \boldsymbol{e}_y = \frac{3\rho_0}{2\pi\varepsilon_0 L} \boldsymbol{e}_y$$

【考研题3】（东南大学2017年）如图2-45所示无限长同轴传输线，内、外导体均为理想导体，半径分别为 R_1 和 R_2（设外导体的厚度为0）。

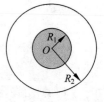

图2-45 考研题3示意图

(1) 若内外导体间填充理想介质，介电常数为 ε，求同轴线单位长度的电容；

(2) 若内外导体间填充非理想介质，导电率为 σ，求同轴线单

位长度的漏电导。

解　(1) 以同轴线的轴线为 z 轴建立圆柱坐标系。设单位长度内导体柱上的电荷为 Q。在介质内部,取半径为 r 的柱面为高斯面,则根据高斯定理有

$$\oint_S \boldsymbol{D}\cdot \mathrm{d}\boldsymbol{S}=Q,\quad \oint_S \boldsymbol{D}\cdot \mathrm{d}\boldsymbol{S}=D\cdot 2\pi r=Q$$

所以

$$D=\frac{Q}{2\pi r}$$

方向为径向。

可以得到介质中的电场强度为

$$\boldsymbol{E}=\frac{Q}{2\pi\varepsilon r}\boldsymbol{e}_r$$

于是,内、外导体之间的电压为

$$U=\int_{R_1}^{R_2}\boldsymbol{E}\cdot \mathrm{d}\boldsymbol{r}=\int_{R_1}^{R_2}\frac{Q}{2\pi\varepsilon r}\mathrm{d}r=\frac{Q}{2\pi\varepsilon}\ln\frac{R_2}{R_1}$$

$$C=\frac{Q}{U}=\frac{Q}{\dfrac{Q}{2\pi\varepsilon}\ln\dfrac{R_2}{R_1}}=\frac{2\pi\varepsilon}{\ln\dfrac{R_2}{R_1}}$$

(2) 假设同轴线外导体接地,内导体的电压为 U,则利用(1)的结论,可以得到

$$U=\frac{Q}{2\pi\varepsilon}\ln\frac{R_2}{R_1},\quad \boldsymbol{E}=\frac{Q}{2\pi\varepsilon r}\boldsymbol{e}_r$$

所以,内外导体间的电场强度为

$$\boldsymbol{E}=\frac{U}{r\ln\dfrac{R_2}{R_1}}\boldsymbol{e}_r$$

则

$$\boldsymbol{J}=\sigma\boldsymbol{E}=\frac{\sigma U}{r\ln\dfrac{R_2}{R_1}}\boldsymbol{e}_r$$

单位长度内从同轴线内导体表面流出的电流为

$$I=\int_S \boldsymbol{J}\cdot \mathrm{d}\boldsymbol{S}=2\pi r\sigma E=\frac{2\pi\sigma U}{\ln\dfrac{R_2}{R_1}}$$

则同轴线单位长度的漏电导为

$$G=\frac{I}{U}=\frac{2\pi\sigma}{\ln\dfrac{R_2}{R_1}}$$

【考研题4】　(电子科技大学2015年)如图2-46所示,在距接地无限大导体平面为 a 处有一个均匀带电的细圆环,圆环的半径为 a,电荷量为 q,其轴线与 z 轴重合。

(1) 求细圆环中心(即 $z=a$)处的电位和电场强度;

(2) 若在带电细圆环的中心再放置一个点电荷 Q,求点电荷 Q 所受到的电场力。

解　(1) 利用镜像法(参阅第4章相关内容)。如图2-46所示,原题可转换为同轴且相距为 $2a$、带电量分别为 $+q$ 和 $-q$ 的两个带电细圆环的电位和电场的求解问题。在 z 轴的

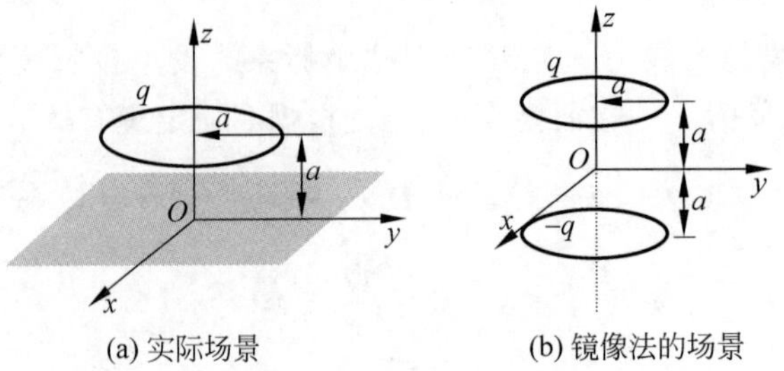

图 2-46 考研题 4 示意图

任一点(0,0,z)处,根据电位叠加原理,其电位为 $\phi=\phi_{+}+\phi_{-}$,其中

$$\phi_{+}=\frac{q}{4\pi\varepsilon_0}\frac{1}{R_{+}}=\frac{q}{4\pi\varepsilon_0}\frac{1}{[(z-a)^2+a^2]^{\frac{1}{2}}}$$

$$\phi_{-}=-\frac{q}{4\pi\varepsilon_0}\frac{1}{R_{-}}=-\frac{q}{4\pi\varepsilon_0}\frac{1}{[(z+a)^2+a^2]^{\frac{1}{2}}}$$

$$\begin{aligned}\boldsymbol{E}&=-\frac{\mathrm{d}\phi}{\mathrm{d}z}\boldsymbol{e}_z\\&=-\frac{q}{4\pi\varepsilon_0}\left\{-\frac{1}{2}[(z-a)^2+a^2]^{-\frac{3}{2}}\times 2(z-a)+\frac{1}{2}[(z+a)^2+a^2]^{-\frac{3}{2}}\times 2(z+a)\right\}\boldsymbol{e}_z\\&=\frac{q}{4\pi\varepsilon_0}\left(\frac{z-a}{[(z-a)^2+a^2]^{3/2}}-\frac{z+a}{[(z+a)^2+a^2]^{3/2}}\right)\boldsymbol{e}_z\end{aligned}$$

将 $z=a$ 分别代入以上两式,可得

$$\phi_{z=a}=\phi_{+}+\phi_{-}=\frac{q}{4\pi\varepsilon_0}\left(\frac{1}{a}-\frac{1}{\sqrt{5}a}\right)=\frac{q}{4\pi\varepsilon_0}\frac{1}{a}\left(1-\frac{1}{\sqrt{5}}\right)$$

$$\boldsymbol{E}_{z=a}=-\frac{\mathrm{d}\phi}{\mathrm{d}z}\boldsymbol{e}_z=-\frac{1}{5^{3/2}}\frac{q}{2\pi a^2\varepsilon_0}\boldsymbol{e}_z$$

(2) 若在 $z=a$ 处放一个点电荷 Q,点电荷 Q 所受到的电场力为

$$\boldsymbol{F}=Q\boldsymbol{E}_{z=a}=-\frac{Q}{5^{3/2}}\frac{q}{2\pi a^2\varepsilon_0}\boldsymbol{e}_z$$

【考研题 5】 (北京邮电大学 2016 年)某同轴线内、外导体半径分别为 a 和 b,内导体电位为 U,外导体接地(电位为零),其间填充理想介质。求半径为 $r=\dfrac{a+b}{2}$位置处的电位。

解 设同轴线单位长度的线电荷为 ρ,依据高斯定理,可得内外导体间的电场 E_r

$$\oint_S \boldsymbol{E}_r\cdot\mathrm{d}\boldsymbol{S}=2\pi rE_r=\frac{\rho}{\varepsilon}$$

$$\boldsymbol{E}_r=\frac{\rho}{2\pi\varepsilon r}\boldsymbol{e}_r$$

则内外导体间的电压为

$$U=\int_a^b\boldsymbol{E}_r\cdot\mathrm{d}\boldsymbol{r}=\int_a^b\frac{\rho}{2\pi\varepsilon r}\mathrm{d}r=\frac{\rho}{2\pi\varepsilon}\ln\left(\frac{b}{a}\right)$$

$$\rho=\frac{2\pi\varepsilon U}{\ln\left(\frac{b}{a}\right)}$$

综上，

$$\boldsymbol{E}_r=\frac{U}{\ln(b/a)r}\boldsymbol{e}_r$$

故半径为 $r=\frac{a+b}{2}$ 位置处的电位是

$$\phi=\int_{\frac{a+b}{2}}^{b}\boldsymbol{E}_r\cdot \mathrm{d}\boldsymbol{r}=\int_{\frac{a+b}{2}}^{b}\frac{U}{\ln(b/a)r}\mathrm{d}r=\frac{U}{\ln(b/a)}\ln\left(\frac{2b}{a+b}\right)$$

【考研题 6】 （西安电子科技大学 2011 年）如图 2-47 所示，半径分别为 a、$b(a>b)$，球心相距为 $c(c<b<a)$ 的两球面间有密度为 ρ 的均匀体电荷分布，求半径为 b 的球面内任意一点的电场强度。

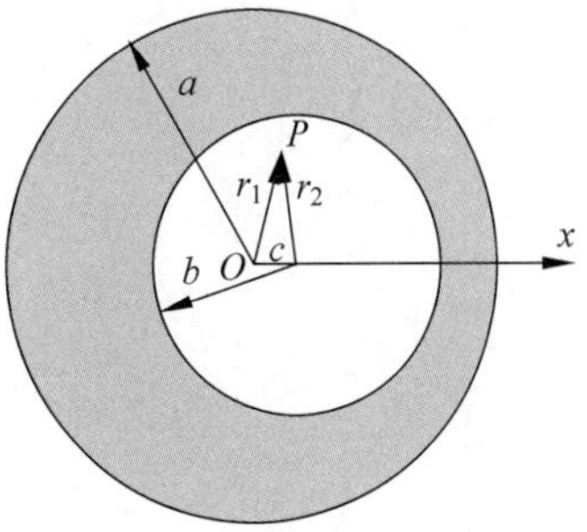

图 2-47　考研题 6 示意图

解　此题如果直接求解，比较麻烦。但如果将空洞处看作是正负电荷重叠放置的结果，从而利用高斯定理和电场叠加的方法来求解本题目，则结果会很简单。

设半径为 a 的带电球体电荷密度为 ρ，而半径为 b 的带点球体电荷密度为 $-\rho$。半径为 b 的球面内任意一点 P 的电场强度就相当于带正电荷的大球产生的电场 $\boldsymbol{E}_+$ 和带负电荷的小球产生的电场 $\boldsymbol{E}_-$ 相叠加的结果。利用高斯定理有

$$4\pi r_1^2E_+=\frac{4}{3}\frac{\pi\rho r_1^3}{\varepsilon_0}\Rightarrow \boldsymbol{E}_+=\frac{\rho r_1}{3\varepsilon_0}\boldsymbol{e}_{r_1}$$

同理可得

$$\boldsymbol{E}_-=-\frac{\rho r_2}{3\varepsilon_0}\boldsymbol{e}_{r_2}$$

其中，$r_1\boldsymbol{e}_{r_1}=c\boldsymbol{e}_x+r_2\boldsymbol{e}_{r_2}$。

所以，P 点的电场强度为

$$\boldsymbol{E}=\boldsymbol{E}_++\boldsymbol{E}_-=\frac{\rho}{3\varepsilon_0}(r_1\boldsymbol{e}_{r_1}-r_2\boldsymbol{e}_{r_2})=\frac{\rho c}{3\varepsilon_0}\boldsymbol{e}_x$$

【考研题 7】 （电子科技大学 2014 年）同轴电缆的内导体半径为 a，外导体内半径为 b，其间填充介电常数与电导率分别为 ε_1,σ_1 和 ε_2,σ_2 的两种有损耗介质，如图 2-48 所示。若内、外导体之间外加电压为 U_0，求：

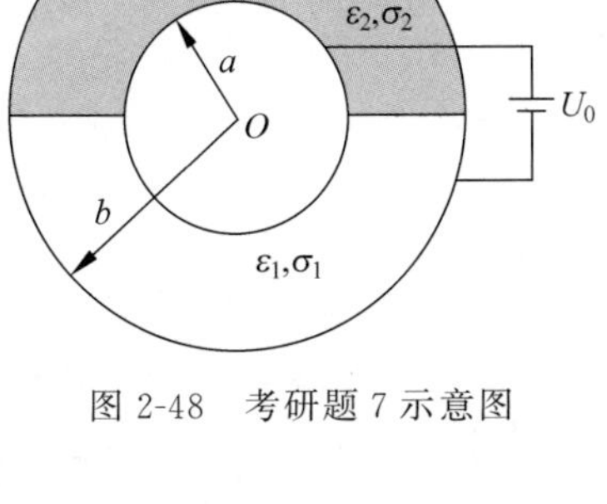

图 2-48　考研题 7 示意图

（1）介质中的电场和电流分布；

（2）同轴线每单位长度的电容及电阻；

（3）同轴线每单位长度的损耗功率。

解　（1）设单位长度的内导体外表面上分布的电荷量为 Q，单位长度的外导体内表面上分布的电荷量为 $-Q$，介质 1 和介质 2 中的电位移矢量分别为 $\boldsymbol{D}_1$ 和 $\boldsymbol{D}_2$。在导体间的介质中做单位高度的圆柱高斯面，根据高斯定理得

$$\oiint_S \boldsymbol{D}\cdot \mathrm{d}\boldsymbol{S}=\oiint_{S_1}\boldsymbol{D}_1\cdot \mathrm{d}\boldsymbol{S}+\oiint_{S_2}\boldsymbol{D}_2\cdot \mathrm{d}\boldsymbol{S}=\pi r(D_1+D_2)=Q$$

依据边界条件，两介质分界面的电场强度切向分量连续，即 $\boldsymbol{E}_1=\boldsymbol{E}_2$，则

$$\pi r(\varepsilon_1 E_1+\varepsilon_2 E_2)=Q$$

求解可得

$$\boldsymbol{E}=\boldsymbol{E}_1=\boldsymbol{E}_2=\frac{Q}{\pi r(\varepsilon_1+\varepsilon_2)}\boldsymbol{e}_r$$

$$U=\int_a^b \boldsymbol{E}\cdot \mathrm{d}\boldsymbol{r}=\int_a^b \frac{Q}{\pi(\varepsilon_1+\varepsilon_2)r}\mathrm{d}r=\frac{Q}{\pi(\varepsilon_1+\varepsilon_2)}\ln\left(\frac{b}{a}\right)\Rightarrow Q=\frac{U\pi(\varepsilon_1+\varepsilon_2)}{\ln\left(\frac{b}{a}\right)}$$

所以，

$$\boldsymbol{E}=\frac{U}{\ln\left(\frac{b}{a}\right)}\frac{1}{r}\boldsymbol{e}_r$$

$$\boldsymbol{J}_1=\sigma_1\boldsymbol{E}=\frac{\sigma_1 U}{\ln\left(\frac{b}{a}\right)}\frac{1}{r}\boldsymbol{e}_r,$$

$$\boldsymbol{J}_2=\sigma_2\boldsymbol{E}=\frac{\sigma_2 U}{\ln\left(\frac{b}{a}\right)}\frac{1}{r}\boldsymbol{e}_r$$

（2）单位长度的电容为

$$C=\frac{Q}{U}=\frac{\pi(\varepsilon_1+\varepsilon_2)}{\ln\left(\frac{b}{a}\right)}$$

单位长度内从同轴线内导体表面流出的电流为

$$I=\int_S \boldsymbol{J}\cdot \mathrm{d}\boldsymbol{S}=\int_{S_1}\boldsymbol{J}_1\cdot \mathrm{d}\boldsymbol{S}+\int_{S_2}\boldsymbol{J}_2\cdot \mathrm{d}\boldsymbol{S}=\frac{\sigma_1 U}{\ln\left(\frac{b}{a}\right)}\frac{1}{r}\pi r+\frac{\sigma_2 U}{\ln\left(\frac{b}{a}\right)}\frac{1}{r}\pi r=\frac{\pi U}{\ln\frac{b}{a}}(\sigma_1+\sigma_2)$$

则同轴线单位长度的电阻为

$$R=\frac{U}{I}=\frac{\ln\frac{b}{a}}{\pi(\sigma_1+\sigma_2)}$$

（3）同轴线单位长度的损耗功率为

$$\begin{aligned}P&=\int_V \boldsymbol{J}\cdot\boldsymbol{E}\mathrm{d}V=\int_{V_1}\boldsymbol{J}_1\cdot\boldsymbol{E}\mathrm{d}V+\int_{V_2}\boldsymbol{J}_2\cdot\boldsymbol{E}\mathrm{d}V=\int_{V_1}\sigma_1 E^2\mathrm{d}V+\int_{V_2}\sigma_2 E^2\mathrm{d}V\\&=\int_a^b(\sigma_1+\sigma_2)\left[\frac{U}{\ln\left(\frac{b}{a}\right)}\right]^2\frac{1}{r^2}\pi r\,\mathrm{d}r\\&=(\sigma_1+\sigma_2)\pi\left[\frac{U}{\ln\left(\frac{b}{a}\right)}\right]^2\int_a^b\frac{1}{r}\mathrm{d}r=\frac{(\sigma_1+\sigma_2)\pi U^2}{\ln\left(\frac{b}{a}\right)}\end{aligned}$$

【考研题 8】（北京邮电大学 2012 年）将外半径为 R_1 和内半径为 R_2 的长度为 a 的两个金属圆筒平行放置，平行圆筒间距为 d，维持恒定电位差为 V。当将介电常数为 ε_r、厚度为

d(外半径为 R_2,内半径为 R_1)的介质圆筒插入两个金属圆筒之间的深度为 x 时,如图 2-49 所示,求介质圆筒所受到的沿 x 方向的电场力。

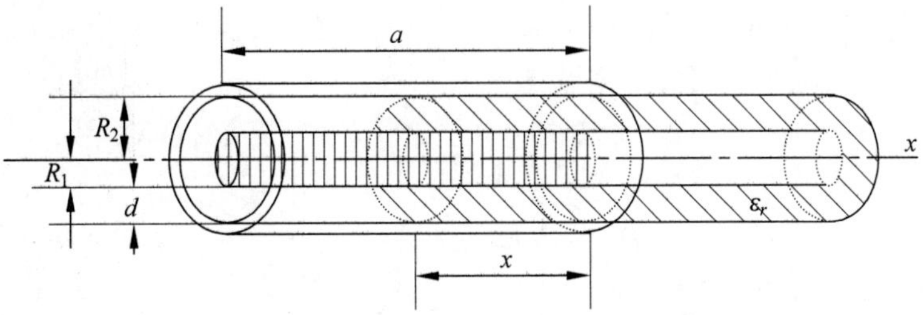

图 2-49　考研题 8 示意图

解　依据题意,两金属筒壁之间的电场沿着径向,而径向电场在管壁间介质与空气分界面处是切向分量。所以,根据边界条件,在金属筒壁间的介质和空气界面上电场强度相等,即 $\boldsymbol{E}=\boldsymbol{E}_1=\boldsymbol{E}_2$,则电位移矢量为

$$\boldsymbol{D}_1=\varepsilon_0\boldsymbol{E}=\varepsilon_0E\boldsymbol{e}_r,\quad \boldsymbol{D}_2=\varepsilon_0\varepsilon_r\boldsymbol{E}=\varepsilon_0\varepsilon_rE\boldsymbol{e}_r$$

金属筒壁间的电压为 V,则可设内金属筒外表面上分布的电荷为 Q,在筒壁间做半径为 r、高度为 a 的高斯圆柱面,根据高斯定理有

$$\oint_S(\boldsymbol{D}_1+\boldsymbol{D}_2)\cdot \mathrm{d}\boldsymbol{S}=2\pi r(a-x)\varepsilon_0E+2\pi rx\varepsilon_0\varepsilon_rE=Q$$

$$\Rightarrow E=\frac{Q}{2\pi r(a-x)\varepsilon_0+2\pi rx\varepsilon_0\varepsilon_r}$$

$$\Rightarrow V=\int_{R_1}^{R_2}E\,\mathrm{d}r=\int_{R_1}^{R_2}\frac{Q}{2\pi(a-x)\varepsilon_0+2\pi x\varepsilon_0\varepsilon_r}\frac{1}{r}\mathrm{d}r$$

$$=\frac{Q}{2\pi(a-x)\varepsilon_0+2\pi x\varepsilon_0\varepsilon_r}\ln\frac{R_2}{R_1}$$

$$\Rightarrow Q=\frac{2\pi(a-x)\varepsilon_0+2\pi x\varepsilon_0\varepsilon_r}{\ln\dfrac{R_2}{R_1}}V$$

$$\Rightarrow E=\frac{V}{r\ln\dfrac{R_2}{R_1}}$$

则两金属筒构成的结构的电容为

$$C=\frac{Q}{V}=\frac{2\pi(a-x)\varepsilon_0+2\pi x\varepsilon_0\varepsilon_r}{\ln\dfrac{R_2}{R_1}}$$

两金属筒壁之间的电场能量为

$$W_e=\frac{1}{2}CV^2=\frac{\pi(a-x)\varepsilon_0+\pi x\varepsilon_0\varepsilon_r}{\ln\dfrac{R_2}{R_1}}V^2$$

介质圆筒所受到的沿 x 方向的电场力为

$$F_x=\frac{\partial W_e}{\partial x}=\frac{\pi\varepsilon_0(\varepsilon_r-1)}{\ln\frac{R_2}{R_1}}V^2$$

【考研题 9】 （西安电子科技大学 2009 年）$z=0$ 平面将无限大空间分为两个区域：$z<0$ 区域为空气，$z>0$ 区域为相对磁导率 $\mu_r=1$、相对介电常数 $\varepsilon_r=4$ 的理想介质。若已知空气中的电场强度为 $\boldsymbol{E}_1=\boldsymbol{a}_x+4\boldsymbol{a}_z$ V/m，试求：

（1）理想介质中的电场强度 $\boldsymbol{E}_2$；

（2）理想介质中电位移矢量 $\boldsymbol{D}_2$ 与界面间的夹角 α；

（3）$z=0$ 平面上的极化面电荷 ρ_{Sp}。

解 （1）在 $z=0$ 的分界面上，利用边界条件，有

$$\begin{cases}\boldsymbol{E}_{2x}=\boldsymbol{E}_{1x}=\boldsymbol{a}_x\ \text{V/m}\\ D_{2z}-D_{1z}=\rho_S=0\end{cases}$$

即

$$\begin{cases}\boldsymbol{E}_{2x}=\boldsymbol{E}_{1x}=\boldsymbol{a}_x\ \text{V/m}\\ \varepsilon_0\varepsilon_r E_{2z}=\varepsilon_0 E_{1z}\end{cases}$$

所以

$$\boldsymbol{E}_2=\boldsymbol{a}_x+\boldsymbol{a}_z\ \text{V/m}$$

（2）因为

$$\boldsymbol{D}_2=\varepsilon_0\varepsilon_r\boldsymbol{E}_2=4\varepsilon_0\boldsymbol{a}_x+4\varepsilon_0\boldsymbol{a}_z\ \text{C/m}^2$$

所以 $\boldsymbol{D}_2$ 与界面间的夹角

$$\alpha=\arctan 1=45^\circ$$

（3）根据

$$\rho_{Sp}=\boldsymbol{P}\cdot\boldsymbol{n},\quad \boldsymbol{P}=\varepsilon_0(\varepsilon_r-1)\boldsymbol{E}$$

介质中

$$\boldsymbol{P}=(\varepsilon_r-1)\varepsilon_0\boldsymbol{E}_2=3\varepsilon_0\boldsymbol{E}_2$$

所以

$$\rho_{Sp}=\boldsymbol{P}\cdot\boldsymbol{n}=3\varepsilon_0\boldsymbol{E}_2\cdot(-\boldsymbol{a}_z)=-3\varepsilon_0\ \text{C/m}^2$$

第 3 章 稳恒电场和磁场

CHAPTER 3

稳恒电场是指在导体回路中由稳恒电源提供的电场，处于稳恒电场中定向运动的电荷形成的电流称为稳恒电流，而由稳恒电流激发的磁场称为稳恒磁场。稳恒电场和磁场均与时间无关，是独立于静电场的两类场。本章在总结归纳稳恒电场和磁场主要内容的基础上，重点分析、求解几类典型例题，并对主教材课后习题进行详解，给出部分相关内容的仿真编程代码以及所涉及的科技前沿知识，最后列举有代表性的往年考研试题详解作为相应重点的延伸。

3.1 稳恒电场和磁场思维导图

利用思维导图勾勒出稳恒电场和磁场各部分内容之间的逻辑关系，如图 3-1 所示。读者也可以通过学习，结合自己的理解绘制新的思维导图，从而达到对知识的融会贯通。首

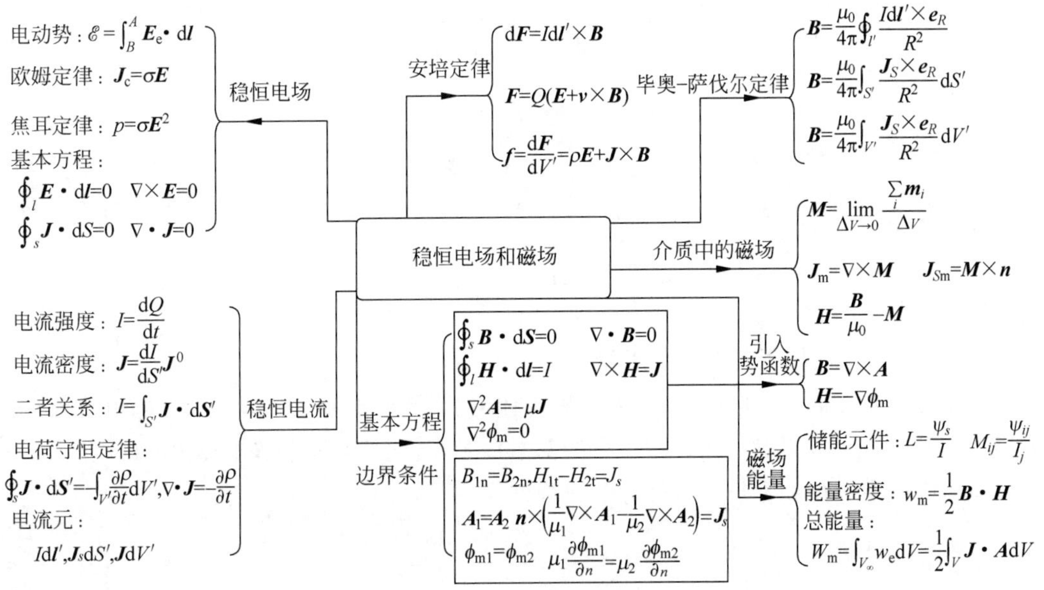

图 3-1 稳恒电场和磁场各部分内容之间的逻辑关系

先，作为过渡，本章介绍了稳恒电场和稳恒电流的概念及性质；由于自然界不存在磁荷，稳恒电流才是磁场的源；在此基础上，介绍了毕奥-萨伐尔定律，用于计算任意电流分布情况下的磁场；与静电场不同，静磁场具有无散性和有旋性，其积分形式就是磁通连续性原理和安培环路定律；在两种材料的分界面上，磁场应该满足相应的边界条件；为方便磁场的计算，引入矢量势函数的概念及库仑规范；此外，通过研究介质中的磁场，引入了磁化强度和磁化电流的概念，并将真空中的方程扩展到磁介质中；最后，针对磁场的能量和能量密度进行了分析。在大多数情况下，静磁场和静电场可以做类比，它们可以看作电磁场的左手和右手。类比学习是一种重要的方法。

3.2 知识点归纳

稳恒电场和磁场涉及的知识点有：

电流密度、电动势；电流元；电荷守恒定律；磁感应强度；磁化强度、磁场强度和磁导率；磁通连续性原理；安培环路定律；磁矢势、磁标势；稳恒电场与磁场的基本方程、边界条件；安培力、洛伦兹力；电感；磁场能量密度和能量。

3.3 主要内容及公式

结合本章知识点归纳，将主要内容及公式做如下分析。

3.3.1 电流密度、电流元和电荷守恒定律

为了描述空间某一点电流分布的大小及方向，引入电流密度的概念，即

$$\boldsymbol{J}=\frac{\mathrm{d}I}{\mathrm{d}S_{\perp}}\boldsymbol{J}^{0} \tag{3-1}$$

体电流密度

$$\boldsymbol{J}=\frac{\mathrm{d}I}{\mathrm{d}S_{\perp}}\boldsymbol{J}^{0}\text{（面分布）}$$

面电流密度

$$\boldsymbol{J}_S=\frac{\mathrm{d}I}{\mathrm{d}l_{\perp}}\boldsymbol{J}^{0}\text{（线分布）}$$

其中，$\boldsymbol{J}^0$ 表示电流密度矢量的单位矢量。

电流元：定义 $\boldsymbol{J}\mathrm{d}V'$、$\boldsymbol{J}_S\mathrm{d}S'$ 和 $I\mathrm{d}\boldsymbol{l}'$ 分别为体电流元、面电流元和线电流元。电流元是研究磁场问题中“源”或“场”相互作用规律的基本单元，其地位类同于静电场中的电荷元。

电荷守恒定律的积分形式和微分形式分别为

$$\oint_S \boldsymbol{J}\cdot\mathrm{d}\boldsymbol{S}'=-\int_{V'}\frac{\partial\rho}{\partial t}\mathrm{d}V' \tag{3-2a}$$

$$\nabla\cdot\boldsymbol{J}=-\frac{\partial\rho}{\partial t} \tag{3-2b}$$

3.3.2 稳恒电流的电场

1. 传导电流和运流电流

传导电流是指在导电媒质中的电流，其电流密度用 $\boldsymbol{J}_c$ 表示。服从欧姆定律的微分形式，即

$$\boldsymbol{J}_c=\sigma\boldsymbol{E} \tag{3-3}$$

运流电流是指真空或气体中的自由电荷在电场的作用下形成的电流(如电子管、离子管或粒子加速器中的电流)。运流电流的电流密度为

$$\boldsymbol{J}_v=\rho\boldsymbol{v} \tag{3-4}$$

2. 电动势

定义 $\mathscr{E}$ 为电源的电动势。它是局外电场力将单位正电荷由负极 B 送至正极 A 所做的功。数学表达式为

$$\mathscr{E}=\int_B^A \boldsymbol{E}_e\cdot \mathrm{d}\boldsymbol{l} \tag{3-5}$$

3. 导电媒质中稳恒电场的基本方程及边界条件

积分形式　　　微分形式

$$\begin{cases}\oint_l \boldsymbol{E}\cdot \mathrm{d}\boldsymbol{l}=0 & \nabla\times\boldsymbol{E}=0\\ \oint_S \boldsymbol{J}\cdot \mathrm{d}\boldsymbol{S}=0 & \nabla\cdot\boldsymbol{J}=0\\ I=GU & \boldsymbol{J}=\sigma\boldsymbol{E}\end{cases} \tag{3-6}$$

$$\begin{cases}J_{1n}=J_{2n}\\ E_{1t}=E_{2t}\end{cases} \tag{3-7}$$

或

$$\begin{cases}\sigma_1\dfrac{\partial\phi_1}{\partial n}=\sigma_2\dfrac{\partial\phi_2}{\partial n}\\ \phi_1=\phi_2\end{cases} \tag{3-8}$$

4. 焦耳定律

$$p=\frac{\mathrm{d}P}{\mathrm{d}V}=\boldsymbol{E}\cdot\boldsymbol{J}=\frac{J^2}{\sigma}=\sigma E^2 \tag{3-9}$$

5. 稳恒电场的静电比拟和电导

如果电容器内的介质是非理想的而是有耗的，具有电导率 σ，可由电容器的电容来类比求其漏电导。由于电容器两极板间有漏电流 I 存在，故其漏电导为

$$G=\frac{I}{U}=\frac{\oint_{S_1}\boldsymbol{J}\cdot \mathrm{d}\boldsymbol{S}}{\int_1^2\boldsymbol{E}\cdot \mathrm{d}\boldsymbol{l}}=\frac{\sigma\oint_{S_1}\boldsymbol{E}\cdot \mathrm{d}\boldsymbol{S}}{\int_1^2\boldsymbol{E}\cdot \mathrm{d}\boldsymbol{l}} \tag{3-10}$$

其中，S_1 是包围任一导体表面的闭合面。而电容器的电容为

$$C=\frac{Q}{U}=\frac{\oint_{S_1}\boldsymbol{D}\cdot \mathrm{d}\boldsymbol{S}}{\int_1^2\boldsymbol{E}\cdot \mathrm{d}\boldsymbol{l}}=\frac{\varepsilon\oint_{S_1}\boldsymbol{E}\cdot \mathrm{d}\boldsymbol{S}}{\int_1^2\boldsymbol{E}\cdot \mathrm{d}\boldsymbol{l}} \tag{3-11}$$

将式(3-10)和式(3-11)相除，可得

$$\frac{G}{C}=\frac{\sigma}{\varepsilon} \tag{3-12}$$

利用上面的对偶关系直接得出其解，而无须重新求解拉普拉斯方程，该方法称为静电比拟法。

静电比拟法是一种间接法。具体为：利用静电场中 $\boldsymbol{D}$，ε，Q 和稳恒电场中 $\boldsymbol{J}$，σ，I 存在的对偶关系，当电容和电导几何形状及尺寸相同时，将电容计算式中的 ε 换成 σ 便得到其漏电导。几种常用电容器的电容与漏电导或漏电阻及其电场如表 3-1 所示。

表 3-1 几种常用电容器的电容与漏电导或漏电阻及其电场

电容器	平行板	双根线	同轴线	球形	孤立球
$C_0(C)$	$\frac{\varepsilon S}{d}$	$\frac{\pi\varepsilon}{\ln\frac{D}{a}}$	$\frac{2\pi\varepsilon}{\ln\frac{r_2}{r_1}}$	$\frac{4\pi\varepsilon r_1r_2}{r_2-r_1}$	$4\pi\varepsilon a$
$G_0(G)$	$\frac{\sigma S}{d}$	$\frac{\pi\sigma}{\ln\frac{D}{a}}$	$\frac{2\pi\sigma}{\ln\frac{r_2}{r_1}}$	$\frac{4\pi\sigma r_1r_2}{r_2-r_1}$	$4\pi\sigma a$
$R_0(R)$	$\frac{d}{\sigma S}$	$\frac{\ln\frac{D}{a}}{\pi\sigma}$	$\frac{\ln\frac{r_2}{r_1}}{2\pi\sigma}$	$\frac{r_2-r_1}{4\pi\sigma r_1r_2}$	$\frac{1}{4\pi\sigma a}$
$\boldsymbol{E}(Q)$	$\frac{\rho_S}{\varepsilon}\boldsymbol{n}$	*	$\frac{\rho_l}{2\pi\varepsilon r}\boldsymbol{e}_r$	$\frac{Q}{4\pi\varepsilon r^2}\boldsymbol{e}_r$	$\frac{Q}{4\pi\varepsilon r^2}\boldsymbol{e}_r$
$\boldsymbol{E}(U)$	$\frac{U}{d}\boldsymbol{n}$	**	$\frac{U}{r\ln\frac{r_2}{r_1}}\boldsymbol{e}_r$	$\frac{r_2r_1U}{r^2(r_2-r_1)}\boldsymbol{e}_r$	$\frac{a\phi}{r^2}\boldsymbol{e}_r$

注：* 双根传输线用其电荷线密度所表示的线外的电场为

$$\boldsymbol{E}=\frac{\rho_l}{2\pi\varepsilon}\left[\left(\frac{1}{r}-\frac{r-D\cos\varphi}{r^2+D^2-2rD\cos\varphi}\right)\boldsymbol{e}_r-\frac{D\sin\varphi}{r^2+D^2-2rD\cos\varphi}\boldsymbol{e}_\varphi\right]$$

** 双根传输线用其线间电压所表示的线外的电场近似为

$$\boldsymbol{E}=\frac{U}{2\ln\frac{D}{a}}\left[\left(\frac{1}{r}-\frac{r-D\cos\varphi}{r^2+D^2-2rD\cos\varphi}\right)\boldsymbol{e}_r-\frac{D\sin\varphi}{r^2+D^2-2rD\cos\varphi}\boldsymbol{e}_\varphi\right]$$

3.3.3 安培定律与磁感应强度

安培定律表示在线性磁介质中两个电流回路之间相互作用力的规律。真空中安培力的数学表达式为

$$\boldsymbol{F}_{21}=\frac{\mu_0}{4\pi}\oint_{l_2}\oint_{l_1}\frac{I_2\mathrm{d}\boldsymbol{l}_2\times(I_1\mathrm{d}\boldsymbol{l}_1\times\boldsymbol{e}_{R_{12}})}{R_{12}^2} \tag{3-13}$$

一个电流回路在磁场中所受到的安培力(即磁场力)为

$$\boldsymbol{F}=\oint_{l'} I\,\mathrm{d}\boldsymbol{l}'\times\boldsymbol{B} \tag{3-14}$$

运动电荷 Q 在电场与磁场中所受到的洛仑兹力为

$$\boldsymbol{F}=Q(\boldsymbol{E}+\boldsymbol{v}\times\boldsymbol{B}) \tag{3-15}$$

或用洛伦兹力密度表示为

$$\boldsymbol{f}=\rho\boldsymbol{E}+\boldsymbol{J}\times\boldsymbol{B} \tag{3-16}$$

由安培定律可导出在线性磁介质中计算磁感应强度的毕奥-萨伐尔定律

$$\begin{cases}\boldsymbol{B}=\dfrac{\mu_0}{4\pi}\oint_{l'}\dfrac{I\,\mathrm{d}\boldsymbol{l}'\times\boldsymbol{e}_R}{R^2}\\[2ex] \boldsymbol{B}=\dfrac{\mu_0}{4\pi}\int_{S'}\dfrac{\boldsymbol{J}_S\times\boldsymbol{e}_R}{R^2}\mathrm{d}S'\\[2ex] \boldsymbol{B}=\dfrac{\mu_0}{4\pi}\int_{V'}\dfrac{\boldsymbol{J}\times\boldsymbol{e}_R}{R^2}\mathrm{d}V'\end{cases} \tag{3-17}$$

3.3.4 磁矢势和磁标势

磁矢势:为简化稳恒磁场问题的分析而引入的一个辅助量。磁感应强度与磁矢势 $\boldsymbol{A}$ 的关系为

$$\boldsymbol{B}=\nabla\times\boldsymbol{A} \tag{3-18}$$

$\boldsymbol{A}$ 的积分计算式为

$$\begin{cases}\boldsymbol{A}=\dfrac{\mu_0}{4\pi}\oint_{l'}\dfrac{I\,\mathrm{d}\boldsymbol{l}'}{R}\\[2ex] \boldsymbol{A}=\dfrac{\mu_0}{4\pi}\int_{S'}\dfrac{\boldsymbol{J}_S\,\mathrm{d}S'}{R}\\[2ex] \boldsymbol{A}=\dfrac{\mu_0}{4\pi}\int_{V'}\dfrac{\boldsymbol{J}\,\mathrm{d}V'}{R}\end{cases} \tag{3-19}$$

磁矢势的微分方程为

$$\nabla^2\boldsymbol{A}=-\mu_0\boldsymbol{J}\quad(\nabla\cdot\boldsymbol{A}=0) \tag{3-20}$$

磁标势:为了进一步简化磁场的计算,仿照静电场中电势的引入方法,引入一个标量势函数 ϕ_{m},称为磁标势。

因为磁场是有旋场,故在整个场域内不能引入标量势函数。然而,在无电流的区域,$\nabla\times\boldsymbol{H}=0$,仿照 $\boldsymbol{E}=-\nabla\phi$,可令

$$\boldsymbol{H}=-\nabla\phi_{\mathrm{m}} \tag{3-21}$$

注意:磁标势仅适用于无电流且单连通的场域。

3.3.5 磁偶极子和物质的磁化

磁偶极子的磁矩为 $\boldsymbol{m}=I\boldsymbol{S}$,它在远处的矢势和磁感应强度分别为

$$\boldsymbol{A}=\frac{\mu_0}{4\pi}\frac{\boldsymbol{m}\times\boldsymbol{R}}{R^3}\quad 和\quad \boldsymbol{B}=\nabla\times\boldsymbol{A}=\frac{\mu_0}{4\pi}\nabla\times\left(\frac{\boldsymbol{m}\times\boldsymbol{R}}{R^3}\right) \tag{3-22}$$

磁偶极子的磁感应强度在球坐标系中为

$$\boldsymbol{B}=\frac{\mu_0 m}{4\pi r^3}(2\cos\theta\boldsymbol{e}_r+\sin\theta\boldsymbol{e}_\theta) \tag{3-23}$$

稳恒磁场中的磁偶极子所受到的力矩为

$$\boldsymbol{T}=\boldsymbol{m}\times\boldsymbol{B} \tag{3-24}$$

物质的磁性分为抗磁性、顺磁性和铁磁性等。物质磁化后其内部出现磁化体电流密度 $\boldsymbol{J}_{\mathrm{m}}$，其表面上出现磁化面电流密度 $\boldsymbol{J}_{\mathrm{Sm}}$，即

$$\boldsymbol{J}_{\mathrm{m}}=\nabla\times\boldsymbol{M}=(\mu_{\mathrm{r}}-1)\boldsymbol{J}\quad 和\quad \boldsymbol{J}_{\mathrm{Sm}}=\boldsymbol{M}\times\boldsymbol{n} \tag{3-25}$$

而磁化强度为

$$\boldsymbol{M}=\chi_{\mathrm{m}}\boldsymbol{H}=(\mu_{\mathrm{r}}-1)\boldsymbol{H}=\left(\frac{1}{\mu_0}-\frac{1}{\mu}\right)\boldsymbol{B} \tag{3-26}$$

这就是物质的磁化规律。在磁介质中利用磁场强度 $\boldsymbol{H}=\dfrac{\boldsymbol{B}}{\mu_0}-\boldsymbol{M}=\dfrac{\boldsymbol{B}}{\mu}$ 进行计算，可使问题简化。

3.3.6 稳恒磁场的基本方程及边界条件

1. 基本方程

$$\begin{cases}\oint_S \boldsymbol{B}\cdot\mathrm{d}\boldsymbol{S}=0 & \nabla\cdot\boldsymbol{B}=0\\ \oint_l \boldsymbol{H}\cdot\mathrm{d}\boldsymbol{l}=I & \nabla\times\boldsymbol{H}=\boldsymbol{J}\\ \boldsymbol{B}=\mu\boldsymbol{H} & \boldsymbol{B}=\mu\boldsymbol{H}\end{cases} \tag{3-27}$$

（左列：积分形式；右列：微分形式）

用磁矢势表示，即

$$\nabla^2\boldsymbol{A}=-\mu\boldsymbol{J} \tag{3-28}$$

可见，磁介质中的稳恒磁场是有旋无散场。

2. 边界条件

$$\begin{cases}B_{1\mathrm{n}}=B_{2\mathrm{n}}\\ H_{1\mathrm{t}}-H_{2\mathrm{t}}=J_S\end{cases} \tag{3-29}$$

或

$$\begin{cases}\boldsymbol{n}\cdot(\boldsymbol{B}_1-\boldsymbol{B}_2)=0\\ \boldsymbol{n}\times(\boldsymbol{H}_1-\boldsymbol{H}_2)=\boldsymbol{J}_S\end{cases} \tag{3-30}$$

$$\boldsymbol{A}_1=\boldsymbol{A}_2 \tag{3-31}$$

$$\boldsymbol{n}\times\left(\frac{1}{\mu_1}\nabla\times\boldsymbol{A}_1-\frac{1}{\mu_2}\nabla\times\boldsymbol{A}_2\right)=\boldsymbol{J}_S \tag{3-32}$$

3.3.7 电感与磁场能量

1. 互感

电感器是储存磁能的元件。电感分为自感和互感，分别与电流回路的固有磁场能（自能）和相互作用能（互能）相联系。两个电流回路之间的互感为

$$M_{12}=\frac{\Psi_{12}}{I_2},\quad M_{21}=\frac{\Psi_{21}}{I_1}\quad 且\quad M_{12}=M_{21} \tag{3-33}$$

其中，

$$\Psi_{12}=N_1\psi_{m12}=N_1\int_{S_1}\boldsymbol{B}_2\cdot d\boldsymbol{S}_1=N_1\oint_{l_1}\boldsymbol{A}_2\cdot d\boldsymbol{l}_1$$

$$\Psi_{21}=N_2\psi_{m21}=N_2\int_{S_2}\boldsymbol{B}_1\cdot d\boldsymbol{S}_2=N_2\oint_{l_2}\boldsymbol{A}_1\cdot d\boldsymbol{l}_2$$

2. 自感

电流回路的自感为

$$L=\frac{\Psi}{I} \tag{3-34}$$

自感又分为内自感 L_i（导体内）与外自感 L_e（导体外），即

$$L=L_i+L_e=\frac{\Psi_i}{I}+\frac{\Psi_e}{I} \tag{3-35}$$

互感与外自感也可以应用诺埃曼公式来计算，即

$$M_{12}=M_{21}=\frac{\mu N_1 N_2}{4\pi}\oint_{l_2}\oint_{l_1}\frac{d\boldsymbol{l}_1\cdot d\boldsymbol{l}_2}{R} \quad 与 \quad L_e=\frac{\mu N^2}{4\pi}\oint_{l_2}\oint_{l_1}\frac{d\boldsymbol{l}_1\cdot d\boldsymbol{l}_2}{R} \tag{3-36}$$

N 个电流回路系统所储存的磁场能量为

$$W_m=\frac{1}{2}\sum_{i=1}^{N}I_i\Psi_i=\frac{1}{2}\sum_{i=1}^{N}L_iI_i^2+\frac{1}{2}\sum_{i=1}^{N}\sum_{j=1(j\neq i)}^{N}M_{ij}I_iI_j \tag{3-37}$$

其中，$\Psi_i=L_iI_i+\sum\limits_{j=1(j\neq i)}^{N}M_{ij}I_j$。

3. 磁场能量

体电流分布的磁场能量可表示为

$$W_m=\frac{1}{2}\int_V\boldsymbol{A}\cdot\boldsymbol{J}\,dV \tag{3-38}$$

磁场能量可用场量表示为

$$W_m=\frac{1}{2}\int_V\boldsymbol{H}\cdot\boldsymbol{B}\,dV=\int_V w_m\,dV \tag{3-39}$$

其中，w_m 是表明磁场能量分布的能量密度。在线性磁介质中，磁场的能量密度为

$$w_m=\frac{dW_m}{dV}=\frac{1}{2}\boldsymbol{H}\cdot\boldsymbol{B}=\frac{1}{2}\mu H^2=\frac{B^2}{2\mu} \tag{3-40}$$

3.3.8 稳恒电场与稳恒磁场及静电场的基本特性比较

稳恒电场、稳恒磁场及静电场的基本特性比较如表 3-2 所示。

表 3-2 静电场、稳恒电场与稳恒磁场的基本特性对比

类别	静 电 场	稳 恒 电 场	稳 恒 磁 场
场力	$\boldsymbol{F}_{21}=\frac{Q_1Q_2}{4\pi\varepsilon_0R_{12}^2}\boldsymbol{e}_{R_{12}}$ $\boldsymbol{F}=Q\boldsymbol{E}$	$\boldsymbol{F}_{静}=q\boldsymbol{E}_{恒}$ $\boldsymbol{F}_{非静}=q\boldsymbol{E}_{局外}$	$\boldsymbol{F}_{21}=\frac{\mu I_1I_2}{4\pi}\oint_{l_2}\oint_{l_1}\frac{d\boldsymbol{l}_2\times(d\boldsymbol{l}_1\times\boldsymbol{e}_R)}{R^2}$ $\boldsymbol{F}=\oint_l I\,d\boldsymbol{l}'\times\boldsymbol{B}$
	洛伦兹力公式 $\boldsymbol{f}=\rho\boldsymbol{E}+\boldsymbol{J}\times\boldsymbol{B}$		

续表

类别	静电场	稳恒电场	稳恒磁场
场和势函数	$\phi=\frac{1}{4\pi\varepsilon}\int\frac{\mathrm{d}Q}{R}$ $\boldsymbol{E}=\frac{1}{4\pi\varepsilon}\int\frac{\mathrm{d}Q}{R^2}\boldsymbol{e}_R$	$\phi=\frac{1}{\sigma}\int_P^{\infty}\boldsymbol{J}\cdot\mathrm{d}\boldsymbol{l}$	$\boldsymbol{B}=\frac{\mu_0}{4\pi}\oint_{l'}\frac{I\mathrm{d}\boldsymbol{l}'\times\boldsymbol{e}_R}{R^2}$ $\boldsymbol{A}=\frac{\mu_0}{4\pi}\oint_{l'}\frac{I\mathrm{d}\boldsymbol{l}'}{R}$ $I\mathrm{d}\boldsymbol{l}'=\boldsymbol{J}_S\mathrm{d}S'=\boldsymbol{J}\mathrm{d}V'$
基本方程	$\nabla\cdot\boldsymbol{D}=\rho$ $\nabla\times\boldsymbol{E}=0$ $\boldsymbol{D}=\varepsilon\boldsymbol{E}$	$\nabla\cdot\boldsymbol{J}=0$ $\nabla\times\boldsymbol{E}=0$ $\boldsymbol{J}=\sigma\boldsymbol{E}$	$\nabla\cdot\boldsymbol{B}=0$ $\nabla\times\boldsymbol{H}=\boldsymbol{J}$ $\boldsymbol{B}=\mu\boldsymbol{H}$
微分方程	$\nabla^2\phi=-\frac{\rho}{\varepsilon}(\boldsymbol{E}=-\nabla\phi)$	$\nabla^2\phi=0(\boldsymbol{E}=-\nabla\phi)$	$\nabla^2\boldsymbol{A}=-\mu\boldsymbol{J}(\boldsymbol{B}=\nabla\times\boldsymbol{A})$ $\nabla^2\phi_m=0(\boldsymbol{H}=-\nabla\phi_m)$
边界条件	$D_{1n}-D_{2n}=\rho_S$ $E_{1t}=E_{2t}$ $\phi_1=\phi_2$ $\varepsilon_1\frac{\partial\phi_1}{\partial n}=\varepsilon_2\frac{\partial\phi_2}{\partial n}$ $(\rho_S=0)$	$J_{1n}=J_{2n}$ $E_{1t}=E_{2t}$ $\phi_1=\phi_2$ $\sigma_1\frac{\partial\phi_1}{\partial n}=\sigma_2\frac{\partial\phi_2}{\partial n}$	$H_{1t}-H_{2t}=J_S$ $B_{1n}=B_{2n}$ $\boldsymbol{A}_1=\boldsymbol{A}_2\left(\frac{1}{\mu_1}\nabla\times\boldsymbol{A}_1-\frac{1}{\mu_2}\nabla\times\boldsymbol{A}_2\right)_t=J_S$ $\phi_{m1}=\phi_{m2}$ $\mu_1\frac{\partial\phi_{m1}}{\partial n}=\mu_2\frac{\partial\phi_{m2}}{\partial n}\ (J_S=0)$
对偶量	$\boldsymbol{D}=\varepsilon_0\boldsymbol{E}+\boldsymbol{P}=\varepsilon\boldsymbol{E}$ $\varepsilon=\varepsilon_0(1+\chi_e)=\varepsilon_0\varepsilon_r$ $Q=\oint_S\boldsymbol{D}\cdot\mathrm{d}\boldsymbol{S}$		$\boldsymbol{B}=\mu_0(\boldsymbol{H}+\boldsymbol{M})$ $\mu=\mu_0(1+\chi_m)=\mu_0\mu_r$ $\psi_m=\int_S\boldsymbol{B}\cdot\mathrm{d}\boldsymbol{S}$
电路参数	$C=\frac{Q}{U}=\frac{\varepsilon\oint_S\boldsymbol{E}\cdot\mathrm{d}\boldsymbol{S}}{\int_l\boldsymbol{E}\cdot\mathrm{d}\boldsymbol{l}}$	$G=\frac{I}{U}=\frac{\sigma\int_S\boldsymbol{E}\cdot\mathrm{d}\boldsymbol{S}}{\int_l\boldsymbol{E}\cdot\mathrm{d}\boldsymbol{l}}$	$L=\frac{\Psi}{I}=\frac{N\int_S\boldsymbol{B}\cdot\mathrm{d}\boldsymbol{S}}{\sigma\int_S\boldsymbol{E}\cdot\mathrm{d}\boldsymbol{S}}$
场的通量	$\psi_e=\int_S\boldsymbol{E}\cdot\mathrm{d}\boldsymbol{S}$		$\psi_m=\int_S\boldsymbol{B}\cdot\mathrm{d}\boldsymbol{S}=\oint_l\boldsymbol{A}\cdot\mathrm{d}\boldsymbol{l}$
场源分布	$\rho=\frac{\mathrm{d}Q}{\mathrm{d}V'}$ $\rho_S=\frac{\mathrm{d}Q}{\mathrm{d}S'}$ $\rho_l=\frac{\mathrm{d}Q}{\mathrm{d}l'}$		$J=\frac{\mathrm{d}I}{\mathrm{d}S'}$ $J_S=\frac{\mathrm{d}I}{\mathrm{d}l'}$ $I=\frac{\mathrm{d}Q}{\mathrm{d}t}$
介质的极化或磁化规律	$\boldsymbol{p}=Q\boldsymbol{l}$ $\boldsymbol{P}=n\boldsymbol{p}=\varepsilon_0\chi_e\boldsymbol{E}$ $=(\varepsilon-\varepsilon_0)\boldsymbol{E}$ $\rho_b=-\nabla\cdot\boldsymbol{P}=-\frac{\varepsilon_r-1}{\varepsilon_r}\rho$ $\rho_{Sb}=\boldsymbol{P}\cdot\boldsymbol{n}$		$\boldsymbol{m}=I\boldsymbol{S}$ $\boldsymbol{M}=n\boldsymbol{m}=\chi_m\boldsymbol{H}$ $=(\mu_r-1)\boldsymbol{H}$ $\boldsymbol{J}_m=\nabla\times\boldsymbol{M}=(\mu_r-1)\boldsymbol{J}$ $\boldsymbol{J}_{Sm}=\boldsymbol{M}\times\boldsymbol{n}$

续表

类别	静电场	稳恒电场	稳恒磁场
场能	$W_e = \frac{1}{2}\sum_{i=1}^{N} Q_i \phi_i$ $W_e = \frac{1}{2}\int_V \boldsymbol{D} \cdot \boldsymbol{E} dV$ $w_e = \frac{1}{2}\boldsymbol{D} \cdot \boldsymbol{E}$ $= \frac{1}{2}\varepsilon E^2 = \frac{D^2}{2\varepsilon}$		$W_m = \frac{1}{2}\sum_{i=1}^{N} I_i \Psi_i$ $W_m = \frac{1}{2}\int_V \boldsymbol{H} \cdot \boldsymbol{B} dV$ $w_m = \frac{1}{2}\boldsymbol{H} \cdot \boldsymbol{B}$ $= \frac{1}{2}\mu H^2 = \frac{B^2}{2\mu}$

3.4 重点与难点分析

结合本章主要内容及教学实践，将重点与难点分析如下。

3.4.1 导体中电导或电阻的计算

求解导体的电导或电阻，是本章重点之一。主要方法有：基于欧姆定律的设电流法(即设电流 I 求电压)和设电压法(即设电压 U 求电流)、电导公式积分法、静电比拟法等。但各种求解方法的简繁难易不同，要注意掌握和应用简便的分析计算方法，详见例 3.1。

3.4.2 如何理解稳恒电场中的高斯定理

静电场中，高斯定理作为描述该场的基本方程之一，具有重要地位。在稳恒电场中，均匀、线性、各向同性的导电媒质中存在着大量可自由定向移动的电荷形成稳恒电流，但高斯定理却为

$$\oint_S \boldsymbol{E} \cdot d\boldsymbol{S} = \oint_S \frac{\boldsymbol{J}}{\sigma} \cdot d\boldsymbol{S} = \frac{1}{\sigma}\oint_S \boldsymbol{J} \cdot d\boldsymbol{S} = 0$$

这就意味着，导电媒质中任一闭合面内包围的净电荷量为零。

根据上式的微分形式：$\nabla \cdot \boldsymbol{E} = \frac{\rho}{\varepsilon_0} = 0$，不难得到任意位置处的电荷密度 $\rho = 0$。然而容易费解的是，明明有运动电荷存在，电荷密度为何又等于零呢？

事实上，在稳恒电场中，电荷守恒定律的微分形式为$\nabla \cdot \boldsymbol{J} = -\frac{\partial \rho}{\partial t} = 0$，即有$\frac{\partial \rho}{\partial t} = 0$。这表明电荷密度不随时间而变，此时导电媒质内电荷密度应包含两项：设 ρ_+ 表示原子核或正离子的体电荷密度；ρ_- 表示电子或负离子的体电荷密度，则二者代数和为零，即 $\rho = \rho_+ + \rho_- = 0$。这表明在任一时刻通过导电媒质内某一点的邻域电荷总量不变，即净电荷为零，但这并不排斥 ρ_+、ρ_- 的运动或两者均做运动，从而形成稳恒电流。

3.4.3 用毕奥-萨伐尔定律进行磁场计算

毕奥-萨伐尔定律反映了一定电流分布情形下所产生的磁感应强度的定量表达式，是分

析稳恒磁场问题的理论基础。理论上，对于任意电流分布的磁场问题均适用，是分析计算磁感应强度 $\boldsymbol{B}$ 的最基本的一种方法，但由于上述积分是矢量积分，且随着载流体几何结构复杂度增大而计算难度也增大，故用该方法进行严格计算时只有简单电流分布时才适用。对于较为复杂的电流分布问题，可以建立积分式，通过数值计算得到场分布。

求解简单电流分布的磁场，应遵循"三先一找"的原则，即先选择一个合适的坐标系；先小后大——先选择电流元，确定元场，再进行积分计算；先定性分析后定量计算；并善于发现，找出规律。

3.4.4 磁矢势 A 的物理意义及应用

尽管 $\boldsymbol{A}$ 没有明确的物理意义，但若对其进行环路积分，则

$$\oint_l \boldsymbol{A}\cdot \mathrm{d}\boldsymbol{l}=\oint_l \nabla\times\boldsymbol{A}\cdot \mathrm{d}\boldsymbol{l}=\int_S \boldsymbol{B}\cdot \mathrm{d}\boldsymbol{S}$$

这表明磁矢势 $\boldsymbol{A}$ 的环量在数值上等于以 $\boldsymbol{l}$ 为边界的任意闭合曲面内对应的磁感应强度的通量。该式在形式上类似于安培环路定律。

正如安培环路定律可以用于求解电流分布具有一定对称性时的磁场一样，用此式也可计算同类电流分布的磁矢势，详见后面例题。

通过引入磁矢势 $\boldsymbol{A}$，不仅可以使磁场的计算问题得以简化，更重要的是，通过磁矢势 $\boldsymbol{A}$ 可以方便研究磁场的基本特性。给定电流分布求解磁场的基本问题，也可归结为通过求解满足边界条件的矢势的泊松方程 $\nabla^2\boldsymbol{A}=-\mu\boldsymbol{J}$ 或拉普拉斯方程 $\nabla^2\boldsymbol{A}=0$，再由 $\boldsymbol{B}=\nabla\times\boldsymbol{A}$ 而得。

用矢势法求磁场的方法可概括为：

方法 1：由已知 $\boldsymbol{J}(\boldsymbol{J}_S、\boldsymbol{I}) \xrightarrow{\boldsymbol{A}(\boldsymbol{r})=\frac{\mu_0}{4\pi}\int_{V'}\frac{\boldsymbol{J}(\boldsymbol{r}')}{R}\mathrm{d}V'} \boldsymbol{A} \xrightarrow{\boldsymbol{B}=\nabla\times\boldsymbol{A}} \boldsymbol{B}$；

方法 2：由已知 $\boldsymbol{J} \xrightarrow{\nabla^2\boldsymbol{A}=-\mu_0\boldsymbol{J}} \boldsymbol{A} \xrightarrow{\boldsymbol{B}=\nabla\times\boldsymbol{A}} \boldsymbol{B}$。

3.4.5 为何要引入磁标势

磁矢势 $\boldsymbol{A}$ 的引入在一定程度上可以简化磁场的计算，这是由于磁矢势 $\boldsymbol{A}$ 的方向与电流元的方向一致，比直接用毕奥-萨伐尔定律简单许多。但相应的积分仍为矢量积分，尚需进行矢量分解或先做定性判断以简化计算。那么，自然会想到能不能像静电场一样也可以引入一个标量势函数？

因此，引入磁标势是仿照静电场中引入电势的思想，但它不像电势一样适用于任何场域，只有在静磁场中 $\boldsymbol{J}=0$ 且为单连通区域的地方，方可成立。由 $\boldsymbol{H}=-\nabla\phi_{\mathrm{m}}$ 可得，在均匀、线性、各向同性的磁介质中，$\nabla^2\phi_{\mathrm{m}}=0$。故磁场的求解同样可归结为求解满足边界条件的磁标势的拉普拉斯方程问题(详见例 3.5)。

对于铁磁材料，有 $\boldsymbol{B}=\mu_0(\boldsymbol{H}+\boldsymbol{M})$，由 $\nabla\cdot\boldsymbol{B}=0$，得

$$\nabla\cdot\boldsymbol{H}=-\nabla\cdot\boldsymbol{M} \tag{3-41}$$

如果将磁偶极子看成是由一对等值异号的磁荷所产生，令磁荷密度 $\rho_{\mathrm{m}}=-\mu_0\nabla\cdot\boldsymbol{M}$，与静电场问题相对应，则有

$$\nabla\cdot\boldsymbol{H}=\frac{\rho_{\mathrm{m}}}{\mu_0} \tag{3-42}$$

将 $\boldsymbol{H}=-\nabla\phi_m$ 代入式(3-42)，得

$$\nabla^2\phi_m=-\frac{\rho_m}{\mu_0} \tag{3-43}$$

这便是磁标势所满足的一般形式的微分方程。若磁介质被均匀磁化，在其内部有 $\nabla\cdot\boldsymbol{M}=0$，可得磁标势 ϕ_m 满足拉普拉斯方程。

3.4.6　应用安培定律计算磁场时回路绕行方向规定

在应用安培环路定律时，闭合回路(安培环路)l 所包围的总电流 I 应为 l 包围的所有电流的代数和，且要求与闭合回路 l 符合右手螺旋关系的电流为正；反之，为负。这一规定是符合毕奥-萨伐尔定律电流与磁场的正交关系。从安培环路定律的微分形式更容易理解：涡旋源的方向与之所产生的涡旋场的方向服从右手关系。应用安培环路定律的三种情形如图 3-2 所示。

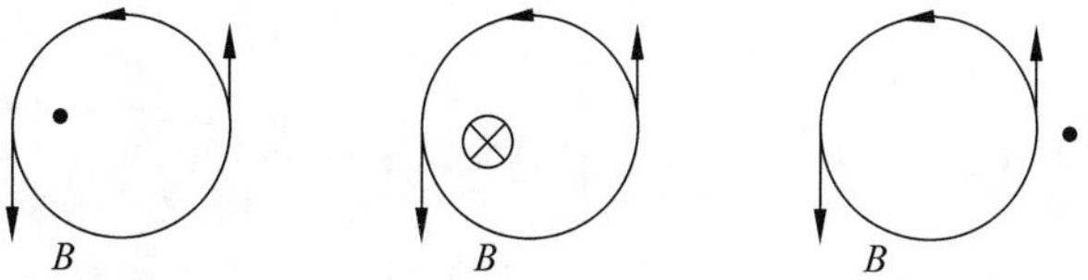

(a) 电流为正　　(b) 电流为负　　(c) 不计算电流

图 3-2　安培环路定律的几种场景

3.4.7　磁场的几种常用计算方法

(1) 毕奥-萨伐尔定律理论上适用于任何电流分布的情形，但需要通过矢量积分计算，随着结构的复杂难度增大。

(2) 安培环路定律仅适用于电流具有某种对称分布的情形。

(3) 用矢势定义法。先通过积分求得矢势 $\boldsymbol{A}$，再由 $\boldsymbol{B}=\nabla\times\boldsymbol{A}$ 求得 $\boldsymbol{B}$。

(4) 建立矢势 $\boldsymbol{A}$ 的微分方程(本章主要涉及泊松方程或拉普拉斯方程的特例——一维问题)。

(5) 在无电流的区域，求解磁标势的拉普拉斯方程 $\nabla^2\phi_m=0$，然后计算 $\boldsymbol{H}=-\nabla\phi_m$，再换成 $\boldsymbol{B}$。

3.5　典型例题分析

例 3.1　一圆柱形电容器中内、外极板的半径分别为 r_1 和 r_2，纵向长度为 l，其中的介质是有耗的，电导率为 σ，介电常数为 ε。若两极板间的电压为 U_0，试求该电容器的漏电导。

解　这是一个稳恒电场中涉及稳恒场、电势分布及有关参量的计算问题。本题的计算可以按照几种不同思路进行分析计算。

思路一：设电量 $Q\Rightarrow\boldsymbol{E}\Rightarrow\begin{Bmatrix}\phi\rightarrow U\\ \boldsymbol{J}\rightarrow I\end{Bmatrix}\Rightarrow G$；

思路二：设电势 $\phi \Rightarrow \left\{\begin{matrix} \to U \\ \to \boldsymbol{E} \to \boldsymbol{J} \to I \end{matrix}\right\} \Rightarrow G$；

思路三：设电流 $I \Rightarrow \boldsymbol{J} \Rightarrow \boldsymbol{E} \Rightarrow U \Rightarrow G$；

思路四：静电比拟法；

思路五：用电阻定义法。

方法 1：设电量法。

采用圆柱坐标系，取极轴为 z 轴。显然，电荷、电势关于 z 轴对称，因此两导体间的电场强度、电势只与径向变量 r 有关。设内外导体表面单位长度所带的电量分别为 $\pm\rho_l$，由高斯定理可得两导体间任一点处的电场强度 $\boldsymbol{E}$。由

$$\oint_S \varepsilon \boldsymbol{E} \cdot \mathrm{d}\boldsymbol{S} = \varepsilon E \cdot 2\pi r l = \rho_l l$$

得
$$\boldsymbol{E} = \frac{\rho_l}{2\pi\varepsilon r}\boldsymbol{e}_r$$

因已知两导体间的电压为 U_0，则

$$U_0 = \int_{r_1}^{r_2} \boldsymbol{E} \cdot \mathrm{d}\boldsymbol{l} = \int_{r_1}^{r_2} \frac{\rho_l}{2\pi\varepsilon r}\mathrm{d}r = \frac{\rho_l}{2\pi\varepsilon}\ln\frac{r_2}{r_1}$$

故
$$\rho_l = \frac{2\pi\varepsilon U_0}{\ln\dfrac{r_2}{r_1}}$$

所以

$$\boldsymbol{E} = \frac{U_0}{\ln\dfrac{r_2}{r_1}}\frac{1}{r}\boldsymbol{e}_r$$

若规定外导体的电势为 0，则介质任一点的电势则为

$$\phi = \int_r^{r_2} \boldsymbol{E} \cdot \mathrm{d}\boldsymbol{l} = \int_r^{r_2} \frac{U_0}{\ln\dfrac{r_2}{r_1}r}\mathrm{d}r = \frac{U_0}{\ln\dfrac{r_2}{r_1}}\ln\frac{r_2}{r}$$

因为存在漏电导，故两导体间有漏电流。设漏电流密度为 $\boldsymbol{J}$，由微分形式的欧姆定律 $\boldsymbol{J} = \sigma\boldsymbol{E}$ 得

$$\boldsymbol{J} = \sigma\boldsymbol{E} = \frac{\sigma U_0}{\ln\dfrac{r_2}{r_1}}\frac{1}{r}\boldsymbol{e}_r$$

则通过任一半径的柱面(横截面)的电流强度为

$$I = \int_S \boldsymbol{J} \cdot \mathrm{d}\boldsymbol{S} = J \cdot 2\pi r l = \frac{2\pi\sigma U_0 l}{\ln\dfrac{r_2}{r_1}}$$

由电导定义可得

$$G = \frac{I}{U_0} = \frac{2\pi\sigma l}{\ln\dfrac{r_2}{r_1}}$$

方法 2：设电势法。

设两导体间的电势为 ϕ，不妨规定外导体的电势为 0，则 ϕ 所满足的定解问题为

$$\begin{cases}\nabla^2\phi=0\\ \phi|_{r=r_1}=U_0\\ \phi|_{r=r_2}=0\end{cases}$$

因电势函数关于 z 轴对称，故 ϕ 仅为 r 的函数，即

$$\nabla^2\phi=\frac{1}{r}\frac{\mathrm{d}}{\mathrm{d}r}\left(r\frac{\mathrm{d}\phi}{\mathrm{d}r}\right)=0$$

其通解为

$$\phi=A+B\ln r$$

代入 $\phi|_{r=r_1}=U_0$，$\phi|_{r=r_2}=0$，可得

$$A=\frac{U_0}{\ln\frac{r_2}{r_1}}\ln r_2,\quad B=-\frac{U_0}{\ln\frac{r_2}{r_1}}$$

所以

$$\phi=\frac{U_0}{\ln\frac{r_2}{r_1}}\ln\frac{r_2}{r}$$

再由 $\boldsymbol{E}=-\nabla\phi$，得

$$\boldsymbol{E}=-\frac{\partial\phi}{\partial r}\boldsymbol{e}_r=\frac{U_0}{\left(\ln\frac{r_2}{r_1}\right)r}\boldsymbol{e}_r$$

其余步骤同上。

方法 3：设电流法。

采用圆柱坐标系，取极轴为 z 轴。设由内导体表面流向外导体表面的电流为 I，取半径为 r 的柱面考察，则穿过该柱面的电流密度大小为 $J=\frac{I}{2\pi lr}$，方向为半径方向。因此

$$\boldsymbol{J}=\frac{I}{2\pi lr}\boldsymbol{e}_r$$

得

$$\boldsymbol{E}=\frac{I}{2\pi l\sigma r}\boldsymbol{e}_r$$

因已知两导体间的电压为 U_0，则

$$U_0=\int_{r_1}^{r_2}\boldsymbol{E}\cdot\mathrm{d}\boldsymbol{r}=\int_{r_1}^{r_2}\frac{I}{2\pi l\sigma r}\mathrm{d}r=\frac{I}{2\pi l\sigma}\ln\frac{r_2}{r_1}$$

由电导定义可得

$$G=\frac{I}{U_0}=\frac{2\pi l\sigma}{\ln\frac{r_2}{r_1}}$$

方法 4：用静电比拟法。

利用第 2 章知识，已知圆柱形电容器的电容为

$$C=\frac{2\pi\varepsilon l}{\ln\frac{r_2}{r_1}}$$

根据静电比拟的原理,只要将电容器式中的介电常数 ε 换成电导率 σ,即为其电导。

方法 5：用电阻定义法。

对于一横截面积为 S、长为 l、电导率为 σ 的导体,其电阻为

$$R=\frac{l}{\sigma S}$$

本题中的漏电流沿 r 方向,所以对于长为 $\mathrm{d}l$ 的电阻元而言,有

$$\mathrm{d}R=\frac{\mathrm{d}l}{\sigma S}=\frac{\mathrm{d}r}{2\pi l\sigma r}$$

那么,半径分别为 r_1 和 r_2 的圆柱形电容器中内、外极板总电阻为

$$R=\int_{r_1}^{r_2}\mathrm{d}R=\int_{r_1}^{r_2}\frac{\mathrm{d}r}{2\pi\sigma l r}=\frac{1}{2\pi\sigma l}\ln\frac{r_2}{r_1}$$

电导为

$$G=\frac{1}{R}=\frac{2\pi\sigma l}{\ln\frac{r_2}{r_1}}$$

例 3.2 如图 3-3 所示,有两根导线沿半径引向圆环电阻上的 A,B 两点,并在很远处与电源相连。求环中心的磁感应强度。

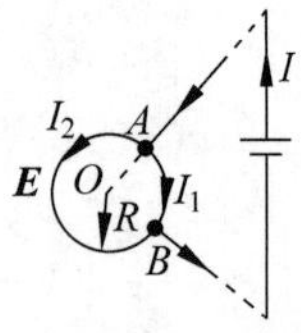

图 3-3 例 3.2 示意图

解 本题属于用毕奥-萨伐尔定律和场的叠加原理求解磁场的问题。载流线由五段构成：沿 AO 线段、沿 OB 线段、与电源相连的线段、优弧 AEB、劣弧 AB。其中延长线通过圆心的两根载流线在圆心产生的磁感应强度为零,于是 O 点的磁感应强度由与电源相连的直载流线和两载流圆弧产生。根据题意,与电源相连的直载流线距离 O 点很远,故可近似为无限长直载流线。其在 O 点处的磁感应强度为

$$B_0=\frac{\mu_0 I}{2\pi d}$$

由于 $d\to\infty$,故

$$B_0=0$$

两圆弧在中心处的磁感应强度分别为

$$B_{AB}=\frac{\mu_0 I_1}{2R}\frac{l_1}{2\pi R}$$

方向垂直纸面向里。

$$B_{AEB}=\frac{\mu_0 I_2}{2R}\frac{l_2}{2\pi R}$$

方向垂直纸面向外。

根据并联电路中每一支路中电流与电阻的乘积相等的关系,有

$$I_1 l_1=I_2 l_2$$

故总磁感应强度为

$$B=B_{AB}-B_{AEB}=0$$

例 3.3　一载有电流为 I_1 的无限长直导线与一载电流为 I_2 的刚性圆形闭合回路同在一平面内。圆环半径为 R，其圆心到直线电流的垂直距离为 d，如图 3-4 所示。求圆形回路所受的磁场力。

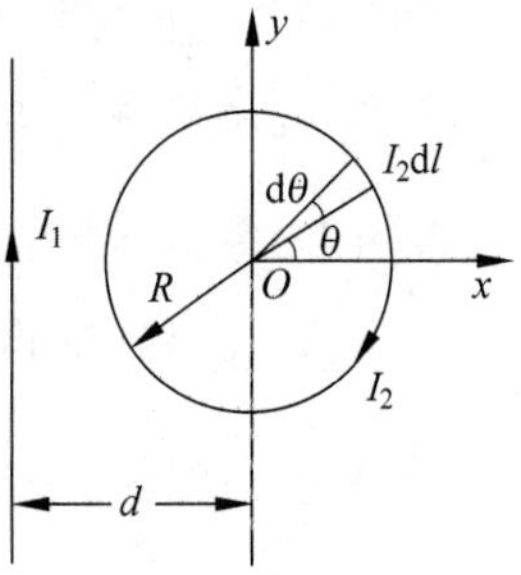

图 3-4　例 3.3 示意图

解　本题涉及用安培定律计算两载流线间的相互作用力。由于属于非均匀受力问题，故需通过积分计算。理论上讲，两载流线间的相互作用力是相等的，但从计算难易程度看，考虑载电流 I_2 处于电流为 I_1 的无限长直导线所产生的磁场中较容易些。

在圆形闭合回路中任取一电流元 $I_2 dl$，与直导线的距离为 $d+R\cos\theta$。该处磁感应强度大小为

$$\boldsymbol{B}=\frac{\mu_0 I_1}{2\pi}\frac{1}{d+R\cos\theta}\boldsymbol{e}_z$$

电流元 $I_2 dl$ 受力为

$$d\boldsymbol{f}=I_2 d\boldsymbol{l}\times\boldsymbol{B}=I_2 dlB\sin\frac{\pi}{2}\boldsymbol{e}_R=I_2 BR d\theta\boldsymbol{e}_R$$

方向沿半径向外。

考虑整个圆形回路的受力情况，由于对称性，在 y 轴方向上的合力 $\boldsymbol{F}_y=\int d\boldsymbol{f}_y=0$，则整个线圈受力为

$$\begin{aligned}\boldsymbol{F}=\boldsymbol{F}_x&=\int d\boldsymbol{f}_x=\int_0^{2\pi}I_2 BR\cos\theta d\theta\boldsymbol{e}_x\\&=\int_0^{2\pi}\frac{\mu_0 I_1}{2\pi}\frac{I_2 R}{d+R\cos\theta}\cos\theta d\theta\boldsymbol{e}_x=\frac{\mu_0 I_1 I_2 R}{2\pi}\int_0^{2\pi}\frac{\cos\theta}{d+R\cos\theta}d\theta\boldsymbol{e}_x\\&=\mu_0 I_1 I_2\left(1-\frac{d}{\sqrt{d^2-R^2}}\right)\boldsymbol{e}_x\end{aligned}$$

受力方向沿 x 轴负方向。

例 3.4　在空气中放置一个半径为 a、磁导率为 μ 的无限长直导线，其内均匀分布着电流 I，如图 3-5 所示。求柱内、外的磁矢势 $\boldsymbol{A}$ 和磁感应强度 $\boldsymbol{B}$。

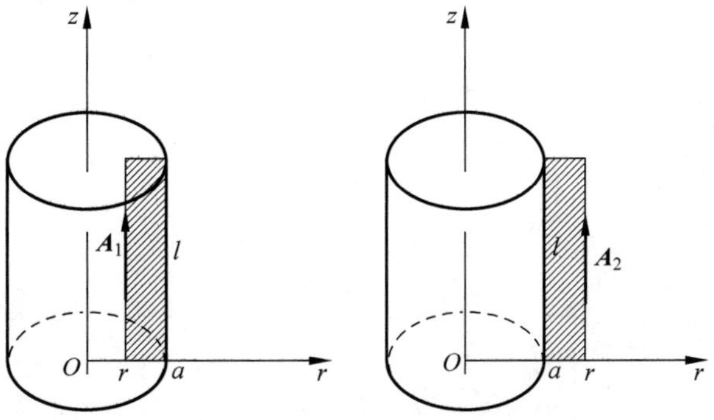

图 3-5　例 3.4 示意图

解 这是一个稳恒磁场中涉及磁感应强度与磁矢势的计算问题。本题的计算可以按照两种思路进行分析计算。

思路一：先求矢势 $\boldsymbol{A}$，再求旋度得到 $\boldsymbol{B}$；

思路二：先由安培环路定律求得 $\boldsymbol{B}$，再由 $\oint_l \boldsymbol{A}\cdot \mathrm{d}\boldsymbol{l}=\int_S \boldsymbol{B}\cdot \mathrm{d}\boldsymbol{S}$ 关系求得矢势 $\boldsymbol{A}$。

方法 1：建立圆柱坐标系，设柱内、外的矢势分别为 $\boldsymbol{A}_1,\boldsymbol{A}_2$，则有 $\nabla^2\boldsymbol{A}_1=-\mu\boldsymbol{J}$，$\nabla^2\boldsymbol{A}_2=0$。其中，$\boldsymbol{J}=\dfrac{I}{\pi a^2}\boldsymbol{e}_z$。由于电流具有轴对称性，且为无限长电流线，从而矢势与 φ,z 无关，则柱内、外矢势的定解问题为

$$
\begin{cases}
\nabla^2 A_{z1}=\dfrac{1}{r}\dfrac{\mathrm{d}}{\mathrm{d}r}\left(r\dfrac{\mathrm{d}A_{z1}}{\mathrm{d}r}\right)=-\mu\dfrac{I}{\pi a^2}\\
\nabla^2 A_{z2}=\dfrac{1}{r}\dfrac{\mathrm{d}}{\mathrm{d}r}\left(r\dfrac{\mathrm{d}A_{z2}}{\mathrm{d}r}\right)=0\\
A_{z1}|_{r=a}=A_{z2}|_{r=a}\\
\dfrac{1}{\mu}\dfrac{\mathrm{d}A_{z1}}{\mathrm{d}r}\Big|_{r=a}=\dfrac{1}{\mu_0}\dfrac{\mathrm{d}A_{z2}}{\mathrm{d}r}\Big|_{r=a}
\end{cases}
$$

容易求得

$$A_{z1}=a_1+b_1\ln r-\frac{\mu I r^2}{4\pi a^2},\quad A_{z2}=a_2+b_2\ln r$$

不妨设零势点为 $r=a$ 处，且 $A_{z1}|_{r\to 0}=$有限值，得

$$A_{z1}=\frac{\mu I(a^2-r^2)}{4\pi a^2},\quad A_{z2}=\frac{\mu_0 I}{2\pi}\ln\frac{a}{r}$$

磁感应强度可由 $\boldsymbol{B}=\nabla\times\boldsymbol{A}=\dfrac{1}{r}\begin{vmatrix}\boldsymbol{e}_r & r\boldsymbol{e}_\varphi & \boldsymbol{e}_z\\ \dfrac{\partial}{\partial r} & \dfrac{\partial}{\partial\varphi} & \dfrac{\partial}{\partial z}\\ A_r & rA_\varphi & A_z\end{vmatrix}$ 求得。分别为

$$\boldsymbol{B}_1=\nabla\times\boldsymbol{A}_1=\frac{1}{r}\begin{vmatrix}\boldsymbol{e}_r & r\boldsymbol{e}_\varphi & \boldsymbol{e}_z\\ \dfrac{\partial}{\partial r} & \dfrac{\partial}{\partial\varphi} & \dfrac{\partial}{\partial z}\\ 0 & 0 & A_{z1}\end{vmatrix}=\frac{\mu I r}{2\pi a^2}\boldsymbol{e}_\varphi$$

$$\boldsymbol{B}_2=\nabla\times\boldsymbol{A}_2=\frac{1}{r}\begin{vmatrix}\boldsymbol{e}_r & r\boldsymbol{e}_\varphi & \boldsymbol{e}_z\\ \dfrac{\partial}{\partial r} & \dfrac{\partial}{\partial\varphi} & \dfrac{\partial}{\partial z}\\ 0 & 0 & A_{z2}\end{vmatrix}=\frac{\mu_0 I}{2\pi r}\boldsymbol{e}_\varphi$$

方法 2：由安培环路定律，得

(1) 当 $r<a$ 时，

由

$$\oint_l \boldsymbol{H}_1\cdot\mathrm{d}\boldsymbol{l}=H_1\cdot 2\pi r=I'=\frac{Ir^2}{a^2}$$

得

$$\boldsymbol{H}_1=\frac{Ir}{2\pi a^2}\boldsymbol{e}_\varphi$$

$$\boldsymbol{B}_1=\mu\boldsymbol{H}_1=\frac{\mu Ir}{2\pi a^2}\boldsymbol{e}_\varphi$$

(2) 当 $a<r$ 时，

由

$$\oint_l \boldsymbol{B}_2\cdot \mathrm{d}\boldsymbol{l}=B_2\cdot 2\pi r=\mu_0 I$$

得

$$\boldsymbol{B}_2=\frac{\mu_0 I}{2\pi r}\boldsymbol{e}_\varphi$$

接下来计算磁矢势 $\boldsymbol{A}$。

(1) 当 $r<a$ 时，

由于磁矢势的方向与电流方向相同，取如图 3-5 所示矩形积分环路，正方向沿顺时针。设 $r=a$ 处为磁矢势的参考点。由 $\oint_l \boldsymbol{A}\cdot \mathrm{d}\boldsymbol{l}=\int_S \boldsymbol{B}\cdot \mathrm{d}\boldsymbol{S}$，得

$$\oint_l \boldsymbol{A}\cdot \mathrm{d}\boldsymbol{l}=A_{z1}l+0\cdot l=\int_S \boldsymbol{B}_1\cdot \mathrm{d}\boldsymbol{S}=\int_r^a \frac{\mu Ir}{2\pi a^2}l\,\mathrm{d}r=\frac{\mu Il(a^2-r^2)}{4\pi a^2}$$

$$\boldsymbol{A}_1=\frac{\mu I(a^2-r^2)}{4\pi a^2}\boldsymbol{e}_z$$

(2) 当 $a<r$ 时

取如图 3-5 所示矩形积分环路，由 $\oint_l \boldsymbol{A}\cdot \mathrm{d}\boldsymbol{l}=\int_S \boldsymbol{B}\cdot \mathrm{d}\boldsymbol{S}$，得

$$\oint_l \boldsymbol{A}\cdot \mathrm{d}\boldsymbol{l}=-A_{z2}l+0\cdot l=\int_S \boldsymbol{B}_2\cdot \mathrm{d}\boldsymbol{S}=\int_a^r \frac{\mu_0 I}{2\pi r}l\,\mathrm{d}r=\frac{\mu_0 Il}{2\pi}\ln\frac{r}{a}$$

$$\boldsymbol{A}_2=\frac{\mu_0 I}{2\pi}\ln\frac{a}{r}\boldsymbol{e}_z$$

例 3.5 求磁化强度为 $\boldsymbol{M}_0$、半径为 R_0 的均匀磁化铁球产生的磁场。

解 本题考查用磁标势求解磁场的方法，解题时要注意磁标势的应用条件。

球内外分别为均匀区域，球外没有磁荷，球内磁化强度为常矢量，故

$$\rho_{\mathrm{m}}=-\mu_0\nabla\cdot\boldsymbol{M}_0=0$$

因而球内没有体磁荷，所以磁标势在这两个区域内满足的方程为

$$\begin{cases}\nabla^2\phi_{\mathrm{m}1}=0, & r<R_0\\ \nabla^2\phi_{\mathrm{m}2}=0, & r>R_0\end{cases}$$

由于铁球磁化后产生的磁场满足轴对称分布，故球内外的通解形式为

$$\phi(r,\theta)=\sum_{n=0}^{\infty}\left(a_n r^n+\frac{b_n}{r^{n+1}}\right)P_n(\cos\theta)$$

(1) 根据自然边界条件：① $\phi_{\mathrm{m}1}|_{r=0}\to$有限值；② $\phi_{\mathrm{m}2}|_{r\to\infty}\to 0$ 可得

$$\begin{cases} \varphi_{m1} = \sum_{n=0}^{\infty} a_n r^n P_n(\cos\theta) \\ \varphi_{m2} = \sum_{n=0}^{\infty} \dfrac{b_n}{r^{n+1}} P_n(\cos\theta) \end{cases}$$

（2）当 $r=R_0$ 时，磁标势满足以下边值关系：

① 界面连续，即 $\phi_{m2}=\phi_{m1}$，故

$$b_n = a_n R_0^{2n+1}$$

② 由于不同介质的磁化强度不同，导致球面上存在面束缚磁荷，即

$$\rho_{Sm} = -\mu_0 \boldsymbol{e}_n \cdot (\boldsymbol{M}_2 - \boldsymbol{M}_1) = -\mu_0 \boldsymbol{e}_r \cdot \boldsymbol{M}_0$$

故磁标势的一阶导数在界面不连续，有

$$\left(\frac{\partial \phi_{m2}}{\partial r} - \frac{\partial \phi_{m1}}{\partial r}\right) = -\boldsymbol{e}_r \cdot \boldsymbol{M}_0 = -M_0 \cos\theta$$

由此可得

$$2\frac{b_1}{R_0^3} + a_1 = M_0 (n=1), \quad b_n = -\frac{n}{n+1} a_n R_0^{2n+1} \quad (n \neq 1)$$

根据以上两个边值关系导出式，可以解出待定系数为

$$a_1 = \frac{M_0}{3}, \quad b_1 = \frac{M_0 R_0^3}{3}, \quad a_n = b_n = 0 \quad (n \neq 1)$$

代入通解，可得球内外的磁标势分别为

$$\begin{cases} \phi_{m1} = \dfrac{M_0 r\cos\theta}{3} = \dfrac{\boldsymbol{M}_0 \cdot \boldsymbol{r}}{3} \\ \phi_{m2} = \dfrac{R_0^3 (\boldsymbol{M}_0 \cdot \boldsymbol{r})}{3r^3} \end{cases}$$

根据磁标势的定义和铁磁介质的本构方程式(3-26)，得到

$$\begin{cases} \boldsymbol{B}_1 = -\mu_0 \nabla\phi_{m1} + \mu_0 \boldsymbol{M}_0 = \dfrac{2\mu_0 \boldsymbol{M}_0}{3} \\ \boldsymbol{B}_2 = -\mu_0 \nabla\phi_{m2} = \dfrac{\mu_0 R_0^3}{3}\left[\dfrac{3(\boldsymbol{M}_0 \cdot \boldsymbol{r})}{r^5} r - \dfrac{\boldsymbol{M}_0}{r^3}\right] \end{cases}$$

可见，在球外空间可以把均匀磁化铁球等效成一个磁偶极子，它的磁矩为

$$\boldsymbol{m} = \int_V \boldsymbol{M}_0 \mathrm{d}V = \frac{4\pi}{3} R_0^3 \boldsymbol{M}_0$$

则球外空间的势和场可转化为

$$\begin{cases} \phi_{m2} = \dfrac{\boldsymbol{m} \cdot \boldsymbol{r}}{4\pi r^3} \\ \boldsymbol{B}_2 = \dfrac{\mu_0}{4\pi}\left[\dfrac{3(\boldsymbol{m} \cdot \boldsymbol{r})\boldsymbol{r}}{r^5} - \dfrac{\boldsymbol{m}}{r^3}\right] \end{cases}$$

如图 3-6 所示，磁感应强度和磁场强度在球外的分布很相似，但是它们在球内的方向相反。总体来看，磁感应强度从球内到球外再到球内形成一个闭合回路，而磁场强度则不管是在球内还是在球外，总是从右半球面的正磁荷发出，最后终止于左半球面的负磁荷，这种性

质非常类似于静电场分布，即起始于正电荷终止于负电荷。究其原因在于，磁标势与电标势满足类似的方程，因而也具有相似的性质。

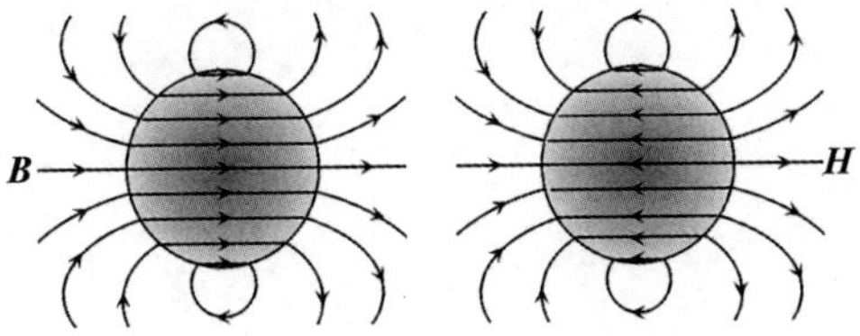

图 3-6　例 3.5 示意图

例 3.6　一无限长直螺线管，横截面的半径为 R，由表面绝缘的细导线密绕而成，单位长度的匝密度为 n，当导线中载有 I 时，求管内外的磁矢势。

解　本题基于磁矢势从环量角度看所具有的物理意义，是磁矢势的环量与相应磁场通量的关系在求解磁矢势中的应用。通电螺线管中电流激发的磁矢势方向应与电流方向一致，即沿圆周方向。如果在螺线管内作一半径为 r 的环形闭合回路，则

$$\oint_l \boldsymbol{A}\cdot \mathrm{d}\boldsymbol{l} = A\cdot 2\pi r$$

由式 $\oint_l \boldsymbol{A}\cdot \mathrm{d}\boldsymbol{l} = \int_S \boldsymbol{B}\cdot \mathrm{d}\boldsymbol{S}$，得

$$A(2\pi r) = \int_S \boldsymbol{B}\cdot \mathrm{d}\boldsymbol{S} = \mu_0 nI(\pi r^2)$$

则管内磁矢势为

$$\boldsymbol{A} = \frac{\mu_0 nIr}{2}\boldsymbol{e}_\varphi \quad (r < R)$$

如果把回路作在螺线管外，则磁通为

$$\psi_{\mathrm{m}} = \int_S \boldsymbol{B}\cdot \mathrm{d}\boldsymbol{S} = \mu_0 \pi nIR^2$$

于是可得管外磁矢势为

$$\boldsymbol{A} = \frac{\mu_0 nIR^2}{2r}\boldsymbol{e}_\varphi \quad (r > R)$$

例 3.7　有一半径为 a 的球壳表面均匀带电，电荷密度为 ρ_S。如图 3-7 所示，当球壳以角速度$\boldsymbol{\omega}$ 绕固定轴（位于 xOz 平面）旋转时，求 z 轴上任意场点 $\boldsymbol{r}$ 处的磁矢势。

解　本题是对磁矢势定义的考查，针对运流电流所产生的磁矢势问题，只要将磁矢势积分式中的电流元用运流电流面密度元取代即可。

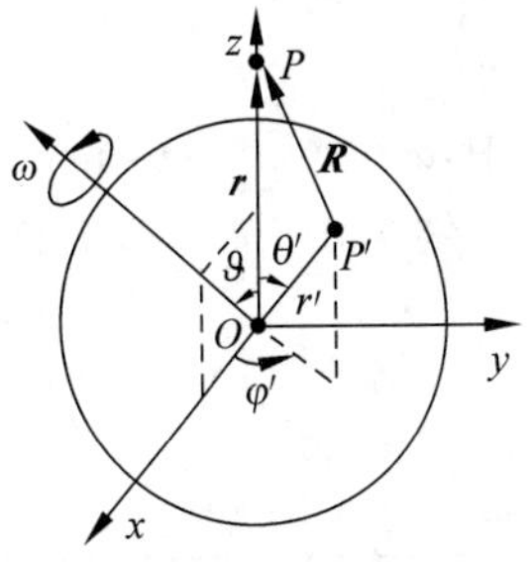

图 3-7　例 3.7 图

设 $\boldsymbol{r}'$ 和 $\boldsymbol{r}$ 分别表示球面上电荷源点 P' 和场点 P 相对于坐标原点 O 的位置矢量。$\boldsymbol{r}$ 取为沿 z 轴方向，与 $\boldsymbol{r}'$ 夹角为 θ'，与$\boldsymbol{\omega}$ 夹角为 ϑ 且$\boldsymbol{\omega}$ 位于 xOz 平面。依题意，O 点到 P' 的距离为

$$|OP'| = |\boldsymbol{r}'| = a$$

则 P' 到 P 的距离为

$$|P'P| = |\boldsymbol{R}| = |\boldsymbol{r}-\boldsymbol{r}'| = R = \sqrt{a^2 + r^2 - 2ar\cos\theta'}$$

利用式

$$\boldsymbol{A}(\boldsymbol{r})=\frac{\mu}{4\pi}\int_{S'}\frac{\boldsymbol{J}_S(\boldsymbol{r}')}{R}\mathrm{d}S'$$

式中

$$\boldsymbol{J}_S=\rho_S\boldsymbol{v},\quad \mathrm{d}S'=a^2\sin\theta'\mathrm{d}\theta'\mathrm{d}\varphi'$$

由于球面上电荷源点 P' 以角速度 $\boldsymbol{\omega}$ 绕固定轴旋转，故其速度可表示为

$$\boldsymbol{v}=\boldsymbol{\omega}\times\boldsymbol{r}'=\begin{vmatrix}\boldsymbol{e}_x & \boldsymbol{e}_y & \boldsymbol{e}_z\\ \omega\sin\vartheta & 0 & \omega\cos\vartheta\\ a\sin\theta'\cos\varphi' & a\sin\theta'\sin\varphi' & a\cos\theta'\end{vmatrix}$$

$$=a\omega[-(\cos\vartheta\sin\theta'\sin\varphi')\boldsymbol{e}_x+(\cos\vartheta\sin\theta'\cos\varphi'-\sin\vartheta\cos\theta')\boldsymbol{e}_y+(\sin\vartheta\sin\theta'\sin\varphi')\boldsymbol{e}_z]$$

又因为

$$\int_0^{2\pi}\sin\varphi'\mathrm{d}\varphi'=\int_0^{2\pi}\cos\varphi'\mathrm{d}\varphi'=0$$

所以舍掉 $\boldsymbol{v}$ 中包含 $\sin\varphi'$ 或 $\cos\varphi'$ 的项，则

$$\boldsymbol{A}(\boldsymbol{r})=-\frac{\mu_0 a^3\rho_S\omega\sin\vartheta}{2}\boldsymbol{e}_y\int_0^{\pi}\frac{\cos\theta'\sin\theta'}{\sqrt{a^2+r^2-2ar\cos\theta'}}\mathrm{d}\theta'$$

单独计算上式中的积分项可以得到

$$\int_0^{\pi}\frac{\cos\theta'\sin\theta'}{\sqrt{a^2+r^2-2ar\cos\theta'}}\mathrm{d}\theta'=\frac{(a^2+r^2+ar\cos\theta')}{3a^2r^2}\sqrt{a^2+r^2-2ar\cos\theta'}\Bigg|_0^{\pi}$$

$$=\frac{1}{3a^2r^2}[(a^2+r^2-ar)(a+r)-(a^2+r^2+ar)\,|a-r|]$$

对于积分结果，具体可分为球内部与球外部两种情况进行讨论：

(1) 场点位于球内，即当 $r<a$ 时，积分结果为 $2r/3a^2$；

(2) 场点位于球外，即当 $r>a$ 时，积分结果为 $2a/3r^2$。

最终求得磁矢势为

$$\boldsymbol{A}(\boldsymbol{r})=\begin{cases}\dfrac{\mu_0 a\rho_S}{3}(\boldsymbol{\omega}\times\boldsymbol{r}), & r\leqslant a\\[2ex] \dfrac{\mu_0 a^4\rho_S}{3r^3}(\boldsymbol{\omega}\times\boldsymbol{r}), & r\geqslant a\end{cases}$$

式中，$\boldsymbol{\omega}\times\boldsymbol{r}=-\omega r\sin\vartheta\boldsymbol{e}_y$。

例 3.8 无限长直线电流 I 垂直于磁导率分别为 μ_1 和 μ_2 的两种磁介质的分界面，如图 3-8 所示。试求两种介质中的磁感应强度和磁化强度，并计算相应的磁化电流。

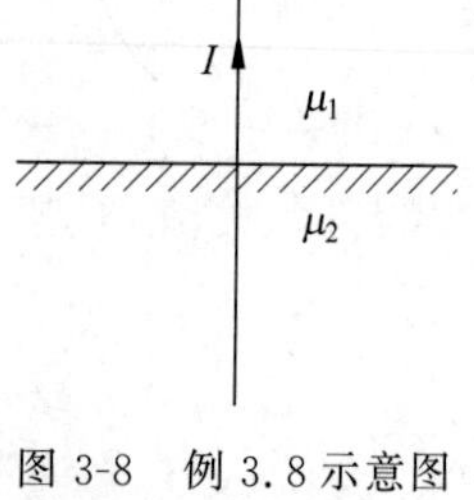

图 3-8 例 3.8 示意图

解 本题涉及两种不同磁介质中磁场的计算问题，需要充分利用电流分布和边界条件对场的分布特征做出定性的判断，在此基础上判断能否用安培环路定律进行求解。

建立圆柱坐标系。均匀介质中电流 I 产生的磁场沿 $\boldsymbol{e}_\varphi$ 方向。根据磁场的边界条件，在理想磁介质分界面上，磁场强度的切向分

量连续，即有 $H_{1\varphi}=H_{2\varphi}$。

由安培环路定律 $\oint_l \boldsymbol{H}\cdot \mathrm{d}\boldsymbol{l}=I$，可得

$$\boldsymbol{H}_1=\boldsymbol{H}_2=\frac{I}{2\pi r}\boldsymbol{e}_\varphi$$

因此，两种磁介质中的磁感应强度分别为

$$\boldsymbol{B}_1=\frac{\mu_1 I}{2\pi r}\boldsymbol{e}_\varphi,\quad \boldsymbol{B}_2=\frac{\mu_2 I}{2\pi r}\boldsymbol{e}_\varphi$$

两种磁介质中的磁化强度分别为

$$\boldsymbol{M}_1=\frac{1}{\mu_0}\boldsymbol{B}_1-\boldsymbol{H}_1=\frac{\mu_1 I}{2\pi\mu_0 r}\boldsymbol{e}_\varphi-\frac{I}{2\pi r}\boldsymbol{e}_\varphi=\frac{(\mu_1-\mu_0)I}{2\pi\mu_0 r}\boldsymbol{e}_\varphi$$

$$\boldsymbol{M}_2=\frac{(\mu_2-\mu_0)I}{2\pi\mu_0 r}\boldsymbol{e}_\varphi$$

则磁化电流密度为

$$\boldsymbol{J}_{M1}=\nabla\times\boldsymbol{M}_1=\frac{1}{r}\frac{\mathrm{d}}{\mathrm{d}r}\left[r\frac{(\mu_1-\mu_0)I}{2\pi\mu_0 r}\right]\boldsymbol{e}_z=0;\quad \boldsymbol{J}_{M2}=\nabla\times\boldsymbol{M}_2=0$$

在两种磁介质分界面上，磁化电流面密度为

$$\boldsymbol{J}_{\mathrm{Sm}}=\boldsymbol{n}\times(\boldsymbol{M}_1-\boldsymbol{M}_2)=\boldsymbol{e}_z\times(\boldsymbol{M}_1-\boldsymbol{M}_2)=-\frac{(\mu_1-\mu_2)I}{2\pi\mu_0 r}\boldsymbol{e}_r$$

此外，在两种磁介质中，电流线附近 $r\to 0$ 处磁场具有奇异性，所以此处存在磁化电流 I_m。

以 z 轴为中心，取半径为 r 的圆环为安培环路，由安培环路定律 $\oint_l \boldsymbol{B}\cdot \mathrm{d}\boldsymbol{l}=\mu_0(I+I_{\mathrm{m}})$，可得

$$I+I_{\mathrm{m1}}=\frac{\mu_1 I}{\mu_0}$$

故

$$I_{\mathrm{m1}}=\frac{(\mu_1-\mu_0)I}{\mu_0}=(\mu_{\mathrm{r1}}-1)I$$

同理

$$I_{\mathrm{m2}}=(\mu_{\mathrm{r2}}-1)I$$

例 3.9　两个自感分别为 L_1 和 L_2 的单匝长方形线圈共面，线圈的长边分别为 a_1 和 $a_2(a_1\gg a_2)$ 相互平行，宽边分别为 b_1 和 b_2。若两线圈中分别通有电流为 I_1 和 I_2，两线圈的距离 $d\ll a_2$，如图 3-9 所示。求：

(1) 两线圈间的互感；

(2) 系统的磁场能量。

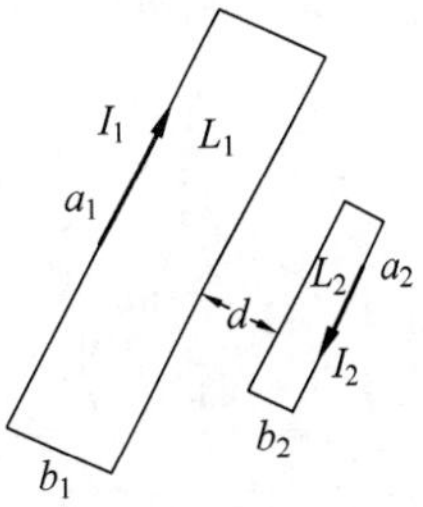

图 3-9　例 3.9 示意图

解　本题涉及互感的近似计算和磁场能量与电感之间的关系，属于常规思路可解决的实际应用问题。

(1) 由于两线圈相距很近，且 $a_1\gg a_2$，故线圈 2 内的磁场可以近似看作是线圈 1 中两长边上相反方向无限长直导线产生的磁场。设线圈 2 中任一点距线圈 1 较远处长边长度为 r，则

$$\boldsymbol{B}=\frac{\mu_0 I_1}{2\pi}\left(\frac{1}{r-b_1}-\frac{1}{r}\right)\boldsymbol{e}_\varphi$$

两线圈的互感为

$$M=\frac{\Psi_{m2}}{I_1}=\frac{1}{I_1}\int_{b_1+d}^{b_1+b_2+d}Ba_2\,\mathrm{d}r=\frac{1}{I_1}\int_{b_1+d}^{b_1+b_2+d}\frac{\mu_0 I_1}{2\pi}\left(\frac{1}{r-b_1}-\frac{1}{r}\right)a_2\,\mathrm{d}r$$
$$=\frac{a_2\mu_0}{2\pi}\ln\frac{(d+b_1)(d+b_2)}{d(b_1+b_2+d)}$$

(2) 系统的磁场能量为

$$W_m=\frac{1}{2}L_1I_1^2+\frac{1}{2}L_2I_2^2+MI_1I_2$$

例 3.10 长直导线附近有一矩形回路,此回路与导线不共面,位置关系如图 3-10 所示。求直导线与矩形回路间的互感。

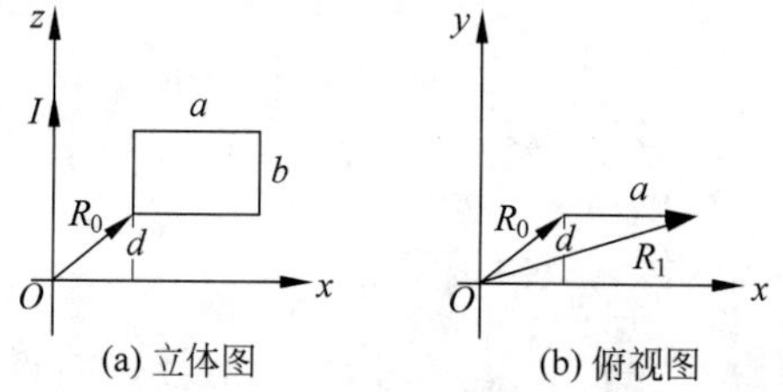

图 3-10 例 3.10 示意图

解 设长直导线中的电流为 I,则其产生的磁感应强度为

$$B=\frac{\mu_0 I}{2\pi r}$$

由图 3-10 可见,与矩形回路交链的磁通为

$$\Psi_m=\frac{\mu_0 bI}{2\pi}\int_{R_0}^{R_1}\frac{1}{r}\mathrm{d}r=\frac{\mu_0 bI}{2\pi}\ln\frac{R_1}{R_0}$$

$$R_1=\left[d^2+\left(a+\sqrt{R_0^2-d^2}\right)^2\right]^{1/2}=\left[R_0^2+a^2+2a\sqrt{R_0^2-d^2}\right]^{1/2}$$

故直导线与矩形回路间的互感为

$$M=\frac{\Psi_m}{I}=\frac{\mu_0 b}{2\pi}\ln\frac{\left[R_0^2+a^2+2a\sqrt{R_0^2-d^2}\right]^{1/2}}{R_0}$$

例 3.11 同轴线的内导体半径为 r_1 的圆柱体,外导体为 r_2 的薄圆柱面,其厚度可忽略不计。内、外导体间填充磁导率分别为 μ_1 和 μ_2 的两种不同磁介质,如图 3-11 所示。设同轴线通有沿轴向的电流 I 且均匀分布。试求单位长导体内的磁场能量和单位长度的自感。

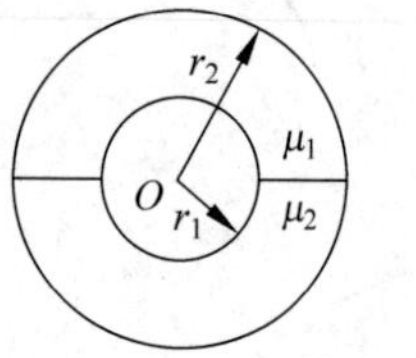

图 3-11 例 3.11 示意图

解 以同轴线的轴线为 z 轴建立圆柱坐标系,同轴线内及两导体间的磁场沿 φ 方向,根据安培环路定律容易求得圆筒内任意点的磁场。

在 $r<r_1$ 区域内,有

$$\oint_l \boldsymbol{B}\cdot\mathrm{d}\boldsymbol{l}=B\cdot 2\pi r=\frac{\mu_0 I}{\pi r_1^2}\pi r^2$$

可得
$$B=\frac{\mu_0 Ir}{2\pi r_1^2}$$

在 $r_1<r<r_2$ 区域内，有
$$\oint_l \boldsymbol{H}\cdot \mathrm{d}\boldsymbol{l}=\left(\frac{B_1}{\mu_1}+\frac{B_2}{\mu_2}\right)\cdot \pi r=I$$

可得
$$B=\frac{\mu_1\mu_2 I}{\pi(\mu_1+\mu_2)r}$$

单位长导体内的磁场能量为
$$W_{\mathrm{m}}=\int_0^{r_1}\frac{1}{2\mu_0}\left(\frac{\mu_0 Ir}{2\pi r_1^2}\right)^2 2\pi r\,\mathrm{d}r+\int_{r_1}^{r_2}\frac{1}{2\mu_1}\left(\frac{\mu_1\mu_2 I}{\pi(\mu_1+\mu_2)r}\right)^2\pi r\,\mathrm{d}r+$$
$$\int_{r_1}^{r_2}\frac{1}{2\mu_2}\left(\frac{\mu_1\mu_2 I}{\pi(\mu_1+\mu_2)r}\right)^2\pi r\,\mathrm{d}r=\frac{\mu_0 I^2}{16\pi}+\frac{\mu_1\mu_2 I^2}{2\pi(\mu_1+\mu_2)}\ln\frac{r_2}{r_1}$$

再由 $W_{\mathrm{m}}=\frac{1}{2}L_{\mathrm{i}}I^2$。可得
$$L=\frac{2W_{\mathrm{m}}}{I^2}=\frac{\mu_0}{8\pi}+\frac{\mu_1\mu_2}{\pi(\mu_1+\mu_2)}\ln\frac{r_2}{r_1}$$

3.6 课后习题详解

习题 3.1 一半径为 a 的均匀带电球，已知该球所带电量为 Q，球体以匀角速度 ω 绕极轴旋转，求：

(1) 球内的电流密度；

(2) 若为电荷分布均匀的导体球壳，其他条件不变，求球表面的面电流分布。

解 这是一个计算运流电流密度的问题。

(1) 采用球坐标系。选转轴为 z 轴，设球内任一点坐标为 $\boldsymbol{r}(r,\theta,\varphi)$，则球内任一点的速度为 $\boldsymbol{v}=\boldsymbol{\omega}\times\boldsymbol{r}$，体电荷密度为 $\rho=\frac{Q}{V}=\frac{3Q}{4\pi a^3}$。

由运流电流密度公式 $\boldsymbol{J}=\rho\boldsymbol{v}$，得
$$\boldsymbol{J}=\rho\boldsymbol{v}=\frac{3Q}{4\pi a^3}\boldsymbol{\omega}\times\boldsymbol{r}=\frac{3Q}{4\pi a^3}\omega\boldsymbol{e}_z\times r\boldsymbol{e}_r=\frac{3Q\omega r\sin\theta}{4\pi a^3}\boldsymbol{e}_\varphi$$

(2) 若为电荷分布均匀的导体球壳，则面电荷密度为 $\rho_S=\frac{Q}{S}=\frac{Q}{4\pi a^2}$，球表面的面电流为
$$\boldsymbol{J}_S=\rho_S\boldsymbol{v}=\frac{Q}{4\pi a^2}\boldsymbol{\omega}\times a\boldsymbol{e}_r=\frac{Q\omega\sin\theta}{4\pi a}\boldsymbol{e}_\varphi$$

习题 3.2 同轴线中内、外导体的半径分别为 r_1 和 r_2，其电导率为 σ，内外导体中载有等值而异号的电流 I，两导体间的电压为 U_0，并填满介电常数为 ε 的介质。试求内导体表面上的电场强度的切向分量和法向分量之比。

解 采用两种方法求解。

方法 1：设电量法。

这是一个稳恒电场中涉及稳恒场和静电场的综合问题。

采用圆柱坐标系，取同轴线沿纵向的轴线为 z 轴。显然，电流分布、电压分布关于 z 轴对称，因此两导体间的电场强度只与径向变量 r 有关。设内导体表面单位长度上的电荷密度为 ρ_l，由高斯定理可得两导体间任一点处的电场强度 $\boldsymbol{E}$。由

$$\oint_S \varepsilon \boldsymbol{E} \cdot \mathrm{d}\boldsymbol{S} = 2\pi r \varepsilon E = \rho_l$$

得

$$\boldsymbol{E} = \frac{\rho_l}{2\pi\varepsilon r}\boldsymbol{e}_r$$

由已知两导体间的电压为 U_0 可得

$$U_0 = \int_{r_1}^{r_2} \boldsymbol{E} \cdot \mathrm{d}\boldsymbol{l} = \int_{r_1}^{r_2} \frac{\rho_l}{2\pi\varepsilon r}\mathrm{d}r = \frac{\rho_l}{2\pi\varepsilon}\ln\frac{r_2}{r_1}$$

则

$$\boldsymbol{E} = \frac{U_0}{\ln\frac{r_2}{r_1}} \cdot \frac{1}{r}\boldsymbol{e}_r$$

在内导体表面上的电场强度的法向分量为

$$\boldsymbol{E}_{\mathrm{n}} = \frac{U_0}{\ln\frac{r_2}{r_1}} \cdot \frac{1}{r}\boldsymbol{e}_r$$

内导体中的电场可由微分形式的欧姆定律 $\boldsymbol{J} = \sigma\boldsymbol{E}_{\mathrm{i}}$ 求得。因电流密度大小为 $J = \frac{I}{\pi r_1^2}$，沿 z 轴方向，故可得内导体表面上的电场强度的切向分量为

$$E_{\mathrm{t}} = \frac{J}{\sigma} = \frac{I}{\sigma\pi r_1^2}$$

则内导体表面上的电场强度的切向分量和法向分量之比为

$$\frac{E_{\mathrm{t}}}{E_{\mathrm{n}}} = \frac{I}{\pi r_1^2\sigma}\Bigg/\frac{U_0}{\left(\ln\frac{r_2}{r_1}\right)r_1} = \frac{I}{\pi r_1\sigma U_0}\ln\frac{r_2}{r_1}$$

方法 2：设电势法。

设两导体间的电势为 ϕ，不妨规定外导体的电势为 0，则 ϕ 所满足的定解问题为

$$\begin{cases} \nabla^2\phi = 0 \\ \phi\big|_{r=r_1} = U_0 \\ \phi\big|_{r=r_2} = 0 \end{cases}$$

因电势函数关于 z 轴对称，故 ϕ 仅为 r 的函数，即

$$\nabla^2\phi = \frac{1}{r}\frac{\mathrm{d}}{\mathrm{d}r}\left(r\frac{\mathrm{d}\phi}{\mathrm{d}r}\right) = 0$$

其通解为

$$\phi = A + B\ln r$$

代入 $\phi\big|_{r=r_1} = U_0$，$\phi\big|_{r=r_2} = 0$，可得

$$A = \frac{U_0}{\ln\frac{r_2}{r_1}}\ln r_2, \quad B = -\frac{U_0}{\ln\frac{r_2}{r_1}}$$

所以

$$\phi=\frac{U_0}{\ln\frac{r_2}{r_1}}\ln\frac{r_2}{r}$$

再由 $\boldsymbol{E}=-\nabla\phi$，得

$$\boldsymbol{E}=-\frac{\partial\phi}{\partial r}\boldsymbol{e}_r=\frac{U_0}{\ln\frac{r_2}{r_1}r}\boldsymbol{e}_r$$

其余步骤同上。

习题 3.3 球形电容器中内、外极板的半径分别为 r_1 和 r_2，其中的介质是有耗的，电导率为 σ，介电常数为 ε。若两极板间的电压为 U_0，试求介质中的电势、电场强度与漏电导。

解 使用五种方法求解。

方法 1：设电量法。

这是一个稳恒电场中涉及稳恒场、电势分布及有关参量的计算问题。

采用球坐标系，取极轴为 z 轴。显然，电荷、电势关于球中心对称，因此两导体间的电场强度、电势只与径向变量 r 有关。设内外导体表面所带的电量分别为 $\pm Q$，由高斯定理可得两导体间任一点处的电场强度 $\boldsymbol{E}$。由

$$\oint_S \varepsilon\boldsymbol{E}\cdot \mathrm{d}\boldsymbol{S}=4\pi r^2\varepsilon E=Q$$

得

$$\boldsymbol{E}=\frac{Q}{4\pi\varepsilon r^2}\boldsymbol{e}_r$$

因已知两导体间的电压为 U_0，则

$$U_0=\int_{r_1}^{r_2}\boldsymbol{E}\cdot \mathrm{d}\boldsymbol{l}=\int_{r_1}^{r_2}\frac{Q}{4\pi\varepsilon r^2}\mathrm{d}r=\frac{Q}{4\pi\varepsilon}\left(\frac{1}{r_1}-\frac{1}{r_2}\right)$$

故

$$Q=U_0 4\pi\varepsilon\left(\frac{1}{r_1}-\frac{1}{r_2}\right)^{-1}$$

所以

$$\boldsymbol{E}=U_0\left(\frac{1}{r_1}-\frac{1}{r_2}\right)^{-1}\frac{1}{r^2}\boldsymbol{e}_r$$

若规定外导体的电势为 0，则介质任一点的电势则为

$$\phi=\int_r^{r_2}\boldsymbol{E}\cdot \mathrm{d}\boldsymbol{l}=\int_r^{r_2}\frac{Q}{4\pi\varepsilon r^2}\mathrm{d}r=\frac{U_0 r_1(r_2-r)}{r(r_2-r_1)}$$

因为存在漏电导，故两导体间有漏电流。设漏电流密度为 J，由微分形式的欧姆定律 $\boldsymbol{J}=\sigma\boldsymbol{E}$ 得

$$\boldsymbol{J}=\sigma\boldsymbol{E}=\sigma U_0\left(\frac{1}{r_1}-\frac{1}{r_2}\right)^{-1}\frac{1}{r^2}\boldsymbol{e}_r$$

则通过任一半径的球面（横截面）的电流强度为

$$I=\int_S\boldsymbol{J}\cdot \mathrm{d}\boldsymbol{S}=J\cdot 4\pi r^2=\frac{4\pi\sigma U_0 r_1 r_2}{r_2-r_1}$$

由电导定义可得

$$G=\frac{I}{U_0}=\frac{4\pi\sigma r_1 r_2}{r_2-r_1}$$

方法 2：设电势法。

设两导体间的电势为 ϕ，不妨规定外导体的电势为 0，则 ϕ 所满足的定解问题为

$$\begin{cases} \nabla^2 \phi = 0 \\ \phi|_{r=r_1} = U_0 \\ \phi|_{r=r_2} = 0 \end{cases}$$

因电势函数关于球对称，故 ϕ 为 r 的函数，即

$$\nabla^2 \phi = \frac{1}{r^2} \frac{\mathrm{d}}{\mathrm{d}r}\left(r^2 \frac{\mathrm{d}\phi}{\mathrm{d}r}\right) = 0$$

其通解为

$$\phi = A + \frac{B}{r}$$

代入 $\phi|_{r=r_1} = U_0$，$\phi|_{r=r_2} = 0$，可得 $A = -\frac{U_0}{r_2}\left(\frac{1}{r_1} - \frac{1}{r_2}\right)^{-1}$，$B = U_0\left(\frac{1}{r_1} - \frac{1}{r_2}\right)^{-1}$

所以
$$\phi = U_0\left(\frac{1}{r_1} - \frac{1}{r_2}\right)^{-1}\left(\frac{1}{r} - \frac{1}{r_2}\right)$$

再由 $\boldsymbol{E} = -\nabla\phi$，得

$$\boldsymbol{E} = U_0\left(\frac{1}{r_1} - \frac{1}{r_2}\right)^{-1} \frac{1}{r^2}\boldsymbol{e}_r$$

其余步骤同上。

方法 3：用静电比拟法。

这里只针对电导而言。利用上一章知识，已知球形电容器的电容为

$$C = \frac{4\pi\varepsilon r_1 r_2}{r_2 - r_1}$$

同例 3.1，据静电比拟的原理，只要将电容器式中的介电常数 ε 换成电导率 σ，即为其电导。

方法 4：用电阻定义法。

对于一横截面积为 S、长为 l、电导率为 σ 的导体，其电阻为

$$R = \frac{l}{\sigma S}$$

本题中的漏电流沿 r 方向，所以对于长为 $\mathrm{d}l$ 的电阻元而言，有

$$\mathrm{d}R = \frac{\mathrm{d}l}{\sigma S} = \frac{\mathrm{d}r}{\sigma\pi r^2}$$

那么，半径分别为 r_1 和 r_2 的球形电容器中内外极板总电阻为

$$R = \int_{r_1}^{r_2} \mathrm{d}R = \int_{r_1}^{r_2} \frac{\mathrm{d}r}{\sigma 4\pi r^2} = \frac{1}{4\pi\sigma}\left(\frac{1}{r_1} - \frac{1}{r_2}\right)$$

电导为

$$G = \frac{1}{R} = 4\pi\sigma\left(\frac{1}{r_1} - \frac{1}{r_2}\right)^{-1}$$

方法 5：设电流法。

采用球坐标系，原点为球心。设由内导体表面流向外导体表面的电流为 I，取半径为 r

的球面考查，则穿过该球面的电流密度大小为 $J=\dfrac{I}{4\pi r^2}$，方向为半径方向。

因此

$$\boldsymbol{J}=\frac{I}{4\pi r^2}\boldsymbol{e}_r$$

得

$$\boldsymbol{E}=\frac{I}{4\pi\sigma r^2}\boldsymbol{e}_r$$

因已知两导体间的电压为 U_0，则

$$U_0=\int_{r_1}^{r_2}\boldsymbol{E}\cdot \mathrm{d}\boldsymbol{r}=\int_{r_1}^{r_2}\frac{I}{4\pi\sigma r^2}\cdot \mathrm{d}r=\frac{I}{4\pi\sigma}\frac{r_2-r_1}{r_2r_1}$$

由电导定义可得

$$G=\frac{I}{U_0}=\frac{4\pi\sigma(r_2-r_1)}{r_2r_1}$$

习题 3.4　在双层介质平行板电容器中，厚度分别为 d_1 与 d_2 的两层介质填满两极板间的空间，且其分界面与极板平行。如果介质都是有耗的，其电导率和介电常数分别为 σ_1 与 σ_2 及 ε_1 与 ε_2。当两极板间的电压为 U_0 时，试求每层介质上的电场、漏电流密度及介质分界面上的束缚电荷面密度。

解　这是一个计算稳恒电场中电流、电场及电荷的分布问题。

采用直角坐标系。取下极板所在平面为 xOy 面，垂直于平行板向上方向为 z 轴正向。设介质 1、2 中的电场强度分别为 $\boldsymbol{E}_1$、$\boldsymbol{E}_2$，且沿正 z 轴方向，如图 3-12 所示；电流密度分别为 $\boldsymbol{J}_1=\boldsymbol{J}_2=\boldsymbol{J}$。由微分形式的欧姆定律 $\boldsymbol{J}=\sigma\boldsymbol{E}$，可得

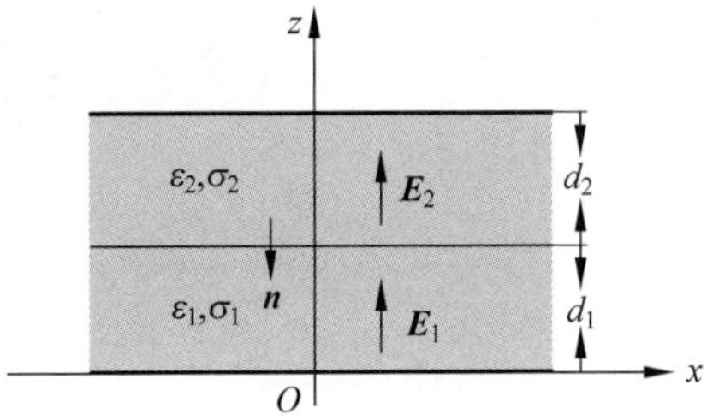

图 3-12　习题 3.4 图

$$E_1=\frac{J}{\sigma_1},\quad E_2=\frac{J}{\sigma_2}$$

利用电势公式，有

$$U_0=\int_0^{d_1+d_2}\boldsymbol{E}\cdot \mathrm{d}\boldsymbol{l}=\int_0^{d_1}E_1\mathrm{d}z+\int_{d_1}^{d_1+d_2}E_2\mathrm{d}z=\frac{Jd_1}{\sigma_1}+\frac{Jd_2}{\sigma_2}$$

从而可得

$$J=U_0\left(\frac{d_1}{\sigma_1}+\frac{d_2}{\sigma_2}\right)^{-1}=\frac{U_0\sigma_1\sigma_2}{\sigma_1d_2+\sigma_2d_1}$$

于是，两种介质中的电场强度为

$$E_1=\frac{\sigma_1\sigma_2U_0}{\sigma_1d_2+\sigma_2d_1}\cdot\frac{1}{\sigma_1}=\frac{\sigma_2U_0}{\sigma_1d_2+\sigma_2d_1};\qquad E_2=\frac{\sigma_1\sigma_2U_0}{\sigma_1d_2+\sigma_2d_1}\cdot\frac{1}{\sigma_2}=\frac{\sigma_1U_0}{\sigma_1d_2+\sigma_2d_1}$$

介质分界面上的束缚电荷面密度可由 $\rho_{Sb}=\boldsymbol{n}\cdot\boldsymbol{P}_2+\boldsymbol{n}'\cdot\boldsymbol{P}_1$ 求得，其中 $\boldsymbol{n}$、$\boldsymbol{n}'$ 分别为分界面上由介质 2 指向介质 1 和由介质 1 指向介质 2 的单位矢量。具体为

$$\begin{aligned}\rho_{Sb}&=\boldsymbol{n}\cdot\boldsymbol{P}_2+\boldsymbol{n}'\cdot\boldsymbol{P}_1=\boldsymbol{n}\cdot(\boldsymbol{P}_2-\boldsymbol{P}_1)=-\boldsymbol{e}_z\cdot[(\varepsilon_2-\varepsilon_0)E_2\boldsymbol{e}_z-(\varepsilon_1-\varepsilon_0)E_1\boldsymbol{e}_z]\\&=\frac{U_0[\varepsilon_0(\sigma_1-\sigma_2)+(\varepsilon_1\sigma_2-\varepsilon_2\sigma_1)]}{\sigma_1d_2+\sigma_2d_1}\end{aligned}$$

习题 3.5 有两片厚度均为 d、电导率分别为 σ_1 与 σ_2 的导体片组成弧形导电片，其内、外半径分别为 r_1 和 r_2，如图 3-13 所示。若 A，B 两端面间加电压 U，且以 B 端面为电势的参考点，试求：

(1) 弧片内的电势分布；

(2) 弧片中的总电流和总电阻；

(3) 分界面上的自由电荷面密度。

如果将电极改置于导电片的两弧边，重求之。

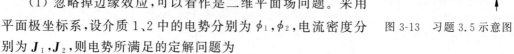

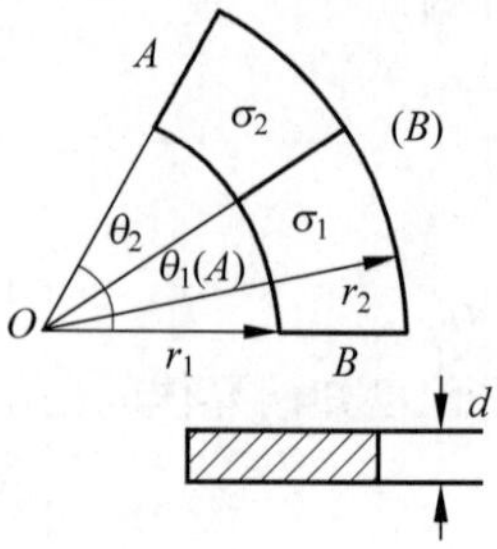

图 3-13 习题 3.5 示意图

解 这是一个二维稳恒电场计算问题。

(1) 忽略掉边缘效应，可以看作是二维平面场问题。采用平面极坐标系，设介质 1、2 中的电势分别为 ϕ_1，ϕ_2，电流密度分别为 $\boldsymbol{J}_1$，$\boldsymbol{J}_2$，则电势所满足的定解问题为

$$\begin{cases}\nabla^2\phi_1=0(0\leqslant\varphi<\theta_1), & \nabla^2\phi_2=0(\theta_1\leqslant\varphi\leqslant\theta_1+\theta_2)\\ \phi_1|_{\varphi=0}=0, & \phi_2|_{\varphi=\theta_1+\theta_2}=U_0\\ \phi_1|_{\varphi=\theta_1}=\phi_2|_{\varphi=\theta_1}, & \sigma_1\left.\dfrac{\partial\phi_1}{\partial\varphi}\right|_{\varphi=\theta_1}=\sigma_2\left.\dfrac{\partial\phi_2}{\partial\varphi}\right|_{\varphi=\theta_1}\end{cases}$$

因电势函数只是关于 φ 的函数，故

$$\nabla^2\phi_1=\frac{1}{\rho^2}\frac{\mathrm{d}^2\phi_1}{\mathrm{d}\varphi^2}=0,\quad \nabla^2\phi_2=\frac{1}{\rho^2}\frac{\mathrm{d}^2\phi_2}{\mathrm{d}\varphi^2}=0$$

其通解为

$$\phi_1=A_1+B_1\varphi,\quad \phi_2=A_2+B_2\varphi$$

代入 $\phi_1|_{\varphi=0}=0$，$\phi_2|_{\varphi=\theta_1+\theta_2}=U_0$，$\phi_1|_{\varphi=\theta_1}=\phi_2|_{\varphi=\theta_1}$，$\sigma_1\left.\dfrac{\partial\phi_1}{\partial\varphi}\right|_{\varphi=\theta_1}=\sigma_2\left.\dfrac{\partial\phi_2}{\partial\varphi}\right|_{\varphi=\theta_1}$，可得

$$\phi_1=\frac{\sigma_2U}{\sigma_2\theta_1+\sigma_1\theta_2}\varphi,\quad \phi_2=\frac{\sigma_1U}{\sigma_2\theta_1+\sigma_1\theta_2}\varphi+\frac{(\sigma_2-\sigma_1)\theta_1U}{\sigma_2\theta_1+\sigma_1\theta_2}$$

(2) $\boldsymbol{J}=\boldsymbol{J}_1=\boldsymbol{J}_2=\sigma_1\boldsymbol{E}_1=-\sigma_1\nabla\phi_1=-\dfrac{\sigma_1\sigma_2U}{(\sigma_2\theta_1+\sigma_1\theta_2)\rho}\boldsymbol{e}_\varphi$

$$I=\int_S\boldsymbol{J}\cdot\mathrm{d}\boldsymbol{S}=\int_{r_1}^{r_2}\frac{\sigma_1\sigma_2Ud}{(\sigma_2\theta_1+\sigma_1\theta_2)\rho}\mathrm{d}\rho=\frac{\sigma_1\sigma_2Ud}{\sigma_2\theta_1+\sigma_1\theta_2}\ln\frac{r_2}{r_1}$$

$$R=\frac{U}{I}=\frac{\sigma_2\theta_1+\sigma_1\theta_2}{\sigma_1\sigma_2d\ln\dfrac{r_2}{r_1}}$$

(3) $\rho_S=D_{1\mathrm{n}}-D_{2\mathrm{n}}=\varepsilon_1E_{1\varphi}-\varepsilon_2E_{2\varphi}=\dfrac{(\varepsilon_1\sigma_2-\varepsilon_2\sigma_1)U}{(\sigma_2\theta_1+\sigma_1\theta_2)\rho}$

如果将电极改置于导电片的两弧边，仍以 B 端面为电势的参考点。

(1) 电势所满足的定解问题为

$$\begin{cases}\nabla^2\phi_1=0(0\leqslant\varphi<\theta_1), & \nabla^2\phi_2=0(\theta_1\leqslant\varphi\leqslant\theta_1+\theta_2)\\ \phi_{1,2}|_{\rho=r_1}=U_0, & \phi_{1,2}|_{\rho=r_2}=0\end{cases}$$

因电势函数只是关于 ρ 的函数，故

$$\nabla^2 \phi_1 = \frac{1}{\rho}\frac{\mathrm{d}}{\mathrm{d}\rho}\left(\rho\frac{\mathrm{d}\phi_1}{\mathrm{d}\rho}\right)=0,\quad \nabla^2 \varphi_2 = \frac{1}{\rho}\frac{\mathrm{d}}{\mathrm{d}\rho}\left(\rho\frac{\mathrm{d}\phi_2}{\mathrm{d}\rho}\right)=0$$

其通解为

$$\phi_1 = A_1 + B_1\ln\rho,\quad \phi_2 = A_2 + B_2\ln\rho$$

代入 $\phi_{1,2}\big|_{\rho=r_1}=U_0$，$\phi_{1,2}\big|_{\rho=r_2}=0$，可得

$$\phi_1=\phi_2=\frac{U}{\ln\frac{r_1}{r_2}}\ln\frac{\rho}{r_2}$$

(2) $\boldsymbol{J}_1=\sigma_1\boldsymbol{E}_1=-\sigma_1\nabla\phi_1=\dfrac{\sigma_1 U}{\ln\frac{r_2}{r_1}\rho}\boldsymbol{e}_\rho$；$\boldsymbol{J}_2=\sigma_2\boldsymbol{E}_2=-\sigma_2\nabla\phi_2=\dfrac{\sigma_2 U}{\ln\frac{r_2}{r_1}\rho}\boldsymbol{e}_\rho$

$$I=\int_S \boldsymbol{J}\cdot\mathrm{d}\boldsymbol{S}=\int_0^{\theta_1}\frac{\sigma_1 Ud}{\ln\frac{r_2}{r_1}\rho}\rho\mathrm{d}\theta+\int_{\theta_1}^{\theta_1+\theta_2}\frac{\sigma_2 Ud}{\ln\frac{r_2}{r_1}\rho}\rho\mathrm{d}\theta=\frac{(\sigma_1\theta_1+\sigma_2\theta_2)Ud}{\ln\frac{r_2}{r_1}}$$

$$R=\frac{U}{I}=\frac{\ln\frac{r_2}{r_1}}{d(\sigma_1\theta_1+\sigma_2\theta_2)}$$

(3) $\rho_S=D_{1n}-D_{2n}=0-0=0$

习题 3.6　一个半径为 a 的导体球，作为接地电极深埋于地下，设大地的电导率为 σ，如图 3-14 所示。求接地电阻。

解　这是一个计算稳恒电场中漏电阻的问题。

设接地电极球面分布的电量为 Q，由于深埋于地下，可以近似认为周围的电场关于球对称，即球面外任一点的电场强度为

$$\boldsymbol{E}=\frac{Q}{4\pi\varepsilon r^2}\boldsymbol{e}_r$$

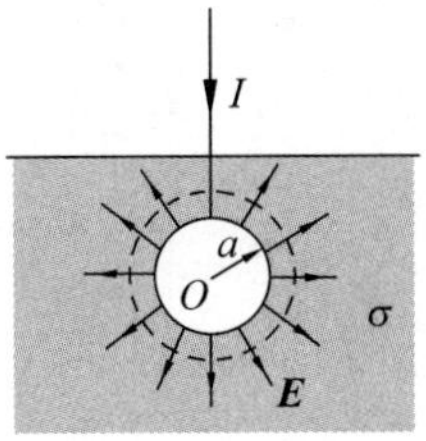

图 3-14　习题 3.6 示意图

由欧姆定律 $\boldsymbol{J}=\sigma\boldsymbol{E}$ 可得

$$\boldsymbol{J}=\sigma\boldsymbol{E}=\frac{\sigma Q}{4\pi\varepsilon r^2}\boldsymbol{e}_r$$

总电流为

$$I=\oint_S \boldsymbol{J}\cdot\mathrm{d}\boldsymbol{S}=\frac{\sigma Q}{4\pi\varepsilon r^2}\cdot 4\pi r^2=\frac{\sigma Q}{\varepsilon}$$

表面任一点到无限远处的电势为

$$\phi_0=\int_a^\infty \boldsymbol{E}\cdot\mathrm{d}\boldsymbol{l}=\int_a^\infty\frac{Q}{4\pi\varepsilon r^2}\mathrm{d}r=\frac{Q}{4\pi\varepsilon a}$$

所以总电阻为

$$R=\frac{\phi_0}{I}=\frac{1}{4\pi\sigma a}$$

本题也可以用静电比拟法。由已知的孤立球形电容器的电容 $C=4\pi\varepsilon a$，将 $\varepsilon\to\sigma$，则有其电导为 $G=4\pi\sigma a$。

习题 3.7　两无限长平行直线电流线相距为 d，分别载有等值而异号的电流 I。试求两

载流带间单位长度的相互作用力。

解 这是一个利用安培定律计算受力的问题。

建立如图 3-15 所示的平面直角坐标系,向上方向为 z 轴正向。设导线 1 中电流 I 在导线 2 上任一点产生的磁感应强度为 $\boldsymbol{B}$,则

$$\boldsymbol{B}=\frac{\mu_0 I}{2\pi d}\boldsymbol{e}_y$$

导线 2 上电流元 $I\mathrm{d}\boldsymbol{l}$ 受到的安培力为

$$\mathrm{d}\boldsymbol{F}=I\mathrm{d}\boldsymbol{l}\times\boldsymbol{B}$$

长度为 $\Delta\boldsymbol{l}$ 的载流线所受的安培力为

$$\boldsymbol{F}=\int\mathrm{d}\boldsymbol{F}=I\Delta\boldsymbol{l}\times\boldsymbol{B}=I\Delta lB\boldsymbol{e}_x$$

作用力表现为斥力。单位长度上受到的安培力为

$$f=\frac{F}{\Delta l}=\frac{\mu_0 I^2}{2\pi d}$$

同理,导线 2 对导线 1 的作用力也为斥力,大小相等,方向相反。

习题 3.8 有一宽度为 b、载有电流 I 的无限长薄导体带位于 $x=0$ 的平面上,其中心线与 z 轴重合,如图 3-16 所示。试求 x 轴上任一点的磁感应强度。若 $b\to\infty$,重新计算前述问题。

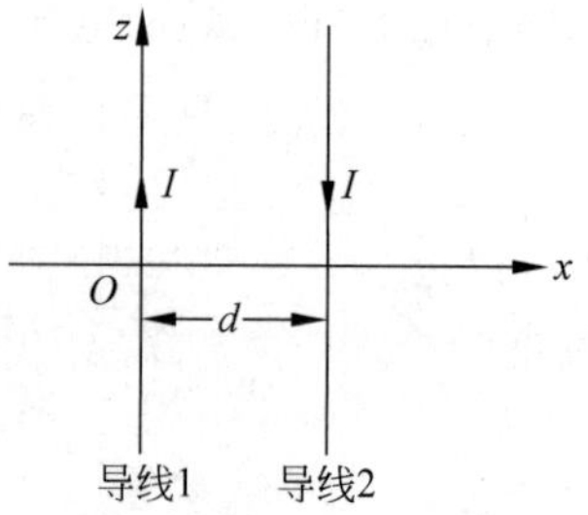

图 3-15 习题 3.7 示意图

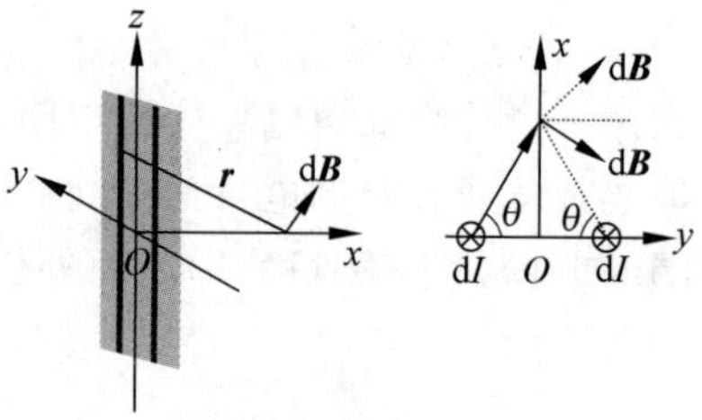

图 3-16 习题 3.8 示意图

解 这是一个利用毕奥-萨伐尔定律来计算磁感应强度的问题。

取中心线上任一点为坐标原点。在 y 轴上宽度为 $\mathrm{d}y$ 的载流线上的电流元为 $\mathrm{d}I=\frac{I}{b}\mathrm{d}y$,其在 x 轴上任一点所产生的磁感应强度为

$$\mathrm{d}B=\frac{\mu_0\mathrm{d}I}{2\pi r}=\frac{\mu_0 I\mathrm{d}y}{2\pi b\sqrt{x^2+y^2}}$$

在 y 轴关于原点对称的位置另取一电流元,所产生的磁感应强度元 $\mathrm{d}B$ 的大小关于 x 轴对称,如图 3-16 所示。故合成总场只有 y 轴分量,所以

$$\boldsymbol{B}=\int\mathrm{d}\boldsymbol{B}=\int_{-\frac{b}{2}}^{\frac{b}{2}}\mathrm{d}B\sin\theta\boldsymbol{e}_y=\int_{-\frac{b}{2}}^{\frac{b}{2}}\frac{\mu_0 xI\mathrm{d}y}{2\pi b(x^2+y^2)}\boldsymbol{e}_y=\frac{\mu_0 I}{\pi b}\arctan\frac{b}{2x}\boldsymbol{e}_y$$

若 $b\to\infty$,令面电流密度 $J_S=\frac{I}{b}$,则有

$$\boldsymbol{B}=\lim_{b\to\infty}\frac{\mu_0 I}{\pi b}\arctan\frac{b}{2x}\boldsymbol{e}_y=\frac{\mu_0 J_S}{\pi}\times\frac{\pi}{2}\boldsymbol{e}_y=\frac{\mu_0 J_S}{2}\boldsymbol{e}_y$$

考虑 $x>0$ 和 $x<0$ 两种情形，上式应为

$$\boldsymbol{B}=\pm\frac{\mu_0 I}{2b}\boldsymbol{e}_y=\pm\frac{\mu_0 J_S}{2}\boldsymbol{e}_y$$

习题 3.9　有一半径为 a、长为 l 的圆柱形长螺线管，单位长度上密绕 n 匝线圈，其中通有电流 I。试求螺线管轴线上的磁感应强度，并讨论螺线管趋于无限长时的情况。

解　这是一个利用场的叠加原理计算磁感应强度的问题。

参照配套教材《电磁场与电磁波》中例 3.5，半径为 a、通有电流 I 的圆环轴线 z 轴上的磁感应强度为

$$\boldsymbol{B}=\frac{\mu_0 a^2 I}{2(a^2+z^2)^{\frac{3}{2}}}\boldsymbol{e}_z$$

设通电螺线管轴线中心为坐标原点，轴线为 z 轴。在 z'处选取宽度为 $\mathrm{d}z'$的圆环，该载流环在 z 点所产生的磁感应强度为

$$\mathrm{d}\boldsymbol{B}=\frac{\mu_0 a^2 nI\mathrm{d}z'}{2[a^2+(z-z')^2]^{\frac{3}{2}}}\boldsymbol{e}_z$$

则通电螺线管总的磁感应强度为

$$\boldsymbol{B}=\int\mathrm{d}\boldsymbol{B}=\int_{-\frac{l}{2}}^{\frac{l}{2}}\frac{\mu_0 a^2 nI\mathrm{d}z'}{2[a^2+(z-z')^2]^{\frac{3}{2}}}\boldsymbol{e}_z=\frac{n\mu_0 I}{2}\left[\frac{\frac{l}{2}-z}{\sqrt{a^2+\left(\frac{l}{2}-z\right)^2}}+\frac{\frac{l}{2}+z}{\sqrt{a^2+\left(\frac{l}{2}+z\right)^2}}\right]\boldsymbol{e}_z$$

当 l 趋于无限长时，上式的极限为

$$\boldsymbol{B}=n\mu_0 I\boldsymbol{e}_z$$

习题 3.10　在下列情况下，导线中的电流为 I，所有圆的半径均为 a，如图 3-17 所示。试求圆心处的磁感应强度。

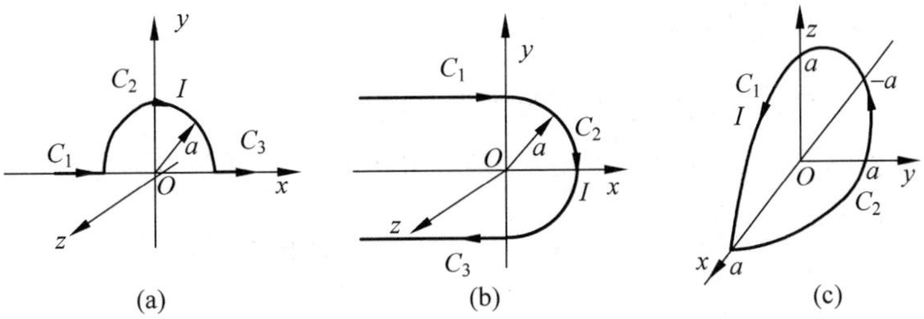

图 3-17　习题 3.10 示意图

(1) 长直导线突起一半圆，圆心在导线所在的直线上；

(2) 两平行长直导线及与之相切的半圆导线；

(3) 将电流环沿某一直径折成相互垂直的半圆面。

解　这是一个已知电流分布求磁场分布的问题。为讨论方便，建立如图 3-17 所示的坐标系。

由图 3-17 可知，载流线可分为 C_1，C_2，C_3(图 3-17(c)为 C_1，C_2 两部分)，因此总磁感应强度应等于各部分所产生的磁场矢量之和。

由配套教材《电磁场与电磁波》例 3.4 可知，直载流线周围的磁感应强度为

$$\boldsymbol{B}=\frac{\mu_0 I}{4\pi r}(\cos\theta'_1-\cos\theta'_2)\boldsymbol{e}_\varphi$$

那么在导线延线上任一点，因 $\theta'_1=\theta'_2=0$，故 $\boldsymbol{B}=0$；而在半无限长导线端点附近，因 $\theta'_1=0$，$\theta'_2=\frac{\pi}{2}$，故 $\boldsymbol{B}=\frac{\mu_0 I}{4\pi r}\boldsymbol{e}_\varphi$。

圆环载流线中点处的磁感应强度由例 3.5 可知 $\boldsymbol{B}=\frac{\mu_0 I}{2a}\boldsymbol{e}_z$，对于圆心角为 α 的圆弧，圆心处的磁感应强度则为

$$\boldsymbol{B}=\frac{\mu_0 I\alpha}{4\pi a}\boldsymbol{e}_z$$

所以，图 3-17(a)中 O 点的总磁感应强度为

$$\boldsymbol{B}=\boldsymbol{B}_1+\boldsymbol{B}_2+\boldsymbol{B}_3=0-\frac{\mu_0 I\pi}{4\pi a}\boldsymbol{e}_z+0=-\frac{\mu_0 I}{4a}\boldsymbol{e}_z$$

图 3-17(b)中 O 点的总磁感应强度为

$$\boldsymbol{B}=\boldsymbol{B}_1+\boldsymbol{B}_2+\boldsymbol{B}_3=\frac{\mu_0 I}{4\pi a}(-\boldsymbol{e}_z)+\frac{\mu_0 I}{4\pi a}(-\boldsymbol{e}_z)+\frac{\mu_0 I}{4a}(-\boldsymbol{e}_z)=-\frac{(2+\pi)\mu_0 I}{4\pi a}\boldsymbol{e}_z$$

图 3-17(c)中 O 点的总磁感应强度为

$$\boldsymbol{B}=\boldsymbol{B}_1+\boldsymbol{B}_2=\frac{\mu_0 I}{4a}\boldsymbol{e}_y+\frac{\mu_0 I}{4a}\boldsymbol{e}_z$$

习题 3.11 下列的矢量函数中，哪些可能是磁场？若是，求其涡旋源。

(1) $\boldsymbol{B}=az\boldsymbol{e}_z$；

(2) $\boldsymbol{B}=ay\boldsymbol{e}_x-ax\boldsymbol{e}_y$；

(3) $\boldsymbol{B}=a\boldsymbol{e}_x+b\boldsymbol{e}_y$；

(4) $\boldsymbol{B}=\frac{\mu_0 Ir}{2\pi a^2}\boldsymbol{e}_\varphi$(圆柱坐标系)。其中，$a,b\neq0$。

解 这是一个用稳恒磁场的基本方程进行判断的问题。

根据稳恒磁场的基本性质为无源场，分别计算各自的散度是否为零即可判断。

(1) 因$\nabla\cdot\boldsymbol{B}=\frac{\partial B_x}{\partial x}+\frac{\partial B_y}{\partial y}+\frac{\partial B_z}{\partial z}=\frac{\partial(az)}{\partial z}=a\neq0$，故它不可能是磁场。

(2) 因$\nabla\cdot\boldsymbol{B}=\frac{\partial B_x}{\partial x}+\frac{\partial B_y}{\partial y}+\frac{\partial B_z}{\partial z}=\frac{\partial(ay)}{\partial x}-\frac{\partial(ax)}{\partial y}=0$，故它可能是磁场。

其旋度为

$$\nabla\times\boldsymbol{B}=\begin{vmatrix}\boldsymbol{e}_x & \boldsymbol{e}_y & \boldsymbol{e}_z\\ \frac{\partial}{\partial x} & \frac{\partial}{\partial y} & \frac{\partial}{\partial z}\\ B_x & B_y & B_z\end{vmatrix}=\begin{vmatrix}\boldsymbol{e}_x & \boldsymbol{e}_y & \boldsymbol{e}_z\\ \frac{\partial}{\partial x} & \frac{\partial}{\partial y} & \frac{\partial}{\partial z}\\ ay & -ax & 0\end{vmatrix}=-2a\boldsymbol{e}_z$$

(3) 因$\nabla\cdot\boldsymbol{B}=\frac{\partial B_x}{\partial x}+\frac{\partial B_y}{\partial y}+\frac{\partial B_z}{\partial z}=\frac{\partial a}{\partial x}+\frac{\partial b}{\partial y}=0$，故它可能是磁场。

其旋度为

$$\nabla\times\boldsymbol{B}=\begin{vmatrix}\boldsymbol{e}_x & \boldsymbol{e}_y & \boldsymbol{e}_z\\ \dfrac{\partial}{\partial x} & \dfrac{\partial}{\partial y} & \dfrac{\partial}{\partial z}\\ B_x & B_y & B_z\end{vmatrix}=\begin{vmatrix}\boldsymbol{e}_x & \boldsymbol{e}_y & \boldsymbol{e}_z\\ \dfrac{\partial}{\partial x} & \dfrac{\partial}{\partial y} & \dfrac{\partial}{\partial z}\\ a & b & 0\end{vmatrix}=0$$

(4) $\nabla\cdot\boldsymbol{B}=\dfrac{1}{r}\left[\dfrac{\partial(rB_r)}{\partial r}+\dfrac{\partial B_\varphi}{\partial\varphi}+r\dfrac{\partial B_z}{\partial z}\right]=\dfrac{1}{r}\left[\dfrac{\partial}{\partial\varphi}\left(\dfrac{\mu_0 Ir}{2\pi a^2}\right)\right]=0$,故它可能是磁场。

其旋度为

$$\nabla\times\boldsymbol{B}=\frac{1}{r}\begin{vmatrix}\boldsymbol{e}_r & r\boldsymbol{e}_\varphi & \boldsymbol{e}_z\\ \dfrac{\partial}{\partial r} & \dfrac{\partial}{\partial\varphi} & \dfrac{\partial}{\partial z}\\ B_r & rB_\varphi & B_z\end{vmatrix}=\frac{1}{r}\begin{vmatrix}\boldsymbol{e}_r & r\boldsymbol{e}_\varphi & \boldsymbol{e}_z\\ \dfrac{\partial}{\partial r} & \dfrac{\partial}{\partial\varphi} & \dfrac{\partial}{\partial z}\\ 0 & \dfrac{\mu_0 Ir^2}{2\pi a^2} & 0\end{vmatrix}=\frac{\mu_0 I}{\pi a^2}\boldsymbol{e}_z$$

习题 3.12 设在赤道上地球的磁场 $\boldsymbol{B}_0$ 与地平面平行,方向指向北方。若 $B_0=5\times10^{-5}\,\mathrm{T}$,已知铜导线的质量密度为 $\rho_\mathrm{m}=8.9\,\mathrm{g/cm^3}$,试求铜导线在地球的磁场中飘浮起来所需要的最小电流密度。

解 这是一个涉及安培力与重力的受力平衡问题。

设导线长为 l、横截面为 S,其中的电流密度为 $\boldsymbol{J}$,则所受的安培力为

$$\boldsymbol{F}=I\boldsymbol{l}\times\boldsymbol{B}=\boldsymbol{J}\times\boldsymbol{B}lS$$

重力为

$$G=mg=\rho glS$$

当铜导线与地面平行,在地球的磁场中飘浮起来时应满足

$$F=JBlS\geqslant\rho glS$$

$$J\geqslant\frac{\rho g}{B}=\frac{8.9\times10^3\times9.8}{5\times10^{-5}}=1.74\times10^9\,\mathrm{A\cdot m^{-2}}$$

习题 3.13 雷达或微波炉中磁控管的工作原理可用阳极与阴极为平行导体板的模型来说明。两极板的间距为 d,电压为 U,且在两极板间有稳恒磁场 $\boldsymbol{B}_0$ 平行于极板,如图 3-18 所示。试证明,如果

$$U<\frac{eB_0^2d^2}{2m}$$

则以零初速自阴极发射的电子不能到达阳极。式中,e,m 分别为电子电荷与质量。

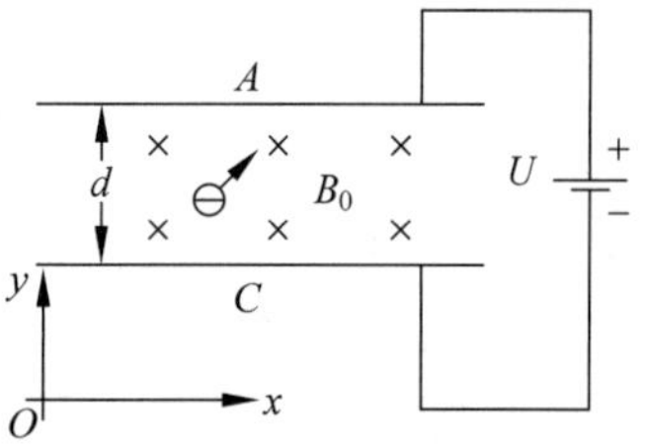

图 3-18 习题 3.13 示意图

证明:建立如图 3-18 所示的坐标系。设电子刚好能到达阳极 A 时的速度为 v_m,方向应沿水平向右。

由动能定理得

$$\frac{1}{2}mv_\mathrm{m}^2=eU$$

在水平方向上,根据动量定理,得

$$\int_0^t F_x\,\mathrm{d}t=mv_\mathrm{m}$$

其中，$F_x=\boldsymbol{f}\cdot\boldsymbol{e}_x=(-e\boldsymbol{v}\times\boldsymbol{B}_0)\cdot\boldsymbol{e}_x=(-e\boldsymbol{e}_x\times\boldsymbol{v})\cdot\boldsymbol{B}_0=eB_0v_y$。代入上式，可得

$$mv_m=\int_0^t F_x\mathrm{d}t=\int_0^t eB_0v_y\mathrm{d}t=eB_0d$$

再将上式代入$\frac{1}{2}mv_m^2=eU$，整理得

$$U_{\min}=\frac{eB_0^2d^2}{2m}$$

即有

$$U<\frac{eB_0^2d^2}{2m}$$

习题 3.14 无限长导体圆管的内、外半径分别为 r_1 和 r_2，其中通有均匀分布且沿轴向的电流 I。试求导体圆管内外的磁感应强度。

解 本题可用安培环路定律求解。

建立圆柱坐标系。根据电流的对称性分布可知，磁感应强度为一族以轴线为中心的同心圆。任意长半径为 r 的圆周可选为安培环路。

将圆柱管由内到外分为三个区，设相应的磁场分别为 $\boldsymbol{B}_1,\boldsymbol{B}_2,\boldsymbol{B}_3$。

当 $r<r_1$ 时，由安培环路定律$\oint_l\boldsymbol{B}_1\cdot\mathrm{d}\boldsymbol{l}=\mu_0I'$，得

$$\oint_l\boldsymbol{B}_1\cdot\mathrm{d}\boldsymbol{l}=B_1\cdot2\pi r=0$$

故

$$B_1=0$$

当 $r_1<r<r_2$ 时，有

$$\oint_l\boldsymbol{B}_2\cdot\mathrm{d}\boldsymbol{l}=B_2\cdot2\pi r=\mu_0\frac{I}{\pi(r_2^2-r_1^2)}\cdot\pi(r^2-r_1^2)=\frac{\mu_0I(r^2-r_1^2)}{(r_2^2-r_1^2)}$$

故

$$\boldsymbol{B}_2=\frac{\mu_0I(r^2-r_1^2)}{2\pi(r_2^2-r_1^2)r}\boldsymbol{e}_\varphi$$

当 $r>r_2$ 时，有

$$\oint_l\boldsymbol{B}_3\cdot\mathrm{d}\boldsymbol{l}=B_3\cdot2\pi r=\mu_0I$$

故

$$\boldsymbol{B}_3=\frac{\mu_0I}{2\pi r}\boldsymbol{e}_\varphi$$

综上，可得

$$\boldsymbol{B}=\begin{cases}0, & 0\leqslant r<r_1\\ \dfrac{\mu_0I(r^2-r_1^2)}{2\pi(r_2^2-r_1^2)r}\boldsymbol{e}_\varphi, & r_1\leqslant r\leqslant r_2\\ \dfrac{\mu_0I}{2\pi r}\boldsymbol{e}_\varphi, & r_2<r\end{cases}$$

习题 3.15　两个半径分别为 a 和 $b(a<b)$ 的平行长直圆柱体，其轴线间距为 d，且 $b-a<d<a+b$。除重叠区域 S 外，两圆柱体中有沿轴向等值而反向的电流密度 $\boldsymbol{J}_0$ 且均匀分布，如图 3-19 所示。试求重叠区域 S 中的磁感应强度。

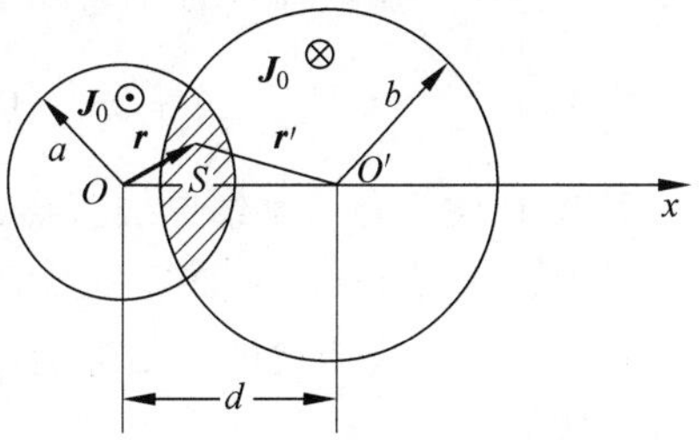

图 3-19　习题 3.15 示意图

解　本题可用安培环路定律和叠加原理求解。

与习题 3.14 类似，建立圆柱坐标系，垂直于纸面向外的方向为 z 轴的正向。根据电流的对称性分布可知，磁感应强度为一族以轴线为中心的同心圆。

在圆 O 内，柱内阴影部分任一点位置 r 处的磁场满足 $\oint_l \boldsymbol{B}\cdot \mathrm{d}\boldsymbol{l}=\mu_0 I'$，取半径为 r 的圆周为安培环路，有

$$\oint_l \boldsymbol{B}\cdot \mathrm{d}\boldsymbol{l}=B\cdot 2\pi r=\mu_0 J_0 \pi r^2$$

故

$$\boldsymbol{B}=\frac{\mu_0 J_0 \pi r^2}{2\pi r}\boldsymbol{e}_\varphi=-\frac{\mu_0 J_0 \boldsymbol{r}\times \boldsymbol{e}_z}{2}$$

同理，可求出圆 O' 内任一点的磁感应强度。取半径为 r' 的圆周为安培环路，有

$$\oint_l \boldsymbol{B}'\cdot \mathrm{d}\boldsymbol{l}=B'\cdot 2\pi r'=\mu_0 J_0 \pi r'^2$$

故

$$\boldsymbol{B}'=\frac{\mu_0 J_0 \boldsymbol{r}'\times \boldsymbol{e}_z}{2}$$

再由叠加原理求得总场为

$$\boldsymbol{B}_{总}=\boldsymbol{B}+\boldsymbol{B}'=-\frac{\mu_0 J_0 \boldsymbol{r}\times \boldsymbol{e}_z}{2}+\frac{\mu_0 J_0 \boldsymbol{r}'\times \boldsymbol{e}_z}{2}=\frac{\mu_0 J_0 (\boldsymbol{r}'-\boldsymbol{r})\times \boldsymbol{e}_z}{2}=\frac{\mu_0 J_0 \boldsymbol{e}_z\times \boldsymbol{d}}{2}$$

其中，$\boldsymbol{d}$ 为由 O 点指向 O' 点的矢量。

习题 3.16　有一 N 匝、载电流 I、边长为 a 的方环形线圈，位于均匀磁场 $\boldsymbol{B}_0$ 中。若环面法线与 $\boldsymbol{B}_0$ 的夹角为 α，试求磁场作用于方环形线圈的转矩。

解　本题用均匀磁场中磁偶极子的力矩公式可求得。

由磁偶极矩的定义容易得到：N 匝、载电流 I、边长为 a 的方环形线圈所具有的磁矩为

$$\boldsymbol{m}=NIa^2\boldsymbol{n}$$

$\boldsymbol{n}$ 为线圈所在平面的法线方向。

该磁场作用于方环形线圈的转矩为

$$\boldsymbol{T}=\boldsymbol{m}\times \boldsymbol{B}_0$$

旋转磁矩的大小为

$$T=NIa^2B_0\sin\alpha$$

习题 3.17　有一细小磁铁棒，沿其纵向的磁矩为 $\boldsymbol{m}$，位于无限长细直线电流 I 的磁场里，且线电流 I 沿 $\boldsymbol{m}$ 的方向为正。若磁棒与线电流的距离为 d，试求磁场作用于磁棒上的转矩。

解　建立圆柱坐标系，载电流 I 的方向沿正 z 轴方向。在距离其为 d 处的磁感应强度为

$$\boldsymbol{B}=\frac{\mu_0 I}{2\pi d}\boldsymbol{e}_\varphi$$

该磁场作用于小磁铁棒的转矩为

$$\boldsymbol{T}=\boldsymbol{m}\times\boldsymbol{B}=\frac{m\mu_0 I}{2\pi d}\boldsymbol{e}_z\times\boldsymbol{e}_\varphi=-\frac{\mu_0 m I}{2\pi d}\boldsymbol{e}_r$$

习题 3.18 有一用细导线密绕成 N 匝的平面螺旋形线圈，其半径为 a，通有电流 I，如图 3-20 所示。试求其磁矩。

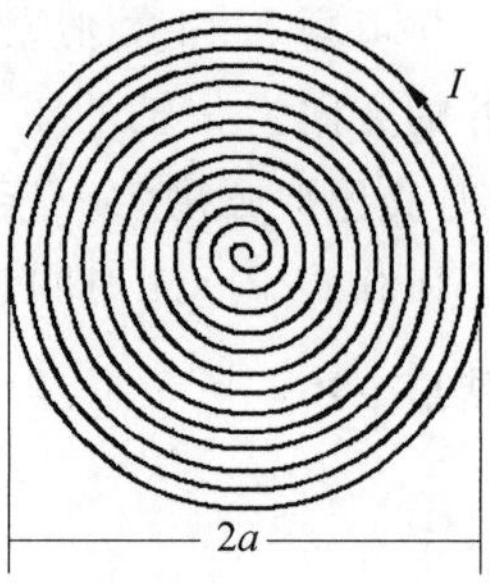

图 3-20 习题 3.18 示意图

解 用细导线密绕的平面螺旋形线圈可近似看作均匀面电流分布情形。

在载流平面圆盘内取一半径为 r、厚度为 $\mathrm{d}r$ 的同心薄圆环，其上分布的电流强度为

$$\mathrm{d}I=\frac{NI}{a}\mathrm{d}r$$

所产生的磁矩为

$$\mathrm{d}m=\mathrm{d}I\pi r^2=\frac{NI}{a}\pi r^2\mathrm{d}r$$

其方向沿着轴线，与电流方向服从右手关系。设该轴线为 z 轴，则总磁矩为

$$\boldsymbol{m}=\int_0^a\mathrm{d}\boldsymbol{m}=\boldsymbol{e}_z\int_0^a\frac{NI}{a}\pi r^2\mathrm{d}r=\frac{NI\pi a^2}{3}\boldsymbol{e}_z$$

习题 3.19 一半径为 a 的无限长螺线管，单位长度上密绕 n 匝线圈，其中通有电流 I。螺线管中填满磁导率为 μ 的磁芯，如图 3-21 所示。试求螺线管内的磁场强度、磁感应强度和磁芯表面的磁化面电流密度。

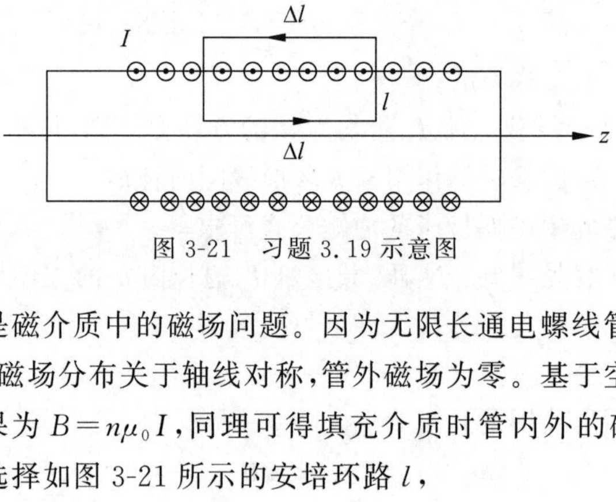

图 3-21 习题 3.19 示意图

解 本题讨论的是磁介质中的磁场问题。因为无限长通电螺线管的电流分布关于轴线对称，因此可知管内的磁场分布关于轴线对称，管外磁场为零。基于空心管轴线上任一点的磁感应强度的计算结果为 $B=n\mu_0 I$，同理可得填充介质时管内外的磁场平行于轴线，可用安培环路定律求解。选择如图 3-21 所示的安培环路 l，

由介质中的安培环路定律，可得

$$\oint_l \boldsymbol{H}_\mathrm{i}\cdot\mathrm{d}\boldsymbol{l}=H_\mathrm{i}\cdot\Delta l=I\Delta l$$

螺线管内的磁场强度为

$$H_\mathrm{i}=nI$$

磁感应强度为

$$B_\mathrm{i}=\mu H_\mathrm{i}=n\mu I$$

写成矢量形式分别为 $\boldsymbol{H}_{\mathrm{i}}=nI\boldsymbol{e}_z$，$B_{\mathrm{i}}=n\mu I\boldsymbol{e}_z$。

设磁芯表面的磁化面电流密度为 J_{Sm}，由磁感应强度的安培环路定律得

$$\oint_l \boldsymbol{B}\cdot \mathrm{d}\boldsymbol{l}=B\Delta l=\mu_0(I+I_{MS})=\mu_0(n\Delta l I+J_{\mathrm{Sm}}\Delta l)$$

从而得

$$J_{\mathrm{Sm}}=\frac{\mu-\mu_0}{\mu_0}nI=(\mu_{\mathrm{r}}-1)nI$$

矢量形式即为

$$\boldsymbol{J}_{\mathrm{Sm}}=(\mu_{\mathrm{r}}-1)nI\boldsymbol{e}_{\varphi}$$

习题 3.20 有一电磁铁由磁导率为 μ 的 U 形铁轭和一个长方体铁块构成，其厚度均为 b，宽度均为 d。为避免铁块与铁轭直接接触，两者之间有一厚度为 t 的薄铜片。如果铁轭半圆的平均半径为 a，圆心至铜片的距离为 h，且铁轭上绕有通电流 I 的 N 匝线圈，如图 3-22 所示。试求铜片隙中的磁通、磁阻与磁感应强度。

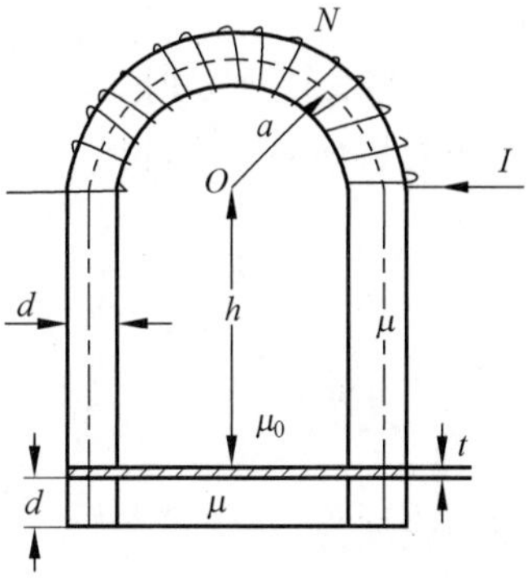

图 3-22 习题 3.20 示意图

解 本题涉及磁路的有关运算。由于 $d,b\ll a$，故螺线管内的磁场可近似看作是均匀场。设铁轭和铁块中的磁场强度为 $\boldsymbol{H}$，薄铜片中的磁场强度为 $\boldsymbol{H}_0$。若忽略漏磁，由磁通连续性原理可知，铁轭、薄铜片和铁块中的磁感应强度均为 $\boldsymbol{B}$，且 $B=\mu_0H_0=\mu H$。根据安培环路定律，得

$$\oint_l \boldsymbol{H}\cdot \mathrm{d}\boldsymbol{l}=HL_1+H_0L_2=NI$$

即

$$\frac{B}{\mu}(\pi a+2h+2a+d)+2t\,\frac{B}{\mu_0}=NI$$

故磁感应强度为

$$B=\frac{NI}{\dfrac{\pi a+2h+2a+d}{\mu}+\dfrac{2t}{\mu_0}}$$

磁通量为

$$\psi_{\mathrm{m}}=BS=Bbd=\frac{NI}{\dfrac{\pi a+2h+2a+d}{\mu bd}+\dfrac{2t}{\mu_0 bd}}$$

根据磁路定律，令 $R_{\mathrm{m1}}=\dfrac{\pi a+2h}{\mu bd}$，$R_{\mathrm{m2}}=\dfrac{2t}{\mu_0 bd}$，$R_{\mathrm{m3}}=\dfrac{d+2a}{\mu bd}$ 分别为铁轭、薄铜片和铁块的磁阻。

习题 3.21 一半径为 a、载均匀分布的电流 I 的长直圆柱导体，其磁导率为 μ_0。它外面套以同轴的磁导率为 μ 的磁介质圆管，其内、外半径分别为 b 与 $c(a<b<c)$。试求空间各点的磁场强度和磁感应强度及磁介质圆管表面上的磁化面电流密度。如果移去磁介质圆套管，磁场的分布有何变化？

解 本题是一个涉及磁介质中的磁场问题，可运用安培环路定律求解。

根据电流关于轴线对称，可知磁场线为以轴线为中心的一族同心圆。采用圆柱坐标系，分别计算各区磁场如下：

(1) 当 $r<a$ 时，

由安培环路定律，得

$$\oint_l \boldsymbol{H}_1 \cdot \mathrm{d}\boldsymbol{l} = H_1 \cdot 2\pi r = I' = \frac{Ir^2}{a^2}$$

故有

$$\boldsymbol{H}_1 = \frac{Ir}{2\pi a^2}\boldsymbol{e}_\varphi$$

磁感应强度为

$$\boldsymbol{B}_1 = \mu_0 \boldsymbol{H}_1 = \frac{\mu_0 Ir}{2\pi a^2}\boldsymbol{e}_\varphi$$

(2) 当 $a<r<b$ 时，

由安培环路定律，得

$$\oint_l \boldsymbol{H}_2 \cdot \mathrm{d}\boldsymbol{l} = H_2 \cdot 2\pi r = I$$

故有

$$\boldsymbol{H}_2 = \frac{I}{2\pi r}\boldsymbol{e}_\varphi$$

磁感应强度为

$$\boldsymbol{B}_2 = \mu_0 \boldsymbol{H}_2 = \frac{\mu_0 I}{2\pi r}\boldsymbol{e}_\varphi$$

(3) 当 $b<r<c$ 时，

由安培环路定律，得

$$\oint_l \boldsymbol{H}_3 \cdot \mathrm{d}\boldsymbol{l} = H_3 \cdot 2\pi r = I$$

故有

$$\boldsymbol{H}_3 = \frac{I}{2\pi r}\boldsymbol{e}_\varphi$$

磁感应强度为

$$\boldsymbol{B}_3 = \mu \boldsymbol{H}_3 = \frac{\mu I}{2\pi r}\boldsymbol{e}_\varphi$$

(4) 当 $c<r$ 时，

由安培环路定律，得

$$\oint_l \boldsymbol{H}_4 \cdot \mathrm{d}\boldsymbol{l} = H_4 \cdot 2\pi r = I$$

故有

$$\boldsymbol{H}_4 = \frac{I}{2\pi r}\boldsymbol{e}_\varphi$$

磁感应强度为

$$\boldsymbol{B}_4 = \mu_0 \boldsymbol{H}_4 = \frac{\mu_0 I}{2\pi r}\boldsymbol{e}_\varphi$$

为了求出磁介质圆管表面上的磁化面电流密度，不妨设由磁介质指向真空的分界面法线方

向为 e_n，则 $J_{Sm}=M\times e_n$。在 $r=b$ 面上，有

$$J_{Sm}|_{r=b}=M_3\times e_n|_{r=b}=\left(\frac{B_3}{\mu_0}-H_3\right)\times e_n\bigg|_{r=b}=\left(\frac{\mu}{\mu_0}-1\right)\frac{I}{2\pi b}e_\varphi\times(-e_r)=\frac{(\mu_r-1)I}{2\pi b}e_z$$

同理，在 $r=c$ 面上，有

$$J_{Sm}|_{r=c}=M_3\times e_n|_{r=c}=\left(\frac{B_3}{\mu_0}-H_3\right)\times e_n\bigg|_{r=c}=\left(\frac{\mu}{\mu_0}-1\right)\frac{I}{2\pi c}e_\varphi\times e_r=\frac{(1-\mu_r)I}{2\pi c}e_z$$

如果移去磁介质圆套管，磁场强度的分布不变，磁感应强度(2)(3)(4)情形的结果均为 $\frac{\mu_0 I}{2\pi r}e_\varphi$，则磁化电流不复存在。

习题 3.22 一半径为 a、长为 L、磁导率为 μ 的均匀磁化圆柱形永久磁铁，其磁化强度 M_0 沿柱轴方向。试求圆柱体内与柱面上的磁化电流密度及柱轴上的磁感应强度。

解 采用圆柱坐标系，设磁化强度的方向沿 z 轴方向。

圆柱体内的磁化电流密度公式为 $J_m=\nabla\times M$，即可得

$$J_m=\nabla\times M_0 e_z=0$$

柱面上的磁化电流密度公式为 $J_{Sm}=M\times e_n$，则有

$$J_{Sm}=M_0 e_z\times e_\rho=M_0 e_\varphi$$

柱轴上的磁感应强度可以看作是由磁化电流密绕的直螺线管产生。以轴线中心为坐标原点，任一点 z 处的磁感应强度为(见习题 3.9)

$$B=\int dB=\int_{-\frac{L}{2}}^{\frac{L}{2}}\frac{\mu_0 a^2 J_{Sm}dz'}{2[a^2+(z-z')]^{\frac{3}{2}}}e_z=\frac{\mu_0 M_0}{2}\left[\frac{z+\frac{L}{2}}{\sqrt{a^2+\left(z+\frac{L}{2}\right)^2}}-\frac{z-\frac{L}{2}}{\sqrt{a^2+\left(z-\frac{L}{2}\right)^2}}\right]e_z$$

习题 3.23 半径为 a 的磁介质球，其磁导率为 μ，球外为空气。已知球内、外的磁场强度分别为

$$H_1=C(\cos\theta e_r-\sin\theta e_\theta)\quad 和\quad H_2=D\left(\frac{2}{r^3}\cos\theta e_r+\frac{1}{r^3}\sin\theta e_\theta\right)$$

试确定系数 C,D 间的关系，并求出磁介质球表面上的自由面电流密度 J_S 和总的面电流密度 J_{St}。

解 本题是用磁场的边界条件计算有关电流分布的一个问题。

由边界条件：$B_{1n}=B_{2n}$，$n\times(H_1-H_2)=J_S$，$n\times(B_1-B_2)=\mu_0(J_S+J_{Sm})$，可分别得

$$B_{1n}=\mu C\cos\theta=B_{2n}=\mu_0\frac{2D}{a^3}\cos\theta$$

则有

$$C=\frac{2\mu_0}{a^3\mu}D$$

及

$$J_S=n\times(H_1-H_2)=-e_r\times(H_1-H_2)=\left(C\sin\theta+\frac{D}{a^3}\right)\sin\theta e_\varphi=\left(1+\frac{\mu}{2\mu_0}\right)C\sin\theta e_\varphi$$

总的面电流密度为

$$\boldsymbol{J}_{\mathrm{St}}=\boldsymbol{J}_{\mathrm{S}}+\boldsymbol{J}_{\mathrm{Sm}}=\boldsymbol{n}\times\left(\frac{\boldsymbol{B}_1-\boldsymbol{B}_2}{\mu_0}\right)=\frac{\mu_0 H_{2\mathrm{t}}-\mu H_{1\mathrm{t}}}{\mu_0}\boldsymbol{e}_\varphi=\frac{3\mu}{2\mu_0}C\sin\theta\boldsymbol{e}_\varphi$$

习题 3.24 有一铁磁材料的球壳，其内、外半径分别为 r_1 和 r_2，它被均匀磁化到 $\boldsymbol{M}_0$，其方向沿极轴方向。试求球壳内外极轴上的磁标势及磁感应强度。

解 采用球坐标系，取 $\boldsymbol{M}_0$ 的方向沿极轴 z 轴方向。因球壳内磁化强度为常矢量，故磁化体电流密度为

$$\boldsymbol{J}_{\mathrm{m}}=\nabla\times\boldsymbol{M}_0=0$$

磁化面电流密度为 $\boldsymbol{J}_{\mathrm{Sm}}=\boldsymbol{M}_0\times\boldsymbol{n}$

对于外半径为 r_2 的球面，有

$$\boldsymbol{J}_{\mathrm{Sm2}}=\boldsymbol{M}_0\times\boldsymbol{e}_r=M_0\sin\theta\boldsymbol{e}_\varphi$$

计算该电流在轴线上任一点的磁感应强度可以用叠加原理。将球面分割为无穷多个与极轴相垂直的薄圆环，利用教材例 3.5 的结果，即对于半径为 a、载流为 I 的圆环，其轴线上的磁感应强度为 $\boldsymbol{B}=\dfrac{\mu_0 a^2 I}{2(a^2+z^2)^{3/2}}\boldsymbol{e}_z$，可得磁化面电流 $\boldsymbol{J}_{\mathrm{Sm2}}=M_0\sin\theta e_\varphi$ 在轴线上任一点的磁感应强度为

$$\boldsymbol{B}_2=\int_0^\pi\frac{\mu_0 r_2^3 M_0\sin^3\theta\,\mathrm{d}\theta}{2(r_2^2+z^2-2r_2 z\cos\theta)^{3/2}}\boldsymbol{e}_z$$

具体计算该积分采用变量代换方法，即令 $r_2^2+z^2-2r_2 z\cos\theta=u^2$。

当 $z>r_2$ 时，有

$$B_2=\int_{z-r_2}^{z+r_2}\frac{\mu_0 r_2^3 M_0}{2u^2}\left[1-\left(\frac{r_2^2+z^2-u^2}{2r_2 z}\right)^2\right]\mathrm{d}u$$

具体计算结果为

$$B_2=\frac{2\mu_0 r_2^3 M_0}{3z^3}$$

同理，当 $z<r_2$ 时，则有

$$B_2=\int_{r_2-z}^{z+r_2}\frac{\mu_0 r_2^3 M_0}{2u^2}\left[1-\left(\frac{r_2^2+z^2-u^2}{2r_2 z}\right)^2\right]\mathrm{d}u$$

具体计算结果为

$$B_2=\frac{2\mu_0 M_0}{3}$$

综合两种情形，则有

$$\boldsymbol{B}_2=\begin{cases}\dfrac{2\mu_0 M_0}{3}\boldsymbol{e}_z & z<r_2\\[2ex] \dfrac{2\mu_0 r_2^3 M_0}{3z^3}\boldsymbol{e}_z & z>r_2\end{cases}$$

对于内半径为 r_1 的球面

$$\boldsymbol{J}_{\mathrm{Sm1}}=\boldsymbol{M}_0\times(-\boldsymbol{e}_r)=-M_0\sin\theta\boldsymbol{e}_\varphi$$

因此，同理可得球面内外轴线上任一点的磁感应强度为

$$\boldsymbol{B}_1=\begin{cases}-\dfrac{2\mu_0 M_0}{3}\boldsymbol{e}_z & z<r_1\\ -\dfrac{2\mu_0 r_1^3 M_0}{3z^3}\boldsymbol{e}_z & z>r_1\end{cases}$$

总磁感应强度为

$$\boldsymbol{B}=\boldsymbol{B}_1+\boldsymbol{B}_2=\begin{cases}0, & 0\leqslant z<r_1\\ \left(\dfrac{2\mu_0 M_0}{3}-\dfrac{2\mu_0 r_1^3 M_0}{3z^3}\right)\boldsymbol{e}_z, & r_1<z<r_2\\ \dfrac{2\mu_0(r_2^3-r_1^3)M_0}{3z^3}\boldsymbol{e}_z, & r_2<z\end{cases}$$

相应的磁场强度由 $\boldsymbol{H}=\dfrac{\boldsymbol{B}}{\mu_0}-\boldsymbol{M}$ 而得，则有

$$\boldsymbol{H}=\begin{cases}0, & 0\leqslant z<r_1\\ \left(-\dfrac{M_0}{3}-\dfrac{2r_1^3 M_0}{3z^3}\right)\boldsymbol{e}_z, & r_1<z<r_2\\ \dfrac{2(r_2^3-r_1^3)M_0}{3z^3}\boldsymbol{e}_z, & r_2<z\end{cases}$$

在整个轴线上，总磁感应强度和磁场强度分别为

$$\boldsymbol{B}=\begin{cases}0, & 0\leqslant|z|<r_1\\ \left(\dfrac{2\mu_0 M_0}{3}-\dfrac{2\mu_0 r_1^3 M_0}{3|z|^3}\right)\boldsymbol{e}_z, & r_1<|z|<r_2\\ \dfrac{2\mu_0(r_2^3-r_1^3)M_0}{3|z|^3}\boldsymbol{e}_z, & r_2<|z|\end{cases}$$

$$\boldsymbol{H}=\begin{cases}0, & 0\leqslant|z|<r_1\\ \left(-\dfrac{M_0}{3}-\dfrac{2r_1^3 M_0}{3|z|^3}\right)\boldsymbol{e}_z, & r_1<|z|<r_2\\ \dfrac{2(r_2^3-r_1^3)M_0}{3|z|^3}\boldsymbol{e}_z, & r_2<|z|\end{cases}$$

磁标势的计算由 $\phi_m=\int_z^\infty \boldsymbol{H}\cdot d\boldsymbol{l}$ 而得。

当 $0\leqslant z<r_1$ 时，有

$$\phi_m=\int_z^\infty \boldsymbol{H}\cdot d\boldsymbol{l}=\int_z^\infty H dz=\int_z^{r_1}0dz+\int_{r_1}^{r_2}\left(-\frac{M_0}{3}-\frac{2r_1^3M_0}{3z^3}\right)dz+\int_{r_2}^\infty\frac{2(r_2^3-r_1^3)M_0}{3z^3}dz=0$$

当 $r_1\leqslant z<r_2$ 时，有

$$\phi_m=\int_z^\infty \boldsymbol{H}\cdot d\boldsymbol{l}=\int_z^{r_2}\left(-\frac{M_0}{3}-\frac{2r_1^3M_0}{3z^3}\right)dz+\int_{r_2}^\infty\frac{2(r_2^3-r_1^3)M_0}{3z^3}dz=\frac{M_0z}{3}-\frac{M_0r_1^3}{3z^2}$$

当 $r_2<z$ 时，有

$$\phi_m=\int_z^\infty \boldsymbol{H}\cdot d\boldsymbol{l}=\int_z^\infty\frac{2(r_2^3-r_1^3)M_0}{3z^3}dz=\frac{M_0(r_2^3-r_1^3)}{3z^2}$$

综上,在整个轴线上,磁标势为

$$\begin{cases}\phi_{m1}=0, & 0\leqslant|z|<r_1\\ \phi_{m2}=\pm\dfrac{M_0(|z^3|-r_1^3)}{3z^2}, & r_1\leqslant|z|<r_2\\ \phi_{m3}=\pm\dfrac{M_0(r_2^3-r_1^3)}{3z^2}, & r_2<|z|\end{cases}$$

式中,前面的负号与 z 的负号相对应。

此题目也可以采用分离变量法进行求解。采用球坐标系,取 $\boldsymbol{M}_0$ 的方向沿极轴 z 轴方向。设球壳内、球壳、球壳外的磁标势分别为 ϕ_{m1},ϕ_{m2} 和 ϕ_{m3},球壳内磁化强度为常矢量,故

$$\rho_m=-\mu_0\nabla\cdot\boldsymbol{M}_0=0$$

因而磁标势在这三个区域内满足的方程为

$$\begin{cases}\nabla^2\phi_{m1}=0, & r<r_1\\ \nabla^2\phi_{m2}=0, & r_1<r<r_2\\ \nabla^2\phi_{m3}=0, & r_2<r\end{cases}$$

由于铁球磁化后产生的场满足轴对称分布,故通解形式均为

$$\phi_{mi}(r,\theta)=\sum_{n=0}^{\infty}\left(a_{ni}r^n+\frac{b_{ni}}{r^{n+1}}\right)P_n(\cos\theta),\quad i=1,2,3$$

根据自然边界条件:(1)$\phi_{m1}\big|_{r=0}\rightarrow$有限值;(2)$\phi_{m3}\big|_{r\rightarrow\infty}\rightarrow0$可得

$$\begin{cases}\phi_{m1}=\displaystyle\sum_{n=0}^{\infty}a_{n1}r^nP_n(\cos\theta)\\ \phi_{m3}=\displaystyle\sum_{n=0}^{\infty}\frac{b_{n3}}{r^{n+1}}P_n(\cos\theta)\end{cases}$$

在 $r=r_1,r_2$ 处,磁标势满足以下边值关系

$$\phi_{m1}\big|_{r=r_1}=\phi_{m2}\big|_{r=r_1},\ \phi_{m2}\big|_{r=r_2}=\phi_{m3}\big|_{r=r_2};$$

$$-\frac{\partial\phi_{m1}}{\partial r}\bigg|_{r=r_1}=\left(-\frac{\partial\phi_{m2}}{\partial r}+M_0\cos\theta\right)\bigg|_{r=r_1},\ \left(-\frac{\partial\phi_{m2}}{\partial r}+M_0\cos\theta\right)\bigg|_{r=r_2}=-\frac{\partial\phi_{m3}}{\partial r}\bigg|_{r=r_2}$$

代入通解式中,得

$$\begin{cases}\displaystyle\sum_{n=0}^{\infty}a_{n1}r_1^nP_n(\cos\theta)=\sum_{n=0}^{\infty}\left(a_{n2}r_1^n+\frac{b_{n2}}{r_1^{n+1}}\right)P_n(\cos\theta)\\ \displaystyle\sum_{n=0}^{\infty}\left(a_{n2}r_2^n+\frac{b_{n2}}{r_2^{n+1}}\right)P_n(\cos\theta)=\sum_{n=0}^{\infty}\frac{b_{n3}}{r_2^{n+1}}P_n(\cos\theta)\\ \displaystyle-\sum_{n=0}^{\infty}na_{n1}r_1^{n-1}P_n(\cos\theta)=-\sum_{n=0}^{\infty}\left(na_{n2}r_1^{n-1}-\frac{(n+1)b_{n2}}{r_1^{n+2}}\right)P_n(\cos\theta)+M_0P_1(\cos\theta)\\ \displaystyle-\sum_{n=0}^{\infty}\left(na_{n2}r_2^{n-1}-\frac{(n+1)b_{n2}}{r_2^{n+2}}\right)P_n(\cos\theta)+M_0P_1(\cos\theta)=\sum_{n=0}^{\infty}\frac{(n+1)b_{n3}}{r_2^{n+2}}P_n(\cos\theta)\end{cases}$$

对照两边系数,可简化为

$$\begin{cases} a_{11}r_1 = a_{12}r_1 + \dfrac{b_{12}}{r_1^2} \\ a_{12}r_2 + \dfrac{b_{12}}{r_2^2} = \dfrac{b_{13}}{r_2^2} \\ a_{11} = a_{12} - \dfrac{2b_{12}}{r_1^3} - M_0 \\ a_{12} - \dfrac{2b_{12}}{r_2^3} = -\dfrac{2b_{13}}{r_2^3} + M_0 \end{cases}$$

求得待定系数为

$$a_{11} = 0,\quad a_{12} = \frac{M_0}{3},\quad b_{12} = -\frac{M_0 r_1^3}{3},\quad b_{13} = \frac{M_0(r_2^3 - r_1^3)}{3}$$

磁标势的定解为

$$\begin{cases} \phi_{m1} = 0, & 0 \leqslant r < r_1 \\ \phi_{m2} = \dfrac{M_0(r^3 - r_1^3)\cos\theta}{3r^2}, & r_1 \leqslant r < r_2 \\ \phi_{m3} = \dfrac{M_0(r_2^3 - r_1^3)\cos\theta}{3r^2}, & r_2 < r \end{cases}$$

极轴上，$\theta=0$，对应的磁标势为

$$\begin{cases} \phi_{m1} = 0, & 0 \leqslant z < r_1 \\ \phi_{m2} = \dfrac{M_0(z^3 - r_1^3)}{3z^2}, & r_1 \leqslant z < r_2 \\ \phi_{m3} = \dfrac{M_0(r_2^3 - r_1^3)}{3z^2}, & r_2 < z \end{cases}$$

当 $0 \leqslant r < r_1$ 时，

$$\boldsymbol{B}_1 = -\mu_0 \nabla \phi_{m1} = 0$$

当 $r_1 \leqslant r < r_2$ 时，

$$\boldsymbol{B}_2 = \mu_0(\boldsymbol{H} + \boldsymbol{M}) = -\nabla \mu_0 \phi_{m2} + \mu_0 M_0 = \left(\frac{2\mu_0 M_0}{3} - \frac{2\mu_0 r_1^3 M_0}{3z^3}\right)\boldsymbol{e}_z$$

当 $r_2 \leqslant r$ 时，

$$\boldsymbol{B}_3 = \mu_0 \boldsymbol{H}_3 = -\mu_0 \nabla \phi_{m3} = \frac{2\mu_0(r_2^3 - r_1^3)M_0}{3r^3}\boldsymbol{e}_z$$

同理，考虑极轴上 $\theta=\pi$，磁标势和磁感应强度分别为

$$\begin{cases} \phi_{m1} = 0, & z < -r_1 \\ \phi_{m2} = -\dfrac{M_0(|z|^3 - r_1^3)}{3z^2}, & -r_2 \leqslant z < -r_1 \\ \phi_{m3} = -\dfrac{M_0(r_2^3 - r_1^3)}{3z^2}, & z < -r_2 \end{cases}$$

$$\boldsymbol{B}=\begin{cases}0, & z<-r_1\\ \left(\dfrac{2\mu_0 M_0}{3}-\dfrac{2\mu_0 r_1^3 M_0}{3\mid z\mid^3}\right)\boldsymbol{e}_z, & -r_2<z<-r_1\\ \dfrac{2\mu_0(r_2^3-r_1^3)M_0}{3\mid z\mid^3}\boldsymbol{e}_z, & z<-r_2\end{cases}$$

习题 3.25 在空气与磁导率为 μ 的铁磁物质的分界平面上，有一载电流 I 的无限长细直导线。试分别求空气和铁磁物质中的磁场强度和磁感应强度。

解 采用圆柱坐标系，设载流线所在方向为 z 轴方向。用试探法，根据对称性，可推知磁感应线为以轴线上任意点为中心的一族同心圆，磁感应强度在分界面两侧只有法向分量，因而在介质中和空气中的磁感应强度大小相等。设铁磁物质中的磁场强度为 $\boldsymbol{H}$，空气中的磁场强度为 $\boldsymbol{H}_0$。由安培环路定律，对于任意位置 r 处，有

$$\oint_l \boldsymbol{H}\cdot \mathrm{d}\boldsymbol{l}=H\cdot \pi r+H_0\cdot \pi r=I$$

即
$$\frac{B}{\mu}\cdot \pi r+\frac{B}{\mu_0}\cdot \pi r=I$$

故有
$$B=\frac{\mu\mu_0 I}{\pi(\mu+\mu_0)r}$$

矢量形式则为
$$\boldsymbol{B}=\frac{\mu\mu_0 I}{\pi(\mu+\mu_0)r}\boldsymbol{e}_\varphi$$

$$\boldsymbol{H}=\frac{\boldsymbol{B}}{\mu}=\frac{\mu_0 I}{\pi(\mu+\mu_0)r}\boldsymbol{e}_\varphi,\quad \boldsymbol{H}_0=\frac{\boldsymbol{B}}{\mu_0}=\frac{\mu I}{\pi(\mu+\mu_0)r}\boldsymbol{e}_\varphi$$

可以验证，在分界面上，满足磁场的边界条件 $B_n=B_{0n}$。根据第 4 章的唯一性定理，只要满足边界条件和基本规律的解一定是唯一的正确解。

习题 3.26 试求一平均半径为 a、圆截面半径为 $b(b\ll a)$，其上密绕 N 匝线圈的非磁性导体圆环的自感。

解 本题需要用自感定义进行计算。设线圈上密绕的电流强度为 I，根据安培环路定律容易求得圆环轴线上任意点的磁感应强度 B。即由

$$\oint_l \boldsymbol{B}\cdot \mathrm{d}\boldsymbol{l}=B\cdot 2\pi a=\mu_0 NI$$

可得
$$\boldsymbol{B}=\frac{\mu_0 NI}{2\pi a}\boldsymbol{e}_\varphi$$

因 $b\ll a$，则可以近似认为半径为 b 的圆截面上磁场分布均匀，因而通过环内横截面的磁链为

$$\Psi=N\psi_m=N\boldsymbol{B}\cdot \boldsymbol{S}=\frac{N^2\mu_0 I}{2\pi a}\cdot \pi b^2=\frac{N^2\mu_0 I b^2}{2a}$$

由自感的定义得

$$L=\frac{\Psi_m}{I}=\frac{\mu_0 N^2 b^2}{2a}$$

习题 3.27 有两对相互平行的双根传输线 1-2 和 3-4，它们的相对位置如图 3-23 所示。试求两对传输线之间单位长度的互感。

解　因为1-2对3-4的互感与3-4对1-2互感相同，所以只计算前者。设1-2上通有电流为 I，则载流线1在 r 处的磁感应强度为

$$\boldsymbol{B}_1=\frac{\mu_0 I}{2\pi r}\boldsymbol{e}_\varphi$$

该磁场通过3-4双根传输线单位长度的区间所对应的磁通量为

$$\psi_{m1}=\int_{S_{3-4}}\boldsymbol{B}_1\cdot \mathrm{d}\boldsymbol{S}=\int_{r_{13}}^{r_{14}}\frac{\mu_0 I}{2\pi r}(\boldsymbol{e}_\varphi\cdot\boldsymbol{e}_n)\mathrm{d}\boldsymbol{l}=\int_{r_{13}}^{r_{14}}\frac{\mu_0 I}{2\pi r}\mathrm{d}r=\frac{\mu_0 I}{2\pi}\ln\frac{r_{14}}{r_{13}}$$

同理，载流线2所产生的磁场通过3-4双根传输线单位长度的区间所对应的磁通量为

$$\psi_{m2}=\int_{S_{3-4}}\boldsymbol{B}_2\cdot \mathrm{d}\boldsymbol{S}=-\int_{r_{23}}^{r_{24}}\frac{\mu_0 I}{2\pi r}(\boldsymbol{e}_\varphi\cdot\boldsymbol{e}_n)\mathrm{d}\boldsymbol{l}=-\int_{r_{23}}^{r_{24}}\frac{\mu_0 I}{2\pi r}\mathrm{d}r=-\frac{\mu_0 I}{2\pi}\ln\frac{r_{24}}{r_{23}}$$

由互感的定义得

$$M=\frac{\psi_m}{I}=\frac{\psi_{m1}+\psi_{m2}}{I}=\frac{\mu_0}{2\pi}\ln\frac{r_{14}}{r_{13}}-\frac{\mu_0}{2\pi}\ln\frac{r_{24}}{r_{23}}=\frac{\mu_0}{2\pi}\ln\frac{r_{14}r_{23}}{r_{13}r_{24}}$$

习题3.28　在空气中一载电流为 I 的长直导线的磁场中，有一与之共面的边长分别为 a，b 的平行四边形导线回路，如图3-24所示。试求该直导线与导线回路的互感。

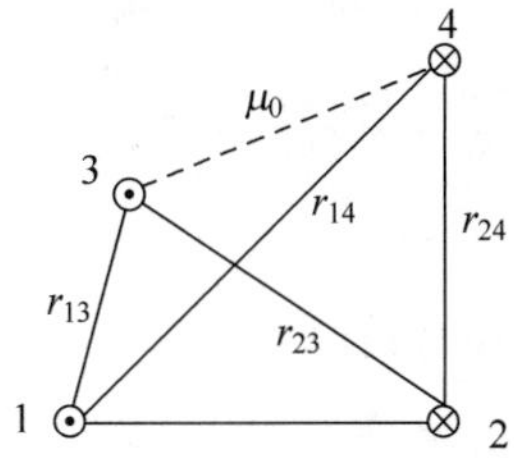

图3-23　习题3.27示意图

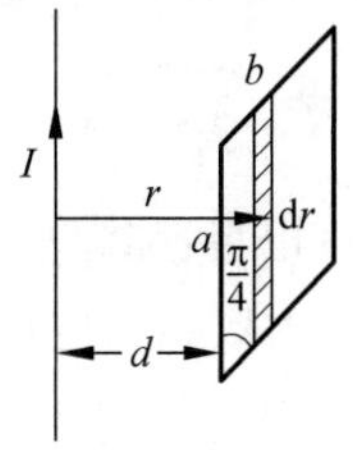

图3-24　习题3.28示意图

解　为方便计算，只计算直导线对线框的互感。设直载流线上通有电流为 I，则在 r 处的磁感应强度为

$$\boldsymbol{B}=\frac{\mu_0 I}{2\pi r}\boldsymbol{e}_\varphi$$

在平行四边形线圈中选取长为 a、宽度为 $\mathrm{d}r$ 的面元，则穿过该面元的磁通量为

$$\mathrm{d}\psi_m=\frac{\mu_0 I}{2\pi r}a\,\mathrm{d}r$$

直载流线产生的磁场在整个平行四边形线框中的总磁通为

$$\psi_m=\int \mathrm{d}\psi_m=\int_d^{d+b\cos\frac{\pi}{4}}\frac{\mu_0 I}{2\pi r}a\,\mathrm{d}r=\frac{\mu_0 a I}{2\pi}\ln\frac{d+\frac{\sqrt{2}b}{2}}{d}$$

由互感的定义得

$$M=\frac{\psi_m}{I}=\frac{\mu_0 a}{2\pi}\ln\frac{d+\frac{\sqrt{2}b}{2}}{d}$$

习题3.29　内、外半径分别为 r_1 与 r_2、磁导率为 μ 的无限长直导体圆筒，其中通有沿轴向的电流 I 且均匀分布。试求单位长导体内的磁场能量和内自感。

解 根据安培环路定律容易求得圆筒内 $r_1<r<r_2$ 任意点的磁场强度 $\boldsymbol{H}$。即由

$$\oint_l \boldsymbol{H}\cdot \mathrm{d}\boldsymbol{l}=H\cdot 2\pi r=\frac{I}{\pi(r_2^2-r_1^2)}\pi(r^2-r_1^2)$$

可得

$$H=\frac{I(r^2-r_1^2)}{2\pi(r_2^2-r_1^2)r}$$

相应的磁感应强度为

$$B=\mu H=\frac{\mu I(r^2-r_1^2)}{2\pi(r_2^2-r_1^2)r}$$

单位长导体内的磁场能量可由

$$W_\mathrm{m}=\int_V w_\mathrm{m}\mathrm{d}V=\int_{r_1}^{r_2}\frac{1}{2}BH2\pi r\mathrm{d}r$$

而得。具体为

$$W_\mathrm{m}=\int_{r_1}^{r_2}\frac{\mu}{2}\left[\frac{I(r^2-r_1^2)}{2\pi(r_2^2-r_1^2)r}\right]^2 2\pi r\mathrm{d}r=\frac{\mu I^2}{4\pi(r_2^2-r_1^2)^2}\left[\frac{r_2^4}{4}+\frac{3r_1^4}{4}-r_1^2r_2^2+r_1^4\ln\frac{r_2}{r_1}\right]$$

再由 $W_\mathrm{m}=\frac{1}{2}L_iI^2$ 可得

$$L_\mathrm{i}=\frac{2W_\mathrm{m}}{I^2}=\frac{\mu}{2\pi(r_2^2-r_1^2)^2}\left[\frac{r_2^4}{4}+\frac{3r_1^4}{4}-r_1^2r_2^2+r_1^4\ln\frac{r_2}{r_1}\right]$$

内自感的计算还可以根据其定义直接得到。

在 $r_1<r<r_2$ 内取一单位长、$\mathrm{d}r$ 宽的面元，通过其的磁通元为

$$\mathrm{d}\psi_\mathrm{m}=\boldsymbol{B}\cdot\mathrm{d}\boldsymbol{S}=\frac{\mu I(r^2-r_1^2)}{2\pi(r_2^2-r_1^2)}\mathrm{d}r$$

对应的内磁链元为

$$\mathrm{d}\psi=N'\mathrm{d}\psi_\mathrm{m}=\frac{(r^2-r_1^2)}{(r_2^2-r_1^2)}\frac{\mu I(r^2-r_1^2)}{2\pi(r_2^2-r_1^2)}\mathrm{d}r=\frac{\mu I(r^2-r_1^2)^2}{2\pi(r_2^2-r_1^2)^2r}\mathrm{d}r$$

则总磁链为

$$\Psi=\int_{r_1}^{r_2}\frac{\mu I(r^2-r_1^2)^2}{2\pi(r_2^2-r_1^2)^2r}\mathrm{d}r=\frac{\mu I}{2\pi(r_2^2-r_1^2)^2}\left[\frac{r_2^4}{4}+\frac{3r_1^4}{4}-r_1^2r_2^2+r_1^4\ln\frac{r_2}{r_1}\right]$$

$$L_\mathrm{i}=\frac{\Psi}{I}=\frac{\mu}{2\pi(r_2^2-r_1^2)^2}\left[\frac{r_2^4}{4}+\frac{3r_1^4}{4}-r_1^2r_2^2+r_1^4\ln\frac{r_2}{r_1}\right]$$

习题 3.30 一平均半径为 a，圆截面半径为 $b(b\ll a)$ 的环形铁芯螺线管，铁芯的磁导率为 μ，环上密绕 N 匝线圈并通有电流 I。试求此环形铁芯螺线管的磁场能量和自感。

解 根据安培环路定律容易求得圆环轴线上任意点的磁场强度 H。即由

$$\oint_l \boldsymbol{H}\cdot\mathrm{d}\boldsymbol{l}=H\cdot 2\pi a=NI$$

可得

$$\boldsymbol{H}=\frac{NI}{2\pi a}\boldsymbol{e}_\varphi$$

因 $b\ll a$，则可以近似认为半径为 b 的圆截面上磁场分布均匀，因而螺线管内的磁场能量为

$$W_\mathrm{m}=\int_V w_\mathrm{m}\mathrm{d}V=\frac{1}{2}BH\cdot 2\pi a\cdot\pi b^2=\frac{\mu N^2I^2b^2}{4a}$$

再由 $W_m=\frac{1}{2}L_iI^2$ 可得

$$L_i=\frac{2W_m}{I^2}=\frac{\mu N^2b^2}{2a}$$

习题 3.31 试证明磁路中储存的磁场能量等于 $W_m=\frac{1}{2}\psi_m^2R_m$，其中，$R_m$ 是磁阻。

证明：设闭合磁路是由横截面为 S、长为 l 的铁磁材料围成。磁路内的磁场强度和磁感应强度分别为 $\boldsymbol{H}$，$\boldsymbol{B}$。磁路中的磁场能量公式为

$$W_m=\frac{1}{2}BHV$$

磁通量为

$$\psi_m=BS$$

根据磁阻定义，有

$$R_m=\frac{l}{\mu S}$$

由以上几式可推得

$$W_m=\frac{1}{2}BHV=\frac{1}{2\mu}B^2Sl=\frac{l}{2\mu S}(BS)^2=\frac{1}{2}\psi_m^2R_m$$

得证。

习题 3.32 一环形铁芯螺线管，平均半径为 15cm，其圆形截面的半径为 2cm，铁芯的相对磁导率为 $\mu_r=1400$，环上密绕 1000 匝线圈，通过电流为 0.7A。试计算：

(1) 螺线管的电感；

(2) 在铁芯上垂直于其圆形轴线方向截取一截面为圆形、厚度为 0.1cm 的气隙，再计算电感(假设开口后铁芯的磁导率不变)；

(3) 空气隙和铁芯中磁场能量的比值。

解 (1) 利用习题 3.30 的结论，设 $a=15\text{cm}$，$b=2\text{cm}$，代入公式 $L=\frac{\mu N^2b^2}{2a}$，得

$$L=\frac{\mu_r\mu_0N^2b^2}{2a}=\frac{1400\times4\pi\times10^{-7}\times1000^2\times0.02^2}{2\times0.15}=2.345\text{H}$$

(2) 设铁芯和空气隙中的磁感应强度为 $\boldsymbol{B}$，气隙宽为 $\Delta l=0.1\text{cm}$。由安培环路定律可得

$$\oint_l\boldsymbol{H}\cdot\mathrm{d}\boldsymbol{l}=\frac{B}{\mu}\cdot(2\pi a-\Delta l)+\frac{B}{\mu_0}\Delta l=NI$$

$$B=\frac{\mu\mu_0NI}{\mu_0(2\pi a-\Delta l)+\mu\Delta l}$$

通过的磁通量为

$$\Psi_m=NBS=\frac{\mu\mu_0N^2I\pi b^2}{\mu_0(2\pi a-\Delta l)+\mu\Delta l}$$

自感则为

$$L=\frac{\Psi_m}{I}=\frac{\mu\mu_0N^2\pi b^2}{\mu_0(2\pi a-\Delta l)+\mu\Delta l}=\frac{1400\times4\pi\times10^{-7}\times1000^2\times\pi\times0.02^2}{(2\pi\times0.15-0.001)+1400\times0.001}=0.944\text{H}$$

（3）由 $W_m=\frac{1}{2}\psi_m^2 R_m$ 可求得空气隙和铁芯中磁场能量的比值。其中，铁芯和空气隙中磁阻分别为 $R_m=\frac{2\pi a-\Delta l}{\mu\pi b^2}$，$R_{m0}=\frac{\Delta l}{\mu_0\pi b^2}$。而磁通可视为不变，则

$$\frac{W_{m0}}{W_m}=\frac{\frac{1}{2}\psi_m^2 R_{m0}}{\frac{1}{2}\psi_m^2 R_m}=\frac{R_{m0}}{R_m}=\frac{\mu\Delta l}{\mu_0(2\pi a-\Delta l)}=\frac{1.4}{0.941}=1.488$$

3.7 核心 MATLAB 代码

两个相互平行且共轴的圆线圈，其半径分别为 R_1，R_2，中心间距为 h，如图 3-25 所示。假设线圈的半径远小于中心距离，即 $R_1 \ll h$（或 $R_2 \ll h$），则可以运用诺伊曼公式计算二者之间的互感，并用 MATLAB 进行数值计算。

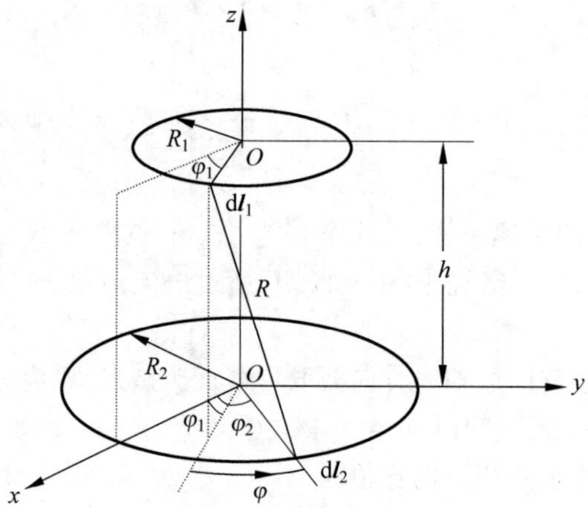

图 3-25 两平行且共轴圆线圈

由诺伊曼公式可得

$$\begin{aligned}M&=\frac{\mu_0}{4\pi}\oint_{l_1}\oint_{l_2}\frac{\mathrm{d}\boldsymbol{l}_1\cdot\mathrm{d}\boldsymbol{l}_2}{R}=\frac{\mu_0}{4\pi}\oint_{l_1}\oint_{l_2}\frac{\mathrm{d}l_1\mathrm{d}l_2\cos\varphi}{R}\\&=\frac{\mu_0}{4\pi}\int_0^{2\pi}\int_0^{2\pi}\frac{R_1R_2\cos(\varphi_2-\varphi_1)\,\mathrm{d}\varphi_1\mathrm{d}\varphi_2}{[R_1^2+R_2^2+h^2-2R_1R_2\cos(\varphi_2-\varphi_1)]^{\frac{1}{2}}}\end{aligned}\tag{3-44}$$

一般情况下，上述积分只能用椭圆积分来表示。但是若 $h\gg R_1$，则可得到如下的近似

$$\begin{aligned}&[R_1^2+R_2^2+h^2-2R_1R_2\cos(\varphi_2-\varphi_1)]^{-\frac{1}{2}}\\&\approx(R_2^2+h^2)^{-\frac{1}{2}}\left(1-\frac{2R_1R_2\cos\varphi}{R_2^2+h^2}\right)^{-\frac{1}{2}}\\&\approx(R_2^2+h^2)^{-\frac{1}{2}}\left(1+\frac{R_1R_2\cos\varphi}{R_2^2+h^2}\right)\end{aligned}$$

于是有

$$M \approx \frac{\mu_0 R_1 R_2}{4\pi\sqrt{R_2^2+h^2}}\int_0^{2\pi}\int_0^{2\pi}\left(1+\frac{R_1R_2\cos(\varphi_2-\varphi_1)}{R_2^2+h^2}\right)\cos(\varphi_2-\varphi_1)\mathrm{d}\varphi_1\mathrm{d}\varphi_2$$
$$=\frac{\mu_0\pi R_1^2R_2^2}{2(R_2^2+h^2)^{\frac{3}{2}}} \tag{3-45}$$

下面的 MATLAB 代码分别利用上面给出的两种方法计算两个圆形、共轴线圈之间的互感，并将它们作对比。为方便起见，将这两种方法分别称为方法 1 和方法 2。具体如下：

```
R1 = 0.99;                                        % 圆环 1 的半径,米
R2 = 1;                                           % 圆环 2 的半径,米
h = 0.5;                                          % 环心距离,米
mu = 4 * pi * 1e - 7;
M = @(phi1,phi2) mu/(4 * pi) * R1 * R2 * cos(phi2 - phi1)./(sqrt(R1^2 + R2^2 + h^2 - 2 * R1 * R2 *
cos(phi2 - phi1)));                               % 定义诺依曼公式推演得到的互感函数
Mind = integral2(M,0,2 * pi,0,2 * pi);            % 做数值积分得到互感值
Mind * 1e6                                        % 转化为微亨显示结果
Mapp = mu * pi * R1^2 * R2^2/2./(h^2 + R2^2)^(3/2); % 近似方法
Mapp * 1e6                                        % 转化为微亨显示结果
```

表 3-3 给出了 R_1 取不同值时，两种方法计算得到的互感值。

表 3-3　三种方式计算得到的互感/自感对照表

R_1,R_2,h	0.1m,1m,1m	0.5m,1m,1m	1m,1m,1m	0.99m,1m,0m
互感/自感(微亨)	互感	互感	互感	自感(外自感)
方法 1：诺依曼公式	0.007μF	0.1618μF	0.4941μF	5.8512μF
方法 2：近似方法	0.007μF	0.1745μF	0.6979μF	1.9346μF
方法 3：纯粹数值方法	0.007μF	0.1618μF	0.4941μF	5.8512μF

从表 3-3 中可以看出，当近似条件满足时，即 $R_1 \ll h$，方法一和方法二得到了相同的结果；随着 R_1 的增大，二者的差别越来越明显，从而验证了方法的正确性。

如果两个圆环的环心距离为零，即二者共面，且 $R_1 \approx R_2$。此时，利用诺依曼公式计算得到的互感，可以近似看作由线径为 $|R_1-R_2|$ 的导线环绕而成的、圆环半径为 R_1(或者 R_2)的圆形线圈所对应的自感(外自感)。读者可以参考图 3-24 加以深入理解。表 3-3 也给出了利用诺依曼公式计算得到的圆形线圈的自感。

如果在编程计算时，将两个圆环离散成长度很小的 N 个小段，然后将诺依曼公式中的积分用求和进行近似，也可以得到互感或自感的计算代码，如下所示。

```
R1 = 0.99;                               % 圆环 1 的半径,米
R2 = 1;                                  % 圆环 2 的半径,米
h = 0.5;                                 % 环心距离,米
N = 2000;                                % 将圆环分成 N 段
mu = 4 * pi * 1e - 7;                    % 真空中的磁导率
theta = linspace(0,2 * pi,N + 1);        % 将圆心角分成 N + 1 份
x1 = R1 * cos(theta);                    % 计算圆环 1 上各节点的 x 坐标值
y1 = R1 * sin(theta);                    % 计算圆环 1 上各节点的 y 坐标值
```

```
dx1 = x1(:,2:N+1) - x1(:,1:N);                          % 圆环 1 上的各个小段对应的 dx1
dy1 = y1(:,2:N+1) - y1(:,1:N);                          % 圆环 1 上的各个小段对应的 dy1
x2 = R2 * cos(theta);                                   % 计算圆环 2 上各节点的 x 坐标值
y2 = R2 * sin(theta);                                   % 计算圆环 2 上各节点的 y 坐标值
dx2 = x2(:,2:N+1) - x2(:,1:N);                          % 圆环 2 上的各个小段对应的 dx1
dy2 = y2(:,2:N+1) - y2(:,1:N);                          % 圆环 2 上的各个小段对应的 dy1
theta = (theta(:,1:N) + theta(:,2:N+1))/2;              % 圆环上各个区间中点的角度
x1 = R1 * cos(theta);                                   % 圆环 1 各小段区间中点的 x 坐标
y1 = R1 * sin(theta);                                   % 圆环 1 各小段区间中点的 y 坐标
x2 = R2 * cos(theta);                                   % 圆环 2 各小段区间中点的 x 坐标
y2 = R2 * sin(theta);                                   % 圆环 2 各小段区间中点的 y 坐标
L = 0;                                                  % 初始化
for i = 1:N
    for j = 1:N
     dl1dl2 = dx1(i) * dx2(j) + dy1(i) * dy2(j);        % dl1 和 dl2 内积计算
     R = sqrt((x1(i) - x2(j))^2 + (y1(i) - y2(j))^2 + h^2);      % dl1 和 dl2 的距离
     L = L + dl1dl2/R;                                  % 求和
    end
end
L = L/4/pi * mu * 1e6                                   % 乘系数,得到电感的数值,微亨
```

可以将这种纯粹数值计算的方法称为方法 3。表 3-3 中也给出了该方法的计算结果。与前面的方法相比，方法三适用的范围更加广泛；经过修改，还可以应用到其他形状的线圈形式，如方形、三角形等；甚至可以工作在线圈不共面的情形。大家可以在理解程序之后，举一反三，加以尝试。

3.8 科技前沿中的典型稳恒电场问题

3.8.1 稳恒电场中的隐形衣

近年来，利用复杂电阻网络模拟非均匀和各向异性电导率的变换光学器件越来越受到人们的关注。也有一些学者提出了一种直接求解电导体内拉普拉斯方程来实现对直流电流场的控制的方法，从而实现稳恒电场领域的电磁隐形。

图 3-26 给出的是一个圆柱体稳恒电场隐形衣的装置示意图。图中半径为 b 的圆柱部分原本放置在稳恒电场 $\boldsymbol{E}_0$ 中。各区域内均满足 $\boldsymbol{J}=\sigma\boldsymbol{E}$，通过外场与导电媒质的相互作用，使得圆柱环外的电场被扰动。因此，只要通过探察外围电场是否会被干扰，就可以判断环境里面是否有金属导体柱存在，或者说，该金属柱有没有被隐形。为此，在金属柱外面套一个内、外半径分别为 b、c 的同心圆环，同样会影响外场分布。但如果合理设计套层的尺寸、电导率的大小，使其在外加匀强电场的作用下，对外部电场没有任何扰动，那就能达到对内部金属柱隐形的目的。

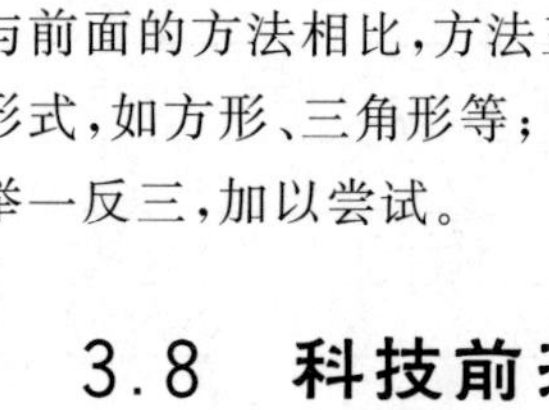

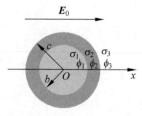

图 3-26 直流电型隐形衣示意图

下面利用圆柱坐标系下的电势的拉普拉斯方程求解来对上述问题进行分析。忽略柱体高度引起的误差，可以认为是一个平面场问题。在稳恒电场中，各区域电势均满足

$$\nabla^2\phi_i=0,\quad i=1,2,3$$

各分界面上的边值关系为

$$\begin{cases}\phi_1\big|_{r=b}=\phi_2\big|_{r=b}, & \sigma_1\dfrac{\partial\phi_1}{\partial r}\bigg|_{r=b}=\sigma_2\dfrac{\partial\phi_2}{\partial r}\bigg|_{r=b}\\ \phi_2\big|_{r=c}=\phi_3\big|_{r=c}, & \sigma_2\dfrac{\partial\phi_2}{\partial r}\bigg|_{r=c}=\sigma_3\dfrac{\partial\phi_3}{\partial r}\bigg|_{r=c}\end{cases}$$

考虑实际情况，$r>c$ 的区域为背景材料，电导率可表示为 σ_b，即有 $\sigma_3=\sigma_b$。本题的求解较简单的方法是运用分离变量法，具体方法可参阅主教材第 4 章(这里直接将结果写出)。由平面极坐标系中拉普拉斯方程的一般解

$$\phi_i=\sum_{m=1}^{\infty}(A_m^{(i)}r^m+B_m^{(i)}r^{-m})(C_m^{(i)}\cos m\varphi+D_m^{(i)}\sin m\varphi)\quad(i=1,2,3)$$

可得各个区域中的电势分布如下

$$\begin{cases}\phi_1=A_1^{(1)}r\cos\varphi\\ \phi_2=\left(A_1^{(2)}r+\dfrac{B_1^{(2)}}{r}\right)\cos\varphi\\ \phi_b=\left(-E_0r+\dfrac{B_1^{(3)}}{r}\right)\cos\varphi\end{cases}\tag{3-46}$$

将各个区域的电势表达式代入，则有

$$\begin{cases}A_1^{(1)}b=A_1^{(2)}b+\dfrac{B_1^{(2)}}{b}\\ A_1^{(2)}c+\dfrac{B_1^{(2)}}{c}=-E_0c+\dfrac{B_1^{(3)}}{c}\\ \sigma_1A_1^{(1)}=\sigma_2\left(A_1^{(2)}-\dfrac{B_1^{(2)}}{b^2}\right)\\ \sigma_2\left(A_1^{(2)}-\dfrac{B_1^{(2)}}{c^2}\right)=\sigma_3\left(-E_0-\dfrac{B_1^{(3)}}{c^2}\right)\end{cases}$$

求解可得 $B_1^{(3)}$ 的表达式为

$$B_1^{(3)}=E_0c^2\frac{\sigma_2(Q_1-Q_2)-\sigma_b(Q_1+Q_2)}{\sigma_2(Q_1-Q_2)+\sigma_b(Q_1+Q_2)}\tag{3-47}$$

其中，
$$Q_1=c^2\left(1+\frac{\sigma_1}{\sigma_2}\right),\quad Q_2=b^2\left(1-\frac{\sigma_1}{\sigma_2}\right)$$

令 $B_1^{(3)}=0$，可换算得隐形环半径关系为

$$c=b\sqrt{\frac{(\sigma_2-\sigma_1)(\sigma_2+\sigma_b)}{(\sigma_2+\sigma_1)(\sigma_2-\sigma_b)}}\tag{3-48}$$

由式(3-48)进行设计包围金属柱的圆柱环，可满足 $B_1^{(3)}$ 恒等于零，这就意味着扰动场始终为零。从而在背景材料中，无论是金属柱附近还是远处，场分布都是均匀的。换句话说，对于该金属柱来讲，对外加电场无干扰，就像整个空间全部都是背景材料，即金属柱被隐形了。

参考文献[34]利用上述原理进行研究，并通过实验加工验证了该方法的可行性。图 3-27 为文献中仿真计算结果与实验结果的对照，从中可见二者吻合得非常好，从而验证了其正确性。

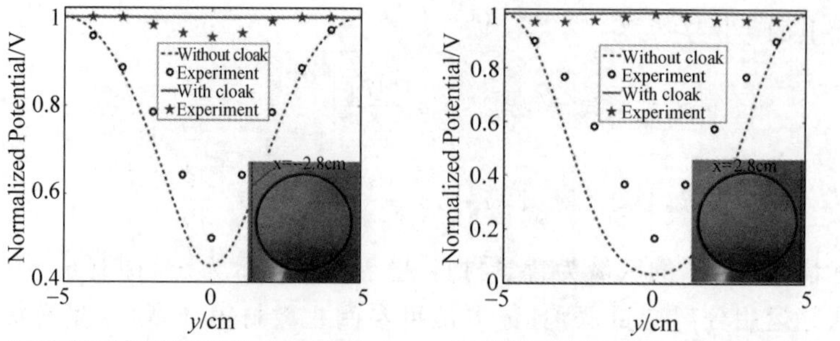

(a) 隐身区域左侧的电势分布示意图　　(b) 隐身区域右侧的电势分布示意图

图 3-27　文献仿真计算结果与实验结果对照[34]

3.8.2 静磁隐形衣

Pendry 等于 2008 年提出了静磁超材料，可以用来实现基于变换光学原理的静磁隐形衣。他们的做法是把超导体和铁氧体的层状结构看成是一种等效的超磁性材料，这种材料的磁导率具有各向异性的特点。2012 年，科学家们已经通过实验证实了静磁隐形衣的可行性。如图 3-28 即为一种二维静磁隐形衣原理图，它是通过两种不同的各向同性磁介质叠层实现静磁隐形效果的，理论基础是磁化相消的原理。

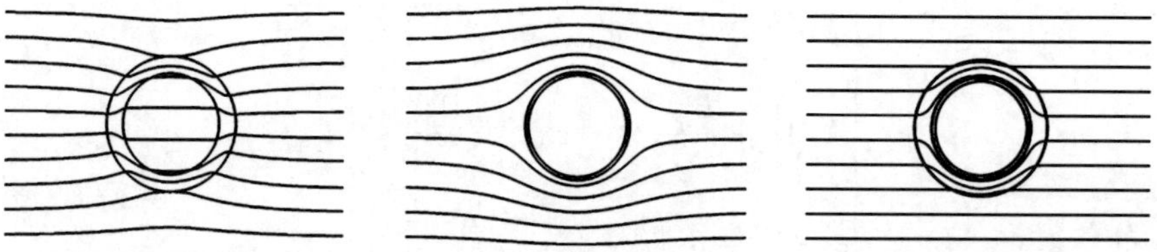

(a) 只有铁磁圆柱套层置于稳恒外磁场H_0的情形　　(b) 只有超导体圆柱套层置于稳恒外磁场H_0的情形　　(c) 超导体和铁磁材料双层柱套置于稳恒外磁场H_0的情形

图 3-28　静磁隐形衣原理图

图 3-28 为该静磁隐形衣的大致工作原理。图 3-28(a)为只有铁磁圆柱套层置于稳恒外磁场 $\boldsymbol{H}_0$ 的情形，铁磁体的磁导率为 $\mu_r=3.54$，周围环境为空气介质。可以看到，柱套内的磁场为均匀场，外侧柱面附近受到的影响最大，磁力线向铁磁柱套方向发生弯曲。图 3-28(b)为只有超导体圆柱套层置于稳恒外磁场 $\boldsymbol{H}_0$ 的情形，超导体的磁导率为 $\mu_r=0$。可以看到，柱套内不存在磁场，这与超导材料具有完全抗磁特性相符合，因而磁场全部分布于柱外，附近的磁场线绕行而过。图 3-28(c)为超导体和铁磁材料双层柱套置于稳恒外磁场 $\boldsymbol{H}_0$ 的情形。其中，铁磁体的磁导率仍为 $\mu_r=3.54$。可以看到，不仅柱内不存在磁场，柱外磁场也不受圆柱套层的影响，即对于柱内的目标实现了完美的隐形效果。理论分析(详见第 4 章的有关例子)可得实现隐形时对铁磁材料磁导率要求满足：$\mu_{r2}=\dfrac{R_2^2+R_1^2}{R_2^2-R_1^2}$。其中，$R_0$，$R_1$ 和 R_2 分别表示由里到外超导体和铁磁体圆环的内外半径，实验中取 $R_0=0.96R_1$，$R_2=1.34R_1$，测量结果与理论基本吻合。有兴趣的同学可以参阅参考文献[19]或者参考本书第 4 章的内容自行推导上述公式。

3.9　著名大学考研真题分析

【考研题 1】（重庆邮电大学 2018 年）计算无限长直导线与矩形线圈之间的互感系数。设线圈与导线平行，周围媒介为真空，如图 3-29 所示。

解　以无限长直导线所在的轴为 z 轴建立圆柱坐标系。设直导线中通有电流 I，方向同 z 轴方向。根据安培环路定理，I 产生的磁感应强度为 $\boldsymbol{B}=\dfrac{\mu_0 I}{2\pi r}\boldsymbol{e}_r$。$I$ 和矩形线圈相交链的互感磁链为

$$\Psi=\oint_S \boldsymbol{B}\cdot \mathrm{d}\boldsymbol{S}=\frac{\mu_0 Ib}{2\pi}\int_d^{d+a}\frac{1}{r}\mathrm{d}r=\frac{\mu_0 Ib}{2\pi}\ln\left(\frac{d+a}{d}\right)$$

则直导线与矩形线圈之间的互感系数为

$$M=\frac{\Psi}{I}=\frac{\mu_0 b}{2\pi}\ln\left(\frac{d+a}{d}\right)$$

【考研题 2】（电子科技大学 2015 年）如图 3-30 所示，$z<0$ 的半空间中填充磁导率为 μ 的均匀磁介质，无限长直导线中载有电流 I_1，附近有一个长和宽分别为 a 和 b 的矩形框。线框与直导线共面，并与直导线相距为 d，其中位于磁介质中的一段的长度为 $t(0<t<b)$。

(1) 求直导线与线框间的互感；

(2) 若矩形线框载有电流 I_2，求矩形线框受到的磁场力。

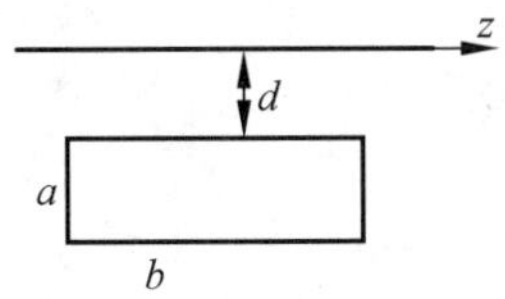

图 3-29　考研题 1 示意图

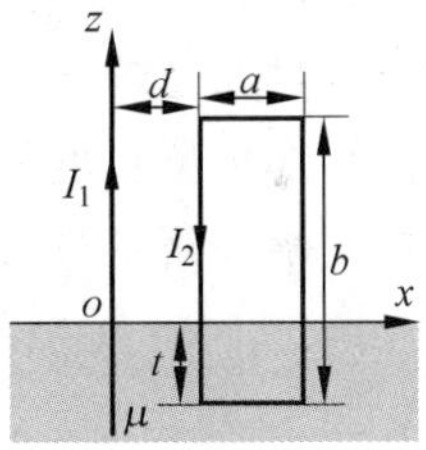

图 3-30　考研题 2 示意图

解　(1) 直导线的电流 I_1 在上下空间中产生的磁感应强度为

$$\boldsymbol{B}_{z>0}=\frac{\mu_0 I}{2\pi x}\boldsymbol{e}_r\quad 和\quad \boldsymbol{B}_{z<0}=\frac{\mu I}{2\pi x}\boldsymbol{e}_r$$

则直导线 I_1 和矩形线框相交链的互感磁链为

$$\Psi_{21}=\oint_S \boldsymbol{B}\cdot \mathrm{d}\boldsymbol{S}=\frac{I_1[\mu t+\mu_0(b-t)]}{2\pi}\int_d^{d+a}\frac{1}{x}\mathrm{d}x=\frac{I_1[\mu t+\mu_0(b-t)]}{2\pi}\ln\left(\frac{d+a}{d}\right)$$

则直导线与线框间的互感系数为

$$M=\frac{\Psi_{21}}{I_1}=\frac{\mu t+\mu_0(b-t)}{2\pi}\ln\left(\frac{d+a}{d}\right)$$

(2) 设矩形线框上通有如图 3-30 所示的电流 I_2。分析可知，线框上下两边(L_2)分别受到负 z 和正 z 方向的磁力，左右两边(L_1)分别受到正 x 方向和负 x 方向的磁力，线框在正 x 方向和正 z 方向所受合力分别为

$$\begin{aligned}
\boldsymbol{F}_x &= \int_{L_1} I_2 \mathrm{d}\boldsymbol{l} \times \boldsymbol{B} \\
&= \frac{\mu_0 I_1 I_2}{2\pi d}(b-t)\boldsymbol{e}_x + \frac{\mu I_1 I_2}{2\pi d} t\boldsymbol{e}_x - \frac{\mu_0 I_1 I_2}{2\pi(d+a)}(b-t)\boldsymbol{e}_x - \frac{\mu I_1 I_2}{2\pi(d+a)} t\boldsymbol{e}_x \\
&= \frac{I_1 I_2}{2\pi}\left(\frac{b-t}{d}\mu_0 + \frac{t}{d}\mu - \frac{b-t}{d+a}\mu_0 - \frac{t}{d+a}\mu\right)\boldsymbol{e}_x \\
&= \frac{I_1 I_2}{2\pi}\,\frac{a}{d(d+a)}\left[(b-t)\mu_0 + t\mu\right]\boldsymbol{e}_x
\end{aligned}$$

$$\begin{aligned}
\boldsymbol{F}_z &= \int_{L_2} I_2 \mathrm{d}\boldsymbol{l} \times \boldsymbol{B} \\
&= \int_d^{d+a} I_2(-\boldsymbol{e}_x) \times \frac{\mu_0 I_1}{2\pi x}\boldsymbol{e}_y \mathrm{d}x + \int_d^{d+a} I_2 \boldsymbol{e}_x \times \frac{\mu I_1}{2\pi x}\boldsymbol{e}_y \mathrm{d}x \\
&= \frac{\mu I_1 I_2}{2\pi}\ln\left(\frac{d+a}{d}\right)\boldsymbol{e}_z - \frac{\mu_0 I_1 I_2}{2\pi}\ln\left(\frac{d+a}{d}\right)\boldsymbol{e}_z \\
&= \frac{(\mu-\mu_0) I_1 I_2}{2\pi}\ln\left(\frac{d+a}{d}\right)\boldsymbol{e}_z
\end{aligned}$$

线框所受合力为 $\boldsymbol{F}=\boldsymbol{F}_x+\boldsymbol{F}_z$。

【考研题 3】 (北京邮电大学 2015 年)某空气填充的同轴传输线沿 z 轴放置，其内导体半径为 a，薄的外导体半径(不计外导体厚度)为 b，导体材料的相对磁导率为 1。假设电流 I 在内导体沿 z 轴方向均匀流过，并通过外导体沿负 z 方向流回。

(1) 计算同轴线内外各区域的磁场强度矢量分布；

(2) 证明两个分界面处($r=a$，$r=b$)的磁场强度满足相关边界条件；

(3) 分析该同轴线单位长度的电感。

解 (1) 根据安培环路定理，磁场强度的矢量分布为

$$\boldsymbol{H}=\begin{cases} \dfrac{Ir}{2\pi a^2}\boldsymbol{e}_\varphi, & r<a \\ \dfrac{I}{2\pi r}\boldsymbol{e}_\varphi, & a<r<b \\ 0, & r>b \end{cases}$$

(2) 在 $r=a$ 处，$\boldsymbol{H}=\dfrac{I}{2\pi a}\boldsymbol{e}_\varphi$，即 $H_{a1\varphi}=H_{a2\varphi}$。由于 $r=a$ 处厚度为 0 的分界界面上没有面电流分布，因此分界面两侧的切向磁场相等。

在 $r=b$ 处，由于不计外导体的厚度，所以电流以面电流的形式分布，其面电流密度为 $\boldsymbol{J}_S=-\dfrac{I}{2\pi b}\boldsymbol{e}_z$。在 $r=b$ 的分界面两侧的磁场强度分别为

$$\boldsymbol{H}_{b1\varphi}=\frac{I}{2\pi b}\boldsymbol{e}_\varphi,\ \boldsymbol{H}_{b2\varphi}=0,\quad 即\ H_{b1\varphi}-H_{b2\varphi}=J_S=\frac{I}{2\pi b}$$

即证明了：在分界面上有表面电流分布时，分界面两侧的切向磁场不连续，其改变量为表面电流密度的大小。

(3) 穿过单位长度的同轴线的磁通为

$$\mathrm{d}\Psi=\boldsymbol{B}\cdot\mathrm{d}\boldsymbol{S}=\begin{cases}\dfrac{\mu_0 Ir}{2\pi a^2}\mathrm{d}r, & r<a\\ \dfrac{\mu I}{2\pi r}\mathrm{d}r, & a<r<b\end{cases}$$

在 $r\leqslant a$ 的区域,交链的电流为 $I'=\dfrac{Ir^2}{a^2}$,在 r 处穿过单位长度的磁链微元为

$$\mathrm{d}\Psi=\frac{\mu_0 Ir^3}{2\pi a^4}\mathrm{d}r$$

则穿过单位长度内导体的磁链为

$$\Psi_0=\int_0^a\frac{\mu_0 Ir^3}{2\pi a^4}\mathrm{d}r=\frac{\mu_0 I}{8\pi}$$

在 $r>a$ 的区域,交链的电流为 I,故单位长度的磁链为

$$\Psi_1=\int_a^b\frac{\mu I}{2\pi r}\mathrm{d}r=\frac{\mu I}{2\pi}\ln\left(\frac{b}{a}\right)$$

根据 $\Psi=\Psi_1+\Psi_2=LI$,求得同轴线单位长度的电感为

$$L=\frac{\Psi}{I}=\frac{\mu_0}{8\pi}+\frac{\mu}{2\pi}\ln\left(\frac{b}{a}\right)$$

【考研题 4】 (电子科技大学 2016 年)如图 3-31 所示,无限长直导线圆柱由电导率不同的两层导体构成,内层导体的半径为 $a_1=a$,电导率 $\sigma_1=2\sigma_0$;外层导体的外半径 $a_2=2a$,电导率 $\sigma_2=\sigma_0$。圆柱导体中流过的电流为 I,试求圆柱导体中的电场强度 $\boldsymbol{E}$ 和磁场强度 $\boldsymbol{H}$。

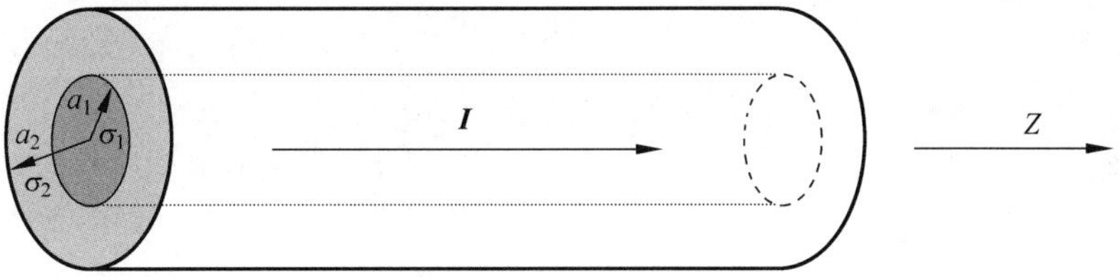

图 3-31　考研题 4 示意图

解　设内、外导体中的体电流密度分别为 $\boldsymbol{J}_1$ 和 $\boldsymbol{J}_2$,则内、外导体中的电场强度分别为

$$\boldsymbol{E}_1=\frac{\boldsymbol{J}_1}{\sigma_1},\quad \boldsymbol{E}_2=\frac{\boldsymbol{J}_2}{\sigma_2}$$

根据边界条件,在内外导体分界面处的电场切向量连续,而各个导体中的电场处处相等,即有 $\boldsymbol{E}_1=\boldsymbol{E}_2=\boldsymbol{E}=E\boldsymbol{e}_z$。则

$$I=\pi a_1^2 J_1+\pi(a_2^2-a_1^2)J_1=\pi a_1^2\sigma_1 E_1+\pi(a_2^2-a_1^2)\sigma_2 E_2=E\pi[a_1^2\sigma_1+(a_2^2-a_1^2)\sigma_2]$$

$$\boldsymbol{E}_1=\boldsymbol{E}_2=\boldsymbol{E}=\frac{I}{\pi[a_1^2\sigma_1+(a_2^2-a_1^2)\sigma_2]}\boldsymbol{e}_z=\frac{I}{5\pi a^2\sigma_0}\boldsymbol{e}_z$$

$$\boldsymbol{J}_1=\sigma_1\boldsymbol{E}_1=2\sigma_0\boldsymbol{E}=2\sigma_0\frac{I}{5\pi a^2\sigma_0}\boldsymbol{e}_z=\frac{2I}{5\pi a^2}\boldsymbol{e}_z$$

$$\boldsymbol{J}_2=\sigma_2\boldsymbol{E}_2=\sigma_0\boldsymbol{E}=\sigma_0\frac{I}{5\pi a^2\sigma_0}\boldsymbol{e}_z=\frac{I}{5\pi a^2}\boldsymbol{e}_z$$

根据安培环路定理，当 $r<a_1$ 时，有

$$2\pi rH_1=\pi r^2J_1;\quad \boldsymbol{H}_1=\frac{rJ_1}{2}\boldsymbol{e}_\varphi=\frac{I}{5\pi a^2}r\boldsymbol{e}_\varphi$$

当 $a_1<r<a_2$ 时，有

$$2\pi rH_2=\pi a^2J_1+\pi(r^2-a^2)J_2=\frac{I}{5}\left(1+\frac{r^2}{a^2}\right)$$

$$\boldsymbol{H}_2=\frac{\frac{I}{5}\left(1+\frac{r^2}{a^2}\right)}{2\pi r}\boldsymbol{e}_\varphi=\frac{I}{10\pi r}\left(1+\frac{r^2}{a^2}\right)\boldsymbol{e}_\varphi$$

当 $r>a_2$ 时，有

$$2\pi rH_3=I,\quad \boldsymbol{H}_3=\frac{I}{2\pi r}\boldsymbol{e}_\varphi$$

【考研题 5】（北京邮电大学 2013 年）如图 3-32 所示，在 r_0 处有一沿 z 轴方向流动的无限长均匀电流丝，求该电流丝产生的磁矢位和电磁场。

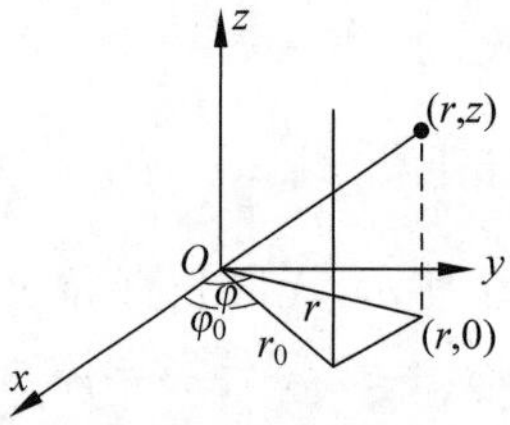

(a) 三维空间示意图

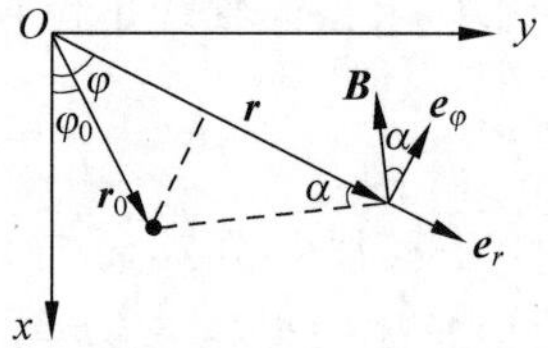

(b) 俯视图

图 3-32　考研题 5 示意图

解　建立圆柱坐标系，设电流丝的电流大小为 I，沿正 z 方向流动。由图 3-32 可知，观察点到电流丝的垂直距离为 $r'=|\boldsymbol{r}-\boldsymbol{r}_0|$。取源点为$(r_0,z')$，则电流丝在场点$(r,z)$处产生的磁矢位为

$$A_z=\frac{\mu_0I}{4\pi}\int_{-\infty}^{\infty}\frac{\mathrm{d}z'}{\sqrt{r'^2+(z-z')^2}}=\frac{\mu_0I}{2\pi}\ln\frac{a}{r'}$$

式中，a 为磁矢势零点参考距离。

即
$$\boldsymbol{A}=\frac{\mu_0I}{2\pi}\ln\frac{a}{|\boldsymbol{r}-\boldsymbol{r}_0|}\boldsymbol{e}_z$$

无限长均匀电流线产生的磁场为

$$\boldsymbol{B}=\nabla\times\boldsymbol{A}=\frac{\mu_0I}{2\pi}\nabla\times\ln\frac{a}{|\boldsymbol{r}-\boldsymbol{r}_0|}\boldsymbol{e}_z=\frac{\mu_0I}{2\pi}\begin{vmatrix}\frac{\boldsymbol{e}_r}{r} & \boldsymbol{e}_\varphi & \frac{\boldsymbol{e}_z}{r}\\ \frac{\partial}{\partial r} & \frac{\partial}{\partial\varphi} & \frac{\partial}{\partial z}\\ 0 & 0 & \ln\frac{a}{|\boldsymbol{r}-\boldsymbol{r}_0|}\end{vmatrix}$$

$$=\frac{\mu_0I}{2\pi r}\frac{\partial}{\partial\varphi}\left(\ln\frac{a}{|\boldsymbol{r}-\boldsymbol{r}_0|}\right)\boldsymbol{e}_r-\frac{\mu_0I}{2\pi}\frac{\partial}{\partial r}\left(\ln\frac{a}{|\boldsymbol{r}-\boldsymbol{r}_0|}\right)\boldsymbol{e}_\varphi$$

$$=-\frac{\mu_0 I}{4\pi r}\frac{\partial}{\partial\varphi}\{\ln[r^2+r_0^2-2rr_0\cos(\varphi-\varphi_0)]\}\boldsymbol{e}_r+$$

$$\frac{\mu_0 I}{4\pi}\frac{\partial}{\partial r}\{\ln[r^2+r_0^2-2rr_0\cos(\varphi-\varphi_0)]\}\boldsymbol{e}_\varphi$$

$$=-\frac{\mu_0 I}{2\pi}\frac{r_0\sin(\varphi-\varphi_0)}{r^2+r_0^2-2rr_0\cos(\varphi-\varphi_0)}\boldsymbol{e}_r+\frac{\mu_0 I}{2\pi}\frac{r-r_0\cos(\varphi-\varphi_0)}{r^2+r_0^2-2rr_0\cos(\varphi-\varphi_0)}\boldsymbol{e}_\varphi$$

$$=\frac{\mu_0 I}{2\pi[r^2+r_0^2-2rr_0\cos(\varphi-\varphi_0)]}[-r_0\sin(\varphi-\varphi_0)\boldsymbol{e}_r+(r-r_0\cos(\varphi-\varphi_0))\boldsymbol{e}_\varphi]$$

利用安培环路定律，可知无限长载流直导线在周围产生的磁感应强度为

$$\boldsymbol{B}=\frac{\mu_0 I}{2\pi|\boldsymbol{r}-\boldsymbol{r}_0|}\boldsymbol{e}_{\varphi'}$$

其中，$\boldsymbol{e}_{\varphi'}$是以电流丝为轴的角向单位矢量。利用矢量分解，将该单位矢量分解到观察点(场点)处的基矢上，即$\boldsymbol{e}_r$、$\boldsymbol{e}_\varphi$，也可以得到磁感应强度的表达式，参见图3-32(b)。容易得到

$$\boldsymbol{e}_{\varphi'}=-\sin\alpha\boldsymbol{e}_r+\cos\alpha\boldsymbol{e}_\varphi$$

$$=\frac{1}{|\boldsymbol{r}-\boldsymbol{r}_0|}\{-r_0\sin(\varphi-\varphi_0)\boldsymbol{e}_r+[r-r_0\cos(\varphi-\varphi_0)]\boldsymbol{e}_\varphi\}$$

$$=\frac{1}{\sqrt{r^2+r_0^2-2rr_0\cos(\varphi-\varphi_0)}}\{-r_0\sin(\varphi-\varphi_0)\boldsymbol{e}_r+[r-r_0\cos(\varphi-\varphi_0)]\boldsymbol{e}_\varphi\}$$

代入上式，即可发现两种方法结果一致。

【考研题6】 (北京邮电大学2012年)一根无限长直导线与半径为a的圆环共面，圆环圆心到直导线的距离为$d(d\gg a)$，如图3-33所示。求直导线与圆环之间的互感。

解　方法1：考虑小环载有电流I，因为$d\gg a$，所以半径为a的载流圆环可以等效为一个磁偶极子。如图3-33建立坐标系。设小环载有电流I，则磁偶极子的磁矢势为

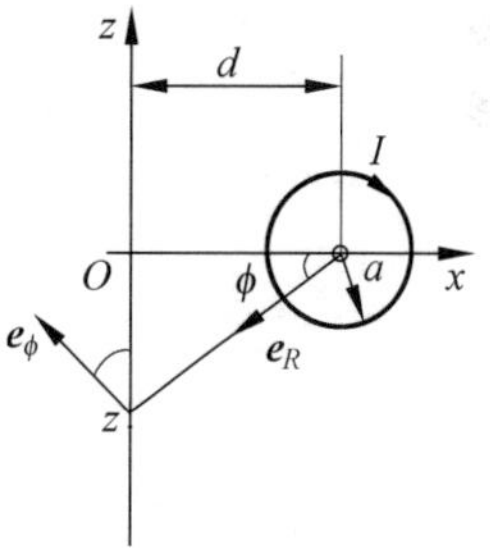

图3-33　考研题6示意图

$$\boldsymbol{A}=\frac{\mu_0}{4\pi R^2}\boldsymbol{m}\times\boldsymbol{e}_R=\frac{\mu_0}{4\pi R^2}I\pi a^2\boldsymbol{e}_y\times\boldsymbol{e}_R=\frac{\mu_0 Ia^2}{4R^2}\boldsymbol{e}_\phi$$

其中$R^2=d^2+z^2$，则

$$\boldsymbol{A}=\frac{\mu_0 Ia^2}{4(d^2+z^2)}\boldsymbol{e}_\phi$$

载流圆环产生的磁矢势在长直导线回路产生的磁通为

$$\psi=\oint_l\boldsymbol{A}\cdot d\boldsymbol{l}=\int_{-\infty}^{+\infty}A_z\,dz=\int_{-\infty}^{+\infty}A_\phi\cos\phi\,dz$$

$$=2\int_0^{+\infty}\frac{\mu_0 Ia^2}{4(d^2+z^2)}\frac{d}{\sqrt{d^2+z^2}}dz$$

$$=\frac{\mu_0 dIa^2}{2}\frac{z}{d^2\sqrt{d^2+z^2}}\Bigg|_0^{\infty}$$

$$=\frac{\mu_0 Ia^2}{2d}$$

直导线与圆环之间的互感为

$$M=\frac{\Psi}{I}=\frac{\mu_0 a^2}{2d}$$

方法 2：以直导线为 z 轴建立柱坐标系，考虑该直导线载有电流 I，其在小环圆心处产生的磁感应强度为

$$\boldsymbol{B}=\frac{\mu_0 I}{2\pi d}\boldsymbol{e}_\varphi$$

因为 $d\gg a$，所以可以认为小环处于均匀磁场中，于是，穿过小环的磁通量为

$$\psi=\boldsymbol{B}\cdot\boldsymbol{S}=\frac{\mu_0 I}{2\pi d}\pi a^2=\frac{\mu_0 I}{2d}a^2$$

所以，对应的互感为

$$M=\frac{\Psi}{I}=\frac{\mu_0 a^2}{2d}$$

第 4 章

CHAPTER 4

静态场边值问题的解法

静态场的解法是电磁场与电磁波的重要内容之一，为后续时变电磁场的求解和分析打下了坚实基础。本章主要包括边值问题及其分类、唯一性定理、镜像法、分离变量法和保角变换法等。要求同学们熟悉各种解法的原理，熟练掌握分离变量法。在内容安排上，首先归纳并总结了本章的主要知识点、重点和难点，然后详细求解了一些典型例题，对主教材课后习题进行了分析，并给出了教材相关 MATLAB 编程代码以及所涉及的科技前沿知识等，最后列举有代表性的往年考研试题并进行详解。本章是大学生开展科研的重要内容。

4.1 静态场边值问题思维导图

本章的核心内容是边值问题及其解法。利用思维导图勾勒出静电场边值问题解法各部分内容之间的逻辑关系，如图 4-1 所示。首先提出边值问题的定义及其分类；在此基础上，从数学上论证了唯一性定理，从而为镜像法打下了理论基础；镜像法求解的重点在于导体和介质边界，包括平面边界、柱面边界和球面边界等，两个介质之间的平面边界和磁介质之间的边界则作为扩充内容供大家参考；分离变量法是边值问题求解的重要算法，分为直角

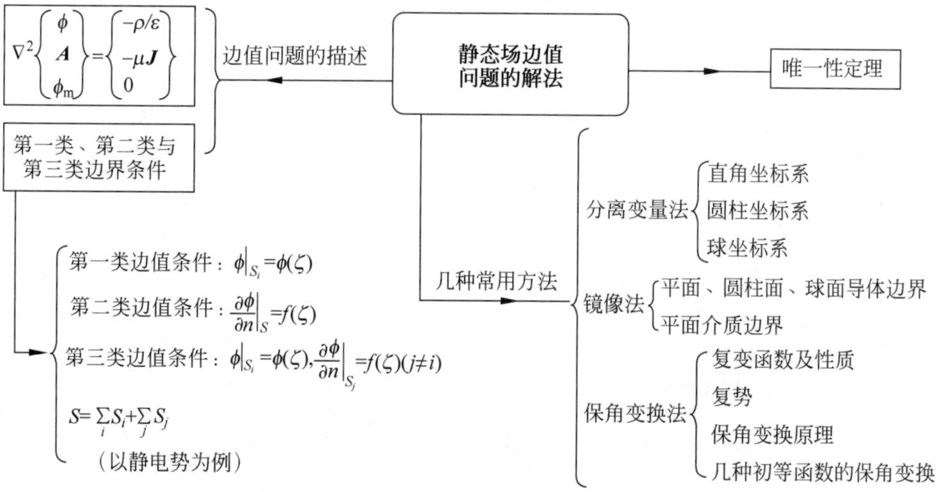

图 4-1　静态场边值问题的思维导图

坐标系、圆柱坐标系和球坐标系。其中，直角坐标系是核心和基础；圆柱坐标系下分离变量的情况最为复杂。为便于记忆拉普拉斯方程在圆柱坐标系下的本征解的形式，提出了“现觅领队，山区植被”的顺口溜，供同学们记忆使用。除此之外，保角变换法也是二维静态场问题求解的经典解法。

4.2 知识点归纳

静态场边值问题解法所涉及的知识点有：

边值问题及其分类；唯一性定理；导体和介质边界的镜像法；直角坐标系、圆柱坐标系和球坐标系下的分离变量法；保角变换法等。

4.3 主要内容及公式

本章主要内容可以简述如下。

4.3.1 边值问题及其分类

一般情况下，电磁场问题可以归结为如下的定解问题。

$$\text{定解问题}\begin{cases}\text{泛定方程(物理规律、共性、普遍性)}\\ \text{定解条件(个性)}\begin{cases}\text{边界条件(环境因素)}\\ \text{初始条件(历史因素)}\end{cases}\end{cases}$$

当考虑静态场问题时，由于场分布与时间无关，因此可以将定解问题去除初始条件而转换为边值问题。

$$\text{边值问题}\begin{cases}\text{泛定方程(泊松方程、拉普拉斯方程)}\\ \text{边界条件(第一、第二、第三类边界条件)}\end{cases}$$

以最常见的拉普拉斯方程为例，边值问题可以分为如下三类。

狄利克雷问题

$$\begin{cases}\nabla^2\phi=0\\ \phi\,|_S=f(\zeta)\end{cases} \tag{4-1}$$

诺依曼问题

$$\begin{cases}\nabla^2\phi=0\\ \left.\dfrac{\partial\phi}{\partial n}\right|_S=f(\zeta)\end{cases} \tag{4-2}$$

鲁宾问题

$$\begin{cases}\nabla^2\phi=0\\ \phi\,|_{S_i}=\phi(\zeta),\quad \left.\dfrac{\partial\phi}{\partial n}\right|_{S_j}=f(\zeta)\quad (i\neq j)\end{cases} \tag{4-3}$$

式中，S 代表所研究区域的边界；ζ 是边界上的点。

唯一性定理表明，对于上述边值问题，当解存在时，它一定是唯一的。

4.3.2 镜像法

镜像法是边值问题的一种解析解法，其理论根据是唯一性定理；其实质是用场源的镜像代替边界上感应或束缚电荷(或感应或磁化电流)的作用，由场源及其镜像共同确定原待求区域中的场。镜像法的关键是由边界条件确定镜像的个数、大小及其位置，将其列入表 4-1 中。

表 4-1 不同媒质间具有平面或圆形边界时镜像的个数、大小及其位置

媒质		导体与介质			电介质间
边界面		平　面	圆柱面	球　面	平　面
媒质 1 中的场	场源	Q	ρ_l	Q	Q
	镜像	$Q'=-Q$	$\rho_l'=-\rho_l$	$Q'=-\frac{a}{d}Q$	$Q'=\frac{\varepsilon_1-\varepsilon_2}{\varepsilon_1+\varepsilon_2}Q$
	镜像位置	对称	$d'=\frac{a^2}{d}$	$d'=\frac{a^2}{d}$	对称
媒质 2 中的场	镜像				$Q''=\frac{2\varepsilon_2}{\varepsilon_1+\varepsilon_2}Q$
	镜像位置				原场源处

4.3.3 分离变量法

分离变量法是普遍采用的求解拉普拉斯方程的重要的直接解法。根据给定的边界形状，来选择适当的坐标系。拉普拉斯方程解的具体形式取决于边界条件。

在直角坐标系下，四种典型本征值问题的本征值及本征函数如表 4-2 所示。

表 4-2 不同齐次边界条件下本征值问题的解

x 方向边界条件	本征值	本征函数	备注
$\phi\|_{x=0}=0,\phi\|_{x=a}=0$ $X(0)=X(a)=0$	$k_{xn}=\frac{n\pi}{a}$	$\sin\left(\frac{n\pi}{a}x\right)$	$n=1,2\cdots$
$\left.\frac{\partial\phi}{\partial n}\right\|_{x=0}=0,\left.\frac{\partial\phi}{\partial n}\right\|_{x=a}=0$ $X'(0)=X'(a)=0$	$k_{xn}=\frac{n\pi}{a}$	$\cos\left(\frac{n\pi}{a}x\right)$	$n=0,1,2\cdots$
$\left.\frac{\partial\phi}{\partial n}\right\|_{x=0}=0,\phi\|_{x=a}=0$ $X'(0)=X(a)=0$	$k_{xn}=\frac{(2n+1)\pi}{2a}$	$\cos\left[\frac{(2n+1)\pi}{2a}x\right]$	$n=0,1,2\cdots$
$\phi\|_{x=0}=0,\left.\frac{\partial\phi}{\partial n}\right\|_{x=a}=0$ $X(0)=X'(a)=0$	$k_{xn}=\frac{(2n+1)\pi}{2a}$	$\sin\left[\frac{(2n+1)\pi}{2a}x\right]$	$n=0,1,2\cdots$

在圆柱坐标系下，分离变量的结果如表 4-3 所示。

表 4-3 柱坐标系下分离变量的情况总结

<table>
<tr><th>边界条件</th><th>径向函数</th><th>角向函数</th><th>z 向函数</th><th>备注</th></tr>
<tr><td rowspan="2">平行平面场
(解与 z 无关)</td><td>$\begin{Bmatrix} r^n \\ r^{-n} \end{Bmatrix}_{n\neq 0}$ $\begin{Bmatrix} 1 \\ \ln r \end{Bmatrix}_{n=0}$
柱内情况，无对数函数和负次幂函数</td><td>$\begin{Bmatrix} \sin n\varphi \\ \cos n\varphi \end{Bmatrix}$</td><td>常数</td><td>n 为零时，对应轴对称的情况</td></tr>
<tr><td colspan="3">$\phi(r,\varphi,z)=$
$\sum_{n=1}^{\infty}(A_{1n}r^n+A_{2n}r^{-n})(B_{1n}\sin n\varphi+B_{2n}\cos n\varphi)(C_1z+C_2)+$
$(A_{10}\ln r+A_{20})(C_1z+C_2)$</td><td>一般情况下，$C_1=0$</td></tr>
<tr><td rowspan="2">$\phi\|_{r=a}=0$
或
$\left.\frac{\partial\phi}{\partial r}\right|_{r=a}=0$</td><td>$\begin{Bmatrix} J_n(\gamma r) \\ N_n(\gamma r) \end{Bmatrix}$
柱内情况，
无诺依曼函数</td><td>$\begin{Bmatrix} \sin n\varphi \\ \cos n\varphi \end{Bmatrix}$</td><td>$\begin{Bmatrix} e^{\gamma z} \\ e^{-\gamma z} \end{Bmatrix}$ 或 $\begin{Bmatrix} \sinh\gamma z \\ \cosh\gamma z \end{Bmatrix}$
z 向无界：指数函数；
z 向有界：双曲函数</td><td>$\gamma=\frac{x_i^{(n)}}{a}$，$x_i^{(n)}$ 表示 n 阶贝塞尔函数(或其导数)的第 i 个根</td></tr>
<tr><td colspan="3">$\phi(r,\varphi,z)=$
$\sum_{n=0}^{\infty}[A_{1n}J_n(\gamma r)+A_{2n}N_n(\gamma r)](B_{1n}\sin n\varphi+B_{2n}\cos n\varphi)\times$
$(C_{1n}\sinh\gamma z+C_{2n}\cosh\gamma z)$</td><td></td></tr>
<tr><td rowspan="2">$\phi\|_{z=0}=0$
$\phi\|_{z=h}=0$</td><td>$\begin{Bmatrix} I_n(k_z r) \\ K_n(k_z r) \end{Bmatrix}$</td><td>$\begin{Bmatrix} \sin n\varphi \\ \cos n\varphi \end{Bmatrix}$</td><td>$\sin\frac{m\pi}{h}z$</td><td>$k_z=\frac{m\pi}{h}$
$(m=1,2,\cdots)$</td></tr>
<tr><td colspan="3">$\phi(r,\varphi,z)=$
$\sum_{m=1}^{\infty}\sum_{n=0}^{\infty}[A_{1n}I_n(k_z r)+A_{2n}K_n(k_z r)](B_{1n}\sin n\varphi+$
$B_{2n}\cos n\varphi)\times\sin k_z z$</td><td></td></tr>
<tr><td rowspan="2">$\left.\frac{\partial\phi}{\partial z}\right|_{z=0}=0$
$\left.\frac{\partial\phi}{\partial z}\right|_{z=h}=0$</td><td>$\begin{Bmatrix} I_n(k_z r) \\ K_n(k_z r) \end{Bmatrix}$</td><td>$\begin{Bmatrix} \sin n\varphi \\ \cos n\varphi \end{Bmatrix}$</td><td>$\cos\frac{m\pi}{h}z$</td><td>$k_z=\frac{m\pi}{h}$
$(m=0,1,2,\cdots)$</td></tr>
<tr><td colspan="3">$\phi(r,\varphi,z)=$
$\sum_{m=0}^{\infty}\sum_{n=0}^{\infty}[A_{1n}I_n(k_z r)+A_{2n}K_n(k_z r)](B_{1n}\sin n\varphi+$
$B_{2n}\cos n\varphi)\times\cos k_z z$</td><td></td></tr>
<tr><td rowspan="2">$\left.\phi\right|_{z=0}=0$
$\left.\frac{\partial\phi}{\partial z}\right|_{z=h}=0$</td><td>$\begin{Bmatrix} I_n(k_z r) \\ K_n(k_z r) \end{Bmatrix}$</td><td>$\begin{Bmatrix} \sin n\varphi \\ \cos n\varphi \end{Bmatrix}$</td><td>$\sin\frac{(2m+1)\pi}{2h}z$</td><td>$k_z=\frac{(2m+1)\pi}{2h}$
$(m=0,1,\cdots)$</td></tr>
<tr><td colspan="3">$\phi(r,\varphi,z)=$
$\sum_{m=0}^{\infty}\sum_{n=0}^{\infty}[A_{1n}I_n(k_z r)+A_{2n}K_n(k_z r)](B_{1n}\sin n\varphi+$
$B_{2n}\cos n\varphi)\times\sin k_z z$</td><td></td></tr>
<tr><td rowspan="2">$\left.\frac{\partial\phi}{\partial z}\right|_{z=0}=0$
$\left.\phi\right|_{z=h}=0$</td><td>$\begin{Bmatrix} I_n(k_z r) \\ K_n(k_z r) \end{Bmatrix}$</td><td>$\begin{Bmatrix} \sin n\varphi \\ \cos n\varphi \end{Bmatrix}$</td><td>$\cos\frac{(2m+1)\pi}{2h}z$</td><td>$k_z=\frac{(2m+1)\pi}{2h}$
$(m=0,1,\cdots)$</td></tr>
<tr><td colspan="3">$\phi(r,\varphi,z)=$
$\sum_{m=0}^{\infty}\sum_{n=0}^{\infty}[A_{1n}I_n(k_z r)+A_{2n}K_n(k_z r)](B_{1n}\sin n\varphi+$
$B_{2n}\cos n\varphi)\times\cos k_z z$</td><td></td></tr>
</table>

三种坐标系下，分离变量的解的形式汇总如表 4-4 所示。

表 4-4 在三种常用坐标系内用分离变量法所得的拉普拉斯方程的解

坐标系	分离常数	拉普拉斯方程的解
直角坐标系	$k_x^2=0$（k_x 为零） $k_x^2>0$（k_x 为实数） $k_x^2<0$（k_x 为虚数）	$X(x)=A_1x+A_2$ $X(x)=A_1\sin k_x x+A_2\cos k_x x$ $X(x)=A_1'e^{\lvert k_x\rvert x}+A_2'e^{-\lvert k_x\rvert x}=A_1\sinh\lvert k_x\rvert x+A_2\cosh\lvert k_x\rvert x$ $\phi(x,y,z)=\sum X(x)Y(y)Z(z)$ 其中，$Y(y)$，$Z(z)$根据边界条件取与 $X(x)$类似的三种形式的解之一
圆柱坐标系	$k_z^2=0$ （包含二维场特例） $k_z^2<0$（k_z 为虚数） （$\gamma=\lvert k_z\rvert$为实数） $k_z^2>0$（k_z 为实数）	$\phi(r,\varphi)=\left[\sum_{n=1}^{\infty}(A_{1n}r^n+A_{2n}r^{-n})(B_{1n}\sin n\varphi+B_{2n}\cos n\varphi)+A_{10}\ln r+A_{20}\right](C_1z+C_2)$ $\phi(r,\varphi,z)=\sum_{n=1}^{\infty}[A_{1n}J_n(\gamma r)+A_{2n}N_n(\gamma r)]\times(B_{1n}\sin n\varphi+B_{2n}\cos n\varphi)(C_{1n}\sinh\gamma z+C_{2n}\cosh\gamma z)$ $\phi(r,\varphi,z)=\sum_{n=1}^{\infty}[A_{1n}I_n(k_zr)+A_{2n}K_n(k_zr)]\times(B_{1n}\sin n\varphi+B_{2n}\cos n\varphi)(C_{1n}\sin k_z z+C_{2n}\cos k_z z)$
球坐标系	$m^2=0$（二维场） $m^2\neq0$（三维场）	$\phi(r,\varphi)=\sum_{n=0}^{\infty}(A_nr^n+B_nr^{-(n+1)})P_n(\cos\theta)$ $\phi(r,\varphi)=\sum_{n=0}^{\infty}\sum_{m=0}^{n}(A_nr^n+B_nr^{-(n+1)})\times P_n^m(\cos\theta)(C_m\sin m\varphi+D_m\cos m\varphi)$

4.3.4 解析函数和保角变换法

解析函数具有调和性、正交性和保角性，且满足柯西-黎曼条件。已知解析函数 $w=f(z)=u(x,y)+\mathrm{j}v(x,y)$，则

调和性
$$\nabla_T^2 u=0,\quad \nabla_T^2 v=0$$

式中，$\nabla_T^2=\frac{\partial^2}{\partial x^2}+\frac{\partial^2}{\partial y^2}$是二维或横向拉普拉斯算子，T 表示 transverse。

正交性

$$\nabla_T u\cdot\nabla_T v=0 \tag{4-4}$$

这说明解析函数的实部函数 u 和虚部函数 v 的梯度处处正交。由于梯度与等值线互相垂直，因此 u 和 v 均为常数的两族曲线也处处相互垂直。

保角性

指 z 平面上的任意两条相交曲线通过解析函数映射到 w 平面之后，二者对应的夹角保持不变（导数不为零的点）。

柯西-黎曼条件

$$\begin{cases}\dfrac{\partial u}{\partial x}=\dfrac{\partial v}{\partial y}\\ \dfrac{\partial v}{\partial x}=-\dfrac{\partial u}{\partial y}\end{cases} \tag{4-5}$$

可以借用解析函数来求解无源的二维拉普拉斯方程，这就是保角变换的方法。借助保角变换，可把一个给定的、其场域几何特征较复杂的二维场问题变换为一个场域几何特征较简单的二维场问题，从而简化计算。

具体应用保角变换时，可以分为三个步骤：①根据实际情况选择合适的解析函数，并得到变量之间的关系；②在 w 平面上进行问题求解，得到 w 平面上的势函数分布；③将变量从 (u,v) 再替换到原始变量 (x,y)，即可得到 z 平面上的势函数分布。

在利用保角变换实现 z 平面到 w 平面映射的过程中，有"五变"和"五不变"。"五变"指的是：边界形状发生变化；导数为零处，角度发生变化；源的强度（电荷密度）发生变化；映射过程中长度发生变化（导数的模值）；电场强度发生变化。"五不变"是指：方程形式不变；导数非零处两线夹角不变；对应点的电势不变；总电量不变；电容不变（z 平面上两个导体之间的电容因为电势、电量不变，所以对应到 w 平面上，电容大小不变）。

4.4 重点与难点分析

4.4.1 双曲函数的定义及性质

对于直角坐标系下分离变量法求解，在选择函数类型时，会出现双曲函数，其形式和性质与三角函数有些类似，在此做简单介绍。

$$\sinh x=\frac{e^{x}-e^{-x}}{2}\text{（双曲正弦）};\quad \cosh x=\frac{e^{x}+e^{-x}}{2}\text{（双曲余弦）} \tag{4-6}$$

根据双曲函数的定义，容易发现它们的奇偶性

$$\sinh(-x)=\frac{e^{-x}-e^{x}}{2}=-\sinh x\text{（奇函数）} \tag{4-7}$$

$$\cosh(-x)=\frac{e^{-x}+e^{x}}{2}=\cosh x\text{（偶函数）} \tag{4-8}$$

$$\sinh' x=\frac{e^{x}+e^{-x}}{2}=\cosh x;\ \cosh' x=\frac{e^{x}-e^{-x}}{2}=\sinh x \tag{4-9}$$ [①]

根据定义，反双曲函数可以表示为

$$\sinh^{-1}(x)=\ln(x+\sqrt{x^2+1})\text{（反双曲正弦）};\quad \cosh^{-1}(x)=\ln(x+\sqrt{x^2-1})\text{（反双曲余弦）}$$

图 4-2 给出了双曲正弦和双曲余弦的曲线，在解决问题时特别有用。类似地，还可以定义双曲正切和双曲余切函数等，不再做过多赘述。大家可以根据定义自行分析。如

$$\tanh x=\frac{\sinh x}{\cosh x}=\frac{e^{x}-e^{-x}}{e^{x}+e^{-x}}\text{（双曲正切）};\quad \coth x=\frac{\cosh x}{\sinh x}=\frac{e^{x}+e^{-x}}{e^{x}-e^{-x}}\text{（双曲余割）。} \tag{4-10}$$

---

① 式(4-9)中 $\sinh' x$，$\cosh' x$ 表示对 $\sinh x$，$\cosh x$ 求一阶导数。

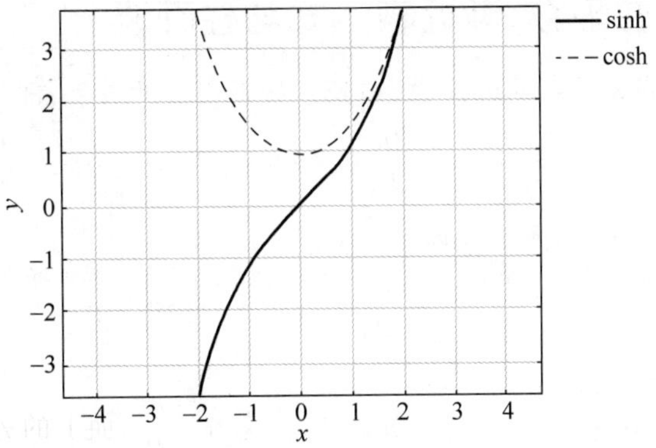

图 4-2　双曲正弦和双曲余弦函数的图像

图 4-3 给出的是双曲正切函数的曲线，此函数在人工智能领域具有很高的知名度，请大家留有深刻印象。

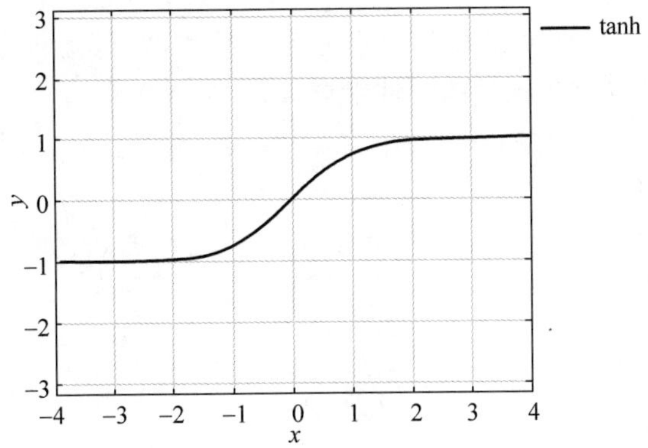

图 4-3　双曲正切的函数图像

双曲函数与三角函数有密切的关系，比如，根据欧拉公式可以得到

$$\sin \mathrm{i}x=\frac{\mathrm{e}^{\mathrm{i}(\mathrm{i}x)}-\mathrm{e}^{-\mathrm{i}(\mathrm{i}x)}}{2\mathrm{i}}=\frac{\mathrm{e}^{\mathrm{i}(\mathrm{i}x)}-\mathrm{e}^{-\mathrm{i}(\mathrm{i}x)}}{2\mathrm{i}}=\mathrm{i}\cdot\sinh x \tag{4-11}$$

$$\cos \mathrm{i}x=\frac{\mathrm{e}^{\mathrm{i}(\mathrm{i}x)}+\mathrm{e}^{-\mathrm{i}(\mathrm{i}x)}}{2}=\frac{\mathrm{e}^{-x}+\mathrm{e}^{x}}{2}=\cosh x \tag{4-12}$$

$$\sinh(\mathrm{i}x)=\frac{\mathrm{e}^{\mathrm{i}x}-\mathrm{e}^{-\mathrm{i}x}}{2}=\mathrm{i}\cdot\sin x；\cosh(\mathrm{i}x)=\frac{\mathrm{e}^{\mathrm{i}x}+\mathrm{e}^{-\mathrm{i}x}}{2}=\cos x \tag{4-13}$$

因此

$$\begin{aligned}\sin\mathrm{i}(\alpha+\beta)&=\sin(\mathrm{i}\alpha+\mathrm{i}\beta)=\sin(\mathrm{i}\alpha)\cos(\mathrm{i}\beta)+\cos(\mathrm{i}\alpha)\sin(\mathrm{i}\beta)\\&=\mathrm{i}\cdot\sinh\alpha\cosh\beta+\mathrm{i}\cdot\cosh\alpha\sinh\beta=\mathrm{i}\cdot\sinh(\alpha+\beta)\end{aligned}$$

于是

$$\sinh(\alpha+\beta)=\sinh\alpha\cosh\beta+\cosh\alpha\sinh\beta \tag{4-14}$$

同样地

$$\cosh(\alpha+\beta)=\cosh\alpha\cosh\beta+\sinh\alpha\sinh\beta \tag{4-15}$$

4.4.2 三类柱函数、渐近表达式与柱面波

在圆柱坐标系下分离变量的过程中，遇到了如下形式的方程，即

$$r^2 \frac{\mathrm{d}^2 R}{\mathrm{d}r^2} + r\frac{\mathrm{d}R}{\mathrm{d}r} + (\gamma^2 r^2 - n^2)R = 0$$

令 $x=\gamma r$，就可以得到 n 阶贝塞尔方程

$$x^2 \frac{\mathrm{d}^2 R}{\mathrm{d}x^2} + x\frac{\mathrm{d}R}{\mathrm{d}x} + (x^2 - n^2)R = 0 \tag{4-16}$$

利用级数方法进行求解，可以得到

$$R(r) = A_1 J_n(x) + B_1 N_n(x) = A_1 J_n(\gamma r) + B_1 N_n(\gamma r) \tag{4-17}$$

$J_n(x)$和 $N_n(x)$分别称为 n 阶的贝塞尔函数和诺依曼函数，贝塞尔方程的通解就是它们的线性组合。如果取 $A_1=1$ 和 $B_1=\pm\mathrm{j}$ 的特例，则

$$H_n^{(1)}(x) = J_n(x) + \mathrm{j}N_n(x) \tag{4-18}$$

$$H_n^{(2)}(x) = J_n(x) - \mathrm{j}N_n(x) \tag{4-19}$$

式(4-18)和式(4-19)的两个函数分别称为第一类和第二类汉克尔函数。显然，贝塞尔方程的解也可以表示为汉克尔函数的线性组合，即

$$R(r) = A_1 H_n^{(1)}(\gamma r) + B_1 H_n^{(2)}(\gamma r) \tag{4-20}$$

在大宗量近似的情形下，有

$$\begin{aligned} J_n(x) &\sim \sqrt{\frac{2}{\pi x}}\cos\left(x - \frac{n\pi}{2} - \frac{\pi}{4}\right) \\ N_n(x) &\sim \sqrt{\frac{2}{\pi x}}\sin\left(x - \frac{n\pi}{2} - \frac{\pi}{4}\right) \end{aligned} \tag{4-21}$$

因此，必定有

$$\begin{aligned} H_n^{(1)}(x) &\sim \sqrt{\frac{2}{\pi x}}\,\mathrm{e}^{\mathrm{j}\left(x - \frac{n\pi}{2} - \frac{\pi}{4}\right)} \\ H_n^{(2)}(x) &\sim \sqrt{\frac{2}{\pi x}}\,\mathrm{e}^{-\mathrm{j}\left(x - \frac{n\pi}{2} - \frac{\pi}{4}\right)} \end{aligned} \tag{4-22}$$

从上面的定义以及各个函数的大宗量近似可以看出，贝塞尔函数、诺依曼函数以及两类汉克尔函数，它们之间的相互关系与余弦函数、正弦函数和复指数函数的关系非常相似，因此可以对比理解。一般情况下，贝塞尔函数和诺依曼函数表示电磁波中的驻波形式，而汉克尔函数表示的是柱面行波。利用渐近表达式以及后面将要讲解的“相量”表示，可以很容易理解这个内容。因为汉克尔函数是复数函数，所以在静态场的情况下，它们一般不会出现。

三类柱函数的级数表示法如下。

任意阶的贝塞尔函数为

$$J_\nu(x) = \sum_{k=0}^{\infty}(-1)^k \frac{1}{k!\,\Gamma(\nu + k + 1)}\left(\frac{x}{2}\right)^{2k+\nu} \tag{4-23}$$

$$J_{-\nu}(x) = \sum_{k=0}^{\infty}(-1)^k \frac{1}{k!\,\Gamma(-\nu + k + 1)}\left(\frac{x}{2}\right)^{2k-\nu} \tag{4-24}$$

对应的诺依曼函数为

$$N_\nu(x)=\frac{J_\nu(x)\cos\nu\pi-J_{-\nu}(x)}{\sin\nu\pi} \tag{4-25}$$

对于整数阶贝塞尔函数，则有

$$J_m(x)=\sum_{k=0}^{\infty}(-1)^k\frac{1}{k!(m+k)!}\left(\frac{x}{2}\right)^{2k+m} \tag{4-26}$$

注意：在这个情况下，$J_m(x)$和$J_{-m}(x)$是线性相关的两个函数。

整数阶诺依曼函数可以定义为

$$N_m(x)=\lim_{\nu\to m}\frac{J_\nu(x)\cos\nu\pi-J_{-\nu}(x)}{\sin\nu\pi} \tag{4-27}$$

一般选择$J_m(x)$和$N_m(x)$为整数阶贝塞尔方程的两个线性无关解。

这里顺便给出任意阶虚宗量贝塞尔函数的级数表达式

$$I_\nu(x)=\mathrm{j}^{-\nu}J_\nu(\mathrm{j}x)=\sum_{k=0}^{\infty}\frac{1}{k!\Gamma(\nu+k+1)}\left(\frac{x}{2}\right)^{2k+\nu} \tag{4-28}$$

$$I_{-\nu}(x)=\mathrm{j}^{\nu}J_{-\nu}(\mathrm{j}x)=\sum_{k=0}^{\infty}\frac{1}{k!\Gamma(-\nu+k+1)}\left(\frac{x}{2}\right)^{2k-\nu} \tag{4-29}$$

它们所满足的微分方程为

$$x^2\frac{\mathrm{d}^2R}{\mathrm{d}x^2}+x\frac{\mathrm{d}R}{\mathrm{d}x}-(x^2+n^2)R=0 \tag{4-30}$$

称为虚宗量贝塞尔方程。由于可以通过虚宗量代换得到贝塞尔方程，因此得名。

对应地，可以定义虚宗量汉克尔函数

$$K_\nu(x)=\frac{\pi}{2}\frac{I_{-\nu}(x)-I_\nu(x)}{\sin\nu\pi} \tag{4-31}$$

当ν为整数时，整数阶的虚宗量贝塞尔函数为

$$I_m(x)=\sum_{k=0}^{\infty}\frac{1}{k!(m+k)!}\left(\frac{x}{2}\right)^{2k+m} \tag{4-32}$$

此时，$I_m(x)$和$I_{-m}(x)$是两个线性相关的函数。

和诺依曼函数类似，可定义整数阶虚宗量汉克尔函数为

$$K_m(x)=\lim_{\nu\to m}\frac{\pi}{2}\frac{I_{-\nu}(x)-I_\nu(x)}{\sin\nu\pi} \tag{4-33}$$

一般选择$I_m(x)$和$K_m(x)$为整数阶虚宗量贝塞尔方程的两个线性无关解。

4.4.3 利用正交性计算分离变量法通解中的待定系数

对于分离变量的计算过程，在得到通解之后，往往要运用题目中剩余的非齐次边界条件，通过傅里叶级数展开的方法，计算得到通解中的待定系数。比如，通解为

$$\phi(x,y)=\sum_n\sin\left(\frac{n\pi}{a}x\right)\left(C_{1n}\mathrm{e}^{\frac{n\pi}{a}y}+C_{2n}\mathrm{e}^{-\frac{n\pi}{a}y}\right)$$

剩余的非齐次边界条件为$y\to\infty,\phi\to0,y=0,\phi=f(x)$，则$C_{1n}=0$；且

$$\phi(x,0)=\sum_n C_{2n}\sin\left(\frac{n\pi}{a}x\right)=f(x) \tag{4-34}$$

这正是已知函数$f(x)$的傅里叶正弦展开式。此时，可以根据边界条件，采用周期延拓的形

式，将有限区间上的函数 $f(x)$ 转换为周期函数，再进行傅里叶级数展开，从而确定系数，但需要的环节较多，很不方便。而利用三角函数的正交性，可以快速确定系数。

将式(4-34)两端乘 $\sin\dfrac{p\pi x}{a}$，其中 p 是另一个正整数，然后在定义域($x\in[0,a]$)上做积分，得

$$\int_0^a f(x)\sin\frac{p\pi x}{a}\mathrm{d}x=\int_0^a\sum_{n=1}^{\infty}C_{2n}\sin\frac{n\pi x}{a}\sin\frac{p\pi x}{a}\mathrm{d}x$$

由于傅里叶级数是正交函数族，故上式右端的无穷级数中唯一不为零的项只有 $n=p$ 的那一项，即

$$\int_0^a f(x)\sin\frac{p\pi x}{a}\mathrm{d}x=C_{2p}\int_0^a\sin^2\frac{p\pi x}{a}\mathrm{d}x=\frac{a}{2}C_{2p}$$

于是

$$C_{2n}=C_{2p}=\frac{2}{a}\int_0^a f(x)\sin\frac{n\pi x}{a}\mathrm{d}x \tag{4-35}$$

至此，很容易就得到了展开系数。

4.4.4 圆柱坐标系下拉普拉斯方程的通解形式

对于三维场，圆柱坐标系内的拉普拉斯方程为

$$\frac{1}{r}\frac{\partial}{\partial r}\left(r\frac{\partial\phi}{\partial r}\right)+\frac{1}{r^2}\frac{\partial^2\phi}{\partial\varphi^2}+\frac{\partial^2\phi}{\partial z^2}=0 \tag{4-36}$$

应用分离变量法，设 $\phi(r,\varphi,z)=R(r)\Phi(\varphi)Z(z)$，将其代入式(4-36)，并整理，由此得到三个常微分方程

$$\frac{\mathrm{d}^2Z}{\mathrm{d}z^2}+k_z^2Z=0 \tag{4-37}$$

$$\frac{1}{r}\frac{\mathrm{d}}{\mathrm{d}r}\left(r\frac{\mathrm{d}R}{\mathrm{d}r}\right)-\left(\frac{n^2}{r^2}+k_z^2\right)R=0 \tag{4-38}$$

$$\frac{\mathrm{d}^2\Phi}{\mathrm{d}\varphi^2}+n^2\Phi=0$$

一般情况下，由于势函数的单值性要求 $\phi(\varphi+2n\pi)=\phi(\varphi)$，即待求的解对 φ 呈现周期性(此即周期性边界条件)。因此 n 只能取自然数，此时对应的本征函数为

$$\Phi_n(\varphi)=B_{1n}\sin n\varphi+B_{2n}\cos n\varphi$$

式(4-38)中既包含分离常数 n(已经确定为自然数)，又涉及分离常数 k_z。因此，z 向函数 $Z(z)$ 和径向函数 $R(r)$ 的形式具有一定的关联关系。分三种情况，总结如下。

(1) 当分离常数 $k_z^2=0$ 时，式(4-37)的解为

$$Z(z)=C_1z+C_2 \tag{4-39}$$

此时，式(4-38)变为

$$r^2\frac{\mathrm{d}^2R}{\mathrm{d}r^2}+r\frac{\mathrm{d}R}{\mathrm{d}r}-n^2R=0 \tag{4-40}$$

式(4-40)是欧拉型方程，当 $n\neq0$ 时，它的解是

$$R_n(r)=A_{1n}r^n+A_{2n}r^{-n} \tag{4-41}$$

当分离常数 $n=0$ 时，则

$$R_0(r)=A_{10}\ln r+A_{20} \tag{4-42}$$

综上，并考虑叠加原理，拉普拉斯方程的通解为

$$\begin{aligned}\phi(r,\varphi,z)=&\sum_{n=1}^{\infty}(A_{1n}r^n+A_{2n}r^{-n})(B_{1n}\sin n\varphi+B_{2n}\cos n\varphi)(C_1z+C_2)+\\&(A_{10}\ln r+A_{20})(C_1z+C_2)\end{aligned}$$

(2) 当分离常数 $k_z^2<0$ 时，则 $k_z=\pm \mathrm{j}\gamma$ 为虚数，而 γ 为实数，式(4-37) 变为

$$\frac{\mathrm{d}^2Z}{\mathrm{d}z^2}-\gamma^2Z=0 \tag{4-43}$$

其解为

$$Z(z)=C_1'\mathrm{e}^{\gamma z}+C_2'\mathrm{e}^{-\gamma z}=C_1\sinh\gamma z+C_2\cosh\gamma z \tag{4-44}$$

这时，式(4-38) 变为

$$\frac{\mathrm{d}^2R}{\mathrm{d}r^2}+\frac{1}{r}\frac{\mathrm{d}R}{\mathrm{d}r}+\left(\gamma^2-\frac{n^2}{r^2}\right)R=0 \tag{4-45}$$

式(4-45)经过简单的变换 $x=\gamma r$，可以转换为标准的 n 阶贝塞尔方程，其解为

$$R(r)=A_1J_n(\gamma r)+A_2N_n(\gamma r) \tag{4-46}$$

$$\begin{aligned}\phi(r,\varphi,z)=&\sum_{n=1}^{\infty}(A_{1n}J_n(\gamma r)+A_{2n}N_n(\gamma r)(B_{1n}\sin n\varphi+B_{2n}\cos n\varphi)\times\\&(C_{1n}\sinh\gamma z+C_{2n}\cosh\gamma z)\end{aligned} \tag{4-47}$$

其中，A_{1n}，A_{2n}，B_{1n}，B_{2n}，C_{1n}，C_{2n} 均为待定常数。

(3) 当分离常数 $k_z^2>0$ 时，k_z 为实数，式(4-37)的解则为

$$Z(z)=C_1\sin k_zz+C_2\cos k_zz \tag{4-48}$$

此时令 $n=\mathrm{j}k_zr$ 代入式(4-38)，仍可得标准的 n 阶贝塞尔方程，其解为

$$R(r)=A_1'J_n(\mathrm{j}k_zr)+B_1'N_n(\mathrm{j}k_zr)=A_1I_n(k_zr)+B_1K_n(k_zr) \tag{4-49}$$

其中，$I_n(k_zr)$和 $K_n(k_zr)$分别称为虚宗量贝塞尔函数和虚宗量汉克尔函数。它们的图像可以参考本章后面核心 MATLAB 代码部分。因此，待求势函数为

$$\begin{aligned}\phi(r,\varphi,z)=&\sum_{n=1}^{\infty}[A_{1n}I_n(k_zr)+A_{2n}K_n(k_zr)](B_{1n}\sin n\varphi+B_{2n}\cos n\varphi)\times\\&(C_{1n}\sin k_zz+C_{2n}\cos k_zz)\end{aligned} \tag{4-50}$$

其中，A_{1n}，A_{2n}，B_{1n}，B_{2n}，C_{1n} 和 C_{2n} 均为待定常数。

综上所述，在圆柱坐标系下对拉普拉斯方程分离变量，其通解的形式也有三种情况。一般情况下，角向的解总是由正弦和余弦组合的三角函数。对于 z 方向和径向的函数形式，可以用“现觅领队，山区植被”这句话来协助记忆。具体如下：

如果势函数关于 z 是线性函数(包括与 z 无关的二维平行平面场的圆域问题)，则径向(r 方向)是欧拉方程的解，即 $R(r)=A_1r^n+A_2r^{-n}$，是幂函数形式；当势函数是轴对称问题时(n 为零时)，则必须考虑对数形式的解，即 $A_{10}\ln r+A_{20}$。(以上读“现觅领队”，表示线性函数和幂函数，以及 n 为零时的对数函数)

如果所研究的问题在正 z 方向有齐次边界条件，则纵向的解是正弦或余弦组成的三角函数；此时，径向的解是虚宗量贝塞尔函数和虚宗量汉克尔函数。(以上读“山区”，即三角

函数和虚宗量贝塞尔函数）

对于三维场的圆柱域问题，若径向（$r=a$）为齐次边界条件，径向的解是贝塞尔方程的解。此时，$k_z^2<0$。纵向（正 z 方向）解是指数函数或者双曲函数（以上读“植被”，即纵向和径向分别取指数函数和贝塞尔函数，双曲函数是指数函数的线性组合，不单独读出）。

4.4.5 磁性材料分界面上的镜像法

与静电场类似，磁场问题中也可以采用镜像法。如图 4-4(a)所示，两种不同的磁介质间具有无限大的平面边界。在磁介质 1 中，距离分界面 h 处有与平面边界平行的直线电流 I，根据磁介质分界面上磁场的边界条件 $H_{1t}=H_{2t}$ 与 $B_{1n}=B_{2n}$，同样可以求得镜像电流，从而求出两磁介质中的场。

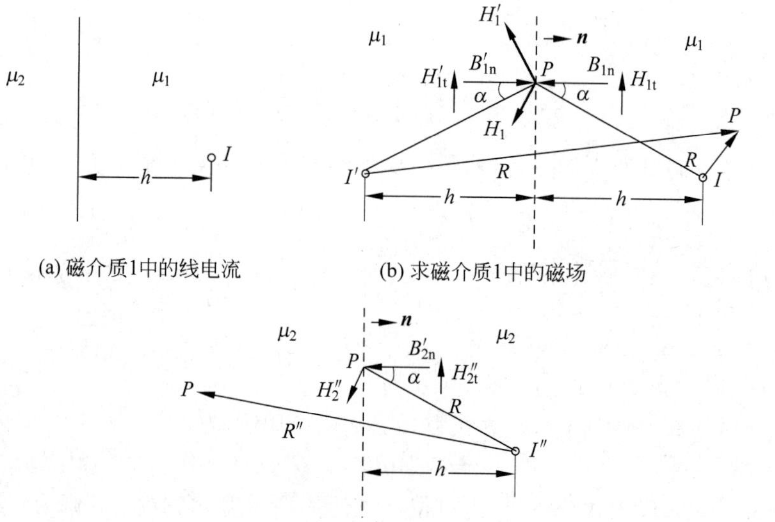

(a) 磁介质1中的线电流　(b) 求磁介质1中的磁场

(c) 求磁介质2中的磁场

图 4-4　直线电流对两种不同磁介质间具有无限大平面边界的镜像

应用镜像法，欲求介质 1 中的场，可使整个空间充满介质 1，则由线电流 I 及其对称位置上的镜像电荷 I' 共同确定原介质 1 中的场，如图 4-4(b)所示（注意：这部分场仅仅适用于原来的介质 1 区域）。同样，欲求介质 2 中的场，可使整个空间充满介质 2，在原点电荷位置上放置镜像电荷 I''，则它就可以确定原介质 2 中的场，如图 4-4(c)所示（注意：这部分场仅仅适用于原来的介质 2 区域）。

可以看出，两种情况下镜像电荷的位置，都必须放置在所研究区域的外部，否则就改变了原始问题。镜像电流 I' 与 I'' 的大小则由两介质间平面边界上的边界条件 $B_{1n}=B_{2n}$ 和 $H_{1t}=H_{2t}$ 来确定。

将场点 P 移至平面边界上，由 $H_{1t}=H_{2t}$，可得 $H_{1t}+H'_{1t}=H''_{2t}$，即

$$H_1\cos\alpha - H'_1\cos\alpha = H''_2\cos\alpha$$

于是

$$\frac{I}{2\pi R}-\frac{I'}{2\pi R}=\frac{I''}{2\pi R}$$

故

$$I-I'=I'' \tag{4-51}$$

再由 $B_{1n}=B_{2n}$，并考虑到分界面的正法线方向是由介质 2 指向介质 1，则有

$$-B_1\sin\alpha-B_1'\sin\alpha=-B_2''\sin\alpha$$

则

$$-\frac{\mu_1 I}{2\pi R}-\frac{\mu_1 I'}{2\pi R}=-\frac{\mu_2 I''}{2\pi R}$$

故

$$\mu_1 I=-\mu_1 I'+\mu_2 I'' \tag{4-52}$$

联解式(4-51)与式(4-52)，得

$$I'=\frac{\mu_2-\mu_1}{\mu_2+\mu_1}I \tag{4-53}$$

$$I''=\frac{2\mu_1}{\mu_2+\mu_1}I \tag{4-54}$$

可见，镜像电流 I'' 的符号与原线电流 I 相同，而 I' 的符号则决定于两介质的磁导率。图 4-5 所示为 $\mu_1>\mu_2$ 与 $\mu_1<\mu_2$ 两种情况下的场图。这与电介质中的情形类似。

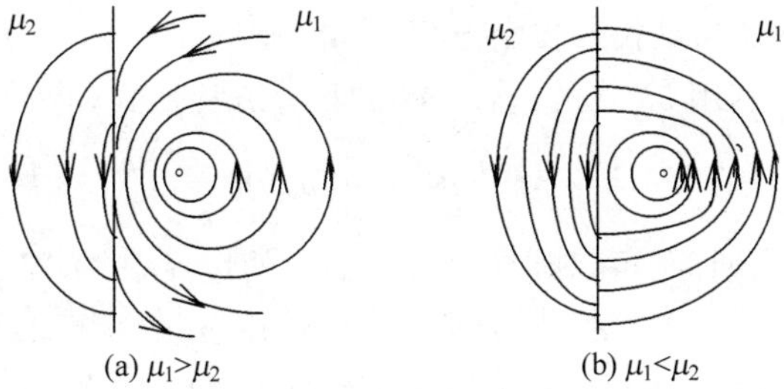

图 4-5　两种不同磁介质中的磁力线

现在讨论两种磁介质是铁磁媒质与非铁磁媒质的情形。当线电流 I 置于非铁磁媒质中时，磁介质 1 是非铁磁媒质，即 $\mu_1=\mu_0$ 时，磁介质 2 是铁磁媒质，可认为是理想导磁体，即 $\mu_2=\mu\to\infty$ 时，由式(4-53)和式(4-54)可得镜像电流分别为

$$I'=\frac{\mu-\mu_0}{\mu+\mu_0}I\approx I \tag{4-55}$$

$$I''=\frac{2\mu_0}{\mu+\mu_0}I\approx 0 \tag{4-56}$$

因此，这时铁磁媒质中的磁场强度 H_2 将到处几乎为零，但其中的磁感应强度 B_2 并不为零，因为

$$B_2=\mu H_2=\frac{\mu I''}{2\pi R''}=\frac{\mu}{2\pi R''}\frac{2\mu_0}{\mu+\mu_0}I=\frac{\mu\mu_0 I}{\pi(\mu+\mu_0)R''}\approx\frac{\mu_0 I}{\pi R''} \tag{4-57}$$

当线电流 I 置于铁磁媒质中时，则 $\mu_1=\mu\to\infty$，$\mu_2\approx\mu_0$，同样可得镜像电流分别为

$$I'=\frac{\mu_0-\mu}{\mu_0+\mu}I\approx -I \tag{4-58}$$

$$I''=\frac{2\mu}{\mu_0+\mu}I\approx 2I \tag{4-59}$$

不难看出，在此情况下，与整个空间充满非铁磁媒质且具有相同的线电流时相比较，非铁磁媒质中的磁感应强度增大了一倍。

4.4.6 磁荷法简介

分析铁磁材料磁化相关的问题时，磁荷法是一个重要的方法。当材料发生磁化时，$\boldsymbol{B}=\mu_0(\boldsymbol{H}+\boldsymbol{M})$。由于$\nabla\cdot\boldsymbol{B}=0$，得

$$\mu_0\nabla\cdot\boldsymbol{H}=-\mu_0\nabla\cdot\boldsymbol{M} \tag{4-60}$$

如果令磁荷密度$\rho_m=-\mu_0\nabla\cdot\boldsymbol{M}$，与静电场问题相对应，则有

$$\nabla\cdot\boldsymbol{H}=\frac{\rho_m}{\mu_0} \tag{4-61}$$

对于铁磁材料，当外加磁场去除后，仍有剩磁存在。此时，材料中只有磁化电流，而无自由电流，因此$\nabla\times\boldsymbol{H}=0$。据此，可以取$\boldsymbol{H}=-\nabla\phi_m$，则有

$$\nabla^2\phi_m=-\frac{\rho_m}{\mu_0} \tag{4-62}$$

这便是磁标势所满足的一般形式的微分方程。若磁介质被均匀磁化，在其内部有$\nabla\cdot\boldsymbol{M}=0$，可得磁标势$\phi_m$满足拉普拉斯方程。

在材料的分界面处，利用$\rho_m=-\mu_0\nabla\cdot\boldsymbol{M}$的积分方程形式，有

$$-\mu_0\oint_S\boldsymbol{M}\cdot d\boldsymbol{S}=\iiint_V\rho_m dV=Q_m \tag{4-63}$$

横跨材料分界面做高斯面，可以推导出分界面上的边界条件，即

$$\rho_{Sm}=\mu_0(\boldsymbol{M}_2-\boldsymbol{M}_1)\cdot\boldsymbol{n} \tag{4-64}$$

式(4-64)与静电场中的$\rho_S=(\boldsymbol{D}_1-\boldsymbol{D}_2)\cdot\boldsymbol{n}$相对应，可以计算分界面上的磁荷面密度。

如果得到了磁荷分布，就可以类比电荷分布的情况来计算空间的磁场。比如，磁场强度就可以利用下式计算

$$\boldsymbol{H}=\frac{1}{4\pi\mu_0}\iiint\frac{\rho_m dV'}{R^2}\boldsymbol{e}_R$$

也可以采用积分的方法得到磁标势，如下

$$\phi_m=\frac{1}{4\pi\mu_0}\iiint\frac{\rho_m dV'}{R}$$

采用磁荷法，静磁场的问题与静电场的问题形式上完全一致，处理方法相同，因此也得到了广泛应用。当题目中给出了磁化强度$\boldsymbol{M}$时，大家应该想到这个方法。

4.4.7 电轴法介绍

电轴法的基础是唯一性定理，其由来与两个等量异号线电荷之间的场分布密不可分。假设两个无限长带电直导线的间距为$2b$，电荷线密度为$\pm\rho_l$，如图4-6所示，计算空间任意一点的电势。

$$\begin{aligned}\phi&=-\frac{\rho_l}{2\pi\varepsilon}\ln R_1+\frac{\rho_l}{2\pi\varepsilon}\ln R_2+C=\frac{\rho_l}{2\pi\varepsilon}\ln\frac{R_2}{R_1}+C\\&=\frac{\rho_l}{2\pi\varepsilon}\ln\frac{\sqrt{(x+b)^2+y^2}}{\sqrt{(x-b)^2+y^2}}+C\end{aligned}$$

取y轴的电势为零，则上式中$C=0$，即

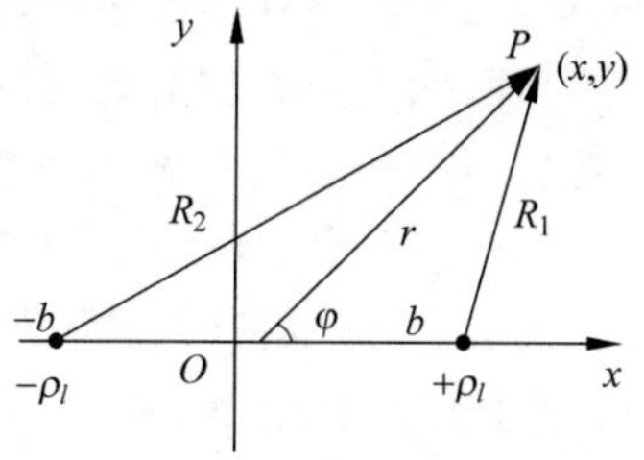

图 4-6 两个等量异号线电荷的场的计算

$$\phi=\frac{\rho_l}{2\pi\varepsilon}\ln\frac{\sqrt{(x+b)^2+y^2}}{\sqrt{(x-b)^2+y^2}}$$

因此,等势线方程为

$$\phi=\frac{\rho_l}{2\pi\varepsilon}\ln\frac{\sqrt{(x+b)^2+y^2}}{\sqrt{(x-b)^2+y^2}}=\phi_0$$

取

$$\frac{\sqrt{(x+b)^2+y^2}}{\sqrt{(x-b)^2+y^2}}=\mathrm{e}^{\frac{2\pi\varepsilon\phi_0}{\rho_l}}=k$$

则

$$\frac{(x+b)^2+y^2}{(x-b)^2+y^2}=k^2$$

化简得

$$\left(x-b\,\frac{k^2+1}{k^2-1}\right)^2+y^2=\frac{4k^2b^2}{(k^2-1)^2} \tag{4-65}$$

该等势线是圆心在 x 轴上的圆。

$$\phi_0=0,\quad k=1\quad (y\text{ 轴上})$$
$$\phi_0>0,\quad k>1\quad (\text{第一、四象限})$$
$$\phi_0<0,\quad k<1\quad (\text{第二、三象限})$$

如果取 $h=b\,\dfrac{k^2+1}{k^2-1}, R=\dfrac{2kb}{|k^2-1|}$,则等势线可以统一表示为

$$(x\pm h)^2+y^2=R^2$$

且下面的式子恒成立

$$h^2=R^2+b^2 \tag{4-66}$$

图 4-7 给出了等势线的分布图。

同时,若 $\phi_0'=-\phi_0, k'=\dfrac{1}{k}$,此时对应的等势线为

$$\left(x+b\,\frac{k^2+1}{k^2-1}\right)^2+y^2=\frac{4k^2b^2}{(k^2-1)^2}$$

这表明,当电势互为相反数时,对应的 k 值互为倒数;对应的等势线是关于 y 轴对称的圆。如图 4-8 所示。

因为两个等量异号线电荷所产生的场,其等势线为一系列的圆,因此,在实际应用中,可以选择其中的任意两个圆，用金属柱面代替，该柱面的电势值依旧采用原始问题(线电荷)的电势。在这种情况下，根据唯一性定理，两个金属柱面之间的场分布与两个等量异号线电荷的场完全一致，从而可以将较为复杂的圆柱间的问题用较为简单的线电荷的叠加来实现。这就是电轴法的核心思想。具体应用时，问题的要点在于根据给定圆柱的半径和位置情况，根据式(4-66)确定两个线电荷的位置，也就是电轴的位置，从而再利用叠加原理进行计算即可。图 4-9 给出了电轴法应用中的典型的五种情形。

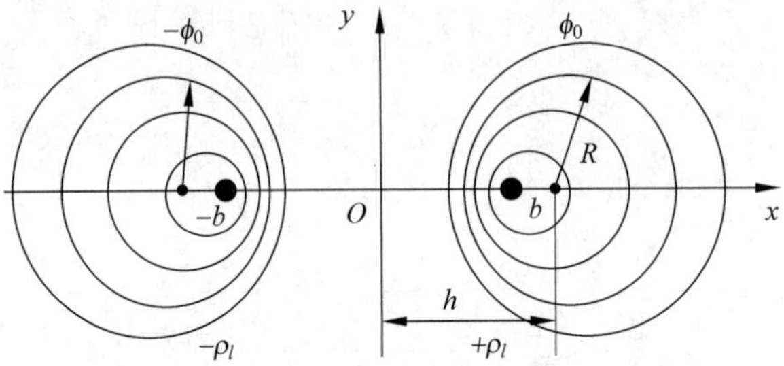

图 4-7　等量异号线电荷的等势线分布图

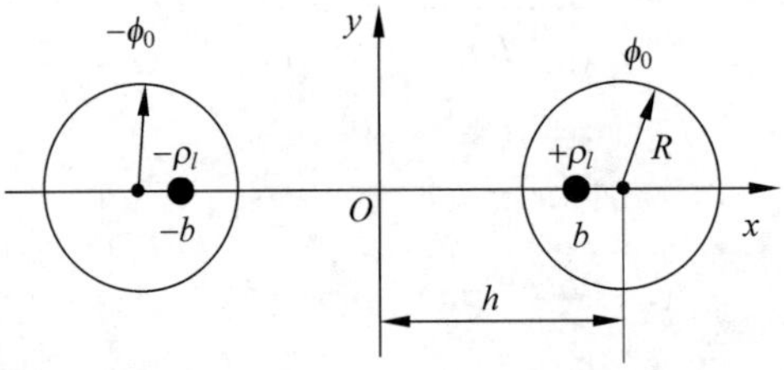

图 4-8　电轴法中关于 y 轴对称的等电势圆

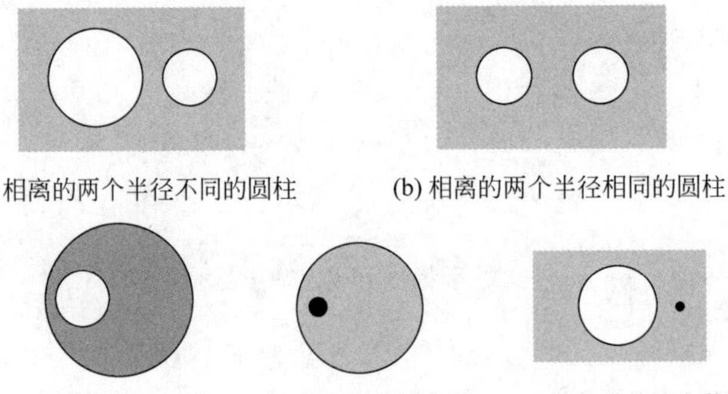

(a) 相离的两个半径不同的圆柱　(b) 相离的两个半径相同的圆柱

(c) 相含的两个圆柱　(d) 圆柱内含线电荷　(e) 圆柱外的线电荷

图 4-9　电轴法应用的几个典型情况

4.4.8 关于保角变换的理解

保角变换是非常重要的求解二维电磁场问题的解析方法。在具体应用的过程中，初学者容易混淆 z 平面上的定义域、w 平面上对应的值域，以及电磁问题本身定义的物理区域等，对此迷惑不解，因而无法求解相应的电磁问题。教材在讲解过程中，大多情况下会重点分析解析函数从 z 平面到 w 平面的映射规律，而不涉及具体物理问题，从而更加重了这种迷惑。因此，需要从另外的视角，来观察保角变换中涉及的数学物理问题。

首先观察给定的电磁问题，比如二维的电势问题，其所对应的数学形式为

$$\begin{cases}\phi_{xx}+\phi_{yy}=-\dfrac{\rho(x,y)}{\varepsilon} \\ \phi\,|_S=f(x_s,y_s)\end{cases} \tag{4-67}$$

该物理问题位于边界 S 所包围的区域内，$\rho(x,y)$为对应的电荷分布。根据题目，电势在边界上的分布已知，因此对应为典型的第一边值问题(也可以是其他类型)，目的就是求解 S 内的电势分布函数。

可以将上述问题绘制在图 4-10(a)所示的 xOy 直角坐标系中，则 S 所围区域即电势函数的定义域。区域中的每个点都有一个标量的电势值与之对应，这就是物理上待求的电势函数，如果绘制出来，是三维空间的一个曲面。

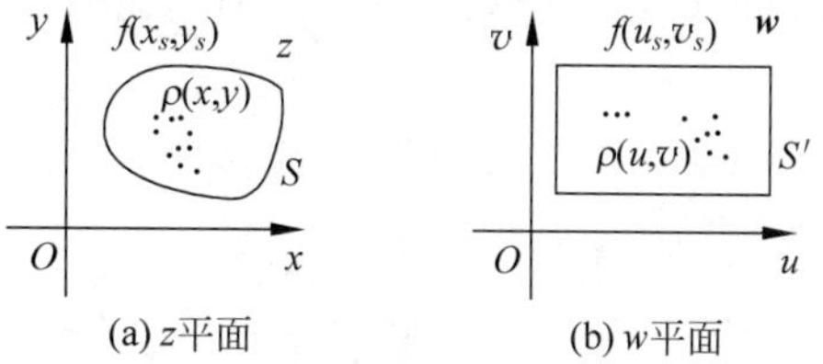

图 4-10 保角变换图示

由于实际问题的边界比较复杂，因此直接用解析的方法求解难度较大。这里，考虑用变量替换的形式，将上述区域进行映射，即考虑 $u=u(x,y)$，$v=v(x,y)$，其对应的逆变换为 $x=x(u,v)$，$y=y(u,v)$，从而将原来 xOy 平面上求解电势分布 $\phi(x,y)$的问题，转换为 uOv 平面上求解 $\phi(u,v)$的相应问题，如图 4-10(b)所示。此时，电势函数可以看作是 uOv 平面上定义在 S 所围区域上的标量函数，绘制出来，依旧是一个空间曲面。

一般情况下，如果任意选择变量替换的函数形式，一方面，有可能将不规则区域映射为相对规则的区域，如图 4-10 所示；另一方面，电势 $\phi(x,y)$所满足的方程形式，会从拉普拉斯方程或泊松方程变换为非常复杂的形式，大多数情况下，都不易求解。这也就是大家常说的“所有机械都不省功”。

现在换一个角度考虑。假设采用一种特殊的变量替换形式，比如，考虑 $u=u(x,y)$，$v=v(x,y)$为某个解析函数所对应的实部函数和虚部函数。此时，详细的推证表明，拉普拉斯方程或者泊松方程的形式不变，换句话说，在 uOv 平面上，依旧有

$$\begin{cases}\phi_{uu}+\phi_{vv}=-\dfrac{\rho(x(u,v),y(u,v))}{\varepsilon} \\ \phi\,|_{S'}=f(x(u_{s'},v_{s'}),y(u_{s'},v_{s'}))\end{cases} \tag{4-68}$$

因此，我们利用这个变换，方程的形式不改变，但是边界形状变简单了(当然也可能变复杂，所以要研究各种变换函数)。这样，就可以在 uOv 平面上求解 $\phi(u,v)$，之后，再利用逆变换，将变量替换回原始变量，从而得到 $\phi(x,y)$。这就是保角变换的实质。“既要马儿不吃草，又要马儿跑得快”，保角变换就是这样一种“好”方法，因此获得了诸多应用。

由于保角变换采用的是解析函数，因此，将 xOy 平面看成该复变函数宗量所在平面，即 z 平面；而将 uOv 平面看作函数值所对应的复平面，即 w 平面，也即 $w(z)=u(x,y)+\mathrm{j}v(x,y)$。对于此复数函数，$z$ 平面是函数的定义域，w 平面对应的是值域。此时，看不到电

势函数的一点儿踪影。这也就解释了为什么初学者在学习中会出现前述的问题。从这个角度来看，保角变换只是帮助选择了二元变量替换的变换函数而已。

4.4.9 施图姆-刘维尔本征值问题

分离变量过程中所遇到的各种本征值问题，都可以归结为以下施图姆-刘维尔本征值问题。如下

$$\begin{cases}\dfrac{\mathrm{d}}{\mathrm{d}x}\left[k(x)\dfrac{\mathrm{d}y}{\mathrm{d}x}\right]-q(x)y+\lambda\rho(x)y=0 \quad (a\leqslant x\leqslant b)\\ \text{(第一、第二、第三类或自然边界条件)}\end{cases} \tag{4-69}$$

其中，$k(x),q(x),\rho(x)\geqslant 0$ 为已知函数，λ 是常数。

对于二阶常微分方程，如果能够转换为上述本征值问题的标准形式，则下面的定理必然成立。

(1) 若 $k(x),k'(x),q(x)$ 在 (a,b) 上连续，且最多以 $x=a,x=b$ 为一阶极点，则存在无限多个本征值 $\lambda_1\leqslant\lambda_2\leqslant\lambda_3\leqslant\lambda_4\leqslant\cdots\leqslant\lambda_n\leqslant\cdots$，且 $\lambda_n\geqslant 0$。相应有无限多个本征函数 $y_1(x),y_2(x),y_3(x),y_4(x),\cdots$

(2) 对应于不同本征值 λ_n 的本征函数 $y_n(x)$ 在区间 $[a,b]$ 上带权重正交。即

$$\int_a^b \rho(x)y_m(x)y_n(x)\mathrm{d}x=0 \quad (n\neq m) \tag{4-70}$$

(3) 所有的本征函数 $y_1(x),y_2(x),\cdots,f(x)$ 是完备的。即若函数 $f(x)$ 满足广义的狄利克雷条件：具有连续一阶导数和逐段连续二阶导数；满足本征函数组 $y_n(x)(n=1,2,\cdots)$ 所满足的边界条件，则必定可以展开为绝对且一致收敛的广义傅里叶级数

$$f(x)=\sum_{n=1}^{\infty}f_n y_n(x) \tag{4-71}$$

其中，f_n 称为广义傅里叶系数。

比如，如果 $a=0,b=l,k(x)=$ 常数，$q(x)=0,\rho(x)=$ 常数，则施图姆-刘维尔本征值问题变为

$$\begin{cases}y''+\lambda y=0\\ y(0)=0, \quad y(l)=0\end{cases} \tag{4-72}$$

容易求得

$$\begin{cases}\lambda_n=\dfrac{n^2\pi^2}{l^2}\\ y_n=c\sin\dfrac{n\pi x}{l}\end{cases} \tag{4-73}$$

可以看出，上述三条性质都是满足的。

对于一般的二阶常微分方程

$$y''+a(x)y'+b(x)y+\lambda c(x)y=0 \tag{4-74}$$

如果要转换为标准形式的施图姆-刘维尔型方程，需要在方程两边都乘函数 $k(x)$，可以证明

$$k(x)=\mathrm{e}^{\int a(x)\mathrm{d}x} \tag{4-75}$$

于是，标准形式为

$$\frac{\mathrm{d}}{\mathrm{d}x}\left[\mathrm{e}^{\int a(x)\mathrm{d}x}\frac{\mathrm{d}y}{\mathrm{d}x}\right]+\left[b(x)\mathrm{e}^{\int a(x)\mathrm{d}x}\right]y+\lambda\left[c(x)\mathrm{e}^{\int a(x)\mathrm{d}x}\right]y=0 \tag{4-76}$$

将方程化为施图姆-刘维尔标准形式，对于识别权函数、认识方程的性质是非常重要的。

4.4.10 圆柱坐标系下各向异性材料中的电势通解

假设在圆柱坐标系下，各向异性材料的介电常数可以表示为

$$\bar{\bar{\varepsilon}}=\varepsilon_0\left[\varepsilon_r\boldsymbol{e}_r\boldsymbol{e}_r+\varepsilon_\varphi(\boldsymbol{e}_\varphi\boldsymbol{e}_\varphi+\boldsymbol{e}_z\boldsymbol{e}_z)\right] \tag{4-77}$$

在静电场下，无电荷的区域，有

$$\boldsymbol{E}=-\nabla\phi,\quad \nabla\cdot\boldsymbol{D}=0,\quad 且\ \boldsymbol{D}=\bar{\bar{\varepsilon}}\cdot\boldsymbol{E}$$

因此有

$$\nabla\cdot(\bar{\bar{\varepsilon}}\cdot\nabla\phi)=0$$

将上式利用圆柱坐标系表示出来，则可以得到

$$\frac{\varepsilon_r}{r}\frac{\partial}{\partial r}\left(r\frac{\partial\phi}{\partial r}\right)+\frac{\varepsilon_\varphi}{r^2}\frac{\partial^2\phi}{\partial\varphi^2}+\varepsilon_\varphi\frac{\partial^2\phi}{\partial z^2}=0 \tag{4-78}$$

即

$$\frac{\varepsilon_r}{\varepsilon_\varphi}\frac{1}{r}\frac{\partial}{\partial r}\left(r\frac{\partial\phi}{\partial r}\right)+\frac{1}{r^2}\frac{\partial^2\phi}{\partial\varphi^2}+\frac{\partial^2\phi}{\partial z^2}=0 \tag{4-79}$$

应用分离变量法，设 $\phi(r,\varphi,z)=R(r)\Phi(\varphi)Z(z)$，将其代入式(4-79)，则容易得到

$$\frac{\varepsilon_r}{\varepsilon_\varphi}\frac{r}{R}\frac{\mathrm{d}}{\mathrm{d}r}\left(r\frac{\mathrm{d}R}{\mathrm{d}r}\right)+\frac{r^2}{Z}\frac{\mathrm{d}^2Z}{\mathrm{d}z^2}=-\frac{1}{\Phi}\frac{\mathrm{d}^2\Phi}{\mathrm{d}\varphi^2}=n^2$$

故得

$$\frac{\mathrm{d}^2\Phi}{\mathrm{d}\varphi^2}+n^2\Phi=0 \tag{4-80}$$

和

$$\left[\frac{\varepsilon_r}{\varepsilon_\varphi}\frac{1}{rR}\frac{\mathrm{d}}{\mathrm{d}r}\left(r\frac{\mathrm{d}R}{\mathrm{d}r}\right)-\frac{n^2}{r^2}\right]+\frac{1}{Z}\frac{\mathrm{d}^2Z}{\mathrm{d}z^2}=0 \tag{4-81}$$

所以

$$\Phi_n(\varphi)=B_{1n}\sin n\varphi+B_{2n}\cos n\varphi \tag{4-82}$$

同时

$$\frac{\mathrm{d}^2Z}{\mathrm{d}z^2}+k_z^2Z(z)=0 \tag{4-83}$$

$$\frac{1}{r}\frac{\mathrm{d}}{\mathrm{d}r}\left(r\frac{\mathrm{d}R}{\mathrm{d}r}\right)-\left(\frac{n^2}{r^2}+k_z^2\right)\nu^2R=0 \tag{4-84}$$

其中，$\nu^2=\dfrac{\varepsilon_\varphi}{\varepsilon_r}$。

(1) 当分离常数 $k_z^2=0$ 时，式(4-83)的解为

$$Z(z)=C_1z+C_2 \tag{4-85}$$

此时，式(4-84)变为

$$r^2\frac{\mathrm{d}^2R}{\mathrm{d}r^2}+r\frac{\mathrm{d}R}{\mathrm{d}r}-n^2\nu^2R=0 \tag{4-86}$$

式(4-86)是欧拉方程,当 $n\neq 0$ 时,它的解是

$$R_n(r)=A_{1n}r^{\nu n}+A_{2n}r^{-\nu n} \tag{4-87}$$

当分离常数 $n=0$ 时,则

$$R_0(r)=A_{10}\ln r+A_{20} \tag{4-88}$$

通解为

$$\begin{aligned}\phi(r,\varphi,z)=&\sum_{n=1}^{\infty}(A_{1n}r^{\nu n}+A_{2n}r^{-\nu n})(B_{1n}\sin n\varphi+B_{2n}\cos n\varphi)(C_1z+C_2)+\\&(A_{10}\ln r+A_{20})(C_1z+C_2)\end{aligned} \tag{4-89}$$

(2) 当分离常数 $k_z^2<0$ 时,则 $k_z=\pm \mathrm{j}\gamma$ 为虚数,而 γ 为实数,式(4-83)变为

$$\frac{\mathrm{d}^2Z}{\mathrm{d}z^2}-\gamma^2Z=0 \tag{4-90}$$

其解为

$$Z(z)=C'_1\mathrm{e}^{\gamma z}+C'_1\mathrm{e}^{-\gamma z}=C_1\sinh\gamma z+C_2\cosh\gamma z \tag{4-91}$$

这时,式(4-84)变为

$$\frac{\mathrm{d}^2R}{\mathrm{d}r^2}+\frac{1}{r}\frac{\mathrm{d}R}{\mathrm{d}r}+\left(\gamma^2-\frac{n^2}{r^2}\right)\nu^2R=0 \tag{4-92}$$

式(4-92)经过简单的变换可以转换为标准的贝塞尔方程,其解为

$$R(r)=A_1J_{\nu n}(\nu\gamma r)+A_2N_{\nu n}(\nu\gamma r) \tag{4-93}$$

通解为

$$\begin{aligned}\phi(r,\varphi,z)=&\sum_{n=1}^{\infty}(A_{1n}J_{\nu n}(\nu\gamma r)+A_{2n}N_{\nu n}(\nu\gamma r)(B_{1n}\sin n\varphi+B_{2n}\cos n\varphi)\times\\&(C_{1n}\sinh\gamma z+C_{2n}\cosh\gamma z)\end{aligned} \tag{4-94}$$

其中,A_{1n},A_{2n},B_{1n},B_{2n},C_{1n} 和 C_{2n} 均为待定常数。

(3) 当分离常数 $k_z^2>0$ 时,k_z 为实数,式(4-83)、式(4-84)的解则为

$$Z(z)=C_1\sin k_zz+C_2\cos k_zz \tag{4-95}$$

$$R(r)=A_1I_{\nu n}(\nu k_zr)+B_1K_{\nu n}(\nu k_zr) \tag{4-96}$$

其中,$I_{\nu n}(\nu k_zr)$和 $K_{\nu n}(\nu k_zr)$分别称为虚宗量贝塞尔函数和虚宗量汉克尔函数,它们的图像可以参考本章节后面的核心 MATLAB 代码部分。因此,待求势函数为

$$\begin{aligned}\phi(r,\varphi,z)=&\sum_{n=1}^{\infty}[A_{1n}I_{\nu n}(\nu k_zr)+A_{2n}K_{\nu n}(\nu k_zr)](B_{1n}\sin n\varphi+B_{2n}\cos n\varphi)\times\\&(C_{1n}\sin k_zz+C_{2n}\cos k_zz)\end{aligned} \tag{4-97}$$

其中,A_{1n},A_{2n},B_{1n},B_{2n},C_{1n} 和 C_{2n} 均为待定常数。

4.5 典型例题分析

例 4.1 两个无限长带电直导线柱,柱轴间距为 $2d$,半径为 R,电荷线密度为 $\pm\rho_l$,二者之间的电势为 U_0,如图 4-11 所示,利用电轴法计算空间任意一点的电势。

解 如图 4-11 建立坐标系。根据电轴法,由于对称性,两个导体圆柱表面的电势分别为 $\pm U_0/2$,且有如下关系成立

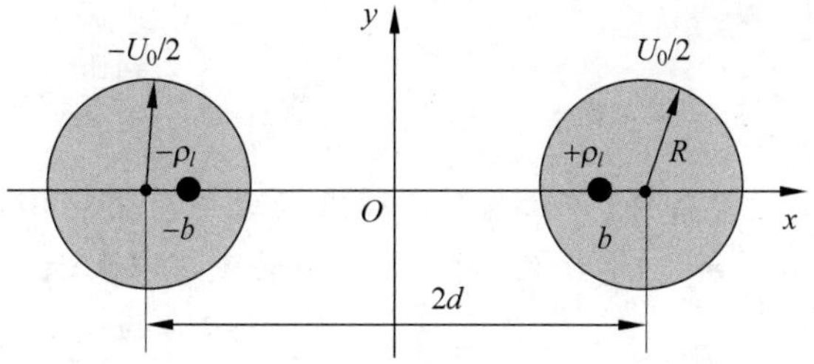

图 4-11　例 4.1 示意图

$$h=d,\quad h^2=R^2+b^2$$

所以，电轴的位置在$\pm b$的地方，且$b=\sqrt{d^2-R^2}$。

建设电轴上的电荷线密度为$\pm\rho_l$，则对于右侧柱面(取与x轴相交的距原点较近的那个点)，根据叠加原理有

$$\phi=\frac{U_0}{2}=-\frac{\rho_l}{2\pi\varepsilon}\ln R_1+\frac{\rho_l}{2\pi\varepsilon}\ln R_2=\frac{\rho_l}{2\pi\varepsilon}\ln\frac{R_2}{R_1}=\frac{\rho_l}{2\pi\varepsilon}\ln\frac{b+(h-R)}{b-(h-R)}$$

于是，

$$\frac{\rho_l}{2\pi\varepsilon}=\frac{U_0}{2\ln\dfrac{b+(h-R)}{b-(h-R)}}$$

因此，空间任意一点的电势分布为

$$\phi=\frac{\rho_l}{2\pi\varepsilon}\ln\frac{R_2}{R_1}=\frac{U_0}{2\ln\dfrac{b+(h-R)}{b-(h-R)}}\ln\frac{\sqrt{(x+b)^2+y^2}}{\sqrt{(x-b)^2+y^2}}$$

例 4.2　如图 4-12 所示，两块无限大的平行极板，间距为d，上、下极板的电势分别为U和 0。板间填充电荷的电荷密度为$\dfrac{\rho_0 x}{d}$。求极板间的电势分布以及极板上的感应电荷密度。

解　由于极板为无限大，且电荷密度分布只与x有关，所以电势所满足的泊松方程为

$$\begin{cases}\phi_{xx}=-\dfrac{\rho_0 x}{d\varepsilon_0}\\ \phi(0)=0,\quad \phi(d)=U\end{cases}$$

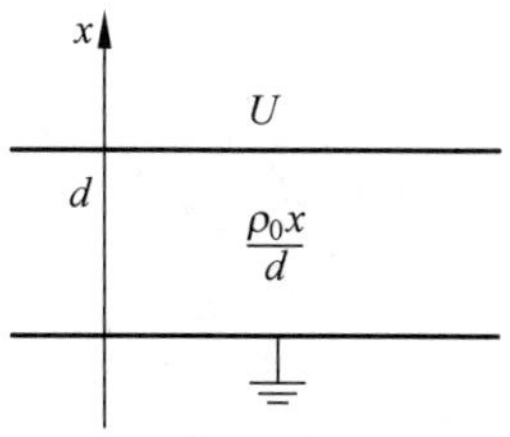

图 4-12　例 4.2 示意图

根据泊松方程的线性性质，上述方程的通解应该是齐次方程的通解加非齐次方程的特解。即

$$\phi=Ax+B-\frac{\rho_0 x^3}{6d\varepsilon_0}$$

将边界条件代入上式，则可以得到待定系数为

$$A=\frac{U}{d}+\frac{\rho_0 d}{6\varepsilon_0}$$

$$B=0$$

所以，电势分布为$\phi=\left(\dfrac{U}{d}+\dfrac{\rho_0 d}{6\varepsilon_0}\right)x-\dfrac{\rho_0 x^3}{6d\varepsilon_0}$。

于是，电场强度为

$$\boldsymbol{E}=-\nabla\phi=\left[-\left(\frac{U}{d}+\frac{\rho_0 d}{6\varepsilon_0}\right)+\frac{\rho_0 x^2}{2d\varepsilon_0}\right]\boldsymbol{e}_x$$

利用 $\rho_S=D_n=\boldsymbol{D}\cdot\boldsymbol{n}$ 的边界条件，并注意到导体表面的电荷密度计算，应以导体的外法线方向为正进行计算，则在 $x=0,x=d$ 处，对应的电荷密度可以表示为

$$\rho_{S1}=\boldsymbol{D}\cdot\boldsymbol{e}_x|_{x=0}=D_x|_{x=0}=-\left(\frac{\varepsilon_0 U}{d}+\frac{\rho_0 d}{6}\right)$$

$$\rho_{S2}=\boldsymbol{D}\cdot(-\boldsymbol{e}_x)|_{x=d}=-D_x|_{x=d}=\frac{\varepsilon_0 U}{d}-\frac{\rho_0 d}{3}$$

例 4.3 如图 4-13 所示，已知同轴线内、外导体的电势分别为 U_0 和 0，试通过求解拉普拉斯方程，计算同轴线内外导体之间的电势和电场分布，并计算内外导体表面上的自由电荷面密度，以及单位长度同轴线的电容。

解 如图 4-13 所示建立坐标系。由于同轴线沿 z 轴方向无限延伸，且边界上的电势分布呈轴对称，所以场分布与 z 和 φ 无关。电势所满足的边值问题为

$$\begin{cases}\dfrac{1}{r}\dfrac{\partial}{\partial r}\left(r\dfrac{\partial\phi}{\partial r}\right)=0\\ \phi|_{r=a}=U_0,\quad \phi|_{r=b}=0\end{cases}$$

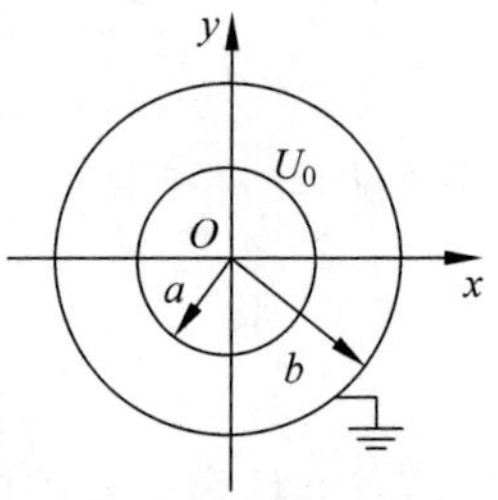

图 4-13 例 4.3 示意图

其通解为

$$\phi(r)=A\ln r+B$$

代入边界条件，则确定系数分别为

$$A=-\frac{U_0}{\ln(b/a)}$$

$$B=\frac{U_0\ln b}{\ln(b/a)}$$

$$\phi(r)=-\frac{U_0}{\ln(b/a)}\ln r+\frac{U_0\ln b}{\ln(b/a)}=\frac{U_0\ln(b/r)}{\ln(b/a)}$$

于是，电场强度为

$$\boldsymbol{E}=-\nabla\phi=\frac{U_0}{r\ln(b/a)}\boldsymbol{e}_r$$

利用 $\rho_S=D_n=\boldsymbol{D}\cdot\boldsymbol{n}$ 的边界条件，并注意到导体表面的电荷密度计算，应以导体的外法线方向为正进行计算，则在 $r=a,r=b$ 处，对应的电荷密度可以表示为

$$\rho_{S1}=\boldsymbol{D}\cdot\boldsymbol{e}_r|_{r=a}=D_r|_{r=a}=\frac{\varepsilon_0 U_0}{a\ln(b/a)}$$

$$\rho_{S2}=\boldsymbol{D}\cdot(-\boldsymbol{e}_r)|_{r=b}=-D_r|_{r=b}=-\frac{\varepsilon_0 U_0}{b\ln(b/a)}$$

当知道了导体表面的电荷密度之后，很容易计算单位长度的同轴线的电荷量为

$$Q=\rho_{S1}\cdot 2\pi a\cdot 1=\frac{2\pi\varepsilon_0 U_0}{\ln(b/a)}$$

于是，根据电容器的定义，得到其对应的电容为

$$C=\frac{Q}{U_0}=\frac{2\pi\varepsilon_0}{\ln(b/a)}$$

此题如果想直接利用圆柱坐标系下电势函数的通解形式进行求解，也是可以的。由于题目为二维形式，与 z 无关，因此，

$$\phi(r,\varphi)=\left[\sum_{n=1}^{\infty}(A_{1n}r^n+A_{2n}r^{-n})(B_{1n}\sin n\varphi+B_{2n}\cos n\varphi)+A_{10}\ln r+A_{20}\right]$$

由于在平面内，两个边界面上，电势值为常数，因此上式中 $n=0$。即

$$\phi(r,\varphi)=A_{10}\ln r+A_{20}$$

可以看到，此电势分布与前面求解结果一致。

例 4.4 球形电容器两个极板的电势分布如图 4-13 所示，通过求解拉普拉斯方程，计算球形电容器两个球面极板之间的电势、电场分布、电极表面的电荷密度以及电容器的电容。

解 仍旧参考图 4-13，但是将其视为球体，如图 4-13 建立坐标系。观察边界上的电势值，该电容器的电势分布为球对称，场分布与 θ 和 φ 无关。因此，在球坐标系下，电势所满足的边值问题为

$$\begin{cases}\dfrac{1}{r^2}\dfrac{\partial}{\partial r}\left(r^2\dfrac{\partial\phi}{\partial r}\right)=0\\ \phi|_{r=a}=U_0,\quad \phi|_{r=b}=0\end{cases}$$

其通解为

$$\phi(r)=\frac{A}{r}+B$$

代入边界条件，则确定系数分别为

$$A=\frac{U_0ab}{b-a}$$

$$B=-\frac{U_0a}{b-a}$$

$$\phi(r)=\frac{U_0a}{b-a}\left(\frac{b}{r}-1\right)$$

于是，电场强度为

$$\boldsymbol{E}=-\nabla\phi=\frac{U_0ab}{r^2(b-a)}\boldsymbol{e}_r$$

利用 $\rho_S=D_{\mathrm{n}}=\boldsymbol{D}\cdot\boldsymbol{n}$ 的边界条件，并注意到导体表面的电荷密度计算，应以导体的外法线方向为正进行计算，则在 $r=a$，$r=b$ 处，对应的电荷密度可以表示为

$$\rho_{S1}=\boldsymbol{D}\cdot\boldsymbol{e}_r|_{r=a}=D_r|_{r=a}=\frac{\varepsilon_0U_0b}{a(b-a)}$$

$$\rho_{S2}=\boldsymbol{D}\cdot(-\boldsymbol{e}_r)|_{r=b}=-D_r|_{r=b}=-\frac{\varepsilon_0U_0a}{b(b-a)}$$

已知导体表面的电荷密度，很容易计算内导体表面的电荷量为

$$Q=\rho_{S1}\cdot 4\pi a^2=\frac{4\pi\varepsilon_0U_0ab}{b-a}$$

于是，根据电容器的定义，得到其对应的电容为

$$C=\frac{Q}{U_0}=\frac{4\pi\varepsilon_0 ab}{b-a}$$

此题如果想直接利用球坐标系下电势函数的通解形式，也是可以的。由于电势分布是轴对称的，因此有

$$\phi(r,\theta)=\sum_{n=0}^{\infty}\left[A_n r^n+B_n r^{-(n+1)}\right]P_n(\cos\theta)$$

由于在两个边界面上电势值与角度无关，因此上式中 $n=0$。即

$$\phi(r,\theta)=A_0+B_0 r^{-1}$$

可以看到，这个表达形式与直接求解方程的结果是一致的。

例 4.5 接地导体柱外部平行于柱轴且距离为 d 的位置有一个载电直导线，其线电荷密度为 ρ_l，利用保角变换的方法，计算空间的电势分布。

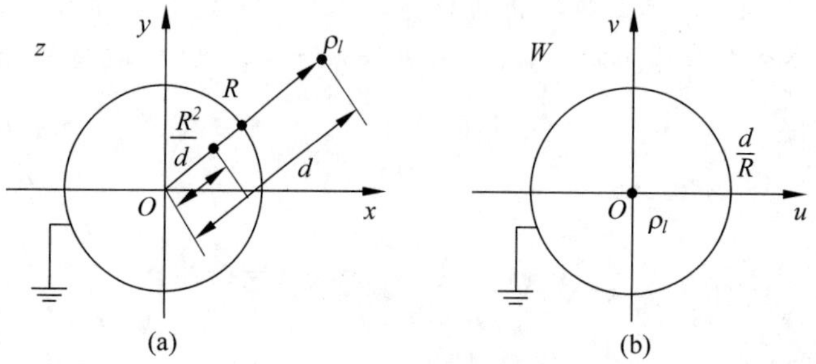

图 4-14　例 4.5 示意图

解 如图 4-14 所示，取原始平面为 z 平面，线电荷的位置用复数 z_0 表示，$|z_0=d|$。

因为涉及圆柱形边界，所以考虑采用分式变换，试图将 z 平面上的场景转换为图中同轴线的情况。根据线性变换的性质，考虑选择如下变换函数

$$W=\frac{z-z_0}{z-\dfrac{R^2}{d^2}z_0}$$

可以看出，该变换函数将 z_0 映射为 W 平面上的原点；同时，z_0 关于圆的对称点，即复数 $\frac{R^2}{d^2}z_0$ 对应的点$\left(\text{这两个复数的辐角相同，模的比值为}\frac{R^2}{d^2}\right)$，被映射到无穷远处。由于分式变换可以将 z 平面上的圆映射为 W 平面上的圆(直线为圆的特例)，关于圆的镜像点，映射为"新"圆的一对镜像点(圆心和无穷远处是一对镜像点)。因此，该变换可以完成从图 4-14(a) 到图 4-14(b)的映射。对于映射后的圆半径，取 $z=\frac{R}{d}z_0$ 作为特例考虑(注意，该复数与 z_0 的辐角相同)，为

$$|W|=\left|\frac{Rz_0-z_0}{Rz_0-\dfrac{R^2}{d^2}z_0}\right|=\frac{d}{R}$$

同时，注意到，在上述映射函数下，z 平面上的无穷远被映射到 W 平面上的 1 处。也就是说，z 平面上的圆外区域映射到 W 平面上的圆内区域。于是，在 W 平面，任意一点所对应的电势为

$$\phi=-\frac{\rho_l}{2\pi\varepsilon}\ln|W|=-\frac{\rho_l}{2\pi\varepsilon}\ln\left|\frac{z-z_0}{z-\dfrac{R^2}{d^2}z_0}\right|=-\frac{\rho_l}{2\pi\varepsilon}\ln|z-z_0|+\frac{\rho_l}{2\pi\varepsilon}\ln\left|z-\frac{R^2}{d^2}z_0\right|$$

仔细观察可知，势函数中的第一项就是原始线电荷所对应的电势；第二项就是在镜像点位置处，镜像电荷所产生的场。

此题目也可以利用电轴法来考虑，如图 4-15 所示。

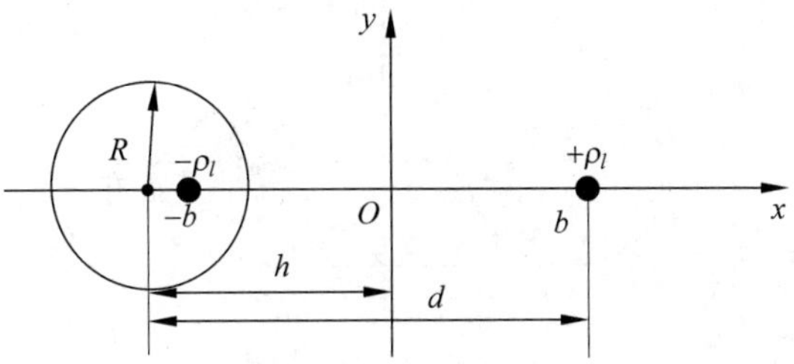

图 4-15 例 4.5 用电轴法求解的示意图

则根据电轴法原理，下面的关系式成立，即

$$h^2=b^2+R^2,\quad h+b=d$$

由此解得

$$h=\frac{d}{2}+\frac{R^2}{2d},\quad b=\frac{d}{2}-\frac{R^2}{2d}$$

于是，可以利用叠加原理计算两个等量异号线电荷之间场的叠加。从这个过程可以看出，镜像法可以看作是电轴法的一个特例。由图 4-15 中的几何关系看出，镜像电荷距离柱轴的距离为

$$h-b=\frac{R^2}{d}$$

此结果也与镜像法相一致。

例 4.6 有两个平行圆柱，半径分别是 R_1 和 R_2，柱轴相距 $L(L>R_1+R_2)$。试求该系统每单位长度的电容量。

解 如图 4-16 所示。

方法 1：采用保角变换的方法。由于这两个圆柱不共轴，因此计算起来比较困难。设法把这两圆柱变为同轴圆柱，就可引用同轴线的结论进行计算。从横截面看，两圆柱为两个圆 C_1 和 C_2。为把 C_1 和 C_2 转换为同心圆，考虑采用分式变换，因为它具有把圆转换为圆的特点。为此，先要找到图 4-16(a)中的 A 和 B 两点，它们对于圆 C_1 是对称点（镜像点），对于圆 C_2 也是对称点。大致位置必然如图 4-16(a)所示。

由圆的对称点的定义，A 和 B 可用代数方法找到，取圆 C_1 的圆心为 z 平面的原点，取连心线为 x 轴，把 A 和 B 的坐标分别记作 x_1 和 x_2，由对称点定义，得

$$\begin{cases}x_1x_2=R_1^2\\(L-x_1)(L-x_2)=R_2^2\end{cases}$$

由这两个方程解得

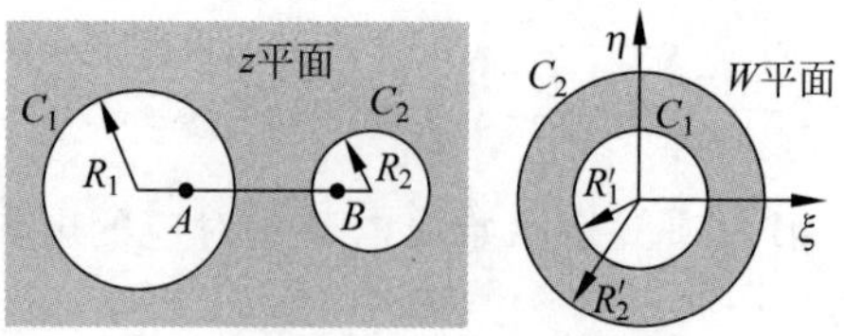

(a) 保角变换法求解例4.6示意图

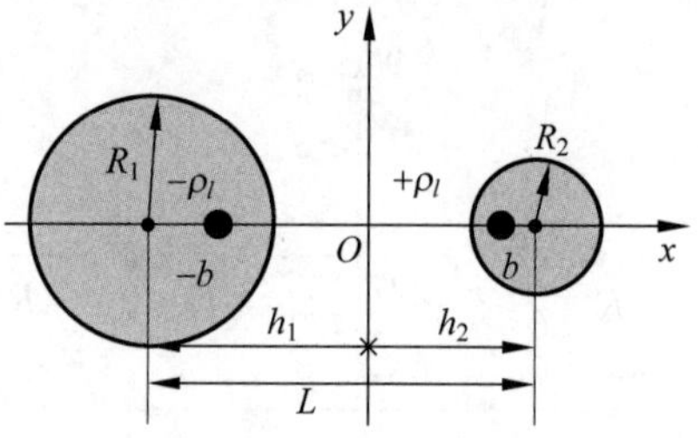

(b) 电轴法求解例4.6示意图

图 4-16 例 4.6 示意图

$$\begin{cases} x_1 = \dfrac{1}{2L}\left[(L^2 + R_1^2 - R_2^2) - \sqrt{(L^2 + R_1^2 - R_2^2)^2 - 4R_1^2L^2}\right] \\ x_2 = \dfrac{1}{2L}\left[(L^2 + R_1^2 - R_2^2) + \sqrt{(L^2 + R_1^2 - R_2^2)^2 - 4R_1^2L^2}\right] \end{cases}$$

根号下的式子又可改写为

$$\begin{aligned} &(L^2 + R_1^2 - R_2^2)^2 - 4R_1^2L^2 = (L^4 + R_1^4 + R_2^4 - 2L^2R_1^2 - 2L^2R_2^2 + 2LR_1^2R_2^2) - 4R_1^2R_2^2 \\ &= (L + R_1 - R_2)(L - R_1 + R_2)(L + R_1 + R_2)(L - R_1 - R_2) \\ &= (L^2 - R_1^2 - R_2^2)^2 - 4R_1^2R_2^2 \end{aligned}$$

作分式线性变换

$$W(z) = \frac{z - x_1}{z - x_2}$$

这个变换把点 A 变为 W 平面的原点 $W=0$，点 B 变为 W 平面的无限远点 $W=\infty$。圆 C_1 变为 W 平面上的圆 C_1'，点 A 和 B 对于圆 C_1 是对称点，因而 $W=0$ 和 $W=\infty$ 对于圆 C_1' 为对称点。换句话说，圆 C_1' 以原点 $W=0$ 为圆心（注意：无穷远点和圆心是对称点）。同理，圆 C_2 变为 W 平面上的圆 C_2'，而圆 C_2' 也是以原点 $W=0$ 为圆心，这样，圆 C_1' 和 C_2' 是同心圆（注意：C_1 外部变换为 C_1' 的外部，C_2 外部变换为 C_2' 的内部；因此，z 平面的空气部分一定变换到 W 平面上两圆之间的部分，且 C_2' 包含 C_1'）。

为了计算电容量，还必须知道圆 C_1' 和 C_2' 的半径 R_1' 和 R_2'。在 z 平面的圆 C_1 上取一点 $z=-R_1$，它变为 W 平面的圆 C_1' 上的点

$$W = \frac{-R_1 - x_1}{-R_1 - x_2} = \frac{R_1 + x_1}{R_1 + x_2}$$

于是

$$R_1' = \left|\frac{R_1 + x_1}{R_1 + x_2}\right| = \frac{(L + R_1)^2 - R_2^2 - \sqrt{(L^2 - R_1^2 - R_2^2)^2 - 4R_1^2R_2^2}}{(L + R_1)^2 - R_2^2 + \sqrt{(L^2 - R_1^2 - R_2^2)^2 - 4R_1^2R_2^2}}$$

同理，在 z 平面的圆 C_2 上取一点 $z=L+R_2$，它变为 W 平面的圆 C_2' 上的点

$$W=\frac{L+R_2-x_1}{L+R_2-x_2}$$

于是

$$R'_2=\left|\frac{L+R_2-x_1}{L+R_2-x_2}\right|=\frac{(L+R_2)^2-R_1^2+\sqrt{(L^2-R_1^2-R_2^2)^2-4R_1^2R_2^2}}{(L+R_2)^2-R_1^2-\sqrt{(L^2-R_1^2-R_2^2)^2-4R_1^2R_2^2}}$$

容易看出，$R'_2>R'_1$。对于同轴线，每单位长度的电容量为

$$C=\frac{2\pi\varepsilon_0}{\ln(R'_2/R'_1)}$$

这需要先计算 R'_2/R'_1，将前面的式子代入，并进行化简，得到

$$\begin{aligned}\frac{R'_2}{R'_1}&=\frac{[(L+R_2)^2-R_1^2+\sqrt{(L^2-R_1^2-R_2^2)^2-4R_1^2R_2^2}]}{[(L+R_2)^2-R_1^2-\sqrt{(L^2-R_1^2-R_2^2)^2-4R_1^2R_2^2}]}\times\\&\quad\frac{[(L+R_1)^2-R_2^2+\sqrt{(L^2-R_1^2-R_2^2)^2-4R_1^2R_2^2}]}{[(L+R_1)^2-R_2^2-\sqrt{(L^2-R_1^2-R_2^2)^2-4R_1^2R_2^2}]}\\&=\frac{(L+R_1-R_2)(L-R_1+R_2)+\sqrt{(L^2-R_1^2-R_2^2)^2-4R_1^2R_2^2}}{(L+R_1-R_2)(L-R_1+R_2)-\sqrt{(L^2-R_1^2-R_2^2)^2-4R_1^2R_2^2}}\\&=\frac{L^2-R_1^2-R_2^2}{2R_1R_2}+\sqrt{\left(\frac{L^2-R_1^2-R_2^2}{2R_1R_2}\right)^2-1}\end{aligned}$$

因此，每单位长度的电容量为

$$C=\frac{2\pi\varepsilon_0}{\ln\left[\frac{L^2-R_1^2-R_2^2}{2R_1R_2}+\sqrt{\left(\frac{L^2-R_1^2-R_2^2}{2R_1R_2}\right)^2-1}\right]}$$

方法 2：采用电轴法。参考图 4-16(b)，根据电轴法，则有

$$h_1^2=R_1^2+b^2$$

$$h_2^2=R_2^2+b^2$$

$$h_1+h_2=L$$

解此方程，容易得到

$$h_1=\frac{1}{2}\left[L-\frac{R_2^2-R_1^2}{L}\right],\quad h_2=\frac{1}{2}\left[L+\frac{R_2^2-R_1^2}{L}\right]$$

$$b=\sqrt{h_2^2-R_2^2}=\sqrt{h_1^2-R_1^2}$$

已知电轴的位置，于是有

$$\phi_1=-\frac{\rho_l}{2\pi\varepsilon_0}\ln\frac{b+(h_1-R_1)}{b-(h_1-R_1)}=-\frac{\rho_l}{2\pi\varepsilon_0}\ln\frac{h_1+b}{R_1}=-\frac{\rho_l}{2\pi\varepsilon_0}\ln\frac{R_1}{h_1-b}$$

$$\phi_2=-\frac{\rho_l}{2\pi\varepsilon_0}\ln\frac{b-(h_2-R_2)}{b+(h_2-R_2)}=-\frac{\rho_l}{2\pi\varepsilon_0}\ln\frac{h_2-b}{R_2}=-\frac{\rho_l}{2\pi\varepsilon_0}\ln\frac{R_2}{h_2+b}$$

上面用到了 $\dfrac{b+(h_1-R_1)}{b-(h_1-R_1)}=\dfrac{h_1+b}{R_1}=\dfrac{R_1}{h_1-b}$，可以通过交叉相乘的方法，直接验证其正确性。

于是，两个导体柱之间的电势差为

$$U=\phi_2-\phi_1=-\frac{\rho_l}{2\pi\varepsilon_0}\ln\left(\frac{R_2}{b+h_2}\frac{R_1}{b+h_1}\right)=\frac{\rho_l}{2\pi\varepsilon_0}\ln\left(\frac{b+h_2}{R_2}\frac{b+h_1}{R_1}\right)$$

于是，单位长度的电容为

$$C=\frac{\rho_l}{U}=\frac{2\pi\varepsilon_0}{\ln\left(\dfrac{b+h_2}{R_2}\dfrac{b+h_1}{R_1}\right)}$$

将前面计算结果代入上式，并进行化简，则

$$C=\frac{\rho_l}{U}=\frac{2\pi\varepsilon_0}{\ln\left(\dfrac{L^2-R_1^2-R_2^2}{2R_1R_2}+\sqrt{\left(\dfrac{L^2-R_1^2-R_2^2}{2R_1R_2}\right)^2-1}\right)}$$

例 4.7 半径为 r_0 的磁介质球被均匀磁化，磁化强度为 $\boldsymbol{M}_0$，计算由磁化电流在球心产生的磁感应强度和磁场强度。

解 如图 4-17 建立坐标系。

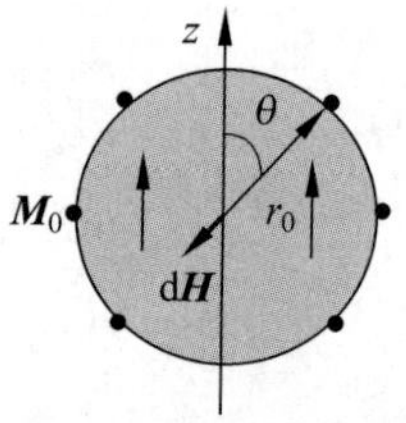

图 4-17 磁化的磁介质球示意图

方法 1：采用磁荷法。材料内的磁荷为

$$\rho_{\mathrm{m}}=-\mu_0\nabla\cdot\boldsymbol{M}=-\mu_0\nabla\cdot\boldsymbol{M}_0=0$$

球面边界上的磁荷为

$$\rho_{S\mathrm{m}}=\mu_0\boldsymbol{M}\cdot\boldsymbol{n}=\mu_0M_0\cos\theta$$

由于球面上的磁荷在球心处产生磁场，因此利用电场和磁场的对偶性，得

$$\boldsymbol{H}=\frac{1}{4\pi\mu_0}\iiint\frac{\rho_{\mathrm{m}}\mathrm{d}V'}{R^2}\boldsymbol{e}_R$$

于是，

$$\mathrm{d}\boldsymbol{H}=\frac{1}{4\pi\mu_0}\frac{\rho_{S\mathrm{m}}\mathrm{d}S'}{r_0^2}\boldsymbol{e}_R$$

由于对称性，磁场强度只有 z 轴方向的分量，所以

$$\mathrm{d}H_z=-\frac{1}{4\pi\mu_0}\frac{\rho_{S\mathrm{m}}\mathrm{d}S'}{r_0^2}\cos\theta$$

因此

$$H_z=-\frac{1}{4\pi\mu_0}\int_0^{2\pi}\int_0^{\pi}\frac{\mu_0M_0\cos^2\theta r_0^2\sin\theta\mathrm{d}\theta\mathrm{d}\varphi}{r_0^2}=-\frac{M_0}{3}$$

所以，磁感应强度为

$$B_z=\mu_0(H_z+M_0)=\frac{2\mu_0M_0}{3}$$

这里特别要注意的是，不能用下面的公式计算磁感应强度

$$B_z=\mu_0H_z=-\frac{\mu_0M_0}{3}$$

这是因为，球体内部是被磁化的，必须使用 $B_z=\mu_0(H_z+M_0)$ 进行求解。

这个题目还可以继续引申：比如利用叠加原理计算球体内外的磁标势；利用磁标势的负梯度计算磁场强度等。

方法 2：采用磁偶极子的场矢量叠加的方法。因球内磁化强度为常矢量，故磁化体电流

密度为 $\boldsymbol{J}_{\mathrm{m}}=\nabla\times\boldsymbol{M}_0=0$。磁化面电流密度为 $\boldsymbol{J}_{\mathrm{Sm}}=\boldsymbol{M}_0\times\boldsymbol{n}$。

对于半径 r_0 的球面，有

$$\boldsymbol{J}_{\mathrm{Sm}}=\boldsymbol{M}_0\times\boldsymbol{e}_r=M_0\sin\theta\boldsymbol{e}_\varphi$$

计算该电流在轴线上任一点的磁感应强度可以用叠加原理。将球面分割为无穷多个与极轴相垂直的薄圆环，利用教材中磁偶极子的结果，即对于半径为 a、载流为 I 的圆环，其轴线上的磁感应强度为 $\boldsymbol{B}=\dfrac{\mu_0a^2I}{2(a^2+z^2)^{3/2}}\boldsymbol{e}_z$，可得磁化面电流 $\boldsymbol{J}_{\mathrm{Sm}}=M_0\sin\theta\boldsymbol{e}_\varphi$ 在轴线上任一点的磁感应强度为

$$\boldsymbol{B}=\int_0^\pi\frac{\mu_0r_0^3M_0\sin^3\theta\mathrm{d}\theta}{2(r_0^2+z^2-2r_0z\cos\theta)^{3/2}}\boldsymbol{e}_z$$

具体计算该积分采用变量代换方法，即令 $r_0^2+z^2-2r_0z\cos\theta=u^2$。

当 $z<r_0$ 时，则有

$$B_z=\int_{r_0-z}^{z+r_0}\frac{\mu_0r_0^3M_0}{2u^2}\left[1-\left(\frac{r_0^2+z^2-u^2}{2r_0z}\right)^2\right]\mathrm{d}u$$

具体计算结果为

$$B_z=\frac{2\mu_0M_0}{3}$$

于是，磁场强度为

$$H_z=B_z/\mu_0-M_0=-\frac{M_0}{3}$$

此式对球内轴线上任意一点都适用。

方法3：利用球坐标系下的分离变量法求解。因此，可以得到空间任意一点的磁场分布。

因为空间无自由电流，所以考虑采用磁标势，具体表达形式如下

$$\begin{cases}\phi_1=A_1rP_1(\cos\theta)\\ \phi_2=A_2r^{-2}P_1(\cos\theta)\end{cases}$$

具体为何通解中仅仅选择阶数为1的一项，可以参考下面的解释。当边界条件为 $r=r_0$ 时，满足

$$H_{1\mathrm{t}}-H_{2\mathrm{t}}=0,\quad 即\quad \frac{\partial\phi_2}{\partial\theta}=\frac{\partial\phi_1}{\partial\theta}$$

且

$$B_{1\mathrm{n}}=B_{2\mathrm{n}}$$

由于法线方向为 $\boldsymbol{e}_r$ 方向，且 $\boldsymbol{B}=\mu_0(\boldsymbol{H}+\boldsymbol{M})$，$\boldsymbol{H}=-\nabla\phi$

所以

$$\mu_0[-\nabla\phi_2]\cdot\boldsymbol{e}_r=\mu_0[-\nabla\phi_1+\boldsymbol{M}_0]\cdot\boldsymbol{e}_r$$

即

$$\mu_0\left[-\frac{\partial\phi_2}{\partial r}\right]=\mu_0\left[-\frac{\partial\phi_1}{\partial r}+M_0\cos\theta\right]$$

从上式可以看出，球坐标系下势函数的通解中，仅仅取阶数为1的一项是有道理的：因为 $P_1(\cos\theta)=\cos\theta$，阶数取1显然可以保证边界条件成立。而我们只要找到一个能使边界条件成立的解，根据唯一性定理，该解就是所求。

代入边界条件可以得到

$$\begin{cases}A_1 = A_2/r_0^3 \\ 2A_2/r_0^3 + A_1 = M_0\end{cases}$$

写成矩阵方程的形式

$$\begin{cases}A_1 - A_2/r_0^3 = 0 \\ A_1 + 2A_2/r_0^3 = M_0\end{cases}$$

求解该二元一次方程组，得到

$$\begin{cases}A_1 = M_0/3 \\ A_2 = M_0 r_0^3/3\end{cases}$$

于是

$$\begin{cases}\phi_1 = \dfrac{M_0}{3} r\cos\theta \\ \phi_2 = \dfrac{M_0 r_0^3}{3} r^{-2}\cos\theta\end{cases}$$

进而得到

$$\begin{aligned}\boldsymbol{H}_1 &= -\nabla\phi_1 = -A_1\cos\theta\boldsymbol{e}_r + A_1\sin\theta\boldsymbol{e}_\theta \\ &= \frac{M_0}{3}(-\cos\theta\boldsymbol{e}_r + \sin\theta\boldsymbol{e}_\theta) = -\frac{M_0}{3}\boldsymbol{e}_z \\ \boldsymbol{H}_2 &= -\nabla\phi_2 = \frac{2A_2}{r^3}\cos\theta\boldsymbol{e}_r + \frac{A_2}{r^3}\sin\theta\boldsymbol{e}_\theta \\ &= \frac{M_0 r_0^3}{3}\,\frac{(2\cos\theta\boldsymbol{e}_r + \sin\theta\boldsymbol{e}_\theta)}{r^3}\end{aligned}$$

由 $\boldsymbol{B} = \mu_0(\boldsymbol{H} + \boldsymbol{M})$ 则可以得到磁感应强度的分布。

$$\boldsymbol{B} = \begin{cases}\dfrac{\mu_0 r_0^3 M_0(2\cos\theta\boldsymbol{e}_r + \sin\theta\boldsymbol{e}_\theta)}{3r^3}, & r > r_0 \\ \dfrac{2\mu_0\boldsymbol{M}_0}{3}, & r < r_0\end{cases}$$

可以看出，这三种方法得到的结果是一致的。

例 4.8 空气中有一无限长载电流 I 的细直导线，平行于半无限大的理想导磁体($\mu=\infty$)的表面，且与表面的距离为 h，如图 4-18 所示。试求空气中和理想导磁体表面处的磁感应强度。

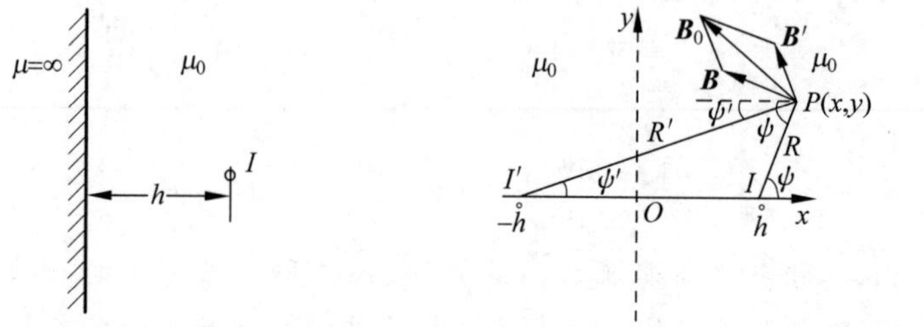

(a) 空气中与边界平面平行的直线电流　(b) 线电流及其镜像线电流共同确定磁场

图 4-18　计算直线电流在理想导磁体旁的磁场

解 采用直角坐标系，取边界平面与 $x=0$ 的平面重合，直线电流 I 与其镜像线电流 I' 皆置于 x 轴上。应用镜像法，图 4-18(b)中的镜像电流为 $I'=I$，符号与 I 相同。若取直线电流 I 沿 z 轴方向为正，则空气中的磁感应强度为

$$\boldsymbol{B}_0=\boldsymbol{B}+\boldsymbol{B}'=\frac{\mu_0 I}{2\pi R}\boldsymbol{e}_\psi+\frac{\mu_0 I'}{2\pi R'}\boldsymbol{e}_{\psi'}=\frac{\mu_0 I}{2\pi}\left(\frac{\boldsymbol{e}_\psi}{R}+\frac{\boldsymbol{e}_{\psi'}}{R'}\right)$$

在直角坐标系内，$R=\sqrt{(x-h)^2+y^2}$，$R'=\sqrt{(x+h)^2+y^2}$，则

$$\begin{aligned}\boldsymbol{B}_0&=\frac{\mu_0 I}{2\pi}\left\{\frac{1}{R}\left[-\cos\left(\frac{\pi}{2}-\psi\right)\boldsymbol{e}_x+\sin\left(\frac{\pi}{2}-\psi\right)\boldsymbol{e}_y\right]+\right.\\&\quad\left.\frac{1}{R'}\left[-\cos\left(\frac{\pi}{2}-\psi'\right)\boldsymbol{e}_x+\sin\left(\frac{\pi}{2}-\psi'\right)\boldsymbol{e}_y\right]\right\}\\&=\frac{\mu_0 I}{2\pi}\left\{-\left[\frac{\sin\psi}{R}+\frac{\sin\psi'}{R'}\right]\boldsymbol{e}_x+\left[\frac{\cos\psi}{R}+\frac{\cos\psi'}{R'}\right]\boldsymbol{e}_y\right\}\\&=\frac{\mu_0 I}{2\pi}\left\{-\left[\frac{y}{(x-h)^2+y^2}+\frac{y}{(x+h)^2+y^2}\right]\boldsymbol{e}_x+\right.\\&\quad\left.\left[\frac{x-h}{(x-h)^2+y^2}+\frac{x+h}{(x+h)^2+y^2}\right]\boldsymbol{e}_y\right\}\end{aligned}$$

在理想导磁体的表面上，$x=0$，故有

$$\boldsymbol{B}_0'=-\frac{\mu_0 I y}{\pi(h^2+y^2)}\boldsymbol{e}_x$$

可见，理想导磁体表面处的磁场与其表面垂直，但在上、下半空间磁场的方向相反，在与线电流正对的点即原点上的磁场为零，而在无限远处磁场亦为零。这与理想导体表面的静电场类似，但又不尽相同。由 $\frac{\mathrm{d}B_0'}{\mathrm{d}y}=0$，可得 $y=\pm h$，由此可得在理想导磁体表面上 $y_1=h$ 和 $y_2=-h$ 处的最大磁感应强度分别为

$$\boldsymbol{B}_{01}'=-\frac{\mu_0 I}{2\pi h}\boldsymbol{e}_x \quad 和 \quad \boldsymbol{B}_{02}'=\frac{\mu_0 I}{2\pi h}\boldsymbol{e}_x$$

例 4.9 一个导体尖劈，顶角为 α，带电势为 V，分析它的尖角附近的电场。

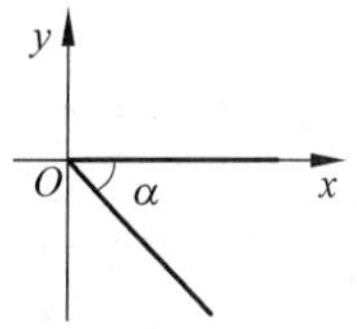

图 4-19 例 4.9 示意图

解 建立圆柱坐标系，如图 4-19 所示。取 z 轴沿尖边，设尖劈以外的空间，即电场存在于 $0\leqslant\varphi\leqslant 2\pi-\alpha$。因 ϕ 不依赖于 z，圆柱坐标下的拉氏方程为

$$\frac{1}{r}\frac{\partial}{\partial r}\left(r\frac{\partial\phi}{\partial r}\right)+\frac{1}{r^2}\frac{\partial^2\phi}{\partial\varphi^2}=0$$

用分离变量法解此方程。设 ϕ 的特解为 $\phi=R(r)\Phi(\varphi)$，则上式分解为两个方程

$$r^2\frac{\mathrm{d}^2 R}{\mathrm{d}r^2}+r\frac{\mathrm{d}R}{\mathrm{d}r}=\nu^2 R$$

$$\frac{\mathrm{d}^2\Phi}{\mathrm{d}\phi^2}+\nu^2\Phi=0$$

其中，ν 为某些正实数或 0。把 ϕ 的特解叠加得 ϕ 的通解

$$\phi=(A_0+B_0\ln r)(C_0+D_0\varphi)+\sum_{\nu}(A_\nu r^\nu+B_\nu r^{-\nu})(C_\nu\cos\nu\varphi+D_\nu\sin\nu\varphi)$$

各待定常量和 ν 的可能值都由边界条件确定。

在尖劈 $\varphi=0$ 面上，$\phi=V$ 与 r 无关，因此

$$A_0C_0=V,\quad B_0=0$$
$$C_\nu=0\quad(\nu\neq 0)$$

因 $r\to 0$ 时 ϕ 有限，得

$$B_0=B_\nu=0$$

在尖劈 $\varphi=2\pi-\alpha$ 面上，有 $\phi=V$ 与 r 无关，必须

$$D_0=0$$
$$\sin\nu(2\pi-\alpha)=0$$

因此 ν 的可能值为

$$\nu_n=\frac{n}{2-\dfrac{\alpha}{\pi}}\quad(n=1,2,\cdots)$$

考虑这些条件，ϕ 可以重写为

$$\phi=V+\sum_n A_n r^{\nu_n}\sin\nu_n\varphi$$

为了确定待定常量 A_n，还必须有额外的边界条件。因此，本题所给的条件是不完全的，还不足以确定全空间的电场。可以对尖角附近的电场做出一定的分析。

在尖角附近，$r\to 0$，上面的求和式的主要贡献来自 r 最低幂次项，即 $n=1$ 项。因此，

$$\phi\approx V+A_1r^{\nu_1}\sin\nu_1\varphi$$

电场为

$$E_r=-\frac{\partial\phi}{\partial r}\approx-\nu_1A_1r^{\nu 1}\sin\nu_1\varphi$$

$$E_\varphi=-\frac{1}{r}\frac{\partial\phi}{\partial\varphi}\approx-\nu_1A_1r^{\nu-1}\cos\nu_1\varphi$$

尖劈两面上的电荷面密度为

$$\sigma=\varepsilon_0E_n=\begin{cases}\varepsilon_0E_\varphi, & \varphi=0\\ -\varepsilon_0E_\varphi, & \varphi=2\pi-\alpha\end{cases}\approx-\varepsilon_0\nu_1A_1r^{\nu_1-1}$$

若 α 很小，有 $\nu_1\approx\dfrac{1}{2}$，尖角附近的场强和电荷面密度都近似地正比于 $r^{-\frac{1}{2}}$。由此可见，尖角附近可能存在很强的电场和电荷面密度。相应的三维针尖问题就是尖端放电现象。

4.6 课后习题详解

习题 4.1 在距地面(大地可视为导体)高为 h 处有一根与地面平行，半径为 $a(a\ll h)$ 的无限长带电直导线，电荷线密度为 ρ_l。试求它在空间产生的电场强度和它在地面上的感应电荷面密度及此系统单位长度的电容。

解 如图 4-20 建立坐标系，则由镜像法可知

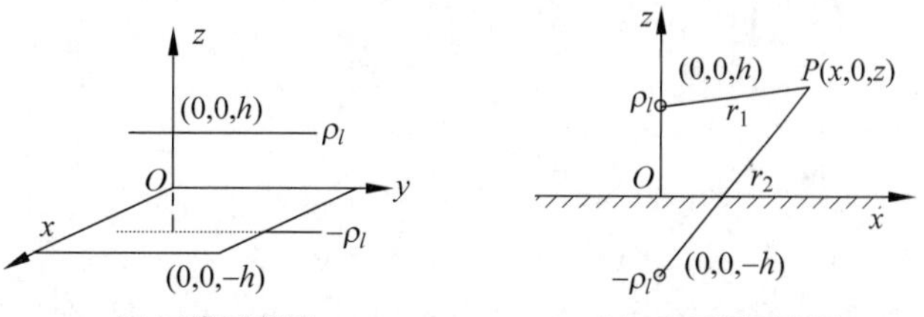

(a) 三维示意图　　(b) xOz平面示意图

图 4-20　习题 4.1 示意图

设 xOy 平面上方任一点(x,y,z)，ρ_l 在此处产生的电场强度为 $\boldsymbol{E}_1=\dfrac{\rho_l}{2\pi r_1\varepsilon_0}\boldsymbol{e}_r$。

由图 4-20 中的几何关系可得 $r_1=\sqrt{x^2+(z-h)^2}$，$\boldsymbol{e}_r=\dfrac{x}{\sqrt{x^2+(z-h)^2}}\boldsymbol{e}_x+\dfrac{z-h}{\sqrt{x^2+(z-h)^2}}\boldsymbol{e}_z$。

所以 $\boldsymbol{E}_1=\dfrac{\rho_l}{2\pi\varepsilon_0}\left[\dfrac{x\boldsymbol{e}_x+(z-h)\boldsymbol{e}_z}{x^2+(z-h)^2}\right]$，同理可得 $\boldsymbol{E}_2=-\dfrac{\rho_l}{2\pi\varepsilon_0}\left[\dfrac{x\boldsymbol{e}_x+(z+h)\boldsymbol{e}_z}{x^2+(z+h)^2}\right]$，则题目要求位置的电场强度为 $\boldsymbol{E}=\dfrac{\rho_l}{2\pi\varepsilon_0}\left[\dfrac{x\boldsymbol{e}_x+(z-h)\boldsymbol{e}_z}{x^2+(z-h)^2}-\dfrac{x\boldsymbol{e}_x+(z+h)\boldsymbol{e}_z}{x^2+(z+h)^2}\right]$。

当 $z=0$ 时，平面附近的电场强度大小为 $E_z=-\dfrac{\rho_l}{2\pi\varepsilon_0}\cdot\dfrac{2h}{x^2+h^2}=-\dfrac{\rho_l h}{\pi\varepsilon_0(x^2+h^2)}$。

由边界条件得，感应电荷密度 $\rho_S=D_n=\varepsilon_0 E_z=-\dfrac{\rho_l h}{\pi(x^2+h^2)}$。

令 $x=0$，得到电容器所在平面内 $\boldsymbol{E}=\dfrac{\rho_l}{2\pi\varepsilon_0}\left[\dfrac{(z-h)\boldsymbol{e}_z}{(z-h)^2}-\dfrac{(z+h)\boldsymbol{e}_z}{(z+h)^2}\right]$。

导体与接地板之间的电势差为

$$U=\int\boldsymbol{E}\cdot\mathrm{d}\boldsymbol{l}=\int_{h-a}^{0}\frac{\rho_l}{2\pi\varepsilon_0}\left[\frac{1}{z-h}-\frac{1}{z+h}\right]\mathrm{d}z$$

$$=\frac{\rho_l}{2\pi\varepsilon_0}\ln\frac{2h-a}{a}$$

所以

$$C=\frac{Q}{U}=\frac{\rho_l}{U}=\frac{2\pi\varepsilon_0}{\ln\dfrac{2h-a}{a}}$$

解题过程中需要注意，有些同学在计算电容器电势差时，计算的是原始导体与其镜像之间的电势差，这样是不对的。因为真实的电容器极板是导体柱以及接地导体板，并不存在镜像导体。因此，利用镜像法计算最终一定要回归到原始问题中去，而不可任意扩大其适用范围。

习题 4.2 在无限大水平导体平板下面距板为 h 处有一质量为 m 的带电小球。试求此小球在空间恰能飘浮起来时所带的电量 Q。若导体板带有密度为 ρ_S 的面电荷，这时小球的带电量又应为何值？

解 取垂直于导体平板且向上的方向为 z 轴正向，根据镜像法，则小球受到的电场力为

$$F = \frac{Q^2}{4\pi\varepsilon_0 (2h)^2} \boldsymbol{e}_z$$

重力为

$$\boldsymbol{G} = -mg\boldsymbol{e}_z$$

二者大小相等，故受力平衡，所以

$$Q = \pm 4h\sqrt{\pi\varepsilon_0 mg}$$

如果平板带电，则小球除了上述受力之外，还有另外一个电场力，即带电平板对它的作用力。且无限大平板产生的电场强度为 $\boldsymbol{E} = -\frac{\rho_S}{2\varepsilon_0}\boldsymbol{e}_z$，因此 $\boldsymbol{F}' = -\frac{\rho_S}{2\varepsilon_0}Q\boldsymbol{e}_z$，所以

$$\frac{Q^2}{4\pi\varepsilon_0 (2h)^2} = \frac{\rho_S}{2\varepsilon_0}Q + mg$$

对其求解可以得到

$$Q = 4\pi\rho_S h^2 \pm 4h\sqrt{\pi^2\rho_S^2 h^2 + \pi\varepsilon_0 mg}$$

习题 4.3 空气中有一点电荷 Q 位于相交成直角的两个半无限大导体平面内，且距两平面的距离分别为 h_1 与 h_2。试求：

(1) 导体平板所构成的直角区域内任一点的电势和电场强度；

(2) 每块导体板上的感应电荷面密度及感应电荷量。

解 设空间中有一点(x, y, z)，如图 4-21 所示构造像电荷并撤去边界。

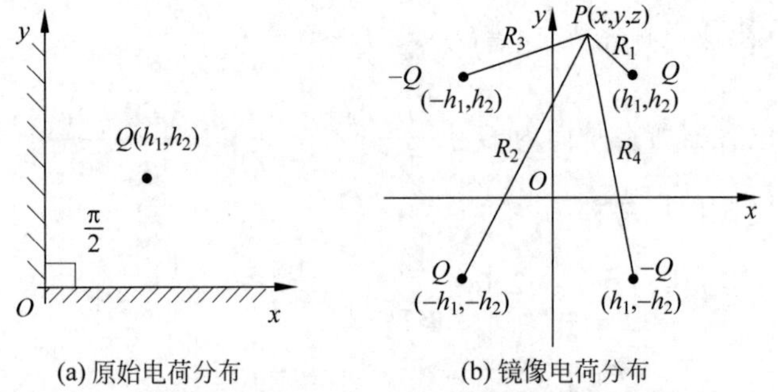

图 4-21 习题 4.3 示意图

(1) 由叠加原理可知电势为

$$\begin{aligned}\phi(x, y, z) &= \frac{Q}{4\pi\varepsilon_0}\left(\frac{1}{R_1} + \frac{1}{R_2} - \frac{1}{R_3} - \frac{1}{R_4}\right) \\ &= \frac{Q}{4\pi\varepsilon_0}\left(\frac{1}{\sqrt{(x-h_1)^2 + (y-h_2)^2 + z^2}} + \frac{1}{\sqrt{(x+h_1)^2 + (y+h_2)^2 + z^2}} - \right. \\ &\quad \left. \frac{1}{\sqrt{(x+h_1)^2 + (y-h_2)^2 + z^2}} - \frac{1}{\sqrt{(x-h_1)^2 + (y+h_2)^2 + z^2}}\right)\end{aligned}$$

电场强度为

$$\boldsymbol{E}(x, y, z) = \frac{Q}{4\pi\varepsilon_0}\left(\frac{(x-h_1)\boldsymbol{e}_x + (y-h_2)\boldsymbol{e}_y + z\boldsymbol{e}_z}{[(x-h_1)^2 + (y-h_2)^2 + z^2]^{3/2}} + \frac{(x+h_1)\boldsymbol{e}_x + (y+h_2)\boldsymbol{e}_y + z\boldsymbol{e}_z}{[(x+h_1)^2 + (y+h_2)^2 + z^2]^{3/2}} - \right.$$

$$\left.\frac{(x+h_1)\boldsymbol{e}_x+(y-h_2)\boldsymbol{e}_y+z\boldsymbol{e}_z}{[(x+h_1)^2+(y-h_2)^2+z^2]^{3/2}}-\frac{(x-h_1)\boldsymbol{e}_x+(y+h_2)\boldsymbol{e}_y+z\boldsymbol{e}_z}{[(x-h_1)^2+(y+h_2)^2+z^2]^{3/2}}\right)$$

(2) 对于 $x=0$ 的导体板,法向电场为

$$\boldsymbol{E}_1=\frac{Q}{4\pi\varepsilon_0}\left\{\frac{2h_1\boldsymbol{e}_x}{[h_1^2+(y+h_2)^2+z^2]^{3/2}}-\frac{2h_1\boldsymbol{e}_x}{[h_1^2+(y-h_2)^2+z^2]^{\frac{3}{2}}}\right\}$$

$x=0$ 的导体板的感应电荷面密度

$$\rho_{S1}=\varepsilon_0E_1=\frac{Qh_1}{2\pi}\left\{\frac{1}{[h_1^2+(y+h_2)^2+z^2]^{\frac{3}{2}}}-\frac{1}{[h_1^2+(y-h_2)^2+z^2]^{\frac{3}{2}}}\right\}$$

同理可得 $y=0$ 的导体面板感应电荷面密度

$$\rho_{S2}=\varepsilon_0E_2=\frac{Qh_2}{2\pi}\left\{\frac{1}{[(x+h_1)^2+h_2^2+z^2]^{\frac{3}{2}}}-\frac{1}{[(x-h_1)^2+h_2^2+z^2]^{\frac{3}{2}}}\right\}$$

所以 $x=0$ 处的面板感应电荷量

$$\begin{aligned}Q_{S1}&=\frac{Qh_1}{2\pi}\iint_{D_1}\left[\frac{1}{[h_1^2+(y+h_2)^2+z^2]^{\frac{3}{2}}}-\frac{1}{[h_1^2+(y-h_2)^2+z^2]^{\frac{3}{2}}}\right]\mathrm{d}y\mathrm{d}z\\&=\frac{Qh_1}{2\pi}\int_0^{\infty}\left[\frac{2}{h_1^2+(y+h_2)^2}-\frac{2}{h_1^2+(y-h_2)^2}\right]\mathrm{d}y\\&=\frac{Qh_1}{2\pi}\left(\frac{2}{h_1}\arctan\frac{y+h_2}{h_1}\Big|_0^{\infty}-\frac{2}{h_1}\arctan\frac{y-h_2}{h_1}\Big|_0^{\infty}\right)\\&=-\frac{2Q}{\pi}\arctan\frac{h_2}{h_1}\end{aligned}$$

其中,D_1 区域为 $z\in(-\infty,+\infty)$,$y\in(0,+\infty)$。上面运用了如下的不定积分公式,即

$$\int\frac{\mathrm{d}x}{(x^2+a^2)^{\frac{3}{2}}}=\frac{x}{a^2\sqrt{x^2+a^2}},\quad \int\frac{\mathrm{d}x}{x^2+a^2}=\frac{1}{a}\arctan\frac{x}{a}$$

同理可得 $y=0$ 的导体面板感应电荷量

$$Q_{S2}=-\frac{2Q}{\pi}\arctan\frac{h_1}{h_2}$$

可以看到,两个导体平面上感应的电荷量总和为

$$Q_S=-\frac{2Q}{\pi}\arctan\frac{h_1}{h_2}-\frac{2Q}{\pi}\arctan\frac{h_2}{h_1}=-Q$$

习题 4.4　双根平行传输线的半径为 a,轴线间的距离为 D,两轴线距地面均为 h。试求此双根传输线单位长度的电容。

解　如图 4-22 所示,引入两个镜像线电荷,保持地平面电势为 0 的边界条件。单根无限长传输线的场强为

$$\boldsymbol{E}=\frac{\rho_l}{2\pi\varepsilon_0r}\boldsymbol{e}_r$$

电势为

$$\phi=-\frac{\rho_l}{2\pi\varepsilon_0}\ln r+C$$

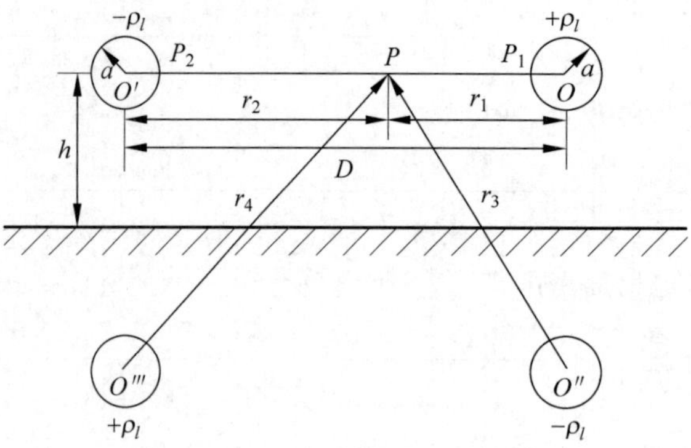

图 4-22　习题 4.4 示意图

常数 C 与参考点位置有关，可设为 0。

因此，四根传输线对于某场点 P 的电势贡献和为

$$\phi=-\frac{\rho_l}{2\pi\varepsilon_0}\ln r_1-\frac{\rho_l}{2\pi\varepsilon_0}\ln r_4+\frac{\rho_l}{2\pi\varepsilon_0}\ln r_2+\frac{\rho_l}{2\pi\varepsilon_0}\ln r_3=\frac{\rho_l}{2\pi\varepsilon_0}\ln\frac{r_2 r_3}{r_1 r_4}$$

两个导体之间的电势差为

$$\phi_{12}=\phi_1-\phi_2=\frac{\rho_l}{2\pi\varepsilon_0}\left(\ln\frac{\sqrt{D^2\cdot 4h^2}}{\sqrt{a^2(D^2+4h^2)}}\right)-\frac{\rho_l}{2\pi\varepsilon_0}\left(\ln\frac{\sqrt{a^2(D^2+4h^2)}}{\sqrt{D^2\cdot 4h^2}}\right)$$

即

$$\phi_{12}=\frac{\rho_l}{2\pi\varepsilon_0}\left(\ln\frac{D^2\cdot 4h^2}{a^2(D^2+4h^2)}\right)$$

电容为

$$C=\frac{\pi\varepsilon_0}{\ln\dfrac{2Dh}{a\sqrt{(D^2+4h^2)}}}$$

习题 4.5　如图 4-23 所示，在内半径为 a 的无限长直导体圆筒内，距其轴线为 $d(d<a)$ 处置一密度为 ρ_l 且与轴线平行的无限长直线电荷。试求圆筒内任一点的电势、电场强度和圆筒内表面上的感应电荷面密度。

解　由镜像法，导体圆柱面外应有一密度为 $\rho_l'=-\rho_l$ 且与圆柱轴线平行的镜像直线电荷，如图 4-23(a)所示。设 ρ_l' 与圆柱轴线的距离为 d'，设圆柱面处的电势为 0，柱内任意一点 P 的电势

$$\phi=-\frac{\rho_l}{2\pi\varepsilon}\ln R-\frac{\rho_l'}{2\pi\varepsilon}\ln R'+C=\frac{\rho_l}{2\pi\varepsilon}\ln\frac{R'}{R}+C$$

当 P 在圆柱面上时，参考图 4-23(b)，有 $\dfrac{R'}{R}=k$（常数），由相似三角形性质可得

$$\frac{a}{d}=\frac{d'}{a}=\frac{R'}{R},\quad 即\quad d'=\frac{a^2}{d}$$

如果选择柱面电势为零，此时柱面有

$$\phi\big|_{r=a}=-\frac{\rho_l}{2\pi\varepsilon}\ln R-\frac{\rho_l'}{2\pi\varepsilon}\ln R'+C=0$$

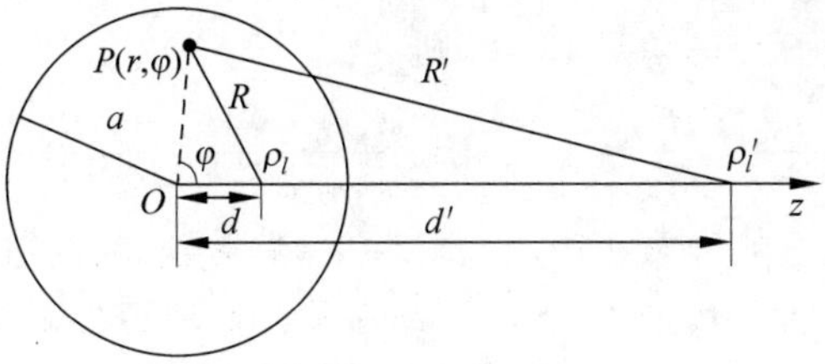

(a) 导体圆筒及其内部线电荷

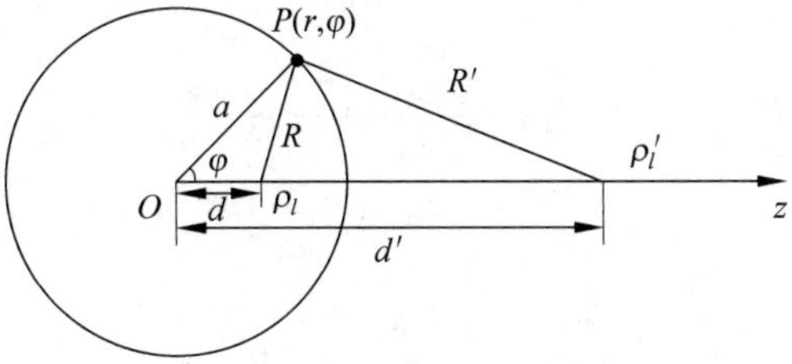

(b) 场点取在柱面上的情形

图 4-23 习题 4.5 示意图

于是有

$$C=\frac{\rho_l}{2\pi\varepsilon}\ln\frac{R}{R'}=-\frac{\rho_l}{2\pi\varepsilon}\ln\frac{R'}{R}=-\frac{\rho_l}{2\pi\varepsilon}\ln\frac{a}{d}$$

任意一点的电势分布为

$$\phi=\frac{\rho_l}{2\pi\varepsilon}\ln\frac{R'}{R}+C=-\frac{\rho_l}{4\pi\varepsilon}\ln\frac{a^2(r^2+d^2-2rd\cos\varphi)}{(a^4+d^2r^2-2a^2dr\cos\varphi)}$$

其中，$\begin{cases}R'^2=r^2+d'^2-2rd'\cos\varphi\\R^2=r^2+d^2-2rd\cos\varphi\end{cases}$。

$$\boldsymbol{E}=-\nabla\phi=\frac{\rho_l}{2\pi\varepsilon}\left[\frac{(r-d\cos\varphi)\boldsymbol{e}_r+d\sin\varphi\boldsymbol{e}_\varphi}{d^2+r^2-2dr\cos\varphi}-\frac{\left(r-\frac{a^2}{d}\cos\varphi\boldsymbol{e}_r+\frac{a^2}{d}\sin\varphi\boldsymbol{e}_\varphi\right.}{\left(\frac{a^2}{d}\right)^2+r^2-2\frac{a^2}{d}r\cos\varphi}\right]$$

在 $r=a$ 处时，

$$E_r=\frac{\rho_l}{2\pi\varepsilon}\left[\frac{a-d\cos\varphi}{d^2+a^2-2da\cos\varphi}-\frac{a-\frac{a^2}{d}\cos\varphi}{\left(\frac{a^2}{d}\right)^2+a^2-2\frac{a^2}{d}a\cos\varphi}\right]$$

$$=\frac{\rho_l}{2\pi\varepsilon}\left[\frac{a-d\cos\varphi}{d^2+a^2-2da\cos\varphi}-\frac{\frac{d^2}{a}-d\cos\varphi}{d^2+a^2-2ad\cos\varphi}\right]$$

$$=\frac{\rho_l}{2\pi\varepsilon}\frac{a-\frac{d^2}{a}}{d^2+a^2-2da\cos\varphi}$$

电荷密度为 $\rho_S=\boldsymbol{D}\cdot\boldsymbol{n}$，由于 $\boldsymbol{n}=-\boldsymbol{e}_r$，所以

$$\rho_S=\boldsymbol{D}\cdot\boldsymbol{n}=-\varepsilon\boldsymbol{E}\cdot\boldsymbol{e}_r=-\varepsilon E_r=\frac{\rho_l}{2\pi}\frac{\frac{d^2}{a}-a}{d^2+a^2-2ad\cos\varphi}$$

事实上，还可以取零势能面使得常数 $C=0$，则

$$\phi=\frac{\rho_l}{2\pi\varepsilon}\ln\frac{R'}{R}=-\frac{\rho_l}{4\pi\varepsilon}\ln\frac{d^2(r^2+d^2-2rd\cos\varphi)}{(a^4+d^2r^2-2a^2dr\cos\varphi)}$$

可以看出，与前面计算的电势分布相比，二者仅差一个常数，其他结果不变。

习题 4.6 如图 4-24 所示，在半径为 a 的无限长直理想导磁圆柱体（$\mu=\infty$）外距其轴线为 d 处置一与轴线平行的无限长直线电流 I，圆柱外为空气。试求圆柱外的磁感应强度。

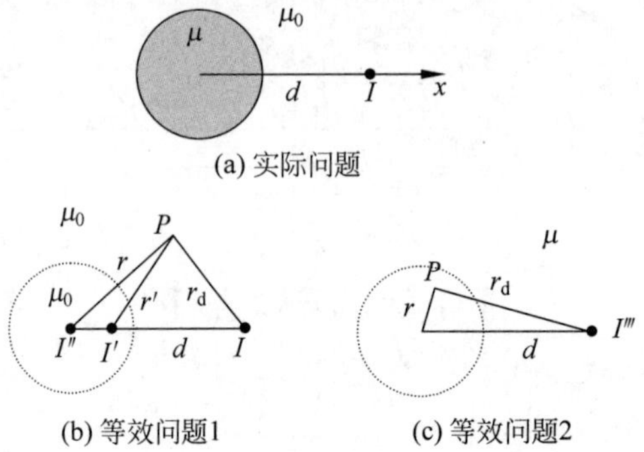

图 4-24　习题 4.6 示意图

解　如图 4-24 所示，考虑镜像法。将圆柱内外看成两个区域，外部区域的磁场由载流导线 I 及其镜像 $I'=k_1I$、$I''=-k_1I$ 获得，内部区域的磁场由放置在原始电流位置的另一个载流导线 $I'''=k_2I$ 获得，则

$$A_{z0}=-\frac{\mu_0I}{2\pi}\ln r_d-\frac{\mu_0k_1I}{2\pi}\ln r'+\frac{\mu_0k_1I}{2\pi}\ln r+C$$

且

$$r_d^2=r^2+d^2-2dr\cos\varphi$$

$$r'^2=r^2+\left(\frac{a^2}{d}\right)^2-2r\left(\frac{a^2}{d}\right)\cos\varphi$$

对于圆柱内区域，则有

$$A_z=-\frac{\mu k_2I}{2\pi}\ln r_d+C$$

考虑边界条件，即 $B_{1n}=B_{2n}$，则

$$\frac{\mu_0d}{r_d^2}+\frac{\mu_0k_1}{r'^2}\frac{a^2}{d}=\frac{\mu k_2d}{r_d^2}$$

注意到在圆周上，有 $\frac{r_d}{r'}=\frac{d}{a}$，则可以得到

$$\mu_0(1+k_1)=\mu k_2$$

同样，$H_{1t}=H_{2t}$，所以

$$\frac{a-d\cos\varphi}{r_d^2}+k_1\frac{a-(a^2/d)\cos\varphi}{r'^2}-\frac{k_1}{a}=k_2\frac{a-d\cos\varphi}{r_d^2}$$

即

$$1-k_1-k_2=0\quad（此时，方程的成立与角度\ \varphi\ 无关）$$

联立求解,可以得到

$$k_1=\frac{\mu-\mu_0}{\mu+\mu_0},\quad k_2=\frac{2\mu_0}{\mu+\mu_0}$$

由于圆柱为理想的磁导体,所以$\mu\to\infty$,于是$k_1=1,k_2=0$。

于是

$$A_{z0}=-\frac{\mu_0 I}{2\pi}\ln\frac{r_d r'}{r}+C$$

$$\boldsymbol{B}(r,\varphi)=\nabla\times\boldsymbol{A}=-\boldsymbol{e}_r\frac{\mu_0 I}{2\pi}\sin\varphi\left(\frac{d}{d^2+r^2-2dr\cos\varphi}+\frac{a^2/d}{a^4/d^2+r^2-2(a^2/d)r\cos\varphi}\right)+$$

$$\boldsymbol{e}_\varphi\frac{\mu_0 I}{2\pi}\left(\frac{r-d\cos\varphi}{d^2+r^2-2dr\cos\varphi}+\frac{r-(a^2/d)\cos\varphi}{a^4/d^2+r^2-2(a^2/d)r\cos\varphi}-\frac{1}{r}\right)$$

习题4.7 如图4-25所示,点电荷Q位于半径为a的接地薄导体球壳内距球心为d处。试求导体球壳内的电势和电场强度及球壳内表面上的感应电荷面密度。

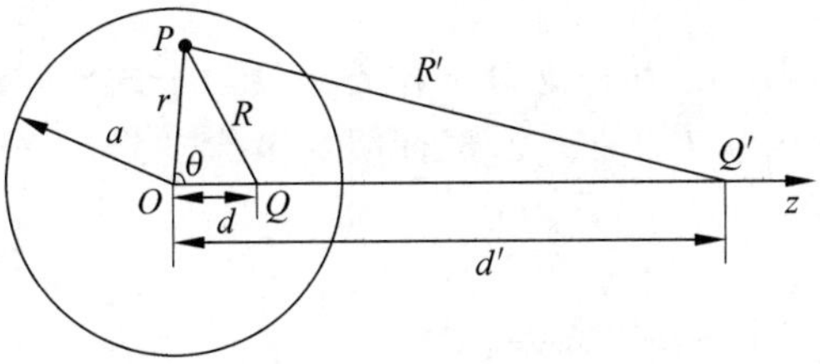

(a) 导体球壳及其内部的点电荷

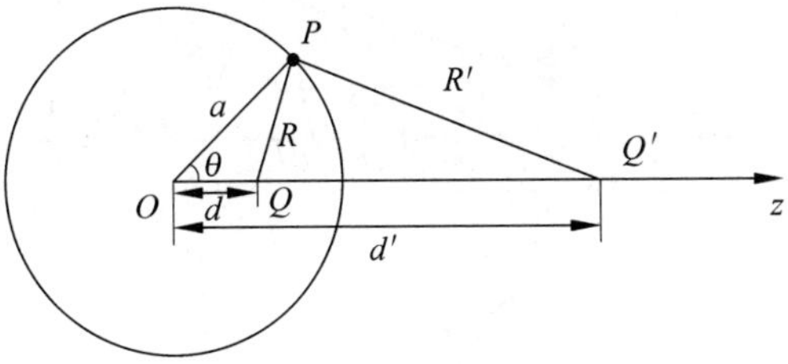

(b) 场点在球面的情形

图4-25 习题4.7示意图

解 设点电荷Q对导体球的镜像电荷Q'位于点电荷与球心的连线上,且在球外距球心的距离为d',以该方向为z轴,建立球坐标系,如图4-25所示。在球坐标系中,球内任一点P的电势$\phi=\frac{1}{4\pi\varepsilon}\left(\frac{Q}{R}+\frac{Q'}{R'}\right)$,当$P$在球面上时,

$$\phi_S=\frac{1}{4\pi\varepsilon}\left(\frac{Q}{R}+\frac{Q'}{R'}\right)=0$$

所以

$$\frac{d}{a}=\frac{a}{d'}=\frac{R}{R'}=-\frac{Q}{Q'}\Rightarrow d'=\frac{a^2}{d},\quad Q'=-\frac{a}{d}Q$$

则

$$\phi=\frac{1}{4\pi\varepsilon}\left(\frac{Q}{R}-\frac{aQ}{dR'}\right)=\frac{Q}{4\pi\varepsilon}\left(\frac{1}{R}-\frac{a}{dR'}\right)$$

其中，
$$\begin{cases}R'^2=r^2+d'^2-2rd'\cos\theta=r^2+\left(\dfrac{a^2}{d}\right)^2-2r\left(\dfrac{a^2}{d}\right)\cos\theta\\R^2=r^2+d^2-2rd\cos\theta\end{cases}$$

则
$$\phi=\frac{Q}{4\pi\varepsilon}\left(\frac{1}{(r^2+d^2-2rd\cos\theta)^{\frac{1}{2}}}-\frac{a}{d}\frac{1}{\left(r^2+\dfrac{a^4}{d^2}-2r\dfrac{a^2}{d}\cos\theta\right)^{\frac{1}{2}}}\right)$$

$$\boldsymbol{E}=-\nabla\phi=\frac{Q}{4\pi\varepsilon}\left[\frac{(r-d\cos\theta)\boldsymbol{e}_r+d\sin\theta\boldsymbol{e}_\theta}{(r^2+d^2-2rd\cos\theta)^{\frac{3}{2}}}-\frac{a}{d}\frac{\left(r-\dfrac{a^2}{d}\cos\theta\right)\boldsymbol{e}_r+\dfrac{a^2}{d}\sin\theta\boldsymbol{e}_\theta}{\left(r^2+\dfrac{a^4}{d^2}-2r\dfrac{a^2}{d}\cos\theta\right)^{\frac{3}{2}}}\right]$$

在 $r=a$ 处

$$\rho_S=\boldsymbol{D}\cdot\boldsymbol{n}=-\varepsilon_0E=\frac{-Q}{4\pi}\frac{a-\dfrac{d^2}{a}}{(a^2+d^2-2ad\cos\theta)^{\frac{3}{2}}}$$

习题 4.8 两个点电荷$+Q$和$-Q$分别位于半径为 a 的导体球直径延长线上（两侧），并且关于圆心对称，距球心为 d 且 $d>a$，试证明其镜像电荷是位于球心的电偶极子，其偶极矩为 $p=\dfrac{2a^3Q}{d^2}$。

解 习题 4.8 示意图如图 4-26 所示。

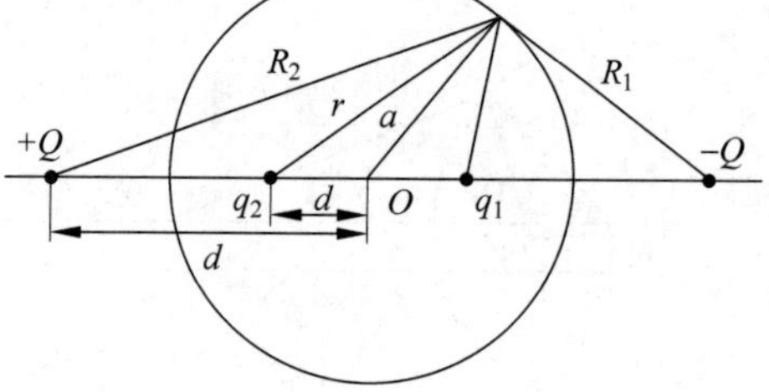

图 4-26 习题 4.8 示意图

本题相当于用两次镜像法，先分析左半部分，右半部分同理可得。

根据前面题目的结论，可知 q_2 满足$\dfrac{q_2}{Q}=-\dfrac{r}{R_2}$，其中 r 为 q_2 到球面的距离。

根据相似三角形的结论，有$\dfrac{r}{R_2}=\dfrac{a}{d}=\dfrac{d'}{a}$，因此 $q_2=-\dfrac{a}{d}Q$。

而 q_2 距离球心的长度 $d'=\dfrac{a^2}{d}$，则两个镜像电荷的间距为 $2d'=\dfrac{2a^2}{d}$，因此偶极矩为 $p=ql=\dfrac{2a^3}{d^2}Q$。

习题 4.9 空气中有一电荷 Q 放在图 4-27 所示的接地导体上方，画出镜像电荷分布并标出相应电荷量，写出空气中电势分布函数 $\phi(x,y)$ 的表达式（不必详细计算）。

解 为了满足球面电势为零，地平面电势为零，镜像电荷的位置如图 4-27 所示。图中，q_1,q_2 均距离球心$\dfrac{a^2}{R}$，q_3 距离球心 R，q_1,Q 在同一直线上且过圆心，q_2,q_3 在同一直线上且过圆心，两部分关于 x 对称。电荷量为

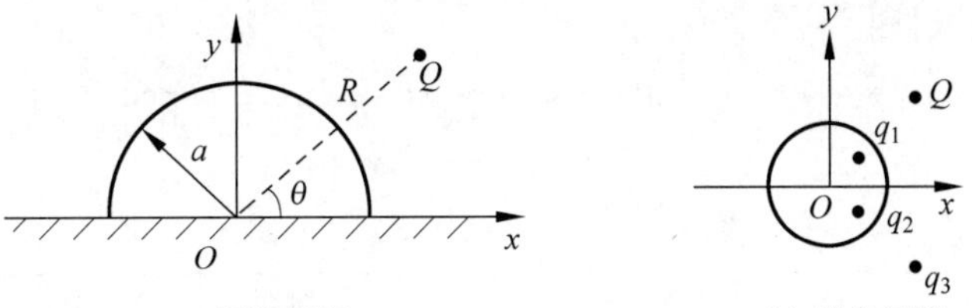

(a) 原始问题　　(b) 镜像问题

图 4-27　习题 4.9 示意图

$$q_1=-\frac{a}{R}Q,\quad q_2=\frac{a}{R}Q,\quad q_3=-Q$$

设 Q,q_1,q_2,q_3 距离某场点分别为 r,r_1,r_2,r_3，则场点电势为

$$\phi=\frac{Q}{4\pi\varepsilon_0}\left(\frac{1}{r}-\frac{a}{Rr_1}+\frac{a}{Rr_2}-\frac{1}{r_3}\right)$$

习题 4.10　如图 4-28 所示，地面上有一半径为 a 的半球形土堆，球心在地面上。若在半球的对称轴上离球心为 $h(h>a)$ 处置一点电荷 Q。若大地可视为导体，试求空间的电势和半球凸部上的感应电荷。

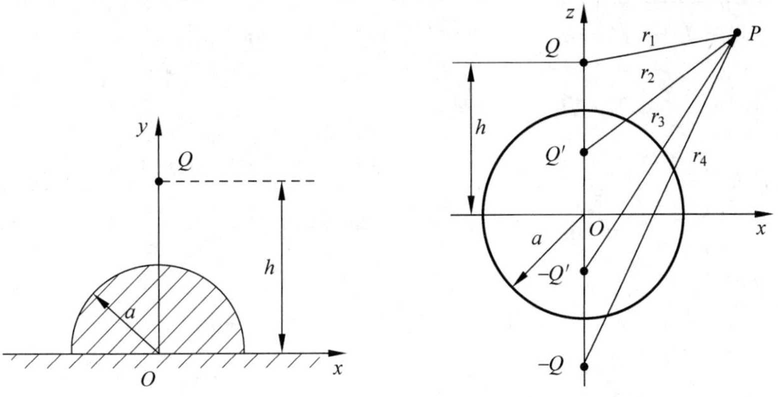

(a) 原始问题　　(b) 镜像问题

图 4-28　习题 4.10 示意图

解　将半球形导体补为球形导体，球形导体的镜像电荷 Q' 如图 4-28 所示。Q' 距球心的距离为 $\frac{a^2}{h}$，则 $\frac{Q'}{Q}=\frac{-\frac{a^2}{h}}{a}\Rightarrow Q'=-\frac{a}{h}Q$。先使用直角坐标系，设空间中的任意一点 $P(x,y,z)$，计算 P 点的电势为

$$\phi=\frac{Q}{4\pi\varepsilon_0}\left(\frac{1}{r_1}-\frac{\frac{a}{h}}{r_2}+\frac{\frac{a}{h}}{r_3}-\frac{1}{r_4}\right)$$

其中，

$$r_1=\left[x^2+y^2+(z-h)^2\right]^{\frac{1}{2}},\quad r_2=\left[x^2+y^2+\left(z-\frac{a^2}{h}\right)^2\right]^{\frac{1}{2}}$$

$$r_3=\left[x^2+y^2+\left(z+\frac{a^2}{h}\right)^2\right]^{\frac{1}{2}},\quad r_4=\left[x^2+y^2+(z+h)^2\right]^{\frac{1}{2}}$$

转换为球坐标系表示，则

$$x=r\cos\varphi\sin\theta,\quad y=r\sin\varphi\sin\theta,\quad z=r\cos\theta$$

则

$$\phi=\frac{Q}{4\pi\varepsilon_0}\left\{\frac{1}{(r^2+h^2-2rh\cos\theta)^{\frac{1}{2}}}-\frac{1}{\left[\left(\frac{rh}{a}\right)^2+a^2-2hr\cos\theta\right]^{\frac{1}{2}}}+\right.$$

$$\left.\frac{1}{\left[\left(\frac{rh}{a}\right)^2+a^2+2hr\cos\theta\right]^{\frac{1}{2}}}-\frac{1}{(r^2+h^2+2rh\cos\theta)^{\frac{1}{2}}}\right\}$$

$$\boldsymbol{E}=-\nabla\phi=\frac{Q}{4\pi\varepsilon_0}\left\{\frac{(r-h\cos\theta)\boldsymbol{e}_r+h\sin\theta\boldsymbol{e}_\theta}{[r^2+h^2-2hr\cos\theta]^{\frac{3}{2}}}-\frac{\left(\frac{h^2}{a^2}r-h\cos\theta\right)\boldsymbol{e}_r+h\sin\theta\boldsymbol{e}_\theta}{\left[\left(\frac{rh}{a}\right)^2+a^2-2hr\cos\theta\right]^{\frac{3}{2}}}-\right.$$

$$\left.\frac{(r+h\cos\theta)\boldsymbol{e}_r-h\sin\theta\boldsymbol{e}_\theta}{[r^2+h^2+2hr\cos\theta]^{\frac{3}{2}}}+\frac{\left(\frac{h^2}{a^2}r+h\cos\theta\right)\boldsymbol{e}_r-h\sin\theta\boldsymbol{e}_\theta}{\left[\left(\frac{rh}{a}\right)^2+a^2+2hr\cos\theta\right]^{\frac{3}{2}}}\right\}$$

在 $r=a$ 处，有

$$\rho_S=\varepsilon_0E_r\Big|_{r=a}=\frac{Q\left(a-\frac{h^2}{a}\right)}{4\pi}\left[\frac{1}{(a^2+h^2-2ha\cos\theta)^{\frac{3}{2}}}-\frac{1}{(a^2+h^2+2ha\cos\theta)^{\frac{3}{2}}}\right]$$

所以，$Q=\iint_S\rho_S\,\mathrm{d}S$

$$=\int_0^{2\pi}\int_0^{\frac{\pi}{2}}\frac{Q\left(a-\frac{h^2}{a}\right)}{4\pi}\left[\frac{1}{(a^2+h^2-2ha\cos\theta)^{\frac{3}{2}}}-\frac{1}{(a^2+h^2+2ha\cos\theta)^{\frac{3}{2}}}\right]a^2\sin\theta\,\mathrm{d}\theta\,\mathrm{d}\varphi$$

$$=-Q\left[1-\frac{h^2-a^2}{h(h^2+a^2)^{\frac{1}{2}}}\right]$$

类似地，在 $\theta=\frac{\pi}{2}$处，有

$$\rho_S=-\varepsilon_0E_\theta\Big|_{\theta=\frac{\pi}{2}}=-\frac{Qh}{2\pi}\left[\frac{1}{(r^2+h^2)^{\frac{3}{2}}}-\frac{1}{\left(\frac{r^2h^2}{a^2}+a^2\right)^{\frac{3}{2}}}\right]$$

$$=-\frac{Qh}{2\pi}\left\{\frac{1}{(r^2+h^2)^{\frac{3}{2}}}-\frac{(a/h)^3}{\left(r^2+\left(\frac{a^2}{h}\right)^2\right)^{\frac{3}{2}}}\right\}$$

所以，
$$Q=\iint_S\rho_S\,\mathrm{d}S=\int_0^{2\pi}\int_a^{\infty}-\frac{Qh}{2\pi}\left\{\frac{1}{(r^2+h^2)^{\frac{3}{2}}}-\frac{(a/h)^3}{\left(r^2+\left(\frac{a^2}{h}\right)^2\right)^{\frac{3}{2}}}\right\}r\,\mathrm{d}r\,\mathrm{d}\varphi$$

$$=\int_a^{\infty}-\frac{Qh}{2\pi}\left\{\frac{1}{(r^2+h^2)^{\frac{3}{2}}}-\frac{\left(\frac{a}{h}\right)^3}{\left(r^2+\left(\frac{a^2}{h}\right)^2\right)^{\frac{3}{2}}}\right\}2\pi r\,\mathrm{d}r$$

$$=-Q\left[\frac{h^2-a^2}{h(h^2+a^2)^{\frac{1}{2}}}\right]$$

习题 4.11　如图 4-29 所示，两同心薄导体球壳的半径分别为 r_1 和 $r_2(r_1<r_2)$，外球壳接地。一点电荷 Q 置于两球壳间距球心为 d 处。试求两个球壳之间各点的电势（提示：只考虑该电荷关于两个球壳的一次镜像，不考虑镜像电荷的镜像）。

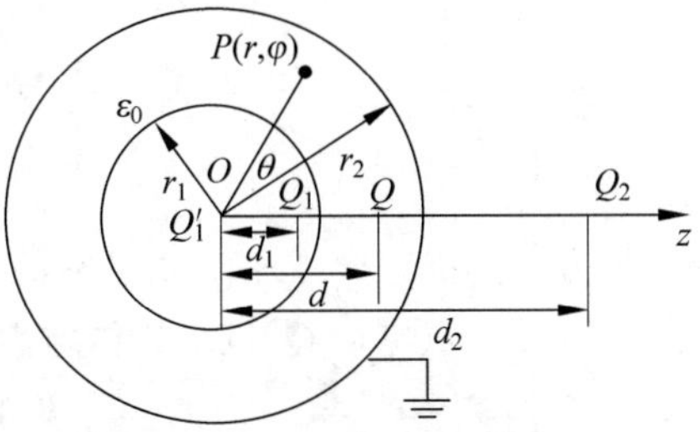

图 4-29　习题 4.11 示意图

解　该题可以运用镜像法和叠加定理分别求出内球壳和外球壳产生的电势。连接球心和电荷作一条直线，并取该直线为 z 轴，如图 4-29 所示。

对于外球壳而言，Q 在外球壳上感应出负电荷，根据镜像法可知这些负电荷在 d_2 处等效为 Q_2，则

$$d_2=\frac{r_2^2}{d},\quad Q_2=-\frac{r_2}{d}Q$$

Q_2 在外球壳内产生的电势为

$$\phi_2=-\frac{r_2Q}{4\pi\varepsilon_0 d}\cdot\frac{1}{\sqrt{\frac{r_2^4}{d^2}+r^2-2r\frac{r_2^2}{d}\cos\theta}}$$

对于内球壳而言，Q 在内球壳外，依据镜像法可知 Q 在内球壳感应出的电荷分别在 d_1 处等效为 Q_1，在 d_1' 处等效为 Q_1'，即

$$d_1=\frac{r_1^2}{d},\quad Q_1=-\frac{r_1}{d}Q,\quad d_1'=0,\quad Q_1'=\frac{r_1}{d}Q$$

Q_1 在内球壳外产生的电势为

$$\phi_1=-\frac{r_1Q}{4\pi\varepsilon_0 d}\cdot\frac{1}{\sqrt{\frac{r_1^4}{d^2}+r^2-2r\frac{r_1^2}{d}\cos\theta}}$$

Q_1' 在内球壳外产生的电势为

$$\phi_1'=\frac{r_1Q}{4\pi\varepsilon_0 d}\cdot\frac{1}{r}$$

当以无穷远处为参考点（电势零点）时，综上所述，当 $r_1\leqslant r\leqslant r_2$ 时，

$$\phi=\phi_0+\phi_1+\phi_1'+\phi_2=\frac{Q}{4\pi\varepsilon_0}\cdot\frac{1}{\sqrt{d^2+r^2-2rd\cos\theta}}-\frac{r_2Q}{4\pi\varepsilon_0 d}\cdot\frac{1}{\sqrt{\frac{r_2^4}{d^2}+r^2-2r\frac{r_2^2}{d}\cos\theta}}-$$

$$\frac{r_1Q}{4\pi\varepsilon_0 d}\cdot\frac{1}{\sqrt{\frac{r_1^4}{d^2}+r^2-2r\frac{r_1^2}{d}\cos\theta}}+\frac{r_1Q}{4\pi\varepsilon_0 d}\cdot\frac{1}{r}+\cdots$$

所以
$$\phi=\frac{Q}{4\pi\varepsilon_0}\left[\frac{1}{\sqrt{d^2+r^2-2rd\cos\theta}}-\frac{r_2}{d}\cdot\frac{1}{\sqrt{\frac{r_2^4}{d^2}+r^2-2r\frac{r_2^2}{d}\cos\theta}}-\right.$$

$$\left.\frac{r_1}{d}\cdot\frac{1}{\sqrt{\frac{r_1^4}{d^2}+r^2-2r\frac{r_1^2}{d}\cos\theta}}+\frac{r_1}{d}\cdot\frac{1}{r}+\cdots\right]$$

习题 4.12 真空中有一半径为 a 的接地导体球，AB 是它的一条切线，OB 和 OA 间的夹角为 60°，如图 4-30 所示。若在 B 点放一点电荷 Q，试求导体球面点 A 处的感应电荷面密度。

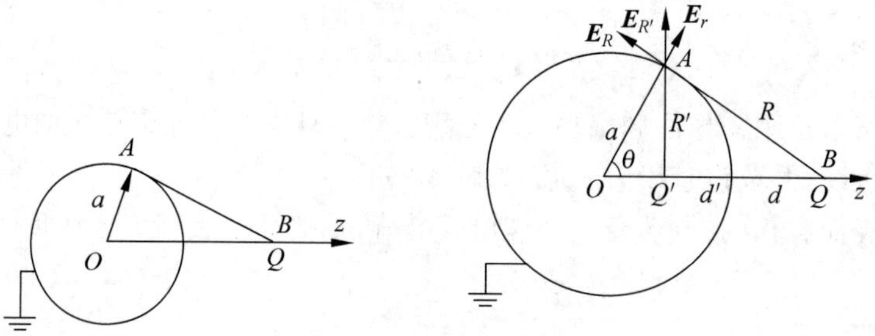

图 4-30 习题 4.12 示意图

解 设 OQ 连线上，位于球内有一个镜像电荷，为了满足球面电势为 0，要求镜像电荷距离球心 $d'=\frac{a^2}{d}$，镜像电荷 $Q'=-\frac{a}{d}Q$，其中 a 为球半径。在本题中，$d=2a$。

方法 1：如图 4-30 所示，点电荷 Q 和其镜像电荷 Q' 在导体球面点 A 处产生的电场强度分别为

$$\boldsymbol{E}_{R'}=\frac{Q'}{4\pi\varepsilon R'^2}\boldsymbol{e}_{R'},\quad \boldsymbol{E}_R=\frac{Q}{4\pi\varepsilon R^2}\boldsymbol{e}_R$$

根据叠加原理，导体球面点 A 处电场强度的径向分量为

$$\boldsymbol{E}_r=[E_{R'}\cos(90^\circ-\theta)+E_R\cos 90^\circ]\,\boldsymbol{e}_r=\frac{Q'}{4\pi\varepsilon R'^2}\sin\theta\boldsymbol{e}_r$$

其中，$R'^2=a^2+d'^2-2ad\cos\theta=\frac{3}{4}a^2$，代入 $\theta=60^\circ$ 得

$$E_r=-\frac{Q}{4\sqrt{3}\pi\varepsilon a^2}$$

故点 A 处的感应电荷面密度为 $\rho_S=\varepsilon E_r=-\dfrac{\sqrt{3}Q}{12\pi a^2}$

方法 2：根据
$$\phi=\frac{1}{4\pi\varepsilon}\left(\frac{Q}{R}+\frac{Q'}{R'}\right)$$

其中

$$\begin{cases}R'^2=r^2+d'^2-2rd'\cos\theta=r^2+\left(\dfrac{a^2}{d}\right)^2-2r\left(\dfrac{a^2}{d}\right)\cos\theta\\R^2=r^2+d^2-2rd\cos\theta\end{cases}$$

则

$$\phi=\frac{Q}{4\pi\varepsilon}\left(\frac{1}{(r^2+d^2-2rd\cos\theta)^{\frac{1}{2}}}-\frac{a}{d}\frac{1}{\left(r^2+\dfrac{a^4}{d^2}-2r\dfrac{a^2}{d}\cos\theta\right)^{\frac{1}{2}}}\right)$$

$$\begin{aligned}\boldsymbol{E}(r,\theta)&=-\nabla\phi\\&=\frac{Q}{4\pi\varepsilon}\left[\frac{(r-d\cos\theta)\boldsymbol{e}_r+d\sin\theta\boldsymbol{e}_\theta}{(d^2+r^2-2dr\cos\theta)^{\frac{3}{2}}}-\frac{a}{d}\frac{(r-(a^2/d)\cos\theta)\boldsymbol{e}_r+(a^2/d)\sin\theta\boldsymbol{e}_\theta}{(a^4/d^2+r^2-2(a^2/d)r\cos\theta)^{\frac{3}{2}}}\right]\end{aligned}$$

取径向分量，代入 $r=a,\theta=60°$，也得面电荷密度

$$\rho_S=\varepsilon E_r=-\frac{\sqrt{3}Q}{12\pi a^2}$$

习题 4.13　设 $z=0$ 的平面上分布有电荷，电荷面密度为 $\rho_S=\rho_{S0}\sin\alpha x\sin\beta y$，其中 ρ_{S0}，α,β 为常数。试求空间任一点的电势分布。

解　观察电荷的分布形式，猜测上半空间电势分布为

$$\phi=C\sin\alpha x\sin\beta yZ(z)$$

代入拉普拉斯方程，容易得到

$$(-\alpha^2-\beta^2)C\sin\alpha x\sin\beta yZ(z)+C\sin\alpha x\sin\beta yZ''(z)=0$$

所以

$$Z''(z)-(\alpha^2+\beta^2)Z(z)=0$$

即

$$\phi(x,y,z)=C\sin\alpha x\sin\beta y\exp(-\Gamma z)$$

其中，$\Gamma=\sqrt{\alpha^2+\beta^2}$。

同理，对于下半空间，其电势分布为

$$\phi(x,y,z)=D\sin\alpha x\sin\beta y\exp(\Gamma z)$$

考虑 $z=0$ 处的边界条件，有

$$\phi_1=\phi_2,\quad -\varepsilon_0\frac{\partial\phi_1}{\partial z}+\varepsilon_0\frac{\partial\phi_2}{\partial z}=\rho_S$$

则 $C=D$ 且

$$C\varepsilon_0\Gamma\sin\alpha x\sin\beta y+C\varepsilon_0\Gamma\sin\alpha x\sin\beta y=\rho_{S0}\sin\alpha x\sin\beta y$$

所以，$C=\dfrac{\rho_{S0}}{2\varepsilon_0\Gamma}$。

综上可得，空间中的电势分布为

$$\phi(x,y,z)=\begin{cases}\dfrac{\rho_{S0}}{2\varepsilon_0\sqrt{\alpha^2+\beta^2}}\sin\alpha x\sin\beta y\exp(-\Gamma z), & z\geqslant 0\\ \dfrac{\rho_{S0}}{2\varepsilon_0\sqrt{\alpha^2+\beta^2}}\sin\alpha x\sin\beta y\exp(\Gamma z), & z\leqslant 0\end{cases}$$

习题 4.14 一个横截面是矩形的无限长薄导体管，其截面尺寸沿正 x 方向为 a，沿正 y 方向为 b。边界面上的电势除 $x=a,0<y\leqslant\dfrac{b}{2},\phi=\dfrac{\phi_0 y}{b}$ 和 $x=a,\dfrac{b}{2}\leqslant y<b$，$\phi=\phi_0\left(1-\dfrac{y}{b}\right)$ 外（ϕ_0 为常数），其余平面上的电势均为零。试求矩形导体管内任一点的电势。

解 由题意可得

$$\begin{cases}\nabla^2\phi=0\\ \phi(x,0)=0,\phi(x,b)=0\\ \phi(0,y)=0,\phi(a,y)=\phi_0\dfrac{y}{b}, & y\in\left(0,\dfrac{b}{2}\right]\\ \phi(a,y)=\phi_0\left(1-\dfrac{y}{b}\right), & y\in\left[\dfrac{b}{2},b\right)\end{cases}$$

由分离变量法得

$$\begin{cases}\dfrac{\mathrm{d}^2Y}{\mathrm{d}y^2}+k_y^2Y=0\\ Y(0)=0,Y(b)=0\end{cases}$$

所以本征函数

$$Y_n(y)=\sin\frac{n\pi}{b}y,\quad n=1,2,\cdots$$

本征值

$$k_y=\frac{n\pi}{b},\quad n=1,2,\cdots$$

因为

$$k_x^2=-k_y^2=-\left(\frac{n\pi}{b}\right)^2,\quad n=1,2,\cdots$$

所以

$$X_n(x)=A_n\sinh\frac{n\pi}{b}x+B_n\cosh\frac{n\pi}{b}x$$

得到

$$\phi(x,y)=\sum_{n=1}^{\infty}\left(A_n\sinh\frac{n\pi}{b}x+B_n\cosh\frac{n\pi}{b}x\right)\cdot\sin\frac{n\pi}{b}y$$

由 $\phi(0,y)=0$ 得

$$\sum_{n=1}^{\infty}B_n\sin\frac{n\pi}{b}y=0\Rightarrow B_n=0\Rightarrow\phi(x,y)=\sum_{n=1}^{\infty}A_n\sinh\frac{n\pi}{b}x\sin\frac{n\pi}{b}y$$

又因为

$$\phi(a,y)=\begin{cases}\phi_0\dfrac{y}{b}, & y\in\left(0,\dfrac{b}{2}\right]\\ \phi_0\left(1-\dfrac{y}{b}\right), & y\in\left[\dfrac{b}{2},b\right)\end{cases}$$

由傅里叶级数展开可得

$$A_n\sinh\frac{n\pi a}{b}=\frac{2}{b}\int_0^b f(y)\sin\frac{n\pi}{b}y\,\mathrm{d}y=\frac{2}{b}\int_0^{\frac{b}{2}}\phi_0\frac{y}{b}\sin\frac{n\pi}{b}y\,\mathrm{d}y+\frac{2}{b}\int_{\frac{b}{2}}^{b}\phi_0\left(1-\frac{y}{b}\right)\sin\frac{n\pi}{b}y\,\mathrm{d}y$$

$$=\frac{4\phi_0}{(n\pi)^2}\sin\frac{n\pi}{2}$$

$$=\begin{cases}0, & n=2k\\ \dfrac{4\phi_0(-1)^{k-1}}{(2k-1)^2\pi^2}, & n=2k-1\end{cases}$$

所以

$$A_n=\begin{cases}0, & n=2k\\ \dfrac{4\phi_0(-1)^{k-1}}{(2k-1)^2\pi^2\sinh\dfrac{(2k-1)\pi a}{b}}, & n=2k-1(k=1,2,\cdots)\end{cases}$$

所以

$$\phi(x,y)=\frac{4\phi_0}{\pi^2}\sum_{k=1}^{\infty}\frac{(-1)^{k-1}}{(2k-1)^2\sinh\dfrac{(2k-1)\pi a}{b}}\cdot\sinh\frac{(2k-1)\pi x}{b}\cdot\sin\frac{(2k-1)\pi y}{b},k=1,2,\cdots$$

习题 4.15 沿 z 方向为无限长的矩形薄导体管，其截面尺寸沿正 x 方向为 a，沿正 y 方向为 b。试求下述两种情况下此矩形域内的电势。

(1) 除 $y=0$ 的平面上 $\phi=\phi_0\sin\dfrac{\pi x}{a}$ 外，其余平面上的电势均为零；

(2) 除 $x=0$ 的平面上 $\phi=\phi_0$ 和 $x=a$ 的平面上 $\phi=\phi_0$ 外，其余平面上的电势均为零。

解

(1) 由题意可得

$$\begin{cases}\nabla^2\phi=0\\ \phi(0,y)=0, & \phi(a,y)=0\\ \phi(x,0)=\phi_0\sin\dfrac{\pi x}{a}, & \phi(x,b)=0\end{cases}$$

由分离变量法可得

$$\begin{cases}\dfrac{\mathrm{d}^2X}{\mathrm{d}x^2}+k_x^2X=0\\ X(0)=0,X(a)=0\end{cases}$$

所以得到本征函数

$$X_n(x)=\sin\frac{n\pi}{a}x,\quad n=1,2,\cdots$$

本征值

$$k_x=\frac{n\pi}{a},\quad n=1,2,\cdots$$

所以

$$k_y^2=-k_x^2=-\left(\frac{n\pi}{a}\right)^2,\quad n=1,2,\cdots$$

所以

$$Y_n(y)=A_n\sinh\frac{n\pi}{a}y+B_n\cosh\frac{n\pi}{a}y$$

所以

$$\phi(x,y)=\sum_{n=1}^{\infty}\left(A_n\sinh\frac{n\pi}{a}y+B_n\cosh\frac{n\pi}{a}y\right)\cdot\sin\frac{n\pi}{a}x$$

由 $\phi(x,0)=\phi_0\sin\frac{\pi x}{a}$ 得，

$$\sum_{n=1}^{\infty}\left(B_n\sin\frac{n\pi}{a}x\right)=\phi_0\sin\frac{\pi x}{a}\Rightarrow B_1=\phi_0,\quad B_n=0,n\neq 1$$

又因为 $\phi(x,b)=0$ 得

$$A_1\sinh\frac{b\pi}{a}+\phi_0\cosh\frac{b\pi}{a}=0\Rightarrow A_1=-\phi_0\frac{\cosh\frac{b\pi}{a}}{\sinh\frac{b\pi}{a}},A_n=0,n\neq 1$$

所以

$$\phi(x,y)=\phi_0\left(-\frac{\cosh\frac{b\pi}{a}}{\sinh\frac{b\pi}{a}}\sinh\frac{\pi}{a}y+\cosh\frac{\pi}{a}y\right)\cdot\sin\frac{\pi}{a}x$$

$$=\phi_0\frac{\sinh\frac{\pi}{a}(b-y)}{\sinh\frac{b\pi}{a}}\cdot\sin\frac{\pi x}{a}$$

(2) 由题意可得

$$\begin{cases}\nabla^2\phi=0\\ \phi(x,0)=0,\phi(x,b)=0\\ \phi(0,y)=\phi_0,\phi(a,y)=\phi_0\end{cases}$$

由分离变量法可得

$$\begin{cases}\dfrac{d^2Y}{dy^2}+k_y^2Y=0\\ Y(0)=Y(b)=0\end{cases}$$

所以得到本征函数

$$Y_n(y)=\sin\frac{n\pi}{b}y,\quad n=1,2,\cdots$$

本征值

$$k_y=\frac{n\pi}{b},\quad n=1,2,\cdots$$

所以

$$k_x^2=-k_y^2=-\left(\frac{n\pi}{b}\right)^2,\quad n=1,2,\cdots$$

所以

$$X_n(x)=A_n\sinh\frac{n\pi}{b}x+B_n\cosh\frac{n\pi}{b}x$$

所以

$$\phi(x,y)=\sum_{n=1}^{\infty}\left(A_n\sinh\frac{n\pi}{b}x+B_n\cosh\frac{n\pi}{b}x\right)\cdot\sin\frac{n\pi}{b}y$$

当 $\phi(0,y)=\phi_0,\sum\limits_{n=1}^{\infty}B_n\cdot\sin\frac{n\pi}{b}y=\phi_0$ 时

$$B_n=\frac{2}{b}\int_0^b\phi_0\sin\frac{n\pi}{b}y\,\mathrm{d}y=\frac{2\phi_0}{n\pi}(-\cos n\pi+1)$$

当 $n=2n-1$ 时

$$B_n=\frac{4\phi_0}{(2n-1)\pi}$$

当 $\phi(a,y)=\phi_0$ 时

$$\sum_{n=1}^{\infty}\left[A_n\sinh\frac{a(2n-1)\pi}{b}+B_n\cosh\frac{a(2n-1)\pi}{b}\right]\cdot\sin\frac{n\pi}{b}y=\phi_0$$

$$\Rightarrow A_n\cdot\sinh\frac{(2n-1)a\pi}{b}+\frac{4\phi_0}{(2n-1)\pi}\cosh\frac{(2n-1)a\pi}{b}=\frac{4\phi_0}{(2n-1)\pi}$$

$$\Rightarrow A_n=\frac{\dfrac{4\phi_0}{(2n-1)\pi}\left[1-\cosh\dfrac{(2n-1)a\pi}{b}\right]}{\sinh\dfrac{(2n-1)a\pi}{b}}$$

得到

$$\phi(x,y)=\frac{4\phi_0}{\pi}\sum_{n=1}^{\infty}\frac{1}{2n-1}\cdot\left[\cosh\frac{(2n-1)\pi x}{b}+\frac{\left(1-\cosh\dfrac{(2n-1)a\pi}{b}\right)}{\sinh\dfrac{(2n-1)a\pi}{b}}\sinh\frac{(2n-1)\pi x}{b}\right]\cdot\sin\frac{(2n-1)\pi}{b}y$$

习题 4.16　试求如图 4-31 所示的矩形区域内的电势分布。

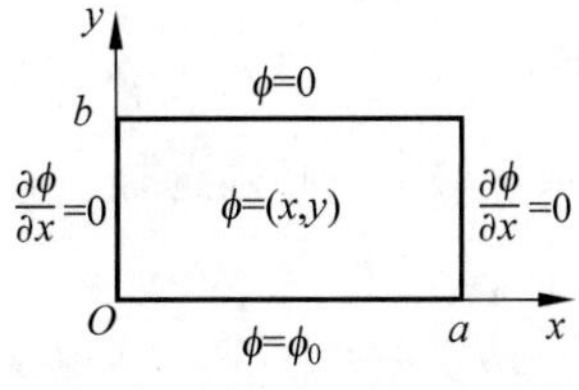

图 4-31　习题 4.16 示意图

解 由题意可得

$$\begin{cases}\nabla^2\phi=0\\ \phi(x,b)=0,\quad \phi(x,0)=\phi_0\\ \left.\dfrac{\partial\phi}{\partial x}\right|_{x=0}=0,\quad \left.\dfrac{\partial\phi}{\partial x}\right|_{x=a}=0\end{cases}$$

由分离变量法得

$$\begin{cases}\dfrac{d^2X}{dx^2}+k_x^2X=0\\ X'(0)=0,X'(a)=0\end{cases}$$

本征函数

$$X_n(x)=\cos\frac{n\pi}{a}x,\quad n=0,1,2,\cdots$$

所以

$$\phi(x,y)=A_0y+B_0+\sum_{n=1}^{\infty}\cos\frac{n\pi}{a}x\left(A_n\sinh\frac{n\pi}{a}y+B_n\cosh\frac{n\pi}{a}y\right)$$

这里需要注意，当 $k_{xn}^2=0$ 时，对应地有

$$\frac{d^2Y}{dy^2}+k_{yn}^2Y=\frac{d^2Y}{dy^2}=0$$

所以

$$\phi_0(x,y)=A_0y+B_0$$

由于

$$\phi(x,0)=\phi_0,\quad \sum_{n=0}^{\infty}B_n\cos\left(\frac{n\pi}{a}x\right)=\phi_0$$

$$B_0=\phi_0,\quad B_n=0,\quad n=1,2,3\cdots$$

另外，

$$\phi(x,b)=0,\quad B_0+A_0b+\sum_{n=1}^{\infty}A_n\cosh\left(\frac{n\pi}{a}b\right)\cos\left(\frac{n\pi}{a}x\right)=0$$

$$A_0=-\frac{B_0}{b}=-\frac{\phi_0}{b},\quad A_n=0,\quad n=1,2,3\cdots$$

所以

$$\phi(x,y)=\phi_0\left(1-\frac{y}{b}\right)$$

习题 4.17 在三维矩形域的边界面上，除 $x=0$ 的平面上 $\phi=\phi_0$ 和 $x=a$ 的平面上 $\phi=\phi_0\sin\dfrac{3\pi y}{b}$ 外，其他各平面上的电势均为零。试求此矩形域内的电势。

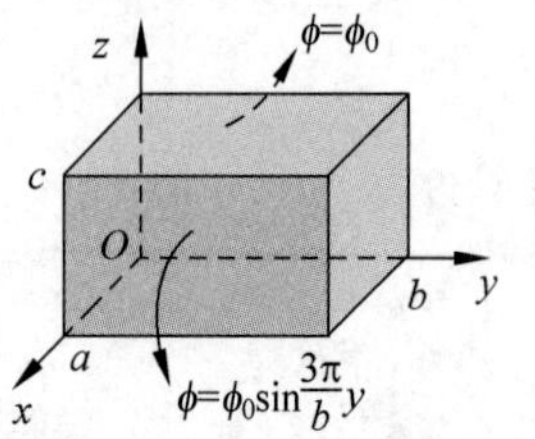

图 4-32 习题 4.17 示意图

解 如图 4-32 所示。应用分离变量法解此三维问题，令 $\phi(x,y,z)=X(x)Y(y)Z(z)$。为满足 $y=0,b$ 时 $\phi=0$ 的边界条件，$Y(y)$ 必须选择 $\sin\dfrac{m\pi y}{b}$ 形式的解，其中 m 是正整数，$k_y=\dfrac{m\pi}{b}$。

同理，由 $z=0,c$ 时 $\phi=0$ 的边界条件，$Z(z)$ 也必须为 $\sin\dfrac{n\pi z}{c}$ 形式的解，其中 n 是正整数，$k_z=\dfrac{n\pi}{c}$，则由 $k_x^2+k_y^2+k_z^2=0$，得 $k_x^2=-(k_y^2+k_z^2)<0$，于是

$$k_x=\pm \mathrm{j}\sqrt{k_y^2+k_z^2}=\pm \mathrm{j}\sqrt{\left(\frac{m\pi}{b}\right)^2+\left(\frac{n\pi}{c}\right)^2}=\pm \mathrm{j}\Gamma_{mn}$$

式中，$\Gamma_{mn}=|k_x|=\sqrt{\left(\dfrac{m\pi}{b}\right)^2+\left(\dfrac{n\pi}{c}\right)^2}$。

因此，$X(x)$ 两个可能的解是指数函数形式或者双曲函数。由于所研究的区域在 x 方向有限，所以选择双曲函数形式，即 $\sinh\Gamma_{mn}x$ 与 $\cosh\Gamma_{mn}x$。

于是，题目的本征解为

$$\phi_{mn}(x,y,z)=(A_{mn}\sinh\Gamma_{mn}x+B_{mn}\cosh\Gamma_{mn}x)\sin\frac{m\pi}{b}y\sin\frac{n\pi}{c}z$$

对应的通解为

$$\phi(x,y,z)=\sum_n\sum_m(A_{mn}\sinh\Gamma_{mn}x+B_{mn}\cosh\Gamma_{mn}x)\sin\frac{m\pi}{b}y\sin\frac{n\pi}{c}z$$

由于当 $x=0$ 时，$\phi=\phi_0$，所以

$$\sum_n\sum_m B_{mn}\sin\frac{m\pi}{b}y\sin\frac{n\pi}{c}z=\phi_0$$

又因为当 $x=a$ 时，$\phi=\phi_0\sin\dfrac{3\pi}{b}y$，所以

$$\sum_n\sum_m(A_{mn}\sinh\Gamma_{mn}a+B_{mn}\cosh\Gamma_{mn}a)\sin\frac{m\pi}{b}y\sin\frac{n\pi}{c}z=\phi_0\sin\frac{3\pi}{b}y。$$

采用二维的傅里叶级数展开法，可以得到上述两式的系数为

$$B_{mn}=\frac{4}{bc}\int_0^b\int_0^c\phi_0\sin\frac{m\pi y}{b}\sin\frac{n\pi z}{c}\mathrm{d}y\mathrm{d}z$$
$$=\frac{4\phi_0}{mn\pi^2}[1-(-1)^m][1-(-1)^n]$$

同理，

$$A_{mn}\sinh\Gamma_{mn}a+B_{mn}\cosh\Gamma_{mn}a$$
$$=\frac{4}{bc}\int_0^b\int_0^c\phi_0\sin\frac{3\pi}{b}y\sin\frac{m\pi}{b}y\sin\frac{n\pi}{c}z\mathrm{d}y\mathrm{d}z$$
$$=\frac{2\phi_0}{n\pi}\delta_{3m}[1-(-1)^n]$$

考虑到 m 和 n 只可以取奇数，稍做整理，可得

$$B_{mn}=\frac{16\phi_0}{(2m-1)(2n-1)\pi^2}$$

$$A_{mn}\sinh\Gamma_{mn}a+B_{mn}\cosh\Gamma_{mn}a=\frac{4\phi_0}{(2n-1)\pi}\delta_{3(2m-1)}$$

$$A_{mn}=\left(\frac{4\phi_0}{(2n-1)\pi}\delta_{3(2m-1)}-\frac{16\phi_0\cosh\Gamma_{mn}a}{(2m-1)(2n-1)\pi^2}\right)/\sinh\Gamma_{mn}a$$

$$\phi(x,y,z)=\sum_n\sum_m(A_{mn}\sinh\Gamma_{mn}x+B_{mn}\cosh\Gamma_{mn}x)\sin\frac{(2m-1)\pi}{b}y\sin\frac{(2n-1)\pi}{c}z$$

$$\Gamma_{mn}=\sqrt{\left(\frac{(2m-1)\pi}{b}\right)^2+\left(\frac{(2n-1)\pi}{c}\right)^2}$$

习题 4.18 如图 4-33 所示，一半径为 a 的无限长直导体圆柱置于均匀电场 $\boldsymbol{E}_0$ 中，柱轴与 $\boldsymbol{E}_0$ 垂直，导体圆柱外是空气。设导体圆柱表面的电势为零，试求柱外任一点的电势、电场强度与柱面上的感应电荷面密度及其最大值。

解 由于是二维柱形场问题，设通解为

$$\phi(r,\varphi,z)=\sum_{n=1}^{+\infty}(A_nr^n+B_nr^{-n})\cos n\varphi+A_0+B_0\ln r$$

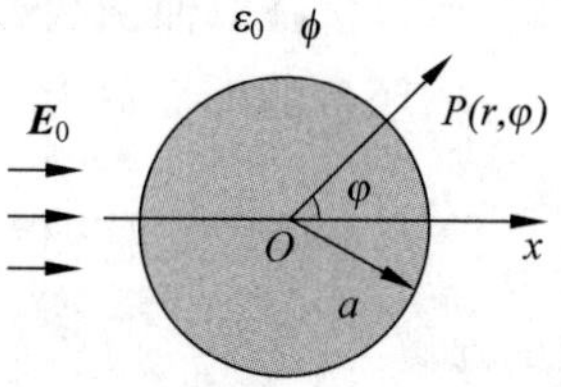

图 4-33 习题 4.18 示意图

外加电场的电势表示为

$$\phi_0=-E_0x+C=-E_0r\cos\varphi+C$$

当矢径 r 趋于无穷时，有等式

$$\phi_1=\sum_{n=1}^{+\infty}A_nr^n\cos n\varphi+A_0+B_0\ln r=-E_0r\cos\varphi+C$$

则

$$B_0=0,\quad A_0=C,\quad n=1,\quad A_1=-E_0$$

常数项设为 0，电势的通解为

$$\phi(r,\varphi)=(-E_0r+B_1r^{-1})\cos\varphi$$

且柱面电势为 0，则

$$\phi(a,\varphi)=(-E_0a+B_1a^{-1})\cos\varphi=0$$

得

$$B_1=E_0a^2$$

因此电势为

$$\phi(r,\varphi)=(-E_0r+E_0a^2r^{-1})\cos\varphi$$

在圆柱坐标系下取负梯度得电场分布

$$\boldsymbol{E}=\left(1+\frac{a^2}{r^2}\right)E_0\cos\varphi\boldsymbol{e}_r+\left(-1+\frac{a^2}{r^2}\right)E_0\sin\varphi\boldsymbol{e}_\varphi$$

电荷面密度

$$\rho_S=\varepsilon_0E_r|_{r=a}=2\varepsilon_0E_0\cos\varphi$$

$$\rho_{S\max}=2\varepsilon_0E_0$$

习题 4.19 如图 4-34 所示，电子透镜是由两个半径为 a、长为 $\dfrac{d}{2}$ 的导体圆筒构成，其间的缝隙很小，两端面各有导线栅网。两圆筒及其栅网的电势分别为零和 ϕ_0。试求透镜内的电势。

解 方法 1：取左侧端面为 xOy 平面，透镜轴线为 z 轴，为了简化边界条件，设

$$\phi = u + \frac{\phi_0}{d}z$$

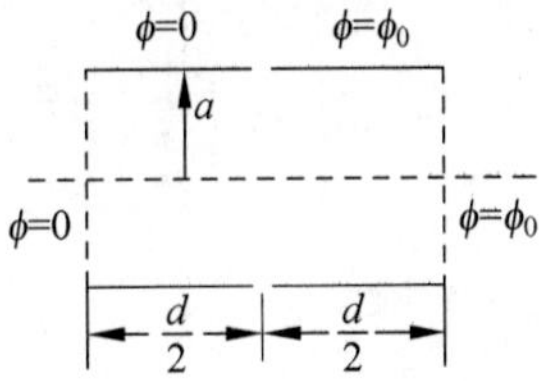

图 4-34 习题 4.19 示意图

研究对象转换为 u

$$\begin{cases} \Delta u = 0 \\ u|_{z=0,d} = 0 \\ u|_{r=a} = f(z) = \begin{cases} \phi_0 - \dfrac{\phi_0}{d}z, & \dfrac{d}{2} < z < d \\ -\dfrac{\phi_0}{d}z, & 0 < z < \dfrac{d}{2} \end{cases} \end{cases}$$

根据正 z 方向为齐次边界，r 方向为非齐次边界，并根据轴对称的特点，设通解为

$$u = \sum_n A_n I_0\left(\frac{n\pi}{d}r\right)\sin\frac{n\pi}{d}z$$

代入 $r=a$ 的条件

$$\sum_n A_n I_0\left(\frac{n\pi}{d}r\right)\sin\frac{n\pi}{d}z = f(z)$$

所以
$$A_n I_0\left(\frac{n\pi}{d}a\right) = \frac{2}{d}\int_0^d f(z)\sin\frac{n\pi}{d}z\,\mathrm{d}z = \frac{2\phi_0}{n\pi}\cos\frac{n\pi}{2}$$

只有当 n 为偶数时，上式不为 0。

因此

$$A_n = \frac{\dfrac{\phi_0}{n\pi}(-1)^n}{I_0\left(\dfrac{2n\pi}{d}a\right)}, \quad n = 1,2,\cdots$$

所以
$$\phi = \sum_n \frac{\dfrac{\phi_0}{n\pi}(-1)^n}{I_0\left(\dfrac{2n\pi}{d}a\right)} I_0\left(\frac{2n\pi}{d}r\right)\sin\left(\frac{2n\pi}{d}z\right), \quad n = 1,2,\cdots$$

方法 2：运用叠加原理，将非齐次的边界条件分离，从而将原始问题简化为两个简单的问题之和。

$$\begin{cases} \Delta\phi_1 = 0 \\ \phi_1|_{z=0,d} = 0 \\ \phi_1|_{r=a} = f(z) = \begin{cases} \phi_0, & \dfrac{d}{2} < z < d \\ 0, & 0 < z < \dfrac{d}{2} \end{cases} \end{cases}$$

$$\phi_1(r,z) = \sum_n A_n I_0\left(\frac{n\pi r}{d}\right)\sin\left(\frac{n\pi z}{d}\right)$$

考虑边界条件，则有

$$\sum_n A_n I_0\left(\frac{n\pi a}{d}\right)\sin\left(\frac{n\pi z}{d}\right) = f(z)$$

所以

$$A_n I_0\left(\frac{n\pi a}{d}\right)=\frac{2}{d}\int_0^d f(z)\sin\left(\frac{n\pi z}{d}\right)\mathrm{d}z=\frac{2}{d}\int_{d/2}^d \phi_0\sin\left(\frac{n\pi z}{d}\right)\mathrm{d}z$$

$$=-\frac{2\phi_0}{n\pi}\left((-1)^n-\cos\frac{n\pi}{2}\right)$$

于是得到,

$$\phi_1=\sum_n\left\{-\frac{2\phi_0}{n\pi}\frac{\left[(-1)^n-\cos\frac{n\pi}{2}\right]}{I_0\left(\frac{n\pi a}{d}\right)}\right\}I_0\left(\frac{n\pi r}{d}\right)\sin\left(\frac{n\pi z}{d}\right)$$

另外一个简单的边值问题是

$$\begin{cases}\Delta\phi_2=0\\ \phi_2\big|_{z=0}=0,\phi_2\big|_{z=d}=\phi_0\\ \phi_2\big|_{r=a}=0\end{cases}$$

根据柱侧面第一类齐次边界条件,有

$$\phi_2=\sum_n B_n\sinh\frac{x_n^{(0)}}{a}zJ_0\left(\frac{x_n^{(0)}}{a}r\right)$$

其中,$x_n^{(0)}$ 是 $J_0(x)$的第 n 个根。代入正 z 方向的边界条件,得

$$\sum_n B_n\sinh\left(\frac{x_n^{(0)}}{a}d\right)J_0\left(\frac{x_n^{(0)}}{a}r\right)=\phi_0$$

$$B_n\sinh\left(\frac{x_n^{(0)}}{a}d\right)=\frac{1}{|N_n^{(0)}|^2}\int_0^a\phi_0 J_0\left(\frac{x_n^{(0)}}{a}r\right)r\,\mathrm{d}r=\frac{2\phi_0}{x_n^{(0)}J_1(x_n^{(0)})}$$

其中,$|N_n^{(0)}|^2=\int_0^a J_0^2\left(\frac{x_n^{(0)}}{a}r\right)r\,\mathrm{d}r=\frac{a^2}{2}J_1^2(x_n^{(0)})$。

所以

$$B_n=\frac{2\phi_0}{x_n^{(0)}J_1(x_n^{(0)})\sinh\left(\frac{x_n^{(0)}}{a}d\right)}$$

则 $\phi=\phi_1+\phi_2$ 即为所求。

$$\phi=\sum_n\left\{-\frac{2\phi_0}{n\pi}\frac{\left[(-1)^n-\cos\frac{n\pi}{2}\right]}{I_0\left(\frac{n\pi a}{d}\right)}\right\}I_0\left(\frac{n\pi r}{d}\right)\sin\left(\frac{n\pi z}{d}\right)+$$

$$\sum_n\frac{2\phi_0}{x_n^{(0)}J_1(x_n^{(0)})\sinh\left(\frac{x_n^{(0)}}{a}d\right)}\sinh\left(\frac{x_n^{(0)}}{a}z\right)J_0\left(\frac{x_n^{(0)}}{a}r\right)$$

习题 4.20 在空气里的均匀电场 $\boldsymbol{E}_0$ 内置一半径为 a 的长直导线,其轴线与 $\boldsymbol{E}_0$ 垂直,线外包一层介电常数为 ε、外半径为 b 的电介质。试求空间各点的电势。

解　取长直导线的轴线为 z 轴，x 轴方向与均匀电场的方向相同，建立圆柱坐标系。由于是二维圆柱坐标系的场分布问题，设介质外自由空间电势 ϕ_e 通解为

$$\phi_e = \sum_{n=0}^{+\infty}(A_n r^n + B_n r^{-n})\cos n\varphi + A_0 + B_0 \ln r$$

由于场关于 x 轴是偶函数，所以仅需考虑余弦项。设远场电势为

$$\phi_0 = -E_0 r\cos\varphi$$

当矢径趋于无穷大时，有等式

$$\sum_n A_n r^n \cos n\varphi + A_0 + B_0 \ln r = -E_0 r\cos\varphi$$

得

$$A_1 = -E_0, \quad B_0 = 0, \quad n = 1$$

式中，A_0 为任意常数，表示电势参考点的选择，这里可以指定其为 0，则

$$\phi_e = (-E_0 r + B_1 r^{-1})\cos\varphi$$

同理，可设介质内部的电势分布为

$$\phi_i = (A'_1 r + B'_1 r^{-1})\cos\varphi$$

设内部导体为电势参考点，结合介质外表面的边界条件，得

$$\begin{cases} -E_0 b + B_1 b^{-1} = A'_1 b + B'_1 b^{-1} \\ A'_1 a + B'_1 a^{-1} = 0 \\ \varepsilon_0\left(-E_0 - \dfrac{B_1}{b^2}\right) = \varepsilon\left(A'_1 - \dfrac{B'_1}{b^2}\right) \end{cases}$$

即

$$\begin{cases} bA'_1 + b^{-1}B'_1 - b^{-1}B_1 = -E_0 b \\ aA'_1 + a^{-1}B'_1 = 0 \\ \varepsilon A'_1 - \varepsilon\dfrac{B'_1}{b^2} + \varepsilon_0\dfrac{B_1}{b^2} = -\varepsilon_0 E_0 \end{cases}$$

联立上式可得

$$A'_1 = \frac{-2\varepsilon_0 E_0}{\varepsilon + \dfrac{a^2}{b^2}\varepsilon + \varepsilon_0 - \dfrac{a^2}{b^2}\varepsilon_0}$$

$$B'_1 = -a^2 A'_1$$

得介质内的电势为

$$\phi_i = \left[-\frac{2E_0\varepsilon_0 b^2}{(\varepsilon_0+\varepsilon)b^2 + (\varepsilon-\varepsilon_0)a^2} r + \frac{2E_0\varepsilon_0 a^2 b^2}{(\varepsilon_0+\varepsilon)b^2 + (\varepsilon-\varepsilon_0)a^2}\frac{1}{r}\right]\cos\varphi$$

同理，得自由空间的电势为

$$\phi_e = E_0\left[-r + \frac{(\varepsilon-\varepsilon_0)b^4 + (\varepsilon+\varepsilon_0)a^2 b^2}{(\varepsilon_0+\varepsilon)b^2 + (\varepsilon-\varepsilon_0)a^2}\frac{1}{r}\right]\cos\varphi$$

对于上述三元一次方程组的求解，可以直接使用 MATLAB 下的符号工具箱进行求解，从而大大降低计算过程。其主要代码如下：

```
syms a b epsilon epsilon0 E0 x;                    %定义符号变量
M = [b 1/b - 1/b;
    a 1/a 0;
    epsilon - epsilon/b^2 epsilon0/b^2];           %定义系数矩阵
N = [ - E0 * b 0 - E0 * epsilon0].';               %定义列矢量
x = M\N;                                           %计算未知矢量 x,x = [A B C].'
pretty(x);                                         %显示计算结果,这里显示的是 x
```

习题 4.21 空气中有一半径为 a 的无限长直介质圆柱,其表面电势分布为 $\phi(a,\varphi)=U_0\left(\cos\varphi+\frac{3}{2}\cos3\varphi\right)$,如图 4-35 所示。试求圆柱外任一点的电势分布。

解 这是一个典型的二维问题,设势函数的通解为

$$\phi(r,\varphi)=\sum_n(A_nr^n+B_nr^{-n})\cos n\varphi+A_0\ln r+B_0$$

由于边界电势函数关于 x 轴为偶对称,所以不考虑正弦项。考虑无穷远处电势为零,则

$$\phi(r,\varphi)=\sum_n B_nr^{-n}\cos n\varphi$$

在 $r=a$ 处,有

$$\phi(a,\varphi)=\sum_n B_na^{-n}\cos n\varphi=U_0\left(\cos\varphi+\frac{3}{2}\cos3\varphi\right)$$

于是,得到

$$B_1=aU_0,\quad B_3=\frac{3}{2}a^3U_0,\quad B_n=0,$$

所以

$$\phi(r,\varphi)=U_0\left(ar^{-1}\cos\varphi+\frac{3}{2}a^3r^{-3}\cos3\varphi\right)$$

习题 4.22 半径分别为 r_1 和 $r_2(r_1<r_2)$ 的两个同轴长圆筒:内筒被分成相互绝缘的四等分,彼此间的缝隙很小,电势交错为 $+\phi_0$ 和 $-\phi_0$;外筒接地,如图 4-36 所示。试求外筒内的电势分布。

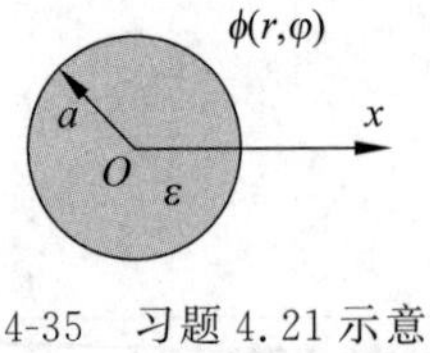

图 4-35 习题 4.21 示意图

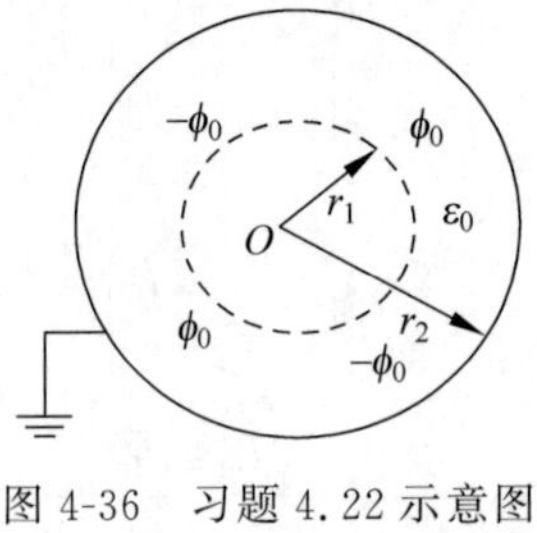

图 4-36 习题 4.22 示意图

解 这是一个二维平面场问题,采用圆柱坐标系,则场分布与 z 无关,且内表面电势为角向变量的奇函数,得通解

$$\phi(r,\varphi)=\sum_n(A_nr^n+B_nr^{-n})\sin n\varphi$$

代入边界条件得

$$\begin{cases}\sum_n (A_n r_2^n + B_n r_2^{-n})\sin n\varphi = 0 \\ \sum_n (A_n r_1^n + B_n r_1^{-n})\sin n\varphi = f(\varphi)\end{cases}$$

$f(\varphi)$表示内导体表面的电势分布函数，即

$$\begin{cases}A_n r_2^n + B_n r_2^{-n} = 0 \\ A_n r_1^n + B_n r_1^{-n} = \dfrac{2}{\pi}\displaystyle\int_0^\pi f(\varphi)\sin n\varphi \mathrm{d}\varphi\end{cases}$$

对第二式右侧分析，有

$$\begin{aligned}\frac{2}{\pi}\int_0^\pi f(\varphi)\sin n\varphi \mathrm{d}\varphi &= \frac{2}{\pi}\int_0^{\pi/2}\phi_0 \sin n\varphi \mathrm{d}\varphi - \frac{2}{\pi}\int_{\pi/2}^{\pi}\phi_0 \sin n\varphi \mathrm{d}\varphi \\ &= -\frac{2\phi_0}{n\pi}\left(\cos\frac{n\pi}{2} - 1\right) + \frac{2\phi_0}{n\pi}\left(\cos n\pi - \cos\frac{n\pi}{2}\right) \\ &= \frac{2\phi_0}{n\pi}\left[(-1)^n + 1 - 2\cos\frac{n\pi}{2}\right]\end{aligned}$$

当 n 取奇数时，上式恒为 0。

当 n 为偶数时，上式变形为$\dfrac{2\phi_0}{n\pi}\left(2-2\cos\dfrac{n\pi}{2}\right)$。

可见，当 n 为 2 的偶数倍时，上式恒为 0；当 n 为 2 的奇数倍时，上式简化为

$$\frac{4\phi_0}{(2m-1)\pi} \quad m = 1, 2, \cdots$$

得

$$\begin{cases}A_m r_2^{2(2m-1)} + B_m r_2^{-2(2m-1)} = 0 \\ A_m r_1^{2(2m-1)} + B_m r_1^{-2(2m-1)} = \dfrac{8\phi_0}{2(2m-1)\pi}\end{cases}$$

解得

$$A_m = \frac{4\phi_0}{\pi}\frac{1}{2m-1}\frac{r_1^{4m-2}}{r_1^{8m-4} - r_2^{8m-4}}$$

$$B_m = -\frac{4\phi_0}{\pi}\frac{1}{2m-1}\frac{r_1^{4m-2} r_2^{8m-4}}{r_1^{8m-4} - r_2^{8m-4}}$$

代入原式即可。

$$\phi(r,\varphi) = \frac{4\phi_0}{\pi}\sum_n \frac{1}{2m-1}\left(\frac{r_1^{4m-2}}{r_1^{8m-4} - r_2^{8m-4}} r^{(4m-2)} - \frac{r_1^{4m-2} r_2^{8m-4}}{r_1^{8m-4} - r_2^{8m-4}} r^{-(4m-2)}\right)\sin(4m-2)\varphi$$

习题 4.23　一半径为 a 的无限长又无限薄的导体圆柱的截面如图 4-37 所示，假设该圆柱的上半部分和下半部分的电位分别为 U_0 和 $-U_0$。试导出该导体圆柱内、外的电位表达式。

解　如图 4-37 所示。观察可得，当 $r>a$ 时，有

$$V_2(r,\varphi) = \sum_m A_m r^{-m} \sin m\varphi$$

边界条件为

$$\sum_{m} A_m a^{-m} \sin m\varphi = f(\varphi)$$

其中，$f(\varphi)$表示导体表面的电势分布。

利用傅里叶级数展开法，容易得到

$$A_m a^{-m} = \frac{2}{\pi}\int_0^{\pi} f(\varphi)\sin m\varphi \mathrm{d}\varphi = \frac{2U_0}{m\pi}[1-(-1)^m]$$

$$A_m = \frac{2a^m U_0}{m\pi}[1-(-1)^m]$$

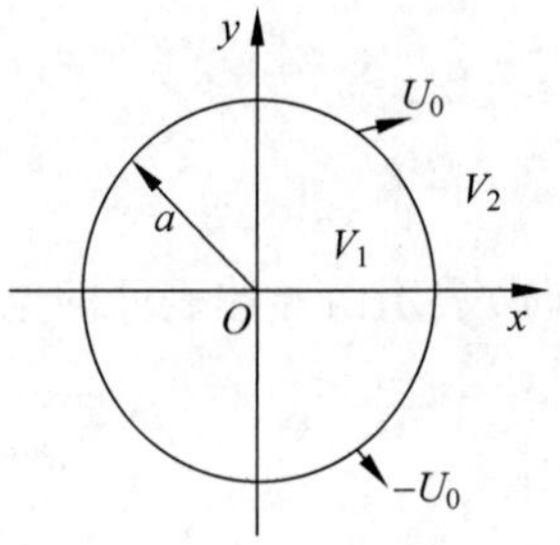

图 4-37　习题 4.23 示意图

显然，只有当 m 为奇数时，上述系数不为零，故

$$A_n = \frac{4a^{2n+1}U_0}{(2n+1)\pi}$$

于是

$$V_2(r,\varphi) = \sum_n \frac{4a^{2n+1}U_0}{(2n+1)\pi} r^{-(2n+1)} \sin(2n+1)\varphi$$

同理，当 $r<a$ 时，可以得到

$$V_1(r,\varphi) = \sum_n \frac{4U_0}{a^{2n+1}(2n+1)\pi} r^{(2n+1)} \sin(2n+1)\varphi$$

习题 4.24　半径为 a、长为 l 的圆筒，侧面接地，与侧面绝缘的顶面和底面的电势均为 ϕ_0。试求圆筒内的电势。

解　方法 1：由于是稳态场问题，且柱侧面是齐次边界，且区域包含柱轴，可知径向分量为贝塞尔函数的叠加，且与角向变量无关。得通解为

$$\phi = J_0(\sqrt{\mu} r)\begin{Bmatrix} \mathrm{e}^{-\sqrt{\mu} z} \\ \mathrm{e}^{\sqrt{\mu} z} \end{Bmatrix}$$

考虑柱侧面第一类齐次边界条件，得特征值 $\mu = \left(\frac{x_n^{(0)}}{a}\right)^2$。其中，$x_n^{(0)}$ 是 $J_0(x)$的第 n 个根。

于是

$$\phi = \sum_n \left(A_n \mathrm{e}^{\frac{x_n^{(0)}}{a}z} + B_n \mathrm{e}^{-\frac{x_n^{(0)}}{a}z}\right) J_0\left(\frac{x_n^{(0)}}{a} r\right)$$

代入 z 轴方向的边界条件，得

$$\begin{cases} \sum\limits_{n=1} (A_n + B_n) J_0\left(\frac{x_n^{(0)}}{a} r\right) = \phi_0 \\ \sum\limits_{n=1} \left(A_n \mathrm{e}^{\frac{x_n^{(0)}}{a}l} + B_n \mathrm{e}^{-\frac{x_n^{(0)}}{a}l}\right) J_0\left(\frac{x_n^{(0)}}{a} r\right) = \phi_0 \end{cases}$$

$$A_n + B_n = \frac{1}{|N_n^0|^2}\int_0^a \phi_0 J_0\left(\frac{x_n^{(0)}}{a} r\right) r \mathrm{d}r = \frac{2\phi_0}{x_n^{(0)} J_1(x_n^{(0)})}$$

$$A_n \mathrm{e}^{\frac{x_n^{(0)}}{a}l} + B_n \mathrm{e}^{-\frac{x_n^{(0)}}{a}l} = \frac{1}{|N_n^0|^2}\int_0^a \phi_0 J_0\left(\frac{x_n^{(0)}}{a} r\right) r \mathrm{d}r = \frac{2\phi_0}{x_n^{(0)} J_1(x_n^{(0)})}$$

其中

$$|N_n^0|^2=\int_0^a J_0^2\left(\frac{x_n^{(0)}}{a}r\right)r\,\mathrm{d}r=\frac{a^2}{2}J_1^2(x_n^{(0)})$$

所以有

$$A_n=\frac{\phi_0}{x_n^{(0)}J_1(x_n^{(0)})}\frac{1-\mathrm{e}^{-\frac{x_n^{(0)}}{a}l}}{\sinh\left(\frac{x_n^{(0)}}{a}l\right)},\quad B_n=\frac{\phi_0}{x_n^{(0)}J_1(x_n^{(0)})}\frac{\mathrm{e}^{\frac{x_n^{(0)}}{a}l}-1}{\sinh\left(\frac{x_n^{(0)}}{a}l\right)}$$

方法 2：直接采用叠加原理。设

$$\phi=\phi_0+V(r,z)$$

则

$$\begin{cases}\Delta V(r,z)=0\\ V|_{r=a}=-\phi_0,\quad V|_{z=0,z=l}=0\end{cases}$$

$$V(r,z)=\sum_n A_n I_0\left(\frac{n\pi r}{l}\right)\sin\left(\frac{n\pi z}{l}\right)$$

考虑边界条件，则有

$$V(a,z)=\sum_n A_n I_0\left(\frac{n\pi a}{l}\right)\sin\left(\frac{n\pi z}{l}\right)=-\phi_0$$

所以

$$A_n I_0\left(\frac{n\pi a}{l}\right)=-\frac{2}{l}\int_0^l \phi_0\sin\left(\frac{n\pi z}{l}\right)\mathrm{d}z=\frac{2\phi_0}{n\pi}((-1)^n-1)$$

$$A_n=\frac{2\phi_0}{n\pi}\frac{[(-1)^n-1]}{I_0\left(\frac{n\pi a}{l}\right)}$$

于是得到

$$\phi=\phi_0+\sum_n\left[\frac{2\phi_0}{n\pi}\frac{[(-1)^n-1]}{I_0\left(\frac{n\pi a}{l}\right)}\right]I_0\left(\frac{n\pi r}{l}\right)\sin\left(\frac{n\pi z}{l}\right)$$

习题 4.25　如图 4-38 所示，半径为 a 的接地导体球外是介电常数为 ε 的均匀介质，在球外距球心为 d 处置一点电荷 Q。试用分离变量法求介质中的电势，并将所得结果与镜像法的结果进行比较。

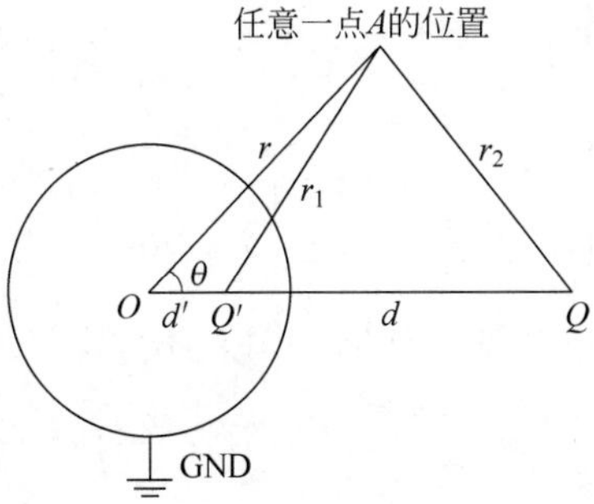

图 4-38　习题 4.25 示意图

解 方法 1：采用镜像法求解。如图 4-38 所示，不妨设 Q 的电荷为正电荷。Q 在导体球上感应出异号的负电荷，其集中分布在右侧球面，我们可以将这些负电荷产生的场等效为球内一点电荷 Q' 产生的场。利用镜像法可知 Q' 所在的位置为

$$d'=\frac{a^2}{d},\quad Q'=-\frac{a}{d}Q$$

球外场由 Q 与 Q' 共同决定，将 OQ 所在直线作为 z 轴，建立球坐标系，可知场与旋转角 φ 没有任何关系。由余弦定理可得

$$r_1=\sqrt{d'^2+r^2-2rd'\cos\theta}$$

$$r_2=\sqrt{d^2+r^2-2rd\cos\theta}$$

Q 在 r 处产生的电势为

$$U_1=\frac{Q}{4\pi\varepsilon\sqrt{d^2+r^2-2rd\cos\theta}}$$

Q' 在 r 处产生的电势为

$$U_2=-\frac{aQ}{4\pi\varepsilon d\sqrt{d'^2+r^2-2rd'\cos\theta}}$$

则在 r 处产生的总电势为

$$U=U_1+U_2=\frac{Q}{4\pi\varepsilon}\left[\frac{1}{\sqrt{d^2+r^2-2rd\cos\theta}}-\frac{a}{d\sqrt{\left(\frac{a^2}{d}\right)^2-2\left(\frac{a^2}{d}\right)r\cos\theta+r^2}}\right]$$

方法 2：采用分离变量法求解。

如图 4-38 所示，A 为球外任意一点，若没有导体球，静电势为

$$\frac{Q}{4\pi\varepsilon\sqrt{d^2+r^2-2rd\cos\theta}}$$

由于导体球的存在，静电势修正为

$$U(r,\theta)=\frac{Q}{4\pi\varepsilon\sqrt{d^2+r^2-2rd\cos\theta}}+v(r,\theta)$$

第一项为 Q 产生的电势，第二项为导体球上的感应电荷产生的电势，$v(r,\theta)$ 是待求的。

$$\begin{cases}\Delta v=0\\ v\big|_{r=a}=-\dfrac{Q}{4\pi\varepsilon\sqrt{d^2+a^2-2ad\cos\theta}},\lim\limits_{r\to\infty}v=0\end{cases}$$

球坐标系下的拉普拉斯通解为

$$v(r,\theta,\varphi)=\sum_m\sum_n\left(A_nr^n+B_n\frac{1}{r^{n+1}}\right)P_n(\cos\theta)(C_m\cos m\varphi+D_m\sin m\varphi)$$

以 OQ 为轴线做球坐标系，可知电势分布与 φ 无关，所以

$$v(r,\theta)=\sum_{n=0}^{\infty}\left(A_nr^n+B_n\frac{1}{r^{n+1}}\right)P_n(\cos\theta)$$

当 $r\to\infty$ 时，$v\to 0$，所以 $A_n=0$；$v(r,\theta)=\sum\limits_{n=0}^{\infty}\dfrac{B_n}{r^{n+1}}P_n(\cos\theta)$

当 $r=a$ 时，有

$$\sum_{n=0}^{\infty}\frac{B_n}{a^{n+1}}P_n(\cos\theta)=-\frac{Q}{4\pi\varepsilon\sqrt{d^2+a^2-2ad\cos\theta}}$$

引入母函数

$$\sum_{n=0}^{\infty}\frac{B_n}{a^{n+1}}P_n(\cos\theta)=-\frac{Q}{4\pi\varepsilon}\sum_{n=0}^{\infty}\frac{a^n}{d^{n+1}}P_n(\cos\theta)$$

比较两边系数，可得

$$B_n=-\frac{Q}{4\pi\varepsilon}\frac{a^{2n+1}}{d^{n+1}}$$

所以

$$\begin{aligned}U(r,\theta)&=\frac{Q}{4\pi\varepsilon\sqrt{d^2+r^2-2rd\cos\theta}}-\frac{1}{4\pi\varepsilon}\sum_{n=0}^{\infty}\frac{Qa^{2n+1}}{d^{n+1}r^{n+1}}P_n(\cos\theta)\\&=\frac{Q}{4\pi\varepsilon\sqrt{d^2+r^2-2rd\cos\theta}}-\frac{Qa}{4\pi\varepsilon d}\sum_{n=0}^{\infty}\left(\frac{a^2}{d}\right)^n\frac{1}{r^{n+1}}P_n(\cos\theta)\\&=\frac{Q}{4\pi\varepsilon\sqrt{d^2+r^2-2rd\cos\theta}}-\frac{Qa}{4\pi\varepsilon d}\frac{1}{\sqrt{\left(\frac{a^2}{d}\right)^2-2\left(\frac{a^2}{d}\right)r\cos\theta+r^2}}\end{aligned}$$

综上，两种方法计算结果相同。

习题 4.26　已知一同轴线内、外半径分别为 r_1、r_2，两导体上电势分别为 V_1、V_2。试用圆柱坐标系下分离变量法计算两导体间的电势分布。

解　如图 4-39 所示，采用圆柱坐标系。

由于是二维平面问题，且满足轴对称条件，因此可以设解为

$$\phi(r)=A_{10}+A_{20}\ln r$$

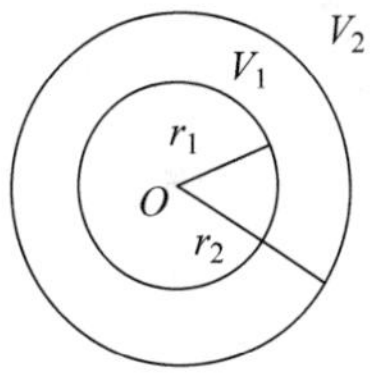

图 4-39　习题 4.26 示意图

代入边界条件得

$$\begin{cases}A_{10}+A_{20}\ln r_2=V_2\\A_{10}+A_{20}\ln r_1=V_1\end{cases}$$

因为等式右侧是有限值，因此指数部分为 0。只需要求解 A_{10}、A_{20} 即可。

联立解得

$$A_{20}=\frac{V_2-V_1}{\ln\dfrac{r_2}{r_1}},\quad A_{10}=\frac{V_1\ln r_2-V_2\ln r_1}{\ln\dfrac{r_2}{r_1}}$$

电势为

$$\phi(r)=\frac{V_2-V_1}{\ln\dfrac{r_2}{r_1}}\ln r+\frac{V_1\ln r_2-V_2\ln r_1}{\ln\dfrac{r_2}{r_1}}$$

习题 4.27　如图 4-40 所示，均匀磁场 $\boldsymbol{H}_0$ 中置一内、外半径分别为 r_1 与 r_2 的导磁球壳，其磁导率为 μ，球壳外部是空气。试求空腔内的磁场强度，并讨论 $\mu\gg\mu_0$ 时导磁球壳的磁屏蔽作用。（提示：磁屏蔽系数定义为导磁球壳空腔内的磁场强度 $\boldsymbol{H}_3$ 与均匀外磁场 $\boldsymbol{H}_0$ 大小的比值即 $K=H_3/H_0$）

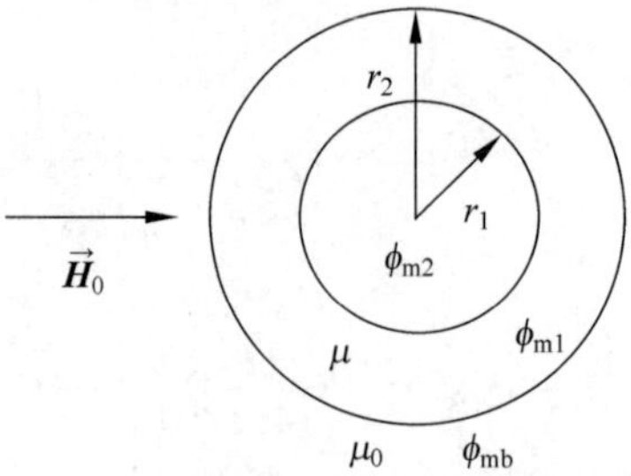

图 4-40 习题 4.27 示意图

解 如图 4-40 所示，建立球坐标系，取均匀磁场的方向为 z 轴正方向。则题目具有典型的轴对称；磁势 ϕ_m 满足拉普拉斯方程$\nabla^2\phi_m=0$，由对称性可得

$$\begin{cases}\phi_{m2}=ArP_1(\cos\theta)\\ \phi_{m1}=(Br+Cr^{-2})P_1(\cos\theta)\\ \phi_{mb}=(-H_0r+Dr^{-2})P_1(\cos\theta)\end{cases}$$

边界条件则有
$$\begin{cases}\phi_{m1}=\phi_{m2},\quad \mu\dfrac{\partial\phi_{m1}}{\partial r}=\mu_0\dfrac{\partial\phi_{m2}}{\partial r},\quad r=r_1\\ \phi_{m1}=\phi_{mb},\quad \mu\dfrac{\partial\phi_{m1}}{\partial r}=\mu_0\dfrac{\partial\phi_{mb}}{\partial r},\quad r=r_2\end{cases}$$

代入方程可得
$$\begin{cases}Ar_1=Br_1+Cr_1^{-2}\\ Br_2+Cr_2^{-2}=-H_0r_2+Dr_2^{-2}\\ \mu(B-2Cr_1^{-3})=\mu_0A\\ \mu(B-2Cr_2^{-3})=\mu_0(-H_0-2Dr_2^{-3})\end{cases}$$

解得
$$A=\frac{-9\mu_0\mu H_0}{(2\mu+\mu_0)(\mu+2\mu_0)-2(\mu-\mu_0)^2\left(\dfrac{r_1}{r_2}\right)^3}$$

$$\phi_{m2}=Ar\cos\theta,\quad \boldsymbol{H}_3=-\nabla\phi_{m2}=-A\cos\theta\boldsymbol{e}_r+A\sin\theta\boldsymbol{e}_\theta=-A\boldsymbol{e}_z,$$

$$H_3=\frac{9\mu_0\mu H_0}{(\mu_0+2\mu)(\mu+2\mu_0)-2(\mu-\mu_0)^2\left(\dfrac{r_1}{r_2}\right)^3}$$

当 $\mu\gg\mu_0$ 时，

$$\frac{(2\mu+\mu_0)(\mu+2\mu_0)}{\mu_0\mu}=\left(2+\frac{1}{\mu_r}\right)(\mu_r+2)\approx 2\mu_r,\qquad \frac{(\mu-\mu_0)^2}{\mu_0\mu}=(\mu_r-1)\left(1-\frac{1}{\mu_r}\right)\approx\mu_r$$

$$K=\frac{H_3}{H_0}=\frac{9}{2\mu_r\left(1-\dfrac{r_1^3}{r_2^3}\right)}$$

上述四元一次方程的求解，也可以利用 MATLAB 辅助进行，如下所示。

```
syms r1 r2 mu mu0 H0 x;                    %定义符号变量
M = [r1 - r1 - 1/r1^2 0;
     0 r2 1/r2^2 - 1/r2^2;
     mu0 - mu 2 * mu/r1^3 0;
```

```
    0 mu  - 2 * mu/r2^3 2 * mu0/r2^3]              % 定义系数矩阵
N = [0  - H0 * r2 0  - H0 * mu0].';                 % 定义列矢量
x = M\N;                                            % 计算未知矢量 x, x = [A B C D].'
pretty(x(1));                                       % 显示计算结果,这里显示的是 A
```

习题 4.28　如图 4-41 所示,半径为 a、带电量为 Q 的球置于空气里的均匀外电场 $\boldsymbol{E}_0$ 中。在下列两种情况下,试分别求空间各点的电势和电场强度。

(1) 带电球为导体球;

(2) 带电球为介电常数为 ε 的介质球,电荷均匀分布于球体内。

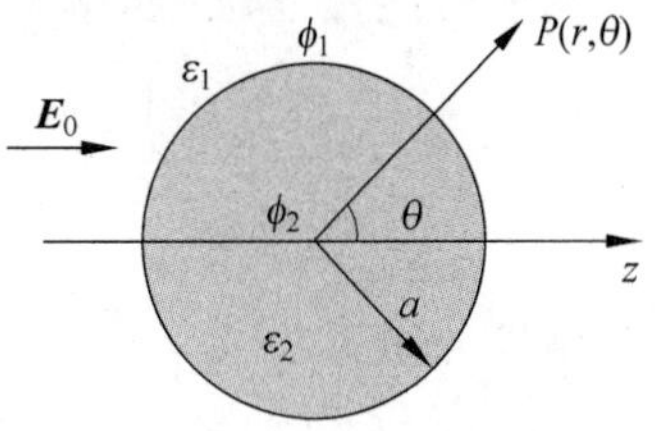

图 4-41　习题 4.28 示意图

解　不考虑带电荷量 Q,设外电场 $\boldsymbol{E}_0$ 的方向与球坐标系内极轴 z 的方向一致,并取球心为原点,由对称性可得 $\phi(r,\theta)=\sum\limits_{n=0}^{\infty}[A_n r^n + B_n r^{-(n+1)}]P_n(\cos\theta)$,均匀外电场 $\boldsymbol{E}_0$ 的电势可表示为 $\phi_0=-E_0 z=-E_0 r\cos\theta=-E_0 rP_1(\cos\theta)$(暂时不考虑电势常数部分,后面一并考虑)。

根据边界条件则有,当 $r\to\infty$ 时 $\phi_1=\phi_0$,即

$$\sum_{n=0}^{\infty}[A_n r^n + B_n r^{-(n+1)}]\Big|_{r=\infty}P_n\cos\theta=\sum_{n=0}^{\infty}A_n r^n P_n\cos\theta$$

$$=-E_0 rP_1(\cos\theta)\Rightarrow n=1,\quad A_1=-E_0$$

$$\phi_1=(-E_0 r+B_1 r^{-2})P_1(\cos\theta)$$

进一步,设内部电势分布为

$$\phi_2=A_1' rP_1(\cos\theta)$$

当 $r=a$ 时,$\phi_1=\phi_2$,$\varepsilon_1\dfrac{\partial\phi_1}{\partial r}=\varepsilon_2\dfrac{\partial\phi_2}{\partial r}$

由边界条件得 $\begin{cases}-E_0 a+\dfrac{B_1}{a^2}=A_1' a\\ -\varepsilon_1 E_0-2\varepsilon_1\dfrac{B_1}{a^3}=\varepsilon_2 A_1'\end{cases}$　联立解得 $\begin{cases}B_1=\dfrac{\varepsilon_2-\varepsilon_1}{2\varepsilon_1+\varepsilon_2}E_0 a^3\\ A_1'=-\dfrac{3\varepsilon_1}{2\varepsilon_1+\varepsilon_2}E_0\end{cases}$

$$\phi_1=\left(-r+\frac{\varepsilon_2-\varepsilon_1}{2\varepsilon_1+\varepsilon_2}\frac{a^3}{r^2}\right)E_0\cos\theta,\quad \phi_2=-\frac{3\varepsilon_1}{2\varepsilon_1+\varepsilon_2}E_0 r\cos\theta$$

从上述表达式可以看出,电势的参考零点在球心处。

(1) 当带电球为导体球时,$\varepsilon_1=\varepsilon_0$,$\varepsilon_2=\infty$,所以 $\phi_2=0$,$\phi_1=\left(-r+\dfrac{a^3}{r^2}\right)E_0\cos\theta$ 电势的参考零点,是整个导体球。

由导体球带电荷量为 Q,可得导体球的电势为(考虑球面为电势零点)

$$\phi'=\frac{Q}{4\pi\varepsilon_0}\left(\frac{1}{r}-\frac{1}{a}\right)$$

根据叠加原理,则总电势分布为

$$\phi=\left(-r+\frac{a^3}{r^2}\right)E_0\cos\theta+\frac{Q}{4\pi\varepsilon_0}\left(\frac{1}{r}-\frac{1}{a}\right)$$

电场强度 $\boldsymbol{E}=-\nabla\phi=\left[\left(1+\frac{2a^3}{r^3}\right)E_0\cos\theta+\frac{Q}{4\pi\varepsilon_0 r^2}\right]\boldsymbol{e}_r+\left(-1+\frac{a^3}{r^3}\right)E_0\sin\theta\boldsymbol{e}_\theta$

综上所述，以球心（或者球面）为电势参考点，并运用叠加原理，得到电势分布为

$$\begin{cases}\phi_1=\left(-r+\frac{a^3}{r^2}\right)E_0\cos\theta+\frac{Q}{4\pi\varepsilon_0}\left(\frac{1}{r}-\frac{1}{a}\right), & r>a\\ \phi_2=0, & r<a\end{cases}$$

电场强度分布为

$$\begin{cases}\boldsymbol{E}_1=\left[\left(1+2\frac{a^3}{r^3}\right)E_0\cos\theta+\frac{Q}{4\pi\varepsilon_0 r^2}\right]\boldsymbol{e}_r+\left(-1+\frac{a^3}{r^3}\right)E_0\sin\theta\boldsymbol{e}_\theta, & r>a\\ \boldsymbol{E}_2=0, & r<a\end{cases}。$$

（2）当带电球体为介电常数为 ε 的介质球时，$\varepsilon_1=\varepsilon_0$，$\varepsilon_2=\varepsilon$，则以球心为电势参考零点，得到带电荷 Q 的介质球内外的电势分布为（高斯定理计算电场强度，积分得到电势分布）

$$\phi'_1=\frac{Q}{4\pi\varepsilon_0}\left(\frac{1}{r}-\frac{1}{a}\right)-\frac{Q}{8\pi\varepsilon a}$$

$$\phi'_2=-\frac{Qr^2}{8\pi\varepsilon a^3}$$

由叠加原理得介质球外的电势为

$$\phi_1=\left(-r+\frac{\varepsilon-\varepsilon_0}{2\varepsilon_0+\varepsilon}\frac{a^3}{r^2}\right)E_0\cos\theta+\frac{Q}{4\pi\varepsilon_0}\left(\frac{1}{r}-\frac{1}{a}\right)-\frac{Q}{8\pi\varepsilon a}$$

电场强度为

$$\boldsymbol{E}_1=-\nabla\phi_1=\left[\left(1+\frac{2(\varepsilon-\varepsilon_0)}{\varepsilon+2\varepsilon_0}\frac{a^3}{r^3}\right)E_0\cos\theta+\frac{Q}{4\pi\varepsilon_0 r^2}\right]\boldsymbol{e}_r+\left(-1+\frac{\varepsilon-\varepsilon_0}{\varepsilon+2\varepsilon_0}\frac{a^3}{r^3}\right)E_0\sin\theta\boldsymbol{e}_\theta$$

介质球内电势为

$$\phi_2=-\frac{3\varepsilon_0}{2\varepsilon_0+\varepsilon}E_0 r\cos\theta-\frac{Qr^2}{8\pi\varepsilon a^3}$$

电场强度为

$$\boldsymbol{E}_2=-\nabla\phi_2=\left(\frac{3\varepsilon_0}{2\varepsilon_0+\varepsilon}E_0\cos\theta+\frac{Qr}{4\pi\varepsilon a^3}\right)\boldsymbol{e}_r-\frac{3\varepsilon_0}{2\varepsilon_0+\varepsilon}E_0\sin\theta\boldsymbol{e}_\theta$$

于是，以球心为电势参考零点，并运用叠加原理，得到电势分布为

$$\begin{cases}\phi_1=\left(-r+\frac{\varepsilon-\varepsilon_0}{2\varepsilon_0+\varepsilon}\frac{a^3}{r^2}\right)E_0\cos\theta+\frac{Q}{4\pi\varepsilon_0}\left(\frac{1}{r}-\frac{1}{a}\right)-\frac{Q}{8\pi\varepsilon a}, & r>a\\ \phi_2=-\frac{3\varepsilon_0}{2\varepsilon_0+\varepsilon}E_0 r\cos\theta-\frac{Qr^2}{8\pi\varepsilon a^3}, & r<a\end{cases}$$

电场强度分布为

$$\begin{cases}\boldsymbol{E}_1=\left\{\left[1+\frac{2(\varepsilon-\varepsilon_0)}{\varepsilon+2\varepsilon_0}\frac{a^3}{r^3}\right]E_0\cos\theta+\frac{Q}{4\pi\varepsilon_0 r^2}\right\}\boldsymbol{e}_r+\left(-1+\frac{\varepsilon-\varepsilon_0}{\varepsilon+2\varepsilon_0}\frac{a^3}{r^3}\right)E_0\sin\theta\boldsymbol{e}_\theta, & r>a\\ \boldsymbol{E}_2=\left(\frac{3\varepsilon_0}{2\varepsilon_0+\varepsilon}E_0\cos\theta+\frac{Qr}{4\pi\varepsilon a^3}\right)\boldsymbol{e}_r-\frac{3\varepsilon_0}{2\varepsilon_0+\varepsilon}E_0\sin\theta\boldsymbol{e}_\theta, & r<a\end{cases}$$

习题 4.29　均匀电场 $\boldsymbol{E}_0$ 中有一无限大导体平板，板面与 $\boldsymbol{E}_0$ 垂直，导体板上置一半径为 a 的导体半球，球心在导体板上，如图 4-42 所示。设导体板及球面的电势为零，试求空间任一点的电势、电场强度及球面与导体板上的感应电荷面密度。（提示：由边界条件可知，本题目与匀强电场中的完整导体球完全一致。）

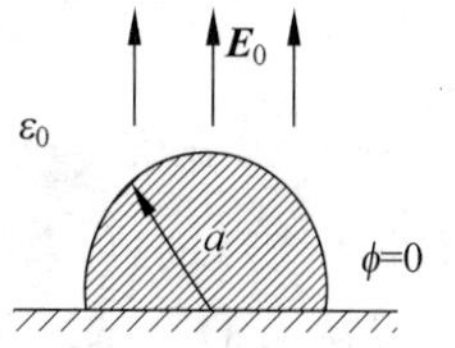

图 4-42　习题 4.29 示意图

解　取原点 O 为球形区域的中心。由于背景是无限大的电场和接地板，可以采用二维的球坐标系分量变量方法。设通解为

$$\phi(r,\theta)=\sum_{n=0}^{+\infty}(A_n r^n+B_n r^{-(n+1)})P_n(\cos\theta)$$

根据远区电势分布，可直接得到结果

$$\phi(r,\theta)=(-E_0 r+B_0 r^{-2})P_1(\cos\theta)$$

由于导体表面等势，所以

$$-E_0 a+B_0 a^{-2}=0$$

因此，$B_0=E_0 a^3$，$\phi(r,\theta)=(-E_0 r+E_0 a^3 r^{-2})P_1(\cos\theta)\quad(z>0,r\geqslant a)$

于是，$\boldsymbol{E}=-\nabla\phi$，可以得到

$$\boldsymbol{E}=\left(1+\frac{2a^3}{r^3}\right)E_0\cos\theta\boldsymbol{e}_r+\left(-1+\frac{a^3}{r^3}\right)E_0\sin\theta\boldsymbol{e}_\theta\quad(z>0,r\geqslant a)$$

在 $r=a$ 处，场强 $E_r=3E_0\cos\theta$。

球面上的面电荷密度为 $\rho_S=D_r=3\varepsilon_0 E_0\cos\theta$。

导体板上的面电荷密度为 $\rho_S=D_{\mathrm{n}}=-D_\theta=-\varepsilon_0 E_\theta\Big|_{\theta=\frac{\pi}{2}}=\left(1-\frac{a^3}{r^3}\right)\varepsilon_0 E_0$。

习题 4.30　在空气里的均匀外电场 $\boldsymbol{E}_0$ 中，有一半径为 a 的导体球壳，其被切成两个薄导体半球壳，且切面与 $\boldsymbol{E}_0$ 垂直。试问为阻止此两半球壳分离需要多大的力？（提示：电场、电荷分布与完整的球壳一致；利用球壳表面的电荷密度和电场强度计算，并考虑轴对称特性）

解　取均匀外场的方向为 z 轴正方向，建立球坐标系。本题目是与方位角无关的二维场问题，所以 $m=0$。另外，电场强度在无穷远处为 $\boldsymbol{E}_0$。因此，设电势解为

$$\phi(r,\theta)=(-E_0 r+B_0 r^{-2})P_1(\cos\theta)$$

由于导体表面等势，不妨设为 0，所以

$$-E_0 a+B_0 a^{-2}=0$$

因此，$B_0=E_0 a^3$，$\phi(r,\theta)=(-E_0 r+E_0 a^3 r^{-2})P_1(\cos\theta)$

于是，$\boldsymbol{E}=-\nabla\phi$，可以得到

$$\boldsymbol{E}=\left(1+\frac{2a^3}{r^3}\right)E_0\cos\theta\boldsymbol{e}_r+\left(-1+\frac{a^3}{r^3}\right)E_0\sin\theta\boldsymbol{e}_\theta$$

球面的电荷密度为　　$\rho_S=3\varepsilon_0 E_0\cos\theta$

球面场强为　　$\boldsymbol{E}'=3E_0\cos\theta\boldsymbol{e}_r$

因此，对于半个球面，某点受力大小为

$$\mathrm{d}f(\theta)=9\varepsilon_0 E_0^2\cos^2\theta(a^2\sin\theta\mathrm{d}\theta\mathrm{d}\varphi)$$

方向沿着径向向外。由于对称性，因此只需要考虑在垂直剖面方向的受力即可。

$$\mathrm{d}f_z = \mathrm{d}f \times \cos\theta = 9\varepsilon_0 E_0^2 \cos^3\theta (a^2 \sin\theta \mathrm{d}\theta \mathrm{d}\varphi)$$

做面积分，则有

$$f_z = \int_0^{2\pi} \mathrm{d}\varphi \int_0^{\frac{\pi}{2}} 9\varepsilon_0 E_0^2 \cos^3\theta (a^2 \sin\theta \mathrm{d}\theta) = \int_0^{\frac{\pi}{2}} 18\pi a^2 \varepsilon_0 E_0^2 \cos^3\theta \sin\theta \mathrm{d}\theta$$

$$= \frac{9}{2}\varepsilon_0 E_0^2 a^2 \pi$$

对于下半个球面，可以得到类似的结论，只不过方向相反。

习题 4.31 试证明：

(1) $\delta(ax) = \frac{1}{a}\delta(x)(a>0)$。若 $a<0$，结果又如何？

(2) $x\delta(x)=0$。

证明 根据冲激函数的定义，有 $\delta(x) = \begin{cases} 0, & x \neq 0 \\ \infty, & x = 0 \end{cases}$，且 $\int_{-\infty}^{\infty} \delta(x) \mathrm{d}x = 1$。

(1) 对于 $\delta(ax) = \begin{cases} 0, & x \neq 0 \\ \infty, & x = 0 \end{cases}$，而且有

$$\int_{-\infty}^{\infty} \delta(ax) \mathrm{d}x = \frac{1}{a}\int_{-\infty}^{\infty} \delta(ax) a \mathrm{d}x = \frac{1}{a}\int_{-\infty}^{\infty} \delta(t) \mathrm{d}t = \frac{1}{a} \quad (a > 0)$$

所以 $\delta(ax) = \frac{1}{a}\delta(x)(a>0)$。

当 $a<0$ 时，有

$$\int_{-\infty}^{\infty} \delta(ax) \mathrm{d}x = \frac{1}{a}\int_{-\infty}^{\infty} \delta(ax) a \mathrm{d}x = \frac{1}{a}\int_{\infty}^{-\infty} \delta(t) \mathrm{d}t = -\frac{1}{a}$$

根据冲激函数的定义，则

$$\delta(ax) = -\frac{1}{a}\delta(x)$$

(2) $x\delta(x) = \begin{cases} 0, & x \neq 0 \\ ?, & x = 0 \end{cases}$，又 $\int_{-\infty}^{\infty} x\delta(x) \mathrm{d}x = \int_{-\infty}^{\infty} 0 \cdot \delta(x) a \mathrm{d}x = 0$

综上，$x\delta(x)=0$。

习题 4.32 如图 4-43 所示，在沿 z 方向为无限长的矩形区域的边界面上，电势函数 $G=0$。矩形域内在点 (x', y') 处有一无限长单位直线电荷（$\rho_l=1$）与 z 轴平行。试求此矩形域内的电势分布。

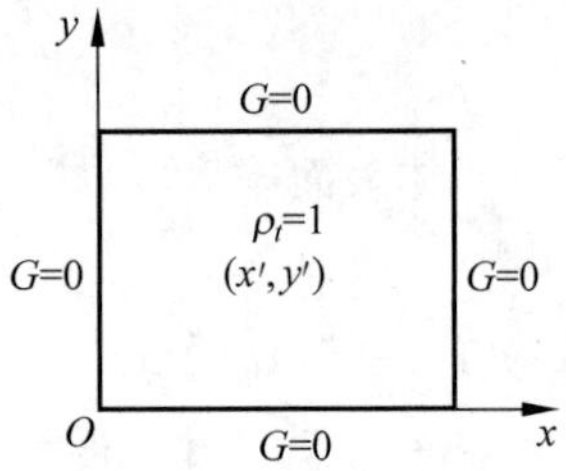

图 4-43 习题 4.32 示意图

解 采用直角坐标系下分离变量的通解形式，将矩形区域根据电荷所在位置分为上、下两部分（也可以分为左、右两部分，过程类似），观察上、下两个区域的电势分布分别为

$$G_1(x, y) = \sum_n A_n \sin\frac{n\pi}{a}x \sinh\frac{n\pi}{a}y, \quad 0 \leqslant x \leqslant a, 0 \leqslant y \leqslant y'$$

$$G_2(x, y) = \sum_n B_n \sin\frac{n\pi}{a}x \sinh\frac{n\pi}{a}(y-b), \quad 0 \leqslant x \leqslant a, y' \leqslant y \leqslant b$$

在 $y=y'$ 处，根据边界条件，则有

$$\sum_n A_n \sin\frac{n\pi}{a}x\sinh\frac{n\pi}{a}y' = \sum_n B_n \sin\frac{n\pi}{a}x\sinh\frac{n\pi}{a}(y'-b) -$$

$$\varepsilon_0\sum_n B_n\frac{n\pi}{a}\sin\frac{n\pi}{a}x\cosh\frac{n\pi}{a}(y'-b) +$$

$$\varepsilon_0\sum_n A_n\frac{n\pi}{a}\sin\frac{n\pi}{a}x\cosh\frac{n\pi}{a}y' = \delta(x-x')$$

上面用到了线电荷的密度函数,即冲激函数。所以,有

$$A_n\sinh\frac{n\pi}{a}y' - B_n\sinh\frac{n\pi}{a}(y'-b) = 0$$

$$-B_n\frac{n\pi}{a}\cosh\frac{n\pi}{a}(y'-b) + A_n\frac{n\pi}{a}\cosh\frac{n\pi}{a}y' = \frac{2}{\varepsilon_0 a}\sin\frac{n\pi}{a}x'$$

这里用到了冲激函数的傅里叶级数展开形式,于是解得

$$A_n = \frac{2}{n\pi\varepsilon_0}\frac{1}{\sinh\frac{n\pi}{a}b}\sin\frac{n\pi}{a}x'\sinh\frac{n\pi}{a}(b-y')$$

$$B_n = -\frac{2}{n\pi\varepsilon_0}\frac{1}{\sinh\frac{n\pi}{a}b}\sin\frac{n\pi}{a}x'\sinh\frac{n\pi}{a}y'$$

代入,即得所求。

$$G_1(x,y) = \frac{2}{\pi\varepsilon_0}\sum_n\frac{\sin\frac{n\pi}{a}x'\sinh\frac{n\pi}{a}(b-y')}{n\sinh\frac{n\pi}{a}b}\sin\frac{n\pi}{a}x\sinh\frac{n\pi}{a}y,\quad 0\leqslant x\leqslant a, 0\leqslant y\leqslant y'$$

$$G_2(x,y) = -\frac{2}{\pi\varepsilon_0}\sum_n\frac{\sin\frac{n\pi}{a}x'\sinh\frac{n\pi}{a}y'}{n\sinh\frac{n\pi}{a}b}\sin\frac{n\pi}{a}x\sinh\frac{n\pi}{a}(y-b),\quad 0\leqslant x\leqslant a, y'\leqslant y\leqslant b$$

习题 4.33 在相距为 b 的两无限大平行导体板间有一与导体板面垂直且沿 z 方向为无限长的带电平板,其电荷面密度为 $\rho_S = a_n\sin\frac{n\pi y}{b}\delta(x-x')$。其中,$a_n$ 为常数,n 为正整数。边界条件是当 $|x|\to\infty$ 时,$G=0$ 与当 $y=0, y=b$ 时,$G=0$,如图 4-44 所示。试求两平行板之间区域内的电势函数 G。

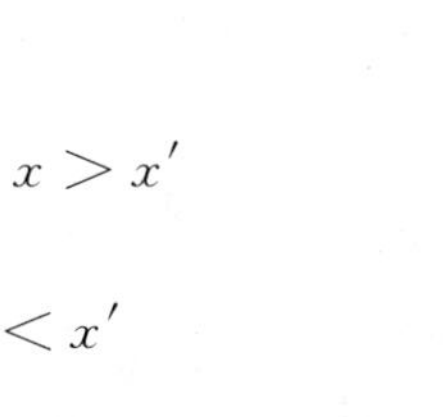

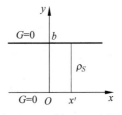

图 4-44 习题 4.33 示意图

解 观察边界条件,可以假设左、右两个区域的电势分布分别为

$$G_1(x,y) = \sum_m A_m\sin\frac{m\pi}{b}y\exp\left[-\frac{m\pi}{b}(x-x')\right],\quad x > x'$$

$$G_2(x,y) = \sum_m B_m\sin\frac{m\pi}{b}y\exp\left[\frac{m\pi}{b}(x-x')\right],\quad x < x'$$

在 $x=x'$ 处,根据边界条件,则有

$$A_m - B_m = 0$$

$$-\varepsilon_0\sum_m A_m\left(-\frac{m\pi}{b}\right)\sin\frac{m\pi}{b}y + \varepsilon_0\sum_m B_m\left(\frac{m\pi}{b}\right)\sin\frac{m\pi}{b}y = a_n\sin\frac{n\pi}{b}y$$

即

$$\varepsilon_0 A_m\left(\frac{m\pi}{b}\right)+\varepsilon_0 B_m\left(\frac{m\pi}{b}\right)=\delta_{mn}a_n$$

所以有

$$A_m+B_m=\frac{b}{\varepsilon_0 m\pi}\delta_{mn}a_n$$

最终求得

$$A_m=B_m=\frac{b}{2\varepsilon_0 m\pi}\delta_{mn}a_n=\begin{cases}\dfrac{ba_n}{2\varepsilon_0 n\pi}, & m=n\\ 0, & m\neq n\end{cases}$$

代入表达式,即为所求

$$G_1(x,y)=\frac{ba_n}{2\varepsilon_0 n\pi}\sin\frac{n\pi}{b}y\exp\left[-\frac{n\pi}{b}(x-x')\right],\quad x\geqslant x'$$

$$G_2(x,y)=\frac{ba_n}{2\varepsilon_0 n\pi}\sin\frac{n\pi}{b}y\exp\left[\frac{n\pi}{b}(x-x')\right],\quad x\leqslant x'$$

习题 4.34 无限大接地导体平板上方的空气中有一与导体平板平行且间距为 h 的无限长单位线电荷($\rho_l=1$),如图 4-45 所示。试求空气中的电势分布。

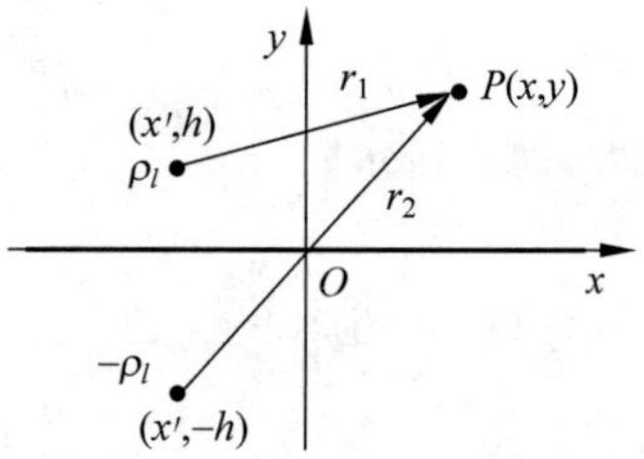

图 4-45 习题 4.34 示意图

解 假设无限长单位线电荷位于(x',h),采用镜像法,则镜像电荷位于$(x',-h)$,则

$$\phi=-\frac{1}{2\pi\varepsilon}\ln r_1+\frac{1}{2\pi\varepsilon}\ln r_2=\frac{1}{2\pi\varepsilon}\ln\frac{r_2}{r_1}$$

整理,得

$$\phi=\frac{1}{4\pi\varepsilon}\ln\frac{r_2^2}{r_1^2}=\frac{1}{4\pi\varepsilon}\ln\frac{(x-x')^2+(y+h)^2}{(x-x')^2+(y-h)^2}$$

习题 4.35 有一半径为 a 的无限长圆柱形导体壳,外壳接地,在圆内(r',φ')处有一单位线电荷分布,试求圆域内的电势分布。

解 建立圆柱坐标系,取柱轴为 z 轴,假设单位线电荷位于(r',φ'),镜像电荷位于$(a^2/r',\varphi')$,它们到场点的距离分别为 r_1 和 r_2,采用镜像法,则

$$\phi=-\frac{1}{2\pi\varepsilon_0}\ln r_1+\frac{1}{2\pi\varepsilon_0}\ln r_2+C$$

其中,C 为与电势参考点相关的常数。如果取柱体表面电势为零,则

$$C=\frac{1}{2\pi\varepsilon_0}\ln\frac{r_1}{r_2}\overset{\text{柱面}}{=\!=}\frac{1}{2\pi\varepsilon_0}\ln\frac{r'}{a}$$

因此,

$$\phi=\frac{1}{2\pi\varepsilon_0}\ln\frac{r_2 r'}{r_1 a}$$

所以,圆域内的电势分布为

$$\phi=\frac{1}{4\pi\varepsilon_0}\ln\frac{r^2r'^2+a^4-2a^2rr'\cos(\varphi-\varphi')}{a^2\left[r^2+r'^2-2rr'\cos(\varphi-\varphi')\right]}$$

习题 4.36 半无限大导体平面与 $y=0$ 的平面重合。在其附近的点(x',y')上置一密

度为 ρ_l 的无限长直线电荷，且与导体平面平行，如图 4-46 所示。试用保角变换法求空间的电势和电场强度及导体平面上的感应电荷面密度。

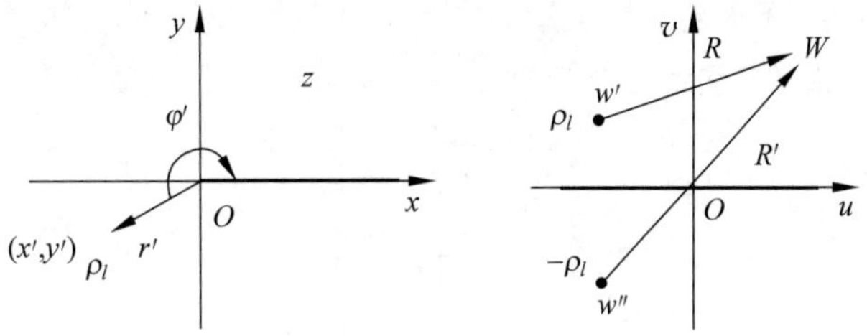

(a) z平面示意 (b) W平面示意

图 4-46 习题 4.36 示意图

解 观察题目中的情况，选择如下变换函数，即

$$W=\sqrt{z}=\sqrt{r}\exp\left(\mathrm{j}\,\frac{\varphi}{2}\right)$$

根据 $z'=x'+\mathrm{j}y'=r'\exp(\mathrm{j}\varphi')$，则

$$r'=\sqrt{x'^2+y'^2},\tan\varphi'=\frac{y'}{x'}$$

它对应的 W 平面上的复数为

$$W'=\sqrt{z'}=\sqrt{r'}\exp\left(\mathrm{j}\,\frac{\varphi'}{2}\right)$$

则在 W 平面，利用镜像法有

$$\begin{aligned}\phi&=-\frac{\rho_l}{2\pi\varepsilon_0}\ln\left|\frac{W-W'}{W-\overline{W}'}\right|=-\frac{\rho_l}{2\pi\varepsilon_0}\ln\left|\frac{\sqrt{r}\exp\left(\mathrm{j}\,\frac{\varphi}{2}\right)-\sqrt{r'}\exp\left(\mathrm{j}\,\frac{\varphi'}{2}\right)}{\sqrt{r}\exp\left(\mathrm{j}\,\frac{\varphi}{2}\right)-\sqrt{r'}\exp\left(-\mathrm{j}\,\frac{\varphi'}{2}\right)}\right|\\&=-\frac{\rho_l}{4\pi\varepsilon_0}\ln\left|\frac{\left(\sqrt{r}\cos\frac{\varphi}{2}-\sqrt{r'}\cos\frac{\varphi'}{2}\right)^2+\left(\sqrt{r}\sin\frac{\varphi}{2}-\sqrt{r'}\sin\frac{\varphi'}{2}\right)^2}{\left(\sqrt{r}\cos\frac{\varphi}{2}-\sqrt{r'}\cos\frac{\varphi'}{2}\right)^2+\left(\sqrt{r}\sin\frac{\varphi}{2}+\sqrt{r'}\sin\frac{\varphi'}{2}\right)^2}\right|\\&=-\frac{\rho_l}{4\pi\varepsilon_0}\ln\frac{r+r'-2\sqrt{rr'}\cos\frac{\varphi-\varphi'}{2}}{r+r'-2\sqrt{rr'}\cos\frac{\varphi+\varphi'}{2}}\end{aligned}$$

于是有

$$\begin{aligned}\boldsymbol{E}&=-\nabla\phi=-\frac{\partial\phi}{\partial r}\boldsymbol{e}_r-\frac{\partial\phi}{r\partial\varphi}\boldsymbol{e}_\varphi\\&=\frac{\rho_l}{4\pi\varepsilon_0}\left(\frac{1-\sqrt{\frac{r'}{r}}\cos\frac{\varphi-\varphi'}{2}}{r+r'-2\sqrt{r'r}\cos\frac{\varphi-\varphi'}{2}}-\frac{1-\sqrt{\frac{r'}{r}}\cos\frac{\varphi+\varphi'}{2}}{r+r'-2\sqrt{r'r}\cos\frac{\varphi+\varphi'}{2}}\right)\boldsymbol{e}_r+\\&\quad\frac{\sqrt{\frac{r'}{r}}\rho_l}{4\pi\varepsilon_0}\left(\frac{\sin\frac{\varphi-\varphi'}{2}}{r+r'-2\sqrt{rr'}\cos\frac{\varphi-\varphi'}{2}}-\frac{\sin\frac{\varphi+\varphi'}{2}}{r+r'-2\sqrt{rr'}\cos\frac{\varphi+\varphi'}{2}}\right)\boldsymbol{e}_\varphi\end{aligned}$$

根据边界条件，则

$$\rho_S=\varepsilon_0 E_\varphi\big|_{\varphi=0^+}-\varepsilon_0 E_\varphi\big|_{\varphi=0^-}$$

这里大家需要尤其注意，不能将 $\varphi=0$ 直接代入上式进行计算，否则将会得到电荷密度为 0 的结论。正确的做法是：注意到电场强度法向分量分布关于 φ 是奇函数，因此

$$\rho_S=\varepsilon_0 E_\varphi\big|_{\varphi=0^+}-\varepsilon_0 E_\varphi\big|_{\varphi=0^-}=2\varepsilon_0 E_\varphi\big|_{\varphi=0^+}$$

$$=-\frac{\sqrt{\dfrac{r'}{r}}\rho_l}{\pi}\frac{\sin\dfrac{\varphi'}{2}}{r+r'-2\sqrt{rr'}\cos\dfrac{\varphi'}{2}}$$

也可以分别计算 $\varphi=\delta,\varphi=2\pi-\delta$ 两个平面上的电荷密度分布，考虑 $\delta\to0$ 再进行求和。如下

$$\rho_{S1}=\varepsilon_0 E_\varphi\big|_{\varphi=0^+}=-\frac{1}{2}\frac{\sqrt{\dfrac{r'}{r}}\rho_l}{\pi}\frac{\sin\dfrac{\varphi'}{2}}{r+r'-2\sqrt{rr'}\cos\dfrac{\varphi'}{2}}$$

$$\rho_{S2}=-\varepsilon_0 E_\varphi\big|_{\varphi=0^-}=-\frac{1}{2}\frac{\sqrt{\dfrac{r'}{r}}\rho_l}{\pi}\frac{\sin\dfrac{\varphi'}{2}}{r+r'-2\sqrt{rr'}\cos\dfrac{\varphi'}{2}} \quad \text{（注意负号）}$$

同样可以得到相同的结果

$$\rho_S=\rho_{S1}+\rho_{S2}=-\frac{\sqrt{\dfrac{r'}{r}}\rho_l}{\pi}\frac{\sin\dfrac{\varphi'}{2}}{r+r'-2\sqrt{rr'}\cos\dfrac{\varphi'}{2}}$$

事实上，当我们采用保角变换的时候，其适用的区域即为 $\varphi\in[0,2\pi)$，不能跨越 $\varphi=0$ 这条射线；否则，三角函数的周期性就会隐藏掉实际场量的不连续性，即 $\varphi=\delta,\varphi=2\pi-\delta$ 处场量不同。大家在应用中务必注意。

习题 4.37 试证明变换函数 $w=\sin\dfrac{\pi}{a}z$ 可把 z 平面上宽度为 a 的半无限长矩形区域变换为 w 平面上的上半平面。若在宽度为 a 的半无限长矩形区域的中心面上距端面为 b 处置一密度为 ρ_l 的无限长直线电荷，且与各边界面平行，各边界面上的电势均为零，如图 4-47 所示。试求此矩形域内的电势。

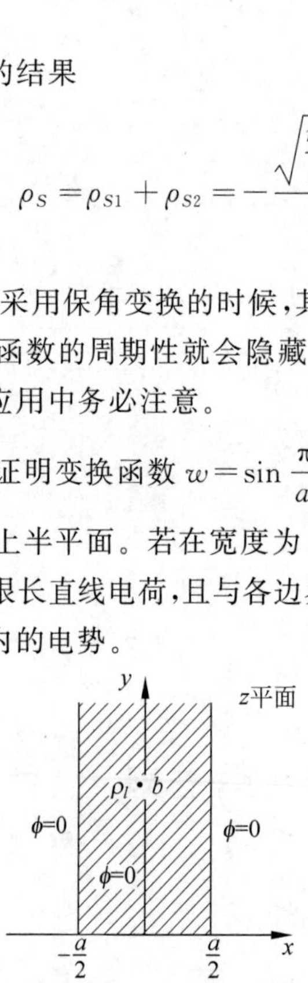

(a) z平面的情况

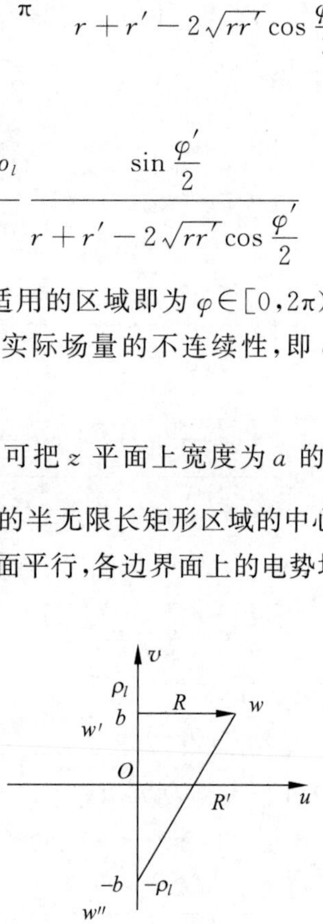

(b) W平面示意图

图 4-47 习题 4.37 示意图

解　在 z 平面上，设 $z=x+\mathrm{j}y$，则

$$w=\sin\frac{\pi}{a}z=\sin\frac{\pi}{a}(x+\mathrm{j}y)=\sin\frac{\pi}{a}x\cosh\frac{\pi}{a}y+\mathrm{j}\sinh\frac{\pi}{a}y\cos\frac{\pi}{a}x$$

则在 z 平面到 w 平面上存在以下对应关系：

$$(x,y)=\left(-\frac{a}{2},0\right)\to(u,v)=(-1,0)$$

$$(x,y)=\left(-\frac{a}{2},\infty\right)\to(u,v)=(-\infty,0)$$

$$(x,y)=\left(\frac{a}{2},0\right)\to(u,v)=(1,0)$$

$$(x,y)=\left(\frac{a}{2},+\infty\right)\to(u,v)=(+\infty,0)$$

可以得到变换函数 $w=\sin\frac{\pi}{a}z$ 可把 z 平面上宽度为 a 的半无限长矩形区域变换为 w 平面上的上半平面。同理，$z=\mathrm{j}b$ 可以映射为 $w'=\sin\left(\frac{\pi}{a}\mathrm{j}b\right)=\mathrm{j}\sinh\frac{\pi b}{a}$。

使用镜像法，镜像电荷的位置为 $w''=-\mathrm{j}\sinh\frac{\pi b}{a}$，则 w 平面上半平面的电势为

$$\phi=\frac{\rho_l}{2\pi\varepsilon}\ln\left|\frac{w-w''}{w-w'}\right|=\frac{\rho_l}{2\pi\varepsilon}\ln\left|\frac{\sin\frac{\pi}{a}x\cosh\frac{\pi}{a}y+\mathrm{j}\cos\frac{\pi}{a}x\sinh\frac{\pi}{a}y+\mathrm{j}\sinh\frac{b\pi}{a}}{\sin\frac{\pi}{a}x\cosh\frac{\pi}{a}y+\mathrm{j}\cos\frac{\pi}{a}x\sinh\frac{\pi}{a}y-\mathrm{j}\sinh\frac{b\pi}{a}}\right|$$

$$=\frac{\rho_l}{4\pi\varepsilon}\ln\frac{\sin^2\left(\frac{\pi x}{a}\right)\cosh^2\left(\frac{\pi y}{a}\right)+\left(\cos\frac{\pi x}{a}\sinh\frac{\pi y}{a}+\sinh\frac{b\pi}{a}\right)^2}{\sin^2\left(\frac{\pi x}{a}\right)\cosh^2\left(\frac{\pi y}{a}\right)+\left(\cos\frac{\pi x}{a}\sinh\frac{\pi y}{a}-\sinh\frac{b\pi}{a}\right)^2}$$

习题 4.38　椭圆同轴线内导体的外表面与外导体的内表面为共焦椭圆柱面。若内导体外表面的半长轴与半短轴分别为 a_1 和 b_1，外导体内表面的半长轴与半短轴分别为 a_2 和 b_2，两导体间填充介电常数为 ε 的介质，如图 4-48 所示。试求此椭圆同轴线单位长度的电容。

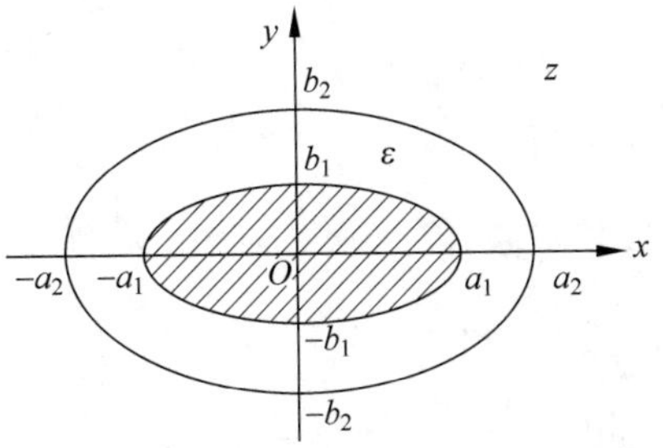

(a) z平面的情况

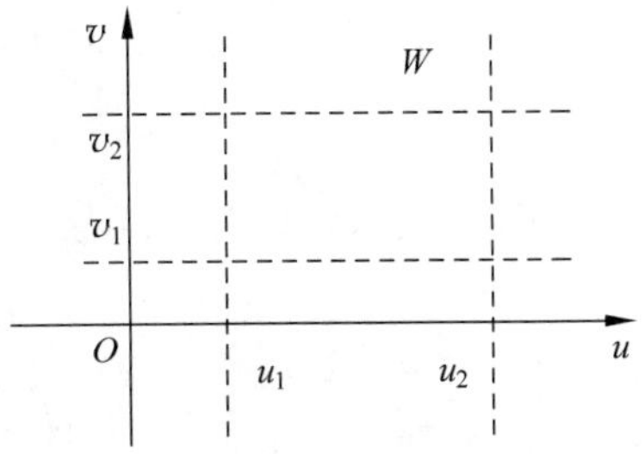

(b) W平面示意图

图 4-48　习题 4.38 示意图

解 采用反余弦变换 $W=\arccos\dfrac{z}{c}$，$z=x+\mathrm{j}y$，$W=u+\mathrm{j}v$

$$\Rightarrow z=c\cos W=\begin{cases}x=c\cos u\cosh v\\ y=-c\sin u\sinh v\end{cases}$$

其中，$c=\sqrt{a_1^2-b_1^2}=\sqrt{a_2^2-b_2^2}$。

经过反余弦变换后，z 平面上椭圆边界所围绕的区域变为 W 平面上的矩形区域，如图 4-48 所示。其中，W 平面上 v 等于常数且长度为 2π 的水平线与 z 平面上的椭圆相对应；由 $b=c\sinh v$，得到

$$v_1=\sinh^{-1}\frac{b_1}{c},\quad v_2=\sinh^{-1}\frac{b_2}{c}\quad 且\quad u_2-u_1=2\pi$$

单位长度的电容为

$$C=\frac{2\pi\varepsilon_0}{v_2-v_1}=\frac{2\pi\varepsilon_0}{\sinh^{-1}\dfrac{b_2}{c}-\sinh^{-1}\dfrac{b_1}{c}}$$

$$=\frac{2\pi\varepsilon_0}{\ln\left(\dfrac{b_2}{c}+\sqrt{\dfrac{b_2^2+c^2}{c^2}}\right)-\ln\left(\dfrac{b_1}{c}+\sqrt{\dfrac{b_1^2+c^2}{c^2}}\right)}$$

$$=\frac{2\pi\varepsilon_0}{\ln\left(\dfrac{b_2+a_2}{b_1+a_1}\right)}$$

注意：$y=\sinh^{-1}x=\ln(\sqrt{x^2+1}+x)$。

习题 4.39 两共面的半无限大导体平板与 $y=0$ 的平面重合，其内缘间隔为 $2a$，两平板上的电势分别为 0 与 ϕ_0。试求变换函数及空间任一点的电场强度。

解 如图 4-49 所示。

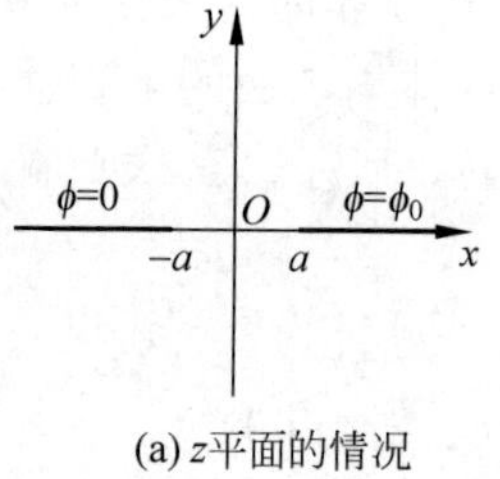

(a) z平面的情况

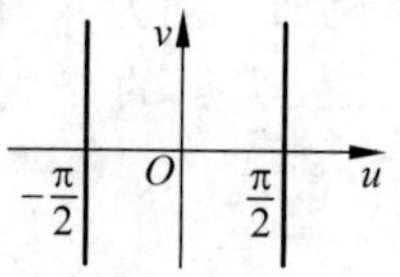

(b) W平面的情况

图 4-49 习题 4.39 示意图

两个半无限大的导体板可以认为是一组双曲线的极限，因此取 $z=a\sin W$，则

$$W=\arcsin\frac{z}{a}$$

可得

$$\begin{cases}x=a\sin(u)\cosh(v)\\ y=a\cos(u)\sinh(v)\end{cases}$$

u 等于常数的直线，映射为双曲线。图 4-49 中的两条射线可以看作双曲线的特例，是 $u=\pm\dfrac{\pi}{2}$ 的极限情况。问题转换为求两个平行极板间的电势，如图 4-49(b)所示。容易得到两个极

板间的电势为线性函数

$$\phi=\frac{\phi_0}{\pi}u+\frac{\phi_0}{2}$$

反变换得

$$\begin{aligned}\phi&=\frac{\phi_0}{\pi}\mathrm{Re}\left[\arcsin\left(\frac{z}{a}\right)\right]+\frac{\phi_0}{2}\\&=\mathrm{Re}\left[\frac{\phi_0}{\pi}\arcsin\left(\frac{z}{a}\right)+\frac{\phi_0}{2}\right]\\&=\mathrm{Re}\left[\frac{\phi_0}{\pi}W+\frac{\phi_0}{2}\right]\\&=\mathrm{Re}[t]=\mathrm{Re}[\phi+\mathrm{j}\psi]\end{aligned}$$

上式中，$t=\frac{\phi_0}{\pi}W+\frac{\phi_0}{2}$为复势函数。因此，电场根据电势的负梯度计算，在这里，可以采用复数的形式来表示出来

$$\dot{E}=E_x+\mathrm{j}E_y=-\frac{\partial\phi}{\partial x}-\mathrm{j}\frac{\partial\phi}{\partial y}=\overline{-\frac{\partial\phi}{\partial x}-\mathrm{j}\frac{\partial\psi}{\partial x}}=-\overline{\frac{\mathrm{d}t}{\mathrm{d}z}}$$

解得

$$\begin{aligned}\dot{E}&=-\frac{\phi_0}{\pi\sqrt{a^2-\bar{z}^2}}=-\frac{\phi_0}{\pi\sqrt{a^2-x^2+y^2+\mathrm{j}2xy}}\\&=-\frac{\phi_0}{\pi\sqrt[4]{(a^2-x^2+y^2)^2+4x^2y^2}}e^{-\mathrm{j}\frac{\theta}{2}}\end{aligned}$$

其中，$\theta=\tan^{-1}\frac{2xy}{a^2-x^2+y^2}$。

习题 4.40　一无限长电容器的横截面结构如图 4-50 所示，极板间填充的是空气。用保角变换法求该电容器沿轴向单位长度的电容。

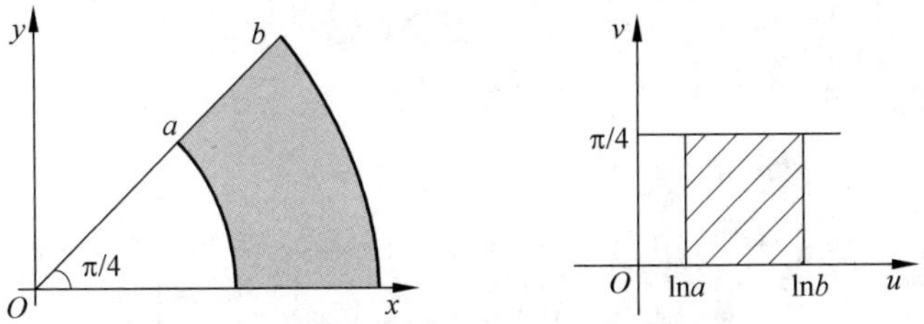

(a) z平面的情况　　(b) W平面的情况

图 4-50　习题 4.40 示意图

解　采用对数变换将原区域变为 W 平面上的矩形区域。

$$W=\ln r\mathrm{e}^{\mathrm{j}\varphi}=u+\mathrm{j}v=\ln r+\mathrm{j}\varphi$$

于是，$u=\ln r$，$v=\varphi$，即圆形弧线变换为垂直线；径向的放射线变换为水平线，如图 4-50(b)所示。

所以该电容器沿轴向单位长度的电容为 $C=\frac{\varepsilon_0 S}{d}=\frac{\varepsilon_0\cdot\frac{\pi}{4}}{\ln b-\ln a}=\frac{\varepsilon_0\pi}{4\ln\frac{b}{a}}$。

4.7 核心 MATLAB 代码

4.7.1 利用 MATLAB 绘制特殊函数的图像

在很多语言如 MATLAB 里面，贝塞尔函数、诺依曼函数等特殊函数都是内置的函数，可以直接调用，因此可以说特殊函数不“特殊”。

1. 柱函数绘制

在 MATLAB 环境中，三类柱函数分别以下面的形式表示。

贝塞尔函数：y=besselj(nu,x)；

诺依曼函数：y=bessely(nu,x)；

汉克尔函数：y=besselh(nu,k,x)；其中，k=1 或者 2 表示第一类或第二类汉克尔函数。

虚宗量贝塞尔函数：y=besseli(nu,x)；

虚宗量汉克尔函数：y=besselk(nu,x)。

上面各个函数中，nu 表示函数的阶数；x 表示自变量，可以取向量；y 表示计算所得函数值，根据 x 的形式，取向量或者数值。

比如，要绘制 $J_0(x)$，我们可以这样操作：

```
x = [0:0.1:20];          % 定义自变量取值范围
y = besselj(0,x);        % 计算 0 阶贝塞尔函数的函数值
plot(x,y);               % 绘图
```

要绘制 $N_1(x)$，我们可以这样操作：

```
x = [0:0.1:20];          % 定义自变量取值范围
y = bessely(1,x);        % 计算 1 阶诺依曼函数的函数值
plot(x,y);               % 绘图
```

如果要绘制 $I_2(x)$，我们可以这样操作：

```
x = [0:0.1:20];          % 定义自变量取值范围
y = besseli(2,x);        % 计算 2 阶虚宗量贝塞尔函数的函数值
plot(x,y);               % 绘图
```

最后，如果要绘制 $K_3(x)$，我们可以这样操作：

```
x = [0:0.1:20];          % 定义自变量取值范围
y = besselk(3,x);        % 计算 3 阶虚宗量汉克尔函数的函数值
plot(x,y);               % 绘图
```

图 4-51 就是我们利用 MATLAB 绘制的贝塞尔函数等的曲线。大家要仔细观察，并注意其变化趋势及特点。如：贝塞尔函数、诺依曼函数有无穷多个根，虚宗量贝塞尔函数和虚宗量汉克尔函数没有实数根等。

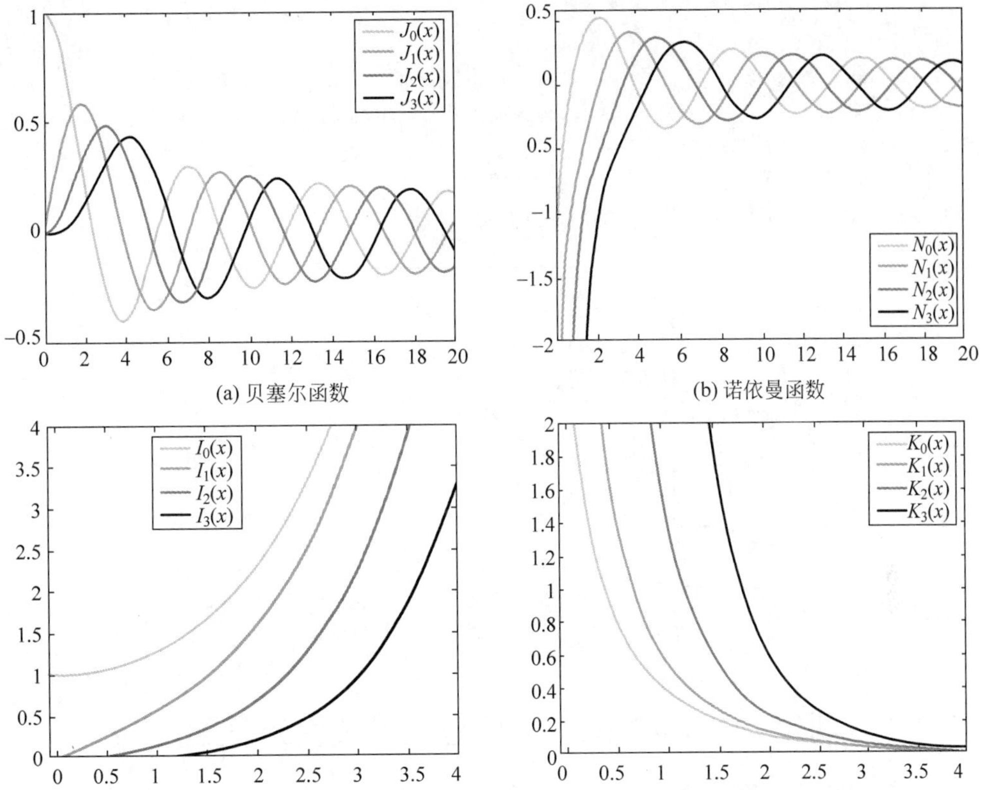

(a) 贝塞尔函数　(b) 诺依曼函数　(c) 虚宗量贝塞尔函数　(d) 虚宗量诺依曼函数

图 4-51　典型的柱函数图像

2. 连带勒让德多项式

在 MATLAB 环境下，使用如下的形式计算勒让德多项式及连带勒让德多项式的值。

```
y = legendre(n,x);
```

其中，n 表示连带勒让德多项式 $P_n^m(x)$的阶次；x 是自变量；y 是函数值。y 一般情况下是一个 $n+1$ 行的矩阵，每行表示不同 m 时对应的连带勒让德多项式的值，即 $P_n^0(x)$，$P_n^1(x)$，…，$P_n^n(x)$的结果。

下面的程序，就是用于绘制 $P_5(x)$。

```
x = [ - 1:0.01:1];          % x 取值范围
m = 0;
n = 5;
y = legendre(n,x);          % 计算所有的 n 阶连带勒让德多项式
y = y(m + 1, :);            % 第 m + 1 行,即为所求的 P_n^m,本例给出的是 P_5
plot(x,y);                  % 绘制曲线
```

MATLAB 可以一次计算所有的连带勒让德多项式。使用者根据需要自行选择。比如上面示例的就是计算 P_5 的情况。如果要选择 P_5^3，则如下所示。

```
m = 3;
n = 5;
y = legendre(n,x);          % 计算所有的 n 阶连带勒让德多项式
y = y(m + 1,:);             % 第 m + 1 行,即为所求的 P_n^m,本例给出的是 P_5^3
plot(x,y);                  % 绘制曲线
```

图 4-52 给出了勒让德多项式的几条曲线图。

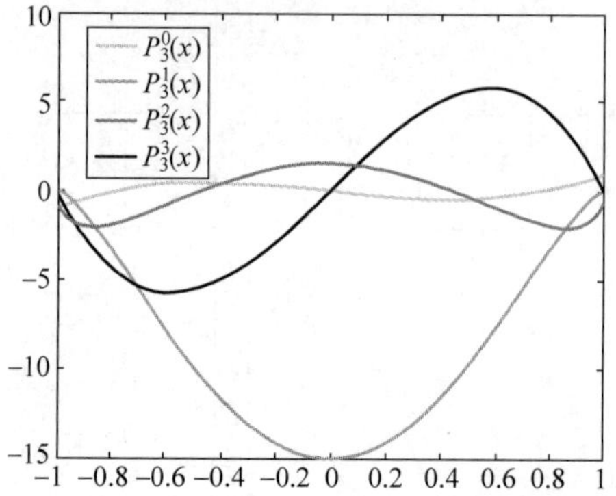

图 4-52　勒让德多项式的曲线示意图

4.7.2　利用 MATLAB 符号工具箱求解线性方程组的根

在电磁场和电磁波的分析中,经常会遇到求解方程组的根的问题。当方程个数比较少的时候,手工计算比较简单;如果方程组的个数较多,且方程为代数方程,则求解相对比较烦琐。比如,在计算柱状隐形装置的过程中,会遇到如下方程组:

$$\begin{bmatrix} a & -a & -\dfrac{1}{a} & 0 \\ \varepsilon_1 & -\varepsilon_2 & \dfrac{\varepsilon_2}{a^2} & 0 \\ 0 & b & \dfrac{1}{b} & -\dfrac{1}{b} \\ 0 & \varepsilon_2 & -\dfrac{\varepsilon_2}{b^2} & \dfrac{\varepsilon_b}{b^2} \end{bmatrix} \begin{bmatrix} A \\ B \\ C \\ D \end{bmatrix} = \begin{bmatrix} 0 \\ 0 \\ -E_0 b \\ -E_0 \varepsilon_b \end{bmatrix}$$

这是一个四元一次方程组。方程组的系数为隐形装置的几何尺寸、介电常数或者它们的组合;方程组的右侧是背景中的电场、几何尺寸以及背景中的介电常数;而 A、B、C、D 是四个待求系数。

对于上述四元一次方程组的求解,可以直接使用 MATLAB 下的符号工具箱进行求解,从而大大降低计算过程。其主要代码如下:

```
syms a b eps1 eps2 epsb E0 ;                              % 定义符号变量
M = [a  - a  - 1/a 0; eps1  - eps2 eps2/a^2 0;
     0 b 1/b  - 1/b; 0 eps2  - eps2/b^2 epsb/b^2];        % 定义系数矩阵
N = [0 0  - E0 * b  - E0 * epsb].';                       % 定义列向量
```

```
x = M\N;                                   % 计算未知矢量 x, x = [A B C D].'
pretty(x(4));                              % 显示计算结果,这里显示的是 D
```

求解上述四元一次方程组,得到 D 的表达式为

$$D = E_0 b^2 \frac{(b^2 - a^2)\varepsilon_2^2 + a^2\varepsilon_1(\varepsilon_b + \varepsilon_2) + b^2\varepsilon_1(\varepsilon_2 - \varepsilon_b) - (a^2 + b^2)\varepsilon_b\varepsilon_2}{(b^2 - a^2)\varepsilon_2^{2+} a^2\varepsilon_1(\varepsilon_2 - \varepsilon_b) + b^2\varepsilon_1(\varepsilon_2 + \varepsilon_b) + (a^2 + b^2)\varepsilon_b\varepsilon_2}$$

利用同样的方法,还可以得到其他系数如 A、B、C 的表达式,在此不再赘述。当方程中未知数的个数比较多的时候,这种方法非常有效。

4.7.3 利用 MATLAB 计算贝塞尔函数或其导函数的根

很多情况下,需要计算贝塞尔函数或者其导函数的根,这时可以利用 MATLAB 的 fzero 函数进行相应操作。

1. 贝塞尔函数求根

下面的代码给出 m 阶贝塞尔函数的前 n 个根。根据 MATLAB 的要求,fzero 函数需要给出根附近的一个估计值,为此,在选择第一个根的估计值时,使用 m 阶贝塞尔函数的小宗量近似,即

$$J_m(x) \approx \frac{1}{m!}\left(\frac{x}{2}\right)^m - \frac{1}{(m+1)!}\left(\frac{x}{2}\right)^{m+2} + \cdots \tag{4-98}$$

令其为零,则可以得到

$$x \approx 2\sqrt{m+1} \tag{4-99}$$

此值可以作为 m 阶贝塞尔函数的第一个根的估计值。当根的个数比较多时,可以利用前一个根估计下一个根的数值。这时可以使用贝塞尔函数的大宗量近似,将其近似看作周期为 2π 的余弦函数,所以相邻的两个根大小相差为 π。

```
m = 03;                                        % 3 阶贝塞尔函数
no = 10;                                       % 前 10 个根
x0 = 2 * sqrt(m + 1);                          % 第一个根的初始值
root(1) = fzero(@(x) besselj(m,x),x0);         % 找出第一个根,记录在 root 中
    for lp = 2:no
        root(lp) = fzero(@(x) besselj(m,x),root(lp - 1) + pi);
                                               % 循环,基于前一个根,找出第二个根
    end
root.'                                         % 显示这 10 个根
ezplot(besselj(m,x),[0,30])                    % 绘制图像以验证
```

顺便给出其他柱函数的小宗量近似如下:

$$\begin{cases} J_0(x) \approx 1 - \dfrac{1}{4}x^2 \\ N_0(x) \approx \dfrac{2}{\pi}\left(\ln\dfrac{x}{2} + C\right) \end{cases} \quad \begin{cases} J_m(x) \approx \dfrac{1}{m!}\left(\dfrac{x}{2}\right)^m \\ N_m(x) \approx -\dfrac{(m-1)!}{\pi}\left(\dfrac{2}{x}\right)^m \end{cases} (m \neq 0) \tag{4-100}$$

2. 贝塞尔函数导数求根

下面的程序用于计算 m 阶贝塞尔函数导函数的前 n 个根。对于 0 阶贝塞尔函数,由于

其第一个根为零，所以做了特殊处理。对于其他的阶次，根据函数驻点、根以及导函数根的关系，选择了$\sqrt{m+1}$为初始值。

```
m = 0;                                            % 函数阶数
no = 10;                                          % 前 10 个根
syms x                                            % 定义符号变量
y = diff(besselj(m,x),x);                         % 求导函数
y = char(y);                                      % 将 y 定义为导函数
x0 = sqrt(m + 1);                                 % 选择初值
if m == 0
    root(1) = fzero(y,3);                         % 0 阶导函数的第一个根
else
    root(1) = fzero(y,x0);                        % m 阶导函数的第一个根
end
for lp = 2:no
    root(lp) = fzero(y,root(lp - 1) + pi);        % 利用前一个根,估计下一个根
end
root.'                                            % 显示结果
ezplot(y,[0,30]);                                 % 验证结果
```

4.8 科技前沿中的典型静态场问题

4.8.1 各向异性套层实现的球形隐形装置

2013 年，Henrik Kettunen 等在 JAP 上提出了利用各向异性材料覆盖在介质球或金属球上，从而实现电磁隐形的思路。本节将首先分析各向异性材料下电势方程的分离变量法求解，然后再对此做详细分析。

1. 球坐标系下的通解形式

假设在球坐标系下，各向异性材料的介电常数可以表示为

$$\bar{\bar{\varepsilon}}=\varepsilon_0[\varepsilon_r\boldsymbol{e}_r\boldsymbol{e}_r+\varepsilon_t(\boldsymbol{e}_\theta\boldsymbol{e}_\theta+\boldsymbol{e}_\varphi\boldsymbol{e}_\varphi)]$$

在静电场下，无电荷的区域，有

$$\boldsymbol{E}=-\nabla\phi,\quad \nabla\cdot\boldsymbol{D}=0\quad 且\quad \boldsymbol{D}=\bar{\bar{\varepsilon}}\cdot\boldsymbol{E}$$

因此有

$$\nabla\cdot(\bar{\bar{\varepsilon}}\cdot\nabla\phi)=0$$

利用球坐标系下的公式，则可以得到

$$\frac{\varepsilon_r}{r^2}\frac{\partial}{\partial r}\left(r^2\frac{\partial\phi}{\partial r}\right)+\frac{\varepsilon_t}{r^2\sin\theta}\frac{\partial}{\partial\theta}\left(\sin\theta\frac{\partial\phi}{\partial\theta}\right)+\frac{\varepsilon_t}{r^2\sin^2\theta}\frac{\partial^2\phi}{\partial\varphi^2}=0$$

即

$$\frac{\varepsilon_r}{\varepsilon_t}\frac{\partial}{\partial r}\left(r^2\frac{\partial\phi}{\partial r}\right)+\frac{1}{\sin\theta}\frac{\partial}{\partial\theta}\left(\sin\theta\frac{\partial\phi}{\partial\theta}\right)+\frac{1}{\sin^2\theta}\frac{\partial^2\phi}{\partial\varphi^2}=0$$

采用分离变量法，令 $\phi(r,\theta,\varphi)=R(r)\Theta(\theta)\Phi(\varphi)$易知

$$\Phi_m(\varphi)=C_m\sin m\varphi+D_m\cos m\varphi \tag{4-101}$$

其中，m 取自然数。

$$\Theta(\theta)=P_n^m(\cos\theta)$$

其中，$n=0,1,2,\cdots,m\leqslant n$。同时，有

$$r^2\frac{\mathrm{d}^2R}{\mathrm{d}r^2}+2r\frac{\mathrm{d}R}{\mathrm{d}r}-\frac{\varepsilon_t}{\varepsilon_r}n(n+1)R=0$$

令 $\nu_n(\nu_n+1)=\dfrac{\varepsilon_t}{\varepsilon_r}n(n+1)$，则

$$\nu_n=-\frac{1}{2}+\sqrt{\frac{1}{4}+\frac{\varepsilon_t}{\varepsilon_r}n(n+1)}$$

则

$$R_n(r)=A_nr^{\nu_n}+B_nr^{-(\nu_n+1)}$$

于是，各向异性材料中，电势的通解可以表示为

$$\phi(r,\theta,\varphi)=\sum_{n=0}^{\infty}\sum_{m=0}^{n}\left[A_nr^{\nu_n}+B_nr^{-(\nu_n+1)}\right]P_n^m(\cos\theta)(C_m\sin m\varphi+D_m\cos m\varphi)$$

与各向同性材料相比，只是径向函数的阶数变成了非整数阶，其他表达式并未发生大的变化。

2. 隐形衣设计

如图 4-53 所示，假设球形介质材料的半径为 b，其外面覆盖一个半径为 a 的各向异性材料，介电常数可以表示为 $\bar{\bar{\varepsilon}}=\varepsilon_0[\varepsilon_r\boldsymbol{e}_r\boldsymbol{e}_r+\varepsilon_t(\boldsymbol{e}_\theta\boldsymbol{e}_\theta+\boldsymbol{e}_\varphi\boldsymbol{e}_\varphi)]$。外部均匀电场 $\boldsymbol{E}_0=E_0\boldsymbol{e}_z=\dfrac{U_0}{a}\boldsymbol{e}_z$ 沿 z 轴方向。根据轴对称的性质，则容易得到三个区域中的电势分布为

$$\begin{cases}\phi_{\text{in}}=D\left(\dfrac{r}{a}\right)\cos\theta, & r<b\\ \phi_P=B\left(\dfrac{r}{a}\right)^{\nu}\cos\theta+C\left(\dfrac{r}{a}\right)^{-\nu-1}\cos\theta, & b<r<a\\ \phi_{\text{out}}=-U_0\left(\dfrac{r}{a}\right)\cos\theta+A\left(\dfrac{r}{a}\right)^{-1}\cos\theta, & r>a\end{cases}$$

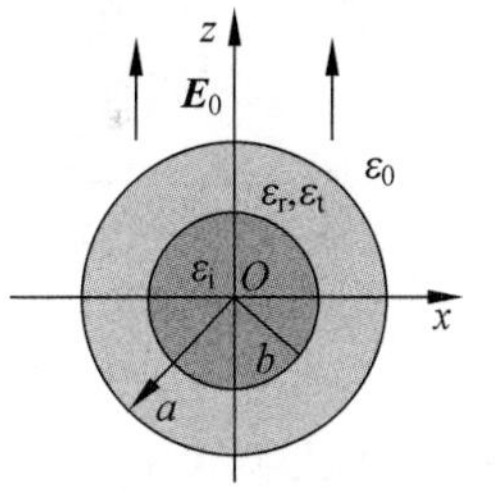

图 4-53　基于各向异性材料球形电磁隐形衣

其中，$\nu=\dfrac{1}{2}\left(-1+\sqrt{1+\dfrac{8\varepsilon_t}{\varepsilon_r}}\right)$。

在 $\rho>a$ 的区域，场分为两部分：一部分为原始的匀强电场，另外一部分反映了介质柱及各向异性套层对该匀强电场的扰动。后者由系数 A 完全决定。根据分界面处的边界条件，有(材料使用了相对介电常数)

$$\begin{cases}\phi_{\text{in}}|_{r=b}=\phi_P|_{r=b}, & \varepsilon_i\left.\dfrac{\partial\phi_{\text{in}}}{\partial r}\right|_{r=b}=\varepsilon_r\left.\dfrac{\partial\phi_P}{\partial r}\right|_{r=b}\\ \phi_P|_{r=a}=\phi_{\text{out}}|_{r=a}, & \varepsilon_r\left.\dfrac{\partial\phi_P}{\partial r}\right|_{r=a}=\left.\dfrac{\partial\phi_{\text{out}}}{\partial r}\right|_{r=a}\end{cases}$$

$$A-U_0=B+C$$

$$-2A-U_0=\varepsilon_r\nu B-\varepsilon_r(\nu+1)C$$

$$\left(\frac{b}{a}\right)^{\nu}B-\left(\frac{b}{a}\right)^{\nu+1}C=\left(\frac{b}{a}\right)D$$

$$\varepsilon_r\nu\left(\frac{b}{a}\right)^{\nu-1}B-\varepsilon_r(\nu+1)\left(\frac{b}{a}\right)^{-\nu-2}C=\varepsilon_i D$$

求解，得到

$$A=U_0\frac{(\varepsilon_r\nu-\varepsilon_i)[\varepsilon_r(\nu+1)+1]\left(\frac{b}{a}\right)^{2\nu+1}-(\varepsilon_r\nu-1)[\varepsilon_r(\nu+1)+\varepsilon_i]}{(\varepsilon_r\nu-\varepsilon_i)[\varepsilon_r(\nu+1)-2]\left(\frac{b}{a}\right)^{2\nu+1}-(\varepsilon_r\nu+2)[\varepsilon_r(\nu+1)+\varepsilon_i]}$$

$$B=U_0\frac{3[\varepsilon_r(\nu+1)+\varepsilon_i]}{(\varepsilon_r\nu-\varepsilon_i)[\varepsilon_r(\nu+1)-2]\left(\frac{b}{a}\right)^{2\nu+1}-(\varepsilon_r\nu+2)[\varepsilon_r(\nu+1)+\varepsilon_i]}$$

$$C=U_0\frac{3(\varepsilon_r\nu-\varepsilon_i)\left(\frac{b}{a}\right)^{2\nu+1}}{(\varepsilon_r\nu-\varepsilon_i)[\varepsilon_r(\nu+1)-2]\left(\frac{b}{a}\right)^{2\nu+1}-(\varepsilon_r\nu+2)[\varepsilon_r(\nu+1)+\varepsilon_i]}$$

$$D=U_0\frac{3\varepsilon_r(2\nu+1)\left(\frac{b}{a}\right)^{\nu-1}}{(\varepsilon_r\nu-\varepsilon_i)[\varepsilon_r(\nu+1)-2]\left(\frac{b}{a}\right)^{2\nu+1}-(\varepsilon_r\nu+2)[\varepsilon_r(\nu+1)+\varepsilon_i]}$$

现考虑一个半径为 a 的均匀介质球，同样位于匀强电场 $\boldsymbol{E}_0=\frac{U_0}{a}\boldsymbol{e}_z$ 中。采用类似的方法，也可以对上述问题进行求解。这里采用简便的方式，利用前述各向异性的结果进行推证。根据 $\varepsilon_r=\varepsilon_t=\varepsilon_i$，问题即为所求。此时，$\nu=1$，在介质球外，场分布为

$$A'=U_0\frac{\varepsilon_i-1}{\varepsilon_i+2}$$

采用等效的观点看待匀强电场中放置均匀介质球和“介质球加各向异性套层”的情况。可以得到，

$$A=U_0\frac{\varepsilon_{\text{eff}}-1}{\varepsilon_{\text{eff}}+2}$$

其中，

$$\varepsilon_{\text{eff}}=\frac{\varepsilon_r\nu[\varepsilon_r(\nu+1)+\varepsilon_i]-\varepsilon_r(\nu+1)(\varepsilon_r\nu-\varepsilon_i)\left(\frac{b}{a}\right)^{2\nu+1}}{\varepsilon_r(\nu+1)+\varepsilon_i+(\varepsilon_r\nu-\varepsilon_i)\left(\frac{b}{a}\right)^{2\nu+1}}\tag{4-102}$$

换句话说，“介质球加各向异性套层”的配置可以等效为一个均匀的介质球，其等效的介电常数如式(4-102)所述。这种等效在 $r>a$ 的区域内有效，因为在此区域，二者所产生的扰动场(总场)完全一致，无法区分。下面利用这个等效介电常数对几种情况进行分析。

3. 结果讨论

(1) 隐形的各向异性介质球。

在式(4-102)中，令 $b\to0$，从而使得各向异性套层变为一个各向异性的球体。同时，令 $\varepsilon_{\text{eff}}\to1$，即令该各向异性球体的等效介电常数为 1(从而无扰动)，此时，这个球体就是隐形

的。我们容易得到

$$\varepsilon_{\text{eff}}=\varepsilon_{\text{r}}\nu=1,$$

取 $\varepsilon_{\text{t}}=\kappa$，则 $\varepsilon_{\text{r}}=\dfrac{1}{2\kappa-1}$。

当上式满足时，我们就得到了隐形的各向异性介质球。

（2）各向异性隐形装置。

若取 $\varepsilon_{\text{t}}=\kappa$，$\varepsilon_{\text{r}}=\dfrac{1}{2\kappa-1}$，则

$$\varepsilon_{\text{eff}}=\frac{[2\kappa+(2\kappa-1)\varepsilon_{\text{i}}]+2\kappa(\varepsilon_{\text{i}}-1)\left(\dfrac{b}{a}\right)^{4\kappa-1}}{[2\kappa+(2\kappa-1)\varepsilon_{\text{i}}]-(2\kappa-1)(\varepsilon_{\text{i}}-1)\left(\dfrac{b}{a}\right)^{4\kappa-1}}$$

可以看到，当 $\kappa\to\infty$ 时，$\varepsilon_{\text{eff}}\to1$，也就是说，此时，介质球加各向异性套层等效于真空。或者说，当材料的各向异性系数趋于无穷时，其所包裹的内部介质柱是被隐形的。

（3）近似的各向异性隐形装置。

如前所述，要得到理想隐形装置，要求材料的各向异性系数趋于无穷，这在实际中是无法达到的。因此，可以考虑近似的隐形装置。考虑介质柱为 PEC 材料，则 $\varepsilon_{\text{i}}\to\infty$，此时

$$\varepsilon_{\text{eff}}=1+\frac{(4\kappa-1)\left(\dfrac{b}{a}\right)^{4\kappa-1}}{(2\kappa-1)\left[1-\left(\dfrac{b}{a}\right)^{4\kappa-1}\right]}=1+\Delta\varepsilon_{\text{eff}}$$

可以看到，该等效介电常数与真空有一个误差。只要 $\Delta\varepsilon_{\text{eff}}$ 足够小，那么 PEC 金属球加各向异性套层的复合结构，与真空就越接近，从而对匀强电场的扰动就越小，也就实现了近似的隐形装置。

4.8.2 基于保角变换的电磁隐形衣

2006 年，美国《科学》杂志刊登了 Leonhardt 利用保角变换设计电磁隐形装置的思路，下面简要分析一下其中的原理。如前所述，静电势满足拉普拉斯方程或者泊松方程；而对于电磁波来讲，满足所谓的亥姆霍兹方程，即 $\Delta\phi+k_0^2n^2\phi=0$。该方程反映了电磁波的传播特征，其中 k_0，n 分别表示电磁波的波数 $\left(k_0=\dfrac{2\pi}{\lambda}\right)$ 和相应媒质的折射率。

利用保角变换对该方程进行变换，即利用解析函数 $w(z)=u(x,y)+\text{j}v(x,y)$，完成从 (x,y) 到 (u,v) 的二元变量替换，则

$$\frac{\partial\phi}{\partial x}=\frac{\partial\phi}{\partial u}\frac{\partial u}{\partial x}+\frac{\partial\phi}{\partial v}\frac{\partial v}{\partial x}$$

$$\frac{\partial^2\phi}{\partial x^2}=\frac{\partial\phi}{\partial u}\frac{\partial^2 u}{\partial x^2}+\frac{\partial^2\phi}{\partial u^2}\left(\frac{\partial v}{\partial x}\right)^2+\frac{\partial\phi}{\partial v}\frac{\partial^2 v}{\partial x^2}+\frac{\partial^2\phi}{\partial v^2}\left(\frac{\partial v}{\partial y}\right)^2+2\frac{\partial^2\phi}{\partial u\partial v}\frac{\partial u}{\partial x}\frac{\partial v}{\partial x}$$

同理，

$$\frac{\partial^2\phi}{\partial y^2}=\frac{\partial\phi}{\partial u}\frac{\partial^2 u}{\partial y^2}+\frac{\partial^2\phi}{\partial u^2}\left(\frac{\partial u}{\partial y}\right)^2+\frac{\partial\phi}{\partial v}\frac{\partial^2 v}{\partial y^2}+\frac{\partial^2\phi}{\partial v^2}\left(\frac{\partial v}{\partial y}\right)^2+2\frac{\partial^2\phi}{\partial u\partial v}\frac{\partial u}{\partial y}\frac{\partial v}{\partial y}$$

于是，

$$\frac{\partial^2\phi}{\partial x^2}+\frac{\partial^2\phi}{\partial y^2}=\left[\left(\frac{\partial u}{\partial x}\right)^2+\left(\frac{\partial u}{\partial y}\right)^2\right]\frac{\partial^2\phi}{\partial u^2}+\left[\left(\frac{\partial v}{\partial x}\right)^2+\left(\frac{\partial v}{\partial y}\right)^2\right]\frac{\partial^2\phi}{\partial v^2}+$$
$$\left(\frac{\partial^2 u}{\partial x^2}+\frac{\partial^2 u}{\partial y^2}\right)\frac{\partial\phi}{\partial u}+\left(\frac{\partial^2 v}{\partial x^2}+\frac{\partial^2 v}{\partial y^2}\right)\frac{\partial\phi}{\partial v}+$$
$$2\left(\frac{\partial u}{\partial x}\frac{\partial v}{\partial x}+\frac{\partial u}{\partial y}\frac{\partial v}{\partial y}\right)\frac{\partial^2\phi}{\partial u\partial v}$$

考虑到解析函数对应的实部函数和虚部函数，满足 C-R 条件和拉普拉斯方程，即

$$\frac{\partial u}{\partial x}=\frac{\partial v}{\partial y},\quad \frac{\partial v}{\partial x}=-\frac{\partial u}{\partial y}$$
$$\frac{\partial^2 u}{\partial x^2}+\frac{\partial^2 u}{\partial y^2}=0,\quad \frac{\partial^2 v}{\partial x^2}+\frac{\partial^2 v}{\partial y^2}=0$$

上述方程可以简化为

$$\frac{\partial^2\phi}{\partial x^2}+\frac{\partial^2\phi}{\partial y^2}=\left[\left(\frac{\partial u}{\partial x}\right)^2+\left(\frac{\partial v}{\partial x}\right)^2\right]\left(\frac{\partial^2\phi}{\partial u^2}+\frac{\partial^2\phi}{\partial v^2}\right)=|f'(z)|^2\left(\frac{\partial^2\phi}{\partial u^2}+\frac{\partial^2\phi}{\partial v^2}\right)$$

所以，原方程变换为

$$\frac{\partial^2\phi}{\partial u^2}+\frac{\partial^2\phi}{\partial v^2}+k_0^2\frac{n^2}{|f'(z)|^2}\phi=0$$

即

$$\Delta\phi+k_0^2\frac{n^2}{|f'(z)|^2}\phi=0$$

所以可以看出，亥姆霍兹方程形式依旧保持不变，但是媒质的折射率发生了变化，如下

$$n_w=\frac{n_z}{|f'(z)|} \tag{4-103}$$

式(4-103)也可以写作

$$n_w=\frac{n_z}{\left|\frac{\mathrm{d}W}{\mathrm{d}z}\right|}$$

即

$$n_w|\mathrm{d}W|=n_z|\mathrm{d}z|$$

上式表明，对于 z 平面和 W 平面来讲，光程不变。换句话说，z 平面上两点之间的光线映射到 W 平面，依旧是对应的光线。因此，对于 z 平面和 W 平面来讲，它们反映的是同一个物理现象的同样的规律，二者是等价的。

据此，对于电磁或者光学隐形衣来讲，我们可以设计一个特殊的保角变换，它可以将 z 平面中的平直光线映射为 W 平面中弯曲的曲线(反之亦然)，能够绕过特定目标障碍物，从而达到隐形的目的。而实现的方法也非常简单：只需用式(4-103)描述的新的折射率材料填充在相关区域(w 平面)即可。

在 Leonhardt 发表的《科学》一文中，作者采用了所谓的儒阔夫斯基变换，并基于此设计了一种隐形装置。该变换的一般形式如下：

$$AW=z+\frac{a^2}{z},\quad 即\ W=\frac{1}{A}\left(z+\frac{a^2}{z}\right)$$

所以有

$$W=\frac{1}{A}(r\mathrm{e}^{\mathrm{j}\varphi}+a^2r^{-1}\mathrm{e}^{-\mathrm{j}\varphi})=u+\mathrm{j}v$$

其中，z 平面使用了极坐标的表示形式。于是

$$u=\frac{1}{A}(r+a^2r^{-1})\cos\varphi$$

$$v=\frac{1}{A}(r-a^2r^{-1})\sin\varphi$$

由上述关系式可以看出，

$$\frac{u^2}{\left[\frac{1}{A}(r+a^2r^{-1})\right]^2}+\frac{v^2}{\left[\frac{1}{A}(r-a^2r^{-1})\right]^2}=1$$

$$\frac{u^2}{\left[\frac{2a}{A}\cos\varphi\right]^2}-\frac{v^2}{\left[\frac{2a}{A}\sin\varphi\right]^2}=1$$

上式表明：在 z 平面上 $r=C$ 的圆族，映射到 W 平面上，成为一组共焦椭圆，其焦点位置为 $\left(\pm\frac{2a}{A},0\right)$；而 z 平面上 $\varphi=C$ 的射线族映射到 W 平面上，则成为一组共焦的双曲线，其焦点为 $\left(\pm\frac{2a}{A},0\right)$。对于 $r=a$ 的特例，该圆被映射为 $\left(\pm\frac{2a}{A},0\right)$ 两个焦点之间的线段；而 $\varphi=0,\varphi=\pi$ 则被映射为两个焦点外的两条射线。

由以上规律可以得到：z 平面上半径为 a 的圆，将平面分为圆内和圆外两个区域；儒阔夫斯基变换将圆内的区域映射为 W 平面上的一个黎曼面(下)；圆外的区域映射为另外一个黎曼面(上)；而圆本身被映射为两个黎曼面之间的割线，其位于 $\left(-\frac{2a}{A},0\right)$ 和 $\left(\frac{2a}{A},0\right)$ 之间，如图 4-54 所示。图中 W 平面上位于上黎曼面的线段 m 为割线；而穿过割线从上黎曼面到下黎曼面的直线 l 为一条具有代表性的光线；对应于 z 平面，该光线从圆外进入圆内。

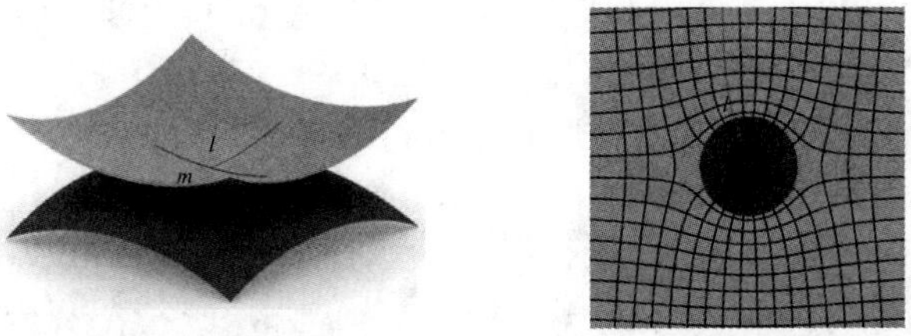

(a) W平面　　(b) z平面

图 4-54　W 平面上的两个黎曼面及 z 平面上圆外和圆内区域

取 $A=1$，则 $W=z+\frac{a^2}{z}$，$n_z=n_w\left|\frac{\mathrm{d}w}{\mathrm{d}z}\right|$。如果考虑 W 平面内是空气，则光线在该平面内沿直线传播；此时，对应的 z 平面中，光线沿图 4-54(b)中的曲线传播；前提是在 z 平面填充折射率变化的材料，即

$$n_z=\left|1-\frac{a^2}{z^2}\right|$$

要想实现完美隐形，Leonhardt 提出：在 W 平面的上黎曼面是真空；下黎曼面填充适当的材料，比如材料的分布满足如下形式（这实际上就是伊顿透镜的折射率分布形式）：

$$n=\sqrt{\frac{r_0}{r}-1}=\sqrt{\frac{r_0}{|W-W_1|}-1}$$

其中，W_1 是两个焦点中的任意一个。这种分布最大的作用在于：通过割线以任意角度进入下黎曼面的光线，会绕着其中的一个焦点如 W_1 旋转一周，再重新返回到上黎曼面，继续沿着原来的方向传输，就像下黎曼面根本不存在一样。此时，对应到 z 平面上看，光线进入圆 $r=a$ 内部，受材料的调控，重新从 $r=a$ 传出，而且保持原始传播方向不变。图 4-55 给出的就是在上、下黎曼面上进行射线追踪的结果。对于图 4-55 中的直线族表示的上黎曼面的光线，当与割线相交时，进入下黎曼面。受到渐变折射率材料分布的影响，光线以椭圆路径绕焦点旋转，经过一周的路径，在同一位置再次进入上黎曼面，并继续沿原来的方向传播。下黎曼面上的大圆就是 $|W-W_1|=r_0$ 的圆。在这个圆之外，由于折射率小于 0，因此光线无法传播。在 Leonhardt 的设计中，$r_0=2|W_2-W_1|=8a$。这个圆外的区域如果映射到 z 平面，就是隐形区域。

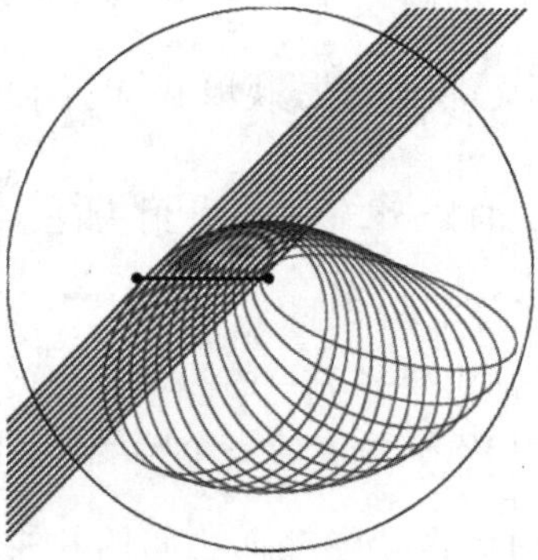

图 4-55　W 平面上两个黎曼面中的光线[17]

因此，如果在 z 平面上圆 $r=a$ 内部的特定区域隐藏特定目标，则该目标不会被发现，从而起到隐形的作用。该区域就是隐形区域，它所对应的 W 平面上的区域就是下黎曼面上 $|W-W_1|>r_0$ 的部分，是光线始终探测不到的位置。

图 4-56 给出的就是对保角变换隐形衣进行射线追踪的结果。

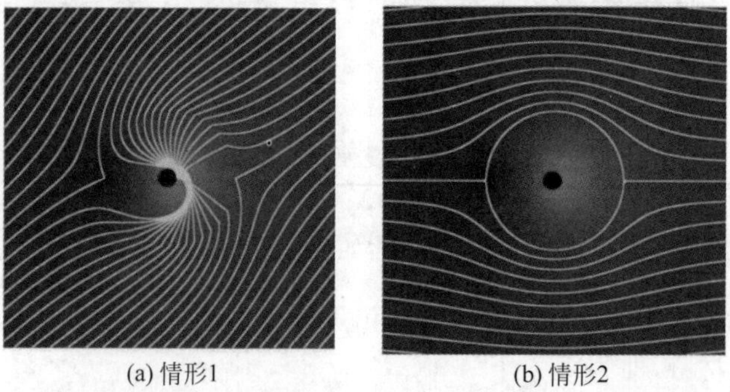

(a) 情形1　　(b) 情形2

图 4-56　隐形衣中的射线追踪（z 平面）[17]

图 4-56 中，左侧的光线与割线对应的圆相交；右侧图中的光线与割线平行；黑色区域为隐形区域。可以看到，两种情况下，光线都无法进入黑色区域，从而实现该区域内物体的隐形。

4.8.3 各向异性材料构成的双层柱状隐形衣

如图 4-57 所示，是一个用各向异性材料加工而成的静电隐形装置。其中，半径为 b 的介质柱是需要隐形的目标；在其外部有隐形套层，$\bar{\bar{\varepsilon}}=\varepsilon_0[\varepsilon_\rho \boldsymbol{e}_\rho \boldsymbol{e}_\rho+\varepsilon_\varphi(\boldsymbol{e}_\varphi \boldsymbol{e}_\varphi+\boldsymbol{e}_z \boldsymbol{e}_z)]$；整个装置放置在空气中。外部探测电场为 $\boldsymbol{E}_0=E_0\boldsymbol{e}_x=\dfrac{U_0}{a}\boldsymbol{e}_x$。

采用各向异性和各向同性材料中的分离变量法，对于图 4-57 中的三个区域，其电势分布为

$$\begin{cases}\phi_{\text{in}}=D\left(\dfrac{\rho}{a}\right)\cos\varphi, & \rho<b\\ \phi_P=B\left(\dfrac{\rho}{a}\right)^{\gamma}\cos\varphi+C\left(\dfrac{\rho}{a}\right)^{-\gamma}\cos\varphi, & b<\rho<a\\ \phi_{\text{out}}=-U_0\left(\dfrac{\rho}{a}\right)\cos\varphi+A\left(\dfrac{\rho}{a}\right)^{-1}\cos\varphi, & \rho>a\end{cases}$$

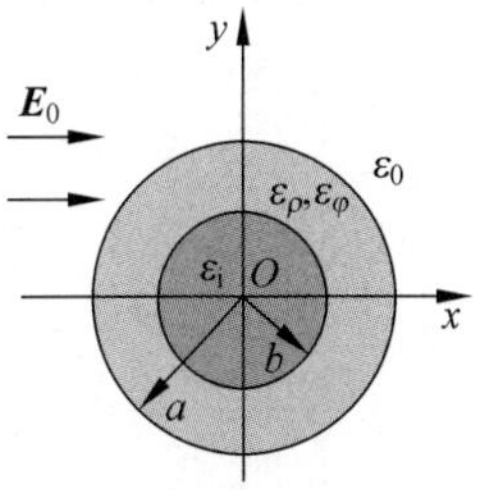

图 4-57 各向异性材料构成的隐形衣示意图

其中，$\gamma=\sqrt{\dfrac{\varepsilon_\varphi}{\varepsilon_\rho}}$。在 $\rho>a$ 的区域，场分为两部分：一部分为原始的匀强电场，另外一部分反映了介质柱及各向异性套层对该匀强电场的扰动。后者由系数 A 完全决定。

根据分界面处的边界条件，有(材料使用了相对介电常数)

$$\begin{cases}\phi_{\text{in}}\big|_{\rho=b}=\phi_P\big|_{\rho=b}, & \varepsilon_i\dfrac{\partial\phi_{\text{in}}}{\partial\rho}\Big|_{\rho=b}=\varepsilon_\rho\dfrac{\partial\phi_P}{\partial\rho}\Big|_{\rho=b}\\ \phi_P\big|_{\rho=a}=\phi_{\text{out}}\big|_{\rho=a}, & \varepsilon_\rho\dfrac{\partial\phi_P}{\partial\rho}\Big|_{\rho=a}=\dfrac{\partial\phi_{\text{out}}}{\partial\rho}\Big|_{\rho=a}\end{cases}$$

$$A-U_0=B+C$$

$$-A-U_0=\varepsilon_\rho\gamma B-\varepsilon_\rho\gamma C$$

$$\left(\frac{b}{a}\right)^{\gamma}B+\left(\frac{b}{a}\right)^{-\gamma}C=\left(\frac{b}{a}\right)D$$

$$\varepsilon_\rho\gamma\left(\frac{b}{a}\right)^{\gamma-1}B-\varepsilon_\rho\gamma\left(\frac{b}{a}\right)^{-\gamma-1}C=\varepsilon_i D$$

求解，得到

$$A=U_0\frac{(\varepsilon_\rho\gamma+1)(\varepsilon_\rho\gamma-\varepsilon_i)\left(\dfrac{b}{a}\right)^{2\gamma}-(\varepsilon_\rho\gamma-1)(\varepsilon_\rho\gamma+\varepsilon_i)}{(\varepsilon_\rho\gamma-1)(\varepsilon_\rho\gamma-\varepsilon_i)\left(\dfrac{b}{a}\right)^{2\gamma}-(\varepsilon_\rho\gamma+1)(\varepsilon_\rho\gamma+\varepsilon_i)}$$

$$B=U_0\frac{2(\varepsilon_\rho\gamma+\varepsilon_i)}{(\varepsilon_\rho\gamma-1)(\varepsilon_\rho\gamma-\varepsilon_i)\left(\dfrac{b}{a}\right)^{2\gamma}-(\varepsilon_\rho\gamma+1)(\varepsilon_\rho\gamma+\varepsilon_i)}$$

$$C = U_0 \frac{2(\varepsilon_\rho\gamma - \varepsilon_i)\left(\frac{b}{a}\right)^{2\gamma}}{(\varepsilon_\rho\gamma - 1)(\varepsilon_\rho\gamma - \varepsilon_i)\left(\frac{b}{a}\right)^{2\gamma} - (\varepsilon_\rho\gamma + 1)(\varepsilon_\rho\gamma + \varepsilon_i)}$$

$$D = U_0 \frac{4\varepsilon_\rho\gamma\left(\frac{b}{a}\right)^{\gamma-1}}{(\varepsilon_\rho\gamma - 1)(\varepsilon_\rho\gamma - \varepsilon_i)\left(\frac{b}{a}\right)^{2\gamma} - (\varepsilon_\rho\gamma + 1)(\varepsilon_\rho\gamma + \varepsilon_i)}$$

现考虑一个半径为 a 的均匀介质柱，同样位于匀强电场 $\boldsymbol{E}_0 = E_0\boldsymbol{e}_x$ 中。采用类似的方法，也可以对上述问题进行求解。这里采用简便的方式，利用前述各向异性的结果进行推证。根据 $\varepsilon_\rho = \varepsilon_\varphi = \varepsilon_i$，问题即为所求。此时，在介质柱外，场分布为

$$A' = U_0 \frac{(\varepsilon_i - 1)}{(\varepsilon_i + 1)}$$

采用等效的观点看待匀强电场中放置均匀介质柱和“介质柱加各向异性套层”的情况。可以得到

$$A = U_0 \frac{\varepsilon_{\text{eff}} - 1}{\varepsilon_{\text{eff}} + 1}$$

其中，

$$\varepsilon_{\text{eff}} = \varepsilon_\rho\gamma \frac{(\varepsilon_\rho\gamma + \varepsilon_i) - (\varepsilon_\rho\gamma - \varepsilon_i)\left(\frac{b}{a}\right)^{2\gamma}}{(\varepsilon_\rho\gamma + \varepsilon_i) + (\varepsilon_\rho\gamma - \varepsilon_i)\left(\frac{b}{a}\right)^{2\gamma}} \tag{4-104}$$

换句话说，“介质柱加各向异性套层”的配置可以等效为一个均匀的介质柱，其等效的介电常数如式(4-104)所述。这种等效在 $\rho > a$ 的区域内有效，因为在此区域，二者所产生的扰动场(总场)完全一致，无法区分。下面利用这个等效介电常数对几种情况进行分析。

1. 隐形的各向异性介质柱

在式(4-104)中，令 $b \to 0$，从而使得各向异性套层变为一个各向异性的柱体。同时，令 $\varepsilon_{\text{eff}} \to 1$，即令该各向异性柱体的等效介电常数为 1(从而无扰动)，此时，这个柱体就是隐形的。我们容易得到

$$\varepsilon_\rho\gamma = \sqrt{\varepsilon_\rho\varepsilon_\varphi} = 1, \quad 即\ \varepsilon_\rho\varepsilon_\varphi = 1。$$

当上式满足时，我们就得到了隐形的各向异性介质柱。

2. 各向异性隐形装置

取 $\varepsilon_\varphi = k$，$\varepsilon_\rho = 1/k$，则有 $\gamma = k$，且

$$\varepsilon_{\text{eff}} = \frac{(1 + \varepsilon_i) - (1 - \varepsilon_i)\left(\frac{b}{a}\right)^{2\gamma}}{(1 + \varepsilon_i) + (1 - \varepsilon_i)\left(\frac{b}{a}\right)^{2\gamma}}$$

可以看到，当 $\gamma = k \to \infty$ 时，$\varepsilon_{\text{eff}} \to 1$，也就是说，此时，介质柱加各向异性套层等效于真空。或者说，当材料的各向异性系数趋于无穷时，其所包裹的内部介质柱是被隐形的。

3. 近似的各向异性隐形装置

如前所述，要得到理想隐形装置，要求材料的各向异性系数趋于无穷，这在实际中是无

法达到的。因此，可以考虑近似的隐形装置。考虑介质柱为 PEC 材料，则 $\varepsilon_i \to \infty$，此时

$$\varepsilon_{eff}=\frac{(1+\varepsilon_i)-(1-\varepsilon_i)\left(\frac{b}{a}\right)^{2\gamma}}{(1+\varepsilon_i)+(1-\varepsilon_i)\left(\frac{b}{a}\right)^{2\gamma}}=\frac{1+\left(\frac{b}{a}\right)^{2\gamma}}{1-\left(\frac{b}{a}\right)^{2\gamma}}$$

考虑等效介电常数与真空有一个误差，比如

$$\varepsilon_{eff}=1+\frac{2\left(\frac{b}{a}\right)^{2\gamma}}{1-\left(\frac{b}{a}\right)^{2\gamma}}=1+\Delta\varepsilon_{eff}$$

只要 $\Delta\varepsilon_{eff}$ 足够小，那么 PEC 金属柱加各向异性套层的复合结构与真空就越接近，从而对匀强电场的扰动就越小，也就是实现了近似的隐形装置。

此时，各向异性材料的各向异性比例因子为

$$k\geqslant\frac{\ln\left(\frac{\Delta\varepsilon_{eff}}{\Delta\varepsilon_{eff}+2}\right)}{2\ln\left(\frac{b}{a}\right)}$$

4.8.4 基于永电体的静电隐形装置

Zeng 等在 2010 年前后提出了基于永电体的静电隐形衣。该隐形衣由两个柱状套层组成，材料为永电体，介电常数分别为 ε_2 和 ε_3，半径分别为 a、b、c，如图 4-58 所示。中间区域为隐形区。

图 4-58 中的粗箭头表示的是永电体在没有外部电场时，所固有的电极化强度的矢量方向，二者方向相反。根据永电体的性质，有

$$\begin{aligned}\boldsymbol{D}&=\varepsilon_0\boldsymbol{E}+\boldsymbol{P}_{total}=\varepsilon_0\boldsymbol{E}+\boldsymbol{P}'+\boldsymbol{P}\\&=\varepsilon_0\boldsymbol{E}+\varepsilon_0\chi_e\boldsymbol{E}+\boldsymbol{P}=\varepsilon_0\varepsilon\boldsymbol{E}+\boldsymbol{P}\end{aligned}$$

其中，$\boldsymbol{P}_{total}=\boldsymbol{P}'+\boldsymbol{P}$ 是总的电极化强度，包括两部分，即固有的电极化强度 $\boldsymbol{P}$ 和由于外加电场引起的电极化强度 $\boldsymbol{P}'$。且

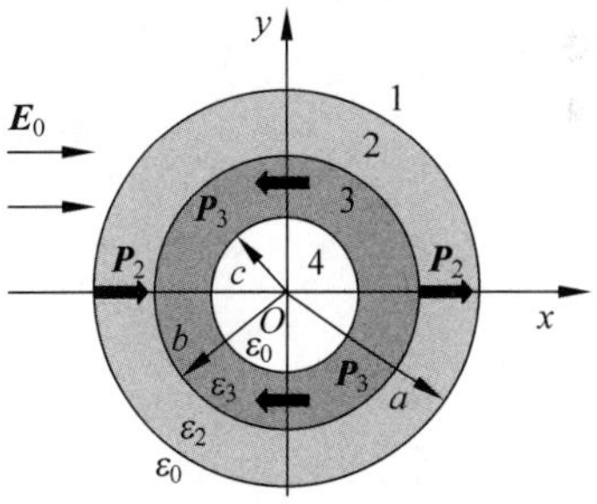

图 4-58　永电体静电隐形衣

$$\boldsymbol{P}'=\varepsilon_0\chi_e\boldsymbol{E}$$

因此，

$$\boldsymbol{D}=\varepsilon_0(1+\chi_e)\boldsymbol{E}+\boldsymbol{P}=\varepsilon_0\varepsilon_r\boldsymbol{E}+\boldsymbol{P}$$

式中，ε_r 是对应永电体的相对介电常数。

采用电势法对上述结构进行分析，使用圆柱坐标系下的分离变量法，分别求解图 4-48 中四个区域电势所满足的拉普拉斯方程，有

$$\begin{cases}\phi_1=-E_0\rho\cos\varphi+A\rho^{-1}\cos\varphi, & \rho>a\\ \phi_2=B\rho\cos\varphi+C\rho^{-1}\cos\varphi, & b<\rho<a\\ \phi_3=D\rho\cos\varphi+E\rho^{-1}\cos\varphi, & c<\rho<b\\ \phi_4=F\rho\cos\varphi, & \rho<c\end{cases}$$

并注意到材料分界面上的边界条件，即

$$\begin{cases}\phi_1 |_{\Gamma} = \phi_2 |_{\Gamma} \\ \left(-\varepsilon_1 \dfrac{\partial \phi_1}{\partial \rho} + P_{1\rho}\right)\bigg|_{\Gamma} = \left(-\varepsilon_2 \dfrac{\partial \phi_2}{\partial \rho} + P_{2\rho}\right)\bigg|_{\Gamma}\end{cases}$$

所以有

$$\frac{A}{a^2} - E_0 = B + \frac{C}{a^2}$$

$$F = D + \frac{E}{c^2}$$

$$D + \frac{E}{b^2} = B + \frac{C}{b^2}$$

$$\varepsilon_0\left(E_0 + \frac{A}{a^2}\right) = \varepsilon_0\varepsilon_2\left(-B + \frac{C}{a^2}\right) + P_2$$

$$\varepsilon_0\varepsilon_3\left(-D + \frac{E}{b^2}\right) - P_3 = \varepsilon_0\varepsilon_2\left(-B + \frac{C}{b^2}\right) + P_2$$

$$\varepsilon_0\varepsilon_3\left(-D + \frac{E}{c^2}\right) - P_3 = -\varepsilon_0 F$$

取 $A=0, F=0$，则可以得到静电隐形衣的效果，即内部隐形区域的电场为零，从而隐藏其中的材料不会被极化；且外部区域无任何扰动，外部依然保持匀强电场分布。也就是说，利用外部电场无法探测到内部区域所隐藏的任何物体。此时

$$\frac{b^2}{c^2} = \frac{P_3}{P_3 - 2\varepsilon_3\varepsilon_{12}\varepsilon_0 E_0}, \quad \frac{a^2}{c^2} = \frac{P_2 + \varepsilon_{23}(\varepsilon_2 + 1)\varepsilon_0 E_0}{P_2 + (\varepsilon_2 - 1)\varepsilon_0 E_0}\frac{P_3}{P_3 - 2\varepsilon_3\varepsilon_{12}\varepsilon_0 E_0}$$

且
$$\varepsilon_{12} = \frac{\varepsilon_2 + 1}{\varepsilon_2 - \varepsilon_3}, \quad \varepsilon_{23} = \frac{\varepsilon_2 + \varepsilon_3}{\varepsilon_2 - \varepsilon_3}。$$

这些就是实现永电体隐形衣的条件。比如，可以选取

$$P_2 = 1.3275 \times 10^{-8}\,\text{C/m}^2, \quad \varepsilon_2 = 2;\text{(聚四氟乙烯)}$$

$$P_3 = 2.1240 \times 10^{-8}\,\text{C/m}^2, \quad \varepsilon_3 = 1.5\text{(聚丙烯)}$$

则 $\dfrac{b}{c} = \sqrt{\dfrac{1062}{(1062 - 7.965E_0)}}$，因此，只要 $E_0 < 133.33\text{V/m}$ 即可。如果选择 $E_0 = 100\text{V/m}$，此时，$\dfrac{b}{c} = 2, \dfrac{a}{c} = 3, \dfrac{a}{b} = 1.5$；如果选择 $c = 1\text{cm}$，则仿真结果如图 4-59 所示。可以看出：当背景材料($\varepsilon_b = 1$)中放置了与其介电常数相同的介质柱时，电力线均匀分布，无任何扰动；当介质柱的介电常数小于背景材料时($(\varepsilon_c = 1) < (\varepsilon_b = 10)$)，电力线被排斥出材料内部。材料内部电力线明显稀疏；当介质柱的介电常数大于背景材料时($(\varepsilon_c = 10) > (\varepsilon_b = 1)$)，外部的电力线像被吸引一样，更多的电力线进入材料内部。两种情况下，电力线分布都与纯粹的背景材料不同，电力线受到扰动。图 4-59(d)给出了永电体隐形设备的仿真结果，当采用了双层永电体材料之后，可以看出，该设备中心电场为零，且外部电力线分布不发生扰动，从而达到完美隐形的效果。

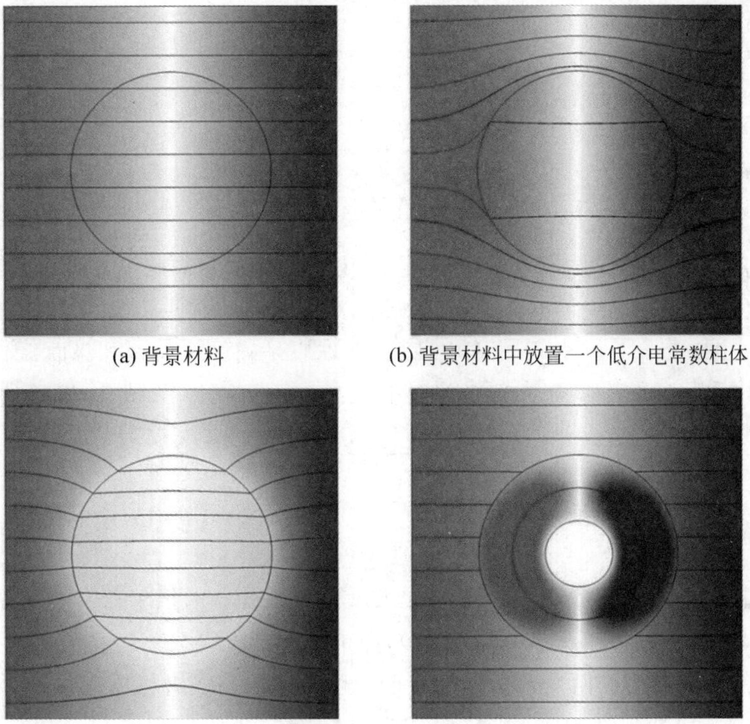

(a) 背景材料　(b) 背景材料中放置一个低介电常数柱体

(c) 背景材料中放置一个高介电常数柱体　(d)永电体隐形仿真结果

图 4-59 永电体隐形器件仿真得到的电力线和电势分布示意图

4.9 著名大学考研真题分析

【考研题 1】（重庆邮电大学 2018 年）在带电量为 q 的点电荷附近有一接地导体球，电荷到球心的距离为 d，球体半径为 R，此时导体表面会产生感应电荷，如图 4-60(a)所示；若求导体球外空间的电位及电场分布时，可采用镜像法，在球体内部引入镜像电荷 q'，如图 4-60(b)所示，求 b 和 q'。若导体球不接地，试阐述用镜像法求解此问题的思路与接地时有何不同。

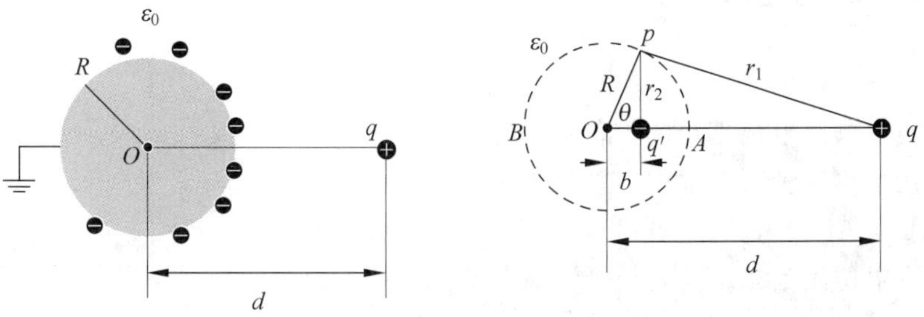

(a) 点电荷和接地导体球　(b) 点电荷和其镜像电荷

图 4-60 考研题 1 示意图

解 如图 4-60(b)所示，A 点的电势等于 B 点的电势，等于 0。

$$\phi_A=\frac{q}{4\pi\varepsilon_0(d-R)}+\frac{q'}{4\pi\varepsilon_0(R-b)}=0 \tag{4-105}$$

$$\phi_B=\frac{q}{4\pi\varepsilon_0(d+R)}+\frac{q'}{4\pi\varepsilon_0(R+b)}=0 \tag{4-106}$$

联立式(4-105)、式(4-106)得，$b=\frac{R^2}{d}$，$q'=-\frac{R}{d}q$。

当导体球不接地时，导体本身为电中性，且为等势体。导体球上靠近电荷的地方感应负电荷；远离电荷的地方感应正电荷，且二者的绝对值相同。这些正电荷分布在导体表面，故需在导体球心引入与 q' 大小相等的正电荷(放在球心是确保球面为等势面)。

【考研题 2】 (重庆邮电大学 2018 年)已知矩形波导系统中电场的某个分量为 $E_z(x,y,z)=E_z^0(x,y)\mathrm{e}^{-\gamma z}$，满足方程 $\left(\frac{\partial}{\partial x^2}+\frac{\partial}{\partial y^2}+h^2\right)E_z(x,y)=0$，试阐述分离变量法解决问题的思路，并用分离变量法写出 $E_z^0(x,y)$ 分离后的两个函数所满足的二阶常系数齐次微分方程。

解 通过 $E_z^0(x,y)=X(x)Y(y)$ 形式表示出 $E_z(x,y)$，把偏微分方程化成常微分方程，再结合边界条件，即可求解 $X(x)$，$Y(y)$，即得 $E_z(x,y)$。

将 $E_z^0(x,y)$ 分离后的两个函数所满足的二阶常系数齐次微分方程代入，得

$$X''Y+XY''+h^2XY=0$$

同时除以 XY 得

$$\frac{X''}{X}+\frac{Y''}{Y}+h^2=0$$

令 $\frac{X''}{X}=-k_x^2$，$\frac{Y''}{Y}=-k_y^2$，得

$$k_x^2+k_y^2=h^2$$

得

$$\begin{cases}X''+k_x^2X=0\\ Y''+k_y^2Y=0\end{cases}$$

【考研题 3】 (空军工程大学 2017 年)一个截面如图 4-61 所示的长槽，向 y 方向无限延伸，两侧的电位是零，底部的电位为 $\phi(x,0)=U_0\sin\frac{3\pi x}{a}$。

(1) 试写出槽内电位满足的拉普拉斯方程和边界条件；

(2) 采用分离变量法求槽内电位分布。

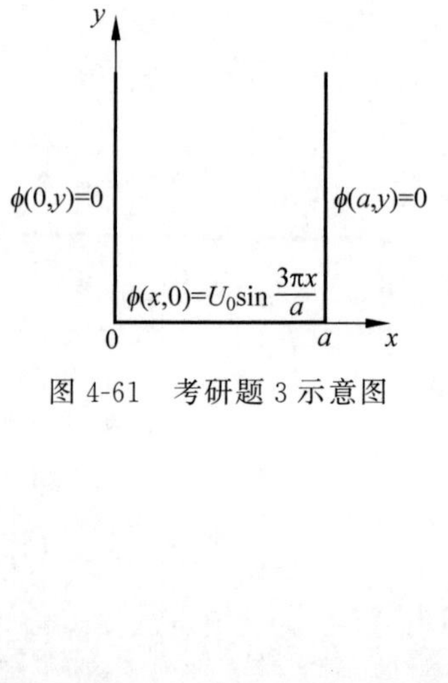

图 4-61 考研题 3 示意图

解 如图 4-61 所示。

(1) 槽内电位满足二维拉普拉斯方程为

$$\nabla^2\phi(x,y)=0$$

边界条件为

$$\begin{cases}\phi(0,y)=0, & y\geqslant 0\\ \phi(a,y)=0, & y\geqslant 0\\ \phi(x,y)=U_0\sin\dfrac{3\pi x}{a}, & y\geqslant 0\\ \phi(x,\infty)=0, & 0\leqslant x\leqslant a\end{cases}$$

(2) 由于 x 方向上的电势为周期性的，故电势中的通解为

$$\phi(x,y)=(A_0x+B_0)(C_0y+D_0)+\sum_{n=1}^{\infty}(A_n\sin k_nx+B_n\cos k_nx)(C_n\mathrm{e}^{k_ny}+D_n\mathrm{e}^{-k_ny})$$

当 $x=0$ 时，$\phi=0$，得

$$B_0=0,\quad B_n=0\quad(n=1,2,3,\cdots)$$

因此有

$$\phi(x,y)=A_0x(C_0y+D_0)+\sum_{n=1}^{\infty}A_n\sin k_nx(C_n\mathrm{e}^{k_ny}+D_n\mathrm{e}^{-k_ny})$$

当 $y\to\infty$ 时，$\phi=0$，得

$$C_0=0,\quad C_n=0\quad(n=1,2,3,\cdots)$$

所以

$$\phi(x,y)=A_0D_0x+\sum_{n=1}^{\infty}A_n\sin k_nx\cdot D_n\mathrm{e}^{-k_ny}$$

当 $x=a$ 时，$\phi=0$，得

$$A_0D_0=0,\quad \sin k_na=0,\quad k_n=\frac{n\pi}{a}$$

因此

$$\phi(x,y)=\sum_{n=1}^{\infty}A_n\sin\frac{n\pi}{a}x\cdot D_n\mathrm{e}^{-\frac{n\pi}{a}y}=\sum_{n=1}^{\infty}R_n\sin\frac{n\pi}{a}x\cdot\mathrm{e}^{-\frac{n\pi}{a}y}$$

其中，$R_n=A_n\cdot D_n$。

当 $y=0$ 时，$\phi=U_0\sin\dfrac{3\pi x}{a}$，则

$$U_0\sin\frac{3\pi x}{a}=\sum_{n=1}^{\infty}R_n\sin\frac{n\pi}{a}x$$

得

$$R_n=\begin{cases}U_0, & n=3\\ 0, & n\neq 3\end{cases}$$

因此
$$\phi(x,y)=U_0\sin\frac{3\pi x}{a}\mathrm{e}^{-\frac{3\pi}{a}y}$$

【考研题4】 (重庆邮电大学2017年)镜像法是求解某些电磁场问题的一种常用方法。假设一个点电荷 Q 与无限大接地导体平面距离为 d，利用镜像法计算若把它移到无穷远处，需要做多少功？

解 由镜像法，导体面上的感应电荷的影响用镜像电荷来代替。镜像电荷的大小为 $-Q$，位于和原电荷对称的位置。取两个电荷的连线方向为 x 轴方向，导体平面与其交点为原点，则当电荷 Q 离导体板的距离为 x 时，电荷 Q 受到的静电力为

$$F=\frac{-Q^2}{4\pi\varepsilon_0(2x)^2}$$

静电力为引力，要将其移动到无穷远处，所需与静电力相反的外力为

$$f=\frac{Q^2}{4\pi\varepsilon_0(2x)^2}$$

在移动过程中，外力做的功为

$$\int_d^\infty f\,\mathrm{d}x=\int_d^\infty\frac{Q^2}{16\pi\varepsilon_0 x^2}\mathrm{d}x=\frac{Q^2}{16\pi\varepsilon_0 d}$$

用外力将电荷 Q 移动到无穷远处时，同时也要将镜像电荷移动到无穷远处，则外力做的总功为$\frac{Q^2}{8\pi\varepsilon_0 d}$。

如果从功能转换的角度来考虑这个问题，在初始位置，系统所具有的电势能为

$$W_0=\frac{-Q^2}{4\pi\varepsilon_0(2d)}$$

在终态位置，系统所有的电势能为 $W_1=0$，因此外力所做的功为

$$A=W_1-W_0=\frac{Q^2}{8\pi\varepsilon_0 d}$$

【考研题 5】 (北京邮电大学 2014 年)回答下列问题：

(1) 设有无限长金属直圆柱截面半径为 a，距离圆柱轴线为 d 处有一电荷密度为 ρ 的线电荷平行于直圆柱轴线放置，如图 4-62(a)所示。请采用镜像法求出像线电荷及空间的电位分布。

(2) 两根平行无限长且截面半径都为 a 的轴线间距为 $D(D>2a)$的金属直圆柱，如图 4-62(b)所示。请采用镜像法求出两根金属直圆柱间的单位电容。

解 (1) 以柱轴为 z 轴建立圆柱坐标系。设镜像线电荷 ρ'平行于导体直圆柱的轴线，距离轴线为 d'，利用柱面镜像法，则

$$\rho'=-\rho,\quad d'=\frac{a^2}{d}$$

由于导体未接地，因此在柱面上感应的电荷有正、有负，总电荷量为零，柱面为等势面。所以，在柱轴上应该还有一个镜像电荷 $\rho''=\rho$，导体直圆柱外任一点的电位由 ρ'、ρ''和 ρ 共同产生，即

$$\phi=\frac{\rho}{2\pi\varepsilon_0}\ln\frac{R'}{Rr}+C$$

由图 4-62 可知，$R^2=r^2+d^2-2rd\cos\theta$，$R'^2=r^2+d'^2-2rd'\cos\theta$。$C$ 为常数，与电势的零参考点相关。

(2) 设两金属直圆柱间电位为 V，如图 4-62(c)所示。

由于两导线均为等位面，且对称，故取电位零点在两导线连线中心。设两镜像电荷为 $-\rho_l$ 及 ρ_l，到左边导线轴心的距离分别为 d、f，根据柱面镜像得到左、右两导线的电位分别为

$$\phi_{S1}=\frac{\rho_l}{2\pi\varepsilon_0}\ln\frac{r_2}{r_1}=\frac{\rho_l}{2\pi\varepsilon_0}\ln\frac{a}{f}=-\frac{V}{2},\quad \phi_{S2}=\frac{V}{2}$$

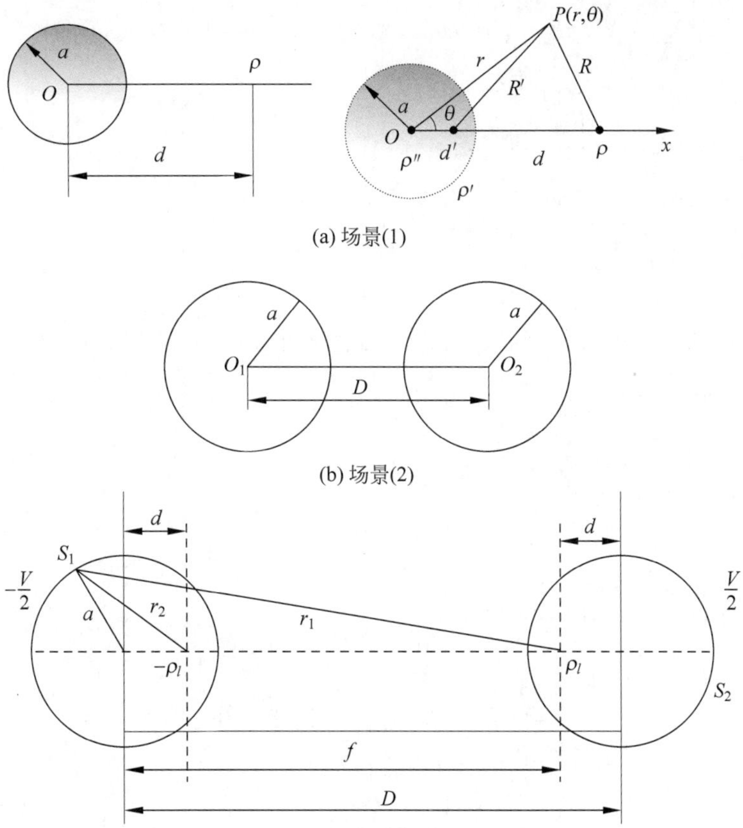

(a) 场景(1)

(b) 场景(2)

(c) 场景(3)

图 4-62　考研题 5 示意图

其中，r_1、r_2 分别为左边导线上任一点 S_1 到线电荷 ρ_l 及 $-\rho_l$ 的距离，所以 $\rho_l=\dfrac{\pi\varepsilon_0 V}{\ln\dfrac{f}{a}}$。

根据柱面镜像得，$d=\dfrac{a^2}{f}$，又因为 $f+d=D$，所以

$$f=\frac{D+\sqrt{D^2-4a^2}}{2},\quad d=\frac{D-\sqrt{D^2-4a^2}}{2}$$

因此，两导体直圆柱之间的单位长度电容为

$$C_0=\frac{\rho_l}{U}=\frac{\rho_l}{\phi_{S1}-\phi_{S2}}=\pi\varepsilon_0/\ln\left(\frac{f}{a}\right)=\pi\varepsilon_0/\ln\left(\frac{D+\sqrt{D^2-4a^2}}{2a}\right)$$

利用前述电轴法的描述，也容易得到本题目的结果。感兴趣的同学可以尝试。

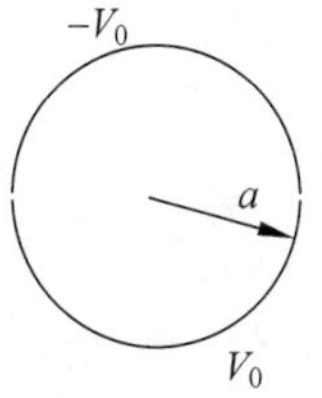

图 4-63　考研题 6 示意图

【考研题 6】（北京邮电大学 2014 年）如图 4-63 所示，有一无限长半径为 a 的薄导体直圆筒（可以认为圆筒壁厚为零）等分为相互绝缘的两部分，各自带电 V_0 和 $-V_0$，试求出筒内外的电势分布。

解　如图 4-63 所示。因导体圆筒面无限长，故电位与 z 无关，筒内电位的通解为

$$U=\sum_{n=1}^{\infty}\left[(A_n\sin n\varphi+B_n\cos n\varphi)r^n+(C_n\sin n\varphi+D_n\cos n\varphi)r^{-n}\right]$$

边界条件为

$$r=0,\quad U\text{ 为有限值}$$

$$r=a,\quad U=(a,\varphi)=\begin{cases}-V_0, & 0<\varphi<\pi\\ V_0, & \pi<\varphi<2\pi\end{cases}$$

由条件 $r=0$,U 为有限值,得

$$C_n=D_n=0$$

又由电势分布可知,U 是 φ 的奇函数,所以 U 表达式中不该有余弦项,即 $B_n=0$。因此

$$U=\sum_{n=1}^{\infty}A_n r^n\sin n\varphi$$

其中,A_n 可由 $U(a,\varphi)$ 的表达式确定

$$U(a,\varphi)=\sum_{n=1}^{\infty}A_n a^n\sin n\varphi=\begin{cases}-V_0, & 0<\varphi<\pi\\ V_0, & \pi<\varphi<2\pi\end{cases}$$

解得

$$A_n a^n=\begin{cases}0, & n\text{ 为偶数}\\ -\dfrac{4V_0}{n\pi}, & n\text{ 为奇数}\end{cases}$$

所以

$$U=-\sum_{n=1,3,5,\cdots}^{\infty}\frac{4V_0}{n\pi}(r/a)^n\sin n\varphi$$

同理,可以得到,筒外的电势为

$$U=-\sum_{n=1,3,5,\cdots}^{\infty}\frac{4V_0}{n\pi}\frac{a^n}{r^n}\sin n\varphi$$

【考研题 7】 (西安电子科技大学 2012 年)一个 z 方向无限长,横截面为 $a\times b$ 的矩形金属管,其三个边的电位为零,第四边与其他边绝缘,电位是 $10\sin\left(\dfrac{\pi x}{a}\right)$,如图 4-64 所示。试求管内的电位分布。

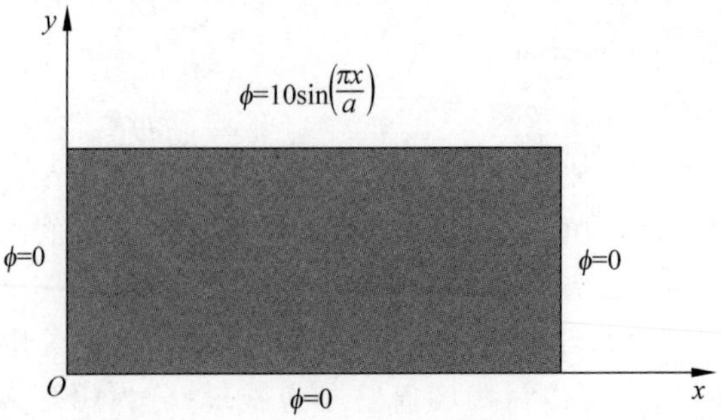

图 4-64 考研题 7 示意图

解 如图 4-64 所示。因为 z 方向无限长,所以原问题可等效为一个二维电势分布问题,即求二维拉普拉斯方程$\nabla^2\phi=0$ 在给定边界条件下的解。设 ϕ 可分解为 $\phi=X(x)Y(y)$,则在直角坐标系下

$$\frac{\partial^2 X(x)Y(y)}{\partial x^2}+\frac{\partial^2 X(x)Y(y)}{\partial y^2}=0\Rightarrow\frac{\partial^2 X}{X\partial x^2}+\frac{\partial^2 Y}{Y\partial y^2}=0$$

令$\dfrac{\partial^2 X}{X\partial x^2}=-k^2$,则原方程变为

$$\frac{\partial^2 X}{\partial x^2}+k^2X=0,\quad \frac{\partial^2 Y}{\partial y^2}-k^2Y=0$$

$$X=C_1\sin(kx)+C_2\cos(kx)$$

当 $x=0$ 时,$\phi\equiv0$,所以 $C_2=0$。

当 $x=a$ 时,$\phi\equiv0$,所以 $\sin(ka)=0$,即 $ka=n\pi\Rightarrow k=\dfrac{n\pi}{a}(n=1,2,3\cdots)$,所以

$$Y=C_3\mathrm{e}^{\frac{n\pi}{a}y}+C_4\mathrm{e}^{-\frac{n\pi}{a}y}$$

当 $y=0$ 时,$\phi\equiv0$,得

$$C_3+C_4=0\Rightarrow Y=C_3(\mathrm{e}^{\frac{n\pi}{a}y}-\mathrm{e}^{-\frac{n\pi}{a}y})$$

所以
$$\phi=\sum_{n=1}^{\infty}C_n\sin\left(\frac{n\pi}{a}x\right)(\mathrm{e}^{\frac{n\pi}{a}y}-\mathrm{e}^{-\frac{n\pi}{a}y})$$

当 $y=b$ 时,$\phi=10\sin\left(\dfrac{\pi}{a}x\right)$。

所以
$$\sum_{n=1}^{\infty}C_n\sin\left(\frac{n\pi}{a}x\right)(\mathrm{e}^{\frac{n\pi}{a}b}-\mathrm{e}^{-\frac{n\pi}{a}b})=10\sin\left(\frac{\pi}{a}x\right)$$

由三角函数的正交性知 $n=1$,得

$$C_1=\frac{10}{\mathrm{e}^{\frac{b\pi}{a}}-\mathrm{e}^{-\frac{b\pi}{a}}}$$

所以
$$\phi=\frac{10}{\mathrm{e}^{\frac{b\pi}{a}}-\mathrm{e}^{-\frac{b\pi}{a}}}\sin\left(\frac{\pi}{a}x\right)(\mathrm{e}^{\frac{\pi}{a}y}-\mathrm{e}^{-\frac{\pi}{a}y})$$

如果采用双曲函数,上面的结果可以表示为

$$\phi=\frac{10}{\sinh\left(\frac{b\pi}{a}\right)}\sin\left(\frac{\pi}{a}x\right)\sinh\left(\frac{\pi}{a}y\right)$$

第 5 章 时变电磁场

CHAPTER 5

本章是学习电磁场与电磁波的重要过渡内容，即从静态场、静态场的解法过渡到时变电磁场、电磁波以及电磁辐射等。本章的主要内容是麦克斯韦方程组的引入及其讲解、时谐电磁场的相量表示法及其运算、矢量势和标量势所满足的方程、推迟势的概念及其计算等。要求同学们熟练掌握法拉第电磁感应定律，理解位移电流的含义，并能够利用麦克斯韦方程组进行计算。在内容安排上，首先归纳总结了本章的主要知识点、重点和难点，详细求解了一些典型例题，然后对主教材课后习题进行了详解，并给出相关 MATLAB 编程代码以及所涉及的科技前沿知识，最后列举有代表性的往年考研试题并开展讲解。

5.1 时变电磁场思维导图

利用思维导图勾勒出时变电磁场各部分内容之间的逻辑关系，如图 5-1 所示。本章内容是联系静态场和时变场的桥梁，核心是麦克斯韦方程组及其推导。首先，给出了法拉第电磁感应定律，引入了涡旋电场的概念；其次，针对静态场安培环路定律在时变情况下失效的

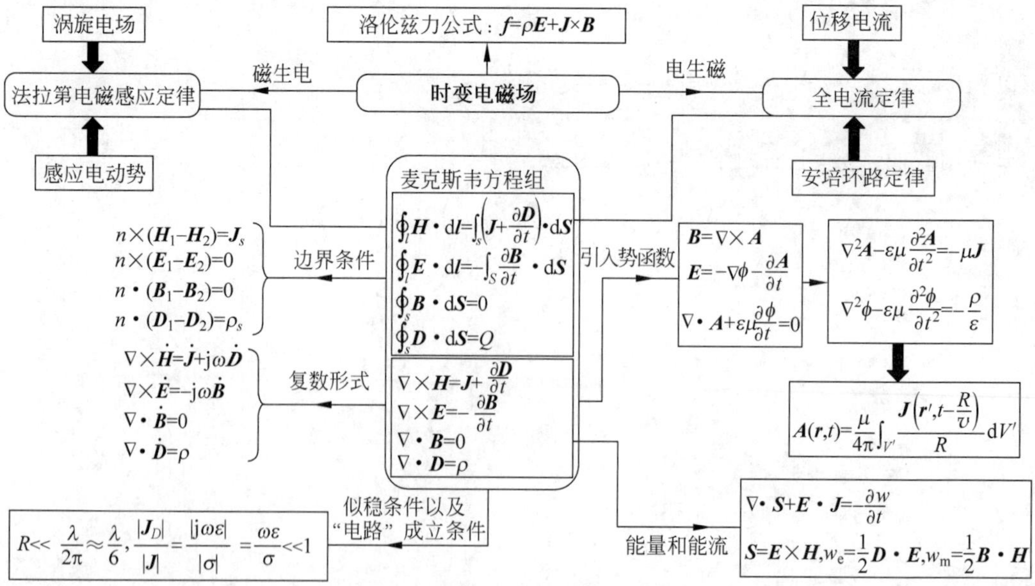

图 5-1 时变电磁场的思维导图

问题，引入了位移电流的概念，从而建立了全电流定律；最后，通过假设高斯定理和磁通连续原理在时变情况下依然成立，便可以得到麦克斯韦方程组的四个完整方程。为了使得方程能够得以求解，必须考虑材料的本构方程，即磁感应强度和磁场强度、电位移矢量和电场强度以及电流密度和电场强度之间的关系。边界条件是两种媒质分界面上麦克斯韦方程组的具体体现，可以使用积分方程得到，事实上，将静电、静磁形式的边界条件合并起来，就得到了时变场的边界条件。在时变电磁场中，最典型、最具研究价值的是随时间做正弦变化的电磁场，即时谐电磁场，可以使用复数形式的“相量”简化计算。因此，瞬时量、相量之间的灵活转换非常重要。此外，时变场情况下的能量守恒、坡印亭矢量等，都是非常重要的研究对象。为了简化麦克斯韦方程组的计算，引入辅助势函数的概念，并得到了其对应的达朗贝尔方程。

5.2 知识点归纳

时变电磁场部分所涉及的知识点有：

法拉第电磁感应定律及其计算；感生电动势及其计算；涡旋电场或感应电场的定义；动生电动势的计算；利用两种方法推导动生电动势的计算公式；麦克斯韦方程组及每个方程的含义；利用麦克斯韦方程组计算电场或者磁场；位移电流及其计算；时谐电磁场的复矢量表示法及其相互转换；坡印亭矢量，瞬时值与平均坡印亭矢量的转化、相关计算；能量守恒定律及其理解；矢量势、标量势满足的方程及其推导，洛伦兹规范条件；如何利用辅助势函数计算电磁场；无界空间中矢量势的表示形式；似稳条件；电路理论与电磁场理论的联系；时变电磁场的边界条件等。

5.3 主要内容及公式

本章主要内容简述如下。

5.3.1 法拉第电磁感应定律

1. 法拉第电磁感应定律的数学表达形式

$$\mathscr{E}=-\frac{\mathrm{d}\psi_{\mathrm{m}}}{\mathrm{d}t} \tag{5-1}$$

正确使用上述公式，必须强调参考方向，如图 5-2 所示。也就是说，曲面的法线方向与曲线的环绕方向满足右手螺旋的关系；它们对应的也就是磁通量和感应电动势为正的参考方向。

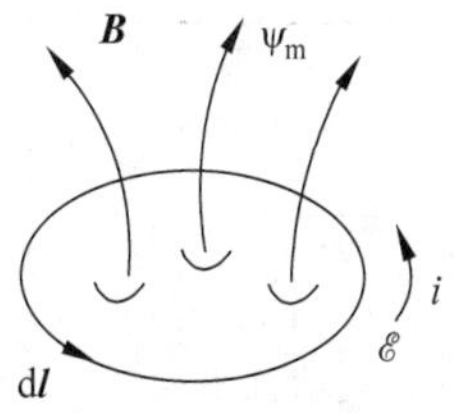

图 5-2　法拉第电磁感应定律的参考方向

2. 感生电动势和动生电动势

(1) 感生电动势

$$\mathscr{E}_{\mathrm{i}}=-\frac{\mathrm{d}}{\mathrm{d}t}\int_{S}\boldsymbol{B}\cdot\mathrm{d}\boldsymbol{S}=-\int_{S}\frac{\partial\boldsymbol{B}}{\partial t}\cdot\mathrm{d}\boldsymbol{S} \tag{5-2}$$

与前面相类似，曲面的法线方向（磁通量为正的方向）与曲线的环绕方向（感生电动势为正的方向），满足右手螺旋的关系。

(2) 动生电动势

$$\mathscr{E}_{\mathrm{m}}=-\frac{\mathrm{d}\psi_{\mathrm{m}}}{\mathrm{d}t}=\int_{l}(\boldsymbol{v}\times\boldsymbol{B})\cdot\mathrm{d}\boldsymbol{l} \tag{5-3}$$

式(5-3)中,曲线积分的方向即为动生电动势为正的参考方向。

5.3.2 麦克斯韦方程组及辅助方程

1. 积分形式

$$\oint_{l}\boldsymbol{H}\cdot\mathrm{d}\boldsymbol{l}=\int_{S}\left(\boldsymbol{J}+\frac{\partial\boldsymbol{D}}{\partial t}\right)\cdot\mathrm{d}\boldsymbol{S}\quad\oint_{l}\boldsymbol{E}\cdot\mathrm{d}\boldsymbol{l}=-\int_{S}\frac{\partial\boldsymbol{B}}{\partial t}\cdot\mathrm{d}\boldsymbol{S}$$

$$\oint_{S}\boldsymbol{B}\cdot\mathrm{d}\boldsymbol{S}=0\quad\oint_{S}\boldsymbol{D}\cdot\mathrm{d}\boldsymbol{S}=Q$$

2. 微分形式

$$\nabla\times\boldsymbol{H}=\boldsymbol{J}+\frac{\partial\boldsymbol{D}}{\partial t}\quad\nabla\times\boldsymbol{E}=-\frac{\partial\boldsymbol{B}}{\partial t}$$

$$\nabla\cdot\boldsymbol{B}=0\quad\nabla\cdot\boldsymbol{D}=\rho$$

3. 正弦电磁场

$$\nabla\times\boldsymbol{H}=\boldsymbol{J}+\mathrm{j}\omega\boldsymbol{D}\quad\nabla\times\boldsymbol{E}=-\mathrm{j}\omega\boldsymbol{B}$$

$$\nabla\cdot\boldsymbol{B}=0\quad\nabla\cdot\boldsymbol{D}=\rho$$

4. 本构方程

$$\boldsymbol{B}=\mu\boldsymbol{H}\quad\boldsymbol{D}=\varepsilon\boldsymbol{E}\quad\boldsymbol{J}_{\mathrm{c}}=\sigma\boldsymbol{E}$$

5. 其他重要公式

洛伦兹力 $\boldsymbol{F}=Q(\boldsymbol{E}+\boldsymbol{v}\times\boldsymbol{B})$

洛伦兹力密度 $\boldsymbol{f}=\rho\boldsymbol{E}+\boldsymbol{J}\times\boldsymbol{B}$

位移电流密度 $\boldsymbol{J}_{\mathrm{D}}=\dfrac{\partial\boldsymbol{D}}{\partial t}$

穿过某曲面的位移电流 $i_{\mathrm{D}}=\int_{S}\boldsymbol{J}_{D}\cdot\mathrm{d}\boldsymbol{S}$

5.3.3 电磁场边值关系

时变电磁场对应的边界条件如表 5-1 所示。

表 5-1 电磁场边界条件一览表

媒质分界面	两种媒质分界面	两种介质分界面	介质与理想导体分界面
边值关系	$\boldsymbol{n}\times(\boldsymbol{H}_1-\boldsymbol{H}_2)=\boldsymbol{J}_S$ $\boldsymbol{n}\times(\boldsymbol{E}_1-\boldsymbol{E}_2)=0$ $\boldsymbol{n}\cdot(\boldsymbol{B}_1-\boldsymbol{B}_2)=0$ $\boldsymbol{n}\cdot(\boldsymbol{D}_1-\boldsymbol{D}_2)=\rho_S$	$H_{1\mathrm{t}}=H_{2\mathrm{t}}$ $E_{1\mathrm{t}}=E_{2\mathrm{t}}$ $B_{1\mathrm{n}}=B_{2\mathrm{n}}$ $D_{1\mathrm{n}}=D_{2\mathrm{n}}$	$H_{\mathrm{t}}=J_S$ $E_{\mathrm{t}}=0$ $B_{\mathrm{n}}=0$ $D_{\mathrm{n}}=\rho_S$

5.3.4 坡印亭定理和坡印亭矢量

坡印亭定理

$$\oint_S (\boldsymbol{E}\times\boldsymbol{H})\cdot \mathrm{d}\boldsymbol{S} + \int_V \boldsymbol{E}\cdot\boldsymbol{J}\,\mathrm{d}V = -\frac{\partial W}{\partial t}\text{(积分形式)} \tag{5-4}$$

$$\nabla\cdot(\boldsymbol{E}\times\boldsymbol{H}) + \boldsymbol{E}\cdot\boldsymbol{J} = -\frac{\partial w}{\partial t}\text{(微分形式)} \tag{5-5}$$

坡印亭矢量瞬时值

$$\boldsymbol{S} = \boldsymbol{E}\times\boldsymbol{H} \tag{5-6}$$

正弦电磁场的复数坡印亭矢量

$$\boldsymbol{S}_{\mathrm{c}} = \boldsymbol{E}_{\mathrm{e}}\times\boldsymbol{H}_{\mathrm{e}}^{*} = \frac{1}{2}\boldsymbol{E}_{\mathrm{m}}\times\boldsymbol{H}_{\mathrm{m}}^{*} \tag{5-7}$$

正弦电磁场的坡印亭矢量时间平均值

$$\bar{\boldsymbol{S}} = \mathrm{Re}\boldsymbol{S}_{\mathrm{c}} = \mathrm{Re}\boldsymbol{E}_{\mathrm{e}}\times\boldsymbol{H}_{\mathrm{e}}^{*} = \frac{1}{2}\mathrm{Re}\boldsymbol{E}_{\mathrm{m}}\times\boldsymbol{H}_{\mathrm{m}}^{*} \tag{5-8}$$

5.3.5 电磁场的矢量势和标量势及其微分方程

电磁场辅助势函数所满足的方程、表示式以及场量的求解公式，如表 5-2 所示。

表 5-2 电磁场辅助势函数

	动态场		静态场
	时变场	正弦场	
势的方程	$\nabla^2\boldsymbol{A}-\varepsilon\mu\frac{\partial^2\boldsymbol{A}}{\partial t^2}=-\mu\boldsymbol{J}$ $\nabla^2\phi-\varepsilon\mu\frac{\partial^2\phi}{\partial t^2}=-\frac{\rho}{\varepsilon}$	$\nabla^2\boldsymbol{A}+k^2\boldsymbol{A}=-\mu\boldsymbol{J}$ $\nabla^2\phi+k^2\phi=-\frac{\rho}{\varepsilon}$ $(k^2=\omega^2\varepsilon\mu)$	$\nabla^2\boldsymbol{A}=-\mu\boldsymbol{J}$ $\nabla^2\phi=-\frac{\rho}{\varepsilon}$
矢量势和标量势的计算	推迟势(动态势)		静态势
	$\boldsymbol{A}=\frac{\mu}{4\pi}\int_{V'}\frac{\boldsymbol{J}\left(x',y',z',t-\frac{R}{v}\right)}{R}\mathrm{d}V'$ $\phi=\frac{1}{4\pi\varepsilon}\int_{V'}\frac{\rho\left(x',y',z',t-\frac{R}{v}\right)}{R}\mathrm{d}V'$	$\boldsymbol{A}=\frac{\mu}{4\pi}\int_{V'}\frac{\boldsymbol{J}(x',y',z')\mathrm{e}^{\mathrm{j}(\omega t-kR)}}{R}\mathrm{d}V'$ $\phi=\frac{1}{4\pi\varepsilon}\int_{V'}\frac{\rho(x',y',z')\mathrm{e}^{\mathrm{j}(\omega t-kR)}}{R}\mathrm{d}V'$	$\boldsymbol{A}=\frac{\mu}{4\pi}\int_{V'}\frac{\boldsymbol{J}(x',y',z')}{R}\mathrm{d}V'$ $\phi=\frac{1}{4\pi\varepsilon}\int_{V'}\frac{\rho(x',y',z')}{R}\mathrm{d}V'$
	似稳场		
	$\boldsymbol{A}=\frac{\mu}{4\pi}\int_{V'}\frac{\boldsymbol{J}(x',y',z',t)}{R}\mathrm{d}V'$ $\phi=\frac{1}{4\pi\varepsilon}\int_{V'}\frac{\rho(x',y',z',t)}{R}\mathrm{d}V'$	$\boldsymbol{A}=\frac{\mu}{4\pi}\int_{V'}\frac{\boldsymbol{J}(x',y',z')\mathrm{e}^{\mathrm{j}\omega t}}{R}\mathrm{d}V'$ $\phi=\frac{1}{4\pi\varepsilon}\int_{V'}\frac{\rho(x',y',z')\mathrm{e}^{\mathrm{j}\omega t}}{R}\mathrm{d}V'$	
场量	$\boldsymbol{H}=\frac{1}{\mu}\nabla\times\boldsymbol{A}$ $\boldsymbol{E}=-\nabla\phi-\frac{\partial\boldsymbol{A}}{\partial t}$	$\boldsymbol{H}=\frac{1}{\mu}\nabla\times\boldsymbol{A}$ $\boldsymbol{E}=-\nabla\phi-\mathrm{j}\omega\boldsymbol{A}$	$\boldsymbol{H}=\frac{1}{\mu}\nabla\times\boldsymbol{A}$ $\boldsymbol{E}=-\nabla\phi$

5.4 重点与难点分析

结合上述内容，现将本章重点与难点做如下具体分析。

5.4.1 研究正弦电磁场的原因和理论基础

有同学会问，为什么要研究正弦电磁场？为什么不研究普遍意义上的时变电磁场？这是因为，任何一个时变信号(假定是实函数)都可以根据傅里叶变换，看作一系列正弦(包含余弦)信号的叠加，即

$$f(t)=\frac{1}{2\pi}\int_{-\infty}^{\infty}F(\omega)\mathrm{e}^{\mathrm{j}\omega t}\mathrm{d}\omega=\frac{1}{2\pi}\int_{-\infty}^{\infty}\{A(\omega)\cos[\omega t+\varphi(\omega)]\}\mathrm{d}\omega$$

其中，$F(\omega)=\int_{-\infty}^{\infty}f(t)\mathrm{e}^{-\mathrm{j}\omega t}\mathrm{d}t=A(\omega)\mathrm{e}^{\mathrm{j}\varphi(\omega)}$ 称为该信号的傅里叶变换。

对于电磁场而言，以电场强度为例，对时间变量做傅里叶变换，则有

$$\boldsymbol{E}(\boldsymbol{r},\omega)=\int_{-\infty}^{\infty}\boldsymbol{E}(\boldsymbol{r},t)\mathrm{e}^{-\mathrm{j}\omega t}\mathrm{d}t \tag{5-9}$$

$$\boldsymbol{E}(\boldsymbol{r},t)=\frac{1}{2\pi}\int_{-\infty}^{\infty}\boldsymbol{E}(\boldsymbol{r},\omega)\mathrm{e}^{\mathrm{j}\omega t}\mathrm{d}\omega \tag{5-10}$$

对于其他场量，有类似的关系。

大多数情况下，麦克斯韦方程组是线性的，即满足齐次性和叠加性。

也就是说，如果有 N 个场，分别满足麦克斯韦方程组

$$\nabla\times\boldsymbol{H}_i=\boldsymbol{J}_i+\frac{\partial\boldsymbol{D}_i}{\partial t};\quad \nabla\times\boldsymbol{E}_i=-\frac{\partial\boldsymbol{B}_i}{\partial t};\quad \nabla\cdot\boldsymbol{B}_i=0;\quad \nabla\cdot\boldsymbol{D}_i=\rho_i$$

其中，$i=1,2,\cdots,N$。那么，它们的矢量和所对应的场，也是麦克斯韦方程组的解，即

$$\nabla\times\sum_i\boldsymbol{H}_i=\sum_i\boldsymbol{J}_i+\frac{\partial}{\partial t}\sum_i\boldsymbol{D}_i;\quad \nabla\times\sum_i\boldsymbol{E}_i=-\frac{\partial}{\partial t}\sum_i\boldsymbol{B}_i;$$

$$\nabla\cdot\sum_i\boldsymbol{B}_i=0;\quad \nabla\cdot\sum_i\boldsymbol{D}_i=\sum_i\rho_i$$

同时，方程也满足齐次性，即对于任意常数 λ_i，有

$$\nabla\times\lambda_i\boldsymbol{H}_i=\lambda_i\boldsymbol{J}_i+\frac{\partial\lambda_i\boldsymbol{D}_i}{\partial t};\quad \nabla\times\lambda_i\boldsymbol{E}_i=-\frac{\partial\lambda_i\boldsymbol{B}_i}{\partial t};$$

$$\nabla\cdot\lambda_i\boldsymbol{B}_i=0;\quad \nabla\cdot\lambda_i\boldsymbol{D}_i=\lambda_i\rho_i$$

根据麦克斯韦方程组的线性性质，并结合电磁场的傅里叶变换表达式，则对任意时变电磁场，只需要研究最具代表性的频率为 ω 的正弦形式的场即可，即

$$\begin{cases}\nabla\times\boldsymbol{H}(\boldsymbol{r},\omega)=\boldsymbol{J}(\boldsymbol{r},\omega)+\mathrm{j}\omega\boldsymbol{D}(\boldsymbol{r},\omega)\\ \nabla\times\boldsymbol{E}(\boldsymbol{r},\omega)=-\mathrm{j}\omega\boldsymbol{B}(\boldsymbol{r},\omega)\\ \nabla\cdot\boldsymbol{B}(\boldsymbol{r},\omega)=0\\ \nabla\cdot\boldsymbol{D}(\boldsymbol{r},\omega)=\rho(\boldsymbol{r},\omega)\end{cases} \tag{5-11}$$

它实质上相当于对麦克斯韦方程组整体上进行了傅里叶变换。对方程中的“相量”(傅里叶变换之后对应的函数)做针对各个频率成分的“求和”，就可以得到任意时变场的情形。比

如，$\boldsymbol{J}(\boldsymbol{r},t)=\dfrac{1}{2\pi}\int_{-\infty}^{\infty}\boldsymbol{J}(\boldsymbol{r},\omega)\mathrm{e}^{\mathrm{j}\omega t}\mathrm{d}\omega$，$\rho(\boldsymbol{r},t)=\dfrac{1}{2\pi}\int_{-\infty}^{\infty}\rho(\boldsymbol{r},\omega)\mathrm{e}^{\mathrm{j}\omega t}\mathrm{d}\omega$，即可得到任意电流和电荷激励下的场景；而$\boldsymbol{E}(\boldsymbol{r},t)=\dfrac{1}{2\pi}\int_{-\infty}^{\infty}\boldsymbol{E}(\boldsymbol{r},\omega)\mathrm{e}^{\mathrm{j}\omega t}\mathrm{d}\omega$，$\boldsymbol{H}(\boldsymbol{r},t)=\dfrac{1}{2\pi}\int_{-\infty}^{\infty}\boldsymbol{H}(\boldsymbol{r},\omega)\mathrm{e}^{\mathrm{j}\omega t}\mathrm{d}\omega$，就是对应激励下的电场和磁场的表达式。

因此，研究正弦电磁场并没有失掉一般性，但是难度却大大降低。这也是为什么要分析时谐电磁场的原因。

5.4.2 时谐电磁场与复矢量之间的转换

如前所述，在时变电磁场的情况下，我们经常研究的是随时间做正弦（或者余弦）变化的电磁场，也就是时谐电磁场。此时，采用复矢量形式表示正弦电磁场是普遍的做法，而且不失一般性，因此熟练掌握时谐场和复矢量之间的转换具有重要意义。这些复数形式的矢量（或者标量）也称为相量。

比如，

$$\begin{aligned}\boldsymbol{E}&=E_x\boldsymbol{e}_x+E_y\boldsymbol{e}_y+E_z\boldsymbol{e}_z\\&=E_{x\mathrm{m}}\cos(\omega t+\varphi_x)\boldsymbol{e}_x+E_{y\mathrm{m}}\cos(\omega t+\varphi_y)\boldsymbol{e}_y+E_{z\mathrm{m}}\cos(\omega t+\varphi_z)\boldsymbol{e}_z\\&=\mathrm{Re}\,[E_{x\mathrm{m}}\mathrm{e}^{\mathrm{j}(\omega t+\varphi_x)}\boldsymbol{e}_x+E_{y\mathrm{m}}\mathrm{e}^{\mathrm{j}(\omega t+\varphi_y)}\boldsymbol{e}_y+E_{z\mathrm{m}}\mathrm{e}^{\mathrm{j}(\omega t+\varphi_z)}\boldsymbol{e}_z]\\&=\mathrm{Re}\,[(\dot{E}_{x\mathrm{m}}\boldsymbol{e}_x+\dot{E}_{y\mathrm{m}}\boldsymbol{e}_y+\dot{E}_{z\mathrm{m}}\boldsymbol{e}_z)\mathrm{e}^{\mathrm{j}\omega t}]=\mathrm{Re}\,[\dot{\boldsymbol{E}}_{\mathrm{m}}\mathrm{e}^{\mathrm{j}\omega t}]\end{aligned}\tag{5-12}$$

即

$$\boldsymbol{E}=\mathrm{Re}\,[\dot{\boldsymbol{E}}_{\mathrm{m}}\mathrm{e}^{\mathrm{j}\omega t}]$$

其中

$$\dot{\boldsymbol{E}}_{\mathrm{m}}=\dot{E}_{x\mathrm{m}}\boldsymbol{e}_x+\dot{E}_{y\mathrm{m}}\boldsymbol{e}_y+\dot{E}_{z\mathrm{m}}\boldsymbol{e}_z\tag{5-13}$$

称为电场强度复矢量。

对于时谐电磁场其他所有场量，也可以运用类似的表达式。我们这种“简单问题复杂化”的做法有什么好处呢？复数表达式的运用使得数学运算简化，比如将对时间变量的偏微分变为代数运算。例如$\boldsymbol{D}=\mathrm{Re}(\dot{\boldsymbol{D}}_{\mathrm{m}}\mathrm{e}^{\mathrm{j}\omega t})$，则有

$$\frac{\partial\boldsymbol{D}}{\partial t}=\frac{\partial}{\partial t}\mathrm{Re}(\dot{\boldsymbol{D}}_{\mathrm{m}}\mathrm{e}^{\mathrm{j}\omega t})=\mathrm{Re}(\mathrm{j}\omega\dot{\boldsymbol{D}}_{\mathrm{m}}\mathrm{e}^{\mathrm{j}\omega t})$$

也就是说，电位移矢量在时域求导，等价于其相量乘 $\mathrm{j}\omega$；同理，时域积分操作等价于相量除以 $\mathrm{j}\omega$。

对于电场强度随时间做正弦变化的情况，我们可以这样处理

$$\begin{aligned}\boldsymbol{E}&=E_x\boldsymbol{e}_x+E_y\boldsymbol{e}_y+E_z\boldsymbol{e}_z\\&=E_{x\mathrm{m}}\sin(\omega t+\varphi_x)\boldsymbol{e}_x+E_{y\mathrm{m}}\sin(\omega t+\varphi_y)\boldsymbol{e}_y+E_{z\mathrm{m}}\sin(\omega t+\varphi_z)\boldsymbol{e}_z\\&=E_{x\mathrm{m}}\cos\left(\omega t+\varphi_x-\frac{\pi}{2}\right)\boldsymbol{e}_x+E_{y\mathrm{m}}\cos\left(\omega t+\varphi_y-\frac{\pi}{2}\right)\boldsymbol{e}_y+E_{z\mathrm{m}}\cos\left(\omega t+\varphi_z-\frac{\pi}{2}\right)\boldsymbol{e}_z\\&=\mathrm{Re}\,[E_{x\mathrm{m}}\mathrm{e}^{\mathrm{j}\left(\omega t+\varphi_x-\frac{\pi}{2}\right)}\boldsymbol{e}_x+E_{y\mathrm{m}}\mathrm{e}^{\mathrm{j}\left(\omega t+\varphi_y-\frac{\pi}{2}\right)}\boldsymbol{e}_y+E_{z\mathrm{m}}\mathrm{e}^{\mathrm{j}\left(\omega t+\varphi_z-\frac{\pi}{2}\right)}\boldsymbol{e}_z]\\&=\mathrm{Re}\,[(-\mathrm{j}E_{x\mathrm{m}}\mathrm{e}^{\mathrm{j}\varphi_x}\boldsymbol{e}_x-\mathrm{j}E_{y\mathrm{m}}\mathrm{e}^{\mathrm{j}\varphi_y}\boldsymbol{e}_y-\mathrm{j}E_{z\mathrm{m}}\mathrm{e}^{\mathrm{j}\varphi_z}\boldsymbol{e}_z)\mathrm{e}^{\mathrm{j}\omega t}]\\&=\mathrm{Re}\,[\dot{\boldsymbol{E}}_{\mathrm{m}}\mathrm{e}^{\mathrm{j}\omega t}]\end{aligned}$$

也就是说，如果场量按照正弦变化，电场强度也可以写作类似的复数形式。

事实上，上述操作中，对于具体是取实部还是取虚部，并没有严格的要求，都是正确的。但是在具体应用时，要坚持一种选择，而不能"忽左忽右"，一会儿取实部，一会儿取虚部。

此外，在做题的过程中，一定要识别方程、场量的形式是瞬时值形式还是复数形式；否则，就会闹出大笑话。一般来讲，显含时间变量的形式都是瞬时值形式；而显含纯虚数单位 j 的都是复数形式。一定要根据具体的表达式选择相应的操作。比如：

已知 $\boldsymbol{H}(x,z)=\boldsymbol{e}_y 0.1\sin(10\pi x)\mathrm{e}^{-\mathrm{j}k_z z}$ A/m，利用麦克斯韦方程组求电场强度。磁场强度就是典型的复数形式；这时，必须采用 $\boldsymbol{E}(x,z)=\dfrac{1}{\mathrm{j}\omega\varepsilon_0}\nabla\times\boldsymbol{H}$ 这个复数形式的麦克斯韦方程来求解电场。

但是，如果已知 $\boldsymbol{H}(x,z)=\boldsymbol{e}_y 0.1\sin(10\pi x)\cos(6\pi\times10^9 t-10\sqrt{3}\pi z)$ A/m，这个就是典型的瞬时值形式。此时，必须采用 $\nabla\times\boldsymbol{H}=\dfrac{\partial\boldsymbol{D}(x,z)}{\partial t}$ 的瞬时值形式的麦克斯韦方程，通过积分来计算电场强度，得到的也是瞬时值形式。

5.4.3 平均坡印亭矢量的严格推证过程

一般情况下，假设正弦电磁场的瞬时值为

$$\begin{aligned}\boldsymbol{E}&=E_x\boldsymbol{e}_x+E_y\boldsymbol{e}_y+E_z\boldsymbol{e}_z\\&=E_{x\mathrm{m}}\cos(\omega t+\varphi_{\mathrm{e}x})\boldsymbol{e}_x+E_{y\mathrm{m}}\cos(\omega t+\varphi_{\mathrm{e}y})\boldsymbol{e}_y+E_{z\mathrm{m}}\cos(\omega t+\varphi_{\mathrm{e}z})\boldsymbol{e}_z\end{aligned}\tag{5-14}$$

$$\begin{aligned}\boldsymbol{H}&=H_x\boldsymbol{e}_x+H_y\boldsymbol{e}_y+H_z\boldsymbol{e}_z\\&=H_{x\mathrm{m}}\cos(\omega t+\varphi_{\mathrm{h}x})\boldsymbol{e}_x+H_{y\mathrm{m}}\cos(\omega t+\varphi_{\mathrm{h}y})\boldsymbol{e}_y+H_{z\mathrm{m}}\cos(\omega t+\varphi_{\mathrm{h}z})\boldsymbol{e}_z\end{aligned}\tag{5-15}$$

它们的复矢量形式为

$$\dot{\boldsymbol{E}}_\mathrm{m}=E_{x\mathrm{m}}\mathrm{e}^{\mathrm{j}\varphi_{\mathrm{e}x}}\boldsymbol{e}_x+E_{y\mathrm{m}}\mathrm{e}^{\mathrm{j}\varphi_{\mathrm{e}y}}\boldsymbol{e}_y+E_{z\mathrm{m}}\mathrm{e}^{\mathrm{j}\varphi_{\mathrm{e}z}}\boldsymbol{e}_z\tag{5-16}$$

$$\dot{\boldsymbol{H}}_\mathrm{m}=H_{x\mathrm{m}}\mathrm{e}^{\mathrm{j}\varphi_{\mathrm{h}x}}\boldsymbol{e}_x+H_{y\mathrm{m}}\mathrm{e}^{\mathrm{j}\varphi_{\mathrm{h}y}}\boldsymbol{e}_y+H_{z\mathrm{m}}\mathrm{e}^{\mathrm{j}\varphi_{\mathrm{h}z}}\boldsymbol{e}_z\tag{5-17}$$

则按照坡印亭矢量的定义，有

$$\begin{aligned}\boldsymbol{S}&=\boldsymbol{E}\times\boldsymbol{H}\\&=E_{x\mathrm{m}}H_{y\mathrm{m}}\cos(\omega t+\varphi_{\mathrm{e}x})\cos(\omega t+\varphi_{\mathrm{h}y})\boldsymbol{e}_z-E_{x\mathrm{m}}H_{z\mathrm{m}}\cos(\omega t+\varphi_{\mathrm{e}x})\cos(\omega t+\varphi_{\mathrm{h}z})\boldsymbol{e}_y-\\&\quad E_{y\mathrm{m}}H_{x\mathrm{m}}\cos(\omega t+\varphi_{\mathrm{e}y})\cos(\omega t+\varphi_{\mathrm{h}x})\boldsymbol{e}_z+E_{y\mathrm{m}}H_{z\mathrm{m}}\cos(\omega t+\varphi_{\mathrm{e}y})\cos(\omega t+\varphi_{\mathrm{h}z})\boldsymbol{e}_x+\\&\quad E_{z\mathrm{m}}H_{x\mathrm{m}}\cos(\omega t+\varphi_{\mathrm{e}z})\cos(\omega t+\varphi_{\mathrm{h}x})\boldsymbol{e}_y-E_{z\mathrm{m}}H_{y\mathrm{m}}\cos(\omega t+\varphi_{\mathrm{e}z})\cos(\omega t+\varphi_{\mathrm{h}y})\boldsymbol{e}_x\end{aligned}\tag{5-18}$$

可以看出，坡印亭矢量的六项形式相似，因此，仅考虑第一项在一个周期内的平均值，然后写出全部结果。显然

$$\frac{1}{T}\int_0^T E_{x\mathrm{m}}H_{y\mathrm{m}}\cos(\omega t+\varphi_{\mathrm{e}x})\cos(\omega t+\varphi_{\mathrm{h}y})\mathrm{d}t=\frac{1}{2}E_{x\mathrm{m}}H_{y\mathrm{m}}\cos(\varphi_{\mathrm{e}x}-\varphi_{\mathrm{h}y})$$

其中，$T=\dfrac{2\pi}{\omega}$。于是坡印亭矢量在一个周期的平均值 $\bar{\boldsymbol{S}}$ 可以表示为

$$\bar{\boldsymbol{S}}=\frac{1}{2}[E_{ym}H_{zm}\cos(\varphi_{ey}-\varphi_{hz})-E_{zm}H_{ym}\cos(\varphi_{ez}-\varphi_{hy})]\boldsymbol{e}_x+$$
$$\frac{1}{2}[E_{zm}H_{xm}\cos(\varphi_{ez}-\varphi_{hx})-E_{xm}H_{zm}\cos(\varphi_{ex}-\varphi_{hz})]\boldsymbol{e}_y+ \tag{5-19}$$
$$\frac{1}{2}[E_{xm}H_{ym}\cos(\varphi_{ex}-\varphi_{hy})-E_{ym}H_{xm}\cos(\varphi_{ey}-\varphi_{hx})]\boldsymbol{e}_z$$

这就是坡印亭矢量的平均值形式。在时谐情况下,平均坡印亭矢量更具有实际意义。

对于正弦电磁场而言,多数情况下场量都采用复矢量形式,因此直接用复矢量形式计算得到平均坡印亭矢量更具实际意义。

根据叉乘的定义、复矢量的表示方法,不难看出

$$\begin{aligned}\dot{\boldsymbol{E}}_m\times\dot{\boldsymbol{H}}_m^* &=(E_{xm}e^{j\varphi_{ex}}\boldsymbol{e}_x+E_{ym}e^{j\varphi_{ey}}\boldsymbol{e}_y+E_{zm}e^{j\varphi_{ez}}\boldsymbol{e}_z)\times\\ &\quad(H_{xm}e^{-j\varphi_{hx}}\boldsymbol{e}_x+H_{ym}e^{-j\varphi_{hy}}\boldsymbol{e}_y+H_{zm}e^{-j\varphi_{hz}}\boldsymbol{e}_z)\\ &=(E_{ym}H_{zm}e^{j(\varphi_{ey}-\varphi_{hz})}-E_{zm}H_{ym}e^{j(\varphi_{ez}-\varphi_{hy})})\boldsymbol{e}_x+\\ &\quad(E_{zm}H_{xm}e^{j(\varphi_{ez}-\varphi_{hx})}-E_{xm}H_{zm}e^{j(\varphi_{ex}-\varphi_{hz})})\boldsymbol{e}_y+\\ &\quad(E_{xm}H_{ym}e^{j(\varphi_{ex}-\varphi_{hy})}-E_{ym}H_{xm}e^{j(\varphi_{ey}-\varphi_{hx})})\boldsymbol{e}_z\end{aligned}$$

观察可知,

$$\bar{\boldsymbol{S}}=\frac{1}{2}\mathrm{Re}\boldsymbol{E}_m\times\boldsymbol{H}_m^* \tag{5-20}$$

因此,定义

$$\boldsymbol{S}_c=\frac{1}{2}\boldsymbol{E}_m\times\boldsymbol{H}_m^*=\boldsymbol{E}_e\times\boldsymbol{H}_e^* \tag{5-21}$$

称为复数形式的坡印亭矢量。使用中应该特别注意最大值和有效值的不同。于是

$$\bar{\boldsymbol{S}}=\mathrm{Re}\boldsymbol{S}_c=\frac{1}{2}\mathrm{Re}\boldsymbol{E}_m\times\boldsymbol{H}_m^*=\mathrm{Re}\boldsymbol{E}_e\times\boldsymbol{H}_e^* \tag{5-22}$$

这也就证明了式(5-22)就是平均坡印亭矢量的计算结果。

可以将上述结论做一个推广。假设 $\boldsymbol{A}(\boldsymbol{r},t)$,$\boldsymbol{B}(\boldsymbol{r},t)$是两个时谐变化的矢量场,$\dot{\boldsymbol{A}}(\boldsymbol{r},\omega)$,$\dot{\boldsymbol{B}}(\boldsymbol{r},\omega)$是对应的相量表达形式,则基于前面的推证结果,很容易得到

$$\frac{1}{T}\int_0^T\boldsymbol{A}(\boldsymbol{r},t)\times\boldsymbol{B}(\boldsymbol{r},t)\mathrm{d}t=\frac{1}{2}\mathrm{Re}\dot{\boldsymbol{A}}(\boldsymbol{r},\omega)\times\dot{\boldsymbol{B}}^*(\boldsymbol{r},\omega) \tag{5-23}$$

$$\frac{1}{T}\int_0^T\boldsymbol{A}(\boldsymbol{r},t)\cdot\boldsymbol{B}(\boldsymbol{r},t)\mathrm{d}t=\frac{1}{2}\mathrm{Re}\dot{\boldsymbol{A}}(\boldsymbol{r},\omega)\cdot\dot{\boldsymbol{B}}^*(\boldsymbol{r},\omega) \tag{5-24}$$

5.4.4 关于波动方程的几个问题

在数学上,标量形式的、一维、非齐次波动方程一般写作

$$u_{tt}-a^2u_{xx}=h(x,t) \tag{5-25}$$

其通解可以写作 $u(x,t)=f(x-at)+g(x+at)+p(x,t)$,其中

$$p_{tt}-a^2p_{xx}=h(x,t) \tag{5-26}$$

是满足非齐次波动方程的一个特解;而 $f(x-at)$,$g(x+at)$均满足齐次的波动方程,且

$f(x)$,$g(x)$是任意两个函数,它们组成了齐次方程的通解。将 $u=f(x-at)$代入方程中,即可验证上述结论。

$$u_t=-af'(x-at)$$
$$u_{tt}=a^2 f''(x-at)$$
$$u_x=f'(x-at)$$
$$u_{xx}=f''(x-at)$$

所以 $u_{tt}-a^2u_{xx}=0$。同理,$u=g(x+at)$也是如此。

图 5-3 给出了函数 $f(x-at)$的图像。当 $t=0$ 时,函数图像如图 5-3 中实线所示,$f(x)$为任意函数;当 $t=t$ 时,函数图像如图 5-3 中虚线所示,相对于 $f(x)$的图像,图像整体向右平移了 at 的距离。因此,当时间连续变化的时候,$f(x-at)$描述的就是一个沿 x 轴正方向水平移动的行波。其传播速度显然就是 $v=\frac{at}{t}=a$,与波动方程里面拉氏算符(二阶微分运算)前面的系数相关。同理,$u=g(x+at)$表示的是沿 x 轴负方向水平运动的一个行波。

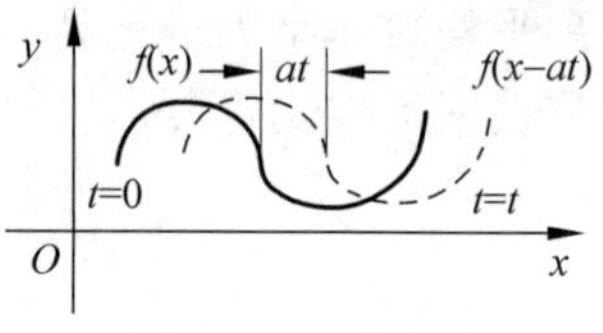

图 5-3　行波示意图

三维情况下,波动方程的形式如下

$$u_{tt}-a^2\ \nabla^2 u=h(x,y,z,t)$$

此时,a 依然表示行波的波速。

基于麦克斯韦方程组,很容易得到如下关于矢量势和标量势的方程,即

$$\begin{cases}\nabla^2\mathbf{A}-\varepsilon\mu\dfrac{\partial^2\mathbf{A}}{\partial t^2}=-\mu\mathbf{J}\\[2ex]\nabla^2\phi-\varepsilon\mu\dfrac{\partial^2\phi}{\partial t^2}=-\dfrac{\rho}{\varepsilon}\end{cases}\tag{5-27}$$

式(5-27)分别是矢量形式和标量形式的、非齐次的波动方程。因为矢量形式的方程可以等价为三个直角分量所满足的标量形式的方程,因此式(5-27)也可以用标量形式的波动方程对比做一些较为深入的解释。

一个直观的对比,对于电磁波来讲,可以得到其传播速度为

$$v=\frac{1}{\sqrt{\varepsilon\mu}}=\frac{1}{\sqrt{\varepsilon_0\mu_0}\ \sqrt{\varepsilon_r\mu_r}}=\frac{c}{n}\tag{5-28}$$

其中,$c=\frac{1}{\sqrt{\varepsilon_0\mu_0}}$表示真空中的波速;$n=\sqrt{\varepsilon_r\mu_r}$表示媒质的折射率。对于大多数非磁性材料,有 $n=\sqrt{\varepsilon_r}$。

另外,$u=f(x-at)=f\left[-a\left(t-\frac{x}{a}\right)\right]=F\left(t-\frac{x}{a}\right)$,这是通解的另外一种表示形式。它表示位于 x 位置的场,是由 $x=0$ 处的场在 $t=\left(t-\frac{x}{a}\right)$时刻的状态所确定;相对于前者,后者推迟了$\frac{x}{a}$的时间,而这正好是电磁波传播所需的时间。

对于 $u=g(x+at)=g\left[a\left(t+\frac{x}{a}\right)\right]=G\left(t+\frac{x}{a}\right)$,可以做类似的分析。

因此，习惯上把 $u=F\left(t-\frac{x}{a}\right)$ 称之为推迟势。

5.4.5 磁型源所对应的麦克斯韦方程组

本章给出的麦克斯韦方程组中，变化的电荷、电流是产生电磁场的源，因此，这个方程组也称为电型源所对应的麦克斯韦方程组。与之相对应，通过类比的方法，也可以得到磁型源的方程。一般通过对各个变量加下标"e"或者"m"来分别表示这两个情形。

虽然磁荷及磁流在客观上并不存在，但引出这种概念可使问题分析简化，它是一种数学上的类比方法；同时，很多情况下可以用等效的办法"产生"磁荷和磁流；更为重要的是，添加了磁荷与磁流后，麦克斯韦方程组和边界条件更加一般化，且可分别改写成对称形式，即

$$\begin{cases}\nabla\times\boldsymbol{H}_{\mathrm{e}}=\boldsymbol{J}_{\mathrm{e}}+\dfrac{\partial\boldsymbol{D}_{\mathrm{e}}}{\partial t}\\ \nabla\times\boldsymbol{E}_{\mathrm{e}}=-\dfrac{\partial\boldsymbol{B}_{\mathrm{e}}}{\partial t}\\ \nabla\cdot\boldsymbol{B}_{\mathrm{e}}=0\\ \nabla\cdot\boldsymbol{D}_{\mathrm{e}}=\rho_{\mathrm{e}}\end{cases}\qquad\begin{cases}\nabla\times(-\boldsymbol{E}_{\mathrm{m}})=\boldsymbol{J}_{\mathrm{m}}+\dfrac{\partial\boldsymbol{B}_{\mathrm{m}}}{\partial t}\\ \nabla\times\boldsymbol{H}_{\mathrm{m}}=-\dfrac{\partial(-\boldsymbol{D}_{\mathrm{m}})}{\partial t}\\ \nabla\cdot(-\boldsymbol{D}_{\mathrm{m}})=0\\ \nabla\cdot\boldsymbol{B}_{\mathrm{m}}=\rho_{\mathrm{m}}\end{cases}$$

同样，边界条件分别为

$$\begin{cases}\boldsymbol{n}\times(\boldsymbol{H}_{\mathrm{e1}}-\boldsymbol{H}_{\mathrm{e2}})=\boldsymbol{J}_{\mathrm{e}S}\\ \boldsymbol{n}\times(\boldsymbol{E}_{\mathrm{e1}}-\boldsymbol{E}_{\mathrm{e2}})=0\\ \boldsymbol{n}\cdot(\boldsymbol{B}_{\mathrm{e1}}-\boldsymbol{B}_{\mathrm{e2}})=0\\ \boldsymbol{n}\cdot(\boldsymbol{D}_{\mathrm{e1}}-\boldsymbol{D}_{\mathrm{e2}})=\rho_{\mathrm{e}S}\end{cases}\qquad\begin{cases}\boldsymbol{n}\times(\boldsymbol{H}_{\mathrm{m1}}-\boldsymbol{H}_{\mathrm{m2}})=0\\ \boldsymbol{n}\times(\boldsymbol{E}_{\mathrm{m1}}-\boldsymbol{E}_{\mathrm{m2}})=-\boldsymbol{J}_{\mathrm{m}S}\\ \boldsymbol{n}\cdot(\boldsymbol{B}_{\mathrm{m1}}-\boldsymbol{B}_{\mathrm{m2}})=\rho_{S\mathrm{m}}\\ \boldsymbol{n}\cdot(\boldsymbol{D}_{\mathrm{m1}}-\boldsymbol{D}_{\mathrm{m2}})=0\end{cases}$$

通过观察这两组方程，可以得到电型源和磁型源之间的对照关系，即所谓的对偶量，如表 5-3 所示。对于对偶量，它们满足相同的麦克斯韦方程组和边界条件，具有同样形式的解。利用对偶关系来求解对偶量的场分布，称为电磁场的对偶原理，也称为电磁场的二重性原理。

表 5-3 电偶极子与磁偶极子的场量的对偶

电量	$\boldsymbol{H}_{\mathrm{e}}$	$\boldsymbol{E}_{\mathrm{e}}$	$\boldsymbol{B}_{\mathrm{e}}$	$\boldsymbol{D}_{\mathrm{e}}$	ε	μ	ρ_{e}	$\boldsymbol{J}_{\mathrm{e}}$
磁量	$-\boldsymbol{E}_{\mathrm{m}}$	$\boldsymbol{H}_{\mathrm{m}}$	$-\boldsymbol{D}_{\mathrm{m}}$	$\boldsymbol{B}_{\mathrm{m}}$	μ	ε	ρ_{m}	$\boldsymbol{J}_{\mathrm{m}}$

引入磁型源后，一般情况下的麦克斯韦方程组形式如下

$$\begin{cases}\nabla\times\boldsymbol{H}=\boldsymbol{J}+\dfrac{\partial\boldsymbol{D}}{\partial t}\\ \nabla\times\boldsymbol{E}=-\boldsymbol{J}_{\mathrm{m}}-\dfrac{\partial\boldsymbol{B}}{\partial t}\\ \nabla\cdot\boldsymbol{B}=\rho_{\mathrm{m}}\\ \nabla\cdot\boldsymbol{D}=\rho\end{cases}\tag{5-29}$$

边界条件如下

$$\begin{cases} \boldsymbol{n} \times (\boldsymbol{H}_1 - \boldsymbol{H}_2) = \boldsymbol{J}_S \\ \boldsymbol{n} \times (\boldsymbol{E}_1 - \boldsymbol{E}_2) = -\boldsymbol{J}_{Sm} \\ \boldsymbol{n} \cdot (\boldsymbol{B}_1 - \boldsymbol{B}_2) = \rho_{Sm} \\ \boldsymbol{n} \cdot (\boldsymbol{D}_1 - \boldsymbol{D}_2) = \rho_S \end{cases} \tag{5-30}$$

在后面第 7 章讨论偶极子辐射时，只要作对偶量的代换，即可由其中电偶极子辐射的解得到磁偶极子辐射的解，反之亦然。这种利用对偶关系来求解对偶量的场分布，称为电磁场的对偶原理，也称为电磁场的二重性原理。

5.4.6 磁型源所对应的辅助势函数

与电型源相似，当给出磁型源所满足的麦克斯韦方程组时，利用类似的做法，可以定义相应的矢量势和标量势，给出所谓的洛伦兹规范，进而得到它们所必须满足的方程。

由$\nabla \cdot (-\boldsymbol{D}_m)=0$，引入磁型源的矢量势，即动态矢量势 $\boldsymbol{F}$，满足

$$-\boldsymbol{D}_m = \nabla \times \boldsymbol{F} \tag{5-31}$$

或

$$\boldsymbol{E}_m = -\frac{1}{\varepsilon} \nabla \times \boldsymbol{F} \tag{5-32}$$

将式(5-32)代入磁型源方程组中的第二方程，得

$$\nabla \times \boldsymbol{H}_m = \frac{\partial \boldsymbol{D}_m}{\partial t} = -\frac{\partial}{\partial t} \nabla \times \boldsymbol{F}$$

即

$$\nabla \times \left(\boldsymbol{H}_m + \frac{\partial \boldsymbol{F}}{\partial t}\right) = 0 \tag{5-33}$$

式(5-33)括号中的矢量是无旋的，与静电场中电势的引入类似，这里我们引入动态标量势ϕ_m，令

$$\boldsymbol{H}_m + \frac{\partial \boldsymbol{F}}{\partial t} = -\nabla \phi_m$$

即

$$\boldsymbol{H}_m = -\nabla \phi_m - \frac{\partial \boldsymbol{F}}{\partial t} \tag{5-34}$$

式中，ϕ_m 和 $\boldsymbol{F}$ 分别为磁型源对应的标量势和矢量势。它们均是空间坐标和时间的函数，都是人为引入的辅助函数。如果我们已知了两个辅助函数 ϕ_m 和 $\boldsymbol{F}$ 的值，则可以代入式(5-32)和式(5-34)求得 $\boldsymbol{E}_m$ 和 $\boldsymbol{H}_m$，下面我们将由麦克斯韦组的另外两个方程得到两个势函数 ϕ_m 和 $\boldsymbol{F}$ 满足的方程，即达朗贝尔方程。

为了求得势函数 ϕ_m 和 $\boldsymbol{F}$ 与场源之间的关系，将式(5-32)代入磁型源方程组对应方程中的第一方程，并利用矢量微分恒等式，得

$$\nabla \times \boldsymbol{E}_m = -\frac{1}{\varepsilon} \nabla \times \nabla \times \boldsymbol{F} = -\frac{1}{\varepsilon}(\nabla(\nabla \cdot \boldsymbol{F}) - \nabla^2 \boldsymbol{F}) = -\boldsymbol{J}_m - \frac{\partial \boldsymbol{B}_m}{\partial t}$$

将式(5-34)代入上式，有

$$\nabla(\nabla \cdot \boldsymbol{F}) - \nabla^2 \boldsymbol{F} = \varepsilon \boldsymbol{J}_m - \nabla\left(\varepsilon\mu \frac{\partial \phi_m}{\partial t}\right) - \varepsilon\mu \frac{\partial^2 \boldsymbol{F}}{\partial t^2}$$

即

$$\nabla^2 \boldsymbol{F} - \nabla\left(\nabla \cdot \boldsymbol{F} + \varepsilon\mu \frac{\partial \phi_m}{\partial t}\right) - \varepsilon\mu \frac{\partial^2 \boldsymbol{F}}{\partial t^2} = -\varepsilon \boldsymbol{J}_m \tag{5-35}$$

同理,再将式(5-34)代入磁型源方程组中的第四方程,得

$$\nabla \cdot \boldsymbol{B}_m = -\mu \nabla \cdot \left(\nabla \phi_m + \frac{\partial \boldsymbol{F}}{\partial t}\right) = \rho_m$$

即

$$\nabla^2 \phi_m + \frac{\partial}{\partial t} \nabla \cdot \boldsymbol{F} = -\frac{\rho_m}{\mu} \tag{5-36}$$

于是我们得到了两个势函数满足的方程式(5-35)和方程式(5-36),但是这两个方程都包含有 ϕ_m 和 $\boldsymbol{F}$,是联立方程。

观察 $\boldsymbol{F}$ 和 ϕ_m 的引入可知二者都不是唯一的,它们的取值具有一定的任意性。如果我们假定

$$\nabla \cdot \boldsymbol{F} + \varepsilon\mu \frac{\partial \phi_m}{\partial t} = 0 \tag{5-37}$$

式(5-37)称为洛伦兹条件,即洛伦兹规范条件,则式(5-35)与式(5-36)可分别简化为

$$\begin{cases} \nabla^2 \boldsymbol{F} - \varepsilon\mu \dfrac{\partial^2 \boldsymbol{F}}{\partial t^2} = -\varepsilon \boldsymbol{J}_m \\ \nabla^2 \phi_m - \varepsilon\mu \dfrac{\partial^2 \phi_m}{\partial t^2} = -\dfrac{\rho_m}{\mu} \end{cases} \tag{5-38}$$

在无源空间,$\boldsymbol{J}_m = 0$,$\rho_m = 0$,动态势函数的波动方程变为齐次微分方程,即

$$\begin{cases} \nabla^2 \boldsymbol{F} - \varepsilon\mu \dfrac{\partial^2 \boldsymbol{F}}{\partial t^2} = 0 \\ \nabla^2 \phi_m - \varepsilon\mu \dfrac{\partial^2 \phi_m}{\partial t^2} = 0 \end{cases} \tag{5-39}$$

对于正弦电磁场,动态势函数的达朗贝尔方程式(5-38)可表示为

$$\begin{cases} \nabla^2 \boldsymbol{F} + k^2 \boldsymbol{F} = -\varepsilon \boldsymbol{J}_m \\ \nabla^2 \phi_m + k^2 \phi_m = -\dfrac{\rho_m}{\mu} \end{cases} \tag{5-40}$$

式中,$k = \omega\sqrt{\varepsilon\mu}$ 称为波数。洛伦兹条件式(5-37)则变为

$$\nabla \cdot \boldsymbol{F} + \mathrm{j}\omega\varepsilon\mu\phi_m = 0 \tag{5-41}$$

电场强度和磁场强度的表达式为

$$\begin{cases} \boldsymbol{H}_m = -\nabla \phi_m - \mathrm{j}\omega \boldsymbol{F} \\ \boldsymbol{E}_m = -\dfrac{1}{\varepsilon} \nabla \times \boldsymbol{F} \end{cases} \tag{5-42}$$

无源空间中,正弦电磁场的势函数所满足的方程组为

$$\begin{cases} \nabla^2 \boldsymbol{F} + k^2 \boldsymbol{F} = 0 \\ \nabla^2 \phi_m + k^2 \phi_m = 0 \end{cases} \tag{5-43}$$

但这种情况下我们不采用势函数求解电磁场,因为这时 $\boldsymbol{E}_m$ 和 $\boldsymbol{H}_m$ 也满足相同形式的

方程，该方程称为亥姆霍兹方程。

5.4.7 利用麦克斯韦方程求解场量时的积分常数问题

在时变场的情况下，如果给定了电场或者磁场，那么通过麦克斯韦方程组就可以很快确定磁场或者电场。这里面一般会涉及积分的问题，如已知电场 $\boldsymbol{E}$ 时，利用法拉第电磁感应定律$\nabla\times\boldsymbol{E}=-\frac{\partial\boldsymbol{B}}{\partial t}$，通过对电场求旋度，即可获得磁场对时间的变化率；再通过对时间积分，就可得到磁场 $\boldsymbol{B}$。一般情况下，积分常数我们都会选择为零。这是为什么呢？

可以从麦克斯韦方程组的线性性质和叠加原理来理解这个操作。还以刚才的例子来介绍，当我们对时间变量积分得到磁感应强度 $\boldsymbol{B}$ 时，对应的积分常数一般情况下应该仅仅是空间坐标的函数，即 $\boldsymbol{B}(x,y,z)$。换句话说，$\boldsymbol{B}_{\mathrm{t}}(x,y,z,t)=\boldsymbol{B}(x,y,z,t)+\boldsymbol{B}_r(x,y,z)$，可以用两个场的叠加来表示。基于同样的想法，其他场量也满足这个关系。因此，麦克斯韦方程组可以表示为

$$\begin{cases}\nabla\times(\boldsymbol{H}+\boldsymbol{H}_r)=\boldsymbol{J}+\boldsymbol{J}_r+\dfrac{\partial\boldsymbol{D}}{\partial t}+\dfrac{\partial\boldsymbol{D}_r}{\partial t}\\\nabla\times(\boldsymbol{E}+\boldsymbol{E}_r)=-\dfrac{\partial\boldsymbol{B}}{\partial t}-\dfrac{\partial\boldsymbol{B}_r}{\partial t}\\\nabla\cdot(\boldsymbol{B}+\boldsymbol{B}_r)=0\\\nabla\cdot(\boldsymbol{D}+\boldsymbol{D}_r)=\rho+\rho_r\end{cases}\tag{5-44}$$

式(5-44)中，下标 r 表示仅仅是空间坐标的函数。利用叠加原理，可以把式(5-44)中的方程分成两组，即

$$\begin{cases}\nabla\times\boldsymbol{H}=\boldsymbol{J}+\dfrac{\partial\boldsymbol{D}}{\partial t}\\\nabla\times\boldsymbol{E}=-\dfrac{\partial\boldsymbol{B}}{\partial t}\\\nabla\cdot\boldsymbol{B}=0\\\nabla\cdot\boldsymbol{D}=\rho\end{cases}\qquad\begin{cases}\nabla\times\boldsymbol{H}_r=\boldsymbol{J}_r+\dfrac{\partial\boldsymbol{D}_r}{\partial t}=\boldsymbol{J}_r\\\nabla\times\boldsymbol{E}_r=-\dfrac{\partial\boldsymbol{B}_r}{\partial t}=0\\\nabla\cdot\boldsymbol{B}_r=0\\\nabla\cdot\boldsymbol{D}_r=\rho_r\end{cases}$$

左侧的方程，电场和磁场都随时间变化且相互耦合，从而产生时变电磁场和电磁波；右侧的方程与时间无关，电场和磁场也是去耦合的，它对应的就是静态电场和磁场的情形。由于静态电磁场已经在前面章节处理过了，因此单纯从计算时变电磁场的角度考虑，完全可以令积分常数为零，从而只计算时变场的问题。这样并没有失掉一般性。

5.5 典型例题分析

例 5.1 如图 5-4 所示，半径为 R 的圆柱形空间存在着轴向均匀磁场，有一长度为 $2R$ 的导体棒 MN 如图 5-4 所示放置，若磁感应强度的大小以$\frac{\partial B}{\partial t}=C$ 变化，其中 C 是一个大于零的常数，试求导体棒上的感应电动势。

解 方法 1：采用感生电动势进行计算，则需要构造一个包括 MN 的闭合回路，而且除

MN 之外，回路上的其他部分对应电动势要么为零，要么很容易计算。这样，就可以得到 MN 上所产生的电动势。如图 5-4 所示，构造三角形 OMN，考虑对称性，则变化磁场所产生的涡旋电场，其方向与 OM 和 ON 垂直，对应的电动势为零。因此，围绕 ONM 以顺时针方向做环路积分，则

$$\oint_l \boldsymbol{E}\cdot \mathrm{d}\boldsymbol{l} = -\int_S \frac{\partial \boldsymbol{B}}{\partial t}\cdot \mathrm{d}\boldsymbol{S} = \int_N^M \boldsymbol{E}\cdot \mathrm{d}\boldsymbol{l} = -CS_{\text{阴影}}$$

因此，计算出阴影部分的面积，即可得到导体棒上的电动势。观察图 5-4 中的几何关系，则

$$S_{\text{阴影}} = \frac{R^2}{4}\left(\sqrt{3}+\frac{\pi}{3}\right)$$

所以，电动势可以表示为

$$\mathscr{E} = -\frac{CR^2}{4}\left(\sqrt{3}+\frac{\pi}{3}\right)$$

方法 2：直接利用变化的磁场，得到涡旋电场的表达式，然后计算其沿 MN 的积分。如图 5-5 所示。变化的磁场在周围激发涡旋电场，由于对称性，此电场的方向为圆柱坐标系下的 $\boldsymbol{e}_\varphi$ 方向，且$\oint_l \boldsymbol{E}\cdot \mathrm{d}\boldsymbol{l} = -\int_S \frac{\partial \boldsymbol{B}}{\partial t}\cdot \mathrm{d}\boldsymbol{S}$，因此，构造图 5-5 中虚线部分所示的环路，则有

$$\oint_l \boldsymbol{E}\cdot \mathrm{d}\boldsymbol{l} = 2\pi r E_{\mathrm{i}} = -C\pi r^2,\quad r<R，\text{于是 } \boldsymbol{E}_{\mathrm{i}} = -\frac{C}{2}r\boldsymbol{e}_\varphi$$

$$\oint_l \boldsymbol{E}\cdot \mathrm{d}\boldsymbol{l} = 2\pi r E_{\mathrm{e}} = -C\pi R^2,\quad r>R，\text{于是 } \boldsymbol{E}_{\mathrm{e}} = -\frac{C}{2r}R^2\boldsymbol{e}_\varphi$$

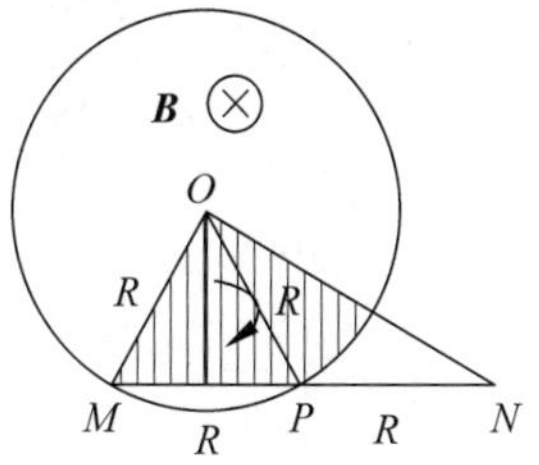

图 5-4　例 5.1 示意图

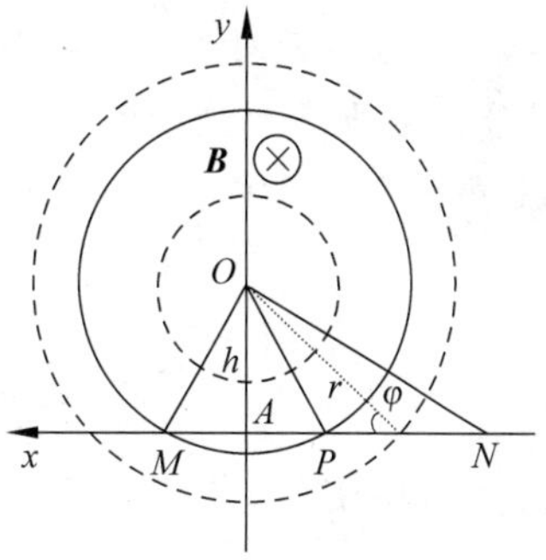

图 5-5　例 5.1 的解法 2 示意图

根据感生电动势的定义，则有

$$\mathscr{E}_{\mathrm{i}} = \int_l \boldsymbol{E}\cdot \mathrm{d}\boldsymbol{l} = \int_N^P \boldsymbol{E}_{\mathrm{e}}\cdot \mathrm{d}\boldsymbol{l} + \int_P^M \boldsymbol{E}_{\mathrm{i}}\cdot \mathrm{d}\boldsymbol{l}$$

代入上述表达式，则有

$$\begin{aligned}\mathscr{E}_{\mathrm{i}} &= \int_l \boldsymbol{E}\cdot \mathrm{d}\boldsymbol{l} = \int_N^P \boldsymbol{E}_{\mathrm{e}}\cdot \mathrm{d}\boldsymbol{l} + \int_P^M \boldsymbol{E}_{\mathrm{i}}\cdot \mathrm{d}\boldsymbol{l} \\ &= -\int_N^P \frac{C}{2r}R^2\boldsymbol{e}_\varphi\cdot\boldsymbol{e}_x\mathrm{d}x - \int_P^M \frac{C}{2}r\boldsymbol{e}_\varphi\cdot\boldsymbol{e}_x\mathrm{d}x \\ &= -\int_N^P \frac{C}{2r}R^2\sin\varphi\mathrm{d}x - \int_P^M \frac{C}{2}r\sin\varphi\mathrm{d}x\end{aligned}$$

利用图 5-5 中的几何关系，则

$$x=-h\cot\varphi,\quad r=\frac{h}{\sin\varphi},\quad \mathrm{d}x=h\csc^2\varphi\mathrm{d}\varphi,$$

$$h=R\frac{\sqrt{3}}{2},\quad \angle ONM=\frac{\pi}{6},\quad \angle OPM=\frac{\pi}{3}$$

于是有

$$\begin{aligned}\mathscr{E}_\mathrm{i}&=-\frac{C}{2}R^2\int_{\pi/6}^{\pi/3}\mathrm{d}\varphi-\frac{C}{2}h^2\int_{\pi/3}^{2\pi/3}\csc^2\varphi\mathrm{d}\varphi\\&=-CR^2\frac{\pi}{12}+\frac{C}{2}h^2\cot\varphi\Big|_{\pi/3}^{2\pi/3}\\&=-CR^2\frac{\pi}{12}-CR^2\frac{\sqrt{3}}{4}\\&=-\frac{CR^2}{4}\left(\sqrt{3}+\frac{\pi}{3}\right)\end{aligned}$$

例 5.2 介质 1 和介质 2 之间的分界面为一个平面，沿 z 轴无限延伸；其在 $z=0$ 的平面上的分布如图 5-6 所示。已知 $\varepsilon_{r1}=2.5$，$\varepsilon_{r2}=5$，在边界附近，介质 1 中的电场强度分布为 $\boldsymbol{E}=25\boldsymbol{e}_x+50\boldsymbol{e}_y+25\boldsymbol{e}_z$，求边界附近介质 2 中的电场是多少。

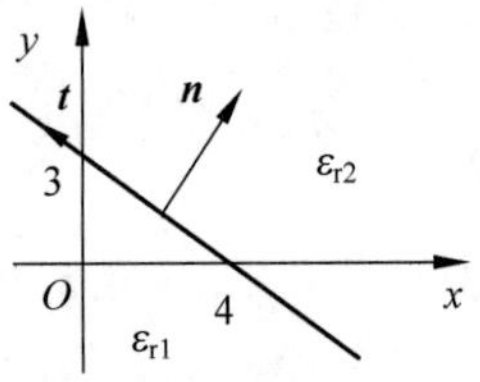

图 5-6 例 5.2 示意图

解 本题目考查的是电磁场的边界条件及其应用。其核心在于找出一般情况下分界面的法线方向，从而可以得到电磁场的法线和切线方向的分量，进而根据边界条件加以具体求解。由图 5-6 可以求出分界面对应的切线(面) t 的方程为 $3x+4y-12=0$，将其看作一个空间平面，则容易得到该平面的法线方向为 $3\boldsymbol{e}_x+4\boldsymbol{e}_y$（我们选择图中的法线方向，另外一个与其方向相反），将幅度归一化得

$$\boldsymbol{n}=\frac{3}{5}\boldsymbol{e}_x+\frac{4}{5}\boldsymbol{e}_y$$

由于介质 1 中的电场强度为 $\boldsymbol{E}_1=25\boldsymbol{e}_x+50\boldsymbol{e}_y+25\boldsymbol{e}_z$。

则 $$E_{1n}=\boldsymbol{E}_1\cdot\boldsymbol{n}=(25,50,25)\cdot\left(\frac{3}{5},\frac{4}{5},0\right)=15+40=55$$

即 $$\boldsymbol{E}_{1n}=E_{1n}\cdot\boldsymbol{n}=33\boldsymbol{e}_x+44\boldsymbol{e}_y$$

而 $$\boldsymbol{E}_{1t}=\boldsymbol{E}_1-\boldsymbol{E}_{1n}=-8\boldsymbol{e}_x+6\boldsymbol{e}_y+25\boldsymbol{e}_z$$

由于边界条件 $$\boldsymbol{E}_{1t}=\boldsymbol{E}_{2t},\quad \boldsymbol{D}_{1n}=\boldsymbol{D}_{2n},\quad 且\ \boldsymbol{D}=\varepsilon\boldsymbol{E}$$

所以 $$\boldsymbol{E}_{2t}=\boldsymbol{E}_{1t}=-8\boldsymbol{e}_x+6\boldsymbol{e}_y+25\boldsymbol{e}_z$$

$$E_{2n}=\frac{\varepsilon_1}{\varepsilon_2}E_{1n}=\frac{1}{2}\times55=27.5$$

$$\boldsymbol{E}_{2n}=E_{2n}\cdot\boldsymbol{n}=16.5\boldsymbol{e}_x+22\boldsymbol{e}_y$$

所以 $$\boldsymbol{E}_2=\boldsymbol{E}_{2t}+\boldsymbol{E}_{2n}=8.5\boldsymbol{e}_x+28\boldsymbol{e}_y+25\boldsymbol{e}_z$$

例 5.3 根据要求做计算。

(1) $\boldsymbol{E}=\boldsymbol{e}_xE_0\mathrm{e}^{-\mathrm{j}\beta z}+\boldsymbol{e}_y\mathrm{j}E_0\mathrm{e}^{-\mathrm{j}\beta z}$，计算电场强度瞬时值、磁场强度的相量形式和瞬时值形式，以及瞬时和平均坡印亭矢量。

(2) $\boldsymbol{H}=\boldsymbol{e}_xH_0\cos(\omega t-\beta z)-\boldsymbol{e}_yH_0\sin(\omega t-\beta z)$，计算磁场的相量形式、电场强度，以及

电场能量密度的平均值(考虑无源的情况)。

解　本题目重点考查的是电磁场瞬时值形式与相量形式的互换,利用麦克斯韦方程组进行电场和磁场的求解、坡印亭矢量及平均值,以及能量密度及平均值的计算等。计算过程可以采用瞬时值形式计算,也可以采取相量形式进行计算。大家注意体会其中的选择。

(1) 本题为复数形式,其瞬时值形式为

$$\begin{aligned}\boldsymbol{E}&=\mathrm{Re}(\boldsymbol{e}_xE_0\mathrm{e}^{\mathrm{j}\omega t}\mathrm{e}^{-\mathrm{j}\beta z})+\mathrm{Re}(\boldsymbol{e}_yE_0\mathrm{e}^{\mathrm{j}\omega t}\mathrm{e}^{-\mathrm{j}\beta z}\mathrm{e}^{\mathrm{j}\frac{\pi}{2}})\\&=E_0\cos(\omega t-\beta z)\boldsymbol{e}_x+E_0\cos\left(\omega t-\beta z+\frac{\pi}{2}\right)\boldsymbol{e}_y\\&=E_0\cos(\omega t-\beta z)\boldsymbol{e}_x-E_0\sin(\omega t-\beta z)\boldsymbol{e}_y\end{aligned}\tag{5-45}$$

根据麦克斯韦方程组$\nabla\times\boldsymbol{E}=-\mu_0\dfrac{\partial\boldsymbol{H}}{\partial t}$,则有

$$\nabla\times\boldsymbol{E}=\boldsymbol{e}_y\frac{\partial E_x}{\partial z}-\boldsymbol{e}_x\frac{\partial E_y}{\partial z}=\boldsymbol{e}_yE_0\beta\sin(\omega t-\beta z)-\boldsymbol{e}_xE_0\beta\cos(\omega t-\beta z)=-\mu_0\frac{\partial\boldsymbol{H}}{\partial t}$$

$$\frac{\partial\boldsymbol{H}}{\partial t}=-\boldsymbol{e}_y\frac{E_0\beta}{\mu_0}\sin(\omega t-\beta z)+\boldsymbol{e}_x\frac{E_0\beta}{\mu_0}\cos(\omega t-\beta z)$$

积分可以得到,

$$\boldsymbol{H}=\boldsymbol{e}_x\frac{E_0\beta}{\omega\mu_0}\sin(\omega t-\beta z)+\boldsymbol{e}_y\frac{E_0\beta}{\omega\mu_0}\cos(\omega t-\beta z)\tag{5-46}$$

注意,这里积分常数设置为零,可以参见重点和难点分析部分。

如果使用麦克斯韦方程组的相量形式,则有

$$\nabla\times\boldsymbol{E}=-\mathrm{j}\omega\mu_0\boldsymbol{H}$$

将$\boldsymbol{E}=\boldsymbol{e}_xE_0\mathrm{e}^{-\mathrm{j}\beta z}+\boldsymbol{e}_y\mathrm{j}E_0\mathrm{e}^{-\mathrm{j}\beta z}$ 代入上式,整理,得

$$\nabla\times\boldsymbol{E}=\boldsymbol{e}_y\frac{\partial E_x}{\partial z}-\boldsymbol{e}_x\frac{\partial E_y}{\partial z}=-\boldsymbol{e}_y\mathrm{j}\beta E_0\mathrm{e}^{-\mathrm{j}\beta z}-\boldsymbol{e}_xE_0\beta\mathrm{e}^{-\mathrm{j}\beta z}=-\mathrm{j}\omega\mu_0\boldsymbol{H}$$

所以

$$\boldsymbol{H}=\boldsymbol{e}_y\frac{\beta E_0}{\omega\mu_0}\mathrm{e}^{-\mathrm{j}\beta z}-\boldsymbol{e}_x\mathrm{j}\frac{E_0\beta}{\omega\mu_0}\mathrm{e}^{-\mathrm{j}\beta z}=-\boldsymbol{e}_x\mathrm{j}\frac{E_0\beta}{\omega\mu_0}\mathrm{e}^{-\mathrm{j}\beta z}+\boldsymbol{e}_y\frac{\beta E_0}{\omega\mu_0}\mathrm{e}^{-\mathrm{j}\beta z}\tag{5-47}$$

将式(5-47)与式(5-46)对比,可以发现,二者对应是一致的。因此,无论使用哪种方法进行磁场强度的计算,结果都应该一致。大家可以根据自己的喜好,在做题时做出选择。

$$\begin{aligned}\bar{\boldsymbol{S}}&=\mathrm{Re}\boldsymbol{S}_\mathrm{c}=\mathrm{Re}\frac{1}{2}(\boldsymbol{e}_xE_0\mathrm{e}^{-\mathrm{j}\beta z}+\boldsymbol{e}_y\mathrm{j}E_0\mathrm{e}^{-\mathrm{j}\beta z})\times\left(-\boldsymbol{e}_x\mathrm{j}\frac{E_0\beta}{\omega\mu_0}\mathrm{e}^{-\mathrm{j}\beta z}+\boldsymbol{e}_y\frac{\beta E_0}{\omega\mu_0}\mathrm{e}^{-\mathrm{j}\beta z}\right)^*\\&=\frac{\boldsymbol{e}_z}{2}\left(\frac{\beta E_0^2}{\omega\mu_0}+\frac{E_0^2\beta}{\omega\mu_0}\right)=\frac{\beta E_0^2}{\omega\mu_0}\boldsymbol{e}_z\end{aligned}\tag{5-48}$$

当然,也可以直接根据瞬时值的公式进行计算。基于式(5-45)和式(5-46),则有

$$\begin{aligned}\boldsymbol{S}=\boldsymbol{E}\times\boldsymbol{H}&=[E_0\cos(\omega t-\beta z)\boldsymbol{e}_x-E_0\sin(\omega t-\beta z)\boldsymbol{e}_y]\times\\&\quad\left[\boldsymbol{e}_x\frac{E_0\beta}{\omega\mu_0}\sin(\omega t-\beta z)+\boldsymbol{e}_y\frac{E_0\beta}{\omega\mu_0}\cos(\omega t-\beta z)\right]\\&=\boldsymbol{e}_z\left[\frac{E_0^2\beta}{\omega\mu_0}\cos^2(\omega t-\beta z)+\frac{E_0^2\beta}{\omega\mu_0}\sin^2(\omega t-\beta z)\right]\\&=\frac{E_0^2\beta}{\omega\mu_0}\boldsymbol{e}_z\end{aligned}\tag{5-49}$$

可以发现，瞬时值不随时间变化(这显然是一个特例)。其平均值仍是自身，与式(5-48)结果一致。

(2) 题为瞬时值形式，也可以写为

$$\boldsymbol{H}=\boldsymbol{e}_x H_0\cos(\omega t-\beta z)+\boldsymbol{e}_y H_0\cos\left(\omega t-\beta z+\frac{\pi}{2}\right)$$

其复数形式为

$$\boldsymbol{H}=\boldsymbol{e}_x H_0\mathrm{e}^{-\mathrm{j}\beta z}+\boldsymbol{e}_y H_0\mathrm{e}^{-\mathrm{j}\beta z}\mathrm{e}^{\mathrm{j}\frac{\pi}{2}}=(\boldsymbol{e}_x+\mathrm{j}\boldsymbol{e}_y)H_0\mathrm{e}^{-\mathrm{j}\beta z}$$

根据麦克斯韦方程组，$\nabla\times\boldsymbol{H}=\varepsilon_0\dfrac{\partial\boldsymbol{E}}{\partial t}$，则

$$\nabla\times\boldsymbol{H}=\boldsymbol{e}_y\frac{\partial H_x}{\partial z}-\boldsymbol{e}_x\frac{\partial H_y}{\partial z}=H_0\beta[\boldsymbol{e}_y\sin(\omega t-\beta z)-\boldsymbol{e}_x\cos(\omega t-\beta z)]=\varepsilon_0\frac{\partial\boldsymbol{E}}{\partial t}$$

$$\frac{\partial\boldsymbol{E}}{\partial t}=\frac{H_0\beta}{\varepsilon_0}[\boldsymbol{e}_y\sin(\omega t-\beta z)-\boldsymbol{e}_x\cos(\omega t-\beta z)]$$

所以，电场强度为

$$\boldsymbol{E}=-\frac{H_0\beta}{\omega\varepsilon_0}[\boldsymbol{e}_y\cos(\omega t-\beta z)+\boldsymbol{e}_x\sin(\omega t-\beta z)]$$

很显然，其对应的相量形式为

$$\boldsymbol{E}=-\frac{H_0\beta}{\omega\varepsilon_0}[\boldsymbol{e}_y\mathrm{e}^{-\mathrm{j}\beta z}-\boldsymbol{e}_x\mathrm{j}\mathrm{e}^{-\mathrm{j}\beta z}]$$

电场能量密度为

$$w_\mathrm{e}=\frac{1}{2}\boldsymbol{D}\cdot\boldsymbol{E}=\frac{1}{2}\varepsilon_0 E^2=\frac{H_0^2\beta^2}{2\omega^2\varepsilon_0}[\cos^2(\omega t-\beta z)+\sin^2(\omega t-\beta z)]$$

电场能量密度的平均值为

$$\bar{w}_\mathrm{e}=\frac{1}{T}\int_0^T w_\mathrm{e}\mathrm{d}t=\frac{H_0^2\beta^2}{2\omega^2\varepsilon_0}$$

事实上，也可以利用相量的办法，直接得到能量密度的平均值，即

$$\bar{w}_\mathrm{e}=\frac{1}{4}\mathrm{Re}(\boldsymbol{D}\cdot\boldsymbol{E}^*)=\frac{1}{4}\mathrm{Re}(\varepsilon_0\boldsymbol{E}\cdot\boldsymbol{E}^*)=\frac{H_0^2\beta^2}{2\omega^2\varepsilon_0}$$

上面例题的求解过程看似烦琐，实际上是通过多种方法进行计算求解。大家在做题的过程中，根据题目条件和个人爱好，对各种方法加以取舍。

例 5.4 人造卫星在空间中接收到的太阳辐射的能流密度大致为 $1366.1\mathrm{W/m^2}$，计算它所对应的最大电场强度是多少？如果太阳光以 37°(相对于电池表面法线方向)入射到 $1\mathrm{m}^2$ 的太阳能电池上，则该电池接收到的功率是多少？

解 本题重点考查的是平均坡印亭矢量及其计算；如何通过坡印亭矢量得到通过某一表面的电磁波功率。同时，对太阳辐射的数量级有一个定量的认识。

(1) 在自由空间中，波阻抗为

$$Z_0=\sqrt{\frac{\mu_0}{\varepsilon_0}}=120\pi\Omega\approx 377\Omega$$

由于能流密度的时间平均值为

$$\bar{S}=\frac{E_m^2}{2Z_0}$$

所以它所对应的最大电场强度是

$$E_m=\sqrt{2Z_0\bar{S}}=\sqrt{2\times 377\times 1366.1}\approx 1014.91\text{V/m}$$

(2) 分析可以得到电池表面法线方向的能流密度为

$$\bar{S}_n=\bar{S}\cos 37°=1366.1\times\cos 37°\approx 1091.0\text{W/m}^2$$

$$P=\int_S\bar{\boldsymbol{S}}\cdot d\boldsymbol{A}=\bar{S}_n\times 1\text{m}^2=1091.0\text{W}$$

例 5.5 无源空间中电场强度为 $\boldsymbol{E}=\boldsymbol{e}_y[E_0\sin(\alpha x-\omega t)+E_0\sin(\alpha x+\omega t)]$，运用麦克斯韦方程组，计算磁场强度的大小、位移电流的大小。这个场存在的必要条件是什么？

解 本题目要求大家掌握运用麦克斯韦方程组进行场的相互计算；掌握位移电流的定义及其计算；同时，掌握电磁场和电磁波存在的条件。

方法 1：直接基于麦克斯韦方程组求解。根据 $\nabla\times\boldsymbol{E}=-\mu_0\frac{\partial\boldsymbol{H}}{\partial t}$，可以得到

$$\nabla\times\boldsymbol{E}=\boldsymbol{e}_z\frac{\partial E}{\partial x}=\boldsymbol{e}_z[E_0\alpha\cos(\alpha x-\omega t)+E_0\alpha\cos(\alpha x+\omega t)]=-\mu_0\frac{\partial\boldsymbol{H}}{\partial t}$$

所以

$$\frac{\partial\boldsymbol{H}}{\partial t}=-\frac{E_0\alpha}{\mu_0}\boldsymbol{e}_z[\cos(\alpha x-\omega t)+\cos(\alpha x+\omega t)]$$

于是，积分可以得到

$$\boldsymbol{H}=\boldsymbol{e}_z\frac{E_0\alpha}{\omega\mu_0}[\sin(\alpha x-\omega t)-\sin(\alpha x+\omega t)]$$

注意，这里积分常数设置为零，可以参见重点和难点分析部分。

方法 2：运用第 6 章均匀平面波的结论。该电场为沿 y 轴极化、沿正、负 x 轴传播的两列波。只计算其中一列对应的磁场强度，根据对称性可得完整解。

根据时谐场形式的麦克斯韦方程组

$$\boldsymbol{H}=\frac{\boldsymbol{e}_k\times\boldsymbol{E}}{Z_0}$$

取沿 x 轴正向传播项 $\boldsymbol{e}_k=\boldsymbol{e}_x$，则

$$\boldsymbol{H}_+=\frac{E_0}{Z_0}\sin(\alpha x-\omega t)\boldsymbol{e}_z$$

取沿 x 轴负向传播项 $\boldsymbol{e}_k=-\boldsymbol{e}_x$，则

$$\boldsymbol{H}_-=-\frac{E_0}{Z_0}\sin(\alpha x+wt)\boldsymbol{e}_z$$

则有

$$\boldsymbol{H}=\boldsymbol{H}_++\boldsymbol{H}_-=\frac{E_0}{Z_0}[\sin(\alpha x-\omega t)-\sin(\alpha x+\omega t)]\boldsymbol{e}_z$$

位移电流为

$$\boldsymbol{J}_D=\varepsilon_0\frac{\partial\boldsymbol{E}}{\partial t}=\omega\varepsilon_0E_0[\cos(\alpha x+\omega t)-\cos(\alpha x-wt)]\boldsymbol{e}_y$$

场存在的必要条件：

如果场存在，则一定需要满足麦克斯韦方程。根据前面的计算，得到了磁场强度之后，应该有

$$\nabla\times \boldsymbol{H}=\varepsilon_0\frac{\partial \boldsymbol{E}}{\partial t}$$

将 $\boldsymbol{H}=\boldsymbol{e}_z\dfrac{E_0\alpha}{\omega\mu_0}[\sin(\alpha x-\omega t)-\sin(\alpha x+\omega t)]$代入上式，化简并整理得

$$\nabla\times \boldsymbol{H}=-\boldsymbol{e}_y\frac{\partial H}{\partial x}=-\boldsymbol{e}_y\frac{E_0\alpha^2}{\omega\mu_0}[\cos(\alpha x-\omega t)-\cos(\alpha x+\omega t)]$$

$$=\varepsilon_0\frac{\partial \boldsymbol{E}}{\partial t}=-\boldsymbol{e}_y\omega\varepsilon_0E_0[\cos(\alpha x-\omega t)-\cos(\alpha x+\omega t)]$$

所以，

$$\frac{E_0\alpha^2}{\omega\mu_0}=\omega\varepsilon_0E_0$$

即

$$\alpha^2=\omega^2\varepsilon_0\mu_0$$

注意：此处并没有考虑磁通连续原理和高斯定理。在无源的情况下，因为电场和磁场互为对方的旋度(系数除外)，所以这两个方程自然满足(旋度场的散度必定为零)。

例 5.6 一个无限长的载流导体柱，半径为 R，电导率为 σ，电流为 I 且在截面上均匀分布。计算流入长度为 L 的导体柱的功率，并证明其与这段导体柱的热功率相同。

解 此题重点考查的是坡印亭矢量及其计算问题。首先通过分析得到导体内部电场和磁场的表达式，再利用公式计算得到坡印亭矢量；通过在特定曲面上做坡印亭矢量的通量积分，就可以得到穿过该曲面的电磁波的功率。

柱体内部电场分布为

$$\boldsymbol{E}=\frac{\boldsymbol{J}}{\sigma}=\frac{I}{\sigma\pi R^2}\boldsymbol{e}_z$$

利用安培环路定理，柱体内部的磁场分布为

$$\boldsymbol{H}=\frac{Ir}{2\pi R^2}\boldsymbol{e}_\varphi$$

在导体外表面处，

$$\boldsymbol{H}=\frac{I}{2\pi R}\boldsymbol{e}_\varphi$$

因此，能流密度为

$$\boldsymbol{S}=\boldsymbol{E}\times\boldsymbol{H}=-\frac{I^2}{2\pi^2R^3\sigma}\boldsymbol{e}_r$$

取流入导体表面的方向为法线正方向，则流入导体柱内部的功率为

$$P=\int \boldsymbol{S}\cdot \mathrm{d}\boldsymbol{A}=\int |S|_{r=R}\mathrm{d}A=\frac{I^2}{2\pi^2R^3\sigma}\cdot 2\pi RL$$

$$=\frac{I^2}{\pi R^2\sigma}L=I^2\frac{L}{S_{\text{截面}}\sigma}=I^2R_{\text{柱}}$$

于是，问题得证。

例 5.7 如图 5-7 所示，一个长度为 l 的导体杆以速度 $\boldsymbol{u}=\boldsymbol{e}_y u\cos(\omega t)$ 运动，其两端通过柔软的导线连接在伏特计上；空间有一个变化的磁场 $\boldsymbol{B}=\boldsymbol{e}_x B\cos(\omega t)$，试用两种方法计算感应电动势：(1)利用感生电动势和动生电动势的概念；(2)利用法拉第电磁感应定律。

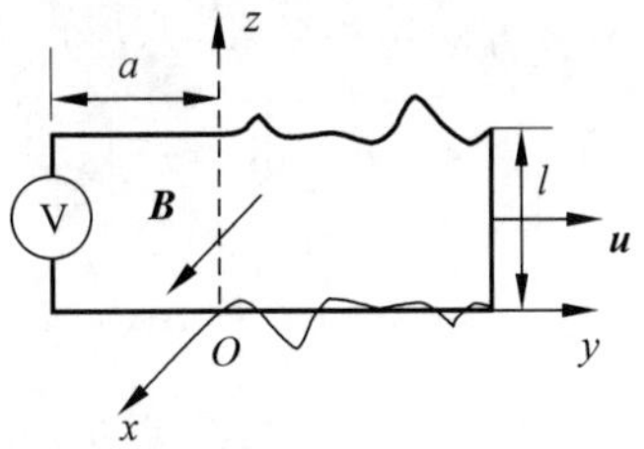

图 5-7 感生和动生电动势的计算示意图

解 对于电动势的计算问题，可以采用两种方法：一种方法是首先计算得到任意时刻穿过线圈平面的磁通量，再利用法拉第电磁感应定律进行求解；另外一种方法是将电动势分成两部分分别计算，即感生电动势和动生电动势，再求和得到总的电动势。

(1) 根据 $\boldsymbol{B}$ 的方向，取逆时针方向为回路正方向。

在任一时刻 t，导体杆的位置为

$$y'=\int_0^t u\cos\omega t\,\mathrm{d}t=\frac{u}{\omega}\sin\omega t$$

感生电动势为

$$\mathscr{E}_1=-\int_{-a}^{y'}\frac{\partial}{\partial t}(B\cos\omega t)l\,\mathrm{d}y=Bl\omega\sin\omega t\cdot\left(a+\frac{u}{\omega}\sin\omega t\right)=Bla\omega\sin\omega t+Blu\sin^2\omega t$$

动生电动势为

$$\mathscr{E}_2=\int_l \boldsymbol{v}\times\boldsymbol{B}\cdot\mathrm{d}\boldsymbol{l}=-uBl\cos^2\omega t$$

对于上面的计算，要特别注意方向。所以，有

$$\mathscr{E}=\boldsymbol{B}\omega al\sin\omega t+Blu\sin^2\omega t-Blu\cos^2\omega t=B\omega al\sin\omega t-Blu\cos2\omega t$$

(2) 法拉第电磁感应定律

$$\psi_t=\int_S\boldsymbol{B}\cdot\mathrm{d}\boldsymbol{S}=\int_{-a}^{y'}B\cos\omega t\cdot l\,\mathrm{d}y=Bl\cos\omega t\left(a+\frac{u}{\omega}\sin\omega t\right)$$

得

$$\mathscr{E}=-\frac{\mathrm{d}\Psi_t}{\mathrm{d}t}=-\frac{\mathrm{d}}{\mathrm{d}t}\left(\frac{Blu}{2\omega}\sin2\omega t+Bal\cos\omega t\right)=-Blu\cos2\omega t+Bal\omega\sin\omega t$$

可见两种方法结果一致。

5.6 课后习题详解

习题 5.1 设均匀平面电磁波的电场为 $\boldsymbol{E}=E_{\mathrm{m}}\sin(\omega t-\beta z)\boldsymbol{e}_x$，一长为 a、宽为 b 的矩形线圈的轴线在 x 轴上，且与 xOz 平面夹角为 α。求该线圈中的感应电动势。

解 方法 1：考虑运用公式 $\mathscr{E}=\int\boldsymbol{E}\cdot\mathrm{d}\boldsymbol{l}$ 计算感应电动势，则在 $z=\pm\frac{a}{2}\cos\alpha$ 处，电场强度为 $\boldsymbol{E}=E_{\mathrm{m}}\sin\left(\omega t\mp\frac{\beta a\cos\alpha}{2}\right)\boldsymbol{e}_x$。如图 5-8 所示，采用逆时针的环路方向为积分方向，则感应电动势的正负反映了相对于此参考方向的相对大小。仅考虑两

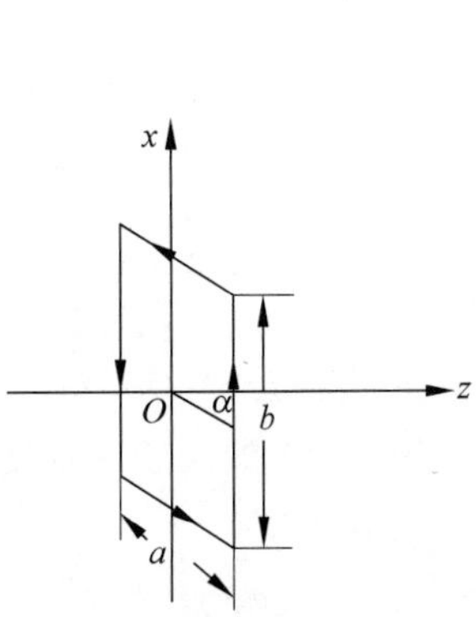

图 5-8 习题 5.1 示意图

个竖直方向边框的积分，感应电动势大小为

$$\begin{aligned}\mathscr{E}&=\int \boldsymbol{E}\cdot\mathrm{d}\boldsymbol{l}=-\int_{-\frac{b}{2}}^{\frac{b}{2}}E_{\mathrm{m}}\sin\left(\omega t+\frac{\beta a\cos\alpha}{2}\right)\mathrm{d}x+\int_{-\frac{b}{2}}^{\frac{b}{2}}E_{\mathrm{m}}\sin\left(\omega t-\frac{\beta a\cos\alpha}{2}\right)\mathrm{d}x\\&=-bE_{\mathrm{m}}\left[\sin\left(\omega t+\frac{\beta a\cos\alpha}{2}\right)-\sin\left(\omega t-\frac{\beta a\cos\alpha}{2}\right)\right]\\&=-2bE_{\mathrm{m}}\sin\frac{\beta a\cos\alpha}{2}\cos\omega t\end{aligned}$$

此值为正，表明电动势是逆时针方向；此值为负，表明电动势是顺时针方向。

方法 2：由麦克斯韦方程组可以得到

$$\nabla\times\boldsymbol{E}=-\frac{\partial\boldsymbol{B}}{\partial t}=-\beta E_{\mathrm{m}}\cos(\omega t-\beta z)\boldsymbol{e}_y$$

根据法拉第电磁感应定律

$$\mathscr{E}=-\frac{\mathrm{d}}{\mathrm{d}t}\int_S\boldsymbol{B}\cdot\mathrm{d}\boldsymbol{S}=-\int_S\frac{\partial\boldsymbol{B}}{\partial t}\cdot\mathrm{d}\boldsymbol{S}$$

（注意：线框不动，所以可以将求导符号放进积分符号内）

代入上式，并考虑磁通量流出方向为 y 方向（磁通为正的方向），则逆时针方向自然为感应电动势的参考正方向（右手螺旋法则）。于是

$$\begin{aligned}\mathscr{E}&=-\frac{\mathrm{d}}{\mathrm{d}t}\int_S\boldsymbol{B}\cdot\mathrm{d}\boldsymbol{S}=-\int_S\frac{\partial\boldsymbol{B}}{\partial t}\cdot\mathrm{d}\boldsymbol{S}=-\beta E_{\mathrm{m}}\int_{-(a\cos\alpha)/2}^{(a\cos\alpha)/2}\cos(\omega t-\beta z)b\,\mathrm{d}z\\&=E_{\mathrm{m}}\sin(\omega t-\beta z)b\Big|_{-(a\cos\alpha)/2}^{(a\cos\alpha)/2}=-2bE_{\mathrm{m}}\sin\frac{\beta a\cos\alpha}{2}\cos\omega t\end{aligned}$$

事实上，根据斯托克斯定理，这两个方法的结果必定一致。

习题 5.2 如图 5-9 所示，尺寸为 $a\times b$ 的矩形线圈与长直线电流 i 共面，且靠近直线电流的边与线电流平行，二者相距为 d，线圈以角速度 ω 绕其中心轴旋转。试求下列两种情况下线圈中的感应电动势。

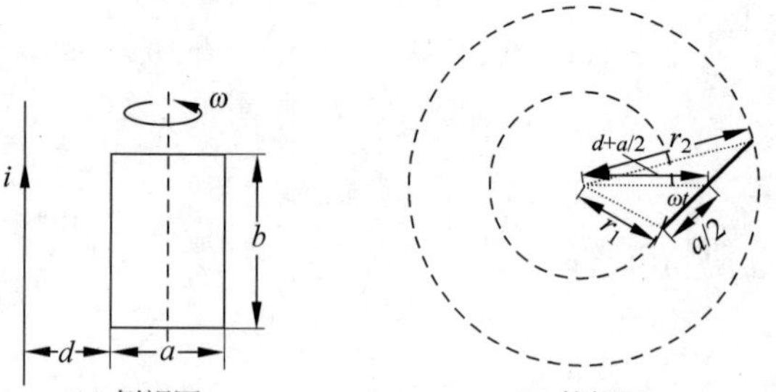

图 5-9 习题 5.2 示意图

(1) $i=I_0$（常数）；

(2) $i=I_{\mathrm{m}}\cos\Omega t$。

解 (1) 线圈转过角度为 ωt 时，其磁通量为

$$\psi_{\mathrm{m}}=\int_S\boldsymbol{B}\cdot\mathrm{d}\boldsymbol{S}=\frac{\mu_0I_0b}{2\pi}\int_{r_1}^{r_2}\frac{1}{r}\mathrm{d}r=\frac{\mu_0I_0b}{2\pi}\ln\frac{r_2}{r_1}$$

其中

$$r_1=\left[\left(d+\frac{a}{2}\right)^2+\left(\frac{a}{2}\right)^2-\left(d+\frac{a}{2}\right)a\cos\omega t\right]^{\frac{1}{2}},$$

$$r_2=\left[\left(d+\frac{a}{2}\right)^2+\left(\frac{a}{2}\right)^2+\left(d+\frac{a}{2}\right)a\cos\omega t\right]^{\frac{1}{2}}$$

此时产生的感应电动势为

$$\mathscr{E}_1=-\frac{\mathrm{d}\psi_\mathrm{m}}{\mathrm{d}t}=\frac{\mu_0 I_0 ab\omega\left(d+\frac{a}{2}\right)\sin\omega t}{4\pi}\left(\frac{1}{r_2^2}-\frac{1}{r_1^2}\right)$$

(2) 同理求得

$$\psi_\mathrm{m}=\frac{\mu_0 I_\mathrm{m} b\cos\Omega t}{2\pi}\ln\frac{r_2}{r_1}$$

$$\mathscr{E}_2=-\frac{\mathrm{d}\psi_\mathrm{m}}{\mathrm{d}t}=\frac{\mu_0 I_\mathrm{m} ab\omega\left(d+\frac{a}{2}\right)\cos\Omega t\sin\omega t}{4\pi}\left(\frac{1}{r_2^2}-\frac{1}{r_1^2}\right)+\frac{\mu_0 I_\mathrm{m} b\Omega\sin\Omega t}{2\pi}\ln\frac{r_2}{r_1}$$

习题 5.3 如图 5-10 所示，平行双线与一矩形回路共面，设 $a=0.2\mathrm{m}, b=c=d=0.1\mathrm{m}, i=0.1\cos(2\pi\times10^7 t)\mathrm{A}$，求回路中的感应电动势。

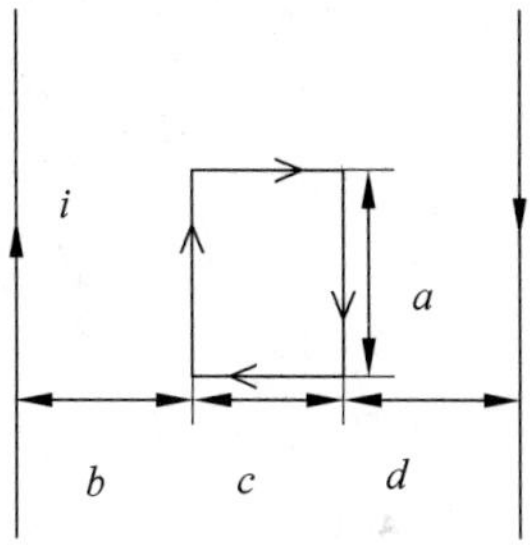

图 5-10　习题 5.3 示意图

解　以左侧电流线为 z 轴，电流 i 在距载流直线 r 处的磁感应强度为

$$B=\frac{\mu_0 i}{2\pi r}$$

则通过矩形线框的磁通量(垂直纸面向里的方向为参考正方向)为

$$\begin{aligned}\psi_\mathrm{m}&=\int\boldsymbol{B}\cdot\mathrm{d}\boldsymbol{S}=\int_b^{b+c}\left[\frac{\mu_0 i}{2\pi r}+\frac{\mu_0 i}{2\pi(b+c+d-r)}\right]a\,\mathrm{d}r\\&=\frac{\mu_0 ia}{2\pi}\ln\frac{b+c}{b}+\frac{\mu_0 ia}{2\pi}\ln\frac{c+d}{d}\\&=\frac{\mu_0\ln4}{100\pi}\cos(2\pi\times10^7 t)\mathrm{Wb}\end{aligned}$$

回路中产生的感应电动势为

$$\mathscr{E}=-\frac{\mathrm{d}\psi_\mathrm{m}}{\mathrm{d}t}=0.348\sin(2\pi\times10^7 t)\mathrm{V}$$

习题 5.4 电子回旋加速器利用空间的交变磁场产生交变电场，从而使带电粒子加速。设加速器中的磁场在圆柱坐标系内只有轴向分量，且只是 r、t 的函数，即 $\boldsymbol{H}=f(r,t)\boldsymbol{e}_z$。试求在半径为 r 处感应电场的大小与方向。若在某一时间间隔内 $f(r,t)=Crt$，其中 C 是常数。试求感应电场强度的具体形式。

解　根据磁场分布的轴对称性可知，感应电场线为与轴线垂直的一族同心圆。由电磁感应定律

$$\oint_l \boldsymbol{E} \cdot d\boldsymbol{l} = -\int \frac{\partial \boldsymbol{B}}{\partial t} \cdot d\boldsymbol{S}$$

得

$$E \cdot 2\pi r = -\mu_0 \int_0^r 2\pi r' \frac{\partial f(r',t)}{\partial t} dr'$$

所以

$$E \cdot 2\pi r = -\int_0^r \frac{\partial B}{\partial t} \cdot 2\pi r dr = -\mu_0 \int_0^r \frac{\partial}{\partial t}(Crt) \cdot 2\pi r dr = -\frac{2\mu_0 \pi C}{3} r^3 \bigg|_0^r$$

考虑到电场强度的方向，则有

$$\boldsymbol{E} = -\frac{\mu_0 C}{3} r^2 \boldsymbol{e}_\varphi$$

习题 5.5 长为 l 的圆柱形电容器，内外电极的半径分别为 r_1 与 r_2，其中介质的介电常数为 ε。若两极板间所加的电压 $u = U_m \sin\omega t$，且其角频率 ω 不高，故电场分布与静态场情形相同。试计算介质中的位移电流密度及穿过介质中半径为 $r(r_1 < r < r_2)$ 的圆柱形表面的总位移电流；并证明后者等于电容器引线中的传导电流。

解 设圆柱形电容器极板所带电荷量为 Q，则由高斯定理 $\oint \boldsymbol{E} \cdot d\boldsymbol{S} = \frac{Q}{\varepsilon}$ 可求得

$$\boldsymbol{E} = \frac{Q}{2\pi\varepsilon l r} \boldsymbol{e}_r$$

$$U = \int_{r_1}^{r_2} \boldsymbol{E} \cdot d\boldsymbol{r} = \int_{r_1}^{r_2} \frac{Q}{2\pi\varepsilon l r} dr = \frac{Q}{2\pi\varepsilon l} \cdot \ln\frac{r_2}{r_1} = U_m \sin\omega t$$

所以

$$Q = \frac{2\pi\varepsilon l U_m \sin\omega t}{\ln\frac{r_2}{r_1}}$$

即

$$\boldsymbol{E} = \frac{U_m \sin\omega t}{r \ln\frac{r_2}{r_1}} \boldsymbol{e}_r$$

介质中位移电流密度为

$$\boldsymbol{J}_D = \frac{\partial \boldsymbol{D}}{\partial t} = \varepsilon \frac{\partial \boldsymbol{E}}{\partial t} = \frac{\varepsilon\omega U_m \cos\omega t}{r \ln\frac{r_2}{r_1}} \boldsymbol{e}_r$$

圆柱形表面的总位移电流为

$$i_D = \int_S \boldsymbol{J}_D \cdot d\boldsymbol{S} = J_D \cdot 2\pi r l = \frac{2\pi l \varepsilon\omega U_m \cos\omega t}{\ln\frac{r_2}{r_1}}$$

电容器引线中传导电流为

$$i_C = C\frac{dU}{dt} = \frac{Q}{U}\frac{dU}{dt} = \frac{2\pi\varepsilon l}{\ln\frac{r_2}{r_1}} \cdot \omega U_m \cos\omega t = i_D$$

所以圆柱形表面的总位移电流等于电容器引线中的传导电流。

习题 5.6 一铜导线中通过 1A 的传导电流，已知铜的介电常数为 ε_0，电导率为 $\sigma=5.8\times10^7$ S/m。试分别求出电流的频率为 10kHz 与 100MHz 时导线中的位移电流。

解 导线中传导电流密度为

$$J_C=\sigma E$$

位移电流为

$$J_D=j\omega D=j\omega\varepsilon_0 E=j2\pi f\varepsilon_0 E$$

$$\left|\frac{i_D}{i_C}\right|=\left|\frac{J_D}{J_C}\right|=\left|\frac{j2\pi f\varepsilon_0}{\sigma}\right|=\frac{2\pi f\varepsilon_0}{\sigma}$$

所以

$$i_D\approx 9.6\times10^{-19} f i_C$$

当 $f=10$kHz 时，有

$$i_D=9.6\times10^{-15}\text{ A}$$

当 $f=100$MHz 时，有

$$i_D=9.6\times10^{-11}\text{ A}$$

习题 5.7 一球形电容器内外电极的半径分别为 r_1 与 r_2，其间填充介电常数为 ε 的介质。若两球面极板间所加的电压 $u=U_m\sin\omega t$，且其角频率 ω 不高。试计算介质中的位移电流密度及穿过介质中半径为 $r(r_1<r<r_2)$ 的球面的总位移电流。

解 设球形电容器极板所带电荷量为 Q，半径为 r 处的电场强度为 $\boldsymbol{E}$，由高斯定理可得

$$\boldsymbol{E}=\frac{Q}{4\pi\varepsilon r^2}\boldsymbol{e}_r$$

则

$$U=\int_{r_1}^{r_2}\boldsymbol{E}\cdot d\boldsymbol{r}=\int_{r_1}^{r_2}\frac{Q}{4\pi\varepsilon r^2}dr=\frac{Q}{4\pi\varepsilon}\left(\frac{1}{r_1}-\frac{1}{r_2}\right)=U_m\sin\omega t$$

故

$$Q=\frac{4\pi\varepsilon r_1 r_2 U_m\sin\omega t}{r_2-r_1}$$

因此

$$E=\frac{r_1 r_2 U_m\sin\omega t}{(r_2-r_1)r^2}$$

位移电流密度为

$$\boldsymbol{J}_D=\frac{\partial\boldsymbol{D}}{\partial t}=\frac{r_1 r_2}{r_2-r_1}\cdot\frac{1}{r^2}\cdot\varepsilon\omega U_m\cos\omega t\boldsymbol{e}_r$$

球面的总位移电流为

$$i_D=\int_S\boldsymbol{J}_D\cdot d\boldsymbol{S}=\frac{r_1 r_2}{r_2-r_1}\frac{1}{r^2}\varepsilon\omega U_m\cos\omega t\cdot 4\pi r^2=\frac{4\pi r_1 r_2\varepsilon\omega}{r_2-r_1}U_m\cos\omega t$$

习题 5.8 假设真空中的磁感应强度为 $\boldsymbol{H}=0.01\cos(6\pi\times10^6 t-2\pi z)\boldsymbol{e}_y$ A/m，试求与之相应的位移电流密度。

解 由真空中全电流定律的微分形式 $\nabla\times\boldsymbol{H}=\dfrac{\partial\boldsymbol{D}}{\partial t}$ 得

$$\boldsymbol{J}_D=\nabla\times\boldsymbol{H}=\begin{vmatrix}\boldsymbol{e}_x & \boldsymbol{e}_y & \boldsymbol{e}_z\\ \dfrac{\partial}{\partial x} & \dfrac{\partial}{\partial y} & \dfrac{\partial}{\partial z}\\ 0 & H_y & 0\end{vmatrix}=-\frac{\partial H_y}{\partial z}\boldsymbol{e}_x+\frac{\partial H_y}{\partial x}\boldsymbol{e}_z$$

$$=-0.01\times 2\pi\sin(6\pi\times 10^6 t-2\pi z)\boldsymbol{e}_x$$

$$=-0.02\pi\sin(6\pi\times 10^6 t-2\pi z)\boldsymbol{e}_x\ \text{A/m}^2$$

习题 5.9 已知电场强度矢量为

$$\boldsymbol{E}=E_m[\cos(\omega t-\beta z)\boldsymbol{e}_x+\sin(\omega t-\beta z)\boldsymbol{e}_y]$$

其中，E_m、ω 及 β 均为常数。试由麦克斯韦方程组确定与之相联系的磁感应强度矢量 $\boldsymbol{B}$。

解 由麦克斯韦方程组 $\nabla\times\boldsymbol{E}=-\dfrac{\partial\boldsymbol{B}}{\partial t}$ 得

$$\frac{\partial\boldsymbol{B}}{\partial t}=-\nabla\times\boldsymbol{E}=-\begin{vmatrix}\boldsymbol{e}_x & \boldsymbol{e}_y & \boldsymbol{e}_z\\ \dfrac{\partial}{\partial x} & \dfrac{\partial}{\partial y} & \dfrac{\partial}{\partial z}\\ E_x & E_y & 0\end{vmatrix}=-E_m\beta[\cos(\omega t-\beta z)\boldsymbol{e}_x+\sin(\omega t-\beta z)\boldsymbol{e}_y]$$

则

$$\boldsymbol{B}=\int\frac{\partial\boldsymbol{B}}{\partial t}\text{d}t=-\frac{\beta}{\omega}E_m[\sin(\omega t-\beta z)\boldsymbol{e}_x-\cos(\omega t-\beta z)\boldsymbol{e}_y]$$

习题 5.10 试写出下列各场量的复数表示式的瞬时值。

(1) $\boldsymbol{E}=E_m e^{-j\beta z}\boldsymbol{e}_x$； (2) $\boldsymbol{H}=H_m e^{-j(\beta-j\alpha)z}\boldsymbol{e}_y$；

(3) $\boldsymbol{E}=E_m\sin\beta z\boldsymbol{e}_x$； (4) $\boldsymbol{E}=40(\sqrt{2}-j\sqrt{2})e^{-j20z}\boldsymbol{e}_x$；

(5) $\boldsymbol{H}=(4\boldsymbol{e}_x+5j\boldsymbol{e}_y)e^{j(\omega t+\beta z)}$； (6) $\boldsymbol{E}=\boldsymbol{e}_y 10e^{-j(6x+8z)}$；

解 (1) $\boldsymbol{E}=\text{Re}(E_m e^{j\omega t}e^{-j\beta z}\boldsymbol{e}_x)=E_m\cos(\omega t-\beta z)\boldsymbol{e}_x$

(2) $\boldsymbol{H}=\text{Re}(H_m e^{-\alpha z}e^{-j\beta z}e^{j\omega t}\boldsymbol{e}_y)=H_m e^{-\alpha z}\cos(\omega t-\beta z)\boldsymbol{e}_y$

(3) $\boldsymbol{E}=\text{Re}(E_m\sin\beta z\cdot e^{j\omega t}\boldsymbol{e}_x)=E_m\sin\beta z\cos\omega t\boldsymbol{e}_x$

(4) $\boldsymbol{E}=\text{Re}(80e^{-j\frac{\pi}{4}}e^{-j20z}e^{j\omega t}\boldsymbol{e}_x)=80\cos\left(\omega t-20z-\dfrac{\pi}{4}\right)\boldsymbol{e}_x$

(5) $\boldsymbol{H}=\text{Re}[(4\boldsymbol{e}_x+5j\boldsymbol{e}_y)e^{j(\omega t+\beta z)}]=\text{Re}(4e^{j(\omega t+\beta z)}\boldsymbol{e}_x)+\text{Re}(5e^{j\frac{\pi}{2}}e^{j(\omega t+\beta z)}\boldsymbol{e}_y)=4\cos(\omega t+\beta z)\boldsymbol{e}_x-5\sin(\omega t+\beta z)\boldsymbol{e}_y$

(6) $\boldsymbol{E}=\text{Re}(10e^{-j(6x+8z)}e^{j\omega t}\boldsymbol{e}_y)=10\cos(\omega t-6x-8z)\boldsymbol{e}_y$

习题 5.11 如图 5-11 所示，已知相距为 d 的两无限大平行导体板间的电场强度为 $\boldsymbol{E}=E_m\cos(\omega t-\beta z)\boldsymbol{e}_x$，试求两板间的磁场强度和导体板上的感应电荷及电流分布。

解 由麦克斯韦方程 $\nabla\times\boldsymbol{E}=-\dfrac{\partial\boldsymbol{B}}{\partial t}$ 可得

$$\frac{\partial\boldsymbol{B}}{\partial t}=-\nabla\times\boldsymbol{E}=-\beta E_m\sin(\omega t-\beta z)\boldsymbol{e}_y$$

则

$$\boldsymbol{B}=\int\frac{\partial\boldsymbol{B}}{\partial t}\text{d}t=-\int\beta E_m\sin(\omega t-\beta z)\boldsymbol{e}_y\text{d}t=\frac{\beta E_m}{\omega}\cos(\omega t-\beta z)\boldsymbol{e}_y$$

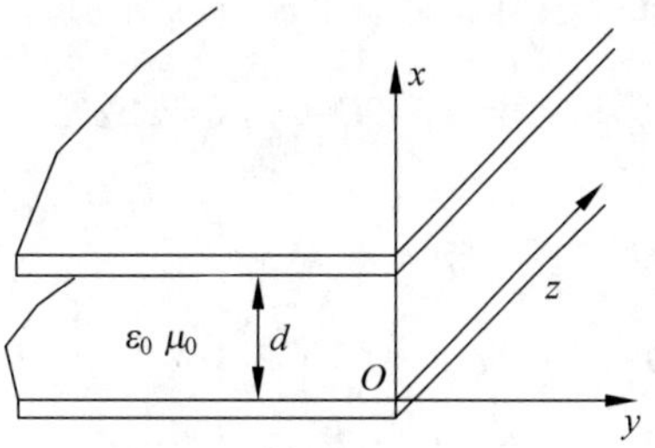

图 5-11　习题 5.11 示意图

两板间的磁场强度为

$$\boldsymbol{H}=\frac{\boldsymbol{B}}{\mu_0}=\frac{\beta}{\omega\mu_0}E_{\mathrm{m}}\cos(\omega t-\beta z)\boldsymbol{e}_y$$

由边界条件可得导体板上的感应电荷及感应电流分布分别为

$$\rho_S\Big|_{x=d}=\boldsymbol{n}\cdot\boldsymbol{D}=-\boldsymbol{e}_x\cdot\boldsymbol{D}=-\varepsilon_0E_{\mathrm{m}}\cos(\omega t-\beta z)$$

$$\rho_S\Big|_{x=0}=\boldsymbol{n}\cdot\boldsymbol{D}=\boldsymbol{e}_x\cdot\boldsymbol{D}=\varepsilon_0E_{\mathrm{m}}\cos(\omega t-\beta z)$$

$$\boldsymbol{J}_S\Big|_{x=d}=\boldsymbol{n}\times\boldsymbol{H}\ |_{x=d}=-\boldsymbol{e}_x\times\boldsymbol{H}=-\frac{\beta E_{\mathrm{m}}}{\mu_0\omega}\cos(\omega t-\beta z)\boldsymbol{e}_z$$

$$\boldsymbol{J}_S\Big|_{x=0}=\boldsymbol{n}\times\boldsymbol{H}\Big|_{x=0}=\boldsymbol{e}_x\times\boldsymbol{H}=\frac{\beta E_{\mathrm{m}}}{\mu_0\omega}\cos(\omega t-\beta z)\boldsymbol{e}_z$$

习题 5.12　长为 l，内、外半径分别为 r_1 与 r_2 的理想导体同轴线，两端用理想导体板短路。内外导体间填充介电常数为 ε、磁导率为 μ_0 的介质。介质内的电磁场分别为

$$\boldsymbol{E}=\frac{A}{r}\sin\beta z\,\mathrm{e}^{\mathrm{j}\omega t}\boldsymbol{e}_r$$

$$\boldsymbol{H}=\mathrm{j}\,\frac{B}{r}\cos\beta z\,\mathrm{e}^{\mathrm{j}\omega t}\boldsymbol{e}_\varphi$$

试确定式中 A、B 间的关系，并求出 β 和 $r=r_1,r_2$ 及 $z=0,l$ 面上的电荷面密度与面电流密度。

解　方法 1：由 $\nabla\times\boldsymbol{E}=-\mathrm{j}\omega\mu_0\boldsymbol{H}$ 可得

$$\frac{1}{r}\begin{vmatrix}\boldsymbol{e}_r & r\boldsymbol{e}_\varphi & \boldsymbol{e}_z\\ \dfrac{\partial}{\partial r} & \dfrac{\partial}{\partial\varphi} & \dfrac{\partial}{\partial z}\\ E_r & 0 & 0\end{vmatrix}=\frac{A\beta}{r}\cos\beta z\,\mathrm{e}^{\mathrm{j}\omega t}\boldsymbol{e}_\varphi=\frac{\omega\mu_0B}{r}\cos\beta z\,\mathrm{e}^{\mathrm{j}\omega t}\boldsymbol{e}_\varphi$$

从而

$$A=\frac{\omega\mu_0}{\beta}B$$

同理，由 $\nabla\times\boldsymbol{H}=\mathrm{j}\omega\varepsilon\boldsymbol{E}$ 可得

$$B=\frac{\omega\varepsilon}{\beta}A$$

将以上两等式左右分别相乘，约掉 A、B，可得

$$\beta^2=\omega^2\mu_0\varepsilon$$

由边界条件可得导体板上的感应电荷及感应电流分布分别为

$$\rho_S\big|_{r=r_1}=\boldsymbol{n}\cdot\boldsymbol{D}\big|_{r=r_1}=\boldsymbol{e}_r\cdot\boldsymbol{D}\big|_{r=r_1}=\varepsilon E_r\big|_{r=r_1}=\frac{\varepsilon A}{r_1}\sin\beta z\,\mathrm{e}^{\mathrm{j}\omega t}$$

$$\rho_S\big|_{r=r_2}=\boldsymbol{n}\cdot\boldsymbol{D}\big|_{r=r_2}=-\boldsymbol{e}_r\cdot\boldsymbol{D}\big|_{r=r_2}=-\frac{\varepsilon A}{r_2}\sin\beta z\,\mathrm{e}^{\mathrm{j}\omega t}$$

$$\rho_S\big|_{z=0}=\boldsymbol{n}\cdot\boldsymbol{D}\big|_{z=0}=\boldsymbol{e}_z\cdot\boldsymbol{D}\big|_{z=0}=0$$

$$\rho_S\big|_{z=l}=\boldsymbol{n}\cdot\boldsymbol{D}\big|_{z=l}=-\boldsymbol{e}_z\cdot\boldsymbol{D}\big|_{z=l}=0$$

$$\boldsymbol{J}_S\big|_{r=r_1}=\boldsymbol{n}\times\boldsymbol{H}\big|_{r=r_1}=\boldsymbol{e}_r\times\boldsymbol{H}=\mathrm{j}\,\frac{B}{r_1}\cos\beta z\,\mathrm{e}^{\mathrm{j}\omega t}\boldsymbol{e}_z$$

$$\boldsymbol{J}_S\big|_{r=r_2}=\boldsymbol{n}\times\boldsymbol{H}\big|_{r=r_2}=-\boldsymbol{e}_r\times\boldsymbol{H}=-\mathrm{j}\,\frac{B}{r_2}\cos\beta z\,\mathrm{e}^{\mathrm{j}\omega t}\boldsymbol{e}_z$$

$$\boldsymbol{J}_S\big|_{z=0}=\boldsymbol{n}\times\boldsymbol{H}\big|_{z=0}=\boldsymbol{e}_z\times\boldsymbol{H}=-\mathrm{j}\,\frac{B}{r}\mathrm{e}^{\mathrm{j}\omega t}\boldsymbol{e}_r$$

$$\boldsymbol{J}_S\big|_{z=l}=\boldsymbol{n}\times\boldsymbol{H}\big|_{z=l}=-\boldsymbol{e}_z\times\boldsymbol{H}=\mathrm{j}\,\frac{B}{r}\cos\beta l\,\mathrm{e}^{\mathrm{j}\omega t}\boldsymbol{e}_r$$

方法 2：由于$\nabla\times(\nabla\times\boldsymbol{E})=\nabla(\nabla\cdot\boldsymbol{E})-\nabla^2\boldsymbol{E}=-\mathrm{j}\omega\mu_0\nabla\times\boldsymbol{H}=\omega^2\mu_0\varepsilon\boldsymbol{E}$

所以将 $\boldsymbol{E}=\frac{A}{r}\sin\beta z\,\mathrm{e}^{\mathrm{j}\omega t}\boldsymbol{e}_r$ 代入可得

$$\beta^2=\omega^2\mu_0\varepsilon$$

习题 5.13 已知在自由空间传播的均匀平面波的磁场强度为

$$\boldsymbol{H}(z,t)=0.8(\boldsymbol{e}_x+\boldsymbol{e}_y)\cos(6\pi\times10^8t-2\pi z)\,\mathrm{A/m}$$

(1) 求此电磁波的电场强度矢量；

(2) 计算瞬时坡印亭矢量。

解 (1) 方法 1：由真空中的全电流定律$\nabla\times\boldsymbol{H}=\frac{\partial\boldsymbol{D}}{\partial t}=\varepsilon_0\frac{\partial\boldsymbol{E}}{\partial t}$，得

$$\frac{\partial\boldsymbol{E}}{\partial t}=\frac{1}{\varepsilon_0}\nabla\times\boldsymbol{H}=\frac{1}{\varepsilon_0}\left(-\frac{\partial H_y}{\partial z}\boldsymbol{e}_x+\frac{\partial H_x}{\partial z}\boldsymbol{e}_y\right)$$
$$=\frac{1.6\pi}{\varepsilon_0}(-\boldsymbol{e}_x+\boldsymbol{e}_y)\sin(6\pi\times10^8t-2\pi z)$$

$$\boldsymbol{E}=\int\frac{\partial\boldsymbol{E}}{\partial t}\mathrm{d}t=\int\frac{1.6\pi}{\varepsilon_0}(-\boldsymbol{e}_x+\boldsymbol{e}_y)\sin(6\pi\times10^8t-2\pi z)\mathrm{d}t$$
$$=96\pi(\boldsymbol{e}_x-\boldsymbol{e}_y)\cos(6\pi\times10^8t-2\pi z)\,\mathrm{V/m}$$

方法 2：用第 6 章均匀平面波的知识去求。由题意可得，波矢量为

$$\boldsymbol{k}=2\pi\boldsymbol{e}_z\,\mathrm{m}^{-1}$$

自由空间中该电磁波的电场强度矢量为

$$\boldsymbol{E}(z,t)=Z_0\boldsymbol{H}(z,t)\times\boldsymbol{e}_k$$
$$=120\pi\cdot0.8(\boldsymbol{e}_x+\boldsymbol{e}_y)\times\boldsymbol{e}_z\cdot\cos(6\pi\times10^8t-2\pi z)\,\mathrm{V/m}$$
$$=96\pi(\boldsymbol{e}_x-\boldsymbol{e}_y)\cos(6\pi\times10^8t-2\pi z)\,\mathrm{V/m}$$

(2) 瞬时坡印亭矢量为

$$\boldsymbol{S}=\boldsymbol{E}\times\boldsymbol{H}=96\pi\times0.8\times(\boldsymbol{e}_x-\boldsymbol{e}_y)\times(\boldsymbol{e}_x+\boldsymbol{e}_y)\cos^2(6\pi\times10^8t-2\pi z)\text{W/m}^2$$
$$=153.6\pi\cos^2(6\pi\times10^8t-2\pi z)\boldsymbol{e}_z\text{W/m}^2$$

习题 5.14 由半径为 a、相距为 $d(d\ll a)$ 的圆形极板构成的平行板电容器，其中的介质是非理想的，具有电导率 σ、介电常数 ε。假定电容器内的电场是均匀的，可忽略其边缘效应。若电容器有电压为 U_0 的直流电源供电，试求电容器内任一点的坡印亭矢量，并验证其中损耗的功率由电源供给。

解 设电容器极板轴线为 z 轴，向上为正，则

$$\boldsymbol{E}=-\frac{U_0}{d}\boldsymbol{e}_z,\quad \boldsymbol{J}=\sigma\boldsymbol{E}=-\frac{\sigma U_0}{d}\boldsymbol{e}_z$$

由安培环路定律 $\oint_l\boldsymbol{H}\cdot\mathrm{d}\boldsymbol{l}=\int_S\boldsymbol{J}\cdot\mathrm{d}\boldsymbol{S}$，得

$$H\cdot2\pi r=J\cdot\pi r^2$$

有

$$\boldsymbol{H}=\frac{Jr}{2}\boldsymbol{e}_\varphi=-\frac{\sigma U_0r}{2d}\boldsymbol{e}_\varphi$$

坡印亭矢量为

$$\boldsymbol{S}=\boldsymbol{E}\times\boldsymbol{H}=\frac{U_0}{d}\frac{\sigma U_0r}{2d}(-\boldsymbol{e}_z)\times(-\boldsymbol{e}_\varphi)=-\frac{\sigma U_0^2r}{2d^2}\boldsymbol{e}_r$$

可以看出，能量是从电容器的边沿向轴线方向汇聚。总共流入的能量为

$$P_\mathrm{i}=\int_{侧面}\boldsymbol{S}\cdot\mathrm{d}\boldsymbol{A}=\int_{侧面}-\frac{\sigma U_0^2r}{2d^2}\boldsymbol{e}_r\cdot\mathrm{d}\boldsymbol{A}(-\boldsymbol{e}_r)\Big|_{r=a}=\frac{\sigma U_0^2a}{2d^2}\cdot2\pi a\cdot d=\frac{\sigma U_0^2\pi a^2}{d}$$
$$=\frac{U_0^2}{d/(\sigma\pi a^2)}=\frac{U_0^2}{R}$$

根据焦耳定律得，损耗的功率为

$$P_l=\int_V\boldsymbol{J}\cdot\boldsymbol{E}\mathrm{d}V=\sigma E^2\cdot\pi a^2d=\frac{\sigma U_0^2}{d}\cdot\pi a^2=\frac{U_0^2}{d/(\sigma\pi a^2)}=\frac{U_0^2}{R}$$

其中，R 为电容器内的漏电阻。可见，损耗的功率是由电源供给的。

习题 5.15 在同一空间有可能存在静止电荷的静电场 $\boldsymbol{E}$ 和永久磁铁的磁场 $\boldsymbol{H}$，这时有可能存在坡印亭矢量 $\boldsymbol{S}=\boldsymbol{E}\times\boldsymbol{H}$，但没有能流。试证明：对任一闭合面 S，则有

$$\oint_S(\boldsymbol{E}\times\boldsymbol{H})\cdot\mathrm{d}\boldsymbol{S}=0$$

证明 当静止电荷和永久磁铁同时存在时，该区域内既有静电场，又有稳恒磁场。故有

$$\nabla\times\boldsymbol{E}=0,\quad \nabla\times\boldsymbol{H}=0,\quad \boldsymbol{S}=\boldsymbol{E}\times\boldsymbol{H}\neq0$$

$$\oint_S(\boldsymbol{E}\times\boldsymbol{H})\cdot\mathrm{d}\boldsymbol{S}=\int_V\nabla\cdot(\boldsymbol{E}\times\boldsymbol{H})\mathrm{d}V=\int_V[(\nabla\times\boldsymbol{E})\cdot\boldsymbol{H}-(\nabla\times\boldsymbol{H})\cdot\boldsymbol{E}]\mathrm{d}V=0$$

习题 5.16 由理想导体板构成的波导内的电场强度为

$$\boldsymbol{E}=E_\mathrm{m}\sin\frac{\pi x}{a}\sin(\omega t-\beta z)\boldsymbol{e}_y$$

内部为空气，如图 5-12 所示。试求：

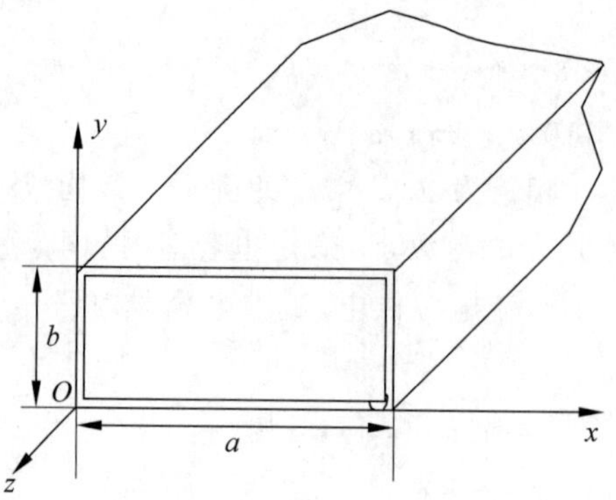

图 5-12　习题 5.16 示意图

(1) 波导内的磁场强度和波导壁上的面电流密度；

(2) 波导内的位移电流密度；

(3) 波导内的坡印亭矢量的瞬时值和平均值；

(4) 穿过波导任一横截面的平均功率。

解　(1) 由麦克斯韦方程组$\nabla\times\boldsymbol{E}=-\dfrac{\partial\boldsymbol{B}}{\partial t}$,得

$$\frac{\partial\boldsymbol{B}}{\partial t}=-\nabla\times\boldsymbol{E}=-\beta E_{\mathrm{m}}\sin\frac{\pi x}{a}\cos(\omega t-\beta z)\boldsymbol{e}_x-\frac{\pi}{a}E_{\mathrm{m}}\cos\frac{\pi x}{a}\sin(\omega t-\beta z)\boldsymbol{e}_z$$

波导内的磁感应强度则为

$$\boldsymbol{B}=\int\frac{\partial\boldsymbol{B}}{\partial t}\mathrm{d}t=\int\left[-\beta E_{\mathrm{m}}\sin\frac{\pi x}{a}\cos(\omega t-\beta z)\boldsymbol{e}_x-\frac{\pi}{a}E_{\mathrm{m}}\cos\frac{\pi x}{a}\sin(\omega t-\beta z)\boldsymbol{e}_z\right]\mathrm{d}t$$

$$=-\frac{\beta E_{\mathrm{m}}}{\omega}\sin\frac{\pi x}{a}\sin(\omega t-\beta z)\boldsymbol{e}_x+\frac{\pi E_{\mathrm{m}}}{a\omega}\cos\frac{\pi x}{a}\cos(\omega t-\beta z)\boldsymbol{e}_z$$

磁场强度为

$$\boldsymbol{H}=\frac{\boldsymbol{B}}{\mu_0}=\frac{E_{\mathrm{m}}}{\omega\mu_0}\left[-\beta\sin\frac{\pi x}{a}\sin(\omega t-\beta z)\boldsymbol{e}_x+\frac{\pi}{a}\cos\frac{\pi x}{a}\cos(\omega t-\beta z)\boldsymbol{e}_z\right]$$

面电流密度由 $\boldsymbol{J}_S=\boldsymbol{n}\times\boldsymbol{H}$ 可得。

$$\boldsymbol{J}_S\big|_{x=0}=\boldsymbol{e}_x\times\frac{E_{\mathrm{m}}}{\omega\mu_0}\left[-\beta\sin\frac{\pi x}{a}\sin(\omega t-\beta z)\boldsymbol{e}_x+\frac{\pi}{a}\cos\frac{\pi x}{a}\cos(\omega t-\beta z)\boldsymbol{e}_z\right]$$

$$=-\frac{\pi E_{\mathrm{m}}}{a\omega\mu_0}\cos(\omega t-\beta z)\boldsymbol{e}_y$$

$$\boldsymbol{J}_S\big|_{x=a}=-\boldsymbol{e}_x\times\frac{E_{\mathrm{m}}}{\omega\mu_0}\left[-\beta\sin\frac{\pi x}{a}\sin(\omega t-\beta z)\boldsymbol{e}_x+\frac{\pi}{a}\cos\frac{\pi x}{a}\cos(\omega t-\beta z)\boldsymbol{e}_z\right]$$

$$=\frac{\pi E_{\mathrm{m}}}{a\omega\mu_0}\cos(\omega t-\beta z)\boldsymbol{e}_y$$

$$\boldsymbol{J}_S\big|_{y=0}=\boldsymbol{e}_y\times\frac{E_{\mathrm{m}}}{\omega\mu_0}\left[-\beta\sin\frac{\pi x}{a}\sin(\omega t-\beta z)\boldsymbol{e}_x+\frac{\pi}{a}\cos\frac{\pi x}{a}\cos(\omega t-\beta z)\boldsymbol{e}_z\right]$$

$$=\frac{\pi E_{\mathrm{m}}}{a\omega\mu_0}\cos\frac{\pi x}{a}\cos(\omega t-\beta z)\boldsymbol{e}_x+\frac{\beta E_{\mathrm{m}}}{\omega\mu_0}\sin\frac{\pi x}{a}\sin(\omega t-\beta z)\boldsymbol{e}_z$$

$$\boldsymbol{J}_S\big|_{y=b}=-\boldsymbol{e}_y\times\frac{E_m}{\omega\mu_0}\left[-\beta\sin\frac{\pi x}{a}\sin(\omega t-\beta z)\boldsymbol{e}_x+\frac{\pi}{a}\cos\frac{\pi x}{a}\cos(\omega t-\beta z)\boldsymbol{e}_z\right]$$

$$=-\frac{\pi E_m}{a\omega\mu_0}\cos\frac{\pi x}{a}\cos(\omega t-\beta z)\boldsymbol{e}_x-\frac{\beta E_m}{\omega\mu_0}\sin\frac{\pi x}{a}\sin(\omega t-\beta z)\boldsymbol{e}_z$$

(2) 波导内的位移电流密度为

$$\boldsymbol{J}_D=\varepsilon_0\frac{\partial\boldsymbol{E}}{\partial t}=\varepsilon_0\omega E_m\sin\frac{\pi x}{a}\cos(\omega t-\beta z)\boldsymbol{e}_y$$

(3) 波导内坡印亭矢量的瞬时值为

$$\boldsymbol{S}=\boldsymbol{E}\times\boldsymbol{H}=\frac{\pi E_m^2}{4\mu_0 a\omega}\sin\frac{2\pi x}{a}\sin(2\omega t-2\beta z)\boldsymbol{e}_x+\frac{\beta E_m^2}{\mu_0\omega}\sin^2\frac{\pi x}{a}\sin^2(\omega t-\beta z)\boldsymbol{e}_z$$

将波导内的电场强度和磁场强度用复矢量表示为

$$\boldsymbol{E}_m=-\mathrm{j}E_m\sin\frac{\pi x}{a}\mathrm{e}^{-\mathrm{j}\beta z}\boldsymbol{e}_y$$

$$\boldsymbol{H}_m=\mathrm{j}\frac{\beta E_m}{\omega\mu_0}\sin\frac{\pi x}{a}\mathrm{e}^{-\mathrm{j}\beta z}\boldsymbol{e}_x+\frac{\pi E_m}{a\omega\mu_0}\cos\frac{\pi x}{a}\mathrm{e}^{-\mathrm{j}\beta z}\boldsymbol{e}_z$$

波导内坡印亭矢量的平均值为

$$\bar{\boldsymbol{S}}=\frac{1}{2}\mathrm{Re}\boldsymbol{E}_m\times\boldsymbol{H}_m^*=\frac{\beta E_m^2}{2\mu_0\omega}\sin^2\frac{\pi x}{a}\boldsymbol{e}_z$$

本题也可以直接对瞬时坡印亭矢量在一个周期内做积分,再取平均值

$$\bar{\boldsymbol{S}}=\frac{1}{T}\int_0^T\left[\frac{\pi E_m^2}{4\mu_0 a\omega}\sin\frac{2\pi x}{a}\sin(2\omega t-2\beta z)\boldsymbol{e}_x+\frac{\beta E_m^2}{\mu_0\omega}\sin^2\frac{\pi x}{a}\sin^2(\omega t-\beta z)\boldsymbol{e}_z\right]\mathrm{d}t$$

$$=\frac{\beta E_m^2}{2\mu_0\omega}\sin^2\frac{\pi x}{a}\boldsymbol{e}_z$$

结果同前。

(4) 穿过波导任一横截面的平均功率为

$$P=\int_S\bar{\boldsymbol{S}}\cdot\mathrm{d}\boldsymbol{A}=\int_0^b\mathrm{d}y\int_0^a\frac{\beta E_m^2}{2\mu_0\omega}\sin^2\frac{\pi x}{a}\mathrm{d}x=\frac{\beta E_m^2 ab}{4\mu_0\omega}$$

习题 5.17 已知时变电磁场中矢量势为 $\boldsymbol{A}=\boldsymbol{e}_x A_m\sin(\omega t-kz)$,其中 A_m、k 为常数,求电场强度、磁场强度及坡印亭矢量。

解 方法 1:磁场强度为

$$\boldsymbol{H}=\frac{1}{\mu}\nabla\times\boldsymbol{A}=-\frac{kA_m}{\mu}\cos(\omega t-kz)\boldsymbol{e}_y$$

由洛伦兹条件 $\nabla\cdot\boldsymbol{A}+\varepsilon\mu\frac{\partial\phi}{\partial t}=0$,得 $\nabla\cdot\boldsymbol{A}=-\varepsilon\mu\frac{\partial\phi}{\partial t}=0$。

所以 ϕ 为常数,电场强度为

$$\boldsymbol{E}=-\nabla\phi-\frac{\partial\boldsymbol{A}}{\partial t}=-\frac{\partial\boldsymbol{A}}{\partial t}=-\boldsymbol{e}_x\omega A_m\cos(\omega t-kz)$$

坡印亭矢量为

$$\boldsymbol{S}=\boldsymbol{E}\times\boldsymbol{H}=\boldsymbol{e}_z\frac{\omega k}{\mu}A_m^2\cos^2(\omega t-kz)$$

方法 2：根据矢量势的表达式，以及其所满足的方程$\nabla^2\boldsymbol{A}+k^2\boldsymbol{A}=-\mu\boldsymbol{J}$，很容易判定空间没有电流存在。因此，$\nabla\times\boldsymbol{H}=\dfrac{\partial\boldsymbol{D}}{\partial t}$，从而计算可得

$$\boldsymbol{E}=-\boldsymbol{e}_x\frac{k^2A_{\mathrm{m}}}{\mu\varepsilon\omega}\cos(\omega t-kz)$$

$$\boldsymbol{S}=\boldsymbol{E}\times\boldsymbol{H}=\boldsymbol{e}_z\frac{\omega k}{\mu}A_{\mathrm{m}}^2\cos^2(\omega t-kz)$$

习题 5.18 如果在良导体中存在正弦电磁波，试证明近似有

$$\boldsymbol{E}=-\mathrm{j}\omega\boldsymbol{A},\quad \boldsymbol{B}=\nabla\times\boldsymbol{A},\quad \boldsymbol{J}=-\mathrm{j}\omega\sigma\boldsymbol{A}$$

$$\nabla^2\boldsymbol{A}-\mathrm{j}\omega\mu\sigma\boldsymbol{A}=0\quad 与\quad \nabla\cdot\boldsymbol{A}=0$$

证明 通常情况下，

$$\nabla\times\boldsymbol{H}=\boldsymbol{J}+\frac{\partial\boldsymbol{D}}{\partial t}$$

在低频正弦电路中，工作频率很低，而且满足$\omega\varepsilon\ll\sigma$，即

$$\frac{\left|\dfrac{\partial\boldsymbol{D}}{\partial t}\right|}{|\boldsymbol{J}|}\Leftrightarrow\left|\frac{\mathrm{j}\omega\varepsilon}{\sigma}\right|=\frac{\omega\varepsilon}{\sigma}\ll 1$$

于是

$$\nabla\times\boldsymbol{H}\approx\boldsymbol{J}$$

同时，与静电场的情形相同，在时变场中，导电媒质内部没有自由电荷。证明如下：

在导体中，似稳电场必将引起传导电流密度$\boldsymbol{J}=\sigma\boldsymbol{E}$和位移电流密度$\boldsymbol{J}_D=\dfrac{\partial\boldsymbol{D}}{\partial t}$。对麦克斯韦第一方程

$$\nabla\times\boldsymbol{H}=\boldsymbol{J}+\frac{\partial\boldsymbol{D}}{\partial t}=\sigma\boldsymbol{E}+\frac{\partial\boldsymbol{D}}{\partial t}=\frac{\sigma}{\varepsilon}\boldsymbol{D}+\frac{\partial\boldsymbol{D}}{\partial t}$$

两边取散度，并运用第四方程$\nabla\cdot\boldsymbol{D}=\rho$，有

$$\frac{\partial\rho}{\partial t}+\frac{\sigma}{\varepsilon}\rho=0$$

其解为

$$\rho=\rho_0\mathrm{e}^{-\frac{\sigma}{\varepsilon}t}=\rho_0\mathrm{e}^{-\frac{t}{\tau}}$$

式中，

$$\tau=\frac{\varepsilon}{\sigma}$$

称为弛豫时间。金属导体在微波范围的频率下，有$\varepsilon\approx\varepsilon_0$。若取$\varepsilon_0\approx10^{-11}\mathrm{F/m}$，$\sigma\approx10^7\mathrm{S/m}$，则$\tau\approx10^{-18}\mathrm{s}$。因此，在一般情况下金属导体内部有$\rho=0$，即使最初放入密度为$\rho_0$自由电荷，它将极快地散开并分布于导电媒质的表面。因此，与静电场的情形类似，在时变场中导电媒质内部没有自由电荷。

基于以上分析，导体中的麦克斯韦方程组可以近似为

$$\nabla\times\boldsymbol{H}\approx\boldsymbol{J}\tag{5-50}$$

$$\nabla\times\boldsymbol{E}=-\frac{\partial\boldsymbol{B}}{\partial t}\tag{5-51}$$

$$\nabla\cdot\boldsymbol{B}=0\tag{5-52}$$

$$\nabla\cdot\boldsymbol{D}=0\tag{5-53}$$

引入电磁场的矢量势，即动态矢量势$\boldsymbol{A}$，满足

$$\boldsymbol{B}=\nabla\times\boldsymbol{A}$$

或

$$\boldsymbol{H}=\frac{1}{\mu}\nabla\times\boldsymbol{A} \tag{5-54}$$

代入麦克斯韦方程组第二式，有

$$\nabla\times\boldsymbol{E}=-\frac{\partial}{\partial t}\nabla\times\boldsymbol{A}=\nabla\times\left(-\frac{\partial\boldsymbol{A}}{\partial t}\right)$$

即

$$\nabla\times\left(\boldsymbol{E}+\frac{\partial\boldsymbol{A}}{\partial t}\right)=0$$

上式括号中的矢量是无旋的，与静电场类似，这里我们引入动态标量势 ϕ，令

$$\boldsymbol{E}+\frac{\partial\boldsymbol{A}}{\partial t}=-\nabla\phi$$

即

$$\boldsymbol{E}=-\nabla\phi-\frac{\partial\boldsymbol{A}}{\partial t} \tag{5-55}$$

式中，ϕ 和 $\boldsymbol{A}$ 分别为时变电磁场的标量势和矢量势。

为了求得势函数 ϕ 和 $\boldsymbol{A}$ 与场源之间的关系，将式(5-54)代入式(5-50)中，并利用矢量微分恒等式，得

$$\nabla\times\boldsymbol{H}=\frac{1}{\mu}\nabla\times\nabla\times\boldsymbol{A}=\frac{1}{\mu}(\nabla(\nabla\cdot\boldsymbol{A})-\nabla^2\boldsymbol{A})=\boldsymbol{J}$$

即

$$\nabla^2\boldsymbol{A}-\nabla(\nabla\cdot\boldsymbol{A})=-\mu\boldsymbol{J} \tag{5-56}$$

同理，再将式(5-55)代入式(5-53)中，得

$$\nabla\cdot\boldsymbol{D}=-\varepsilon\,\nabla\cdot\left(\nabla\phi+\frac{\partial\boldsymbol{A}}{\partial t}\right)=0$$

即

$$\nabla^2\phi+\frac{\partial}{\partial t}\nabla\cdot\boldsymbol{A}=0 \tag{5-57}$$

于是我们得到了两个势函数满足的方程式(5-56)和式(5-57)。观察 $\boldsymbol{A}$ 和 ϕ 可知，二者都不是唯一的，它们的取值具有一定的任意性。若 ϕ 和 $\boldsymbol{A}$ 是一组满足式(5-56)及式(5-57)的动态势函数，则由式(5-58)确定的另一组动态势函数 ϕ' 和 $\boldsymbol{A}'$，即

$$\begin{aligned}\phi'&=\phi-\frac{\partial f}{\partial t}\\ \boldsymbol{A}'&=\boldsymbol{A}+\nabla f\end{aligned} \tag{5-58}$$

也是原方程的解，且对应同一电磁场，其中 f 为任一标量函数。不妨对式(5-58)中取如下限制（不同的限制，会得到不同的规范，如洛伦兹规范、库仑规范等）。

$$\frac{\partial f}{\partial t}=\phi$$

则标量势函数为零（后面省略撇号，直接考虑标量势函数为零）。于是式(5-55)简化为

$$\boldsymbol{E}=-\frac{\partial\boldsymbol{A}}{\partial t} \tag{5-59}$$

由式(5-57)可得

$$\nabla\cdot\boldsymbol{A}=0 \tag{5-60}$$

根据 $\boldsymbol{J}=\sigma\boldsymbol{E}$,并将式(5-59)、式(5-60)代入,则式(5-56)简化为

$$\nabla^2\boldsymbol{A}-\mu\sigma\frac{\partial\boldsymbol{A}}{\partial t}=0$$

由于是时谐场,并取 $\frac{\partial}{\partial t}=\mathrm{j}\omega$,因此题目得证。

习题 5.19 若电磁场矢量势的分量为 $A_x=A_y=0, A_z=f(r)\mathrm{e}^{\mathrm{j}(\omega t-\beta z)}$,试求在圆柱坐标系内场量 $\boldsymbol{E}$ 与 $\boldsymbol{H}$ 的表示式。

解 方法 1:由于 $A_x=A_y=0, A_z=f(r)\mathrm{e}^{\mathrm{j}(\omega t-\beta z)}$,所以

$$\begin{aligned}\boldsymbol{H}&=\frac{1}{\mu}\nabla\times\boldsymbol{A}\\&=\frac{1}{\mu}\begin{vmatrix}\frac{\boldsymbol{e}_r}{r} & \boldsymbol{e}_\varphi & \frac{\boldsymbol{e}_z}{r}\\ \frac{\partial}{\partial r} & \frac{\partial}{\partial\varphi} & \frac{\partial}{\partial z}\\ A_r & rA_\varphi & A_z\end{vmatrix}=\frac{1}{\mu}\begin{vmatrix}\frac{\boldsymbol{e}_r}{r} & \boldsymbol{e}_\varphi & \frac{\boldsymbol{e}_z}{r}\\ \frac{\partial}{\partial r} & \frac{\partial}{\partial\varphi} & \frac{\partial}{\partial z}\\ 0 & 0 & A_z\end{vmatrix}=\boldsymbol{e}_\varphi\frac{1}{\mu}\left[-\frac{\partial A_z}{\partial r}\right]\\&=-\frac{f'(r)}{\mu}\mathrm{e}^{\mathrm{j}(\omega t-\beta z)}\boldsymbol{e}_\varphi\end{aligned}$$

根据洛伦兹条件 $\nabla\cdot\boldsymbol{A}+\mathrm{j}\omega\varepsilon\mu\phi=0$,有

$$\phi=\mathrm{j}\frac{\nabla\cdot\boldsymbol{A}}{\omega\varepsilon\mu}$$

将 $\boldsymbol{A}$ 的表达式代入上式,则有

$$\phi=\mathrm{j}\frac{\nabla\cdot\boldsymbol{A}}{\omega\varepsilon\mu}=\frac{\mathrm{j}}{\omega\varepsilon\mu}\frac{1}{r}\left[\frac{\partial}{\partial r}(rA_r)+\frac{\partial A_\varphi}{\partial\varphi}+r\frac{\partial A_z}{\partial z}\right]=\frac{\mathrm{j}}{\omega\varepsilon\mu}\frac{\partial A_z}{\partial z}=\frac{\beta}{\omega\varepsilon\mu}f(r)\mathrm{e}^{\mathrm{j}(\omega t-\beta z)}$$

根据 $\boldsymbol{E}=-\nabla\phi-\mathrm{j}\omega\boldsymbol{A}$,则

$$\begin{aligned}\boldsymbol{E}&=-\nabla\phi-\mathrm{j}\omega\boldsymbol{A}=-\left(\boldsymbol{e}_r\frac{\partial\phi}{\partial r}+\boldsymbol{e}_\varphi\frac{1}{r}\frac{\partial\phi}{\partial\varphi}+\boldsymbol{e}_z\frac{\partial\phi}{\partial z}\right)-\mathrm{j}\omega f(r)\mathrm{e}^{\mathrm{j}(\omega t-\beta z)}\boldsymbol{e}_z\\&=-\left(\boldsymbol{e}_r\frac{\partial\phi}{\partial r}+\boldsymbol{e}_z\frac{\partial\phi}{\partial z}\right)-\mathrm{j}\omega f(r)\mathrm{e}^{\mathrm{j}(\omega t-\beta z)}\boldsymbol{e}_z\\&=-\left[\boldsymbol{e}_r\frac{\beta}{\omega\varepsilon\mu}f'(r)\mathrm{e}^{\mathrm{j}(\omega t-\beta z)}+\boldsymbol{e}_z\frac{-\mathrm{j}\beta^2}{\omega\varepsilon\mu}f(r)\mathrm{e}^{\mathrm{j}(\omega t-\beta z)}\right]-\mathrm{j}\omega f(r)\mathrm{e}^{\mathrm{j}(\omega t-\beta z)}\boldsymbol{e}_z\\&=-\boldsymbol{e}_r\frac{\beta}{\omega\varepsilon\mu}f'(r)\mathrm{e}^{\mathrm{j}(\omega t-\beta z)}+\boldsymbol{e}_z\mathrm{j}\frac{\beta^2-\omega^2\varepsilon\mu}{\omega\varepsilon\mu}f(r)\mathrm{e}^{\mathrm{j}(\omega t-\beta z)}\end{aligned}$$

方法 2:磁场强度的求解方法同上。

由于 $\nabla\times\boldsymbol{H}=\boldsymbol{J}+\mathrm{j}\omega\varepsilon\boldsymbol{E}$,所以

$$\boldsymbol{E}=(\nabla\times\boldsymbol{H}-\boldsymbol{J})/(\mathrm{j}\omega\varepsilon)=(\mu\nabla\times\boldsymbol{H}-\mu\boldsymbol{J})/(\mathrm{j}\omega\varepsilon\mu)$$

这里,电流密度是一个未知变量。矢量势应该满足方程

$$\nabla^2\boldsymbol{A}+\omega^2\varepsilon\mu\boldsymbol{A}=-\mu\boldsymbol{J}$$

则

$$E=(\nabla\times H-J)/(\mathrm{j}\omega\varepsilon)=(\mu\,\nabla\times H+\nabla^2 A+\omega^2\varepsilon\mu A)/(\mathrm{j}\omega\varepsilon\mu)$$

利用上式，也可以得到和方法1完全一致的结果。这是因为

$$\begin{aligned}E&=(\mu\,\nabla\times H+\nabla^2 A+\omega^2\varepsilon\mu A)/(\mathrm{j}\omega\varepsilon\mu)\\&=(\nabla\times B+\nabla^2 A+\omega^2\varepsilon\mu A)/(\mathrm{j}\omega\varepsilon\mu)\\&=(\nabla\times\nabla\times A+\nabla^2 A+\omega^2\varepsilon\mu A)/(\mathrm{j}\omega\varepsilon\mu)\\&=(\nabla\nabla\cdot A-\nabla^2 A+\nabla^2 A+\omega^2\varepsilon\mu A)/(\mathrm{j}\omega\varepsilon\mu)\\&=[\nabla\nabla\cdot A+\omega^2\varepsilon\mu A]/(\mathrm{j}\omega\varepsilon\mu)\quad\text{（考虑洛伦兹条件）}\\&=-\nabla\phi-\mathrm{j}\omega A\end{aligned}$$

可以看到，上述结果与方法1等价。在做题的过程中，可以根据个人爱好选择其中的一种即可。

有些同学在得到了磁场强度的表达式之后，倾向于使用 $E=\nabla\times H/(\mathrm{j}\omega\varepsilon)$ 来进行求解。尽管也可以得到看似正确的结果，但是逻辑上不严密。这是因为在推导过程中使用了 $J=0$ 的条件，这显然是一个特例，题目中并没有明确指出。但是当 $J=0$ 时，两个结果一致。

习题5.20 在无耗的各向同性媒质中，电场 E 的方程为 $\nabla^2 E+\omega^2\varepsilon\mu E=0$，试问在什么条件下 $E=E_{\mathrm{m}}\mathrm{e}^{-\mathrm{j}k\cdot r}$ 是上述方程的解？此电场作为麦克斯韦方程的解的条件是什么？

解 将 $E=E_{\mathrm{m}}\mathrm{e}^{-\mathrm{j}k\cdot r}$ 代入 $\nabla^2 E+\omega^2\varepsilon\mu E=0$，可得

$$(k^2-\omega^2\varepsilon\mu)E=0$$

只有当 $k^2=\omega^2\varepsilon\mu$ 时，$E=E_{\mathrm{m}}\mathrm{e}^{-\mathrm{j}k\cdot r}$ 才是上述方程的解。

在无耗的各向同性媒质中，$\rho=0$，由 $\nabla\cdot D=\rho$ 可得 $\nabla\cdot E=0$。

$$\begin{aligned}\nabla\cdot E&=\nabla\cdot E_{\mathrm{m}}\mathrm{e}^{-\mathrm{j}k\cdot r}=-\mathrm{j}k_xE_{\mathrm{m}x}\mathrm{e}^{-\mathrm{j}k\cdot r}-\mathrm{j}k_yE_{\mathrm{m}y}\mathrm{e}^{-\mathrm{j}k\cdot r}-\mathrm{j}k_zE_{\mathrm{m}z}\mathrm{e}^{-\mathrm{j}k\cdot r}\\&=-\mathrm{j}(k_xE_{\mathrm{m}x}+k_yE_{\mathrm{m}y}+k_zE_{\mathrm{m}z})\mathrm{e}^{-\mathrm{j}k\cdot r}=-\mathrm{j}k\cdot E_{\mathrm{m}}\mathrm{e}^{-\mathrm{j}k\cdot r}=0\end{aligned}$$

化简可得 $k\cdot E_{\mathrm{m}}=0$。

即，波的传播方向与电场的振动方向相垂直。因此该电场作为麦克斯韦方程的解还必须满足此条件。

习题5.21 若仅考虑远场区，且设电流沿 z 轴方向流动，试证明 $H=\dfrac{1}{\mu}\nabla\times A$ 在球坐标系内可以简化为

$$H_\varphi=-\frac{1}{\mu}\sin\theta\,\frac{\partial A_z}{\partial r}$$

证明 因电流沿 z 轴方向流动，故有

$$A=A_ze_z$$

对于远区，$1\ll r$，则由 $H=\dfrac{1}{\mu_0}\nabla\times A$，可得

$$H=\frac{1}{\mu r^2\sin\theta}\begin{vmatrix}e_r & re_\theta & r\sin\theta e_\varphi\\ \dfrac{\partial}{\partial r} & \dfrac{\partial}{\partial\theta} & \dfrac{\partial}{\partial\varphi}\\ A_r & rA_\theta & r\sin\theta A_\varphi\end{vmatrix}=\frac{1}{\mu r^2\sin\theta}\begin{vmatrix}e_r & re_\theta & r\sin\theta e_\varphi\\ \dfrac{\partial}{\partial r} & \dfrac{\partial}{\partial\theta} & 0\\ A_z\cos\theta & -rA_z\sin\theta & 0\end{vmatrix}$$

$$\begin{aligned}&=\frac{1}{\mu r}\left[-\frac{\partial}{\partial r}(rA_z\sin\theta)-\frac{\partial}{\partial\theta}(A_z\cos\theta)\right]e_\varphi\\&=\frac{1}{\mu r}\left(-A_z\sin\theta-r\sin\theta\,\frac{\partial A_z}{\partial r}-\cos\theta\,\frac{\partial A_z}{\partial\theta}+A_z\sin\theta\right)e_\varphi\end{aligned}$$

$$=\frac{1}{\mu r}\left(-r\sin\theta\frac{\partial A_z}{\partial r}-\cos\theta\frac{\partial A_z}{\partial\theta}\right)\boldsymbol{e}_\varphi$$

$$\approx-\frac{1}{\mu}\frac{\partial A_z}{\partial r}\sin\theta\boldsymbol{e}_\varphi$$

即

$$H_\varphi=-\frac{1}{\mu}\frac{\partial A_z}{\partial r}\sin\theta$$

习题 5.22 长为 l(l 不甚小于波长)的直导线沿 z 轴放置，其中心在原点。设直导线上载有沿 $+z$ 方向为正的交变电流，其复数值为 $I(z)=I_m e^{-j\beta z}$。试求在远区任一点处电磁场的矢量势及磁场强度。

解 $A_z=\frac{\mu_0}{4\pi}\int_{-\frac{l}{2}}^{\frac{l}{2}}\frac{I_m e^{-j\beta z'}e^{-jkR}}{R}dz'$

当 $r\gg\lambda$ 时(注意 $\beta=2\pi/\lambda$)，在远区可简化为

$$A_z=\frac{\mu_0 I_m}{4\pi}\int_{-\frac{l}{2}}^{\frac{l}{2}}e^{-j\beta z'}\frac{e^{-jk(r-z'\cos\theta)}}{r}dz'=\frac{\mu_0 I_m e^{-jkr}}{4\pi r}\int_{-\frac{l}{2}}^{\frac{l}{2}}e^{-j(\beta-k\cos\theta)z'}dz'$$

$$=\frac{\mu_0 I_m e^{-jkr}}{4\pi r}\frac{1}{-j(\beta-k\cos\theta)}e^{-j(\beta-k\cos\theta)z'}\Bigg|_{-\frac{l}{2}}^{\frac{l}{2}}$$

$$=\frac{\mu_0 I_m l e^{-jkr}}{4\pi r}\mathrm{Sa}\left[\frac{(\beta-k\cos\theta)l}{2}\right]$$

磁场强度为

$$\boldsymbol{H}=\frac{1}{\mu_0 r^2\sin\theta}\begin{vmatrix}\boldsymbol{e}_r & r\boldsymbol{e}_\theta & r\sin\theta\boldsymbol{e}_\varphi\\ \frac{\partial}{\partial r} & \frac{\partial}{\partial\theta} & \frac{\partial}{\partial\varphi}\\ A_r & rA_\theta & 0\end{vmatrix}=\frac{1}{\mu_0 r^2\sin\theta}\begin{vmatrix}\boldsymbol{e}_r & r\boldsymbol{e}_\theta & r\sin\theta\boldsymbol{e}_\varphi\\ \frac{\partial}{\partial r} & \frac{\partial}{\partial\theta} & 0\\ A_z\cos\theta & -rA_z\sin\theta & 0\end{vmatrix}$$

$$=\frac{I_m l}{4\pi r}\left\{-\mathrm{Sa}\left(\frac{\beta l-kl\cos\theta}{2}\right)\frac{\partial}{\partial r}(e^{-jkr}\sin\theta)-\frac{e^{-jkr}}{r}\frac{\partial}{\partial\theta}\left[\mathrm{Sa}\left(\frac{\beta l-kl\cos\theta}{2}\right)\cos\theta\right]\right\}\boldsymbol{e}_\varphi$$

$$\approx\frac{jkI_m l e^{-jkr}}{4\pi r}\mathrm{Sa}\left(\frac{\beta l-kl\cos\theta}{2}\right)\sin\theta\boldsymbol{e}_\varphi$$

5.7 核心 MATLAB 代码

在麦克斯韦方程组中，最主要的两个运算，或者说是普通人最不易理解的运算，就是矢量场，如电场或者磁场的旋度和散度运算。结合 MATLAB 的可视化工具，可以实现对矢量场散度和旋度的绘制，从而加深对这两个运算和电磁理论的理解。

5.7.1 MATLAB 中的 divergence 函数介绍

divergence 是计算矢量场相对于直角坐标系的散度的函数，其基本格式为

```
div = divergence(X,V)
```

该函数用于求矢量场 V 关于矢量 X 的散度，此处的 V 和 X 均为三维(二维)向量，前者包含矢量在直角坐标系下的三个(两个)分量；后者则是对应于该矢量的相应位置坐标。

下面的例子给出了利用符号工具箱计算矢量场散度的操作。

```
syms x y z;
divergence([x^2 2 * y z],[x y z]);
```

MATLAB 运行结果为：

```
2 * x + 3
```

MATLAB 环境下，也可以利用数值方法直接计算散度，具体格式如下：

```
div = divergence(x,y,z,u,v,w)。
```

该函数用于计算包含分量 u、v 和 w 的三维矢量场的散度。数组 x、y 和 z 用于定义矢量分量 u、v 和 w 的坐标，它们必须是单调的，但无需间距均匀。x、y 和 z 必须具有相同数量的元素，就像由 meshgrid 生成一样。

本节主要采用的是第一种方法。

5.7.2　矢量场散度的可视化

矢量场的散度反映的是矢量场有无"源"和"汇"。矢量场在某一点的散度大于零，说明矢量场在此处有源(好像水龙头)，代表矢量的力线从此处发出；反之，如果散度小于零，说明矢量场在此处有汇(比如下水道)，矢量的力线从外部流入该点；散度等于零，说明矢量的力线从该点穿过。MATLAB 可以计算矢量函数的散度并做可视化处理。

下面的例子对矢量函数 F=[u,v]=[sin(x+y),cos(x−y)]进行求散度的操作，并将结果作图显示出来。

```
syms x y z real                        %定义符号变量
F = [ sin(x + y),cos(x - y) ];         %定义函数 F
g = divergence(F,[x y])                %求函数 F 的散度,符号形式
divF = MATLABFunction(g);              %将散度转换为函数形式
x = linspace( - 2.5,2.5,20);
[X,Y] = meshgrid(x,x);                 %定义网格
Fx = sin(X + Y);                       %F 的 x 分量
Fy = cos(X - Y);                       %F 的 y 分量
div_num = divF(X,Y);                   %散度的数值形式
pcolor(X,Y,div_num);                   %用伪彩色图绘制散度
shading interp;                        %做插值
colorbar;                              %绘制色条
hold on;                               %保持绘图叠加模式打开
quiver(X,Y,Fx,Fy,'k','linewidth',1); %叠加绘制箭头图
```

MATLAB 窗口显示的散度函数结果如下，绘制的图像如图 5-13 所示。

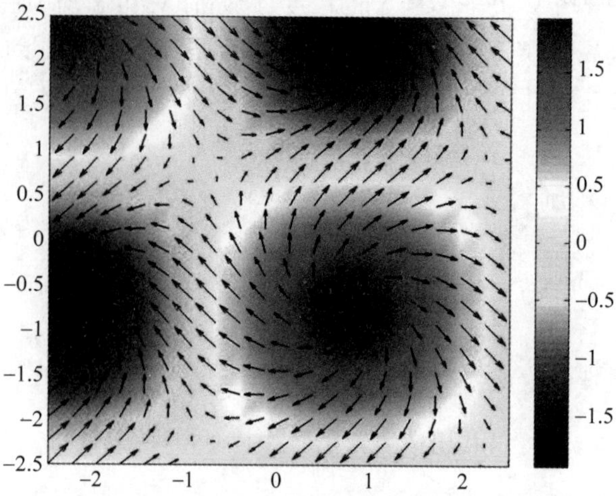

图 5-13　函数 F 的矢量场图及其散度分布图

```
g = sin(x - y) + cos(x + y)
```

上面的代码中，首先利用 MATLAB 下的符号工具箱函数，对函数 F 进行符号形式的散度计算，然后将得到的散度结果 g 显示在 MATLAB 窗口。同时，利用"MATLABFunction"将其转换为函数形式。最后，利用 pcolor 和 quiver 函数，将散度和矢量场绘制在一个图像里面。从图 5-13 可知，散度大于零的地方，即图 5-13 中发亮的区域，箭头呈现发散的情形，表明在对应的区域有"源"；散度小于零的地方，即图 5-13 中发暗的区域，箭头呈现汇聚状态，表明在该区域有"汇"。

在麦克斯韦方程组中，$\nabla \cdot \boldsymbol{D}=\rho$ 反映的就是电荷是电位移矢量的"源"：正电荷处对应电位移矢量从该处发出；负电荷处电位移矢量进入该处；无电荷处电位移矢量在该点连续。而$\nabla \cdot \boldsymbol{B}=0$ 表明磁场是无源场，磁感应线处处连续，因此磁通连续的性质成立。

5.7.3　MATLAB 中的 curl 函数介绍

curl 是 MATLAB 中求矢量函数旋度的函数，其基本格式为

```
curl(V,X)
```

该函数用于求矢量场 V 关于矢量 X 的旋度，此处的 V 和 X 均为三维向量，前者包含矢量在直角坐标系下的三个分量；后者则是对应于该矢量的相应位置坐标。

下面的代码用于计算矢量场 V 关于矢量 X=(x,y,z)的旋度。

```
syms x y z
V = [x^3 * y^2 * z,y^3 * z^2 * x,z^3 * x^2 * y];
X = [x y z];
curl(V,X)
```

MATLAB 显示结果如下：

```
ans =
   x^2 * z^3 - 2 * x * y^3 * z
   x^3 * y^2 - 2 * x * y * z^3
- 2 * x^3 * y * z + y^3 * z^2
```

对一个标量函数的梯度场进行旋度计算，结果为零。换句话说，标量函数的梯度场是无旋的。下面的代码就直接利用 MATLAB 验证上述结论的正确性。

```
syms x y z
f = x^2 + y^2 + z^2;
vars = [x y z];
curl(gradient(f,vars),vars)
```

MATLAB 显示结果为：

```
ans =
 0
 0
 0
```

5.7.4 矢量场旋度的可视化

接下来，对二维矢量函数 $F=[\sin(x+y),\cos(x-y)]$，求其旋度并作图。下面的代码中，首先利用 MATLAB 下的符号工具箱函数，对函数 F 进行解析形式的旋度计算；然后将得到的旋度结果 G 转换为函数形式；最后利用 pcolor 和 quiver 函数，将二者绘制在一个图像里面。由于题目给出的是二维函数，因此其旋度只有 z 分量，其他两个分量为零。

```
syms x y z real                           %定义符号变量
F = [ sin(x + y),cos(x - y) ];            %定义函数 F
G = curl([F,0],[x y z])                   %计算 F 的旋度,并赋予 G
curlF = MATLABFunction(G(3));             %将 G 的 z 分量转换为函数,赋予 curlF
x = linspace( - 2.5,2.5,20);
[X,Y] = meshgrid(x,x);                    %定义网格
Fx = sin(X + Y);                          %计算 F 的 x 分量
Fy = cos(X - Y);                          %计算 F 的 y 分量
rot = curlF(X,Y);                         %计算旋度的值
pcolor(X,Y,rot);                          %绘制旋度
shading interp;                           %颜色做插值
colorbar;                                 %绘制色条
hold on;                                  %保持模式打开
quiver(X,Y,Fx,Fy,'k','linewidth',1);      %绘制箭头图,并设置颜色为黑色,线宽为 1
```

上述程序的运行时，窗口输出结果为：

```
G =
                             0
                             0
   - sin(x - y) - cos(x + y)
```

上式表示该函数的旋度的解析表达式显然是一个矢量,有三个分量。我们关心的是第三个分量,即 z 分量。

将旋度的 z 分量用图形呈现出来,结果如图 5-14 所示。从图 5-14 中可以看出,旋度大于零的地方,即图中发亮的区域,箭头呈现逆时针旋转的情形;旋度小于零的地方,即图中发黑的区域,箭头呈现顺时针旋转的状态。考虑到图中显示的是 z 方向的旋度(其他两个方向为零),利用右手螺旋规则,可以看出这个现象是正确的,其真实反映了相关区域的漩涡源状态。与图 5-13 对比,大家能够更加清晰地了解散度和旋度的区别。

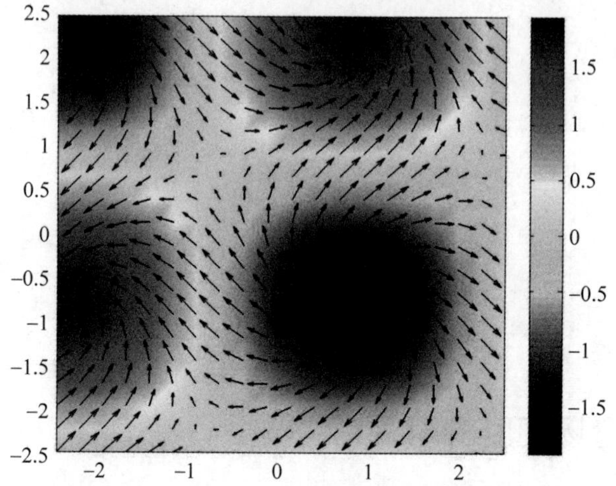

图 5-14　函数 F 的矢量场图及其旋度分布图

在麦克斯韦方程组中,$\nabla\times\boldsymbol{E}=-\dfrac{\partial\boldsymbol{B}}{\partial t}$,该式表明:电场的旋涡源是磁场随时间的变化率的相反数。有磁场发生变化的地方就有旋涡源,电场围绕该旋涡源旋转。同理,$\nabla\times\boldsymbol{H}=\boldsymbol{J}+\dfrac{\partial\boldsymbol{D}}{\partial t}$,表示电流和电位移矢量的变化率之和,是磁场强度的旋涡源。在静磁场中,磁场强度总是围绕着电流旋转,就是这个性质的一个具体体现。

5.8　科技前沿中的典型时变电磁场问题分析

2006 年,美国《科学》杂志发表了 Pendry 等的论文《控制电磁场》。文中,作者首次提出了利用麦克斯韦方程组的协变性来控制电磁场的思路,并以此论文为基础,提出了变换光学(变换电磁学)的理论。由此,全球范围内关于电磁隐形的研究成为科研领域的热点。同年,杜克大学的 Smith 等,利用人工电磁超材料,设计并加工了第一个柱状隐形装置,发表在《科学》杂志上,并被该杂志评为当年度全球十大科技进展。接下来,我们就利用正交坐标系的理论,详细分析这两种隐形装置的机理。

5.8.1　球形电磁隐形衣的设计

球坐标系下的隐形衣设计示意图如图 5-15 所示。

Pendry 提出的电磁隐形衣可以用如下的球坐标系下的坐标变换来描述

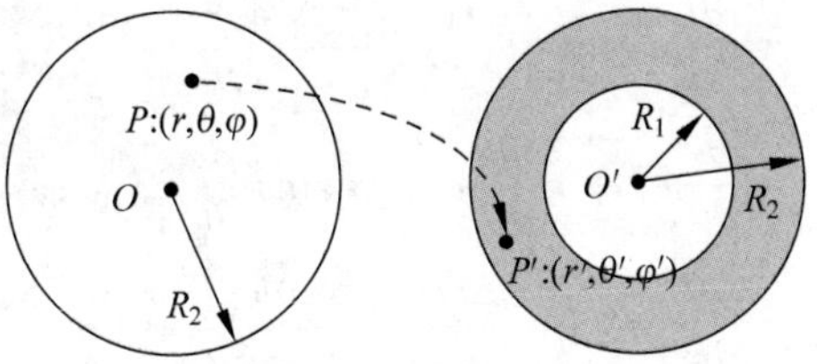

图 5-15 球坐标系下的隐形衣设计示意图

$$r'=R_1+\frac{R_2-R_1}{R_2}r,\quad \theta'=\theta,\quad \varphi'=\varphi$$

$$r=(r'-R_1)\frac{R_2}{R_2-R_1},\quad \theta=\theta',\quad \varphi=\varphi'$$

可以看出,该变换把 O 坐标系(Pendry 称之为虚拟空间)下的一个半径为 R_2 的球形区域映射为 O'系(物理空间)下内、外半径分别为 R_1 和 R_2 的一个球壳区域。由于麦克斯韦方程组的协变性,Pendry 认为:对于这两个空间,电磁波的规律是一致的;两个空间中的电磁场分布通过简单的规律建立了联系;与虚拟空间中的空气不同,物理空间的球壳内,填充了各向异性的非均匀电磁材料;由于上述材料的存在,物理空间中的电磁波进入不到球壳内部囊括的球形区域,而球壳外部,电磁波不受影响。正因为如此,可以在隐形区域内部放置各种目标,但是外部观察者或者设备根本探测不到。Pendry 给出了这种隐形材料的设计结果。我们就利用正交坐标系下的麦克斯韦方程组及其变换特性,来分析这些结果。

对于虚拟空间,采用的是球坐标系,因此有

$$\nabla\times\boldsymbol{E}=\frac{1}{r^2\sin\theta}\begin{vmatrix}\boldsymbol{e}_r & r\boldsymbol{e}_\theta & r\sin\theta\boldsymbol{e}_\varphi\\ \dfrac{\partial}{\partial r} & \dfrac{\partial}{\partial\theta} & \dfrac{\partial}{\partial\varphi}\\ E_r & rE_\theta & r\sin\theta E_\varphi\end{vmatrix}=-\mathrm{j}\omega\mu_0\mu_{\mathrm{r}}\boldsymbol{H}\tag{5-61}$$

由于虚拟空间中是空气,所以相对磁导率 $\mu_{\mathrm{r}}=1$。

将虚拟空间映射到物理空间时,事实上,就虚拟空间中的各点而言,其既可以用(r,θ,φ)表示,也可以用(r',θ',φ')来表示。这实际上是一个坐标变换,于是可以将麦克斯韦方程组的形式从不加撇变量变为加撇变量。假设将虚拟空间的球坐标系看作是参考基准,加撇变量看作是新的坐标变量,那么,站在虚拟空间来看,加撇变量就构成了一个新的曲线坐标系,而且一般情况下是非正交系,分析起来比较复杂。现在结合具体的变换形式,分析这个新的曲线坐标系的形式。

当 r'单独变化时,对应的坐标线为 r',对应的基矢有

$$h_{r'}\boldsymbol{e}_{r'}=\frac{\partial\boldsymbol{l}}{\partial r'}=\lim_{\Delta r'\to 0}\frac{\Delta r\boldsymbol{e}_r+r\Delta\theta\boldsymbol{e}_\theta+r\sin\theta\Delta\varphi\boldsymbol{e}_\varphi}{\Delta r'}$$

$$=\frac{\partial r}{\partial r'}\boldsymbol{e}_r+r\frac{\partial\theta}{\partial r'}\boldsymbol{e}_\theta+r\sin\theta\frac{\partial\varphi}{\partial r'}\boldsymbol{e}_\varphi=\frac{R_2}{R_2-R_1}\boldsymbol{e}_r=k\boldsymbol{e}_r$$

这里引用了正交坐标系下的线元矢量公式 $\mathrm{d}\boldsymbol{l}$。其中,$h_{r'}$就是新坐标变量对应的拉梅系数,且 $k=\dfrac{R_2}{R_2-R_1}$。同理,有

$$h_{\theta'}\boldsymbol{e}_{\theta'}=\frac{\partial \boldsymbol{l}}{\partial \theta'}=\lim_{\Delta\theta'\to 0}\frac{\Delta r\boldsymbol{e}_r+r\Delta\theta\boldsymbol{e}_\theta+r\sin\theta\Delta\varphi\boldsymbol{e}_\varphi}{\Delta\theta'}$$
$$=\frac{\partial r}{\partial\theta'}\boldsymbol{e}_r+r\frac{\partial\theta}{\partial\theta'}\boldsymbol{e}_\theta+r\sin\theta\frac{\partial\varphi}{\partial\theta'}\boldsymbol{e}_\varphi=r\boldsymbol{e}_\theta$$
$$h_{\varphi'}\boldsymbol{e}_{\varphi'}=\frac{\partial \boldsymbol{l}}{\partial \varphi'}=\lim_{\Delta\varphi'\to 0}\frac{\Delta r\boldsymbol{e}_r+r\Delta\theta\boldsymbol{e}_\theta+r\sin\theta\Delta\varphi\boldsymbol{e}_\varphi}{\Delta\varphi'}$$
$$=\frac{\partial r}{\partial\varphi'}\boldsymbol{e}_r+r\frac{\partial\theta}{\partial\varphi'}\boldsymbol{e}_\theta+r\sin\theta\frac{\partial\varphi}{\partial\varphi'}\boldsymbol{e}_\varphi=r\sin\theta\boldsymbol{e}_\theta$$

观察可知

$$\boldsymbol{e}_{i'}\cdot\boldsymbol{e}_{j'}=\delta_{i'j'}=\begin{cases}1, & i'=j'\\ 0, & i'\neq j'\end{cases}$$

其中,$i',j'=r',\theta',\varphi'$。

这说明,新的曲线坐标系就是正交坐标系,其对应的拉梅系数分别为

$$h_{r'}=k,\quad h_{\theta'}=r,\quad h_{\varphi'}=r\sin\theta$$

其基矢与原球坐标系的基矢一样,即

$$\boldsymbol{e}_{r'}=\boldsymbol{e}_r,\quad \boldsymbol{e}_{\theta'}=\boldsymbol{e}_\theta,\quad \boldsymbol{e}_{\varphi'}=\boldsymbol{e}_\varphi$$

因此,在新、旧这两个正交坐标系下,同一个矢量的各个分量相同。

$$E_{r'}=E_r,\quad E_{\theta'}=E_\theta,\quad E_{\varphi'}=E_\varphi$$

根据正交曲线坐标系下的旋度表达式为

$$\nabla\times\boldsymbol{F}=\frac{1}{h_1h_2h_3}\begin{vmatrix}h_1\boldsymbol{e}_1 & h_2\boldsymbol{e}_2 & h_3\boldsymbol{e}_3\\ \dfrac{\partial}{\partial u_1} & \dfrac{\partial}{\partial u_2} & \dfrac{\partial}{\partial u_3}\\ h_1F_1 & h_2F_2 & h_3F_3\end{vmatrix}$$

则在新坐标系下,有

$$\nabla\times\boldsymbol{E}=\frac{1}{kr^2\sin\theta}\begin{vmatrix}k\boldsymbol{e}_{r'} & r\boldsymbol{e}_{\theta'} & r\sin\theta\boldsymbol{e}_{\varphi'}\\ \dfrac{\partial}{\partial r'} & \dfrac{\partial}{\partial\theta'} & \dfrac{\partial}{\partial\varphi'}\\ kE_{r'} & rE_{\theta'} & r\sin\theta E_{\varphi'}\end{vmatrix}=-\mathrm{j}\omega\mu_0\mu_r\boldsymbol{H}$$

由于 $E_{r'}=E_r,E_{\theta'}=E_\theta,E_{\varphi'}=E_\varphi$,

所以
$$\nabla\times\boldsymbol{E}=\frac{1}{kr^2\sin\theta}\begin{vmatrix}k\boldsymbol{e}_{r'} & r\boldsymbol{e}_{\theta'} & r\sin\theta\boldsymbol{e}_{\varphi'}\\ \dfrac{\partial}{\partial r'} & \dfrac{\partial}{\partial\theta'} & \dfrac{\partial}{\partial\varphi'}\\ kE_r & rE_\theta & r\sin\theta E_\varphi\end{vmatrix}=-\mathrm{j}\omega\mu_0\mu_r\boldsymbol{H}$$

这个就是经过变量替换之后的方程形式,它显然不是标准的球坐标系下的麦克斯韦方程组形式(尽管非常相似)。我们的工作就是将上述形式进行重组,使其满足球坐标系下麦克斯韦方程组的标准形式(物理空间是用球坐标系表示的)。为此,将方程展成三个分量形式,则有

$$\frac{\boldsymbol{e}_{r'}}{r^2\sin\theta}\left[r\frac{\partial(\sin\theta E_\varphi)}{\partial\theta'}-r\frac{\partial E_\theta}{\partial\varphi'}\right]=-\mathrm{j}\omega\mu_0\mu_r H_r\boldsymbol{e}_{r'} \tag{5-62a}$$

$$\frac{\boldsymbol{e}_{\theta'}}{kr\sin\theta}\left[\frac{\partial kE_r}{\partial\varphi'}-\sin\theta\,\frac{\partial(rE_\varphi)}{\partial r'}\right]=-\mathrm{j}\omega\mu_0\mu_\mathrm{r}H_\theta\boldsymbol{e}_{\theta'} \tag{5-62b}$$

$$\frac{\boldsymbol{e}_{\varphi'}}{kr}\left[\frac{\partial(rE_\theta)}{\partial r'}-\frac{\partial kE_r}{\partial\theta'}\right]=-\mathrm{j}\omega\mu_0\mu_\mathrm{r}H_\varphi\boldsymbol{e}_{\varphi'} \tag{5-62c}$$

参考式(5-61),将标准的方程形式也以加撇变量的形式展开为三个分量形式,以方便对照,有

$$\frac{\boldsymbol{e}_{r'}}{r'^2\sin\theta'}\left[r'\,\frac{\partial(\sin\theta' E_{\varphi'})}{\partial\theta'}-r'\,\frac{\partial E_{\theta'}}{\partial\varphi'}\right]=-\mathrm{j}\omega\mu_0\mu_\mathrm{r}H_{r'}\boldsymbol{e}_{r'} \tag{5-63a}$$

$$\frac{\boldsymbol{e}_{\theta'}}{r'\sin\theta'}\left[\frac{\partial E_{r'}}{\partial\varphi'}-\sin\theta'\,\frac{\partial(r'E_{\varphi'})}{\partial r'}\right]=-\mathrm{j}\omega\mu_0\mu_\mathrm{r}H_{\theta'}\boldsymbol{e}_{\theta'} \tag{5-63b}$$

$$\frac{\boldsymbol{e}_{\varphi'}}{r'}\left[\frac{\partial(r'E_{\theta'})}{\partial r'}-\frac{\partial E_{r'}}{\partial\theta'}\right]=-\mathrm{j}\omega\mu_0\mu_\mathrm{r}H_{\varphi'}\boldsymbol{e}_{\varphi'} \tag{5-63c}$$

为了将式(5-62)凑成式(5-63)的形式,则可以做如下变化(注意变换公式),即

$$\frac{r'}{r}\,\frac{\boldsymbol{e}_{r'}}{r'^2\sin\theta'}\left[r'\,\frac{\partial(\sin\theta' E_\varphi)}{\partial\theta'}-r'\,\frac{\partial E_\theta}{\partial\varphi'}\right]=-\mathrm{j}\omega\mu_0\mu_\mathrm{r}H_r\boldsymbol{e}_{r'}$$

$$\frac{r'}{kr}\,\frac{\boldsymbol{e}_{\theta'}}{r'\sin\theta'}\left\{\frac{\partial(kE_r)}{\partial\varphi'}-\sin\theta'\,\frac{\partial\left[r'\left(\frac{r}{r'}E_\varphi\right)\right\}}{\partial r'}\right]=-\mathrm{j}\omega\mu_0\mu_\mathrm{r}H_\theta\boldsymbol{e}_{\theta'}$$

$$\frac{r'}{kr}\,\frac{\boldsymbol{e}_{\varphi'}}{r'}\left\{\frac{\partial\left[r'\left(\frac{r}{r'}E_\theta\right)\right]}{\partial r'}-\frac{\partial(kE_r)}{\partial\theta'}\right\}=-\mathrm{j}\omega\mu_0\mu_\mathrm{r}H_\varphi\boldsymbol{e}_{\varphi'}$$

从上式大致可以看出,$E_{r'}=kE_r$,$E_{\theta'}=\frac{r}{r'}E_\theta$,$E_{\varphi'}=\frac{r}{r'}E_\varphi$。将上面公式做进一步的变形,并考虑到当从虚拟空间变化到物理空间时,各个矢量(电场强度或者磁场强度)应该遵守同样的规律,则有

$$\frac{\boldsymbol{e}_{r'}}{r'^2\sin\theta'}\left\{r'\,\frac{\partial\left[\sin\theta'\left(\frac{r}{r'}E_\varphi\right)\right]}{\partial\theta'}-r'\,\frac{\partial\left(\frac{r}{r'}E_\theta\right)}{\partial\varphi'}\right\}=-\mathrm{j}\omega\mu_0\left(\frac{r^2}{kr'^2}\mu_\mathrm{r}\right)(kH_r)\boldsymbol{e}_{r'}$$

$$\frac{\boldsymbol{e}_{\theta'}}{r'\sin\theta'}\left\{\frac{\partial(kE_r)}{\partial\varphi'}-\sin\theta'\,\frac{\partial\left[r'\left(\frac{r}{r'}E_\varphi\right)\right]}{\partial r'}\right\}=-\mathrm{j}\omega\mu_0(k\mu_\mathrm{r})\left(\frac{r}{r'}H_\theta\right)\boldsymbol{e}_{\theta'}$$

$$\frac{\boldsymbol{e}_{\varphi'}}{r'}\left\{\frac{\partial\left[r'\left(\frac{r}{r'}E_\theta\right)\right]}{\partial r'}-\frac{\partial(kE_{r'})}{\partial\theta'}\right\}=-\mathrm{j}\omega\mu_0(k\mu_\mathrm{r})\left(\frac{r}{r'}H_\varphi\right)\boldsymbol{e}_{\varphi'}$$

上面已经考虑到了磁场的类似变换形式。此时,上式左边已经完全变化为球坐标系下的麦克斯韦方程组的标准形式,而方程右边与标准形式的差异可以用磁导率各个分量的改变来代替,即有

$$\mu_{r'r'}=\frac{r^2}{kr'^2}\mu_\mathrm{r},\quad \mu_{\theta'\theta'}=k\mu_\mathrm{r},\quad \mu_{\varphi'\varphi'}=k\mu_\mathrm{r}$$

同理,对于

$$\nabla\times\boldsymbol{H}=\frac{1}{r^2\sin\theta}\begin{vmatrix}\boldsymbol{e}_r & r\boldsymbol{e}_\theta & r\sin\theta\boldsymbol{e}_\varphi\\ \frac{\partial}{\partial r} & \frac{\partial}{\partial\theta} & \frac{\partial}{\partial\varphi}\\ H_r & rH_\theta & r\sin\theta H_\varphi\end{vmatrix}=\mathrm{j}\omega\varepsilon_0\varepsilon_\mathrm{r}\boldsymbol{E} \tag{5-64}$$

可以得到，对于介电常数，其变化规律为

$$\varepsilon_{r'r'}=\frac{r^2}{kr'^2}\varepsilon_\mathrm{r},\quad \varepsilon_{\theta'\theta'}=k\varepsilon_\mathrm{r},\quad \varepsilon_{\varphi'\varphi'}=k\varepsilon_\mathrm{r}$$

整理、化简得

$$\varepsilon_{r'r'}=\left(\frac{r'-R_1}{r'}\right)^2\frac{R_2}{R_2-R_1}\varepsilon_\mathrm{r},\quad \varepsilon_{\theta'\theta'}=\frac{R_2}{R_2-R_1}\varepsilon_\mathrm{r},\quad \varepsilon_{\varphi'\varphi'}=\frac{R_2}{R_2-R_1}\varepsilon_\mathrm{r};$$

$$\mu_{r'r'}=\left(\frac{r'-R_1}{r'}\right)^2\frac{R_2}{R_2-R_1}\mu_\mathrm{r},\quad \mu_{\theta'\theta'}=\frac{R_2}{R_2-R_1}\mu_\mathrm{r},\quad \mu_{\varphi'\varphi'}=\frac{R_2}{R_2-R_1}\mu_\mathrm{r}。$$

上式就是在物理空间，球坐标系下，材料的电磁参数。可见，虚拟空间中的空气在物理空间已经转变为各向异性的、非均匀材料。可以重新写作

$$\nabla\times\boldsymbol{E}=\frac{1}{r'^2\sin\theta'}\begin{vmatrix}\boldsymbol{e}_{r'} & r'\boldsymbol{e}_{\theta'} & r'\sin\theta'\boldsymbol{e}_{\varphi'}\\ \frac{\partial}{\partial r'} & \frac{\partial}{\partial\theta'} & \frac{\partial}{\partial\varphi'}\\ E_{r'} & r'E_{\theta'} & r'\sin\theta'E_{\varphi'}\end{vmatrix}=-\mathrm{j}\omega\mu_0\bar{\bar{\mu}}\cdot\boldsymbol{H} \tag{5-65}$$

其中，

$$\bar{\bar{\mu}}=\begin{bmatrix}\mu_{r'r'} & 0 & 0\\ 0 & \mu_{\theta'\theta'} & 0\\ 0 & 0 & \mu_{\varphi'\varphi'}\end{bmatrix}\mu_\mathrm{r} \tag{5-66}$$

同理，

$$\nabla\times\boldsymbol{H}=\frac{1}{r'^2\sin\theta'}\begin{vmatrix}\boldsymbol{e}_{r'} & r'\boldsymbol{e}_{\theta'} & r'\sin\theta'\boldsymbol{e}_{\varphi'}\\ \frac{\partial}{\partial r'} & \frac{\partial}{\partial\theta'} & \frac{\partial}{\partial\varphi'}\\ H_{r'} & r'H_{\theta'} & r'\sin\theta'H_{\varphi'}\end{vmatrix}=\mathrm{j}\omega\varepsilon_0\bar{\bar{\varepsilon}}\cdot\boldsymbol{E} \tag{5-67}$$

其中，

$$\bar{\bar{\varepsilon}}=\begin{bmatrix}\varepsilon_{r'r'} & 0 & 0\\ 0 & \varepsilon_{\theta'\theta'} & 0\\ 0 & 0 & \varepsilon_{\varphi'\varphi'}\end{bmatrix}\varepsilon_\mathrm{r} \tag{5-68}$$

5.8.2 柱状电磁隐形衣设计

同样，仿照前面的过程，可以推导无限长柱状隐形装置的设计。大家可以继续参考图 5-15，只不过把它看作是柱坐标系下的 xOy 平面即可。采用如下的坐标变换

$$r'=R_1+\frac{R_2-R_1}{R_2}r,\quad \varphi'=\varphi,\quad z'=z$$

$$r=(r'-R_1)\frac{R_2}{R_2-R_1},\quad \varphi=\varphi',\quad z=z'$$

可以看出，该变换把虚拟空间中 O 坐标系下的一个半径为 R_2 的圆柱形区域映射为 O' 系（物理空间）下内、外半径分别为 R_1 和 R_2 的一个柱壳区域。对于虚拟空间，采用的是圆柱坐标系，因此有

$$\nabla\times\boldsymbol{E}=\frac{1}{r}\begin{vmatrix}\boldsymbol{e}_r & r\boldsymbol{e}_\varphi & \boldsymbol{e}_z\\ \dfrac{\partial}{\partial r} & \dfrac{\partial}{\partial\varphi} & \dfrac{\partial}{\partial z}\\ E_r & rE_\varphi & E_z\end{vmatrix}=-\mathrm{j}\omega\mu_0\mu_\mathrm{r}\boldsymbol{H} \tag{5-69}$$

由于虚拟空间中是空气，所以相对磁导率 $\mu_\mathrm{r}=1$。同样，站在虚拟空间来看，加撇变量就构成了一个新的曲线坐标系，而且一般情况下是非正交系。现在结合具体的变换形式，分析这个新的曲线坐标系的形式。

当 r' 单独变化时，对应的坐标线为 r'，对应的基矢有

$$\begin{aligned}h_{r'}\boldsymbol{e}_{r'}&=\frac{\partial\boldsymbol{l}}{\partial r'}=\lim_{\Delta r'\to0}\frac{\Delta r\boldsymbol{e}_r+r\Delta\varphi\boldsymbol{e}_\varphi+\Delta z\boldsymbol{e}_z}{\Delta r'}\\&=\frac{\partial r}{\partial r'}\boldsymbol{e}_r+r\frac{\partial\varphi}{\partial r'}\boldsymbol{e}_\theta+\frac{\partial z}{\partial r'}\boldsymbol{e}_z=\frac{R_2}{R_2-R_1}\boldsymbol{e}_r=k\boldsymbol{e}_r\end{aligned}$$

这里引用了正交坐标系下的线元矢量公式 $\mathrm{d}\boldsymbol{l}$。其中，$h_{r'}$ 就是新坐标变量对应的拉梅系数，且 $k=\dfrac{R_2}{R_2-R_1}$。同理，有

$$\begin{aligned}h_{\varphi'}\boldsymbol{e}_{\varphi'}&=\frac{\partial\boldsymbol{l}}{\partial\varphi'}=\lim_{\Delta\varphi'\to0}\frac{\Delta r\boldsymbol{e}_r+r\Delta\varphi\boldsymbol{e}_\varphi+\Delta z\boldsymbol{e}_z}{\Delta\varphi'}\\&=\frac{\partial r}{\partial\varphi'}\boldsymbol{e}_r+r\frac{\partial\varphi}{\partial\varphi'}\boldsymbol{e}_\varphi+\frac{\partial z}{\partial\varphi'}\boldsymbol{e}_z=r\boldsymbol{e}_\varphi\\h_{z'}\boldsymbol{e}_{z'}&=\frac{\partial\boldsymbol{l}}{\partial z'}=\lim_{\Delta z'\to0}\frac{\Delta r\boldsymbol{e}_r+r\Delta\varphi\boldsymbol{e}_\varphi+\Delta z\boldsymbol{e}_z}{\Delta z'}\\&=\frac{\partial r}{\partial z'}\boldsymbol{e}_r+r\frac{\partial\varphi}{\partial z'}\boldsymbol{e}_\varphi+\frac{\partial z}{\partial z'}\boldsymbol{e}_z=1\boldsymbol{e}_z\end{aligned}$$

观察可知

$$\boldsymbol{e}_{i'}\cdot\boldsymbol{e}_{j'}=\delta_{i'j'}=\begin{cases}1, & i'=j'\\0, & i'\neq j'\end{cases}$$

其中，$i',j'=r',\varphi',z'$。

这说明，新的曲线坐标系就是正交坐标系，其对应的拉梅系数分别为

$$h_{r'}=k,\quad h_{\varphi'}=r,\quad h_{z'}=1$$

其基矢与原球坐标系的基矢一样，即

$$\boldsymbol{e}_{r'}=\boldsymbol{e}_r,\quad \boldsymbol{e}_{\varphi'}=\boldsymbol{e}_\varphi,\quad \boldsymbol{e}_{z'}=\boldsymbol{e}_z$$

因此，在虚拟空间，新、旧两个正交坐标系下，同一个矢量的各个分量相同，即

$$E_{r'}=E_r,\quad E_{\varphi'}=E_\varphi,\quad E_{z'}=E_z$$

根据正交曲线坐标系下的旋度表达式

$$\nabla\times\boldsymbol{F}=\frac{1}{h_1h_2h_3}\begin{vmatrix}h_1\boldsymbol{e}_1 & h_2\boldsymbol{e}_2 & h_3\boldsymbol{e}_3\\ \dfrac{\partial}{\partial u_1} & \dfrac{\partial}{\partial u_2} & \dfrac{\partial}{\partial u_3}\\ h_1F_1 & h_2F_2 & h_3F_3\end{vmatrix}$$

则在新坐标系下有

$$\nabla\times\boldsymbol{E}=\frac{1}{kr}\begin{vmatrix}k\boldsymbol{e}_{r'} & r\boldsymbol{e}_{\varphi'} & \boldsymbol{e}_{z'}\\ \dfrac{\partial}{\partial r'} & \dfrac{\partial}{\partial\varphi'} & \dfrac{\partial}{\partial z'}\\ kE_{r'} & rE_{\varphi'} & E_{z'}\end{vmatrix}=-\mathrm{j}\omega\mu_0\mu_\mathrm{r}\boldsymbol{H}$$

根据 $E_{r'}=E_r,E_{\varphi'}=E_\varphi,E_{z'}=E_z$，得

$$\nabla\times\boldsymbol{E}=\frac{1}{kr}\begin{vmatrix}k\boldsymbol{e}_{r'} & r\boldsymbol{e}_{\varphi'} & \boldsymbol{e}_{z'}\\ \dfrac{\partial}{\partial r'} & \dfrac{\partial}{\partial\varphi'} & \dfrac{\partial}{\partial z'}\\ kE_r & rE_\varphi & E_z\end{vmatrix}=-\mathrm{j}\omega\mu_0\mu_\mathrm{r}\boldsymbol{H}$$

这个就是经过变量替换之后的方程形式，它显然不是标准的柱坐标系下的麦克斯韦方程组形式(尽管非常相似)。我们的工作就是将上述形式进行重组，使其满足球坐标系下麦克斯韦方程组的标准形式(物理空间是用柱坐标系表示的)。为此，将方程重新写作

$$\nabla\times\boldsymbol{E}=\frac{1}{kr}\begin{vmatrix}k\boldsymbol{e}_{r'} & r\boldsymbol{e}_{\varphi'} & \boldsymbol{e}_{z'}\\ \dfrac{\partial}{\partial r'} & \dfrac{\partial}{\partial\varphi'} & \dfrac{\partial}{\partial z'}\\ (kE_r) & r'\left(\dfrac{r}{r'}E_\varphi\right) & E_z\end{vmatrix}=-\mathrm{j}\omega\mu_0\mu_\mathrm{r}\boldsymbol{H}$$

将其展开成三个分量形式，则

$$\frac{\boldsymbol{e}_{r'}}{r}\left\{\frac{\partial E_z}{\partial\varphi'}-\frac{\partial\left[r'\left(\dfrac{r}{r'}E_\varphi\right)\right]}{\partial z'}\right]=-\mathrm{j}\omega\mu_0\mu_\mathrm{r}H_r\boldsymbol{e}_{r'}\tag{5-70a}$$

$$\frac{\boldsymbol{e}_{\varphi'}}{k}\left[\frac{\partial(kE_r)}{\partial z'}-\frac{\partial(E_z)}{\partial r'}\right]=-\mathrm{j}\omega\mu_0\mu_\mathrm{r}H_\varphi\boldsymbol{e}_{\varphi'}\tag{5-70b}$$

$$\frac{\boldsymbol{e}_{z'}}{kr}\left\{\frac{\partial\left[r'\left(\dfrac{r}{r'}E_\varphi\right)\right]}{\partial r'}-\frac{\partial(kE_r)}{\partial\varphi'}\right\}=-\mathrm{j}\omega\mu_0\mu_\mathrm{r}H_z\boldsymbol{e}_{z'}\tag{5-70c}$$

参考式(5-69)，将标准的方程形式也以加撇变量的形式展开为三个分量形式，以方便对照，有

$$\frac{\boldsymbol{e}_{r'}}{r'}\left[\frac{\partial E_{z'}}{\partial\varphi'}-\frac{\partial(r'E_{\varphi'})}{\partial z'}\right]=-\mathrm{j}\omega\mu_0\mu_\mathrm{r}H_r\boldsymbol{e}_{r'}\tag{5-71a}$$

$$\boldsymbol{e}_{\varphi'}\left(\frac{\partial E_{r'}}{\partial z'}-\frac{\partial E_{z'}}{\partial r'}\right)=-\mathrm{j}\omega\mu_0\mu_\mathrm{r}H_\varphi\boldsymbol{e}_{\varphi'}\tag{5-71b}$$

$$\frac{\boldsymbol{e}_{z'}}{r'}\left[\frac{\partial(r'E_{\varphi'})}{\partial r'}-\frac{\partial E_{r'}}{\partial\varphi'}\right]=-\mathrm{j}\omega\mu_0\mu_\mathrm{r}H_z\boldsymbol{e}_{z'}\tag{5-71c}$$

为了将式(5-70)凑成式(5-71)的形式，则可以做如下变化(注意变换公式)，即

$$\frac{\boldsymbol{e}_{r'}}{r'}\left(\frac{\partial E_z}{\partial\varphi'}-\frac{\partial\left[r'\left(\dfrac{r}{r'}E_\varphi\right)\right]}{\partial z'}\right\}=-\mathrm{j}\omega\mu_0\left(\frac{r}{kr'}\mu_\mathrm{r}\right)(kH_r)\boldsymbol{e}_{r'}$$

$$\boldsymbol{e}_{\varphi'}\left[\frac{\partial(kE_r)}{\partial z'}-\frac{\partial(E_z)}{\partial r'}\right]=-\mathrm{j}\omega\mu_0\left(k\frac{r'}{r}\mu_\mathrm{r}\right)\left(\frac{r}{r'}H_\varphi\right)\boldsymbol{e}_{\varphi'}$$

$$\frac{\boldsymbol{e}_{z'}}{r'}\left\{\frac{\partial\left[r'\left(\frac{r}{r'}E_{\varphi}\right)\right]}{\partial r'}-\frac{\partial(kE_r)}{\partial\varphi'}\right\}=-\mathrm{j}\omega\mu_0\left(\frac{kr}{r'}\mu_{\mathrm{r}}\right)H_z\boldsymbol{e}_{z'}$$

上式应用到了场量之间的变换关系 $E_{r'}=kE_r, E_{\varphi'}=\frac{r}{r'}E_{\varphi}, E_{z'}=E_z$，并考虑到当从虚拟空间变化到物理空间时，磁场强度应该遵守同样的规律，则有

$$\mu_{r'r'}=\frac{r}{kr'}\mu_{\mathrm{r}},\quad \mu_{\varphi'\varphi'}=k\frac{r'}{r}\mu_{\mathrm{r}},\quad \mu_{z'z'}=k\frac{r}{r'}\mu_{\mathrm{r}}$$

同理，对于

$$\nabla\times\boldsymbol{H}=\frac{1}{r}\begin{vmatrix}\boldsymbol{e}_r & r\boldsymbol{e}_{\varphi} & \boldsymbol{e}_z\\ \frac{\partial}{\partial r} & \frac{\partial}{\partial\varphi} & \frac{\partial}{\partial z}\\ H_r & rH_{\varphi} & H_z\end{vmatrix}=\mathrm{j}\omega\varepsilon_0\varepsilon_{\mathrm{r}}\boldsymbol{E} \tag{5-72}$$

可以得到，对于介电常数，其变化规律为

$$\varepsilon_{r'r'}=\frac{r}{kr'}\varepsilon_{\mathrm{r}},\quad \varepsilon_{\varphi'\varphi'}=k\frac{r'}{r}\varepsilon_{\mathrm{r}},\quad \varepsilon_{z'z'}=k\frac{r}{r'}\varepsilon_{\mathrm{r}}$$

整理、化简得

$$\varepsilon_{r'r'}=\frac{r'-R_1}{r'}\varepsilon_{\mathrm{r}},\quad \varepsilon_{\varphi'\varphi'}=\frac{r'}{r'-R_1}\varepsilon_{\mathrm{r}},\quad \varepsilon_{z'z'}=\left(\frac{R_2}{R_2-R_1}\right)^2\frac{r'-R_1}{r'}\varepsilon_{\mathrm{r}};$$

$$\mu_{r'r'}=\frac{r'-R_1}{r'}\mu_{\mathrm{r}},\quad \mu_{\varphi'\varphi'}=\frac{r'}{r'-R_1}\mu_{\mathrm{r}},\quad \mu_{z'z'}=\left(\frac{R_2}{R_2-R_1}\right)^2\frac{r'-R_1}{r'}\mu_{\mathrm{r}}$$

上式就是在物理空间，球坐标系下，材料的电磁参数。可见，虚拟空间中的空气在物理空间已经转变为各向异性的、非均匀材料。可以重新写作

$$\nabla\times\boldsymbol{E}=\frac{1}{r'}\begin{vmatrix}\boldsymbol{e}_{r'} & r'\boldsymbol{e}_{\varphi'} & \boldsymbol{e}_{\varphi'}\\ \frac{\partial}{\partial r'} & \frac{\partial}{\partial\varphi'} & \frac{\partial}{\partial z'}\\ E_{r'} & r'E_{\varphi'} & E_{z'}\end{vmatrix}=-\mathrm{j}\omega\mu_0\bar{\bar{\mu}}\cdot\boldsymbol{H} \tag{5-73}$$

其中，

$$\bar{\bar{\mu}}=\begin{bmatrix}\mu_{r'r'} & 0 & 0\\ 0 & \mu_{\varphi'\varphi'} & 0\\ 0 & 0 & \mu_{z'z'}\end{bmatrix}\mu_{\mathrm{r}}$$

同理，

$$\nabla\times\boldsymbol{H}=\frac{1}{r'}\begin{vmatrix}\boldsymbol{e}_{r'} & r'\boldsymbol{e}_{\varphi'} & \boldsymbol{e}_{z'}\\ \frac{\partial}{\partial r'} & \frac{\partial}{\partial\varphi'} & \frac{\partial}{\partial z'}\\ H_{r'} & r'H_{\varphi'} & H_{z'}\end{vmatrix}=\mathrm{j}\omega\varepsilon_0\bar{\bar{\varepsilon}}\cdot\boldsymbol{E} \tag{5-74}$$

其中，

$$\bar{\bar{\varepsilon}}=\begin{bmatrix}\varepsilon_{r'r'} & 0 & 0\\ 0 & \varepsilon_{\varphi'\varphi'} & 0\\ 0 & 0 & \varepsilon_{z'z'}\end{bmatrix}\varepsilon_{\mathrm{r}}$$

5.9 著名大学考研真题分析

【考研题 1】 (重庆邮电大学 2017 年)在无源($\rho=0$、$\boldsymbol{J}=0$)的自由空间中,已知电磁场的电场强度复矢量为 $\dot{\boldsymbol{E}}(z)=\boldsymbol{e}_y E_0 \mathrm{e}^{-\mathrm{j}kz}$ V/m,式中 k 和 E_0 为常数。求:

(1) 磁场强度的复矢量形式 $\dot{\boldsymbol{H}}(z)$;

(2) 平均坡印亭矢量 $\boldsymbol{S}_{\mathrm{av}}(z)$;

(3) 瞬时坡印亭矢量 $\boldsymbol{S}(z,t)$。

解 (1) 由 $\nabla\times\dot{\boldsymbol{E}}=-\mathrm{j}\omega\mu_0\dot{\boldsymbol{H}}$ 得

$$\dot{\boldsymbol{H}}(z)=-\frac{1}{\mathrm{j}\omega\mu_0}\nabla\times\dot{\boldsymbol{E}}$$

$$=-\frac{1}{\mathrm{j}\omega\mu_0}\begin{vmatrix}\boldsymbol{e}_x & \boldsymbol{e}_y & \boldsymbol{e}_z\\ \dfrac{\partial}{\partial x} & \dfrac{\partial}{\partial y} & \dfrac{\partial}{\partial z}\\ 0 & E_0\mathrm{e}^{-\mathrm{j}kz} & 0\end{vmatrix}$$

$$=-\boldsymbol{e}_x\frac{kE_0}{\omega\mu_0}\mathrm{e}^{-\mathrm{j}kz}$$

(2) 平均坡印亭矢量为

$$\boldsymbol{S}_{\mathrm{av}}(z)=\frac{1}{2}\mathrm{Re}[\dot{\boldsymbol{E}}(z)\times\dot{\boldsymbol{H}}^*(z)]$$

$$=\frac{1}{2}\mathrm{Re}\left[(\boldsymbol{e}_y E_0\mathrm{e}^{-\mathrm{j}kz})\times\left(\boldsymbol{e}_x-\frac{kE_0}{\omega\mu_0}\mathrm{e}^{-\mathrm{j}kz}\right)^*\right]$$

$$=\frac{1}{2}\mathrm{Re}\left[\boldsymbol{e}_z\frac{kE_0^2}{\omega\mu_0}\right]$$

$$=\boldsymbol{e}_z\frac{kE_0^2}{2\omega\mu_0}$$

(3) 电场和磁场的瞬时值分别为

$$\boldsymbol{E}(z,t)=\mathrm{Re}[\boldsymbol{E}(z)\mathrm{e}^{\mathrm{j}\omega t}]=\boldsymbol{e}_y E_0\cos(\omega t-kz)$$

$$\boldsymbol{H}(z,t)=\mathrm{Re}[\boldsymbol{H}(z)\mathrm{e}^{\mathrm{j}\omega t}]=-\boldsymbol{e}_x\frac{kE_0}{\omega\mu_0}\cos(\omega t-kz)$$

瞬时坡印亭矢量为

$$\boldsymbol{S}(z,t)=\boldsymbol{E}(z,t)\times\boldsymbol{H}(z,t)$$

$$=\boldsymbol{e}_y E_0\cos(\omega t-kz)\times\left[-\boldsymbol{e}_x\frac{kE_0}{\omega\mu_0}\cos(\omega t-kz)\right]$$

$$=\boldsymbol{e}_z\frac{kE_0^2}{\omega\mu_0}\cos^2(\omega t-kz)$$

【考研题 2】 (电子科技大学 2016 年)在无源的空气中,已知频率 $f=3\times10^9$ Hz 的电磁波磁场强度为

$$\boldsymbol{H}(x,z)=\boldsymbol{e}_y 0.1\sin(10\pi x)\mathrm{e}^{-\mathrm{j}k_z z}\ \mathrm{A/m}$$

试求：(1) 常数 k_z 的值；

(2) 电场强度复矢量 $E(x,z)$；

(3) 平均坡印亭矢量 $S_{\mathrm{av}}(x,z)$。

解 (1)

$$\lambda=\frac{c}{f}=\frac{3\times10^8}{3\times10^9}=0.1\mathrm{m}$$

$$k=\frac{2\pi}{\lambda}=\frac{2\pi}{0.1}=20\pi$$

由于磁场必须满足波动方程$\nabla^2\boldsymbol{H}+k^2\boldsymbol{H}=0$，所以可以推导出 $k_x^2+k_z^2=k^2$，即

$$(10\pi)^2+k_z^2=(20\pi)^2$$

故

$$k_z=\sqrt{k^2-k_x^2}=10\sqrt{3}\pi$$

(2) 因为

$$\nabla\times\boldsymbol{H}=\mathrm{j}\omega\varepsilon_0\boldsymbol{E}(x,z)$$

$$\nabla\times\boldsymbol{H}=\left[\sqrt{3}\pi\mathrm{j}\sin(10\pi x)\mathrm{e}^{-\mathrm{j}10\sqrt{3}z}\right]\boldsymbol{e}_x+\left[\pi\cos(10\pi x)\mathrm{e}^{-\mathrm{j}10\sqrt{3}z}\right]\boldsymbol{e}_z$$

所以

$$\begin{aligned}\boldsymbol{E}(x,z)&=\frac{1}{\mathrm{j}\omega\varepsilon_0}\nabla\times\boldsymbol{H}\\&=-\mathrm{j}6\left[\sqrt{3}\pi\mathrm{j}\sin(10\pi x)\boldsymbol{e}_x+\pi\cos(10\pi x)\boldsymbol{e}_z\right]\mathrm{e}^{-\mathrm{j}10\sqrt{3}z}\\&=6\left[\sqrt{3}\pi\sin(10\pi x)\boldsymbol{e}_x-\mathrm{j}\pi\cos(10\pi x)\boldsymbol{e}_z\right]\mathrm{e}^{-\mathrm{j}10\sqrt{3}z}\end{aligned}$$

(3) 利用公式计算平均坡印亭矢量为

$$\begin{aligned}\boldsymbol{S}_{\mathrm{av}}(x,z)&=\frac{1}{2}\mathrm{Re}[\boldsymbol{E}\times\boldsymbol{H}^*]\\&=\frac{1}{2}\mathrm{Re}\left\{6\left[\sqrt{3}\pi\sin(10\pi x)\boldsymbol{e}_x-\mathrm{j}\pi\cos(10\pi x)\boldsymbol{e}_z\right]\mathrm{e}^{-\mathrm{j}(10\sqrt{3}\pi z)}\times\boldsymbol{e}_y0.1\sin(10\pi x)\mathrm{e}^{\mathrm{j}(10\sqrt{3}\pi z)}\right\}\\&=0.3\sqrt{3}\pi\sin^2(10\pi x)\boldsymbol{e}_z\end{aligned}$$

【考研题 3】 (西安电子科技大学 2012 年)已知无源自由空间的电场强度矢量 $\boldsymbol{E}=\boldsymbol{e}_yE_{\mathrm{m}}\sin(\omega t-kz)$。

(1) 试由麦克斯韦方程求磁场强度；

(2) 证明 ω/k 等于光速；

(3) 试求坡印亭矢量的时间平均值。

解 方法 1：(1) $\boldsymbol{E}=\boldsymbol{e}_yE_{\mathrm{m}}\sin(\omega t-kz)=\boldsymbol{e}_yE_{\mathrm{m}}\mathrm{e}^{-\mathrm{j}\left(kz+\frac{\pi}{2}\right)}$，由麦克斯韦方程$\nabla\times\boldsymbol{E}=-\mathrm{j}\omega\mu\boldsymbol{H}$ 可得

$$\boldsymbol{H}=\frac{\mathrm{j}}{\omega\mu_0}\nabla\times\boldsymbol{E}=\frac{\mathrm{j}}{\omega\mu_0}\cdot\boldsymbol{e}_x\mathrm{j}kE_{\mathrm{m}}\mathrm{e}^{-\mathrm{j}\left(kz+\frac{\pi}{2}\right)}=-\boldsymbol{e}_x\frac{k}{\omega\mu_0}E_{\mathrm{m}}\mathrm{e}^{-\mathrm{j}\left(kz+\frac{\pi}{2}\right)}$$

所以

$$\boldsymbol{H}=-\boldsymbol{e}_x\frac{k}{\omega\mu_0}E_{\mathrm{m}}\sin(\omega t-kz)$$

(2) 因为自由空间中有$\nabla\times\boldsymbol{H}=\mathrm{j}\omega\varepsilon_0\boldsymbol{E}$

$$\boldsymbol{E}=\frac{1}{\mathrm{j}\omega\varepsilon_0}\nabla\times\boldsymbol{H}=\boldsymbol{e}_y\frac{k^2}{\omega^2\mu_0\varepsilon_0}E_{\mathrm{m}}\mathrm{e}^{-\mathrm{j}\left(kz+\frac{\pi}{2}\right)}$$

所以比较后可得$\frac{k^2}{\omega^2\mu_0\varepsilon_0}=1$，即$\frac{\omega}{k}=\frac{1}{\sqrt{\mu_0\varepsilon_0}}=c$。

(3) 平均坡印亭矢量为

$$\boldsymbol{S}_{\mathrm{av}}=\mathrm{Re}\left(\frac{\boldsymbol{E}\times\boldsymbol{H}^*}{2}\right)=\boldsymbol{e}_z\frac{kE_{\mathrm{m}}^2}{2\omega\mu_0}$$

此题目也可以通过瞬时值形式直接求解，如方法 2 所示。

方法 2：(1) 由于$\boldsymbol{E}=\boldsymbol{e}_yE_{\mathrm{m}}\sin(\omega t-kz)$，则由麦克斯韦方程$\nabla\times\boldsymbol{E}=-\mu_0\frac{\partial\boldsymbol{H}}{\partial t}$可得

$$\frac{\partial\boldsymbol{H}}{\partial t}=-\frac{\nabla\times\boldsymbol{E}}{\mu_0}=\boldsymbol{e}_x-\frac{kE_{\mathrm{m}}}{\mu_0}\cos(\omega t-kz)$$

对其进行积分，并忽略积分常数，则有

$$\boldsymbol{H}=-\boldsymbol{e}_x\frac{k}{\omega\mu_0}E_{\mathrm{m}}\sin(\omega t-kz)$$

(2) 因为自由空间中有$\nabla\times\boldsymbol{H}=\varepsilon_0\frac{\partial\boldsymbol{E}}{\partial t}$，将上面磁场的表达式代入，则有

$$\varepsilon_0\boldsymbol{e}_y(\omega E_{\mathrm{m}}\cos(\omega t-kz))=\nabla\times\boldsymbol{H}=\boldsymbol{e}_y\frac{k^2E_{\mathrm{m}}}{\omega\mu_0}\cos(\omega t-kz)$$

比较后可得$\frac{k^2}{\omega^2\mu_0\varepsilon_0}=1$，即$\frac{\omega}{k}=\frac{1}{\sqrt{\mu_0\varepsilon_0}}=c$。

(3)
$$\boldsymbol{S}=\boldsymbol{E}\times\boldsymbol{H}=\boldsymbol{e}_z\frac{kE_{\mathrm{m}}^2}{\omega\mu_0}\sin^2(\omega t-kz)$$

$$\boldsymbol{S}_{\mathrm{av}}=\frac{1}{T}\int_0^T\boldsymbol{S}\,\mathrm{d}t=\boldsymbol{e}_z\frac{1}{T}\int_0^T\frac{kE_{\mathrm{m}}^2}{\omega\mu_0}\sin^2(\omega t-kz)\,\mathrm{d}t=\boldsymbol{e}_z\frac{kE_{\mathrm{m}}^2}{2\omega\mu_0}$$

【考研题 4】 (电子科技大学 2011 年)在无源的空气中，已知电磁波的频率$f=3\times10^9\,\mathrm{Hz}$，磁场强度为

$$\boldsymbol{H}(x,z)=\boldsymbol{e}_y0.1\sin(10\pi x)\mathrm{e}^{-\mathrm{j}k_zz}\,\mathrm{A/m}$$

试求：(1) 常数k_z的值；

(2) 电场强度复矢量$\boldsymbol{E}(x,z)$和瞬时矢量$\boldsymbol{E}(x,z;t)$；

(3) 平均坡印亭矢量$\boldsymbol{S}_{\mathrm{av}}(x,z)$。

解 (1)
$$\lambda=\frac{c}{f}=\frac{3\times10^8}{3\times10^9}=0.1\mathrm{m}$$

$$k=\frac{2\pi}{\lambda}=\frac{2\pi}{0.1}=20\pi$$

由于磁场必须满足波动方程$\nabla^2\boldsymbol{H}+k^2\boldsymbol{H}=0$，所以可以推导出$k_x^2+k_z^2=k^2$，即

$$(10\pi)^2+k_z^2=(20\pi)^2$$

故

$$k_z=\sqrt{k^2-k_x^2}=10\sqrt{3}\pi$$

(2) 考虑采用瞬时值形式，磁场的瞬时值为

$$\boldsymbol{H}(x,z)=\boldsymbol{e}_y0.1\sin(10\pi x)\cos(6\pi\times10^9t-10\sqrt{3}\pi z)\,\mathrm{A/m}$$

因为$\nabla\times\boldsymbol{H}=\dfrac{\partial\boldsymbol{D}(x,z)}{\partial t}$，且有

$$\nabla\times\boldsymbol{H}=\left[-\sqrt{3}\pi\sin(10\pi x)\sin(6\pi\times10^9t-10\sqrt{3}\pi z)\right]\boldsymbol{e}_x+\left[\pi\cos(10\pi x)\cos(6\pi\times10^9t-10\sqrt{3}\pi z)\right]\boldsymbol{e}_z$$

所以，有

$$\begin{aligned}\boldsymbol{D}&=\int(\nabla\times\boldsymbol{H})\mathrm{d}t\\&=\int\left\{\begin{matrix}\left[-\sqrt{3}\pi\sin(10\pi x)\sin(6\pi\times10^9t-10\sqrt{3}\pi z)\right]\boldsymbol{e}_x+\\\left[\pi\cos(10\pi x)\cos(6\pi\times10^9t-10\sqrt{3}\pi z)\right]\boldsymbol{e}_z\end{matrix}\right\}\mathrm{d}t\\&=\frac{1}{6\pi\times10^9}\left[\sqrt{3}\pi\sin(10\pi x)\cos(6\pi\times10^9t-10\sqrt{3}\pi z)\right]\boldsymbol{e}_x+\\&\quad\frac{1}{6\pi\times10^9}\left[\pi\cos(10\pi x)\sin(6\pi\times10^9t-10\sqrt{3}\pi z)\right]\boldsymbol{e}_z\end{aligned}$$

所以

$$\begin{aligned}\boldsymbol{E}(x,z;t)&=\frac{1}{6\pi\times10^9\varepsilon_0}\left[\sqrt{3}\pi\sin(10\pi x)\cos(6\pi\times10^9t-10\sqrt{3}\pi z)\right]\boldsymbol{e}_x+\\&\quad\frac{1}{6\pi\times10^9\varepsilon_0}\left[\pi\cos(10\pi x)\sin(6\pi\times10^9t-10\sqrt{3}\pi z)\right]\boldsymbol{e}_z\\&=6\left[\sqrt{3}\pi\sin(10\pi x)\cos(6\pi\times10^9t-10\sqrt{3}\pi z)\right]\boldsymbol{e}_x+\\&\quad6\left[\pi\cos(10\pi x)\sin(6\pi\times10^9t-10\sqrt{3}\pi z)\right]\boldsymbol{e}_z\end{aligned}$$

所以，电场强度的复矢量形式为

$$\boldsymbol{E}(x,z)=6(\sqrt{3}\pi\sin(10\pi x)\boldsymbol{e}_x-\mathrm{j}\pi\cos(10\pi x)\boldsymbol{e}_z)\mathrm{e}^{-\mathrm{j}(10\sqrt{3}z)}$$

（3）瞬时值形式的坡印亭矢量为

$$\begin{aligned}\boldsymbol{S}(x,z)&=\boldsymbol{E}\times\boldsymbol{H}\\&=\left\{\begin{matrix}6\left[\sqrt{3}\pi\sin(10\pi x)\cos(6\pi\times10^9t-10\sqrt{3}\pi z)\right]\boldsymbol{e}_x+\\6\left[\pi\cos(10\pi x)\sin(6\pi\times10^9t-10\sqrt{3}\pi z)\right]\boldsymbol{e}_z\end{matrix}\right\}\times\\&\quad\left[\boldsymbol{e}_y0.1\sin(10\pi x)\cos(6\pi\times10^9t-10\sqrt{3}\pi z)\right]\\&=\left[0.6\sqrt{3}\pi\sin^2(10\pi x)\cos^2(6\pi\times10^9t-10\sqrt{3}\pi z)\right]\boldsymbol{e}_z-\\&\quad\left[0.6\pi\sin(10\pi x)\cos(10\pi x)\sin(6\pi\times10^9t-10\sqrt{3}\pi z)\times\right.\\&\quad\left.\cos(6\pi\times10^9t-10\sqrt{3}\pi z)\right]\boldsymbol{e}_x\end{aligned}$$

注意到

$$\frac{1}{T}\int_0^T\cos^2(\omega t-10\sqrt{3}\pi z)\mathrm{d}t=\frac{1}{2}$$

$$\frac{1}{T}\int_0^T\sin(\omega t-10\sqrt{3}\pi z)\cos(\omega t-10\sqrt{3}\pi z)\mathrm{d}t=0$$

则

$$\boldsymbol{S}_{\mathrm{av}}(x,z)=\frac{1}{T}\int_0^T\boldsymbol{S}(x,z)\,\mathrm{d}t=0.3\sqrt{3}\pi\sin^2(10\pi x)\boldsymbol{e}_z$$

读者可以结合【考研题 2】来体会瞬时值形式运算和复矢量形式运算的差别。

【考研题 5】 (电子科技大学 2015 年)同轴线内导体半径为 a,外导体半径为 b,内外导体间为空气。已知内、外导体间的电场强度为

$$\boldsymbol{E}(\rho,z,t)=\boldsymbol{e}_\rho \frac{E_\mathrm{m}}{\rho}\cos(\omega t-kz)\mathrm{V/m}$$

(1)求磁场强度 $\boldsymbol{H}(\rho,z,t)$;(2)求导体表面的电流密度;(3)求同轴线中的平均坡印亭矢量 $\boldsymbol{S}_\mathrm{av}$ 和平均功率 P_av;(4)若已知空气的击穿电场强度为 E_br,求此同轴线能传输的最大平均功率 P_av。

解 (1) 同轴线中的 TEM 波满足

$$\boldsymbol{H}=\frac{1}{Z_0}\boldsymbol{e}_k\times\boldsymbol{E}=\frac{1}{377}\boldsymbol{e}_z\times\frac{E_\mathrm{m}}{\rho}\cos(\omega t-kz)\boldsymbol{e}_\rho$$

$$\boldsymbol{H}=\frac{1}{377}\frac{E_\mathrm{m}}{\rho}\cos(\omega t-kz)\boldsymbol{e}_\varphi$$

当然,也可以从麦克斯韦方程组出发,利用$\nabla\times\boldsymbol{E}=-\mu_0\frac{\partial\boldsymbol{H}}{\partial t}$求解,可以得到

$$\nabla\times\boldsymbol{E}=-\mu_0\frac{\partial\boldsymbol{H}}{\partial t}=\boldsymbol{e}_\varphi\frac{E_\mathrm{m}}{\rho}k\sin(\omega t-kz)$$

所以

$$\frac{\partial\boldsymbol{H}}{\partial t}=-\boldsymbol{e}_\varphi\frac{1}{\mu_0}\frac{E_\mathrm{m}}{\rho}k\sin(\omega t-kz)$$

于是

$$\boldsymbol{H}=\boldsymbol{e}_\varphi\frac{k}{\omega\mu_0}\frac{E_\mathrm{m}}{\rho}\cos(\omega t-kz)$$

这个表达式实际上与前面的结果完全一致。事实上,

$$\nabla\times\boldsymbol{H}=\varepsilon_0\frac{\partial\boldsymbol{E}}{\partial t}$$

所以

$$\boldsymbol{e}_\rho\left[-\frac{k}{\omega\mu_0}\frac{E_\mathrm{m}}{\rho}k\sin(\omega t-kz)\right]=-\boldsymbol{e}_\rho\varepsilon_0\frac{\omega E_\mathrm{m}}{\rho}\sin(\omega t-kz)$$

因此

$$k=\omega\sqrt{\varepsilon_0\mu_0}$$

于是有

$$\boldsymbol{H}=\boldsymbol{e}_\varphi\frac{\omega\sqrt{\varepsilon_0\mu_0}}{\omega\mu_0}\frac{E_\mathrm{m}}{\rho}\cos(\omega t-kz)=\boldsymbol{e}_\varphi\frac{\sqrt{\varepsilon_0}}{\sqrt{\mu_0}}\frac{E_\mathrm{m}}{\rho}\cos(\omega t-kz)=\boldsymbol{e}_\varphi\frac{1}{377}\frac{E_\mathrm{m}}{\rho}\cos(\omega t-kz)$$

(2) 由于是介质-导体表面,因此满足边界条件 $\boldsymbol{n}\times\boldsymbol{H}=\boldsymbol{J}_S$,因此得

当 $\rho=a$ 时,

$$\boldsymbol{J}_S=\boldsymbol{n}\times\boldsymbol{H}=\boldsymbol{e}_\rho\times\left[\frac{1}{377}\frac{E_\mathrm{m}}{a}\cos(\omega t-kz)\boldsymbol{e}_\varphi\right]=\frac{1}{377}\frac{E_\mathrm{m}}{a}\cos(\omega t-kz)\boldsymbol{e}_z$$

当 $\rho=b$ 时,

$$\boldsymbol{J}_S=\boldsymbol{n}\times\boldsymbol{H}=-\boldsymbol{e}_\rho\times\left[\frac{1}{377}\frac{E_m}{b}\cos(\omega t-kz)\boldsymbol{e}_\varphi\right]=-\frac{1}{377}\frac{E_m}{b}\cos(\omega t-kz)\boldsymbol{e}_z$$

(3) 将电场强度、磁场强度写为复数形式

$$\boldsymbol{E}=\boldsymbol{e}_\rho\frac{E_m}{\rho}e^{-jkz}\text{V/m},\quad \boldsymbol{H}=\boldsymbol{e}_\varphi\frac{E_m}{Z_0\rho}e^{-jkz}\text{V/m}$$

所以,

$$\boldsymbol{S}_{av}=\frac{1}{2}\text{Re}[\boldsymbol{E}\times\boldsymbol{H}^*]=\frac{E_m^2}{2Z_0\rho^2}\boldsymbol{e}_z$$

因此,

$$\boldsymbol{P}_{av}=\iint_S\boldsymbol{S}_{av}\cdot d\boldsymbol{A}=\int_a^b\frac{E_m^2}{2Z_0\rho^2}2\pi\rho\,d\rho=\frac{\pi E_m^2}{Z_0}\ln\frac{b}{a}$$

也可以直接从瞬时值形式出发,则有

$$\boldsymbol{S}=\boldsymbol{E}\times\boldsymbol{H}=\frac{E_m^2}{Z_0\rho^2}\cos^2(\omega t-kz)\boldsymbol{e}_z$$

$$\boldsymbol{S}_{av}=\frac{1}{T}\int_0^T\frac{E_m^2}{Z_0\rho^2}\cos^2(\omega t-kz)\boldsymbol{e}_z=\frac{E_m^2}{2Z_0\rho^2}\boldsymbol{e}_z$$

同样也可以得到传输功率的表达式。

(4) 在 $r=a$ 处,电场强度最大,要想使得空气不被击穿,必须有

$$\frac{E_m}{a}\leqslant E_{br},\quad 即\ E_m\leqslant aE_{br}$$

将 E_m 表达式代入(3)式,得最大平均传输功率 $P_{br}=\frac{\pi a^2E_{br}^2}{Z_0}\ln\frac{b}{a}$。

【考研题 6】 (西安电子科技大学 2011 年)一段由理想导体构成的同轴线,内导体半径为 a,外导体半径为 b,长度为 L,同轴线两端用理想导体板短路,已知在 $a\leqslant r\leqslant b$,$0\leqslant z\leqslant L$ 区域内的电磁场为

$$\boldsymbol{E}=\boldsymbol{e}_r\frac{A}{r}\sin kz$$

$$\boldsymbol{H}=\boldsymbol{e}_\theta\frac{B}{r}\cos kz$$

(1) 确定 A、B 间的关系;

(2) 确定 k;

(3) 求 $r=a$ 及 $r=b$ 面上的 ρ_S、J_S。

解 (1) 由法拉第电磁感应公式 $\nabla\times\boldsymbol{E}=-j\omega\mu\boldsymbol{H}$ 得

$$\boldsymbol{H}=j\frac{\nabla\times\boldsymbol{E}}{\omega\mu}=\boldsymbol{e}_\theta\frac{jkA}{r\omega\mu}\cos kz$$

比较可知

$$A=\frac{\omega\mu}{jk}B$$

同理,由于 $\nabla\times\boldsymbol{H}=j\omega\varepsilon\boldsymbol{E}$,所以有

$$\boldsymbol{E}=\frac{\nabla\times\boldsymbol{H}}{j\omega\varepsilon}=\boldsymbol{e}_r\frac{kB}{jr\omega\varepsilon}\sin kz$$

比较可得

$$\mathbf{A}=\frac{kB}{\mathrm{j}\omega\varepsilon}$$

根据 $k^2=\omega^2\mu\varepsilon$，解得 $k=\omega\sqrt{\mu\varepsilon}$。

所以

$$A=-\mathrm{j}\sqrt{\frac{\mu}{\varepsilon}}B=-\mathrm{j}ZB$$

其中，Z 是导体内介质的特性阻抗。

(2) 因为同轴线两端用理想导体板短路，所以以两端处(即 $z=0$ 和 $z=L$ 处)的电场强度为 0，则有

$$\boldsymbol{E}\mid_{z=L}=\boldsymbol{e}_r\frac{A}{r}\sin kL=0$$

所以

$$k=\frac{m\pi}{L},\quad m=1,2,3,\cdots$$

此处需要注意，虽然有关系 $k=\omega\sqrt{\mu\varepsilon}$，但在本题里，$\omega$ 不是任意数值的已知量，所以不可用来确定 k。事实上，将同轴线两端短路后，构成了一个谐振腔，利用边界条件确定 k，再根据上式确定谐振频率 ω。容易看到，谐振频率是一些离散的数值，不能随意选择。

(3) 在 $r=a$ 的平面上

$$\rho_S=\boldsymbol{n}\cdot\boldsymbol{D}=\boldsymbol{e}_r\cdot\boldsymbol{e}_r\frac{A\varepsilon}{a}\sin kz=\frac{A\varepsilon}{a}\sin kz$$

$$\boldsymbol{J}_S=\boldsymbol{n}\times\boldsymbol{H}=\boldsymbol{e}_r\times\boldsymbol{e}_\theta\frac{B}{a}\cos kz=\boldsymbol{e}_z\frac{B}{a}\cos kz$$

在 $r=b$ 的平面上

$$\rho_S=\boldsymbol{n}\cdot\boldsymbol{D}=-\boldsymbol{e}_r\cdot\boldsymbol{e}_r\frac{A\varepsilon}{b}\sin kz=-\frac{A\varepsilon}{b}\sin kz$$

$$\boldsymbol{J}_S=\boldsymbol{n}\times\boldsymbol{H}=-\boldsymbol{e}_r\times\boldsymbol{e}_\theta\frac{B}{b}\cos kz=-\boldsymbol{e}_z\frac{B}{b}\cos kz$$

第6章 电磁波的传播

CHAPTER 6

时变电场和磁场通过相互激发和转化后，在时间与空间统一的物理世界形成电磁波。电磁波的传播主要是指其脱离波源后的运动规律。本章内容包括均匀平面电磁波在无界的理想介质和有耗媒质中的传播规律、均匀平面电磁波在两种不同理想介质和理想介质与导电媒质(含理想导体)分界面上的传播规律以及电磁波在导波系统——矩形波导中的传输特性。电磁波在不同介质中的传播归结为求解满足特定边界条件的波动方程问题。本章在总结归纳主要内容的基础上，重点分析、求解几类典型例题，并对主教材课后习题进行详解，给出部分相关内容的仿真编程代码以及所涉及的科技前沿知识，最后列举有代表性的往年考研试题详解作为相应重点的延伸。

6.1 电磁波的传播思维导图

利用思维导图勾勒出电磁波的传播各部分内容之间的逻辑关系，如图6-1所示。从麦克斯韦方程组出发，可以推导电磁波所满足的波动方程；对最简单的情况进行求解，就可以

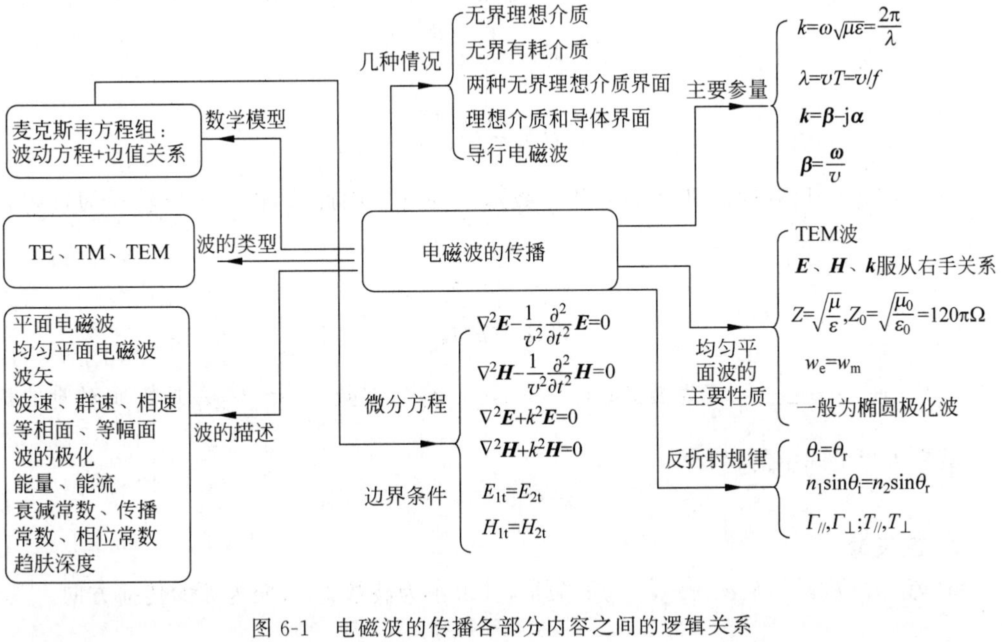

图6-1 电磁波的传播各部分内容之间的逻辑关系

得到均匀平面电磁波的表达形式，并得到其相关概念和性质，如波矢、极化、能流和能量等；这里面的核心是理想介质中的均匀平面波及其特性；导电媒质和有耗媒质中的平面波及其性质可以利用复数介电常数、复数磁导率的概念从前者直接得到。均匀平面波从一种媒质入射到另外一种媒质时，会发生反射和透射现象。基于电磁场边界条件，可以得到反射定律、折射定律以及平行极化波和垂直极化波的反射、透射系数等。此外，当电磁波在受限的导体管道内部传输时，情况有所不同。因此，本章还研究了矩形波导以及谐振腔内的电磁波模式。

6.2 知识点归纳

电磁波的传播涉及的知识点有：

平面电磁波、均匀平面电磁波；波长、波速、频率、波矢、波阻抗、电磁能量、能流密度；椭圆极化、圆极化、线极化；媒质的频散、复介电常数、复磁导率、衰减常数、相位常数、趋肤效应、穿透深度；斯奈尔反射定律、菲涅尔公式、全透射、全反射；超材料中电磁波的特性；行波、表面波、驻波；矩形波导中各个模式的截止频率、截止波长、工作波长以及关系等；介质特性、谐振频率。

6.3 主要内容及公式

大家已大致了解了本章的知识点，下面我们将对本章的主要内容及公式进行详细讲解。

6.3.1 理想介质中的平面电磁波

1. 电磁波的波动方程及其解

在无源、均匀、线性、各向同性介质中，电磁波所服从的波动方程为

$$\begin{cases}\nabla^2 \boldsymbol{E}-\dfrac{1}{v^2}\dfrac{\partial^2 \boldsymbol{E}}{\partial t^2}=0\\ \nabla^2 \boldsymbol{H}-\dfrac{1}{v^2}\dfrac{\partial^2 \boldsymbol{H}}{\partial t^2}=0\end{cases} \tag{6-1}$$

对于时谐电磁场，因随时间变化的复数函数形式为 $e^{j\omega t}$，因此式(6-1)可以转换为亥姆霍兹方程

$$\begin{cases}\nabla^2 \boldsymbol{E}+k^2\boldsymbol{E}=0\\ \nabla^2 \boldsymbol{H}+k^2\boldsymbol{H}=0\end{cases} \tag{6-2}$$

式中，$v=\dfrac{1}{\sqrt{\varepsilon\mu}}=\dfrac{c}{\sqrt{\varepsilon_r\mu_r}}=\dfrac{c}{n}$ 为波速；$k^2=\omega^2\varepsilon\mu$，$k$ 称为波数；$n=\sqrt{\varepsilon_r\mu_r}$ 是媒质对应的折射率。其在无界空间中的解为

$$\boldsymbol{E}=\boldsymbol{E}_m e^{j(\omega t-\boldsymbol{k}\cdot\boldsymbol{r})} \tag{6-3}$$

2. 波矢量

定义：$\boldsymbol{k}=k_x\boldsymbol{e}_x+k_y\boldsymbol{e}_y+k_z\boldsymbol{e}_z$ 为波矢量，其大小为波数 k，方向为波的传播方向。其中，

$k=\omega\sqrt{\varepsilon\mu}=\dfrac{\omega}{v}=\dfrac{2\pi}{\lambda}$。

3. 均匀平面电磁波的主要性质

无界的理想介质中传播的均匀平面电磁波的主要性质有：

(1) $\boldsymbol{E}$ 和 $\boldsymbol{H}$ 方向相互垂直，且与 $\boldsymbol{k}$ 垂直，$\boldsymbol{E}$、$\boldsymbol{H}$ 和 $\boldsymbol{k}$ 服从右手关系，故称为横电磁波(TEM 波)。

(2) 电磁波在理想介质中波速为 $v=\sqrt{\dfrac{1}{\varepsilon\mu}}$，真空中为 $c=\sqrt{\dfrac{1}{\varepsilon_0\mu_0}}$。

(3) $\boldsymbol{E}$ 和 $\boldsymbol{H}$ 时间上同相位，波阻抗 $Z=\dfrac{E}{H}=\sqrt{\dfrac{\mu}{\varepsilon}}=\sqrt{\dfrac{\mu_r}{\varepsilon_r}}Z_0$，自由空间中波阻抗 $Z_0=120\pi\Omega\approx377\Omega$。

(4) 在任何时刻、任何场点，$w_e=w_m$，$w=2w_e=2w_m=\varepsilon E^2=\mu H^2$，其时间平均值则为 $\bar{w}=\dfrac{1}{2}\varepsilon E_m^2=\dfrac{1}{2}\mu H_m^2$。

(5) 能流密度(坡印亭矢量)$\boldsymbol{S}=\boldsymbol{E}\times\boldsymbol{H}$，其瞬时值为

$$\boldsymbol{S}=\frac{E^2}{Z}\boldsymbol{e}_k=ZH^2\boldsymbol{e}_k=w\boldsymbol{v},$$

其时间平均值为 $\bar{\boldsymbol{S}}=\dfrac{E_m^2}{2Z}\boldsymbol{e}_k=\dfrac{1}{2}ZH_m^2\boldsymbol{e}_k=\bar{w}\boldsymbol{v}$。其中，$\boldsymbol{e}_k=\dfrac{\boldsymbol{k}}{k}$是电磁波传播方向上的单位矢量。

(6) 均匀平面波一般是椭圆极化波，线性极化波和圆极化波只是它的特例。

6.3.2 有耗介质中的平面电磁波

1. 复介电常数和磁导率

有耗介质的复介电常数和磁导率分别为

$$\varepsilon(\omega)=\varepsilon'(\omega)-\mathrm{j}\varepsilon''(\omega)=\varepsilon'(\omega)(1-\mathrm{j}\tan\delta_e)=|\varepsilon(\omega)|\mathrm{e}^{-\mathrm{j}\delta_e} \tag{6-4}$$

$$\mu(\omega)=\mu'(\omega)-\mathrm{j}\mu''(\omega)=\mu'(\omega)(1-\mathrm{j}\tan\delta_m)=|\mu(\omega)|\mathrm{e}^{-\mathrm{j}\delta_m} \tag{6-5}$$

导电媒质的等效复介电常数为

$$\varepsilon_c=\varepsilon-\mathrm{j}\frac{\sigma}{\omega}=\varepsilon(1-\mathrm{j}\tan\delta_c)=|\varepsilon_c|\mathrm{e}^{-\mathrm{j}\delta_c} \tag{6-6}$$

其中，δ_e、δ_m 和 δ_c 分别称为电损耗角、磁损耗角和导电媒质的损耗角。

2. 传播常数

定义：$\gamma=\alpha+\mathrm{j}\beta$ 为传播常数。其中，α 为衰减常数，单位为 Np/m；β 为相移常数，单位为 rad/m。α 和 β 的一般表达式分别为

$$\alpha=\omega\sqrt{\frac{\varepsilon'\mu'-\varepsilon''\mu''}{2}\left[\sqrt{1+\frac{(\varepsilon''\mu'+\varepsilon'\mu'')^2}{(\varepsilon'\mu'-\varepsilon''\mu'')^2}}-1\right]} \tag{6-7}$$

$$\beta=\omega\sqrt{\frac{\varepsilon'\mu'-\varepsilon''\mu''}{2}\left[\sqrt{1+\frac{(\varepsilon''\mu'+\varepsilon'\mu'')^2}{(\varepsilon'\mu'-\varepsilon''\mu'')^2}}+1\right]} \tag{6-8}$$

在导电媒质中，α 和 β 分别为

$$\alpha=\omega\sqrt{\frac{\varepsilon\mu}{2}\left[\sqrt{1+\left(\frac{\sigma}{\omega\varepsilon}\right)^2}-1\right]}=\omega\sqrt{\frac{\varepsilon\mu}{2}\left[\sqrt{1+\tan^2\delta_c}-1\right]} \tag{6-9}$$

和

$$\beta=\omega\sqrt{\frac{\varepsilon\mu}{2}\left[\sqrt{1+\left(\frac{\sigma}{\omega\varepsilon}\right)^2}+1\right]}=\omega\sqrt{\frac{\varepsilon\mu}{2}\left[\sqrt{1+\tan^2\delta_c}+1\right]} \tag{6-10}$$

导电媒质中的趋肤深度为

$$\delta=\frac{1}{\alpha} \tag{6-11}$$

良导体中，$\frac{\sigma}{\varepsilon\omega}\gg1$，则

$$\alpha\approx\beta\approx\sqrt{\frac{\omega\mu\sigma}{2}}=\sqrt{\pi f\mu\sigma} \tag{6-12}$$

趋肤深度为

$$\delta=\frac{1}{\alpha}=\sqrt{\frac{2}{\omega\mu\sigma}}=\frac{1}{\sqrt{\pi f\mu\sigma}} \tag{6-13}$$

3. 有耗介质中电磁场的表达式

设电磁波沿正 z 方向传播，则电场强度的形式为

$$\boldsymbol{E}=\boldsymbol{E}_{0m}e^{-\gamma z}=\boldsymbol{E}_{0m}e^{-\alpha z}e^{-j\beta z}=\boldsymbol{E}_m e^{-j\beta z} \tag{6-14}$$

一般情况下，$\boldsymbol{E}=\boldsymbol{E}_{0m}e^{-j\boldsymbol{k}\cdot\boldsymbol{r}}$，则磁场强度的形式为

$$\boldsymbol{H}=\frac{j}{\omega\mu}\nabla\times(\boldsymbol{E}_{0m}e^{-j\boldsymbol{k}\cdot\boldsymbol{r}})=\frac{1}{\omega\mu}\boldsymbol{k}\times\boldsymbol{E}=\frac{k}{\omega\mu}\boldsymbol{e}_k\times\boldsymbol{E}=\frac{1}{Z}\boldsymbol{e}_k\times\boldsymbol{E} \tag{6-15}$$

其中，$\boldsymbol{k}=\boldsymbol{\beta}-j\boldsymbol{\alpha}$。

复波阻抗为

$$Z=\sqrt{\frac{\mu}{\varepsilon}}=\sqrt{\frac{\mu'-j\mu''}{\varepsilon'-j\varepsilon''}}=\sqrt{\frac{|\mu|}{|\varepsilon|}}e^{j\frac{\delta_e-\delta_m}{2}} \tag{6-16}$$

6.3.3 电磁波在两种不同介质分界面上的反射和折射

1. 反射定律

$$\theta_r=\theta_i \tag{6-17}$$

2. 折射定律

$$\frac{\sin\theta_t}{\sin\theta_i}=\frac{k_1}{k_2}=\frac{\sqrt{\varepsilon_1\mu_1}}{\sqrt{\varepsilon_2\mu_2}}=\frac{n_1}{n_2} \tag{6-18}$$

3. 菲涅尔公式

(1) 平行极化(电场强度极化方向平行于入射面)

i. 一般情形

反射系数

$$\Gamma_{/\!/}=\frac{E_{\mathrm{rm}}}{E_{\mathrm{im}}}=\frac{Z_1\cos\theta_{\mathrm{i}}-Z_2\cos\theta_{\mathrm{t}}}{Z_1\cos\theta_{\mathrm{i}}+Z_2\cos\theta_{\mathrm{t}}} \tag{6-19}$$

透射系数

$$T_{/\!/}=\frac{E_{\mathrm{tm}}}{E_{\mathrm{im}}}=\frac{2Z_2\cos\theta_{\mathrm{i}}}{Z_1\cos\theta_{\mathrm{i}}+Z_2\cos\theta_{\mathrm{t}}} \tag{6-20}$$

ii. 非磁性介质

$$\begin{cases}\Gamma_{/\!/}=\dfrac{\sqrt{\varepsilon_2}\cos\theta_{\mathrm{i}}-\sqrt{\varepsilon_1}\cos\theta_{\mathrm{t}}}{\sqrt{\varepsilon_2}\cos\theta_{\mathrm{i}}+\sqrt{\varepsilon_1}\cos\theta_{\mathrm{t}}}=\dfrac{\dfrac{\varepsilon_2}{\varepsilon_1}\cos\theta_{\mathrm{i}}-\sqrt{\dfrac{\varepsilon_2}{\varepsilon_1}-\sin^2\theta_{\mathrm{i}}}}{\dfrac{\varepsilon_2}{\varepsilon_1}\cos\theta_{\mathrm{i}}+\sqrt{\dfrac{\varepsilon_2}{\varepsilon_1}-\sin^2\theta_{\mathrm{i}}}}\\ T_{/\!/}=\dfrac{2\sqrt{\varepsilon_1}\cos\theta_{\mathrm{i}}}{\sqrt{\varepsilon_2}\cos\theta_{\mathrm{i}}+\sqrt{\varepsilon_1}\cos\theta_{\mathrm{t}}}=\dfrac{2\sqrt{\dfrac{\varepsilon_2}{\varepsilon_1}}\cos\theta_{\mathrm{i}}}{\dfrac{\varepsilon_2}{\varepsilon_1}\cos\theta_{\mathrm{i}}+\sqrt{\dfrac{\varepsilon_2}{\varepsilon_1}-\sin^2\theta_{\mathrm{i}}}}\end{cases} \tag{6-21}$$

式(6-21)还可以表示为

$$\begin{cases}\Gamma_{/\!/}=\dfrac{\tan(\theta_{\mathrm{i}}-\theta_{\mathrm{t}})}{\tan(\theta_{\mathrm{i}}+\theta_{\mathrm{t}})}\\ T_{/\!/}=\dfrac{2\cos\theta_{\mathrm{i}}\sin\theta_{\mathrm{t}}}{\sin(\theta_{\mathrm{i}}+\theta_{\mathrm{t}})\cos(\theta_{\mathrm{i}}-\theta_{\mathrm{t}})}\end{cases} \tag{6-22}$$

(2) 垂直极化(电场强度极化方向垂直于入射面)

i. 一般情形

$$\Gamma_{\perp}=\frac{Z_2\cos\theta_{\mathrm{i}}-Z_1\cos\theta_{\mathrm{t}}}{Z_2\cos\theta_{\mathrm{i}}+Z_1\cos\theta_{\mathrm{t}}} \tag{6-23}$$

$$T_{\perp}=\frac{2Z_2\cos\theta_{\mathrm{i}}}{Z_2\cos\theta_{\mathrm{i}}+Z_1\cos\theta_{\mathrm{t}}} \tag{6-24}$$

ii. 非磁性介质

$$\Gamma_{\perp}=\frac{\sqrt{\varepsilon_1}\cos\theta_{\mathrm{i}}-\sqrt{\varepsilon_2}\cos\theta_{\mathrm{t}}}{\sqrt{\varepsilon_1}\cos\theta_{\mathrm{i}}+\sqrt{\varepsilon_2}\cos\theta_{\mathrm{t}}}=\frac{\cos\theta_{\mathrm{i}}-\sqrt{\dfrac{\varepsilon_2}{\varepsilon_1}-\sin^2\theta_{\mathrm{i}}}}{\cos\theta_{\mathrm{i}}+\sqrt{\dfrac{\varepsilon_2}{\varepsilon_1}-\sin^2\theta_{\mathrm{i}}}} \tag{6-25}$$

$$T_{\perp}=\frac{2\sqrt{\varepsilon_1}\cos\theta_{\mathrm{i}}}{\sqrt{\varepsilon_1}\cos\theta_{\mathrm{i}}+\sqrt{\varepsilon_2}\cos\theta_{\mathrm{t}}}=\frac{2\cos\theta_{\mathrm{i}}}{\cos\theta_{\mathrm{i}}+\sqrt{\dfrac{\varepsilon_2}{\varepsilon_1}-\sin^2\theta_{\mathrm{i}}}} \tag{6-26}$$

式(6-25)和式(6-26)可以表示为

$$\begin{cases}\Gamma_{\perp}=-\dfrac{\sin(\theta_{\mathrm{i}}-\theta_{\mathrm{t}})}{\sin(\theta_{\mathrm{i}}+\theta_{\mathrm{t}})}\\ T_{\perp}=\dfrac{2\cos\theta_{\mathrm{i}}\sin\theta_{\mathrm{t}}}{\sin(\theta_{\mathrm{i}}+\theta_{\mathrm{t}})}\end{cases} \tag{6-27}$$

反射率和透射率的定义如下

$$\begin{cases}\rho=\left|\dfrac{\bar{\boldsymbol{S}}_{\mathrm{r}}\cdot\boldsymbol{e}_{\mathrm{n}}}{\bar{\boldsymbol{S}}_{\mathrm{i}}\cdot\boldsymbol{e}_{\mathrm{n}}}\right|=\left|\dfrac{Z_1}{Z_1}\left(\dfrac{E_{\mathrm{r}}}{E_{\mathrm{i}}}\right)\right|^2=|\Gamma|^2\\ \tau=\left|\dfrac{\bar{\boldsymbol{S}}_{\mathrm{t}}\cdot\boldsymbol{e}_{\mathrm{n}}}{\bar{\boldsymbol{S}}_{\mathrm{i}}\cdot\boldsymbol{e}_{\mathrm{n}}}\right|=\left|\dfrac{Z_1\cos\theta_{\mathrm{t}}}{Z_2\cos\theta_{\mathrm{i}}}\right||T|^2\end{cases}\tag{6-28}$$

且 $\rho+\tau=1$，该结论与极化方式无关。

4. 全反射

若 $n_1>n_2$，则根据折射定律有 $\theta_{\mathrm{t}}>\theta_{\mathrm{i}}$。当满足 $\theta_{\mathrm{i}}>\theta_{\mathrm{c}}$ 时，即发生全反射现象。其中，$\theta_{\mathrm{c}}=\arcsin\sqrt{\dfrac{\varepsilon_2\mu_2}{\varepsilon_1\mu_1}}=\arctan\dfrac{n_2}{n_1}$。

发生全反射时，介质 2 中的波为倏逝波，即垂直于分界面的方向上按负指数规律衰减，沿着分界面是行波，也称为表面波、慢波。

5. 全透射

平行极化时，在非磁性介质中，当入射角 $\theta_{\mathrm{i}}=\theta_{\mathrm{B}}=\arcsin\sqrt{\dfrac{\varepsilon_2}{\varepsilon_1+\varepsilon_2}}=\arctan\sqrt{\dfrac{\varepsilon_2}{\varepsilon_1}}$ 时，有 $\Gamma_{/\!/}=0$。

6. 正入射

电磁波从介质 1 垂直入射到介质 2 时，有

$$\Gamma=\frac{Z_2-Z_1}{Z_2+Z_1}\tag{6-29}$$

$$T=\frac{2Z_2}{Z_2+Z_1}\tag{6-30}$$

6.3.4 电磁波在导体表面上的反射与折射

在导体媒质中，菲涅尔公式(式(6-19)、式(6-20)、式(6-23)、式(6-24))中将 $\varepsilon_2=\varepsilon_{\mathrm{c}}=\varepsilon-\mathrm{j}\dfrac{\sigma}{\omega}$ 代入即可。

1. 斜入射

对于良导体，则 $\varepsilon_2=\varepsilon_{\mathrm{c}}\approx-\mathrm{j}\dfrac{\sigma}{\varepsilon}$，于是

$$\left|\frac{\varepsilon_1}{\varepsilon_{\mathrm{c}}}\right|\approx\frac{\omega\varepsilon_1}{\sigma}\ll 1$$

可得

$$\cos\theta_{\mathrm{t}}\approx 1$$

即

$$\theta_{\mathrm{t}}\approx 0\tag{6-31}$$

由此可以得出一个重要结论：不论入射角 θ_{i} 如何，电磁波基本上沿着良导体表面的法线方向透射入导体内，并按 $\mathrm{e}^{-\alpha z}$ 的指数规律迅速衰减。

对于理想导体，$\left|\dfrac{\varepsilon_c}{\varepsilon_1}\right| \to \infty$，故有

$$\begin{cases} \Gamma_{/\!/} = 1 \\ \Gamma_{\perp} = -1 \\ T_{/\!/} = T_{\perp} = 0 \end{cases} \tag{6-32}$$

2. 正入射

电磁波在导体表面正入射时，只需在式(6-29)、式(6-30)中将 Z_2 理解为导电媒质的波阻抗即可，即

$$Z_2 = Z_c = \sqrt{\frac{\mu}{|\varepsilon_c|}}\,e^{j\frac{\delta_c}{2}} \tag{6-33}$$

同样地，如果导电媒质是良导体，则有

$$Z_2 = Z_c = \sqrt{\frac{\mu\omega}{\sigma}}\,e^{j\frac{\pi}{4}} \tag{6-34}$$

如果导电媒质是金属导体，它可以用理想导体来代替，则 $Z_2=0$，电磁波正入射到理想导体表面上的反射系数和透射系数分别为

$$\begin{cases} \Gamma = -1 \\ T = 0 \end{cases} \tag{6-35}$$

$$\begin{cases} E_{rm} = -E_{im} \\ H_{rm} = H_{im} \\ E_{tm} = 0 \\ H_{tm} = 2H_{im} \end{cases} \tag{6-36}$$

6.3.5 驻波

无论是正入射还是斜入射到理想导体表面上的电磁波，在发生全反射的同时，入射波和反射波的叠加在垂直分界面的方向上会形成驻波。对于斜入射情形，沿着分界面方向上还存在行波。驻波的两相邻最大点(波腹)或最小点(波节)间的距离为$\dfrac{\lambda}{2}$；而最大点与其相邻最小点间的距离为$\dfrac{\lambda}{4}$，但电场和磁场的两个驻波错开$\dfrac{1}{4}$个波长。

驻波的电磁能流密度平均值为零，即

$$\bar{\boldsymbol{S}} = 0 \tag{6-37}$$

6.3.6 电磁波在矩形波导中的传输与谐振腔中的振荡

1. 截止特性

截止波数

$$k_c = \sqrt{k_x^2 + k_y^2} = \sqrt{\left(\frac{m\pi}{a}\right)^2 + \left(\frac{n\pi}{b}\right)^2}, \quad m,n = 0,1,2,\cdots \tag{6-38}$$

截止频率

$$f_c=\frac{1}{2\sqrt{\varepsilon\mu}}\sqrt{\left(\frac{m}{a}\right)^2+\left(\frac{n}{b}\right)^2} \tag{6-39}$$

截止波长

$$\lambda_c=\frac{2\pi}{\sqrt{k_x^2+k_y^2}}=\frac{2}{\sqrt{\left(\frac{m}{a}\right)^2+\left(\frac{n}{b}\right)^2}} \tag{6-40}$$

波导波长

$$\lambda_g=\frac{2\pi}{k_z}=\frac{\lambda_0}{\sqrt{1-\left(\frac{\lambda_0}{\lambda_c}\right)^2}} \tag{6-41}$$

2. 谐振特性

谐振频率

$$f_{mnl}=\frac{\omega_{mnl}}{2\pi}=\frac{1}{2\sqrt{\varepsilon\mu}}\sqrt{\left(\frac{m}{a}\right)^2+\left(\frac{n}{b}\right)^2+\left(\frac{l}{c}\right)^2} \tag{6-42}$$

谐振波长

$$\lambda_{mnl}=\frac{2}{\sqrt{\left(\frac{m}{a}\right)^2+\left(\frac{n}{b}\right)^2+\left(\frac{l}{c}\right)^2}} \tag{6-43}$$

矩形波导中不同模式的截止波长如图 6-2 所示(以 $a=7\text{cm}, b=3\text{cm}$ 为例)。

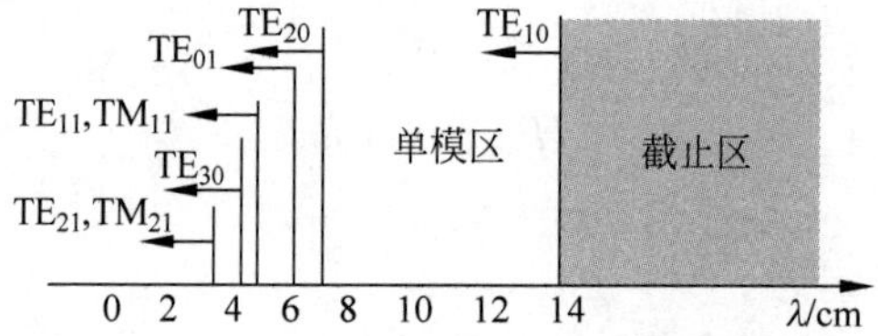

图 6-2 矩形波导中不同模式的截止波长

6.4 重点与难点分析

结合本章主要内容及教学实践,将重点与难点分析如下。

6.4.1 均匀平面电磁波的概念和研究意义

均匀平面电磁波是指以波阵面(等相面)为平面,且在波阵面上各点的场强都相等的一类波。也就是说,在与波传播方向垂直的无限大平面内,场的方向、振幅和相位都相同。

均匀平面电磁波是电磁波中最简单的一种形式,其解可用随时间变化的三角函数或复指数函数来表示,其数学处理较为方便,实际应用中的各种复杂形式的电磁波都可以看成是由许多均匀平面波叠加的结果。在数学上表现为任何一个波动信号总可以通过傅里叶级数展开或积分变换转化为许多不同频率的均匀平面波的叠加,故均匀平面电磁波在波的理论研究中有着重要的意义。同时在对均匀平面电磁波的研究中,对于揭示电磁波的本质和基本属性具有广泛代表性，因此也具有重要的实际意义。

上述描述用波动信号 $f(\boldsymbol{r},t)$ 及其傅里叶变换可以明显表示出来，即

$$\begin{cases} f(\boldsymbol{r},t)=\dfrac{1}{(2\pi)^4}\iiint_k \int_{-\infty}^{\infty} F(\omega,\boldsymbol{k})\mathrm{e}^{\mathrm{j}\omega t}\mathrm{e}^{-\mathrm{j}\boldsymbol{k}\cdot\boldsymbol{r}}\mathrm{d}\omega\,\mathrm{d}\boldsymbol{k} \\ F(\omega,\boldsymbol{k})=\iiint_r \int_{-\infty}^{\infty} f(\boldsymbol{r},t)\mathrm{e}^{-\mathrm{j}\omega t}\mathrm{e}^{\mathrm{j}\boldsymbol{k}\cdot\boldsymbol{r}}\mathrm{d}t\,\mathrm{d}\boldsymbol{r} \end{cases}$$

上式中，第一式中的积分表达式就是一个典型的均匀平面波的形式。

均匀平面波属于一种理想模型。严格地说，它在实际中不存在，但在一定的情形下近似地可以简化为平面波来处理。例如在远离场源（太阳、天线等）的小区域里可以把场源发出的球面波看成是只向一个方向传播的均匀平面波。

6.4.2 传播常数和相位常数的关系

定义传播常数 $\gamma=\alpha+\mathrm{j}\beta$，是复数。其中，$\alpha$ 为衰减常数，β 为相位常数。在均匀、线性、各向同性的无界理想介质中，衰减常数 $\alpha=0$，故相位常数和传播常数数值上相等，即 $\gamma=\mathrm{j}\beta$。在无界有耗媒质中，传播常数中包含着衰减大小程度的量，β 是 γ 的一部分；在有界介质中，波的传播既有行波部分，又有驻波部分。传播常数反映行波分量的传播特性，但对应于驻波，则不再有相位常数，因为驻波中没有等相面的传播，其相位常数为零。

在有些教材中，为了反映不同媒质中波的特性，引入复波矢的概念 $\boldsymbol{k}=\boldsymbol{\beta}-\mathrm{j}\boldsymbol{\alpha}$，有异曲同工之效。

6.4.3 波的极化的判断

假设均匀平面电磁波沿 $+z$ 方向传播，电场强度的瞬时表达式为

$$\boldsymbol{E}=E_{x\mathrm{m}}\cos(\omega t-\beta z+\varphi_{x0})\boldsymbol{e}_x+E_{y\mathrm{m}}\cos(\omega t-\beta z+\varphi_{y0})\boldsymbol{e}_y \tag{6-44}$$

令 $\psi=\varphi_{y0}-\varphi_{x0}$ 为初相位差，并要求满足 $|\psi|\leqslant\pi$。

(1) 线极化波：$\psi=0$ 或 π。

(2) 圆极化波：$E_{x\mathrm{m}}=E_{y\mathrm{m}}$ 且 $\psi=\pm\dfrac{\pi}{2}$。

若 $\psi>0$，E_y 较 E_x 超前 $90°$，合成场强矢量 $\boldsymbol{E}$ 与 x 轴的夹角为

$$\varphi=\tan^{-1}\frac{E_y}{E_x}=-(\omega t+\varphi_{x0}) \tag{6-45}$$

相位超前的分量向相位滞后的方向旋转，转向与传播方向满足左手关系，则为左旋圆极化波；反之，为右旋波。

(3) 椭圆极化波：除(1)(2)外的其他情形。若 $\psi>0$，则为左旋椭圆极化波；反之，为右旋波。

6.4.4 全透射不一定只发生在平行极化的情形

当电磁波斜入射到不同介质分界面时，在入射角等于某一角度时，反射系数等于零，这时没有反射波，只有折射波，这种现象称为全透射现象或全折射现象。发生全透射时的入射角称为布儒斯特角。

主教材中讲到,对于非磁性介质中只有平行极化时才有可能出现全透射现象。对于一般普通介质,若为平行极化,由

$$\Gamma_{/\!/}=\frac{E_{\mathrm{rm}}}{E_{\mathrm{im}}}=\frac{Z_1\cos\theta_{\mathrm{i}}-Z_2\cos\theta_{\mathrm{t}}}{Z_1\cos\theta_{\mathrm{i}}+Z_2\cos\theta_{\mathrm{t}}}$$

令 $\Gamma_{/\!/}=0$,则有

$$Z_1\cos\theta_{\mathrm{i}}=Z_2\cos\theta_{\mathrm{t}}$$

即

$$\sqrt{\frac{\mu_1}{\varepsilon_1}}\cos\theta_{\mathrm{i}}=\sqrt{\frac{\mu_2}{\varepsilon_2}}\sqrt{\left(1-\frac{\mu_1\varepsilon_1}{\mu_2\varepsilon_2}\sin^2\theta_{\mathrm{i}}\right)}$$

整理可得布儒斯特角为

$$\sin\theta_{\mathrm{B}/\!/}=\sqrt{\frac{\varepsilon_2(\mu_2\varepsilon_1-\mu_1\varepsilon_2)}{\mu_1(\varepsilon_1^2-\varepsilon_2^2)}} \tag{6-46}$$

对于垂直极化波,由

$$\Gamma_{\perp}=\frac{Z_2\cos\theta_{\mathrm{i}}-Z_1\cos\theta_{\mathrm{t}}}{Z_2\cos\theta_{\mathrm{i}}+Z_1\cos\theta_{\mathrm{t}}}$$

同理,令 $\Gamma_{\perp}=0$,则有

$$Z_2\cos\theta_{\mathrm{i}}=Z_1\cos\theta_{\mathrm{t}}$$

可得布儒斯特角为

$$\sin\theta_{\mathrm{B}\perp}=\sqrt{\frac{\mu_2(\mu_1\varepsilon_2-\mu_2\varepsilon_1)}{\varepsilon_1(\mu_1^2-\mu_2^2)}} \tag{6-47}$$

可见,无论是平行极化还是垂直极化,都有可能出现全透射现象。对于非磁性介质,$\mu_1\approx\mu_2\approx\mu_0$,代入上式,就可得到跟主教材一致的结论。

6.4.5 全反射时波在分界面法向负指数衰减和导电媒质中波的衰减本质的区别

全反射情况下,透射波的平均能流密度只有沿分界面方向的分量,沿法线方向的分量平均值等于零。说明这时介质 2 起着吐纳电磁能量的作用。在前半个周期内,电磁能量的瞬时值透入介质 2,在介质分界面附近储存起来;在后半个周期内,该部分能量被释放出来通过分界面从介质 1 反射出去,这就是透射波成为衰减波的原因。这种衰减不同于导体媒质中的衰减,由于导电媒质中存在着传导电流,必然有焦耳热的损耗,从而造成能量的衰减。在全反射中,只有位移电流,所以不存在焦耳热的损耗,衰减仅是由于边界条件约束而致,两者之间本质不同。

6.4.6 古斯-汉森效应

发生全反射时,菲涅尔公式仍然成立,但分子和分母成为一对共轭复数,即

$$\Gamma_{/\!/}=\frac{\dfrac{\varepsilon_2}{\varepsilon_1}\cos\theta_{\mathrm{i}}-\mathrm{j}\sqrt{\sin^2\theta_{\mathrm{i}}-\dfrac{\varepsilon_2}{\varepsilon_1}}}{\dfrac{\varepsilon_2}{\varepsilon_1}\cos\theta_{\mathrm{i}}+\mathrm{j}\sqrt{\sin^2\theta_{\mathrm{i}}-\dfrac{\varepsilon_2}{\varepsilon_1}}}=\mathrm{e}^{-\mathrm{j}2\Delta\varphi_{/\!/}} \tag{6-48}$$

$$\Gamma_{\perp}=\frac{\cos\theta_i - j\sqrt{\sin^2\theta_i-\dfrac{\varepsilon_2}{\varepsilon_1}}}{\cos\theta_i + j\sqrt{\sin^2\theta_i-\dfrac{\varepsilon_2}{\varepsilon_1}}}=e^{-j2\Delta\varphi_{\perp}} \tag{6-49}$$

其中，$\Delta\varphi_{/\!/}=\arctan\dfrac{\sqrt{\sin^2\theta_i-n_{21}^2}}{n_{21}^2\cos\theta_i}$，$\Delta\varphi_{\perp}=\arctan\dfrac{\sqrt{\sin^2\theta_i-n_{21}^2}}{\cos\theta_i}$，$n_{21}^2=\dfrac{\varepsilon_2}{\varepsilon_1}$。

式(6-48)和式(4-49)表明，在发生全反射时，反射波和入射波的振幅相同，但存在一定的相位差。可以证明，反射波的能流密度和入射波的能流密度必然相等。因此电磁能量被全部反射出去，这就是全反射的物理实质。反射波与入射波的相位差可以折合为反射点上的一段位移，如图6-3所示，即被称为古斯-汉森位移。

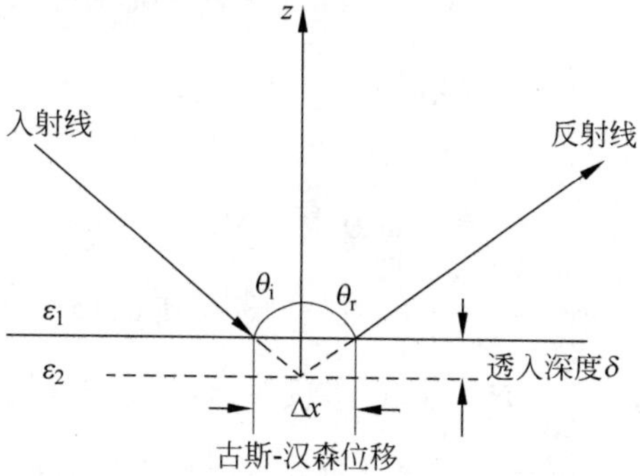

图6-3 古斯-汉森位移

若考虑 $\varepsilon_1>\varepsilon_2$ 情形，由 $\Delta\varphi=k_{1x}\Delta x=k_1\sin\theta_i\Delta x$，可得古斯-汉森位移为

$$\Delta x=\frac{\Delta\varphi}{k_1\sin\theta_i} \tag{6-50}$$

古斯-汉森位移是全反射时的一种效应，是分析介质表面薄层的传播特性、实现电磁能量的耦合和电磁测量等方面均需考虑的一个重要因素。

6.4.7 负折射率媒质和零折射率媒质中的电磁波

1. 负折射率媒质中的电磁波

负折射率媒质也称为双负电磁参数媒质，即 $\varepsilon<0,\mu<0$。对于时谐电磁场所满足的亥姆霍兹方程仍为

$$\nabla^2\boldsymbol{E}+k^2\boldsymbol{E}=0$$

其中，$k^2=\omega^2\varepsilon\mu$。$k$ 的值仍为实数，故上式的解仍为行波。求解为

$$\boldsymbol{E}=\boldsymbol{E}_0e^{-j\boldsymbol{k}\cdot\boldsymbol{r}}$$

此时，用分量形式容易证明

$$\nabla\times\boldsymbol{E}=\nabla\times\boldsymbol{E}_0e^{-j\boldsymbol{k}\cdot\boldsymbol{r}}=-j\boldsymbol{k}\times\boldsymbol{E}_0e^{-j\boldsymbol{k}\cdot\boldsymbol{r}}=-j\boldsymbol{k}\times\boldsymbol{E}$$

$$\nabla\cdot\boldsymbol{E}=\nabla\cdot\boldsymbol{E}_0e^{-j\boldsymbol{k}\cdot\boldsymbol{r}}=-j\boldsymbol{k}\cdot\boldsymbol{E}_0e^{-j\boldsymbol{k}\cdot\boldsymbol{r}}=-j\boldsymbol{k}\cdot\boldsymbol{E}$$

由麦克斯韦方程组可得

$$\boldsymbol{k}\cdot\boldsymbol{E}=0,\quad \boldsymbol{k}\cdot\boldsymbol{H}=0,\quad \boldsymbol{k}\times\boldsymbol{E}=\omega\mu\boldsymbol{H},\quad \boldsymbol{k}\times\boldsymbol{H}=-\omega\varepsilon\boldsymbol{E} \tag{6-51}$$

由式(6-51)不难看出，当 $\varepsilon<0,\mu<0$ 时，$\boldsymbol{E}$、$\boldsymbol{H}$ 和 $\boldsymbol{k}$ 服从左手关系，称为左手材料，或称

左手媒质。坡印亭矢量仍为 $\boldsymbol{S}=\boldsymbol{E}\times\boldsymbol{H}$，即 $\boldsymbol{E}$、$\boldsymbol{H}$ 和 $\boldsymbol{S}$ 服从右手关系，故 $\boldsymbol{k}$ 与 $\boldsymbol{S}$ 方向相反。由于 $\boldsymbol{k}$ 代表相速度方向，$\boldsymbol{S}$ 代表能流方向，所以在左手材料中，相速度和群速度方向相反，如图 6-4 所示。

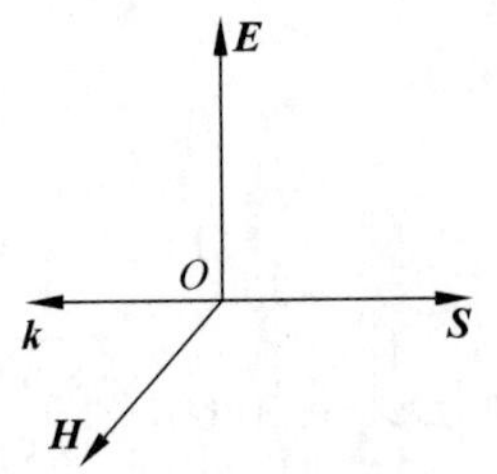

图 6-4 左手材料中 $\boldsymbol{E}$、$\boldsymbol{H}$ 与 $\boldsymbol{k}$ 及 $\boldsymbol{S}$ 的关系

2. 零折射率媒质中的均匀平面电磁波

零折射率媒质中，$n=0$，包括 $\varepsilon=0,\mu\neq0$；$\varepsilon\neq0,\mu=0$ 和 $\varepsilon=0,\mu=0$ 三种可能。

对于时谐场，在各向同性介质中，麦克斯韦方程组的主要两式为

$$\nabla\times\boldsymbol{H}=\mathrm{j}\omega\varepsilon\boldsymbol{E},\quad \nabla\times\boldsymbol{E}=-\mathrm{j}\omega\mu\boldsymbol{H}$$

(1) 当 $\varepsilon=0,\mu\neq0$ 时，由 $\nabla\times\boldsymbol{H}=\mathrm{j}\omega\varepsilon\boldsymbol{E}$ 可得 $\nabla\times\boldsymbol{H}=0$，则有 $\boldsymbol{H}=\boldsymbol{H}_0\mathrm{e}^{\mathrm{j}\omega t}$，即磁场强度空间分布与位置无关。同时由 $k^2=\omega^2\varepsilon\mu$ 可得 $k=0,\lambda=\dfrac{2\pi}{k}\to\infty$。但电场 $\boldsymbol{E}$ 的分布不一定具有均匀性。

(2) 当 $\varepsilon\neq0,\mu=0$ 时，由 $\nabla\times\boldsymbol{E}=-\mathrm{j}\omega\mu\boldsymbol{H}$ 可得 $\nabla\times\boldsymbol{E}=0$，则有 $\boldsymbol{E}=\boldsymbol{E}_0\mathrm{e}^{\mathrm{i}\omega t}$，即电场强度空间分布与位置无关。同样，$k=0,\lambda=\dfrac{2\pi}{k}\to\infty$。但磁场 $\boldsymbol{H}$ 的分布不一定具有均匀性。

(3) 当 $\varepsilon=0,\mu=0$ 时，由 $\nabla\times\boldsymbol{H}=\mathrm{j}\omega\varepsilon\boldsymbol{E}$，$\nabla\times\boldsymbol{E}=-\mathrm{j}\omega\mu\boldsymbol{H}$ 可得 $\nabla\times\boldsymbol{E}=\nabla\times\boldsymbol{H}=0$，则有 $\boldsymbol{E}=\boldsymbol{E}_0\mathrm{e}^{\mathrm{i}\omega t}$，$\boldsymbol{H}=\boldsymbol{H}_0\mathrm{e}^{\mathrm{j}\omega t}$，即电场和磁场强度空间分布均为均匀分布。同理，$k=0,\lambda=\dfrac{2\pi}{k}\to\infty$。

以上特性可应用于波的整形和波的隧穿等方面。

6.4.8 负折射和零折射

1. 负折射

设介质 1 与介质 2 的分界面仍为无限大平面，介质 2 中，$\varepsilon_2<0,\mu<0$，如图 6-5 所示。如果入射波、反射波和折射波的方向分别沿着各自波矢量 $\boldsymbol{k}_\mathrm{i}$、$\boldsymbol{k}_\mathrm{r}$ 和 $\boldsymbol{k}_\mathrm{t}$ 的方向，故得

$$\theta_\mathrm{r}=\theta_\mathrm{i} \tag{6-52}$$

$$\frac{\sin\theta_\mathrm{t}}{\sin\theta_\mathrm{i}}=\frac{k_1}{k_2}=-\frac{n_1}{|n_2|} \tag{6-53}$$

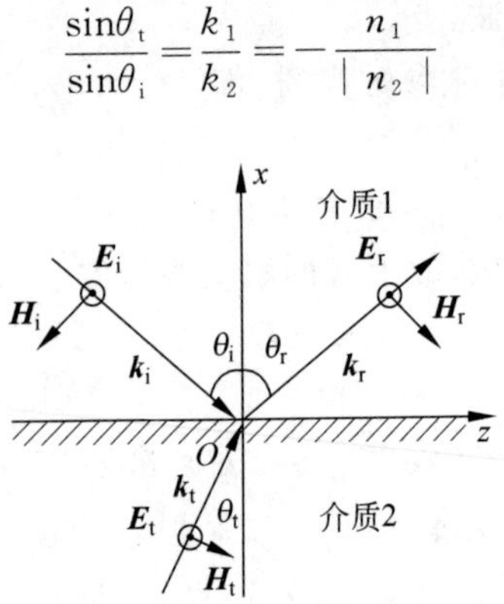

图 6-5 电磁波从右手媒质斜入射到左手媒质的分界面上

该种情况下的折射角 $\theta_t<0$，即折射线与入射线位居于法线同侧，故称为负折射现象。利用负折射可以实现介质平板的超透镜成像等。

2. 零折射

在介质 2 中，若 $\varepsilon_2=0$ 或 $\mu_2=0$，则有 $n_2=0$。当入射波从介质 1 射入介质 2 时，由 $\theta_C=\arcsin\dfrac{n_2}{n_1}$ 知，$\theta_C=0$，故在入射角取任意不为零值的情况下总会发生全反射现象。

若入射波由介质 2 入射到介质 1，设入射角、折射角分别为 θ_2、θ_1，由折射定律 $\dfrac{\sin\theta_1}{\sin\theta_2}=\dfrac{n_2}{n_1}$ 知，因 $n_2=0$，知折射角 $\theta_1\equiv 0$。可见，在这种情况下，无论入射角大小如何，折射的方向总沿着法线，此即为零折射现象。利用零折射率超材料可以实现高指向性辐射。

6.4.9 表面等离子体

表面等离子体可看作一种产生于金属和介质界面的表面电磁波，也称为表面等离激元(surface plasmon polariton，SPP)。当电磁波入射到该交界面时，会诱发金属表面自由电子的集体振荡，最终导致表面等离子体激元的产生。波沿金属表面传播，且在垂直于表面的方向上按指数规律衰减。

考虑 TM 模，不妨设 $x=0$ 为金属和介质的分界面，波沿着 z 轴正向传播，如图 6-6 所示。

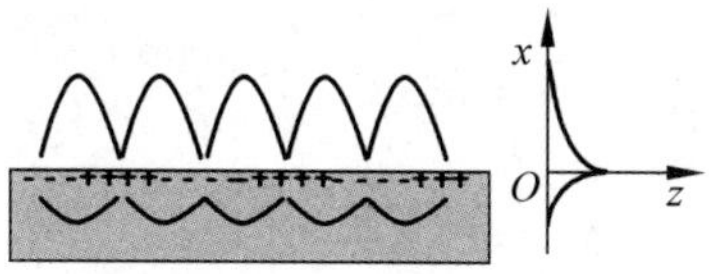

图 6-6 介质与金属分界面上形成的表面波示意图

设介质($x>0$)和金属($x<0$)中的磁场强度 H_y 分别为

$$\begin{cases} H_{y1}=A_1 e^{-k_{x1}x} e^{j(\omega t-k_{z1}z)}, & x>0 \\ H_{y2}=A_2 e^{k_{x2}x} e^{j(\omega t-k_{z2}z)}, & x<0 \end{cases} \tag{6-54}$$

在 $x=0$ 的分界面上，应满足 $H_{y1}=H_{y2}$，即有

$$A_1=A_2=A,\quad k_{z1}=k_{z2}=\beta \tag{6-55}$$

再利用 $\nabla\times\boldsymbol{H}=j\omega\varepsilon\boldsymbol{E}$，可得

$$\begin{cases} E_{z1}=-\dfrac{k_{x1}}{j\omega\varepsilon_1}A e^{-k_{x1}x} e^{j(\omega t-\beta z)}, & x>0 \\ E_{z2}=\dfrac{k_{x2}}{j\omega\varepsilon_2}A e^{k_{x2}x} e^{j(\omega t-\beta z)}, & x<0 \end{cases} \tag{6-56}$$

再由分界面上切向电场的连续条件 $E_{z1}=E_{z2}$，得

$$\varepsilon_2 k_{x1}=-\varepsilon_1 k_{x2} \tag{6-57}$$

在两介质中，波数所满足的关系式为

$$\beta^2=\omega^2\varepsilon_1\mu_1+k_{x1}^2=\omega^2\varepsilon_2\mu_2+k_{x2}^2 \tag{6-58}$$

对于非磁性物质，可取 $\mu_1=\mu_2=\mu_0$，联立式(6-57)和式(6-58)得

$$\begin{cases} k_{x1}^2 = -\omega^2 \varepsilon_1 \mu_0 \dfrac{\varepsilon_1}{\varepsilon_1 + \varepsilon_2} \\ k_{x2}^2 = -\omega^2 \varepsilon_2 \mu_0 \dfrac{\varepsilon_2}{\varepsilon_1 + \varepsilon_2} \\ \beta = k_0 \sqrt{\dfrac{\varepsilon_1 \varepsilon_2}{\varepsilon_0 (\varepsilon_1 + \varepsilon_2)}} \end{cases} \tag{6-59}$$

通常情况下，ε_1 和 ε_2 取复数，k_{x1}、k_{x2} 存在复数解。若令 $\varepsilon_1 = \varepsilon_0$，$\varepsilon_2 = \varepsilon_2' - \mathrm{j}\varepsilon_2''$，由式(6-59)可知 k_{x1}、k_{x2} 和 β 均为复数，不妨表示为 $k_{x1} = k_{x1}' - \mathrm{j}k_{x1}''$、$k_{x2} = k_{x2}' - jk_{x2}''$ 和 $\beta = \beta' - \mathrm{j}\beta''$，则介质与金属内的电场为

$$\begin{cases} E_{z1} = -\dfrac{k_{x1} A}{\mathrm{j}\omega\varepsilon_1} \mathrm{e}^{-(k_{x1}' x + \beta'' z)} \mathrm{e}^{\mathrm{j}(\omega t + k_{x1}'' x - \beta' z)}, & x > 0 \\ E_{z2} = \dfrac{k_{x2} A}{\mathrm{j}\omega\varepsilon_2} \mathrm{e}^{(k_{x2}' x - \beta'' z)} \mathrm{e}^{\mathrm{j}(\omega t - k_{x2}'' x - \beta' z)}, & x < 0 \end{cases} \tag{6-60}$$

介质 1 和介质 2 中的波矢量分别为

$$\boldsymbol{k}_1 = -k_{x1}'' \boldsymbol{e}_x + \beta' \boldsymbol{e}_z, \quad \boldsymbol{k}_2 = k_{x2}'' \boldsymbol{e}_x + \beta' \boldsymbol{e}_z \tag{6-61}$$

具体讨论非常复杂。下面就介质 1 为真空，介质 2 为良导体情况进行讨论。

此种情况下，$\varepsilon_1 = \varepsilon_0$，$\varepsilon_2 = \varepsilon_0 \left(\varepsilon_{\mathrm{r}} - \mathrm{j} \dfrac{\sigma}{\omega \varepsilon_0} \right) \approx -\mathrm{j} \dfrac{\sigma}{\omega}$。代入式(6-59)，可得

$$k_{x1} \approx k_0 (1 - \mathrm{j}) \sqrt{\frac{\omega \varepsilon_0}{2\sigma}} \tag{6-62}$$

$$k_{x2} \approx \frac{1 + \mathrm{j}}{\delta} \tag{6-63}$$

$$\beta \approx k_0 \left(1 - \mathrm{j} \frac{\omega \varepsilon_0}{2\sigma} \right) \tag{6-64}$$

由于 $k_{x1}'' \ll \beta'$，故在 1 区内的波矢量 $\boldsymbol{k}_1 = -k_{x1}'' \boldsymbol{e}_x + \beta' \boldsymbol{e}_z$ 近乎与 z 轴平行，而在 2 区内，由于 $k_{x2}'' \gg \beta'$，故波矢量 $\boldsymbol{k}_2 = k_{x2}'' \boldsymbol{e}_x + \beta' \boldsymbol{e}_z$ 则接近于垂直于分界面。

需要指出的是，对于磁导率 $\mu_1 = \mu_2$ 的介质分界面，TE 型表面等离激元是不可能存在的(读者可以根据边值关系自行证明)。只有当 $\mu_1 \neq \mu_2$ 时，TE 型表面等离激元才有可能存在。实际上，对于两种非磁性材料 μ_1 和 μ_2 相差甚小，因此即使存在 TE 型表面等离激元，仍可以忽略，故主要还是 TM 型表面波。

通过以上分析，可得出表面等离激元有以下几个主要特性：

(1) 表面等离子体激元与金属表面自由电子的共振有关，它是电磁波与金属表面自由电子振荡耦合的结果。

(2) 表面等离子体激元能够沿着金属和介质交界面传播，是一种表面波。

(3) 表面等离子体激元在交界面的两侧呈指数衰减，因而是倏逝波。它被紧致地束在金属表面附近很小的尺度范围内，从而呈现出一种表面等离子体激元被束缚在金属表面、金属表面附近的电场得到增强的效果。

(4) 表面等离子体激元为 TM 偏振电磁波。

基于上述特征，表面等离激元在生物基因检测、微纳光集成、高密度光存储、超分辨成

像、亚波长光刻等方面有着广泛的应用。

6.4.10 均匀平面电磁波入射到理想导体板时的反射场求解方法

经常遇到在均匀平面电磁波入射到金属边界的情况下，计算反射电场、反射磁场以及金属表面感应的电荷密度和电流密度。现结合一般情况，对此问题进行阐述。

假设入射电场已知，设为 $\boldsymbol{E}_{\mathrm{i}}(x,y,z)=(\boldsymbol{e}_xE_{x\mathrm{m}}+\boldsymbol{e}_yE_{y\mathrm{m}}+\boldsymbol{e}_zE_{z\mathrm{m}})\mathrm{e}^{-\mathrm{j}(k_xx+k_yy+k_zz)}\ \mathrm{V/m}$，则显然有

$$k_xE_{x\mathrm{m}}+k_yE_{y\mathrm{m}}+k_zE_{z\mathrm{m}}=0$$

为了论述方便，假设金属导体板位于 $z=0$ 的位置，更一般的情况可以如法炮制。由上述表达式容易得到波矢量的表达形式，从而也就知道了电磁波从什么方向入射到金属导体板上(比如，本例是从下半空间到上半空间)。这个问题很重要，因为据此就知道了介质和导体的位置，从而也就知道了边界的法线方向(即 $\boldsymbol{e}_z$ 或者 $-\boldsymbol{e}_z$)。后面计算电荷密度和电流密度时，该法线方向很重要，否则会出现负号的差异。

利用入射电场计算入射磁场是方便的，直接使用均匀平面波的性质即可。如果要计算反射电场，则问题稍微复杂一些。这里采用待定系数法，即假设

$$\boldsymbol{E}_{\mathrm{r}}(x,y,z)=(\boldsymbol{e}_xA+\boldsymbol{e}_yB+\boldsymbol{e}_zC)\mathrm{e}^{-\mathrm{j}(k_xx+k_yy-k_zz)}\ \mathrm{V/m}$$

$$k_xA+k_yB-k_zC=0$$

注意：对于波矢量，其切向分量不变，但是法向分量改为原来的相反数，这实际上反映的就是反射定律，即反射角等于入射角。从几何关系很容易得到这个结论。由于金属表面的边界条件 $E_{\mathrm{t}}=0$，因此有

$$\boldsymbol{E}_{\mathrm{rt}}(x,y,0)+\boldsymbol{E}_{\mathrm{it}}(x,y,0)=[\boldsymbol{e}_x(A+E_{x\mathrm{m}})+\boldsymbol{e}_y(B+E_{y\mathrm{m}})]\mathrm{e}^{-\mathrm{j}(k_xx+k_yy)}=0$$

易得

$$A=-E_{x\mathrm{m}},\quad B=-E_{y\mathrm{m}}$$

于是

$$k_xA+k_yB-k_zC=-k_xE_{x\mathrm{m}}-k_yE_{y\mathrm{m}}-k_zC=0$$

显然，有

$$C=E_{z\mathrm{m}}$$

于是，反射电场为

$$\boldsymbol{E}_{\mathrm{r}}(x,y,z)=(-\boldsymbol{e}_xE_{x\mathrm{m}}-\boldsymbol{e}_yE_{y\mathrm{m}}+\boldsymbol{e}_zE_{z\mathrm{m}})\mathrm{e}^{-\mathrm{j}(k_xx+k_yy-k_zz)}\ \mathrm{V/m}$$

知道了反射电场，则反射磁场同样容易求得，不再赘述。可以看到，对于反射电场，与入射电场相比，切向(分量)相反，法向(分量)不变；对于波矢而言，切向(分量)不变，法向(分量)相反。

知道了这个道理，那么当入射场给出的是磁场时，比如

$$\boldsymbol{H}_{\mathrm{i}}(x,y,z)=(\boldsymbol{e}_xH_{x\mathrm{m}}+\boldsymbol{e}_yH_{y\mathrm{m}}+\boldsymbol{e}_zH_{z\mathrm{m}})\mathrm{e}^{-\mathrm{j}(k_xx+k_yy+k_zz)}\ \mathrm{V/m},$$

则反射磁场也用类似的方法可以得到，即

$$\boldsymbol{H}_{\mathrm{r}}(x,y,z)=(\boldsymbol{e}_xH_{x\mathrm{m}}+\boldsymbol{e}_yH_{y\mathrm{m}}-\boldsymbol{e}_zH_{z\mathrm{m}})\mathrm{e}^{-\mathrm{j}(k_xx+k_yy-k_zz)}\ \mathrm{V/m}。$$

可以看到，对于波矢而言，反射定律依旧成立：切向(分量)不变，法向(分量)相反；而对于反射磁场，与入射磁场相比，法向(分量)相反，切向(分量)不变。

知道了这些规律，在求解平面波入射到无限大金属板的问题时，就不会无从下手了。

6.4.11 反射、折射定律推导过程中的一个重要结论及其证明

在主教材中推导分界面处的反射和透射特性，即反射定律、折射定律和菲涅尔公式时，运用了一个非常重要的结论。以垂直极化波为例，对于分界面上的任意一点、任意时刻，下式恒成立。

$$\boldsymbol{E}_{\text{im}}\text{e}^{\text{j}(\omega_{\text{i}}t-\boldsymbol{k}_{\text{i}}\cdot\boldsymbol{r})}+\boldsymbol{E}_{\text{rm}}\text{e}^{\text{j}(\omega_{\text{r}}t-\boldsymbol{k}_{\text{r}}\cdot\boldsymbol{r})}=\boldsymbol{E}_{\text{tm}}\text{e}^{\text{j}(\omega_{\text{t}}t-\boldsymbol{k}_{\text{t}}\cdot\boldsymbol{r})}$$

据此，我们认为公式中的三个指数因子必须相等，从而对应的时空坐标项对应相等，于是便得到了相关结果。有些同学会问，为什么？现对此做进一步解释。

上述问题可以简化为：已知 $A\text{e}^{\text{j}ax}+B\text{e}^{\text{j}bx}+C\text{e}^{\text{j}cx}=0$ 对所有的 x 均成立。其中，A,B,C 不全为零。证明：$a=b=c$，且 $A+B+C=0$。

用于上式对所有的 x 均成立，所以不妨取 $0,x,2x$，则等式依然成立。即

$$A+B+C=0$$
$$A\text{e}^{\text{j}ax}+B\text{e}^{\text{j}bx}+C\text{e}^{\text{j}cx}=0$$
$$A(\text{e}^{\text{j}ax})^2+B(\text{e}^{\text{j}bx})^2+C(\text{e}^{\text{j}cx})^2=0$$

也就是

$$\begin{bmatrix}1 & 1 & 1\\ \text{e}^{\text{j}ax} & \text{e}^{\text{j}bx} & \text{e}^{\text{j}cx}\\ (\text{e}^{\text{j}ax})^2 & (\text{e}^{\text{j}bx})^2 & (\text{e}^{\text{j}cx})^2\end{bmatrix}\begin{bmatrix}A\\B\\C\end{bmatrix}=0$$

由于 A,B,C 不全为零，于是有

$$\begin{vmatrix}1 & 1 & 1\\ \text{e}^{\text{j}ax} & \text{e}^{\text{j}bx} & \text{e}^{\text{j}cx}\\ (\text{e}^{\text{j}ax})^2 & (\text{e}^{\text{j}bx})^2 & (\text{e}^{\text{j}cx})^2\end{vmatrix}=0$$

上面的行列式是范德蒙行列式，因此有

$$(\text{e}^{\text{j}cx}-\text{e}^{\text{j}bx})(\text{e}^{\text{j}cx}-\text{e}^{\text{j}ax})(\text{e}^{\text{j}bx}-\text{e}^{\text{j}ax})=0$$

其中一项必为零，不妨设第一项为零，则

$$\text{e}^{\text{j}cx}-\text{e}^{\text{j}bx}=0$$

由于变量 x 具有任意性，因此有 $b=c$（事实上，考虑到 a,b,c 地位的平等性，也可直接得到 $a=b=c$ 成立）。

于是

$$A\text{e}^{\text{j}ax}+B\text{e}^{\text{j}bx}+C\text{e}^{\text{j}cx}=A\text{e}^{\text{j}ax}+(B+C)\text{e}^{\text{j}bx}=0$$

即 $A\text{e}^{\text{j}ax}+B'\text{e}^{\text{j}bx}=0$。其中，$A,B'$ 不全为零，$B'=B+C$。

利用类似的方法，可以证明，$a=b$，且 $A+B'=0$。

综上则有

$$a=b=c \quad 且 \quad A+B+C=0$$

反过来，当 $a=b=c$ 且 $A+B+C=0$ 时，$A\text{e}^{\text{j}ax}+B\text{e}^{\text{j}bx}+C\text{e}^{\text{j}cx}=0$ 对所有的 x 均成立。

6.5 典型例题分析

例 6.1 一均匀平面电磁波在理想介质中传播，其相对介电常数为 $\varepsilon_{\text{r}}=4,\mu_{\text{r}}=1$。已知磁场强度矢量为 $\boldsymbol{H}=6\boldsymbol{e}_y\text{e}^{\text{j}(\omega t-2x+2\sqrt{3}z)}$ A/m。

(1) 求波的传播方向、波长、波速；

(2) 求此电磁波的电场强度矢量；

(3) 计算瞬时能流密度和平均能流密度。

解 本题主要考查对平面电磁波的基本参数、电磁场及能流密度的问题的掌握。求解要点在于：判断波的传播方向，基于 $e^{j(\omega t-\boldsymbol{k}\cdot\boldsymbol{r})}$ 中因子 $\boldsymbol{k}\cdot\boldsymbol{r}$ 观察而得；电场强度、磁场强度和传播方向服从右手关系，且 $\boldsymbol{E}=\sqrt{\frac{\mu}{\varepsilon}}\boldsymbol{H}\times\boldsymbol{e}_k$；求解时谐场量平均值是对该量在一个周期 T 内积分再求平均，平均能流密度的平均值等于复数坡印亭矢量的实部的一半。

(1) 观察已知磁场表达式，得 $\boldsymbol{k}=2\boldsymbol{e}_x-2\sqrt{3}\boldsymbol{e}_z$，故波的传播方向为

$$\boldsymbol{e}_k=\frac{1}{2}\boldsymbol{e}_x-\frac{\sqrt{3}}{2}\boldsymbol{e}_z$$

$$k=\sqrt{2^2+(2\sqrt{3})^2}=4;\ \lambda=\frac{2\pi}{k}=\frac{\pi}{2}\text{m};\ v=c/\sqrt{\varepsilon_r\mu_r}=1.5\times10^8\,\text{m/s}。$$

(2) 由 $\boldsymbol{E}=\sqrt{\frac{\mu}{\varepsilon}}\boldsymbol{H}\times\boldsymbol{e}_k$，得

$$\boldsymbol{E}=360\pi\boldsymbol{e}_y e^{j(\omega t-2x+2\sqrt{3}z)}\times\left(\frac{1}{2}\boldsymbol{e}_x-\frac{\sqrt{3}}{2}\boldsymbol{e}_z\right)=180\pi(-\sqrt{3}\boldsymbol{e}_x-\boldsymbol{e}_z)e^{j(\omega t-2x+2\sqrt{3}z)}\,\text{V/m}。$$

(3) 将电场强度和磁场强度分别写为实数形式，即为

$$\boldsymbol{E}=180\pi(-\sqrt{3}\boldsymbol{e}_x-\boldsymbol{e}_z)\cos(\omega t-2x+2\sqrt{3}z)\,\text{V/m}$$

$$\boldsymbol{H}=6\boldsymbol{e}_y\cos(\omega t-2x+2\sqrt{3}z)\,\text{A/m}$$

能流密度的瞬时值为

$$\begin{aligned}\boldsymbol{S}=\boldsymbol{E}\times\boldsymbol{H}&=1080\pi\cos^2(\omega t-2x+2\sqrt{3}z)(\boldsymbol{e}_x-\sqrt{3}\boldsymbol{e}_z)\\&=2160\pi\cos^2(\omega t-2x+2\sqrt{3}z)\boldsymbol{e}_k\,\text{W/m}^2\end{aligned}$$

能流密度的平均值为

$$\bar{\boldsymbol{S}}=\frac{1}{2}\text{Re}(\boldsymbol{E}\times\boldsymbol{H}^*)=1080\pi\boldsymbol{e}_k\,\text{W/m}^2$$

例 6.2 某均匀平面电磁波在非磁性理想介质中传播，其电场强度的复振幅为 $\boldsymbol{E}_m=(4\boldsymbol{e}_x-\boldsymbol{e}_y+2\boldsymbol{e}_z)\text{kV/m}$，其磁场强度的复振幅为 $\boldsymbol{H}_m=(6\boldsymbol{e}_x+18\boldsymbol{e}_y-3\boldsymbol{e}_z)\text{A/m}$。

试求：

(1) 波在传播方向上的单位矢量；

(2) 波的平均功率密度；

(3) 介质的介电常数。

解 本题从电场强度、磁场强度和传播方向的关系来确定波的传播方向；理解平均功率密度与坡印亭矢量本质上的相同性，以及电场强度与磁场强度幅值与电磁参数的关系。

(1) 理想介质中均匀平面电磁波的传播方向与坡印亭矢量方向一致。故

$$\begin{aligned}\boldsymbol{e}_k=\frac{\boldsymbol{E}\times\boldsymbol{H}}{|\boldsymbol{E}\times\boldsymbol{H}|}&=\frac{(4\boldsymbol{e}_x-\boldsymbol{e}_y+2\boldsymbol{e}_z)\times(6\boldsymbol{e}_x+18\boldsymbol{e}_y-3\boldsymbol{e}_z)}{\sqrt{4^2+1^2+2^2}\cdot\sqrt{6^2+18^2+3^2}}\\&=-0.375\boldsymbol{e}_x+0.273\boldsymbol{e}_y+0.886\boldsymbol{e}_z\end{aligned}$$

(2) 波的平均功率密度为

$$\bar{\boldsymbol{S}}=\frac{1}{2}\mathrm{Re}(\boldsymbol{E}\times\boldsymbol{H}^{*})=(4\boldsymbol{e}_x-\boldsymbol{e}_y+2\boldsymbol{e}_z)\times(6\boldsymbol{e}_x+18\boldsymbol{e}_y-3\boldsymbol{e}_z)$$
$$=-16.5\boldsymbol{e}_x+12\boldsymbol{e}_y+39\boldsymbol{e}_z\ \mathrm{kW/m^2}$$

(3) 根据题意，波阻抗为

$$Z=\frac{E_{\mathrm{m}}}{H_{\mathrm{m}}}=1000\sqrt{\frac{21}{369}}=\sqrt{\frac{\mu_0}{\varepsilon}}$$

可得

$$\varepsilon=2.5\varepsilon_0$$

例 6.3 证明椭圆极化波 $\boldsymbol{E}=(E_1\boldsymbol{e}_x+\mathrm{j}E_2\boldsymbol{e}_y)\mathrm{e}^{-\mathrm{j}\beta z}$ 可以分解为两个振幅不等的圆极化波。

证明 本题主要考查椭圆极化与圆极化的关系。波的分解和合成问题就是一个极化状态已知的电磁波能否分解成其他形式的两个线性无关的极化波。求解这类问题一定要准确掌握常见的三种极化波的特征，通过矢量分解和合成得到结果。

令 $\boldsymbol{E}=(E_1\boldsymbol{e}_x+\mathrm{j}E_2\boldsymbol{e}_y)\mathrm{e}^{-\mathrm{j}\beta z}=E_1'(\boldsymbol{e}_x+\mathrm{j}\boldsymbol{e}_y)\mathrm{e}^{-\mathrm{j}\beta z}+E_2'(\boldsymbol{e}_x-\mathrm{j}\boldsymbol{e}_y)\mathrm{e}^{-\mathrm{j}\beta z}$

与已知式比较，可得

$$E_1'+E_2'=E_1,\quad E_1'-E_2'=E_2$$

解之，得

$$E_1'=\frac{E_1+E_2}{2},\quad E_2'=\frac{E_1-E_2}{2}$$

$$\boldsymbol{E}=\frac{E_1+E_2}{2}(\boldsymbol{e}_x+\mathrm{j}\boldsymbol{e}_y)\mathrm{e}^{-\mathrm{j}\beta z}+\frac{E_1-E_2}{2}(\boldsymbol{e}_x-\mathrm{j}\boldsymbol{e}_y)\mathrm{e}^{-\mathrm{j}\beta z}$$

上式第一项表示振幅为 $\frac{E_1+E_2}{2}$ 的左旋圆极化波，第二项表示振幅为 $\frac{E_1-E_2}{2}$ 的右旋圆极化波，从而得证。

例 6.4 已知等离子体的介电常数为 $\varepsilon=\varepsilon_0\left(1-\frac{\omega_{\mathrm{p}}^2}{\omega^2}\right)$，$\mu=\mu_0$。求平面波在等离子体中的相速度和群速度。

解 本题要求运用相速度、群速度的概念进行计算。电磁波的群速和相速概念不同，一定要理解清楚，代入相应的公式进行计算。

由 $k=\omega\sqrt{\varepsilon\mu}=\omega\sqrt{\varepsilon_0\mu_0\left(1-\frac{\omega_{\mathrm{p}}^2}{\omega^2}\right)}$，可得相速度为

$$v_{\mathrm{p}}=\frac{\omega}{k}=c\left(1-\frac{\omega_{\mathrm{p}}^2}{\omega^2}\right)^{-\frac{1}{2}}>c$$

群速度为

$$v_{\mathrm{g}}=\frac{\mathrm{d}\omega}{\mathrm{d}k}=\frac{k}{\omega\varepsilon_0\mu_0}=\frac{c^2}{v_{\mathrm{p}}}$$

讨论：对于相速度，一般情况下总是大于真空中的光速；而群速度则小于光速。当 $\omega=\omega_{\mathrm{p}}$ 时，$v_{\mathrm{p}}\to\infty$，$v_{\mathrm{g}}\to 0$；当 $\omega\to\infty$ 时，$v_{\mathrm{p}}=c$，$v_{\mathrm{g}}=c$；当 $0<\omega<\omega_{\mathrm{p}}$ 时，相速度为虚数，表明该种频率的电磁波不能传播。

例 6.5 一均匀平面电磁波由海水表面沿+z方向在海水中垂直传播,已知在$z=0$处磁场强度为$\boldsymbol{H}=100\boldsymbol{e}_y\cos(10^7\pi t)\mathrm{A/m}$,若海水的介电常数、磁导率、电导率分别为$\varepsilon_r=80$、$\mu_r=1$、$\sigma=4\mathrm{S/m}$。求:

(1) 衰减常数、相位常数、波阻抗、相速度、波长、趋肤深度;

(2) 海水中磁场强度的表达式;

(3) 当磁场强度的振幅衰减到表面的1%时,求波传播的距离;

(4) 若频率为100kHz,重复计算(3)的结果,比较两种结果的物理意义。

解 本题主要运用有耗介质中平面电磁波的基本参数、场量和衰减特性进行计算。在计算衰减常数、相位常数时,一定要先根据已知条件判断媒质是否属于良导体,才能代入相应的表达式中。注意波阻抗是复数以及相速应采用$v_p=\dfrac{\omega}{\beta}$定义式。

(1) 由题意知,$\omega=10^7\pi\mathrm{rad/m}$,因$\dfrac{\sigma}{\varepsilon\omega}=180\gg1$,属良导体,则衰减常数、相位常数为

$$\alpha\approx\beta\approx\sqrt{\frac{\omega\mu\sigma}{2}}=2\sqrt{2}\pi\mathrm{rad/m}$$

波阻抗为

$$Z=\sqrt{\frac{\mu}{\varepsilon_c}}\approx\sqrt{\frac{\omega\mu}{\sigma}}\mathrm{e}^{\mathrm{j}\frac{\pi}{4}}=\frac{\sqrt{2}}{2}\pi(1+\mathrm{j})\Omega$$

相速度为

$$v_p=\frac{\omega}{\beta}=\sqrt{\frac{2\omega}{\mu\sigma}}=\frac{10^7}{2\sqrt{2}}\approx3.54\times10^6\mathrm{m/s}$$

波长为

$$\lambda=\frac{2\pi}{\beta}=\frac{2\pi}{2\sqrt{2}\pi}=\frac{\sqrt{2}}{2}\approx0.707\mathrm{m}$$

趋肤深度为

$$\delta=\frac{1}{\alpha}=\frac{1}{2\sqrt{2}\pi}\approx0.1125\mathrm{m}$$

(2) 海水中磁场强度的表达式为

$$\boldsymbol{H}=\boldsymbol{e}_y100\mathrm{e}^{-2\sqrt{2}\pi z}\cos(10^7\pi t-2\sqrt{2}\pi z)\mathrm{A/m}$$

(3) 由$\mathrm{e}^{-2\sqrt{2}\pi z_0}=0.01$,得

$$z_0=-\frac{1}{2\sqrt{2}\pi}\ln0.01=0.52\mathrm{m}$$

(4) 若频率为100kHz,仍有$\dfrac{\sigma}{\varepsilon\omega}\gg1$,则

$$\alpha\approx\beta\approx\sqrt{\frac{\omega\mu\sigma}{2}}\approx1.2566$$

$$z_0=-\frac{1}{1.2566}\ln0.01\approx3.66\mathrm{m}$$

比较两种计算结果,不难看出,随着频率的升高,电磁波的衰减加快。

例 6.6 微波炉加热的工作原理是利用磁控管输出的 2.45GHz 的微波作用于食物，通过食物分子快速受迫振动使之受热。已知在该频率下牛排的等效复介电常数约为 $\varepsilon'=40\varepsilon_0$，$\mu=\mu_0$，损耗角正切 $\tan\delta_e=0.3$。求：

(1) 微波穿入牛排的趋肤深度；

(2) 牛排内 10mm 处的微波场强为表面的百分之几？

(3) 微波炉中盛食物的盘子是专用材料发泡聚苯乙烯制成的，其等效复介电常数约为 $\varepsilon'=1.03\varepsilon_0$，损耗角正切 $\tan\delta_e=3\times10^{-5}$。根据计算结果分析，用微波加热牛排时牛排烧熟时盘子会不会被烧焦？

解 本题是电磁波(微波)在日常生活中的应用实例，注意判别良导体和不良导体的条件。

(1) 由已知牛排的损耗角正切可知，牛排为不良导体。微波进入牛排后，波的趋肤深度为

$$\delta=\frac{1}{\alpha}=\frac{1}{\omega}\sqrt{\frac{2}{\varepsilon\mu}}\left[\sqrt{1+\left(\frac{\sigma}{\omega\varepsilon}\right)^2}-1\right]^{-\frac{1}{2}}=\frac{3\times10^8}{2.45\times2\pi\times10^9}\sqrt{\frac{2}{40}}\left(\sqrt{1+0.3^2}-1\right)^{-\frac{1}{2}}=20.8\text{mm}$$

(2) 牛排内 10mm 处的微波场强为表面的百分比为

$$\left|\frac{E}{E_m}\right|=e^{-\alpha z}$$

代入具体数值，得

$$\left|\frac{E}{E_m}\right|=e^{-\alpha z}=e^{-\frac{10}{20.8}}=61.8\%$$

(3) 发泡聚苯乙烯的电损耗角非常小，属于低耗介质。同理，代入趋肤深度公式，得

$$\delta=\frac{1}{\alpha}=\frac{1}{\omega}\sqrt{\frac{2}{\varepsilon\mu}}\left[\sqrt{1+\left(\frac{\sigma}{\omega\varepsilon}\right)^2}-1\right]^{-\frac{1}{2}}\approx\frac{1}{\omega}\sqrt{\frac{2}{\varepsilon\mu}}\left[\frac{1}{2}\left(\frac{\sigma}{\omega\varepsilon}\right)\right]^{-\frac{1}{2}}$$

$$=\frac{2\times3\times10^8}{2.45\times2\pi\times10^9\times(3\times10^{-5})\times\sqrt{1.03}}=1.28\times10^3\text{m}$$

微波加热时，由于牛排属于导电媒质，其趋肤深度为厘米数量级，微波进入牛排后绝大部分电磁能量转化为焦耳热，从而使食物烧熟。发泡聚苯乙烯属于良好介质，微波进入后传导电流非常小，几乎不产生焦耳热，所以不被烧焦。从趋肤深度较长也可以说明损耗很小。

例 6.7 一均匀平面电磁波从理想介质斜入射到空气中，已知其相对介电常数和磁导率分别为 $\varepsilon_r=4$，$\mu_r=1$。试求：

(1) 若在分界面上发生全反射，入射角应如何选取？

(2) 若入射波为椭圆极化波，而反射波为一线极化波，入射角应取多大？

解 本题是对电磁波从一种介质入射到另一种介质时发生全反射和全透射应满足的条件进行分析计算的问题。

(1) 均匀平面电磁波从波密媒质进入波疏媒质，若入射角大于临界角，即可发生全反射。即

$$\theta_i\geqslant\theta_C=\arcsin\sqrt{\frac{n_2}{n_1}}=\arcsin\sqrt{\frac{\varepsilon_0}{\varepsilon_2}}=\arcsin\sqrt{\frac{1}{4}}=\frac{\pi}{6}$$

(2) 椭圆极化波可以分解为平行极化波和垂直极化波。对于平行极化波，当入射角等

于布儒斯特角时，反射波消失，即发生全透射。所以，对于椭圆极化波反射波只有垂直极化分量，它属于线极化。即

$$\theta_i=\theta_B=\arctan\sqrt{\frac{n_2}{n_1}}=\arctan\sqrt{\frac{\varepsilon_0}{\varepsilon_2}}=\arctan\frac{1}{2}=26.57°$$

例 6.8 一均匀平面电磁波从 $\varepsilon_r=4$，$\mu_r=1$ 半无界理想介质斜入射到与空气相交的平面 $z=0$ 上，已知入射面为 $y=0$，入射场的电场强度为 $\boldsymbol{E}_i=\boldsymbol{e}_y e^{-j(x+\sqrt{3}z)}$ V/m。求：

(1) 入射波的波长、相速、频率和磁场强度；

(2) 入射角、反射角和透射角；

(3) 反射波的电场和磁场；

(4) 透射波的平均功率密度。

解 本题属于一道综合题，需结合平面电磁波的基本参量、反射定律和折射定律等进行分析计算。

(1) 观察已知的电场强度表达式，容易得出波矢量为 $\boldsymbol{k}_i=\boldsymbol{e}_x+\sqrt{3}\boldsymbol{e}_z$，波数为

$$k_i=\sqrt{1^2+(\sqrt{3})^2}=2\text{m}$$

波长为

$$\lambda=\frac{2\pi}{k_i}=\frac{2\pi}{2}=\pi\text{m}$$

相速为

$$v=\frac{1}{\sqrt{\varepsilon\mu_0}}=\frac{\varepsilon_0\mu_0}{\sqrt{4\times 1}}=1.5\times 10^8\text{m/s}$$

频率为

$$f=\frac{v}{\lambda}=\frac{1.5\times 10^8\text{m}}{\pi}=47.77\text{MHz}$$

磁场强度为

$$\boldsymbol{H}_i=\frac{1}{Z}\boldsymbol{e}_k\times\boldsymbol{E}_i=\sqrt{\frac{\varepsilon_r}{\mu_r}}\frac{1}{120\pi}\left(\frac{1}{2}\boldsymbol{e}_x+\frac{\sqrt{3}}{2}\boldsymbol{e}_z\right)\times\boldsymbol{e}_y e^{-j(x+\sqrt{3}z)}$$

$$=\frac{1}{120\pi}(-\sqrt{3}\boldsymbol{e}_x+\boldsymbol{e}_z)e^{-j(x+\sqrt{3}z)}\text{A/m}$$

(2) 由题意得，入射角和反射角为

$$\theta_i=\theta_r=\arctan\frac{k_x}{k_z}=\frac{\pi}{6}$$

再由折射定律 $\sqrt{4}\sin\theta_i=\sin\theta_t$，得折射角为

$$\theta_t=\arcsin(\sqrt{4}\sin\theta_i)=\arcsin\left(2\sin\frac{\pi}{6}\right)=\frac{\pi}{2}$$

表明此时的入射角恰好为临界角。

(3) 由题意知，电场为垂直极化，故有

$$\Gamma_\perp=\frac{\cos\theta_i-\sqrt{\dfrac{1}{\varepsilon_r}-\sin^2\theta_i}}{\cos\theta_i+\sqrt{\dfrac{1}{\varepsilon_r}-\sin^2\theta_i}}=\frac{\cos\dfrac{\pi}{6}-\sqrt{\dfrac{1}{\varepsilon_r}-\sin^2\dfrac{\pi}{6}}}{\cos\dfrac{\pi}{6}+\sqrt{\dfrac{1}{\varepsilon_r}-\sin^2\dfrac{\pi}{6}}}=1$$

反射波的波矢量为 $\boldsymbol{k}_r=\boldsymbol{e}_x-\sqrt{3}\boldsymbol{e}_z$，所以反射场的电场强度为

$$\boldsymbol{E}_r=\boldsymbol{e}_y e^{-j(x-\sqrt{3}z)}\ \text{V/m}$$

反射波的磁场强度为

$$\boldsymbol{H}_r=\frac{1}{Z}\boldsymbol{e}_k\times\boldsymbol{E}_r=\sqrt{\frac{\varepsilon_r}{\mu_r}}\ \frac{1}{120\pi}\left(\frac{1}{2}\boldsymbol{e}_x-\frac{\sqrt{3}}{2}\boldsymbol{e}_z\right)\times\boldsymbol{e}_y e^{-j(x-\sqrt{3}z)}$$

$$=\frac{1}{120\pi}(\sqrt{3}\boldsymbol{e}_x+\boldsymbol{e}_z)e^{-j(x-\sqrt{3}z)}\ \text{A/m}$$

(4)
$$T_\perp=\frac{2\cos\theta_i}{\cos\theta_i+\sqrt{\dfrac{1}{\varepsilon_r}-\sin^2\theta_i}}=\frac{2\cos\dfrac{\pi}{6}}{\cos\dfrac{\pi}{6}+\sqrt{\dfrac{1}{4}-\sin^2\dfrac{\pi}{6}}}=2$$

透射波的波矢量为

$$\boldsymbol{k}_t=k_0\sin\theta_t\boldsymbol{e}_x+k_0\cos\theta_t\boldsymbol{e}_z=\boldsymbol{e}_x$$

透射波的电场强度和磁场强度分别为

$$\boldsymbol{E}_t=2\boldsymbol{e}_y e^{-jx}\ \text{V/m}$$

$$\boldsymbol{H}_t=T_\perp\times\frac{1}{120\pi}\boldsymbol{e}_z e^{-jx}=\frac{1}{60\pi}\boldsymbol{e}_z e^{-jx}\ \text{A/m}$$

透射波的平均功率密度为

$$\bar{\boldsymbol{S}}=\frac{1}{2}\text{Re}(\boldsymbol{E}\times\boldsymbol{H}^*)=\frac{1}{2}\text{Re}\left(2e^{-jx}\boldsymbol{e}_y\times\frac{1}{60\pi}e^{jx}\boldsymbol{e}_z\right)=\frac{1}{60\pi}\boldsymbol{e}_x=5.31\times10^{-3}\boldsymbol{e}_x\ \text{W/m}^2$$

发生全反射时，透射波的能流密度(功率密度)沿着分界面的边界传播，这种波不再是均匀平面波，而是一种表面波，也称为倏逝波。

例 6.9 如图 6-7 所示，一垂直极化波斜入射到两种理想介质的分界面上，且 $\varepsilon_1\gg\varepsilon_2$。

(1) 写出透射波电场强度的表达式；

(2) 当 $\theta_i\gg\theta_C$ 时，透射场中与 z 相关的项有什么变化?

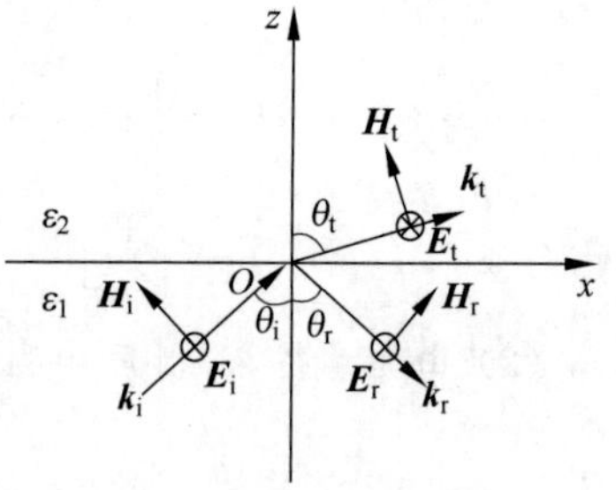

图 6-7 例 6.9 示意图

解 首先利用正常折射情况下的折射定律确定折射方向、相关的电磁参量，再利用电场与磁场的关系求出磁场；在此基础上根据已知假设，进行讨论、分析。

(1) 设透射波电场强度的振幅为 E_{tm}，波矢为 $\boldsymbol{k}_2$，则具体表达式为

$$\boldsymbol{E}_t=\boldsymbol{e}_y E_{tm}e^{j(\omega t-k_2\sin\theta_t x-k_2\cos\theta_t z)}$$

(2) 因
$$\cos\theta_t=\sqrt{1-\sin^2\theta_t}=\sqrt{1-\frac{\varepsilon_1}{\varepsilon_2}\sin^2\theta_i}$$

当满足 $\theta_i\gg\theta_C=\arcsin\sqrt{\dfrac{\varepsilon_2}{\varepsilon_1}}$ 时，$\sqrt{1-\dfrac{\varepsilon_1}{\varepsilon_2}\sin^2\theta_i}<0$，此时 $\cos\theta_t$ 为虚数。因此透射场应表示为

$$\boldsymbol{E}_t=\boldsymbol{e}_y E_{tm}e^{-|k_2\cos\theta_t|z}e^{j(\omega t-k_2\sin\theta_t x)}$$

可见，沿正 z 方向电场分量按照指数衰减，等相面沿正 x 方向传播，这种波不再是均匀

平面波，等幅面和等相面不再重合，属于表面波。

例 6.10 一频率为 1GHz 的均匀平面电磁波在空气中沿正 z 方向传播，在 $z=0$ 处入射到无损耗介质($\varepsilon_{r2}=4$，$\mu_{r2}=1$)中。已知电场强度的振幅为 $E_{im}=100\text{V/m}$，沿 x 正向。求反射波和透射波的电场矢量以及平均坡印亭矢量。

解 本题目中确定反射波、透射波的场量是关键，需要求出反射波、透射波的波矢、反射系数和透射系数，在此基础上求电磁场及相应的能流密度。

设空气为介质 1，其波阻抗为

$$Z_1=120\pi\Omega$$

介质 2 中波阻抗为

$$Z_2=\sqrt{\frac{\mu_{r2}}{\varepsilon_{r2}}}Z_0=\sqrt{\frac{1}{4}}\times 120\pi=60\pi\Omega$$

则反射系数为

$$\Gamma=\frac{Z_2-Z_1}{Z_2+Z_1}=\frac{60\pi-120\pi}{60\pi+120\pi}=-\frac{1}{3}$$

透射系数为

$$T=\frac{2Z_2}{Z_2+Z_1}=\frac{2\times 60\pi}{60\pi+120\pi}=\frac{2}{3}$$

依题意得，角频率为

$$\omega=2\pi f=2\pi\times 10^9\,\text{rad/m}$$

介质 1 中波数为

$$k_1=\frac{\omega}{c}=\frac{2\pi\times 10^9}{3\times 10^8}=\frac{20\pi}{3}\text{m}^{-1}$$

介质 2 中的波数为

$$k_2=\frac{\omega}{v}=\frac{2\pi\times 10^9}{3\times 10^8/\sqrt{4}}=\frac{40\pi}{3}\text{m}^{-1}$$

则反射波的电场强度为

$$\boldsymbol{E}_r=\Gamma\boldsymbol{E}_{im}e^{j(\omega t+k_1 z)}=-\frac{1}{3}\times 100e^{j2\pi\left(10^9 t+\frac{10}{3}z\right)}\boldsymbol{e}_x\,\text{V/m}$$

透射波的电场强度为

$$\boldsymbol{E}_t=T\boldsymbol{E}_{im}e^{j(\omega t-kz)}=\frac{2}{3}\times 100e^{j2\pi\left(10^9 t-\frac{20}{3}z\right)}\boldsymbol{e}_x\,\text{V/m}$$

入射波的平均坡印亭矢量为

$$\bar{\boldsymbol{S}}_i=\frac{1}{2}\text{Re}(\boldsymbol{E}_i\times\boldsymbol{H}_i^*)=\frac{1}{2}\frac{E_{im}^2}{Z_1}\boldsymbol{e}_z=\frac{100^2}{240\pi}\boldsymbol{e}_z=13.27\boldsymbol{e}_z\,\text{W/m}^2$$

反射波的平均坡印亭矢量为

$$\bar{\boldsymbol{S}}_r=\frac{1}{2}\text{Re}(\boldsymbol{E}_r\times\boldsymbol{H}_r^*)=\frac{1}{2}\frac{(\Gamma E_{im})^2}{Z_1}(-\boldsymbol{e}_z)=-\frac{100^2}{2\times 9\times 120\pi}\boldsymbol{e}_z=-1.47\boldsymbol{e}_z\,\text{W/m}^2$$

透射波的平均坡印亭矢量为

$$\bar{\boldsymbol{S}}_t=\frac{1}{2}\text{Re}(\boldsymbol{E}_t\times\boldsymbol{H}_t^*)=\frac{1}{2}\frac{(TE_{im})^2}{Z_1}\boldsymbol{e}_z=\frac{4\times 100^2}{2\times 9\times 60\pi}\boldsymbol{e}_z=11.8\boldsymbol{e}_z\,\text{W/m}^2$$

例 6.11 空气中一电场强度为 $\boldsymbol{E}_{\mathrm{i}}=60\pi\boldsymbol{e}_y\mathrm{e}^{\mathrm{j}(\omega t-3x+3\sqrt{3}z)}$ V/m 的平面电磁波在入射面 $y=0$ 传播时遇到一个位于 $z=0$ 的无限大理想导体平面，试计算：

(1) 该电磁波的波长 λ_i、角频率 ω 和反射波波矢 $\boldsymbol{k}_{\mathrm{r}}$；

(2) 入射波的磁场强度、平均能流密度 $\bar{\boldsymbol{S}}_{\mathrm{i}}$；

(3) 直接写出反射系数 Γ 的值，并简要说明理由。

解 理解电磁波在理想介质与理想导体分界面上一定发生全反射是求解的关键。

(1) 观察电场强度的具体形式，可得入射波的波矢为

$$\boldsymbol{k}_{\mathrm{i}}=3\boldsymbol{e}_{\mathrm{x}}-3\sqrt{3}\boldsymbol{e}_z$$

波数为

$$k=\sqrt{3^2+(3\sqrt{3})^2}=6/\mathrm{m}^{-1}$$

角频率为

$$\omega=\frac{k}{\sqrt{\mu_0\varepsilon_0}}=kc=1.8\times10^9\,\mathrm{rad/s}$$

反射波的波矢为

$$\boldsymbol{k}_{\mathrm{r}}=3\boldsymbol{e}_x+3\sqrt{3}\boldsymbol{e}_z$$

(2) 入射场的磁场强度为

$$\boldsymbol{H}=\sqrt{\frac{\varepsilon_0}{\mu_0}}\boldsymbol{e}_k\times\boldsymbol{E}=\frac{60\pi}{120\pi}\left(\frac{1}{2}\boldsymbol{e}_x-\frac{\sqrt{3}}{2}\boldsymbol{e}_z\right)\times\boldsymbol{e}_y\mathrm{e}^{\mathrm{j}(\omega t-3x+3\sqrt{3}z)}$$
$$=\frac{1}{4}(\sqrt{3}\boldsymbol{e}_x+\boldsymbol{e}_z)\mathrm{e}^{\mathrm{j}(\omega t-3x+3\sqrt{3}z)}\,\mathrm{A/m}$$

平均能流密度为

$$\bar{\boldsymbol{S}}_{\mathrm{i}}=\frac{1}{2}\mathrm{Re}(\boldsymbol{E}\times\boldsymbol{H}^*)=\frac{1}{2}\sqrt{\frac{\varepsilon_0}{\mu_0}}(60\pi)^2\left(\frac{1}{2}\boldsymbol{e}_x-\frac{\sqrt{3}}{2}\boldsymbol{e}_z\right)=\frac{1}{480\pi}E_0^2(\boldsymbol{e}_x-\sqrt{3}\boldsymbol{e}_z)$$
$$=7.5\pi(\boldsymbol{e}_x-\sqrt{3}\boldsymbol{e}_z)$$

(3) $\Gamma=-1$。因在理想导体表面电磁波会发生全反射，同时总切向电场为零，所以得此结果。

例 6.12 已知均匀平面波的电场强度为 $\boldsymbol{E}_{\mathrm{i}}=\boldsymbol{e}_x10\mathrm{e}^{-\mathrm{j}6z}$ V/m，角频率为 $\omega=1.8\times10^9$ rad/m，由空气垂直入射到 $\varepsilon_{\mathrm{r}}=2.5$，$\mu_{\mathrm{r}}=1$ 且电损耗角正切值为 0.5 的有耗介质分界面 $z=0$ 上。求：

(1) 反射波和折射波的电场和磁场的瞬时表达式；

(2) 两种介质中的平均坡印亭矢量。

解 本题涉及理想介质中的电磁波进入有耗介质后发生的行为问题，只要把有耗介质中的介电常数换成复数即可，由此导致了反射系数、透射系数、波阻抗和波矢等都成为了复数。

(1) 根据题意知，$\tan\delta_{\mathrm{e}}=\dfrac{\sigma}{\omega\varepsilon}=0.5$。于是，介质 2 的复介电常数为

$$\varepsilon_{\mathrm{c}}=\varepsilon_0\varepsilon_{\mathrm{r}}\left(1-\mathrm{j}\frac{\sigma}{\omega\varepsilon}\right)=2.5\varepsilon_0(1-0.5\mathrm{j})$$

因此其复波数和波阻抗为

$$k=\omega\sqrt{\varepsilon_c\mu}=\frac{\omega}{c}\sqrt{\varepsilon_r\left(1-\mathrm{j}\frac{\sigma}{\omega\varepsilon}\right)}=\frac{1.8\times10^9}{3\times10^8}\sqrt{2.5(1-\mathrm{j}0.5)}=9.76-\mathrm{j}2.30=\beta-\mathrm{j}\alpha$$

于是,衰减常数与相位常数分别为

$$\alpha=2.30\mathrm{Np/m}$$
$$\beta=9.76\mathrm{rad/m}$$

复波阻抗为

$$Z_2=\sqrt{\frac{\mu_2}{\varepsilon_2\left(1-\mathrm{j}\frac{\sigma_2}{\omega\varepsilon_2}\right)}}=\sqrt{\frac{\mu_0}{2.5\varepsilon_0(1-\mathrm{j}0.5)}}=225.34\mathrm{e}^{\mathrm{j}13.3^\circ}=219.31+\mathrm{j}51.77\Omega$$

分界面上的反射系数和透射系数分别为

$$\Gamma=\frac{Z_2-Z_1}{Z_2+Z_1}=\frac{219.31+\mathrm{j}51.77-377}{219.31+\mathrm{j}51.77+377}=0.277\mathrm{e}^{\mathrm{j}156.9^\circ}$$

$$T=\frac{2Z_2}{Z_2+Z_1}=\frac{2\times(219.31+\mathrm{j}51.77)}{219.31+\mathrm{j}51.77+377}=0.753\mathrm{e}^{\mathrm{j}8.32^\circ}$$

因此反射波的电场强度和磁场强度分别为

$$\boldsymbol{E}_r=\boldsymbol{e}_x\Gamma E_{im}\mathrm{e}^{\mathrm{j}6z}=\boldsymbol{e}_x2.77\mathrm{e}^{\mathrm{j}(6z+156.9^\circ)}\mathrm{V/m}$$

$$\boldsymbol{H}_r=(-\boldsymbol{e}_z\times\boldsymbol{e}_x)\frac{\Gamma E_{im}}{Z_0}\mathrm{e}^{\mathrm{j}6z}=-\boldsymbol{e}_y\frac{2.77}{377}\mathrm{e}^{\mathrm{j}(6z+156.9^\circ)}\mathrm{A/m}$$

折射波的电场和磁场分别为

$$\boldsymbol{E}_t=\boldsymbol{e}_xTE_i=\boldsymbol{e}_x7.53\mathrm{e}^{-2.30z}\mathrm{e}^{\mathrm{j}(-9.76z+8.32^\circ)}\mathrm{V/m}$$

$$\boldsymbol{H}_t=\boldsymbol{e}_y\frac{TE_i}{Z_2}=\boldsymbol{e}_y\frac{7.53}{225.34}\mathrm{e}^{-2.30z}\mathrm{e}^{\mathrm{j}(-9.76t-4.98^\circ)}\mathrm{A/m}$$

其相应的瞬时值表达式为

$$\boldsymbol{E}_r=\boldsymbol{e}_x2.77\cos(1.8\times10^9t+6z+156.9^\circ)\mathrm{V/m}$$

$$\boldsymbol{H}_r=-\boldsymbol{e}_y\frac{2.77}{377}\cos(1.8\times10^9t+6z+156.9^\circ)\mathrm{A/m}$$

$$\boldsymbol{E}_t=\boldsymbol{e}_x7.53\mathrm{e}^{-2.30z}\cos(1.8\times10^9t-9.76z+8.32^\circ)\mathrm{V/m}$$

$$\boldsymbol{H}_t=\boldsymbol{e}_y\frac{7.53}{225.34}\mathrm{e}^{-2.30z}\cos(1.8\times10^9t-9.76z-4.98^\circ)\mathrm{A/m}$$

(2) 两种介质中波的平均坡印亭矢量分别为

$$\begin{aligned}\bar{\boldsymbol{S}}_1&=\frac{1}{2}\mathrm{Re}(\boldsymbol{E}_i+\boldsymbol{E}_r)\times(\boldsymbol{H}_i+\boldsymbol{H}_r^*)\\&=\frac{1}{2}\mathrm{Re}(\boldsymbol{E}_i\times\boldsymbol{H}_i^*)+\frac{1}{2}\mathrm{Re}(\boldsymbol{E}_r\times\boldsymbol{H}_r^*)+\frac{1}{2}\mathrm{Re}(\boldsymbol{E}_r\times\boldsymbol{H}_i^*)+\frac{1}{2}\mathrm{Re}(\boldsymbol{E}_i\times\boldsymbol{H}_r^*)\\&=\frac{1}{2}\times\frac{10^2}{377}\boldsymbol{e}_z-\frac{1}{2}\times\frac{2.77^2}{377}\boldsymbol{e}_z=0.1224\boldsymbol{e}_z\mathrm{W/m^2}\end{aligned}$$

$$\bar{\boldsymbol{S}}_2=\frac{1}{2}\mathrm{Re}(\boldsymbol{E}_t\times\boldsymbol{H}_t^*)=0.1258\mathrm{e}^{-4.60z}\cos13.3^\circ\boldsymbol{e}_z=0.1224\mathrm{e}^{-4.60z}\mathrm{W/m^2}$$

例 6.13 一空气填充的矩形波导,其尺寸为 $a\times b=7\mathrm{mm}\times4\mathrm{mm}$,电磁波的工作频率

为 30GHz。

(1) 试求该波导可能存在的波型；

(2) 求波导波长、相速度；

(3) 若波导的长为 50mm，求电磁波传输后的相移。

解 本题是关于波导中传输的电磁波存在相应波型的判别、相关参数的计算。其关键是分清概念，代入对应的公式即可。

(1) 由 $f=30\text{GHz}$，可得工作波长为

$$\lambda=\frac{c}{f}=\frac{3\times10^8}{30\times10^9}=10\text{mm}$$

将 $a=7\text{mm}, b=4\text{mm}$ 代入截止波长公式：$\lambda_{cmn}=\dfrac{2}{\sqrt{\left(\dfrac{m}{a}\right)^2+\left(\dfrac{n}{b}\right)^2}}$，可得较低模式的截止波长为

$$\lambda_{c10}=\frac{2}{\sqrt{\left(\dfrac{1}{a}\right)^2+\left(\dfrac{0}{b}\right)^2}}=2a=14\text{mm}$$

$$\lambda_{c01}=\frac{2}{\sqrt{\left(\dfrac{0}{a}\right)^2+\left(\dfrac{1}{b}\right)^2}}=2b=8\text{mm}$$

$$\lambda_{c20}=\frac{2}{\sqrt{\left(\dfrac{2}{a}\right)^2+\left(\dfrac{0}{b}\right)^2}}=a=7\text{mm}$$

由于波导中电磁波的工作波长要求小于截止波长，即 $\lambda<\lambda_c$，故只有 TE_{10} 模才可以存在。

(2) 导波波长为

$$\lambda_g=\frac{2\pi}{k_z}=\frac{2\pi}{\sqrt{k^2-k_c^2}}=\frac{1}{\sqrt{\left(\dfrac{1}{10}\right)^2-\left(\dfrac{1}{14}\right)^2}}\approx14.3\text{mm}$$

波的相速度为

$$v_p=\frac{\omega}{k_z}=\frac{c}{\sqrt{1-\left(\dfrac{\lambda}{\lambda_c}\right)^2}}=\frac{3\times10^8}{\sqrt{1-\left(\dfrac{10}{14}\right)^2}}\approx4.29\times10^8\text{m/s}$$

(3) 相位常数为

$$\beta=k_z=k_0\sqrt{1-\frac{\lambda^2}{\lambda_c^2}}\approx0.7k_0$$

电磁波传输后的相移为

$$\Delta\varphi=\beta l\approx0.7k_0 l=0.7\times\frac{2\pi}{10}\times50=7\pi$$

例 6.14 证明波导中存在 $v_p\cdot v_g=\dfrac{c^2}{\varepsilon_r}$。其中，$\varepsilon_r$ 为波导中填充介质的相对介电常数。

证明 本题涉及波导中传输电磁波的相速、群速的概念及计算，是前面相速和群速的基本概念在波导中的具体应用。

金属波导中，沿波传播方向上的相位常数为

$$\beta = k_z = k\sqrt{1-\frac{\lambda^2}{\lambda_c^2}} = \frac{\omega}{c}\sqrt{\varepsilon_r}\sqrt{1-\frac{\lambda^2}{\lambda_c^2}}$$

相速度为

$$v_p = \frac{\omega}{k_z} = \frac{c}{\sqrt{\varepsilon_r}\sqrt{1-\left(\frac{\lambda}{\lambda_c}\right)^2}}$$

群速度为

$$v_g = \frac{d\omega}{d\beta} = \frac{1}{\frac{d\beta}{d\omega}} = \frac{c}{\sqrt{\varepsilon_r}}\sqrt{1-\left(\frac{\lambda}{\lambda_c}\right)^2}$$

故有

$$v_p \cdot v_g = \frac{c}{\sqrt{\varepsilon_r}\sqrt{1-\left(\frac{\lambda}{\lambda_c}\right)^2}}\frac{c}{\sqrt{\varepsilon_r}}\sqrt{1-\left(\frac{\lambda}{\lambda_c}\right)^2} = \frac{c^2}{\varepsilon_r}$$

例 6.15 一国际标号 BJ32 型矩形波导的尺寸为 a=72.14mm，b=34.04mm，其内为真空。若一个频率为 5GHz 的电磁波进入此波导时，求：

(1) 可能传播的电磁波类型；

(2) 若要求该波导内只存在单模，计算进入波导内波的频率应取的范围。

解 本题是一个简单的波导设计问题，所依据的理论是电磁波在波导中的截止特性。

(1) 由已知可得，工作波长为

$$\lambda = \frac{c}{f} = \frac{3\times 10^8}{5\times 10^9} = 60\text{mm}$$

再由截止波长公式 $\lambda_c = \dfrac{2}{\sqrt{\left(\frac{m}{a}\right)^2+\left(\frac{n}{b}\right)^2}}$，得

$\lambda_{c,10}=144.28$mm；$\lambda_{c,01}=68.08$mm，$\lambda_{c,20}=72.14$mm，$\lambda_{c,11}=61.57$mm 均大于 60mm，其余模式小于 60mm。

所以，可传播的波型有TE_{10}，TE_{01}，TE_{20}，TE_{11} 和 TM_{11} 共 5 种。

(2) 单模存在的条件是：$\lambda_{c,20}<\lambda<\lambda_{c,10}$

相应的频率取值范围为

$$\frac{c}{\lambda_{c,10}} < f < \frac{c}{\lambda_{c,20}}$$

代入数据得

$$\frac{3\times 10^8}{0.14428} < f < \frac{3\times 10^8}{0.07214}$$

即

$$2.08\text{GHz} < f < 4.16\text{GHz}$$

例 6.16 用尺寸为 a=40mm、b=20mm 的矩形波导制作成一个谐振腔，使其谐振于

TE_{101} 模，其内为真空，使谐振频率为 5GHz。求谐振腔的长度。

解 本题是一个简单的谐振腔设计问题。所求长度可依据谐振频率的计算公式。

方法 1：由谐振频率计算公式得到。

由谐振频率公式 $f_{mnp}=\frac{c}{2}\sqrt{\left(\frac{m}{a}\right)^2+\left(\frac{n}{b}\right)^2+\left(\frac{p}{l}\right)^2}$，对于 $m=1,n=0,p=1$ 的模式，有

$$l=\left[\left(\frac{2f_{101}}{c}\right)^2-\left(\frac{1}{a}\right)^2-\left(\frac{0}{b}\right)^2\right]^{-\frac{1}{2}}=\left[\left(\frac{2\times5\times10^9}{3\times10^8}\right)^2-\left(\frac{1}{0.04}\right)^2\right]^{-\frac{1}{2}}=45.36\text{mm}$$

方法 2：由谐振腔内驻波模式的半波长关系得到。

对于矩形谐振腔，当出现谐振模式时，正 z 方向上相邻节点间的距离应为波导波长的一半。对于 TE_{101} 模，则有

$$l=\frac{\lambda_{g10}}{2}=\frac{\lambda}{2}\frac{1}{\sqrt{1^2-\left(\frac{\lambda}{\lambda_{c10}}\right)^2}}=\frac{30}{\sqrt{1^2-\left(\frac{60}{80}\right)^2}}=45.36\text{mm}$$

6.6 课后习题详解

习题 6.1 自由空间中传播的均匀平面电磁波的电场强度为

$$\boldsymbol{E}=37.7\cos(6\pi\times10^8t+2\pi z)\boldsymbol{e}_y\ \text{V/m}$$

试求该电磁波的频率、波长、相移常数、传播方向和磁场强度矢量。

解 由已知电场强度表达式可知：角频率 $\omega=6\pi\times10^8\text{rad/s}$，波矢量 $\boldsymbol{k}=-2\pi\boldsymbol{e}_z\text{m}^{-1}$。

频率的大小则为

$$f=\frac{\omega}{2\pi}=3\times10^8\text{Hz}$$

波长为

$$\lambda=\frac{2\pi}{k}=\frac{2\pi}{2\pi}=1\text{m}$$

相移常数 $\beta=k=2\pi\text{rad}\cdot\text{m}^{-1}$

由 $\boldsymbol{k}=-2\pi\boldsymbol{e}_z\text{m}^{-1}$ 可知，波的传播方向为沿 $-z$ 方向。

由 $\nabla\times\boldsymbol{E}=-\frac{\partial\boldsymbol{B}}{\partial t}=-\mu_0\frac{\partial\boldsymbol{H}}{\partial t}$，得

$$\frac{\partial\boldsymbol{H}}{\partial t}=-\frac{1}{\mu_0}\nabla\times\boldsymbol{E}=-\frac{37.7\times2\pi}{4\pi\times10^{-7}}\sin(6\pi\times10^8t+2\pi z)\boldsymbol{e}_x$$

从而

$$\boldsymbol{H}=\int-\frac{37.7\times2\pi}{4\pi\times10^{-7}}\sin(6\pi\times10^8t+2\pi z)\text{d}t\boldsymbol{e}_x$$

$$=0.1\cos(6\pi\times10^8t+2\pi z)\boldsymbol{e}_x$$

若采用其复数形式，由 $\nabla\times\boldsymbol{E}=-\text{j}\omega\boldsymbol{B}=-\text{j}\omega\mu_0\boldsymbol{H}$，得

$$\boldsymbol{H}=-\frac{\nabla\times\boldsymbol{E}}{\text{j}\omega\mu_0}=\frac{\text{j}\boldsymbol{k}\times\boldsymbol{E}}{\text{j}\omega\mu_0}=\frac{E}{Z_0}\boldsymbol{e}_x=0.1\text{e}^{\text{j}(6\pi\times10^8t+2\pi z)}$$

再写成实数形式为

$$\boldsymbol{H} = 0.1\cos(6\pi \times 10^8 t + 2\pi z)\boldsymbol{e}_x \text{ A/m}$$

习题 6.2　一角频率为 ω 的均匀平面波在自由空间中沿正 z 方向传播，其电场强度的幅值为 E_m，沿正 y 方向。有一个面积为 a^2、绕有 N 匝的正方形环状线圈，已知其环面的法线与电磁波传播方向的夹角为 α，且与电场方向垂直，如图 6-8 所示。试计算正方形环状线圈中感应电动势的幅值。

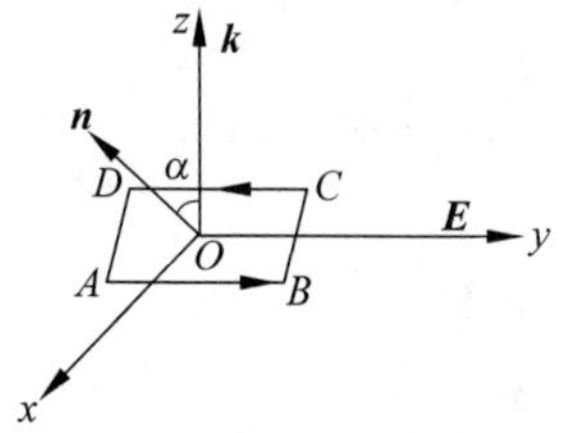

图 6-8　习题 6.2 示意图

解　方法 1：用感应电场公式求解。

设电场强度矢量为 $\boldsymbol{E} = E_m e^{j(\omega t - kz)}\boldsymbol{e}_y$，线框内感应电场的参考方向取为沿 $ABCDA$ 的绕向，如图 6-8 所示。根据题意，线圈中感应电动势的大小为

$$\mathscr{E} = N\oint_l \boldsymbol{E} \cdot d\boldsymbol{l}$$

因为线框中 BC，DA 段与电场强度相垂直，AB，CD 段与电场相平行，故有

$$\mathscr{E} = NE_0 e^{j\left(\omega t + \frac{ka}{2}\sin\alpha\right)} \cdot a - NE_0 e^{j\left(\omega t - \frac{ka}{2}\sin\alpha\right)} \cdot a = j2aNE_0 \sin\left(\frac{ka}{2}\sin\alpha\right) e^{j\omega t}$$

感应电动势的幅值为

$$\mathscr{E}_m = 2NaE_0 \sin\frac{ka\sin\alpha}{2}$$

方法 2：用法拉第电磁感应定律求解。

仍设电场强度矢量为 $\boldsymbol{E} = E_m e^{j(\omega t - kz)}\boldsymbol{e}_y$，依题意，磁感应强度则为

$$\boldsymbol{B} = -\frac{E_m}{c} e^{j(\omega t - kz)} \boldsymbol{e}_x$$

穿过线框的磁链为

$$\Psi = N\int_S \boldsymbol{B} \cdot d\boldsymbol{S} = -N\int_{-\frac{a}{2}\sin\alpha}^{\frac{a}{2}\sin\alpha} \frac{E_m}{c} e^{j(\omega t - kz)} a\,dz = \frac{NaE_m}{jck}\left(e^{-j\frac{ka\sin\alpha}{2}} - e^{j\frac{ka\sin\alpha}{2}}\right) e^{j\omega t}$$

$$= -\frac{2NaE_m}{ck}\sin\frac{ka\sin\alpha}{2} e^{j\omega t}$$

由法拉第电磁感应定律，得

$$\mathscr{E}_m = -\frac{d\Psi}{dt} = -\frac{d}{dt}\left(-\frac{2NaE_m}{ck}\sin\frac{ka\sin\alpha}{2} e^{j\omega t}\right) = j\,\frac{2Na\omega E_m}{ck}\sin\frac{ka\sin\alpha}{2} e^{j\omega t}$$

$$= j2NaE_m \sin\frac{ka\sin\alpha}{2} e^{j\omega t}$$

感应电动势的幅值为

$$\mathscr{E}_m = 2NaE_m \sin\frac{ka\sin\alpha}{2}$$

习题 6.3　已知理想介质中均匀平面电磁波的电场和磁场分别为

$$\boldsymbol{E} = -5\cos(3\pi \times 10^7 t + 0.2\pi z)\boldsymbol{e}_x \text{ V/m}$$

$$\boldsymbol{H} = \frac{1}{12\pi}\cos(3\pi \times 10^7 t + 0.2\pi z)\boldsymbol{e}_y \text{ A/m}$$

试求该介质的相对介电常数和相对磁导率。

解 本题是关于电磁参数之间的运算问题。

由已知电场强度和磁场强度的表达式可知：角频率 $\omega=3\pi\times10^{7}\text{rad/s}$，波数 $k=0.2\pi\text{m}^{-1}$，$\dfrac{E}{H}=60\pi\Omega$。

再根据 $v=\dfrac{\omega}{k}=\sqrt{\dfrac{1}{\varepsilon\mu}}=\dfrac{c}{\sqrt{\varepsilon_r\mu_r}}=\dfrac{c}{2}$，$Z=\dfrac{E}{H}=\sqrt{\dfrac{\mu}{\varepsilon}}=120\pi\sqrt{\dfrac{\mu_r}{\varepsilon_r}}=60\pi$，可得

$$\sqrt{\frac{\mu_r}{\varepsilon_r}}=\frac{1}{2},\quad \varepsilon_r\mu_r=4$$

求解以上两式，得

$$\varepsilon_r=4,\quad \mu_r=1$$

习题 6.4 已知真空中均匀平面电磁波的电场强度矢量为

$$\boldsymbol{E}=5(\boldsymbol{e}_x+\sqrt{3}\boldsymbol{e}_y)\cos[6\pi\times10^{7}t-0.05\pi(3x-\sqrt{3}y+2z)]\text{V/m}$$

试求：

(1) 电场强度的振幅、波矢量及电磁波的波长；

(2) 磁场强度矢量；

(3) 坡印亭矢量的平均值。

解 (1) 观察电场的表达式容易看出，电场强度的振幅为

$$E_m=\sqrt{5^2+(5\sqrt{3})^2}=10\text{V/m}$$

波矢为

$$\boldsymbol{k}=0.05\pi(3\boldsymbol{e}_x-\sqrt{3}\boldsymbol{e}_y+2\boldsymbol{e}_z)\text{m}^{-1}$$

波数为

$$k=0.05\pi\sqrt{3^2+(\sqrt{3})^2+2^2}=0.2\pi\text{m}^{-1}$$

则波长为

$$\lambda=\frac{2\pi}{k}=\frac{2\pi}{0.2\pi}=10\text{m}$$

(2) 由 $\boldsymbol{H}=\dfrac{\boldsymbol{k}\times\boldsymbol{E}}{\omega\mu}=\dfrac{\boldsymbol{e}_k\times\boldsymbol{E}}{Z_0}$ 得，磁场强度矢量为

$$\boldsymbol{H}=\frac{1}{120\pi}\left(\frac{3}{4}\boldsymbol{e}_x-\frac{\sqrt{3}}{4}\boldsymbol{e}_y+\frac{1}{2}\boldsymbol{e}_z\right)\times5(\boldsymbol{e}_x+\sqrt{3}\boldsymbol{e}_y)\cos\left[6\pi\times10^{7}t-0.05\pi(3x-\sqrt{3}y+2z)\right]$$

$$=\frac{5}{754}(-\sqrt{3}\boldsymbol{e}_x+\boldsymbol{e}_y+2\sqrt{3}\boldsymbol{e}_z)\cos\left[6\pi\times10^{7}t-0.05\pi(3x-\sqrt{3}y+2z)\right]\text{A/m}$$

(3) 坡印亭矢量的平均值为

$$\bar{\boldsymbol{S}}=\frac{E_m^2}{2Z_0}\boldsymbol{e}_k=\frac{25}{754}(3\boldsymbol{e}_x-\sqrt{3}\boldsymbol{e}_y+2\boldsymbol{e}_z)\text{W/m}^2$$

习题 6.5 在非磁性理想介质中传播的均匀平面波的磁场强度为

$$\boldsymbol{H}=5(2\boldsymbol{e}_x-\boldsymbol{e}_y+2\boldsymbol{e}_z)\cos[3\pi\times10^{10}t+40\pi(x+By-2z)]\text{A/m}$$

试求：

(1) 常数 B；

(2) 波矢量、波的频率、波长与波速；

(3) 介质的介电常数；

(4) 电场强度矢量与坡印亭矢量。

解 (1) 根据平面电磁波的性质 $\boldsymbol{k}\perp\boldsymbol{H}$，有

$$40\pi(\boldsymbol{e}_x+B\boldsymbol{e}_y-2\boldsymbol{e}_z)\cdot 5(2\boldsymbol{e}_x-\boldsymbol{e}_y+2\boldsymbol{e}_z)=0$$

即

$$200\pi(2-B-4)=0$$

所以

$$B=-2$$

(2) 波矢量为

$$\boldsymbol{k}=40\pi(-\boldsymbol{e}_x+2\boldsymbol{e}_y+2\boldsymbol{e}_z)\mathrm{m}^{-1}$$

观察已知的磁场强度表达式容易看出，角频率为 $\omega=3\pi\times10^{10}\,\mathrm{rad/s}$。所以波的频率为

$$f=\frac{\omega}{2\pi}=1.5\times10^{10}\,\mathrm{Hz}$$

波长为

$$\lambda=\frac{2\pi}{120\pi}=\frac{1}{60}\mathrm{m}$$

波速为

$$v=\frac{\omega}{k}=\frac{3\pi\times10^{10}}{120\pi}=2.5\times10^{8}\,\mathrm{m/s}$$

(3) 介质的介电常数可由波速的表达式求得，即由 $v=\frac{c}{\sqrt{\varepsilon_r\mu_r}}$ 可得

$$\varepsilon_r=\frac{1}{\mu_r}\left(\frac{c}{v}\right)^2=\frac{1}{1}\times\left(\frac{3}{2.5}\right)^2=1.44$$

(4) 由 $\boldsymbol{E}=\frac{\boldsymbol{H}\times\boldsymbol{k}}{\omega\varepsilon}=Z\boldsymbol{H}\times\boldsymbol{e}_k$ 得，磁场强度矢量为

$$\begin{aligned}\boldsymbol{E}&=120\pi\boldsymbol{H}\times\boldsymbol{e}_k\\&=\sqrt{\frac{1}{1.44}}\times120\pi\times5(2\boldsymbol{e}_x-\boldsymbol{e}_y+2\boldsymbol{e}_z)\times\\&\quad\left(-\frac{1}{3}\boldsymbol{e}_x+\frac{2}{3}\boldsymbol{e}_y+\frac{2}{3}\boldsymbol{e}_z\right)\cos[3\pi\times10^{10}t+40\pi(x-2y-2z)]\\&=500\pi(-2\boldsymbol{e}_x-2\boldsymbol{e}_y+\boldsymbol{e}_z)\cos[3\pi\times10^{10}t+40\pi(x-2y-2z)]\mathrm{V/m}\end{aligned}$$

坡印亭矢量为

$$\begin{aligned}\boldsymbol{S}=\boldsymbol{E}\times\boldsymbol{H}&=\frac{E_m^2}{Z}\cos^2[3\pi\times10^{10}t+40\pi(x-2y-2z)]\boldsymbol{e}_k\\&=\frac{(1500\pi)^2}{120\pi}\times\sqrt{\frac{1.44}{1}}\cos^2[3\pi\times10^{10}t+40\pi(x-2y-2z)]\\&=7500\pi(-\boldsymbol{e}_x+2\boldsymbol{e}_y+2\boldsymbol{e}_z)\cos^2[3\pi\times10^{10}t+40\pi(x-2y-2z)]\mathrm{W/m^2}\end{aligned}$$

习题 6.6 自由空间中有一在正 z 方向线性极化的频率为 30MHz 且幅值为 E_m 的均匀平面波，其传播方向在 $z=0$ 的平面上和 x 轴与 y 轴的夹角分别为 30°与 60°。试求该电

磁波的电场强度矢量 $\boldsymbol{E}$ 与磁场强度矢量 $\boldsymbol{H}$ 的表达式。

解 自由空间中波速为 $c=3\times10^8\,\text{m/s}$，波阻抗 $Z_0=120\pi\Omega$。设电场强度的表达式为 $\boldsymbol{E}=\boldsymbol{E}_\text{m}\text{e}^{\text{j}(\omega t-\boldsymbol{k}\cdot\boldsymbol{r})}$，依题意知，$\omega=2\pi f=6\pi\times10^7\,\text{rad/s}$，$k=\dfrac{\omega}{c}=\dfrac{6\pi\times10^7}{3\times10^8}=0.2\pi\text{s}^{-1}$，$\boldsymbol{k}=0.2\pi\left(\cos\dfrac{\pi}{6}\boldsymbol{e}_x+\sin\dfrac{\pi}{6}\boldsymbol{e}_y\right)\text{m}^{-1}$，所以完整的电场表达式为

$$\boldsymbol{E}=E_\text{m}\text{e}^{\text{j}[6\pi\times10^7t-0.1\pi(\sqrt{3}x+y)]}\boldsymbol{e}_z$$

由 $\boldsymbol{H}=\dfrac{\boldsymbol{k}\times\boldsymbol{E}}{\omega\mu}=\dfrac{\boldsymbol{e}_k\times\boldsymbol{E}}{Z_0}$ 可得，磁场强度的表达式为

$$\boldsymbol{H}=\frac{1}{Z_0}E_\text{m}\text{e}^{\text{j}[6\pi\times10^7t-0.1\pi(\sqrt{3}x+y)]}\left(\frac{\sqrt{3}}{2}\boldsymbol{e}_x+\frac{1}{2}\boldsymbol{e}_y\right)\times\boldsymbol{e}_z=\frac{E_\text{m}(\boldsymbol{e}_x-\sqrt{3}\boldsymbol{e}_y)}{240\pi}\text{e}^{\text{j}[6\pi\times10^7t-0.1\pi(\sqrt{3}x+y)]}$$

习题 6.7 已知真空中均匀平面电磁波的电场强度复矢量为

$$\boldsymbol{E}=[10^{-3}\text{e}^{-\text{j}20\pi z}\boldsymbol{e}_x+10^{-3}\text{e}^{-\text{j}(20\pi z-0.5\pi)}\boldsymbol{e}_y]\text{V/m}$$

试求：

(1) 该平面波的传播方向和电磁波的波长；

(2) 波的极化方式；

(3) 通过与传播方向垂直的单位面积上的平均功率。

解 (1) 观察已知电场强度的表示式容易看出，波矢量为

$$\boldsymbol{k}=20\pi\boldsymbol{e}_z\,\text{m}^{-1}$$

可见波的传播方向沿正 z 方向，波数为 $k=20\pi\text{m}^{-1}$，故波长为

$$\lambda=\frac{2\pi}{k}=\frac{2\pi}{20\pi}=0.1\text{m}$$

(2) 电场强度沿 x 轴、y 轴的分量分别为

$$E_x=10^{-3}\text{e}^{-\text{j}20\pi z},\quad E_y=10^{-3}\text{e}^{-\text{j}(20\pi z-0.5\pi)}$$

可见 E_x,E_y 的振幅相同，相差为 $\psi=\dfrac{\pi}{2}$，所以该波为左旋圆极化波。

(3) 通过与传播方向垂直的单位面积上的平均功率即为平均能流密度，即有

$$\bar{\boldsymbol{S}}=\frac{1}{2}\text{Re}[\boldsymbol{E}\times\boldsymbol{H}^*]=\frac{1}{2Z_0}E_\text{m}^2\boldsymbol{e}_k=\frac{(10^{-3})^2+(10^{-3})^2}{2\times120\pi}\boldsymbol{e}_z=\frac{10^{-6}}{120\pi}\boldsymbol{e}_k\,\text{W/m}^2$$

习题 6.8 试证明一个圆极化波可分解为两个频率和振幅均相等但相位差 90°且极化方向互相垂直的线性极化波，并证明圆极化波的平均坡印亭矢量是这两个线性极化波的平均坡印亭矢量之和。

证明 设沿 z 轴方向传播的圆极化波电场为

$$\boldsymbol{E}=E_\text{m}\left[\text{e}^{\text{j}(\omega t-kz)}\boldsymbol{e}_x+\text{e}^{\text{j}\left(\omega t-kz\pm\frac{\pi}{2}\right)}\boldsymbol{e}_y\right]$$

不妨令 $\boldsymbol{E}_x=E_\text{m}\text{e}^{\text{j}(\omega t-kz)}\boldsymbol{e}_x$，$\boldsymbol{E}_y=E_\text{m}\text{e}^{\text{j}\left(\omega t-kz\pm\frac{\pi}{2}\right)}\boldsymbol{e}_y$

显然，$\boldsymbol{E}_x=E_\text{m}\text{e}^{\text{j}(\omega t-kz)}\boldsymbol{e}_x$ 表示振幅为 E_m、沿 x 轴方向极化的线性极化波；同理 $\boldsymbol{E}_y=E_\text{m}\text{e}^{\text{j}\left(\omega t-kz\pm\frac{\pi}{2}\right)}\boldsymbol{e}_y$ 表示振幅为 E_m、沿 y 轴方向极化的线性极化波，且相位差为 90°。因此，分解的两部分均为线性极化设，振幅相等，但相位差为 90°。

圆极化波分解后的两线性极化波的平均坡印亭矢量如下：

$$\bar{\boldsymbol{S}}=\frac{1}{2}\mathrm{Re}[\boldsymbol{E}\times\boldsymbol{H}^{*}]$$

$$=\frac{1}{2}\mathrm{Re}\left[(E_{\mathrm{m}}\mathrm{e}^{\mathrm{j}(\omega t-kz)}\boldsymbol{e}_x+E_{\mathrm{m}}\mathrm{e}^{\mathrm{j}\left(\omega t-kz\pm\frac{\pi}{2}\right)}\boldsymbol{e}_y)\times\left(\frac{E_{\mathrm{m}}}{Z}\mathrm{e}^{\mathrm{j}(\omega t-kz)}\boldsymbol{e}_y-\frac{E_{\mathrm{m}}}{Z}\mathrm{e}^{\mathrm{j}\left(\omega t-kz\pm\frac{\pi}{2}\right)}\boldsymbol{e}_x\right)^{*}\right]$$

$$=\frac{E_{\mathrm{m}}^2}{Z}\boldsymbol{e}_z$$

$$\bar{\boldsymbol{S}}_x=\frac{1}{2}\mathrm{Re}[\boldsymbol{E}_x\times\boldsymbol{H}_x^2]=\frac{1}{2}\mathrm{Re}\left[(E_{\mathrm{m}}\mathrm{e}^{\mathrm{j}(\omega t-kz)}\boldsymbol{e}_x)\times\left(\frac{E_{\mathrm{m}}}{Z}\mathrm{e}^{\mathrm{j}(\omega t-kz)}\boldsymbol{e}_y\right)^{*}\right]$$

$$=\frac{E_{\mathrm{m}}^2}{2Z}\boldsymbol{e}_z$$

$$\bar{\boldsymbol{S}}_y=\frac{1}{2}\mathrm{Re}[\boldsymbol{E}_y\times\boldsymbol{H}_y^2]=\frac{1}{2}\mathrm{Re}\left[(E_{\mathrm{m}}\mathrm{e}^{\mathrm{j}\left(\omega t-kz\pm\frac{\pi}{2}\right)}\boldsymbol{e}_x)\times\left(\frac{E_{\mathrm{m}}}{Z}\mathrm{e}^{\mathrm{j}\left(\omega t-kz\pm\frac{\pi}{2}\right)}\boldsymbol{e}_y\right)^{*}\right]$$

$$=\frac{E_{\mathrm{m}}^2}{2Z}\boldsymbol{e}_z$$

显然

$$\bar{\boldsymbol{S}}=\bar{\boldsymbol{S}}_x+\bar{\boldsymbol{S}}_y$$

习题 6.9 自由空间中有一均匀平面波，在 $z=0$ 的平面内传播且沿 y 方向的相速度为 $v_{\mathrm{p}}=2\sqrt{3}\times10^8\,\mathrm{m/s}$。试求该电磁波的传播方向及其沿 x 方向的相速度。

解 因该平面波在 $z=0$ 的平面内传播，在 xOy 平面内设波的传播方向与 y 轴的夹角为 θ，则由已知得

$$\cos\theta=\frac{c}{v_{\mathrm{p}}}=\frac{3\times10^8}{2\sqrt{3}\times10^8}=\frac{\sqrt{3}}{2}$$

所以

$$\theta=\frac{\pi}{6}$$

该电磁波的传播方向与 x 轴的夹角为 $\frac{\pi}{3}$ 或 $\frac{2\pi}{3}$，故波矢的方向为

$$\boldsymbol{e}_k=\cos\frac{\pi}{3}\boldsymbol{e}_x+\sin\frac{\pi}{3}\boldsymbol{e}_y=\frac{1}{2}\boldsymbol{e}_x+\frac{\sqrt{3}}{2}\boldsymbol{e}_y$$

或

$$\boldsymbol{e}_k=\cos\frac{2\pi}{3}\boldsymbol{e}_x+\sin\frac{2\pi}{3}\boldsymbol{e}_y=-\frac{1}{2}\boldsymbol{e}_x+\frac{\sqrt{3}}{2}\boldsymbol{e}_y$$

设沿 x 轴方向的相速度为 v_{p}'，则有

$$v_{\mathrm{p}x}=\frac{c}{\sin\dfrac{\pi}{6}}=\frac{3\times10^8}{\dfrac{1}{2}}=6\times10^8\,\mathrm{m/s}$$

习题 6.10 一波长为 $\lambda=10\mathrm{m}$ 的均匀平面波在正常频散无耗媒质里的相速为 $v_{\mathrm{p}}=2\times10^7\lambda^{\frac{2}{3}}\,\mathrm{m/s}$。试求该电磁波的群速度。

解 $v_{\mathrm{g}}=v_{\mathrm{p}}-\lambda\dfrac{\mathrm{d}v_{\mathrm{p}}}{\mathrm{d}\lambda}=2\times10^7\times10^{\frac{2}{3}}-10\times\dfrac{\mathrm{d}(2\times10^7\times\lambda^{\frac{2}{3}})}{\mathrm{d}\lambda}\bigg|_{\lambda=10}=3.09\times10^7\,\mathrm{m/s}$

习题 6.11 设海水的电磁参量为 $\varepsilon_r=81$，$\mu_r=1$，$\sigma=1\text{S/m}$。试分别求频率为 1kHz、1MHz、1GHz 的均匀平面电磁波在海水中传播的波长、相速、衰减常数及波阻抗。欲使 80%以上的电磁波能量进入 1m 以下的深度，电磁波的频率应如何选择？

解 导电媒质中衰减常数和相位常数的表达式分别为

$$\alpha=\omega\sqrt{\frac{\varepsilon\mu}{2}\left[\sqrt{1+\left(\frac{\sigma}{\omega\varepsilon}\right)^2}-1\right]},\quad \beta=\omega\sqrt{\frac{\varepsilon\mu}{2}\left[\sqrt{1+\left(\frac{\sigma}{\omega\varepsilon}\right)^2}+1\right]}$$

当频率为 1kHz 时，由于 $\frac{\sigma}{\omega\varepsilon}=\frac{36\pi}{2\pi\times10^3\times81\times10^{-9}}=\frac{2}{9}\times10^6\gg1$，故有

$$\alpha\approx\beta=\omega\sqrt{\frac{\varepsilon\mu}{2}\cdot\frac{\sigma}{\omega\varepsilon}}=\sqrt{\frac{\omega\sigma\mu}{2}}=\sqrt{\frac{2\pi\times10^3\times1\times4\pi\times10^{-7}}{2}}\approx6.28\times10^{-2}\text{Np/m}$$

波长则为

$$\lambda=\frac{2\pi}{\beta}=\frac{2\pi}{2\pi\times10^{-2}}=100\text{m}$$

相速为

$$v_p=\frac{\omega}{\beta}=\frac{2\pi\times10^3}{2\pi\times10^{-2}}=10^5\text{m/s}$$

波阻抗为

$$Z=\sqrt{\frac{\mu}{\varepsilon}}=\sqrt{\frac{\mu}{\varepsilon-\mathrm{j}\frac{\sigma}{\omega}}}\approx\sqrt{\frac{\mu\omega}{\sigma}}\mathrm{e}^{\mathrm{j}\frac{1}{2}\arctan\frac{\sigma}{\omega\varepsilon}}\approx\sqrt{\frac{4\pi\times10^{-7}\times2\pi\times10^3}{1}}\mathrm{e}^{\mathrm{j}\frac{\pi}{4}}$$

$$=6.28(1+\mathrm{j})\times10^{-2}\Omega$$

当频率为 1MHz 时，由于 $\frac{\sigma}{\omega\varepsilon}=\frac{36\pi}{2\pi\times10^6\times81\times10^{-9}}=\frac{2}{9}\times10^3\gg1$，故有

$$\alpha\approx\beta=\omega\sqrt{\frac{\varepsilon\mu}{2}\cdot\frac{\sigma}{\omega\varepsilon}}=\sqrt{\frac{\omega\sigma\mu}{2}}=\sqrt{\frac{2\pi\times10^6\times1\times4\pi\times10^{-7}}{2}}\approx1.99\text{Np/m}$$

波长则为

$$\lambda=\frac{2\pi}{\beta}=\frac{2\pi}{1.99}=3.16\text{m}$$

相速为

$$v_p=\frac{\omega}{\beta}=\frac{2\pi\times10^6}{1.99}=3.16\times10^6\text{m/s}$$

波阻抗为

$$Z=\sqrt{\frac{\mu}{\varepsilon}}=\sqrt{\frac{\mu}{\varepsilon-\mathrm{j}\frac{\sigma}{\omega}}}\approx\sqrt{\frac{\mu\omega}{\sigma}}\mathrm{e}^{\mathrm{j}\frac{1}{2}\arctan\frac{\sigma}{\omega\varepsilon}}\approx\sqrt{\frac{4\pi\times10^{-7}\times2\pi\times10^6}{1}}\mathrm{e}^{\mathrm{j}\frac{\pi}{4}}=1.99(1+\mathrm{j})\Omega$$

当频率为 1GHz 时，由于 $\frac{\sigma}{\omega\varepsilon}=\frac{36\pi}{2\pi\times10^9\times81\times10^{-9}}=\frac{2}{9}<1$，故有

$$\alpha=\omega\sqrt{\frac{\varepsilon\mu}{2}\left[\sqrt{1+\left(\frac{\sigma}{\omega\varepsilon}\right)^2}-1\right]}$$

$$=2\pi\times10^9\sqrt{\frac{81\times4\pi\times10^{-7}\times10^{-9}}{2\times36\pi}\left[\sqrt{1+\left(\frac{36\pi}{2\pi\times10^9\times81\times10^{-9}}\right)^2}-1\right]}$$

$$=20.8\text{NP/m}$$

$$\beta=\omega\sqrt{\frac{\varepsilon\mu}{2}\left[\sqrt{1+\left(\frac{\sigma}{\omega\varepsilon}\right)^2}+1\right]}$$

$$=2\pi\times10^9\sqrt{\frac{81\times4\pi\times10^{-7}\times10^{-9}}{2\times36\pi}\left[\sqrt{1+\left(\frac{36\pi}{2\pi\times10^9\times81\times10^{-9}}\right)^2}+1\right]}$$

$$=189.5\text{rad/m}$$

波长则为

$$\lambda=\frac{2\pi}{\beta}=\frac{2\pi}{189.5}=0.033\text{m}$$

相速为

$$v_p=\frac{\omega}{\beta}=\frac{2\pi\times10^9}{189.5}=3.33\times10^7\text{m/s}$$

波阻抗为

$$Z=\sqrt{\frac{\mu}{\varepsilon_c}}=\sqrt{\frac{\mu}{\varepsilon\left(1-j\frac{\sigma}{\varepsilon\omega}\right)}}=\sqrt{\frac{4\pi\times10^{-7}}{\frac{81\times10^{-9}}{36\pi}\left(1-j\frac{2}{9}\right)}}$$

$$=\frac{40\pi}{3}\sqrt{\frac{81}{85}}e^{j\frac{1}{2}\arctan\frac{2}{9}}=40.87e^{j6.264^\circ}=(40.62+4.46j)\Omega$$

因为电磁波能量正比于 $e^{-2\alpha z}$，欲使 80%以上的电磁波能量进入 1m 以下的深度，则要求 $e^{-2\alpha\cdot1}\geqslant0.8$。利用一般条件下衰减常数的表达式 $\alpha=\omega\sqrt{\frac{\varepsilon\mu}{2}\left[\sqrt{1+\left(\frac{\sigma}{\omega\varepsilon}\right)^2}-1\right]}$，代入前式可得到其解，但方程过于复杂，不妨使用试探法。若考虑在满足良导体条件$\frac{\sigma}{\omega\varepsilon}\gg1$ 下的问题，将得到的解再进行验证。

由良导体条件下衰减常数表达式

$$\alpha\approx\sqrt{\pi f\sigma\mu}$$

可得

$$\alpha=\sqrt{\pi f\sigma\mu}=-\frac{\ln0.8}{2}$$

整理得

$$f=\left(-\frac{\ln0.8}{2}\right)^2/(\pi\mu\sigma)=\left(-\frac{\ln0.8}{2}\right)^2/(\pi\times4\pi\times10^{-7}\times1)=3.156\text{kHz}$$

容易验证该频率条件下满足$\frac{\sigma}{\omega\varepsilon}=5.7\times10^6\gg1$。说明假设条件是正确的。

习题 6.12 证明均匀平面电磁波在良导体内传播时，场量的衰减约为每波长 55dB。

证明 设平面波在良导体内传播方向沿 z 轴方向，电场强度表达式为

$$\boldsymbol{E}=\boldsymbol{E}_m e^{-\alpha z}e^{-j\beta z}$$

在良导体的条件下，$\alpha\approx\beta\approx\sqrt{\dfrac{\omega\sigma\mu}{2}}$。

当电磁波通过一个波长的距离时，衰减的相对场量为

$$\frac{E}{E_0}=\mathrm{e}^{-\alpha\lambda}=\mathrm{e}^{-\alpha\cdot\frac{2\pi}{\beta}}=\mathrm{e}^{-2\pi}$$

用分贝可表示为

$$20\lg\mathrm{e}^{-2\pi}\approx-55\mathrm{dB}$$

得证。

习题 6.13 在介电常数为 ε、磁导率为 μ、电导率为 σ 的良导体中传播一个频率为 f 的均匀平面波。试求：

(1) 相速度和群速度；

(2) 电场的能量密度和磁场的能量密度的时间平均值，哪个大一些？为什么？

解 (1) 在良导体中，有

$$\beta\approx\sqrt{\frac{\omega\sigma\mu}{2}}$$

由相速度计算公式，得

$$v_{\mathrm{p}}=\frac{\omega}{\beta}=\frac{\omega}{\sqrt{\dfrac{\omega\mu\sigma}{2}}}=\sqrt{\frac{2\omega}{\mu\sigma}}$$

由群速度计算公式，得

$$v_{\mathrm{g}}=\frac{v_{\mathrm{p}}}{1-\dfrac{\omega}{v_{\mathrm{p}}}\dfrac{\mathrm{d}v_{\mathrm{p}}}{\mathrm{d}\omega}}=\frac{\sqrt{\dfrac{2\omega}{\mu\sigma}}}{1-\omega\sqrt{\dfrac{\mu\sigma}{2\omega}}\dfrac{\mathrm{d}}{\mathrm{d}\omega}\left(\sqrt{\dfrac{2\omega}{\mu\sigma}}\right)}=2\sqrt{\frac{2\omega}{\mu\sigma}}=2v_{\mathrm{p}}$$

(2) 电场能量密度的平均值为

$$\bar{w}_{\mathrm{e}}=\frac{1}{2}\mathrm{Re}\left(\frac{1}{2}\boldsymbol{E}\cdot\boldsymbol{D}^{*}\right)=\frac{1}{4}\mathrm{Re}\left(\varepsilon-\mathrm{j}\,\frac{\sigma}{\omega}\right)E_{\mathrm{m}}^{2}=\frac{1}{4}\varepsilon E_{\mathrm{m}}^{2}$$

磁场能量密度的平均值为

$$\bar{w}_{\mathrm{m}}=\frac{1}{2}\mathrm{Re}\left(\frac{1}{2}\boldsymbol{B}\cdot\boldsymbol{H}^{*}\right)=\frac{1}{4}\mathrm{Re}(\mu H_{\mathrm{m}}^{2})=\frac{1}{4}\left(\frac{\mu E_{\mathrm{m}}^{2}}{|Z_{\mathrm{c}}|^{2}}\right)$$

$$\frac{\bar{w}_{\mathrm{m}}}{\bar{w}_{\mathrm{e}}}=\frac{\mu E_{\mathrm{m}}^{2}}{|Z_{\mathrm{c}}|^{2}}/(\varepsilon E_{\mathrm{m0}}^{2})=\frac{\mu}{\varepsilon\,|Z_{\mathrm{c}}|^{2}}=\frac{\sigma}{\omega\varepsilon}\gg1$$

这表明磁场能量密度远大于电场能量。这是因为在良导体中，能量的损耗主要是通过焦耳热消耗掉绝大部分电场能量的缘故。

习题 6.14 如图 6-9 所示，在两种理想介质的分界面上，若已知垂直极化波的入射角和折射角分别为 $\theta_{\mathrm{i}}=\theta_1$，$\theta_{\mathrm{t}}=\theta_2$，反射系数 $\Gamma_{\perp}=\dfrac{1}{2}$。试求传输系数 $T_{\perp}$。如果垂直极化波在介质 2 以 $\theta_{\mathrm{i}}'=\theta_2$ 入射到界面上，试求折射角 θ_{t}'、反射系数 $\Gamma_{\perp}'$ 和传输系数 $T_{\perp}'$。在这两种情况下，传输系数 $T_{\perp}$ 和 $T_{\perp}'$ 是否相等？

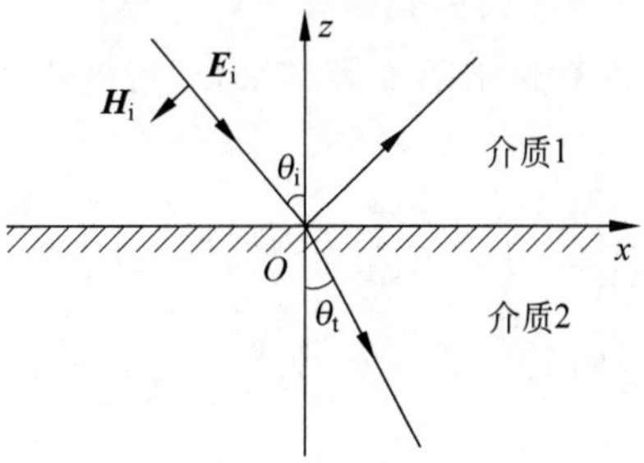

图 6-9　习题 6.14 示意图

解　在垂直极化中，根据电场强度的切向分量连续性 $E_{t1}=E_{t2}$，有

$$E_{im}+E_{rm}=E_{tm}$$

定义反射系数、传输系数分别为：$\Gamma_T=\dfrac{E_{rm}}{E_{im}}$，$T_T=\dfrac{E_{tm}}{E_{im}}$，由上式可得

$$1+\frac{E_{rm}}{E_{im}}=\frac{E_{tm}}{E_{im}}$$

即

$$1+\Gamma_T=T_T$$

已知 $\Gamma_\perp=\dfrac{1}{2}$，则

$$T_T=1+\frac{1}{2}=\frac{3}{2}$$

同时有

$$\Gamma_T=-\frac{\sin(\theta_i-\theta_t)}{\sin(\theta_i+\theta_t)}$$

若垂直极化波在介质 2 以 $\theta_i'=\theta_2$ 入射到界面上，根据折射定律：$\dfrac{\sin\theta_t}{\sin\theta_i}=\dfrac{\varepsilon_2}{\varepsilon_1}$，此时即为

$$\frac{\sin\theta_t'}{\sin\theta_i'}=\frac{\varepsilon_2}{\varepsilon_1}$$

因 $\theta_i'=\theta_2$，折射角则为

$$\theta_t'=\theta_1$$

同理，有

$$1+\Gamma_T'=T_T'$$

以及 $\Gamma_T'=-\dfrac{\sin(\theta_i'-\theta_t')}{\sin(\theta_i'+\theta_t')}=-\dfrac{\sin(\theta_t-\theta_i)}{\sin(\theta_t+\theta_i)}=-\Gamma_T=-\dfrac{1}{2}$

可得

$$T_T'=1+\Gamma_T'=1-\frac{1}{2}=\frac{1}{2}$$

在这两种情况下，传输系数 $T_\perp$ 和 $T_\perp'$ 不相等。

习题 6.15　设两种介质的参量 $\varepsilon_1=\varepsilon_2$，$\mu_1\neq\mu_2$，当均匀平面波从介质 1 斜入射到两介质的分界面上时，试问哪种极化波可以得到全透射？此时的入射角是多少？

解 设均匀平面波从介质1斜入射到两介质的分界面上时，入射角和折射角分别为θ_i，θ_t，波阻抗分别为Z_1，Z_2。根据教材中的推导结果，平行极化波和垂直极化波的反射系数的一般形式分别为

$$\Gamma_{/\!/}=\frac{Z_1\cos\theta_i-Z_2\cos\theta_t}{Z_1\cos\theta_i+Z_2\cos\theta_t},\quad \Gamma_{\perp}=\frac{Z_2\cos\theta_i-Z_1\cos\theta_t}{Z_2\cos\theta_i+Z_1\cos\theta_t}$$

将波阻抗的具体形式 $Z_1=\sqrt{\frac{\mu_1}{\varepsilon}}$，$Z_2=\sqrt{\frac{\mu_2}{\varepsilon}}$ 代入上式，并利用折射定律 $\frac{\sin\theta_i}{\sin\theta_t}=\sqrt{\frac{\varepsilon_2\mu_2}{\varepsilon_1\mu_1}}=\sqrt{\frac{\mu_2}{\mu_1}}$ 得

$$\Gamma_{/\!/}=\frac{\sqrt{\frac{\mu_1}{\varepsilon}}\cos\theta_i-\sqrt{\frac{\mu_2}{\varepsilon}}\cos\theta_t}{\sqrt{\frac{\mu_1}{\varepsilon}}\cos\theta_i+\sqrt{\frac{\mu_2}{\varepsilon}}\cos\theta_t},\quad \Gamma_{\perp}=\frac{\sqrt{\frac{\mu_2}{\varepsilon}}\cos\theta_i-\sqrt{\frac{\mu_1}{\varepsilon}}\cos\theta_t}{\sqrt{\frac{\mu_2}{\varepsilon}}\cos\theta_i+\sqrt{\frac{\mu_1}{\varepsilon}}\cos\theta_t}$$

进一步整理，可得

$$\Gamma_{/\!/}=\frac{\sqrt{\mu_1}\cos\theta_i-\sqrt{\mu_2}\cos\theta_t}{\sqrt{\mu_1}\cos\theta_i+\sqrt{\mu_2}\cos\theta_t}=\frac{\sin\theta_t\cos\theta_i-\sin\theta_i\cos\theta_t}{\sin\theta_t\cos\theta_i+\sin\theta_i\cos\theta}=-\frac{\sin(\theta_i-\theta_t)}{\sin(\theta_i+\theta_t)},$$

$$\Gamma_{\perp}=\frac{\sqrt{\mu_2}\cos\theta_i-\sqrt{\mu_1}\cos\theta_t}{\sqrt{\mu_2}\cos\theta_i+\sqrt{\mu_1}\cos\theta_t}=\frac{\sin\theta_i\cos\theta_i-\sin\theta_t\cos\theta_t}{\sin\theta_i\cos\theta_i+\sin\theta_t\cos\theta_t}=\frac{\tan(\theta_i-\theta_t)}{\sin(\theta_i+\theta_t)}$$

观察上式可以看出，在平行极化时，因$\theta_i\neq\theta_t$，故有$\Gamma_{/\!/}\neq0$，即不存在全透射；而对于垂直极化波，当$\theta_i+\theta_t=\frac{\pi}{2}$时，$\Gamma_{\perp}=0$。由此可见，只有在垂直极化且$\theta_i+\theta_t=\frac{\pi}{2}$时，才可出现全透射现象。此时，由$\frac{\sin\theta_i}{\sin\theta_t}=\sqrt{\frac{\varepsilon_2\mu_2}{\varepsilon_1\mu_1}}=\sqrt{\frac{\mu_2}{\mu_1}}$，可得

$$\frac{\sin\theta_B}{\sin\theta_t}=\frac{\sin\theta_B}{\sin\left(\frac{\pi}{2}-\theta_B\right)}=\tan\theta_B=\sqrt{\frac{\mu_2}{\mu_1}}$$

$$\theta_B=\arctan\sqrt{\frac{\mu_2}{\mu_1}}=\arcsin\sqrt{\frac{\mu_2}{\mu_1+\mu_2}}$$

习题 6.16 设两种介质的介电常数分别为ε_1和ε_2，磁导率均为μ_0。一圆极化波斜入射于两介质的分界面上，试分别求反射波和折射波的极化特性。在什么情况下，反射波成为线性极化波？

解 设介质1中的圆极化波的表达式为

$$\boldsymbol{E}=E_m e^{j(\omega t-\boldsymbol{k}_1\cdot\boldsymbol{r})}\boldsymbol{e}_{/\!/}\pm jE_m e^{j(\omega t-\boldsymbol{k}_1\cdot\boldsymbol{r})}\boldsymbol{e}_{\perp}$$

其中，$\boldsymbol{e}_{/\!/}$与$\boldsymbol{e}_{\perp}$分别表示平行极化波和垂直极化波的单位矢量。

由于在斜入射时，$\Gamma_{/\!/}=\frac{\tan(\theta_i-\theta_t)}{\sin(\theta_i+\theta_t)}$，$\Gamma_{\perp}=-\frac{\sin(\theta_i-\theta_t)}{\sin(\theta_i+\theta_t)}$，即$\Gamma_{/\!/}\neq\Gamma_{\perp}$；

同理 $T_{/\!/}=\frac{2\cos\theta_i\sin\theta_t}{\sin(\theta_i+\theta_t)\cos(\theta_i-\theta_t)}$，$T_{\perp}=\frac{2\cos\theta_i\sin\theta_t}{\sin(\theta_i+\theta_t)}$，即$T_{/\!/}\neq T_{\perp}$。

因此反射波和透射波中的平行极化波分量和垂直极化波分量不再相等，故反射波和透射波

均为椭圆极化波。

只有在入射角以布儒斯特角入射时，平行极化波无反射；只有垂直极化波有反射，即反射波为线性极化波。入射角即为布儒斯特角

$$\theta_B = \arctan\sqrt{\frac{\varepsilon_2}{\varepsilon_1}}$$

习题 6.17 如图 6-10 所示，空气中一均匀平面波的复数电场强度为

$$\boldsymbol{E} = (4\boldsymbol{e}_y + 3\boldsymbol{e}_z)e^{j(6y-8z)}\ \text{V/m}$$

它入射到 $z=0$ 的无限大介质平面上。若介质的参数 $\varepsilon_r=9, \mu_r=1$，试求：

(1) 入射角、反射角和折射角；

(2) 入射波和折射波的频率及波长；

(3) 两区域内电场强度和磁场强度的瞬时值及平均坡印亭矢量。

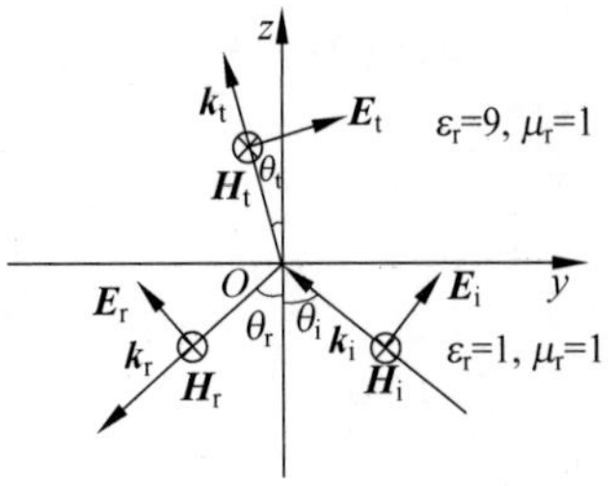

图 6-10 习题 6.17 示意图

解 (1) 由已知的电场强度表达式可知，空气中入射波的波矢为 $\boldsymbol{k}_{i0} = -6\boldsymbol{e}_y + 8\boldsymbol{e}_z \text{m}^{-1}$，$k_{i0} = \sqrt{6^2+8^2} = 10\text{m}^{-1}$。设入射角、反射角和折射角分别为 θ_i, θ_r 和 θ_t，则有

$$\tan\theta_i = \left|\frac{k_{iy}}{k_{iz}}\right| = \frac{3}{4} = \frac{3}{4}$$

故

$$\theta_i = \arctan\frac{3}{4} = \arcsin\frac{3}{5}$$

根据反射定律，即有

$$\theta_r = \arcsin\frac{3}{5}$$

由折射定律 $\dfrac{\sin\theta_i}{\sin\theta_t} = \sqrt{\dfrac{\varepsilon_2\mu_0}{\varepsilon_1\mu_0}} = \sqrt{\dfrac{\varepsilon_{r2}}{\varepsilon_{r1}}}$，得

$$\sin\theta_t = \sin\theta_i\sqrt{\frac{\varepsilon_{r1}}{\varepsilon_{r2}}} = \frac{3}{5}\times\sqrt{\frac{1}{9}} = \frac{1}{5}$$

故有

$$\theta_t = \arcsin\frac{1}{5}$$

(2) 对于入射波而言，其角频率为

$$\omega = k_{i0}c = 10\times 3\times 10^8 = 3\times 10^9\ \text{rad/s}$$

相应的频率为

$$f = \frac{3}{2\pi}\times 10^9\ \text{Hz}$$

反射波和透射波的频率同上。

入射波的波长为

$$\lambda_0 = \frac{2\pi}{k_{i0}} = \frac{2\pi}{10} = 0.2\pi\text{m}$$

介质中的波数为

$$k=\omega\sqrt{\mu\varepsilon}=\frac{\omega}{c}\sqrt{\mu_r\varepsilon_r}=\frac{3\times10^9}{3\times10^8}\times\sqrt{9}=30\text{m}^{-1}$$

透射波的波长为

$$\lambda=\frac{2\pi}{k}=\frac{2\pi}{30}=\frac{0.2\pi}{3}\text{m}$$

(3) 因电磁波为平行极化波,由

$$\Gamma_{/\!/}=\frac{\sqrt{\varepsilon_2}\cos\theta_i-\sqrt{\varepsilon_1}\cos\theta_t}{\sqrt{\varepsilon_2}\cos\theta_i+\sqrt{\varepsilon_1}\cos\theta_t},\quad T_{/\!/}=\frac{2\sqrt{\varepsilon_1}\cos\theta_i}{\sqrt{\varepsilon_2}\cos\theta_i+\sqrt{\varepsilon_1}\cos\theta_t}$$

可得

$$\Gamma_{/\!/}=\frac{\sqrt{9}\times\frac{4}{5}-\sqrt{1}\times\sqrt{\frac{24}{25}}}{\sqrt{9}\times\frac{4}{5}+\sqrt{1}\times\sqrt{\frac{24}{25}}}\approx0.42,\quad T_{/\!/}=\frac{2\sqrt{1}\times\frac{4}{5}}{\sqrt{9}\times\frac{4}{5}+\sqrt{1}\times\sqrt{\frac{24}{25}}}\approx0.47$$

由图 6-10 可见,反射波的波矢为

$$\boldsymbol{k}_{r0}=-6\boldsymbol{e}_y-8\boldsymbol{e}_z\text{m}^{-1}$$

透射波的波矢为

$$\boldsymbol{k}_t=k_t(-\sin\theta_t\boldsymbol{e}_y+\cos\theta_t\boldsymbol{e}_z)=30\times\left(-\frac{1}{5}\boldsymbol{e}_y+\sqrt{\frac{24}{25}}\boldsymbol{e}_z\right)=-6\boldsymbol{e}_y+29.4\boldsymbol{e}_z\text{m}^{-1}$$

反射波的电场强度为

$$\begin{aligned}\boldsymbol{E}_r&=\Gamma_{/\!/}\boldsymbol{E}_i=0.42\times\sqrt{3^2+4^2}(-\sin\theta_i\boldsymbol{e}_y+\cos\theta_i\boldsymbol{e}_z)\mathrm{e}^{[\omega t-k_{i0}(-\cos\theta_i\boldsymbol{e}_y-\sin\theta_i\boldsymbol{e}_z)\cdot\boldsymbol{r}]}\\&=0.42\times5\times\left(-\frac{4}{5}\boldsymbol{e}_y+\frac{3}{5}\boldsymbol{e}_z\right)\mathrm{e}^{\mathrm{j}\left[3\times10^9t-10\left(-\frac{3}{5}\boldsymbol{e}_y-\frac{4}{5}\boldsymbol{e}_z\right)\cdot\boldsymbol{r}\right]}\\&=(-1.68\boldsymbol{e}_y+1.26\boldsymbol{e}_z)\mathrm{e}^{\mathrm{j}(3\times10^9t+6y+8z)}\text{V/m}\end{aligned}$$

入射波的磁场强度为

$$\begin{aligned}\boldsymbol{H}_i&=\frac{\boldsymbol{k}_{i0}\times\boldsymbol{E}_i}{\omega\mu}=\frac{\boldsymbol{e}_{k_{i0}}\times\boldsymbol{E}_i}{Z_0}=\frac{1}{120\pi}\left(-\frac{3}{5}\boldsymbol{e}_y+\frac{4}{5}\boldsymbol{e}_z\right)\times(4\boldsymbol{e}_y+3\boldsymbol{e}_z)\mathrm{e}^{\mathrm{j}(3\times10^9t+6y-8z)}\\&=-\frac{5}{377}\mathrm{e}^{\mathrm{j}(3\times10^9t+6y-8z)}\boldsymbol{e}_x\text{A/m}\end{aligned}$$

反射波的磁场强度为

$$\begin{aligned}\boldsymbol{H}_r&=\frac{\boldsymbol{k}_{r0}\times\boldsymbol{E}_r}{\omega\mu}=\frac{\boldsymbol{e}_{k_{r0}}\times\boldsymbol{E}_r}{Z_0}=\frac{1}{120\pi}\left(-\frac{3}{5}\boldsymbol{e}_y-\frac{4}{5}\boldsymbol{e}_z\right)\times(-1.68\boldsymbol{e}_y+1.26\boldsymbol{e}_z)\mathrm{e}^{\mathrm{j}(3\times10^9t+6y+8z)}\\&=-\frac{2.1}{377}\mathrm{e}^{\mathrm{j}(3\times10^9t+6y+8z)}\boldsymbol{e}_x\text{A/m}\end{aligned}$$

透射波的电场强度为

$$\begin{aligned}\boldsymbol{E}_t&=T_{/\!/}\boldsymbol{E}_i=0.47\times\sqrt{3^2+4^2}(\cos\theta_t\boldsymbol{e}_y+\sin\theta_t\boldsymbol{e}_z)\mathrm{e}^{\mathrm{j}[\omega t-k_t(-\sin\theta_t\boldsymbol{e}_y-\cos\theta_t\boldsymbol{e}_z)\cdot\boldsymbol{r}]}\\&=0.47\times5\times\left(\frac{\sqrt{24}}{5}\boldsymbol{e}_y+\frac{1}{5}\boldsymbol{e}_z\right)\mathrm{e}^{\mathrm{j}\left[3\times10^9t-30\left(-\frac{1}{5}\boldsymbol{e}_y+\frac{\sqrt{24}}{5}\boldsymbol{e}_z\right)\cdot\boldsymbol{r}\right]}\\&=(2.3\boldsymbol{e}_y+0.47\boldsymbol{e}_z)\mathrm{e}^{\mathrm{j}(3\times10^9t+6y-29.4z)}\text{V/m}\end{aligned}$$

透射波的磁场强度为

$$\boldsymbol{H}_{\mathrm{t}}=\frac{\boldsymbol{k}_{\mathrm{t}}\times\boldsymbol{E}_{\mathrm{t}}}{\omega\mu}=\frac{\boldsymbol{e}_{k_{\mathrm{t}}}\times\boldsymbol{E}_{\mathrm{t}}}{Z}=\frac{1}{40\pi}\left(-\frac{1}{5}\boldsymbol{e}_y+\frac{\sqrt{24}}{5}\boldsymbol{e}_z\right)\times(2.3\boldsymbol{e}_y+0.47\boldsymbol{e}_z)\mathrm{e}^{\mathrm{j}[3\times10^9t+(6\boldsymbol{e}_y-29.4\boldsymbol{e}_z)\cdot\boldsymbol{r}]}$$

$$=-\frac{7.04}{377}\mathrm{e}^{\mathrm{j}(3\times10^9t+6y-29.4z)}\boldsymbol{e}_x\,\mathrm{A/m}$$

其瞬时值分别为

$$\boldsymbol{E}_{\mathrm{r}}=(-1.68\boldsymbol{e}_y+1.26\boldsymbol{e}_z)\cos(3\times10^9t+6y+8z)\,\mathrm{V/m}$$

$$\boldsymbol{E}_{\mathrm{t}}=(2.3\boldsymbol{e}_y+0.47\boldsymbol{e}_z)\cos(3\times10^9t+6y-29.4z)\,\mathrm{V/m}$$

$$\boldsymbol{H}_{\mathrm{i}}=-\frac{5}{377}\cos(3\times10^9t+6y-8z)\boldsymbol{e}_x\,\mathrm{A/m}$$

$$\boldsymbol{H}_{\mathrm{r}}=-\frac{2.1}{377}\cos(3\times10^9t+6y+8z)\boldsymbol{e}_x\,\mathrm{A/m}$$

$$\boldsymbol{H}_{\mathrm{t}}=-\frac{7.04}{377}\cos(3\times10^9t+6y-29.4z)\boldsymbol{e}_x\,\mathrm{A/m}$$

入射波、反射波和透射波的平均坡印亭矢量分别为

$$\bar{\boldsymbol{S}}_{\mathrm{i}}=\frac{1}{2}\mathrm{Re}[\boldsymbol{E}_{\mathrm{i}}\times\boldsymbol{H}_i^*]=\frac{E_{\mathrm{im}}^2}{2Z_0}\boldsymbol{e}_{k\mathrm{i}}=\frac{5^2}{2\times120\pi}\left(-\frac{3}{5}\boldsymbol{e}_y+\frac{4}{5}\boldsymbol{e}_z\right)$$

$$=\frac{5}{754}(-3\boldsymbol{e}_y+4\boldsymbol{e}_z)\,\mathrm{W/m^2}$$

$$\bar{\boldsymbol{S}}_{\mathrm{r}}=\frac{1}{2}\mathrm{Re}[\boldsymbol{E}_{\mathrm{r}}\times\boldsymbol{H}_{\mathrm{r}}^*]=\frac{(\Gamma_{/\!/}E_{\mathrm{im}})^2}{2Z_0}\boldsymbol{e}_{k\mathrm{r}}=\frac{(0.42\times5)^2}{2\times120\pi}\left(-\frac{3}{5}\boldsymbol{e}_y-\frac{4}{5}\boldsymbol{e}_z\right)$$

$$=\frac{0.88}{754}(-3\boldsymbol{e}_y-4\boldsymbol{e}_z)\,\mathrm{W/m^2}$$

$$\bar{\boldsymbol{S}}_{\mathrm{t}}=\frac{1}{2}\mathrm{Re}[\boldsymbol{E}_{\mathrm{t}}\times\boldsymbol{H}_{\mathrm{t}}^*]=\frac{(T_{/\!/}E_{\mathrm{im}})^2}{2Z}\boldsymbol{e}_{k\mathrm{r}}=\frac{(0.473\times5)^2}{2\times40\pi}\left(-\frac{1}{5}\boldsymbol{e}_y+\frac{\sqrt{24}}{5}\boldsymbol{e}_z\right)$$

$$=\frac{3.36}{754}(-\boldsymbol{e}_y+4.90\boldsymbol{e}_z)=\left(-\frac{3.36}{754}\boldsymbol{e}_y+\frac{16.47}{754}\boldsymbol{e}_z\right)\mathrm{W/m^2}$$

$$\bar{\boldsymbol{S}}_1=\frac{1}{2}\mathrm{Re}[(\boldsymbol{E}_{\mathrm{i}}+\boldsymbol{E}_{\mathrm{r}})\times(\boldsymbol{H}_{\mathrm{i}}+\boldsymbol{H}_{\mathrm{r}})^*]$$

$$=\bar{\boldsymbol{S}}_{\mathrm{i}}+\bar{\boldsymbol{S}}_{\mathrm{r}}+\frac{1}{2}\mathrm{Re}[(\boldsymbol{E}_{\mathrm{i}}\times\boldsymbol{H}_{\mathrm{r}}^*)]+\frac{1}{2}\mathrm{Re}[(\boldsymbol{E}_{\mathrm{r}}\times\boldsymbol{H}_{\mathrm{i}}^*)]$$

$$=\frac{5}{754}(-3\boldsymbol{e}_y+4\boldsymbol{e}_z)+\frac{0.88}{754}(-3\boldsymbol{e}_y-4\boldsymbol{e}_z)+$$

$$\frac{2.10\cos(16z)}{754}(-3\boldsymbol{e}_y+4\boldsymbol{e}_z)\ \frac{2.10\cos(16z)}{754}(-3\boldsymbol{e}_y-4\boldsymbol{e}_z)$$

$$=-\frac{17.64}{754}\boldsymbol{e}_y+\frac{16.48}{754}\boldsymbol{e}_z-\frac{12.60}{754}\cos(16z)\boldsymbol{e}_y\,\mathrm{W/m^2}$$

习题 6.18 一均匀平面波从空气中垂直入射到一理想介质($\varepsilon_{\mathrm{r}}=4,\mu_{\mathrm{r}}=1$)中，求反射波和透射波的振幅之比。

解 垂直入射时，反射系数和透射系数分别为

$$\Gamma=\frac{\sqrt{\varepsilon_1}-\sqrt{\varepsilon_2}}{\sqrt{\varepsilon_1}+\sqrt{\varepsilon_2}}=\frac{\sqrt{\varepsilon_{r1}}-\sqrt{\varepsilon_{r2}}}{\sqrt{\varepsilon_{r1}}+\sqrt{\varepsilon_{r2}}},\quad T=\frac{2\sqrt{\varepsilon_1}}{\sqrt{\varepsilon_1}+\sqrt{\varepsilon_2}}=\frac{2\sqrt{\varepsilon_{r1}}}{\sqrt{\varepsilon_{r1}}+\sqrt{\varepsilon_{r2}}}$$

代入已知值，可得

$$\Gamma=\frac{\sqrt{\varepsilon_1}-\sqrt{\varepsilon_2}}{\sqrt{\varepsilon_1}+\sqrt{\varepsilon_2}}=\frac{\sqrt{1}-\sqrt{4}}{\sqrt{1}+\sqrt{4}}=-\frac{1}{3}$$

$$T=\frac{2\times\sqrt{1}}{\sqrt{1}+\sqrt{4}}=\frac{2}{3}$$

反射波和透射波的振幅之比则为

$$\frac{E_{r0}}{E_{t0}}=\left|\frac{\Gamma E_{i0}}{TE_{i0}}\right|=\frac{\frac{1}{3}}{\frac{2}{3}}=\frac{1}{2}$$

习题 6.19 在介电常数分别为 ε_1 和 ε_3 的半无限大的介质中间放置一块厚度为 d 的介质板，其介电常数为 ε_2，三个区域中介质的磁导率均为 μ_0。若均匀平面波从介质 1 中垂直入射于介质板上，如图 6-11 所示。试证明当 $\varepsilon_2=\sqrt{\varepsilon_1\varepsilon_3}$ 且 $d=\dfrac{\lambda_0}{4\sqrt{\varepsilon_{r2}}}$（$\lambda_0$ 为自由空间波长）时没有反射。

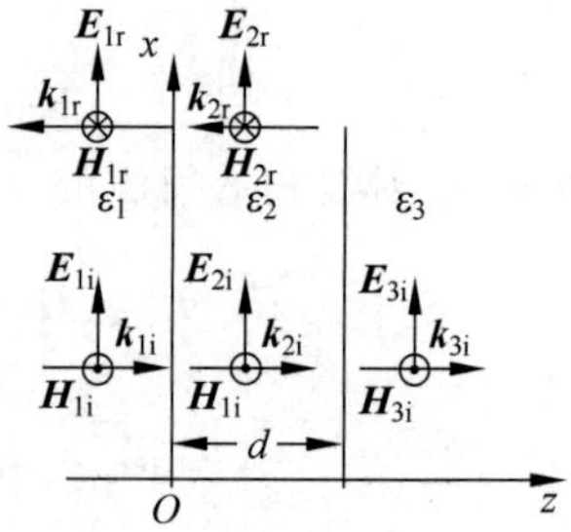

图 6-11 习题 6.19 示意图

证明 如图 6-11 所示，设各区域内电场强度、磁场强度的表达式分别为

$$\boldsymbol{E}_1=(E_{im}^{(1)}\mathrm{e}^{-jk_1z}+E_{rm}^{(1)}\mathrm{e}^{jk_1z})\boldsymbol{e}_x$$

$$\boldsymbol{H}_1=(H_{im}^{(1)}\mathrm{e}^{-jk_1z}-H_{rm}^{(1)}\mathrm{e}^{jk_1z})\boldsymbol{e}_y$$

$$\boldsymbol{E}_2=(E_{im}^{(2)}\mathrm{e}^{-jk_2z}+E_{rm}^{(2)}\mathrm{e}^{jk_2z})\boldsymbol{e}_x$$

$$\boldsymbol{H}_2=(H_{im}^{(2)}\mathrm{e}^{-jk_2z}-H_{rm}^{(2)}\mathrm{e}^{jk_2z})\boldsymbol{e}_y$$

$$\boldsymbol{E}_3=E_{im}^{(3)}\mathrm{e}^{-jk_3z}\boldsymbol{e}_x,\quad \boldsymbol{H}_3=H_{im}^{(3)}\mathrm{e}^{-jk_3z}\boldsymbol{e}_y$$

且有

$$Z_1=\frac{E_1}{H_1}=\sqrt{\frac{\mu_0}{\varepsilon_1}},\quad Z_2=\frac{E_2}{H_2}=\sqrt{\frac{\mu_0}{\varepsilon_2}},\quad Z_3=\frac{E_3}{H_3}=\sqrt{\frac{\mu_0}{\varepsilon_3}}$$

在边界面 $z=0, z=d$ 上，均满足 $E_{1t}=E_{2t}, E_{2t}=E_{3t}$；$H_{1t}=H_{2t}, H_{2t}=H_{3t}$。故可得

$$\begin{cases}E_{im}^{(1)}+E_{rm}^{(1)}=E_{im}^{(2)}+E_{rm}^{(2)}\\ \dfrac{E_{im}^{(1)}-E_{rm}^{(1)}}{Z_1}=\dfrac{E_{im}^{(2)}-E_{rm}^{(2)}}{Z_2}\\ E_{im}^{(2)}\mathrm{e}^{-jk_2d}+E_{rm}^{(2)}\mathrm{e}^{jk_2d}=E_{im}^{(3)}\mathrm{e}^{-jk_3d}\\ \dfrac{E_{im}^{(2)}\mathrm{e}^{-jk_2d}-E_{rm}^{(2)}\mathrm{e}^{jk_2d}}{Z_2}=\dfrac{E_{im}^{(3)}\mathrm{e}^{-jk_3d}}{Z_3}\end{cases}$$

联立上述方程组，求解得

$$\Gamma=\frac{E_{\mathrm{rm}}^{(1)}}{E_{\mathrm{im}}^{(1)}}=-\frac{(Z_1-Z_2)(Z_2+Z_3)\mathrm{e}^{\mathrm{j}k_2 d}+(Z_1+Z_2)(Z_2-Z_3)\mathrm{e}^{-\mathrm{j}k_2 d}}{(Z_1+Z_2)(Z_2+Z_3)\mathrm{e}^{\mathrm{j}k_2 d}+(Z_1-Z_2)(Z_2-Z_3)\mathrm{e}^{-\mathrm{j}k_2 d}}$$
$$=\frac{Z_2(Z_3-Z_1)\cos k_2 d+\mathrm{j}(Z_2^2-Z_1Z_3)\sin k_2 d}{Z_2(Z_3+Z_1)\cos k_2 d+\mathrm{j}(Z_2^2+Z_1Z_3)\sin k_2 d}$$

因为 $Z_1\neq Z_3$，所以只有当 $\cos k_2 d=0$ 且 $Z_2^2=Z_1Z_3$ 时，上式中 $\Gamma=0$，即不存在反射。

由 $\cos k_2 d=0$ 可得，$k_2 d=\left(n+\frac{1}{2}\right)\pi, n=0,1,2,3,\cdots$ 进一步可得

$$d_{\min}=\frac{\pi}{2k_2}=\frac{\lambda}{4}=\frac{\lambda}{4\sqrt{\varepsilon_r}}$$

将 $Z_1=\sqrt{\frac{\mu_0}{\varepsilon_1}}, Z_2=\sqrt{\frac{\mu_0}{\varepsilon_2}}, Z_3=\sqrt{\frac{\mu_0}{\varepsilon_3}}$ 代入 $Z_2^2=Z_1Z_3$ 中，可得

$$\varepsilon_2=\sqrt{\varepsilon_1\varepsilon_3}$$

从而得证。

习题 6.20 设两种介质的介电常数分别为 ε_1 和 ε_2，磁导率均为 μ_0。一圆极化波垂直投射于一介质板上，入射波的电场强度为 $\boldsymbol{E}=E_m(\boldsymbol{e}_x+\mathrm{j}\boldsymbol{e}_y)\mathrm{e}^{-\mathrm{j}\beta z}$，试求反射波与透射波的电场强度，并指出它们的极化旋转方向。

解 设圆极化波沿 x 轴、y 轴的分量分别为

$$\boldsymbol{E}_{ix}=E_m\mathrm{e}^{-\mathrm{j}\beta z}\boldsymbol{e}_x,\quad \boldsymbol{E}_{iy}=\mathrm{j}E_m\mathrm{e}^{-\mathrm{j}\beta z}\boldsymbol{e}_y$$

y 分量的相位超前于 x 分量 $\frac{\pi}{2}$，故相对于入射波的传播方向正 z 方向为左旋圆极化波。

当正入射时，反射系数和透射系数与极化方式无关。它们分别为

$$\Gamma=\frac{\sqrt{\varepsilon_1}-\sqrt{\varepsilon_2}}{\sqrt{\varepsilon_1}+\sqrt{\varepsilon_2}},\quad T=\frac{2\sqrt{\varepsilon_1}}{\sqrt{\varepsilon_1}+\sqrt{\varepsilon_2}}$$

因此，x、y 分量对应的反射波分别为

$$\boldsymbol{E}_{rx}=\Gamma E_m\mathrm{e}^{\mathrm{j}\beta z}\boldsymbol{e}_x,\quad \boldsymbol{E}_{ry}=\mathrm{j}\Gamma E_m\mathrm{e}^{\mathrm{j}\beta z}\boldsymbol{e}_y$$

其合成波为

$$\boldsymbol{E}_r=\Gamma E_m\mathrm{e}^{\mathrm{j}\beta z}\boldsymbol{e}_x+\mathrm{j}\Gamma E_m\mathrm{e}^{\mathrm{j}\beta z}\boldsymbol{e}_y=\Gamma E_m(\boldsymbol{e}_x+\mathrm{j}\boldsymbol{e}_y)\mathrm{e}^{\mathrm{j}\beta z}$$

可见，反射波中沿 x、y 分量的振幅仍相等，但相对于传播方向(负 z 方向)，y 分量的相位超前于 x 分量 $\frac{\pi}{2}$，故相对于反射波的传播方向为右旋圆极化波。

同理，x、y 分量对应的透射波分别为

$$\boldsymbol{E}_{tx}=TE_m\mathrm{e}^{-\mathrm{j}\beta' z}\boldsymbol{e}_x,\quad \boldsymbol{E}_{ty}=\mathrm{j}TE_m\mathrm{e}^{-\mathrm{j}\beta' z}\boldsymbol{e}_y$$

其合成波为

$$\boldsymbol{E}_t=TE_m(\boldsymbol{e}_x+\mathrm{j}\boldsymbol{e}_y)\mathrm{e}^{-\mathrm{j}\beta' z}$$

可见，透射波中沿 x、y 分量的振幅仍相等，y 分量的相位仍超前于 x 分量 $\frac{\pi}{2}$，故相对于透射波的传播方向正 z 方向仍为左旋圆极化波。

对于右旋极化的入射波，反射波和透射波可同理推得。

习题 6.21 一均匀平面电磁波由空气斜入射到 $z=0$ 的理想导体平面上，已知其复数

电场强度为

$$\boldsymbol{E}=\boldsymbol{e}_y 10\mathrm{e}^{-\mathrm{j}(6x+8z)}$$

试求：

(1) 入射波的频率、反射波的电场强度和磁场强度；

(2) 空气中的平均能流密度；

(3) 理想导体表面上的自由电流密度和电荷密度。

解 (1) 由已知式可知，$\boldsymbol{k}_\mathrm{i}=6\boldsymbol{e}_x+8\boldsymbol{e}_z\,\mathrm{m}^{-1}$，$k_\mathrm{i}=\sqrt{6^2+8^2}=10\mathrm{m}^{-1}$
入射波的频率则为

$$f=\frac{\omega}{2\pi}=\frac{k_\mathrm{i}c}{2\pi}=\frac{10\times 3\times 10^8}{2\pi}=\frac{3}{2\pi}\times 10^9\,\mathrm{Hz}$$

反射波的波矢为

$$\boldsymbol{k}_\mathrm{r}=6\boldsymbol{e}_x-8\boldsymbol{e}_z\,\mathrm{m}^{-1}$$

因在理想导体表面的反射系数为 $\Gamma_\perp=-1$，故可得反射波的电场强度为

$$\boldsymbol{E}_\mathrm{r}=-10\mathrm{e}^{-\mathrm{j}(6x-8z)}\boldsymbol{e}_y$$

反射波的磁场强度为

$$\boldsymbol{H}_\mathrm{r}=\frac{\boldsymbol{e}_{kr}\times\boldsymbol{E}_\mathrm{r}}{Z}=\frac{(6\boldsymbol{e}_x-8\boldsymbol{e}_z)\times(-10\mathrm{e}^{-\mathrm{j}(6x-8z)}\boldsymbol{e}_y)}{10\times 120\pi}=-\frac{1}{60\pi}(4\boldsymbol{e}_x+3\boldsymbol{e}_z)\mathrm{e}^{-\mathrm{j}(6x-8z)}$$

同理，入射波的磁场强度为

$$\boldsymbol{H}_\mathrm{i}=\frac{\boldsymbol{e}_{k\mathrm{i}}\times\boldsymbol{E}_\mathrm{i}}{Z}=\frac{(6\boldsymbol{e}_x+8\boldsymbol{e}_z)\times(10\mathrm{e}^{-\mathrm{j}(6x+8z)}\boldsymbol{e}_y)}{10\times 120\pi}=\frac{1}{60\pi}(-4\boldsymbol{e}_x+3\boldsymbol{e}_z)\mathrm{e}^{-\mathrm{j}(6x+8z)}$$

(2) 空气中存在入射波和反射波，平均能流密度分别为

$$\bar{\boldsymbol{S}}_\mathrm{i}=\frac{1}{2}\mathrm{Re}[\boldsymbol{E}_\mathrm{i}\times\boldsymbol{H}_i^*]=\frac{1}{2}\mathrm{Re}\left\{(10\mathrm{e}^{-\mathrm{j}(6x+8z)}\boldsymbol{e}_y)\times\left[\frac{1}{60\pi}(-4\boldsymbol{e}_x+3\boldsymbol{e}_z)\mathrm{e}^{-\mathrm{j}(6x+8z)}\right]^*\right\}$$

$$=\frac{1}{12\pi}(3\boldsymbol{e}_x+4\boldsymbol{e}_z)$$

$$\bar{\boldsymbol{S}}_\mathrm{r}=\frac{1}{2}\mathrm{Re}[\boldsymbol{E}_\mathrm{r}\times\boldsymbol{H}_\mathrm{r}^*]=\frac{1}{2}\mathrm{Re}\left\{(-10\mathrm{e}^{-\mathrm{j}(6x-8z)}\boldsymbol{e}_y)\times\left[-\frac{1}{60\pi}(4\boldsymbol{e}_x+3\boldsymbol{e}_z)\mathrm{e}^{-\mathrm{j}(6x-8z)}\right]^*\right\}$$

$$=\frac{1}{12\pi}(3\boldsymbol{e}_x-4\boldsymbol{e}_z)$$

$$\bar{\boldsymbol{S}}_1=\frac{1}{2}\mathrm{Re}[(\boldsymbol{E}_\mathrm{i}+\boldsymbol{E}_\mathrm{r})\times(\boldsymbol{H}_\mathrm{i}+\boldsymbol{H}_\mathrm{r})^*]$$

$$=\frac{1}{2}\mathrm{Re}[\boldsymbol{E}_\mathrm{i}\times\boldsymbol{H}_\mathrm{i}^*]+\frac{1}{2}\mathrm{Re}[\boldsymbol{E}_\mathrm{r}\times\boldsymbol{H}_\mathrm{r}^*]+\frac{1}{2}\mathrm{Re}[(\boldsymbol{E}_\mathrm{i}\times\boldsymbol{H}_\mathrm{r}^*)]+\frac{1}{2}\mathrm{Re}[(\boldsymbol{E}_\mathrm{r}\times\boldsymbol{H}_\mathrm{i}^*)]$$

$$=\frac{1}{2}\mathrm{Re}\left\{(10\mathrm{e}^{-\mathrm{j}(6x+8z)}\boldsymbol{e}_y)\times\left[\frac{1}{60\pi}(-4\boldsymbol{e}_x+3\boldsymbol{e}_z)\mathrm{e}^{-\mathrm{j}(6x+8z)}\right]^*\right\}+$$

$$\frac{1}{2}\mathrm{Re}\left\{(-10\mathrm{e}^{-\mathrm{j}(6x-8z)}\boldsymbol{e}_y)\times\left[-\frac{1}{60\pi}(4\boldsymbol{e}_x+3\boldsymbol{e}_z)\mathrm{e}^{-\mathrm{j}(6x-8z)}\right]^*\right\}+$$

$$\frac{1}{2}\mathrm{Re}\left\{(10\mathrm{e}^{-\mathrm{j}(6x+8z)}\boldsymbol{e}_y)\times\left[-\frac{1}{60\pi}(4\boldsymbol{e}_x+3\boldsymbol{e}_z)\mathrm{e}^{-\mathrm{j}(6x-8z)}\right]^*\right\}+$$

$$\frac{1}{2}\mathrm{Re}\left\{(-10\mathrm{e}^{-\mathrm{j}(6x-8z)}\boldsymbol{e}_y)\times\left[\frac{1}{60\pi}(-4\boldsymbol{e}_x+3\boldsymbol{e}_z)\mathrm{e}^{-\mathrm{j}(6x+8z)}\right]^*\right\}$$

$$=\frac{1}{12\pi}(3\boldsymbol{e}_x+4\boldsymbol{e}_z)+\frac{1}{12\pi}(3\boldsymbol{e}_x-4\boldsymbol{e}_z)-\frac{1}{12\pi}\cos(16z)(3\boldsymbol{e}_x-4\boldsymbol{e}_z)-\frac{1}{12\pi}\cos(16z)(3\boldsymbol{e}_x+4\boldsymbol{e}_z)$$

$$=\frac{1}{2\pi}\boldsymbol{e}_x-\frac{1}{2\pi}\cos(16z)\boldsymbol{e}_x$$

(3) 理想导体表面上的自由电流密度为

$$\boldsymbol{J}_S=\boldsymbol{n}\times(\boldsymbol{H}_1-\boldsymbol{H}_2)=\boldsymbol{n}\times(\boldsymbol{H}_i+\boldsymbol{H}_r)$$

具体为

$$\boldsymbol{J}_S=-\boldsymbol{e}_z\times\left[\frac{1}{60\pi}(-4\boldsymbol{e}_x+3\boldsymbol{e}_z)e^{-j6x}-\frac{1}{60\pi}(4\boldsymbol{e}_x+3\boldsymbol{e}_z)e^{-j6x}\right]\Bigg|_{x=0}=\frac{2}{15\pi}\boldsymbol{e}_y$$

理想导体表面上的自由电荷密度为

$$\rho_S=\boldsymbol{n}\cdot(\boldsymbol{D}_1-\boldsymbol{D}_2)=-\varepsilon_0\boldsymbol{e}_z\cdot(\boldsymbol{E}_i+\boldsymbol{E}_r)$$

具体为

$$\rho_S=-\varepsilon_0\boldsymbol{e}_z\cdot(10e^{-j6x}\boldsymbol{e}_y-10e^{-j6x}\boldsymbol{e}_y)=0$$

习题 6.22 已知铜的参数为 $\varepsilon_r=\mu_r=1,\sigma=5.8\times10^7\,\text{S/m}$；铁的参数为 $\varepsilon_r=1,\mu_r=10^3,\sigma=10^7\,\text{S/m}$。一频率为 10kHz 的均匀平面波从空气中垂直入射于

(1) 一块大铜板上；

(2) 一块大铁板上。

试分别求铜板与铁板表面上的反射系数和传输系数及趋肤深度与表面电阻。

解 (1) 对于铜，由于 $\dfrac{\sigma}{\omega\varepsilon}=\dfrac{5.8\times10^7\times36\pi}{2\pi\times10^4\times1\times10^{-9}}\gg1$，无论是平行极化还是垂直极化，有

$$\Gamma\approx1,\quad T\approx0$$

趋肤深度为

$$\delta=\frac{1}{\alpha}=\sqrt{\frac{1}{\pi f\mu\sigma}}=\sqrt{\frac{1}{\pi\times10^4\times5.8\times10^7\times4\pi\times10^{-7}}}\approx6.6\times10^{-4}\,\text{m}$$

表面电阻为

$$R_S=\sqrt{\frac{\omega\mu}{2\sigma}}=\sqrt{\frac{\pi f\mu}{\sigma}}=\sqrt{\frac{\pi\times10^4\times4\pi\times10^{-7}}{5.8\times10^7}}\approx2.6\times10^{-5}\,\Omega$$

(2) 同理，对于铁，由于 $\dfrac{\sigma}{\omega\varepsilon}=\dfrac{10^7\times36\pi}{2\pi\times10^4\times1\times10^{-9}}\gg1$，无论是平行极化还是垂直极化，有

$$\Gamma\approx1,\quad T\approx0$$

趋肤深度为

$$\delta=\frac{1}{\alpha}=\sqrt{\frac{1}{\pi f\sigma\mu}}=\sqrt{\frac{1}{\pi\times10^4\times10^7\times10^3\times4\pi\times10^{-7}}}\approx5.0\times10^{-5}\,\text{m}$$

表面电阻为

$$R_S=\sqrt{\frac{\omega\mu}{2\sigma}}=\sqrt{\frac{\pi f\mu}{\sigma}}=\sqrt{\frac{\pi\times10^4\times10^3\times4\pi\times10^{-7}}{10^7}}\approx1.99\times10^{-3}\,\Omega$$

习题 6.23 空气中有一均匀平面波垂直入射于半无限大理想导体平面上。若入射波

的振幅 $E_m=1\text{V/m}$,试求空气中坡印亭矢量的平均值与最大值及最大值的位置至导体表面的距离。

解 设入射波沿 $+z$ 方向传播,电场强度为 $\boldsymbol{E}_i=e^{-jk_0z}\boldsymbol{e}_x$,则磁场强度为

$$\boldsymbol{H}_i=\frac{1}{Z_0}e^{-jk_0z}\boldsymbol{e}_y$$

反射波的电场强度和磁场强度分别为

$$\boldsymbol{E}_r=-e^{jk_0z}\boldsymbol{e}_x$$

$$\boldsymbol{H}_r=\frac{1}{Z_0}e^{jk_0z}\boldsymbol{e}_y$$

空气中入射波和反射波的坡印亭矢量平均值为

$$\bar{\boldsymbol{S}}_i=\frac{1}{2}\text{Re}[\boldsymbol{E}_i\times\boldsymbol{H}_i^*]=\frac{1}{2}\text{Re}\left[(e^{-jk_0z}\boldsymbol{e}_x)\times\left(\frac{1}{Z_0}e^{-jk_0z}\boldsymbol{e}_y\right)^*\right]=\frac{1}{2Z_0}\boldsymbol{e}_z=\frac{1}{754}\boldsymbol{e}_z\ \text{W/m}^2$$

$$\bar{\boldsymbol{S}}_r=\frac{1}{2}\text{Re}[\boldsymbol{E}_r\times\boldsymbol{H}_r^*]=\frac{1}{2}\text{Re}\left[(-e^{jk_0z}\boldsymbol{e}_x)\times\left(\frac{1}{Z_0}e^{jk_0z}\boldsymbol{e}_y\right)^*\right]=-\frac{1}{2Z_0}\boldsymbol{e}_z=-\frac{1}{754}\boldsymbol{e}_z\ \text{W/m}^2$$

空气中总的坡印亭矢量平均值为

$$\begin{aligned}\bar{\boldsymbol{S}}&=\frac{1}{2}\text{Re}[\boldsymbol{E}_1\times\boldsymbol{H}_1^*]=\frac{1}{2}\text{Re}[(\boldsymbol{E}_i+\boldsymbol{E}_r)\times(\boldsymbol{H}_i^*+\boldsymbol{H}_r^*)]\\&=\frac{1}{2}\text{Re}\left[(e^{-jk_0z}\boldsymbol{e}_x-e^{jk_0z}\boldsymbol{e}_x)\times\left(\frac{1}{Z_0}e^{-jk_0z}\boldsymbol{e}_y+\frac{1}{Z_0}e^{j_0z}\boldsymbol{e}_y\right)^*\right]=0\end{aligned}$$

这是由于平面电磁波经理想导体表面反射后,入射波和反射波叠加,合成后的波为驻波。

空气中总的坡印亭矢量的瞬时值为

$$\begin{aligned}\boldsymbol{S}&=[(\boldsymbol{E}_i+\boldsymbol{E}_r)\times(\boldsymbol{H}_i+\boldsymbol{H}_r)]\\&=[\cos(\omega t-k_0z)-\cos(\omega t+k_0z)]\boldsymbol{e}_x\times\left[\frac{1}{Z_0}\cos(\omega t-k_0z)+\frac{1}{Z_0}\cos(\omega t+k_0z)\right]\boldsymbol{e}_y\\&=\frac{1}{377}\sin2\omega t\cdot\sin2k_0z\boldsymbol{e}_z\ \text{W/m}^2\end{aligned}$$

坡印亭矢量的最大值为

$$S_{\max}=\frac{1}{377}\text{W/m}^2$$

坡印亭矢量最大值的位置应满足 $2k_0z=\left(m+\frac{1}{2}\right)\pi(m=0,1,2,\cdots)$,故得

$$z=\left(m+\frac{1}{2}\right)\frac{\pi}{2k_0}=\frac{(2m+1)\lambda_0}{8},\quad m=0,1,2,\cdots$$

至导体表面的距离为

$$\Delta z=\frac{\lambda_0}{8}$$

习题 6.24 空气中有一频率为 100MHz、电场强度的有效值为 1V/m 的均匀平面波垂直入射于一块大而厚的铜板上。已知铜的参数 $\varepsilon_r=\mu_r=1,\sigma=5.8\times10^7\text{S/m}$,试求:

(1) 空气中紧邻其表面处的电场强度和磁场强度的有效值;

(2) 铜板中紧邻其表面处的电场强度和磁场强度的有效值;

(3) 铜板表面处的传导电流密度和离表面 0.01mm 处的传导电流密度;

(4) 穿入单位面积铜板中的平均功率。

解 (1) 设入射波的电场强度有效值为 $E_e = 1\text{V/m}$。对于铜,由于

$$\frac{\sigma}{\omega\varepsilon} = \frac{5.8 \times 10^7 \times 36\pi}{2\pi \times 10^8 \times 1 \times 10^{-9}} \gg 1$$

故导体中的波阻抗

$$Z_c = \sqrt{\frac{\mu}{\varepsilon_c}} \approx \sqrt{\frac{\mu\omega}{\sigma}}\mathrm{e}^{\mathrm{j}\frac{\pi}{4}} = \sqrt{\frac{4\pi \times 10^{-7} \times 2\pi \times 10^8}{5.8 \times 10^7}}\mathrm{e}^{\mathrm{j}\frac{\pi}{4}} = 2.61 \times 10^{-3}(1 + \mathrm{j})\Omega$$

当电磁波从空气垂直入射到铜板时,反射系数和透射系数分别为

$$\Gamma = \frac{Z_c - Z_0}{Z_c + Z_0} \approx -1, \quad T = \frac{2Z_c}{Z_0 + Z_c} \approx 0$$

空气中紧邻其表面处反射波的电场强度有效值为

$$E_{re} = \Gamma E_e = -1\text{V/m}$$

入射波的磁场强度有效值为

$$H_e = \frac{E_e}{Z_0} = \frac{1}{377}\text{A/m}$$

反射波的磁场强度有效值为

$$H_{re} = \frac{E_{re}}{Z_0} = \frac{1}{377}\text{A/m}$$

(2) 铜板中紧邻其表面处的电场强度的有效值为

$$E_{te} = TE_e = 0$$

透射波的磁场强度有效值为

$$H_{te} = H_e + H_{re} = \frac{2}{377}\text{A/m}$$

(3) 铜板表面处的传导电流密度为

$$J_{Se} = H_e + H_{re} = \frac{2}{377}\text{A/m}$$

衰减常数为

$$\alpha = \sqrt{\frac{\omega\sigma\mu}{2}} = \sqrt{\frac{2\pi \times 10^8 \times 5.8 \times 10^7 \times 4\pi \times 10^{-7}}{2}} = 1.51 \times 10^5\text{Np/m}$$

离表面 0.01mm 处的传导电流密度为

$$J = J_{Se}\mathrm{e}^{-\alpha z} = \frac{2}{377} \times \mathrm{e}^{-1.51 \times 10^5 \times 10^{-5}} = 1.2 \times 10^{-3}\text{A/m}$$

(4) 穿入单位面积铜板中的平均功率为

$$p_0 = \frac{1}{2}J_{Sm}^2 R_S = \frac{1}{2}J_{Sm}^2\sqrt{\frac{\pi f\mu}{\sigma}} = \left(\frac{2}{377}\right)^2 \times \sqrt{\frac{\pi \times 10^8 \times 4\pi \times 10^{-7}}{5.8 \times 10^7}} = 7.3 \times 10^{-8}\text{W/m}^2$$

习题 6.25 试述矩形波导中不能传输 TEM 波的理由。

证明 用反证法。假定矩形波导中可以传输 TEM 波,则有 $E_z = 0, H_z = 0$,即电场与磁场与 z 轴垂直,故磁场线应为横向平面 xOy 中的闭合曲线。根据全电流定律 $\nabla \times \boldsymbol{H} =$

$\boldsymbol{J}+\frac{\partial \boldsymbol{D}}{\partial t}$,则要求波导内存在纵向的传导电流或位移电流。因为矩形波导为单导体导波系统,其内无传导电流,又因为 TEM 波的纵向电场 $E_z=0$,所以也没有纵向的位移电流。这说明假设在波导内可以传输 TEM 波的假设不成立。

习题 6.26 矩形波导传输 TE 波,已知 TE_{11} 的纵向磁场分量为

$$H_z=10^{-3}\cos\frac{\pi x}{3}\cos\frac{\pi y}{2}e^{j(\omega t-\beta z)}\ \text{A/m}$$

长度以 cm 为单位。当工作频率为 10GHz 时,试求最低 TE 波的 λ_c,f_c,λ_g 的值。该波导还可能存在哪些波型?

解 由已知的场表达式知,矩形波导的矩形截面长和宽分别为 $a=3\text{cm}$,$b=2\text{cm}$,其内最低模式为 TE_{10},根据截止波长公式 $\lambda_{cmn}=\dfrac{2}{\sqrt{\left(\frac{m}{a}\right)^2+\left(\frac{n}{b}\right)^2}}$,可得最低 TE 波的截止波长为

$$\lambda_{c10}=\frac{2}{\sqrt{\left(\frac{1}{a}\right)^2+\left(\frac{0}{b}\right)^2}}=2a=6\text{cm}$$

截止频率为

$$f_{c10}=\frac{c}{\lambda_{c10}}=\frac{3\times10^8}{0.06}=5\times10^9\ \text{Hz}$$

由波导波长的定义,有

$$\lambda_g=\frac{2\pi}{k_z}=\frac{2\pi}{\sqrt{k^2-k_c^2}}=\frac{1}{\sqrt{\left(\frac{1}{\lambda}\right)^2-\left(\frac{1}{\lambda_c}\right)^2}}$$

由已知得

$$\lambda=\frac{c}{f}=\frac{3\times10^8}{10^{10}}=0.03\text{m}=3\text{cm}$$

故有

$$\lambda_{g10}=\frac{1}{\sqrt{\left(\frac{1}{3}\right)^2-\left(\frac{1}{6}\right)^2}}=2\sqrt{3}\ \text{cm}$$

由 $\lambda_{cmn}=\dfrac{2}{\sqrt{\left(\frac{m}{a}\right)^2+\left(\frac{n}{b}\right)^2}}$,可得 $\lambda_{c10}=6\text{cm}$,$\lambda_{c01}=4\text{cm}$,$\lambda_{c11}=3.32\text{cm}$,$\lambda_{c10}=3\text{cm}$,$\lambda_{c11}=2.4\text{cm}$ 等。因波导中可以存在的模式必须满足 $\lambda<\lambda_c$,故可得该波导还可能存在波型有 TE_{01}、TE_{11} 和 TM_{11}。

习题 6.27 矩形波导传输 TE 波,已知

$$E_x=E_0\sin\left(\frac{\pi}{b}y\right)e^{j(\omega t-\beta z)}$$

$$E_y=0$$

试求其他场分量,并画出场结构。

解 因已知波型为 TE 型,故有 $E_z=0$。磁场与电场的关系满足

$$\boldsymbol{H}=\frac{\mathrm{j}}{\omega\mu}\nabla\times\boldsymbol{E}=\frac{\mathrm{j}}{\omega\mu}\begin{bmatrix}\boldsymbol{e}_x & \boldsymbol{e}_y & \boldsymbol{e}_z\\ \dfrac{\partial}{\partial x} & \dfrac{\partial}{\partial y} & \dfrac{\partial}{\partial z}\\ E_x & E_y & E_z\end{bmatrix}$$

代入具体已知式,即为

$$\boldsymbol{H}=\frac{\mathrm{j}}{\omega\mu}\begin{bmatrix}\boldsymbol{e}_x & \boldsymbol{e}_y & \boldsymbol{e}_z\\ \dfrac{\partial}{\partial x} & \dfrac{\partial}{\partial y} & \dfrac{\partial}{\partial z}\\ E_0\sin\dfrac{\pi y}{b}\mathrm{e}^{\mathrm{j}(\omega t-\beta z)} & 0 & 0\end{bmatrix}$$

进一步可得

$$H_x=0$$

$$H_y=\frac{\beta}{\omega\mu}E_0\sin\frac{\pi y}{b}\mathrm{e}^{\mathrm{j}(\omega t-\beta z)}$$

$$H_z=-\frac{\mathrm{j}\pi}{\omega\mu b}E_0\cos\frac{\pi y}{b}\mathrm{e}^{\mathrm{j}(\omega t-\beta z)}$$

具体属于 TE_{01} 模。

习题 6.28 尺寸为 $a=4\mathrm{cm}$、$b=3\mathrm{cm}$、$l=5\mathrm{cm}$ 的无耗矩形谐振腔,腔内为空气。试求:

(1) 前三个低次谐振模式和它们的谐振频率;

(2) 若矩形谐振腔工作于主模式,求腔中储存的电磁能量。

解 (1) 谐振频率公式为

$$f_{mnp}=\frac{1}{2\sqrt{\varepsilon\mu}}\sqrt{\left(\frac{m}{a}\right)^2+\left(\frac{n}{b}\right)^2+\left(\frac{p}{l}\right)^2}=\frac{c}{2}\sqrt{\left(\frac{m}{a}\right)^2+\left(\frac{n}{b}\right)^2+\left(\frac{p}{l}\right)^2}$$

因 m、n 和 p 中至少有两个不能为零,因此谐振频率由低到高的前三个模式应为

$$f_{101}=\frac{c}{2}\sqrt{\left(\frac{1}{0.04}\right)^2+\left(\frac{0}{0.03}\right)^2+\left(\frac{1}{0.05}\right)^2}=4.80\times10^9\,\mathrm{Hz}$$

$$f_{011}=\frac{c}{2}\sqrt{\left(\frac{0}{0.04}\right)^2+\left(\frac{1}{0.03}\right)^2+\left(\frac{1}{0.05}\right)^2}=5.83\times10^9\,\mathrm{Hz}$$

$$f_{110}=\frac{c}{2}\sqrt{\left(\frac{1}{0.04}\right)^2+\left(\frac{1}{0.03}\right)^2+\left(\frac{0}{0.05}\right)^2}=6.25\times10^9\,\mathrm{Hz}$$

(2) 谐振腔的主模式为 TE_{101},相应的电磁场表达式为

$$\begin{cases}E_x=0\\ E_y=E_0\sin\dfrac{\pi x}{a}\sin\dfrac{\pi z}{l}\\ E_z=0\end{cases}$$

磁场由 $\boldsymbol{H}=\dfrac{\mathrm{j}}{\omega\mu_0}\nabla\times\boldsymbol{E}$ 可得,即

$$\begin{cases}H_x=-\dfrac{\mathrm{j}\pi E_0}{\omega\mu_0 l}\sin\dfrac{\pi x}{a}\cos\dfrac{\pi z}{l}\\ H_y=0\\ H_z=\dfrac{\mathrm{j}\pi E_0}{\omega\mu_0 a}\cos\dfrac{\pi x}{a}\sin\dfrac{\pi z}{l}\end{cases}$$

谐振腔内储存的电磁能量为

$$\begin{aligned}W &= \int_V (w_e + w_m)\mathrm{d}V = \frac{1}{2}\mathrm{Re}\int_V \frac{1}{2}(\boldsymbol{E}\cdot\boldsymbol{D}^* + \boldsymbol{B}\cdot\boldsymbol{H}^*)\mathrm{d}V \\ &= \frac{1}{4}\int_0^l\int_0^b\int_0^a [\varepsilon_0 \mid E_y \mid^2 + \mu_0(\mid H_x \mid^2 + \mid H_z \mid^2)]\,\mathrm{d}x\,\mathrm{d}y\,\mathrm{d}z \\ &= \frac{1}{4}\int_0^l\int_0^b\int_0^a \varepsilon_0\left[\left(E_0\sin\frac{\pi x}{a}\sin\frac{\pi z}{l}\right)^2 + \mu_0\left(-\frac{\pi E_0}{\omega\mu_0 l}\sin\frac{\pi x}{a}\cos\frac{\pi z}{l}\right)^2 + \right. \\ &\quad \left.\mu_0\left(\frac{\pi E_0}{\omega\mu_0 a}\cos\frac{\pi x}{a}\sin\frac{\pi z}{l}\right)^2\right]\mathrm{d}x\,\mathrm{d}y\,\mathrm{d}z \\ &= \frac{ablE_0^2}{16}\left[\varepsilon_0 + \frac{1}{\omega^2\mu_0}\left(\frac{\pi}{a}\right)^2 + \frac{1}{\omega^2\mu_0}\left(\frac{\pi}{l}\right)^2\right] = \frac{abl\varepsilon_0 E_0^2}{8} = 6.6\times 10^{-17}E_0^2\,\mathrm{J}\end{aligned}$$

若令 $H_z = -\mathrm{j}(2H_0)\cos\frac{\pi x}{a}\sin\frac{\pi z}{l}$，通过换算可得

$$W = 1.968\pi \times 10^{-11} H_0^2\,\mathrm{J}$$

6.7 核心 MATLAB 代码

电磁波在传播时，有行波和驻波之分，且电磁波有不同的传播方向和极化形式。如果能够用动画的方法将行波、驻波、各种极化形式和不同方向的电磁波表示出来，对于初学者的学习大有帮助。因此，本节内容详细介绍如何在 MATLAB 下实现电磁波的可视化。

6.7.1 行波和驻波及其可视化

在理想介质中传播的电磁波，其电场和磁场没有传播方向上的纵向分量，而只有与传播方向垂直的横向分量，且场量在横向截面上分布均匀，故这类电磁波称为均匀平面波。均匀平面波的电场矢量 $\boldsymbol{E}$ 和磁场矢量 $\boldsymbol{H}$ 在时间上同相位，在空间上互相垂直。为讨论方便，考虑沿正 z 方向行进的波，若电场只有 E_x 分量，磁场只有 H_y 分量，其瞬时值可以写为

$$\boldsymbol{E}(z,t) = E_m\cos(\omega t - kz)\boldsymbol{e}_x \tag{6-65}$$

其中，kz 代表初始相位，k 为波数。该均匀平面波的磁场强度矢量 $\boldsymbol{H}$ 可以写为

$$\boldsymbol{H}(z,t) = \frac{1}{Z}\boldsymbol{e}_z \times \boldsymbol{E}(z,t) = \frac{E_m}{Z}\cos(\omega t - kz)\boldsymbol{e}_y \tag{6-66}$$

式中，

$$Z = \frac{E}{H} = \frac{\omega\mu}{k} = \sqrt{\frac{\mu}{\varepsilon}}$$

为电磁波在介质中的波阻抗。

电磁波在无限大空间中传播，电磁场能量向前不断传输，这样的电磁波叫行波。电磁波入射到理想导体表面时会发生全反射，反射波与入射波叠加形成驻波。驻波的特点是：随着时间的变化，电磁波沿 z 方向分布的最大值（波腹）和最小值（波节）的位置固定不变。驻波上每一点电磁场数值大小随时间变化，但波形与时间无关。可以用动画形式来形象直观地观察上述现象，从而加深理解。

下面的代码用于给出沿 z 轴正向传播的均匀平面波的动画展示过程：

```
omega = 2 * pi;                              % 设定行波角频率;
t = 0;                                       % 设置时间变量初始值
z = 0:0.01:15;                               % 传输距离
k = 1;                                       % 波数
for i = 1:100                                % 总帧数
Ex = cos(omega * t - k * z);                 % 电场表达式
plot(z,Ex,'linewidth',1.5);
axis([0 15  -2 2]);                          % 观察范围
pause(0.1);                                  % 波形显示 0.1s;
t = t + 0.1;                                 % 时间变量变化微小量
end
```

行波动画截图如图 6-12(a)所示。

当改变语句“Ex=cos(omega * t-k * z)”中的负号为正号时，波的传播方向发生变化。当两列同频率、同幅度但传播方向相反的行波相遇时，根据叠加原理，这两个行波会发生叠加，从而形成所谓的驻波。可以运用 MATLAB 函数做出沿 $+z$ 方向和 $-z$ 方向两列行波叠加而成的驻波动画，代码如下：

```
omega = 2 * pi;                              % 设置角频率
t = 0;                                       % 设置时间变量初始值
z = 0:0.01:30;                               % 传输距离
k = 1;
for i = 1:150                                % 帧数
Ex1 = cos(omega * t - k * z);                % z 轴正向行波
Ex2 = cos(omega * t + k * z);                % z 轴负向行波
Ex = Ex1 + Ex2;                              % 叠加原理
plot(z,Ex1, 'b','LineWidth',1.5); hold on;
plot(z,Ex2, 'g:','LineWidth',1.5);
plot(z,Ex, 'r-.','LineWidth',1.5);hold off;  % 绘制三个波
axis([0,30, -2.5,2.5]);                      % 观察范围
pause(0.1);                                  % 波形显示 0.1s
t = t + 0.05;                                % 时间变量变化微小量
end;
```

动画截图如图 6-12(b)所示。从图中可以看出，实线、虚线所表示的两个行波相向而行，它们叠加之后形成了点画线表示的驻波。驻波上各点尽管随时间做简谐振动，但是该振

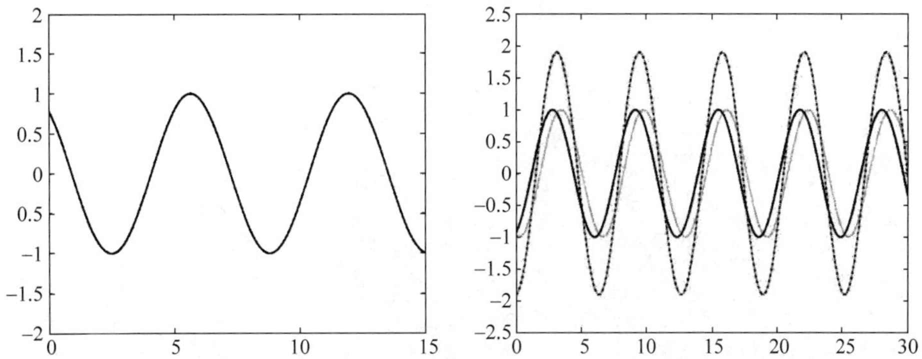

(a) 行波　　(b) 驻波

图 6-12　正弦波行波及驻波动画截图

动仅局限于原地,波不会向前或者向后传播,因此称为驻波。

6.7.2 线性极化波的动画展示

假设有一个沿 x 方向传播的均匀平面波,其电场的两个分量分别为

$$E_y = E_{ym}\cos(\omega t - \beta x) \tag{6-67}$$

$$E_z = E_{zm}\cos(\omega t - \beta x) \tag{6-68}$$

取 $x=0$ 的等相面观察,有

$$E_y = E_{ym}\cos\omega t$$

$$E_z = E_{zm}\cos\omega t$$

由 5.4.4 节内容可知,这是一个沿 x 方向传播的线性极化电磁波。下面的代码给出了该线性极化波的 MATLAB 动画演示程序。

```
x = (0:0.4:30);                                    %传输距离
beta = 0.8;
Eym = 1;                                           %振幅
Ezm = 2;                                           %振幅
y = zeros(size(x));                                %设置 y 为与 z 尺寸相同的零向量
z = y;
Ex = zeros(size(x));                               %电磁波沿 x 轴传播,所以 Ex 为零
t = 0;                                             %时间变量
for i = 1:300                                      %帧数
omega = 2 * pi;
    Ey = Eym * cos(omega * t - beta * x);          %电场横向 y 分量
    Ez = Ezm * cos(omega * t - beta * x);          %电场横向 z 分量
    quiver3(x,y,z,Ex,Ey,Ez);                       %以(x,0,0)为起点画出传输方向上每一点的
                                                   %电场矢量图
    axis([0,30, - 4,4, - 4,4]); view(20,40);       %观察范围
    pause(0.01);                                   %矢量图显示 0.01s
    t = t + 0.01;                                  %时间变量变化微小量
end
```

运行后动画截图如图 6-13 所示,在 x 为常数的等相面上任意一点都可以观察到相同的规律。如果将程序中的 x 设为常数,t 设为变数,即可实现时间轴上的观察。

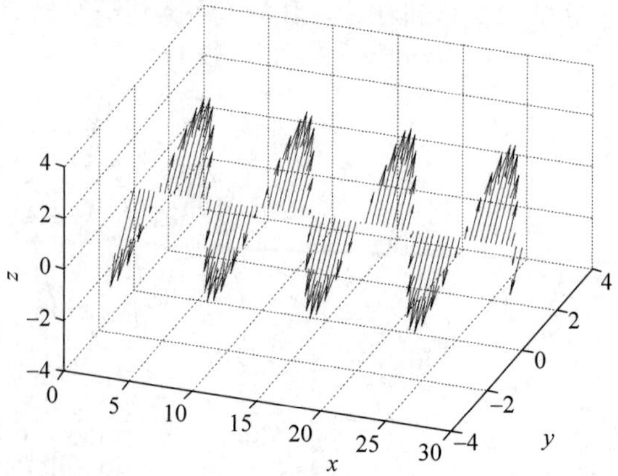

图 6-13 线性极化波的 MATLAB 动画截图

6.7.3　圆极化波

假设有一个沿 x 方向传播的均匀平面波，其电场强度的各个分量写为

$$E_y = E_m \cos(\omega t - \beta x) \tag{6-69}$$

$$E_z = E_m \cos\left(\omega t - \beta x \mp \frac{\pi}{2}\right) = \pm E_m \sin(\omega t - \beta x) \tag{6-70}$$

在 $x=0$ 的等相面上，则有

$$E_y = E_m \cos\omega t$$

$$E_z = \pm E_m \sin\omega t$$

这种波是典型的圆极化波。如果迎着波的传播方向看去，当 E_z 较 E_y 滞后 90°时，即式(6-70)的右侧取正号，$\boldsymbol{E}$ 矢量沿逆时针方向旋转，称这种圆极化波为右旋圆极化波；反之，当 E_z 较 E_y 超前 90°时，即式(6-70)的最右侧部分取负号，$\boldsymbol{E}$ 矢量沿顺时针方向旋转，则称之为左旋圆极化波。

下面的代码给出了沿 x 方向传播的右旋圆极化波 MATLAB 动画演示程序：

```
x = (0:0.4:30);                        % 传输距离
y = zeros(size(x)); z = y;
Ex = zeros(size(x));                   % Ex 为零
t = 0;                                 % 时间变量
for i = 1:150                          % 帧数
    omega = 2 * pi;
    Ey = cos(omega * t - 0.8 * x);     % 电场横向 y 分量
    Ez = cos(omega * t - 0.8 * x - pi/2); % 电场横向 z 分量
    quiver3(x,y,z,Ex,Ey,Ez);           % 以(x,0,0)为起点画出传输方向上每个点的电场矢量图
    axis([0,30, - 4,4, - 4,4]); view(20,40);   % 观察范围
    pause(0.01);                               % 矢量图显示 0.01s
    t = t + 0.01;                              % 时间变量变化微小量
end
```

程序运行得到的动画截图如图 6-14 所示。若改变语句“Ez=cos(omega * t−0.8 * x−pi/2)”中的符号，如“Ez=cos(omega * t−0.8 * x+pi/2)”，则圆极化的旋转方向发生改变，

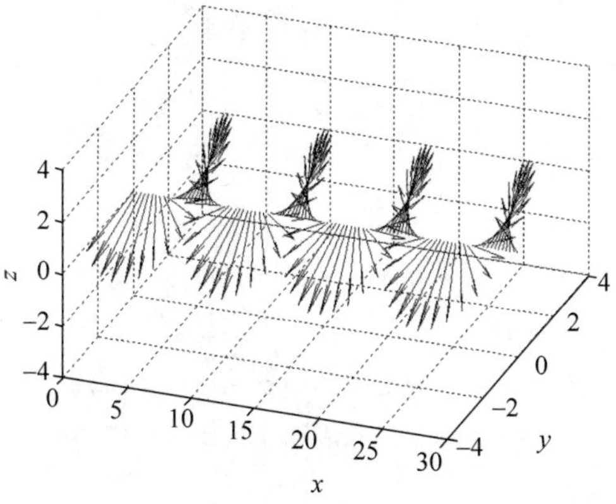

(a) 三维视图

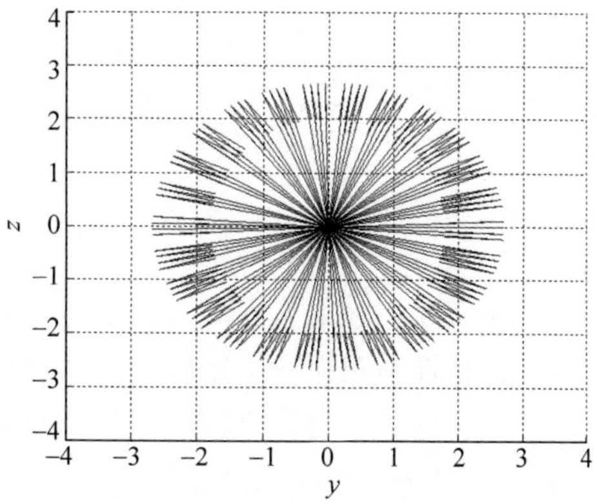

(b) 垂直于传输方向的yOz平面

图 6-14　圆极化波的动画截图

即变为左旋圆极化波；如果修改该语句为“Ez＝cos(omega * t＋0.8 * x－pi/2)”，则电磁波的传播方向发生改变，同时极化形式也改变为左旋圆极化方式。可以通过对上述代码的修改仔细体会这种差异。

6.7.4 椭圆极化波

在一般情况下，对于沿 x 方向传播的均匀平面波，其电场强度 $\boldsymbol{E}$ 的两个横向分量 E_z 和 E_y 的振幅与相位都不相同，即电场分量的瞬时值分别为

$$E_y = E_{ym}\cos(\omega t - \beta x) \tag{6-71}$$

$$E_z = E_{zm}\cos(\omega t - \beta x - \psi) \tag{6-72}$$

则在 $x=0$ 的等相面上有

$$E_y = E_{ym}\cos\omega t$$

$$E_z = E_{zm}\cos(\omega t - \psi)$$

此时，电磁波的极化形式为椭圆极化。当 $\psi>0$（即 E_z 滞后于 E_y）时，若迎着波的传播方向看去，$\boldsymbol{E}$ 矢量沿逆时针方向旋转，此时 $\boldsymbol{E}$ 矢量的旋转方向与波的传播方向之间符合右手螺旋关系，称这种椭圆极化波为右旋椭圆极化波；反之，$\boldsymbol{E}$ 矢量沿顺时针方向旋转，则称为左旋椭圆极化波。

下面给出了沿 x 方向传播且 $\psi=\pi/4$ 时的右旋椭圆极化波 MATLAB 动画演示程序：

```
x = (0:0.3:30);                                   % 传输距离
y = zeros(size(x)); z = y;
Ex = zeros(size(x));                              % Ex 为零
t = 0;                                            % 时间变量
for i = 1:500                                     % 帧数
    Eym = 1;
    Ezm = 3;
    omega = 2 * pi;
    Ey = Eym * cos(omega * t - 0.8 * x);          % 电场横向 y 分量
    Ez = Ezm * cos(omega * t - 0.8 * x - pi/4);   % 电场横向 z 分量
    quiver3(x,y,z,Ex,Ey,Ez);                      % 以(x,0,0)为起点画出传输方向上每一点的
                                                  % 电场矢量图
    axis([0,30, - 4,4, - 4,4]); view(20,40);      % 观察范围
    pause(0.01);                                  % 矢量图显示 0.01s
    t = t + 0.01;                                 % 时间变量变化微小量
end
```

动画截图如图 6-15 所示。将程序中的“Ez＝Ezm * cos(omega * t－0.8 * x－pi/4)”修改为“Ez＝Ezm * cos(omega * t－0.8 * x＋pi/4)”，即可得到左旋圆极化波的传播动画。

由于极化表述的是在垂直于波的传播方向的横截面内电场强度矢量末端的轨迹，因此可以直接在此横截面内绘制电场强度随时间的变化轨迹，从而直观地观察到电磁波的极化方式。为达到这一目的，可以在均匀平面电磁波的一般表达式(式(6-71)、式(6-72))中，取 $x=0$ 的平面为横截面，从而完成这一工作。下面的代码就展示了这个过程。

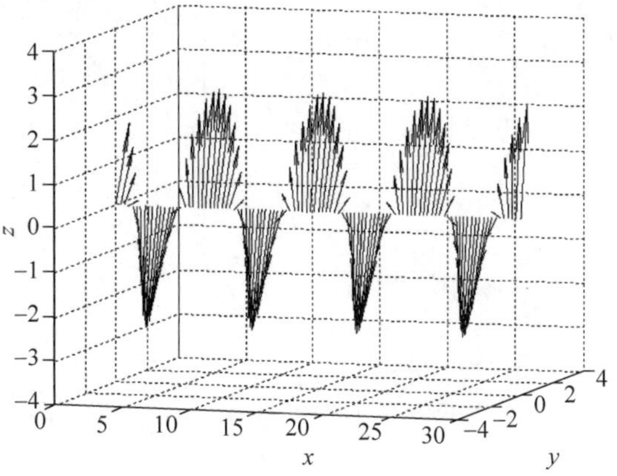

(a) 右旋椭圆极化三维视图

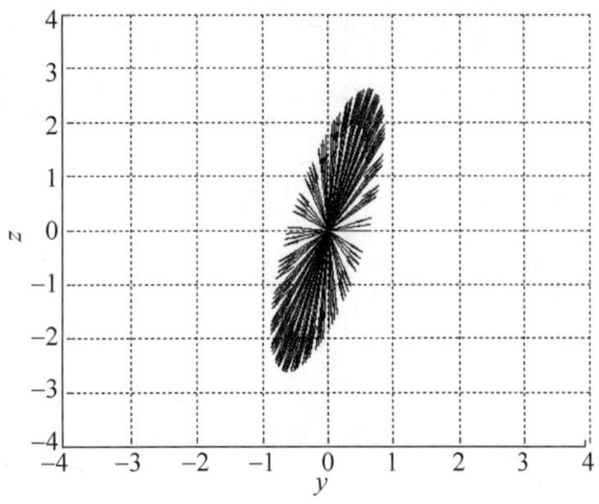

(b) 右旋椭圆极化二维视图

图 6-15　右旋椭圆极化波的动画截图

```
t = 0;                                          % 时间变量 t 赋初值
x = 0;                                          % 沿传播方向取一个截面,x = 0
Eym = 1; Ezm = 1; phi = 0 * pi/2;               % 两个电场分量的设置,修改可以得到不同极化
Scope = 1.5 * max([Eym Ezm]);                   % 设置显示范围
omega = 2 * pi;                                 % 角频率
for i = 1:500                                   % 循环 100 次,获取 100 帧数据
    Ey = Eym * cos(omega * t - 0.8 * x);        % 电场横向 y 分量 Ey
    Ez = Ezm * cos(omega * t - 0.8 * x - phi);  % 电场横向 z 分量 Ez
    quiver(0,0,Ey,Ez,1);                        % 以(0,0)为起点绘制电场矢量箭头图
     % plot(Ey,Ez,'*');                         % 另外一种展示方式
    axis equal;                                 % 等比例显示
     % hold on;                                 % 绘图保持模式打开
    axis([ - Scope Scope  - Scope Scope]);      % 设置显示范围
    pause(0.01);                                % 矢量图显示 0.01s
    t = t + 0.01;                               % 时间变量变化微小量
end
```

在上述程序中,可以通过修改电场两个分量的幅度和相位差,从而获得不同的极化方式。程序中 plot 语句和 hold on 语句被暂时备注,通过 quiver 函数绘制箭头图来展示极化;也可以根据需要将其取消备注,而将 quiver 函数注释掉,于是将获得不同的动画展现方式。图 6-16 给出了几种不同的极化状态和动画展现方式。

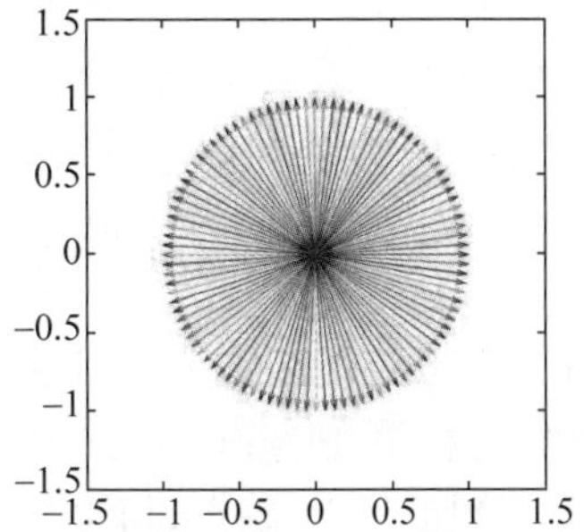

(a) 圆极化波，quiver，hold on

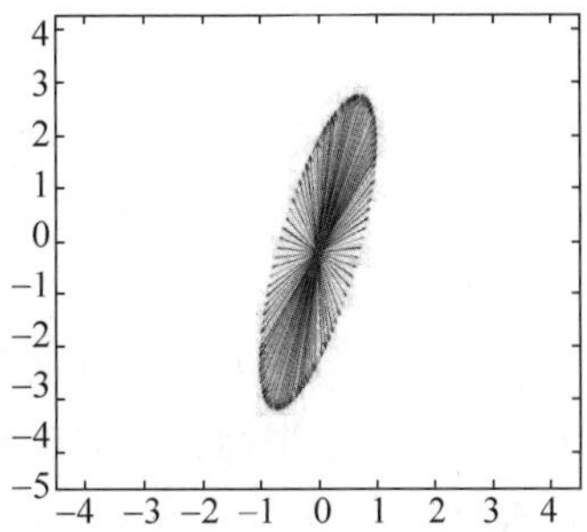

(b) 椭圆极化波，quiver，hold on

图 6-16　电磁波等相位面内观察到的极化情形动画展示

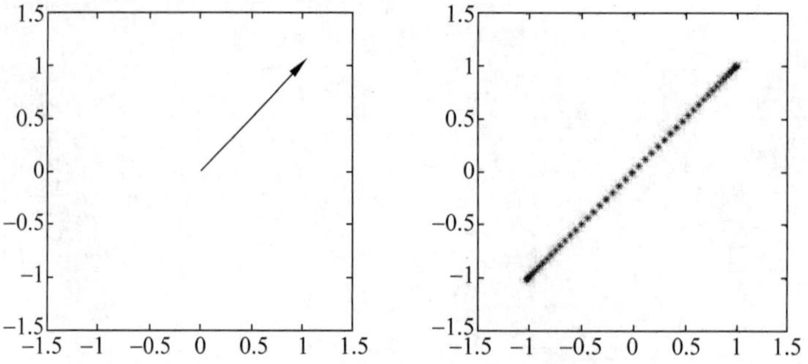

(c) 线极化波，quiver，hold off　　(d) 线极化波，plot，hold on

图 6-16 （续）

6.8 科技前沿中典型平面波的传播问题

6.8.1 广义斯奈尔定律的推导

广义斯奈尔定律是电磁超表面概念提出后进一步研究过程中的理论产物。近年来，随着对人工电磁材料的深入研究，一种二维人工电磁材料——人工电磁超表面同样引起人们的广泛关注。所谓电磁超表面，是通过人工方式加工或者合成的具有特殊电磁性质的二维电磁表面。由于其厚度远小于波长，可将其等效为一种人工设计的边界，可在亚波长尺度下调节电磁波的振幅、相位、偏振态及其空间分布，图 6-17 为一种微波段超表面结构单元的侧视图和俯视图。

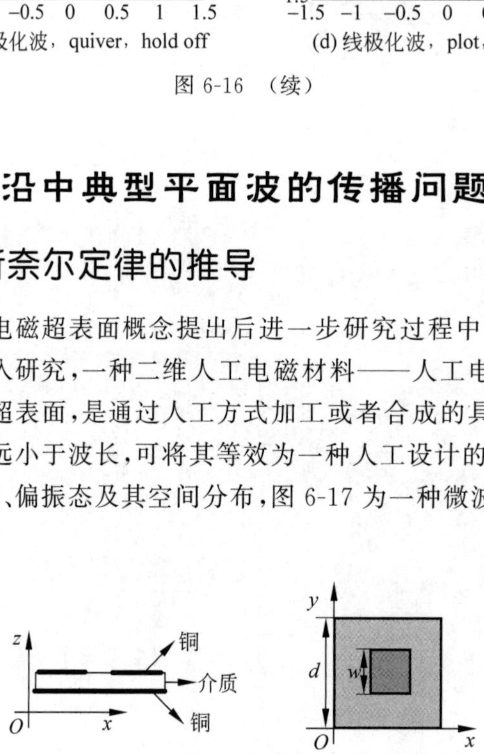

图 6-17　一种超表面结构单元

利用相位可调控的特征，可修改传统的反射、折射定律。设均匀电磁波以一定的角度入射到两种介质形成的无限大平面的分界面上，如图 6-18 所示。介质 1 和介质 2 的分界面为 $z=0$ 的平面，敷设有人工电磁超表面，则入射波经表面反射后（或透射波透过表面后）附加一个相位变化 $\phi(x,y)$（二维）或者 $\phi(x)$（一维）。可以根据费马原理来导出一维情况的反射角和透射角满足的关系。图 6-18 中，入射波的入射线与分界面法线所构成的平面称为入射面，即 $y=0$ 的平面。入射角、反射角和折射角分别 θ_i、θ_r 和 θ_t，入射波、反射波和折射波的波矢量分别为 $\boldsymbol{k}_i$、$\boldsymbol{k}_r$ 和 $\boldsymbol{k}_t$。

费马原理指出，光线从 A 点经反射面传播到 B 点（或者 C 点），真实路径使光程取极值。如图 6-18 所示，取 xOz 平面，设 A 点和 B 点的坐标分别为 (x_A,z_A) 和 (x_B,z_B)，则光线从 A 点发出后入射到电磁超表面 O 点 $(x,0)$，经反射后达到 B 点，相位变化为

$$\psi_r(x)=\phi_1(x)-k_0n_1\sqrt{(x-x_A)^2+z_A^2}-k_0n_1\sqrt{(x_B-x)^2+z_B^2} \tag{6-73}$$

其中，$\phi_1(x)$ 是光线在人工表面的反射相位突变，n_1 是介质 1 的折射率。根据费马原理，要

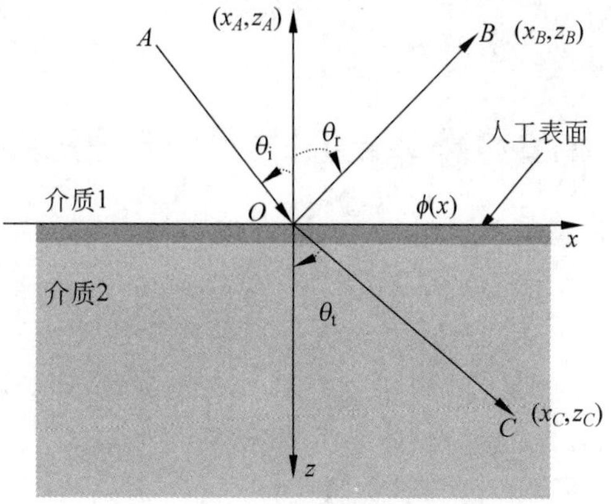

图 6-18 广义斯奈尔反折射定律

使得光程取极值，则 O 点坐标满足(光程的一阶导数为零)

$$\frac{\mathrm{d}\psi_r(x)}{\mathrm{d}x}=\frac{\mathrm{d}\phi_1(x)}{\mathrm{d}x}-\frac{k_0n_1(x-x_A)}{\sqrt{(x-x_A)^2+z_A^2}}+\frac{k_0n_1(x_B-x)}{\sqrt{(x_B-x)^2+z_B^2}}=0$$

由图 6-18 中的几何关系可知

$$\sin\theta_i=\frac{x-x_A}{\sqrt{(x-x_A)^2+z_A^2}};\quad \sin\theta_r=\frac{x_B-x}{\sqrt{(x-x_B)^2+z_B^2}}$$

因此，入射角 θ_i 和反射角 θ_r 满足

$$\frac{\mathrm{d}\phi_1(x)}{\mathrm{d}x}-k_0n_1(\sin\theta_i-\sin\theta_r)=0$$

进一步可整理为

$$\sin\theta_r-\sin\theta_i=-\frac{\lambda_0}{2\pi n_1}\frac{\mathrm{d}\phi_1}{\mathrm{d}x}\tag{6-74}$$

这就是广义斯奈尔反射定律。

对于透射波，电磁超表面引入的相位为 $\phi_2(x)$；光线从 A 点发出后入射到电磁超表面 O 点$(x,0)$，经透射后达到 C 点(x_C,z_C)，相位变化为

$$\psi_t(x)=\phi_2(x)-\frac{2\pi}{\lambda_0}n_1\sqrt{(x-x_A)^2+z_A^2}-\frac{2\pi}{\lambda_0}n_2\sqrt{(x_C-x)^2+z_C^2}$$

其中，(x_C,y_C)为 C 点坐标。由图 6-18 可知

$$\sin\theta_t=\frac{x_C-x}{\sqrt{(x-x_C)^2+z_C^2}}$$

于是，基于同样的道理，入射角为 θ_i 和透射角 θ_t 满足

$$\frac{\mathrm{d}\psi_t(x)}{\mathrm{d}x}=\frac{\mathrm{d}\phi_2(x)}{\mathrm{d}x}-\frac{2\pi}{\lambda_0}n_1\sin\theta_i+\frac{2\pi}{\lambda_0}n_2\sin\theta_t=0$$

移项并简单整理，得

$$n_2\sin\theta_t-n_1\sin\theta_i=-\frac{\lambda_0}{2\pi}\frac{\mathrm{d}\phi_2}{\mathrm{d}x}\tag{6-75}$$

这就是广义斯奈尔折射定律。

已有大量的计算和实验结果验证了广义斯奈尔定律。在应用方面，通过该规律可构建平面偏折镜、平面透镜和相控阵天线等。

6.8.2 零折射率超材料波导加载系统中电磁波的传播特性

人工电磁材料(又称为超电磁材料，Metamaterials)是21世纪初以来的研究热点之一。作为其代表之一的零折射率超材料(Zero Index Materials, ZIM)，或者近零折射率超材料(Near Zero Index Materials, NZIM)，因其具有诸多超常特性也备受关注。对零折射率超材料的研究表现在诸多应用领域，例如利用ZIM实现电磁场超耦合效应、辐射场整形、高性能辐射、光子隧穿效应、电磁波的吸收、波导型传感器、光子颤振效应等。另外，利用ZIM来调控电磁波在波导中的传播也受到了不少学者的关注。例如，利用ZIM实现电磁波的完美弯曲和透射，在ZIM中嵌入介质柱实现波的全透射和全反射等。

根据宏观电磁理论，时谐电磁波在任何媒质中的传播特性均可归结为亥姆霍兹方程的定解问题。对于亥姆霍兹方程在非齐次边界条件下定解问题的教学内容鲜有专门讨论。故此，本节针对ZIM波导中加载介质缺陷的电磁波传输问题，提炼出了亥姆霍兹方程非齐次边值问题的应用实例，作为本章内容的延伸。

为方便起见，仅考虑二维波导结构，如图6-19所示。区域0、区域3填充着空气，区域1为零折射率超材料，其介电常数和磁导率 $\varepsilon_1=\mu_1\to 0$(注意，不完全为零，所以有时候也称为近零折射率材料)，区域2为区域1内嵌入的任意形状介质柱。对于TM模，假设波导壁是理想导体(PEC)，入射波 $\boldsymbol{H}_{\mathrm{i}}=\boldsymbol{e}_z H_0 \mathrm{e}^{\mathrm{j}(-k_0 x+\omega t)}$ 沿 x 轴向右传播。根据麦克斯韦方程组，在NZIM介质内有 $\boldsymbol{E}_1=\dfrac{1}{\mathrm{j}\omega\varepsilon_1}\nabla\times\boldsymbol{H}_1$。由于 $E_1\to 0$，所以要保证 $\boldsymbol{E}_1$ 为有限值，$\boldsymbol{H}_1$ 关于空间分布均匀。区域2内每个介质柱内磁场强度均满足

$$\begin{cases}\nabla^2\boldsymbol{H}_i+k_i^2\boldsymbol{H}_i=0\\ \boldsymbol{H}_i\big|_{\Sigma_i}=H_1\boldsymbol{e}_z\end{cases}\tag{6-76}$$

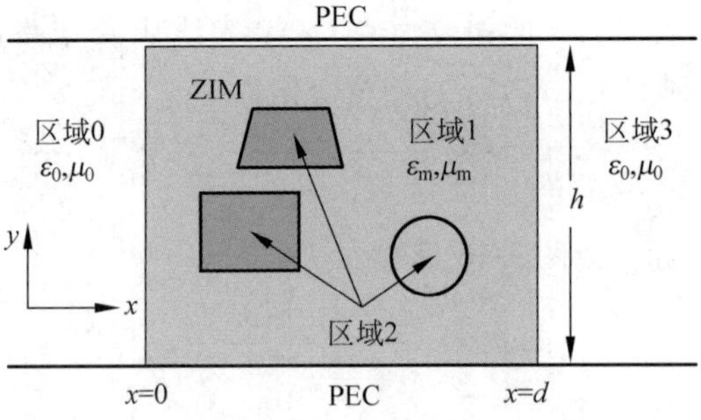

图6-19 二维零折射率超材料波导加载系统

式中，i 表示介质柱的序号，$k_i=k_0\sqrt{\varepsilon_{\mathrm{r},i}\mu_{\mathrm{r},i}}$，$H_1$ 为区域1中磁场强度的大小，其值近似为常数，Σ_i 为第 i 个介质柱的边界。

仅考虑直角坐标系中的情形，设二维波导内传播TM模。若加载缺陷为一矩形介质柱，设柱内磁场的大小用 $u(x,y)$ 表示，则定解问题可表示为

$$\begin{cases}\dfrac{\partial^2 u}{\partial x^2}+\dfrac{\partial^2 u}{\partial y^2}+k^2 u=0\\ u\mid_{x=0,a}=H_1,u\mid_{y=0,b}=H_1\end{cases}\tag{6-77}$$

应用叠加原理，将边界条件进行齐次化，令 $u=u'+H_1$，则原问题可转换为

$$\begin{cases}\dfrac{\partial^2 u'}{\partial x^2}+\dfrac{\partial^2 u'}{\partial y^2}+k^2 u'=-k^2 H_1\\ u'\mid_{x=0,a}=0,u'\mid_{y=0,b}=0\end{cases}\tag{6-78}$$

这是一个非齐次泛定方程，且具有齐次边值条件的定解问题。用分离变量法(傅里叶级数法)，设 $u'=\sum_{m=1}^{\infty}\sum_{n=1}^{\infty}A_{mn}\sin\dfrac{m\pi x}{a}\sin\dfrac{n\pi y}{b}$，代入式(6-78)中的泛定方程，得

$$\sum_{m=1}^{\infty}\sum_{n=1}^{\infty}A_{mn}\left[k^2-\left(\frac{m\pi}{a}\right)^2-\left(\frac{n\pi}{b}\right)^2\right]\sin\frac{m\pi x}{a}\sin\frac{n\pi y}{b}=-k^2 H_1$$

根据本征函数的正交性，得

$$A_{mn}=\frac{-4k^2 H_1}{ab(k^2-k_{mn}^2)}\int_0^a\int_0^b\sin\frac{m\pi x}{a}\sin\frac{ny}{b}\mathrm{d}x\,\mathrm{d}y=\frac{-4k^2 H_1[1-(-1)^m][1-(-1)^n]}{mn\pi^2(k^2-k_{mn}^2)}$$

其中，$k_{mn}^2=\left(\dfrac{m\pi}{a}\right)^2+\left(\dfrac{n\pi}{b}\right)^2$，则式(6-77)的定解为

$$u(x,y)=H_1-\sum_{m=1}^{\infty}\sum_{n=1}^{\infty}\frac{4k^2 H_1[1-(-1)^m][1-(-1)^n]}{mn\pi^2(k^2-k_{mn}^2)}\sin\frac{m\pi x}{a}\sin\frac{n\pi y}{b}\tag{6-79}$$

若 $k=0$，式(6-79)便可简化为 $u(x,y)=H_1$。事实上，这种情况下，定解问题(6-78)退化为

$$\begin{cases}\dfrac{\partial^2 u}{\partial x^2}+\dfrac{\partial^2 u}{\partial y^2}=0\\ u\mid_{x=0,a}=H_1,u\mid_{y=0,b}=H_1\end{cases}$$

此为普拉斯方程的定解问题，其解显然为 $u=H_1$。

观察式(6-79)可以得出，一方面，当 $k=k_{mn}$，且 m、n 均为奇数时，则有 $H_1=0$，否则 $A_{mn}\to\infty$，是没有意义的。这种情况下，电磁波一旦进入 ZIM 即被阻挡，于是发生全反射现象。从物理角度看，当矩形边界值等于零时，其边界相当于磁壁，磁场在 ZIM 中不存在。与此同时，矩形介质柱相当于二维谐振腔，腔内发生谐振现象，电磁能量被聚集其内。另一方面，当 $k=k_{mn}$ 且 m、n 至少有一个偶数时，由于 $\dfrac{[1-(-1)^m][1-(-1)^n]}{k^2-k_{mn}^2}$ 为同阶无穷小，故 $H_1\neq 0$。这种情形下，磁场在 NZIM 介质内以无穷大的相速传播，电磁波将发生全透射。

参考文献[32]利用上述原理进行研究，并通过仿真验证了该方法的可行性。图 6-20、

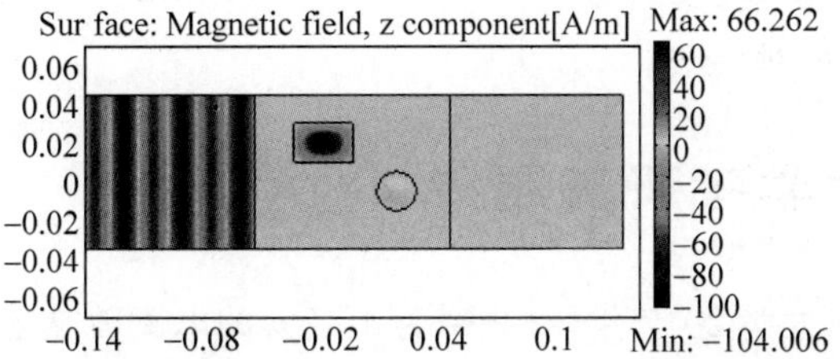

图 6-20 矩形介质柱内发生谐振，电磁波发生全反射[32]

图 6-21 分别为用文献中的方法实现全反射和全透射的仿真结果，与理论分析结论相一致，从而验证了其正确性。

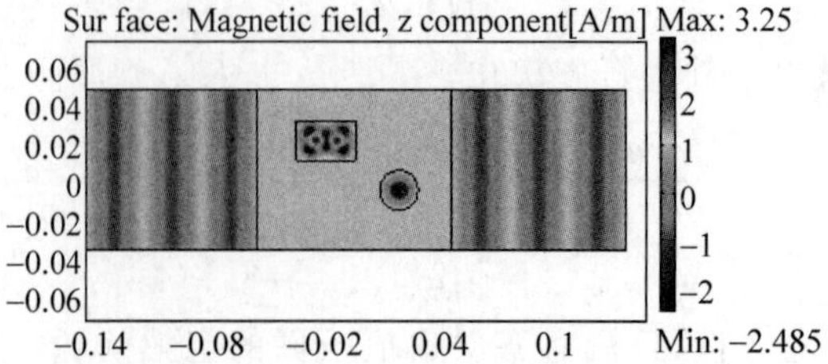

图 6-21 矩形、圆柱形介质柱内均发生谐振电磁波发生全透射[32]

6.8.3 利用矩形金属波导的截止特性实现等效零折射率及应用

21 世纪初，尽管人们已经投入极大的热情来构建同时具有负介电常数和磁导率的超材料以及研究其在微波和光学方面的潜在应用，但是具有“近零”折射率的超材料也因其在微波和光学频率方面的奇异特性而成为广泛研究的焦点。在近零折射率超材料(NZIM)的性能研究中，人们提出通过亚波长的孔径或通道可以实现电磁能量的压缩或隧穿，即用任意长度和高度的亚波长窄矩形波导通道中充满近零的超材料来达到此目的。该现象与近零折射率超材料中波以“无限”相速传播有关，表现出与传统波导在截止值以下的共振隧穿所不同的一些异常特征。下面介绍其基本原理。

设一矩形波导的长和宽分别为 a 和 b，其内填充介质的介电常数和磁导率分别为 ε 和 μ_0，考虑 TE_{10} 模，则截止波数为 $k_{c,10}=\dfrac{\pi}{a}$，沿轴向的传播常数则为

$$k_z=\sqrt{k^2-k_c^2}=\sqrt{n^2k_0^2-\left(\frac{\pi}{a}\right)^2} \tag{6-80}$$

等效相对介电常数为

$$\varepsilon_{\text{eff,r}}=\left(\frac{k_z}{k_0}\right)^2=n^2-\left(\frac{\pi}{ak_0}\right)^2=n^2-\frac{c^2}{4a^2f^2} \tag{6-81}$$

其中，n 为波导内介质的折射率，c 为真空中的光速，f 为进入波导中的波的频率。可以通过合理选择以上参数，达到 $\varepsilon_{\text{eff}}\approx 0$。

前面已指出，当 $\varepsilon=0,\mu\neq 0$ 时，磁场强度空间分布与位置无关。由于 $k_z=0$，则相速度 $v_p=\dfrac{\omega}{k_z}\to\infty$，因此电磁能量可以在波导内无损耗地“隧穿”。对于 TE_{10} 模，其传播特性与波导的宽度无关，故在极扁的矩形波导内可以被“压缩”。

参考文献[33]中选取 $n=1.41$，$f=1.04\text{GHz}$，$a=102\text{mm}$，不难验证 $\varepsilon_{\text{eff,r}}\approx 0$，通过搭建实验对上述结论进行了验证。

6.9 著名大学考研真题分析

【考研题 1】 (东南大学 2017 年)一频率为 1GHz 的电磁波从磁导率为 μ_0 的媒质 1 垂直入射于媒质 2，媒质 2 的磁导率为 $\mu_2=3\mu_0$，两媒质分界面位于 $z=0$，媒质 1 位于 $z<0$，媒

质 2 位于 $z>0$，入射波电场为 $\boldsymbol{E}_i=j(\boldsymbol{e}_x+j\boldsymbol{e}_y)E_0e^{-j20\pi z}$。

(1) 求媒质 1 的相对介电常数；

(2) 分别求媒质 1 中入射波的电场极化类型，如是线极化波，请指出极化方向；如是非线极化波，请指出旋转方向。

解 (1) 由 $k=\omega\sqrt{\varepsilon\mu}=20\pi$，可得

$$\varepsilon_r=\left(\frac{kc}{\omega}\right)^2=9$$

(2) 电场分量分别为 $E_x=E_0e^{j\frac{\pi}{2}}$，$E_y=E_0e^{j\pi}$，因为 E_x 与 E_y 大小相同，且 E_y 相位超前 E_x 相位 $\pi/2$，所以该波为左旋圆极化波。

【考研题 2】 (重庆邮电大学 2018 年)有一均匀平面波自空气入射到 $y=0$ 处的理想导体表面，已知入射波的电场强度为 $\boldsymbol{E}_i=\boldsymbol{e}_z10e^{-j2(y-\sqrt{3}x)}$ V/m。

(1) 试画出该平面波在界面上入射及反射的示意图；

(2) 给出入射波的传播方向；

(3) 给出反射波的传播方向；

(4) 写出反射波的电场 $\boldsymbol{E}_r(x,y)$。

解 (1) 如图 6-22 所示。

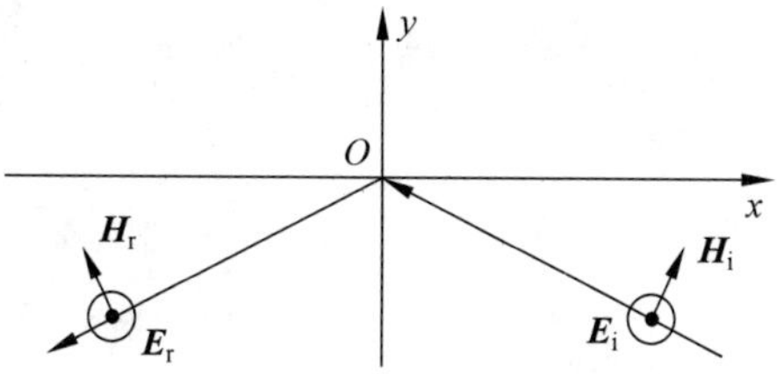

图 6-22 考研题 2 示意图

(2) 介质中入射波的波矢量为

$$\boldsymbol{k}=-2\sqrt{3}\boldsymbol{e}_x+2\boldsymbol{e}_y$$

单位波矢量为

$$\boldsymbol{e}_k=\frac{\boldsymbol{k}}{k}=\frac{1}{2}(-\sqrt{3}\boldsymbol{e}_x+\boldsymbol{e}_y)$$

即为入射波的传播方向。

(3) 由反射定理可得，反射波的传播方向为

$$\boldsymbol{e}_{kr}=\frac{1}{2}(-\sqrt{3}\boldsymbol{e}_x-\boldsymbol{e}_y)$$

(4) 均匀平面波入射到理想导体平面将会发生全反射，由于电场为垂直极化波，将会产生半波损失，所以反射波的电场为

$$\boldsymbol{E}_r=-\boldsymbol{e}_z10e^{-j2(-y-\sqrt{3}x)}$$

【考研题 3】 (东南大学 2017 年)1. 理想矩形波导内壁尺寸为 $a=6$cm，$b=3$cm，波导填充媒质为空气，波导中传播电磁波的频率为 3GHz。

(1) 求该电磁波在自由空间的波长 λ 和波数；

(2) 求 TE_{10} 模在波导中的导波波长 λ_g 和相速 v_p；

(3) 求 TE_{10} 模在该波导中的截止波长和截止频率；

(4) 试问：TE_{20} 模能否在该波导传输？能否存在？

(5) 如果波导填充介质改为相对介电常数为 9 的电介质，试问：TE_{20} 模能否在该波导传输？波导内部在 $x=a/2$ 平面上，TE_{20} 模电场的幅度是多少？

2. 如果在上述的空气填充波导 $z=0, z=-10\text{cm}$ 的位置放两个理想导体平板，构成一个小矩形谐振腔。

(1) 求 TE_{101} 模的谐振波长、谐振频率；

(2) 如果谐振腔的填充媒质由空气改为相对介电常数为 9 的电介质，求 TE_{101} 模的谐振波长、谐振频率；

(3) 如果谐振腔的宽度由 $a=6\text{cm}$ 改为 $a=12\text{cm}$，那么 TE_{101} 模的谐振波长、谐振频率和品质因数 Q 值是否改变？

解 1. (1) 由 $\lambda=c/f$ 可得自由空间的波长为

$$\lambda=0.1\text{m}$$

由 $k=\dfrac{2\pi}{\lambda}$，可得波数为

$$k=20\pi$$

(2) 该矩形波导 TE_{10} 模的截止波长为

$$\lambda_{cTE_{10}}=2a=12\text{cm}$$

所以导波波长为

$$\lambda_{gTE_{10}}=\frac{\lambda}{\sqrt{1-\left(\dfrac{\lambda}{\lambda_{cTE_{10}}}\right)^2}}=0.181\text{m}$$

相速为

$$v_p=\frac{c}{\sqrt{1-\left(\dfrac{\lambda}{\lambda_{cTE_{10}}}\right)^2}}=5.427\times10^8\text{m/s}$$

(3) 该矩形波导 TE_{10} 模的截止波长为 $\lambda_{cTE_{10}}=2a=12\text{cm}$，截止频率为

$$f_{cTE_{10}}=\frac{c}{\lambda_{cTE_{10}}}=2.5\text{GHz}$$

(4) TE_{20} 的截止频率为

$$f_{cTE_{20}}=\frac{c}{2}\sqrt{\left(\frac{m}{a}\right)^2+\left(\frac{n}{b}\right)^2}=\frac{c}{2}\cdot\frac{2}{a}=5\times10^9\text{Hz}$$

由于 $f<f_c$，所以 TE_{20} 模不能存在。

(5) 将空气换为相对介电常数为 9 的电介质后，TE_{20} 的截止频率为

$$f_{cTE_{20}}=\frac{c}{2\sqrt{\varepsilon_r}}\sqrt{\left(\frac{m}{a}\right)^2+\left(\frac{n}{b}\right)^2}=\frac{c}{6}\cdot\frac{2}{a}=2.5\times10^9\text{Hz}$$

由于 $f>f_c$，TE_{20} 模可以传播。

波导内在 $x=a/2$ 平面上，TE_{20} 模电场的幅度是 0。

2.（1）TE_{101} 的谐振波长为

$$\lambda_{TE_{101}}=\frac{2}{\sqrt{\left(\frac{m}{a}\right)^2+\left(\frac{n}{b}\right)^2+\left(\frac{p}{l}\right)^2}}=\frac{2}{\sqrt{\left(\frac{1}{a}\right)^2+\left(\frac{1}{l}\right)^2}}=0.1029\mathrm{m}$$

TE_{101} 的谐振频率为

$$f_{TE_{101}}=\frac{c}{\lambda_{TE_{101}}}=2.916\mathrm{GHz}$$

（2）将谐振腔的填充媒质由空气改为相对介电常数为 9 的电介质，TE_{101} 的谐振波长不变，为 0.1029m。谐振频率变为

$$f_{TE_{101}}=\frac{c}{\lambda_{TE_{101}}\sqrt{\varepsilon_r}}=0.972\mathrm{GHz}$$

（3）谐振腔的宽度由 $a=6\mathrm{cm}$ 改为 $a=12\mathrm{cm}$，谐振腔的谐振频率、谐振波长和品质因数都将发生改变。

【考研题 4】（电子科技大学 2016 年）在无源自由空间中，已知均匀平面波的电场强度为

$$\boldsymbol{E}(y,z)=(2\sqrt{3}\boldsymbol{e}_x+3\boldsymbol{e}_y+E_{0z}\boldsymbol{e}_z)\mathrm{e}^{-\mathrm{j}2\pi(y-\sqrt{3}z)}\ \mathrm{A/m}$$

试求：（1）波长 λ 和频率 f；

（2）E_{0z} 的值；

（3）极化特性；

（4）磁场强度 $\boldsymbol{H}(y,z)$；

（5）若此平面波斜入射到位于 $z=0$ 的无限大理想导体平面上，求反射波电场强度 $\boldsymbol{E}_r(y,z)$。

解（1）对比相位因子 $\mathrm{e}^{-\mathrm{j}\boldsymbol{k}\cdot\boldsymbol{r}}$ 和 $\mathrm{e}^{-\mathrm{j}2\pi(y-\sqrt{3}z)}$，得

$$k_i=2\pi\boldsymbol{e}_y-2\sqrt{3}\pi\boldsymbol{e}_z,\quad |k_i|=4\pi=\frac{2\pi}{\lambda}$$

则

$$\lambda=0.5\mathrm{m},\quad f=\frac{c}{\lambda}=6\times10^8\mathrm{Hz}$$

（2）均匀平面波中波矢量和电场分量垂直，则

$$\boldsymbol{k}_i\cdot\boldsymbol{E}(y,z)=6\pi-2\sqrt{3}\pi E_{0z}=0$$

解得

$$E_{0z}=\sqrt{3}$$

（3）线性极化。

（4）根据平面波中 $\boldsymbol{E}$、$\boldsymbol{H}$ 和 $\boldsymbol{k}$ 的右手螺旋关系，得

$$\boldsymbol{H}=\frac{1}{Z_0}\boldsymbol{e}_k\times\boldsymbol{E}=\frac{1}{377}(2\sqrt{3}\boldsymbol{e}_x-3\boldsymbol{e}_y-\sqrt{3}\boldsymbol{e}_z)\mathrm{e}^{-\mathrm{j}2\pi(y-\sqrt{3}z)}$$

（5）根据斯奈尔反射定理有 $\theta_i=\theta_r=\arctan\left(\frac{1}{\sqrt{3}}\right)=\frac{\pi}{6}$

因此反射波的波矢量为

$$\boldsymbol{k}_{\mathrm{r}}=4\pi\left(\frac{1}{2}\boldsymbol{e}_y+\frac{\sqrt{3}}{2}\boldsymbol{e}_z\right)$$

不妨设反射波电场分量为

$$\boldsymbol{E}_{\mathrm{r}}(y,z)=(a\boldsymbol{e}_x+b\boldsymbol{e}_y+c\boldsymbol{e}_z)\mathrm{e}^{-\mathrm{j}\boldsymbol{k}_{\mathrm{r}}\cdot\boldsymbol{r}}=(a\boldsymbol{e}_x+b\boldsymbol{e}_y+c\boldsymbol{e}_z)\mathrm{e}^{-\mathrm{j}(2\pi y+2\sqrt{3}\pi z)}$$

在 $z=0$ 表面上，电磁波需满足边界条件，即 $E_{\mathrm{it}}=-E_{\mathrm{rt}}$（只有这样，$E_{\mathrm{it}}+E_{\mathrm{rt}}=0$，即切向电场为 0），则有

$$a=-2\sqrt{3},\quad b=-3,\quad \boldsymbol{E}_{\mathrm{r}}(y,z)=(-2\sqrt{3}\boldsymbol{e}_x-3\boldsymbol{e}_y+c\boldsymbol{e}_z)\mathrm{e}^{-\mathrm{j}(2\pi y+2\sqrt{3}\pi z)}$$

因为 $\boldsymbol{k}_{\mathrm{r}}\perp\boldsymbol{E}_{\mathrm{r}}(y,z)$，则 $c=\sqrt{3}$。

因此

$$\boldsymbol{E}_{\mathrm{r}}(y,z)=(-2\sqrt{3}\boldsymbol{e}_x-3\boldsymbol{e}_y+\sqrt{3}\boldsymbol{e}_z)\mathrm{e}^{-\mathrm{j}(2\pi y+2\sqrt{3}\pi z)}$$

【考研题 5】（电子科技大学 2014 年）$z<0$ 的半空间为空气，$z>0$ 的半空间为理想介质（$\varepsilon=\varepsilon_{\mathrm{r}}\varepsilon_0,\mu=\mu_0,\sigma=0$），当电场振幅为 $E_{\mathrm{im}}=10\mathrm{V/m}$ 的均匀平面波从空气中垂直入射到介质表面上时，在空气中测到合成波电场振幅的第一个最小值点距介质表面 0.5m，且 $|E_1|_{\min}=8\mathrm{V/m}$。

(1) 求电磁波的频率 f 和介质的相对介电常数 ε_{r}；

(2) 求空气的驻波比；

(3) 求反射波的平均能流密度 S_{rav} 和透射波的平均能流密度 S_{tav}。

解 (1) 由题意，空气中垂直入射到理想介质中，合成波的电场最小值为

$$|E_1|_{\min}=E_{\mathrm{im}}(1-|\Gamma|)$$

所以

$$|\Gamma|=0.2$$

又因为

$$\Gamma<0\left(\Gamma=\frac{Z_1-Z_0}{Z_1+Z_0}=\frac{\dfrac{1}{\sqrt{\varepsilon_{\mathrm{r}}}}-1}{\dfrac{1}{\sqrt{\varepsilon_{\mathrm{r}}}}+1}<0\right)$$

故

$$\Gamma=-0.2$$

设最小值点出现的位置为 $z_{\min}$，则

$$z_{\min}=-\frac{n\lambda_1}{2},\quad n=0,1,2,3,\cdots$$

所以

$$\lambda_1=2\times0.5=1\mathrm{m}$$

而

$$f=\frac{c}{\lambda}=3\times10^8\,\mathrm{Hz}$$

$$\Gamma=\frac{Z_1-Z_0}{Z_1+Z_0}=\frac{\dfrac{1}{\sqrt{\varepsilon_{\mathrm{r}}}}-1}{\dfrac{1}{\sqrt{\varepsilon_{\mathrm{r}}}}+1}=-0.2$$

故

$$\varepsilon_{\mathrm{r}}=2.25$$

(2) 空气中的驻波比

$$S=\frac{1+|\Gamma|}{1-|\Gamma|}=\frac{1+0.2}{1-0.2}=\frac{1.2}{0.8}=\frac{3}{2}$$

(3) 反射波的平均能流密度为

$$S_{\text{rav}}=-|\Gamma|^2 S_{\text{iav}}=-|\Gamma|^2\frac{|E_{\text{im}}|^2}{2Z_0}=-0.04\times\frac{100}{2\times120\pi}=-\frac{1}{60\pi}\text{W/m}^2$$

透射波的平均能流密度为

$$S_{\text{tav}}=S_{\text{iav}}+S_{\text{rav}}=(1-|\Gamma|^2)\frac{|E_{\text{im}}|^2}{2Z_0}=0.96\times\frac{100}{2\times120\pi}=\frac{2}{5\pi}\text{W/m}^2$$

或者,由于透射系数 $T=1+\Gamma=1-0.2=0.8$,故

$$S_{\text{tav}}=\frac{|E_{\text{tm}}|^2}{2Z}=|T|^2\frac{|E_{\text{im}}|^2}{2Z_0}\sqrt{\varepsilon_{\text{r}}}=0.64\times1.5\times\frac{100}{2\times120\pi}=\frac{2}{5\pi}\text{W/m}^2$$

【考研题 6】 (电子科技大学 2014 年)已知在某均匀媒质中传播的电磁波的磁场强度 $H=\boldsymbol{e}_x H_0\mathrm{e}^{-\mathrm{j}kz}$,其中,$H_0$ 和 k 都是实常数。

(1) 简要说明此电磁波及其传播媒质的特点;

(2) 当此波入射到位于 $z=0$ 平面上的理想导体板上时,求理想导体表面的电流密度;

(3) 当这个理想导体板绕 x 轴旋转 $\theta=\frac{\pi}{3}$ 的角度时,如图 6-23 所示,求出反射波的电场强度。

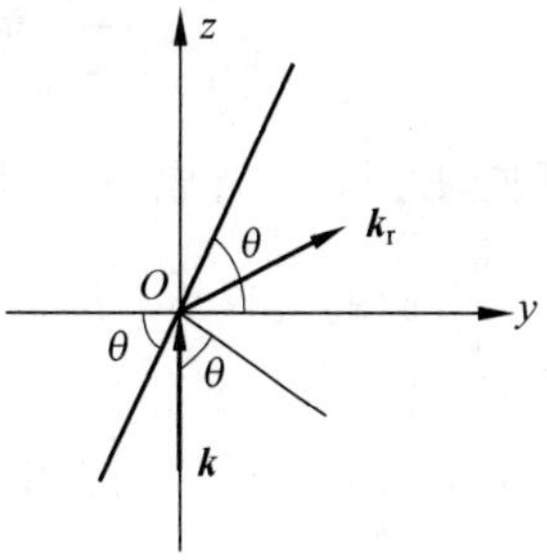

图 6-23 考研题 6 示意图

解 (1) 该电磁波传播方向为正 z 方向,磁场振动方向与传播方向垂直,且在等相位面内幅度均匀,故此电磁波为均匀平面波。由于沿传播方向磁场强度大小不发生变化,故其传播媒质为 ε、μ 均为实常数的理想介质。

均匀平面波的传播特性如下;

① 电场、磁场与传播方向之间相互垂直,是横电磁波;

② 电场和磁场的振幅不变;

③ 波阻抗为实数,电场与磁场同相位;

④ 电磁波的相速与频率无关;

⑤ 电场能量密度等于磁场能量密度。

(2) 发生反射时,有

$$\boldsymbol{H}_{\text{r}}=\boldsymbol{e}_x H_0\mathrm{e}^{\mathrm{j}kz}$$

所以

$$\boldsymbol{J}_{\text{s}}=\boldsymbol{e}_{\text{n}}\times(\boldsymbol{H}+\boldsymbol{H}_{\text{r}})=2(-\boldsymbol{e}_z)\times\boldsymbol{e}_x H_0=-2H_0\boldsymbol{e}_y$$

(3) 由几何关系,得

$$\boldsymbol{k}_{\text{r}}=\frac{1}{2}k\boldsymbol{e}_z+\frac{\sqrt{3}}{2}k\boldsymbol{e}_y$$

所以

$$\boldsymbol{H}_{\text{r}}=\boldsymbol{e}_x H_0\mathrm{e}^{-\mathrm{j}\left(\frac{1}{2}k\boldsymbol{e}_z+\frac{\sqrt{3}}{2}k\boldsymbol{e}_y\right)}$$

则

$$\begin{aligned}\boldsymbol{E}_{\mathrm{r}} &= Z\boldsymbol{H}_{\mathrm{r}} \times \boldsymbol{e}_k \\ &= Z_0 H_0 \boldsymbol{e}_x \times \left(\frac{1}{2}\boldsymbol{e}_z + \frac{\sqrt{3}}{2}\boldsymbol{e}_y\right) \mathrm{e}^{-\mathrm{j}\left(\frac{1}{2}kz+\frac{\sqrt{3}}{2}ky\right)} \\ &= Z_0 H_0 \left(\frac{\sqrt{3}}{2}\boldsymbol{e}_z - \frac{1}{2}\boldsymbol{e}_y\right) \mathrm{e}^{-\mathrm{j}\left(\frac{1}{2}kz+\frac{\sqrt{3}}{2}ky\right)} \ \mathrm{V/m}\end{aligned}$$

【考研题 7】 (南京理工大学 2013 年)有一均匀平面波的电场强度矢量为 $\boldsymbol{E}=(\boldsymbol{e}_x+2\mathrm{j}\boldsymbol{e}_y)\mathrm{e}^{-\mathrm{j}kz}$,证明可将其分解为两个旋向相反的圆极化波。

证明 根据瞬时值表达式,则有

$$\begin{cases} E_x = \cos(\omega t - kz) \\ E_y = -2\sin(\omega t - kz) = 2\cos\left(\omega t - kz + \dfrac{\pi}{2}\right) \end{cases}$$

可写成 $$E_x = \frac{3}{2}\cos(\omega t - kz) - \frac{1}{2}\cos(\omega t - kz) = E'_x + E''_x$$

$$E_y = \frac{3}{2}\cos\left(\omega t - kz + \frac{\pi}{2}\right) + \frac{1}{2}\cos\left(\omega t - kz + \frac{\pi}{2}\right) = E'_y + E''_y$$

可见,E'_x 与 E'_y 组成振幅为 $\frac{3}{2}$ 的左旋圆极化波,E''_x 与 E''_y 组成振幅为 $\frac{1}{2}$ 的右旋圆极化波。

上面的过程给人感觉有“蒙”和“凑”的嫌疑,所以还可以使用下面更为直接的方法。假设 $\boldsymbol{E}=[(\boldsymbol{e}_x a+\boldsymbol{e}_y \mathrm{j}a)+(\boldsymbol{e}_x b-\boldsymbol{e}_y \mathrm{j}b)]\mathrm{e}^{-\mathrm{j}kz}=[\boldsymbol{e}_x(a+b)+\boldsymbol{e}_y(\mathrm{j}a-\mathrm{j}b)]\mathrm{e}^{-\mathrm{j}kz}$,即其可以表示为两个旋向相反的圆极化波,则

$$\begin{cases} a+b=1 \\ a-b=2 \end{cases}$$

所以 $$\begin{cases} a=\dfrac{3}{2} \\ b=-\dfrac{1}{2} \end{cases}$$

可以看出,这就是上面给出的两个圆极化波的幅度。因此结论成立。

【考研题 8】 (南京理工大学 2013 年)已知一个圆极化波的电场强度矢量为 $\boldsymbol{E}=(\boldsymbol{e}_x+\mathrm{j}\boldsymbol{e}_y)E_0\mathrm{e}^{-\mathrm{j}\beta z}$。证明圆极化波的瞬时坡印亭矢量是与时间和距离都无关的常数。

证明 电场强度矢量的实数形式为

$$\boldsymbol{E} = E_0\cos(\omega t - \beta z)\boldsymbol{e}_x + E_0\cos\left(\omega t - \beta z + \frac{\pi}{2}\right)\boldsymbol{e}_y$$

磁场强度则为

$$\boldsymbol{H} = \frac{1}{Z}\boldsymbol{e}_z \times \boldsymbol{E} = \frac{1}{Z}\left[E_0\cos(\omega t - \beta z)\boldsymbol{e}_y - E_0\cos\left(\omega t - \beta z + \frac{\pi}{2}\right)\boldsymbol{e}_x\right]$$

瞬时坡印亭矢量为

$$\boldsymbol{S} = \boldsymbol{E} \times \boldsymbol{H} = \frac{1}{Z}\left[E_0^2\cos^2(\omega t - \beta z)\boldsymbol{e}_z + E_0^2\cos^2\left(\omega t - \beta z + \frac{\pi}{2}\right)\boldsymbol{e}_z\right]$$

$$=\frac{1}{Z}E_0^2[\cos^2(\omega t-\beta z)+\sin^2(\omega t-\beta z)]\boldsymbol{e}_z$$

$$=\frac{1}{Z}E_0^2\boldsymbol{e}_z$$

上述推导过程中，Z 表示波阻抗。

【考研题 9】 (电子科技大学 2012 年)$z<0$ 的半空间为空气，$z>0$ 的半空间为理想介质($\varepsilon=\varepsilon_r\varepsilon_0,\mu=\mu_0,\sigma=0$)，当均匀平面波从空气垂直入射到介质表面上，在空气中 $z=-0.25$m处测得合成波电场振幅最大值为$|\boldsymbol{E}|_{\max}=10$V/m；在空气中 $z=-0.5$m 处测得合成波电场振幅最小值为$|\boldsymbol{E}|_{\min}=5$V/m。试求电磁波的频率 f 和介质的相对介电常数 ε_r。

解　由题意知

$$\lambda=4\mid z_{\max}-z_{\min}\mid=1\text{m}$$

则

$$f=\frac{c}{\lambda}=3\times10^8\text{Hz}$$

由

$$S=\frac{|\boldsymbol{E}|_{\max}}{|\boldsymbol{E}|_{\min}}=\frac{1+|\Gamma|}{1-|\Gamma|}=2$$

得

$$|\Gamma|=\frac{1}{3}$$

因为

$$\Gamma=\frac{\eta-\eta_0}{\eta+\eta_0}=\frac{1/\sqrt{\varepsilon_r}-1}{1/\sqrt{\varepsilon_r}+1}<0$$

介质表面为合成波电场振幅最小值点，且 $\Gamma=-\frac{1}{3}$，故

$$\Gamma=\frac{\eta-\eta_0}{\eta+\eta_0}=\frac{1/\sqrt{\varepsilon_r}-1}{1/\sqrt{\varepsilon_r}+1}=-\frac{1}{3}$$

由上式得

$$\varepsilon_r=4$$

【考研题 10】 (电子科技大学 2012 年)均匀平面电磁波自空气入射到理想导体表面($z=0$)，已知入射波电场 $\boldsymbol{E}_i=5(\boldsymbol{e}_x+\boldsymbol{e}_z\sqrt{3})e^{j6(\sqrt{3}x-z)}$ V/m，试求：

(1) 反射波电场和磁场；

(2) 理想导体表面的面电荷密度和面电流密度。

解　(1) 由反射定律：入射角等于反射角，可得反射波的波矢量为 $\boldsymbol{k}=-6(\sqrt{3}\boldsymbol{e}_x+\boldsymbol{e}_z)$。可将入射电场相对于分界面分解为法向分量和切向分量两部分。对于理想导体分界面，法向分量反射系数为 1(x 分量)，切向分量反射系数为 -1(z 分量)，所以反射电场为

$$\boldsymbol{E}_r=5(-\boldsymbol{e}_x+\boldsymbol{e}_z\sqrt{3})e^{j6(\sqrt{3}x+z)}\text{ V/m}$$

反射磁场为

$$\boldsymbol{H}_r=\frac{\boldsymbol{e}_k\times\boldsymbol{E}_r}{\eta_0}=\frac{\boldsymbol{e}_y e^{j6(\sqrt{3}x+z)}}{12\pi}\text{A/m}$$

（2）面电荷密度为

$$\rho_S = \boldsymbol{n}\cdot\varepsilon_0(\boldsymbol{E}_i+\boldsymbol{E}_r)|_{z=0} = -\boldsymbol{e}_z\cdot\boldsymbol{e}_z\varepsilon_0 10\sqrt{3}\mathrm{e}^{\mathrm{j}6\sqrt{3}x} = -10\sqrt{3}\varepsilon_0\mathrm{e}^{\mathrm{j}6\sqrt{3}x}$$

入射磁场为
$$\boldsymbol{H}_i = \frac{(-\sqrt{3}\boldsymbol{e}_x+\boldsymbol{e}_z)}{2}\times\frac{\boldsymbol{E}_i}{\eta_0} = \frac{\boldsymbol{e}_y\mathrm{e}^{\mathrm{j}6(\sqrt{3}x-z)}}{12\pi}\mathrm{A/m}$$

面电流密度为
$$\boldsymbol{J}_S = \boldsymbol{n}\times(\boldsymbol{H}_i+\boldsymbol{H}_r)|_{z=0} = \frac{\boldsymbol{e}_x\mathrm{e}^{\mathrm{j}6\sqrt{3}x}}{6\pi}\mathrm{A/m}$$

【考研题 11】 （电子科技大学 2012 年）半波长矩形波导（两端短路）谐振腔如图 6-24 所示，若工作模式为 TE_{101} 模，试画出电磁场分布图。

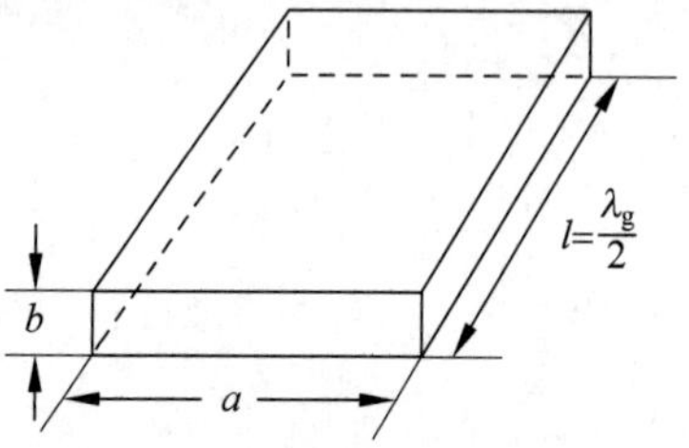

图 6-24 考研题 11 示意图

解 矩形谐振腔中 TE_{101} 模的电磁场分量分别为

$$E_y = E_0\sin\left(\frac{\pi}{a}x\right)\sin\left(\frac{\pi}{l}z\right) = E_0\sin\left(\frac{\pi}{a}x\right)\sin\left(\frac{2\pi}{\lambda_g}z\right)$$

$$H_x = -\mathrm{j}\frac{E_0}{\omega\mu}\frac{\pi}{l}\sin\left(\frac{\pi}{a}x\right)\cos\left(\frac{\pi}{l}z\right) = -\mathrm{j}\frac{E_0}{\omega\mu}\frac{2\pi}{\lambda_g}\sin\left(\frac{\pi}{a}x\right)\cos\left(\frac{2\pi}{\lambda_g}z\right)$$

$$H_y = 0$$

$$H_z = \mathrm{j}\frac{E_0}{\omega\mu}\frac{\pi}{a}\cos\left(\frac{\pi}{a}x\right)\sin\left(\frac{\pi}{l}z\right) = \mathrm{j}\frac{E_0}{\omega\mu}\frac{\pi}{a}\cos\left(\frac{\pi}{a}x\right)\sin\left(\frac{2\pi}{\lambda_g}z\right)$$

场分布如图 6-25 所示。

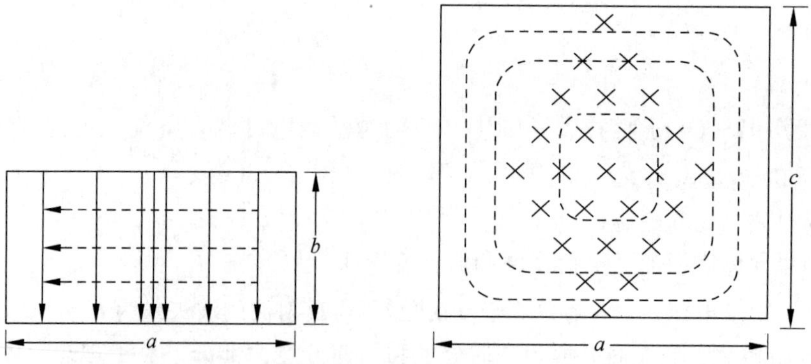

图 6-25 场线示意图

【考研题 12】 （西安电子科技大学 2010 年）电场复矢量振幅为 $\boldsymbol{E}_i(\boldsymbol{r})=\boldsymbol{e}_x 10\mathrm{e}^{-\mathrm{j}\pi z}$（mV/m）的均匀平面电磁波由空气一侧垂直入射相对介电常数 $\varepsilon_r=2.25$、相对磁导率 $\mu_r=1$ 的理想介质一侧，其界面为 $z=0$ 平面，求

（1）入射波磁场的瞬时值 $\boldsymbol{H}_i(\boldsymbol{r},t)$；

（2）反射波的振幅 E_{rm}；

（3）透射波坡印亭矢量的平均值 $\boldsymbol{S}_{\mathrm{av}}(r)$。

解　（1）因入射波在空气中传播，故有

$$\boldsymbol{H}_{\mathrm{i}}(\boldsymbol{r})=\frac{1}{\eta_0}\cdot\boldsymbol{e}_z\times\boldsymbol{E}_{\mathrm{i}}(\boldsymbol{r})=\boldsymbol{e}_y\cdot\frac{1}{12\pi}\mathrm{e}^{-\mathrm{j}\pi z}(\mathrm{mA/m})$$

入射波磁场的瞬时值为

$$\boldsymbol{H}_{\mathrm{i}}(r,t)=\boldsymbol{e}_y\cdot\frac{1}{12\pi}\cos(\omega t-\pi z)(\mathrm{mA/m})$$

（2）介质中，因 $\eta=\sqrt{\frac{\mu_{\mathrm{r}}}{\varepsilon_{\mathrm{r}}}}\cdot\eta_0=\frac{2\eta_0}{3}=80\pi(\Omega)$，故有

$$\Gamma=\frac{\eta-\eta_0}{\eta+\eta_0}=-\frac{1}{5}$$

反射波振幅为

$$|E_{\mathrm{rm}}|=|\Gamma\cdot E_{\mathrm{im}}|=2(\mathrm{mV/m})$$

（3）透射系数为

$$T=1+\Gamma=0.8$$

相应的透射波振幅为

$$|E_{\mathrm{tm}}|=|T\cdot E_{\mathrm{im}}|=8(\mathrm{mV/m})$$

透射波坡印亭矢量的平均值则为

$$\boldsymbol{S}_{\mathrm{av}}(\boldsymbol{r})=\frac{1}{2}\mathrm{Re}(\boldsymbol{E}\times\boldsymbol{H}^*)=\frac{E_{\mathrm{tm}}^2}{2\eta}\boldsymbol{e}_z=\boldsymbol{e}_z\cdot\frac{4}{\pi}\times10^{-7}(\mathrm{W/m^2})$$

【考研题 13】（西安电子科技大学 2010 年）矩形波导（填充 μ_0、ε_0）内尺寸为 $a\times b$，如图 6-26 所示。已知电场 $\boldsymbol{E}=\boldsymbol{e}_y\cdot E_0\sin\left(\frac{\pi}{a}x\right)\mathrm{e}^{-\mathrm{j}\beta z}$，其中，$\beta=\frac{2\pi}{\lambda_1}=\frac{2\pi}{\lambda}\sqrt{1-\left(\frac{\lambda}{2a}\right)^2}$。

（1）求出波导中的磁场 $\boldsymbol{H}$；

（2）画出波导场结构；

（3）写出波导传输功率 P。

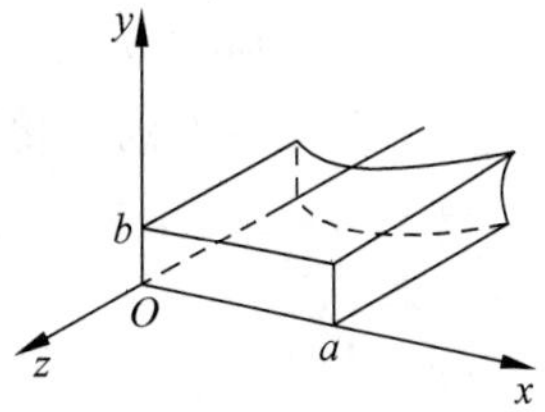

图 6-26　考研题 13 示意图

解　（1）因为　　$\nabla\times\boldsymbol{E}=-\mathrm{j}\omega\mu_0\boldsymbol{H}$

故有

$$\boldsymbol{H}=\frac{\mathrm{j}}{\omega\mu_0}\nabla\times\boldsymbol{E}$$

因此，有

$$H_x=-\frac{\beta}{\omega\mu_0}E_0\sin\left(\frac{\pi}{a}x\right)\mathrm{e}^{-\mathrm{j}\beta z}$$

$$H_y=0$$

$$H_z=\mathrm{j}\frac{E_0}{\omega\mu_0}\cdot\frac{\pi}{a}\cdot\cos\left(\frac{\pi}{a}x\right)\mathrm{e}^{-\mathrm{j}\beta z}$$

（2）波导场结构如图 6-27 所示。

（3）功率通量密度为

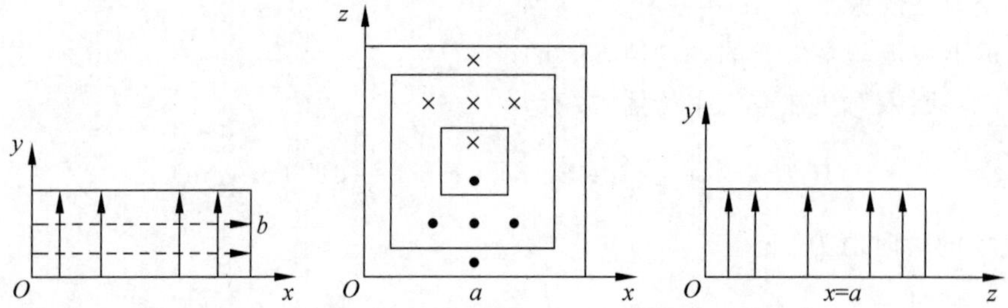

图 6-27　考研题 13 场线示意图

$$\boldsymbol{S}_{\mathrm{av}}=\frac{1}{2}\mathrm{Re}(\boldsymbol{E}\times\boldsymbol{H}^{*})=\frac{\beta}{2\omega\mu_0}E_0^2\sin^2\left(\frac{\pi}{a}x\right)\cdot\boldsymbol{e}_z$$

传输功率为

$$P=\iint S_{\mathrm{av}}\mathrm{d}x\,\mathrm{d}y=\frac{\beta}{2\omega\mu_0}E_0^2\int_0^b\mathrm{d}y\int_0^a\sin^2\left(\frac{\pi}{a}x\right)\mathrm{d}x=\frac{ab\beta}{4\omega\mu_0}E_0^2$$

因为
$$\beta=\frac{2\pi}{\lambda}\sqrt{1-\left(\frac{\lambda}{2a}\right)^2},\quad \omega=2\pi f=\frac{2\pi c}{\lambda}$$

所以
$$P=\frac{abE_0^2}{4\eta_0}\sqrt{1-\left(\frac{\lambda}{2a}\right)^2}=\frac{abE_0^2}{480\pi}\sqrt{1-\left(\frac{\lambda}{2a}\right)^2}$$

【考研题 14】　(电子科技大学 2015 年)有一均匀平面波在无界的均匀无损耗媒质中传播,其电场强度为

$$\boldsymbol{E}=(3\boldsymbol{e}_x+\boldsymbol{e}_y+4\boldsymbol{e}_z)\cos\left[6\pi\times10^8t+(2\pi x+k_yy-\pi z)+\frac{\pi}{4}\right]\ \mathrm{V/m}$$

求:(1) k_y 的值;

(2) 此电磁波传播方向的单位矢量 $\boldsymbol{e}_k$;

(3) 电磁波的频率 f、波长 λ 和相速度 v_{p};

(4) 设媒质的 $\mu=\mu_0$,求媒质的相对介电常数 ε_{r};

(5) 此电磁波的极化方式;

(6) 若在 xOy 平面上放置一块无限大的理想导体板,求导体表面上的感应电荷密度 ρ_S。

解　(1) 由 $\boldsymbol{k}\cdot\boldsymbol{E}=0$,可得

$$-6\pi-k_y+4\pi=0$$

故

$$k_y=-2\pi$$

(2) 已知 k_y,可以得到均匀平面波的电场强度为

$$\boldsymbol{E}=(3\boldsymbol{e}_x+\boldsymbol{e}_y+4\boldsymbol{e}_z)\cos\left[6\pi\times10^8t+(2\pi x-2\pi y-\pi z)+\frac{\pi}{4}\right]\ \mathrm{V/m}$$

再由 $\boldsymbol{k}\cdot\boldsymbol{r}=k_xx+k_yy+k_zz=-2\pi x+2\pi y+\pi z$,可得

$$k_x=-2\pi,\quad k_y=2\pi,\quad k_z=\pi$$

于是,媒质中均匀平面波的波矢量为

$$\boldsymbol{k}=k_x\boldsymbol{e}_x+k_y\boldsymbol{e}_y+k_z\boldsymbol{e}_z=-2\pi\boldsymbol{e}_x+2\pi\boldsymbol{e}_y+\pi\boldsymbol{e}_z$$

媒质中的波矢量 $\boldsymbol{k}$ 的模及其单位矢量分别为

$$k=\sqrt{k_x^2+k_y^2+k_z^2}=\sqrt{4\pi^2+4\pi^2+\pi^2}=\sqrt{9\pi^2}=3\pi$$

$$\boldsymbol{e}_k=\frac{\boldsymbol{k}}{k}=\frac{1}{3\pi}(-2\pi\boldsymbol{e}_x+2\pi\boldsymbol{e}_y+\pi\boldsymbol{e}_z)=\frac{1}{3}(-2\boldsymbol{e}_x+2\boldsymbol{e}_y+\boldsymbol{e}_z)$$

(3) 电磁波的频率为

$$f=\frac{\omega}{2\pi}=\frac{6\pi\times10^8}{2\pi}=3\times10^8\,\text{Hz}$$

波长为
$$\lambda=\frac{2\pi}{k}=\frac{2\pi}{3\pi}\approx0.67\text{m}$$

相速度为
$$v_p=f\lambda=3\times10^8\times\frac{2}{3}=2\times10^8\,\text{m/s}$$

(4) 因为 $v_p=\dfrac{1}{\sqrt{\mu_0\varepsilon_0\varepsilon_r}}=2\times10^8\,\text{m/s}$,可得

$$\varepsilon_r=2.25$$

(5) 由于电场方向始终指向一个方向,各分量之间没有相位差,故该平面波是线性极化波。

(6) 对于理想导体分界面,由边界条件可知,法线分量反射系数为1,切向分量反射系数为−1,故

$$\boldsymbol{E}_r=(-3\boldsymbol{e}_x-\boldsymbol{e}_y+4\boldsymbol{e}_z)\cos\left[6\pi\times10^8t+(2\pi x-2\pi y+\pi z)+\frac{\pi}{4}\right]\text{V/m}$$

所以

$$\begin{aligned}\rho_S&=\varepsilon(\boldsymbol{E}_i+\boldsymbol{E}_r)\cdot(-\boldsymbol{e}_z)\big|_{z=0}\\&=\varepsilon\boldsymbol{E}_i\cdot(-\boldsymbol{e}_z)\big|_{z=0}+\varepsilon\boldsymbol{E}_r\cdot(-\boldsymbol{e}_z)\big|_{z=0}\\&=\varepsilon(-4)\cos\left[6\pi\times10^8t+(2\pi x-2\pi y)+\frac{\pi}{4}\right]+\\&\quad\varepsilon(-4)\cos\left[6\pi\times10^8t+(2\pi x-2\pi y)+\frac{\pi}{4}\right]\\&=-20\varepsilon_0\cos\left[6\pi\times10^8t+(2\pi x-2\pi y)+\frac{\pi}{4}\right]\end{aligned}$$

【考研题15】 (电子科技大学2012年)在自由空间中,已知均匀平面波的磁场强度为 $\boldsymbol{H}(y,z)=\left[\boldsymbol{e}_x2(1+\text{j}\sqrt{2})+\boldsymbol{e}_y3+\boldsymbol{e}_zH_{0z}\right]\cdot\dfrac{1}{120\pi}\cdot\text{e}^{-\text{j}2\pi(y-\sqrt{3}z)}$ A/m。试计算:

(1) 波长 λ 和频率 f;

(2) H_{0z} 的值;

(3) 极化特性;

(4) 若此平面波斜入射到 $z=0$ 处的无限大理想导体平面上,求理想导体平面上的电流密度 $J_S(y)$。

解 (1) 均匀平面波的波矢量为 $\boldsymbol{k}=2\pi\boldsymbol{e}_y-2\sqrt{3}\pi\boldsymbol{e}_z$,所以波矢量的模值为

$$k=\sqrt{k_x^2+k_y^2+k_z^2}=4\pi$$

则均匀平面波的波长为 $$\lambda=\frac{2\pi}{k}=\frac{2\pi}{4\pi}=0.5\text{m}$$

频率为 $$f=\frac{c}{\lambda}=0.6\text{GHz}$$

(2) 由 $\boldsymbol{E}\cdot\boldsymbol{k}=3\times2\pi-2\sqrt{3}\pi H_{0z}=0$ 可得

$$H_{0z}=\sqrt{3}$$

(3) 因单位波矢量为 $\boldsymbol{e}_k=\frac{\boldsymbol{k}}{k}=\frac{1}{2}(\boldsymbol{e}_y-\sqrt{3}\boldsymbol{e}_z)$,所以

$$\begin{aligned}\boldsymbol{E}&=Z\boldsymbol{H}\times\boldsymbol{e}_k\\&=120\pi\times\frac{1}{2}\times\left[\boldsymbol{e}_x2(1+\text{j}\sqrt{2})+\boldsymbol{e}_y3+\boldsymbol{e}_z\sqrt{3}\right]\times(\boldsymbol{e}_y-\sqrt{3}\boldsymbol{e}_z)\cdot\frac{1}{120\pi}\cdot\text{e}^{-\text{j}2\pi(y-\sqrt{3}z)}\\&=\left[-2\sqrt{3}\boldsymbol{e}_x+\sqrt{3}(1+\text{j}\sqrt{2})\boldsymbol{e}_y+(1+\text{j}\sqrt{2})\boldsymbol{e}_z\right]\text{e}^{-\text{j}2\pi(y-\sqrt{3}z)}\end{aligned}$$

在 $y-\sqrt{3}z=0$ 的等相位面上,电场分量的表达式为

$$E_x=-2\sqrt{3}\text{e}^{\text{j}\omega t}$$

$$E_y=\sqrt{3}(1+\text{j}\sqrt{2})\text{e}^{\text{j}\omega t}=3\text{e}^{\text{j}(\omega t+\varphi)}$$

$$E_z=(1+\text{j}\sqrt{2})\text{e}^{\text{j}\omega t}=\sqrt{3}\text{e}^{\text{j}(\omega t+\varphi)}$$

其中,$\varphi=\arctan\sqrt{2}$。由表达式可知 E_y 与 E_z 相位相同,可以合成线极化波为

$$E_{yz}=\boldsymbol{e}_y3\text{e}^{\text{j}(\omega t+\varphi)}+\boldsymbol{e}_z\sqrt{3}\text{e}^{\text{j}(\omega t+\varphi)}$$

该线极化波与 z 轴的夹角为 $\theta=\frac{\pi}{3}$。

又 E_{yz} 的相位超前 E_x,且相位不为 $\frac{\pi}{2}$,所以该波的极化方式为左旋椭圆极化波。

(4) 根据 6.4.10 小节的结论,反射波的磁场强度为

$$\boldsymbol{H}_\text{r}=\left[\boldsymbol{e}_x2(1+\text{j}\sqrt{2})+\boldsymbol{e}_y3-\boldsymbol{e}_zH_{0z}\right]\cdot\frac{1}{120\pi}\cdot\text{e}^{-\text{j}2\pi(y+\sqrt{3}z)}\ \text{A/m}$$

所以

$$\begin{aligned}J_S(y)&=\boldsymbol{n}\times\boldsymbol{H}=\boldsymbol{e}_z\times(\boldsymbol{H}_\text{i}+\boldsymbol{H}_\text{r})\big|_{z=0}\\&=\left[4(1+\text{j}\sqrt{2})\boldsymbol{e}_y-6\boldsymbol{e}_x\right]\frac{1}{120\pi}\text{e}^{-\text{j}2\pi y}\ \text{A/m}\end{aligned}$$

【考研题 16】 (电子科技大学 2011 年)均匀平面波从 $\mu=\mu_0$、$\varepsilon=2.25\varepsilon_0$ 的理想介质中斜入射到位于 $x=0$ 处的无限大理想导体平面上,如图 6-28 所示。已知入射波电场强度

$$\boldsymbol{E}_\text{i}(x,y)=(-\boldsymbol{e}_x+\boldsymbol{e}_y\sqrt{3}+\boldsymbol{e}_z\text{j}2)\text{e}^{-\text{j}\pi(\sqrt{3}x+y)}\ \text{V/m}$$

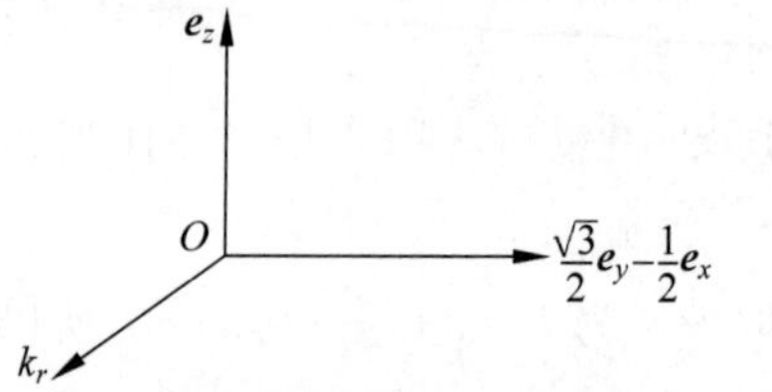

图 6-28 考研题 16 示意图

试求：(1) 频率 f、波长 λ 和磁场强度 $\boldsymbol{H}_i(x,y)$；

(2) 入射波的极化特性；

(3) 反射波电场强度 $\boldsymbol{E}_r(x,y)$ 和磁场强度 $\boldsymbol{H}_r(x,y)$；

(4) 理想导体表面上的感应电流密度 $\boldsymbol{J}_S(y)$ 和电荷密度 $\rho_S(y)$。

解 (1) $k=2\pi,\lambda=\dfrac{2\pi}{k}=1\text{m}$

$$\omega=\frac{k}{\sqrt{\mu\varepsilon}}=\frac{k}{\sqrt{\mu_0\varepsilon_0}\ \sqrt{\varepsilon_r}}=\frac{2\pi}{1.5}\times 3\times 10^8=4\pi\times 10^8\,\text{rad/s}$$

所以
$$f=\frac{\omega}{2\pi}=2\times 10^8\,\text{Hz}$$

$$\begin{aligned}\boldsymbol{H}_i(x,y)&=\frac{1}{Z}\boldsymbol{e}_k\times\boldsymbol{E}_i(x,y)\\&=\frac{1}{Z}\left(\frac{\sqrt{3}}{2}\boldsymbol{e}_x+\frac{1}{2}\boldsymbol{e}_y\right)\times(-\boldsymbol{e}_x+\sqrt{3}\boldsymbol{e}_y+2\text{j}\boldsymbol{e}_z)\,\text{e}^{-\text{j}\pi(\sqrt{3}x+y)}\\&=\frac{1}{Z}\left(\frac{3}{2}\boldsymbol{e}_z-\sqrt{3}\text{j}\boldsymbol{e}_y+\frac{1}{2}\boldsymbol{e}_z+\text{j}\boldsymbol{e}_x\right)\text{e}^{-\text{j}\pi(\sqrt{3}x+y)}\\&=\frac{1}{Z}(2\boldsymbol{e}_z-\sqrt{3}\text{j}\boldsymbol{e}_y+\text{j}\boldsymbol{e}_x)\,\text{e}^{-\text{j}\pi(\sqrt{3}x+y)}\\&=\frac{1}{80\pi}(2\boldsymbol{e}_z-\sqrt{3}\text{j}\boldsymbol{e}_y+\text{j}\boldsymbol{e}_x)\,\text{e}^{-\text{j}\pi(\sqrt{3}x+y)}\ \text{A/m}\end{aligned}$$

(2) 可以看到 $\phi_{e_z}-\phi_{\left(\frac{\sqrt{3}}{2}e_y-\frac{1}{2}e_x\right)}=\dfrac{\pi}{2}$，故该入射波为左旋圆极化波。

(3) $\boldsymbol{E}_r(x,y)=(-\boldsymbol{e}_x-\sqrt{3}\boldsymbol{e}_y-2\text{j}\boldsymbol{e}_z)\,\text{e}^{-\text{j}\pi(y-\sqrt{3}x)}\ \text{V/m}$

$$\begin{aligned}\boldsymbol{H}_r(x,y)&=\frac{1}{Z}\boldsymbol{e}_k\times\boldsymbol{E}_r\\&=\frac{3}{2Z_0}\times\left(\frac{1}{2}\boldsymbol{e}_y-\frac{\sqrt{3}}{2}\boldsymbol{e}_x\right)\times(-\boldsymbol{e}_x-\sqrt{3}\boldsymbol{e}_y-2\text{j}\boldsymbol{e}_z)\,\text{e}^{-\text{j}\pi(y-\sqrt{3}x)}\\&=\frac{1}{80\pi}\left(\frac{1}{2}\boldsymbol{e}_z-\text{j}\boldsymbol{e}_x+\frac{3}{2}\boldsymbol{e}_z-\text{j}\sqrt{3}\boldsymbol{e}_y\right)\text{e}^{-\text{j}\pi(y-\sqrt{3}x)}\\&=\frac{1}{80\pi}(2\boldsymbol{e}_z-\text{j}\boldsymbol{e}_x-\text{j}\sqrt{3}\boldsymbol{e}_y)\,\text{e}^{-\text{j}\pi(y-\sqrt{3}x)}\end{aligned}$$

(4) 利用边界条件，容易得到

$$\begin{aligned}\boldsymbol{J}_S(y)&=\boldsymbol{e}_n\times(H_i+H_r)\\&=(-\boldsymbol{e}_x)\times\frac{1}{80\pi}(4\boldsymbol{e}_z-\text{j}2\sqrt{3}\boldsymbol{e}_y)\,\text{e}^{-\text{j}\pi(y-\sqrt{3}x)}\,\Big|_{x=0}\\&=\frac{1}{80\pi}(4\boldsymbol{e}_y+\text{j}2\sqrt{3}\boldsymbol{e}_z)\,\text{e}^{-\text{j}\pi(y-\sqrt{3}x)}\,\Big|_{x=0}\\&=\frac{1}{80\pi}(4\boldsymbol{e}_y+\text{j}2\sqrt{3}\boldsymbol{e}_z)\,\text{e}^{-\text{j}\pi y}\ \text{A/m}\end{aligned}$$

$$\begin{aligned}\rho_S(y)&=\boldsymbol{e}_n\cdot\varepsilon(\boldsymbol{E}_i+\boldsymbol{E}_r)=(-\boldsymbol{e}_x)\cdot\varepsilon(-2\boldsymbol{e}_x)\,\text{e}^{-\text{j}\pi(y+\sqrt{3}x)}\,\Big|_{x=0}\\&=4.5\varepsilon_0\,\text{e}^{-\text{j}\pi y}\,\text{C/m}^2\end{aligned}$$

第 7 章 电磁波的辐射

CHAPTER 7

在时变电磁场中，变化的电荷和电流是产生电磁波的源，电磁辐射研究的是电磁波与激励它的源之间关系的问题。为了有效地使电磁能量按所要求的方向辐射出去，时变电荷和电流必须按某种具体的形式分布，而天线是达到此种目的的载体。本章主要归纳分析天线的基本方法，分析比较电偶极子天线、磁偶极子天线、对称半波振子天线以及均匀天线阵的辐射规律。电磁辐射实质上也是特定边界条件的波动方程定解问题，但严格求解过程复杂，比较简单的分析方法是借助于矢量势的达朗贝尔公式，建立辐射场的表达式以及基本参量。本章在总结归纳主要内容的基础上，重点分析、求解几类典型例题，并对主教材课后习题进行详解，给出部分相关内容的MATLAB仿真编程代码以及所涉及的科技前沿知识，最后列举有代表性的往年考研试题详解作为相应重点的延伸。

7.1 电磁波的辐射思维导图

图 7-1 是本章的思维导图。本章围绕着天线这一核心，首先介绍了天线的各种电参数和不同的分类；然后以电偶极子天线为例，给出了线天线的分析方法；最后通过将单元天

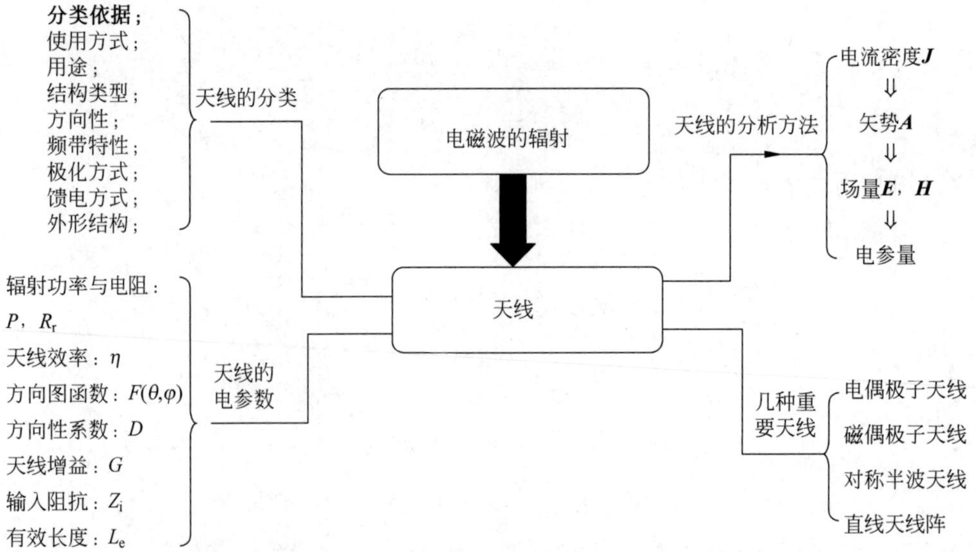

图 7-1 本章思维导图

线规则排布，得到了均匀直线阵和平面阵等，并分析了阵因子和最大辐射方向问题。

7.2 主要知识点

电磁波的辐射涉及的知识点有：

天线的类型；天线的主要电参数[方向特性（方向图函数、主瓣宽度和方向性系数等）、辐射功率和辐射电阻、增益、效率、带宽及输入阻抗等]；近区、感应区、辐射区；几种重要天线，如三线一阵——电偶极子天线、磁偶极子天线、半波线天线和均匀直线天线阵。

7.3 主要内容及公式

基于上述内容，以下将对本章主要内容及公式进行详细讲解。

7.3.1 分析天线辐射场的方法

电磁辐射问题实际上也是一个波动方程的边值问题，严格求解非常困难，一般都是用近似方法。通过引入矢势函数，将所求问题归结为达朗贝尔方程的解——推迟势，再求其场量，由场量得出反映天线性能的电参量。

1. 推迟势

真空中，时谐电磁场磁矢势的推迟势形式如下：

$$\boldsymbol{A}(\boldsymbol{r},t)=\frac{\mu_0}{4\pi}\int_{V'}\frac{\boldsymbol{J}(\boldsymbol{r}')\,\mathrm{e}^{\mathrm{j}(\omega t-k_0R)}}{R}\mathrm{d}V' \tag{7-1}$$

2. 辐射场与推迟势的关系

在球坐标系中，远区辐射场可近似表示为

$$\boldsymbol{H}=\frac{1}{\mu_0}\nabla\times\boldsymbol{A} \tag{7-2}$$

$$\boldsymbol{E}=Z_0\boldsymbol{H}\times\boldsymbol{e}_r \tag{7-3}$$

7.3.2 天线的常用电参数

1. 方向图函数

为了形象地描绘天线随不同方位辐射程度的大小，经常使用方向图。所谓方向图就是辐射远区任一方向的场强（或功率密度）与同一距离的最大场强（或功率密度）之比与方向角之间的关系曲线（曲面）。它们分别是归一化场强方向图函数和功率方向图函数，即

$$F(\theta,\varphi)=\frac{|E(\theta,\varphi)|}{|E_{\max}|}\quad 或\quad P(\theta,\varphi)=F^2(\theta,\varphi) \tag{7-4}$$

实际上，常用两个主平面上的方向图函数分别对应于电场和磁场所在平面，称为 E 平面和 H 平面，并分别用 $F_E(\theta)$ 和 $F_H(\varphi)$ 来表示。

2. 主瓣宽度 $2\theta_{0.5}$ 与 $2\varphi_{0.5}$

方向图曲面常呈花瓣状，故方向图又称波瓣图，最大辐射方向所在的瓣称为主瓣，其余

的瓣称为旁瓣或副瓣。主瓣宽度是主瓣最大值两侧的功率密度(功率流)等于最大辐射方向上功率密度一半的两个方向间的夹角,在 E、H 平面内分别为 $2\theta_{0.5}$ 与 $2\varphi_{0.5}$。

3. 方向性系数 D

一般式为

$$D(\theta,\varphi)=\frac{4\pi F^2(\theta,\varphi)}{\int_0^{2\pi}\mathrm{d}\varphi\int_0^{\pi}F^2(\theta,\varphi)\sin\theta\,\mathrm{d}\theta} \tag{7-5}$$

最大方向性系数为

$$D_{\max}=\frac{4\pi F^2(\theta_{\mathrm{m}},\varphi_{\mathrm{m}})}{\int_0^{2\pi}\mathrm{d}\varphi\int_0^{\pi}F^2(\theta,\varphi)\sin\theta\,\mathrm{d}\theta}=\frac{P_0}{P_{\mathrm{r}}}\bigg|_{E=E_0} \tag{7-6}$$

4. 辐射功率 P_{r} 与辐射电阻 R_{r}

$$P_{\mathrm{r}}=\oint_S\bar{\boldsymbol{S}}\cdot\mathrm{d}\boldsymbol{S} \tag{7-7}$$

$$R_{\mathrm{r}}=\frac{P_{\mathrm{r}}}{I_{\mathrm{e}}^2}=\frac{P_{\mathrm{r}}}{2I_{\mathrm{m}}^2} \tag{7-8}$$

5. 天线的效率和增益

天线的效率定义为

$$\eta=\frac{P_{\mathrm{r}}}{P_{\mathrm{i}}} \tag{7-9a}$$

其中,P_{i},P_{r} 分别为天线的输入功率与辐射功率。

天线的增益为

$$G=\frac{P_{0\mathrm{i}}}{P_{\mathrm{i}}}=\frac{P_0}{P_{\mathrm{i}}}=\frac{P_{\mathrm{r}}}{P_{\mathrm{i}}}\frac{P_0}{P_{\mathrm{r}}}=\eta D \tag{7-9b}$$

7.3.3 几种重要天线

1. 电偶极子辐射($\Delta l\ll\lambda_0$)

磁矢势可近似表示为

$$\boldsymbol{A}=\frac{\mu_0}{4\pi}\int_{\Delta l}\frac{I\,\mathrm{d}\boldsymbol{l}'\mathrm{e}^{-\mathrm{j}k_0R}}{R}\approx\frac{\mu_0 I\Delta l\,\mathrm{e}^{-\mathrm{j}k_0r}}{4\pi r}\boldsymbol{e}_z \tag{7-10}$$

远区磁场和电场分别为

$$\boldsymbol{E}=\mathrm{j}\frac{Z_0I\Delta l}{2\lambda_0r}\sin\theta\,\mathrm{e}^{-\mathrm{j}k_0r}\boldsymbol{e}_\theta \tag{7-11}$$

$$\boldsymbol{H}=\mathrm{j}\frac{I\Delta l}{2\lambda_0r}\sin\theta\,\mathrm{e}^{-\mathrm{j}k_0r}\boldsymbol{e}_\varphi \tag{7-12}$$

平均能流密度为

$$\bar{\boldsymbol{S}}=\frac{1}{2}\mathrm{Re}[\boldsymbol{E}\times\boldsymbol{H}^*]=Z_0\left(\frac{I\Delta l}{2\lambda_0r}\right)^2\sin^2\theta\boldsymbol{e}_r \tag{7-13}$$

辐射功率为

$$P_{\mathrm{r}}=\int_S\bar{\boldsymbol{S}}\cdot\mathrm{d}\boldsymbol{S}=\int_0^{\pi}Z_0\left(\frac{I\Delta l}{2\lambda_0r}\right)^2\sin^2\theta\,2\pi r^2\sin\theta\,\mathrm{d}\theta=80\pi^2I^2\left(\frac{\Delta l}{\lambda_0}\right)^2 \tag{7-14}$$

方向图函数为

$$F(\theta)=\frac{|E(\theta)|}{|E_{\max}|}=\sin\theta \tag{7-15}$$

电偶极子远区场是 TEM 波，场的幅度与源的距离成反比，波阻抗为 Z_0，远区场是辐射场，且为非均匀球面波，场具有方向性。

2. 磁偶极子辐射($a \ll \lambda_0$)

磁偶极矩的定义为

$$\boldsymbol{m}=\mu_0 i\boldsymbol{S} \tag{7-16}$$

远区磁场和电场分别为

$$\boldsymbol{E}=\frac{Z_0\pi IS}{\lambda_0^2 r}\sin\theta\mathrm{e}^{-\mathrm{j}k_0 r}\boldsymbol{e}_\varphi \tag{7-17}$$

$$\boldsymbol{H}=-\frac{\pi IS}{\lambda_0^2 r}\sin\theta\mathrm{e}^{-\mathrm{j}k_0 r}\boldsymbol{e}_\theta \tag{7-18}$$

辐射功率为

$$P_\mathrm{r}=320\pi^4 I^2\left(\frac{S}{\lambda_0^2}\right)^2 \tag{7-19}$$

方向图函数为

$$F(\theta)=\frac{|E(\theta)|}{|E_{\max}|}=\sin\theta \tag{7-20}$$

3. 对称半波天线

远区的磁矢势为

$$\boldsymbol{A}=\frac{\mu_0 I_\mathrm{m}\mathrm{e}^{-\mathrm{j}k_0 r}}{2\pi k_0 r}\frac{\cos\left(\frac{\pi}{2}\cos\theta\right)}{\sin^2\theta}\boldsymbol{e}_z \tag{7-21}$$

远区电场和磁场分别为

$$\begin{cases}\boldsymbol{E}=\mathrm{j}\dfrac{I_\mathrm{m}\cos\left(\dfrac{\pi}{2}\cos\theta\right)}{2\pi r\sin\theta}Z_0\mathrm{e}^{-\mathrm{j}k_0 r}\boldsymbol{e}_\theta \\ \boldsymbol{H}=\mathrm{j}\dfrac{I_\mathrm{m}\cos\left(\dfrac{\pi}{2}\cos\theta\right)}{2\pi r\sin\theta}\mathrm{e}^{-\mathrm{j}k_0 r}\boldsymbol{e}_\varphi\end{cases} \tag{7-22}$$

平均能流密度为

$$\bar{\boldsymbol{S}}=\frac{30I^2}{\pi r^2}\frac{\cos^2\left(\frac{\pi}{2}\cos\theta\right)}{\sin^2\theta}\boldsymbol{e}_r \tag{7-23}$$

辐射功率为

$$P_\mathrm{r}\approx 73.2I^2 \tag{7-24}$$

方向图函数为

$$F(\theta)=\frac{\cos\left(\frac{\pi}{2}\cos\theta\right)}{\sin\theta} \tag{7-25}$$

三种基本振子的辐射特性如表 7-1 所示。

表 7-1　三种基本振子的辐射特性

振子天线	远区辐射场	方向图函数	辐射电阻	最大方向性系数	主瓣宽度
电基本振子	$\frac{\mathrm{j}I\Delta l}{2\lambda_0 r}Z_0\sin\theta \mathrm{e}^{-\mathrm{j}k_0 r}\boldsymbol{e}_\theta$	$\sin\theta$	$80\pi^2\left(\frac{\Delta l}{\lambda_0}\right)^2$	1.5	90°
磁基本振子	$\frac{\pi IS}{\lambda_0^2 r}Z_0\sin\theta \mathrm{e}^{-\mathrm{j}k_0 r}\boldsymbol{e}_\varphi$	$\sin\theta$	$320\pi^4\left(\frac{S}{\lambda_0^2}\right)^2$	1.5	90°
半波振子	$\frac{\mathrm{j}I_m Z_0}{2\pi r}\frac{\cos\left(\frac{\pi}{2}\cos\theta\right)}{\sin\theta}\mathrm{e}^{-\mathrm{j}k_0 r}\boldsymbol{e}_\theta$	$\frac{\cos\left(\frac{\pi}{2}\cos\theta\right)}{\sin\theta}$	73.2Ω	1.64	78°

4. 均匀直线式天线阵

天线阵的方向图函数是单元天线的方向图函数与阵因子的乘积，这就是方向图乘积定理。

N 元均匀直线式天线阵的归一化阵因子为

$$f_a(\psi)=\frac{\sin\frac{N\psi}{2}}{N\sin\frac{\psi}{2}} \tag{7-26}$$

式中，$\psi=k_0 d\cos\varphi-\xi$。天线阵的最大辐射条件是

$$\cos\varphi_m=\frac{\xi}{k_0 d}=\frac{\xi\lambda_0}{2\pi d} \tag{7-27}$$

改变两相邻天线的相位差就可以改变天线阵的最大辐射方向，此即相控阵天线。

7.4　重点与难点分析

结合本章思维导图及主要内容，现将本章重难点做如下分析。

7.4.1　方向性系数不同定义的等价性

方向性系数是为了定量描述天线辐射功率的集中程度而引入的物理量，需要用无方向性的理想点源天线作为比较的标准。衡量天线集中的辐射程度是在相同的辐射功率下，天线产生的最大辐射强度与作为基准的理想点源天线在同一点产生的辐射强度的比值，即称为天线的方向性系数。根据该定义，最大方向性系数则为

$$D_{\max}=\left.\frac{E_{\max}^2}{E_0^2}\right|_{P_r=P_{r0}} \tag{7-28}$$

由方向性函数及辐射功率的定义，式(7-28)可化为

$$D_{\max}=\frac{4\pi F^2(\theta_m,\varphi_m)}{\int_0^{2\pi}\mathrm{d}\varphi\int_0^{\pi}F^2(\theta,\varphi)\sin\theta\mathrm{d}\theta} \tag{7-29}$$

$D_{max} \geqslant 1$，其值越大，表明在最强辐射方向附近分布的能量越大，即辐射方向性越强；反之，辐射方向性越弱。当 $D_{max}=1$ 时，表明在各个方向上辐射程度完全相同，这便是全向性天线，即理想点源天线。相较于方向图函数，虽不是形象直观的描述，但它能够定量确定方向特性的优劣。

另外，因天线的辐射功率为

$$P_r = \frac{1}{2}\oint_S (\boldsymbol{E} \times \boldsymbol{H}^*) \cdot d\boldsymbol{S} = \frac{1}{2Z_0}\oint_S E^2 dS = \frac{E_m^2}{240\pi}\int_0^{2\pi} d\varphi \int_0^{\pi} F^2(\theta,\varphi) r^2 \sin\theta d\theta$$

对于理想点源天线，辐射功率则为

$$P_{r0} = 4\pi r^2 \bar{S}_0 = \frac{E_0^2}{2Z_0} 4\pi r^2 = \frac{E_0^2 r^2}{60}$$

当二者电场强度的幅值相等时，由

$$\left.\frac{P_{r0}}{P_r}\right|_{E_{max}=E_0} = \frac{E_0^2 r^2}{60} \Big/ \frac{E_0^2}{240\pi}\int_0^{2\pi} d\varphi \int_0^{\pi} F^2(\theta,\varphi) r^2 \sin\theta d\theta = \frac{4\pi}{\int_0^{2\pi} d\varphi \int_0^{\pi} F^2(\theta,\varphi)\sin\theta d\theta} = D_{max}$$

得

$$D_{max} = \left.\frac{P_{r0}}{P_r}\right|_{E_{max}=E_0}$$

这表明：在满足某一方向上辐射值相同时，理想电源天线比实际天线需要付出的代价大得多。二者功率的比值越大，说明实际天线的方向性越好。

两种不同的表达式 $D_{max} = \left.\frac{E_{max}^2}{E_0^2}\right|_{P_r=P_{0r}}$ 和 $D_{max} = \left.\frac{P_{r0}}{P_r}\right|_{E_{max}=E_0}$ 是等价的。

7.4.2 辐射场中距离和相位的近似处理原则

1. 一般情形

时谐场中，磁矢势的推迟势的一般表达式为

$$\boldsymbol{A}(\boldsymbol{r},t) = \frac{\mu_0}{4\pi}\int_{V'} \frac{\boldsymbol{J}(\boldsymbol{r}') e^{j(\omega t - k_0 R)} dV'}{R} \tag{7-30}$$

在讨论远区场时，近似处理的基本原则是：由 $R \simeq r - \boldsymbol{e}_{k_0} \cdot \boldsymbol{r}'$ 得

$$\frac{1}{R} \approx \frac{1}{r}, \quad k_0 R \simeq k_0 (r - \boldsymbol{e}_{k_0} \cdot \boldsymbol{r}') \tag{7-31}$$

这就是所谓的“抓大放小，斤斤计较”原则，即在处理距离近似时“抓大放小”，而在处理推迟效应时不能忽略细节，要有更高的近似精度。但在一些具体问题中有时还可进一步近似，所以要具体问题具体对待。

2. 偶极子场

以电偶极子为例，它是一种基本辐射单元，分析其辐射场由一般情形下的推迟势公式出发，由于满足电小尺寸条件 $\Delta l \ll \lambda$，故 $k_0 R \approx k_0 r$，于是

$$\boldsymbol{A} \approx \frac{\mu_0 I \Delta l e^{-jk_0 r}}{4\pi r} \boldsymbol{e}_z \tag{7-32}$$

进一步可得到电场和磁场的一般式

$$\begin{cases} E_r = \dfrac{2I\Delta l k_0^3 \cos\theta}{4\pi\varepsilon_0\omega}\left[\dfrac{1}{(k_0r)^2} - \dfrac{\mathrm{j}}{(k_0r)^3}\right]\mathrm{e}^{-\mathrm{j}k_0r} \\ E_\theta = \dfrac{I\Delta l k_0^3 \sin\theta}{4\pi\varepsilon_0\omega}\left[\dfrac{\mathrm{j}}{k_0r} + \dfrac{1}{(k_0r)^2} - \dfrac{\mathrm{j}}{(k_0r)^3}\right]\mathrm{e}^{-\mathrm{j}k_0r} \\ E_\varphi = 0 \end{cases} \tag{7-33}$$

$$\begin{cases} H_r = 0 \\ H_\theta = 0 \\ H_\varphi = \dfrac{I\Delta l k_0^2 \sin\theta}{4\pi}\left[\dfrac{\mathrm{j}}{k_0r} + \dfrac{1}{(k_0r)^2}\right]\mathrm{e}^{-\mathrm{j}k_0r} \end{cases} \tag{7-34}$$

下面根据不同的区域分别进行讨论。

(1) 近区场。

近区场条件：$r \ll \lambda_0$，即 $k_0r \ll 1$，故有$\dfrac{1}{k_0r} \ll \dfrac{1}{(k_0r)^2} \ll \dfrac{1}{(k_0r)^3}$和 $\mathrm{e}^{-ik_0r} \approx 1$ 代入式(7-33)、式(7-34)，可将电场和磁场的一般式简化为

$$\begin{cases} E_r = -\mathrm{j}\,\dfrac{I\Delta l\cos\theta}{2\pi\varepsilon_0\omega r^3} \\ E_\theta = -\mathrm{j}\,\dfrac{I\Delta l\sin\theta}{4\pi\varepsilon_0\omega r^3} \\ H_\varphi = \dfrac{I\Delta l\sin\theta}{4\pi r^2} \end{cases} \tag{7-35}$$

电场和磁场相差$\dfrac{\pi}{2}$，平均能流密度为零，表明没有电磁功率向外输出，具有静态场的基本形式，故又称为准静态场或似稳场。

(2) 远区场。

远区场条件：$r \gg \lambda_0$，即 $k_0r \gg 1$，故有$\dfrac{1}{k_0r} \gg \dfrac{1}{(k_0r)^2} \gg \dfrac{1}{(k_0r)^3}$

电场和磁场可近似为

$$\begin{cases} E_\theta = \mathrm{j}\,\dfrac{I\Delta l k_0^2\sin\theta}{4\pi\varepsilon_0\omega r}\mathrm{e}^{-\mathrm{j}k_0r} = \mathrm{j}\,\dfrac{I\Delta l Z_0\sin\theta}{2\lambda_0 r}\mathrm{e}^{-\mathrm{j}k_0r} \\ H_\varphi = \mathrm{j}\,\dfrac{I\Delta l k_0\sin\theta}{4\pi r}\mathrm{e}^{-\mathrm{j}k_0r} = \mathrm{j}\,\dfrac{I\Delta l\sin\theta}{2\lambda_0 r}\mathrm{e}^{-\mathrm{j}k_0r} \end{cases} \tag{7-36}$$

远区场为横电磁波(TEM)，波阻抗 $Z_0 = 120\pi\Omega$，电场和磁场的幅度与源的距离 r 成反比，等相面为球面，故为非均匀球面波，且远区场分布具有方向性。

3. 半波振子

对于半波振子，其矢势 $\boldsymbol{A}$ 所满足的表达式为

$$A_z = \frac{\mu_0}{4\pi}\int_{-\frac{\lambda}{4}}^{\frac{\lambda}{4}} \frac{I_0\cos kz'\,\mathrm{e}^{-\mathrm{j}k_0R}}{R}\mathrm{d}z' \tag{7-37}$$

在讨论远区场($r \gg l, r \gg \lambda_0$)问题时，常常在源点和场点间的距离上选择$\dfrac{1}{R} \approx \dfrac{1}{r}$，而在推

迟相位因子中却要选择 $e^{-jk_0R} \approx e^{-jk_0r} \cdot e^{jk_0z'\cos\theta}$，则

$$A_z \approx \frac{\mu_0 I_0 e^{-jk_0 r}}{4\pi r} \int_{-\frac{\lambda}{4}}^{\frac{\lambda}{4}} \cos k_0 z' e^{jk_0 z'\cos\theta} dz' \tag{7-38}$$

为什么要厚此薄彼呢？其实，主要是因为推迟因子 e^{-jk_0R} 中 $e^{jk_0z'\cos\theta}$ 的作用不可忽视，而$\frac{1}{R}$与$\frac{1}{r}$相差甚小。具体而言，$k_0z'\cos\theta=\frac{2\pi z'\cos\theta}{\lambda_0}$的值在$[0,2\pi]$范围，相当于干涉因子，对总场的影响较大。可见，恰当的近似、合理的取舍是非常必要的。这就要求我们在学习过程中善于抓住"主要矛盾"，有时需要"抓大放小"，而有时还得"斤斤计较"，这种具体问题具体分析的科学方法也是我们处事的基本原则。人的精力是有限的，遇事当分清主次，切勿眉毛胡子一把抓，否则只能是"捡了芝麻，丢了西瓜"。

在物理问题的研究中，适当的近似不仅能使得分析计算过程得到简化，而且物理图像清晰，这是读者在学习过程中应掌握的一种方法。"抓大放小，斤斤计较"这一思想贯穿于本章的各种天线处理中，具有一定的普遍性。

7.4.3 电偶极子关于导体平面的镜像

讨论不同方向放置的电偶极子在理想导体表面上的镜像具有实际意义。例如在地面附近的线天线受地面影响的辐射场就可以近似看作此类问题。如图 7-2 所示，在电偶极子水平放置或竖直时，将地面近似认为是理想导体，其镜像可以简单理解为两点电荷关于无限大接地平面的镜像。空间总辐射场为电偶极子产生的辐射与其镜像产生的场的叠加。当然，由于在导体与介质的分界面上，边界条件为 $\boldsymbol{E}_t+\boldsymbol{E}_t'=0$，$\boldsymbol{B}_n+\boldsymbol{B}_n'=0$，利用边界条件的约束关系也可得到电偶极子和其镜像位置关系，在此不赘述。图 7-3 为几种不同方向放置的电偶极子镜像示意比较。

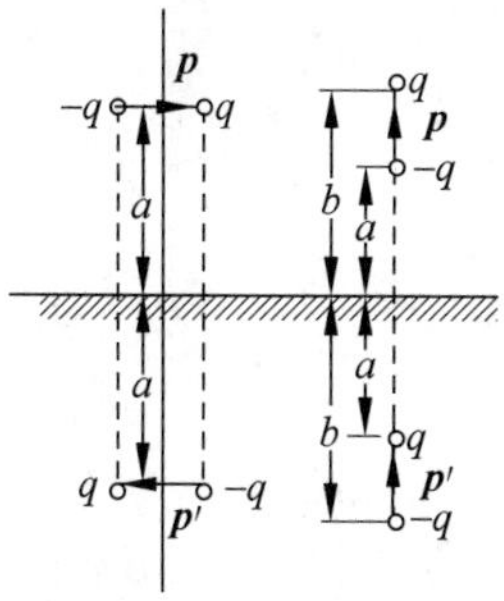

图 7-2 水平和竖直放置的电偶极子的镜像示意图

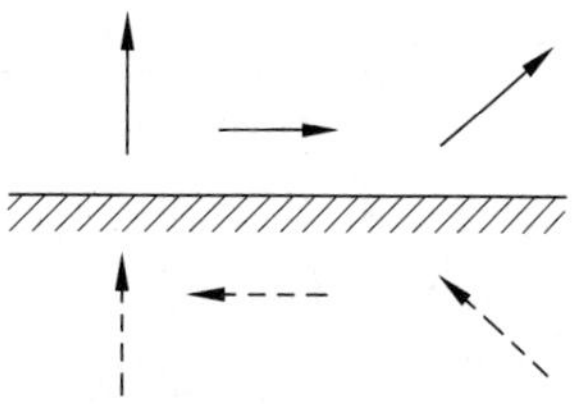

图 7-3 几种不同方向放置的电偶极子镜像示意图

对于竖直放置的电偶极子，当偶极子靠近地面时，场强为电偶极子单独存在时的 2 倍，由于只存在于上半空间辐射，其辐射功率和辐射电阻也为单独电偶极子存在时的 2 倍，而不是 4 倍。

7.4.4 对称线天线的电流分布

对称线天线可以看成是终端开路的双根传输线演变的结果，如图 7-4 所示。因此，根据数学物理方程的理论，传输线上的电流服从波动方程的定解问题，即

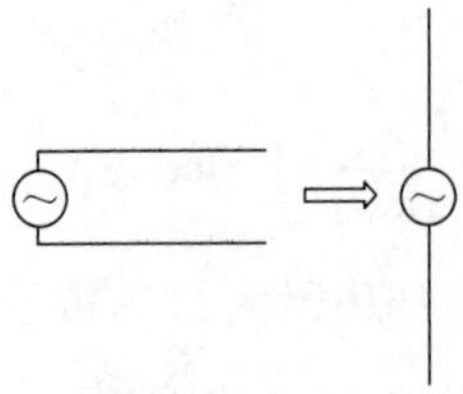

图 7-4 对称线天线的传输线模型

$$\begin{cases}\nabla^2 i + k_0^2 i = 0 \\ i\big|_{z=\pm\frac{l}{2}} = 0\end{cases}$$

求解该方程可得

$$i(z,t) = i_{\mathrm{m}} \sin k_0 \left(\frac{l}{2} - |z|\right) \mathrm{e}^{\mathrm{j}\omega t} \tag{7-39}$$

7.4.5 三维空间中的二元阵和均匀直线阵

包括主教材在内的大多数教材都讨论了二维空间的二元阵和直线阵。但实际上，从三维空间来考虑二元阵，更具有代表性。这里的关键就是如何得到两个天线单元之间的相位差。这里假设 0 号天线位于原点，1 号天线分别位于 x 轴、y 轴或者 z 轴上，与 0 号天线平行放置，距离为 d，且馈电电流滞后 ξ。现在根据具体的配置情况，确定 1 号天线净超前的相位。二元阵的研究是空间均匀直线阵的研究基础。

首先观察图 7-5(a)，可以发现，当远区场点取在 xOy 平面上时，就是主教材研究的情况。由几何关系可以看出

$$r_1 - r_0 = d\sin\theta\cos\varphi$$

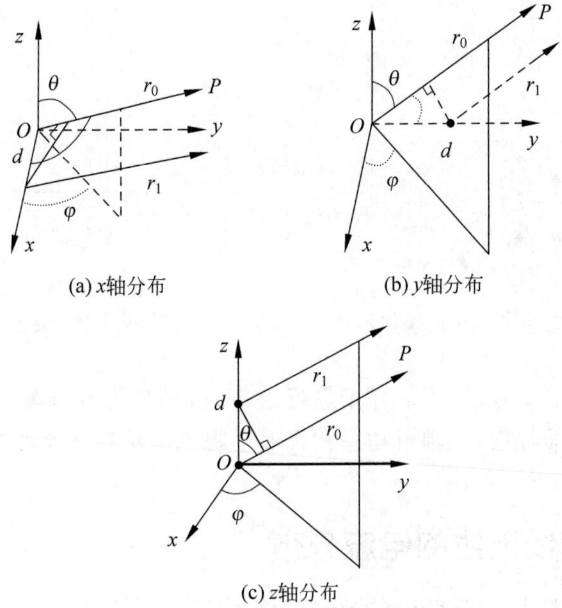

图 7-5 空间二元阵

这里的关键是如何计算 $\boldsymbol{r}_0$ 与 x 轴夹角的余弦值。可以通过两个单位矢量的点积，轻松得到。即 $\boldsymbol{e}_{r_0}\cdot\boldsymbol{e}_x=(\sin\theta\cos\varphi,\sin\theta\sin\varphi,\cos\theta)\cdot(1,0,0)=\sin\theta\cos\varphi$。以下类同。

这段距离对应的 1 号天线超前 0 号天线的相位差为

$$\psi=k_0 d\sin\theta\cos\varphi$$

考虑到 1 号天线的激励比 0 号天线滞后，则净超前的相位差是

$$\psi_x=k_0 d\sin\theta\cos\varphi-\xi$$

可以看出，当选择 $\theta=\dfrac{\pi}{2}$时，有 $\psi=k_0 d\cos\varphi-\xi$，这正是主教材的相位差的结论。

如法炮制，当两个单元天线位于 y 轴时，对应的净超前相位是

$$\psi_y=k_0 d\sin\theta\sin\varphi-\xi$$

当两个单元天线位于 z 轴时，对应的净超前相位是

$$\psi_z=k_0 d\cos\theta-\xi$$

如果沿三个坐标轴分别等间距、等幅度放置 N 个元天线，则就构成了三维空间的均匀直线式天线阵，此时，在远区有

$$\begin{aligned}\boldsymbol{E}&=\boldsymbol{E}_0+\boldsymbol{E}_1+\boldsymbol{E}_2+\cdots+\boldsymbol{E}_{N-1}\\&=\boldsymbol{E}_0[1+\mathrm{e}^{\mathrm{j}\psi}+\mathrm{e}^{\mathrm{j}2\psi}+\cdots+\mathrm{e}^{\mathrm{j}(N-1)\psi}]\end{aligned}$$

利用等比级数的求和公式，则远区的合成场强为

$$\begin{aligned}\boldsymbol{E}&=\boldsymbol{E}_0\frac{1-\mathrm{e}^{\mathrm{j}N\psi}}{1-\mathrm{e}^{\mathrm{j}\psi}}=\boldsymbol{E}_0\frac{\mathrm{e}^{\mathrm{j}\frac{N}{2}\psi}(\mathrm{e}^{-\mathrm{j}\frac{N}{2}\psi}-\mathrm{e}^{\mathrm{j}\frac{N}{2}\psi})}{\mathrm{e}^{\mathrm{j}\frac{\psi}{2}}(\mathrm{e}^{-\mathrm{j}\frac{\psi}{2}}-\mathrm{e}^{\mathrm{j}\frac{\psi}{2}})}=\boldsymbol{E}_0\frac{\sin\dfrac{N\psi}{2}}{\sin\dfrac{\psi}{2}}\mathrm{e}^{\mathrm{j}\frac{N-1}{2}\psi}\\&=\boldsymbol{E}_{0\max}f_0(\theta,\varphi)f_{\mathrm{a}}(\psi)\mathrm{e}^{-\mathrm{j}\left(k_0 r-\frac{N-1}{2}\psi\right)}\end{aligned}$$

式中，$\boldsymbol{E}_{0\max}$ 是单元天线的振幅最大值矢量，$f_0(\theta,\varphi)$是它的方向图函数，$\mathrm{e}^{-\mathrm{j}\left(k_0 r-\frac{N-1}{2}\psi\right)}$ 是 N 元均匀直线式天线阵的相位因子，而

$$f_{\mathrm{a}}(\psi)=\frac{\sin\dfrac{N\psi}{2}}{\sin\dfrac{\psi}{2}}$$

就是天线阵的阵因子。可以看出，这个结论与主教材中的均匀直线阵完全一致。只需将 ψ 依次取 ψ_x、ψ_y 和 ψ_z 即可。不出意外，方向图乘积定理依然成立。

7.5 典型例题

例 7.1 已知某一天线的归一化方向图函数为

$$F_n(\theta)=\begin{cases}\cos^n\theta, & 0\leqslant\theta\leqslant\dfrac{\pi}{2}(n=0,1,2)\\0, & \text{其他}\end{cases}$$

试计算：

(1) 最大方向性系数；

(2) 半功率主瓣宽度；

(3) 模式角。

解 天线的基本电参数计算是熟练掌握天线性能的基础。求解此类问题的要点在于深刻理解描述天线的基本电参数的概念、定义式，达到熟练应用的水平。

(1) 当 $n=0$ 时，$F_0(\theta)=1$，这是一个在上半空间为各向同性的方向图。因此，最大方向性系数为

$$D_{0,\max}=\frac{2F_0^2(\theta_m)}{\int_0^{\frac{\pi}{2}}F_0^2(\theta)\sin\theta d\theta}=\frac{2}{\int_0^{\frac{\pi}{2}}\sin\theta d\theta}=2$$

同理，当 $n=1$ 和 2 时，分别有

$$D_{1,\max}=\frac{2F_1^2(\theta_m)}{\int_0^{\frac{\pi}{2}}F_1^2(\theta)\sin\theta d\theta}=\frac{2}{\int_0^{\frac{\pi}{2}}\cos^2\theta\sin\theta d\theta}=6$$

$$D_{2,\max}=\frac{2F_2^2(\theta_m)}{\int_0^{\frac{\pi}{2}}F_2^2(\theta)\sin\theta d\theta}=\frac{2}{\int_0^{\frac{\pi}{2}}\cos^4\theta\sin\theta d\theta}=10$$

(2) 由功率方向图函数的定义式 $P(\theta,\varphi)=F^2(\theta,\varphi)$，可得

$$P_n(\theta)=F_n^2(\theta)=\cos^{2n}\theta$$

当 $n=0$ 时，$P_0(\theta)=1$，因为方向图是各向同性的，在上半空间是一个半径为单位 1 的半球面。

当 $n=1$ 时，由 $P_1(\theta)=\cos^2\theta=\frac{1}{2}$，则半功率主瓣宽度为

$$2\theta_{1,0.5}=2\arccos\sqrt{\frac{1}{2}}=\frac{\pi}{2}$$

当 $n=2$ 时，由 $P_1(\theta)=\cos^4\theta=\frac{1}{2}$，则半功率主瓣宽度为

$$2\theta_{1,0.5}=2\arccos\sqrt[4]{\frac{1}{2}}=65.53^\circ$$

(3) 由天线的模式角的定义 $\Omega_p=\int_0^{\pi}\int_0^{2\pi}F^2(\theta,\varphi)\sin\theta d\theta d\varphi$，对应于 $n=0、1、2$，分别为

$$\Omega_{0,p}=\int_0^{2\pi}\int_0^{\pi}F_0^2(\theta,\varphi)\sin\theta d\theta d\varphi=\int_0^{\frac{\pi}{2}}2\pi\sin\theta d\theta=2\pi\text{rad}$$

$$\Omega_{1,p}=\int_0^{2\pi}\int_0^{\pi}F_0^2(\theta,\varphi)\sin\theta d\theta d\varphi=\int_0^{\frac{\pi}{2}}2\pi\cos^2\theta\sin\theta d\theta=\frac{2\pi}{3}\text{rad}$$

$$\Omega_{2,p}=\int_0^{2\pi}\int_0^{\pi}F_0^2(\theta,\varphi)\sin\theta d\theta d\varphi=\int_0^{\frac{\pi}{2}}2\pi\cos^4\theta\sin\theta d\theta=\frac{2\pi}{5}\text{rad}$$

例 7.2 某天线的辐射功率为 100W，最大方向性系数为 $D=3$。求：

(1) $r_1=10$km 处，最大辐射方向的电场强度振幅；

(2) 若保持辐射功率不变，要使 $r_2=20$km 处辐射方向的电场强度等于原来位置处的场强，应选择方向性系数等于多少的天线？

(3) 若为全向性天线,辐射功率为100W,写出该天线的辐射电场强度的表达式。

解 本题考查与方向性系数有关的物理量——辐射功率和最大辐射方向的电场强度,要求能够在理解其基本概念的基础上灵活应用。求解此问题的要点在于深刻理解用功率来定义方向性系数的基本概念和分析计算方法。

(1) 由方向性系数计算公式 $D_{1,\max}=\left.\dfrac{P_{r0}}{P_r}\right|_{E=E_0}=\dfrac{\dfrac{1}{2Z_0}E_0^2 4\pi r_1^2}{P_r}=\dfrac{E_0^2 r_1^2}{60P_r}$,得

$$E_{\max}=E_0=\frac{\sqrt{60P_r D_{1,\max}}}{r_1}=\frac{\sqrt{60\times 100\times 3}}{10^4}=0.0134\text{V/m}$$

(2) $D_{2,\max}=\left.\dfrac{P_{r0}}{P_r}\right|_{E=E_0}=\dfrac{\dfrac{1}{2Z_0}E_0^2 4\pi r_2^2}{P_r}=\dfrac{\dfrac{1}{2Z_0}E_0^2 4\pi r_1^2}{P_r}\dfrac{r_2^2}{r_1^2}=\dfrac{r_2^2}{r_1^2}D_{1,\max}=3\times\left(\dfrac{2\times 10^4}{10^4}\right)^2=12$

(3) 设全向天线的辐射电场强度的表达式为

$$E=\frac{E_0 e^{-jkr}}{r}$$

由

$$P_{r0}=\oint\!\!\!\oint_S \frac{E_0^2}{2Z_0 r^2}dS=\frac{E_0^2}{2Z_0 r^2}4\pi r^2=\frac{E_0^2}{60}=100$$

得

$$E_0=20\sqrt{15}\,\text{V/m}$$

则电场强度的表达式为

$$E=\frac{20\sqrt{15}\,e^{-jkr}}{r}$$

例7.3 对于一个振子天线,定义其有效高度如下:

$$2h_e(\theta)=\sin\theta\int_{-h}^{h}\sin k_0(h-|z|)\,e^{jk_0 z\cos\theta}dz$$

其中,h 为该线天线的半长度,k_0 为电磁波的波数。试计算一个全波振子天线的有效高度。

解 有效高度是对线天线进行设计时需考虑的指标之一。本题具有一定的实用性,可以考查学生理论与实践相结合的能力。

对于全波振子,有 $h=\dfrac{\lambda}{2}$,故有

$$2h_e(\theta)=\sin\theta\int_{-\frac{\lambda}{2}}^{\frac{\lambda}{2}}\sin k_0\left(\frac{\lambda}{2}-|z|\right)e^{jk_0 z\cos\theta}dz=\sin\theta\int_{-\frac{\lambda}{2}}^{\frac{\lambda}{2}}\sin k_0\left(\frac{\lambda}{2}-|z|\right)\cos(k_0 z\cos\theta)dz$$

$$=2\sin\theta\int_0^{\frac{\lambda}{2}}\sin k_0 z\cdot\cos(k_0 z\cos\theta)dz=\frac{2+2\cos(\pi\cos\theta)}{k_0\sin\theta}$$

即

$$h_e(\theta)=\frac{1+\cos(\pi\cos\theta)}{k_0\sin\theta}$$

例7.4 在自由空间中,有效长度为 $\lambda_0/100$ 的一电偶极子以相同的频率用于净水中,设净水体积无穷大,电导率 $\sigma=0$,介电常数 $\varepsilon=80\varepsilon_0$。

(1) 计算天线在水中的辐射电阻;

(2) 若将该电偶极子天线的轴线沿东西方向放置,在远处有一移动接收台停在正南方时接收到最强的电场强度。当电台在以天线中心为圆心的圆周上移动时,电场强度逐渐减小。求当电场强度减小到最大值的$\frac{\sqrt{2}}{2}$时,电台的位置偏离正南方多少度?

解 本题考查介质中辐射特性和天线的辐射方向性。求解时需要注意介质中的波长、波阻抗与真空中值的差别。

(1) 根据题意可知,偶极子的实际长度为

$$\Delta l=\frac{\lambda_0}{100}$$

电磁波在水中的频率不变,则波长为

$$\lambda=\frac{\lambda_0}{\sqrt{\varepsilon_r}}$$

从而

$$\frac{\Delta l}{\lambda}=\frac{\Delta l\sqrt{\varepsilon_r}}{\lambda_0}=\frac{\sqrt{\varepsilon_r}}{100}\approx 0.09\ll 1$$

故在水中仍可视为电偶极子。

由电偶极子在空气中的辐射电阻公式

$$R_r=80\pi^2\left(\frac{\Delta l}{\lambda_0}\right)^2=\frac{2\pi}{3}Z_0\left(\frac{\Delta l}{\lambda_0}\right)^2$$

可得水中的辐射电阻为

$$R_r=\frac{2\pi}{3}Z\left(\frac{\Delta l}{\lambda}\right)^2=\frac{2\pi}{3}\frac{Z_0}{\sqrt{\varepsilon_r}}\left(\frac{\Delta l}{\lambda}\right)^2=\frac{2\pi}{3}\frac{120\pi}{\sqrt{80}}\left(\frac{\sqrt{80}}{100}\right)^2=0.7\Omega$$

(2) 设正西方向为x轴正向,天线辐射方向与x轴的夹角为θ,电偶极子远区辐射场为

$$\boldsymbol{E}=\frac{\mathrm{j}I\Delta lZ\mathrm{e}^{-\mathrm{j}kr}}{2\lambda r}\sin\theta\boldsymbol{e}_\theta$$

其方向图函数为

$$F(\theta)=\sin\theta$$

显然,当接收台处于正南方时电场强度为最大值。

由

$$\sin\theta=\pm\frac{\sqrt{2}}{2}$$

可得

$$\theta=\frac{\pi}{4}\quad 或\quad \frac{3\pi}{4}$$

此时接收台偏离正南方向为$\pm\frac{\pi}{4}$。

例 7.5 通过求磁偶极子的磁矢势来计算其辐射电磁场。

解 教材中利用电磁辐射场具有二重性,由已知的电偶极子辐射场直接对偶出磁偶极

子辐射场。而通过求磁偶极子的磁矢势来计算其辐射电磁场，作为分析线天线的一般基本方法，对于学生深刻掌握天线一般分析方法具有指导意义。本题将通过这种常规方法进行求解。

设磁偶极子的半径为 a，载有电流为 I，根据定义，磁偶极子满足 $ka \ll 1$。磁矢势的一般表达式为

$$\boldsymbol{A}=\frac{\mu_0}{4\pi}\oint_{l'}\frac{I\,\mathrm{d}\boldsymbol{l}'\,\mathrm{e}^{-\mathrm{j}kR}}{R}$$

在球坐标系下，

$$R^2=r^2+a^2-2ar\sin\theta\cos(\varphi-\varphi')$$

在远区，因为 $r\gg a$，可近似表示为 $\dfrac{1}{R}\approx\dfrac{1}{r}$，$R\approx r-a\sin\theta\cos(\varphi-\varphi')$。于是磁矢势可近似表示为

$$\boldsymbol{A}=\frac{\mu_0 Ia\,\mathrm{e}^{-\mathrm{j}kr}}{4\pi r}\int_0^{2\pi}\mathrm{e}^{\mathrm{j}ka\sin\theta\cos(\varphi-\varphi')}\,\mathrm{d}\varphi'\boldsymbol{e}_{\varphi'}$$

其中，$\boldsymbol{e}_{\varphi'}=\cos(\varphi-\varphi')\boldsymbol{e}_\varphi+\sin(\varphi-\varphi')\boldsymbol{e}_\rho$。

不难验证：$\displaystyle\int_0^{2\pi}\mathrm{e}^{\mathrm{j}ka\sin\theta\cos(\varphi-\varphi')}\sin(\varphi-\varphi')\,\mathrm{d}\varphi'\boldsymbol{e}_\rho=0$。

于是

$$\begin{aligned}\boldsymbol{A}&=\frac{\mu_0 Ia\,\mathrm{e}^{-\mathrm{j}kr}}{4\pi r}\int_0^{2\pi}\mathrm{e}^{\mathrm{j}ka\sin\theta\cos(\varphi-\varphi')}\cos(\varphi-\varphi')\,\mathrm{d}\varphi'\boldsymbol{e}_\varphi\\&\approx\frac{\mu_0 Ia\,\mathrm{e}^{-\mathrm{j}kr}}{4\pi r}\int_0^{2\pi}[1+\mathrm{j}ka\sin\theta\cos(\varphi-\varphi')]\cos(\varphi-\varphi')\,\mathrm{d}\varphi'\boldsymbol{e}_\varphi\\&=\frac{\mathrm{j}\mu_0 Ia^2k\,\mathrm{e}^{-\mathrm{j}kr}}{4r}\sin\theta\boldsymbol{e}_\varphi\end{aligned}$$

则磁场强度为

$$\boldsymbol{H}=\frac{1}{\mu_0}\nabla\times\boldsymbol{A}=\frac{1}{\mu_0 r^2\sin\theta}\cdot\frac{\mathrm{j}\mu_0 Ia^2k}{4}\begin{vmatrix}\boldsymbol{e}_r & r\boldsymbol{e}_\theta & r\sin\theta\boldsymbol{e}_\varphi\\ \dfrac{\partial}{\partial r} & \dfrac{\partial}{\partial\theta} & 0\\ 0 & 0 & r\sin^2\theta\dfrac{\mathrm{e}^{-\mathrm{j}kr}}{r}\end{vmatrix}$$

$$=\frac{\mathrm{j}Ia^2k\,\mathrm{e}^{-\mathrm{j}kr}}{4r}\left(\frac{2\cos\theta}{r}\boldsymbol{e}_r+\mathrm{j}k\sin\theta\boldsymbol{e}_\theta\right)\approx-\frac{Ia^2k^2\mathrm{e}^{-\mathrm{j}kr}}{4r}\sin\theta\boldsymbol{e}_\theta=-\frac{\pi IS\,\mathrm{e}^{-\mathrm{j}kr}}{\lambda^2 r}\sin\theta\boldsymbol{e}_\theta$$

电场强度为

$$\boldsymbol{E}=\frac{1}{\mathrm{j}\omega\varepsilon_0}\nabla\times\boldsymbol{H}=-\frac{1}{\mathrm{j}\omega\varepsilon_0}\frac{1}{r^2\sin\theta}\frac{\pi IS}{\lambda^2}\begin{vmatrix}\boldsymbol{e}_r & r\boldsymbol{e}_\theta & r\sin\theta\boldsymbol{e}_\varphi\\ \dfrac{\partial}{\partial r} & \dfrac{\partial}{\partial\theta} & 0\\ 0 & \sin\theta\,\mathrm{e}^{-\mathrm{j}kr} & 0\end{vmatrix}=\frac{\pi ISZ_0}{\lambda^2}\frac{\mathrm{e}^{-\mathrm{j}kr}}{r}\boldsymbol{e}_\varphi$$

例 7.6　通过电偶极子叠加求任意长线天线的辐射场。

解　设长度为 l 的振子天线中心位于坐标原点，其轴线与 z 轴重合，振子上的电流分布为

$$I(z')=I_{\mathrm{m}}\sin\left(\frac{k_0 l}{2}-k_0|z'|\right),\quad |z'|\leqslant\frac{l}{2}$$

将振子分成若干小段，每段的长度元 $\mathrm{d}z'$ 作为元振子，则远区矢势可视为许多电基本振子所产生的远区磁矢势的叠加。因任一电流元 $I(z')\mathrm{d}z'$ 在远区任一点 P 处所产生的矢势元为

$$\mathrm{d}\boldsymbol{A}=\frac{\mu_0 I(z')\mathrm{d}z'\mathrm{e}^{-\mathrm{j}kR}}{4\pi R}\boldsymbol{e}_z$$

在远区，可近似表示为 $\frac{1}{R}\approx\frac{1}{r}, R\approx r-z'\cos\theta', \theta'\approx\theta$。于是总磁矢势可近似表示为

$$\begin{aligned}\boldsymbol{A}&=\frac{\mu_0 I_{\mathrm{m}}\mathrm{e}^{-\mathrm{j}kr}}{4\pi r}\int_{-\frac{l}{2}}^{\frac{l}{2}}\sin\left(\frac{kl}{2}-k\mid z'\mid\right)\mathrm{e}^{\mathrm{j}kz'\cos\theta}\mathrm{d}z'\boldsymbol{e}_z\\&=\frac{\mu_0 I_{\mathrm{m}}\mathrm{e}^{-\mathrm{j}kr}}{2\pi r}\int_0^{\frac{l}{2}}\sin\left(\frac{kl}{2}-kz'\right)\cos(kz'\cos\theta)\mathrm{d}z'\boldsymbol{e}_z\\&=\frac{\mu_0 I_{\mathrm{m}}\mathrm{e}^{-\mathrm{j}kr}}{2\pi kr}\frac{\cos\left(\frac{kl}{2}\cos\theta\right)-\cos\left(\frac{kl}{2}\right)}{\sin^2\theta}\boldsymbol{e}_z\\&=\frac{\mu_0 I_{\mathrm{m}}\mathrm{e}^{-\mathrm{j}kr}}{2\pi kr}\frac{\cos\left(\frac{kl}{2}\cos\theta\right)-\cos\left(\frac{kl}{2}\right)}{\sin^2\theta}(\cos\theta\boldsymbol{e}_r-\sin\theta\boldsymbol{e}_\theta)\end{aligned}$$

则磁场强度为

$$\boldsymbol{H}=\frac{1}{\mu_0}\nabla\times\boldsymbol{A}=\frac{\mathrm{j}I_{\mathrm{m}}\mathrm{e}^{-\mathrm{j}kr}}{2\pi r}\frac{\cos\left(\frac{kl}{2}\cos\theta\right)-\cos\left(\frac{kl}{2}\right)}{\sin\theta}\boldsymbol{e}_\varphi$$

电场强度为

$$\boldsymbol{E}=\frac{1}{\mathrm{j}\omega\varepsilon_0}\nabla\times\boldsymbol{H}=\frac{\mathrm{j}I_{\mathrm{m}}Z_0\mathrm{e}^{-\mathrm{j}kr}}{2\pi r}\frac{\cos\left(\frac{kl}{2}\cos\theta\right)-\cos\left(\frac{kl}{2}\right)}{\sin\theta}\boldsymbol{e}_\theta$$

平均能流密度为

$$\bar{\boldsymbol{S}}=\frac{1}{2}\mathrm{Re}[\boldsymbol{E}\times\boldsymbol{H}^*]=\frac{15I_{\mathrm{m}}^2}{\pi r^2}\frac{\left[\cos\left(\frac{kl}{2}\cos\theta\right)-\cos\left(\frac{kl}{2}\right)\right]^2}{\sin^2\theta}\boldsymbol{e}_r$$

例 7.7 已知自由空间中线天线上的电流为

$$I(z,t)=100\cos\left(\frac{2\pi z}{\lambda}\right)\cos\omega t\,\mathrm{mA},\quad |z|\leqslant\frac{l}{2}$$

该天线的工作频率为 100MHz。求：

(1) 天线的电尺寸；

(2) 远场区域的电场和磁场。

(3) 已知该天线的辐射电阻为 $R_{\mathrm{r}}=73.13\Omega$，若导线采用铜，其直径 $d=1.02\mathrm{cm}$。求该天线的效率。

解 本题考查对天线类型的判断、常用线天线的辐射场计算，以及在实际应用中具体计算天线效率的方法。

(1) 由已知条件，可得

$$\lambda=\frac{c}{f}=\frac{3\times10^8}{10^8}=3\mathrm{m}$$

$$\omega = 2\pi f = 2\pi \times 10^8 \text{rad/s}$$

$$k = \frac{2\pi}{\lambda} = \frac{2\pi}{3}\text{m}^{-1}$$

对于线天线而言，终端电流必为零。即

$$I\left(\pm \frac{l}{2}, t\right) = 0$$

代入电流分布表达式，得

$$\cos\left(\frac{2\pi}{\lambda} \times \frac{l}{2}\right) = 0$$

故有

$$l = \frac{m\lambda}{2}, \quad m = 1, 3, 5, \cdots$$

通常取最小值，即为半波振子。

(2) 将已知数值代入半波振子天线电磁场公式，可得远场区域电场和磁场为

$$\boldsymbol{E} = \mathrm{j}\frac{I_{\mathrm{m}}\cos\left(\frac{\pi}{2}\cos\theta\right)}{2\pi r\sin\theta}Z_0\mathrm{e}^{\mathrm{j}(\omega t - k_0 r)}\boldsymbol{e}_\theta = \mathrm{j}\frac{0.1\cos\left(\frac{\pi}{2}\cos\theta\right)}{2\pi r\sin\theta} \times 120\pi\mathrm{e}^{\mathrm{j}\left(2\pi\times10^8 t - \frac{2\pi}{3}r\right)}\boldsymbol{e}_\theta$$

$$= \mathrm{j}\frac{6\cos\left(\frac{\pi}{2}\cos\theta\right)}{r\sin\theta}\mathrm{e}^{\mathrm{j}\left(2\pi\times10^8 t - \frac{2\pi}{3}r\right)}\boldsymbol{e}_\theta \text{V/m}$$

$$\boldsymbol{H} = \mathrm{j}\frac{I_{\mathrm{m}}\cos\left(\frac{\pi}{2}\cos\theta\right)}{2\pi r\sin\theta}\mathrm{e}^{\mathrm{j}(\omega t - k_0 r)}\boldsymbol{e}_\varphi = \mathrm{j}\frac{0.1\cos\left(\frac{\pi}{2}\cos\theta\right)}{2\pi r\sin\theta}\mathrm{e}^{\mathrm{j}\left(2\pi\times10^8 t - \frac{2\pi}{3}r\right)}\boldsymbol{e}_\varphi \text{A/m}$$

写成实数形式，即为

$$\boldsymbol{E} = \frac{6\cos\left(\frac{\pi}{2}\cos\theta\right)}{r\sin\theta}\sin\left(2\pi \times 10^8 t - \frac{2\pi}{3}r\right)\boldsymbol{e}_\theta \text{V/m}$$

$$\boldsymbol{H} = \frac{0.1\cos\left(\frac{\pi}{2}\cos\theta\right)}{2\pi r\sin\theta}\sin\left(2\pi \times 10^8 t - \frac{2\pi}{3}r\right)\boldsymbol{e}_\varphi \text{A/m}$$

(3) 天线长度 $l=\lambda/2=1.5\text{m}$。因铜线可视为良导体，故其穿透深度为

$$\delta = \sqrt{\frac{1}{\pi f\sigma\mu}} = \sqrt{\frac{1}{\pi \times 10^8 \times 5.8 \times 10^7 \times 4\pi \times 10^{-7}}} \approx 6.6 \times 10^{-6}\text{m}$$

天线的总电阻(表面电阻)则为

$$R_S \approx \frac{l}{\pi d\delta\sigma} = \frac{1.5}{\pi \times 1.02 \times 10^{-2} \times 6.6 \times 10^{-6} \times 5.8 \times 10^7} = 0.12\Omega$$

效率为

$$\eta = \frac{R_{\mathrm{r}}}{R_{\mathrm{r}} + R_S} = \frac{73.13}{73.13 + 0.12} = 99.8\%$$

例 7.8 设二元直线阵两天线间距为 d，沿 x 轴平行放置，激励电流关系为 $I_2 = mI_1\mathrm{e}^{\mathrm{j}\delta}$。其中，$\delta$ 为 I_1 与 I_2 的相位差，m 为 I_1 与 I_2 的振幅比，试证二元阵的阵因子方

向图函数为

$$f(\theta,\varphi)=\sqrt{1+m^2+2m\cos(kd\sin\theta\cos\varphi+\delta)}$$

证明 本题是一个电流分布不等且存在相位差的二元阵，确定阵因子的关键在于确定该二元阵在远区场点的相位差，通过此题的计算达到熟悉分析天线阵参数的目的。

设天线1放置在 $x=0$ 处，天线2放置在 $x=d$ 处。由已知可得，在远区天线2相位超前天线1的值为

$$\psi=k_0d\sin\theta\cos\varphi+\delta$$

再设天线1在远区激发的电场为 $\boldsymbol{E}_1$，则在同一位置处，天线2的电场强度为

$$E_2=mE_1\mathrm{e}^{-\mathrm{j}\psi}$$

总场的一般式则为

$$E=E_0+E_1=E_1\left[1+m\mathrm{e}^{\mathrm{j}(k_0d\sin\theta\cos\varphi+\delta)}\right]$$

阵因子为

$$\begin{aligned}f(\theta,\varphi)&=\left|1+m\mathrm{e}^{\mathrm{j}(k_0d\sin\theta\cos\varphi+\delta)}\right|\\&=\left|1+m\cos(k_0d\sin\theta\cos\varphi+\delta)+\mathrm{j}m\sin(k_0d\sin\theta\cos\varphi+\delta)\right|\\&=\sqrt{[1+m\cos(k_0d\sin\theta\cos\varphi+\delta)]^2+[m\sin(k_0d\sin\theta\cos\varphi+\delta)]^2}\\&=\sqrt{1+m^2+2m\cos(k_0d\sin\theta\cos\varphi+\delta)}\end{aligned}$$

例 7.9 由10个电偶极子天线沿 x 轴排布组成一均匀直线式相控天线阵，间距为 $\lambda_0/4$，相邻两个单元天线的馈电电流的相位滞后 $\pi/2$。求 H 平面和 E 平面的方向图。

解 均匀直线天线阵的方向图等于单元天线的方向图函数和阵因子的乘积，求阵因子的核心问题是确定相邻两天线到达远区场点的总相位差。

已知 $N=10,\xi=\dfrac{\pi}{2},d=\dfrac{\lambda}{4}$，因电偶极子天线的方向图函数为 $\sin\theta$，N 元直线阵的阵因子为 $f(\psi)=\left|\dfrac{\sin\dfrac{N\psi}{2}}{\sin\dfrac{\psi}{2}}\right|$。其中，$\psi=k_0\cdot\dfrac{\lambda_0}{4}\sin\theta\cos\varphi-\xi=\dfrac{\pi}{2}\sin\theta\cos\varphi-\dfrac{\pi}{2}$。

故直线阵的总归一化方向图函数为

$$F(\theta,\varphi)=\sin\theta\left|\frac{1}{10}\frac{\sin5\psi}{\sin\dfrac{\psi}{2}}\right|$$

其最大辐射方向对应于 $\psi=0$，即 $\dfrac{\pi}{2}\sin\theta\cos\varphi-\dfrac{\pi}{2}=0$，所以 $\theta=\dfrac{\pi}{2},\varphi=0$。

在 H 平面上，$\theta=\dfrac{\pi}{2}$，故有

$$F_H\left(\frac{\pi}{2},\varphi\right)=\frac{1}{10}\left|\frac{\sin\dfrac{5\pi}{2}(1-\cos\varphi)}{\sin\dfrac{\pi}{4}(1-\cos\varphi)}\right|$$

在 E 平面上，$\varphi=0$，故有

$$F_E(\theta,\pi)=\frac{\sin\theta}{10}\left|\frac{\sin\frac{5\pi}{2}(1-\sin\theta)}{\sin\frac{\pi}{4}(1-\sin\theta)}\right|$$

例 7.10 一个 5 元直线天线阵沿 x 轴排布，间距为 $d=\lambda_0/2$，电流分布为 1∶2∶3∶2∶1，其馈电电流是同相位的。在 xOy 平面内，试求该直线天线阵的阵因子。

解 本题属非均匀直线天线阵的辐射，阵因子的计算需考虑不同单元载流不同对总场的加权。

依题意，则相邻两个单元天线的馈电电流的相位差为

$$\psi=k_0\cdot\frac{\lambda_0}{2}\cdot\cos\varphi=\pi\cos\varphi$$

总电场强度为

$$\begin{aligned}\boldsymbol{E}&=\boldsymbol{E}_0+\boldsymbol{E}_1+\boldsymbol{E}_2+\boldsymbol{E}_3+\boldsymbol{E}_4\\&=\boldsymbol{E}_0(1+2\mathrm{e}^{\mathrm{j}\psi}+3\mathrm{e}^{\mathrm{j}2\psi}+2\mathrm{e}^{\mathrm{j}3\psi}+\mathrm{e}^{\mathrm{j}4\psi})\\&=\boldsymbol{E}_0\mathrm{e}^{\mathrm{j}2\psi}[3+2(\mathrm{e}^{\mathrm{j}\psi}+\mathrm{e}^{-\mathrm{j}\psi})+(\mathrm{e}^{\mathrm{j}2\psi}+\mathrm{e}^{-\mathrm{j}2\psi})]\\&=\boldsymbol{E}_0\mathrm{e}^{\mathrm{j}2\psi}[3+4\cos\psi+2\cos2\psi]\end{aligned}$$

阵因子(归一化)则为

$$f(\varphi)=\left|\frac{\boldsymbol{E}}{\boldsymbol{E}_{\max}}\right|=\frac{1}{9}[3+4\cos(\pi\cos\varphi)+2\cos(2\pi\cos\varphi)]$$

例 7.11 一电偶极矩为 $\boldsymbol{p}=\boldsymbol{p}_0\mathrm{e}^{\mathrm{j}\omega t}$ 的电偶极子，位于 xOy 平面的坐标原点，并以角速度 ω 绕通过其中心的 z 轴转动。求在空间远处所产生的辐射场、平均能流密度和辐射功率。

解 对于任意取向的电偶极子辐射问题，可以按照分析电磁辐射问题的一般方法进行。通过矢势 $\boldsymbol{A}$ 的推迟势解，先得出远区的矢势形式，再通过求旋度得到磁场，进而得到电场等。其要点是：先求出远区的矢势；由此求出磁场与电场；进一步求能流密度和辐射功率。

依题意，绕原点旋转的电偶极子等同于旋转的电流元

$$I\Delta\boldsymbol{l}=I\Delta l(\boldsymbol{e}_x-\mathrm{j}\boldsymbol{e}_y)=\dot{p}(\boldsymbol{e}_x-\mathrm{j}\boldsymbol{e}_y)$$

矢势 $\boldsymbol{A}$ 的表达式为

$$\boldsymbol{A}\approx\frac{\mu_0 I\Delta l\,\mathrm{e}^{-\mathrm{j}kr}}{4\pi r}(\boldsymbol{e}_x-\mathrm{j}\boldsymbol{e}_y)=\frac{\mu_0\dot{p}\,\mathrm{e}^{-\mathrm{j}kr}}{4\pi r}(\boldsymbol{e}_x-\mathrm{j}\boldsymbol{e}_y)$$

将上式单位矢量化为球坐标系的表达式

$$\begin{aligned}\boldsymbol{e}_x-\mathrm{j}\boldsymbol{e}_y&=\sin\theta\cos\varphi\boldsymbol{e}_r+\cos\theta\cos\varphi\boldsymbol{e}_\theta-\sin\varphi\boldsymbol{e}_\varphi-\mathrm{j}(\sin\theta\sin\varphi\boldsymbol{e}_r+\cos\theta\sin\varphi\boldsymbol{e}_\theta+\cos\varphi\boldsymbol{e}_\varphi)\\&=\mathrm{e}^{-\mathrm{j}\varphi}(\sin\theta\boldsymbol{e}_r+\cos\theta\boldsymbol{e}_\theta-\mathrm{j}\boldsymbol{e}_\varphi)\end{aligned}$$

由 $\boldsymbol{H}=\frac{1}{\mu_0}\nabla\times\boldsymbol{A}$，$\boldsymbol{E}=\frac{1}{\mathrm{j}\omega\varepsilon_0}\nabla\times\boldsymbol{H}$，并结合远区场条件：$r\gg\lambda$，$\frac{1}{kr}\gg\frac{1}{(kr)^2}\gg\frac{1}{(kr)^3}$，于是

$$\boldsymbol{H}=\frac{1}{4\pi}\nabla\times\frac{\dot{\boldsymbol{p}}\,\mathrm{e}^{-\mathrm{j}kr}}{r}=-\frac{\mathrm{j}k\,\mathrm{e}^{-\mathrm{j}kr}}{4\pi r}\boldsymbol{e}_r\times\dot{\boldsymbol{p}}=\frac{\omega^2 p_0\mathrm{e}^{-\mathrm{j}(kr+\varphi)}}{4\pi cr}(\mathrm{j}\boldsymbol{e}_\theta+\cos\theta\boldsymbol{e}_\varphi)$$

$$\boldsymbol{E}=\frac{1}{\mathrm{j}\omega\varepsilon_0}\frac{-\mathrm{j}k\,\mathrm{e}^{-\mathrm{j}kr}}{4\pi r}\cdot(-\mathrm{j}k)\boldsymbol{e}_r\times(\boldsymbol{e}_r\times\dot{\boldsymbol{p}})=\frac{Z_0\omega^2 p_0\mathrm{e}^{-\mathrm{j}(kr+\varphi)}}{4\pi cr}(\cos\theta\boldsymbol{e}_\theta-\mathrm{j}\boldsymbol{e}_\varphi)$$

辐射场平均能流密度为

$$\bar{\boldsymbol{S}}=\frac{1}{2}\mathrm{Re}[\boldsymbol{E}\times\boldsymbol{H}^{*}]=\frac{Z_0\omega^4 p_0^2}{32\pi^2c^2r^2}(1+\cos^2\theta)\boldsymbol{e}_r$$

平均辐射功率为

$$P=\oint_S\bar{\boldsymbol{S}}\cdot\mathrm{d}\boldsymbol{S}=\int_0^{2\pi}\int_0^{\pi}\frac{Z_0\omega^4p_0^2}{32\pi^2c^2r^2}(1+\cos^2\theta)r^2\sin\theta\mathrm{d}\theta\mathrm{d}\varphi=\frac{Z_0\omega^4p_0^2}{6\pi c^3}$$

例 7.12 一均匀三维天线阵，各单元天线的取向相同、电流振幅相等，电流的相位沿 x、y 和 z 方向滞后的相位分别为 $\xi_x=\frac{2\pi}{3}$、$\xi_y=\pi$ 和 $\xi_z=-\frac{2\pi}{3}$，沿 x、y 和 z 方向两相邻单元天线的间距分别为 $d_x=0.15\mathrm{m}$、$d_y=0.225\mathrm{m}$ 与 $d_z=0.3\mathrm{m}$，工作频率为 1GHz。试求最大辐射方位角。

解 本题涉及三维立体均匀天线阵的最强辐射方向问题，是一维阵列天线和平面阵的拓展。求解思路是分别求出在各个方向最大辐射条件的相位差，再利用方向图乘积定理进行综合考虑。

设沿正 x 方向、正 y 方向和正 z 方向分别有 M、N 和 L 个单元天线，则第 m、n、l 个单元天线的坐标位置为

$$\begin{cases}x_m=md_x, & 0\leqslant m\leqslant M-1\\ y_n=nd_y, & 0\leqslant n\leqslant N-1\\ z_l=ld_z, & 0\leqslant l\leqslant L-1\end{cases}$$

此单元天线相对于原点的单元天线 0 的馈电相位因子为 $\mathrm{e}^{-\mathrm{j}(m\xi_x+n\xi_y+l\xi_z)}$。根据方向图乘积定理，立体阵的阵因子为

$$f_{\mathrm{a}}(\theta,\varphi)=f_{\mathrm{a}x}(\theta,\varphi)f_{\mathrm{a}y}(\theta,\varphi)f_{\mathrm{a}z}(\theta,\varphi)=\frac{\sin\frac{M\psi_x}{2}}{\sin\frac{\psi_x}{2}}\,\frac{\sin\frac{N\psi_y}{2}}{\sin\frac{\psi_y}{2}}\,\frac{\sin\frac{L\psi_z}{2}}{\sin\frac{\psi_z}{2}}$$

其中，

$$\begin{cases}\psi_x=kd_x\sin\theta\cos\varphi-\xi_x\\ \psi_y=kd_y\sin\theta\sin\varphi-\xi_y\\ \psi_z=kd_z\cos\theta-\xi_z\end{cases}$$

由 $f_{\mathrm{a}x}(\theta,\varphi)$、$f_{\mathrm{a}y}(\theta,\varphi)$ 和 $f_{\mathrm{a}z}(\theta,\varphi)$ 的最大辐射条件 $\psi_x=0$、$\psi_y=0$ 与 $\psi_z=0$，可分别得

$$\begin{cases}\sin\theta_{\mathrm{m}}\cos\varphi_{\mathrm{m}}=\dfrac{\xi_x}{kd_x}\\ \sin\theta_{\mathrm{m}}\sin\varphi_{\mathrm{m}}=\dfrac{\xi_y}{kd_y}\\ \cos\theta_{\mathrm{m}}=\dfrac{\xi_z}{kd_z}\end{cases}$$

代入数据，可得

$$\begin{cases}\sin\theta_m\cos\varphi_m=\dfrac{\dfrac{2\pi}{3}\times\dfrac{3\times10^8}{10^9}}{2\pi\times0.15}=\dfrac{2}{3}\\ \sin\theta_m\sin\varphi_m=\dfrac{\pi\times\dfrac{3\times10^8}{10^9}}{2\pi\times0.225}=\dfrac{2}{3}\\ \cos\theta_m=\dfrac{-\dfrac{2\pi}{3}\times\dfrac{3\times10^8}{10^9}}{2\pi\times0.3}=-\dfrac{1}{3}\end{cases}$$

解该方程组可得最大辐射方位角为

$$\theta_m=\pi-\arccos\frac{1}{3},\quad \varphi_m=\frac{\pi}{4},\frac{5\pi}{4}$$

7.6 课后习题详解

习题 7.1 一个天线的方向图函数为

$$F(\theta)=e^{-10\theta},\quad 0\leqslant\theta\leqslant\pi$$

试计算：

(1) 半功率主瓣宽度；

(2) 天线的最大方向性系数。

解 (1) 由功率方向图函数的定义式 $P(\theta,\varphi)=F^2(\theta,\varphi)$，可得

$$P(\theta)=F^2(\theta)=e^{-20\theta}$$

有

$$\theta=-\frac{\ln P(\theta)}{20}$$

半功率主瓣宽度为

$$2\theta_{0.5}=-\frac{\ln 0.5}{10}=0.069\text{rad}$$

(2) 由天线最大方向性系数计算式

$$D_{\max}=\frac{2F^2(\theta_m)}{\int_0^{\pi}F^2(\theta)\sin\theta\,d\theta}$$

可得

$$D_{\max}=\frac{2}{\int_0^{\pi}e^{-20\theta}\sin\theta\,d\theta}=802$$

习题 7.2 一个天线的方向图函数如下：

$$F(\theta,\varphi)=\begin{cases}\sin\theta\cos\varphi, & 0\leqslant\theta\leqslant\pi,-\pi/2\leqslant\varphi\leqslant\pi/2\\ 0\end{cases}$$

试计算：

(1) 最大辐射方向；

（2）最大方向性系数；

（3）天线的模式立体角；

（4）xOz 平面上的半功率主瓣宽度。

提示：天线的模式立体角定义为 $\Omega_p=\iint F^2(\theta,\varphi)\sin\theta\,\mathrm{d}\theta\,\mathrm{d}\varphi$，单位是立体弧度(sr)。

解 （1）由 $|F(\theta,\varphi)|=|\sin\theta\cos\varphi|=1$ 可得最大辐射极角和方位角分别满足

$$|\sin\theta|=1,\quad |\cos\varphi|=1$$

则有

$$\theta_m=\frac{\pi}{2}(0\leqslant\theta\leqslant\pi),\quad \varphi_m=0\left(-\frac{\pi}{2}\leqslant\varphi\leqslant\frac{\pi}{2}\right)$$

即沿 x 轴正向。

（2）最大方向性系数为

$$D_{max}=\frac{4\pi F^2(\theta_m,\varphi_m)}{\int_0^{2\pi}\int_0^{\pi}F^2(\theta,\varphi)\sin\theta\,\mathrm{d}\theta\,\mathrm{d}\varphi}=\frac{4\pi}{\int_{-\frac{\pi}{2}}^{\frac{\pi}{2}}\int_0^{\pi}\sin^3\theta\cos^2\varphi\,\mathrm{d}\theta\,\mathrm{d}\varphi}=6$$

（3）天线的模式角为

$$\Omega_p=\int_0^{2\pi}\int_0^{\pi}F^2(\theta,\varphi)\sin\theta\,\mathrm{d}\theta\,\mathrm{d}\varphi=\int_{-\frac{\pi}{2}}^{\frac{\pi}{2}}\int_0^{\pi}\sin^3\theta\cos^2\varphi\,\mathrm{d}\theta\,\mathrm{d}\varphi=\frac{2\pi}{3}$$

（4）在 xOz 平面上，有 $\varphi=0$，由 $P(\theta)=F^2(\theta)=\sin^2\theta=0.5$，得

$$\sin^2\theta=0.5$$

故有

$$\theta_{0.5}=\frac{\pi}{4}$$

所以，半角宽度为

$$2\theta_{0.5}=2\times\frac{\pi}{4}=\frac{\pi}{2}$$

习题 7.3 如果一个天线的模式立体角为 1.5sr，辐射的总功率为 30W，试求在距离天线 1km 处的最大辐射功率密度。

解 用功率定义的方向性系数公式为

$$D_{max}=\frac{P_{r0}}{P_r}=\frac{4\pi r^2 S_{rm}}{P_r}\bigg|_{E_0=E_{max}}$$

其中，P_{r0}、P_r 和 S_{rm} 分别为理想点源天线的辐射功率、实际天线的辐射功率与最大辐射功率密度。

方向性系数还可表示为

$$D_{max}=\frac{4\pi F^2(\theta_m,\varphi_m)}{\int_0^{2\pi}\int_0^{\pi}F^2(\theta,\varphi)\sin\theta\,\mathrm{d}\theta\,\mathrm{d}\varphi}=\frac{4\pi}{\Omega_r}$$

由以上二式可得

$$\frac{4\pi r^2 S_{rm}}{P_r}=\frac{4\pi}{\Omega_r}$$

于是，有

$$S_{rm}=\frac{P_r}{\Omega_r r^2}=\frac{30}{1.5\times10^3\times10^3}=2\times10^{-5}=20\mu W/m^2$$

本题也可以用辐射功率的定义计算。

由

$$P_r=\oint_S\bar{\boldsymbol{S}}\cdot d\boldsymbol{S}=\int_0^{2\pi}\int_0^{\pi}\frac{1}{2}EHr^2\sin\theta d\theta d\varphi=\int_0^{2\pi}\int_0^{\pi}\frac{1}{2}E_m H_m F^2(\theta,\varphi)r^2\sin\theta d\theta d\varphi$$

$$=\int_0^{2\pi}\int_0^{\pi}S_{rm}F^2(\theta,\varphi)r^2\sin\theta d\theta d\varphi=S_{rm}r^2\Omega_r$$

得

$$S_{rm}=\frac{P_r}{\Omega_r r^2}=\frac{30}{1.5\times10^3\times10^3}=2\times10^{-5}=20\mu W/m^2$$

习题 7.4　一天线的辐射效率为 90%，方向性系数为 6.7dB，试求它的增益为多少分贝？

解　增益、效率和方向性系数的关系为

$$G=\eta D$$

由 $10\lg D=6.7$dB 得 $D=10^{0.67}$。代入数据，则

$$G=0.9\times10^{0.67}=4.21$$

换算为分贝，大小为

$$10\lg G=10\lg 4.21=6.24\text{dB}$$

习题 7.5　一天线在远区所激发的电场强度为 $E_\theta=\frac{15}{r}I_0 e^{-jk_0 r}$ V/m，其中，I_0 是馈电电流的最大值。试求：

(1) 相应的磁场强度；

(2) 天线的辐射功率；

(3) 辐射电阻；

(4) 此天线是理想的全向天线吗？

(5) 如果要达到 75kW 的辐射功率，则 I_0 应为多少？

解　(1) 由 $\boldsymbol{H}=\frac{1}{Z_0}\boldsymbol{e}_k\times\boldsymbol{E}$，可得

$$H_\varphi=\frac{E_\theta}{Z_0}=\frac{15I_0 e^{-jk_0 r}}{120\pi r}=\frac{I_0 e^{-jk_0 r}}{8\pi r}\text{A/m}$$

(2) 天线的辐射功率为

$$P_r=\oint_S\bar{S}\cdot d\boldsymbol{S}=\oint_S\frac{(15I_0)^2}{2\times120\pi r^2}r^2 d\Omega=\frac{225I_0^2\times4\pi}{240\pi}=3.75I_0^2\text{W}$$

(3) 由 $P_r=\frac{1}{2}I_0^2R_r$，可得

$$R_r=\frac{2P_r}{I_0^2}=\frac{2\times3.75I_0^2}{I_0^2}=7.5\Omega$$

(4) 此天线的场量与极角、方位角均无关，只是径向变量 r 的函数，故为理想的全向天线。

(5) 由 $P_r=3.75I_0^2$，得

$$I_0=\sqrt{\frac{P_r}{3.75}}=\sqrt{\frac{75\times10^3}{3.75}}=141.4\text{A}$$

习题 7.6 已知 A 天线的方向系数 $D_A=20\text{dB}$，效率 $\eta_A=1$；B 天线的方向系数 $D_B=22\text{dB}$，效率 $\eta_B=0.5$，现将两天线置于同一位置，且主瓣最大值方向均指向观察点 P。试求：

(1) 当辐射功率相同时，两天线在 P 点所产生的场强比；

(2) 当输入功率相同时，两天线在 P 点所产生的场强比；

(3) 当两天线在 P 点产生的场强比相同时，两天线的辐射功率比和输入功率比。

解 (1) 设理想点源天线电场的幅值为 E_0，在辐射功率相同时，有

$$D_{1\max}=\frac{E_{1\max}^2}{E_0^2},\quad D_{2\max}=\frac{E_{2\max}^2}{E_0^2}$$

则

$$\frac{E_{1\max}}{E_{1\max}}=\sqrt{\frac{D_{1\max}}{D_{2\max}}}=\sqrt{\frac{10^{\frac{20}{10}}}{10^{\frac{22}{10}}}}=10^{-0.1}=0.794$$

(2) 由 $G=\dfrac{P_{r0}}{P_i}=\eta D$，可得

$$P_{1r0}=P_{1i}\eta_1 D_1,\quad P_{2r0}=P_{2i}\eta_2 D_2$$

当 $P_{1i}=P_{2i}$ 时，由上式可得

$$\frac{P_{1r0}}{P_{2r0}}=\left(\frac{E_{1\max}}{E_{2\max}}\right)^2=\frac{\eta_1 D_{1\max}}{\eta_2 D_{2\max}}$$

所以

$$\frac{E_{1\max}}{E_{2\max}}=\sqrt{\frac{\eta_1 D_{1\max}}{\eta_2 D_{2\max}}}=\sqrt{\frac{1\times10^{\frac{20}{10}}}{0.5\times10^{\frac{22}{10}}}}=\sqrt{2\times10^{-0.1}}=1.123$$

(3) 因 $D_{1\max}=\dfrac{P_{r0}}{P_{r1}}$，$D_{2\max}=\dfrac{P_{r0}}{P_{r2}}$。故有

$$\frac{P_{r1}}{P_{r2}}=\frac{D_{2\max}}{D_{1\max}}=\frac{10^{\frac{22}{10}}}{10^{\frac{20}{10}}}=10^{0.2}=1.585$$

由 $G_1=\dfrac{P_{r0}}{P_{1i}}=\eta_1 D_1$，$G_2=\dfrac{P_{r0}}{P_{2i}}=\eta_2 D_2$，得

$$\frac{P_{1i}}{P_{2i}}=\frac{G_2}{G_1}=\frac{\eta_2 D_{2\max}}{\eta_1 D_{1\max}}=\frac{0.5\times10^{\frac{22}{10}}}{1\times10^{\frac{20}{10}}}=0.5\times10^{0.2}=0.792$$

习题 7.7 证明对于一个位于 z 轴上的载流导线，其所产生的远区辐射场的磁场强度可以近似表示为

$$H_\varphi=\frac{\mathrm{j}kA_z}{\mu_0}\sin\theta$$

其中，k 为波数。

证明 设载流导线的长为 Δl，其电流为 $I=I(z)\mathrm{e}^{\mathrm{j}\omega t}$，建立球坐标系，取电流线所在的方

向为 z 轴，则有

$$A_z=\frac{\mu_0}{4\pi}\int_{\Delta l}\frac{I(z')\mathrm{e}^{\mathrm{j}(\omega t-kR)}}{R}\mathrm{d}z'$$

对于远区，因 $\Delta l\ll r$，则有 $\frac{1}{R}\approx\frac{1}{r}$，$R\approx r-z'\cos\theta$，故

$$\boldsymbol{A}=\frac{\mu_0}{4\pi}\int_{\Delta l}\frac{I(z')\mathrm{e}^{\mathrm{j}(\omega t-kR)}}{R}\mathrm{d}z'\boldsymbol{e}_z\approx\frac{\mu_0}{4\pi}\frac{G(\theta)\mathrm{e}^{\mathrm{j}(\omega t-kr)}}{r}\boldsymbol{e}_z=\frac{\mu_0}{4\pi}\frac{G(\theta)\mathrm{e}^{\mathrm{j}(\omega t-kr)}}{r}(\cos\theta\boldsymbol{e}_r-\sin\theta\boldsymbol{e}_\theta)$$

其中，$G(\theta)=\int_{\Delta l}I(z')\mathrm{e}^{\mathrm{j}kz'\cos\theta}\mathrm{d}z'$。

由 $\boldsymbol{H}=\frac{1}{\mu_0}\nabla\times\boldsymbol{A}$，可得

$$\boldsymbol{H}=\frac{1}{\mu_0 r^2\sin\theta}\begin{vmatrix}\boldsymbol{e}_r & r\boldsymbol{e}_\theta & r\sin\theta\boldsymbol{e}_\varphi\\ \frac{\partial}{\partial r} & \frac{\partial}{\partial\theta} & \frac{\partial}{\partial\varphi}\\ A_r & rA_\theta & r\sin\theta A_\varphi\end{vmatrix}$$

$$=\frac{\mathrm{e}^{\mathrm{j}\omega t}}{4\pi r^2\sin\theta}\begin{vmatrix}\boldsymbol{e}_r & r\boldsymbol{e}_\theta & r\sin\theta\boldsymbol{e}_\varphi\\ \frac{\partial}{\partial r} & \frac{\partial}{\partial\theta} & 0\\ \frac{G(\theta)\mathrm{e}^{-\mathrm{j}kr}}{r}\cos\theta & -G(\theta)\mathrm{e}^{-\mathrm{j}kr}\sin\theta & 0\end{vmatrix}$$

$$=\frac{\mathrm{e}^{\mathrm{j}\omega t}}{4\pi r}\left(\mathrm{j}kG(\theta)\mathrm{e}^{-\mathrm{j}kr}\sin\theta+\frac{G(\theta)\mathrm{e}^{-\mathrm{j}kr}}{r}\sin\theta-\frac{G'(\theta)\mathrm{e}^{-\mathrm{j}kr}}{r}\cos\theta\right)\boldsymbol{e}_\varphi$$

$$\approx\frac{\mathrm{j}kG(\theta)\mathrm{e}^{\mathrm{j}(\omega t-kr)}}{4\pi r}\sin\theta\boldsymbol{e}_\varphi=\frac{\mathrm{j}k\mu_0G(\theta)\mathrm{e}^{\mathrm{j}(\omega t-kr)}}{4\pi\mu_0 r}\sin\theta\boldsymbol{e}_\varphi=\frac{\mathrm{j}kA_z}{\mu_0}\sin\theta\boldsymbol{e}_\varphi$$

即为

$$H_\varphi=\frac{\mathrm{j}kA_z}{\mu_0}\sin\theta$$

习题 7.8 有一个矩形线圈，长度和宽度分别为 L_x 和 L_y，且满足 $L_x,L_y\ll\lambda$，线圈中的电流为 $i(t)=I_0\cos\omega t$。将线圈放在 xOy 平面上，其中心与原点重合，两边分别与 x 轴和 y 轴平行。对远区任意一点，试求：

(1) 矢量势 $\boldsymbol{A}$；

(2) 磁场强度 $\boldsymbol{H}$；

(3) 电场强度 $\boldsymbol{E}$。

并将此结果和磁偶极子的辐射场做对照。

解 (1) 建立球坐标系，如图 7-6 所示。设导线 1 中心位置为 $\left(\frac{L_x}{2},\frac{\pi}{2},0\right)$，远区任一场点 $P(r,\theta,\varphi)$，据上题结果，则有

$$\boldsymbol{A}_1=\frac{\mu_0}{4\pi}\frac{iL_y\mathrm{e}^{-\mathrm{j}k_0r_1}}{r_1}\boldsymbol{e}_y$$

其中，

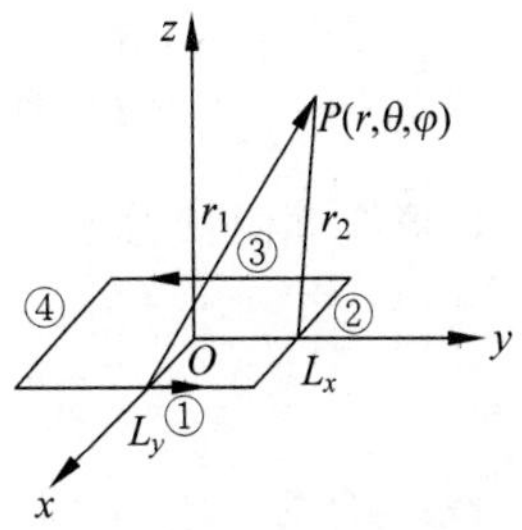

图 7-6 习题 7.8 示意图

$$r_1=\sqrt{\left(x-\frac{L_x}{2}\right)^2+y^2+z^2}=\sqrt{\left(r\sin\theta\cos\varphi-\frac{L_x}{2}\right)^2+(r\sin\theta\sin\varphi)^2+(r\cos\theta)^2}$$

$$=\sqrt{r^2+\left(\frac{L_x}{2}\right)^2-L_x r\sin\theta\cos\varphi}$$

对于远区，L_x，$L_y \ll r$，$r\ll\lambda$，故有 $r_1=r\sqrt{1-\frac{L_x}{r}\sin\theta\cos\varphi}\approx r-\frac{L_x}{2}\sin\theta\cos\varphi$，则

$$\boldsymbol{A}_1\approx\frac{\mu_0}{4\pi}\frac{iL_y\mathrm{e}^{-\mathrm{j}k_0 r}\mathrm{e}^{\mathrm{j}\frac{L_x}{2}\sin\theta\cos\varphi}}{r}\boldsymbol{e}_y$$

同理，$r_2=\sqrt{r^2+\left(\frac{L_y}{2}\right)^2-L_y r\sin\theta\sin\varphi}\approx r-\frac{L_y}{2}\sin\theta\sin\varphi$，$r_3\approx r+\frac{L_x}{2}\sin\theta\cos\varphi$，$r_4\approx r+\frac{L_y}{2}\sin\theta\sin\varphi$，于是有

$$\boldsymbol{A}_2\approx-\frac{\mu_0}{4\pi}\frac{iL_x\mathrm{e}^{-\mathrm{j}k_0 r}\mathrm{e}^{\mathrm{j}\frac{L_y}{2}\sin\theta\sin\varphi}}{r}\boldsymbol{e}_x$$

$$\boldsymbol{A}_3=-\frac{\mu_0}{4\pi}\frac{iL_y\mathrm{e}^{-\mathrm{j}k_0 r}\mathrm{e}^{-\mathrm{j}\frac{L_x}{2}\sin\theta\cos\varphi}}{r}\boldsymbol{e}_y$$

$$\boldsymbol{A}_4=\frac{\mu_0}{4\pi}\frac{iL_x\mathrm{e}^{-\mathrm{j}k_0 r}\mathrm{e}^{-\mathrm{j}\frac{L_y}{2}\sin\theta\sin\varphi}}{r}\boldsymbol{e}_x$$

$$\boldsymbol{A}=\boldsymbol{A}_1+\boldsymbol{A}_2+\boldsymbol{A}_3+\boldsymbol{A}_4=\frac{\mu_0}{4\pi}\frac{iL_y\mathrm{e}^{-\mathrm{j}k_0 r}}{r}\left(\mathrm{e}^{\mathrm{j}\frac{L_x}{2}\sin\theta\cos\varphi}-\mathrm{e}^{-\mathrm{j}\frac{L_x}{2}\sin\theta\cos\varphi}\right)\boldsymbol{e}_y-$$

$$\frac{\mu_0}{4\pi}\frac{iL_x\mathrm{e}^{-\mathrm{j}k_0 r}}{r}\left(\mathrm{e}^{\mathrm{j}\frac{L_y}{2}\sin\theta\sin\varphi}-\mathrm{e}^{-\mathrm{j}\frac{L_y}{2}\sin\theta\sin\varphi}\right)\boldsymbol{e}_y$$

$$=\frac{\mu_0}{4\pi}\frac{i\mathrm{e}^{-\mathrm{j}k_0 r}}{r}\times\left[2\mathrm{j}L_y\sin\left(\frac{k_0L_x}{2}\sin\theta\cos\varphi\right)\boldsymbol{e}_y-2\mathrm{j}L_x\sin\left(\frac{k_0L_y}{2}\sin\theta\sin\varphi\right)\right]\boldsymbol{e}_x$$

$$\approx\frac{\mathrm{j}\mu_0 ik_0L_xL_y\mathrm{e}^{-\mathrm{j}k_0 r}}{4\pi r}\sin\theta(-\sin\varphi\boldsymbol{e}_x+\cos\varphi\boldsymbol{e}_y)$$

$$=\frac{\mathrm{j}k_0\mu_0 iL_xL_y\mathrm{e}^{-\mathrm{j}k_0 r}}{4\pi r}\sin\theta\boldsymbol{e}_\varphi$$

(2) $\boldsymbol{H}=\frac{1}{\mu_0}\nabla\times\boldsymbol{A}=\frac{\mathrm{j}k_0 iL_xL_y}{4\pi}\nabla\times\left(\frac{\mathrm{e}^{-\mathrm{j}k_0 r}}{r}\sin\theta\boldsymbol{e}_\varphi\right)=-\frac{\pi iL_xL_y}{\lambda_0^2}\frac{\mathrm{e}^{-\mathrm{j}k_0 r}}{r}\sin\theta\boldsymbol{e}_\theta$

(3) $\boldsymbol{E}=\frac{1}{\mathrm{j}\omega\varepsilon}\nabla\times H=\frac{\mathrm{j}k_0 iL_xL_y}{4\pi}\nabla\times\left(\frac{\mathrm{e}^{-\mathrm{j}k_0 r}}{r}\sin\theta\boldsymbol{e}_\varphi\right)=\frac{\pi iL_xL_yZ_0\mathrm{e}^{-\mathrm{j}k_0 r}}{\lambda_0^2 r}\sin\theta\boldsymbol{e}_\varphi$

若令矩形线框面积为 $S=L_xL_y$，则上式可写为

$$\boldsymbol{H}=-\frac{\pi iS\mathrm{e}^{-\mathrm{j}k_0 r}}{\lambda_0^2 r}\sin\theta\boldsymbol{e}_\theta$$

$$\boldsymbol{E}=\frac{\pi iSZ_0\mathrm{e}^{-\mathrm{j}k_0 r}}{\lambda_0^2 r}\sin\theta\boldsymbol{e}_\varphi$$

上式和主教材中磁偶极子的磁矢势形式完全相同。由此可见，当满足 $L_x, L_y \ll \lambda$ 条件时，矩形载流线框可从整体上看作是一个磁偶极子。

习题 7.9 对赫兹偶极子，试计算其矢量势 $\boldsymbol{A}$ 以及标量势 ϕ，并根据这两个势函数计算远区的电场强度。

解 赫兹偶极子即电偶极子，其天线的矢势基本公式为

$$\boldsymbol{A}=\frac{\mu_0 I\Delta l\,\mathrm{e}^{-\mathrm{j}k_0 r}}{4\pi r}\boldsymbol{e}_z$$

在球坐标系中可表示为

$$\boldsymbol{A}=\frac{\mu_0 I\Delta l\,\mathrm{e}^{-\mathrm{j}k_0 r}}{4\pi r}(\cos\theta\boldsymbol{e}_r-\sin\theta\boldsymbol{e}_\theta)$$

根据时谐场形式的洛伦兹条件：$\nabla\cdot\boldsymbol{A}+\frac{\mathrm{j}\omega}{c^2}\phi=0$，有

$$\phi=\frac{\mathrm{j}c^2}{\omega}\nabla\cdot\boldsymbol{A}=\frac{\mathrm{j}c^2}{\omega}\frac{1}{r^2\sin\theta}\left[\sin\theta\frac{\partial}{\partial r}(r^2A_r)+r\frac{\partial}{\partial\theta}(\sin\theta A_\theta)\right]$$

即为

$$\begin{aligned}\phi&=\frac{\mathrm{j}c^2}{\omega}\frac{\mu_0 I\Delta l}{4\pi}\frac{1}{r^2\sin\theta}\left[\sin\theta\cos\theta\frac{\mathrm{d}}{\mathrm{d}r}(r\mathrm{e}^{-\mathrm{j}k_0 r})-\mathrm{e}^{-\mathrm{j}k_0 r}\frac{\mathrm{d}}{\mathrm{d}\theta}(\sin^2\theta)\right]\\&=\frac{\mathrm{j}c^2}{\omega}\frac{\mu_0 I\Delta l\,\mathrm{e}^{-\mathrm{j}k_0 r}}{4\pi}\left[-\frac{1}{r^2}+\frac{-\mathrm{j}k_0}{r}\right]\cos\theta\end{aligned}$$

在远区，因$\frac{1}{r}\gg\frac{1}{r^2}$，上式可近似为

$$\phi=\frac{k_0c^2}{\omega}\frac{\mu_0 I\Delta l\,\mathrm{e}^{-\mathrm{j}k_0 r}}{4\pi r}\cos\theta=\frac{\mu_0 cI\Delta l\,\mathrm{e}^{-\mathrm{j}k_0 r}}{4\pi r}\cos\theta$$

电场强度为

$$\begin{aligned}\boldsymbol{E}&=-\nabla\phi-\mathrm{j}\omega\boldsymbol{A}=-\frac{\partial\varphi}{\partial r}\boldsymbol{e}_r-\frac{1}{r}\frac{\partial\varphi}{\partial\theta}\boldsymbol{e}_\theta-\mathrm{j}\omega\boldsymbol{A}\\&=\frac{\mu_0 cI\Delta l}{4\pi}\left[\left(\frac{1}{r^2}+\frac{\mathrm{j}k_0}{r}\right)\mathrm{e}^{-\mathrm{j}k_0 r}\cos\theta\boldsymbol{e}_r+\frac{\mathrm{e}^{-\mathrm{j}k_0 r}}{r^2}\sin\theta\boldsymbol{e}_\theta-\mathrm{j}\omega\frac{\mathrm{e}^{-\mathrm{j}k_0 r}}{cr}(\cos\theta\boldsymbol{e}_r-\sin\theta\boldsymbol{e}_\theta)\right]\\&=\frac{\mu_0 cI\Delta l\,\mathrm{e}^{-\mathrm{j}k_0 r}}{4\pi}\left[\frac{1}{r^2}\cos\theta\boldsymbol{e}_r+\frac{1}{r^2}\sin\theta\boldsymbol{e}_\theta+\frac{\mathrm{j}\omega}{cr}\sin\theta\boldsymbol{e}_\theta\right]\end{aligned}$$

在远区，$\frac{1}{r}\gg\frac{1}{r^2}$，上式可近似为

$$\boldsymbol{E}=\frac{\mathrm{j}\omega\mu_0 I\Delta l\,\mathrm{e}^{-\mathrm{j}k_0 r}}{4\pi r}\sin\theta\boldsymbol{e}_\theta=\frac{\mathrm{j}I\Delta lk_0^2\,\mathrm{e}^{-\mathrm{j}k_0 r}}{4\pi\omega\varepsilon_0 r}\sin\theta\boldsymbol{e}_\theta=\frac{\mathrm{j}I\Delta lZ_0\,\mathrm{e}^{-\mathrm{j}k_0 r}}{2\lambda r}\sin\theta\boldsymbol{e}_\theta$$

此结果与主教材中直接用矢势计算结果相同。

习题 7.10 一个长度为 l 的振子天线($l\ll\lambda$)，假设其电流分布为

$$I(z)=\begin{cases}I_0(1-2z/l), & 0\leqslant z\leqslant l/2\\ I_0(1+2z/l), & -l/2\leqslant z\leqslant 0\end{cases}$$

试利用它计算：

(1) 远区的电场强度和磁场强度；

(2) 远区的功率密度函数；

(3) 最大方向性系数 D；

(4) 辐射电阻。

解 (1) 对于远区，因 $\lambda \ll r, l \ll r$，则有 $R \approx r$，故

$$\boldsymbol{A}=\frac{\mu_0}{4\pi}\int_{-\frac{l}{2}}^{\frac{l}{2}}\frac{I(z')\mathrm{e}^{-\mathrm{j}k_0R}}{R}\mathrm{d}z'\boldsymbol{e}_z=\frac{\mu_0\mathrm{e}^{-\mathrm{j}k_0r}}{4\pi r}\int_0^{\frac{l}{2}}2I_0(1-2z'/l)\mathrm{d}z'=\frac{\mu_0I_0l\mathrm{e}^{-\mathrm{j}k_0r}}{8\pi r}\boldsymbol{e}_z$$

由 $\boldsymbol{H}=\frac{1}{\mu_0}\nabla\times\boldsymbol{A}$，可得

$$\boldsymbol{H}=\frac{1}{\mu_0r^2\sin\theta}\begin{vmatrix}\boldsymbol{e}_r & r\boldsymbol{e}_\theta & r\sin\theta\boldsymbol{e}_\varphi\\ \frac{\partial}{\partial r} & \frac{\partial}{\partial\theta} & \frac{\partial}{\partial\varphi}\\ A_r & rA_\theta & r\sin\theta A_\varphi\end{vmatrix}=\frac{\mu_0I_0l}{8\pi r^2\sin\theta}\begin{vmatrix}\boldsymbol{e}_r & r\boldsymbol{e}_\theta & r\sin\theta\boldsymbol{e}_\varphi\\ \frac{\partial}{\partial r} & \frac{\partial}{\partial\theta} & 0\\ \frac{\mathrm{e}^{-\mathrm{j}k_0r}}{r}\cos\theta & -\mathrm{e}^{-\mathrm{j}k_0r}\sin\theta & 0\end{vmatrix}$$

$$=\frac{I_0l}{8\pi r}\left(\mathrm{j}k_0+\frac{1}{r}\right)\mathrm{e}^{-\mathrm{j}kr}\sin\theta\boldsymbol{e}_\varphi\approx\frac{\mathrm{j}k_0I_0l\mathrm{e}^{-\mathrm{j}kr}}{8\pi r}\sin\theta\boldsymbol{e}_\varphi$$

$$\boldsymbol{E}=\frac{1}{\mathrm{j}\omega\varepsilon_0}\nabla\times\boldsymbol{H}=\frac{k_0I_0l}{8\pi\omega\varepsilon_0}\nabla\times\left(\frac{\mathrm{e}^{-\mathrm{j}k_0r}}{r}\sin\theta\boldsymbol{e}_\varphi\right)$$

$$=\frac{k_0I_0l\mathrm{e}^{-\mathrm{j}k_0r}}{8\pi\omega\varepsilon_0}\left(\frac{2\cos\theta}{r^2}-\frac{\mathrm{j}}{r^3}\right)\boldsymbol{e}_r+\frac{\mathrm{j}k_0I_0l\mathrm{e}^{-\mathrm{j}k_0r}}{8\pi\omega\varepsilon_0r}\sin\theta\boldsymbol{e}_\theta\approx\frac{\mathrm{j}Z_0k_0I_0l\mathrm{e}^{-\mathrm{j}k_0r}}{8\pi r}\sin\theta\boldsymbol{e}_\theta$$

(2) 远区的功率密度函数即为平均能流密度，根据定义式有

$$\bar{\boldsymbol{S}}=\frac{1}{2}\mathrm{Re}(\boldsymbol{E}\times\boldsymbol{H}^*)=\frac{Z_0}{2}\left(\frac{k_0I_0l}{8\pi r}\right)^2\boldsymbol{e}_\theta\times\boldsymbol{e}_\varphi=\frac{Z_0k_0^2I_0^2l^2}{128\pi^2r^2}\sin^2\theta\boldsymbol{e}_r$$

(3) 最大方向性系数为

$$D_{\max}=\frac{4\pi F^2(\theta_{\mathrm{m}})}{\int_0^{\pi}\int_0^{2\pi}F^2(\theta)\mathrm{d}\varphi\sin\theta\mathrm{d}\theta}=\frac{4\pi}{\int_0^{\pi}2\pi\sin^3\theta\mathrm{d}\theta}=1.5$$

(4) 辐射电阻为

$$R_{\mathrm{r}}=\frac{2P_{\mathrm{r}}}{I_0^2}=\frac{2}{I_0^2}\oint_S\frac{Z_0k_0^2I_0^2l^2}{128\pi^2r^2}\cdot2\pi r^2\sin^3\theta\mathrm{d}\theta=\frac{Z_0k_0^2l^2}{24\pi}=20\pi^2\left(\frac{l}{\lambda}\right)^2$$

习题 7.11 一个赫兹偶极子天线在 1km 处的最大辐射功率密度为 $60\mathrm{nW/m^2}$。如果其馈电电流的最大值为 $I_{\mathrm{m}}=10\mathrm{A}$，试计算辐射电阻。

解 设磁偶极子天线的辐射平均能流密度为 $\bar{\boldsymbol{S}}=\frac{A}{r^2}\sin^2\theta\boldsymbol{e}_r$，根据题意，当 $\theta=\frac{\pi}{2}$ 时，辐射功率密度为最大，有

$$60\times10^{-9}=\frac{A}{(10^3)^2}$$

于是

$$A=6\times10^{-2}$$

辐射电阻则为

$$R_r = \frac{2P}{I_m^2} = \frac{2}{I_m^2}\oint_S \bar{\boldsymbol{S}} \cdot \mathrm{d}\boldsymbol{S} = \frac{2}{I_m^2}\oint_S \frac{6\times10^{-2}}{r^2}\sin^3\theta \cdot 2\pi r^2 \mathrm{d}\theta$$

$$= \frac{12\times10^{-2}}{10^2} \cdot \frac{8\pi}{3} \approx 10\mathrm{m}\Omega$$

习题 7.12 一个 2m 长的中间馈电的天线，工作在 AM 频段，工作频率为 1MHz。天线由半径为 1mm 的铜线加工而成($\sigma=5.8\times10^7$S/m)，试确定：

(1) 天线的辐射效率；

(2) 天线的增益是多少分贝？

(3) 如果天线的辐射功率为 20W，则馈电电流是多少？此时信号源供给天线的功率是多少？

解 (1) 已知天线长度 $l=2$m，则工作波长为

$$\lambda_0 = \frac{c}{f} = \frac{3\times10^8}{10^6} = 300\mathrm{m}$$

因 $l \ll \lambda$，故该天线可视为电偶极子天线。

对于 1MHz 的电磁波作用于铜线，由于 $\dfrac{\sigma}{\varepsilon\omega} = \dfrac{5.8\times10^7}{\frac{1}{36\pi}\times10^{-9}\times2\pi\times10^6} \gg 1$，故铜线可视为良导体。其穿透深度为

$$\delta = \sqrt{\frac{1}{\pi f\sigma\mu}} = \sqrt{\frac{1}{\pi\times10^6\times5.8\times10^7\times4\pi\times10^{-7}}} \approx 6.6\times10^{-5}\mathrm{m}$$

天线的总电阻(表面电阻)则为

$$R_S = \frac{l}{\sigma S} = \frac{2}{5.8\times10^7\times2\pi\times10^{-3}\times6.6\times10^{-5}} = 8.31\times10^{-2}\Omega$$

由电偶极子天线辐射电阻公式可得

$$R_r = 80\pi^2\left(\frac{l}{\lambda_0}\right)^2 = 80\pi^2\left(\frac{2}{300}\right)^2 = 3.51\times10^{-2}\Omega$$

$$\eta = \frac{P_r}{P_r+P_L} = \frac{I^2R_r}{I^2R_r+I^2R_S} = \frac{R_r}{R_r+R_S} = \frac{3.51}{3.51+8.31} = 29.7\%$$

(2) 该天线的增益为 $G=\eta D$，用对数表示的形式为

$$G' = 10\lg\eta D = 10\lg(0.297\times1.5) = -3.51\mathrm{dB}$$

(3) 由 $P=\dfrac{1}{2}I_m^2R_r$ 可得馈电电流的最大值为

$$I_m = \sqrt{\frac{2P}{R_r}} = \sqrt{\frac{2\times20}{3.51\times10^{-2}}} = 33.8\mathrm{A}$$

则馈电电流的时谐表达式为

$$I(t) = 33.8\mathrm{e}^{\mathrm{j}2\pi\times10^6 t}\mathrm{A}$$

若用有效值表示，则为

$$I_e = \sqrt{\frac{P}{R_r}} = \sqrt{\frac{20}{3.51\times10^{-2}}} = 23.9\mathrm{A}$$

则馈电电流的时谐表达式为

$$I(t)=23.9\mathrm{e}^{\mathrm{j}2\pi\times10^{6}t}\ \mathrm{A}$$

信号源供给天线的功率为

$$P_{\mathrm{i}}=\frac{P_{\mathrm{r}}}{\eta}=\frac{20}{29.7\%}=67.5\mathrm{W}$$

习题 7.13 有一个环状铜质天线（$\sigma=5.8\times10^{7}\mathrm{S/m}$），其截面半径为 5mm，天线的半径为 0.5m，工作在 3MHz 的频段。环中流过的电流的最大值为 100A。试确定：

(1) 该天线的辐射功率；

(2) 天线的辐射电阻；

(3) 天线的辐射效率。

解 (1) 由已知，工作波长为

$$\lambda_0=\frac{c}{f}=\frac{3\times10^{8}}{3\times10^{6}}=100\mathrm{m}$$

因 $2\pi a\ll\lambda$，故该天线可视为磁偶极子天线。

代入磁偶极子天线的辐射功率公式，得

$$P_{\mathrm{r}}=\frac{320\pi^4I^2S^2}{\lambda_0^4}=\frac{320\pi^4(I_{\mathrm{m}}/\sqrt{2})^2(\pi a^2)^2}{\lambda_0^4}=\frac{320\pi^4\times(100/\sqrt{2})^2\times\pi^2\times0.5^4}{100^4}$$

$$=\pi^6\times10^{-3}=0.96\mathrm{W}$$

(2) 天线的辐射电阻为

$$R_{\mathrm{r}}=\frac{2P}{I_{\mathrm{m}}^2}=\frac{2\times0.96}{100^2}=0.192\mathrm{m}\Omega$$

(3) 对于 3MHz 的电磁波作用于铜线，由于$\dfrac{\sigma}{\varepsilon\omega}=\dfrac{5.8\times10^{7}}{\dfrac{1}{36\pi}\times10^{-9}\times2\pi\times3\times10^{6}}\gg1$，故铜线可视为良导体。其穿透深度为

$$\delta=\sqrt{\frac{1}{\pi f\sigma\mu}}=\sqrt{\frac{1}{\pi\times3\times10^{6}\times5.8\times10^{7}\times4\pi\times10^{-7}}}\approx3.8\times10^{-5}\mathrm{m}$$

天线的总电阻（表面电阻）则为

$$R_{\mathrm{o}}=\frac{l}{\sigma S}=\frac{2\pi\times0.5}{5.8\times10^{7}\times2\pi\times5\times10^{-3}\times3.8\times10^{-5}}=45.37\mathrm{m}\Omega$$

天线的辐射效率为

$$\eta=\frac{R_{\mathrm{r}}}{R_{\mathrm{r}}+R_{\mathrm{L}}}=\frac{0.192}{0.192+45.37}=0.42\%$$

习题 7.14 一长度为 $d=1\mathrm{m}$ 的电基本振子位于自由空间，天线上的电流为 $I=0.266\mathrm{A}$，工作波长为 $\lambda_0=100\mathrm{m}$，试求天线在下列各点产生的场强振幅和相位。

(1) 在振子垂直的方向上距振子中点 10km、10.025km；

(2) 在与振子轴线成 30°的方向上，距振子中点 10km；

(3) 在振子轴线方向上，距振子中点 10km。

解 因 $d\ll\lambda_0$，故该天线可视为电偶极子天线。

（1）在场点 10km、10.025km 处，属于远区。

电场强度为

$$\boldsymbol{E}=\frac{\mathrm{j}Z_0 Il\mathrm{e}^{-\mathrm{j}k_0 r}}{2\lambda_0 r}\sin\theta\boldsymbol{e}_\theta=\frac{Z_0 Il\mathrm{e}^{-\mathrm{j}(k_0 r-\pi/2)}}{2\lambda_0 r}\sin\theta\boldsymbol{e}_\theta$$

当 $r=10\text{km}$ 时，相位则为

$$k_0 r-\frac{\pi}{2}=\frac{2\pi}{\lambda_0}r-\frac{\pi}{2}=\frac{2\pi}{100}\times10^4-\frac{\pi}{2}=\left(200-\frac{1}{2}\right)\pi$$

振幅为

$$E_\mathrm{e}=\frac{Z_0 Il}{2\lambda_0 r}\sin\theta=\frac{0.266\times1\times377}{2\times100\times10^4}\sin\frac{\pi}{2}=50.1\mu\text{V/m}$$

当 $r=10.025\text{km}$ 时，相位则为

$$k_0 r-\frac{\pi}{2}=\frac{2\pi}{\lambda_0}r-\frac{\pi}{2}=\frac{2\pi}{100}\times1.0025\times10^4-\frac{\pi}{2}=200\pi$$

振幅为

$$E_\mathrm{e}=\frac{Z_0 Il}{2\lambda_0 r}\sin\theta=\frac{0.266\times1\times120\pi}{2\times100\times1.0025\times10^4}\sin\frac{\pi}{2}=49.98\mu\text{V/m}$$

（2）在与振子轴线成 30°的方向上，$\theta=\frac{\pi}{6}$，距振子中点 10km 处的相位为

$$k_0 r-\frac{\pi}{2}=\frac{2\pi}{\lambda_0}r-\frac{\pi}{2}=\frac{2\pi}{100}\times10^4-\frac{\pi}{2}=\left(200-\frac{1}{2}\right)\pi$$

振幅为

$$E_\mathrm{e}=\frac{Z_0 Il}{2\lambda_0 r}\sin\theta=\frac{0.266\times1\times377}{2\times100\times10^4}\sin\frac{\pi}{6}=25\mu\text{V/m}$$

（3）在振子轴线方向上，$\theta=0$ 或 π，因此 $\sin\theta=0$，故振幅恒为零。相位不定。

习题 7.15　已知电基本振子在 P_1 点（yOz 平面上）的场强为 10mV/m，试求在 P_2 点的场强（如图 7-7 所示，P_1、P_2 点均在远区）。

解　取电基本振子沿 z 轴放置。设电场强度为

$$\boldsymbol{E}=\frac{A\mathrm{e}^{-\mathrm{j}k_0 r}}{r}\sin\theta\boldsymbol{e}_\theta$$

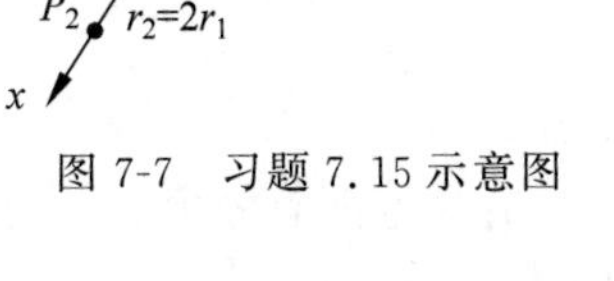

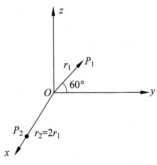

图 7-7　习题 7.15 示意图

由已知 P_1 点，$\theta_1=\frac{\pi}{2}-\frac{\pi}{3}=\frac{\pi}{6}$，在 r_1 处有

$$\frac{A}{r_1}\sin\frac{\pi}{6}=10^{-2}$$

于是，有

$$\frac{A}{r_1}=2\times10^{-2}$$

在 P_2 点，有 $\theta_2=\frac{\pi}{2}$。于是在 $r_2=2r_1$ 处，则有

$$\boldsymbol{E}_2=\frac{A\mathrm{e}^{-\mathrm{j}k_0 r_2}}{r_2}\sin\theta_2\boldsymbol{e}_\theta=\frac{2\times10^{-2}r_1\mathrm{e}^{-\mathrm{j}k_0 r_2}}{2r_1}\sin\frac{\pi}{2}(-\boldsymbol{e}_z)=-10^{-2}\mathrm{e}^{-\mathrm{j}k_0 r_2}\boldsymbol{e}_z\text{V/m}$$

其大小为 10^{-2}V，方向沿 $-z$ 轴方向。

习题 7.16 一个半波振子天线在 1km 处的最大辐射功率密度为 $50\mu W/m^2$，试计算其馈电电流的最大值。

解 半波振子的平均能流密度表达式为

$$\bar{\boldsymbol{S}} = \frac{30I^2}{\pi r^2}\frac{\cos^2\left(\frac{\pi}{2}\cos\theta\right)}{\sin^2\theta}\boldsymbol{e}_r = \frac{15I_m^2}{\pi r^2}\frac{\cos^2\left(\frac{\pi}{2}\cos\theta\right)}{\sin^2\theta}\boldsymbol{e}_r$$

当 $\theta=\frac{\pi}{2}$ 时为最大。依题意，有

$$\frac{15I_m^2}{\pi(10^3)^2} = 50\times10^{-6}$$

$$I_m = \sqrt{\frac{10\pi}{3}} = 3.23A$$

习题 7.17 一个 1/4 波长的垂直天线放置在一个理想的导体平面上，底部所馈入的交变电流为 $I_z = I_m\cos k_0 z$，试利用镜像法来计算其辐射场、辐射功率和辐射电阻。

解 根据镜像法，导体平面的镜像关于该平面对称，因此 1/4 波长的垂直天线在空气中的辐射场可等效为半波振子天线辐射场。

其矢势在远区的表达式为

$$\boldsymbol{A} = \frac{\mu_0 I_m e^{-jk_0 r}}{2\pi k_0 r}\frac{\cos\left(\frac{\pi}{2}\cos\theta\right)}{\sin^2\theta}\boldsymbol{e}_z, \quad 0\leqslant\theta\leqslant\frac{\pi}{2}$$

辐射磁场为

$$\boldsymbol{H} = \frac{1}{\mu_0}\nabla\times\boldsymbol{A} = j\frac{I_m\cos\left(\frac{\pi}{2}\cos\theta\right)}{2\pi r\sin\theta}e^{-jk_0 r}\boldsymbol{e}_\varphi, \quad 0\leqslant\theta\leqslant\frac{\pi}{2}$$

辐射电场为

$$\boldsymbol{E} = \frac{1}{j\omega\varepsilon}\nabla\times\boldsymbol{H} = j\frac{I_m\cos\left(\frac{\pi}{2}\cos\theta\right)}{2\pi r\sin\theta}Z_0 e^{-jk_0 r}\boldsymbol{e}_\theta, \quad 0\leqslant\theta\leqslant\frac{\pi}{2}$$

辐射功率为

$$P_r = \oint_S \bar{\boldsymbol{S}}\cdot d\boldsymbol{S} = \int_0^{2\pi}\int_0^{\frac{\pi}{2}}\frac{I_m^2\cos^2\left(\frac{\pi}{2}\cos\theta\right)}{8\pi^2 r^2\sin^2\theta}Z_0 r^2\sin\theta d\theta d\varphi = 36.6I^2 W$$

辐射电阻为

$$R_r = \frac{P}{I^2} = 36.6\Omega$$

其中，I 为电流有效值。可见，在平面上方，场分布与半波振子相同，而辐射功率与辐射电阻为半波振子的一半。

习题 7.18 对于一个振子天线，人们经常定义一个所谓的有效高度的量，远区场和该高度成正比，其定义如下：

$$2h_e(\theta) = \sin\theta\int_{-h}^{h}\sin k_0(h-|z|)e^{jk_0 z\cos\theta}dz$$

(1) 计算半波振子天线的有效高度;

(2) 其最大值是多少?

解 (1) 对于半波振子,则有

$$2h_e(\theta)=\sin\theta\int_{-\frac{\lambda}{4}}^{\frac{\lambda}{4}}\sin k_0\left(\frac{\lambda}{4}-|z|\right)e^{jk_0z\cos\theta}dz=\sin\theta\int_{-\frac{\lambda}{4}}^{\frac{\lambda}{4}}\sin k_0\left(\frac{\lambda}{4}-|z|\right)\cos(k_0z\cos\theta)dz$$

$$=2\sin\theta\int_0^{\frac{\lambda}{4}}\cos k_0z\cdot\cos(k_0z\cos\theta)dz=2\frac{\cos\left(\frac{\pi}{2}\cos\theta\right)}{k_0\sin\theta}$$

即

$$h_e(\theta)=\frac{\cos\left(\frac{\pi}{2}\cos\theta\right)}{k_0\sin\theta}$$

(2) 由$\frac{dh_e(\theta)}{d\theta}=0$可得有效高度的最大值,即由

$$\frac{d}{d\theta}\left[\frac{\cos\left(\frac{\pi}{2}\cos\theta\right)}{k_0\sin\theta}\right]=0$$

得

$$\tan\left(\frac{\pi}{2}\cos\theta\right)\tan\theta=0$$

解得

$$\theta=\frac{\pi}{2},\quad \theta=0(\text{不合题意,舍去})$$

此时有效高度的最大值为

$$h_{em}=\frac{1}{k_0}$$

习题 7.19 如图 7-8 所示,在半波振子天线的后面放置一个反射棒,可以改变半波振子的方向性。如果两者之间的距离为 d,试分别求下面两种情况下沿箭头方向的远区场(用半波振子的场表示)并给出情况(1)下的最大方向性系数。

(1) $d=\lambda_0/4$;

(2) $d=\lambda_0/2$。

解 建立如图 7-8 所示的坐标系,在远场区,由半波天线电场表达式

$$\boldsymbol{E}=j\frac{I_m\cos\left(\frac{\pi}{2}\cos\theta\right)}{2\pi r\sin\theta}Z_0e^{-jk_0r}\boldsymbol{e}_\theta$$

可得原天线在 P 点的电场为

$$\boldsymbol{E}_1=j\frac{I_m}{2\pi r}Z_0e^{-jk_0r}\boldsymbol{e}_\theta$$

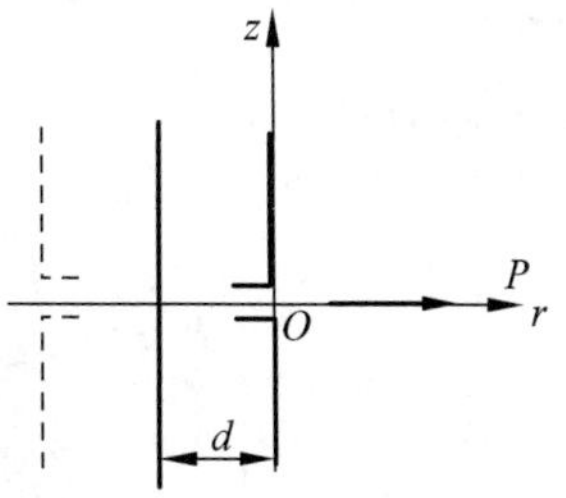

图 7-8 习题 7.19 示意图

半波振子发出的电磁波,经反射棒反射后在 P 点的电场强度为

$$\boldsymbol{E}_2=-j\frac{I_m}{2\pi(r+2d)}Z_0e^{-jk_0(r+2d)}\boldsymbol{e}_\theta$$

注意:上式已经考虑了金属表面的半波损失。

(1) 当 $d=\lambda_0/4$ 时，总场为

$$\boldsymbol{E}=\left(\mathrm{j}\frac{I_{\mathrm{m}}}{2\pi r}Z_0\mathrm{e}^{-\mathrm{j}k_0 r}-\mathrm{j}\frac{I_{\mathrm{m}}}{2\pi(r+2d)}Z_0\mathrm{e}^{-\mathrm{j}k_0(r+2d)}\right)\boldsymbol{e}_\theta$$

在远区，有 $r\gg d$，则

$$\boldsymbol{E}\approx\mathrm{j}\frac{I_{\mathrm{m}}}{2\pi r}Z_0(\mathrm{e}^{-\mathrm{j}k_0 r}-\mathrm{e}^{-\mathrm{j}k_0(r+2d)})\boldsymbol{e}_\theta=\mathrm{j}\frac{Z_0 I_{\mathrm{m}}\mathrm{e}^{-\mathrm{j}k_0 r}}{2\pi r}(1-\mathrm{e}^{-\mathrm{j}2k_0 d})\boldsymbol{e}_\theta$$

$$=\mathrm{j}\frac{Z_0 I_{\mathrm{m}}\mathrm{e}^{-\mathrm{j}k_0 r}}{2\pi r}(1-\mathrm{e}^{-\mathrm{j}\pi})\boldsymbol{e}_\theta=\mathrm{j}\frac{Z_0 I_{\mathrm{m}}\mathrm{e}^{-\mathrm{j}k_0 r}}{\pi r}\boldsymbol{e}_\theta=2E_1\boldsymbol{e}_\theta$$

即

$$E=2E_1$$

二者满足同相位叠加的条件，对应了该天线系统的最大辐射方向。利用方向性系数的定义，则 P 点对应的最大方向性系数为

$$D_{\max}=\left.\frac{E_{\max}^2}{E_0^2}\right|_{P_{\mathrm{r}}=P_{\mathrm{r}0}}=\left.\frac{4\,|\,E_1\,|^2}{E_0^2}\right|_{P_{\mathrm{r}}=P_{\mathrm{r}0}}\approx 4\times1.64=6.56$$

其中，1.64 是半波振子天线的最大方向性系数。

如果将上述天线利用镜像法近似看作是二元天线阵，则在任意方向下，有

$$E\approx\mathrm{j}\frac{I_{\mathrm{m}}Z_0}{2\pi r}\frac{\cos\left(\frac{\pi}{2}\cos\theta\right)}{\sin\theta}(\mathrm{e}^{-\mathrm{j}k_0 r}-\mathrm{e}^{-\mathrm{j}k_0(r+2d\sin\theta\cos\varphi)})\boldsymbol{e}_\theta$$

$$=-\frac{Z_0 I_{\mathrm{m}}\mathrm{e}^{-\mathrm{j}k_0 r}\mathrm{e}^{-\mathrm{j}\frac{\pi}{2}\sin\theta\cos\varphi}}{\pi r}\frac{\cos\left(\frac{\pi}{2}\cos\theta\right)\sin\left(\frac{\pi}{2}\sin\theta\cos\varphi\right)}{\sin\theta}\boldsymbol{e}_\theta$$

其方向图函数为

$$F(\theta,\varphi)=\frac{\cos\left(\frac{\pi}{2}\cos\theta\right)\sin\left(\frac{\pi}{2}\sin\theta\cos\varphi\right)}{\sin\theta}\quad\left(0\leqslant\theta\leqslant\pi,\ -\frac{\pi}{2}\leqslant\varphi\leqslant\frac{\pi}{2}\right)$$

最大方向性系数则为

$$D_{\max}=\frac{4\pi F^2(\theta_{\mathrm{m}},\varphi_{\mathrm{m}})}{\int_0^{2\pi}\int_0^{\pi}F^2(\theta,\varphi)\sin\theta\mathrm{d}\theta\mathrm{d}\varphi}=\frac{4\pi}{\int_{-\frac{\pi}{2}}^{\frac{\pi}{2}}\int_0^{\pi}\frac{\cos^2\left(\frac{\pi}{2}\cos\theta\right)\sin^2\left(\frac{\pi}{2}\sin\theta\cos\varphi\right)}{\sin^2\theta}\sin\theta\mathrm{d}\theta\mathrm{d}\varphi}\approx5.6034$$

这里应该注意到对方位角的积分区间是 $\left[-\frac{\pi}{2},\frac{\pi}{2}\right]$。考虑到实际天线并非等价于二元天线阵，此结果仅仅具有参考意义。

(2) 同理，当 $d=\lambda_0/2$ 时，有

$$\boldsymbol{E}\approx\mathrm{j}\frac{I_{\mathrm{m}}}{2\pi r}Z_0(\mathrm{e}^{-\mathrm{j}k_0 r}-\mathrm{e}^{-\mathrm{j}k_0(r+2d)})\boldsymbol{e}_\theta=\mathrm{j}\frac{Z_0 I_{\mathrm{m}}\mathrm{e}^{-\mathrm{j}k_0 r}}{2\pi r}(1-\mathrm{e}^{-\mathrm{j}2k_0 d})\boldsymbol{e}_\theta$$

$$=\mathrm{j}\frac{Z_0 I_{\mathrm{m}}\mathrm{e}^{-\mathrm{j}k_0 r}}{2\pi r}(1-\mathrm{e}^{-\mathrm{j}2\pi})\boldsymbol{e}_\theta=0$$

习题 7.20 一个半波振子，远区有一点 $P(5\mathrm{km},\pi/6,\varphi)$ 对应的电场强度的幅值为

0.1V/m。如果其工作频率为30MHz，试求天线的长度以及辐射功率，并写出电场和磁场的瞬时值形式。

解　由已知可得，

$$\omega=2\pi f=6\pi\times10^7\,\text{Hz},\quad k_0=\frac{\omega}{c}=\frac{6\pi\times10^7}{3\times10^8}=0.2\pi\text{m}^{-1},\quad \lambda_0=\frac{c}{f}=\frac{3\times10^8}{3\times10^7}=10\text{m}$$

该天线的长度为

$$\Delta l=\frac{\lambda}{2}=5\text{m}$$

由教材中半波振子天线辐射电场公式

$$\boldsymbol{E}=\text{j}\frac{I_{\text{m}}\cos\left(\frac{\pi}{2}\cos\theta\right)}{2\pi r\sin\theta}Z_0\text{e}^{-\text{j}k_0r}\boldsymbol{e}_\theta$$

将 $r=5000\text{m}$、$\theta=\frac{\pi}{6}$ 代入上式，得

$$\frac{I_{\text{m}}\cos\left(\frac{\pi}{2}\cos\frac{\pi}{6}\right)}{2\pi\times5000\sin\frac{\pi}{6}}\times120\pi=0.01$$

则有

$$I_{\text{m}}=\frac{25}{60\cos\left(\frac{\pi}{2}\cos\frac{\pi}{6}\right)}=2A$$

辐射功率为

$$P_{\text{r}}=73.2I^2=\frac{73.2I_{\text{m}}^2}{2}=146.4\text{W}$$

于是有电场强度的瞬时值为

$$\boldsymbol{E}=\text{Re}\left[\frac{I_{\text{m}}Z_0\cos\left(\frac{\pi}{2}\cos\theta\right)}{2\pi r\sin\theta}\text{e}^{+\text{j}\left(\omega t-k_0r+\frac{\pi}{2}\right)}\right]\boldsymbol{e}_\theta=-\frac{2Z_0\cos\left(\frac{\pi}{2}\cos\theta\right)}{2\pi r\sin\theta}\sin(6\pi\times10^7t-0.2\pi r)\boldsymbol{e}_\theta$$

$$=-\frac{120\cos\left(\frac{\pi}{2}\cos\theta\right)}{r\sin\theta}\sin(6\pi\times10^7t-0.2\pi r)\boldsymbol{e}_\theta\,\text{V/m}$$

同理可得磁场强度为

$$\boldsymbol{H}=-\frac{\cos\left(\frac{\pi}{2}\cos\theta\right)}{\pi r\sin\theta}\sin(6\pi\times10^7t-0.2\pi r)\boldsymbol{e}_\varphi\,\text{A/m}$$

习题7.21　无线电台的覆盖范围表示的是垂直于发射天线且电场强度达到25mV/m的广大区域。如果要保证100km的覆盖范围，则对于半波振子天线来讲，其最大馈电电流应该为多少？辐射功率是多少？

解　由教材内容知，半波振子天线的电场为 $\boldsymbol{E}=\text{j}\frac{I_{\text{m}}\cos\left(\frac{\pi}{2}\cos\theta\right)}{2\pi r\sin\theta}Z_0\text{e}^{-\text{j}k_0r}\boldsymbol{e}_\theta$。依题意，

将 $\theta_r=\dfrac{\pi}{2}$、$r=10^5$ m 和 $|\boldsymbol{E}|=25$mV/m 代入上式，则有

$$\frac{I_m\cos\left(\dfrac{\pi}{2}\cos\dfrac{\pi}{2}\right)}{2\pi\sin\dfrac{\pi}{2}\times10^5}Z_0=25\times10^{-3}$$

即

$$I_m=\frac{2\pi\times10^5\times25\times10^{-3}}{120\pi}=\frac{125}{3}=41.67\text{A}$$

辐射功率为

$$P_r=73.2I^2=36.6I_m^2=36.6\times\left(\frac{125}{3}\right)^2=63.5\text{kW}$$

习题 7.22 试证明对于全波振子，其归一化方向图函数为

$$F(\theta,\varphi)=\frac{\cos(\pi\cos\theta)+1}{\sin\theta}$$

证法 1：由任意长为 l 的线天线振子的矢势公式

$$A=\frac{\mu_0}{4\pi}\int_{-\frac{l}{2}}^{\frac{l}{2}}\frac{I_m\sin k_0(l/2-|z'|)\,\mathrm{e}^{-\mathrm{j}k_0R}}{R}\mathrm{d}z'$$

可得全波振子的矢势为

$$\boldsymbol{A}=\frac{\mu_0}{4\pi}\int_{-\frac{\lambda}{2}}^{\frac{\lambda}{2}}\frac{I_m\sin k_0(\lambda/2-|z'|)\,\mathrm{e}^{-\mathrm{j}k_0R}}{R}\mathrm{d}z'\boldsymbol{e}_z$$

在远区，取近似$\dfrac{1}{R}\approx\dfrac{1}{r}$，$R\approx r-z'\cos\theta$，上式可近似为

$$\boldsymbol{A}=\frac{\mu_0I_m\mathrm{e}^{-\mathrm{j}k_0r}}{4\pi r}\int_{-\frac{\lambda}{2}}^{\frac{\lambda}{2}}\sin k_0z'\,\mathrm{e}^{\mathrm{j}k_0\cos\theta z'}\,\mathrm{d}z'\boldsymbol{e}_z=\frac{\mu_0I_m\mathrm{e}^{-\mathrm{j}k_0r}}{2\pi r}\int_0^{\frac{\lambda}{2}}\sin k_0z'\cos(k_0\cos\theta z')\,\mathrm{d}z'\boldsymbol{e}_z$$

$$=\frac{\mu_0I_m\mathrm{e}^{-\mathrm{j}k_0r}}{2\pi k_0r}\frac{1+\cos(\pi\cos\theta)}{\sin^2\theta}\boldsymbol{e}_z$$

$$\boldsymbol{H}=\frac{1}{\mu_0}\nabla\times\boldsymbol{A}=\frac{1}{\mu_0r^2\sin\theta}\begin{vmatrix}\boldsymbol{e}_r & r\boldsymbol{e}_\theta & r\sin\theta\boldsymbol{e}_\varphi\\ \dfrac{\partial}{\partial r} & \dfrac{\partial}{\partial\theta} & \dfrac{\partial}{\partial\varphi}\\ A_r & rA_\theta & r\sin\theta A_\varphi\end{vmatrix}$$

$$=\frac{1}{\mu_0r^2\sin\theta}\begin{vmatrix}\boldsymbol{e}_r & r\boldsymbol{e}_\theta & r\sin\theta\boldsymbol{e}_\varphi\\ \dfrac{\partial}{\partial r} & \dfrac{\partial}{\partial\theta} & 0\\ A_z\cos\theta & -rA_\theta\sin\theta & 0\end{vmatrix}$$

$$\approx\frac{\mathrm{j}I_m}{2\pi r}\frac{1+\cos(\pi\cos\theta)}{\sin\theta}\mathrm{e}^{-\mathrm{j}kr}\boldsymbol{e}_\varphi$$

同理可得远区电场强度为

$$\boldsymbol{E}=\frac{\mathrm{j}I_mZ_0}{2\pi r}\frac{1+\cos(\pi\cos\theta)}{\sin\theta}\mathrm{e}^{-\mathrm{j}kr}\boldsymbol{e}_\theta$$

于是，归一化方向性函数为

$$F(\theta)=\frac{1+\cos(\pi\cos\theta)}{\sin\theta}$$

证法 2：将全波振子天线分割为无穷多个电偶极子天线，其总场即为不同位置的电偶极子辐射场的叠加。由电偶极子天线的辐射电场强度表达式 $\boldsymbol{E}=\frac{\mathrm{j}I_{\mathrm{m}}\Delta l Z_0}{2\lambda_0 r}\sin\theta\mathrm{e}^{-\mathrm{j}kr}\boldsymbol{e}_\theta$，可得处于 z' 位置的电流元 $I(z')\mathrm{d}z'$ 所产生的电场元为

$$\mathrm{d}\boldsymbol{E}=\frac{\mathrm{j}I(z')\mathrm{d}z'}{2\lambda_0 R}Z_0\sin\theta'\mathrm{e}^{-\mathrm{j}kR}\boldsymbol{e}_\theta$$

总电场则为

$$\boldsymbol{E}=\int_{-\frac{\lambda}{2}}^{\frac{\lambda}{2}}\frac{\mathrm{j}I(z')\mathrm{d}z'}{2\lambda_0 R}Z_0\sin\theta'\mathrm{e}^{-\mathrm{j}kR}\boldsymbol{e}_\theta$$

在远区，取近似 $\frac{1}{R}\approx\frac{1}{r}$，$R\approx r-z'\cos\theta$，$\theta'\approx\theta$，则有

$$\begin{aligned}\boldsymbol{E}&=\frac{\mathrm{j}I_{\mathrm{m}}Z_0\mathrm{e}^{-\mathrm{j}kr}}{2\pi r}\int_{-\frac{\lambda}{2}}^{\frac{\lambda}{2}}\sin k_0(\lambda/2-|z'|)\sin\theta\mathrm{e}^{-\mathrm{j}k\cos\theta z'}\boldsymbol{e}_\theta\\&=\frac{\mathrm{j}I_{\mathrm{m}}Z_0\mathrm{e}^{-\mathrm{j}k_0 r}}{2\pi r}\frac{1+\cos(\pi\cos\theta)}{\sin\theta}\boldsymbol{e}_z\end{aligned}$$

其余同前。

习题 7.23　两个赫兹偶极子天线，长度都为 $2h(h\ll\lambda)$。将它们沿 z 轴放置，轴线方向与 z 轴重合，中心的距离为 d，且 $d>2h$。假设两个天线的馈电电流等幅，相位差为 ξ，试求：

(1) 写出远区场的表达式；

(2) 该天线阵方向图函数是什么？

(3) $d=\lambda_0/2$，$\xi=0$ 的最大辐射方向。

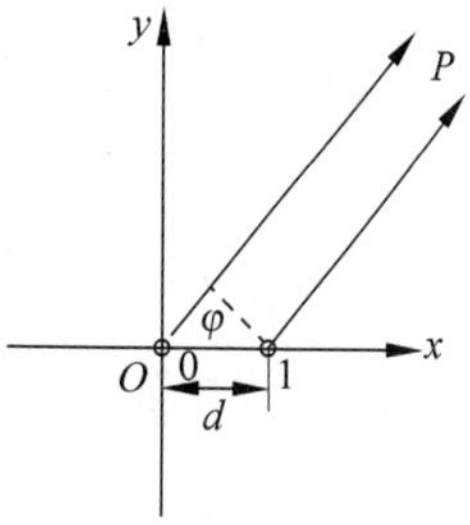

图 7-9　习题 7.23 示意图

解　(1) 如图 7-9 所示，在 xOy 平面内，天线 0 在 P 点的电场为

$$\boldsymbol{E}_0=\mathrm{j}\frac{I_{\mathrm{m}}hZ_0\mathrm{e}^{-\mathrm{j}k_0 r}}{\lambda_0 r}\boldsymbol{e}_\theta$$

天线 1 在 P 点的电场为

$$\boldsymbol{E}_1=\mathrm{j}\frac{I_{\mathrm{m}}\mathrm{e}^{-\mathrm{j}\xi}hZ_0\mathrm{e}^{-\mathrm{j}k_0 r_1}}{\lambda_0 r_1}\boldsymbol{e}_\theta$$

在远区，$\frac{1}{r}\approx\frac{1}{r_1}$，$r_1\approx r-d\cos\varphi$，则总电场为

$$\begin{aligned}\boldsymbol{E}=\boldsymbol{E}_0+\boldsymbol{E}_1&=\mathrm{j}\frac{I_{\mathrm{m}}hZ_0\mathrm{e}^{-\mathrm{j}k_0 r}}{\lambda_0 r}\boldsymbol{e}_z+\mathrm{j}\frac{I_{\mathrm{m}}\mathrm{e}^{-\mathrm{j}\xi}hZ_0\mathrm{e}^{-\mathrm{j}k_0 r_1}}{\lambda_0 r_1}\boldsymbol{e}_z\\&=\mathrm{j}\frac{I_{\mathrm{m}}hZ_0\mathrm{e}^{-\mathrm{j}k_0 r}}{\lambda_0 r}(1+\mathrm{e}^{\mathrm{j}(k_0 d\cos\varphi-\xi)})\boldsymbol{e}_z\end{aligned}$$

注意：在 xOy 平面内，$\boldsymbol{e}_\theta$ 与 $\boldsymbol{e}_z$ 平行（正负号不影响此处的分析），且 $\sin\theta=1$。

(2) 该天线阵归一化方向图函数为

$$F(\theta,\varphi)=\left|\frac{E}{E_{\mathrm{m}}}\right|=\frac{\left|(1+\mathrm{e}^{\mathrm{j}(k_0 d\cos\varphi-\xi)})\right|}{2}$$

$$=\frac{\sqrt{(1+\cos(k_0 d\cos\varphi-\xi))^2+\sin^2(k_0 d\cos\varphi-\xi)}}{2}$$

$$=\cos\frac{k_0 d\cos\varphi-\xi}{2}$$

(3) 当 $k_0 d\cos\varphi-\xi=0$ 时辐射最大,代入已知数据,有

$$k_0 d\cos\varphi=0$$

即有

$$\varphi=\frac{\pi}{2}$$

习题 7.24 两个赫兹偶极子天线构成二元天线阵,若这两个天线的馈电电流幅度相等,但相位差为 $\pi/4$,$d=\lambda_0/2$,试计算:

(1) xOz 平面内的方向图函数;

(2) 相位差为何值时,该天线阵在 z 方向获得最大辐射。

解 (1) 如图 7-10 所示,天线 0、天线 1 沿 x 轴放置,引用电偶极子天线的结论,在 xOz 平面内,电场强度 $\boldsymbol{E}$ 的大小可以分别表示为

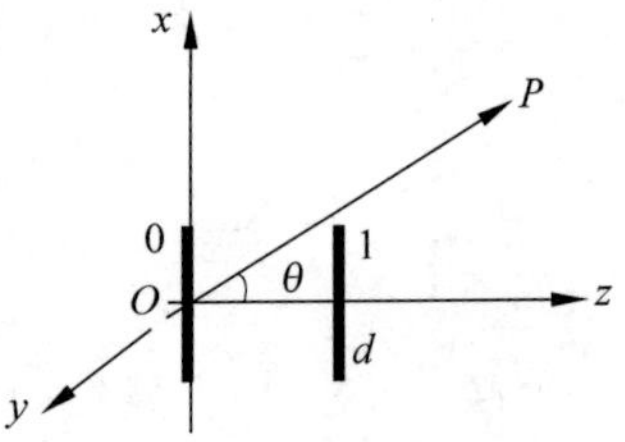

图 7-10 习题 7.24 示意图

$$E_0=\mathrm{j}\frac{I\Delta l Z_0\mathrm{e}^{-\mathrm{j}k_0 r}}{2\lambda_0 r}\cos\theta$$

$$E_1=\mathrm{j}\frac{I\Delta l\,\mathrm{e}^{\mathrm{j}\psi}Z_0\mathrm{e}^{-\mathrm{j}k_0 r_1}}{2\lambda_0 r}\cos\theta$$

其中,$\psi=k_0 d\cos\theta-\xi=\frac{2\pi}{\lambda_0}\frac{\lambda_0}{2}\cos\theta-\frac{\pi}{4}=\pi\cos\theta-\frac{\pi}{4}$

因此,合成场强为

$$E=E_0+E_1=\mathrm{j}\frac{I\Delta l Z_0\mathrm{e}^{-\mathrm{j}k_0 r}}{2\lambda_0 r}\cos\theta(1+\mathrm{e}^{\mathrm{j}\psi})$$

$$=\mathrm{j}\frac{I\Delta l Z_0\mathrm{e}^{-\mathrm{j}k_0 r}}{2\lambda_0 r}\cos\theta\,\mathrm{e}^{\mathrm{j}\frac{\psi}{2}}(\mathrm{e}^{-\mathrm{j}\frac{\psi}{2}}+\mathrm{e}^{\mathrm{j}\frac{\psi}{2}})$$

$$=\mathrm{j}\frac{I\Delta l Z_0\mathrm{e}^{-\mathrm{j}k_0 r}}{\lambda_0 r}\cos\theta\cos\frac{\psi}{2}\mathrm{e}^{\mathrm{j}\frac{\psi}{2}}$$

方向图函数为

$$F(\theta)=\cos\theta\cos\frac{\psi}{2}=\cos\theta\left[\cos\frac{\pi}{2}\left(\cos\theta-\frac{1}{4}\right)\right]$$

(2) 最大辐射的条件:$\psi=k_0 d\cos\theta-\xi=0$

在 z 方向上,有 $\theta=0,\pi$,则

$$\xi=k_0 d\cos\varphi=\pm\frac{2\pi}{\lambda_0}\times\frac{\lambda_0}{2}=\pm\pi$$

习题 7.25　一个 8 元均匀直线式相控天线阵，间距为 $\lambda_0/2$，如果要使最大辐射方向与天线阵的轴线方向的夹角为 60°，试确定相邻两个单元天线的馈电电流的相位差，并确定该天线阵的阵因子。

解　设相邻两个单元天线馈电电流的相位差为 ξ，则相邻两天线间总相位差为

$$\psi = k_0 d\cos\varphi - \xi$$

依题意，天线达到最大辐射方向时有

$$\psi = k_0 \cdot \frac{\lambda_0}{2} \cdot \cos\frac{\pi}{3} - \xi = 0$$

则相邻两个单元天线的馈电电流的相位差为

$$\xi = k_0 \cdot \frac{\lambda_0}{2} \cdot \cos\frac{\pi}{3} = \frac{\pi}{2}$$

均匀直线式天线阵的阵因子为

$$f(\psi) = \left|\frac{\sin\dfrac{8\psi}{2}}{\sin\dfrac{\psi}{2}}\right| = \left|\frac{\sin 4\pi\left(\cos\varphi - \dfrac{1}{2}\right)}{\sin\dfrac{\pi}{2}\left(\cos\varphi - \dfrac{1}{2}\right)}\right|$$

习题 7.26　一个 5 元均匀直线天线阵，间距为 $d=\lambda_0/2$，如果其馈电电流是同相位的，但幅度分布遵从二项式分布，即 $a_i = \dfrac{(N-1)!}{i!\,(N-i-1)!}$($i=0,2,3,\cdots,N-1$，$N$ 为单元的数目)。试求该均匀直线天线阵的阵因子。

解　依题意，则相邻两个单元天线的馈电电流的相位差为

$$\psi = k_0 \cdot \frac{\lambda_0}{2} \cdot \cos\varphi = \pi\cos\varphi$$

总电场强度为

$$\begin{aligned} \boldsymbol{E} &= \boldsymbol{E}_0 + \boldsymbol{E}_1 + \boldsymbol{E}_2 + \boldsymbol{E}_3 + \boldsymbol{E}_4 \\ &= \boldsymbol{E}_0\left(1 + \frac{4!}{1!\times 3!}\mathrm{e}^{-\mathrm{j}\psi} + \frac{4!}{2!\times 2!}\mathrm{e}^{-\mathrm{j}2\psi} + \frac{4!}{3!\times 1!}\mathrm{e}^{-\mathrm{j}3\psi} + \frac{4!}{4!}\mathrm{e}^{-\mathrm{j}4\psi}\right) \\ &= \boldsymbol{E}_0(1+\mathrm{e}^{-\mathrm{j}\psi})^4 = \boldsymbol{E}_0(\mathrm{e}^{-\mathrm{j}\frac{\psi}{2}})^4(\mathrm{e}^{\mathrm{j}\frac{\psi}{2}} + \mathrm{e}^{-\mathrm{j}\frac{\psi}{2}})^4 = 2^4\boldsymbol{E}_0\mathrm{e}^{-\mathrm{j}2\psi}\cos^4\frac{\psi}{2} \end{aligned}$$

阵因子则为

$$f(\varphi) = 2^4\cos^4\frac{\psi}{2} = 16\cos^4\left(\frac{\pi\cos\varphi}{2}\right)$$

习题 7.27　两个理想点源天线分别位于 $z=0$，$z=d$ 的位置上，其馈电电流的幅度分别为 a_0，a_1，在 $z=d$ 处的天线的电流的相位较 $z=0$ 处的天线超前 δ，请计算下列情况下此二元阵列的方向图函数：

(1) $a_0=a_1=1$，$\delta=\pi/4$，$d=\lambda_0/2$；

(2) $a_0=1$，$a_1=2$，$\delta=0$，$d=\lambda_0$；

(3) $a_0=a_1=1$，$\delta=\pi/2$，$d=\lambda_0/2$；

(4) $a_0=1$，$a_1=2$，$\delta=\pi/4$，$d=\lambda_0/2$；

(5) $a_0=1$，$a_1=2$，$\delta=\pi/2$，$d=\lambda_0/4$。

解 设 $z=0$ 处的理想点源天线电场强度为

$$E_0=\frac{Aa_0\mathrm{e}^{-\mathrm{j}k_0r}}{r}$$

由已知可得,在远区天线 1 相位超前天线 0 的值为

$$\psi=k_0d\cos\varphi+\delta$$

故在 $z=d$ 处的理想点源天线 1 电场强度为

$$E_1=\frac{Aa_1\mathrm{e}^{-\mathrm{j}(k_0r-k_0d\cos\varphi-\delta)}}{r}$$

总场的一般式则为

$$E=E_0+E_1=\frac{Aa_0\mathrm{e}^{-\mathrm{j}k_0r}}{r}+\frac{Aa_1\mathrm{e}^{-\mathrm{j}k_0r}}{r}\mathrm{e}^{\mathrm{j}(k_0d\cos\varphi+\delta)}=\frac{A\mathrm{e}^{-\mathrm{j}k_0r}}{r}[a_0+a_1\mathrm{e}^{\mathrm{j}(k_0d\cos\varphi+\delta)}]$$

下面分几种情况进行讨论:

(1) 将 $a_0=a_1=1,\delta=\pi/4,d=\lambda_0/2$ 代入上式,得

$$|E|=\left|\frac{Aa_0\mathrm{e}^{-\mathrm{j}k_0r}}{r}[1+\mathrm{e}^{\mathrm{j}(\pi\cos\varphi+\pi/4)}]\right|=\frac{2Aa_0}{r}\cos\frac{\pi}{2}\left(\cos\varphi+\frac{1}{4}\right)$$

则此二元阵列的方向图函数为

$$F(\varphi)=\cos\frac{\pi}{2}\left(\cos\varphi+\frac{1}{4}\right)$$

(2) 将 $a_0=1,a_1=2,\delta=0,d=\lambda_0$ 代入一般式,得

$$|E|=\left|\frac{Aa_0\mathrm{e}^{-\mathrm{j}k_0r}}{r}+\frac{Aa_1\mathrm{e}^{-\mathrm{j}k_0r}}{r}\mathrm{e}^{\mathrm{j}2\pi\cos\varphi}\right|=\left|\frac{A\mathrm{e}^{-\mathrm{j}k_0r}}{r}[1+2\mathrm{e}^{\mathrm{j}2\pi\cos\varphi}]\right|$$

$$=\frac{A}{r}[5+4\cos(2\pi\cos\varphi)]^{\frac{1}{2}}$$

方向图函数为

$$F(\varphi)=[5+4\cos(2\pi\cos\varphi)]^{\frac{1}{2}}$$

(3) 将 $a_0=a_1=1,\delta=-\pi/2,d=\lambda_0/2$ 代入一般式,得

$$|E|=\left|\frac{A\mathrm{e}^{-\mathrm{j}k_0r}}{r}[1+\mathrm{e}^{\mathrm{j}(\pi\cos\varphi-\pi/2)}]\right|=\frac{2A}{r}\cos\frac{\pi}{2}\left(\cos\varphi-\frac{1}{2}\right)$$

方向图函数为

$$F(\varphi)=\cos\frac{\pi}{2}\left(\cos\varphi-\frac{1}{2}\right)$$

(4) 将 $a_0=1,a_1=2,\delta=\pi/4,d=\lambda_0/2$ 代入一般式,得

$$|E|=\left|\frac{A\mathrm{e}^{-\mathrm{j}k_0r}}{r}[1+2\mathrm{e}^{\mathrm{j}(\pi\cos\varphi+\pi/4)}]\right|$$

$$=\frac{A}{r}\left[5+4\cos\pi\left(\cos\varphi+\frac{1}{4}\right)\right]^{\frac{1}{2}}$$

方向图函数为

$$F(\varphi)=\left[5+4\cos\pi\left(\cos\varphi+\frac{1}{4}\right)\right]^{\frac{1}{2}}$$

(5) 将 $a_0=1,a_1=2,\delta=\pi/2,d=\lambda_0/4$ 代入一般式，得

$$|E|=\left|\frac{A\mathrm{e}^{-\mathrm{j}k_0 r}}{r}\left[1+2\mathrm{e}^{\mathrm{j}(\pi\cos\varphi/2+\pi/2)}\right]\right|$$
$$=\frac{A}{r}\left[5+4\cos\frac{\pi}{2}(\cos\varphi+1)\right]^{\frac{1}{2}}$$

方向图函数为

$$F(\varphi)=\left[5+4\cos\frac{\pi}{2}(\cos\varphi+1)\right]^{\frac{1}{2}}$$

习题 7.28 如图 7-11 放置两个半波振子(振子轴垂直纸面)，设两者电流等辐反相，若要求最大辐射方向为 $a=30°$，试问其间距应为多少?

解 设相邻两个单元天线馈电电流的相位差为 ξ，则相邻两天线间总相位差为

$$\psi=k_0 d\cos\varphi-\xi$$

最大辐射方向满足

$$k_0 d\cos\varphi-\xi=0$$

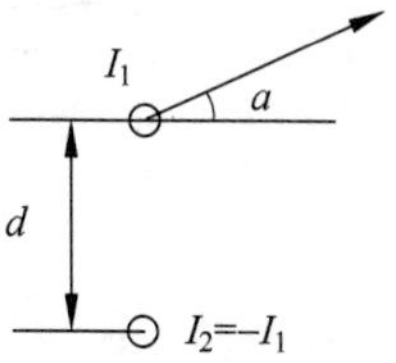

图 7-11　习题 7.28 示意图

则其间距为

$$d=\frac{\xi}{k_0\cos\varphi}=\frac{\xi}{k_0\cos(90°-\alpha)}=\frac{\pi}{k_0\cos 60°}=\lambda_0$$

7.7 核心 MATLAB 代码

7.7.1 使用 MATLAB 绘制天线方向图

方向图函数对于理解天线的辐射特性具有重要的意义。一般情况下，方向图函数是球坐标系下方位角的函数，即 $F(\theta,\varphi)$。在球坐标系下绘制方向图时，可以定义函数 $r=F(\theta,\varphi)$，这样，在空间对 (r,θ,φ) 进行描点，所得曲面即为方向图。

在二维情况下，可以使用 MATLAB 下的 polar(theta,rho) 函数进行方向图绘制。比如对电偶极子，$F(\theta)=\sin\theta$。我们可以定义函数 $r=F(\theta,\varphi)=\sin\theta$，然后在极坐标系下直接绘图即可。

```
theta = [ - pi:0.1:pi];          % 定义 θ 的取值范围
r = abs(sin(theta));             % 定义方向图函数
polar(theta,r);                  % 利用 polar 绘制曲线
```

图 7-12(a)就是利用 MATLAB 绘制的方向图。为了方便同学们观察，我们把绘制的图逆时针旋转了 90 度。可见，这是一个典型的“8”字型图案。其他更为复杂的方向图，其绘制机理完全一致。

在三维情况下，可以使用 surf 函数来绘制立体的方向图，从而使得方向图看起来更加真实、直观。图 7-12(b)就给出了电偶极子天线的立体方向图形式。具体 MATLAB 代码如下，其核心是将球坐标系下的变量转换为直角坐标系下的变量，从而可以使用 surf 函数绘制曲面。

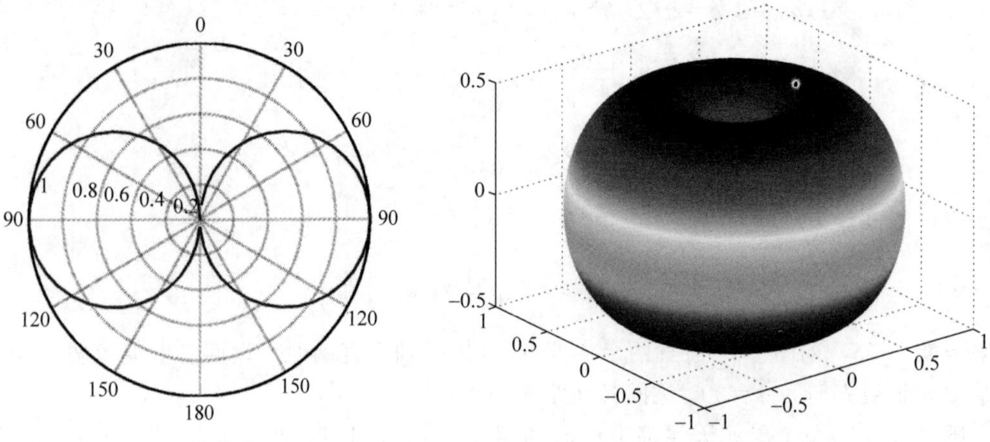

(a) 二维形式　　　　(b) 三维形式

图 7-12　电偶极子的方向图

```
clc; clear;                                  % 清屏,清内存
theta = (0:pi/100:pi);                       % theta 向量定义
phi = 0:pi/100:2 * pi;                       % phi 向量定义
[Theta,Phi] = meshgrid(theta,phi);           % 定义网格
R = sin(Theta);                              % 计算方向图函数
x = R. * sin(Theta). * cos(Phi);             % 计算 x 坐标
y = R. * sin(Theta). * sin(Phi);             % 计算 y 坐标
z = R. * cos(Theta);                         % 计算 z 坐标
surf(x,y,z);                                 % 绘制三维方向图
shading interp;                              % 颜色做插值
```

7.7.2　使用 MATLAB 绘制天线阵的阵因子

利用 MATLAB 还可以绘制天线阵的阵因子。比如,在端射式天线阵中,各单元天线上电流的相位应依次滞后一个角度 ξ,这个角度 ξ 在数值上等于相邻两单元天线之间的距离在 $\varphi=0°$ 方向上所引起的相位差 k_0d。当 $\xi=k_0d$ 时,两相邻单元天线所产生的场在 $\varphi=0°$ 方向上的波程所引起的相位差 k_0d 正好与它们自身电流的相位 $\xi=k_0d$ 相补偿,从而使得在 $\varphi=0°$ 方向上所有单元天线产生的场同相叠加而达到最大值。

端射式等幅直线阵的阵因子为

$$f_a(\varphi)=\frac{\sin\left[\frac{Nk_0d}{2}(\cos\varphi-1)\right]}{\sin\left[\frac{k_0d}{2}(\cos\varphi-1)\right]} \tag{7-40}$$

其归一化形式为

$$f_a(\varphi)=\frac{\sin\left[\frac{Nk_0d}{2}(\cos\varphi-1)\right]}{N\sin\left[\frac{k_0d}{2}(\cos\varphi-1)\right]} \tag{7-41}$$

接下来,考虑一个由四个理想点源天线(方向图函数为 1,方向图为一个球面)所构成的四元端射式天线阵。该天线阵沿 x 轴方向排列,单元之间的距离为 $d=\lambda/2$。利用 polar 函数和 surf 函数绘制四元端射式天线阵的平面方向图和立体方向图,MATLAB 显示结果如图 7-13 和图 7-14 所示。

```
phi = linspace(0,2 * pi);                              % 方位角
theta = linspace(0,pi);                                % 头顶仰角
lambda = 1;                                            % 波长
k0 = 2 * pi/lambda;                                    % 波数
d = lambda/2;                                          % 单元间距
N = 4;                                                 % 单元天线个数数量
f = sin(N * k0 * d/2 * (cos(phi) - 1))./(sin(k0 * d/2 * (cos(phi) - 1)) * N);  % 归一化方向图
                                                                               % 函数,xOy 平面
figure
polar(phi,f)                                           % 绘制二维方向图函数
title('2D plot')                                       % 设置标题
y1 = (f. * sin(phi))' * cos(theta);                    % 绕 x 轴旋转得到曲面,计算 y 值
z1 = (f. * sin(phi))' * sin(theta);                    % 绕 x 轴旋转得到曲面,计算 z 值
x1 = (f. * cos(phi))' * ones(size(theta));             % 绕 x 轴旋转得到曲面,计算 x 值
figure
surf(x1,y1,z1)                                         % 绘制曲面
title('3D plot')                                       % 设置标题
axis equal                                             % 设置各个轴等比例显示
```

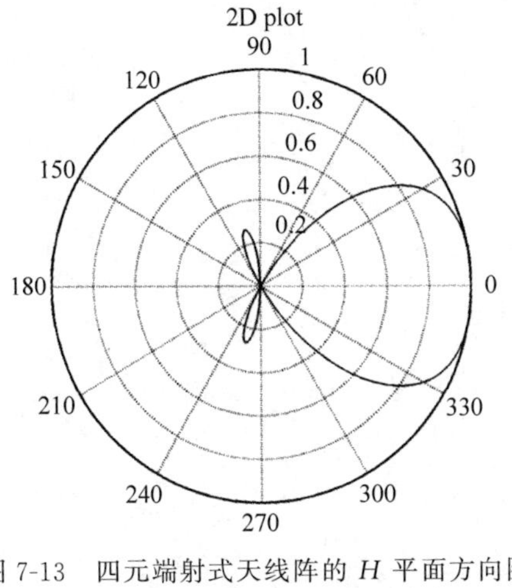

图 7-13 四元端射式天线阵的 H 平面方向图

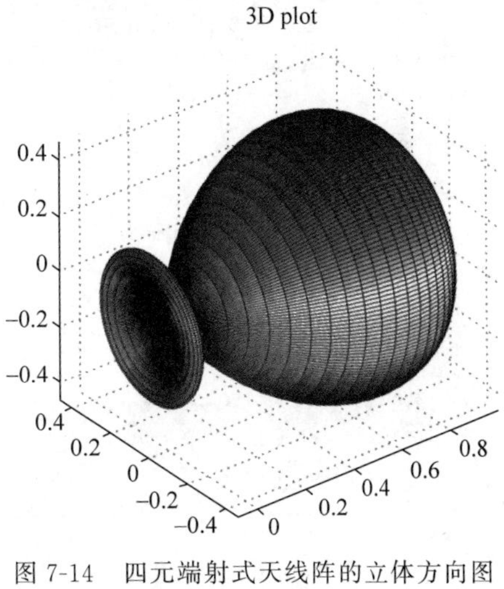

图 7-14 四元端射式天线阵的立体方向图

7.7.3 使用 MATLAB 绘制电磁超表面的反射方向图

考虑一个具有 6×6 个单元的反射型电磁超表面结构,相邻单元间的尺寸为一个工作波长,如图 7-15 所示。

下面的 MATLAB 代码可以利用叠加原理计算该电磁超表面对入射电磁波的反射结果。

0	π	0	π
0	π	0	π
0	π	0	π
0	π	0	π

(a) 排布方式一

0	π	0	π
π	0	π	0
0	π	0	π
π	0	π	0

(b) 排布方式二

图 7-15　电磁超表面的反射相位分布示意

```
freq = 1e + 9;                                               % 工作频率
omega = 2 * pi * freq;
c = 3e8;                                                     % 光速
lambda = c/freq;                                             % 波长
k = 2 * pi/lambda;                                           % 波数
m = 6;n = 6;                                                 % 反射面的尺寸
reflect_phi = repmat([1 0],m,n/2);                           % 相位矩阵图(a)所示情景
 % reflect_phi = repmat(eye(2,2),m/2,n/2);                     % 相位矩阵图(b)所示情景
reflect_amp = ones(size(reflect_phi));                       % 幅度矩阵
reflect_phi = reflect_phi. * pi;                             % 相位矩阵
d = lambda;                                                  % 单元间距
M = 500;N = 500;                                             % 方位角离散化的个数
theta = linspace(0,pi/2,M);phi = linspace(0,pi * 2,N);       % theta 方向 M 份; phi 方向 N 份
[THETA,PHI] = meshgrid(theta,phi);                           % 构造网格
E_total = zeros(M,N);                                        % 初始电场强度,各方向均为 0
for ii = 1:1:m                                               % 循环 m×n 次,叠加原理计算远场
for jj = 1:1:n
E_total = E_total + reflect_amp(ii,jj). * exp(1i. * (reflect_phi(ii,jj) + k. * d. * ((jj - 1/2).
 * cos(PHI) + (ii - 1/2). * sin(PHI)). * sin(THETA)));
 % 叠加原理,1/2 是考虑位置从单元中心计算,核心是波程造成的相位差别
end
end
Ex = abs(E_total). * sin(THETA). * cos(PHI);
Ey = abs(E_total). * sin(THETA). * sin(PHI);
Ez = abs(E_total). * cos(THETA);                             % 电场三个分量
Exx = sin(THETA). * cos(PHI);Eyy = sin(THETA). * sin(PHI);   % 将方位角转换为直角坐标
Ezz = abs(E_total);                                          % 方位角上对应的电场模值
% ***************************************************************
figure;
surf(Ex,Ey,Ez,'EdgeColor','none');                           % 绘制立体方向图
xlabel('Ex','fontsize',12,'fontweight','b','color','r');
ylabel('Ey','fontsize',12,'fontweight','b','color','b');
zlabel('Ez','fontsize',12,'fontweight','b');
grid off;
% ***************************************************************
figure(2)
contourf(Exx,Eyy,Ezz,'LineStyle','none');                    % 绘制等高线并填充
hold on;
theta0 = pi/6;phi0 = [0 pi];                                 % 图 7-16(a)解析计算的结果
 % theta0 = pi/4;phi0 = [pi/4:pi/2:7 * pi/4];                  % 图 7-17(b)解析计算的结果
x0 = sin(theta0) * cos(phi0);
y0 = sin(theta0) * sin(phi0);
plot(x0,y0,'w + ');                                          % 绘制解析结果以验证
axis equal
```

图 7-16 给出了图 7-15(a)(相位排布方式一)时对应的反射方向图。可以看出,在该种相位分布下,垂直入射的电磁波被反射后,沿两个主要波束方向传播,利用前面天线阵计算的最大辐射方向,以两个白色“+”号的形式绘制在图 7-16(b)中,此结果与数值结算结果完全相符。

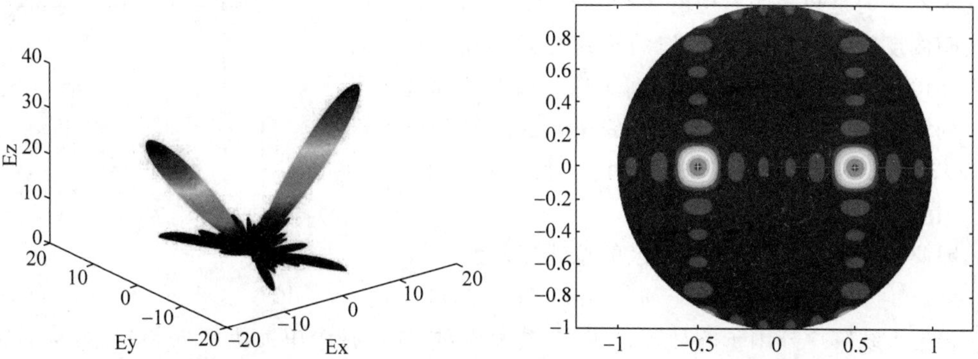

(a) 三维远区方向图　(b) 二维远区方向图

图 7-16　相位排布方式一时,电磁超表面的远区方向图

图 7-17 给出了图 7-15(b)(相位排布方式二)对应的情形,由图中可以看出,数值计算与解析分析的结果完全一致。

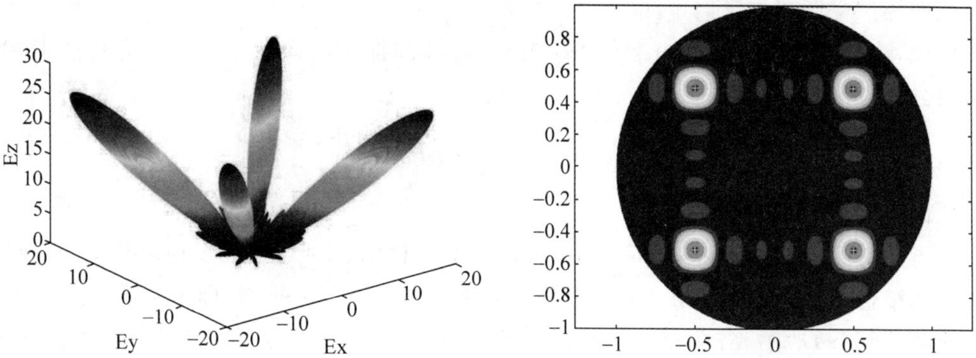

(a) 三维远区方向图　(b) 二维远区方向图

图 7-17　相位排布方式二下,电磁超表面的远区方向图

7.8　科技前沿中电磁波的辐射问题——电磁超表面的相控阵解释

第 6 章提到,人工电磁表面(简称超表面)具有超薄的厚度,在平面内使用“人工原子”按照一定规律排列。根据惠更斯原理,在外加电磁场的作用下,人工原子作为次波源,像单元天线一样向四周辐射,且可实现受控的电磁辐射强度和相位分布,从而完成灵活地对电磁波波前调控,对外呈现特异的电磁特性。如反常的反射、折射定律等,具有广阔的研究及应用前景。我们结合相控阵的理论,对其中的一些电磁现象进行分析。

假定电磁波以角度 θ_i 入射到超表面，各个小天线被激励，向四周做二次辐射，如图 7-18 所示。其中，辐射到上半空间的电磁波就是反射波。

超表面可以看作是直线或平面天线阵，与真正的有源天线阵不同的是超表面对应的天线阵是无源的，且各个小天线间的反射相位差对天线阵的辐射起到调控作用。若超表面单元分布均匀，则入射波到达超表面上相邻两小天线时的波程差为 $n_1k_0\sin\theta_i\mathrm{d}x$；相邻单元的反射相位差设为 $\mathrm{d}\Phi$，相邻两小天线反射线到达远场的波程差为 $n_1k_0\ \sin\theta_r\mathrm{d}x$。

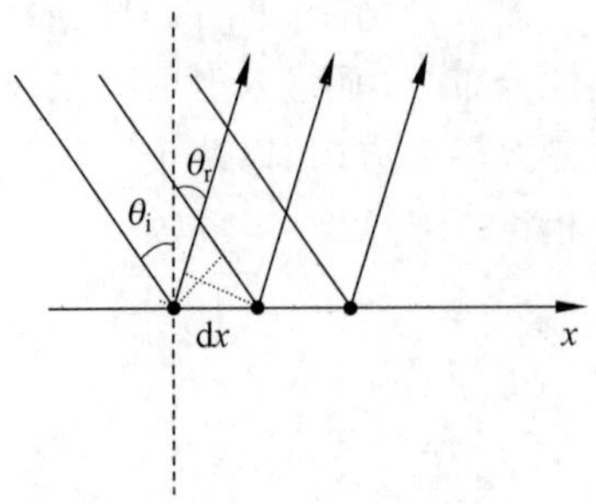

图 7-18 超表面反射示意

因此，两相邻小天线到达远区的总波程差为

$$\mathrm{d}\xi=n_1k_0\sin\theta_r\mathrm{d}x-n_1k_0\sin\theta_i\mathrm{d}x+\mathrm{d}\Phi \tag{7-42}$$

根据天线阵中阵因子的计算公式，在最大辐射方向，各个单元天线同相到达，从而实现同相叠加，即反射波束的方向应满足

$$n_1k_0\sin\theta_r\mathrm{d}x-n_1k_0\sin\theta_i\mathrm{d}x+\mathrm{d}\Phi=0 \tag{7-43}$$

整理可得

$$n_1k_0\sin\theta_r-n_1k_0\sin\theta_i=-\frac{\mathrm{d}\Phi}{\mathrm{d}x} \tag{7-44}$$

此即为广义斯奈尔反射定律。

同理，当平面波斜入射到电磁超表面时，电磁波同样存在向下半空间的介质透射，利用相似的分析方法，可得

$$n_2k_0\sin\theta_t-n_1k_0\sin\theta_i=-\frac{\mathrm{d}\Phi}{\mathrm{d}x} \tag{7-45}$$

此即为广义斯奈尔折射定律。

对于反射型超表面，在典型情况下，可以设置一种“人工原子”的反射相位为 0，而另外一种单元结构的反射相位为 π。对这两种单元结构进行适当的排列，即可实现特定功能。

如图 7-15(a)所示，各个单元结构或者小天线沿正 x、正 y 方向周期排布，但只在正 x 方向有相位差，这实际上是一个一维直线阵情况。可以断定，在垂直于表面的远处，各个单元(元天线)的辐射幅度相同，但是相位差为 π，属于相消干涉，故无反射场。或者说，反射的最大方向一定不在 z 方向。确定最大的反射方向，可以用线性天线阵的理论。假设最大反射方向与 xOy 平面的夹角为 φ，则有

$$kd\cos\varphi=\xi$$

这里 $\xi=\pi$，假设取 $d=\lambda$，代入上式，则 $\varphi_m=\pm\frac{\pi}{3}$。可见，当电磁波从垂直方向入射的时候，反射波束有两个，它们与 xOy 平面的夹角为 $\varphi_m=\pm\frac{\pi}{3}$。这表明：电磁波入射到电磁超表面时，发生了反常反射。入射角为 0，但是反射角为 $\pm\frac{\pi}{3}$，不同于传统的反射规律。

如图 7-15(b)所示，如果各个单元结构或者小天线沿 x、y 方向周期排布，相位差为 $\pm\pi$，则各个单元结构组成了一个均匀平面天线阵。确定最大的反射方向，就可以用平面天线阵

的理论，有

$$kd\sin\theta\cos\varphi=\xi_x=\pm\pi,\quad kd\sin\theta\sin\varphi=\xi_y=\pm\pi$$

假设各个单元之间的间距仍取为 $d=\lambda$，则可以求得 $\theta_{\mathrm{m}}=\frac{\pi}{4}$，$\varphi_{\mathrm{m}}=\pm\frac{\pi}{4}$或 $\varphi_{\mathrm{m}}=\pm\frac{3\pi}{4}$。

可见，在这种情况下反射波束有 4 个，分布在 $\theta_{\mathrm{m}}=\frac{\pi}{4}$的圆锥面上。

参考文献[24]报道了这一思想下的超表面设计与仿真，与上述理论分析结论相一致。

7.9 著名大学考研真题分析

【考研题 1】 （西安电子科技大学 2012 年）试证明天线的方向系数为

$$D(\theta,\varphi)=\frac{4\pi F^2(\theta,\varphi)}{\int_0^{2\pi}\int_0^{\pi}F^2(\theta,\varphi)\sin\theta\mathrm{d}\theta\mathrm{d}\varphi}$$

其中，$F(\theta,\varphi)$为天线归一化方向性函数。

证明　设辐射电场的大小为

$$E=E_{\mathrm{m}}F(\theta,\varphi)$$

则坡印亭矢量的大小为

$$S=\frac{E^2}{2\eta}=\frac{E_{\mathrm{m}}^2}{2\eta}F^2(\theta,\varphi)$$

单位立体角内辐射强度为

$$U(\theta,\varphi)=S\cdot r^2=U_{\mathrm{m}}F^2(\theta,\varphi)$$

总辐射功率

$$P_{\Sigma}=\int_0^{2\pi}\int_0^{\pi}U(\theta,\varphi)\sin\theta\mathrm{d}\theta\mathrm{d}\varphi=U_{\mathrm{m}}\int_0^{2\pi}\int_0^{\pi}F^2(\theta,\varphi)\sin\theta\mathrm{d}\theta\mathrm{d}\varphi$$

因为在辐射功率相同情况下，对于各向同性点源天线，单位立体角内平均辐射强度为$\frac{P_{\Sigma}}{4\pi}$，故由方向系数定义得

$$D(\theta,\varphi)=4\pi\frac{U(\theta,\varphi)}{P_{\Sigma}}=\frac{4\pi F^2(\theta,\varphi)}{\int_0^{2\pi}\int_0^{\pi}F^2(\theta,\varphi)\sin\theta\mathrm{d}\theta\mathrm{d}\varphi}$$

【考研题 2】 （西安电子科技大学 2012 年）两半波对称振子，一收一发，均处于谐振匹配状态，忽略损耗，如图 7-19 所示。发射天线的辐射功率为 100W，工作频率为 200MHz，两天线相距 10km。试计算：

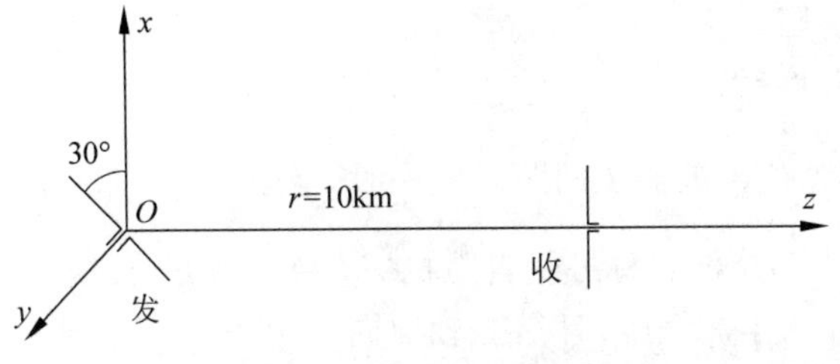

图 7-19　考研题 2 示意图

（1）接收功率（发射天线位于 xOy 平面内，与 x 轴夹角为 30°，接收天线平行于 x 轴）；

（2）若将发射天线改为圆极化天线，最大方向对准接收天线，增益 2.15dB，接收天线不变，接收功率是多少？

解 （1）在最大方向对准、共轭匹配状态下，接收功率为

$$P_r = \left(\frac{\lambda}{4\pi r}\right)^2 P_\tau G_\tau G_r \cos^2\xi$$

其中，波长 $\lambda = \frac{c}{f} = 1.5\text{m}$。忽略损耗时，半波振子增益为

$$G_\tau = G_r = 1.64$$

极化失配因子为

$$\cos^2\xi = \cos^2 30° = 0.75$$

代入公式计算可得，接收功率为

$$P_r = 2.874 \times 10^{-8}\,\text{W}$$

（2）发射天线改为圆极化天线时，极化失配因子为

$$\cos^2\xi = \cos^2 45° = 0.5$$

发射天线的增益为

$$G_r = 2.15\text{dB} = 1.64$$

代入公式计算可得，接收功率为

$$P_r = 1.916 \times 10^{-8}\,\text{W}$$

【考研题 3】（西安电子科技大学 2011 年）如图 7-20 所示，三个半波对称振子共轴排列组成直线阵。单元间距为 $d = \frac{\lambda}{2}$，单元电流分布为 $I_1 = I$，$I_2 = 2I$，$I_3 = I$，求：

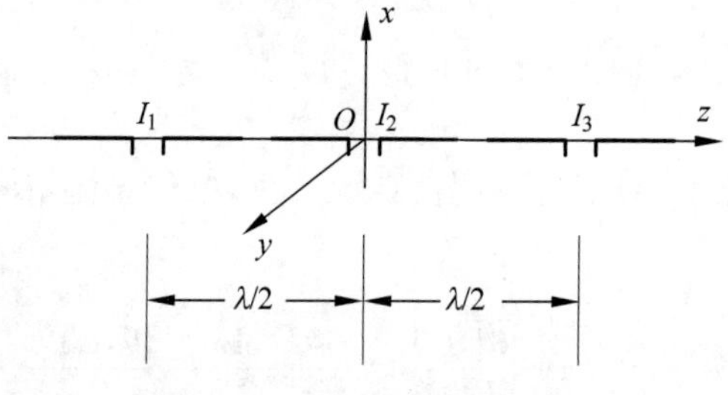

图 7-20　考研题 3 示意图

（1）天线阵的空间方向性函数；

（2）粗略画出 xOz 面及 xOy 面的方向图；

（3）各振子的辐射阻抗 Z_{ri} $(i=1,2,3)$；

（4）天线阵的辐射阻抗 $Z_{r(i)}$ $(i=1,2,3)$；

（5）天线阵的方向性系数。

注：(1)两共轴排列的半波振子间距 $d = \frac{\lambda}{2}$ 时，互阻 $Z_{mn} = (30 + \text{j}25)\Omega$；间距 $d = \lambda$ 时，互阻抗 $Z_{mn} = -10\Omega$。(2)半波对称振子自阻抗 $Z_{mn} = (73.1 + \text{j}42.5)\Omega$。

解 （1）因为阵元为半波振子，且沿 z 轴取向

故单元因子为
$$|f_1(\theta,\varphi)|=\left|\frac{\cos\left(\frac{\pi}{2}\cos\theta\right)}{\sin\theta}\right|$$
其中，θ 为矢量 $\boldsymbol{r}$ 与 z 轴正向夹角。则阵因子为
$$|f_a(\theta,\varphi)|=|1+2e^{jkd\cos\theta}+e^{j2kd\cos\theta}|=|2+2\cos(\pi\cos\theta)|$$
阵列空间方向性函数为
$$|f(\theta,\varphi)|=|f_1\cdot f_a|=4\left|\frac{\cos\left(\frac{\pi}{2}\cos\theta\right)}{\sin\theta}\right|\cdot\left|\cos^2\left(\frac{\pi}{2}\cos\theta\right)\right|$$

（2）在 xOz 面上，$\varphi=0$；在 xOy 面上，$\theta=90°$，方向图如图 7-21 所示。该天线阵的立体方向图函数如图 7-22 所示。

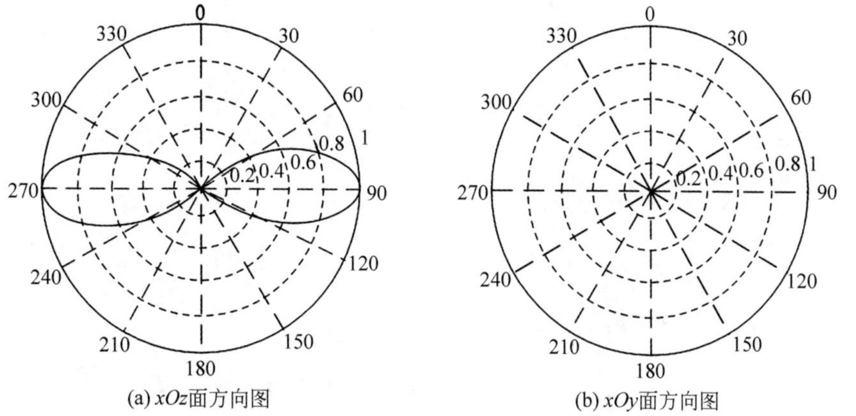

图 7-21　考研题 3 的方向图示意图

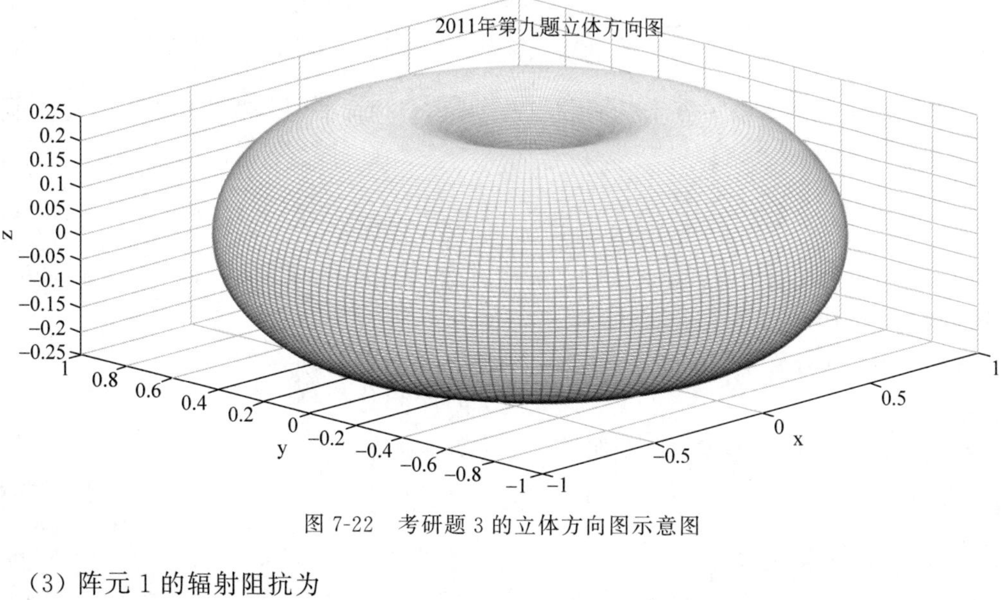

图 7-22　考研题 3 的立体方向图示意图

（3）阵元 1 的辐射阻抗为
$$Z_{r1}=Z_{11}+\frac{I_2}{I_1}Z_{12}+\frac{I_3}{I_1}Z_{13}=(123.1+j92.5)\,\Omega$$

阵元 2 的辐射阻抗为

$$Z_{r2}=\frac{I_1}{I_2}Z_{21}+Z_{22}+\frac{I_3}{I_2}Z_{23}$$

因天线阵互易对称，故有

$$Z_{11}=Z_{22},\quad Z_{21}=Z_{12},\quad Z_{23}=Z_{12}$$

即

$$Z_{r2}=(103.1+\mathrm{j}67.5)\,\Omega$$

阵元 3 的辐射阻抗为

$$Z_{r3}=\frac{I_1}{I_3}Z_{21}+\frac{I_2}{I_3}Z_{22}+Z_{23}$$

因天线阵互易对称，故

$$Z_{13}=Z_{31},\quad Z_{32}=Z_{12},\quad Z_{33}=Z_{11}$$

$$Z_{r3}=(123.1+\mathrm{j}92.5)\,\Omega$$

(4) 天线阵归算于阵元 1 的总辐射阻抗为

$$Z_{r(1)}=Z_{r1}+\frac{I_2^2}{I_1^2}Z_{r2}+\frac{I_3^2}{I_1^2}Z_{r3}=(658.6+\mathrm{j}455)\,\Omega$$

天线阵归算于阵元 2 的总辐射阻抗为

$$Z_{r(2)}=\frac{I_1^2}{I_2^2}Z_{r1}+Z_{r2}+\frac{I_3^2}{I_2^2}Z_{r3}=(164.65+\mathrm{j}113.75)\,\Omega$$

天线阵归算于阵元 3 的总辐射阻抗为

$$Z_{r(3)}=\frac{I_1^2}{I_3^2}Z_{r1}+\frac{I_2^2}{I_3^2}Z_{r2}+Z_{r3}=(658.6+\mathrm{j}455)\,\Omega$$

(5) 天线阵方向函数归算于阵元 1 时，$f_M=4$，归算于阵元 1 的总辐射电阻为

$$R_\Sigma=\mathrm{Re}(Z_{r(1)})=658.6\Omega$$

所以，天线阵的方向系数为

$$D=\frac{120f_M^2}{R_\Sigma}=2.92$$

【考研题 4】 (西安电子科技大学 2011 年)证明自由空间中天线在任意方向产生的辐射电场大小为

$$E(\theta,\varphi)=\frac{\sqrt{60P_\mathrm{r}D}}{r}F(\theta,\varphi)$$

其中，P_r 为天线的辐射功率；D 为天线的方向系数；$F(\theta,\varphi)$为天线的归一化方向函数；r 为天线到场点的距离。

证明 发射天线在空间任意点处的辐射场强大小可表示为

$$|E|=E_\mathrm{m}\cdot F(\theta,\varphi)$$

因为在最大辐射方向，所以发射天线在空间的功率通量密度为

$$S_\mathrm{av}=\frac{1}{2}\mathrm{Re}(E\times H^*)=\frac{E_\mathrm{m}^2}{2Z_0}$$

由发射天线方向系数定义知

$$D=\frac{S_\mathrm{av}}{P_\mathrm{r}/(4\pi r^2)}=\frac{E_\mathrm{m}^2\cdot 4\pi r^2}{2Z_0P_\mathrm{r}}=\frac{E_\mathrm{m}^2}{60P_\mathrm{r}}r^2$$

$$E_m = \frac{\sqrt{60P_r D}}{r}$$

则天线在任一点处辐射场强大小为

$$|E| = \frac{\sqrt{60P_r D}}{r} \cdot F(\theta,\varphi)$$

【考研题 5】 (西安电子科技大学 2010 年)根据天线理论证明功率传输方程 $P_R = \frac{P_r}{4\pi r^2} \times G_r \frac{\lambda^2}{4\pi} G_R = \left(\frac{\lambda}{4\pi r}\right)^2 P_r G_r G_R$。其中,$G_r$ 和 P_r 为发射天线的增益和输入功率。G_R 和 P_R 为发射天线的增益和接收功率。

证明 发射天线在 r 处的功率通量密度为

$$S_r = \frac{P_r}{4\pi r^2} G_r$$

接收天线的接收功率为

$$P_R = S_r A_{emR} = \frac{P_r}{4\pi r^2} G_r A_{emR}$$

又因为接收天线有效接收面积为

$$A_{emR} = \frac{\lambda^2}{4\pi} G_R$$

故

$$P_R = \frac{P_r}{4\pi r^2} G_r \frac{\lambda^2}{4\pi} G_R = \left(\frac{\lambda}{4\pi r}\right)^2 P_r G_r G_R$$

【考研题 6】 (西安电子科技大学 2010 年)若天线的功率方向图为 $P(\theta)=\cos\theta, 0^\circ \leqslant \theta \leqslant 90^\circ$,求天线的方向系数和半功率波瓣宽度。

解 令 $P(\theta)=\cos\theta=0.5$,解得

$$\theta = 60^\circ$$

如图 7-23 所示。

半功率波束宽度为　$(2\theta_{0.5})=120^\circ$

根据最大方向性系数的定义,有

$$D = \frac{4\pi}{\int_0^{2\pi}\int_0^{\frac{\pi}{2}} \cos\theta \sin\theta \, d\theta \, d\varphi} = 4$$

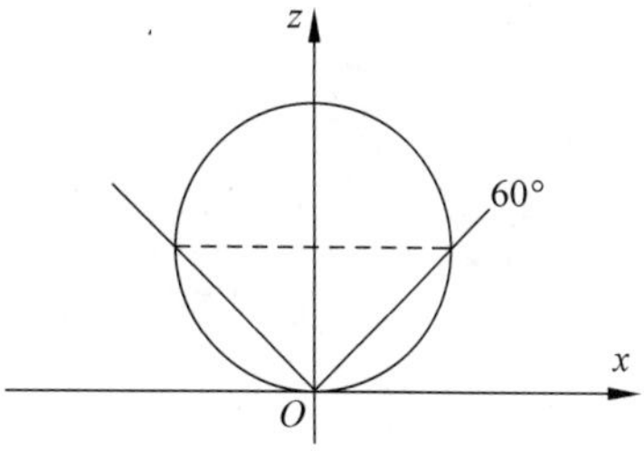

图 7-23　考研题 6 示意图

通过方向图函数计算半功率波束宽度时,一定要先大概画出方向图,先有一个感性的认识,因为不是任何时刻都可由求出 $\theta \times 2$ 得到半功率波束宽度(如 $P(\theta)=\sin\theta$ 时,令 $P=0.5$ 得 $\theta=30^\circ$,半功率波束宽度$=2(90^\circ-\theta)=120^\circ$)。要根据半功率波束宽度的概念去具体分析。

附录A 电磁场与电磁波思维导图

APPENDIX A

利用思维导图是学习“电磁场与电磁波”或其他课程的一种重要方法。本书在每章的开头部分都提供了相应章节的思维导图，在学习开始前可以通过浏览该图，掌握章节的概况，做到心中有数。由于每个人的理解能力不同、个人基础不同，所以针对同一内容，不同人绘制的思维导图也各不相同。因此，利用绘制思维导图对学生的学习情况进行考查，也是一种重要的考核手段。本部分给出全书的思维导图的另外一种形式(见图A-1～图A-8)，希望大家在复习总结的时候，能够利用思维导图，达到提纲挈领、纲举目张的效果。所谓“书越读越薄”，大概就是这个道理。

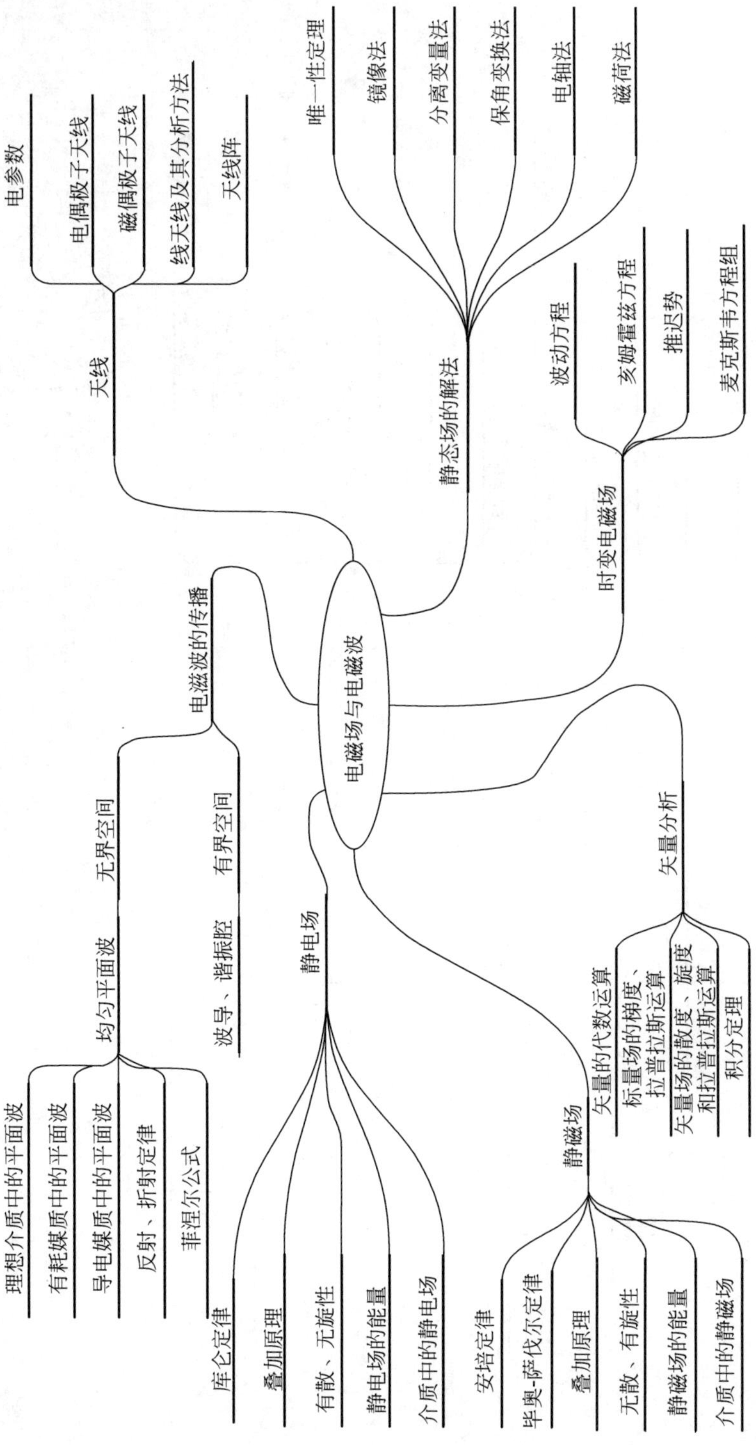
电磁场与电磁波
天线
电参数
电偶极子天线
磁偶极子天线
线天线及其分析方法
天线阵
静态场的解法
唯一性定理
镜像法
分离变量法
保角变换法
电轴法
磁荷法
时变电磁场
波动方程
亥姆霍兹方程
推迟势
麦克斯韦方程组
矢量分析
矢量的代数运算
标量场的梯度、拉普拉斯运算
矢量场的散度、旋度和拉普拉斯运算
积分定理
静磁场
安培定律
毕奥-萨伐尔定律
叠加原理
无散、有旋性
静磁场的能量
介质中的静磁场
静电场
库仑定律
叠加原理
有散、无旋性
静电场的能量
介质中的静电场
电磁波的传播
无界空间
均匀平面波
理想介质中的平面波
有耗媒质中的平面波
导电媒质中的平面波
反射、折射定律
菲涅尔公式
有界空间
波导、谐振腔

图 A-1　全书的思维导图

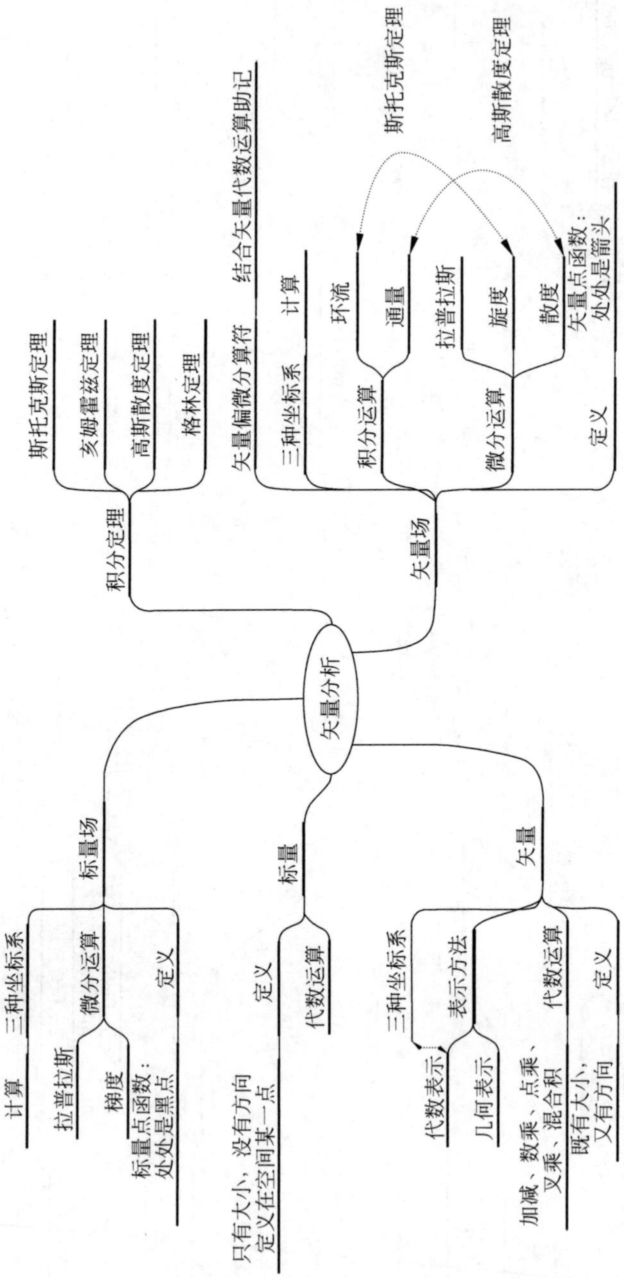

图 A-2 矢量分析思维导图

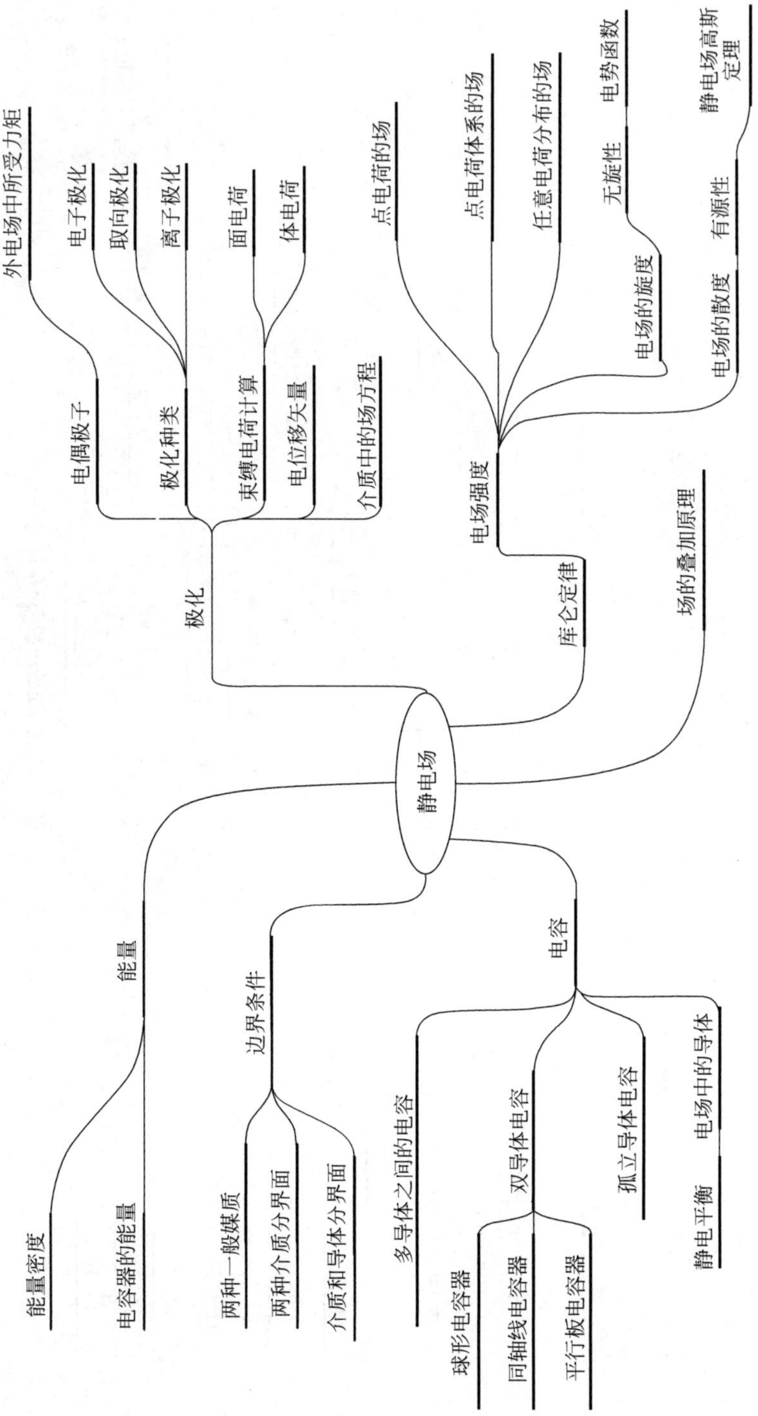

图 A-3　静电场的思维导图

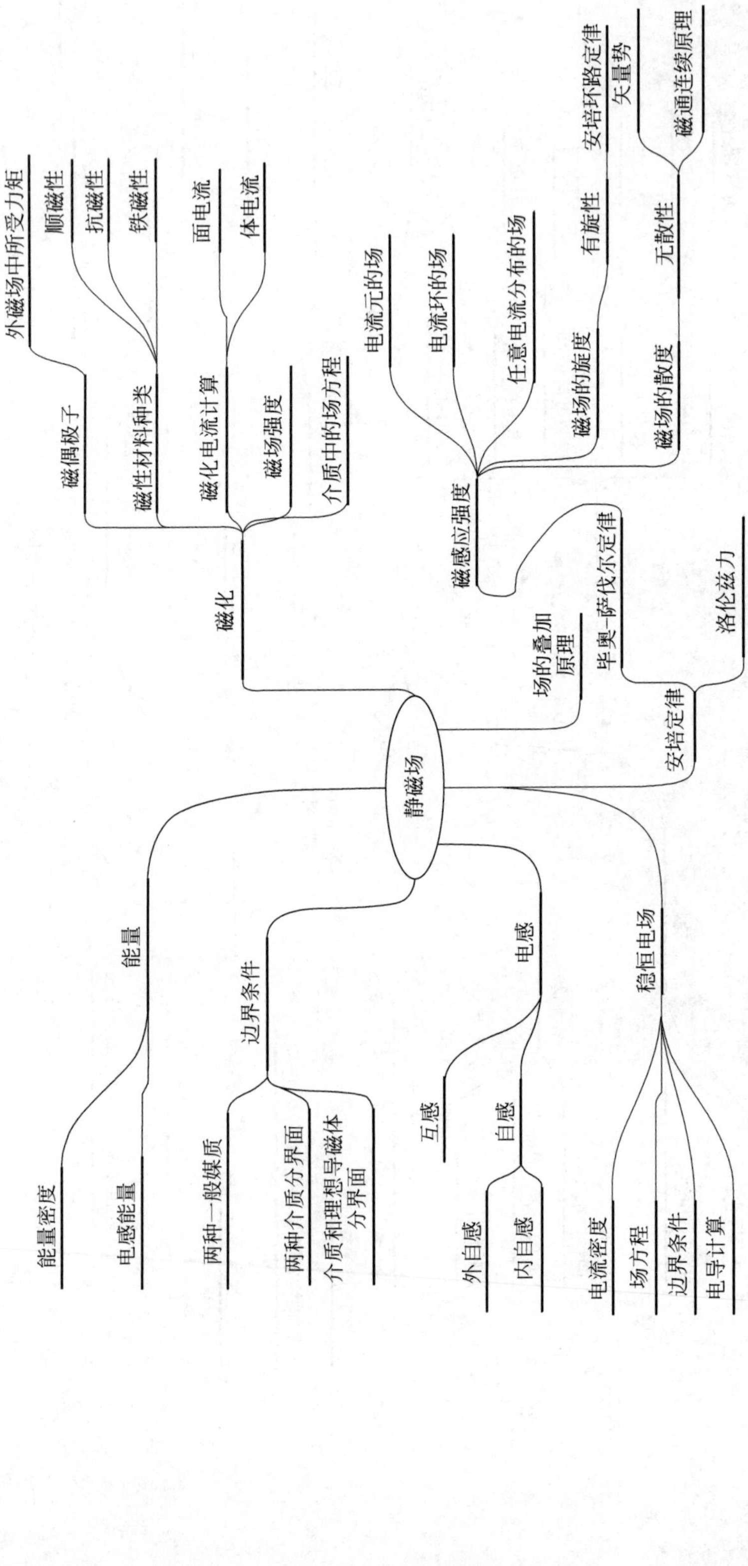

静磁场
磁化
磁偶极子
外磁场中所受力矩
磁性材料种类
顺磁性
抗磁性
铁磁性
磁化电流计算
面电流
体电流
磁场强度
介质中的场方程
场的叠加原理
毕奥-萨伐尔定律
磁感应强度
电流元的场
电流环的场
任意电流分布的场
磁场的旋度
有旋性
安培环路定律
矢量势
磁场的散度
无散性
磁通连续原理
安培定律
洛伦兹力
能量
能量密度
电感能量
边界条件
两种一般媒质
两种介质分界面
介质和理想导磁体分界面
电感
互感
自感
外自感
内自感
稳恒电场
电流密度
场方程
边界条件
电导计算

图 A-4 静磁场思维导图

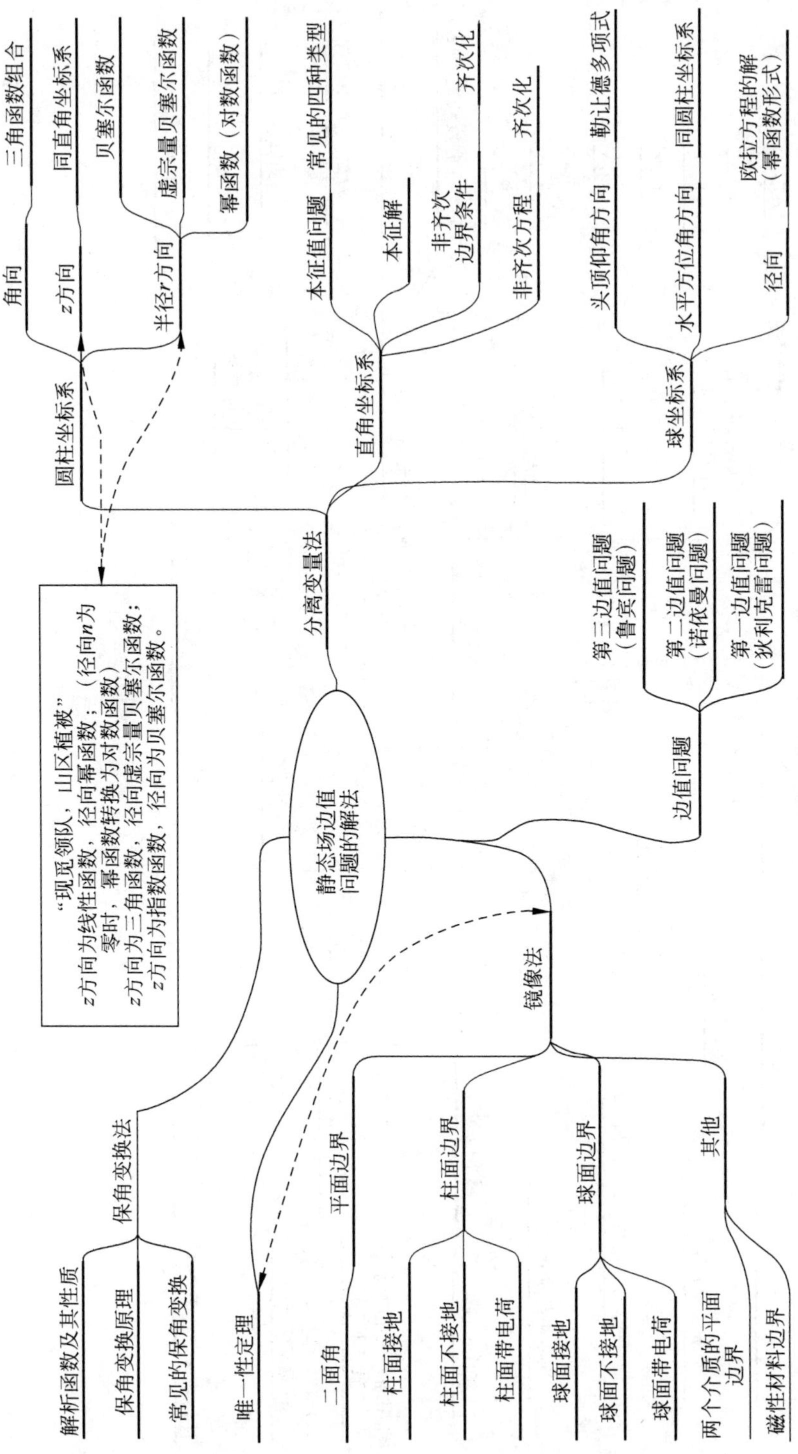

图 A-5 静态场边值问题的思维导图

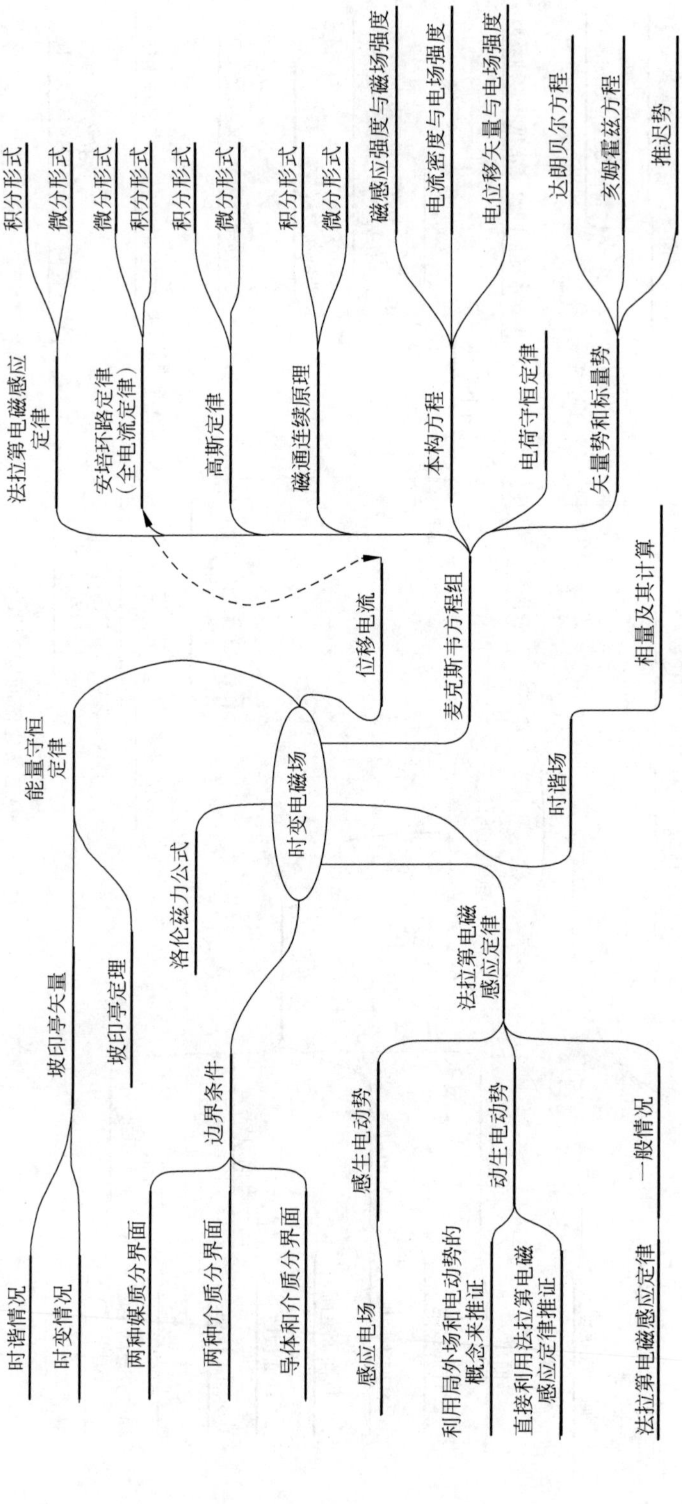

图 A-6 时变电磁场的思维导图

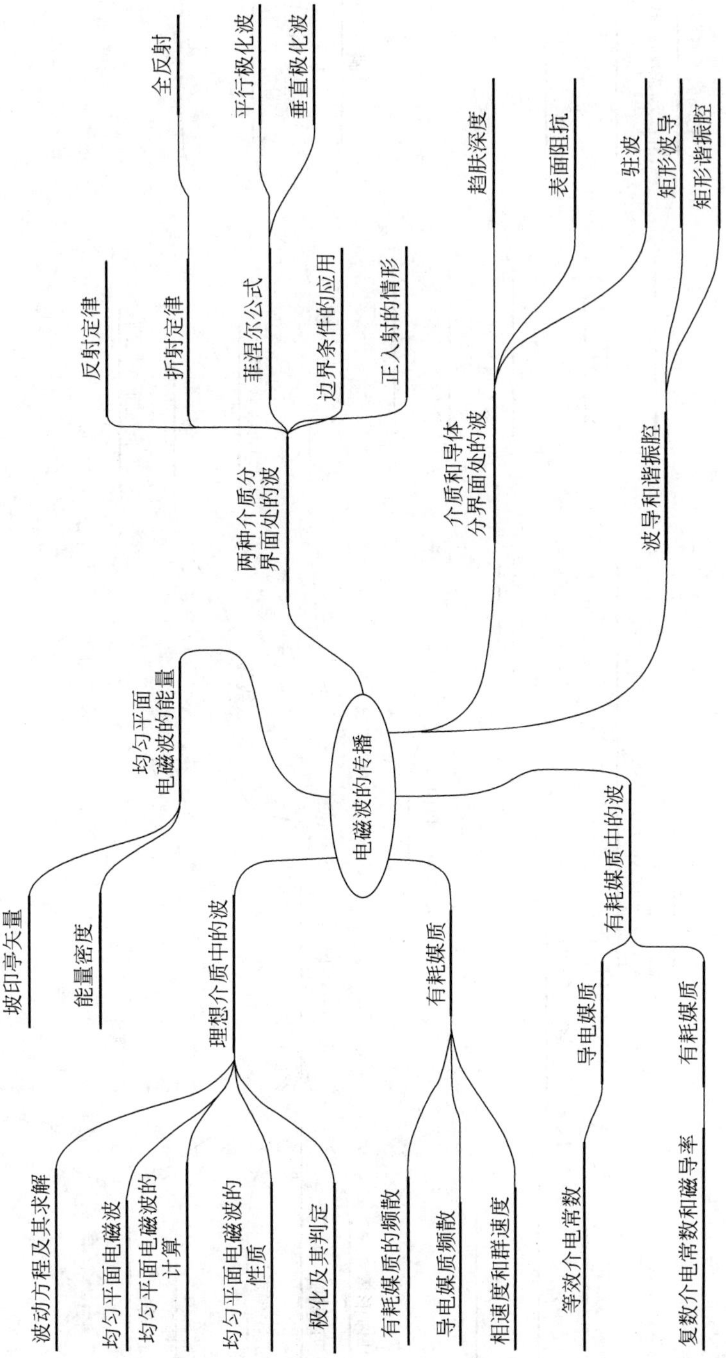

图 A-7　电磁波的传播思维导图

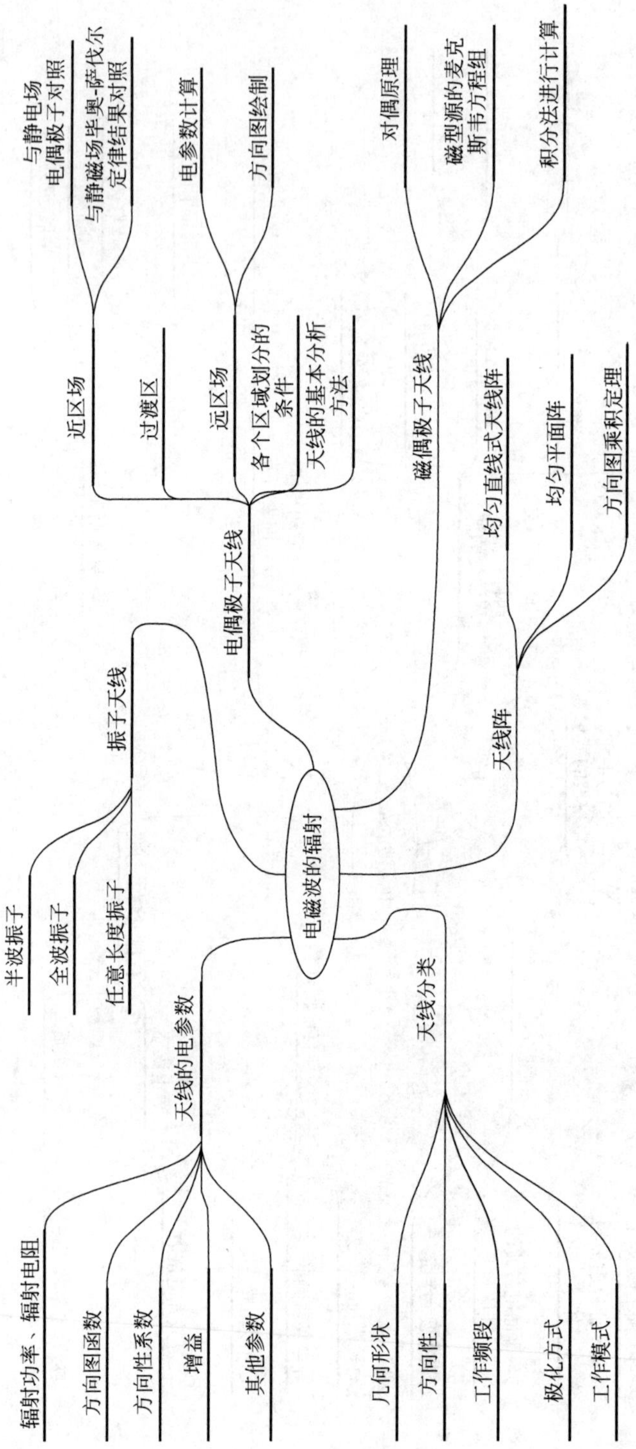

图 A-8 电磁波的辐射思维导图

参考文献

[1] 陈孟尧.电磁场与微波技术[M].北京：高等教育出版社，1989.

[2] 许福永，赵克玉.电磁场与电磁波[M].北京：科学出版社，2005.

[3] 谢处方，饶克谨.电磁场与电磁波[M].3版.北京：高等教育出版社，1999.

[4] 梁昆淼.数学物理方法[M].4版.北京：高等教育出版社，2010.

[5] 张克潜，等.微波与光电子学中的电磁理论[M].北京：电子工业出版社，2001.

[6] 林为干，等.电磁场理论[M].北京：人民邮电出版社，1996.

[7] 赵克玉.微波原理与技术[M].北京：高等教育出版社，2006.

[8] 郭硕鸿，等.电动力学[M].3版.北京：高等教育出版社，2008.

[9] 邹澎，等，电磁场与电磁波[M].北京：清华大学出版社，2008.

[10] 张洪欣，等.电磁场与电磁波教学、学习与考研指导[M].北京：清华大学出版社，2019.

[11] 郑钧，Cheng D K. Field and wave electromagnetics[M].北京：清华大学出版社，2008.

[12] Griffiths D J.电动力学导论(翻译版 原书第3版)[M].贾瑜，胡行，孙强，译.北京：机械工业出版社，2014.

[13] 杨显清，等.电磁场与电磁波教学指导书[M].北京：高等教育出版社，2006.

[14] Balanis C A. Antenna theory: analysis and design[M]. 3rd. Hoboken: John Wiley and Sons, 2005.

[15] Hayt W H Jr., Buck J A. Engineering electromagnetics[M].北京：机械工业出版社，2002.

[16] Guru, Bhag Singh. Electromagnetic field theory fundamentals[M]. 2nd.北京：机械工业出版社，2005.

[17] Leonhardt U. Optical conformal mapping[J]. Science, 2006, 312(5781): 1777.

[18] Pendry J B, Schurig D, Smith D R. Controlling electromagnetic fields[J]. Science, 2006, 312(5781): 1780.

[19] Gömöry F, Solovyov M, Souc J, et al. Experimental realization of a magnetic cloak[J]. Science, 2012, 335(6075): 1466.

[20] Zeng L, Zhao Y, Zhao Z, et al. Electret electrostatic cloak[J]. Physica B-Condensed Matter, 2015, 462: 70-75.

[21] Lan C, Yang Y, Geng Z, et al. Electrostatic field invisibility cloak[J]. Scientific Reports, 2015, 5: 16416.

[22] Souc J, Solovyov M, Gömöry F, et al. A quasistatic magnetic cloak[J]. New Journal of Physics, 2013, 15(5): 053019.

[23] Kurs A, Karalis A, Moffatt R, et al. Wireless power transfer via strongly coupled magnetic resonances[J]. Science, 2007, 317(5834): 83.

[24] Cui T J, Qi M Q, Wan X, et al. Coding metamaterials, digital metamaterials and programmable metamaterials[J]. Light Science & Applications, 2014, 3(10): e218.

[25] Shelby R A, Smith D R, Schultz S. Experimental verification of a negative index of refraction[J]. Science, 2001, 292(5514): 77.

[26] Veselago V G. Reviews of topical problems: the electrodynamics of substances with simultaneously negative values of ε and μ[J]. Physics-Uspekhi, 1968, 10(4): 509-541.

[27] Vasquez F G, Milton G W, Onofrei D. Active exterior cloaking for the 2D Laplace and Helmholtz equations[J]. Physical Review Letters, 2009, 103(7): 073901.

[28] Ma Q, Mei Z L, Zhu S K, et al. Experiments on active cloaking and illusion for Laplace equation[J].

Physical Review Letters,2013,111(17): 173901.

[29] Yang F, Mei Z L, Jin T Y, et al. Dc electric invisibility cloak[J]. Physical Review Letters, 2012, 109(5): 053902.

[30] Zeng L W, Zhao Y Y, Zhao Z G, et al. Electret electrostatic cloak[J]. Physica B-Condensed Matter, 2015, 462, 70-75.

[31] Kettunen H, Wallén H, Sihvola A. Cloaking and magnifying using radial anisotropy[J]. Journal of Applied Physics, 2013, 114, 044110.

[32] Ying W, Li J. Total reflection and cloaking by zero Index metamaterials loaded with rectangular dielectric defects[J]. Applied Physics Letters, 2013, 102, 183105.

[33] Edwards B, Alu A, Young M E, et al. Experimental verification of epsilon-near-zero metamaterial coupling and energy squeezing using a microwave waveguide[J]. Physical Review Letters, 2008, 100, 033903 .

[34] Han T, Ye H, Luo Y, et al. Manipulating DC currents with bilayer bulk natural materials[J]. Advanced Materials, 2014, 26, 3478.

图书资源支持

感谢您一直以来对清华大学出版社图书的支持和爱护。为了配合本书的使用，本书提供配套的资源，有需求的读者请扫描下方的“书圈”微信公众号二维码，在图书专区下载，也可以拨打电话或发送电子邮件咨询。

如果您在使用本书的过程中遇到了什么问题，或者有相关图书出版计划，也请您发邮件告诉我们，以便我们更好地为您服务。

我们的联系方式：

地　　址：北京市海淀区双清路学研大厦 A 座 714

邮　　编：100084

电　　话：010-83470236　010-83470237

资源下载：http://www.tup.com.cn

客服邮箱：tupjsj@vip.163.com

QQ：2301891038（请写明您的单位和姓名）

教学资源・教学样书・新书信息

人工智能科学与技术

人工智能|电子通信|自动控制

资料下载・样书申请

书圈

用微信扫一扫右边的二维码，即可关注清华大学出版社公众号。